가스기사
필기

머리말

Preface

가스의 종류에는 가연성 가스, 독성가스, 액화가스, 압축가스, 도시가스, 특수고압가스, LPG, LNG 등 여러 가지가 있으며 사용량도 많고 쓰임새도 다양하다. 가스기사는 이러한 가스의 특성으로 인한 각종 사고로부터 국민을 보호하고 안전관리를 실시하기 위한 전문인력을 양성하기 위해 만들어진 자격제도이다.

본서는 가스에 관한 수험서를 저술하여 독자들에게 호평을 받은 경험을 바탕으로, 가스기사에 응시하는 수험생이라면 무난히 1차 필기시험에서 합격할 수 있도록 내용을 보완하여 다음과 같이 구성하였다.

- 제1편 | 연소공학
- 제2편 | 가스설비
- 제3편 | 가스계측
- 제4편 | 가스안전관리
- 제5편 | 유체역학
- 부록 I | 과년도 기출문제
- 부록 II | CBT 실전모의고사

각 장마다 연습문제를 충분히 수록하여 공부하는 데 도움이 되도록 하였으며, 실전모의고사 문제는 앞으로도 계속 보충해나갈 계획이다.

최선을 다했으나 발생되는 오류에 대해서는 독자들의 의견을 수렴하여 추후 보완해 갈 것을 약속드리며, 이 책이 출간되기까지 도움을 주신 도서출판 예문사 정용수 사장님과 직원분들께 고마움을 전한다.

저자 일동

출제기준

직무 분야	안전관리	중직무 분야	안전관리	자격 종목	가스기사	적용 기간	2024.1.1.~2027.12.31.

직무내용
가스 및 용기제조의 공정관리, 가스의 사용방법 및 취급요령 등을 위해 예방을 위한 지도 및 감독업무와 저장, 판매, 공급 등의 과정에서 안전관리를 위한 지도 및 감독 업무를 수행하는 직무이다.

필기검정방법	객관식	문제수	100	시험시간	2시간 30분

필기 과목명	문제수	주요항목	세부항목	세세항목
가스 유체역학	20	1. 유체의 정의 및 특성	1. 용어의 정의 및 개념의 이해	1. 단위와 차원 해석 2. 물리량의 정의 3. 유체의 흐름 현상
		2. 유체 정역학	1. 비압축성 유체	1. 유체의 정역학 2. 유체의 기본방정식 3. 유체의 유동 4. 유체의 물질수지 및 에너지 수지
		3. 유체 동역학	1. 압축성 유체	1. 압축성 유체의 흐름 공정 2. 기체 상태방정식의 응용 3. 유체의 운동량이론 4. 경계층이론 5. 충격파의 전달속도
			2. 유체의 수송	1. 유체의 수송 장치 2. 액체의 수송 3. 기체의 수송 4. 유체의 수송동력 5. 유체의 수송에 있어서의 두손실
연소공학	20	1. 연소이론	1. 연소기초	1. 연소의 정의 2. 열역학 법칙 3. 열전달 4. 열역학의 관계식 5. 연소속도 6. 연소의 종류와 특성
			2. 연소계산	1. 연소현상 이론 2. 이론 및 실제 공기량 3. 공기비 및 완전연소 조건 4. 발열량 및 열효율 5. 화염온도 6. 화염전파이론

필기 과목명	문제수	주요항목	세부항목	세세항목
연소공학	20	2. 연소설비	1. 연소장치의 개요	1. 연소장치 2. 연소방법 3. 연소현상
			2. 연소장치 설계	1. 고부하 연소기술 2. 연소부하 산출
		3. 가스폭발/방지대책	1. 가스폭발이론	1. 폭발범위 2. 확산이론 3. 열이론 4. 기체의 폭굉현상 5. 폭발의 종류 6. 가스폭발의 피해(영향) 계산
			2. 위험성 평가	1. 정성적 위험성 평가 2. 정량적 위험성 평가
			3. 가스화재 및 폭발 방지대책	1. 가스폭발의 예방 및 방호 2. 가스화재 소화이론 3. 방폭구조의 종류 4. 정전기 발생 및 방지대책
가스설비	20	1. 가스설비의 종류 및 특성	1. 고압가스 설비	1. 고압가스 제조설비 2. 고압가스 저장설비 3. 고압가스 사용설비 4. 고압가스 충전 및 판매설비
			2. 액화석유가스 설비	1. 액화석유가스 충전설비 2. 액화석유가스 저장 및 판매설비 3. 액화석유가스 집단공급설비 4. 액화석유가스 사용설비
			3. 도시가스설비	1. 도시가스 제조설비 2. 도시가스 공급충전설비 3. 도시가스 사용설비 4. 도시가스 배관 및 정압설비
			4. 수소설비	1. 수소 제조설비 2. 수소 공급충전설비 3. 수소 사용설비 4. 수소 배관설비
			5. 펌프 및 압축기	1. 펌프의 기초 및 원리 2. 압축기의 구조 및 원리 3. 펌프 및 압축기의 유지관리

출제기준

필기 과목명	문제수	주요항목	세부항목	세세항목
가스설비	20	1. 가스설비의 종류 및 특성	6. 저온장치	1. 가스의 액화사이클 2. 가스의 액화분리장치 3. 가스의 액화분리장치의 계통과 구조
			7. 고압장치	1. 고압장치의 요소 2. 고압장치의 계통과 구조 3. 고압가스 반응장치 4. 고압저장 탱크설비 5. 기화장치 6. 고압측정장치
			8. 재료와 방식, 내진	1. 가스설비의 재료, 용접 및 비파괴 검사 2. 부식의 종류 및 원리 3. 방식의 원리 4. 방식설비의 설계 및 유지관리 5. 내진설비 및 기술사항
		2. 가스용 기기	1. 가스용 기기	1. 특정설비 2. 용기 및 용기밸브 3. 압력조정기 4. 가스미터 5. 연소기 6. 콕 및 호스 7. 차단용 밸브 8. 가스누출경보/차단기
가스안전 관리	20	1. 가스에 대한 안전	1. 가스제조 및 공급, 충전에 관한 안전	1. 고압가스 제조 및 공급 · 충전 2. 액화석유가스 제조 및 공급 · 충전 3. 도시가스 제조 및 공급 · 충전 4. 수소 제조 및 공급 · 충전
			2. 가스저장 및 사용에 관한 안전	1. 저장 탱크 2. 탱크로리 3. 용기 4. 저장 및 사용시설
			3. 용기, 냉동기 가스용품, 특정설비 등의 제조 및 수리에 관한 안전	1. 고압가스 용기제조, 수리 및 검사 2. 냉동기기 제조, 특정설비 제조 및 수리 3. 가스용품 제조 및 수리
		2. 가스취급에 대한 안전	1. 가스운반 취급에 관한 안전	1. 고압가스의 양도, 양수 운반 또는 휴대 2. 고압가스 충전용기의 운반 3. 차량에 고정된 탱크의 운반

필기 과목명	문제수	주요항목	세부항목	세세항목
가스안전관리	20	2. 가스취급에 대한 안전	2. 가스의 일반적인 성질에 관한 안전	1. 가연성가스 2. 독성가스 3. 기타가스
			3. 가스안전사고의 원인 조사 분석 및 대책	1. 화재사고 2. 가스폭발 3. 누출사고 4. 질식사고 등 5. 안전관리 이론, 안전교육 및 자체검사
가스계측	20	1. 계측기기	1. 계측기기의 개요	1. 계측기 원리 및 특성 2. 제어의 종류 3. 측정과 오차
			2. 가스계측기기	1. 압력계측 2. 유량계측 3. 온도계측 4. 액면 및 습도계측 5. 밀도 및 비중의 계측 6. 열량계측
		2. 가스분석	1. 가스분석	1. 가스 검지 및 분석 2. 가스 기기분석
		3. 가스미터	1. 가스미터의 기능	1. 가스미터의 종류 및 계량 원리 2. 가스미터의 크기 선정 3. 가스미터의 고장 처리
		4. 가스시설의 원격 감시	1. 원격감시장치	1. 원격감시장치의 원리 2. 원격감시장치의 이용 3. 원격감시설비의 설치 · 유지

차례

PART 01. 연소공학

Chapter 01 연소이론 • 3
- 01 연소기초 ··· 3
- 02 연소 계산 ··· 29
- ▶ 연습문제 ·· 48

Chapter 02 연소설비 • 76
- 01 연소장치의 개요 ··· 76
- ▶ 연습문제 ·· 93

Chapter 03 가스폭발과 방지대책 • 100
- 01 가스폭발 이론 ·· 100
- 02 가스화재 및 폭발방지대책 ··· 108
- 03 안전성 평가(Safety Management System ; SMS) ········ 116
- ▶ 연습문제 ·· 119

PART 02. 가스설비

Chapter 01 고압가스 설비 • 149
- 01 일반가스 제조설비 ··· 149
- ▶ 연습문제 ·· 165

Contents

Chapter 02 액화석유가스 설비 · 180

01 LPG(Liquefied Petroleum Gas) 가스의 제조 ……………………… 180
02 LP 가스 이송장치 …………………………………………………… 183
03 LP 가스 공급방식 …………………………………………………… 186
04 LP 집단공급설비 …………………………………………………… 190
▶ 연습문제 ……………………………………………………………… 202

Chapter 03 도시가스 설비 · 219

01 도시가스의 제조 …………………………………………………… 219
02 도시가스 공급 시설 ………………………………………………… 227
03 도시가스의 부취제 ………………………………………………… 238
▶ 연습문제 ……………………………………………………………… 243

Chapter 04 펌프 및 압축기 · 259

01 펌프 …………………………………………………………………… 259
02 압축기 ………………………………………………………………… 276
▶ 연습문제 ……………………………………………………………… 287

Chapter 05 고압장치 및 저온장치 · 301

01 고압장치 ……………………………………………………………… 301
02 고압반응장치 ………………………………………………………… 312
03 저온장치 ……………………………………………………………… 315
04 도시가스 공급시설 ………………………………………………… 328
▶ 연습문제 ……………………………………………………………… 336

Chapter 06 재료와 방식 · 361

01 장치의 재료와 강도 ………………………………………………… 361
02 용접 및 비파괴검사 ………………………………………………… 373
03 내진 설계 …………………………………………………………… 377
04 가스용 기기 및 용품 ………………………………………………… 380
▶ 연습문제 ……………………………………………………………… 382

차례

PART 03 가스계측

Chapter 01 계측기기 • 399

- 01 계측기기 개요 ··· 399
- 02 가스계측기기 ··· 408
- ▶ 연습문제 ··· 440

Chapter 02 가스분석 • 488

- 01 흡수 분석법 ··· 488
- 02 연소 분석법 ··· 490
- 03 화학 분석법 ··· 492
- 04 기기 분석법 ··· 494
- 05 가스 분석계 ··· 500
- 06 가스 검지법 ··· 502
- ▶ 연습문제 ··· 505

Chapter 03 가스미터 • 526

- 01 가스미터 개요 ·· 526
- 02 가스미터의 고장처리 ·· 532
- 03 가스누설검지 경보장치 ·· 535
- 04 가스시설 원격 감시 ·· 536
- ▶ 연습문제 ··· 538

PART 04 가스안전관리

Chapter 01 가스에 대한 안전 • 555

　　01 가스 제조 및 공급, 충전에 관한 안전 ················· 555

Chapter 02 용기, 냉동기, 특정설비 제조 및 수리에 관한 안전 • 670

　　01 고압가스용 이음매 없는 용기 제조의 안전기준 ············· 670
　　02 고압가스용 용접 용기 제조의 안전기준 ················ 676
　　03 고압가스용 납붙임 또는 접합용기 제조의 안전기준 ·········· 684
　　04 이동식 부탄연소기용 용접용기 제조의 안전기준 ············ 689
　　05 초저온가스용 용기 제조의 안전기준 ·················· 692
　　06 고압가스용 냉동기 제조의 안전기준 ·················· 694
　　07 고압가스용 저장탱크 및 압력용기 제조의 안전기준 ·········· 700
　　08 고압가스용 안전밸브 제조의 안전기준 ················· 703
　　09 고압가스용 기화장치 제조의 안전기준 ················· 705

Chapter 03 가스취급에 대한 안전 • 708

　　01 운반기준과 취급 ···························· 708
　　02 액화석유가스 충전 ··························· 714
　　03 도시가스충전사업의 가스충전 ····················· 722

Chapter 04 가스의 특성 • 728

　　01 수소(Hydrogen, H_2) ························· 728
　　02 산소(Oxygen, O_2) ························· 729
　　03 질소(Nitrogen, N_2) ························ 731
　　04 희가스(알곤, 네온, 헬륨, 크립톤, 크세논, 라돈) ············ 732
　　05 염소(Chlorine, Cl_2) ························ 733

차례

  06 암모니아(NH_3) ·· 734
  07 일산화탄소(CO) ··· 735
  08 이산화탄소(CO_2) ·· 736
  09 LPG(Liquefied Petroleum Gas : 액화석유가스) ······················· 737
  10 LNG(Liquefied Natural Gas : 액화천연가스) ···························· 739
  11 메탄 ·· 740
  12 에틸렌(Ethylene, C_2H_4) ··· 740
  13 포스겐($COCl_2$) ··· 741
  14 아세틸렌(Acetylene : C_2H_2) ·· 741
  15 산화에틸렌(CH_2CH_2O, C_2H_4O) ·· 743
  16 프레온(Freon) ·· 744
  17 시안화수소(HCN) ·· 745
  18 벤젠(Benzene, C_6H_6) ·· 746
  19 황화수소(H_2S) ··· 746
  20 이황화탄소(CS_2) ·· 746
  21 아황산가스(SO_2) ··· 747
  22 온실가스(Greenhouse Gas) ·· 748
  23 기타 가스 ··· 749

Chapter 05 가스의 구분 • 752

  01 고압가스의 범위 ·· 752
  02 고압가스의 종류 ·· 752
  03 고압가스 용어의 정의 ·· 755

Chapter 06 연습문제 • 758

PART 05 유체역학

Chapter 01 유체의 정의 및 특성 • 837

- 01 단위와 차원해석 ······ 837
- 02 물리량의 정의 ······ 838
- 03 유체의 흐름현상 ······ 839
- ▶ 연습문제 ······ 845

Chapter 02 유체 정역학 • 858

- 01 유체의 기본방정식 ······ 858
- 02 유체의 유동 ······ 865
- 03 유체의 물질수지 및 에너지수지 ······ 875
- ▶ 연습문제 ······ 877

Chapter 03 유체 동역학 • 915

- 01 압축성 유체의 흐름 ······ 915
- 02 차원해석과 상사 법칙 ······ 919
- ▶ 연습문제 ······ 926

Chapter 04 유체의 측정 • 938

- 01 비중량 측정 ······ 938
- 02 점성계수 측정 ······ 939
- ▶ 연습문제 ······ 941

차례

APPENDIX I 과년도 기출문제

2018년 1회 기출문제	953
2018년 2회 기출문제	972
2018년 3회 기출문제	992
2019년 1회 기출문제	1011
2019년 2회 기출문제	1029
2019년 3회 기출문제	1048
2020년 1·2회 통합기출문제	1066
2020년 3회 기출문제	1084
2020년 4회 기출문제	1103
2021년 1회 기출문제	1121
2021년 2회 기출문제	1140
2021년 3회 기출문제	1159
2022년 1회 기출문제	1180
2022년 2회 기출문제	1198

APPENDIX II CBT 실전모의고사

제1회 CBT 실전모의고사	1219
정답 및 해설	1243
제2회 CBT 실전모의고사	1251
정답 및 해설	1274
제3회 CBT 실전모의고사	1281
정답 및 해설	1304

PART 01

연소공학

CHAPTER 01 연소이론
CHAPTER 02 연소설비
CHAPTER 03 가스폭발과 방지대책

CHAPTER 001 연소이론

SECTION 01 연소기초

1. 압력과 온도

1) 압력(Pressure)

단위 면적당 수직방향으로 작용하는 힘의 크기를 말한다.

(1) 압력의 단위 및 종류

① 표준대기압(Atmospheric Pressure) : 지구상의 표면에 작용하는 압력(토리첼리의 진공 수은 76cm)을 말한다.

$$1기압(atm) = 760mmHg = 76cmHg = 10.332mH_2O = 30inHg$$
$$= 14.7 \, lb/in^2(psi) = 1.0332kg/cm^2 = 1.013bar$$
$$= 0.101325MPa = 101.325kPa$$

② 게이지 압력(Gauge Pressure) : 대기압을 0으로 측정한 압력(예 $kg/cm^2 \cdot G$)을 말한다.

③ 절대압력(Absolute Pressure) : 완전 진공상태의 압력(예 $kg/cm^2 \cdot abs$, $kg/cm^2 \cdot a$)을 말한다.

$$\begin{cases} 절대압력 = 대기압 + 게이지 압력 \\ 절대압력 = 대기압 - 진공압 \end{cases}$$

④ 진공도 : $\dfrac{진공압력}{대기압} \times 100(\%)$, 표준대기압 진공도 0(%), 완전 진공의 진공도 100(%)

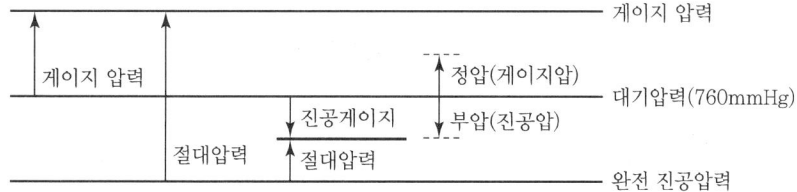

┃ 게이지 압력과 절대압력 ┃

> **Reference**
> - 절대압력 단위 뒤에는 abs(absolute) 또는 a를 표시한다.
> - 절대압력 기호의 표시가 없으면 게이지 압력으로 본다.

⑤ 진공압 : 대기압보다 낮은 압력(cmHgV)
   진공 절대압=대기압-진공압

2) 온도

(1) 섭씨온도(Celsius : ℃)
물의 어는점을 0℃, 끓는점을 100℃로 100등분하여 사용하는 온도를 말한다.

(2) 화씨온도(Fahrenheit : ℉)
물의 어는점을 32℉, 끓는점을 212℉로 180등분하여 사용하는 온도를 말한다.
- $t℃ = \dfrac{5}{9}(℉ - 32)$
- $t℉ = \dfrac{9}{5}t℃ + 32$

(3) 절대온도(Absolute Temperature)
역학적으로 분자의 운동에너지가 정지(0)상태의 온도를 말한다.
- 켈빈 : K(Kelvin)=273+t℃
- 랭킨 : ℉R(Rankine)=460+t℉

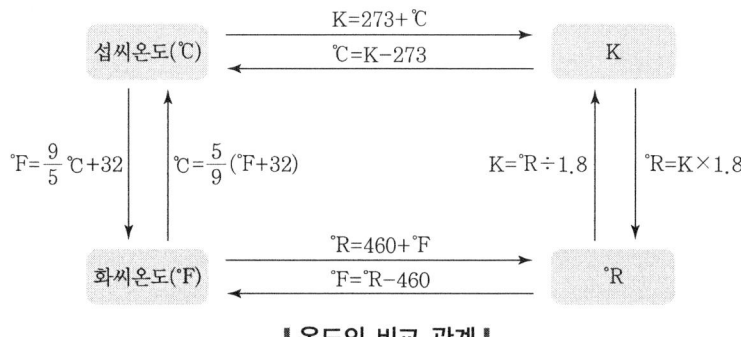

┃ 온도의 비교 관계 ┃

> **Reference**
> 물의 빙점 온도 : 273K=0℃=32℉=492°R

(4) 인화점과 발화점(착화점)
① **인화점** : 점화원을 가까이하여 연소가 일어나는 최저온도를 말한다.
② **발화(착화)점** : 점화원 없이 스스로 연소가 일어나는 최저온도를 말한다.

> **Reference** 발화점이 낮아지는 경우

- 발열량이 클수록
- 산소량이 증가할수록
- 화학결합의 활성도가 클수록
- 분자구조가 복잡할수록
- 압력이 높을수록
- 화학반응성이 클수록

2. 기체의 성질

1) 이상(완전)기체의 성질

① 기체분자 상호 간에 작용하는 인력, 크기, 충돌을 무시한 완전한 탄성기체로 이루어진다.
② 보일-샤를 법칙을 완전 적용한다.
③ 온도에 관계없이 비열비($K = C_p / C_v$)가 일정하다.
④ 내부 에너지는 부피에 관계없이 온도에서만 결정되므로, 줄(Joule) 법칙이 성립된다.
⑤ 아보가드로 법칙에 따른다.

2) 이상기체 법칙

① **보일 법칙**(Boyle's Low) : 일정 온도에서 압력과 부피는 서로 반비례한다.

$$P_1 V_1 = P_2 V_2$$

여기서, P_1 : 변하기 전의 압력(atm)
P_2 : 변한 후의 압력(atm)
V_1 : 변하기 전의 부피
V_2 : 변한 후의 부피

② **샤를 법칙**(Charle's Law) : 일정 압력에서 부피는 절대온도에 서로 비례한다.

$$\frac{V_1}{T_1} = \frac{V_2}{T_2}$$

여기서, T_1 : 변하기 전의 절대온도
T_2 : 변한 후의 절대온도
V_1 : 변하기 전의 부피
V_2 : 변한 후의 부피

③ **보일-샤를 법칙** : 기체의 부피와 압력은 서로 반비례하고 절대온도에 정비례한다.

$$\frac{P_1 V_1}{T_1} = \frac{P_2 V_2}{T_2}$$

3) 이상기체 상태방정식

보일-샤를 법칙과 아보가드로 법칙을 결합하여 온도, 압력, 부피 관계를 나타낸 상태식이다.

$$PV = nRT$$

여기서, $n = \dfrac{W}{M}$

n : 몰수
W : 질량
M : 분자량

$$PV = \dfrac{W}{M}RT, \quad PV = Z\dfrac{W}{M}RT$$

여기서, P : 절대압력
V : 기체부피
T : 절대온도
R : 기체상수(0.082L · atm/mol · K)
Z : 압축계수

> **Reference** 기체상수 R의 값
>
> 단위의 선택방법에 따라 다음과 같이 변한다.
>
> $PV = nRT$에서
>
> 1. $R = \dfrac{PV}{nT} = \dfrac{1[\text{atm}] \times 22.4[\text{L}]}{1[\text{mol}] \times 273[\text{K}]} = 0.08205 \left[\dfrac{\text{L} \cdot \text{atm}}{\text{mol} \cdot \text{K}}\right]$
>
> 2. $R = \dfrac{PV}{nT} = \dfrac{1.0332 \times 10^4 [\text{kg/m}^2] \times 22.4[\text{m}^3]}{1[\text{kmol}] \times 273[\text{K}]} = 848 \left[\dfrac{\text{kg} \cdot \text{m}}{\text{kmol} \cdot \text{K}}\right]$
>
> 3. $R = 848 \left[\dfrac{\text{kg} \cdot \text{m}}{\text{kmol} \cdot \text{K}}\right] \times \dfrac{1[\text{kcal}]}{427[\text{kg} \cdot \text{m}]} = 1.986 \left[\dfrac{\text{kcal}}{\text{kmol} \cdot \text{K}}\right]$
>
> 4. $R = \dfrac{PV}{nT} = \dfrac{1.01325 \times 10^6 [\text{dyne/cm}^2] \times 22.4 \times 10^3 [\text{cm}^3]}{1[\text{mol}] \times 273[\text{K}]} = 8.314 \times 10^7 \left[\dfrac{\text{erg}}{\text{mol} \cdot \text{K}}\right]$
>
> 5. $R = 8.314 \left[\dfrac{\text{Joule}}{\text{mol} \cdot \text{K}}\right]$
>
> 6. 압축계수 Z 경우 상태식 : $PV = ZnRT$

4) 실제기체

(1) 실제기체(자연계 기체)

이상기체는 존재하지 않는 학문상 정리된 가스이지만, 실제기체는 분자 간의 인력과 부피가 존재하므로 이에 대한 보정을 필요로 한다.

(2) 실제기체 상태방정식

$$1\text{mol} = \left(P + \frac{a}{V^2}\right)(V - b) = RT$$

$$n\text{mol} = \left(P + \frac{n^2 a}{V^2}\right)(V - nb) = nRT$$

여기서, P : 압력(atm)
V : 체적(L)
a : 기체의 종류에 따른 정수로 반데르발스 정수($L^2 \cdot atm/mol^2$)
b : 기체의 종류에 따른 정수로 반데르발스 정수(L/mol)
R : 기체상수(L · atm/mol, K)
T : 절대온도(K)
$\dfrac{a}{V^2}$: 기체분자 간의 인력
nb : 기체 자신이 차지하는 부피

▼ 반데르발스 정수

종류	$a(L^2 \cdot atm/mol^2)$	$b(L/mol)$
Ar	1.35	3.23×10^{-2}
H_2	0.245	2.67×10^{-2}
N_2	1.39	3.91×10^{-2}
O_2	1.36	3.19×10^{-2}
CH_4	2.26	4.30×10^{-2}
CO_2	3.60	4.28×10^{-2}
NH_3	4.17	3.72×10^{-2}

▼ 이상기체와 실제기체의 비교

구분	이상기체	실제기체
분자 크기	질량은 있으나 부피가 없다.	기체에 따라 다르다.
분자 간의 인력	없다(반발력도 없다).	있다.
보일-샤를 법칙	완전히 적용된다.	근사적으로 적용된다.
-273℃(0K)	기체의 부피는 0이다.	응고되어 고체이다.
고압, 저온상태	액화, 응고되지 않는다.	액화, 응고된다.

> **Reference**
>
> 실제기체 중에서도 수소, 질소, 산소, 헬륨 등과 같이 비등점이 낮은 물질은 비교적 온도가 높고 압력이 낮은 상태, 즉 분자의 밀도가 아주 낮은 상태에서는 이상기체에 가까운 행동을 한다.

5) 돌턴(Dolton)의 분압 법칙

전체의 압력은 각 성분의 분압의 합과 같다.

$$P(전압) = P_a + P_b + P_c + \cdots \quad (P_a,\ P_b,\ P_c : 성분기체의 분압)$$

$$P_a(분압) = P(전압) \times \frac{성분기체몰수}{전몰수}$$

> **Reference**
>
> $$\frac{성분기체몰수}{전몰수} = \frac{성분기체부피비}{전부피} = \frac{성분기체수}{전분자수} \quad (즉, 몰\% = 부피\% = 분자수\%)$$

6) 그레이엄의 기체확산속도 법칙

기체의 분자가 공간을 퍼져나가는 현상을 확산이라 하며, 기체확산속도는 일정한 온도와 압력하에서 그 기체의 분자량, 즉 밀도(g/L)의 제곱근에 반비례한다.

$$\frac{U_b}{U_a} = \sqrt{\frac{M_a}{M_b}} = \frac{T_a}{T_b}$$

여기서, U_a, U_b : A, B 각 성분기체의 확산속도
M_a, M_b : A, B 각 성분기체의 분자량
T_a, T_b : A, B 각 성분기체의 확산시간

7) 헨리의 용해도(Henry의 법칙)

일정 온도에서 일정 용매에 용해되는 기체의 질량은 압력에 정비례한다(기체는 온도가 낮고 압력이 높을수록 잘 용해된다).

> **Reference** 헨리 법칙 적용 기체
>
> H_2, O_2, N_2, CO_2 등 물에 잘 녹지 않는 물질(NH_3, HCl, H_2S 등 물에 잘 녹는 물질은 제외한다.)

8) 증기압 법칙(Raoult의 법칙)

휘발성분의 증기압은 용액을 구성하는 각 성분 증기압의 몰분율에 비례한다.

$$P_A = P_a \times X_a$$
$$P_B = P_b \times X_b$$
$$P = P_A + P_B$$

여기서, P_a, P_b : A, B 각 성분의 고유 증기압
X_a, X_b : A, B 각 성분의 몰분율(V%)
P_A, P_B : A, B 각 성분의 증기압
P : 전 증기압

> **Reference** 임계(Critical)온도, 임계압력
>
> - 임계온도 : 액화할 수 있는 최고 온도
> - 임계압력 : 액화할 수 있는 최저 압력
> - 임계온도는 낮고, 임계압력은 높을수록 기체가 액화되기 쉽다.

3. 열역학 관계

1) 열량(Heat Quantity)

(1) 열량 단위

① 1kcal : 대기압에서 물 1kg의 온도를 1℃ 올리는 데 필요한 열량
② 1B.T.U : 대기압에서 물 1 lb의 온도를 1℉ 올리는 데 필요한 열량
③ 1C.H.U : 대기압에서 물 1 lb의 온도를 1℃ 올리는 데 필요한 열량

▼ 열량 단위의 비교

kcal	B.T.U	C.H.U	kJ
1	3.968	2.205	4.1868
0.252	1	0.556	1.055
0.4536	1.8	1	1.899

(2) 열용량(Heat Capacity Thermal)

어떤 물질의 온도를 1℃ 올리는 데 필요한 열량을 말한다.

$$열용량(H) = 물질의\ 질량(G) \times 비열(kcal/kg℃)$$

(3) 비열(Specific heat)

어떤 물질 1kg의 온도를 1℃ 올리는 데 필요한 열량(kcal/kg℃)을 말한다.

▼ 물질의 비열

물질	비열(kcal/kg℃)	물질	비열(kcal/kg℃)
물	1	알루미늄	0.24
얼음	0.5	구리	0.094
공기	0.24	바닷물	0.94
수증기	0.44	중유	0.45

(4) 현열과 잠열

① **현열(감열, Sensible Heat)** : 어떤 물질이 상태변화가 생기지 않고 온도변화만 일으키는 열

$$Q_s = G \cdot C \cdot \Delta t$$

여기서, Q_s : 현열량(kcal)
G : 물질의 무게(kg)
C : 물질의 비열(kcal/kg℃)
Δt : 온도차(℃)

② **잠열(Latent Heat)** : 어떤 물질이 온도변화가 생기지 않고 상태변화만 일으키는 열

$$Q_L = G \cdot r$$

여기서, Q_L : 잠열량(kcal)
G : 물질의 무게(kg)
r : 물질의 잠열(kcal/kg)

> **Reference**
> - 얼음의 융해잠열 : 79.68kcal/kg ≒ 80kcal/kg
> - 물의 증발잠열 : 539kcal/kg

③ 물의 상태변화에 의한 현열과 잠열 구분

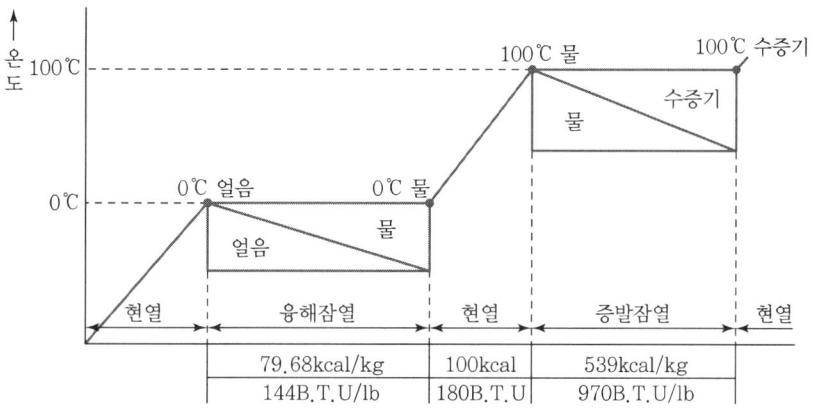

❙물의 상태❙

(5) 열효율 산출방법

$$열효율(\%) = \frac{유효하게\ 사용된\ 열량(\text{output})}{전소비열량(\text{input})} \times 100 = \frac{CG\Delta t}{Q \times W} \times 100$$

여기서, C : 물질의 비열(kcal/kg℃)
G : 물질의 질량(kg)
Δt : 온도차(℃)
Q : 연료가스 발열량(kcal/m³, kcal/kg)
W : 연료가스 소비량(m³, kg)

Reference

- input(kcal/hr) : 가스기구가 단위시간에 소비하는 열량
- output(kcal/hr) : 가스기구가 가열하는 목적물에 유효하게 주어진 열량

2) 일과 동력

(1) 일(Work : kgf · m)

물체가 힘의 방향으로 이동한 거리를 말한다.

① 1erg(에르그) : 1dyne의 힘이 작용물체에 1cm의 변위에 해당하는 일

1erg = 1dyne × 1cm

② 1Joule(줄) : 1N(뉴턴)의 힘으로 물체를 1m 이동하였을 때 한 일

$$1\text{Joule} = 1\text{N} \times 1\text{m} = 10^5 \text{dyne} \times 10^2 \text{cm} = 10^7 \text{erg}$$
$$1\text{kgf} \cdot \text{m} = 1\text{kg} \times 9.807 \text{m/sec}^2 \times 1\text{m} = 9.807\text{N}$$

> **Reference**
> - 1Joule(줄) = 1W/sec
> - 1Watt : 1Ω의 저항에 1A(암페어)가 흘러서 소비되는 전류

(2) 동력(Power : kgf · m/s)

단위시간당 일의 양을 말한다.

$$\text{동력} = \text{힘} \times \text{속도} = \frac{\text{일}}{\text{시간}} = \frac{\text{힘} \times \text{거리}}{\text{시간}}$$

① 1PS(국제마력, 미터마력) : 75kg · m/s

$$= 75\text{kgf} \cdot \text{m/s} \times 3{,}600 \times \frac{1}{427} \text{kcal/kg} \cdot \text{m} = 632\text{kcal/hr} = 0.736\text{kW} = 2{,}646\text{kJ/h}$$

② 1HP(영국마력) : 76kg · m/s

$$= 76\text{kgf} \cdot \text{m/s} \times 3{,}600 \times \frac{1}{427} \text{kcal/kg} \cdot \text{m} = 641\text{kcal/hr} = 0.746\text{kW} = 2{,}685\text{kJ/h}$$

③ 1kW : 102kg · m/s

$$= 102\text{kgf} \cdot \text{m/s} \times 3{,}600 \times \frac{1}{427} \text{kcal/kg} \cdot \text{m} = 860\text{kcal/hr} = 1.36\text{PS} = 1.34\text{HP}$$
$$= 3{,}600\text{kJ/h}$$

▼ 일과 동력의 환산표

kW	영국마력(HP)	미터마력(Ps)	kg · m/s	kcal/hr
1	1.34	1.36	102	860
0.746	1	1.0144	76	641
0.736	0.986	1	75	632

3) 열전달

(1) 전도

전도는 고체에 온도차가 있을 때 고온에서 저온으로 이동되는 현상이다. 전도에 의해 이동되는 열량 Q는 단면적, 온도차, 열전도율에 비례하고 두께에 반비례한다.

$$Q = \lambda \times \frac{A}{\tau}(t_1 - t_2)$$

여기서, λ : 열전도율(kcal/m · K)
A : 물체의 단면적
τ : 두께(m)
t_1, t_2 : 고온 측과 저온 측의 온도(K, ℃)

(2) 대류

대류는 열 이동에 있어 기체나 액체와 같이 유동할 수 있는 유체에서의 열전달을 말한다. 대류에 의한 이동 열량 Q(W)는 열전달면적, 온도차, 열전달률에 비례한다.

$$Q = \alpha \times A(t_w - t_o)$$

여기서, α : 유체의 열전달률(kcal/m³ · K)
A : 벽체의 단면적(m²)
t_w, t_o : 벽면과 유체의 온도(℃)

(3) 복사

고온의 물체에서 방출되는 빛이나 열은 전자파의 형태로 저온의 물체에 도달하는데 이것을 복사에너지라 하며 복사는 중간에 열매체 물질 없이도 이동이 가능하다. 복사에너지의 총량은 스테판-볼츠만 법칙에 의해 그 물체의 온도(절대온도)의 4제곱에 비례한다.

$$Q = \alpha A \left[\left(\frac{t_1}{100} \right)^4 - \left(\frac{t_2}{100} \right)^4 \right]$$

여기서, Q : 복사열량(kcal/hr)
α : 열전달률 계수(kcal/m² · K)
A : 벽체의 단면적(m²)
t_1 : 고온체의 온도(K)
t_2 : 저온체의 온도(K)

(4) 열의 통과량

고체로 된 벽의 양쪽에 온도가 다른 유체가 있을 때, 벽체의 바깥쪽과 안쪽에서는 대류에 의하여 열이 이동되고, 벽체 속에서는 전도에 의하여 열이 이동된다. 이러한 현상을 열통과 또는 열관류라 하며 이때의 열통과량은 면적, 고온 측과 저온 측의 온도차, 열관류율에 비례한다.

$$Q = K \times A \times (t_o - t_i)$$

여기서, K : 열통과율(W/m² · K)

$$K = \cfrac{1}{\cfrac{1}{\alpha_0} + \cfrac{\tau_1}{\lambda_1} + \cfrac{\tau_2}{\lambda_2} + \cfrac{1}{\alpha_1}}$$

A : 벽체의 면적(m²)
t_0, t_i : 고온 측과 저온 측의 온도(K, ℃)
α_0, α_i : 고온 측과 저온 측의 열전달률(W/m² · K)
τ_1, τ_2 : 구성재료의 두께(m)
λ_1, λ_2 : 구성재료의 열전도율(W/m · K)

4) 열역학 법칙

(1) 열역학 제0법칙(열평형법칙)

고온과 저온의 물체가 마침내 열평형을 이룬다는 법칙이다.

$$평균온도(℃) = \frac{G_1 \cdot C_1 \cdot \Delta t_1 + G_2 \cdot C_2 \cdot \Delta t_2}{G_1 \cdot C_1 + G_2 \cdot C_2}$$

여기서, $G_1 \cdot G_2$: 물질의 무게(kg)
$C_1 \cdot C_2$: 물질의 비열(kcal/kg · ℃)
$\Delta t_1, \Delta t_2$: 온도차(℃)

(2) 열역학 제1법칙(에너지보존법칙)

어떤 고립된 계의 총 내부에너지는 일정하다는 법칙이다.
즉, 일은 열로, 열은 일로 교환할 수 있다는 법칙이다.

$$Q = A \cdot W \ (A(일의\ 열당량) = \frac{1}{427}\,\text{kcal/kg} \cdot \text{m})$$

$$W = J \cdot Q \ (J(열의\ 일당량) = 427\,\text{kg} \cdot \text{m/kcal})$$

> **Reference**
>
> - 일과 열량의 관계 : 1kW=102kg · m/s×1/427kcal/kg · m×3,600s/h=860kcal/h
> - 제1종 영구기관은 외부로부터 에너지의 공급 없이 계속 일을 할 수 있는 기관을 말하는데, 이러한 영구기관은 에너지보존법칙, 즉 열역학 제1법칙에 어긋난다.

(3) 열역학 제2법칙(에너지흐름법칙)

일은 열로 바꿀 수 있지만 열은 일로 변하기 어렵다는 법칙으로, 효율이 100%인 열기관은 제작이 불가능하다.
① 클라우지우스(Clausius) 표현 : 저온에서 고온으로 이동할 수 없다.
② 켈빈-플랑크(Kelvin-Planck) 표현 : 마찰 등의 손실은 회수하기 어렵다(저온의 물체 필요).

> **Reference**
>
> 제2종 영구기관은 열효율이 100%인 열기관으로, 열에너지를 전부 일로 변환할 수 있는 가상적인 장치이다.

(4) 열역학 제3법칙

절대온도 0도에 이르게 할 수 없다는 법칙이다.

5) 엔탈피와 엔트로피

(1) 내부에너지(Internal Energy)

내부에너지는 상태만으로 정해지며, 계의 최초상태(U_1)와 최종상태(U_2)에서의 내부에너지 변화는 $U_2 - U_1$이다. 만일 열(Q)이 계에 가해지면 이는 내부에너지를 증가시키거나 또는 계에 의해서 주위에 행하여진 일(W)로 변환될 수 있다.

$$\Delta U = U_2 - U_1 = Q - W$$

(2) 외부에너지(External Energy)

계 내부에너지에 따른 물체의 운동에 의한 운동에너지와 위치 또는 형태의 변화에 따른 위치에너지를 합한 기계적 에너지 또는 일(힘×거리)로 표현한다.

$$dw = f \times dl$$
$$f(\text{힘}) = P(\text{압력}) \times A(\text{단면적})$$
$$dw = PAdl \quad dw = pdv$$
$$w(\text{가역}) = P\int_{V_1}^{V_2} dv = P(V_2 - V_1) = P\Delta V$$

(3) 엔탈피(Enthalpy : kcal/kg)

자연계의 내부에너지와 외부에너지의 총합 또는 총에너지로 일정한 부피과정에서 흡수되는 열(Q)은 내부에너지의 증가와 같다.

$$Q_v = H_2 - H_1 = \Delta H$$
$$\Delta H = \Delta U + P\Delta V \quad (PV_1 = n_1RT,\ PV_2 = n_2RT)$$
$$P\Delta V = PV_2 - PV_1 = n_2RT - n_1RT = (n_2 - n_1)RT = \Delta nRT$$
$$\Delta H = \Delta U + P\Delta V = \Delta U + \Delta nRT = APV$$

여기서, H : 엔탈피(kcal/kg)
U : 내부에너지(kcal/kg)
A : 일의 열당량(kcal/kg · m)
P : 압력(kg/cm²)
V : 비체적(m³/kg)

(4) 엔트로피(Entropy : kcal/kg)

일정 압력에서 순수물질의 엔트로피는 두 개의 독립변수인 압력과 온도의 함수이며 그때의 총에너지를 그때의 절대온도로 나눈 값을 말한다.

$$H = f(P, T)$$
$$dh = \left(\frac{\partial h}{\partial P}\right)_T dP + \left(\frac{\partial h}{\partial T}\right)_p dT$$
$$ds = \frac{dQ}{T}$$

여기서, ds : 엔트로피(kcal/kg · K)
dQ : 변화된 총열량(kcal/kg)
T : 절대온도(K)

> **Reference**
> - 0℃의 포화액의 엔트로피는 1kcal/kg · K이다.
> - 열출입이 없는 단열변화의 경우 엔트로피의 증감은 없다.
> - 엔트로피는 가역과정에서는 불변이고 비가역과정에서는 증가한다.

6) 계의 변화

(1) 열용량

단위 물질량의 온도를 1℃ 상승시키는 데 필요한 열량을 말한다.

$$C = \frac{dQ}{dT}$$

① **정적비열**(C_v) : 기체의 체적을 일정하게 유지하고 측정한 비열

$$dQ = dU + pdV$$
$$dQ = dU \text{(용적이 일정한 경우)}$$
$$C_v = \left(\frac{\partial U}{\partial T}\right)_v$$

② **정압비열**(C_p) : 기체의 압력을 일정하게 유지하고 측정한 비열

$$C_p = \left(\frac{\partial Q}{\partial T}\right)_p = \left(\frac{\partial U}{\partial T}\right)_p + p\left(\frac{\partial V}{\partial T}\right)_p = \left(\frac{\partial H}{\partial T}\right)_p$$

③ **비열비**(K) : 기체에만 적용되며 정적비열에 대한 정압비열의 비로 항상 1보다 크다.

$$K = \frac{C_p}{C_v} > 1, \ C_p - C_v = R, \ C_p = \frac{K}{K-1}R, \ C_v = \frac{1}{K-1}R$$

$$\text{또는 } \frac{C_p}{C_v} - 1 = \frac{R}{C_v}, \ C_v = \frac{R}{(K-1)}, \ C_p = \frac{KR}{(K-1)}$$

(2) 단열변화

기체를 압축, 팽창할 때 외부에서 전혀 열 출입이 없도록 한 변화를 말한다.

$$Q = \Delta U + P\Delta V (= W)$$

여기서, ($Q = 0$)
$$0 = \Delta U + P\Delta V (= W)$$
$$\therefore -dW = dU = C_v dT$$

이상기체가 단열변화를 행하는 경우 압력과 용적관계는 다음과 같다(C_v = 일정).

$$W = -C_v \Delta T = \frac{R\Delta T}{K-1} = \frac{R(T_1 - T_2)}{K-1} = \frac{P_1 V_1}{K-1}\left[1 - \left(\frac{V_1}{V_2}\right)^{K-1}\right]$$

$$= \frac{P_1 V_1}{K-1}\left[1 - \left(\frac{P_2}{P_1}\right)^{\frac{K-1}{K}}\right] = \frac{RT_1}{K-1}\left[1 - \left(\frac{P_2}{P_1}\right)^{\frac{K-1}{K}}\right]$$

(3) 등온변화

기체를 압축, 팽창할 때 기체의 온도를 일정하게 유지하면서 압축하거나 팽창시키는 변화를 말한다.

$$Q = \Delta U + P\Delta V (= W)$$

여기서, ($\Delta U = 0$)
$$Q = P\Delta V (= W)$$
∴ 흡수 방출한 열은 모두 외부에 일한 것이다.

이상기체에서는 내부에너지의 변화가 없어 다음과 같이 표시한다.

$$\Delta H = \int_1^2 dH = \int_1^2 P\,dV = \int_1^2 \frac{dV}{V}$$

$$= RT \ln\left(\frac{V_2}{V_1}\right) = RT \ln\left(\frac{P_1}{P_2}\right) = W$$

(4) 정압변화

압력을 일정하게 유지하면서 기체의 상태가 변하는 과정이다. 압력을 일정하게 유지하면서 열을 공급하면 기체의 온도가 높아지고 부피가 팽창한다.

$$Q = \Delta U + P\Delta V$$

즉, 흡수한 열은 내부에너지 증가와 기체가 하는 일로 쓰인다.

(5) 정적변화

부피를 일정하게 유지하면서 기체의 상태가 변화하는 과정이다.

$$\Delta U = 0, \quad Q = \Delta U$$

즉, 흡수한 열은 내부에너지 증가와 기체가 하는 일로 쓰인다.

(6) 폴리트로픽 변화

실제 과정에 있어서 실린더 내에서 압축 시 단열변화도 아니고 등온변화도 아닌 중간의 변화, 즉 실제와 가장 가까운 압축변화를 말한다($PV^n = C$, n은 폴리트로픽 지수로 $-\infty < n < +\infty$의 값을 갖는다).

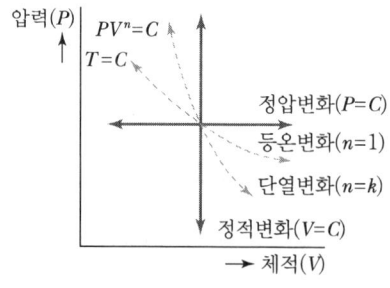

∥ $P-V$ 선도 ∥

▼ 폴리트로픽 지수관계

n관계	변화구분
$n = 0$	정압변화
$n = 1$	등온변화
$n = k$	단열변화
$n = \infty$	정적변화
$-\infty < n < +\infty$	폴리트로픽 변화

3. 열역학 관계식

1) 열효율과 성적계수

(1) 열효율

열기관은 가열장치의 고열원에서 열을 받아서 외부에 일을 하고 나머지의 열을 외부의 저열원으로 방출한다. 발생하는 일의 양은 고온체에서 준 열(Q_1)과 저온체에서 받은 열(Q_2)의 차이이며, 열효율은 입출기관에서 공급에너지와 유효에너지의 비를 말한다.

$$W = Q_1 - Q_2$$

$$열효율(\eta) = \frac{유효일}{공급열량} = \frac{W}{Q} = \frac{Q_1 - Q_2}{Q_1} = 1 - \frac{Q_2}{Q_1} = 1 - \frac{T_2}{T_1}$$

(2) 성적계수

저온체에서 열을 받아 고온체로 열을 이동시키는 기구는 냉동기와 열펌프로 구분된다. 이때 저온 측에서의 열의 흡수에 의한 냉각을 목적으로 하면 냉동기이고, 응축기에서 고온 측으로의 열방산을 가열에 이용하면 열펌프이다. 냉동할 때 냉동기가 물체로부터 빼앗는 열량으로서 냉동능력을 성적계수라고 한다. 보통 1냉동톤(RT)이란 0℃의 물 1ton을 24시간에 0℃ 얼음으로 만드는 능력이다(증기 압축식 냉동기 1RT=3,320kcal).

$$냉동기\ 성적계수(COP) = \frac{Q_2}{W} = \frac{Q_2}{Q_1 - Q_2} = \frac{T_2}{T_1 - T_2}$$

$$열펌프\ 효율(\eta_h) = \frac{Q_1}{W} = \frac{Q_1}{Q_1 - Q_2} = \frac{T_1}{T_1 - T_2}$$

2) 이상적 가역 사이클(Carnot Cycle)

가역기관에 있어서 열을 일로 변화시키는 효율은 기관을 움직이는 기체에 무관하며 온도변화에 의존하고 있다는 이상기체의 가역 사이클을 카르노 사이클(Carnot Cycle)이라 한다. 카르노 사이클은 이상기체를 작업물질로 하는 이상적인 사이클로서 2개의 등온변화와 2개의 단열변화로 구성된다.

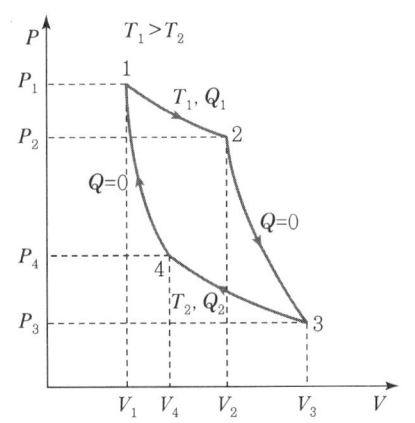
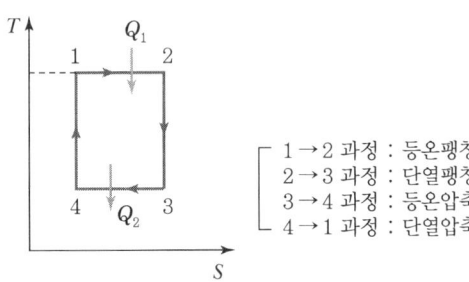

$$\begin{array}{l} 1\to 2 \text{ 과정 : 등온팽창} \\ 2\to 3 \text{ 과정 : 단열팽창} \\ 3\to 4 \text{ 과정 : 등온압축} \\ 4\to 1 \text{ 과정 : 단열압축} \end{array}$$

▮ 카르노 사이클 $P-V$, $T-S$ 선도 ▮

(1) 등온팽창(1 → 2) 과정

　　기체는 이상기체이고 V_1에서 V_2로 온도는 일정하므로 $\Delta U = 0$이 된다($Q_1 = W_1$).

$$W_1 = \int_{V_1}^{V_2} P dv = \int_{V_1}^{V_2} \frac{nRT_h}{v} dv = nRT_h \int_{V_1}^{V_2} \frac{dv}{v} = nRT_h \ln \frac{V_2}{V_1}$$

$$\frac{V_2}{V_1} = \frac{P_1}{P_2}$$

$$W = nRT \ln \frac{P_1}{P_2}$$

(2) 단열팽창(2 → 3) 과정

　　기체가 V_2에서 V_3로 단열팽창하여 온도는 저온(T_2)으로 떨어진다. 단열팽창 시 열전달은 없고, 기체에 의해 W_2의 일이 행해진다($Q=0$).

$$W_2 = -\Delta U_2 = -C_v(\Delta T) = C_v(T_h - T_l) = \frac{R}{k-1}(T_2 - T_3)$$

$$= \frac{1}{k-1}(P_2 V_2 - P_3 V_3)$$

　　P, V, T의 관계는 $PV^k = C$(일정)

$$\frac{T_3}{T_2} = \left(\frac{P_3}{P_2}\right)^{\frac{k-1}{k}} = \left(\frac{V_2}{V_3}\right)^{k-1}$$

(3) 등온압축(3 → 4) 과정

기체가 저온(T_2)에서 V_3에서 V_4으로 등온압축된다. 이상기체이고 온도가 일정하므로 $\Delta U = 0$이 된다.

$$Q_2 = W_3 = nRT_2 \int_{V_3}^{V_4} \frac{dV}{V} = nRT_2 \ln \frac{V_4}{V_3} = nRT_2 \ln \frac{P_3}{P_4}$$

P, V, T의 관계는 $T_3 = T_4$, $P_3 V_3 = P_4 V_4$

(4) 단열압축(4 → 1) 과정

기체가 단열적으로 V_4에서 처음의 부피 V_1으로 압축된다. 이때 온도는 처음의 고온(T_1)으로 상승한다. 단열압축이므로 열전달은 없고, W_4의 일이 기체에 대하여 수행된다($Q=0$).

$$W_4 = \Delta U_4 = C_v(\Delta T) = C_v(T_1 - T_2) = \frac{R}{k-1}(T_1 - T_4)$$
$$= \frac{R}{k-1}(P_1 V_1 - P_4 V_4)$$

P, V, T의 관계는 $PV^k = C$(일정)

$$\frac{T_1}{T_4} = \left(\frac{P_1}{P_4}\right)^{\frac{k-1}{k}} = \left(\frac{V_4}{V_1}\right)^{k-1}$$

3) 증기압 선도

물을 실린더에 넣은 후 열손실이 없는 이상적인 가열기관에서 가열하면 점점 피스톤은 오르고, 압력은 일정하게 유지되다가 더욱 가열하면 온도가 변하지 않고 증발이 일어나 증기로 변하며, 이때 더욱 가열하면 과포화(과열) 증기가 된다.

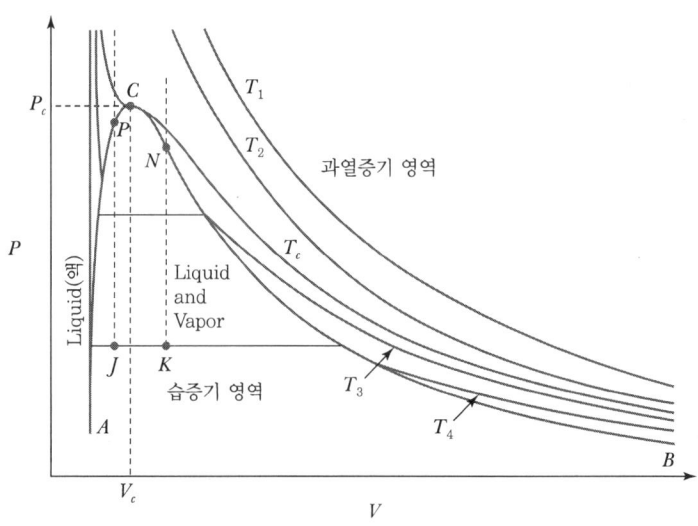

∥ 포화증기와 과열도 선도 ∥

(1) 임계점(C)

압력이 높아진 상태에서 계속 가열하면 어떤 온도에 이르러 증발현상 없이 갑자기 물에서 증기로 변한다. 이러한 변화가 일어나는 점를 임계점(Critical Point)이라 하며 그때의 압력을 임계압력(Critical Pressure), 온도를 임계온도(Critical Temperature)라 한다.

(2) 포화온도, 포화압력

임의의 압력에서 증발되는 시작점인 A, B, C 등의 온도를 포화온도라 하고, 이때의 압력을 포화압력이라 한다. 포화온도의 물을 포화수라 하고, 포화온도의 증기는 포화증기라 한다. 포화증기는 건포화 증기라고도 하며, 이 증기를 더욱 가열하여 포화온도 이상으로 온도가 높아진 증기를 과열증기라 한다. 또한 과열증기의 온도와 포화온도와의 차이를 과열도라 한다.

(3) 습증기

포화온도의 물과 증기가 섞여 있는 혼합물을 습포화 증기 또는 습증기라 하며, 습증기 1kg 중에서 $x$kg이 증기이고 나머지 $(1-x)$kg이 물의 상태일 때, x를 습증기의 건도라 한다.

4) 증기 동력 사이클(Rankine Cycle)

증기 동력 사이클은 2개의 단열과정과 2개의 등압과정으로 구성된 증기기관으로 증기를 작동 유체로 하는 열기관을 가진 동력 장치를 말하며 기본 구성은 보일러에서 만들어진 고온 고압의 증기는 터빈으로 보내져서 일을 한 후 압력이 떨어진 저온 저압 상태로 응축기에 보내진다. 특히 카르노 사이클과 다른 점은 가열단계에서 과열증기가 발생하고 냉각단계에서는 응축되어 보일러 펌프를 이용하여 이송된다는 점이다.

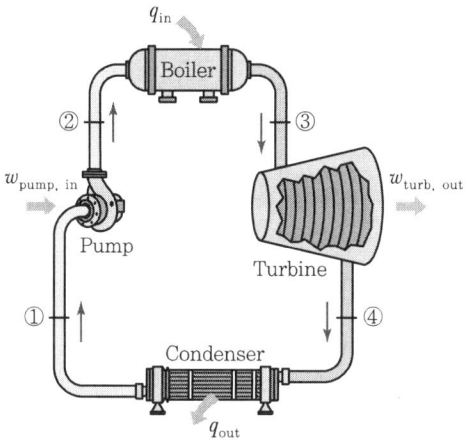

| 랭킨 사이클 계통도 |　　| 랭킨 사이클 T-S 선도 |

(1) 단열압축(1 → 2) 과정

응축수를 급수 펌프로 이송하여 압축수를 보일러에 급수하는 과정으로, 포화수가 급수 펌프에 의해 단열압축되어 불포화수인 고압수로 보일러에 보내진다.

$$\text{펌프 일량 } W_p = h_2 - h_1$$

(2) 등압가열(2 → 3) 과정

보일러에서 열을 공급받아 포화증기가 과열증기로 등압가열되는 과정으로, 과열증기가 터빈으로 이동한다.

$$\text{흡수 열량 } Q_1 = h_3 - h_2$$

(3) 단열팽창(3 → 4) 과정

터빈에서 유출된 습증기는 단열팽창하여 습증기가 되어 복수기로 유입하고 증기터빈은 증기에너지를 기계적 에너지로 전환한다.

$$\text{터빈 일량 } W_T = h_4 - h_3$$

(4) 등압냉각(4 → 1) 과정

복수기에서 나온 포화수를 등압으로 열을 방출하여 대기압까지 냉각하고 다시 급수 펌프로 급수한다.

$$\text{방출 일량 } Q_2 = h_4 - h_1$$

(5) 랭킨 사이클의 열효율

$$\eta_R = \frac{\text{사이클 중 일에 이용된 열량}}{\text{사이클에서의 가열량}} = \frac{W}{Q_1} = \frac{(h_2 - h_3) - (h_1 - h_4)}{h_2 - h_1}$$

여기서, 펌프일($h_1 - h_4$)은 터빈 일에 비하여 대단히 적고 $h_1 ≒ h_4$이므로

$$\eta_R ≒ \frac{h_2 - h_3}{h_2 - h_4}$$

5) 내연기관 사이클

(1) 오토 사이클(정적 사이클, Otto Cycle)

내연기관의 동작유체를 이용하여 보일러, 내연기관의 열공급과 방열이 정적으로 이루어져 전기점화기관의 설명에 이용하는 가솔린 기관의 기본 사이클이다.

① 오토 사이클 특징
- 공기표준 사이클로서 2개의 정적과정과 2개의 단열과정으로 이루어진다.
- 작동순서 : 흡기 → 단열압축 → 정적가열 → 단열팽창 → 정적방열 → 배기
- 흡입의 일량과 배기의 일량은 이론적으로 비슷하므로 무시한다.
- 체적이 일정한 상태로 열을 받아 정적 사이클이라고도 한다.

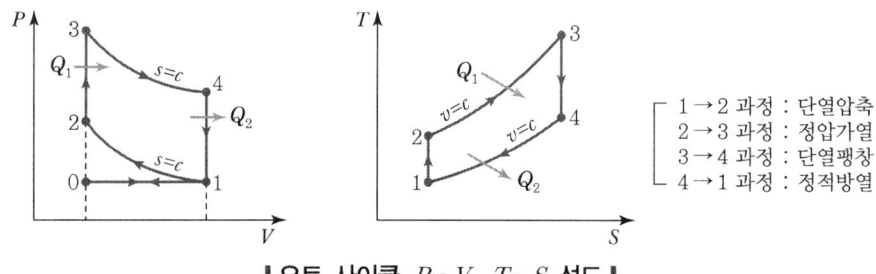

┃오토 사이클 $P-V$, $T-S$ 선도┃

1→2 과정 : 단열압축
2→3 과정 : 정압가열
3→4 과정 : 단열팽창
4→1 과정 : 정적방열

② 열효율
- 공급열량 $q_1 = C_v(T_3 - T_2)$
- 방출열량 $q_2 = -C_v(T_1 - T_4)$ ($-$는 방출을 의미한다.)
- 유효일 $AW = q_1 - q_2$
- 압축비 $\varepsilon = \dfrac{V_1}{V_2} = \dfrac{V_4}{V_3}$
- 오토 사이클의 열효율

$$\eta_o = \frac{W}{q_1} = 1 - \frac{q_2}{q_1} = 1 - \frac{C_v(T_4 - T_1)}{C_v(T_3 - T_2)} = 1 - \frac{T_4 - T_1}{T_3 - T_2} = 1 - \left(\frac{1}{\varepsilon}\right)^{k-1}$$

(2) 디젤 사이클(Diesel Cycle)

공기표준 디젤 사이클은 압축점화 기관이 저속 디젤 기관의 기본 사이클로서 이론적으로 연소가 등압하에서 이루어지므로 등압 사이클이라 하고, 외부에서 열을 흡수하거나 방출하면서 전체적으로 밖으로 역학적 일을 하는 것을 열기관이라고 한다.

① 디젤 사이클 특징
- 저속 디젤 기관의 표준 사이클로서 1개의 정압과정, 2개의 단열과정, 1개의 정적과정으로 이루어진다.
- 작동순서 : 단열압축 → 정압가열 → 단열팽창 → 정적방열
- 오토 사이클과 다른 점은 흡열과정이 정압과정이라는 점이다.

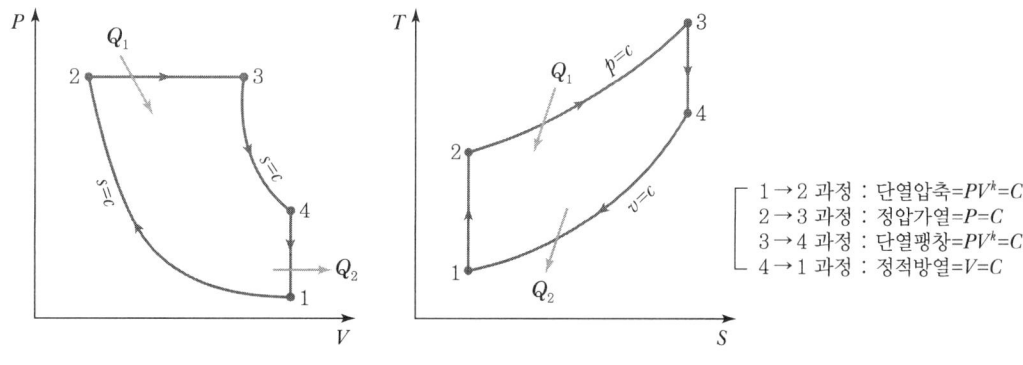

┃디젤 사이클 $P-V$, $T-S$ 선도┃

② 열효율
- 공급열량 $q_1 = C_p(T_3 - T_2)$
- 방출열량 $q_2 = -C_v(T_1 - T_4)$
- 단절비(Cut Off Ratio) 또는 등압 팽창비 $\sigma = \dfrac{V_3}{V_2} = \dfrac{T_3}{T_2}$
- 디젤 사이클의 열효율

$$n_d = \frac{W}{q_1} = 1 - \frac{q_2}{q_1} = 1 - \frac{C_v(T_4 - T_1)}{C_p(T_3 - T_2)} = 1 - \frac{(T_4 - T_1)}{k(T_3 - T_2)} = 1 - \left(\frac{1}{\varepsilon}\right)^k \frac{\sigma^{k-1}}{k(\sigma - 1)}$$

(3) 사바테 사이클(복합 사이클, Sabathe Cycle)

고속 디젤 기관의 기본 사이클로 정압 사이클과 정적 사이클이 복합되어 이 두 과정에서 열공급이 이루어지므로 정적, 정압 사이클 또는 이중 연소 사이클이라고도 한다.

① 사바테 사이클 특징
- 고속 디젤 기관의 표준 사이클로서 2개의 단열과정, 2개의 정적과정, 1개의 정압과정이 있다.

- 작동순서 : 단열압축 → 정적가열 → 정압가열 → 단열팽창 → 정적방열
- 오토 사이클의 정적가열과 디젤 사이클의 정압가열이 복합된 이중 흡열과정을 가진다.

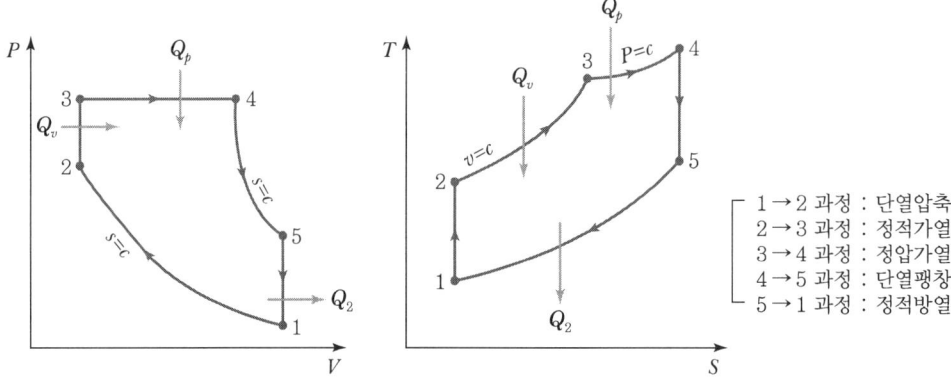

┃ 사바테 사이클 $P-V$, $T-S$ 선도 ┃

② 열에너지

- $1 \to 2$: 단열압축 $\dfrac{T_2}{T_1} = \left(\dfrac{V_1}{V_2}\right)^{k-1} = \varepsilon^{k-1}$

- $2 \to 3$: 정적가열 과정 압력비 $\alpha = \dfrac{P_3}{P_2}$ 이면

$$\dfrac{T_3}{T_2} = \left(\dfrac{P_3}{P_2}\right), \ T_3 = \alpha \varepsilon^{k-1} T_1$$

- $3 \to 4$: 정압가열 과정 차단비 $\sigma = \dfrac{V_4}{V_3}$ 이면

$$\dfrac{T_4}{T_3} = \left(\dfrac{V_4}{V_3}\right) = \sigma, \ T_4 = \sigma T_3 = \sigma \alpha \varepsilon^{k-1} T_1$$

- $4 \to 5$: 단열팽창 과정 $\dfrac{T_5}{T_4} = \left(\dfrac{V_4}{V_5}\right)^{k-1} = \varepsilon^{k-1}$

$$T_5 = \left(\dfrac{V_5}{V_4}\right)^{k-1} T_4 = \sigma^k \alpha T_1$$

- 사바테 사이클의 열효율

$$\eta_s = 1 - \dfrac{1}{\varepsilon^{k-1}} \cdot \dfrac{\alpha \sigma^{k-1}}{(\alpha-1) + k\alpha(\sigma-1)}$$

> **Reference** 열효율 비교
>
> 열기관에는 연소열을 이용한 가솔린 기관(오토 사이클), 디젤 기관(디젤 사이클, 사바테 사이클), 가스 터빈(브레이턴 사이클)이나 잠열을 이용한 증기기관(랭킨 사이클) 등이 있다.
> - 압축비, 가열량이 같을 때 : 오토 > 사바테 > 디젤
> - 최고압력, 가열량이 같을 때 : 오토 < 사바테 < 디젤

6) 브레이턴 사이클(Brayton Cycle)

브레이턴 사이클은 공기 압축기, 연소실(혼합 챔버), 가스터빈 등으로 구성되어 있고 터빈에 고온, 고속의 연소가스를 분사시켜 직접 회전일을 얻어 동력을 발생시키는 기관을 말한다. 브레이턴 사이클은 정압·연소 사이클이라고도 하며 가스터빈 중에 대표적인 사이클로서 2개의 단열과정(단열압축, 단열팽창)과 2개의 등압과정(등압연소, 등압냉각)으로 이루어진 이상적 터빈 사이클이다. 특히 역브레이턴 사이클은 브레이턴 사이클의 역으로 작동되는 것으로 공기냉동 사이클이라 한다.

(1) 브레이턴 사이클의 특징

① 열효율은 압력비만의 함수이다.
② 압력비가 클수록 효율은 증가한다.
③ 압력비가 너무 크면 효율, 출력 모두 감소한다(효율적인 압축비 : 11~16 정도).

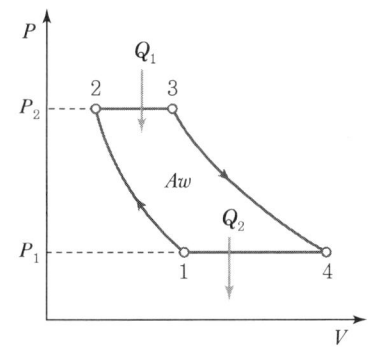 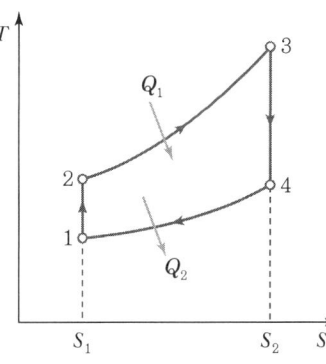

1→2 과정 : 등엔트로피 (단열압축)
2→3 과정 : 등압가열
3→4 과정 : 등엔트로피 (단열팽창)
4→1 과정 : 등압배기

| 브레이턴 사이클 $P-V$, $T-S$ 선도 |

(2) 열효율

$$\eta_b = 1 - \frac{T_1}{T_2} = 1 - \left(\frac{P_1}{P_2}\right)^{\frac{k-1}{k}}$$

여기서, T_1 : 엔진에서 방출된 열, T_2 : 엔진으로 들어간 열
P_1 : 연소실 내부 압력, P_2 : 연소실 외부 압력

7) 냉동 사이클

외부에서 열을 주어 저온체에서 고온체로 열이 이동한다. 즉 저온체에서 흡수하고 고온체에서 방출하는 사이클로, 이상적인 가역 과정인 카르노 사이클을 역회전시키면 역카르노 사이클이 된다.
- 증기 압축식 냉동기의 냉매 순환 경로 : 압축기 → 응축기 → 팽창밸브 → 증발기

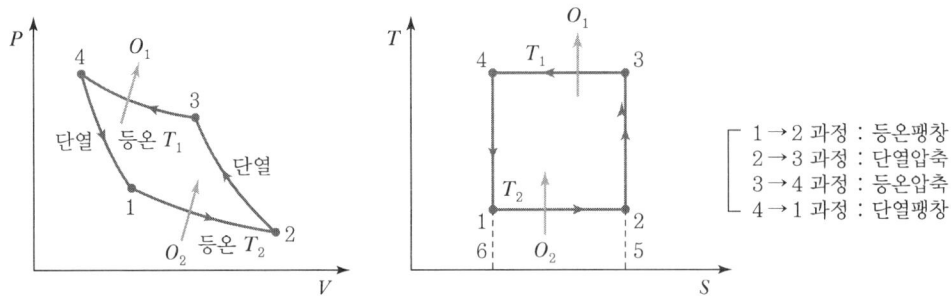

▮ 냉동 사이클 $P-V$, $T-S$ 선도 ▮

8) 흡수식 냉동기

물이 들어 있는 통의 내부를 낮은 압력으로 유지시키면 물의 끓는점이 낮아지고, 이에 따라 낮은 온도에서도 물의 증발이 일어난다. 흡수식 냉동기는 물이 증발하면서 증발 잠열만큼 주변에서 열을 빼앗는 원리를 냉각에 이용하는 것이다.
- 흡수식 냉동기의 냉매 순환 경로 : 흡수기 → 재생기 → 응축기 → 증발기

(1) 흡수기

증발기에서 증발한 저온의 냉매가스를 흡수할 수 있도록 하는 장치로서 냉각수를 통과시켜 흡수제의 흡수능력을 증대시키고 냉매가스를 흡수한 희석용액(흡수제 + 냉매)은 용액 펌프를 이용하여 재생기로 보낸다.

(2) 재생기

열원에 의해 가열되어 냉매와 흡수제가 분리되며 발생한 냉매가스는 응축기로 공급하고 농흡수액은 열교환시켜 흡수기로 다시 공급된다.

(3) 응축기

재생기에서 증발된 증기를 냉각수를 이용하여 물로 응축시키는 역할을 하며, 응축열은 냉각탑을 이용하여 실외로 버려진다. 응축된 물은 다시 증발기로 보내어 냉각 작용을 지속한다.

> **Reference** 냉매와 흡수제
>
> 저온에서는 서로 잘 용해하고 고온에서는 분리가 잘되는 물질을 냉매와 흡수제로 사용한다.
> - 물 → 리듐브로마이드(LiBr)
> - 암모니아 → 물, 염화메틸 → 사염화에탄

SECTION 02 연소 계산

1. 연소(Burning)

1) 연소의 정의

가연성 물질이 공기 중의 산소와 결합하여 열과 빛을 발생하는 급격한 산화현상을 말한다.

2) 연소의 3요소

연소의 요인은 가연성 물질과 연소를 돕는 조연성 가스인 산소와 불씨를 말하는 점화원으로 구분할 수 있다.

※ **연소의 3요소** : 가연성 물질, 조연성 가스, 점화원

3) 연소의 종류

(1) 연소속도에 의한 분류

① 정상연소

가연성 기체가 연소할 때 화염의 위치나 그 모양이 변하지 않는 경우로서 연소가 일어나는 곳의 열의 발생속도와 방출속도가 서로 균형을 이루는 연소이다.

※ **정상연소** : 발생속도＝방출속도

② 비정상연소

폭발의 경우와 같이 연소가 격렬하게 일어나는 연소로 열의 발생속도가 방출속도를 능가하는 현상이다.

㉠ 발열속도＜방열속도

온도가 발화점 이하가 되어 연소가 정지 또는 소화하는 연소

ⓒ 발열속도＞방열속도

열의 축적에 의해 반응속도가 증가하여 폭발 또는 폭굉현상으로 진행하는 연소

ⓒ 연쇄운반체가 활발히 진행되어 연소의 반응속도가 빨라져 폭발에 이르게 되는 연소

(2) 연소형태에 의한 분류

① **기체연소** : 확산연소, 예혼합연소, 부분 예혼합연소

㉠ 확산연소(비혼합연소, Diffusive Burning)

가연성(프로판 가스, LPG 등)인 기체와 공기의 확산에 의하여 혼합 반응하는 연소이다.

[특징]
- 연료의 분출속도가 느리고 흐름상태가 층류로서 화염이 긴 휘염을 만든다.
- 연료의 분출속도가 클 경우에는 그을음이 발생하기 쉽다.
- 가스양의 조절범위가 넓다.
- 가스의 고온예열이 가능하다.
- 역화의 위험이 없다.

㉡ 예혼합연소(Premixing Burning)

가연성(프로판 가스, LPG 등)인 기체와 연소에 필요한 공기량 또는 산소량과 미리 알맞은 비율로 혼합(AFR)한 연소이다.

[특징]
- 혼합기의 분출속도가 느릴 경우 역화 현상이 발생한다.
- 대기 중에서도 완전연소가 가능하다.

㉢ 부분 예혼합연소(Partially Premixing Burning)

연소용 공기의 일부를 미리 연료와 혼합하고 나머지의 주위 공기는 연소실 내에서 혼합하여 확산연소시키는 방법이다.

[특징]
- 소형 또는 중형 버너로 널리 사용된다.

② **액체연소** : 증발연소, 액면연소, 등심연소, 분무연소, 분해연소

㉠ 증발연소(Vaporizing Combustion)

표면에서 증발한 연료증기와 공기 또는 산소가 혼합해서 기상으로 연소한다. 즉, 석유나 양초가 연소할 때의 불꽃은 액체나 고체가 가열에 의해서 증발하여 그 증기가 연소하기 때문에 생긴다.

㉡ 액면연소(Pool Burning)

증기압이 낮고 열분해하기 쉬운 액체 표면에서 증발되는 연료증기를 연소시키는 방법이다.

ⓒ 등심연소(Wick Burning)
모세관 현상에 따라 액체에 심지를 삽입하여 올라온 액체연료의 표면에 열을 가하여 발생되는 연료증기를 연소하는 형태이다.
ⓔ 분무연소(Spray Combustion)
액체연료를 미세한 기름방울로 무화시켜 액의 표면적을 넓게 하여 공기를 접촉 혼합함으로써 연소하는 방법으로 공업용으로 많이 쓰인다.
ⓜ 분해연소(Decomposing Combustion)
중질유 등의 연소와 같이 무화가 어렵거나 안 되는 경우 서서히 열을 가하여 최초에 증발연소를 하고 그 열에 의해서 연료 성분이 분해되는 형태이다.

③ **고체연소** : 표면연소, 분해연소, 증발연소, 자기연소
㉠ 표면연소(Surface Combustion)
적열된 목탄, 코크스 등 고체 표면에 주위의 공기 또는 산소가 확산하고 표면에서 연소반응이 일어난다.
㉡ 분해연소(Decomposing Combustion)
목재, 종이 석탄 등 대부분의 고체연료 등 열분해 온도가 증발온도보다 낮은 경우에 일어나며 가열에 의해 열분해가 일어나 휘발성분이 표면에서 약간 떨어져 기상 연소하는 현상을 말한다. 열분해 후에는 고정 탄소가 남아서 표면 연소한다.
㉢ 증발연소(Vaporizing Combustion)
고급 파라핀계 탄화수소, 고급 알코올 등 융점이 화염온도보다 낮은 고체연료가 액상으로 용융되어 발생한 가연성 증기가 착화하여 화염을 내고, 이 화염의 온도에 의하여 액체 표면에서 증기의 발생을 촉진시켜 연소를 계속해 나가는 형태이다.
㉣ 자기연소(내부연소, Autoignition)
니트로글리세린, TNT 등의 폭발물은 분자 내에 산소를 가지고 있어 외부의 산소공급원 없이도 점화원만 있으면 쉽게 폭발적인 연소를 한다.

4) 화염(불꽃)의 분류

(1) 연료의 분출 시 흐름 상태에 따른 분류

① 층류화염
기체의 연료가 염공에서 분출될 때 유량이 적어져 그 흐름이 층류인 경우의 화염으로 형상이 일정하며 안정되어 있다. 화염의 길이는 유속에 거의 비례하다.

② 난류화염
기체의 연료가 염공에서 분출될 때 유량이 많아져 그 흐름이 난류인 경우의 화염으로 일반

적으로 다음과 같다.
- 특유한 소리를 내고 화염면이 두꺼워짐과 동시에 선단이 둥글고 짧아지고, 흩어지는 것이 증가함에 따라 연소속도는 증가한다.
- 화염 배후에 다량의 미연소분이 존재한다.
- 화염의 밝기가 밝다.

(2) 화염의 빛에 따른 분류

① 휘염

불꽃 중에 탄소가 많이 생겨서 황색으로 빛나는 불꽃이다.

② 무휘염

수소, 일산화탄소 등의 연소 시의 불꽃처럼 온도가 높은 무색 불꽃이다.

(3) 화염 내의 반응에 따른 분류

① 환원염

혼합기염에서 청록색으로 빛나는 내염을 이루고 있으며, 수소나 불완전연소에 의한 CO를 함유하고 있어 환원성을 가진 불꽃이다.

② 산화염

내염의 외측을 둘러싸고 있는 약한 청자색의 불꽃으로 산소, 이산화탄소, 수증기를 함유하는 불꽃이다.

2. 연료

1) 연료의 정의

산화제와 화학적으로 반응할 때 열을 방출하는 물질로 대부분 자연계에서 얻어지나 지구온난화 및 CO_2 등의 발생으로 바이오매스나 다른 재생방법으로 점진적인 연구가 진행되고 있다.

2) 연료의 유형

① 고체연료

목재와 바이오매스, 무연탄, 갈탄, 코크스, 목탄 등

② 액체연료

원유에서 추출되는 가솔린, 등유, 경유, 중유 등

③ 기체연료

천연가스와 액화 석유가스로 메탄, 에탄, 프로판 등

3) 연료의 구비조건

① 연소할 때 발열량이 클 것
② 매연이 적고 공해 요인이 없을 것
③ 점화 및 소화가 용이하고 연소조절이 용이할 것
④ 저장운반 취급이 쉽고 경제적일 것
⑤ 연소 생성물은 독성과 냄새가 없을 것

4) 연료의 특성

(1) 기체연료

① 기체연료의 장단점
- 연소조절이 용이하고, 점화·소화가 쉽다.
- 연소효율이 높고 적은 과잉 공기로 완전연소가 가능하다.
- 연소의 자동 제어에 가장 적합하다.
- 회분 및 매연 등의 오염물 생성량이 거의 없다.
- 저발열량의 연료로 고온을 얻을 수 있다.
- 연료 중에 황성분이 거의 없다.
- 수송과 저장이 곤란하고 저장탱크, 배관공사 등 시설비가 많이 든다.
- 저장 및 취급에 위험성이 크고 연료비가 비싸다.
- 누설 시에 폭발 위험이 있고, 질식할 염려가 있다.

② 기체연료의 종류

㉠ 천연가스

암석지대 또는 지하에서 직접 채취되는 가스를 총칭한다. 원유가 생산되는 지역에서 석유와 함께 얻어진다.

㉡ 액화 천연가스

천연자원에서 생산한 천연가스를 액화하기 전에 정제하여 먼지 제거, 탈황, 탈탄산, 탈수, 탈습 등의 전처리 과정을 거친다. 액화 방법에는 캐스케이트법과 팽창법이 있으며 메탄이 주성분이다.

㉢ 액화 석유가스

원유정제 과정에서 부산물로 생산되거나, 천연가스나 제유소 가스의 분해가스를 분리시켜 상온에서 낮은 압력을 가압할 때 액화된 것으로 프로판, 부탄이 주성분이다.

㉣ 석유계 가스
- 석유가스 : 석유계 연료를 열분해, 부분연소, 접촉분해, 수소첨가분해 등을 하여 얻어진다.

- 오프가스 : 석유화학 오프가스, 정유소 오프가스 등
ⓜ 오일가스
원유 · 중유 · 나프타 등을 열분해하여 고열량 오일가스(8,000~10,000kcal/m³)를 발생시켜 열량이 낮은 수성가스 등에 혼합하여 쓴다.
ⓑ 석탄을 통하여 얻어지는 가스
석탄을 건류하거나 불완전연소시켜 얻어지는 기체연료로 제조방법에 의해 석탄가스, 발생로가스, 수성가스, 고로가스 등이 있다.
- 석탄가스 : 석탄을 고온 건류했을 때 얻어지는 가스 또는 코크스로 가스라고도 하며 보통 수소(50~55%), 메탄(20~30%), 일산화탄소(6~12%) 등으로 이루어져 있으며 발열량은 6,800kcal/m³ 정도이다.
- 발생로가스 : 석탄이나 코크스 등을 공기와 소량의 수증기로 불완전연소시켜 얻으며 발열량은 1,200~1,600kcal/m³이다.
- 고로가스(용광로가스) : 용광로에서 철광석을 용융시킬 때 코크스가 연소해서 배출되는 가스로 주성분 일산화탄소(30%), 이산화탄소(10%), 질소(60%) 등으로 이루어져 있으며 발열량은 900kcal/m³이다.
- 수성가스 : 고온으로 가열한 코크스에 수증기를 작용시키면 생기는 가스로 수소(49%), 일산화탄소(42%), 이산화탄소(4%), 질소(4.5%) 등으로 이루어져 있으며 발열량은 약 2,800kcal/m³이다.

(2) 액체연료

① 액체연료의 특징
- 단위 질량당 발열량이 크고 연소 효율이 높다.
- 대체로 성분이 일정하며 저장과 운반이 편리하다.
- 연소 후 회분 유해성분의 잔류가 거의 없다.
- 점화, 소화 및 연소의 조절과 계량, 기록이 비교적 용이하다.
- 거의 수입에 의존한다.
- 화재, 역화 등의 위험이 크며 연소온도가 높기 때문에 국부 가열을 일으키기 쉽다.
- 사용버너의 종류에 따라서는 연소 시에 소음을 발생한다.
- 중질유는 많은 황분을 함유하고 있어 연소 시 SO_2를 발생시킨다.

② 액체연료의 종류
원유를 분별증류로 끓는점에 따라 분리하여 액체연료를 얻을 수 있다.

▼ 원유정제 과정

순서	종류	분해온도(℃)	비중	용도
1	액화석유가스	-43℃ 이상	0.5 ~ 0.6	가정용 연료, 자동차용 연료 등
2	가솔린(휘발유)	30~150℃	0.69~0.77	항공기 및 승용차 연료 등
3	나프타	70~200℃	0.7~0.75	화학 공업의 원료 등
4	등유	150~250℃	0.79~0.85	제트, 트랙터, 가정용 연료, 용매
5	경유	250~350℃	0.83~0.88	디젤 기관용 연료, 접촉분해원료
6	중유	350℃ 이상	0.85~1	보일러용 연료, 석유, 코크스 등

③ 원유 성분의 분류

㉠ 파라핀계 탄화수소

일반식은 C_nH_{2n+2}로 표시되고, 탄소와 탄소가 사슬구조를 가지며, 석유 속 탄화수소 중에서 가장 널리 분포되어 있다. 끓는점이 낮은 유분에서 n-파라핀 성분이 많아 윤활유 제조에 적당하다.

㉡ 올레핀계 탄화수소

일반식은 C_nH_{2n}으로 표시되고, 탄소와 탄소의 이중결합을 가지는 불포화 구조를 이루며, 천연으로 생산되는 원유에는 거의 없으나 정제공정의 분해장치에서 생성되는 유분이다.

㉢ 나프탄계 탄화수소

일반식은 C_nH_{2n}으로 올레핀계와 같지만, 탄소와 탄소의 이중결합은 없고 고리 모양으로 결합되어 있는 탄화수소들을 말한다. 석유 중에서 가장 많이 함유되어 있는데, 특히 끓는점이 높은 유분에 많다. 같은 탄화수소인 n-파라핀보다 끓는점이 높고 비중이 크다.

㉣ 방향족계 탄화수소

6개의 탄소 원자가 3개의 이중결합을 교대로 가지는 고리 모양의 화합물을 벤젠이라 한다. 방향족 탄화수소는 벤젠핵을 기본으로 가지고 있는 물질로, 원유 중에서 중질분에 많다. 방향족 탄화수소에는 벤젠(Benzene), 톨루엔(Toluene) 등이 있으며, 석유 화학 원료로서 중요하다.

㉤ 탄화수소 이외의 성분

원유 중에는 황(S), 질소(N_2), 인(P) 산소 화합물과 염화마그네슘, 염화나트륨, 바나듐, 니켈, 철분 등의 무기 화합물이 존재하며, 그 양은 10ppm 이하이다. 이 중에서 황 화합물의 양이 비교적 많으며, 이들이 연료에 들어 있을 경우, 대기오염과 장치의 부식 등이 우려된다.

(3) 고체연료

① 고체연료의 장단점
- 저장, 보관 등 운반 시 노천야적이 가능하다.
- 연소 시 분무 등으로 인한 소음이 적다.
- 역화 또는 폭발 등이 비교적 적다.
- 화염에 의한 국부 가열을 일으키지 않는다.
- 연소 후에 재가 많이 남으므로 처리를 해야 한다.
- 점화와 소화가 불편하므로 연소관리가 어렵다.
- 연소 효율이 낮고 완전연소가 어렵다.
- 건조, 분쇄 등의 전처리가 필요한 경우가 많다.
- 매연발생이 심하며 회분이 많고 부하 변동에 응하기 어렵다.

② 고체연료의 특징
　㉠ 탄화도
- 석탄의 성분이 변화되는 진행 정도를 말한다.
- 탄화도에 따라 토탄(이탄), 갈탄, 역청탄, 무연탄, 흑연 등으로 구분한다.
- 고정탄소가 많고 휘발분이 적은 것이 탄화도가 높으며 석탄의 탄화도가 클수록 발열량은 높아지고 연료비는 증가한다.
- 공업분석을 해보면 탄화도가 커짐에 따라 수분 휘발분이 감소하고 고정탄소량이 증가한다.
- 탄소량 증가 시, 탄소성분이 많고, 발열량이 크며 수분회분 감소, 연소속도 지연, 착화온도상승, 연료비가 증가한다.

　㉡ 연료비
- 탄화도의 정도를 나타내는 지수로서 연료비를 사용한다.
- 연료비 = $\dfrac{\text{고정 탄소}}{\text{휘 발 분}}$

　㉢ 석탄에 함유되는 성분과 연소에 미치는 영향
- 기공율 = $\dfrac{(\text{참비중} - \text{겉보기비중})}{\text{참비중}} \times 100$
- 수분이 많은 연료는 착화성이 나쁘고 수분의 기화로 다량의 열을 흡수하여 열손실이 크다.
- 실리카, 알루미나 등 회분이 많은 연료는 발열량이 낮고 연소효과가 나쁘며 코린카 발생으로 통풍을 방해한다.
- 휘발분이 많은 연료는 긴 불꽃을 발생하며 검은 연기를 내기 쉽고, 발열량이 낮다.

- 고정탄소가 많은 연료는 발열량이 높고 매연발생이 적으며 불꽃의 길이가 짧다. 열효율은 높지만 점화가 늦다.

ⓔ 연료 성분의 연소에 대한 영향
- 탄소 : 연료의 고유성분으로 발열량이 높고 연료의 가치판정에 영향을 미침
- 수소 : 연료의 주요성분으로 기체연료에 많으며 발열량이 높고 고위발열량과 저위발열량의 판정요소가 됨
- 산소 : 함유량은 적지만, 연소를 도우며, 탄소나 수소와 결합 발열량을 저하시킴
- 질소 : 가스화되어 암모니아를 만들며 반응 시 흡열 반응을 하여 발열량을 감소시킴
- 황 : 유독성 물질로 철판 부식, 대기오염의 원인이지만, 발열량에 도움을 주는 가연성 원소
- 수분 : 착화를 방해하고 기화잠열로 인한 열손실이 많으며 분탄화를 방지하고 재 날림을 방지함

3. 연소의 계산

연료는 탄소(C), 수소(H), 황(S), 기타 등으로 구성되어 있는데, 산소와 화합하여 연소할 수 있는 가연원소의 연소 관계되는 반응물질과 생성물질 간의 양적 관계를 산정한다.

▼ 공기의 조성

구분	산소(O_2)	질소(N_2)	이산화탄소(CO_2)	아르곤(Ar)	수소(H_2)
체적분율[%]	20.99	78.03	0.030	0.933	0.01
질량분율[%]	23.20	75.47	0.046	1.28	0.001

1) 가연원소의 연소

(1) 탄소의 연소

	반응식	$C_{(S)}$	+	O_2	=	CO_2
① 몰비		1kmol		1kmol		1kmol
② 질량비		12kg		32kg		44kg
③ 부피비				22.4Nm^3		22.4Nm^3

▼ 탄소 완전연소의 경우 이론 연소 관계

기준 구분		소요 탄소	소요 공기 관계		발생 연소 관계	
			O_2	N_2	CO_2	N_2
중량 (무게)		12kg	32kg	106kg	44kg	106kg
	1kg		2.67kg	8.33kg	3.67kg	8.83kg
			11.5kg/kg		12.5kg/kg	
부피 (용량)		12kg	22.4Nm³	84.3Nm³	22.4Nm³	84.3Nm³
	1kg		1.87Nm³	7.02Nm³	1.87Nm³	7.02Nm³
			8.89Nm³/kg		8.89Nm³/kg	

(2) 수소의 연소

반응식 H_2 + $\frac{1}{2}O_2$ = H_2O

① 몰비   1kmol   0.5kmol   1kmol
② 질량비   2kg   16kg   18kg
③ 부피비   11.2Nm³   22.4Nm³

▼ 수소 완전연소의 경우 이론 연소 관계

기준 구분		소요 탄소	소요 공기 관계		발생 연소 관계	
			$\frac{1}{2}O_2$	N_2	H_2O	N_2
중량 (무게)		2kg	16kg	53kg	18kg	53kg
	1kg		8kg	26.5kg	9kg	26.5kg
			34.5kg/kg		35.5kg/kg	
부피 (용량)		2kg	11.2Nm³	42.1Nm³	22.4Nm³	42.1Nm³
	1kg		5.6Nm³	21.5Nm³	11.2Nm³	21.5Nm³
			26.7Nm³/kg		32.3Nm³/kg	

(3) 황의 연소

반응식 $S_{(S)}$ + O_2 = SO_2
① 몰비   1kmol   1kmol   1kmol
② 질량비   32kg   32kg   64kg
③ 부피비   22.4Nm³   22.4Nm³

▼ 황 완전연소의 경우 이론 연소 관계

기준 구분	소요 탄소	소요 공기 관계		발생 연소 관계	
		O_2	N_2	CO_2	N_2
중량 (무게)	32kg	32kg	106kg	64kg	106kg
	1kg	1kg	3.31kg	2kg	3.31kg
		4.31kg/kg		5.31kg/kg	
부피 (용량)	32kg	22.4Nm³	84.3Nm³	22.4Nm³	84.3Nm³
	1kg	0.7Nm³	2.63Nm³	0.7Nm³	2.63Nm³
		3.33Nm³/kg		3.33Nm³/kg	

(4) 이론산소량과 공기량 계산식(단위 : kg/kg)

① 이론산소량(O_o) $= \dfrac{32}{12}C + \dfrac{16}{2}\left(H - \dfrac{O}{8}\right) + \dfrac{32}{32}S$

$\qquad = 2.667C + 8\left(H - \dfrac{O}{8}\right) + S$

② 이론공기량(A_o) $= \dfrac{\text{이론산소량}(O_o)}{0.232}$

$\qquad = 11.5C + 34.05\left(H - \dfrac{O}{8}\right) + 4.3S$

2) 탄화수소(기체) 연소

(1) 탄화수소 완전연소식

$$C_mH_n + \left(m + \dfrac{n}{4}\right)O_2 \rightarrow mCO_2 + \dfrac{n}{2}H_2O$$

(2) 수소와 탄화수소 연소반응식

① 수소 : $H_2(G) + \dfrac{1}{2}O_2 \rightarrow H_2O(G)$

② 일산화탄소 : $CO + \dfrac{1}{2}O_2 \rightarrow CO_2$

③ 메탄 : $CH_4 + 2O_2 \rightarrow CO_2 + 2H_2O$

④ 아세틸렌 : $2C_2H_2 + 5O_2 \rightarrow 4CO_2 + 2H_2O$

⑤ 프로판 : $C_3H_8 + 5O_2 \rightarrow 3CO_2 + 4H_2O$

⑥ 부탄 : $C_4H_{10} + 6.5O_2 \rightarrow 4CO_2 + 5H_2O$

(3) 기체 부피로 구하는 계산식(단위 : Nm³/Nm³)

① 이론산소량$(O_o) = \frac{1}{2}H_2 + \frac{1}{2}CO + \left(m - \frac{n}{4}\right)C_mH_n - O_2$

② 이론공기량$(A_o) = \left[\frac{1}{2}H_2 + \frac{1}{2}CO + \left(m - \frac{n}{4}\right)C_mH_n - O_2\right] \times \frac{1}{0.21}$

3) 공기비(m)

계산식에 의한 이론공기량(A_o)만으로는 완전연소시키기 어렵기 때문에 실제로는 이론공기량보다 많은 양의 공기가 필요하다. 이것을 공기비 또는 과잉공기계수(m)라 한다.

※ 공기비(m) : 연료 1kg당 실제로 혼합된 공기량과 완전연소에 필요한 공기량의 비

(1) 공기비가 클 때 연소에 미치는 영향

① 연소실 내의 연소온도가 저하된다.
② 흡입량이 많아 배기가스에 의한 열손실이 많아진다.
③ 연소가스 중에 SO_3의 함유량이 많아 저온 부식이 촉진된다.
④ 연소가스 중에 NO_2의 발생량이 심하여 대기오염이 유발된다.

(2) 공기비가 작을 때 연소에 미치는 영향

① 불완전연소가 되어 매연 발생이 심하다.
② 미연소에 따른 열손실이 증가한다.
③ 미연소 가스로 인해 폭발사고가 일어나기 쉽다.

(3) 공기비 계산

$$공기비(m) = \frac{실제공기량(A)}{이론공기량(A_o)} = 1 + \frac{과잉공기}{A_o} = \frac{21}{21 - O_2} = \frac{(CO_2)_{max}}{CO_2}$$

$$= \frac{21N_2}{21N_2 - 79(O_2 - 0.5CO)} = \frac{N_2}{N_2 - 3.76(O_2 - 0.5CO)}$$

※ 과잉공기율(%) $= (m-1) \times 100 = \frac{A - A_o}{A_o} \times 100$

4) 연소가스양

(1) 이론 연소가스양

이론 연소가스양은 이론공기 중의 질소량과 연소생성물의 총합으로 수증기를 함유한 연소가스를 습연소가스(G_{ow})라 하고, 수증기를 제외한 것을 건연소가스(G_{od})라고 한다.

※ 이론 연소가스양=이론공기 중의 질소량+연소생성물

① 이론 건연소가스양

$$G_{od}(\text{m}^3/\text{kg}) = (1-0.21)A_o + \text{생성 가스양}$$
$$= (1-0.21)A_o + 1.867\text{C} + 0.7\text{S} + 0.8\text{N}$$
$$G_{od}(\text{kg/kg}) = (1-0.232)A_o + \text{생성 가스양}$$
$$= (1-0.232)A_o + 3.67\text{C} + 2\text{S} + \text{N}$$

② 이론 습연소가스양

$$G_{ow}(\text{m}^3/\text{kg}) = (1-0.21)A_o + \text{생성 가스양}$$
$$= (1-0.21)A_o + 1.867\text{C} + 11.2\text{H} + 0.7\text{S} + 0.8\text{N} + 1.244\text{W}$$
$$G_{ow}(\text{kg/kg}) = (1-0.232)A_o + \text{생성 가스양}$$
$$= (1-0.232)A_o + 3.67\text{C} + 9\text{H} + 2\text{S} + \text{N} + \text{W}$$

(2) 실제 연소가스양

실제 연소가스양 = 이론 가스양 + 과잉공기량
= 실제공기 중의 질소량 + 과잉공기 중의 산소량 + 연소생성물

① 실제 건연소가스양(G_d) = $(m-0.21)A_o$ + 생성 건가스양
② 실제 습연소가스양(G_w) = $(m-0.21)A_o$ + 생성 습가스양

5) 탄산가스 최대율[$(CO_2)_{max}$]

완전연소된다면 연소가스의 이산화탄소 농도는 연료 성분 중 탄소의 함유율과 공기비에 의해 결정된다. 연료에 공기를 충분히 공급하면 연소가 양호해지면서 이산화탄소의 농도는 상승하지만, 이론공기량을 초과하면 연소가스 중에 과잉공기가 들어가기 때문에 이산화탄소의 농도가 낮아진다. 즉, 이론공기량으로 완전연소할 때 이산화탄소의 농도는 최댓값[$(CO_2)_{max}$]이 된다. 이산화탄소의 농도가 최대가 되도록 연소를 조절하는 것이 가장 이상적인 연소방법이다.

(1) 완전연소의 배기가스 조성인 경우

$$(CO_2)_{max}(\%) = \frac{CO_2}{G_{od}} \times 100$$
$$= \frac{CO_2}{\text{실제 건가스} - \text{과잉공기}} \times 100 = \frac{CO_2}{100 - \frac{O_2}{0.21}} \times 100 = \frac{21CO_2}{21 - O_2}$$

(2) 불완전연소에 의해 CO가 있는 경우

$$(CO_2)_{max} = \frac{21(CO_2 + CO)}{21 - (O_2 + 0.395CO)}$$

6) 이론연소온도와 실제연소온도

(1) 이론연소온도

완전연소 되었을 경우 최고의 화염온도를 이론연소온도라 한다. 이 이론연소온도($t\,℃$)는 다음 식으로 표현한다.

$$이론연소온도(t\,℃) = \frac{H_l \times G}{G_o \times C_p} + t_o$$

여기서, H_l : 저위발열량(kcal/m³)
G_o : 이론연소가스양(m³/m³)
C_p : 평균정압비열(kcal/m³·℃)
t_o : 기준온도(℃)
G : 실제연소가스양(m³)

(2) 실제연소온도

연료가 실제로 연소할 때 주위의 열손실에 의해 이론연소온도보다 낮아진다. 이에 대한 개략적인 실제연소온도($t\,℃$)는 다음의 식으로 표현한다.

$$실제연소온도(t\,℃) = \frac{H_l + A_h + G_h - Q}{G \times C_p} + t_o$$

여기서, A_h : 공기의 현열
G_h : 연료의 현열
Q : 방산열량

(3) 고위발열량과 저위발열량

① 고위발열량(총발열량, Higher Heating Value)

연료를 완전연소한 후 생성되는 수증기가 응축될 때 방출하는 증발열을 포함한 발열량으로 연료의 총발열량이라 하고 다음의 식으로 개략적으로 산출하며 열량계로 실측이 가능하다.

[고체, 액체 경우]

$$고위발열량(H_h) = 8,100C + 34,200\left(H - \frac{O}{8}\right) + 2,500S \,(\text{kcal/kg})$$

$$= 33.9C + 144\left(H - \frac{O}{8}\right) + 10.47S \,(\text{MJ/kg})$$

[기체의 경우]

고위발열량(H_h)

$= 3{,}050\mathrm{H}_2 + 3{,}035\mathrm{CO} + 9{,}530\mathrm{CH}_4 + 14{,}080\mathrm{C}_2\mathrm{H}_2 + 15{,}280\mathrm{C}_2\mathrm{H}_4\,(\mathrm{kcal/kg})$

② **저위발열량(진발열량, Lower Heating Value)**

연료를 완전연소한 후 연소과정에서 생성되는 수증기 응축잠열을 회수하지 않고 배출하였을 때의 발열량으로 일명 진발열량이라 한다.

[고체, 액체 경우]

$$\text{저위발열량}(H_l) = 8{,}100\mathrm{C} + 34{,}200\left(\mathrm{H} - \frac{\mathrm{O}}{8}\right) + 2{,}500\mathrm{S} - 600(\mathrm{W})\,(\mathrm{kcal/kg})$$

$$= 33.9\mathrm{C} + 144\left(\mathrm{H} - \frac{\mathrm{O}}{8}\right) + 10.47\mathrm{S} - 2.51(\mathrm{W})\,(\mathrm{MJ/kg})$$

[기체의 경우]

저위발열량(H_l) $H_l = H_h - 480(\mathrm{H}_2 + 2\mathrm{CH}_4 + 2\mathrm{C}_2\mathrm{H}_4 + 4\mathrm{C}_3\mathrm{H}_8)\,(\mathrm{kcal/kg})$

③ **저발열량과 고발열량의 차이**

㉠ 고발열량(H_h) = 저발열량(H_l) + 600(9H + W)

㉡ 고발열량(H_h) = 저발열량(H_l) + 물의 잠열(Wg)

※ 물의 기화잠열 = 600kcal/kg , 480kcal/m³

> **Reference** 연소온도에 영향을 미치는 영향인자
>
> ① 공기비(가장 큰 영향을 미침)
> ② 산소농도
> ③ 열전달
> ④ 연소 반응물질의 주위압력
> ⑤ 연료의 저위발열량

(4) 연소속도

화염이 화염 주위에서 수직방향으로 미연소 혼합가스 쪽으로 이동하는 속도를 연소속도라 하며, 일반적으로 온도가 높을수록 빨라진다. 그러나 압력에 의한 영향은 조금 복잡하여 탄화수소와 공기의 혼합기에서 압력이 증가하면 연소속도가 느려지고, 수소와 공기의 혼합기에서 압력이 증가하면 연소속도가 빨라진다.

> **Reference** 연소속도에 영향을 주는 인자
>
> ① 산화제의 종류
> ② 1차 공기와의 혼합비율
> ③ 화염온도
> ④ 압력
> ⑤ 활성화 에너지
> ⑥ 미연소 가스의 열전도율
> ⑦ 촉매

(5) 연료와 공기의 혼합비

① 공연비(Air Fuel Ratio ; AFR)

내연기관 연소 시 연료의 질량에 대한 공기의 질량비 또는 부피비로 연료가 이론공기 연료비로 연소할 경우에 이산화탄소 농도가 가장 높고, 다른 오염 물질의 양은 최소가 되는 비율이다.
㉠ 공기량이 과잉이면 배기가스에는 CO, HC는 감소하고 O_2의 양은 증가한다.
㉡ 공기량이 부족하면 배기가스에는 CO, HC가 증가한다.
㉢ 과잉공기에 의해 CO가 CO_2로 산화되지만 동시에 연소온도가 감소되어 열 손실이 증가한다.
㉣ 화학적 필요량(AFR)에서 NOx와 CO_2는 최고의 농도이다.

② 연공비(Fuel Air Ratio ; FAR)

가연 혼합기 중의 공기와 연료의 질량비(공연비의 역수)

③ 등가비(Equivalent Ratio ; ϕ)

일정량의 이론적인 연료와 공기의 혼합비에 대하여 실제 연소되는 연료와 공기의 혼합비를 말한다.

$$등가비(\phi) = \frac{실제연료량/산화제의\ 비}{완전연소를\ 위한\ 이상적\ 연료량/산화제의\ 비}$$

㉠ $\phi = 1$ 경우 : 완전연소로서 연료와 산화제의 혼합이 이상적이다.
㉡ $\phi > 1$ 경우 : 연료가 과잉이고 상대적으로 공기가 부족한 상태, 불완전연소가 되고 CO는 증가, NOx는 감소한다.
㉢ $\phi < 1$ 경우 : 공기량이 과잉이고 상대적이고 연료가 부족한 상태, 완전연소가 되고, CO는 감소, NOx는 증가한다.
㉣ 공기비는 등가비와 상호 역수관계이다.

(6) 최소산소농도(Minimum Oxygen Concentration ; MOC)

물질을 연소하는 데 필요한 최소산소농도를 나타내며, MOC 이하의 산소농도에서는 연소가 일어나지 않는다.

$$MOC = LEL(연소하한농도) \times O_2 = LEL(연소하한농도) \times \frac{산소몰수}{가연성\ 가스몰수}$$

4. 화학반응

1) 반응열(Heat of Reaction)

모든 화학반응이 진행될 때 반응물질과 생성물질의 엔탈피의 차로 인하여 흡수하거나 방출하는 열량을 반응열이라 한다.

> **Reference 화학반응열의 종류**
>
> ① 반응열 : 어떤 물질 1mol이 반응할 때 발생 또는 흡수하는 열
> ② 생성열 : 어떤 물질 1mol이 화학반응하여 생성할 때 발생 또는 흡수하는 열
> ③ 연소열 : 가연 물질 1mol이 연소할 때 발생하는 열

2) 발열반응과 흡열반응

① **발열반응** : 반응물질로부터 생성물질로 변화될 때 열을 발생하는 반응

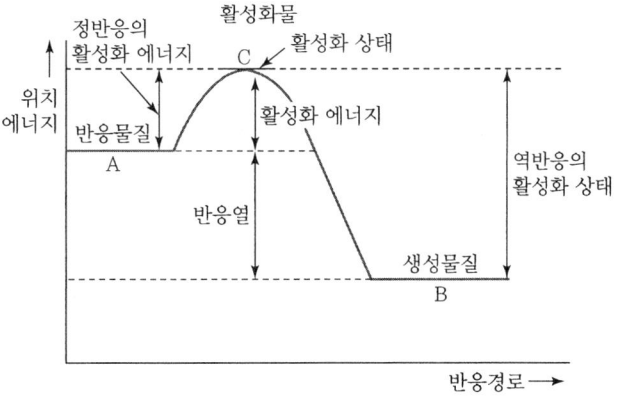

│ 발열반응 │

② 흡열반응 : 반응물질로부터 생성물질로 변화될 때 열을 흡수하는 반응

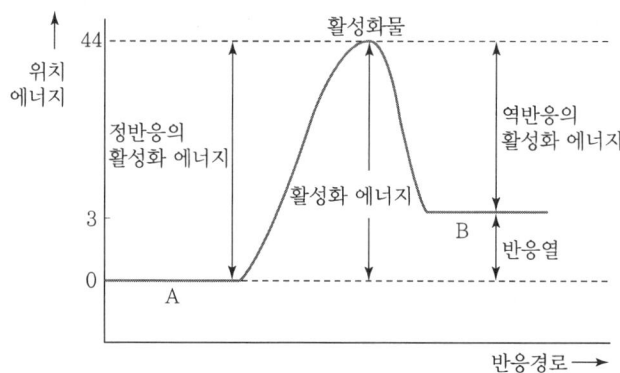

∥ 흡열반응 ∥

3) 총열량 불변의 법칙

최초 반응물질 종류와 상태가 같고 최종 생성물질의 종류와 상태만 결정되면 반응경로에 관계없이 출입하는 열량은 항상 같다.

① $C + O_2 \longrightarrow CO_2 + 94.1 kcal$

② $C + \dfrac{1}{2} O_2 \longrightarrow CO + 26.5 kcal$

③ $CO + \dfrac{1}{2} O_2 \longrightarrow CO_2 + 67.6 kcal$

즉, ①=②+③의 총열량은 같다.

4) 화학평형

화학반응에 영향을 주는 인자는 온도, 농도, 압력으로 대별된다. 또한 화학반응은 정지되지 않고 정반응과 역반응속도가 같아지는 형태를 화학평형이라 한다.

(1) 평형상수(K)

화학평형에서 반응물질과 생성물질의 농도의 비는 일정하다.

$$aA + bB \; \underset{V_1}{\overset{V_2}{\rightleftarrows}} \; cC + dD$$

① 정반응속도 $(V_1) = K_1 (A)^a \cdot (B)^b$

② 역반응속도 $(V_2) = K_2 (C)^c \cdot (D)^d$

③ 평형상태에서는 $V_1 = V_2$이므로

$$K_1(A)^a \cdot (B)^b = K_2(C)^c \cdot (D)^d$$

$$\therefore K(평형상수) = \frac{K_1}{K_2} = \frac{(C)^c \cdot (D)^d}{(A)^a \cdot (B)^b}$$

∴ K_1, K_2는 온도가 변함에 따라 정해지는 비례상수이다.

(2) 평형이동의 법칙(르 샤틀리에의 법칙)

반응이 평형상태에 있을 때 농도, 온도, 압력 등의 평형조건을 변동시키면 그 변화를 없애고자 하는 방향으로 새로운 평형에 도달한다.

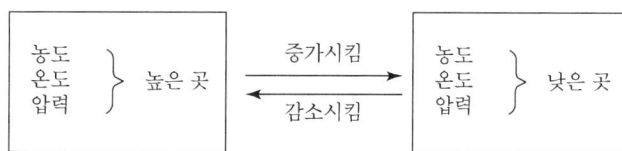

연습문제

01 달톤(Dalton)의 분압법칙에 대하여 옳게 표현한 것은?
① 혼합기체의 온도는 일정하다.
② 혼합기체의 체적은 각 성분의 체적의 합과 같다.
③ 혼합기체의 기체상수는 각 성분의 기체상수의 합과 같다.
④ 혼합기체의 압력은 각 성분(기체)의 분압의 합과 같다.

02 0℃, 1기압에서 C_3H_8 5kg의 체적은 약 몇 m^3인가?(단, 이상기체로 가정하고, C의 원자량은 12, H의 원자량은 1이다.)
① 0.6　　② 1.5　　③ 2.5　　④ 3.6

[풀이] $PV = nRT = \dfrac{W}{M}RT$

$1\text{atm} \times x = \dfrac{5{,}000\text{g}}{44} \times 0.082 \times 273$

$x = \dfrac{5{,}000 \times 0.082 \times 273}{1 \times 44} = 2{,}544\text{L} = 2.544\text{m}^3$

03 1atm, 27℃의 밀폐된 용기에 프로판과 산소가 1 : 5 부피비로 혼합되어 있다. 프로판이 완전연소하여 화염의 온도가 1,000℃가 되었다면 용기 내에 발생하는 압력은 약 몇 atm인가?
① 1.95atm　　② 2.95atm　　③ 3.95atm　　④ 4.95atm

[풀이] $C_3H_8 + 5O_2 \rightarrow 3CO_2 + 4H_2O$

$PV = nRT, \quad \dfrac{P_2 V_2}{P_1 V_1} = \dfrac{n_2 R_2 T_2}{n_1 R_1 T_1}$

$P_2 = P_1 \times \dfrac{n_2 T_2}{n_1 T_1} = 1 \times \dfrac{7 \times (273 + 1{,}000)}{6 \times (273 + 27)} = 4.95\text{atm}$

04 이상기체와 실제기체에 대한 설명으로 틀린 것은?
① 이상기체는 기체 분자 간 인력이나 반발력이 작용하지 않는다고 가정한 가상적인 기체이다.
② 실제기체는 실제로 존재하는 모든 기체로 이상기체상태방정식이 그대로 적용되지 않는다.
③ 이상기체는 저장용기의 벽에 충돌하여도 탄성을 잃지 않는다.
④ 이상기체상태방정식은 실제기체에서는 높은 온도, 높은 압력에서 잘 적용된다.

정답 01 ④　02 ③　03 ④　04 ④

풀이 실제기체는 온도가 높고, 압력이 낮을수록 이상기체의 성질에 가까워질 수 있다.

05 기체연료의 연소형태에 해당하는 것은?

① 확산연소, 증발연소
② 예혼합연소, 증발연소
③ 예혼합연소, 확산연소
④ 예혼합연소, 분해연소

풀이
- 고체연료의 연소형태 : 분해연소, 표면연소
- 기체연료의 연소형태 : 예혼합연소, 확산연소
- 액체연료의 연소형태 : 증발연소, 분해연소

06 C(s)가 완전연소하여 $CO_2(g)$가 될 때의 연소열(MJ/kmol)은 얼마인가?

$$C(s) + \frac{1}{2}O_2 \rightarrow CO + 122MJ/kmol$$

$$CO + \frac{1}{2}O_2 \rightarrow CO_2 + 285MJ/kmol$$

① 407　　② 330　　③ 223　　④ 141

풀이 연소열 = 122 + 285 = 407MJ/kmol
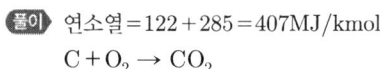

07 착화온도가 낮아지는 조건으로 틀린 것은?

① 산소농도가 클수록
② 발열량이 높을수록
③ 반응활성도가 클수록
④ 분자구조가 간단할수록

풀이 분자구조가 복잡할수록 착화온도가 낮아진다.
(착화점 = 발화점)

08 가연성 기체의 연소에 대한 설명으로 가장 옳은 것은?

① 가연성 가스는 CO_2와 혼합하면 연소가 잘 된다.
② 가연성 가스는 혼합한 공기가 적을수록 연소가 잘 된다.
③ 가연성 가스는 어떤 비율로 공기와 혼합해도 연소가 잘 된다.
④ 가연성 가스는 혼합한 공기와의 비율이 연소범위일 때 연소가 잘 된다.

풀이 가연성 가스는 혼합한 공기와의 비율이 연소범위(폭발범위)일 때 연소가 가장 잘 된다.

정답 05 ③　06 ①　07 ④　08 ④

09 다음 중 열역학 제0법칙에 대하여 바르게 설명한 것은?
① 저온체에서 고온체로 아무 일도 없이 열을 전달할 수 없다.
② 절대온도 0에서 모든 완전 결정체의 절대 엔트로피의 값은 0이다.
③ 기계가 일을 하기 위해서는 반드시 다른 에너지를 소비해야 하고 어떤 에너지도 소비하지 않고 계속 일을 하는 기계는 존재하지 않는다.
④ 온도가 서로 다른 물체를 접촉시키면 높은 온도를 지닌 물체의 온도는 내려가고, 낮은 온도를 지닌 물체의 온도는 올라가서 두 물체의 온도 차이는 없어진다.

10 실제가스의 엔탈피에 대한 설명으로 틀린 것은?
① 엔트로피만의 함수이다.
② 온도와 비체적의 함수이다.
③ 압력과 비체적의 함수이다.
④ 온도, 질량, 압력의 함수이다.

[풀이] 실제가스의 엔탈피
온도와 비체적, 압력과 비체적, 온도 · 질량 · 압력의 함수에 의해 결정된다.

11 다음 중 가역단열과정에 해당하는 것은?
① 정온과정
② 정적과정
③ 등엔탈피과정
④ 등엔트로피과정

[풀이] 등엔트로피과정 : 가역단열과정

12 분자량이 30인 어느 가스의 정압비열이 0.75kJ/kg · K이라고 가정할 때 이 가스의 비열비(k)는 얼마인가?
① 0.277
② 0.473
③ 1.586
④ 2.380

[풀이] $R = \dfrac{\overline{R}}{m} = \dfrac{848}{30} = 28.27 \text{kg} \cdot \text{m/kg} \cdot \text{K}$

$C_v = \dfrac{AR}{k-1}$, $C_p - C_v = AR$, $C_v = C_p - AR$

$R = \dfrac{8.314}{30} = 0.277$

$C_v = 0.75 - 0.277 = 0.473 \text{kJ/kg} \cdot \text{K}$

$\therefore k = \dfrac{0.75}{0.473} = 1.586$

정답 09 ④ 10 ① 11 ④ 12 ③

13 공기 29kg과 수증기 36kg을 혼합하여 30m³의 탱크 안에 넣었다. 지금 혼합기체의 온도를 77℃로 할 때 탱크의 압력은?

① 0.96atm ② 1.91atm ③ 2.57atm ④ 2.87atm

 공기 29kg = 22.4m³
수증기 36kg = 44.8m³
$(22.4+44.8) \times \dfrac{273+77}{273} = 86.15 \text{m}^3$

$\dfrac{86.15}{30} = 2.87 \text{atm}$

14 0.5atm, 5L의 기체 A, 1atm, 10L의 기체 B와 0.6atm, 5L의 기체 C를 전체 부피가 20L인 용기에 넣었을 경우 전압은 몇 atm인가?(단, 기체 A, B, C는 이상기체로 가정한다.)

① 0.625 ② 0.700 ③ 0.775 ④ 0.938

 $0.5 \times 5 = 2.5\text{L}$
$1 \times 10 = 10\text{L}$
$0.6 \times 5 = 3\text{L}$
$\therefore \dfrac{2.5+10+3}{20} = 0.775 \text{atm}$

15 체적이 0.1m³인 용기 안에서 압력 1MPa, 온도 250℃인 공기가 냉각되어 압력이 0.35MPa이 될 때 엔트로피 변화는 약 몇 kJ/K인가?

① −0.3 ② −0.4 ③ −0.5 ④ −0.6

풀이) $dV=0$, $\dfrac{P_1}{T_1} = \dfrac{P_2}{T_2}$, $G = \dfrac{P_1 V_1}{RT_1}$

$ds = GC_v \ln\dfrac{P_2}{P_1} = \dfrac{1}{k-1} \times \dfrac{P_1 V_1}{T_1} \ln\dfrac{P_2}{P_1} = \dfrac{1}{1.4-1} \times \dfrac{1 \times 10^3 \times 0.1}{(250+273)} \ln\dfrac{0.35}{1} = -0.501 \text{kJ/K}$

16 5m×10m×4m인 실내의 압력이 100kPa이며, 온도가 25℃일 때 공기의 질량은 약 몇 kg인가?(단, 공기의 상수 R값은 0.287kJ/kg · K이다.)

① 234 ② 242 ③ 250 ④ 263

풀이) $G = \dfrac{PV}{RT} = \dfrac{100 \times 200}{0.287 \times (273+25)} = 234 \text{kg}$

정답 13 ④ 14 ③ 15 ③ 16 ①

17 Polytropic Change에서 $P \cdot V^n$ = 일정일 때 $n = 1$인 경우 나타내는 열역학적 변화는?(단, P, V는 압력과 체적이며 n은 상수이다.)

① 등온압축　　　　　　　　　　　② 등적압축
③ 등압압축　　　　　　　　　　　④ 폴리트로픽 압축

풀이 폴리트로픽 지수 $P \cdot V^n$ = 일정
　　　$n = 1$(등온변화)　　　　　$n = 0$(정압변화)
　　　$n = k$(단열변화)　　　　　$n = \infty$(정적변화)

18 다음 중 열역학 제1법칙을 바르게 설명한 것은?

① 우주의 에너지는 일정하지 않고 항상 변한다.
② 열은 낮은 온도에서 높은 온도로 흐른다.
③ 어떤 계에서 에너지 증가는 그 계에 흡수된 열량에서 그 계가 한 일을 뺀 것과 같다.
④ 우주의 엔트로피는 최대를 향해 가고 있다.

19 실린더 속에 N_2가 0.5mol, O_2가 0.2mol, H_2가 0.3mol이 혼합되어 있을 때 전체 압력이 1atm이었다면 이때 산소의 부분 압력은 몇 mmHg인가?

① 152　　　　② 179　　　　③ 182　　　　③ 194

풀이 1atm = 760mmHg
　　　∴ 760×0.2 = 152mmHg

20 열기관의 효율을 면적비로 나타낼 수 있는 선도는?

① 온도 – 체적선도　　　　　　　② 압력 – 온도선도
③ 온도 – 엔트로피선도　　　　　④ 엔탈피 – 엔트로피선도

21 다음 중 가역과정으로 볼 수 없는 것은?

① Carnot 순환계　　　　　　　　② 노즐에서의 팽창
③ 마찰이 없는 관 내의 흐름　　　④ 실린더 내 기체의 갑작스런 팽창

풀이 기체의 폭발은 비가역이다.

정답 17 ① 18 ③ 19 ① 20 ④ 21 ④

22 다음 열량의 단위에 대한 설명 중 틀린 것은?

① 1,000,000Btu를 1Therm이라 한다.
② Chu는 순수한 물 1kg의 온도를 1°F 올리는 데 필요한 열량이다.
③ 1Btu는 순수한 물 1b의 온도를 1°F 변화시키는 데 필요한 열량이다.
④ 1kcal는 순수한 물 1kg을 14.5℃에서 15.5℃까지 올리는 데 필요한 열량이다.

> 풀이 1Chu : 1b를 1℃ 상승시키는 데 필요한 열량

23 100℃의 물 1g이 수증기가 될 때 엔트로피 변화는 얼마인가?(단, 잠열은 539kcal/kg이다.)

① 0.293cal/K ② 0.875cal/K ③ 1.445cal/K ④ 2.875cal/K

> 풀이 $ds = \dfrac{dQ}{T} = \dfrac{539}{100+273} = 1.445\text{cal/K}$

24 이상기체에 관한 설명 중 틀린 것은?

① 응축시키면 액화될 수 있다.
② 기체분자 자신의 부피를 무시한다.
③ 분자 사이에는 인력이나 반발력이 작용하지 않는다.
④ 저압, 고온하의 실제기체는 이상기체의 성질을 가진다.

> 풀이 이상기체는 액화되지 않는 완전탄성체의 기체이다.

25 체적 300mL인 탱크 속에 습증기 58kg이 들어 있다. 온도가 350℃일 때 증기의 건도는 얼마인가?(단, 350℃ 온도기준 포화증기표에서 $V' = 1.7468 \times 10^{-3}$m³/kg, $V'' = 8.811 \times 10^{-3}$m³/kg이다.)

① 0.485 ② 0.585 ③ 0.693 ④ 0.792

> 풀이 300mL=0.3L
> $\dfrac{0.3}{58} = 0.0051724 \text{m}^3/\text{kg}$
> $\dfrac{0.0051724 - 0.0017468}{0.00881 - 0.0017468} = 0.485$

26 일정 부피의 밀폐된 탱크에 있는 공기가 20℃, 5kg/cm²의 상태에서 온도 30℃로 상승했을 때 압력의 상승은 얼마인가?

① 0.17kg/cm² ② 1.17kg/cm² ③ 2.17kg/cm² ④ 3.17kg/cm²

정답 22 ② 23 ③ 24 ① 25 ① 26 ①

풀이 $\left(5 \times \dfrac{273+30}{273+20}\right) - 5 = 0.17 \text{kg/cm}^2$

27 다음 내용 중에서 열역학식으로 올바른 것은?

$$T_2 = T_1\left(\dfrac{P_2}{P_1-1}\right)(nr+1)/r$$

① 정압비열 $C_p = C_v - R$
② 2원자 분자가스의 단열지수 $r = 1.33$
③ 엔탈피 $H = U + nRT$
④ 이상기체가 단열압축될 때 온도 상승

풀이
- $C_p - C_v = AR$, $C_p - C_v = R$
- 2원자 가스의 $r = 1.40(n/5)$

28 N_2와 O_2의 가스정수는 각각 30.26kgf · m/kg · K, 26.49kgf · m/kg · K이다. N_2가 70%인 N_2와 O_2의 혼합가스의 가스정수는 얼마인가?

① 10.23　② 17.56　③ 23.95　④ 29.13

풀이 $30.26 \times 0.7 + 26.49 \times 0.3 = 29.13 \text{kgf} \cdot \text{m/kg} \cdot \text{K}$
※ $O_2 = 100 - N_2 = 30\%$

29 다음은 엔탈피와 내부에너지의 관계식이다. 압력을 일정하게 유지하였을 때 엔탈피의 변화량을 바르게 표시한 것은?

① $dH = dU + PdV$
② $dH = dU + PdV + VdP$
③ $dH = dU - PdV$
④ $dH = dU - PdV - VdP$

30 10kg/cm², 0.1m³인 이상기체를 초기 부피의 5배로 등온팽창시킬 때 소요 열량(kcal)은 얼마인가?

① 26.7　② 37.6　③ 47.6　④ 53.7

풀이 $W_2 = P_1 V_1 \ln \dfrac{V_2}{V_1}$, $Q_2 = A_1 W_2$

$$Q = \dfrac{10 \times 10^4 \times 0.1 \times \ln\dfrac{5}{1}}{427} = 37.6 \text{kcal}$$

정답 27 ③　28 ④　29 ①　30 ②

31 1kg 물이 1기압에서 정압과정으로 0℃에서 100℃가 되었다. 평균 열용량 C_p = 1kcal/kg·K이면 엔트로피 변화량은 몇 kcal/K인가?

① 0.133 ② 0.226 ③ 0.312 ④ 0.427

> **풀이** $ds = \dfrac{dq}{T} = \dfrac{CdT}{T}$
> 양분을 적분하면
> $\Delta_s = C \cdot \ln \dfrac{T_2}{T_1} = 1 \times \ln \dfrac{100+273}{0+273}$
> $= 0.312 \text{kcal/kg} \cdot \text{K}$

32 1kmol 일산화탄소와 2kmol 산소로 충전된 용기가 있다. 연소 전 온도는 298K, 압력은 0.1MPa이고 연소 후의 생성물은 냉각되어 1,300K이 되었다. 정상상태에서 완전연소가 일어났다고 가정했을 때 열전달량은 몇 kJ인가?(단, 반응물 및 생성물의 총엔탈피는 각각 −110,529kJ, −293,338kJ이다.)

① −202,397 ② −230,323
③ −340,238 ④ −403,867

33 50℃, 30℃, 15℃인 3종류의 액체 A, B, C가 있다. A와 B를 같은 질량으로 혼합하였더니 40℃가 되었고, A와 C를 같은 질량으로 혼합하였더니 20℃가 되었다고 하면 B와 C를 같은 질량으로 혼합하면 온도는 약 몇 ℃가 되겠는가?

① 17.1 ② 19.5 ③ 20.5 ④ 21.1

> **풀이** $50+30 \to 40℃(30℃가 10℃ 상승)$
> [A : B = 1 : 1(질량비)]
> $50+15 \to 20℃(15℃가 5℃ 상승)$
> [A : C = 1 : 6(질량비)]
> $(1\times30)+(6\times15) = 7 \times x℃$
> $x = \dfrac{(1\times30)+(6\times15)}{7} = 17.14℃$

34 다음과 같은 용적 조성을 나타내는 혼합기체 60.8g이 27℃, 1atm에서 차지하는 부피(L)는?

CO_2 : 13.1%, O_2 : 7.7%, N_2 : 79.2%

① 29.4 ② 35.6 ③ 49.2 ④ 54.2

정답 31 ③ 32 ① 33 ① 34 ③

풀이 CO_2 44g×0.131=5.764g

O_2 32g×0.077=2.464g

N_2 28g×0.792=22.176g

∴ 1mol=30.4g

$V_2 = V_1 \times \dfrac{T_2}{T_1}$, $\dfrac{60.8}{30.4} \times 22.4L = 44.8L$

∴ $44.8 \times \dfrac{273+27}{273} = 49.23L$

35 15℃ 공기 2L를 2kg/cm²에서 10kg/cm²로 단열압축시킨다면 1단 압축의 경우 압축 후의 배출가스의 온도는 몇 ℃인가?(단, 공기의 단열지수는 1.4이다.)

① 154　　　② 183　　　③ 215　　　④ 246

풀이 $\dfrac{T_2}{T_1} = \left(\dfrac{P_2}{P_1}\right)^{\frac{r-1}{r}}$, $T_2 = T_1 \times \left(\dfrac{P_2}{P_1}\right)^{\frac{r-1}{r}}$

$T_2 = \left\{(273+15) \times \left(\dfrac{10+1}{2+1}\right)^{\frac{1.4-1}{1.4}}\right\} = 456K$

∴ 456 − 273 = 183℃

36 아래의 방정식은 기체 1mol에 대한 반데르발스(Van Der Waals)의 방정식을 표현한 것이다. n−mol에 대한 방정식을 올바르게 나타낸 것은?

$$\left(P + \dfrac{a}{V^2}\right)(V-b) = RT$$

① $\left(P + \dfrac{n^2 a}{V^2}\right)(V - nb) = nRT$　　② $\left(P + \dfrac{na}{V^2}\right)(V - nb) = nRT$

③ $\left(P + \dfrac{a}{V^2}\right)(V - nb) = nRT$　　④ $\left(P + \dfrac{na}{V^2}\right)(V - b) = nRT$

풀이 n−mol일 때

$\left(P + \dfrac{n^2 a}{V^2}\right)(V - nb) = nRT$

 35 ②　36 ①

37 엔탈피(Enthalphy)에 대한 설명으로 옳지 않은 것은?

① 열량을 일정한 온도로 나눈 값이다.
② 경로에 따라 변화하지 않는 상태함수이다.
③ 엔탈피의 측정에는 흐름열량계를 사용한다.
④ 내부에너지와 유동일(흐름일)의 합으로 나타낸다.

풀이 열량을 일정한 온도로 나눈 값은 엔트로피이다.

38 어느 과열 증기의 온도가 450℃일 때 과열도는?(단, 이 증기의 포화온도는 573K이다.)

① 50   ② 123   ③ 150   ④ 273

풀이 450+273=723K
573-273=300℃
∴ 450-300=150℃

39 이상기체 10kg을 240℃만큼 온도를 상승시키는 데 필요한 열량이 정압인 경우와 정적인 경우에 그 차가 415kJ이었다. 이 기체의 가스상수는 몇 kJ/kg·K인가?

① 0.1729   ② 0.287   ③ 0.381   ④ 0.423

풀이 $R = \dfrac{\Delta Q}{G \Delta t} = \dfrac{415}{10 \times 240} = 0.1729$ kJ/kg·K

40 다음 중 이상기체에 해당되지 않는 것은?

① 분자 간의 힘은 없으나, 분자의 크기는 있다.
② 저온·고온으로 하여도 액화나 응고되지 않는다.
③ 절대온도 0도에서, 기체로서의 부피는 0이다.
④ 보일-샤를의 법칙이나, 기체상태방정식을 완전히 따른다.

풀이 이상기체는 분자 간의 크기에 비해 분자 간의 거리가 매우 큰 기체이다.

41 다음 기체상수에 대한 것 중 옳은 것은?

① $R=1.987\text{m}^3\text{atm/kmol}\cdot\text{K}$
② $R=1.987\text{kg}\cdot\text{m/kmol}\cdot\text{K}$
③ $R=1.987\text{kcal/kmol}\cdot\text{K}$
④ $R=1.987\text{J/kmol}\cdot\text{K}$

정답 37 ① 38 ③ 39 ① 40 ① 41 ③

풀이 $R = 0.082 \text{atm} \cdot \text{L/mol} \cdot \text{K}$
   $= 1.987 \text{cal/mol} \cdot \text{K}$
   $= 8.314 \text{J/mol} \cdot \text{K}$
   $= 848 \text{kg} \cdot \text{m/kg} \cdot \text{mol} \cdot \text{K}$
   $= 8.314 \times 10^3 \text{J/kg} \cdot \text{mol} \cdot \text{K}$

42 15℃ 공기 1kg을 부피 1/4로 압축할 경우 등온압축에서의 소요 일량은 약 몇 kg · m인가?(단, 공기의 기체상수는 29.3kg · m/kg · K이다.)

① 265　　② 610　　③ 5,080　　④ 11,700

풀이 $W = RT \ln \dfrac{V_1}{V_2} = 29.3 \times (273+15) \times \ln \dfrac{1}{0.25}$
   $= 11,698.106 \text{kg} \cdot \text{m}$(절대일)

43 탄산가스 27℃와 327℃ 사이에서의 평균 열용량은 몇 cal/g · mole℃인가?(단, 1,500K에서 $C_p = 6.214 + 10.396 \times 10^{-3} T - 3.545 \times 10^{-6} T^2$이며, 여기서 T[K]이고 C_p[cal/g · mole℃]이다.)

① 6.17　　② 8.24　　③ 10.15　　④ 12.27

풀이 $27+273 = 300\text{K}, \ 327+273 = 600\text{K}$
   $\Delta h = C_p \Delta T (dh = C_p \, dT)$
   $\Delta h = \displaystyle\int_{300}^{600} 6.214 \, dT + \int_{300}^{600} 10.396 \times 10^{-3} T \, dT - \int_{300}^{600} 3.545 \times 10^{-6} T^2 \, dT$
   $= 10.15 \text{cal/g} \cdot \text{mole℃}$

44 15℃, 50atm인 산소 실린더의 밸브를 순간적으로 열어 내부압력을 30atm까지 단열팽창시키고 닫았다면 나중 온도(℃)는 얼마가 되는가?(단, 산소의 비열비 k는 1.4이다.)

① -24℃　　② -51℃　　③ -73℃　　④ -143℃

풀이 $\dfrac{T_2}{T_1} = \left(\dfrac{P_2}{P_1}\right)^{\frac{k-1}{k}}, \ T_2 = T_1 \times \left(\dfrac{P_2}{P_1}\right)^{\frac{k-1}{k}}$
   $T_2 = \left\{ (273+15) \times \left(\dfrac{30}{50}\right)^{\frac{1.4-1}{1.4}} \right\} - 273 = -24℃$

정답　42 ④　43 ③　44 ①

45 −193.8℃, 5atm인 질소 기체를 220atm으로 단열압축했을 때의 온도는 약 몇 ℃인가?(단, 비열비 k는 1.41이고 이상기체로 간주한다.)

① −35℃   ② −15℃   ③ 25℃   ④ 30℃

풀이 $T_2 = T_1 \times \left(\dfrac{P_2}{P_1}\right)^{\frac{k-1}{k}} = (-193.8+273) \times \left(\dfrac{220}{5}\right)^{\frac{1.41-1}{1.41}} = -35℃$

46 "완전가스의 온도를 일정하게 유지할 때 그 비체적은 압력에 반비례하여 변화한다"라고 하는 법칙은?

① 샤를의 법칙   ② 보일의 법칙
③ 아보가드로의 법칙   ④ 게이뤼삭의 법칙

풀이 보일의 법칙 : 완전가스의 온도가 일정하면 그 비체적은 압력에 반비례한다.

47 단열변화에서 엔트로피 변화량은 어떻게 되는가?

① 일정치 않다.   ② 증가한다.   ③ 감소한다.   ④ 불변한다.

풀이 단열변화에서 엔트로피 변화량은 불변이다.

48 가스 혼합물의 분석결과 N_2 70%, CO_2 15%, O_2 11%, CO 4%의 체적비를 얻었다. 이 혼합물은 10kPa, 20℃, 0.2m³인 초기상태로부터 0.1m³으로 실린더 내에서 가역 단열압축할 때 최종상태의 온도는 약 몇 K인가?(단, 이 혼합가스의 정적비열은 0.7157kJ/kg·K이다.)

① 360   ② 380   ③ 400   ④ 420

풀이 단열 $T_1 V_1^{k-1} = T_2 V_2^{k-1}$

$\therefore T_2 = T_1 \left(\dfrac{V_2}{V_1}\right)^{k-1} = (273+20) \times \left(\dfrac{0.2}{0.1}\right)^{1.4-1} = 386K$

49 4kg 공기가 팽창하여 그 체적이 3배가 되었다. 팽창하는 과정 중의 온도가 50℃로 일정하게 유지되었다면 이 시스템이 한 일은 몇 kJ인가?(단, 공기의 기체상수는 0.28kJ/kg·K이다.)

① 371   ② 408   ③ 471   ④ 508

풀이 등온변화

$W = GRT \cdot \ln\dfrac{V_2}{V_1} = 4 \times 0.287 \times (273+50) \times \ln\left(\dfrac{3}{1}\right) = 408kJ$

정답 45 ① 46 ② 47 ④ 48 ② 49 ②

50 다음 중 열역학 제2법칙에 대한 설명이 아닌 것은?

① 자발적인 과정이 일어날 때는 전체(계와 주위)의 엔트로피는 감소하지 않는다.
② 계의 엔트로피는 증가할 수도 있고 감소할 수도 있다.
③ 계의 엔트로피는 계가 열을 흡수하거나 방출해야만 변화한다.
④ 엔트로피는 열의 흐름을 수반한다.

51 다음 중 열역학 제0법칙에 대하여 설명한 것은?

① 저온체에서 고온체로 아무 일도 없이 열을 전달할 수 없다.
② 절대온도 0에서 모든 완전 결정체의 절대 엔트로피의 값은 0이다.
③ 기계가 일을 하기 위해서는 반드시 다른 에너지를 소비해야 하고 어떤 에너지도 소비하지 않고 계속 일을 하는 기계는 존재하지 않는다.
④ 온도가 서로 다른 물체를 접촉시키면 높은 온도를 지닌 물체의 온도는 내려가고, 낮은 온도를 지닌 물체의 온도는 올라가서 두 물체의 온도 차이가 없어진다.

52 다음 중 열역학 제1법칙에 대하여 옳게 설명한 것은?

① 열평형에 관한 법칙이다.
② 이상기체에만 적용되는 법칙이다.
③ 클라시우스의 표현으로 정의되는 법칙이다.
④ 에너지 보존법칙 중 열과 일의 관계를 설명한 것이다.

풀이 열역학 제1법칙 : 에너지 보존법칙 중 열과 일의 관계이다.

53 가스의 비열비 $\left(k = \dfrac{C_p}{C_v}\right)$의 값은?

① 항상 1보다 크다.　　　② 항상 0보다 작다.
③ 항상 0이다.　　　　　④ 항상 1보다 작다.

풀이 가스의 비열비(k) 값은 항상 1보다 크다.
∴ $k > 1$

54 1기압의 외압에서 1몰인 이상기체의 온도를 5℃ 높였다. 이때 외계에 한 최대 일은 약 몇 cal인가?

① 0.99　　　② 9.94　　　③ 99.4　　　④ 994

풀이 $W = GR(T_2 - T_1) = 1.987(278 - 273) = 9.94 \text{cal}$
※ $R = 1.987 \text{cal/mol} \cdot \text{K}$

정답 50 ③　51 ④　52 ④　53 ①　54 ②

55 열역학 특성식으로 $P_1V_1^n = P_2V_2^n$이 있다. 이때 n값에 따른 상태변화를 옳게 나타낸 것은?(단, k는 비열비이다.)

① $n=0$: 등온
② $n=1$: 단열
③ $n=\pm\infty$: 정적
④ $n=k$: 등압

풀이 $n=0$(등압과정)
$n=k$(단열과정)
$n=1$(등온과정)
$n=\infty$(정적과정)

56 정적비열이 $0.782\text{kcal/kmol}\cdot\text{℃}$인 일반가스의 정압비열은 얼마인가?(단, 일반가스 정수는 $1.987\text{kcal/kmol}\cdot\text{℃}$이다.)

① 1.625　　② 2.769　　③ 3.831　　④ 4.952

풀이 $C_p = C_v + R = 0.782 + 1.987 = 2.769$

57 건(조)도가 0이면 다음 중 어디에 해당하는가?

① 포화수　　② 과열증기　　③ 습증기　　④ 건포화증기

풀이
- 과열증기, 건포화증기 : 건조도 1
- 포화수 : 건조도 0
- 습증기 : 건조도 1 미만

58 2.5kg 이상기체를 0.15MPa, 15℃에서 체적이 0.2m³가 될 때까지 등온압축할 때 압축 후 압력은 몇 MPa인가?(단, 이 기체의 $C_p = 0.8\text{kJ/kg}\cdot\text{K}$, $C_v = 0.5\text{kJ/kg}\cdot\text{K}$)

① 1.19　　② 1.76　　③ 1.08　　④ 1.35

풀이 $R = C_p - C_v = 0.8 - 0.5 = 0.3\text{kJ/kg}\cdot\text{K}$

$V_1 = \dfrac{GRT_1}{P_1} = \dfrac{2.5 \times 0.3 \times 288}{0.15 \times 10^3} = 1.44\text{m}^3$

$\therefore P_2 = P_1 \times \dfrac{V_1}{V_2} = \dfrac{1.44}{0.2} \times 0.15 = 1.08\text{MPa}$

정답　55 ③　56 ②　57 ①　58 ③

59 실제기체에서의 상태에 관한 설명 중 가장 거리가 먼 것은?

① 실제기체란 일반적으로 분자 간의 인력이 있고, 차지하는 부피가 있는 기체이다.
② 대응상태의 원리란 같은 환산온도, 환산압력에서는 모든 기체가 동일한 압축인수를 갖는다는 것이다.
③ 실제기체에서의 혼합물이 차지하는 전압은 각 기체가 단독으로 같은 부피, 같은 온도에서 나타내는 압력, 즉 순성분압력의 합과 같다.
④ 실제기체의 상태방정식($PV = ZnRT$)은 이상기체의 상태식에 보정계수(Z)를 사용하여 나타낼 수 있다.

풀이 혼합기체의 전압은 성분기체의 분압의 압력이 합쳐진 것이다. 즉, 성분몰수, 성분부피, 성분분자수와 관계된다.

60 분자량이 30인 어느 가스의 정압비열이 0.516kJ/kg · K이라고 가정할 때 이 가스의 비열비 k는 약 얼마인가?

① 1.0   ② 1.4   ③ 1.8   ④ 2.2

풀이 $C_p - C_v = AR$, $R = \dfrac{848}{M} = \dfrac{848}{30} = 28.27$

$k = \dfrac{C_p}{C_v}$, $C_v = \dfrac{AR}{k-1}$, $C_p = \dfrac{k}{k-1}AR$

$C_v = \dfrac{AR}{k-1} = \dfrac{28.27}{(k-1) \times 427}$

$C_v = C_p - C_R$, $C_R = \dfrac{8.314}{30} = 0.27713$

$C_v = 0.516 - 0.27713 = 0.238$ kJ/kg · K

∴ 비열비(k) = $\dfrac{0.516}{0.238} = 2.2$

61 실제기체가 이상기체의 성질을 근사하게 만족시키는 경우는?

① 압력이 낮고 온도가 높을 때
② 압력이 높고 온도가 낮을 때
③ 압력과 온도가 동시에 높을 때
④ 압력과 온도가 동시에 낮을 때

풀이 실제기체는 압력이 낮고 온도가 높으면 이상기체 성질에 가까워진다.

62 체적이 0.8m³인 용기 내에 분자량이 20인 이상기체 10kg이 들어 있다. 용기 내의 온도가 30℃라면 압력은 약 몇 MPa인가?

① 1.57   ② 2.45   ③ 3.37   ④ 4.35

정답 59 ③ 60 ④ 61 ① 62 ①

풀이 $R = \dfrac{848}{20} = 42.4 \text{kg/kg} \cdot \text{K}$, $PV = GRT$,

$P = \dfrac{GRT}{V} = \dfrac{10 \times 42.4 \times 303}{0.8} = 160,590 \text{kg/m}^3$

$= \dfrac{160,590}{10^4 \times 1.03 \times 10} = 1.57 \text{MPa}$

63 다음 2종류의 가스가 혼합 적재되어 있을 경우 폭발 위험성이 가장 큰 것은?
  ① 암모니아, 네온
  ② 질소, 프로판
  ③ 염소, 아르곤
  ④ 염소, 아세틸렌

풀이 염소는 아세틸렌, 수소, 암모니아와 혼합 적재가 금지된다.

64 그림은 어떤 냉매의 $P-H$ 선도이다. 냉매의 증발과정을 표시한 것은?

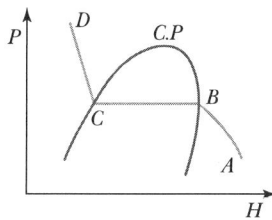

  ① CB
  ② AB
  ③ CD
  ④ BC

풀이 냉매의 증발과정 = $C-B$

65 최고온도 600℃와 최저온도 50℃ 사이에서 작동되는 열기관의 이론적 효율은?
  ① 35.15%
  ② 46.06%
  ③ 57.27%
  ④ 63.00%

풀이 $\eta = \dfrac{(600+273) - (50+273)}{(600+273)} = 0.63$

∴ 63%

66 다음 그림은 카르노 사이클(Carnot Cycle)의 과정을 도식한 것이다. 열효율 η을 나타내는 식은?

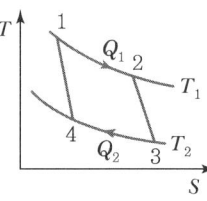

① $\eta = \dfrac{Q_1 - Q_2}{Q_1}$
② $\eta = \dfrac{Q_2 - Q_1}{Q_1}$
③ $\eta = \dfrac{T_1}{T_1 - T_2}$
④ $\eta = \dfrac{T_2 - T_1}{T_1}$

67 오토(Otto) 사이클의 효율을 η_1, 디젤(Diesel) 사이클의 효율을 η_2, 사바테(Sabathe) 사이클의 효율을 η_3이라 할 때 공급열량과 압축비가 같을 경우 효율의 크기는?

① $\eta_1 > \eta_2 > \eta_3$　② $\eta_1 > \eta_3 > \eta_2$　③ $\eta_2 > \eta_1 > \eta_3$　④ $\eta_2 > \eta_3 > \eta_1$

풀이
• 가열량 및 압축비가 같을 경우
　오토＞사바테＞디젤
• 가열량 및 최대압력을 일정하게 할 경우
　디젤＞사바테＞오토

68 Diesel Cycle의 효율에 관한 사항으로서 옳은 것은?(단, 압축비를 ε, 단절비(Cut-Off Ratio)를 σ라 한다.)

① σ와 ε이 작을수록 효율이 떨어진다.
② σ와 ε이 작을수록 효율이 좋아진다.
③ σ가 증가하고 ε이 작을수록 효율이 떨어진다.
④ σ가 증가하고 이 작을수록 효율이 좋아진다.

풀이 디젤 사이클은 압축비(ε)와 단절비(σ)의 함수이며, 압축비가 크고 단절비가 작을수록 효율이 증가하나 이와 반대면 효율이 떨어진다.

69 오토 사이클에서 압축비(ε)가 10일 때 열효율은 몇 %인가?(단, 비열비 k는 1.4이다.)

① 60.2　② 62.5　③ 64.2　④ 66.5

풀이 $\eta_0 = 1 - \left(\dfrac{1}{\varepsilon}\right)^{k-1} = 1 - \left(\dfrac{1}{10}\right)^{1.4-1} = 60.2\%$

정답 66 ①　67 ②　68 ③　69 ①

70 어떤 기관의 출력은 100kW이며 시간당 30kg의 연료를 소모한다. 연료의 발열량이 8,000kcal/kg이라면 이 기관의 열효율은 약 얼마인가?

① 0.15 ② 0.36 ③ 0.69 ④ 0.91

풀이 $100kW-h \times 860kcal/h = 86,000kcal/h$
$30kg \times 8,000kcal/kg = 240,000kcal/h$
$\therefore \dfrac{86,000}{240,000} = 0.3583$

71 카르노 사이클에서 열량의 흡수는 어느 과정에서 이루어지는가?

① 단열압축 ② 등온압축 ③ 단열팽창 ④ 등온팽창

풀이 등온팽창 : 카르노 사이클에서 열량을 흡수하는 과정이다.

72 227℃와 27℃ 사이에서 운전되는 카르노(Carnot) 기관의 효율은 몇 %인가?

① 10 ② 20 ③ 30 ④ 40

풀이 $227+273=500K$, $27+273=300K$
$\therefore \dfrac{500-300}{500} \times 100 = 40\%$

73 폴리트로픽 변화 "PV^n = 일정"이고, 폴리트로픽 지수 n의 값이 ∞인 경우 열역학적 변화는?

① 등온변화
② 등적변화
③ 단열변화
④ 폴리트로픽 변화

풀이 ∞ : 등적변화

74 열효율이 압축비만으로 인하여 결정되며 등적 사이클이라고도 하는 사이클은 어느 것인가?(단, 비열비는 일정하다.)

① 에릭슨 사이클
② 오토 사이클
③ 스털링 사이클
④ 브레이턴 사이클

풀이 오토 사이클 : 열효율이 압축비만으로 결정되는 등적 사이클

정답 70 ② 71 ④ 72 ④ 73 ② 74 ②

75 어떤 열기관이 150kW의 출력으로 10시간 운전하여 400kg의 연료를 소비하였다. 연료의 발열량을 40MJ/kg이라고 할 때 기관으로부터 방출된 열량은 몇 MJ인가?

① 5,400　　② 10,600　　③ 16,000　　④ 21,400

> **풀이** 1kcal=4.2kJ, 1kW−h=3,612kJ=3,612,000J
> $Q = 400 \times 40 = 16,000 \text{MJ}$
> $\dfrac{3,612,000 \times 150 \times 10}{10^6} = 5,418 \text{MJ}$
> ∴ $16,000 - 5,418 = 10,582 \text{MJ}$

76 열역학 제2법칙을 잘못 설명한 것은?

① 열은 고온에서 저온으로 흐른다.
② 전체 우주의 엔트로피는 감소하는 법이 없다.
③ 일과 열은 전량 상호 변환할 수 있다.
④ 외부로부터 일을 받으면 저온에서 고온으로 열을 이동시킬 수 있다.

> **풀이** ③ 열역학 제1법칙에 대한 설명이다.

77 반응속도에 대한 온도 의존성을 바르게 나타낸 것은?

① $k = k_o P^{-E/RT}$　　② $k = k_o P^{\Delta H/RT}$
③ $k = k_o P^{-Hr/T}$　　④ $k = k_o P^{-S/ET}$

78 증기, 액체, 고체의 3상이 동시에 존재하면서 평형을 유지하는 상태를 일정한 구간의 직선으로 나타낼 수 있는 선도가 아닌 것은?

① P−T 선도　　② T−S 선도
③ P−H 선도　　④ P−V 선도

79 다음 중 비엔트로피의 단위는?

① kJ/kg · m　　② kg/kJ · K　　③ kJ/kPa　　④ kJ/kg · K

80 1kWh의 열당량은?

① 376kcal　　② 427kcal　　③ 632.3kcal　　④ 860.4kcal

정답 75 ②　76 ③　77 ①　78 ①　79 ④　80 ④

풀이 1kW = 102kg · m/sec

1kWh = 102kg · m/sec × 3,600s/h × $\frac{1}{427}$ kcal/kg · m

= 860kcal

81 일정 체적하에서 포화증기의 압력을 상승시키면 어떻게 되는가?

① 포화액이 된다.
② 압축액이 된다.
③ 과열증기가 된다.
④ 습증기가 된다.

풀이 일정 체적하에서 포화증기의 압력을 상승시키면 과열증기가 된다.

82 이상기체의 성질에 대한 설명 중 틀린 것은?

① 보일-샤를의 법칙을 만족한다.
② 내부에너지는 온도에 무관하며 압력에 의해서만 결정된다.
③ 아보가드로의 법칙을 따른다.
④ 비열비는 온도에 관계없이 일정하다.

풀이 이상기체에서 내부에너지는 온도만의 함수이다.

83 완전가스에서 "PV^k = 일정"의 식이 적용되는 과정은?(단, k는 비열비이다.)

① 등온과정
② 등압과정
③ 등적과정
④ 단열과정

풀이 완전가스 "PV^k" : 단열과정

84 600℃의 고열원과 200℃의 저열원 사이에서 작동하는 사이클의 최대 효율(%)은 얼마인가?

① 31.7
② 45.8
③ 57.1
④ 61.8

풀이 $\frac{T_1 - T_2}{T_1} \times 100$

$\frac{(273+600)-(273+200)}{(273+600)} \times 100 = 45.8\%$

정답 81 ③ 82 ② 83 ④ 84 ②

85 다음은 증기냉동 사이클의 구성을 나타낸 그림이다. 등압응축이 일어나는 과정은 어떤 곳인가?

① 1 → 2
② 2 → 3
③ 3 → 4
④ 4 → 1

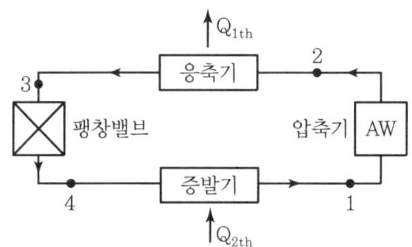

[풀이] ① 1 → 2 : 단열압축(압축기)
② 2 → 3 : 등압응축(응축기)
③ 3 → 4 : 등엔탈피 팽창과정(팽창밸브)
④ 4 → 1 : 등온등압팽창(증발기)

86 카르노 냉동사이클에서 냉동기의 성적계수(COP)를 나타낸 것 중 옳은 것은?(단, T_A : 냉동유지온도, T_B : 열배출온도이다.)

① $COP = \dfrac{T_B - T_A}{T_B}$

② $COP = \dfrac{T_B - T_A}{T_A}$

③ $COP = \dfrac{T_A}{T_B - T_A}$

④ $COP = \dfrac{T_B}{T_B - T_A}$

87 온도 – 엔트로피 변화를 나타내는 오토 사이클 선도에서 계로부터 열이 방출되는 과정은?

① 1 → 2
② 2 → 3
③ 3 → 4
④ 4 → 1

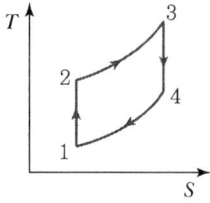

[풀이] 오토 사이클(T – S 선도)
① 1 → 2 : 단열압축
② 2 → 3 : 등적가열
③ 3 → 4 : 단열팽창
④ 4 → 1 : 등적방열

88 압력 0.2MPa, 온도 333K인 공기 2kg이 이상적인 폴리트로픽 과정으로 압축되어 압력 2MPa, 온도 523K으로 변화하였을 때 이 과정 동안의 일량은 몇 kJ인가?

① −447
② −547
③ −647
④ −667

정답 85 ② 86 ③ 87 ④ 88 ①

풀이 $1\text{Pa}=0.000011\text{kg/cm}^2$
$1\text{MPa}=1,000,000\text{Pa}=10\text{kg/cm}^2$
$0.2\text{MPa}=200,000\text{Pa}=2.2\text{kg/cm}^2=200\text{kPa}$
$2\text{MPa}=20\text{kg/cm}^2=2,000\text{kPa}$
$$V_1=\frac{2\times 29.27\times 333}{2.2\times 10^4}=0.886\text{m}^3$$
$$V_2=0.886\times\frac{523}{333}\times\frac{2.2}{20}=0.153\text{m}^3$$
$$\therefore\ \frac{1}{1.3-1}\times(200\times 0.886-2,000\times 0.153)=-430\text{kJ}$$

89 다음의 T-S 선도는 표준냉동사이클을 나타낸 것이다. 3 → 4의 과정은 무엇인가?

① 단열압축과정
② 등압과정
③ 등온과정
④ 등엔탈피과정

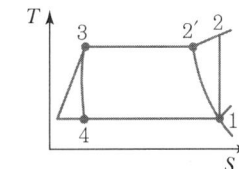

풀이 3 → 4(단열팽창) : 등엔탈피 과정

90 오토 사이클의 열효율을 나타낸 식은?(단, η : 열효율, r : 압축비, k : 비열비)

① $\eta=1-\left(\dfrac{1}{r}\right)^{k+1}$ ② $\eta=1-\left(\dfrac{1}{r}\right)^{k}$

③ $\eta=1-\dfrac{1}{r}$ ④ $\eta=1-\left(\dfrac{1}{r}\right)^{k-1}$

풀이 오토 사이클 $\eta=1-\left(\dfrac{1}{r}\right)^{k-1}$

91 다음은 Carnot 사이클의 P-V 선도를 각 단계별로 설명한 것이다. 옳은 것은?

① 1 → 2는 Q_C의 열을 흡수하여 임의점 2까지의 압축과정이다.
② 2 → 3은 온도가 T_C로 감소할 때까지의 단열팽창과정이다.
③ 3 → 4는 Q_C의 열을 흡수하여 원상태까지의 정온팽창과정이다.
④ 4 → 1은 온도가 T_C로부터 T_H까지의 정온압축과정이다.

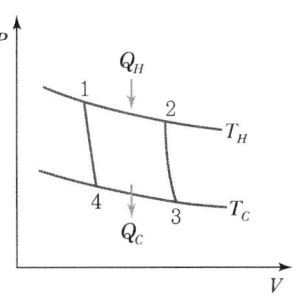

정답 89 ④ 90 ④ 91 ②

풀이) 카르노 사이클
① 1→2 : 등온팽창
② 2→3 : 단열팽창
③ 3→4 : 등온압축
④ 4→1 : 단열압축

92 냉동실을 -10℃로 유지하고 사용하는 찬물은 10℃이다. 프레온-12를 사용하는 냉동실 코일과 응축기는 크기가 충분하여 각각 -10℃로 근접시킬 수 있다고 가정할 때 Carnot 사이클에 대한 냉동기의 성능계수(COP)는 얼마인가?

① 10.25　　② 13.15　　③ 16.45　　④ 18.75

풀이) $\sum_r = \dfrac{T_2}{T_1 - T_2} = \dfrac{263}{283 - 263} = 13.15$

93 다음은 카르노(Carnot) 사이클의 순환과정을 표시한 그림이다. 이상기체가 이 과정의 매체일 때 효율을 올바르게 표현한 것은?

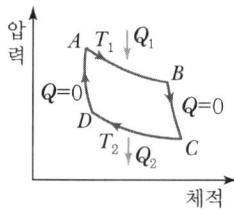

① $\dfrac{T_1 - T_2}{T_1}$　　② $\dfrac{T_1 - T_2}{T_2}$

③ $\dfrac{T_1 + T_2}{T_1}$　　④ $\dfrac{T_1 + T_2}{T_2}$

풀이) 카르노 사이클
완전가스를 작업유체로 하는 2개의 등온변화와 2개의 단열변화로 된 이상적 가역 사이클이다.
등온팽창 → 단열팽창 → 등온압축 → 단열압축
$\eta_c = \dfrac{AW}{Q_1} = 1 - \dfrac{Q_2}{Q_1} = \dfrac{T_1 - T_2}{T_1}$

94 다음은 간단한 수증기 사이클을 나타낸 그림이다. 이 그림의 경로에서 Rankine 사이클을 의미하는 것은?

① 1-2-3-4-5-9-10-11-1
② 1-2-3-9-10-11-1
③ 1-2-3-4-6-5-9-10-11-1
④ 1-2-3-8-7-5-9-10-11-1

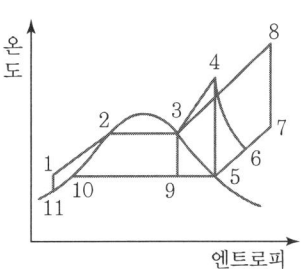

95 Van Der Waals식 $(P + a/V^2)(V - b) = RT$에서 각 항을 설명한 것 중 틀린 것은?

① a와 b는 특정 기체 특유의 성질이다.
② 상수 a, b는 $P - V$ 도표에서 임계점에서의 기울기와 곡률을 이용해서 구한다.
③ b는 분자의 크기가 이상기체의 부피보다 더 큰 부피로 만들려고 보정하는 것이다.
④ a/V^2항은 분자들 사이의 인력의 작용이 이상기체에 의해서 발휘될 압력보다 크게 하려고 더 해준다.

풀이 $\dfrac{a}{V^2}$: 기체 분자 간의 인력

b : 기체 자신이 차지하는 부피

[실제기체 상태방정식(반데르발스의 방정식)]
• 실제기체 1몰의 경우

$$\left(P + \dfrac{a}{V^2}\right)(V - b) = RT$$

• 실제기체 n몰의 경우

$$\left(P + \dfrac{n^2 a}{V^2}\right)(V - nb) = nRT$$

96 다음 그림에 해당하는 기관은?

① 랭킨 사이클
② 오토 사이클
③ 디젤 사이클
④ 카르노 사이클

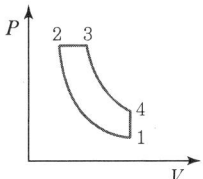

풀이 디젤 사이클
① 1 → 2 : 단열압축
② 2 → 3 : 정압가열
③ 3 → 4 : 단열팽창
④ 4 → 1 : 정적과정

정답 94 ① 95 ④ 96 ③

97 카르노 사이클(Carnot Cycle)이 ㉠ 100℃와 200℃ 사이에서 작동하는 것과 ㉡ 300℃와 400℃ 사이에서 작동하는 것이 있을 때, 어떤 열효율 관계가 성립하는가?

① ㉠은 ㉡보다 열효율이 크다.
② ㉠은 ㉡보다 열효율이 작다.
③ ㉠과 ㉡의 열효율은 같다.
④ ㉡는 ㉠의 열효율 제곱과 같다.

풀이 $\eta_c = 1 - \dfrac{T_2}{T_1}$

㉠ : $1 - \dfrac{373}{473} = 0.212$, ㉡ : $1 - \dfrac{573}{673} = 0.15$

98 열기관 사이클 중 랭킨 사이클에 대한 설명으로 옳은 것은?

① 정적 사이클이다.
② 냉동 사이클이다.
③ 내연기관 사이클이다.
④ 증기기관 사이클이다.

풀이 랭킨 사이클 : 증기기관 사이클

99 냉동 사이클의 이상적인 사이클은 어느 것인가?

① 역카르노 사이클
② 카르노 사이클
③ 스털링 사이클
④ 브레이턴 사이클

풀이 역카르노 사이클 : 냉동 사이클의 이상적인 사이클

100 100kPa, 20℃ 상태인 배기가스 0.3m³를 분석한 결과 N_2 = 70%, CO_2 = 15%, O_2 = 11%, CO = 4%의 체적률을 얻었을 때 이 혼합물을 150℃인 상태로 정적가열할 때 필요한 열전달량은 몇 kJ인가?(단, N_2, CO_2, O_2, CO의 정적비열(kJ/kg·K)은 각각 0.7448, 0.6529, 0.6618, 0.7445이다.)

① 35.32
② 37.33
③ 39.53
④ 41.33

풀이 $\Delta H = \{(0.7 \times 0.7448) + (0.15 \times 0.6529) + (0.11 \times 0.6618) + (0.04 \times 0.7445)\} \times (150 - 20)$
≒ 93.84kJ/kg

분자량$(M) = (28 \times 0.7) + (44 \times 0.15) + (32 \times 0.11) + (28 \times 0.04)$ ≒ 30.84g

질량$(W) = \dfrac{PVM}{RT} = \dfrac{\left(\dfrac{100}{102}\right) \times 300 \times 30.84}{0.082 \times (273 + 20)} = 380g(0.38kg)$

∴ $93.84 \times 0.38 = 35$kJ

※ 0.082(R), N_2 분자량(28), CO_2 분자량(44), O_2 분자량(32), CO 분자량(28)

정답 97 ① 98 ④ 99 ① 100 ①

101 다음 중 랭킨 사이클(Rankine Cycle)에 대한 설명으로 옳지 않은 것은?

① 증기기관의 기본사이클로 상의 변화를 가진다.
② 두 개의 단열변화와 두 개의 등압변화로 이루어져 있다.
③ 열효율을 높이려면 배압을 높게 하되 초온 및 초압은 낮춘다.
④ 단열압축 → 정압가열 → 단열팽창 → 정압냉각의 과정으로 되어 있다.

풀이 랭킨 사이클의 열효율을 높이는 방법
- 보일러 압력은 높고, 복수기의 압력이 낮을수록
- 터빈의 초온, 초압이 클수록
- 터빈 출구에서 압력이 낮을수록(터빈깃은 부식된다.)

102 다음은 Air-Standard Otto Cycle의 P-V 선도이다. 이 Cycle의 효율(η)을 옳게 나타낸 것은?(단, 정용열용량은 일정하다.)

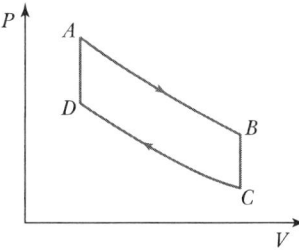

① $\eta = 1 - \dfrac{T_B - T_C}{T_A - T_D}$

② $\eta = 1 - \dfrac{T_D - T_C}{T_A - T_B}$

③ $\eta = 1 - \dfrac{T_A - T_D}{T_B - T_C}$

④ $\eta = 1 - \dfrac{T_A - T_B}{T_D - T_C}$

풀이 오토 사이클의 열효율
$$1 - \frac{q_2}{q_1} = 1 - \frac{C_V(T_4 - T_1)}{C_V(T_3 - T_2)} = 1 - \frac{(T_4 - T_1)}{(T_3 - T_2)} = 1 - \left(\frac{T_B - T_C}{T_A - T_D}\right)$$

103 브레이턴 사이클에서 열은 어느 과정을 통해 흡수되는가?

① 정용과정
② 등온과정
③ 정압과정
④ 단열과정

풀이 브레이턴 사이클에서 연소기(정압가열)에서 열이 흡수된다.

정답 101 ③ 102 ① 103 ③

104 기체 터빈 장치의 이상 사이클을 Brayton 사이클이라고도 한다. 이 사이클의 효율을 증대시킬 수 있는 방법이 아닌 것은?

① 터빈에 다단팽창을 이용한다.
② 기관에 부딪치는 공기가 운동 에너지를 갖게 되므로 압력이 확산기에서 증가된다.
③ 터빈을 나가는 연소 기체류와 압축기를 나가는 공기류 사이에 열교환기를 설치한다.
④ 공기를 압축하는 데 필요한 일은 압축 과정을 몇 단계로 나누고, 각 단 사이에 중간 냉각기를 설치한다.

풀이 기관으로 들어가는 공기속도를 감속하여 압력상승에 따른 램 효과(Ram Effect)를 얻도록 한다.

105 압력 – 엔탈피 선도에서 등엔트로피선의 기울기는?
① 체적
② 온도
③ 밀도
④ 압력

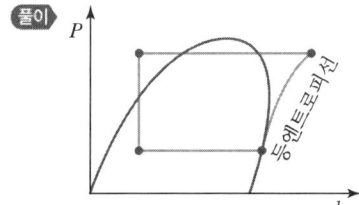

106 －10℃와 20℃ 사이에서 작동하는 카르노 냉동사이클의 성능계수(COP)는?
① 6.75
② 7.76
③ 8.77
④ 9.78

풀이 $273 - 10 = 263K$
$273 + 20 = 293K$
$\therefore COP = \dfrac{263}{293 - 263} = 8.77$

정답 104 ② 105 ① 106 ③

107 다음 그림은 일반적인 수증기 사이클에 대한 엔트로피와 온도와의 관계를 나타낸다. 각 단계에 대한 설명 중 옳지 않은 것은?

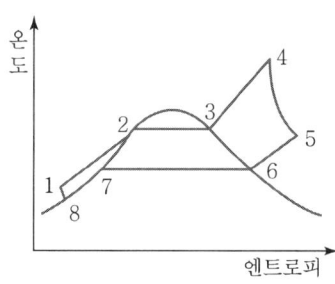

① 경로 4-5는 가역, 단열과정으로 나타난다.
② 경로 1-2-3-4는 물이 끓는점 이하로 보일러에 들어가 증발하면서 가열되는 과정이다.
③ 경로 1-2-3-4는 다른 과정에 비하여 압력변화가 적으므로 정압과정으로 볼 수 있다.
④ 경로 4-5는 보일러에서 나가는 고온 수증기의 에너지 일부가 터빈 또는 수증기 기관으로 들어가는 과정이다.

풀이 4-5 : 가역단열팽창과정

108 다음 그림은 Carnot Cycle의 압력-부피 선도이다. 등온팽창과정은?

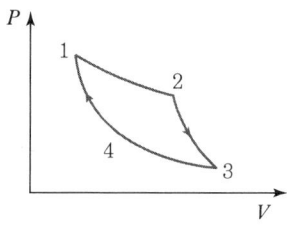

① 1 → 2
② 2 → 3
③ 3 → 4
④ 4 → 1

풀이 카르노 사이클
① 1 → 2 : 등온팽창
② 2 → 3 : 단열팽창
③ 3 → 4 : 등온압축
④ 4 → 1 : 단열압축

정답 107 ① 108 ①

CHAPTER 002 연소설비

SECTION 01 연소장치의 개요

1. 연소장치 개요

1) 연소 구분

① 기체연소 : 확산연소, 예혼합연소
② 액체연소 : 증발연소, 무화연소
③ 고체연소 : 화격자 연소, 유동층 연소, 미분탄 연소

2) 기체연소장치

(1) 연소방식의 분류

기체연료의 연소방식은 버너 연소와 용기 내의 연소로 크게 나누어진다. 버너는 정상적인 정지 화염을 만드는 것을 목적으로 하고, 용기는 이동 또는 전파화염에 의해 용기 속에 봉입된 가스를 조정 혼합하여 연소시키는 것을 목적으로 하고 있다.

(2) 연료와 공기 흐름의 연소방식

① 예혼합연소 : 연료와 공기를 균등한 질로 혼합한 다음 연소시키는 것으로, 화염이 예혼합기 속을 자력으로 전파하는 것이 특징이다.
② 확산연소 : 연료가스 입자와 공기 입자의 경계에서 연료와 산소가 접촉함으로써 연소하는 것으로 이 화염에는 전파하는 성질이 거의 없다.
③ 부분 예혼합연소 : 확산연소와 예혼합연소 중간에 위치하며, 연료를 연소범위 밖의 과농혼합기로 대치한 것이다.

▼ 기체연소장치 구분

기체연소장치 구분	기상 특성	전파 특성	유동 특성
예혼합연소 부분 혼합연소	균일 연소	버너 연소	층류 연소
확산연소	불균일 연소	용기 내 연소	난류 연소

(3) 확산연소장치

[특징]
① 연료조절 범위가 크다.
② 역화의 위험이 적다.
③ 연료와 공기를 예열할 수 있다.
④ 저질가스 사용이 가능하다.

[종류]
① **버너형**(Burner Type) : 가스와 공기를 선회기 날개로 혼합하여 연소하는 형식으로 주로 천연가스와 고로가스 등을 혼합하여 연소하는 복합형 버너로 사용되며 저품위의 가스연소에 이용된다.
② **포트형**(Port Type) : 단면이 넓은 화구에서 공기와 가스를 연소실에 송입하여 연소하는 형식이다.

(4) 예혼합연소장치

[특징]
① 연소부하가 크고 고온의 화염을 얻을 수 있다.
② 불꽃의 길이가 비교적 짧다.
③ 역화의 위험성이 있다.

[종류]
① **고압 버너** : 가스의 압력이 0.2MPa 이상인 가스와 공기의 혼합연소 버너
② **저압 버너** : 가스의 압력이 70~160mmH$_2$O 상태의 가스와 공기의 혼합연소 버너

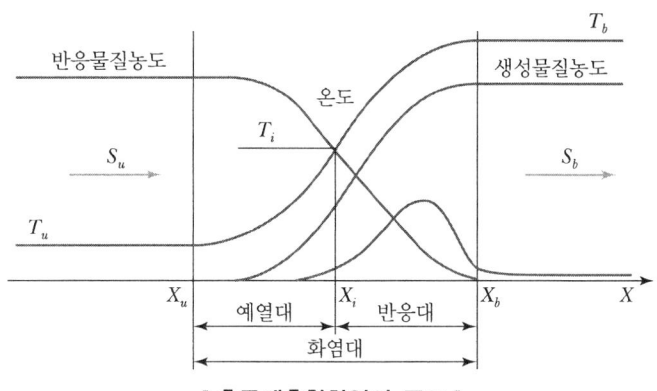

∥ 층류예혼합화염의 구조 ∥

여기서, T_i : 착화온도 T_u : 혼합기 온도 T_b : 화염온도

3) 액체연소장치

(1) 증발연소장치
① 포트식 버너 : 접시모양의 면에 공급된 연료가 노 내의 복사열에 의하여 연소
② 심지식 : 모세관 현상을 이용하는 연소

(2) 무화연소장치
① 유압분무식 버너 : 2~20kgf/cm 유압으로 연소하는 방식으로 구조가 간단하고 유량조절이 좁다.
② 회전식(수평 로터리) 버너 : 고점도 연료 부화가 가능하고 부하변동에 유량조절이 가능하다.
③ 기류식 버너(이류체 버너) : 고압과 저압 기류로 구분하고 공기나 증기로 무화하는 형식이다.
④ 건타입 버너(압력 분사식) : 유압과 기류식으로 버너와 송풍기 일체형이며 소용량에 적합하다.
⑤ 초음파 버너 : 약 20,000Hz 이상의 주파수 등의 음파에너지로 무화하는 방식이다.
⑥ 순산소 버너 : 고온 목적으로 공기 대신 순산소를 이용하는 방식이다.

4) 고체연소장치

(1) 화격자 연소장치
① 상입식
② 상쇄식
③ 하입식
④ 계단식
⑤ 로터리 킬른

(2) 미분탄 연소장치
① 건식 연소장치
② 습식 연소장치
③ 크레이머 연소장치
④ 사이클론 연소장치

2. 연소장치 주변 요소

1) 연소장치 통풍력

연소장치 연소기의 열효율과 밀접한 관계가 있으므로 통풍력의 산정이 요구된다.

(1) 연소와 통풍력의 관계

연료가 연소하여 생성된 배기가스는 고온에서 열팽창하여 가벼워지므로 주위 공기와의 비중차로 상승하고 이에 따라 신선한 공기가 흡입되는데, 이 현상을 통풍력이라 한다. 통풍력이 강하면 연소에 필요한 공기량 이상으로 대량의 공기가 흡입되어 배기가스양도 많아지므로 열손실이 많아서 열효율은 낮아진다. 굴뚝의 통풍력은 유효굴뚝 높이 및 대기의 확산효과에 중요하다.

(2) 통풍력 계산식

$$Z = 273 \times H \times \left[\frac{r_a}{273+t_a} - \frac{r_g}{273+t_g} \right] = 355 \times H \times \left(\frac{1}{273+t_a} - \frac{1}{273+t_g} \right)$$

여기서, r_a : 표준상태 대기의 비중량(kg/m³)
t_a : 대기의 온도(℃)
r_g : 표준상태 가스의 비중량(kg/m³)
t_g : 가스의 온도(℃)
H : 굴뚝의 높이(m), Z : 통풍력(mmH₂O)

(3) 통풍력이 증가하는 경우

① 외기온도가 낮을수록
② 연소가스 온도가 높을수록
③ 연돌 높이가 높을수록
④ 공기의 습도가 높을수록
⑤ 단면적이 클수록

2) 집진장치

매연은 연료가 불완전연소할 때 또는 연소장치 이상이나 작업공정의 불안 등으로 발생한다. 질이 좋은 연료를 사용하고, 연료와 공기를 충분히 혼합하여 완전연소시켜 매연 발생을 줄일 수 있다.

(1) 집진효율

먼지를 포집하여 제거하는 것을 집진이라고 하며, 집진효율은 포집한 먼지 입자의 총수량 또는 총질량을 기준으로 계산된다.

$$\eta = \frac{M_i - M_e}{M_i} = \frac{C_i - C_e}{C_i}$$

여기서, η : 총괄집진효율, M_i : 총유입 질량속도(g/s)
M_e : 총유출 질량속도(g/s), C_i : 장치로 유입되는 먼지 농도(g/m³)
C_e : 장치로 유출되는 먼지 농도(g/m³)

(2) 집진장치의 종류

① 중력 집진장치

입자의 무게에 의하여 자연 침강하는 원리를 이용한 집진장치이다. 구조가 간단하여 설치비가 저렴하고 동력이 거의 들지 않으며, 압력손실이 작은 장점이 있으나 집진 효율이 낮고 장치가 크다는 단점이 있다.
- ㉠ 이 장치는 $50\mu m$ 이하의 작은 입자를 제거할 수 없어 큰 입자를 제거하거나 다른 집진장치 앞에 설치하여 냉각이나 유속 조절과 같은 가스의 안정화를 목적으로 하는 전처리 장치로만 이용된다.
- ㉡ 습윤 환경에서 사용할 수 없다.
- ㉢ 높은 온도와 부착성 화학물질로 인한 손상이 발생한다.

② 원심력 집진장치

사이클론이라 불리는데, 처리할 가스에 선회류를 발생시키면 밀도가 다른 가스와 입자의 원심력 차이에 의하여 분리되는 원리를 이용한다. 먼저 장치에 접선 방향으로 먼지가 함유된 가스를 고속으로 주입하면 원통의 내부를 따라 회전하면서 원추부로 이용한다. 원추부 아래쪽으로 갈수록 회전이 빨라지면서 밀도의 차이에 의하여 가스와 먼지가 분리되어, 먼지는 벽을 따라 운동하다가 바닥에 떨어져 퇴적함에 모아지고, 청정가스는 위쪽으로 반전되어 원통부에 부착된 배기관을 통하여 바깥으로 배출된다. 이 장치는 비교적 견고하여 고장이 적고, 고온가스도 처리가 가능하며 지름 $10\mu m$ 정도 이상의 입자를 포집할 수 있다.

③ 세정 집진장치

물을 분무시켜 미세하게 만들어진 액체 방울을 먼지가 함유된 가스에 접촉시켜 제거하는 세정 집진장치는 관성 충돌과 확산력, 부착력 등에 의하여 제거된다. 이 장치는 높은 집진율과 가스나 입자 물질을 동시에 처리할 수 있는 장점이 있지만, 물을 사용하기 때문에 폐수를 처리해야 한다는 단점이 있다. 또한 먼지 입자와 액체 방울을 효과적으로 접촉시키기 위하여 물을 미립자로 분산시키는 장치가 필요하므로 비교적 동력이 많이 소요된다.

④ 여과 집진장치

여과 집진장치는 여과 재료에 먼지가 함유된 가스를 통과시켜 입자를 분리 포집하는 장치로 섬유와 같은 재질의 필터를 이용하므로 백 필터(Bag Filter)라고도 한다. 먼지는 직접 차단, 관성 충돌, 부착력, 확산력 등에 의하여 제거된다.
- ㉠ 장치는 $0.5\mu m$ 크기까지 99% 이상의 집진효율을 보이며, $1\mu m$ 이상의 입자는 직접 차단이나 관성력에 의하여 제거되고 그 이하의 작은 입자들은 확산력으로 제거된다.
- ㉡ 습윤 환경에서 사용할 수 없다.
- ㉢ 높은 온도와 부착성 화학물질로 인한 손상이 발생한다.

⑤ 전기 집진장치

고압 직류의 전원을 사용하여, 고압 직류 전압을 방전극(-)과 집진극(+)에 보내어 적당한 불평등 전기장을 이루게 함으로써 코로나 방전을 일으킨다. 그리고 이 전기장 안에서 발생한 코로나 방전을 이용하여, 가스 중의 먼지에 전하를 주어 (-)로 대전시키고, 대전된 먼지의 입자가 쿨롱력의 작용으로 집진극으로 이동하여 부착되면, 부착된 먼지를 탄진시켜 포집하는 장치이다. 일반적으로, 전기 집진장치 내의 입자에 작용하는 전기력은 대전 입자의 하전에 의한 쿨롱력, 전기장 강도에 의한 흡인력과 전기풍에 의한 힘, 입자 간의 흡인력이다.

㉠ 효율이 우수하다(99.9%).
㉡ 대량의 가스를 취급할 수 있다.
㉢ 주어진 조건에 대한 변동이 어렵다.
㉣ 최초의 시설비가 많이 든다.

3) 유해물질 제거방법

(1) 탈황시설

연료 중에서 생성된 배출가스 중 황산화물을 흡수·산화·환원·흡착 등의 방법으로 제거하는 시설

▼ 탈황시설의 구분

구분	건식법	반건식법	습식법
흡수제	CaO, Ca(OH)$_2$, CaCO$_3$	CaO, Ca(OH)$_2$	CaO, Ca(OH)$_2$, CaCO$_3$
제거효율	50~85%	85~95%	90% 이상 (최대 98%)

(2) 탈진시설

연소과정에서 생성된 배출가스 중 질소산화물을 제거하는 시설로 건식법인 접촉환원법과 무접촉환원법, 습식법인 산화흡수법 등이 있다.

① **접촉환원법** : NOx와 환원제를 촉매 존재하에서 반응시켜 N$_2$로 환원하는 방식
② **무촉매환원법** : 촉매나 특별한 물질을 이용하지 않고 연소실 출구의 고온 영역에 NH$_3$를 주입하여 NOx를 N$_2$로 환원하는 방식
③ **산화흡수법** : 오존 등 산화제를 이용하여 NO를 NO$_2$로 산화하여 흡수액으로 흡수하여 처리하는 방식

3. 연소방법

1) 공기공급 방식에 따른 종류

가스의 연소방법은 가스와 공기에 혼합되는 부분이나 1차 공기 및 2차 공기를 어떤 비율로 어떤 방법으로 공급하는가에 따라 다음과 같이 구별된다.

① 적화식 연소
② 분젠식 연소
③ 세미 분젠식 연소
④ 전1차 공기식 연소

▼ 연소기구의 연소방법

구분		분젠식	세미 분젠식	적화식	전1차공기식
필요 공기	1차 공기	40~70%	30~40%	0	100%
	2차 공기	60~30%	70~60%	100%	0
화염색		청록색	청색	약간 적색	세라믹이나 백금망의 표면에서 불탐
화염의 길이		짧음	조금 긺	긺	
화염의 온도(℃)		1,300	1,000	900	950

(1) 적화식 연소

가스를 그대로 대기 중에 분출하여 연소시키는 방법으로 연소에 필요한 공기는 모두 화염의 주위에서 확산하여 얻어진다. 즉, 연소에 필요한 공기 전부를 2차 공기로 취하고 1차 공기는 취하지 않는 것이다.

① 장점
- 역화하는 일이 전혀 없다.
- 자동온도조절장치의 사용이 용이하다.
- 적황색의 장염을 얻을 수 있다.
- 낮은 칼로리의 기구에 사용된다.
- 염의 온도는 비교적 낮다(900℃).
- 기기를 국부적으로 과열하는 일이 없다.

② 단점
- 연소실이 넓어야 한다(좁으면 불완전연소를 일으키기 쉽다).
- 버너 내압이 너무 높으면 선화(Lifting) 현상이 일어난다.

- 고온을 얻을 수 없다.
- 불꽃이 차가운 기물에 접촉하면 기물 표면에 그을음이 부착된다.

③ 용도

욕탕, 보일러용 버너, 파일럿 버너에 사용되었지만 지금은 거의 사용되지 않는다.

(2) 분젠식 연소

가스가 노즐에서 일정한 압력으로 분출하고 그때의 운동에너지로 공기공에서 연소 시 필요한 공기의 일부분(1차 공기)을 흡입하여 혼합관 내에서 혼합시켜 염공으로 내보내 태운다. 이때 부족한 산소는 불꽃 주위에서 확산함으로써 공급받으며, 이 공기를 2차 공기라 한다. 즉, 공기와 일정 비율로 혼합된 가스를 대기 중에서 연소시키는 것이다.

① 장점
- 염은 내염, 외염을 형성한다.
- 1차 공기가 혼합되어 있기 때문에 연소가 빨라 염이 짧고, 발생한 열은 집중되어 염의 온도가 높다(1,200~1,300℃).
- 연소실은 작고 좁아도 된다.

② 단점
- 일반적으로 댐퍼의 조절을 요한다.
- 역화, 선화 현상이 나타난다.
- 소화음, 연소음이 발생할 수 있다.

(3) 세미 분젠식 연소

적화식 연소방법과 분젠식 연소방법의 중간방법, 즉 1차 공기량을 제한하여 연소시키는 방법으로 1차 공기와 2차 공기의 비율이 분젠식과는 반대이다. 1차 공기율이 약 40% 이하이고 내염과 외염의 구별이 뚜렷하지 않은 연소를 세미 분젠식 연소방법이라 한다. 염의 색은 주로 청색을 띤다.

① 장점
- 적화와 분젠의 중간상태에서 역화하지 않는다.
- 염의 온도는 1,000℃ 정도이다.

② 단점
- 고온을 요할 경우는 사용할 수 없다.
- 국부감열에는 사용할 수 없다.

③ 용도

목욕탕 버너, 온수기 버너 등

(4) 전1차 공기식 연소

연소에 필요한 공기의 전부를 1차 공기로 혼합시켜 연소를 행하는 것으로 2차 공기가 필요 없다. 또한 분젠식에서 1차 공기를 많이 연소하면 역화하거나 선화하는 경우가 있듯이 전1차 공기식 연소법도 필요 공기를 전부 1차 공기로 연소하므로 역화하기 쉬운 연소법이다. 이를 방지하기 위해 염공을 특수한 구조로 만들기도 한다.

① 장점
- 버너는 어떠한 쪽으로 붙여도 사용할 수 있다.
- 가스가 갖는 에너지의 70% 가까이 적외선으로 전환할 수 있다.
- 적외선은 열의 전달이 빠르다.
- 개방식 노에 사용해도 대류에 의한 열손실이 적다.
- 표면온도는 850~950℃ 정도이다.

② 단점
- 고온의 노 내에 완전히 넣어서 부착하는 일이 불가하다.
  (버너의 뒷면은 가능한 한 냉각할 필요가 있다.)
- 구조가 복잡해서 고가이다.
- 거버너의 부착이 필요하다.

③ 용도

난방용 가스 스토브, 건조로용 · 그릴용 · 소각용 버너, 각종 가열건조로 등

▼ **연소방법의 특징**

구분	연소방법	장점	단점
적화식	연소에 필요한 공기의 전부를 불꽃 주변에서 확산에 의해 취한다.	• 역화현상이나 소화음이 없다. • 공기조절이 필요하다.	• 불완전연소되기 쉽다. • 고온을 얻기 어렵다. • 넓은 연소실이 필요하다.
분젠식	혼합관 내에서 가스와 공기가 혼합되어 염공을 통해 분출하여 연소한다.	• 고온을 얻기 쉽다. • 열효율이 좋다. • 좁은 장소에서 완전연소가 가능하다.	• 1차 공기를 취할 때 역화의 우려가 있다. • 버너가 연소가스양에 비해 크다.

구분	연소방법	장점	단점
세미 분젠식	적화식과 분젠식의 중간으로 1차 공기율이 낮으므로 내염과 외염의 구분이 확실하지 않은 불꽃을 만든다.	청색 염이 얻어지며 역화의 염려가 없다.	소비량 대기 온도 가스조성에 따라 가스의 압력이 변동되는 가스에는 적당하지 않다.
전1차 공기식	연소에 필요한 공기 전부를 1차 공기로서 흡입하여 이를 혼합관 내에서 혼합연소 시키는 방식이다.	• 피열물을 직접가열하기 때문에 어떠한 각도에서도 연소가 가능하다. • 바람에 의해 불이 꺼지지 않는다.	분젠식과 비교하여 연소속도가 빠르므로 특수한 버너를 사용하게 된다.

2) 급배기 방법에 따른 종류

연소용 공기의 급기와 연소가스의 배기를 위해 설치되는 장치로 크게 개방형, 반밀폐형, 밀폐형으로 구분한다.

(1) 개방 연소형 가스기기

연소에 필요한 공기는 실내에서 직접 취하고, 연소 폐가스는 실내에 그대로 배출하는 방식의 가스기기를 말한다. 이와 같은 개방식 가스기기를 실내에 설치할 때에는 일산화탄소 중독의 원인이 되는 불완전연소가 일어나지 않도록 공기를 취하는 급기구와 연소 폐가스를 배출하는 배기구 또는 상부 환기구를 설치해야 한다.

예 가스레인지, 그릴, 그릴부착 레인지, 오븐 난로, 팬히터, 소형 온수기 등

(2) 반밀폐 연소형 가스기기

연소용 공기는 직접 실내에서 취하고, 연소 폐가스는 배기통을 통하여 옥외로 배출하는 방식의 가스기기를 말한다. 이 방식에는 자연드래프트(Draft)를 이용한 자연배기식과 배기 팬을 이용한 강제배기식이 있다.

예 온수보일러 및 목욕보일러, 순간온수기 등

> **Reference** 강제 배기식(FE식)
>
> 연소에 필요한 공기는 실내에서 직접 취하고 배기는 팬을 이용하여 강제적으로 옥외로 배출하는 방식이다. 강제 배기방식이므로 배기통을 지붕 위까지 뽑아 올리지 않아도 바람에 의한 영향을 거의 받지 않는다.

(3) 밀폐 연소형 가스기기

실내공기와 격리된 연소실에서 옥외로부터 취한 공기에 의하여 연소시키고, 연소 후 배기가스를 옥외로 배출하는 방식의 가스기기를 말한다. 이 방식에는 자연 통기력에 의하여 급배기를 하는 자연 급배기방식(BF)과 팬을 이용하여 급배기를 하는 강제 급배기방식이 있다. 이 밀폐식 가스기기는 실내공기를 오염시키지 않기 때문에 위생상 바람직한 기기라 할 수 있다.

예 온수보일러 및 목욕보일러 등

① 자연 급배기식(Bakabced Flue, BF식) : 급배기통 톱(Top)의 급기부를 통하여 연소에 필요한 공기를 옥외로부터 취하고, 급배기통 톱(Top)의 배기부를 통하여 폐가스를 옥외로 배출하는 형식이다.

② 강제 급배기식(Forced Draught Balanced Flue, FF식) : 기기 자체에 내장된 팬을 이용하여 강제적으로 배기하는 형식이다. 급배기통을 연장할 수 있기 때문에 설치장소가 반드시 벽면이 아니어도 된다.

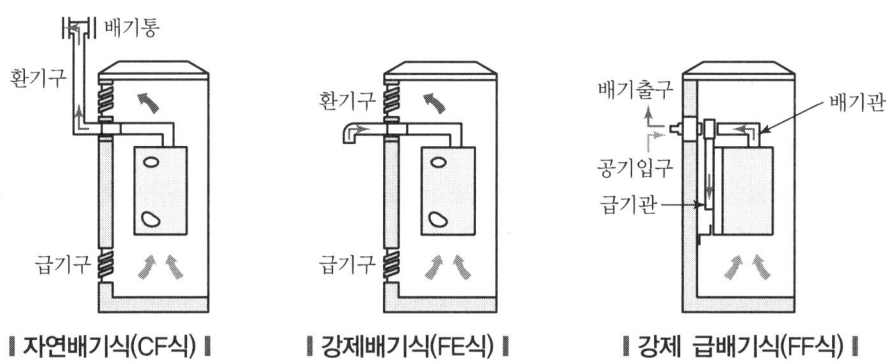

| 자연배기식(CF식) | 강제배기식(FE식) | 강제 급배기식(FF식) |

▼ 급배기방식의 구분

연소기기	연소에 필요한 공기의 공급	연소 후 배기가스의 방출
개방형	실내	실내
반밀폐형	실내	실외
밀폐형	실외	실외

(4) 자연배기식 단독배기통 방식

① 배기통의 높이(역풍방지장치 개구부의 하단으로부터 배기통 끝의 개구부 높이를 말한다. 이하 같다)는 다음 식에서 계산한 수치 이상일 것

$$H = \frac{0.5 + 0.4n + 0.1\ell}{\left(\dfrac{1,000Av}{6Q}\right)^2}$$

여기서, h : 배기통의 높이(m)
n : 배기통의 굴곡 수
ℓ : 역풍방지장치 개구부 하단으로부터 배기통 끝의 개구부까지의 전길이(m)
Av : 배기통의 유효단면적(cm^2)
Q : : 가스소비량(kcal/h)

② 배기통의 굴곡 수는 4개 이하로 할 것
③ 배기통의 입상높이는 원칙적으로 10m 이하로 것
④ 배기통의 끝은 옥외로 뽑아낼 것
⑤ 배기통의 가로 길이는 5m 이하로서 가능한 한 짧고 물고임이나 배기통 앞 끝의 기울기가 없도록 할 것

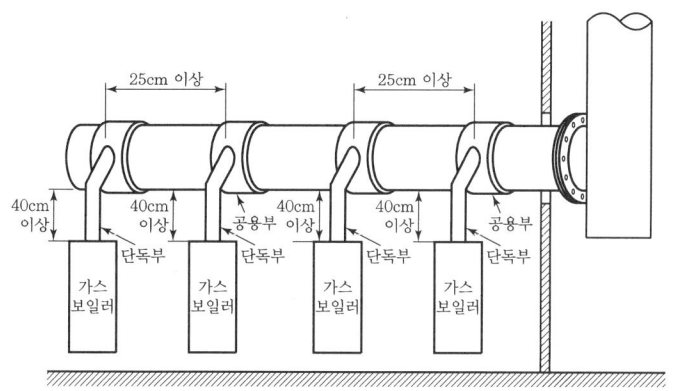

∥ 캐스케이드 연통의 설치 예 ∥

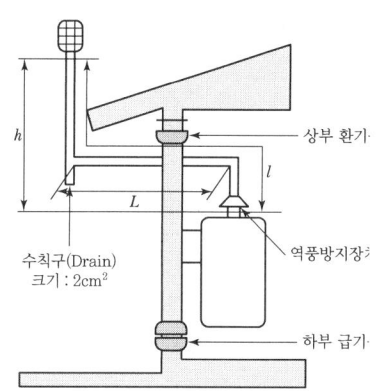

∥ 배기통의 높이 ∥

3) 가스보일러 안전장치

(1) 소화안전장치

정상 연소 시 불이 꺼졌을 때 가스공급을 차단시켜주는 안정장치이다.

① 열전대식(Thermo Couple)

파일럿 불꽃으로 열전대를 가열하면 기전력이 발생하여 점화 시 눌린 푸시로드에 의해 가스밸브 열림을 유지하게 되므로 가스가 흐르게 되고, 반대로 열전대가 가열되지 않아 냉각되면 기전력이 낮아져서 가스밸브의 스프링의 힘으로 밸브를 닫는다.

② 플레임 – 로드식(Flame – Rod)

불꽃 속에 전극(Rod)를 넣고 전극에 교류전압을 가하면 이온의 작용에 의하여 전류가 흐르는데, 이 전류를 플레임 증폭기에서 증폭하여 가스밸브가 열리고, 전극이 불꽃을 감지하지 못하면 전류가 흐르지 않으므로 가스밸브가 닫히는 방식이다.

③ 광전관식(Flame Eye)

광전지나 광전관의 빛을 이용하여 연소염의 자외선을 검출하고 이것을 전지적인 신호로 변환하여 가스를 차단하는 방식이다.

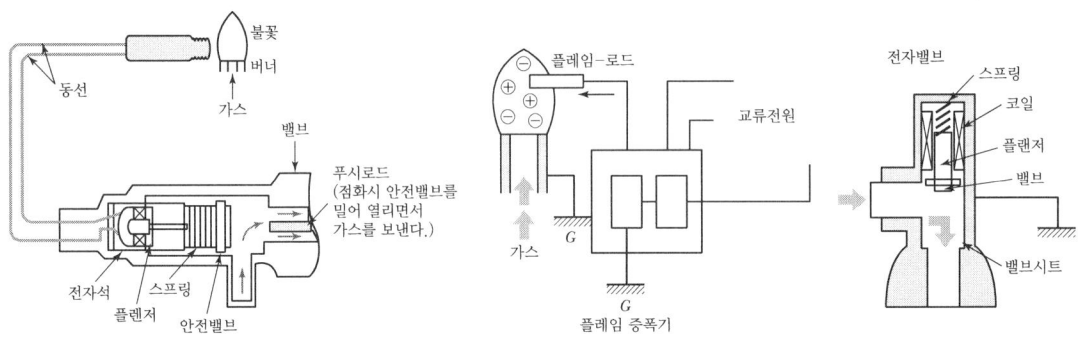

┃열전대방식의 원리┃   ┃플레임 – 로드방식의 원리┃

(2) 과열방지장치

난방배관에 공기가 많이 차있거나 물이 없을 경우 관 내부에 이상 과열이 발생하여 보일러 내부 배관 및 장치를 손상시킬 우려가 있으므로 이상 과열 시 가스를 차단하는 장치이다.

① 바이메탈방식

열팽창률의 크기가 다른 두 종류의 금속을 접합한 것으로서 온도 변화에 의한 기계적 변화량으로 가스회로를 차단하는 방식

② 온도퓨즈방식

주위 온도가 비정상적으로 상승할 때 용융온도가 낮은 합금을 용융시켜 전기회로를 끊음으로써 가스를 차단하는 장치

(3) 동결방지장치

보일러 안에 저장된 물이 동결되면 부피가 증가하여 물탱크를 파괴할 수 있으므로 물의 동결을 방지하는 장치로 순환펌프작동방식, 가열방식, 부동액 충전방식 등이 있다.

(4) 과대풍압안전장치

배기통 톱에 과대한 풍압이 가해지는 경우에 버너의 불꽃이 불안정해지므로 연료 통로를 차단하는 장치이다.

(5) 헛불방지장치(공연소방지 장치)

배관 내에 물이 없거나 흐르지 않을 때 버너가 점화되면 연소기가 파손될 수 있으므로 물이 있을 때에만 가스 통로가 열리도록 한 장치로 플로트식과 전극식이 있다.

(6) 과압방지장치

보일러 배관내의 수압이 0.3MPa이 되면 난방수가 분출되어 과압을 방지하는 장치이다.

(7) 풍압 스위치

배기가스가 배출되지 않거나 연통으로 역풍이 들어올 때 또는 연소용 공기가 공급되지 않거나 중단된 상태일 때 즉시 연소를 중단시키는 안전장치이다.

4. 연소 이상현상

1) 역화(Flash Back)

역화는 염이 염공을 통하여 버너의 혼합관 내에 불타며 들어오는 현상으로 1차 공기를 공급하고 있는 분젠식 연소나 전1차공기식 연소에서 볼 수 있다.

역화 현상은 분출속도와 연소속도의 평형범위를 벗어나는 경우에 일어난다. 즉, 가스·공기 혼합기체의 분출속도에 비해서 연소속도가 평형점을 넘어 빨라졌을 때, 또는 가스의 연소속도에 비해서 분출속도가 평형점 이하로 늦어졌을 때에 일어난다.

- **역화의 원인**
① 부식에 의해 염공이 커진 경우
② 가스의 공급압력이 저하된 경우
③ 노즐이나 콕에 그리스, 먼지 등으로 막혀 구경이 너무 작아진 경우
④ 댐퍼가 과다하게 열려 연소속도가 빨라진 경우
⑤ 버너가 과열되어 혼합기의 온도가 올라간 경우

2) 선화(Lifting)

선화(Lifting)는 간단히 Lift라고 부르며, 역화와 정반대의 현상으로 염공으로부터의 가스의 유출속도보다 크게 되었을 때 가스는 염공에 접하여 연소하지 않고 염공을 떠나서 연소하는 현상이다.

- **선화의 원인**
① 버너의 염공이 막혀 유효면적이 감소하게 되어 버너의 압력이 높아진 경우
② 가스의 공급압력이 지나치게 높은 경우
③ 공기조절장치[댐퍼(Damper)]를 너무 많이 열었을 경우

④ 노즐이나 콕의 구경이 커진 경우
⑤ 연소가스의 배출이 불안전한 경우나 2차 공기의 공급이 불충분한 경우

3) 옐로 팁(Yellow Tip)

염의 선단이 적황색으로 되어 타고 있는 현상을 옐로 팁(Yellow Tip)이라 한다. 이것은 연소반응의 도중에 탄화수소가 열분해하여 발생한 탄소입자가 미연소된 채 적열되어 적황색으로 빛나고 있는 것으로 연소반응이 충분한 속도로 나아가고 있지 않다는 것을 알 수 있다.

- **옐로 팁의 원인**
① 1차 공기가 부족할 경우
② 주물 밑부분의 철가루

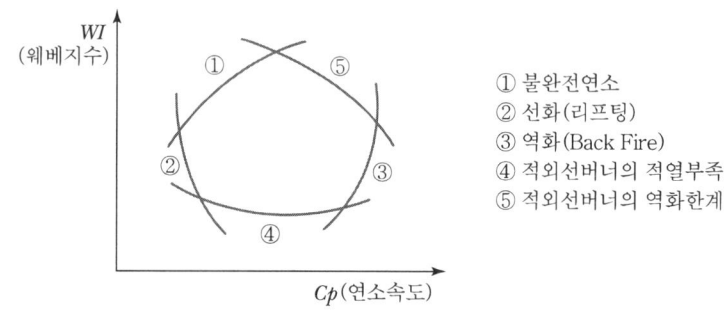

① 불완전연소
② 선화(리프팅)
③ 역화(Back Fire)
④ 적외선버너의 적열부족
⑤ 적외선버너의 역화한계

┃ 연소기구 호환영역 구분도 ┃

4) 염공(炎孔 : 불꽃구멍)

혼합관에서 버너 헤드에 도달한 가스 · 공기 혼합기체는 염공에서 대기 중에 분출되어 연소된다.

- **염공이 가져야 할 조건**
① 모든 염공에 빠르게 불이 옮겨서 완전히 점화될 것
② 불꽃이 염공 위에 안정하게 형성될 것
③ 가열불에 대하여 적정한 배열일 것
④ 먼지 등으로 막히지 않고 손질이 용이할 것
⑤ 버너의 용도에 따라 여러 가지 형식의 염공이 사용될 수 있을 것

5) 연소에 필요한 공기량과 방의 환기량

LP 가스를 완전연소하기 위해 필요한 이론 공기량은 발열량 1,000kcal에 대하여 약 $1m^3$이나, 실제 연소에서는 20~50%의 과잉 공기가 필요하다.
LP 가스의 연소는 이산화탄소와 수증기를 생성하므로 질소 등을 함유한 폐가스를 배출할 필요가

있다. 일반적으로 이론 폐가스양은 이론 공기량의 약 1.1배이다. 그러나 통상 공기 중에는 약 21%의 산소가 있고 연소에 의하여 저하되는 산소량의 허용한계를 0.5%라고 하면 실내의 필요 환기량은 이론 폐가스양의 약 40배가 된다.

6) 가스보일러 불완전연소의 원인

① 공기 공급량 부족
② 환기 불충분
③ 배기 불충분
④ 플레임의 냉각
⑤ 가스 조성이 맞지 않을 때
⑥ 가스기구 및 연소기구가 맞지 않을 때

5. 연소장치 설계

1) 가스 연소기의 종류

① **가정용** : 취사 또는 난방용으로 사용하는 가스레인지, 보일러, 온수기, 건조기 등
② **업무용** : 냉난방용 또는 조리용으로 사용되는 가스보일러, 주물렌지, 대형 건조기 등
③ **산업용** : 산업에 사용되는 보일러, 가열로, 연료전지, 가스히트펌프 등
④ **레저용** : 등산 및 야외에 사용하는 이동식 부탄연소기, 등산용 가스 등

2) 연소기 구성요소

① 노즐
② 댐퍼(공기 흡입구)
③ 혼합관
④ 버너 헤드
⑤ 염공

3) 연소기 설계인자

① **가스소비량** : 연소기의 크기 및 규모 결정
② **공기소요량** : 가스를 완전연소시키는 데 필요한 공기량
③ **연소방법** : 분젠식, 세미 분젠식, 적화식, 전1차식 등의 결정
④ **연소속도** : 가스의 연소속도와 분출속도 결정

⑤ 웨버지수 : 가스의 연소 정도 결정
⑥ 드래프트 : 배기가스의 높이 결정

4) 성능 계산 및 염공부하 산출

(1) 성능 계산

연소기기에 총입열량과 유효하게 사용한 출열량의 비율

$$성능계산(\eta) = \frac{발생증기\ 흡수열}{총입열량} \times 100$$

(2) 염공부하(Kcal/mm²h)

염공 1mm²당 단위시간에 몇 kcal의 가스를 연소시키는지를 표시하는 수치

$$염공부하(W_a) = \frac{연소기\ 발생열(kcal)}{염공면적(mm^2) \times 사용시간(hr)}$$

(3) 버너의 턴다운(Turn down)비

버너의 부하조정비로 버너가 연소할 수 있는 범위로 예를 들면 연소비율이 10 : 1이면 100~10%까지 부하가 조정된다.

연습문제

01 다음 중 확산연소에 해당하는 것은?
① 코크스나 목탄의 연소
② 대부분의 액체연료의 연소
③ 경계층이 형성된 기체연료의 연소
④ 분무기로 유화시킨 액체연료의 연소

풀이 확산연소 : 경계층이 형성된 기체연료의 연소

02 불꽃점화기관에서 발생하는 Knocking 현상을 방지하는 방법이 아닌 것은?
① 화염속도를 높인다.
② 말단가스의 온도를 내린다.
③ 불꽃진행거리를 길게 해 준다.
④ 혼합기의 자기착화온도를 높인다.

풀이 불꽃진행거리를 짧게 할 때 노킹현상이 방지된다.

03 다음 표면연소에 대한 설명 중 올바르게 설명된 것은?
① 오일 표면에서 연소하는 상태
② 고체연료가 화염을 길게 내면서 연소하는 상태
③ 화염의 내부 표면에 산소가 접촉하여 연소하는 상태
④ 적열된 코크스 또는 숯의 표면에 산소가 접촉하여 연소하는 상태

04 가스가 노즐로부터 일정한 압력으로 분출하는 힘을 이용하여 연소에 필요한 공기를 흡인하고, 혼합관에서 혼합한 후 화염공에서 분출시켜 예혼합연소시키는 버너는?
① 전1차공기식
② 블라스트식
③ 적화식
④ 분젠식

풀이 분젠식 버너
가스가 노즐에서 일정한 압력으로 분출하는 힘을 이용하여 연소에 필요한 공기를 흡입하고 혼합관에서 혼합한 후 예혼합시키는 버너

05 가연성 기체의 최소 착화에너지에 대한 설명으로 옳은 것은?
① 온도가 높아질수록 최소 착화에너지는 높아진다.
② 연소속도가 느릴수록 최소 착화에너지는 낮아진다.
③ 열전도율이 적을수록 최소 착화에너지는 낮아진다.
④ 압력이 낮을수록 최소 착화에너지는 낮아진다.

정답 01 ③ 02 ③ 03 ④ 04 ④ 05 ③

06 연소반응이 완료되지 않아 연소가스 중에 반응의 중간 생성물이 들어 있는 현상을 무엇이라 하는가?

① 열해리 ② 순반응 ③ 역화반응 ④ 연쇄분자반응

> **풀이** 열해리 : 연소반응이 완료되지 않아 연소가스 중에 반응의 중간 생성물이 들어있는 현상

07 고체연료에서 탄화도가 높은 경우에 대한 설명으로 틀린 것은?

① 수분이 감소한다. ② 발열량이 증가한다.
③ 연소속도가 느려진다. ④ 착화온도가 낮아진다.

> **풀이** 탄화도가 높은 무연탄 등은 착화온도가 높아진다.

08 노 내 분위기의 산성 또는 환원성 여부를 확인할 수 있는 방법으로 가장 확실한 것은?

① 화염의 색깔을 분석한다. ② 연소가스 중의 CO 함량을 분석한다.
③ 노 내의 온도분포 상태를 점검한다. ④ 연소가스 중의 N_2 함량을 분석한다.

> **풀이**
> • CO : 환원성
> • O_2 : 산화성

09 층류예혼합화염과 비교한 난류예혼합화염의 특징에 대한 설명으로 옳은 것은?

① 화염의 두께가 얇다. ② 화염의 밝기가 어둡다.
③ 연소속도가 현저하게 늦다. ④ 화염이 배후에 다량의 미연소분이 존재한다.

> **풀이** 난류예혼합화염 : 화염의 배후에 다량의 미연소분이 존재한다.

10 액체연료의 일반적인 연소형태로서 가장 거리가 먼 것은?

① 액면연소 ② 확산연소 ③ 증발연소 ④ 분무연소

> **풀이** 기체연료 : 확산연소, 예혼합연소

11 기체연료를 미리 공기와 혼합시켜 놓고, 점화해서 연소하는 것으로 연소실부하율을 높게 얻을 수 있는 연소방식은?

① 확산연소 ② 예혼합연소 ③ 증발연소 ④ 분해연소

> **풀이** 예혼합연소 : 기체연료와 공기를 사전에 혼합시킨 후 점화한다.

정답 06 ① 07 ④ 08 ② 09 ④ 10 ② 11 ②

12 확산화염의 연소방식에 대한 설명 중 틀린 것은?

① 연소생성물은 화염의 양 측면으로 확산됨에 따라 없어진다.
② 연료와 산화제의 경계면이 생겨 서로 반대 측면에서 경계면으로 연료와 산화제가 확산해 온다.
③ 가스라이터의 연소는 전형적인 기체연료의 확산화염이다.
④ 연료와 산화제가 적당 비율로 혼합되어 가열혼합기를 통과할 때 확산화염이 나타난다.

풀이 확산화염의 연소방식은 연료가 확산하여 가연혼합기에서 산화제와 접촉하여 화염을 형성한다.

13 화염의 안정범위가 넓고, 조작이 용이하며 역화의 위험이 없는 연소형태는?

① 표면연소　　② 분해연소　　③ 확산연소　　④ 예혼합연소

풀이 확산연소 : 화염의 안정범위가 넓고 조작이 용이하며 역화의 위험이 없다.

14 다음 중 폭발 시 파편이 화염 중심으로부터 압력이 전파되는 반경거리(R)를 구하는 식은?(단, W : TNT 당량, k : 반경거리 R에서 압력을 나타내는 상수이다.)

① $R = kW^{1/2}$　　② $R = kW^{1/3}$　　③ $R = kW^{1/4}$　　④ $R = kW^{1/5}$

15 배기가스의 온도가 120℃인 굴뚝에서 통풍력 12mmH₂O를 얻기 위해서 필요한 굴뚝의 높이는 약 몇 m인가?(단, 대기의 온도는 20℃이다.)

① 10　　② 24　　③ 32　　④ 39

풀이 $Z = H \times \left[\dfrac{353}{273+t_a} - \dfrac{353}{273+t_g} \right]$

$12 = H \times \left[\dfrac{353}{273+20} - \dfrac{353}{273+120} \right]$

$\therefore H = \dfrac{12}{\left[\dfrac{353}{293} - \dfrac{353}{393} \right]} = \dfrac{12}{1.2048 - 0.8982} = 39.14\text{m}$

16 예혼합연소의 특징에 대한 설명으로 옳은 것은?

① 노(爐)의 체적이 커야 한다.
② 화염대에 해당하는 두께는 10~100mm 정도로 두껍다.
③ 연소실부하율을 높게 얻을 수 있다.
④ 역화의 위험성이 없다.

풀이 예혼합연소의 기체연료는 연소실부하율을 높게 얻을 수 있다.

정답 12 ④　13 ③　14 ②　15 ④　16 ③

17 다음 기체연료 중 발열량이 가장 낮은 연료는?

① 석탄가스 ② 수성가스 ③ 고로가스 ④ 발생로가스

풀이 고로가스 : 용광로 가스는 발열량이 매우 낮다.

18 다음 중 유동층 연소의 이점이 아닌 것은?

① 화염층이 작아진다.
② 클링커 장해를 경감할 수 있다.
③ 질소산화물의 발생량을 크게 얻을 수 있다.
④ 화격자 단위면적당 열부하를 크게 얻을 수 있다.

풀이 고체연료의 연소
- 분해연소, 표면연소, 유동층 연소
- 유동층 연소는 질소산화물의 발생량을 크게 감소시킨다.

19 다음 층류연소속도에 관한 설명 중 잘못된 것은?

① 층류연소속도는 압력에 따라 결정된다.
② 층류연소속도는 표면적에 따라 결정된다.
③ 층류연소속도는 연료의 종류에 따라 결정된다.
④ 층류연소속도는 가스의 흐름상태와는 무관하다.

풀이 연료의 표면적에 따른 연소는 표면연소이다.

20 가연성 기체를 공기와 같은 지연성 기체 중에 분출시켜 연소시키므로 불완전연소에 의한 그을음을 형성하는 기체연소형태를 무엇이라고 하는가?

① 혼합연소(混合燃燒) ② 예혼연소(預混燃燒)
③ 혼기연소(混氣燃燒) ④ 확산연소(擴散燃燒)

풀이 확산연소 : 가연성 기체를 공기와 같은 지연성 기체 중에 분출시켜 연소시킨다.

21 층류연소속도의 측정법이 아닌 것은?

① 분젠버너법 ② 슬로트버너법 ③ 다공버너법 ④ 비눗방울법

풀이 층류연소속도 측정법
비눗방울(Soap Bubble)법, 분젠(Bunsen)법, 슬로트(Slot)법, 평면 화염법 등

정답 17 ③ 18 ③ 19 ② 20 ④ 21 ③

22 고체연료를 사용하는 어느 열기관의 출력이 3,000kW이고 연료소비율이 시간당 1,400kg일 때 이 열기관의 열효율은 약 몇 %인가?(단, 이 고체연료의 저위발열량은 28MJ/kg이다.)

① 28   ② 32   ③ 36   ④ 40

풀이 $\dfrac{3{,}000 \times 860 \times 4.18}{1{,}400 \times \left(\dfrac{28 \times 10^6}{1{,}000}\right)} \times 100 = 27.51\% ≒ 28\%$

※ 1kcal = 4.18kJ

23 다음 중 액체연료의 연소형태가 아닌 것은?

① 액면연소   ② 분해연소   ③ 분무연소   ④ 등심연소

풀이
- 액체연료의 연소형태 : 액면연소, 등심연소, 분무연소, 증발연소
- 고체연료의 연소형태 : 표면연소, 증발연소, 분해연소, 유동층연소

24 다음 확산화염의 여러 가지 형태 중 대향분류(對向噴流) 확산화염에 해당하는 것은?

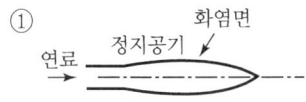
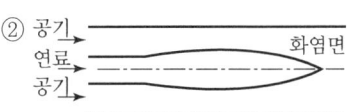

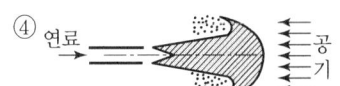

풀이 대향류 화염 = [연료 → ← 공기]

25 다음 가연성 가스 및 증기 중 최소 착화에너지 값이 가장 작은 것은?

① 메탄   ② 암모니아   ③ 에틸렌   ④ 이황화탄소

풀이 최소 발화에너지(공기 중) 10^{-2}J
① 메탄 : 0.28
② 암모니아 : 0.77
③ 에틸렌 : 0.096
④ 이황화탄소 : 0.015

26 혼합기체 속에서 전기불꽃 등을 이용하여 화염핵을 형성하여 화염을 전파하는 것은?

① 강제점화   ② 자연착화   ③ 최소점화   ④ 열폭발

풀이 강제점화
혼합기체 속에서 전기불꽃 등을 이용하여 화염핵을 형성하여 화염을 전파한다.

정답 22 ① 23 ② 24 ④ 25 ④ 26 ①

27 난류예혼합화염과 층류예혼합화염의 특징을 비교 설명한 것 중 옳지 않은 것은?

① 난류예혼합화염의 연소속도는 층류예혼합화염의 연소속도보다 빠르다.
② 난류예혼합화염의 휘도(輝度)는 층류예혼합화염의 휘도보다 낮다.
③ 난류예혼합화염은 다량의 미연소분이 잔존한다.
④ 난류예혼합화염의 두께가 층류예혼합화염의 두께보다 크다.

풀이 난류예혼합화염의 휘도는 층류예혼합화염의 휘도보다 높다.

28 다음 그림은 적화식 연소에 의한 가연성 가스의 불꽃형태이다. 불꽃온도가 가장 낮은 곳은?

① A
② B
③ C
④ D

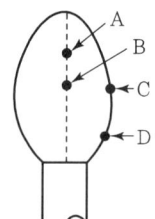

풀이 적화식 연소

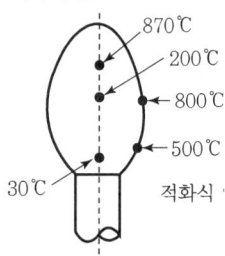

29 다음은 층류예혼합화염의 구조도이다. 온도곡선의 변곡점인 T_i를 무엇이라 하는가?

① 착화온도
② 반전온도
③ 화염평균온도
④ 예혼합화염온도

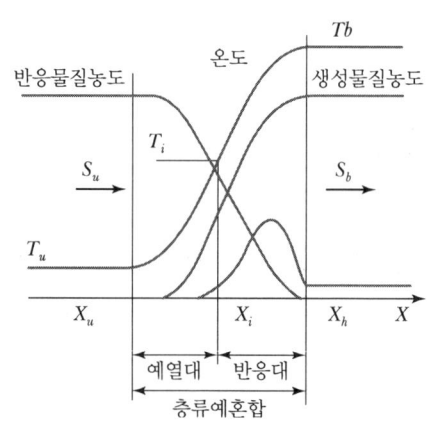

정답 27 ② 28 ② 29 ①

풀이
- T_i : 착화온도
- T_b : 중성분자와의 열평형
- T_o : 연소영역

30 다음 중 연소 부하율을 올바르게 설명한 것은?

① 연소실의 염공면적당 입열량
② 연소실의 단위체적당 열발생률
③ 연소실의 염공면적과 입열량의 비율
④ 연소 혼합기의 분출속도와 연소속도와의 비율

풀이 연소실 열부하율($kcal/m^3h$)

$$= \frac{\text{시간당 연소실 열부하율}(kcal/m^3h)}{\text{연소실 체적 }(m^3)}$$

31 다음 중 액체연료의 연소형태가 아닌 것은?

① 등심연소(Wick Burning)
② 증발연소(Vaporizing Combustion)
③ 분무연소(Spray Combustion)
④ 확산연소(Diffusive Burning)

풀이 확산연소는 기체연료의 연소형태이다.

32 일반적으로 고체입자를 포함하지 않는 화염은 불휘염, 고체입자를 포함하는 화염은 휘염이라 불린다. 이들 휘염과 불휘염은 특유의 색을 가지는데 색과 화염의 종류가 옳게 짝지어진 것은?

① 불휘염=청녹색, 휘염=백색
② 불휘염=청녹색, 휘염=황색
③ 불휘염=적색, 휘염=황적색
④ 불휘염=적색, 휘염=백색

33 다음은 액체연료를 미립화시키는 방법을 설명한 것이다. 옳은 항은?

㉠ 연료를 노즐에서 빨리 분출시키는 방법
㉡ 고압의 정전기에 의해 액체를 분열시키는 방법
㉢ 초음파에 의해 액체연료를 촉진시키는 방법

① ㉠
② ㉠, ㉡
③ ㉡, ㉢
④ ㉠, ㉡, ㉢

풀이 ㉠, ㉡, ㉢항 모두 액체연료의 미립화 과정(무화 과정)이다.

정답 30 ② 31 ④ 32 ② 33 ④

CHAPTER 003 가스폭발과 방지대책

SECTION 01 가스폭발 이론

1. 폭발범위

가연성 가스와 산소 또는 공기가 적당히 혼합되어 연소, 폭발이 일어날 수 있는 범위를 폭발범위라 하며 부피(%)로 나타내고, 낮은 쪽의 농도를 하한계, 높은 쪽의 농도를 상한계로 표현한다.

▼ 주요가스의 폭발(연소) 범위(1기압, 상온)

가스명	공기 중(V%) 하한	공기 중(V%) 상한	산소 중(V%) 하한	산소 중(V%) 상한	가스명	공기 중(V%) 하한	공기 중(V%) 상한	산소 중(V%) 하한	산소 중(V%) 상한
수소	4.0	75.0	4.0	94.0	프로판	2.1	9.5	2.3	55.0
일산화탄소	12.5	74.0	12.5	94.0	부탄	1.8	8.4	–	–
아세틸렌	2.5	81.0	2.5	93.0	에틸에테르	1.9	48.0	3.9	61.0
메탄	5.0	15.0	5.1	59.0	암모니아	15.0	28.0	15.0	79.0
에탄	3.0	12.4	3.0	66.0	시안화수소	6.0	41.0	–	–
에틸렌	3.1	36.8	2.7	80.0	아세트알데히드	4.1	57.0	–	–
프로필렌	2.4	11.0	2.1	53.0	산화에틸렌	3.0	80.0	3.0	100

1) 폭발범위와 압력영향

① 일반적으로 가스압력이 높을수록 발화온도는 낮아지고, 폭발범위는 넓어진다.
② 수소는 10atm 정도까지는 폭발범위가 좁아지고 그 이상 압력에서는 넓어진다.
③ CO-공기계, 수소-공기계는 압력상승에 따라 폭발범위가 좁아진다.
④ 가스의 압력이 대기압 이하로 낮아지면 폭발범위가 좁아진다.
⑤ 산소 농도가 높을수록 폭발범위가 넓어진다.
⑥ 온도가 올라가면 분자 간 운동이 활발하기 때문에 폭발범위는 넓어진다.
 (연소상한계는 100℃ 온도 증가에 따라 8% 증가, 연소하한계는 100℃ 온도 증가에 따라 8% 감소한다.)
⑦ 불활성가스가 투입되면 폭발범위가 좁아진다.

2) 위험도(H)

가연성 가스의 위험 정도를 판단하기 위한 것으로, 폭발범위를 하한계로 나눈 값을 말한다.

$$H(\text{위험도}) = \frac{U-L}{L}$$

여기서, H : 위험도
U : 폭발상한값(%)
L : 폭발하한값(%)

3) 르 샤틀리에(Le chatelier) 법칙

혼합가스의 조성에 따라 그 분포의 평균으로 폭발범위를 구한다.

$$\frac{100}{L} = \frac{V_1}{L_1} + \frac{V_2}{L_2} \cdots\cdots$$

여기서, L : 혼합가스의 폭발한계치(하한계, 상한계)
L_1, L_2, L_3 : 각 성분가스의 단독 폭발한계치, 즉 하한계 또는 상한계
V_1, V_2, V_3 : 각 성분가스의 분포 비율(부피%)

Reference

혼합가스 각 성분 간에 반응이 일어나면 혼합가스의 성분이 변하므로 정확한 값의 산정이 어렵고, 메탄과 황화수소, 수소와 황화수소 등은 실제 측정과 차이가 있어 적용이 어렵다.

4) 최소 점화에너지(Minimum ignition energy ; MIE)

가연성 혼합가스와 공기 중에 분산되어 폭발성 물질을 발화시키는 데 필요한 최소한의 에너지를 최소 점화에너지라 한다. 보통 탄화수소에 대해서는 1atm, 상온의 상태에서 약 0.1MJ 정도이다.
① 일반적으로 온도, 압력 및 농도가 높아지면 작아진다.
② 일반적으로 분진의 MIE는 가연성 가스보다 큰 에너지 준위를 갖는다.
③ 질소농도의 증가는 MIE를 증가시킨다.
④ MIE는 낮을수록 위험이 커진다.
⑤ 최소 점화에너지는 가스의 온도, 압력, 조성에 따라 다르다.

▼ 가연물의 최소 점화에너지

가연물질명	압력(atm)	최소 발화에너지(MJ)
수소(H_2)	1atm	0.03MJ
프로판(C_3H_8)	1atm	0.26MJ
헵탄(C_7H_{16})	1atm	0.25MJ
메탄(CH_4)	1atm	0.29MJ

5) 폭발한계를 측정하는 장치

① **전파법** : 원통형 또는 구형의 용기 내에 혼합가스를 넣고 한쪽에서 점화하여 화염이 전체에 확산되는 한계조성을 결정하는 방법
② **버너법** : 버너 위에 안정된 화염이 가능한 혼합가스 조성의 한계치를 결정하는 방법

2. 폭발과 폭굉

1) 폭발

(1) 물리적 폭발

① **증기폭발** : 액화가스 등 낮은 비등점 액체가 과열상태가 되면 액체가 급격히 증발 또는 팽창되어 대량의 증기로 변해 폭발하는 현상
② **압력폭발** : 가압용기에 과도 압력 또는 취성파괴 등의 용기가 급격히 파괴되고 고압가스가 주변에 급속히 팽창하여 폭풍 발생으로 파편을 날리는 폭발현상
③ **기계적 폭발** : 물리적 힘(과도한 힘)의 분산에 의한 폭발현상

(2) 화학적 폭발

① **가스의 분해폭발** : 아세틸렌, 산화에틸렌, 사불화에틸렌, 일산화염소, 히드라진 등 그 자신이 분해폭발을 일으키는 현상
② **촉매폭발** : 수소, 염소 등에서 햇빛 등의 촉매 작용으로 폭발하는 현상
③ **중합폭발** : 시안화수소, 부타디엔 등 중합열에 의해 폭발하는 현상
④ **분진폭발** : 금속분진인 알루미늄, 마그네슘 · 탄화수소 · 합성고무물질 등의 미립자가 공기 중에 부유하고 있을 때 분진이 에너지를 받아 열과 압력을 발생하면서 점화원에 의하여 폭발하는 현상

> **Reference** 폭발에 영향을 주는 인자
>
> 온도, 압력, 용기의 형태와 크기, 조성

2) 폭굉(Detonation)

가연성 혼합가스 연소 시 전파속도가 급격하게 상승하여 가스 중의 음속보다 폭발속도가 큰 경우에 파면선단에 충격파라고 하는 솟구치는 압력파가 생겨 격렬한 파괴 작용을 일으키는 현상을 말한다.

> **Reference**
>
> - 정상 전파속도 : 0.1~10m/sec
> - 폭굉 전파속도 : 1,000~3,500m/sec

① 파면압력은 연소 때보다 2배 정도 크다.
② 폭굉파가 장애물에 부딪치면 파면 압력은 2.5배 정도 상승한다.
③ 폭굉유도거리(DID) : 최초 완만한 연소에서 격렬한 폭굉으로 발전할 때까지의 거리
④ 폭굉유도거리(DID)가 짧아지는 조건
- 정상연소 속도가 빠른 혼합가스일수록
- 관 속에 장애물이 있거나 지름이 작을수록
- 혼합가스가 고압일수록
- 점화원의 에너지가 강할수록

3) 폭연(Deflagration)

미반응 물질 속의 화염이 충격파가 음속보다 느린 경우(아음속)를 폭연이라 하며, 가솔린과 공기혼합물이 1/300초 내에 완전연소하는 경우 압력은 수 기압 정도이며 폭굉으로 발전할 수 있다.

▼ 폭굉과 폭연의 비교

구분	폭굉	폭연
발달 반응성	충격파에 의한 에너지반응으로 발화온도 이상의 압축으로 인한 충격파 (반응성 라디칼반응)	열분자 확산이나 난류 확산에 의존하는 반응
전파속도	1,000~3,500m/sec	0.1~10m/sec
음속	초음속	아음속
압력	초기 압력의 20배 이상	초기 압력의 8배 이하
메커니즘	• 수소, 아세틸렌 등 반응성이 큰 연료에서 일어남 • 고밀도 장애물과 밀폐율을 가진 가스운, 배관 내에서 일어남	대부분의 폭발 형태

4) 화염(Flame)

연소가 진행되는 경우 그 반응대나 연소가스는 고온이 되고 높은 에너지상태에 있는 화학종을 많이 포함하는 것에서 빛을 발해 주위와 구별되는 것을 화염이라 하고, 성상에 따라 층류화염, 난류화염

으로 구별되는데 이들은 예혼합화염, 확산화염의 양자에 볼 수 있으므로 이들을 조합해서 난류확산화염 등으로 분류한다. 이들은 다시 휘염, 불휘염, 산화염, 환원염, 냉염 등으로 분류된다.

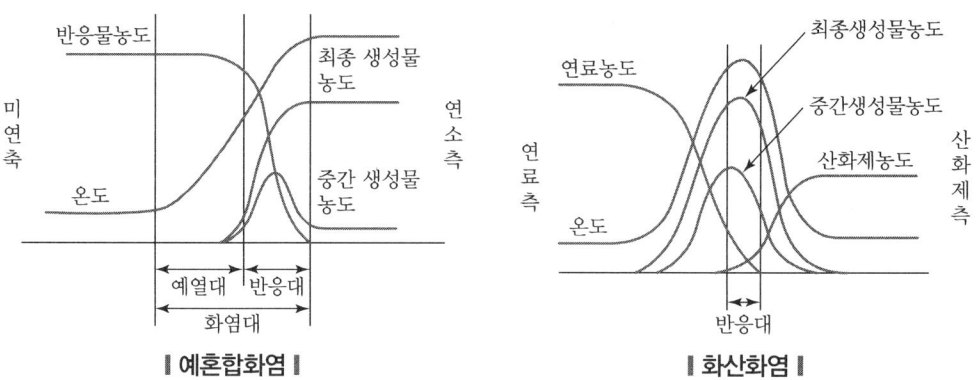

| 예혼합화염 | | 화산화염 |

5) 소염(Quenching)

발화한 화염이 전파되지 않고 꺼지는 현상을 말한다.
① 소염거리 : 두 장의 평행판에 거리를 좁혀가면서 화염이 틈새로 전달되지 않는 한계의 거리
② 한계지름 : 파이프 속으로 화염이 진행될 때 화염이 진행되지 않는 한계의 지름

6) 안전간격

폭발성 혼합가스를 점화시켜 외부 폭발성 가스에 화염이 전달되지 않는 한계의 틈을 말한다.

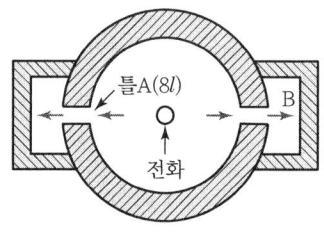

| 안전간격의 측정 |

- **안전간격에 따른 폭발 등급**
① **폭발 1등급**(안전간격 : 0.6mm 초과) : 메탄, 에탄, 가솔린 등
② **폭발 2등급**(안전간격 : 0.4mm 초과~0.6mm 이하) : 에틸렌, 석탄가스
③ **폭발 3등급**(안전간격 : 0.4mm 이하) : 수소, 아세틸렌, 이황화탄소, 수성가스

7) 안전공간

충전용기나 탱크에서 온도상승에 따른 내용물의 팽창을 고려한 공간의 체적(%)을 말한다.

$$안전공간공식(\%) = \frac{V_1(안전공간부피)}{V(전체부피)} \times 100$$

3. 가스폭발의 피해

1) 가스폭발의 종류

(1) 개방형 증기운 폭발(Uncontained Vapor Cloud Explosion ; UVCE)

가연성 물질이 용기 또는 배관 내에 액체상태로 저장, 취급되는 경우에 외부화재, 부식, 내부압력초과 및 설비결함 등에 의해 대기 중으로 누출되면 액체상태의 위험물질이 증발되면서 갑자기 증기로 변화되어 외부로 치솟게 되는데, 이때 스파크, 정전기, 기타 불 등의 발화원에 의하여 화염이 발생, 폭발하는 현상을 말한다.

① 특징
- 개방형 폭발로 과포화용액 누출로 인한 증기운 생성
- 폭발보다 화재에 의한 피해가 큼
- 난류에 의한 영향이 폭발의 충격을 가중시킴
- BLEVE보다 폭발효율이 적음

② 대책
- 재고량을 적게 하고 점화원을 제거
- 검지기 설치, 가스 누설 시 자동차단 장치 설치
- 누설 방지

(2) 비등액체 팽창증기폭발(Boiling Liquid Expanding Vapor Explosion ; BLEVE)

가연성 물질이 용기 또는 배관 내에 저장, 취급되는 과정에서 서서히 지속적으로 누출되면서 대기 중의 한곳으로 모이게 되어 바람, 대류 등의 영향으로 움직이다가 스파크, 정전기, 기계적 마찰열 등의 발화원에 의해 순간적으로 과압 폭발하는 현상을 말한다.

① 특징
- 밀폐형으로 가스누출 시 점화원에 의한 폭발
- 폭굉에 의한 복사열 및 폭풍압에 의한 피해가 큼

② 대책
- 단열조치
- 저장탱크의 지하 설치
- 냉각 살수 장치
- 누출 시 체류 방지
- 긴급 이송 조치

▼ 증기운 형성물질의 분류

형성물질	특성	증발형태
LNG, 저온메탄	임계온도가 주위온도보다 낮음 대기압하에서 저온으로 액화된 물질	열전달이 증발을 제한
LPG, 액화암모니아, 액화염소	상온, 가압하에서 액화된 물질 임계온도>주위온도, 비점<주위온도	순간증발, Flashing
벤젠, 핵산	임계압력>주위압력, 비점<주위온도 그 물질의 비점 이상의 온도에 있지만 가압되어서 액화된 물질	열전달 및 확산이 증발을 제한
화학공정상의 유기액체 (액화 사이클로헥산)	주위온도보다 높은 온도에 있는 물질로서 압력을 가하면 액체상태	순간증발, Flashing

2) 가스폭발의 피해 계산

(1) 폭발효율(Explosion Efficiency)

가연성 물질이 발화되어 실제로 방출되는 에너지를 이론적으로 계산하여 얻을 수 있는 폭발에너지로 나눈 값을 백분율로 표시한 것이다.

$$E_\eta = \frac{실제 방출에너지}{이론 폭발에너지} \times 100$$

[폭발 형태별 폭발효율]
① UVCE : 1~10%
② BLEVE : 25~50%
③ 화학 플랜트 설계 : 2%

(2) TNT 당량(피해 예측 지수)

TNT 당량이란 어떤 가연물질이 폭발할 때 내는 에너지와 동일한 에너지를 방출하는 TNT중량 또는 Scaling 법칙이라 말한다.

① 가연성 물질

가연성 물질의 폭발로 인한 영향범위를 산정할 때에 TNT 당량으로 환산하여 계산한다.

$$W_{TNT} = \frac{\Delta H_C \times W_C}{1,100} \times \eta$$

여기서, W_{TNT} : TNT 당량(kg), ΔH_c : 연소열(kcal/kg)
W_c : 누출된 가스 등의 질량(kg)
1,100 : TNT의 연소열
η : 폭발효율

② 가연성 가스

가스의 양을 에너지로 환산하고 이를 다시 폭발효율과 관계시켜 TNT 당량으로 환산한다.

$$W_{TNT} = \frac{\varepsilon \times \Delta H_c \times \alpha \times W_c}{1,100} \times \eta$$

여기서, ε : 폭발계수
- C_2H_2, CS_2 : 0.15
- C_2H_4, H_2, CO : 0.10
- C_2H_6, C_3H_6, C_3H_8, CH_3CHO : 0.08
- CH_4, C_4H_{10}, C_6H_{12}, CH_3COCH_3 : 0.06
- NH_3, CH_3OH : 0.04

α : 가스의 기화율(Flash gas)
- 압축가스 α : 1
- 액화가스는 다음 식에 의거 계산

$$\alpha = \frac{H_2 - H_1}{L}$$

H_2 : 유출 전 액 상태의 엔탈피
H_1 : 비점에서 액 엔탈피
L : 비점에서 액의 증발잠열

③ 환산거리 산정

폭발기점에서 폭발성 물질의 발열량을 적용하여 해당 폭발물을 TNT 당량으로 환산하여 산정한다.

$$Z_e = \frac{r}{W_{TNT}^{\frac{1}{3}}} (\text{m/kg})$$

여기서, Z_e : 환산거리, r : 폭발기점으로부터의 거리

SECTION 02 가스화재 및 폭발방지대책

1. 가스화재

가스화재는 배관이나 저장조의 누설이나 사용미숙에 의한 부주의로 가연성 가스가 공기 중에 누출되어 착화하는 경우이다.

1) 가스화재 특징

① 가스화재는 전형적인 확산연소이다.
② 가스화재로 발생하는 화재는 대부분 난류확산화염이다.
③ 화염길이는 층류화염에서는 가스유속의 증대와 함께 커지지만 난류화염이 되면 그 이상 증대는 없고 일정하다.

2) 가스화재 종류

① 전실[플래시오버(Flash Over)] 화재
누출된 가스(LPG 등)가 기화 또는 증발하고, 기화된 증기나 연무가 점화원에 의해 화재가 되는 현상을 말한다.

② 풀(Pool) 화재
용기나 저장탱크 내에 발생한 화염으로부터 열이 액면에 전달되어 액온이 상승됨과 동시에 증기를 발생하고 이것이 공기와 혼합하여 확산연소를 하는 과정의 반복되는 화재를 말한다.

③ 제트(Jet) 화재
고압의 LPG, 도시가스가 누출 시 주위의 점화원에 의하여 점화되어 불기둥을 이루는 것을 말하며 누출압력으로 인하여 화염이 굉장한 운동량을 가지고 있다.

3) 난류화염의 길이

$$L = AD$$

여기서, L : 화염길이
A : 연료종류 등에 의해 결정되는 상수
D : 개구부 직경

2. 가스폭발

밀폐 또는 제한된 공간의 상태에서 착화원이 존재하여 급격한 에너지 팽창으로 발생한다.
특히 가스폭발은 가연성과 조연성 가스 혼합기체일 때 일어나는 것이 아니라 조성조건과 발화원의 조건에 따라 폭발한다.

1) 가스폭발 충족 조건

① 조성(농도) 조건 : 혼합가스의 농도가 가연성 가스 폭발범위에 존재
② 발화원(에너지)의 조건 : 외부에너지를 주면 그 부분에서 연소가 시작되고 화염이 발생하여 미연소 혼합기체로 진행되어야 함

2) 가스폭발 종류

① 가연성 가스와 조연성 가스에 의한 혼합가스 폭발
② 분해폭발성 가스의 분해폭발
③ 대량 유출에 의한 가스폭발

3) 폭발 예방 대책

① 혼합가스 생성방지
② 착화원 관리
③ 전기설비의 방폭화
④ 정전기 제거
⑤ 가스 농도 검지

4) 폭발 보호

① **폭발봉쇄** : 방호벽 차단물 등
② **폭발차단** : 차단밸브, 자동감지차단 등
③ **역화방지기** : 불꽃 내부 유입 또는 전파 방지
④ **폭발억제(진압)** : 연소 시작 후 고속으로 소화제 분사 진압
⑤ **폭발방출** : 내부 폭발 시 외부 방출

3. 가스화재 소화이론

1) 소화의 원리

① 가연물의 제거
② 산소의 차단
③ 연소의 억제
④ 냉각에 의한 소화

▼ 소화방법

소화 종류	방법	예
제거소화	일반 가연물을 제거하는 방법	촛불, 산불, 유전화재
질식소화*	산소 공급을 제거하여 소화	CO_2, 할로겐, 건조사, 분말
냉각 소화	발화점 이하로 냉각하여 소화	물의 증발잠열 이용 냉각
부촉매(억제)소화	연소의 연쇄반응 억제로 소화	할로겐화 소화제 소화

* 질식소화 가능 농도는 산소 15% 이하(산소 16% 이하 시 호흡곤란, 산소 22% 이상 시 혈압상승)

2) 소화약제 종류

① 포소화

A제(중조, $NaHCO_3$) + B제(황산알루미늄, $Al_2(SO_4)_3$) + 기포 안정제(단백질, 젤라틴, 사포닝, 계면활성제)

$$6NaHCO_3 + Al_2O_3 + 18H_2O \longrightarrow 3Na_2SO_4 + 2Al(OH)_3 + 6CO_2 + 18H_2O$$

※ 질식효과, 냉각효과, A, B급 화재에 적용

② 분말소화제

분말로 덮어 질식과 냉각효과로 소화하는 소화제

▼ 분말소화제 구분

구분	소화제 반응식	적용 화재	소화제 색상
1종 분말	$2NaHCO_3 \longrightarrow Na_2CO_3 + 2CO_2 + H_2O$(드라이 케미칼)	B, C급	흰색 분말
2종 분말	$2KHCO_3 \longrightarrow K_2CO_3 + 2CO_2 + H_2O$	B, C급	보라색
3종 분말	$NH_4H_2PO_4 \longrightarrow KPO_3 + NH_3 + H_2O$	A, B, C급	담홍색
4종 분말	$2KHCO_3 + (NH_2)_2CO_2 \longrightarrow K_2CO_3 + 2NH_3 + 2CO_2$	B, C급	회백색

③ 탄산가스(CO_2)
   드라이아이스, 줄톰슨 효과, 자체는 독성이 없으나 소화 시 질식위험

④ 할로겐화물
   전기 전자 소화 사용, 포스겐(사염화탄소) 발생

⑤ 강화액소화
   물에 K_2CO_3를 첨가해 물 소화능력 강화

▼ 화재의 종류

화재 종류		소화기 색상	사용소화기구
A급	일반 화재	백색	물, 포말, 분말(ABC급)
B급	유류, 가스 화재	황색	포말, 분말(BC급, ABC급), CO_2, 할론소화기
C급	전기 화재	청색	분말(BC급, ABC급), CO_2, 할론소화기
D급	금속 화재	무색	건조사, 팽창질석
K급	주방 화재		강화액소화제

4. 전기방폭구조와 위험장소

1) 방폭구조의 종류

① 내압방폭구조(Diamond Type, d)
   전폐 구조로 기기 내부에 가연성 가스의 폭발이 발생할 경우 그 용기가 폭발압력에 견딜 수 있으며 외부의 폭발성 가스가 인화될 우려가 없는 구조

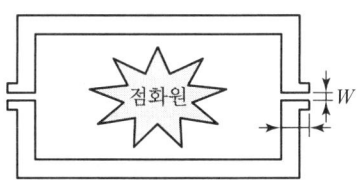

∥ 내압방폭구조 ∥

② 유입방폭구조(Oil Immersed Type, o)
   기기 내부에 기름을 주입하여 불꽃, 아크 또는 고온발생 부분이 기름 속에 잠기게 함으로써 기름면 위에 존재하는 가연성 가스에 인화되지 아니하도록 한 구조

┃유입방폭구조┃

③ 압력방폭구조(Pressurized Type, p)

용기 내부에 보호가스(불활성 가스)를 압입하여 내부압력을 유지함으로써 가연성 가스가 내부로 유입되지 아니하도록 한 구조

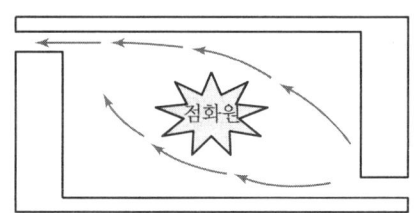

┃압력 방폭구조┃

④ 안전증 방폭구조(Increased Type, e)

정상 운전 중에 가연성 가스의 점화원이 될 전기불꽃, 아크 또는 고온부분 등의 발생을 방지하여 기계적, 전기적 구조상 또는 온도상승에 대하여 특히 안전도를 증가시킨 구조

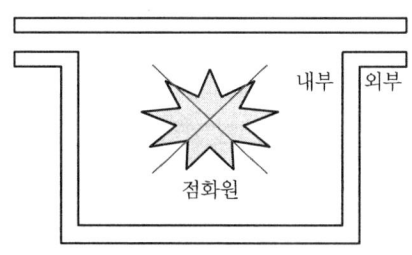

┃안전증 방폭구조┃

⑤ 본질안전 방폭구조(Intrinsic Type, ia 또는 ib)

정상 및 사고(단선, 단락, 지락 등) 시에 발생하는 전기불꽃, 아크 또는 고온부에 의하여 가연성 가스가 점화되지 아니하는 것이 점화시험, 기타 방법에 의하여 확인된 구조

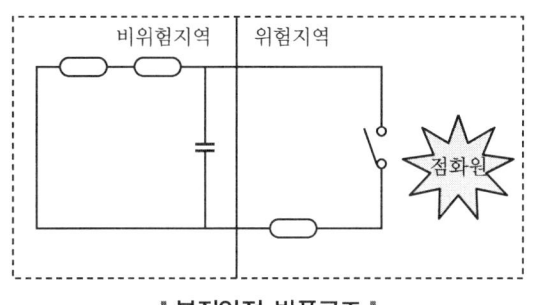

❙본질안전 방폭구조❙

⑥ 특수방폭구조(Special Type, s)
가연성 가스에 점화를 방지할 수 있는 구조로서 폭발성 가스 증기에 점화 또는 위험분위기에서 인화시험 및 기타 방법으로 확인된 것

▼ 방폭 규격 표기

Ex (방폭기기)	d (방폭구조)	II (기기분류)	III (가스등급)	T4 (온도등급)
	내압방폭구조	산업용	폭발B등급	최고표면온도 100℃ 초과 135℃ 이하

2) 위험장소의 등급

(1) 위험장소에 의한 구분

가연성 가스가 폭발할 위험이 있는 농도에 도달할 우려가 있는 장소로 0종 장소, 1종 장소, 2종 장소 등으로 구분한다.

① 0종 장소

상용상태에서 가연성 가스의 농도가 연속해서 폭발하한계 이상이 되는 장소
- 인화성 액체 또는 가연성 증기 설비 내부
- 가연성 용기와 설비 내의 액변 상부

② 1종 장소

상용상태에서 정비보수 또는 누출 등으로 인하여 가연성 가스가 체류하여 위험할 우려가 있는 장소
- 인화성 액체를 충전하고 있는 개구부
- 릴리프 밸브가 가끔 작동하는 부분
- 가연성, 인화성 증기가 누출하여 가끔 체류가 있는 부분(맨홀, 피트)

③ 2종 장소

밀폐된 용기 또는 설비 내에 밀봉된 가연성 가스가 그 용기 또는 설비의 사고로 인해 파손되거나 오조작의 경우에만 누출할 위험이 있는 장소

- 확실한 기계적 환기조치에 의하여 가연성 가스가 체류하지 않도록 되어 있으나 환기장치에 이상이나 사고가 발생한 경우 가연성 가스가 체류하여 위험할 우려가 있는 장소
- 1종 장소의 주변 또는 인접한 실내에서 위험한 농도의 가연성 가스가 종종 침입할 우려가 있는 장소

(2) 위험장소 등급에 따른 전기방폭기기 선정의 원칙

① 0종 장소 : 본질안전 방폭구조에 적합한 전기기기 중 ia기기를 선정.
② 1종 장소 : 본질안전 방폭구조(ia기기 또는 ib기기), 내압방폭구조, 압력방폭구조, 또는 유입방폭구조 중 적합한 어느 하나를 선정
③ 2종 장소 : 본질안전 방폭구조(ia기기 또는 ib기기), 내압방폭구조, 압력방폭구조, 유입방폭구조 또는 안전증 방폭구조 중 적합한 어느 하나 선정

▼ 방폭구조와 위험장소

방폭구조	표시약호	위험장소	기기의 예
내압방폭구조	d	1종, 2종	방폭 전등, 스위치 등
유입방폭구조	o	1종, 2종	거의 사용안함
압력방폭구조	p	1종, 2종	전기 기기 접점, 전기 개폐기
안전증 방폭구조	e	2종	변압기, 계측기기
본질안전 방폭구조	ia 또는 ib	0종(ia)	액중 펌프
특수방폭구조	s		별도 검증용

5. 정전기

1) 개요

전기가 흐르는 전기를 동전기(Dynamic Electricity)라 하고, 연속적으로 흐르지 않는 전기를 정전기(Static Electricity)라고 한다. 정전기는 마찰이나 전하분리에 의해서 발생하는 전격쇼크나 가연성 물질의 점화원으로 작용하므로 정전기를 적절히 제거해야 한다.

① **접촉대전** : 서로 다른 물체가 접촉, 분리하였을 때 전기 이중층이 형성됨
② **마찰대전** : 물체가 마찰을 일으켰을 때 전하 분리가 일어나 정전기 발생
③ **박리대전** : 서로 밀착되어 있는 물체가 떨어질 때 전하분리가 일어나 정전기 발생

④ 유동대전 : 액체류를 파이프 등으로 수송할 때 이것에 정전기가 발생
⑤ 분출대전 : 분체류, 액체류, 기체류가 단면적이 작은 개구부로부터 분출할 때 이 사이에 마찰이 일어나 정전기가 발생하는 현상
⑥ 충돌대전 : 분체류와 같은 입자 상호 간 혹은 입자와 고체와의 충돌에 의해 빠른 접촉, 분리가 행해지기 때문에 정전기가 발생하는 현상
⑦ 파괴대전 : 고체, 분체류와 같은 물체가 파괴되었을 때 전하분리 또는 양(+)전하와 음(-)전하의 균형이 깨지면서 정전기가 발생하는 현상

2) 정전기 재해방지조치

(1) 정전기 발생억제
① 유속 제한(1m/s 이하)
② 유체의 분출 방지
③ 유체 중 협잡물 제거

(2) 정전기 완화조치
① 접지 및 접착
② 공기 이온화 제거
③ 상대습도 70% 유지
④ 절연체에 도전성 부여(대전 방지제)
⑤ 작업자의 대전 방지(정전화, 정전 작업 주의)

6. 불활성화

1) 최소산소농도(Minimum Oxygen Concentration ; MOC)

화염을 전파하기 위한 최소한의 산소농도로, 폭발 및 화재 방지에 유용한 기준이 된다.

$$MOC = 산소몰수 \times 연소하한계$$

2) 불활성화(Inerting)

CO_2, 수증기, N_2 등을 가연성 혼합기에 첨가해서 그 연소범위를 축소시키고 결국은 연소범위를 소멸시켜서 소화하는 방법이 있는데 이를 불활성화(Inerting)라 부르며 MOC의 개념이 기초가 된다. 이때의 산소농도를 임계산소농도라 부르며 이 농도에서는 산소농도 부족으로 인하여 인체에 장해(산소결핍증)가 발생할 가능성이 있다.

[연소 불활성화 방법]
① **진공퍼지** : 장치한 내부를 진공한 후 불활성 가스를 주입하여 원하는 산소농도 이하가 되도록 한다.
② **가압퍼지** : 장치 내부에 가압으로 불활성 가스를 주입하여 원하는 산소농도 이하가 되도록 한다.
③ **스위프퍼지**(Sweep-Purge) : 한쪽에서는 불활성 가스를 주입하고 한쪽에서는 내부 가스를 방출하는 것으로 가압이나 진공이 어려울 경우 사용한다.
④ **사이펀퍼지**(Siphon-Purge) : 물을 채운 후 물을 방출함과 동시에 불활성 가스 주입하는 방식으로 퍼지의 경비를 최소화할 수 있으며 대형 용기의 퍼지에 많이 사용한다.

SECTION 03 안전성 평가(Safety Management System ; SMS)

1. 개요

기업의 안전활동에 대한 전반을 하나의 시스템으로 보고 시스템 운영 규정을 작성·시행하여 사업장에서의 사고 예방을 위한 모든 형태의 활동 및 노력을 효과적으로 수행하기 위한 체계적이고 종합적인 안전관리제도이다.

1) 평가단계

1단계 자료의 정비 → 2단계 정성적 평가 → 3단계 정량적 평가 → 4단계 안전대책 선정 → 5단계 재해정보 재평가 → 6단계 FTA 등에 의한 재평가

2) 적용대상

① 석유정제사업자의 고압가스시설로서 저장능력이 100ton 이상인 시설
② 석유화학공업자의 공업가스시설로서 저장능력이 100ton 이상인 시설, 1일 처리능력 1만m³ 이상
③ 비료생산업자의 고압가스시설로서 저장능력이 100ton 이상인 시설, 1일 처리능력 10만m³ 이상
④ 저장능력이 1,000ton 이상인 시설을 보유한 액화석유가스의 충전사업자 및 저장소설치자
⑤ 도시가스 사업자

2. 구성 및 종류

1) 종합적인 안전관리규정 구성요소

① 안전에 관한 경영 방침
② 안전관리 조직

③ 안전관리에 관한 정보 기술
④ 가스시설의 안전성 평가
⑤ 시설관리
⑥ 작업관리
⑦ 협력업체 관리
⑧ 비상조치 및 사고관리
⑨ 수요자 관리
⑩ 타 공사 관리(도시가스 분야 해당)

2) 안전성 향상 계획서 세부사항

① 공정안전자료
② 안전성 평가서
③ 안전운전계획
④ 비상조치계획

3) 안전성 평가의 종류

(1) 정성분석

① 체크리스트(Checklist) 기법
   공정 및 설비의 오류, 결함상태, 위험상황 등을 목록화한 형태로 작성하여 경험적으로 비교함으로써 위험성을 정성적으로 파악하는 기법

② 상대위험순위(Dow and Mond Indices) 기법
   설비에 존재하는 위험에 대하여 수치적으로 상대위험 순위를 지표화하여 그 피해정도를 나타내는 상대적 위험 순위를 정하는 기법

③ 사고예상질문 분석(What-If) 기법
   공정에 잠재된 문제점을 가정한 질문으로 대상공정 사고에 대하여 예상질문을 통해 사전에 확인함으로써 그 위험과 결과 및 위험을 줄이는 방법을 제시하는 정성적 평가기법

④ 위험과 운전 분석(Hazard And Operablity Studies ; HAZOP) 기법
   공정에 존재하는 위험요소들과 공정의 효율을 떨어뜨릴 수 있는 운전상의 문제점을 찾아내어 그 원인을 제거하는 정성적인 기법

(2) 정량분석

① 결함수 분석(Fault Tree Analysis ; FTA) 기법
사고를 일으키는 장치의 이상이나 운전자 실수의 조합을 연역적으로 분석하는 정량적 평가기법

② 사건수 분석(Event Tree Analysis ; ETA) 기법
초기 사건으로 알려진 특정한 장치의 이상이나 운전자의 실수로부터 발생되는 잠재적인 사고결과를 평가하는 정량적 평가기법

③ 원인결과 분석(Cause-Consequence Analysis ; CCA) 기법
잠재된 사고의 결과와 이러한 사고의 근본적인 원인을 찾아내고 사고 결과와 원인의 상호관계를 예측·평가하는 정량적 안전성 평가기법

④ 이상위험도 분석(Failure Modes, Effects, and Criticality Analysis ; FMECA) 기법
공정 및 설비의 고장의 형태 및 영향, 고장형태별 위험도 순위 등을 정하는 기법

⑤ 작업자 실수분석(Human Error Analysis ; HEA)기법
설비의 운전원, 정비보수원, 기술자 등의 작업에 영향을 미칠 만한 요소를 평가하여 그 실수의 원인을 파악하고 추적하여 정량적으로 실수의 상대적 순위를 결정하는 기법

CHAPTER 03 연습문제

01 연소범위에 대한 일반적인 설명 중 틀린 것은?
① 산소농도가 증가하면 연소범위는 넓어진다.
② 온도가 올라가면 연소범위는 넓어진다.
③ 압력이 높아지면 연소범위는 넓어진다.
④ 불활성가스의 양이 증가하면 연소범위는 넓어진다.

풀이 불활성가스의 양이 감소하면 연소범위는 넓어진다.

02 메탄 80V%, 에탄 15V%, 프로판 4V%, 부탄 1V%인 혼합가스의 공기 중 폭발하한계는 약 몇 %인가?(단, 각 성분의 하한계는 메탄 5%, 에탄 3%, 프로판 2.1%, 부탄 1.8%이다.)
① 2.3 ② 4.3 ③ 6.3 ④ 8.3

풀이 $\dfrac{100}{\dfrac{80}{5}+\dfrac{15}{3}+\dfrac{4}{2.1}+\dfrac{1}{1.8}} = 4.26\%$

03 폭발의 위험도를 계산하는 식이 바르게 표현된 것은?(단, H : 위험도, U : 폭발상한계, L : 폭발하한계)
① $H = \dfrac{U-L}{L}$ ② $H = \dfrac{U}{L}$ ③ $H = \dfrac{U-L}{U}$ ④ $H = \dfrac{L}{U}$

04 프로판 및 메탄의 폭발하한계는 각각 2.5vol%, 5.0vol%이다. 프로판과 메탄이 4 : 1의 체적비로 있는 혼합가스의 폭발하한계는 약 몇 vol%인가?(단, 상온, 상압상태이다.)
① 0.56% ② 2.78% ③ 4.50% ④ 6.75%

풀이 $\dfrac{100}{\dfrac{80}{2.5}+\dfrac{20}{5}} = 2.78$

※ $C_3H_8 = 100 \times \dfrac{4}{4+1} = 80\%$

$CH_4 = 100 \times \dfrac{1}{4+1} = 20\%$

정답 01 ④ 02 ② 03 ① 04 ②

05 다음 중 연소의 3요소를 올바르게 짝지은 것은?

① 가연물, 빛, 열
② 가연물, 질소, 단열압축
③ 가연물, 공기, 산소
④ 가연물, 산소, 점화원

풀이 연소의 3요소 : 가연물, 산소, 점화원

06 일반적으로 연소범위가 넓어지는 경우가 아닌 것은?

① 가스의 온도가 높아질 때
② 가스압이 높아질 때
③ 압력이 상압보다 낮아질 때
④ 산소의 농도가 높은 곳에 있을 때

풀이 가스의 압력이 높아지면 연소범위가 넓어진다.

07 다음 연소범위의 설명 중 옳은 것은?

① N_2를 가연성 가스에 혼합하면 연소범위가 넓어진다.
② CO_2를 가연성 가스에 혼합하면 연소범위가 넓어진다.
③ 가연성 가스는 온도가 일정하고 압력이 내려가면 연소범위가 넓어진다.
④ 가연성 가스는 온도가 일정하고 압력이 올라가면 연소범위가 넓어진다.

08 프로판을 연소할 때 이론단열불꽃 온도가 가장 높은 것은 다음 중 어느 것인가?

① 20% 과잉공기로 연소하였다.
② 50% 과잉공기로 연소하였다.
③ 이론량의 공기로 연소하였다.
④ 이론량의 순수산소로 연소하였다.

풀이 프로판의 이론단열불꽃 온도가 가장 높은 경우는 이론량의 순수산소로 연소하는 경우이다.

09 가스화재 시 밸브 및 콕을 잠그는 경우 어떤 소화효과를 기대할 수 있는가?

① 질식소화
② 제거소화
③ 냉각소화
④ 억제소화

풀이 제거소화
연료나 가스의 밸브 및 콕을 잠가 가연물을 제거하는 방법이다.

10 완전연소를 이루기 위한 수단으로서 적절치 않은 것은?

① 연소실 온도의 적절한 유지
② 연료 및 공기의 적절한 예열
③ 연료와 공기의 적절한 혼합
④ 탄소와 황의 함량이 높은 연료의 사용

정답 05 ④ 06 ③ 07 ④ 08 ④ 09 ② 10 ④

풀이) 탄소는 불완전연소에 용이하다.

11 다음 반응 중 폭굉(Detonation) 속도가 가장 빠른 것은?

① $2H_2 + O_2$ ② $CH_4 + 2O_2$ ③ $C_3H_8 + 3O_2$ ④ $C_3H_8 + 6O_2$

풀이) 연소속도가 클수록 폭굉의 속도가 빠르다. 고온 550℃에서 수소와 산소비 2 : 1에서 수소 폭명기가 발생한다.

12 연소반응 시 불꽃의 상태가 환원염으로 나타났다. 이때 환원염은 어떤 상태인가?

① 수소가 파란 불꽃을 내며 연소하는 화염
② 공기가 충분하여 완전연소 상태의 화염
③ 과잉의 산소를 내포하여 연소가스 중 산소를 포함한 상태의 화염
④ 산소의 부족으로 일산화탄소와 같은 미연분을 포함한 상태의 화염

풀이) 환원염
산소의 부족으로 일산화탄소와 같은 미연분을 포함한 상태의 화염

13 부피 조성비가 프로판 70%, 부탄 25%, 프로필렌 5%인 혼합가스에 대한 다음 설명 중 옳은 것은?

가스의 종류	폭발범위(부피%)
C_4H_{10}	1.5~8.5
C_3H_6	2.0~11.0
C_3H_8	2.0~9.5

① 폭발하한계는 약 1.62(vol %)이다. ② 폭발하한계는 약 1.97(vol %)이다.
③ 폭발상한계는 약 9.29(vol %)이다. ④ 폭발상한계는 약 9.78(vol %)이다.

풀이)
- 폭발하한계 $= \dfrac{100}{\dfrac{25}{1.5} + \dfrac{5}{2.0} + \dfrac{70}{2.0}} = 1.846\%$
- 폭발상한계 $= \dfrac{100}{\dfrac{25}{8.5} + \dfrac{5}{11.0} + \dfrac{70}{9.5}} = 9.29\%$

14 20℃, 1atm의 공기 3m³를 1.2atm, 300℃로 하였을 때 차지하는 부피(m³)는?(단, 이상기체라 가정한다.)

① 2.33 ② 3.24 ③ 4.89 ④ 5.87

정답 11 ① 12 ④ 13 ③ 14 ③

풀이) 20℃ 1atm=3m³
300℃ 1.2atm=xm³

$$x = V_2 = V_1 \times \frac{T_2}{T_1} \times \frac{P_1}{P_2} = 3 \times \frac{573}{293} \times \frac{1}{1.2} = 4.889 \text{m}^3$$

15 용기 내부에서 가연성 가스의 폭발이 발생할 경우 그 용기가 폭발압력에 견디고 접합면 등을 통하여 외부의 가연성 가스에 인화되지 않도록 한 방폭구조의 표시방법은?

① e ② p ③ o ④ d

풀이) d : 내압방폭구조, e : 안전증 방폭구조
p : 압력방폭구조, o : 유입방폭구조

16 내압방폭구조로 방폭 전기기기를 설계할 때 가장 중요하게 고려해야 할 사항은?

① 가연성 가스의 최소 점화에너지
② 가연성 가스의 안전간극
③ 가연성 가스의 연소열
④ 가연성 가스의 발화점

풀이) 내압방폭구조 설계 시 가장 중요한 점은 가연성 가스의 안전간극이다.

17 전기기기의 불꽃, 아크가 발생하는 부분을 절연유에 격납하여 점화되지 않도록 한 방폭구조는?

① 안전증 방폭구조
② 유입방폭구조
③ 내압방폭구조
④ 본질안전 방폭구조

풀이) 유입방폭구조
용기 내부에 기름을 주입하여 불꽃, 아크 또는 고온발생 부분이 기름 속에 잠기게 함으로써 가연성 가스가 용기 내부로 유입되지 않도록 한 구조

18 가연성 가스가 폭발할 위험이 있는 농도에 도달할 우려가 있는 장소를 위험장소라 한다. 밀폐된 용기 또는 설비 내에 밀봉된 가연성 가스가 그 용기 또는 설비의 사고로 인해 파손되거나 오조작의 경우에만 누출할 위험이 있는 장소는 다음 중 어느 장소에 해당하는가?

① 0종 장소 ② 1종 장소 ③ 2종 장소 ④ 3종 장소

풀이) 제2종 장소
밀폐된 용기 또는 설비 내에 밀봉된 가연성 가스가 그 용기 또는 설비의 사고로 인해 파손되거나 오조작의 경우에만 누설할 위험이 있는 장소

정답 15 ④ 16 ② 17 ② 18 ③

19 다음 [보기]에서 비등액체 증기폭발(BLEVE) 발생단계를 순서에 맞게 나열한 것은?

[보기]
A. 탱크가 파열되고 그 내용물이 폭발적으로 증발한다.
B. 액체가 들어 있는 탱크의 주위에서 화재가 발생한다.
C. 화재에 의한 열에 의하여 탱크의 벽이 가열된다.
D. 화염이 열을 제거시킬 액이 없고 증기만 존재하고 탱크의 벽이나 천장(Roof)에 도달하면, 화염과 접촉하는 부위의 금속의 온도는 상승하여 탱크의 구조적 강도를 잃게 된다.
E. 액위 이하의 탱크 벽은 액에 의하여 냉각되나, 액의 온도는 올라가고, 탱크 내의 압력이 증가한다.

① E−D−C−A−B
② E−D−C−B−A
③ B−C−E−D−A
④ B−C−D−E−A

풀이 증기폭발 순서 : B → C → E → D → A

20 유류화재를 B급 화재라 한다. 이때 소화약제로 쓰이는 것은?

① 건조사, CO 가스
② 불연성 기체, 유기소화액
③ CO_2, 포, 분말약제
④ 봉상주수, 산·알칼리액

풀이 B급 화재 소화약제 : CO_2, 포, 분말약제

21 가스화재에서 가스밸브를 잠가 가스공급을 차단하는 방법은 다음 중 어떤 효과를 이용한 소화방법인가?

① 제거소화효과
② 질식소화효과
③ 냉각소화효과
④ 희석소화효과

풀이 가스공급차단 : 제거소화효과

22 TNT 당량은 어떤 물질이 폭발할 때 방출하는 에너지와 동일한 에너지를 방출하는 TNT의 질량을 말한다. LPG 3톤이 폭발할 때 방출하는 에너지는 TNT 당량으로 몇 kg인가?(단, 폭발한 LPG의 발열량은 15,000kcal/kg이며 LPG의 폭발계수는 0.1, TNT가 폭발 시 방출하는 당량에너지는 1,125kcal이다.)

① 3,500 ② 4,000 ③ 4,500 ④ 5,000

풀이 $G = \dfrac{15,000 \times 1,000 \times 3}{1,125} \times 0.1 = 4,000 \text{kg}$

정답 19 ③ 20 ③ 21 ① 22 ②

23 다음 중 옳지 않은 것은?

① 압력이 상승하거나 온도가 높아지면 가스의 폭발범위는 넓어진다.
② 가스의 화염전파 속도가 음속보다 큰 경우에 일어나는 충격파 폭굉이라고 한다.
③ 정상연소 속도가 빠른 혼합가스일수록 폭굉유도거리는 길어진다.
④ 확산연소는 화염의 안정범위가 넓고 조작이 용이하며 역화의 위험이 없는 연소이다.

풀이 정상연소 속도가 빠른 혼합가스일수록 폭굉유도거리는 짧아진다.

24 가연성 물질의 폭굉유도거리(DID)가 짧아지는 요인에 해당되지 않는 경우는?

① 주위의 압력이 낮을수록
② 점화원의 에너지가 클수록
③ 정상연소 속도가 큰 혼합가스일수록
④ 관 속에 방해물이 있거나 관경이 가늘수록

풀이 주위의 압력이 높으면 폭굉유도거리가 짧아진다.

25 착화온도에 대한 설명 중 틀린 것은?

① 반응활성도가 클수록 높아진다.
② 발열량이 클수록 낮아진다.
③ 산소량이 증가할수록 낮아진다.
④ 압력이 높을수록 낮아진다.

풀이 착화온도는 반응활성도가 클수록 착화온도가 낮아진다.

26 폭발원인에 따른 분류에서 물리적 폭발에 관한 설명으로 옳은 것은?

① 산화, 분해, 중합반응 등의 화학반응에 의하여 일어나는 폭발로 촉매폭발이 이에 속한다.
② 물리적 폭발에서는 열폭발, 중합폭발, 연쇄폭발 순으로 폭발력이 증가한다.
③ 발열속도가 방열속도보다 커서 반응열에 의해 반응속도가 증대되어 일어나는 폭발로 분해폭발이 이에 속한다.
④ 액상 또는 고상에서 기상으로의 상변화, 온도상승이나 충격에 의해 압력이 이상적으로 상승하여 일어나는 폭발로 증기폭발이 이에 속한다.

풀이 증기폭발
액상 또는 고상에서 기상으로 상변화, 온도상승이나 충격에 의해 압력이 이상적으로 상승하여 일어나는 폭발

27 다음 중 연소의 3대 요소가 아닌 것은?

① 공기
② 가연물
③ 시간
④ 점화원

풀이 ③은 완전연소의 조건이다.

정답 23 ③ 24 ① 25 ① 26 ④ 27 ③

28 가스발화의 주된 원인이 되는 점화원이 아닌 것은?

① 환원제 ② 고열체 ③ 정전기 ④ 단열압축

29 프로판(C_3H_8) $5m^3$가 완전연소 시 생성되는 이산화탄소(CO_2)의 부피는 표준상태에서 몇 m^3인가?

① 5 ② 10 ③ 15 ④ 20

> **풀이** $C_3H_8 + 5O_2 \rightarrow 3CO_2 + 4H_2O$
> $1 : 5 \rightarrow 3 : 4$
> $5 : 25 \rightarrow 15 : 20$

30 다음 중 기상폭발의 발화원에 해당되지 않는 것은?

① 성냥 ② 열선 ③ 화염 ④ 충격파

> **풀이** 기상폭발의 원인 : 열선, 화염, 충격파

31 다음 중 가연성 가스와 공기와 혼합되었을 때 폭굉범위는 어떻게 되는가?

① 일반적으로 폭발범위의 값과 동일하다.
② 일반적으로 가연성 가스의 폭발상한계 값보다 크다.
③ 일반적으로 가연성 가스의 폭발하한계 값보다 작아진다.
④ 일반적으로 가연성 가스의 폭발하한계와 상한계 값 사이에 존재한다.

32 가연성 가스의 폭발범위의 설명으로 틀린 것은?

① 일반적으로 압력이 높을수록 폭발범위는 넓어진다.
② 가연성 혼합가스의 폭발범위는 고압에 있어서 상압에 비해 훨씬 넓어진다.
③ 프로판과 공기의 혼합가스에 불연성 가스를 첨가하는 경우 폭발범위는 넓어진다.
④ 수소와 공기의 혼합가스는 고온에 있어서 폭발범위가 상온에 비해 훨씬 넓어진다.

> **풀이** 불연성 가스가 혼합되면 가연성 가스의 폭발범위는 좁아진다.

33 폭굉(Detonation)에 대한 설명 중 맞는 것은?

① 긴 관에서 연소파가 갑자기 전해지는 현상이다.
② 관 내에서 연소파가 일정거리 진행 후 급격히 연소속도가 증가하는 현상이다.
③ 연소에 따라 공급된 에너지에 의해 불규칙한 온도범위에서 연소파가 진행되는 현상이다.
④ 충격파의 면(面)에 저온이 발생해 혼합 기체가 급격히 연소하는 현상이다.

정답 28 ① 29 ③ 30 ① 31 ④ 32 ③ 33 ②

풀이 폭굉이란 관 내에서 연소파가 일정거리 진행 후 급격히 연소속도(1,000~3,500m/s)가 증가하여 압력파 충격파가 일어나는 현상이다.

34 가스의 폭발등급은 안전간격에 따라 분류한다. 다음 가스 중 안전간격이 넓은 것부터 옳게 나열된 것은?

① 수소 > 에틸렌 > 프로판
② 에틸렌 > 수소 > 프로판
③ 수소 > 프로판 > 에틸렌
④ 프로판 > 에틸렌 > 수소

풀이
- 프로판(안전간격 0.6mm 초과)
- 에틸렌(안전간격 0.4~0.6mm)
- 수소(안전간격 0.4mm 이하)

35 가스의 폭발에 대한 설명으로 틀린 것은?

① 압력이 상승하거나 온도가 높아지면 가스의 폭발범위는 일반적으로 넓어진다.
② 가스의 화염전파 속도가 음속보다 큰 경우에 일어나는 충격파를 폭굉이라고 한다.
③ 정상연소 속도가 큰 혼합가스일수록 폭굉유도거리는 길어진다.
④ 혼합가스의 폭발은 르 샤틀리에의 법칙에 따른다.

풀이 정상연소 속도가 큰 혼합가스일수록 폭굉유도거리가 짧아진다.

36 화학적 폭발과 관계 없는 것은?

① 분해
② 연소
③ 산화
④ 파열

풀이 파열은 물리적인 폭발에 속한다.

37 연소의 연쇄반응에 해당되지 않는 것은?

① 연쇄개시반응(Chain Initiation)
② 연쇄전파반응(Chain Propagation)
③ 연쇄발화반응(Chain Ignition)
④ 연쇄종결반응(Chain Termination)

풀이 연소의 연쇄반응 : 개시반응, 전파반응, 종결반응

정답 34 ④ 35 ③ 36 ④ 37 ③

38 방폭성능을 가진 전기기기 중 정상 및 사고(단선, 단락, 지락 등) 시에 발생하는 전기불꽃·아크 또는 고온부에 의하여 가연성 가스가 점화되지 아니하는 것이 점화시험, 기타 방법에 의하여 확인된 구조를 무엇이라고 하는가?

① 안전증 방폭구조
② 본질안전 방폭구조
③ 내압방폭구조
④ 압력방폭구조

풀이 본질안전 방폭구조
점화시험, 기타 방법에 의해 확인된 구조의 방폭성능 구조

39 1종 장소와 2종 장소에 적합한 구조로 전기기기를 전폐구조의 용기 또는 외피 속에 넣고 그 내부에 불활성 가스를 압입하여 내부압력을 유지함으로써 가연성 가스가 용기 내부로 유입되지 않도록 한 방폭구조를 의미하는 것은?

① 안전증 방폭구조(Increased Safety, "e")
② 내압방폭구조(Flame Proof Enclosure, "d")
③ 유입방폭구조(Oil Immersion, "o")
④ 압력방폭구조(Pressurized Apparatus, "p")

풀이 압력방폭구조
내부에 불활성 가스를 압입하여 내부압력을 유지함으로써 가연성 가스가 용기내부로 유입되지 않는 방폭구조

40 프로판 가스 1Nm³을 완전연소시켰을 때의 건조 연소가스양은 약 몇 Nm³인가?(단, 공기 중의 산소는 21V%이다.)

① 10   ② 16   ③ 22   ④ 30

풀이 $C_3H_8 + 5O_2 \rightarrow 3CO_2 + 4H_2O$

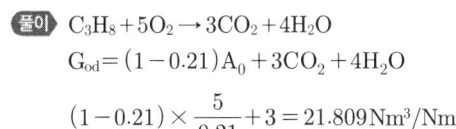

41 어떤 중유 연소 가열로의 폐가스 조성비가 $CO_2 : 12.0\%$, $O_2 : 8.0\%$, $N_2 : 80\%$일 때 공기비는 얼마인가?

① 1.3   ② 1.4   ③ 1.5   ④ 1.6

풀이 $m = \dfrac{N_2}{N_2 - 3.76 O_2} = \dfrac{80}{80 - 3.76 \times 8} = 1.602$

정답 38 ② 39 ④ 40 ③ 41 ④

42 수소 10g의 연료가 공기 중에서 완전반응에 의하여 발생하는 이론건조가스양은 표준상태하에서 몇 m^3인가?(단, 공기의 부피 조성비는 산소 : 질소 = 21 : 79이다.)

① 0.211 ② 0.267 ③ 0.323 ④ 0.421

풀이 $H_2 + 1/2O_2 \rightarrow H_2O$
$22.4 \times 5 + 11.2 \times 5 \rightarrow 22.4 \times 5$
$11.2 \times 5 = 56L(산소)$
$\therefore G_o = \dfrac{56}{0.21} \times 0.79 = 211L = 0.211 m^3$

43 단위량의 연료를 포함한 이론 혼합기가 완전반응을 하였을 때 발생하는 연소가스양을 무엇이라 하는가?

① 이론연소가스양 ② 이론건조가스양
③ 이론습윤가스양 ④ 이론건조연소가스양

풀이 이론공기량으로 연소시키면 연소생성물에서는 이론연소가스양이 배기된다.

44 CO_{2max} 18.0%, CO_2 14.2%, CO 3.0%일 때 연도가스 중의 O_2는 약 몇 %인가?

① 2.12 ② 3.12 ③ 4.12 ④ 5.12

풀이 $18 = \dfrac{21 \times (14.2 + 3.0)}{21 - (O_2) + 0.395 \times (CO)}$

$21 - (O_2) + 0.395 \times (CO) = \dfrac{21 \times (14.2 + 3.0)}{18} = 20.066$

$21 - (O_2) + 0.395 \times 3 = 20.066$
$21 - (O_2) = 20.066 - 1.185 = 18.881$
$\therefore O_2 = 21 - 18.881 = 2.12\%$

45 무게 조성이 프로판 66%, 탄소 24%, 산소 10%인 연료 100g을 태우는 데 필요한 이론산소량은 몇 g인가?(단, C, O, H의 원자량은 각각 12, 16, 1이다.)

① 320 ② 304 ③ 288 ④ 256

풀이 $C_3H_8 (44 \times 0.66) = 29.04$
$C(12 \times 0.24) = 2.88$
$O_2(32 \times 0.1) = 3.2$
$C_3H_8 + C + O_2 = 35.12g$
프로판 $= 32 \times 5 \times 0.66 = 105.6g$

정답 42 ① 43 ① 44 ① 45 ②

탄소=32/12×0.24=0.64g
∴ (105.6+0.64)×(100/35.12)=302.5g

46
연소과정에서 발생된 열량에서 연소에 의해 발생된 수증기의 잠열 차에 의한 열량이 6,000kcal/m³, 연료의 진발열량이 7,000kcal/m³일 때 연소효율은 약 몇 %인가?

① 46 ② 54 ③ 86 ④ 117

 $\dfrac{6,000}{7,000} \times 100 = 85.71\%$

47
다음은 메탄 연소반응에서 메탄, 이산화탄소, 물의 생성열이 각각 −17.9kcal, −94.1kcal, −57.8kcal이라면 메탄의 완전연소 발열량은 약 얼마인가?

$$CH_4 + 2O_2 \rightarrow CO_2 + 2H_2O$$

① 177.6kcal ② 191.8kcal ③ 219.5kcal ④ 234.1kcal

 57.8×2=115.6
(94.1+115.6)−17.9=191.8kcal

48
무게 백분율로 탄소 10%, 황 20%, 일산화탄소 30%, 수소 30% 불활성 물질 10%인 연료 100kg을 연소시키는 데 필요한 이론공기량은 약 몇 kg·mole인가?

① 11.1 ② 27.2 ③ 34.3 ④ 45.4

 $\left\{\left(\dfrac{10}{12}\right) + \left(\dfrac{20}{32}\right) + \left(\dfrac{30}{28}\right) + \left(\dfrac{30}{2}\right)\right\} \times \dfrac{1}{0.21}$
∴ 45.4kg·mole

49
연소 시 공기비가 적을 경우 미치는 영향은?

① 매연 발생이 심하다.
② 연소실 내의 연소온도가 낮아진다.
③ 미연소가스 중 SO_3의 함유량이 많다.
④ 연소가스 중에 NO_2의 발생으로 저온부식을 촉진한다.

 연소 시 공기비가 적으면 연소용 공기가 부족하여 매연 발생이 심하다.

정답 46 ③ 47 ② 48 ④ 49 ①

50 24,000kcal/m³의 LP 가스 1m³에 공기 3m³을 혼합하여 희석하였을 때 혼합기체 1m³당 발열량은 몇 kcal/m³인가?

① 6,000kcal/m³ ② 7,000kcal/m³ ③ 8,000kcal/m³ ④ 9,000kcal/m³

풀이 $H = \dfrac{24,000}{1+3} = 6,000 \text{kcal/m}^3$

51 무게 백분율로 탄소 84%, 수소 16%인 연료 100g이 연소하여 질소가스 50g·mole을 생성하였다면 이때 공기비는?

① 1.21 ② 1.50 ③ 1.74 ④ 1.88

풀이 ㉠ 이론공기량(A_0)
$= 8.89C + 26.67\left(H - \dfrac{O}{8}\right) + 3.33S$
$= 8.89 \times 84 + 26.67 \times 16 = 1,173.48 \text{L}$

㉡ 실제공기량(A) $= \dfrac{50 \times 22.4}{3.76 \times 0.21} = 1,418 \text{L}$

∴ 공기비(m) $= \dfrac{A}{A_0} = \dfrac{1,418}{1,173.48} = 1.21$

※ $\dfrac{질소(79\%)}{산소(21\%)} = 3.76$

52 과잉공기량이 지나치게 많으면 나타나는 현상 중 틀린 것은?

① 배기가스 온도의 상승 ② 연료 소비량 증가
③ 연소실 온도 저하 ④ 배기가스에 의한 열손실

풀이 과잉공기가 지나치게 많으면 연소실에 연소가스의 온도가 저하된다.

53 1몰의 메탄에 20% 과잉공기를 공급하여 완전연소할 때 얻어지는 연소 기체 중의 산소의 몰수는?

① 0.2 ② 0.4 ③ 0.8 ④ 1.0

풀이 $CH_4 + 2O_2 \rightarrow CO_2 + 2H_2O$
$2 \times 0.2 = 0.4$몰

54 메탄가스 2m³를 완전연소시키는 데 필요한 공기량은(m³)?(단, 산소는 공기 중에 20% 함유한다.)

① 5 ② 10 ③ 15 ④ 20

정답 50 ① 51 ① 52 ① 53 ② 54 ④

풀이 $CH_4 + 2O_2 \rightarrow CO_2 + 2H_2O$

$A_0 = O_0 \times \dfrac{1}{0.21} = 2 \times \dfrac{1}{0.21} \times 2 = 19.0476 \, Nm^3$

55 탄소 62%, 수소 20%를 함유한 연료 100kg을 완전연소시키는 데 필요한 이론공기량은 몇 kg이 필요한가?(단, 공기 평균분자량은 29g이다.)

① 620　　　　② 1,000　　　　③ 1,404　　　　④ 1,724

풀이 $A_0 = \left(2.67C + 8\left(H - \dfrac{O}{8}\right) + 1S\right) \times \dfrac{1}{0.23}$

$A_0 = (2.67 \times 0.62 + 8 \times 0.2) \times \dfrac{1}{0.23} \times 100 = 1,415 \, kg$

56 연료가 완전연소할 때 이론상 필요한 공기량을 $M_o(m^3)$, 실제로 사용한 공기량을 $M(m^3)$이라 하면 과잉공기 백분율로 올바르게 표시한 식은?

① $\dfrac{M}{M_o} \times 100$　　　　② $\dfrac{M_o}{M} \times 100$

③ $\dfrac{M - M_o}{M} \times 100$　　　　④ $\dfrac{M - M_o}{M_o} \times 100$

풀이 $(m-1) \times 100(\%)$

$\therefore \dfrac{M - M_o}{M_o} \times 100(\%)$

57 연료가 산소와 만나 완전연소 후 처음의 온도까지 냉각될 때에 단위질량당 발생하는 열량 중 수증기의 증발잠열을 제외한 값을 무엇이라 하는가?

① 총발열량　　② 고발열량　　③ 저발열량　　④ 표준생성열

풀이 저위발열량 = 고위발열량 − 수증기의 증발잠열

58 공기흐름이 난류일 때 가스연료의 연소현상에 대한 설명 중 맞는 것은?

① 연소가 양호하여 화염이 짧아진다.　　② 불완전연소에 의한 열효율이 감소한다.
③ 화염이 뚜렷하게 나타난다.　　④ 화염이 길어지면서 완전연소가 일어난다.

풀이 난류과정에서 가스연료는 연소가 양호하여 화염이 짧아진다.

정답　55 ③　56 ④　57 ③　58 ①

59 기체상태의 프로판이 이론 공기연료비로 연소하고 있을 때 저발열량은 몇 kJ/kg인가?(단, 이때 온도는 25℃이고, 이 연료의 증발엔탈피는 360kJ/kg이다. 또한 기체상태의 C_3H_8의 형성엔탈피는 −103,909kJ/kmol, CO_2의 형성엔탈피는 −393,757kJ/kmol, 기체상태의 H_2O의 형성엔탈피는 −241,971kJ/kmol이다.)

① 23,501   ② 46,017   ③ 50,002   ④ 2,149,155

풀이 $C_3H_8 + 5O_2 \rightarrow 3CO_2 + 4H_2O$

㉠ $CO_2 = \dfrac{393,757}{44} = 8,949 \text{kJ/kg}$

㉡ $H_2O = \dfrac{241,971}{44} = 5,499 \text{kJ/kg}$

$\therefore H_l = \{(8,949 \times 3) + (5,499 \times 4)\} - \left(\dfrac{103,909}{44} + 360\right) = 46,121 \text{kJ/kg}$

60 에탄(Ethane) 2m³를 완전연소시키려면 공기가 몇 m³가 필요하겠는가?(단, 공기 중에는 산소 21vol%, 질소 79vol%가 함유되어 있다.)

① 약 19.0   ② 약 28.6   ③ 약 33.3   ④ 약 38.1

풀이 $C_2H_6 + 3.5O_2 \rightarrow 2CO_2 + 3H_2O$

$A_0 = O_0 \times \dfrac{1}{0.21} = 3.5 \times \dfrac{1}{0.21} \times 2 = 33.33 \text{Nm}^3$

61 C_3H_8 1Sm³를 연소시킬 때 이론건조연소가스양(G_{od})은?

① 27.8Sm³/Sm³   ② 25.8Sm³/Sm³   ③ 23.81Sm³/Sm³   ④ 21.8Sm³/Sm³

풀이 $C_3H_8 + 5O_2 \rightarrow 3CO_2 + 4H_2O$

$G_{od} = (1-0.21)A_o + CO_2$

$= (1-0.21) \times \dfrac{5}{0.21} + 3$

$= 21.8 \text{m}^3$

62 어떤 연도가스의 조성이 아래와 같다면 과잉공기의 백분율은 얼마인가?(단, 공기 중 질소와 산소의 부피비는 79 : 21이다.)

	$CO_2 : 11.9\%$	$CO : 1.6\%$
	$O_2 : 4.1\%$	$N_2 : 82.4\%$

① 17.7%   ② 21.9%   ③ 33.5%   ④ 46.0%

정답 59 ②   60 ③   61 ④   62 ①

풀이 $m = \dfrac{N_2}{N_2 - 3.76(O_2 - 0.5(CO))}$

$= \dfrac{82.4}{82.4 - 3.76(4.1 - 0.5 \times 1.6)} = 1.177$

∴ $(1.177 - 1) \times 100 = 17.7\%$

63 $C_6H_{12}O_6S$의 분자식을 갖는 연료 50kg을 연소시킨다고 한다면, 이때 필요한 실제 산소량은 몇 m³인가?(단, 공기비는 1.2이고, 원자량은 C = 12, H = 1, O = 16, S = 32이다.)

① 36.98 ② 38.04 ③ 44.38 ④ 57.06

풀이 C_6, H_{12}, O_6, S
$C + O_2 \rightarrow CO_2$
$H + 1/2O_2 \rightarrow H_2O$
$S + O_2 \rightarrow SO_2$
$C_6H_{12}O_6S + 10O_2 \rightarrow 6CO_2 + 6H_2O + SO_2$
- $C_6H_{12}O_6S$ 분자량 : 212
- 산소몰수×부피 : 10×22.4

∴ $\dfrac{\left(22.4 \times 10 \times \dfrac{50}{212}\right)}{1.2} = 44 \text{m}^3$

64 옥탄(g)의 연소 엔탈피는 반응물 중의 수증기가 응축되어 물이 되었을 때 25℃에서 −48,220kJ/kg 이다. 이 상태에서 옥탄(g)의 저위발열량은 약 몇 kJ/kg인가?(단, 25℃ 물의 증발엔탈피[hfg]는 2,441.8kJ/kg이다.)

① 40,750 ② 42,320 ③ 44,750 ④ 45,778

풀이 옥탄 $CH_3(CH_2)_6CH_3 = C_8H_{18}$
$C_8H_{18} + 12.5O_2 \rightarrow 8CO_2 + 9H_2O$
(114)   (400)   (352)   (162)

∴ $H_l = 48,220 - \left(\dfrac{2,441.8 \times 162}{114}\right) = 44.750 \text{kJ/kg}$

65 프로판 가스의 연소과정에서 발생한 열량이 13,000kcal/kg, 연소할 때 발생된 수증기의 잠열이 2,000kcal/kg일 경우, 프로판가스의 연소효율은 얼마인가?(단, 프로판 가스의 진발열량은 11,000kcal/kg이다.)

① 50% ② 100% ③ 150% ④ 200%

정답 63 ③ 64 ③ 65 ②

풀이 $13,000 - 2,000 = 11,000 \text{kcal/kg}$

$$\therefore \frac{11,000}{11,000} \times 100 = 100\%$$

66 체적이 0.1m^3인 용기 안에 메탄(CH_4)과 공기 혼합물이 들어 있다. 공기는 메탄을 연소시키는 데 필요한 이론공기량보다 20%가 더 들어 있고 연소 전 용기의 압력은 300kPa이고, 온도는 90℃이다. 연소 전 용기 안에 있는 메탄의 질량은 약 몇 kg인가?(단, 질소와 산소의 혼합비율은 79 : 21이다.)

① 0.0128　　② 0.0438　　③ 0.749　　④ 0.1053

풀이 $CH_4 + 2O_2 \rightarrow CO_2 + 2H_2O$

$1\text{m}^3 : \left(2 \times \frac{1}{0.21} \times 1.2 = 11.4\text{m}^3\right)$

$\therefore 10\text{mol} \times \frac{1}{1+11.4} \times 16\text{g/mol} = 0.0128\text{kg}$

67 비중이 0.75인 휘발유(C_8H_{18}) 1L를 완전연소시키는 데 필요한 이론산소량은 약 몇 L인가?

① 1,510　　② 1,842　　③ 2,486　　④ 2,814

풀이 $1 \times 0.75 = 0.75\text{kg}$

$C_8H_{18} + 12.5O_2 \rightarrow 8CO_2 + 9H_2O$

$$O_0 = \frac{12.5 \times 22.4\text{m}^3 \times 1,000\text{L/m}^3}{114} \times 0.75 = 1,842\text{L}$$

68 기체의 연소반응 중 다음 [보기]의 과정에 해당하는 것은?

[보기]　$OH + H_2 \rightarrow H_2O + H$, $O + HO_2 \rightarrow O_2 + OH$

① 개시(Initiation)　　② 전파(Propagation)
③ 가지(Branching)　　④ 종말(Termination)

69 다음 중 진발열량(kcal/Nm³)이 가장 큰 기체연료는?

① CH_4　　② C_3H_8　　③ H_2　　④ CO

풀이 $C_3H_8 > CH_4 > H_2$

정답 66 ①　67 ②　68 ②　69 ②

70 액체연료가 증발하여 증기를 형성한 후 증기와 공기가 혼합하여 연소하는 과정에 관한 사항 중 옳은 것은?

① 주로 공업적으로 연소시킬 때 이용된다.
② 이 전체 과정을 확산(Diffusion)연소라 한다.
③ 예혼합기연소에 비해 반응대가 넓고, 탄화수소연료에서는 Soot를 생성한다.
④ 이 과정에서 연료의 증발속도가 연소속도보다 빠른 경우 불완전연소가 된다.

풀이 액체연료가 증발하여 증기를 형성한 후 증기와 공기가 혼합연소과정에서 연료의 증발속도가 연소속도보다 빠르면 불완전연소가 된다.

71 자연상태의 물질을 어떤 과정(Process)을 통해 화학적으로 변형시킨 상태의 연료를 2차 연료라고 한다. 다음 중 2차 연료에 해당하는 것은?

① 석탄　　　② 원유　　　③ 천연가스　　　④ LPG

풀이 ①, ②, ③ : 1차 연료
④ : 2차 연료

72 다음 중 폭발방호(Explosion Protection)대책과 관계가 가장 적은 것은?

① Explosion Venting
② Adiabatic Compression
③ Containment
④ Explosion Suppression

풀이 폭발방호대책
- Explosion Venting
- Containment
- Explosion Suppression

73 연소의 열역학에 대한 설명 중 틀린 것은?

① 발열반응에서 활성화 에너지가 높다.
② 표준생성 엔탈피는 $\Delta H_f °$로 표시한다.
③ 흡열반응에서 $\Delta H_f °$은 정(正)의 값을 가진다.
④ 생성물질은 반응물질보다 절댓값 $|\Delta H_f °|$만큼 엔탈피가 낮다.

풀이 연소의 발열반응은 활성화 에너지가 낮다.

정답 70 ④　71 ④　72 ②　73 ①

74 다음의 연료 중 과잉공기계수가 가장 작은 것은?
① 역청탄 ② 코크스 ③ 미분탄 ④ 갈탄

풀이 미분탄이나 기체연료는 과잉공기계수(공기비)가 작아도 연소상태가 양호하다.

75 어떤 연료를 분석한 결과 탄소 75%, 수소 15%, 산소 8%, 황 2%이었다. 이 연료의 완전연소에 소요되는 이론산소량은 약 몇 kg-O_2/kg-연료인가?
① 1.96 ② 2.45 ③ 3.14 ④ 4.78

풀이 $O_0 = 2.67C + 8\left(H - \dfrac{O}{8}\right) + 1S$

$= 2.67 \times 0.75 + 8\left(0.15 - \dfrac{0.08}{8}\right) + 1 \times 0.02$

$= 3.14 \text{kg/kg연료}$

76 H_l(저위발열량)이 9,600kcal/kg인 BC유를 공기비 1.2로 연소시킬 때 실제공기량은 몇 Nm^3/kg인가?
① 8.77Nm^3/kg ② 9.9Nm^3/kg ③ 12.62Nm^3/kg ④ 14.26Nm^3/kg

풀이 $A_o = 12.38 \times \dfrac{H_l - 1,100}{10,000}$

$= 12.38 \times \dfrac{9,600 - 1,100}{10,000} \times 1.2 = 12.62 Nm^3/kg$

77 연소할 때의 실제공기량 A와 이론공기량 A_o 사이는 $A = mA_o$의 등식이 성립된다. 이 식에서 m이란?
① 과잉공기계수 ② 연소효율
③ 공기압력계수 ④ 공기의 열전도율

78 다음의 연소반응식 중 틀린 것은?
① $C_3H_8 + 5O_2 \rightarrow 3CO_2 + 4H_2O$
② $C_3H_6 + \left(\dfrac{7}{2}\right)O_2 \rightarrow 3CO_2 + 3H_2O$
③ $C_4H_{10} + \left(\dfrac{13}{2}\right)O_2 \rightarrow 4CO_2 + 5H_2O$
④ $C_6H_6 + \left(\dfrac{15}{2}\right)O_2 \rightarrow 6CO_2 + 3H_2O$

풀이 $C_3H_6 + \left(\dfrac{9}{2}\right)O_2 \rightarrow 3CO_2 + 3H_2O$

정답 74 ③ 75 ③ 76 ③ 77 ① 78 ②

79 다음 연소속도에 관한 설명 중 옳은 것은?

① 연소속도의 단위는 kg/sec로 나타낸다.
② 연소속도는 미연소 혼합기류의 화염면에 대한 법선 방향의 분속도이다.
③ 연소속도는 연료의 종류, 온도, 압력, 공기, 유속과는 무관하다.
④ 연소속도는 정지 관찰자에 상대적인 화염의 이동속도이다.

80 어떤 액체연료를 분석한 결과 탄소 65w%, 수소 25w%, 산소 8w%, 황 2w%가 함유되어 있음을 알았다. 이 연료의 완전연소에 필요한 이론공기량은 약 몇 kg/kg 연료인가?

① 9.4   ② 11.5   ③ 13.7   ④ 15.8

풀이
$$A_o = \frac{2.67C + 8\left(H - \frac{O}{8}\right) + 1.05}{0.232}$$
$$= \frac{2.67 \times 0.65 + 8\left(0.25 - \frac{0.08}{8}\right) + 1 \times 0.02}{0.232} = 15.84 \text{kg/kg}$$

※ 공기 중 산소는 중량당 23.2%

81 중유의 고위발열량이 10,500kcal/kg이고, 수소의 함유량은 13%, 수분함량이 0.5%일 때 저위발열량은?

① 9,585   ② 9,795   ③ 9,990   ④ 10,487

풀이 $H_l = H_h - 600(9H + W) = 10,500 - 600(9 \times 0.13 + 0.005) = 9,795 \text{kcal/kg}$

82 다음 공기비에 대한 설명 중 옳은 것은?

① 연료 1kg당 완전연소에 필요한 공기량에 대한 실제 혼합된 공기량의 비로 정의된다.
② 연료 1kg당 불완전연소에 필요한 공기량에 대한 실제 혼합된 공기량의 비로 정의된다.
③ 기체 1m³당 실제로 혼합된 공기량에 대한 완전연소에 필요한 공기량의 비로 정의된다.
④ 기체 1m³당 실제로 혼합된 공기량에 대한 불완전연소에 필요한 공기량의 비로 정의된다.

83 공기와 연료의 혼합기체의 표시에 대한 설명 중 옳은 것은?

① 공기비(Excess Air Ratio)는 연공비의 역수와 같다.
② 연공비(Fuel Air Ratio)라 함은 가연 혼합기 중의 공기와 연료의 질량비로 정의된다.
③ 공연비(Air Fuel Ratio)라 함은 가연 혼합기 중의 연료와 공기의 질량비로 정의된다.
④ 당량비(Equivalence Ratio)는 실제의 연공비와 이론연공비의 비로 정의된다.

정답 79 ②   80 ④   81 ②   82 ①   83 ④

84 공기비가 적을 경우 연소에 미치는 영향을 기술한 것 중 옳지 않은 것은?

① 미연소에 의한 열손실이 증가한다.
② 불완전연소가 되어 매연이 많이 발생한다.
③ 미연소가스로 인한 폭발 사고가 발생되기 쉽다.
④ 연소가스 중 NOx가 많아져 대기오염이 심해진다.

풀이 공기비가 적으면 연소가스는 질소산화물(NOx)이 적어진다.

85 다음 중 철광석의 환원에 이용되는 가스는?

① CO_2　　② CO　　③ CH_4　　④ N_2

풀이 CO 가스 : 철광석의 환원가스

86 폭발을 원인에 따라 분리할 때 물리적 폭발에 해당되지 않는 것은?

① 증기폭발
② 중합폭발
③ 금속선폭발
④ 고체상 전이폭발

풀이 중합폭발은 화학적 폭발에 해당된다.

87 연소에서 공기비가 작을 때 나타나는 현상이 아닌 것은?

① 매연의 발생이 심해진다.
② 미연소에 의한 열손실이 증가한다.
③ 배출가스 중의 NO_2의 발생이 증가한다.
④ 미연소가스에 의한 역화의 위험성이 증가한다.

풀이 공기비가 작으면 배출가스 중의 CO 가스가 증가하고, CO_2, NO_2 발생이 감소한다.

88 도시가스의 조성을 조사해보니 부피 조성비가 H_2 35%, CO 24%, CH_4 13%, N_2 20%, O_2 8%이었다. 이 도시가스를 $1Nm^3$를 완전연소시키기 위하여 필요한 이론공기량은 약 몇 Nm^3인가?

① 1.26　　② 2.64　　③ 3.26　　④ 4.26

풀이
$H_2 + \frac{1}{2}O_2 = 0.5 \times 0.35 \times \frac{1}{0.21} = 0.833$

$CO + \frac{1}{2}O_2 = 0.5 \times 0.24 \times \frac{1}{0.21} = 0.571$

정답 84 ④　85 ②　86 ②　87 ③　88 ②

$$CH_4 + 2O_2 = 2 \times 0.13 \times \frac{1}{0.21} = 1.238$$

$$\therefore A_0 = 0.833 + 0.571 + 1.238 = 2.64$$

89 액체연료의 완전연소 시 배출가스 분석 결과 CO_2 20%, O_2 5%, N_2 75%이었다. 이 경우 공기비는 약 얼마인가?

① 1.3 ② 1.5 ③ 1.7 ④ 1.9

풀이 $m = \dfrac{N_2}{N_2 - 3.76(O_2)} = \dfrac{75}{75 - 3.76 \times 5} = 1.33$

90 발생로 가스의 가스분석 결과 CO_2 3.2%, CO 26.2%, CH_4 4%, H_2 12.8%, N_2 53.8%이다. 가스 $1Nm^3$ 중에 수분이 50g 포함되어 있다면 이 발생로 가스 $1Nm^3$을 완전연소시키는 데 필요한 공기량은 몇 Nm^3인가?

① 1.023 ② 1.228 ③ 1.324 ④ 1.423

풀이 $CO + \dfrac{1}{2}O_2 \rightarrow CO_2$

$CH_4 + 2O_2 \rightarrow CO_2 + 2H_2O$

$H_2 + \dfrac{1}{2}O_2 \rightarrow H_2O$

㉠ 공기량 $= \dfrac{(0.5 \times 0.262) + (2 \times 0.04) + (0.5 \times 0.128)}{0.21} = 1.3095 Nm^3/Nm^3$

㉡ 수분 $0.062m^3$(50g의 부피)

$1 - 0.062 = 0.938 Nm^3$

$\therefore A_0 = 1.3095 \times 0.938 = 1.228 Nm^3/Nm^3$

91 가연성 혼합가스에 불활성 가스를 주입하여 산소의 농도를 최소산소농도(MOC) 이하로 낮게 하는 공정은?

① 릴리프(Relief) ② 벤트(Vent)
③ 이너팅(Inerting) ④ 리프팅(Lifting)

풀이 Inerting : 가연성 혼합가스에 불활성 가스를 주입하여 산소의 농도를 최소산소농도 이하로 낮게 하는 공정

정답 89 ① 90 ② 91 ③

92 다음 설명 중 옳지 않은 것은?

① 공기비란 실제로 공급한 공기량의 이론공기량에 대한 비율이다.
② 과잉공기란 연소 시 단위연료당 공급공기량을 말한다.
③ 필요한 공기량의 최소량은 화학반응식으로부터 이론적으로 구할 수 있다.
④ 공연비는 공기와 연료의 공급 질량비를 말한다.

풀이 과잉공기＝실제공기량－이론공기량

93 다음 중 이론공기량(Nm^3/kg)이 가장 적게 필요한 연료는?

① 역청탄   ② 코크스   ③ 고로가스   ④ LPG

풀이 가연성 성분이 적을수록 공기량이 적게 든다.
(고로가스는 CO 가스가 주성분으로 공기량도 적게 든다.)

94 가연성 가스와 공기를 혼합하였을 때 폭굉범위는 일반적으로 어떻게 되는가?

① 폭발범위와 동일한 값을 가진다.
② 가연성 가스의 폭발상한계 값보다 큰 값을 가진다.
③ 가연성 가스의 폭발하한계 값보다 작은 값을 가진다.
④ 가연성 가스의 폭발하한계와 상한계 값 사이에 존재한다.

풀이 폭굉범위 : 가연성 가스의 폭발하한계와 상한계 값 사이에 존재한다.

95 2차 공기란 어떤 공기를 말하는가?

① 연료를 분사시키기 위해 필요한 공기
② 완전연소에 필요한 부족한 공기를 보충 공급하는 것
③ 연료를 안개처럼 만들어 연소를 돕는 공기
④ 연소된 가스를 굴뚝으로 보내기 위해 고압송풍하는 공기

96 증기운 폭발(VCE)에 대한 설명 중 틀린 것은?

① 증기운의 크기가 증가하면 점화확률이 커진다.
② 증기운에 의한 재해는 폭발보다는 화재가 일반적이다.
③ 폭발효율이 커서 연소에너지의 전부가 폭풍파로 전환된다.
④ 방출점으로부터 먼 지점에서의 증기운의 점화는 폭발의 충격을 증가시킨다.

풀이 폭발효율은 반응성에 따라 다르지만 그 효율은 대략 5~10% 등을 적용한다.

정답 92 ② 93 ③ 94 ④ 95 ② 96 ③

97 공연비(A/F)에 대한 정의로 올바른 것은?

① 혼합기 중의 공기와 연료의 질량비이다.
② 혼합기 중의 연료와 공기의 부피비이다.
③ 혼합기 중의 연공비와 공기비의 곱이다.
④ 공기과잉률이라고 하며 당량비의 역수이다.

풀이 공연비 = $\dfrac{\text{혼합기 중 공기질량}}{\text{연료질량}}$

98 수소와 산소의 연쇄반응에 의한 폭발반응에서 연쇄운반체가 아닌 것은?

① H ② O ③ HO ④ H_3O

풀이 수소(H_2)와 산소(O_2)의 연쇄폭발반응 시 연쇄운반체는 H, O, HO이다.

99 수소 – 산소 혼합기가 다음과 같은 반응을 할 때 이 혼합기를 무엇이라 하는가?

$$2H_2 + O_2 \rightarrow 2H_2O$$

① 희박혼합기 ② 이상혼합기 ③ 양론혼합기 ④ 과농혼합기

풀이 화학양론이란 화학반응에 요구되는 질량 평형을 의미한다.

100 중유의 저발열량과 고발열량의 차이는 중유 1kg당 얼마인가?(단, h : 중유 1kg당 함유된 수소의 중량(kg), W : 중유 1kg당 함유된 수분의 중량(kg)이다.)

① $600(9h + W)$ ② $600h + W$ ③ $600W + h$ ④ $600(W + h)$

풀이 $W_g = 600(9h + W)\text{kcal/kg}$

101 다음 중 폭굉유도거리(DID)가 짧아지는 경우는?

① 압력이 낮을 때
② 관 지름이 굵을 때
③ 점화원의 에너지가 작을 때
④ 정상연소 속도가 큰 혼합가스일 때

풀이 폭굉유도거리가 짧아지는 경우
- 압력이 높을 때
- 점화원의 에너지가 강할 때
- 관 속에 방해물이 있거나 관 지름이 작을 때
- 정상연소 속도가 큰 혼합가스일 때

정답 97 ① 98 ④ 99 ③ 100 ① 101 ④

102 298.15K, 0.1MPa 상태의 일산화탄소(CO)를 같은 온도의 이론공기량으로 정상유통 과정으로 연소시킬 때 생성물의 단열화염 온도를 주어진 표를 이용하여 구하면 약 몇 K인가?(단, 이 조건에서 CO 및 CO_2의 생성엔탈피는 각각 $-110,529kJ/kmol$, $-393,522kJ/kmol$이다.)

▼ CO_2의 기준상태에서 각각의 온도까지 엔탈피 차

온도(℃)	엔탈피 차(kJ/kmol)
4,800	266,500
5,000	279,295
5,200	292,123

① 4,835　② 5,058　③ 5,194　④ 5,293

풀이 $393,522 - 110,529 = 282,993 kJ/kmol$

$\therefore T = \dfrac{282,993 - 279,295}{\left(\dfrac{292,123 - 279,295}{5,200 - 5,000}\right)} + 5,000 = 5,058 K$

103 아래의 가스폭발 위험성 평가기법 설명은 어느 기법인가?

- 사상의 안전도를 사용하여 시스템의 안전도를 나타내는 모델이다.
- 귀납적이기는 하나 정량적 분석기법이다.
- 재해의 확대요인의 분석에 적합하다.

① FHA(Fault Hazard Analysis)
② JSA(Job Safety Analysis)
③ EVP(Extreme Value Projection)
④ ETA(Event Tree Analysis)

풀이 ETA : 사건수 분석

104 다음과 같은 조성을 갖고 있는 어떤 석탄의 총발열량이 8,570kcal/kg이라 할 때 이 석탄의 진발열량(kcal/kg석탄)은?(단, 물의 증발열은 586kcal/kg이다.)

성분	C	H_g	N_L	유효S	회분	O_L	계
%	72	4.6	1.6	2.2	6.6	13	100

① 5,330　② 6,330　③ 7,330　④ 8,330

풀이 $H_l = 8,100C + 28,600\left(H - \dfrac{O}{8}\right) + 2,500S - 600(9H + W)$

진발열량(저위발열량) = 총발열량 - 물의 증발잠열

$\therefore 8,570 - 586 \times (9 \times 0.046 + 0) ≒ 8,330 kcal/kg$

정답 102 ② 103 ④ 104 ④

105 프로판을 완전연소시키는 데 필요한 이론공기량은 메탄의 몇 배인가?(단, 공기 중 산소의 비율은 21V%이다.)

① 1.5 ② 2.0 ③ 2.5 ④ 3.0

 ㉠ $C_3H_8 + 5O_2 \rightarrow 3CO_2 + 4H_2O$

$$A_0 = 5 \times \frac{1}{0.21} = 23.81 \, m^3/m^3$$

㉡ $CH_4 + 2O_2 \rightarrow CO_2 + 2H_2O$

$$A_0 = 2 \times \frac{1}{0.21} = 9.52 \, m^3/m^3$$

∴ $\frac{23.81}{9.52} = 2.5$ 배

106 어떤 냉동기에서 0℃의 물로 0℃의 얼음 3톤을 만드는 데 100kW/h의 일이 소요되었다면 이 냉동기의 성능계수는?(단, 물의 응고열은 80kcal/kg이다.)

① 1.72 ② 2.79 ③ 3.72 ④ 4.73

 성능계수(COP) = $\frac{증발열량}{압축일량} = \frac{3 \times 10^3 \times 80}{100 \times 860} = 2.79$

107 이상적인 냉동사이클의 기본 사이클은?

① 카르노 사이클
② 랭킨 사이클
③ 역카르노 사이클
④ 브레이턴 사이클

 • 이상적인 냉동사이클은 역카르노 사이클
• 공기냉동사이클은 역브레이턴 사이클

108 성능계수가 3.2인 냉동기가 10ton의 냉동을 위하여 공급하여야 할 동력은 약 몇 kW인가?

① 8 ② 12 ③ 16 ④ 20

성능계수(COP) = $\frac{Q_2(냉동효과열)}{W(압축기 일량)}$

$3.2 = \frac{10}{x}$, $x = \frac{10 \times 3,320}{3.2 \times 860} = 12 \, kW$

※ 1RT(냉동톤) = 3,320kcal, 1kW = 860kcal

정답 105 ③ 106 ② 107 ③ 108 ②

109 냉동장치에서 냉매가 갖추어야 할 성질로서 가장 거리가 먼 것은?

① 증발열이 적은 것
② 응고점이 낮은 것
③ 가스의 비체적이 적은 것
④ 단위냉동량당 소요동력이 적은 것

풀이 냉매는 증발잠열(kJ/kg)이 커야 한다.

110 역카르노 사이클로 작동되는 냉동기가 20kW의 일을 받아서 저온체에서 20kcal/s의 열을 흡수한다면 고온체로 방출하는 열량은 약 몇 kcal/s인가?

① 14.8　　② 24.8　　③ 34.8　　④ 44.8

풀이 1kW = 102kg · m/sec, 1시간 = 3,600초
1kWh = 860kcal(3,600kJ)
$\frac{20 \times 860}{3,600} = 4.78$ kcal/s
∴ 고온체 방출열량 = 20 + 4.78 = 24.78kcal/s

111 흡수식 냉동기에서 냉매로 사용되는 것은?

① 암모니아, 물
② 프레온 22, 물
③ 메틸클로라이드, 물
④ 암모니아, 프레온 22

풀이 흡수식 냉동기 냉매 종류
 • 물(H_2O)
 • 암모니아(NH_3)

112 LiBr-H_2O형 흡수식 냉난방기에 대한 설명으로 옳지 않은 것은?

① 증발기 내부압력을 5~6mmHg로 할 경우 물은 약 5℃에서 증발한다.
② 증발기 내부의 압력은 진공상태이다.
③ 냉매는 LiBr이다.
④ LiBr은 수증기를 흡수할 때 흡수열이 발생한다.

풀이 흡수식 냉난방기에서 흡수제는 리튬브로마이드(LiBr), 냉매는 물(H_2O)이다.

113 역카르노 사이클로 작동되는 냉동기가 20kW의 일을 받아서 저온체에서 20kcal/s의 열을 흡수한다면 고온체로 방출하는 열량은 약 몇 kcal/s인가?

① 14.8　　② 24.8　　③ 34.8　　④ 44.8

정답 109 ① 110 ② 111 ① 112 ③ 113 ②

풀이 1kWh=860kcal/h=3,600kJ/h
20×860=17,200kcal/h=4.777kcal/s
∴ 고온체로 방출하는 열량=4.777+20=24.8kcal/s

114 역카르노 사이클의 경로로서 옳은 것은?

① 등온팽창 – 단열압축 – 등온압축 – 단열팽창
② 등온팽창 – 단열압축 – 단열팽창 – 등온압축
③ 단열압축 – 등온팽창 – 등온압축 – 단열팽창
④ 단열압축 – 단열팽창 – 등온팽창 – 등온압축

풀이 역카르노 사이클(이론 냉동 사이클)
등온팽창 → 단열압축 → 등온압축 → 단열팽창

115 증기압축 냉동사이클에서 단열팽창 과정은 어느 곳에서 이루어지는가?

① 압축기　　② 팽창밸브　　③ 응축기　　④ 증발기

풀이 증기압축 냉동사이클(냉매사용 냉동기)
- 단열팽창(팽창밸브) : 온도 및 압력 저하
- 단열압축(압축기) : 온도 및 압력 상승

116 냉동능력에서 1RT를 kcal/h로 환산하면?

① 1,660kcal/h
② 3,320kcal/h
③ 39,840kcal/h
④ 79,680kcal/h

풀이 냉동능력 1RT는 0℃ 물 1톤(ton)을 24시간 동안 0℃ 얼음으로 만드는 능력으로 3,320kcal/h이다.

정답 114 ①　115 ②　116 ②

PART 02

Engineer Gas

가스설비

CHAPTER 01 고압가스 설비
CHAPTER 02 액화석유가스 설비
CHAPTER 03 도시가스 설비
CHAPTER 04 펌프 및 압축기
CHAPTER 05 고압장치 및 저온장치
CHAPTER 06 재료와 방식

CHAPTER 001 고압가스 설비

SECTION 01 일반가스 제조설비

1. 수소 제조

1) 석유 분해법

(1) 수증기개질법

① 탄화수소 중 메탄에서 나프타 유분(비점 205℃ 이하)까지 원료로 사용할 수 있다.
② 토프소(Topsoe)법은 $C_1 \sim C_4$ 탄화수소를 원료로 한다.
③ ICI법은 나프타를 원료로 한다.
④ 탈황분 3~5ppm의 나프타를 수증기와 혼합하여 니켈계의 촉매상을 통하게 함으로써 반응이 일어난다.

$$C_mH_n + mH_2O \rightleftharpoons mCO + \frac{2m+n}{2}H_2$$

이것과 동시에 $CO + 3H_2 \rightleftharpoons CH_4 + H_2O$

$CO + H_2O \rightleftharpoons CO_2 + H_2$ 의 반응도 일어난다.

⑤ 촉매는 사용하지 않으나 반응은 극 단시간에 완결되어 $CO + H_2$의 전화율은 95%에 달한다.

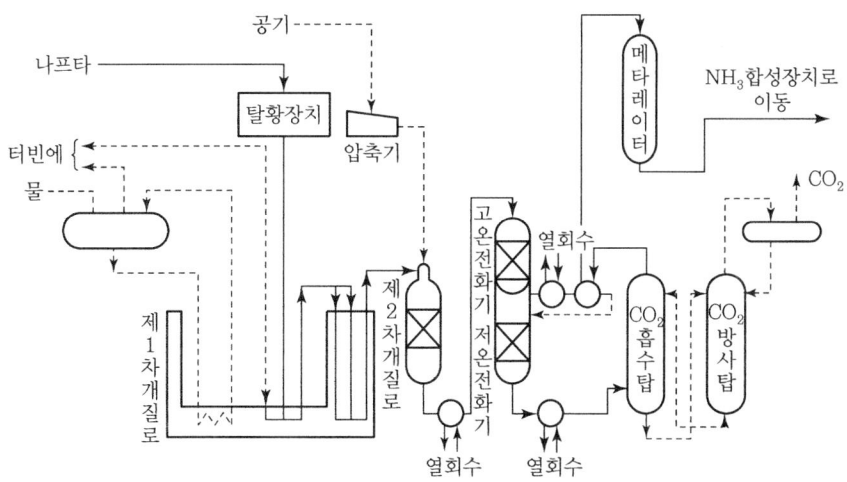

┃ 나프타에서 원료가스 제조계통도(ICI법) ┃

(2) 부분산화법

① 원유 또는 중유를 산소 및 수증기와 함께 노에 흡입하고 불완전연소시켜 가스화하는 방법이며 파우더식 유가스화법(상압), 텍사코식 유가스화법이 실시되고 있다.
② 가스화 온도는 약 1,400℃로서 텍사코법의 경우 압력은 약 30kg/cm²이다.
③ 메탄은 니켈 촉매상에서 산소 또는 공기와 함께 약 800~1,000℃에서 생산된다.

$$2CH_4 + O_2 \rightleftharpoons 2CO + 4H_2 + 17.0 kcal$$

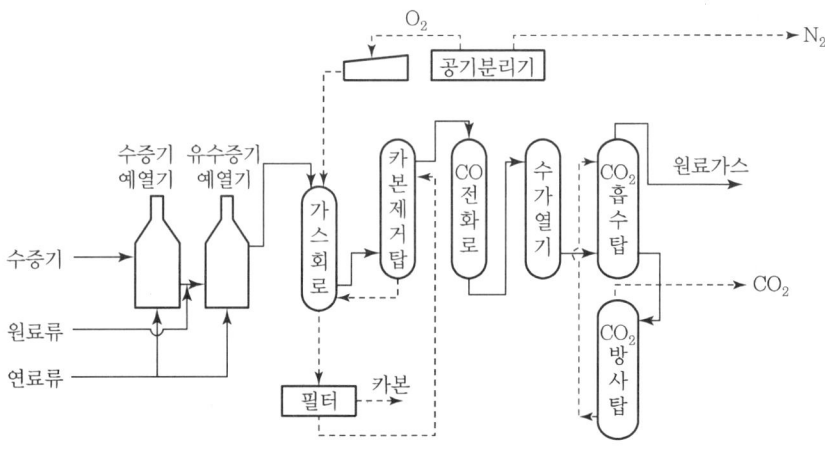

∥ 가압가스화 장치 계통도(텍사코법) ∥

2) 일산화탄소 전화법

① 수소제법 중에서 가장 경제적인 방법이다.
② 일산화탄소에 수증기를 작용시켜 철, 크롬계 촉매와 함께 가열한다.

$$CO + H_2O \rightleftharpoons CO_2 + H_2 + 9.8 kcal$$

③ 일산화탄소 전화반응은 발열반응이다.
④ 반응은 2단계로 구분하여 행한다.
  ㉠ **고온 전화반응**(제1단계 반응)
   • 고온 전화촉매 : $Fe_2O_3 - Cr_2O_3$계
   • 온도 : 350~500℃
   • 촉매층 출구의 잔유 일산화탄소는 2% 정도이다.
   • 촉매가 비교적 안정하며 내독성이 있고 수명이 길다.
  ㉡ **저온 전화반응**(제2단계 반응)
   • 저온 전화촉매 : $CuO - ZnO$ 계

- 온도 : 200~250℃
- 촉매층 출구 잔류 일산화탄소는 0.3~0.4% 정도이다.
- 촉매의 수명이 짧고 내독성이 약하다.

3) 물의 전기분해법(수전해법)

① 전해액은 약 20%의 NaOH 수용액을 사용하며 니켈 도금한 강판을 전극으로 하여 약 2V의 직류 전압으로 전기분해를 한다.
② 음극에서 수소(H_2)가, 양극에서는 산소(O_2)가 2 : 1의 용적비율로 발생한다.

$$2H_2O \rightleftharpoons 2H_2 + O_2$$
$$(-극) \quad (+극)$$

③ 순도가 높은 반면에 경제성이 적다는 단점이 있다.

4) 석탄 또는 코크스의 가스화(수성가스법)

(1) 수성가스법

공업적으로 1,000℃로 가열된 코크스에 수증기를 작용시키면 수소와 일산화탄소의 혼합가스를 생성한다. 이때 생긴 혼합기체를 수성가스(Water Gas)라 한다.

$$C + H_2O \longrightarrow CO + H_2 - 31.4\text{kcal}$$

① 수성가스의 생성반응은 흡열반응이므로 고온도하에서 진행하여야 한다.
② 발생로 중에서 1,400℃ 정도로 가열된 코크스에 수증기로 제조되고 있다.

(2) 석탄의 완전가스화법

미분탄에 수증기와 탄산가스를 반응시켜 흡열반응과 발열반응을 동시에 일으키고 1,100℃ 이상의 고온으로 유지하면서 연속적으로 수성가스를 생성하는 방법이다.

$$C + H_2O \longrightarrow CO + H_2 - 29.6\text{kcal}$$

$$C + \frac{1}{2}O_2 \longrightarrow CO + 26.4\text{kcal}$$

5) 천연가스 분해법(CH_4 분해법)

천연가스를 원료로 하여 합성원료가스를 제조하는 방법에는 석유와 마찬가지로 수증기개질법, 부분산화법이 있다.

(1) 수증기개질법

메탄과 수증기와의 반응은 흡열반응으로 니켈 촉매를 사용하고 650~800℃에서 상압 이상에서 진행한다.

$$CH_4 + H_2O \rightleftharpoons CO + 3H_2 - 49.3kcal$$

(2) 부분산화법

CH_4을 가압하여 니켈 촉매상에서 산소 또는 공기와 800~1,000℃로 반응시켜 얻는다(파우더법).

$$2CH_4 + O_2 \rightleftharpoons 2CO + 4H_2 + 17kcal$$

2. 산소, 질소 및 희가스 제조

1) 공기의 액화분리

공기를 냉각하면 액체공기의 비등점은 −194.2℃, 액체산소(O_2)의 비등점은 −183℃, 액체질소(N_2)의 비등점은 −196℃이므로 저비점 질소는 정류탑 탑정(상부)에서, 고비점 산소는 탑저(하부)에서 얻게 된다. 또한 공기 중에 존재하는 희가스도 분리할 수 있다.

▼ 공기의 조성

성분	용적(%)	중량(%)	성분	용적(PPM)	중량(PPM)
질소	78.084	75.521	네온	18.18	12.67
산소	20.946	23.139	헬륨	5.24	0.724
알곤	0.934	1.288	크립톤	1.14	0.295
탄산가스	0.033	0.050	수소	0.50	0.035
희가스류	0.003	0.002	라돈	6×10^{-14}	46×10^{-14}

이 가운데 알곤은 다른 희가스에 비하여 0.93%로 많으나 질소 · 산소에 비하여 적으므로 대형 공기 액화분리장치의 부산물로서 생산된다.

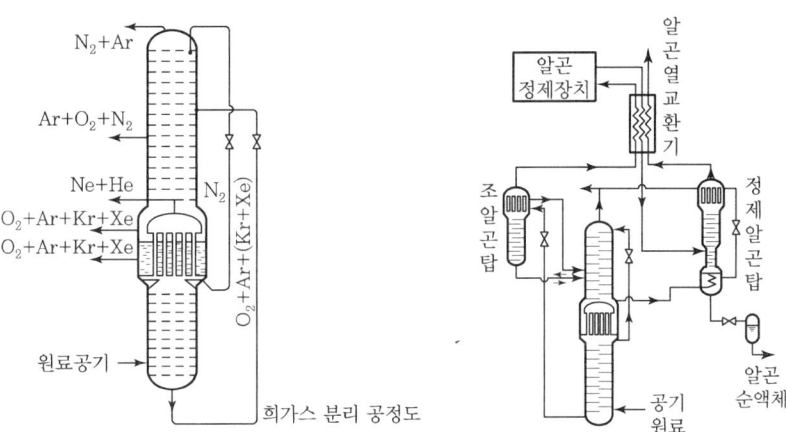

| 정류탑에서의 희가스 분리 공정도 | | 알곤 분리장치 계통도 |

2) 공기액화분리장치에서 분리방법

(1) 전 저압식 공기분리장치

① 장치의 조작압력은 5kg/cm²g 이하의 저압이며 제품은 가스상으로 얻어진다.
② 산소발생량 500Nm³/hr 이상의 대용량에 적합하다.

(2) 중압식 공기분리장치

조작압력은 10~30kg/cm²g의 중압이며 비교적 소용량 또는 산소에 비하여 질소의 취급량이 많은 경우에 적합하다.

(3) 저압식 액산 플린트

전 저압식 공기분리장치에서 조작압력 25kg/cm²g 이하의 중압 팽창 터빈을 사용한 장치로 액화 산소와 액화 질소뿐만 아니라 액화 알곤도 회수한다.

3) 공기액화장치의 이해

(1) 공기 압축기

① 주로 왕복동식 피스톤 다단 압축기가 사용된다.
② 대용량의 공기 압축 시 원심식 또는 축류식 압축기가 사용된다.
③ 원심식 압축기는 대용량의 공기를 5~10kg/cm²로 압축하는 저압식에 많이 사용된다.

(2) 중간 냉각기

① 압축기에서 압축된 공기를 냉각시킨다.
② 다관식과 사관식이 있으며, 사관식은 30kg/cm² 이상의 경우에 사용된다.

(3) 이산화탄소 흡수탑

① 공기 청정탑이라고도 한다.
② 원료 공기 중에 이산화탄소가 존재하면 저온장치에서 이산화탄소가 고형(드라이아이스)이 되어 밸브 및 배관을 폐쇄함으로써 장애를 일으킨다.
③ 이산화탄소 흡수탑에서 흡수제로는 일반적으로 NaOH 수용액이 쓰인다.

$$2NaOH + CO_2 \longrightarrow Na_2CO_3 + H_2O$$

④ 1g의 이산화탄소 제거에 1.82g의 NaOH가 필요하다.

$$2NaOH + CO_2 \longrightarrow Na_2CO_3 + H_2O$$

(4) 수 · 유 분리기

① 물이나 기름이 압축기로 들어가면 액 해머링이 일어나 압축기 파손의 우려가 있다.
② 오일이 분리기 내로 들어가면 폭발의 위험이 있다.
③ 수분이 장치에 들어가면 동결하여 밸브 및 배관을 폐쇄한다.
④ 수 · 유 분리기에서는 압축된 공기 중의 수분이나 오일을 가스 유속을 낮추어 분리시킨다.

(5) 건조기

① 소다 건조기
 • 입상 가성소다(NaOH)를 사용한다.
 • 고압공기와 가성소다(NaOH)의 접촉에 의해 미량의 수분과 CO_2가 생긴다.
 • 절체장치를 설치하여 전후 2계통으로 나누어 가성소다를 교환하는 구조로 되어 있다.

② 겔 건조기
 • SiO_2, Al_2O_2, 소바비드 등의 건조제를 사용한다.
 • 수분은 제거하나 이산화탄소는 제거하지 못한다.
 • 수분을 흡수한 건조제는 가열시켜 재생한다.

(6) 팽창기

① 압축기에서 고압으로 압축된 공기를 저온도로 만드는 방법으로 자유팽창에 의한 것과 단열팽창에 의한 것 2가지 방법이 있다.
② 팽창기에는 압송되는 공기 총량의 30~50% 정도를 통과시켜 사용하며 가스의 팽창력을 동력으로 회수한다.

> **Reference** 줄 톰슨(Joule Tomson) 효과
>
> 압축가스를 단열팽창시키면 일반적으로 온도가 높다. 이를 저온으로 만들기 위해 최초로 실험한 사람의 이름을 따서 줄 톰슨 효과라고 하며 저온을 얻는 기본원리이다. 줄 톰슨 효과는 팽창 전의 압력이 높고 최초 온도가 낮을수록 크다.

(7) 열교환기

압축기에서 압축된 공기와 분리기에서 나오는 저온의 산소, 질소 가스가 열교환이 되어 분리기로 가는 공기는 -140℃ 정도까지 예냉된다.

(8) 정류기

① 열교환기에서 예냉된 고압공기는 정류장치에서 산소와 질소의 비등점 차이에 의해 정류분리된다.
② 단식 정류장치는 공기 중의 산소를 2/3 정도밖에 취득할 수 없으므로(약 7%의 산소가 질소와 함께 나감) 효율이 나쁘고 고순도의 질소를 얻을 수 없다.
③ 복식 정류장치는 단식 정류장치에서 나가는 7% 산소를 함유한 질소를 다시 응축시켜 분리함으로써 증대시킨 것이다.
④ 정류판에는 다공판식이나 포종식이 주로 사용된다.

> **Reference** 공기액화장치 위험요소
>
> 1. 공기액화분리장치의 폭발원인
>   ① 공기 흡입구로부터의 아세틸렌의 혼입
>   ② 압축기용 윤활유의 분해에 따른 탄화수소의 생성
>   ③ 공기 중에 있는 산화질소(NO), 과산화질소(NO_2) 등 질소화합물의 혼입
>   ④ 액체공기 중에 오존(O_3)의 혼입
> 2. 공기액화분리장치의 폭발방지대책
>   ① 아세틸렌이나 산화질소 등이 액체 산소 중에 존재하면 폭발적인 작용을 하기 때문에 장치 내에 여과기를 설치한다.
>   ② 공기 흡입구를 아세틸렌이 흡입되지 않는 장소에 설치하는 것이 필요하다.
>   ③ 흡입구 부근에 카바이드를 버리거나 흡입구 부근에서 아세틸렌 용접을 하는 일은 절대로 피하여야 한다.
>   ④ 압축기의 윤활유는 양질의 것을 사용하고 냉각을 충분히 시키며 물·기름의 분리는 반드시 하여야 한다.
>   ⑤ 산소가 오존으로 되어 기름과 중기가 작용하여 폭발의 원인이 된다고 생각하고 있으나 이것은 확정적인 것은 아니다.
>   ⑥ 장치는 연 1회 정도 내부를 세척하는 것이 좋고 세정액으로서는 사염화탄소(CCl_4) 등이 사용된다.

3. 에틸렌의 제조

1) 나프타 열분해에 의한 제조공정 이해

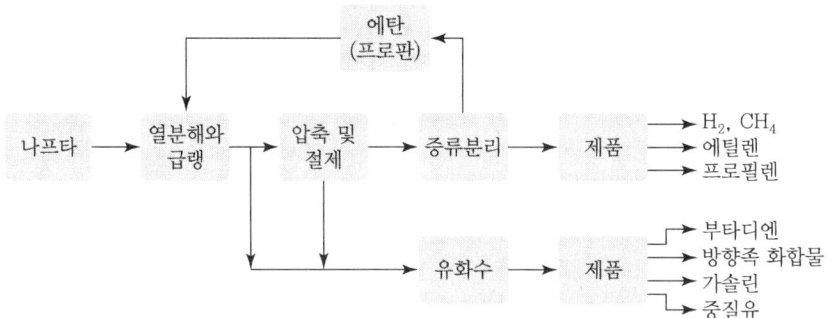

(1) 열분해 및 분해생성물의 급랭공정

① 원료 나프타와 스팀을 혼합하여 가열관 내를 높은 유속으로 통과시키고 관의 외측으로부터 중유 또는 가스로 가열하여 분해한다. 분해온도 : 730~790℃, 반응시간 : 1~2초 또는 분해온도 : 850~900℃, 반응시간 : 0.4~0.6초 정도이며, 반응관 내의 출구 압력은 $1kg/cm^2$ 정도이다.

② 분해생성물은 급랭 열교환기에서의 급랭과 중축합 반응에 의한 방향족 혹은 타르의 생성을 억제한다.

(2) 증류분리공정

분해생성물은 급랭된 뒤 증류탑에서 연료유를 분리하여 회수하고 분해가스는 압축공정에 보내진다.

(3) 압축, 세정 및 건조공정

① 분해가스는 가압, 저온증류를 위하여 다단 압축기에서 35~40kg/cm^2로 압축되며 이 사이에 소다 세정탑을 통하여 CO_2와 H_2S를 제거한다.

② 압축기 최종단 출구 가스는 저온 분리공정에 들어가기 전에 알루미나 등의 탈습제가 충전된 탑에서 건조시킨다.

(4) 에틸렌 분리공법

① 건조된 가스는 냉각하여 탈메탄탑으로 보내지는 수소 및 메탄을 탑 상부에서, 에틸렌 및 중질분을 탑 하부에서 분리한다.

② C_2 이상의 분류는 탈에탄탑에서 C_2 분류와 C_3 이상의 분류로 나누어지고, C_2 분류는 아세틸렌 수소화 장치에서 그 속에 함유되어 있는 아세틸렌을 Ni 혹은 Pd계 촉매를 써서 수소화 에틸렌으로 바꾼 뒤 에틸렌 증류탑에서 에틸렌과 에탄으로 분리한다.

(5) 부생물 분리공정

C_3 이상의 분류는 다시 증류를 반복하여 C_3, C_4, C_5 및 방향족으로 각각 분리하여 회수한다.

2) 에틸렌 제조장치의 계통도

① 가열로를 나온 분해가스는 급랭되어 증류탑에서 중질유를 분리한 다음 압축된다.
② 압축행정 사이의 산성 가스를 가성소다로 제거한 다음 알루미나 등의 탈습제를 충전한 건조탑에서 건조하여 탈메탄탑으로 이송한다.
③ 탈메탄탑에서는 증류를 통해 메탄과 수소를 분리한다. 분리된 메탄과 수소의 혼합가스는 다시 심랭 분리한다.
④ 탈메탄탑의 탑저액은 탈에탄탑에서 C_3 이상의 고비점 유분을 제거한 다음 Ni 혹은 Pd계의 촉매를 사용하고 에틸렌 중에 함유된 소량의 아세틸렌을 선택적으로 수소화하며, 다시 활성 알루미나 등으로 탈수하여 에틸렌 정유탑으로 이송한다.

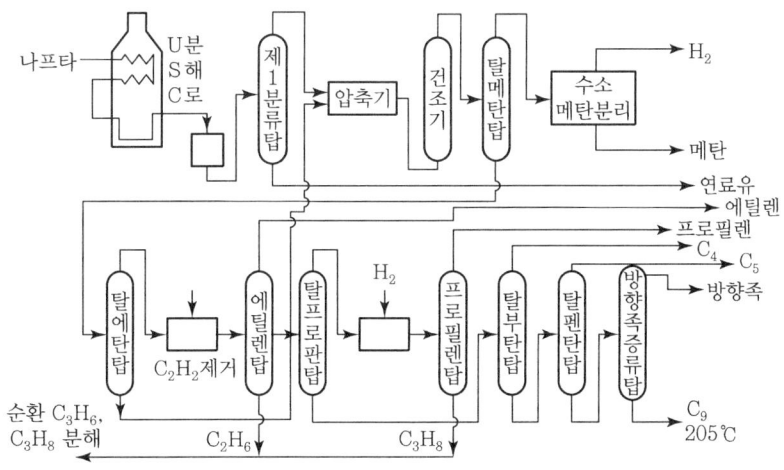

4. 아세틸렌의 제조

카바이드(CaC_2)에 물을 넣으면 즉시 아세틸렌이 발생한다.

$$CaC_2 + 2H_2O \longrightarrow Ca(OH)_2 + C_2H_2$$

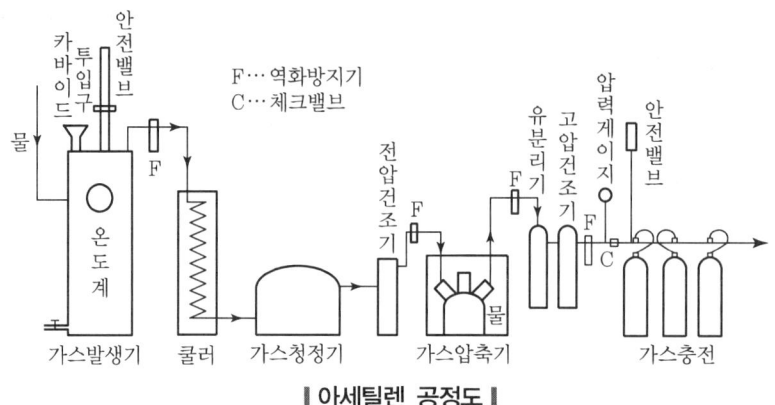

｜아세틸렌 공정도｜

1) 가스발생기

카바이드(CaC_2)와 물을 가지고 아세틸렌을 발생시키는 철강재 탱크이다.

(1) 가스발생기 분류

① 가스발생 방법에 따라

㉠ 주수식 : 카바이드에 물을 넣는 방법
- 주수량의 가감에 의해 가스 발생량을 조절할 수 있다.
- 카바이드에 접촉하는 물이 적기 때문에 온도 상승으로 분해, 중합의 우려가 있다.
- 불순가스 발생이 많다.
- 후기가스 발생이 있다.
- 카바이드 교체 시 공기혼입의 우려가 있다.

㉡ 침지식(접촉식) : 물과 카바이드를 소량씩 접촉시키는 방법
- 발생기의 온도상승이 쉽다.
- 가스 발생량을 자동 조절할 수 있다.
- 불순물이 혼입되어 나온다.
- 카바이드 교체 시 공기혼입의 우려가 있다.
- 후기가스의 발생이 있다.

㉢ 투입식 : 물에 카바이드를 넣는 방법
- 카바이드 투입량에 의해 아세틸렌가스 발생량을 조절할 수 있다.
- 공업적으로 대량 생산에 적합하다.
- 카바이드가 수중에 있으므로 온도상승이 작다.
- 불순가스 발생이 적다.
- 후기가스 발생이 적다.

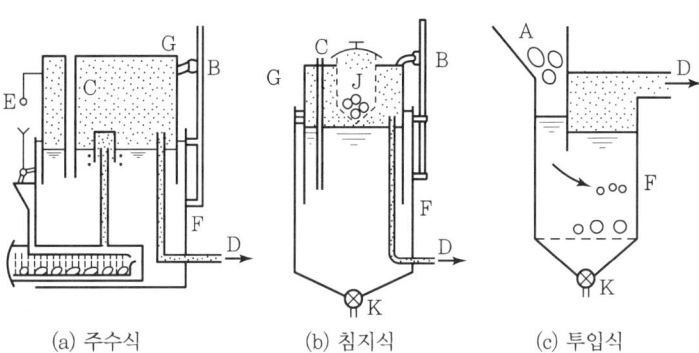

(a) 주수식 (b) 침지식 (c) 투입식

∥아세틸렌 가스 발생기∥

② 가스발생 압력에 따라
  ㉠ 저압식 : 0.07kg/cm² 미만
  ㉡ 중압식 : 0.07~1.3kg/cm²
  ㉢ 고압식 : 1.3kg/cm² 이상

(2) 가스발생기 자체로서 구비조건

  ① 구조가 간단하고 견고하며 취급이 간편할 것
  ② 가열, 지열발생 등이 작을 것
  ③ 가스의 수요에 맞고 일정한 압력을 유지할 것
  ④ 안전기를 갖추고 산소역류, 역화 시 발생기에 위험이 미치지 않을 것

(3) 가스 발생압력은 1.3kg/cm² 이하로 해야 하며(1.5kg/cm²에서 폭발위험) 110℃ 이상이면 분해폭발의 위험이 있다.

(4) 가스발생기는 최저온도 50~60℃, 최고온도 65℃를 유지한다. 온도가 높으면 수지상태의 물질이 생기거나 폭발의 위험이 있고, 온도가 너무 낮으면 가스가 물에 녹아서 물과 함께 흘러나간다.

(6) 습기 가스발생기의 표면온도는 70℃ 이하를 유지하도록 되어 있다.

2) 가스청정기

(1) 아세틸렌 중의 불순물

  ① 아세틸렌 중의 불순물에는 인화수소(PH_3, 포스핀), 황화수소(H_2S, 유화수소), 질소(N_2), 산소(O_2), 암모니아(NH_3), 수소(H_2), 일산화탄소(CO), 메탄(CH_4) 등이 있다.
  ② 불순물이 존재하면 아세틸렌의 순도저하 및 아세틸렌 충전 시 아세틸렌이 아세톤에 용해되는 것이 저해되므로 제거해야 한다.

(2) 아세틸렌 청정제
　① 에퓨렌(Epurene)
　② 카타리솔(Catalysol)
　③ 리가솔(Rigasol)

3) 저압건조기
① 아세틸렌 압축기로 가기 전에 아세틸렌 중의 수분을 제거하여 액이 압축되는 것을 방지한다.
② 아세틸렌 제조공정 중 압축기를 기준으로 고압측 및 저압측에 설치한다.
③ 원통형 강제 용기 속에 건조제로 주로 염화칼슘($CaCl_2$)이 들어 있어 아세틸렌 중의 수분을 제거한다.

4) 아세틸렌 가스압축기
① 압축기의 용량은 보통 15~60m^3/hr를 사용한다.
② 급격한 압력상승을 피하기 위해 회전수 100rpm 전후의 저속 2~3단의 왕복 압축기가 사용된다.
③ 내부 윤활유는 양질의 광유(디젤 엔진유)를 사용한다.
④ 압축기를 충분히 냉각시키기 위해 보통 수중에서 작동시킨다.
⑤ 압축기 냉각에 사용되는 냉각수 온도는 20℃ 이하로 유지한다.
⑥ 모터는 방폭형으로 압축실과 분리하여 설치하는 것이 안전하다.
⑦ 크랭크 케이스는 기밀한 구조로 하고 공기혼입을 피해야 한다.
⑧ 아세틸렌 충전 시 온도와 상관없이 2.5MPa 이상 압력을 올리지 않는다.
⑨ 아세틸렌을 압축하여 2.5MPa의 압력으로 할 때는 온도와 상관없이 질소(N_2), 메탄(CH_4), 일산화탄소(CO), 에틸렌(C_2H_4), 수소(H_2), 프로판(C_3H_8), 이산화탄소(CO_2) 등의 희석제를 첨가한다.

5) 유분리기(오일세퍼레이터)
① 실린더 내부 윤활유에 사용된 오일이 가스 중에 혼입하지 않도록 분리시킨다.
② 아세틸렌 압축기에서 압축된 가스 중의 오일을 분리한다.
③ 금속선의 작은 코일 등의 충전물을 넣은 원통형 강제용기이다.

6) 고압건조기

가스압축기에서 압축되어 나온 가스 중의 수분을 제거하며 건조제로 염화칼슘($CaCl_2$)을 사용한다.

7) 역화방지기

역화방지기 내부에는 보통 페로실리콘이나 물, 모래 및 자갈이 사용된다.

[역화방지기를 설치할 곳]
① 아세틸렌의 고압 건조기와 충전용 교체밸브 사이의 배관
② 아세틸렌 충전용 기관

8) 다공물질

(1) 다공물질의 명칭

   규조토, 석면, 목탄, 석회, 산화철, 탄산마그네슘, 다공성 플라스틱

(2) 다공물질을 적당한 비율로 혼합하여 물로 반죽한 후 용기에 넣어 적당한 온도(약 200℃)에서 건조, 고화시킨다.

(3) 다공도 계산식

$$다공도(\%) = \frac{V-E}{V} \times 100$$

여기서, V : 다공물질의 용적
E : 아세톤의 침윤 잔용적

(4) 다공물질을 충전하는 이유

용기의 내부를 미세한 간격으로 구분하여 분해 폭발의 기회를 만들지 않고 분해폭발이 일어나도 용기 전체로 파급되는 것을 막기 위해 채워넣는다.

(5) 고압가스 안전관리법상 다공도는 75~92% 미만이다.

(6) 다공물질의 구비조건

   ① 고다공도일 것
   ② 기계적 강도가 클 것
   ③ 가스 충전이 쉬울 것
   ④ 안전성이 있을 것
   ⑤ 경제적일 것
   ⑥ 화학적으로 안정할 것

5. 공업용 가스 정제

1) 유황화합물의 제거

(1) 수소화 탈황법

석유 중의 유황화합물을 제거하려면 수소화함으로써 황화수소로 바꾸어 제거하는 것이 가장 효과적이다. $Co-Mo-Al_2O_3$계 촉매가 주로 사용되고 반응압력은 30~180기압, 온도는 약 400℃ 전후이다. 또한 비점이 높아질수록 곤란하며 반응 압력은 높게 할 필요가 있다.

(2) 건식 탈황법

활성탄, 몰레큘러 시브, 실리카겔 등을 사용하는 흡착에 의한 제거법과 산화철이나 산화아연 등과 접촉시켜 금속 황화합물로 변화시켜 제거하는 방법이 있다.

(3) 습식 탈황법

① 탄산소다 흡수법

$$H_2S + Na_2CO_3 \longrightarrow NaHS + NaHCO_3$$

$$H_2S + 2Na_2CO_3 \longrightarrow Na_2S + 2NaHCO_3$$

② 카아볼트법

에탄올아민수용액에 의해 황화수소를 흡수하고 가열하여 방출한다.

$$2RNH_2 + H_2S \longrightarrow (RNH_3)_2S$$
(알킬아민)   (황화암모니아 알킬)

③ 타이록스법

황비산나트륨 용액을 사용하여 황화수소를 흡수하고 공기 중에 산화하여 재생한다.

$$Na_4As_2S_5O_2 + H_2S \longrightarrow Na_4As_2S_6O + H_2O$$

④ 알카티드법

알카티드 수용액에 의해 황화수소를 흡수하고 산화하여 방출한다.

$$CH_3CH(NHCH_3)COOK + H_2S \longrightarrow CH_3CH(NHCH_3)COOH + KSH$$

2) 이산화탄소(CO_2)의 제거

(1) 고압수세정법

20~30기압 정도로 가압하여 세정하여 제거하나 CO_2 회수율은 낮다.

(2) 암모니아 흡수법

가압하에서 암모니아수를 사용하여 CO_2를 제거한다(순도가 높다).

$$2NH_4OH + CO_2 \rightleftharpoons (NH_4)_2CO_2 + H_2O$$

(3) 열탄산칼리법

① $20\sim30kg/cm^2$의 가압하에서 열탄산칼리($110°C$)를 사용하여 CO_2를 회수한다.
② 흡수액은 상압까지 감압하여 CO_2가 방출 재생된다.

$$\underset{\text{(탄산칼륨)}}{K_2CO_3} + CO_2 + H_2O \rightleftharpoons \underset{\text{(탄산수소칼륨)}}{2KHCO_3}$$

③ 열탄산칼리법은 흡수속도가 빠르고 순환액량이 적으며 열적으로 유리하고 CO, S, H_3S가 동시에 제거된다.

(4) 알킬아민법(에탄올 수용액에 의한 회수)

모노에탄올아민 수용액은 다음 반응에 의해 CO_2를 흡수하며 흡수액은 수증기에 의해 CO_2를 방출함으로써 재생된다.

$$2C_2H_2OH \cdot NH_2 + H_2O + CO_2 \rightleftharpoons (C_2H_4OH \cdot NH_2)_2 \cdot H_2CO_3$$

미량의 CO_2를 제거하는 데 적합하며 통상은 열탄산칼리법과 조합하여 열탄산칼리법의 후단에 두어 조업한다.

(5) 알카티드법(알카티드에 의한 흡수)

알카티드 용액의 주성분 n-메틸알라닌산칼리이며 $50\sim60°C$에서 CO_2를 흡입하고 가열에 의해 CO_2를 방출·회수한다.

$$\underset{\text{(알카티드 용액)}}{CH_3CH(NHCH_3)COOK} + CO_2 + H_2O \rightleftharpoons CH_3CH(NHCH_3)COOK + KHCO_3$$

3) 일산화탄소(CO)의 제거

원료가스를 암모니아 합성에 사용하는 경우에 CO는 촉매독이 되므로 이것을 제거할 필요가 있다. CO의 제거법으로는 동액 세정법, 메탄화법, 액체질소 세정법 등이 있다.

(1) 동액 세정법

① 의산 제일동 암모니아 용액, 탄산제일동 암모니아 용액은 다음 반응에 의해 CO를 흡수 제거한다.

$$Cu(NH_3)_2 + CO + NH_3 \rightleftharpoons Cu(NH_3)_3CO$$
(동암모니아성 이온)

암모니아 합성의 경우 고온 전화로 및 CO_2 세정탑을 나온 가스는 CO가 3% 정도, CO_2가 1% 이하를 함유하고 있다.

② $300kg/cm^2$, 15~25℃에서 동암모니아 용액으로 세정하고 다시 암모니아수로 세정하면 CO는 15ppm 이하까지 제거된다. 이 방법은 부식이 심한 것, 물의 오염문제가 있어 현재는 메탄화법으로 치환되고 있다.

(2) 메탄화법

저온활성의 CO 전화촉매 및 효율이 좋은 CO_2 제거법의 개발에 의해 원료 가스 중의 CO를 0.3~0.5%, CO_2를 0.3% 이하까지 제거할 수 있게 되었으므로 니켈계 촉매를 사용하여 암모니아 합성촉매에 무독한 메탄으로 변화시키는 방법이다($CO+CO_2$ 출구농도를 10ppm 이하로 할 수 있다).

$$CO + 3H_2 \longrightarrow CH_4 + H_2O + 49.3 kcal$$
$$CO_2 + 4H_2 \longrightarrow CH_4 + 2H_2O + 39.4 kcal$$

(3) 액체질소 세정법

원료 가스 중의 H_2O, CO_2를 완전 제거하여 CO 및 메탄을 함유한 가스를 -180℃까지 냉각시키고 메탄을 액화시켜 제거하며 다시 -200℃ 정도까지 냉각시켜 액체질소로 세정함으로써 CO를 약 3ppm 정도까지 제거한다.

CHAPTER 001 연습문제

01 공업용 수소의 가장 일반적인 제조방법은?
① 소금물 분해
② 물의 전기분해
③ 황산과 아연 반응
④ 천연가스, 석유, 석탄 등의 열분해

풀이 공업용 수소의 제조방법(석유 분해법)
나프타, 중유, 원유를 수증기로 열분해하여 수소를 생산, 기타 석탄완전가스화법, 천연가스의 분해법 등으로 H_2 가스 제조

02 다음 중 수소의 공업적 제법이 아닌 것은?
① 수성가스법
② 석유 분해법
③ 천연가스 분해법
④ 하버 보슈법

풀이 암모니아(NH_3) 합성제조법 : 하버보슈법
(수소3 : 질소1의 비율 반응)
$3H_2 + N_2 \rightarrow 2NH_3 + 24kcal$

03 공기를 액화시켜 산소와 질소를 분리하는 원리는?
① 액체산소와 액체질소의 비중 차이에 의한 분리
② 액체산소와 액체질소의 비등점의 차이에 의한 분리
③ 액체산소와 액체질소의 열용량 차이로 분리
④ 액체산소와 액체질소의 전기적 성질 차이에 의한 분리

풀이 ㉠ 산소의 끓는점(비등점) : $-183℃$
㉡ 질소의 끓는점(비등점) : $-195.8℃$
따라서, 질소가 먼저 분리된다(비점이 낮아서).

04 고압가스 제조시설에 설치하는 내부반응 감시장치에 속하지 않는 것은?
① 온도감시장치
② 압력감시장치
③ 유량감시장치
④ 기화감시장치

풀이 고압가스 제조시설 내부반응 감시장치
㉠ 온도감시장치
㉡ 압력감시장치
㉢ 유량감시장치

정답 01 ④ 02 ④ 03 ② 04 ④

05 아세틸렌의 압축 시 분해폭발의 위험을 줄이기 위한 반응장치는?

① 겔로그 반응장치
② I.G 반응장치
③ 파우서 반응장치
④ 레페 반응장치

풀이 레페(Reppe) 반응은 아세틸렌의 폭발을 고려한 장치 설계로 분해 압력을 측정하여 반응권 내에 생기는 에너지와 주위 압력을 제어한다.

06 다음 [보기]에서 수소의 성질을 옳은 것으로만 짝지은 것은?

[보기]
㉠ 상온에서 무색, 무미, 무취의 가연성 기체이다.
㉡ 열전달률이 작고, 열에 대하여 불안정하다.
㉢ 비점은 −183.0℃이다.
㉣ 고온·고압에서 강제 중의 탄소와 반응하여 수소취성을 일으킨다.

① ㉠, ㉡
② ㉠, ㉣
③ ㉠, ㉢
④ ㉢, ㉣

풀이 수소의 성질
㉠ 상온에서 무색, 무미, 무취의 가연성 기체이다.
㉡ 최소의 밀도로 확산속도, 열전도도가 대단히 크다.
㉢ 비점은 −252℃, 임계압력은 12.8atm이다.
㉣ 산소와 수소와 반응하여 2,000℃ 이상의 고온과 수소폭명기가 발생한다.

07 공기액화분리장치에서 반드시 제거해야 하는 물질이 아닌 것은?

① 탄산가스
② 아세틸렌
③ 수분
④ 질소

풀이 공기액화분리기 내의 제거물질
㉠ CO_2 : 고체탄산(드라이아이스 방지) 제거
㉡ 수분 : 얼음이 생성되므로 배관폐쇄로 제거
㉢ 아세틸렌 : 카바이트(CaC_2)와 수분이 반응하여 가연성 C_2H_2가 생성되므로 제거한다.

08 석유화학장치에서 나프타 개질반응에 해당하지 않는 것은?

① 코크스의 카르보닐화 레페반응
② 나프텐의 탈수소반응
③ 파라핀의 탄화 탈수소반응
④ 나프텐의 이성화반응

정답 05 ④ 06 ② 07 ④ 08 ①

풀이) 석유화학장치에서 나프타의 개질반응
㉠ 나프텐 수증기 개질법
㉡ 나프텐의 탈수소반응
㉢ 나프텐의 이성화반응
㉣ 파라핀계의 탄화 탈수소반응

09 암모니아 합성가스 분리장치에서 저온에서 디엔류와 반응하여 폭발성인 검(Gum)상의 물질을 만드는 가스는?

① 일산화질소
② 벤젠
③ 탄산가스
④ 일산화탄소

풀이) 일산화질소
허용농도 25ppm의 독성가스로서 (NO) 암모니아 합성가스 분리장치에서 저온에서 디엔류와 반응하여 폭발성인 검(Gum)상의 물질을 만든다.

10 고압가스 일반제조시설에 설치하는 각종 가스설비에 대한 설명으로 옳은 것은?

① 탑류, 저장탱크, 열교환기, 회전기계, 벤트스택 등은 공동으로 접지하여야 한다.
② 수평원통형 저장탱크의 가대 지지간격(Span)이 8m 이상인 것은 고정식 난간을 설치한다.
③ 지반의 허용지지력도의 값이 당해 가스설비 등 그 내용물 및 그 기초에 의한 단위면적당 하중을 초과하도록 공사하여야 한다.
④ 독성가스를 저장탱크에 충전할 때 독성가스가 저장탱크 내용적의 95%를 초과하면 자동적으로 이를 검지할 수 있도록 액면검지장치 등을 설치하여야 한다.

풀이) 고압가스 일반제조시설에 설치하는 각종 가스설비
지반의 허용지지력도의 값이 당해 가스설비 등 그 내용물 및 그 기초에 의한 단위면적당 하중을 초과하도록 공사하여야 한다.

11 공기 중 폭발하한계의 값이 가장 작은 것은?

① 수소
② 암모니아
③ 에틸렌
④ 프로판

풀이) 가스의 폭발범위
㉠ H_2(수소) 4~75%
㉡ NH_3(암모니아) 15~28%
㉢ C_2H_4(에틸렌) 3.1~32%
㉣ C_3H_8(프로판) 2.1~9.5%
㉤ C_4H_{10}(부탄) 1.9~8.5%

정답 09 ① 10 ③ 11 ④

12 수소가스의 용기에 의한 공급방법으로 가장 적절한 것은?

① 수소용기 → 압력계 → 압력조정기 → 압력계 → 안전밸브 → 차단밸브
② 수소용기 → 체크밸브 → 차단밸브 → 압력계 → 압력조정기 → 압력계
③ 수소용기 → 압력조정기 → 압력계 → 차단밸브 → 압력계 → 안전밸브
④ 수소용기 → 안전밸브 → 압력계 → 압력조정기 → 체크밸브 → 압력계

풀이 수소가스 : 비점이 낮은 고압의 압축가스

13 수소가스 집합장치의 설계 매니폴드 지관에서 감압밸브의 상용압력이 14MPa인 경우 내압시험 압력은 얼마인가?

① 14MPa
② 21MPa
③ 25MPa
④ 28MPa

풀이 내압시험 압력=상용압력×1.5배
∴ 14×1.5=21MPa

14 아세틸렌(C_2H_2) 가스의 분해폭발을 방지하기 위한 희석제의 종류가 아닌 것은?

① CO
② C_2H_4
③ H_2S
④ N_2

풀이 ㉠ 분해폭발방지 희석제 : 에틸렌(C_2H_4), CO 가스, 질소, 메탄(CH_4) 등
㉡ 황화수소(H_2S) : 가연성, 독성가스

15 에틸렌, 프로필렌, 부틸렌과 같은 탄화수소의 분류로 올바른 것은?

① 파라핀계
② 방향족계
③ 나프텐계
④ 올레핀계

풀이 나프타
㉠ 알칸족 탄화수소 : 파라핀계, 메탄계, 포화계
㉡ 알켄족 탄화수소 : 올레핀계, 에틸렌계
㉢ 알킨족 탄화수소 : 아세틸렌계
㉣ 나프텐계 탄화수소
㉤ 파라핀계 탄화수소
※ 올레핀계 : 에틸렌, 프로필렌, 부틸렌 등의 탄화수소(파라핀계 탄화수소가 많을수록 나프타는 좋다.)

정답 12 ① 13 ② 14 ③ 15 ④

16 가스 제조공정인 수증기 개질공정에서 주로 사용되는 촉매는 어느 계통인가?

① 철 ② 니켈
③ 구리 ④ 비금속

풀이 니켈 : 수증기 개질공정에서 가스제조 시 촉매로 사용

17 독성가스 제조설비의 기준에 대한 설명 중 틀린 것은?

① 독성가스 식별표시 및 위험표시를 할 것
② 배관은 용접이음을 원칙으로 할 것
③ 유지를 제거하는 여과기를 설치할 것
④ 가스의 종류에 따라 이중관으로 할 것

풀이 여과기는 유지 제거가 어렵다(세퍼레이터 설치).

18 아세틸렌에 대한 설명으로 틀린 것은?

① 반응성이 대단히 크고 분해 시 발열반응을 한다.
② 탄화칼슘에 물을 가하여 만든다.
③ 액체 아세틸렌보다 고체 아세틸렌이 안정하다.
④ 폭발범위가 넓은 가연성 기체이다.

풀이 (1) 아세틸렌 폭발
  ㉠ 산화폭발
  ㉡ 화합폭발(아세틸라이드)
  ㉢ 분해폭발(압축 시)
(2) C_2H_2 분해폭발
  $C_2H_2 \xrightarrow{압축} 2C + H_2 + 54.2\text{kcal}$

19 수소가스 공급 시 용기의 충전구에 사용하는 패킹 재료로서 가장 적당한 것은?

① 석면 ② 고무
③ 파이버 ④ 금속 평형 가스켓

풀이 수소(H_2) 가스(가연성 가스) 용기의 충전구 패킹재는 파이버를 사용한다.

정답 16 ②　17 ③　18 ①　19 ③

20 어떤 용기에 액체를 넣어 밀폐하고 에너지를 가하면 액체의 비등점은 어떻게 되는가?

① 상승한다.　　　　　　　　　　② 저하한다.
③ 변하지 않는다.　　　　　　　　④ 이 조건으로 알 수 없다.

풀이 밀폐용기에 에너지를 가하면 압력이 상승(비등점 상승)된다.

21 나프타(Naphtha)에 대한 설명으로 틀린 것은?

① 비점 200℃ 이하의 유분이다.
② 파라핀계 탄화수소의 함량이 높은 것이 좋다.
③ 도시가스의 증열용으로 이용된다.
④ 헤비 나프타가 옥탄가가 높다.

풀이 나프타
　㉠ 원유의 상압증류에 의하여 얻어지는 비점 200℃ 이하의 유분이다.
　㉡ 헤비(중질) 나프타는 접촉개질을 통하여야 옥탄가가 높아진다.

22 다음 반응으로 진행되는 접촉분해 반응 중 카본 생성을 방지하는 방법으로 옳은 것은?

$$2CO \rightarrow CO_2 + C$$

① 반응온도 : 낮게, 반응압력 : 높게　　② 반응온도 : 높게, 반응압력 : 낮게
③ 반응온도 : 낮게, 반응압력 : 낮게　　④ 반응온도 : 높게, 반응압력 : 높게

풀이 접촉분해 반응 중 카본 생성 방지법
　$2CO \rightarrow CO_2 + C$(카본)
　㉠ 온도를 높이면 흡열반응 쪽으로 평형이 이동한다.
　㉡ 온도를 낮추면 발열반응 쪽으로 평형이 이동한다.
　㉢ 압력을 높이면 역반응(←) 쪽으로, 압력을 낮추면 정반응(→) 쪽으로 평형이 이동한다.
　∴ 접촉카본 생성을 방지하려면 반응온도는 높게, 반응압력은 낮게 한다.

23 고온, 고압에서 수소가스 설비에 탄소강을 사용하면 수소취성을 일으키게 되므로 이것을 방지하기 위하여 첨가시키는 금속 원소로서 적당하지 않은 것은?

① 몰리브덴　　　② 크립톤　　　③ 텅스텐　　　④ 바나듐

풀이 • 용기 강철 재료 중 170℃ 이상 250atm에서 수소는 탄소와 반응하여 탈탄작용에 의하여 수소취성을 일으킨다.
　　　$Fe_3C + 2H_2 \rightarrow CH_4 + 3Fe$(수소취성)
　• 수소취성 방지 첨가 원소 : Cr, Ti, V, W, Mo, Nb 등

정답 20 ①　21 ④　22 ②　23 ②

24 가스화 프로세스에서 발생하는 일산화탄소의 함량을 줄이기 위한 CO 변성반응을 옳게 나타낸 것은?

① $CO + 3H_2 \leftrightarrows CH_4 + H_2O$
② $CO + H_2O \leftrightarrows CO_2 + H_2$
③ $2CO \leftrightarrows CO_2 + C$
④ $2CO + 2H_2 \leftrightarrows CH_4 + CO_2$

25 수소화염 또는 산소 · 아세틸렌 화염을 사용하는 시설 중 분기되는 각각의 배관에 반드시 설치해야 하는 장치는?

① 역류방지장치
② 역화방지장치
③ 긴급이송장치
④ 긴급차단장치

> 풀이 수소화염 또는 산소-아세틸렌화염을 사용하는 시설의 분기되는 각각의 배관에는 역화방지장치를 설치하여야 한다.

26 원유, 중유, 나프타 등 분자량이 큰 탄화수소를 원료로 하며, 800~900℃의 고온에서 분해시켜 약 10,000kcal/Nm³ 정도의 가스를 제조하는 공정은?

① 열분해공정
② 접촉분해공정
③ 부분연소공정
④ 고압수증기개질공정

> 풀이 열분해공정 가스 제조
>   ㉠ 원료 : 원유, 중유, 나프타 등의 탄화수소
>   ㉡ 분해온도 : 800~900℃
>   ㉢ 발열량 : 10,000kcal/Nm³
>   ㉣ 생성물 : 수소, 메탄, 에탄, 에틸렌, 프로필렌 등

27 다음 중 이상기체에 가장 가까운 기체는?

① 고온, 고압의 기체
② 고온, 저압의 기체
③ 저온, 고압의 기체
④ 저온, 저압의 기체

> 풀이 실제기체는 온도가 높고 압력이 저압 상태일 경우에 이상기체에 가깝다.

28 수소에 대한 설명으로 틀린 것은?

① 암모니아 합성의 원료로 사용된다.
② 열전달률이 작고 열에 불안정하다.
③ 염소와의 혼합 기체에 일광을 쬐면 폭발한다.
④ 고온, 고압에서 강제 중의 탄소와 반응하여 수소취성을 일으킨다.

정답 24 ② 25 ② 26 ① 27 ② 28 ②

풀이 수소는 열전도율이 대단히 크고 열에 대해 안정한 가스이다(폭발범위가 4~75%인 가연성 가스이다).

29 습식 아세틸렌 제조법 중 투입식의 특징이 아닌 것은?

① 온도 상승이 느리다.
② 불순가스 발생이 적다.
③ 대량 생산이 용이하다.
④ 주수량의 가감으로 양을 조정할 수 있다.

풀이 투입식은 물에 카바이트(CaC_2)를 넣어서 C_2H_2 가스를 발생시킨다.
④는 주수식의 특성이다. 주수식은 카바이트 투입량으로 C_2H_2 가스 발생량을 조절한다.

30 아세틸렌(C_2H_2)에 대한 설명으로 틀린 것은?

① 동과 직접 접촉하여 폭발성의 아세틸라이드를 만든다.
② 비점과 융점이 비슷하여 고체 아세틸렌은 융해한다.
③ 아세틸렌가스의 충전제로 규조토, 목탄 등의 다공성 물질을 사용한다.
④ 흡열 화합물이므로 압축하면 분해폭발 할 수 있다.

풀이 비점(-84℃)과 융점(81℃)이 비슷하여 고체 아세틸렌은 승화한다(용해가스).

31 다음 중 산소 가스의 용도가 아닌 것은?

① 의료용
② 가스용접 및 절단
③ 고압가스 장치의 퍼지용
④ 폭약제조 및 로켓 추진용

풀이 고압가스 장치의 퍼지
CO_2, N_2, 공기 등 불연성 가스가 이상적이다.

32 탄화수소에서 아세틸렌 가스를 제조할 경우의 반응에 대한 설명으로 옳은 것은?

① 통상 메탄 또는 나프타를 열분해함으로써 얻을 수 있다.
② 탄화수소 분해반응 온도는 보통 500~1,000℃이고 고온일수록 아세틸렌이 적게 생성된다.
③ 반응압력은 저압일수록 아세틸렌이 적게 생성된다.
④ 중축합반응을 촉진시켜 아세틸렌 수율을 높인다.

정답 29 ④ 30 ② 31 ③ 32 ①

풀이 아세틸렌 제조(C_2H_2 가스)
  ㉠ 카바이트 : $CaO + 3C \rightarrow CaC_2 + CO$
    $CaC_2 + 2H_2O \rightarrow Ca(OH)_2 + C_2H_2$
  ㉡ 천연가스 : $C_3H_8 \rightarrow C_2H_2 + CH_4 + H_2$
    $C_2H_4 \rightarrow C_2H_2 + H_2$

33 산소 제조장치에서 수분제거용 건조제가 아닌 것은?

① SiO_2 ② Al_2O_3 ③ $NaOH$ ④ Na_2CO_3

풀이 산소제조 장치의 수분제거용 건조제
  ㉠ 입상가성소다($NaOH$)
  ㉡ 실리카겔(SiO_2)
  ㉢ 활성알루미나(Al_2O_3)
  ㉣ 소바비드
  ㉤ 몰레큘러시브
  ※ 탄산나트륨(Na_2CO_3)은 탄산소다이며 유리, 비누, 가성소다를 제조한다(흡습성이 강하다).
    $Na_2CO_3 + H_2O \rightarrow NaOH + NaHCO_3$

34 아세틸렌은 금속과 접촉 반응하여 폭발성 물질을 생성한다. 다음 금속 중 이에 해당하지 않는 것은?

① 금   ② 은   ③ 동   ④ 수은

풀이 아세틸렌 금속 아세틸라이드(폭발성 물질) 반응 금속
  ㉠ $C_2H_2 + 2Cu(구리) \rightarrow Cu_2C_2 + H_2$
  ㉡ $C_2H_2 + 2Hg(수은) \rightarrow Hg_2C_2 + H_2$
  ㉢ $C_2H_2 + 2Ag(은) \rightarrow Ag_2C_2 + H_2$

35 가연성 가스의 위험도가 가장 높은 가스는?

① 일산화탄소   ② 메탄   ③ 산화에틸렌   ④ 수소

풀이 위험도 $= \dfrac{\text{폭발범위 상한} - \text{폭발범위 하한}}{\text{폭발범위 하한}}$ (클수록 위험하다.)

① $CO = \dfrac{74 - 12.5}{12.5} = 4.92$ ② $CH_4 = \dfrac{15 - 5}{5} = 2$

③ $C_2H_4O = \dfrac{80 - 3}{3} = 26$ ④ $H_2 = \dfrac{75 - 4}{4} = 18$

정답 33 ④ 34 ① 35 ③

36 하버 – 보슈법에 의한 암모니아 합성 시 주 촉매인 산화철(Fe_3O_4)에 보조촉매를 사용한다. 다음 중 보조촉매의 종류가 아닌 것은?

① K_2O ② MgO ③ Al_2O_3 ④ MnO

풀이 하버 – 보슈법 NH_3합성 시 사용하는 촉매
(정촉매 : Fe_3O_4, 부촉매 : Al_2O_3, CaO, K_2O)

37 공기액화분리장치에 아세틸렌 가스가 혼입되면 안 되는 이유로 가장 옳은 것은?
① 산소의 순도가 저하
② 파이프 내부가 동결되어 막힘
③ 질소와 산소의 분리작용에 방해
④ 응고되어 있다가 구리와 접촉하여 산소 중에서 폭발

풀이 공기액화분리장치에서 산소 제조 시 아세틸렌(C_2H_2)가스가 혼입되면 응고되어 있다가 구리와 접촉하여 산소 중에서 폭발한다.
※ 동(구리) 아세틸라이드($Cu_2C_2 + H_2 \rightarrow C_2H_2 + Cu_2$)

38 공기액화분리장치에서 내부 세정제로 사용되는 것은?

① CCl_4 ② H_2SO_4 ③ $NaOH$ ④ KOH

풀이 내부 세정제 : 사염화탄소(CCl_4)이며 1년에 1회 정도 불연성 세제로 세척한다.

39 다음 [보기]에서 설명하는 암모니아 합성탑의 종류는?

[보기]
- 합성탑에는 철계통의 촉매를 사용한다.
- 촉매층 온도는 약 500~600℃이다.
- 합성 압력은 약 300~400atm이다.

① 파우서법 ② 하버 – 보슈법 ③ 클로드법 ④ 우데법

풀이 암모니아 고압합성법
- 60~100MPa에서 제조
- 클로드법, 카자레법 등
- 정촉매 : Fe_3O_4
- 부촉매 : Al_2O_3, CaO, K_2O 등

40 아세틸렌(C_2H_2)에 대한 설명으로 틀린 것은?

① 아세틸렌은 아세톤을 함유한 다공물질에 용해시켜 저장한다.
② 아세틸렌 제조방법으로는 크게 주수식과 흡수식 2가지 방법이 있다.
③ 순수한 아세틸렌은 에테르 향기가 나지만 불순물이 섞여 있으면 악취발생의 원인이 된다.
④ 아세틸렌의 고압건조기와 충전용 교체밸브 사이의 배관, 충전용 지관에는 역화방지기를 설치한다.

풀이 C_2H_2가스 제조법
  ㉠ 투입식(물+카바이트)
  ㉡ 주수식(카바이트+물)
  ㉢ 침지식(카바이트+소량씩 물 접촉)

41 가스의 공업적 제조법에 대한 설명으로 옳은 것은?

① 메탄올은 일산화탄소와 수증기로부터 고압하에서 제조한다.
② 프레온 가스는 불화수소와 아세톤으로 제조한다.
③ 암모니아는 질소와 수소로부터 전기로에서 구리촉매를 사용하여 저압에서 제조한다.
④ 포스겐은 일산화탄소와 염소로부터 제조한다.

풀이 ㉠ 메탄올(CH_3OH) 제조

$$CO + 2H_2 \xrightarrow[20 \sim 30MPa]{250 \sim 450℃} (CH_3OH)$$

촉매(CuO, ZnO, Cr_2O_3)
  ㉡ 포스겐 : $CO + Cl_2$
  ㉢ 암모니아(NH_3) : 합성탑에서 제조
  ㉣ 프레온 가스 : 불소, 염소, 수소로 제조

42 헬륨가스의 기체상수는 약 몇 kJ/kg·K인가?

① 0.287 ② 2 ③ 28 ④ 212

풀이 기체상수(R) = $\dfrac{8.314}{\text{분자량}} = \dfrac{8.314}{4} = 2.0 \text{kJ/kg·K}$

43 고압가스의 상태에 따른 분류가 아닌 것은?

① 압축가스 ② 용해가스 ③ 액화가스 ④ 혼합가스

풀이 고압가스의 상태에 따른 분류
  ㉠ 압축가스
  ㉡ 용해가스
  ㉢ 액화가스

정답 40 ② 41 ④ 42 ② 43 ④

44 용해 아세틸렌 가스 정제장치는 어떤 가스를 주로 흡수, 제거하기 위하여 설치하는가?

① CO_2, SO_2 ② H_2S, PH_3 ③ H_2O, SiH_4 ④ NH_3, $COCl_2$

풀이 불순물 H_2S, PH_3 NH_3, SiH_4, CH_4, N_2 등

45 수소취성에 대한 설명으로 가장 옳은 것은?

① 탄소강은 수소취성을 일으키지 않는다.
② 수소는 환원성 가스로 상온에서도 부식을 일으킨다.
③ 수소는 고온, 고압하에서 철과 화합하며 이것이 수소취성의 원인이 된다.
④ 수소는 고온, 고압에서 강중의 탄소와 화합하여 메탄을 생성하여 이것이 수소취성의 원인이 된다.

풀이
- 용기 강철 재료 중 170℃ 이상 250atm에서 수소는 탄소와 반응하여 탈탄작용에 의하여 수소취성을 일으킨다.
  $Fe_3C + 2H_2 \rightarrow CH_4 + 3Fe$(수소취성)
- 수소취성 방지 첨가 원소 : Cr, Ti, V, W, Mo, Nb 등

46 암모니아의 취급에 대한 설명 중 틀린 것은?

① 암모니아의 건조제로 진한 황산을 사용한다.
② 진한 염산과 접촉시키면 흰 연기가 나므로 암모니아 누출을 검출할 수 있다.
③ 고온, 고압이 되면 질화작용과 수소취성을 동시에 일으킨다.
④ Cu 및 Al 합금과는 부식성을 가지므로 철합금을 사용한다.

풀이 NH_3 건조제
가성소다, 산화칼슘, 수산화칼륨

47 아세틸렌 제조공정에서 꼭 필요하지 않은 장치는?

① 저압 건조기   ② 유분리기   ③ 역화방지기   ④ CO_2 흡수기

풀이 CO_2 흡수기는 공기액화분리장치에서 사용된다.

48 아세틸렌에 대한 설명 중 틀린 것은?

① 반응성이 대단히 크고 분해 시 발열반응을 한다.
② 탄화칼슘에 물을 가하여 만든다.
③ 액체 아세틸렌보다 고체 아세틸렌이 안정하다.
④ 폭발범위가 넓은 가연성 기체이다.

정답 44 ② 45 ④ 46 ① 47 ④ 48 ①

풀이) 분해폭발

$$2C + H_2 \longrightarrow C_2H_2 - 54.2\text{kcal}$$

$$C_2H_2 \xrightarrow{\text{압축}} 2C + H_2 + 54.2\text{kcal}$$

49 수소의 성질 및 용기의 취급에 대한 설명으로 옳지 않은 것은?

① 용기밸브는 왼나사이며, 가능한 서서히 연다.
② 공기 중에서 산소와 체적비가 2 : 1로 530℃ 이상에서 폭발적으로 반응하지만 할로겐원소와는 반응하지 않는다.
③ 용기도색은 주황색, 가연성 가스임을 표시하는 "연" 표시와 가스 명칭은 백색으로 표기한다.
④ 무계목 용기로 안전밸브는 가용전이나 파열판식을 병용한다.

풀이) ㉠ 수소폭명기

$$2H_2 + O_2 \xrightarrow{530℃} 2H_2O + 136.6\text{kcal}$$

㉡ 염소폭명기

$$H_2 + Cl_2 \xrightarrow{\text{햇빛}} 2HCl + 44\text{kcal}$$

(할로겐 원소와 반응한다.)

50 다음 제조법 중 가장 낮은 압력을 사용하는 공정은?

① 암모니아 합성
② 폴리에틸렌 합성
③ 메탄올 합성
④ 오일가스화

풀이) 오일은 가스화하는 경우 비점을 이용하므로 저압에서 가스화가 가능하다.

51 다음의 성질을 가지고 있는 가스는?

- 공기보다 무겁다.
- 조연성 가스이다.
- 염소산칼륨을 이산화망간 촉매하에 가열하면 실험적으로 얻을 수 있다.

① 산소
② 질소
③ 염소
④ 수소

풀이)
$$2KClO_3(\text{염소산칼륨}) \xrightarrow[200℃]{MnO_2} 2KCl + 3O_2 \text{ 산소를 얻는다.}$$

정답) 49 ② 50 ④ 51 ①

52 수소의 성질에 대한 설명으로 옳지 않은 것은?

① 열전도도가 대단히 크고 열에 대하여 안정하다.
② 수소는 산소 또는 공기 중에서 연소하여 물을 생성한다.
③ 무색, 무미, 무취의 비가연성 가스이다.
④ 수소와 염소와의 혼합가스는 빛과 접촉하면 상온에서 심하게 반응한다.

풀이 수소가스는 무색, 무미, 무취로서 압축가스이나 폭발범위가 4~75%인 가연성 가스이다.

53 아세틸렌에 대한 설명 중 틀린 것은?

① 공기 중 폭발하한계가 2.5%로서 아주 낮다.
② 충전 시에는 황산을 안정제로 첨가하여 2.5MPa 이하로 충전한다.
③ 동, 수은, 은 등과 폭발성 화합물을 만들므로 이러한 물질과 접촉되지 않게 보관한다.
④ 비점과 융점이 거의 비슷하다.

풀이 아세틸렌 충전 시 희석제(질소, 메탄, CO, 에틸렌 등)를 첨가할 것

54 암모니아 가스에 대한 설명으로 옳지 않은 것은?

① 상온, 상압에서 강한 자극성을 가진 무색의 기체로서 가연성, 독성가스이다.
② 암모니아용의 장치나 계기에는 직접 동이나 황동 등을 사용할 수 없다.
③ 암모니아 합성은 주로 저압합성법이 공업적으로 이용되고 있다.
④ 하버-보슈법(Harber-Bosch Process)은 수소와 질소를 용적비 3 : 1로 반응시키는 것이다.

풀이 암모니아 합성은 압력이 높은 것이 화학평형상 유리하나 공정상 가장 효율이 높은 중압합성법을 널리 이용한다.

55 독성가스 저장설비에 사용하는 긴급용 벤트스택에 대한 설명으로 옳은 것은?

① 벤트스택의 높이는 방출된 가스의 착지농도(着地濃度)가 폭발상한계 값 미만이 되도록 충분한 높이로 설치한다.
② 독성가스의 경우 제독조치를 한 후 허용농도값 미만이 되도록 충분한 높이로 설치한 벤트스택에서 방출한다.
③ 액화가스가 함께 방출되거나 급랭될 우려가 있는 벤트스택에는 그 벤트스택과 연결된 가스공급시설의 가까운 곳에 건조기를 설치한다.
④ 벤트스택 방출구의 위치는 작업원이 정상작업을 하는 데 필요한 장소 및 작업원이 항시 통행하는 장소로부터 8m 이상 떨어진 곳에 설치한다.

풀이 독성가스의 저장설비에서는 독성가스의 제독조치 후 허용농도값 미만이 되도록 충분한 높이로 설치한 긴급용 벤트스택에서 방출한다.

정답 52 ③   53 ②   54 ③   55 ②

56 암모니아(NH_3) 누출 시 검출방법이 아닌 것은?

① 특유의 냄새로 알 수 있다.
② 네슬러시약을 투입 시 황색이 되고, NH_3가 많으면 적갈색이 된다.
③ 적색 리트머스시험지를 청색으로 변화시킨다.
④ 진한 염산, 유황 등의 접촉 시 검은 연기가 난다.

풀이 암모니아와 염화수소가 반응하면 흰 연기가 발생된다.
$HCl + NH_3 \rightarrow NH_4Cl$(백연기)

57 다음 중 수소를 얻을 수 없는 반응은?

① $Al + NaOH + H_2O$ ② $Hg + HCl$ ③ $Na + H_2O$ ④ $Zn + H_2SO_4$

풀이 Hg은 이온화 경향이 수소보다 작기 때문이다.

58 수소가스 공급 시 용기의 충전구에 사용하는 패킹재료로서 가장 많이 사용되는 것은?

① 석면 ② 고무 ③ 파이버 ④ 금속평형 개스킷

풀이 수소가스의 충전구 패킹재는 파이버이다.

59 흡열 화합물이므로 압축하면 폭발할 우려가 있어 다공질 물질을 충전하고, 디메탈포름아미드를 침윤시킨 곳에 용해시켜 용기에 충전하는 가스는?

① 시안화수소 ② 아세틸렌 ③ 암모니아 ④ 수소

풀이 아세틸렌 침윤제 : 아세톤, DMF

60 아세틸렌을 2.5MPa의 압력으로 압축하려고 한다. 이때 사용되는 희석제는?

① 황산 ② 염화칼슘 ③ 탄산소다 ④ 메탄

풀이 희석제 : 에틸렌, 메탄, CO, 질소 등

61 아세틸렌 용기 충전 시 사용하는 다공물질의 구비조건이 아닌 것은?

① 화학적으로 안정하여야 한다. ② 기계적 강도가 있어야 한다.
③ 안전성이 있어야 한다. ④ 저다공도이어야 한다.

풀이 다공물질은 고다공도이어야 한다.

정답 56 ④ 57 ② 58 ③ 59 ② 60 ④ 61 ④

CHAPTER 002 액화석유가스 설비

SECTION 01 LPG(Liquefied Petroleum Gas) 가스의 제조

1. 습성 천연가스 및 원유에서 제조

원유 지대에서 채취되는 습성 천연가스 및 원유에서 액화가스를 회수하는 것으로 다음의 방법이 있다.

① **압축-냉각법**(농후한 가스에 응용된다.)
    냉동기 또는 고압에서 가스의 팽창에 따른 각기 냉각을 이용해서 천연가스를 저온도에서 액화 분리하는 방법으로 비교적 고농도에서 소량의 가스를 처리하는 경우에 응용된다.

② **흡수유(경유)에 의한 흡수법**
    등유, 경유 등의 흡수유에 흡수시켜서 회수하는 방법으로 다량의 가스를 처리하는 경우에 이용된다.

③ **활성탄에 의한 흡착법**(희박한 가스에 응용된다.)
    활성탄, 실리카겔 등의 흡착제로 LP 가스 성분, 가솔린 성분을 흡착시켜 회수하는 방법으로 비교적 저농도에서 소량의 가스를 처리하는 경우에 이용된다.

혼성 가스 중의 $C_3 \sim C_4$ 가스는 주로 포화 탄화수소로 되어 있고 올레핀류 등의 불포화 탄화수소는 거의 함유하고 있지 않다.

2. 제유소 가스

석유 정제공정에서 상압증류장치, 접촉분해장치, 접촉개질장치, 수소화탈황장치, 코킹 장치, 비스브레이킹 장치에서 발생하는 가스는 수소 및 $C_1 \sim C_4$의 탄화수소를 함유하고 있다. 이들의 가스를 가스분리장치에 넣어 메탄, 에탄, 에틸렌과 같은 탄화수소 가스와 프로판-프로필렌 유분 및 부탄 부틸렌 유분으로 구분한다.

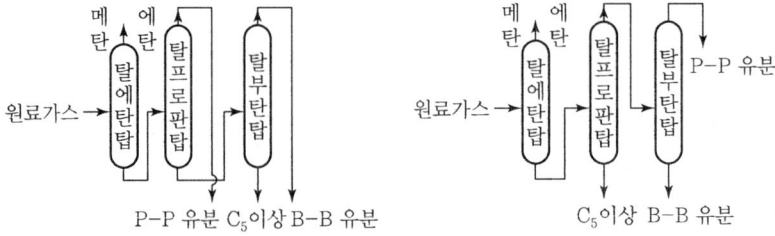

┃ 가스분리장치 계통도 ┃

이 경우의 원료 가스 중에는 황화수소를 주체로 하는 유화분이 함유되어 있으므로 탈황장치를 설치하고 있다. 탈프로판탑 및 탈부탄탑은 10~20kg/cm² 하에서 가압증류장치이다.

1) 상압증류장치(증류가스 : Topping Gas)

원유를 증류하고 가솔린, 등유, 경유, 잔사유 등을 분리할 때 원유 중에 용해하고 있던 가스가 다량 발생한다.

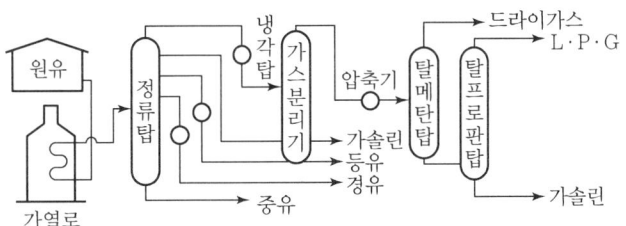

┃상압증류장치 제조용 공정도┃

2) 접촉개질장치(Reforming Gas)

나프타를 고온 · 고압하에서 촉매와 접촉시켜 탄화수소의 구조를 변하게 하고 옥탄가 높은 휘발유를 제조하고 있다. 개질가스로부터 회수된 가스는 올레핀분이 없다.

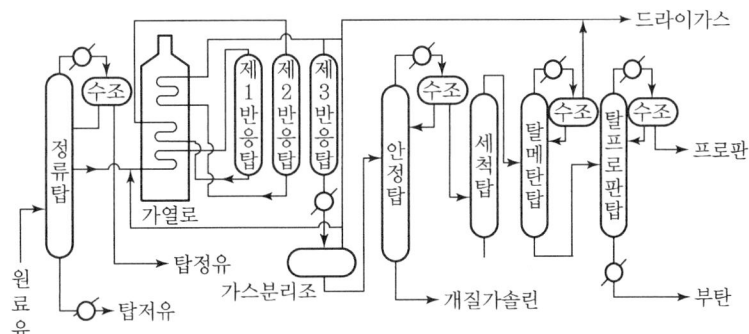

┃접촉개질장치의 제조공정도┃

3) 접촉분해장치(Cranking Gas)

경유유분을 고온의 촉매에 접촉시켜 분해하고 옥탄가가 높은 휘발유를 제조하는 장치이므로 촉매가 유동하면서 분해반응을 하는 유동접촉분해장치(F.C.C)를 사용하고 있다.

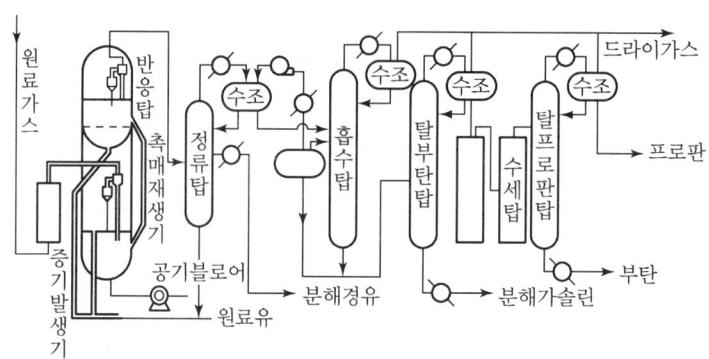

┃F.C.C 장치┃

3. 나프타 분해 생성물에서의 제조

나프타 분해에 의한 에틸렌 제조장치에서는 수소, $C_1 \sim C_4$ 탄화수소가 발생하므로 발생가스 중에 함유된 이산화탄소, 일산화탄소, 물, 유황화합물 및 아세틸렌 등의 불순물을 정제·제거한 다음 에틸렌, 프로필렌, 부탄-부틸렌유분을 저온분유법, 흡수법, 흡착법 등에 의해 분리한다.

4. 나프타의 수소화 분해 생성물에서의 제조

액화 석유가스를 생산하는 목적은 원료 나프타를 수소화 분리하여 제조하는 것으로서 대표적인 프로세스에는 아이소막스법이 있다. 비점 170℃ 이하의 나프타를 수소화 분리함으로써 C_3-탄화수소 43%, C_4-탄화수소 34%, C_3-탄화수소 23% 등을 얻을 수 있다.

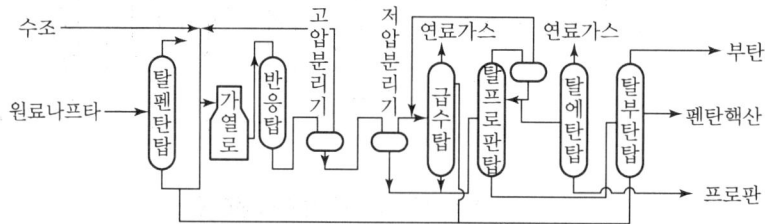

┃LPG의 아이소막스장치 계통도┃

SECTION 02   LP 가스 이송장치

1. LP 가스의 이송방법

1) 차압에 의한 방법(탱크의 자체 압력을 이용하는 방법)

탱크로리에서 저장탱크로 LP 가스를 이입할 때 탱크로리는 수송 중 태양열을 받아서 가스의 온도가 높아짐에 따라 압력도 높아져 탱크와 압력차가 발생한 때에는 그 차압을 이용하여 펌프 등을 사용하지 않고 이송하는 방법이다.

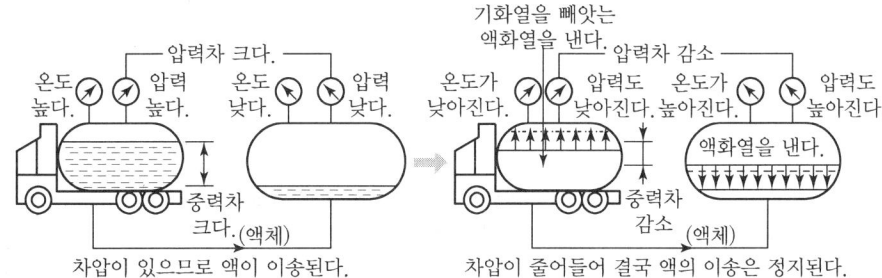

‖ 차압방식의 액 이송 원리 ‖

2) 액펌프에 의한 방법

(1) 기상부의 균압관이 없는 경우

① 펌프는 액만을 이송할 수 있으므로 액의 이입 또는 이충전라인에 설치하여 액을 가압하여 압송한다.
② 베이퍼라인이 없기 때문에 탱크로리에서 저장탱크로 이송할 때의 탱크로리 내의 액면은 낮아지고 따라서 가상부가 많게 되며 압력이 낮아진다.
③ LP 가스는 증발하게 되고 남은 액은 증발열을 빼앗겨 온도가 낮아짐에 따라 압력도 낮아지나 탱크 내는 반대로 액량이 점차 증가하여 기상부의 가스는 액에 밀려 액화된다.
④ 이때 방출되는 열로 탱크 내의 온도는 상승하고 그에 수반하여 압력이 높아진다.
⑤ 펌프에 무리가 생기며 충전시간이 길어지고 용량이 큰 펌프가 필요하게 된다.
⑥ 탱크로리에서 저장탱크로, 저장탱크에서 용기로 충전 시 주로 사용된다.

> **Reference** 가스비중
>
> $$프로판(C_3H_8) = \frac{44}{29} = 1.52, \quad 부탄(C_4H_{10}) = \frac{58}{29} = 2$$

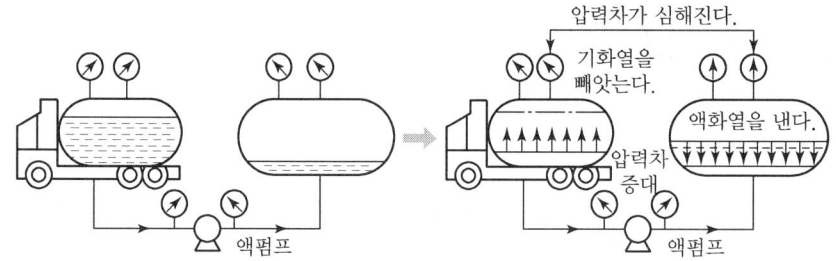

❚ 액체 펌프 방식(균압관이 없는 경우) ❚

(2) 기상부의 균압관이 있는 경우

탱크로리와 저장탱크 간의 차압을 없앨 목적으로 펌프는 액라인을 연결하고 기상부와 기상부를 잇는 베이퍼 라인(균압관)을 설치하는 방식으로 짧은 시간 내에 액을 이송(즉, 대용량에서 대용량으로 충전 시)하는 데 사용된다.

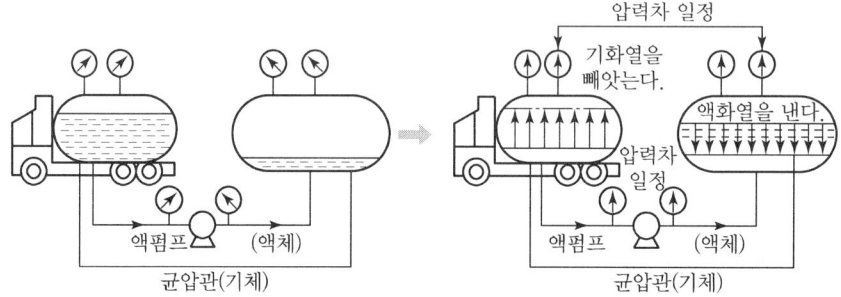

❚ 액체 펌프 방식(균압관이 있는 경우) ❚

> 1. **펌프의 종류**
>   ① 기어펌프(Gear Pump) 또는 바이킹 펌프(Viking Pump)
>   ② 벤펌프 : 코겐-벤펌프(Corken-van Pump)
>   ③ 원심펌프 : 임펠러의 회전에 의한다.
>   ④ 압력 조정기 : 기화부에서 나온 가스를 소비 목적에 따라 일정한 압력으로 조정하는 부분
>   ⑤ 안전밸브 : 기화장치의 내압이 이상하게 상승했을 때 장치 내의 가스를 외부로 방출하는 장치
> 2. **펌프를 사용함으로써 오는 장단점**
>   ① 장점 : 재액화 현상이 일어나지 않고, 드레인 현상이 없다.
>   ② 단점 : 충전시간이 길고, 잔가스 회수가 불가능하며, 베이퍼록 현상이 일어나 누설의 원인이 된다.
> 3. **액비중**
>   프로판 : 0.509kg/L, 부탄 : 0.582kg/L
> 4. **기화잠열**
>   프로판 : 101.8kcal/kg, 부탄 : 92kcal/kg

3) 압축기에 의한 방법

① 압축기를 사용하여 저장탱크 상부에서 가스를 흡입하여 가압한 후 이것으로 탱크로리 상부를 가압하는 방식으로 베이퍼라인에 설치되며 사방밸브를 조작함으로써 탱크로리 내의 잔가스를 회수할 수 있다.

② 액라인을 닫고 반대로 탱크로리 상부의 가스를 흡입하여 탱크 상부로 보낸다. 이때 탱크로리 내에는 대기압 이상의 압력을 남겨둘 필요가 있다.

> Reference
>
> 1. 압축기를 사용함으로써 오는 장단점
>   ① 장점
>   - 펌프에 비해 충전시간이 짧다.
>   - 잔가스 회수가 가능하다.
>   - 베이퍼록 현상이 생기지 않는다.
>   ② 단점
>   - 부탄의 경우 저온에서 재액화 현상이 일어난다.
>   - 압축기의 오일(기름)이 탱크에 들어가 드레인의 원인이 된다.
> 2. 탱크로리 충전작업 중 작업을 중단해야 하는 경우
>   ① 저장탱크에 과충전이 되는 경우
>   ② 탱크로리와 저장탱크를 연결한 호스 또는 로딩암 커플링의 접속이 빠지거나 누설되는 경우(O링의 불량이나 커플링의 마모 시 발생)
>   ③ 충전작업 중 그 주변에 화재가 발생한 경우
>   ④ 압축기 사용 시 액압축(워터 해머링)이 일어나는 경우
>   ⑤ 펌프 사용 시 액배관 내에서 베이퍼록이 심화되는 경우
> 3. LP 가스 압축기(Compressor)의 부속장치
>   ① 액트랩(액분리) : 가스 흡입측에 설치, 실린더의 앞에서 액과 드레인을 가스와 분리시킨다.
>   - 액압축을 방지하는 목적 : 액상의 LP 가스가 압축기에 흡입되면 흡입밸브를 파손시키거나 실린더에 침입하여 워터 해머를 발생시켜 실린더 등을 파괴하는 경우가 있다.
>   ② 자동정지장치(HPS, LPS) : 가스의 흡입 토출압력이 지나치게 낮거나 지나치게 높아지면 압력개폐기를 작동하여 운전을 정지시키는 압력위치 방식과 규정압력 이상이 되었을 때 흡입측과 토출측을 통하게 하여 토출측의 압력을 흡입측으로 바이패스시키는 것과 같이 규정압력 이하에서 운전을 계속하는 언로더 방식이 있다.

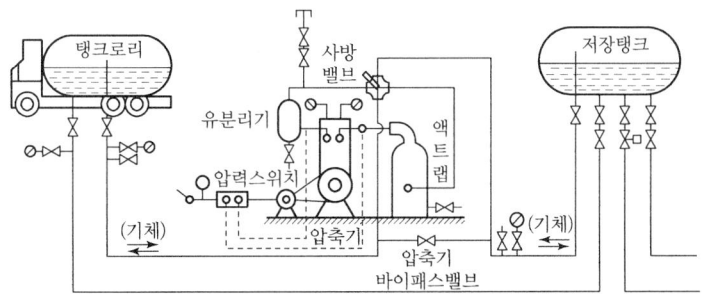

‖ LP 가스 컴프레서와 그 부속기기 ‖

③ 사방밸브(4-way Valve) : 압축기의 토출측과 흡입측을 전환시키는 밸브로서 액송과 가스회수를 한 동작으로 할 수 있다.
④ 유분리기 : 급유식 압축기의 부속기기로서 토출관로 중의 설치가스와 윤활유를 분리시키는 것이다.
  • 유분리기의 설치목적 : 실린더의 윤활유가 토출가스 중에 다량 수반되는 것을 방지한다.

SECTION 03 LP 가스 공급방식

1. 자연기화방식

용기 내의 LP 가스가 대기 중의 열을 흡수해서 기화하는 가장 간단한 방식이다.
① LP 가스는 비등점(프로판 -42.1℃, 부탄 -0.5℃)이 낮기 때문에 대기의 온도에서도 쉽게 기화한다.
② **자연기화방식의 특징**
  • 기화능력에 한계가 있어 소량 소비 시에 적당하다.
  • 가스의 조성 변화량이 크다.
  • 발열량의 변화가 크다.
  • 용기의 수가 많이 필요하다.

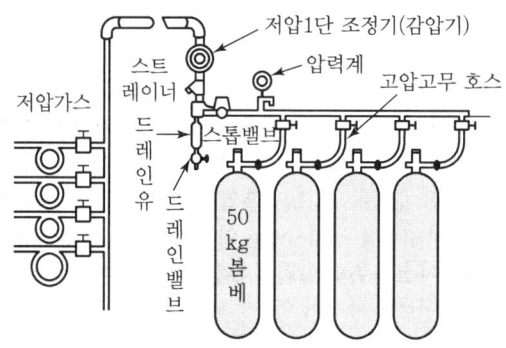

∥ 자연기화방법(1단 감압기) ∥

2. 강제기화방식

강제기화방식은 용기 또는 탱크에서 액체의 LP 가스가 도관으로 통하여 기화기에 의해서 기화하는 방식이다. 기화기의 능력은 10kg/hr의 소형에서부터 4ton/hr 정도의 대형까지 있으며, 비교적 대량 소비처로서 부탄 등을 기화시키는 경우에 사용한다.

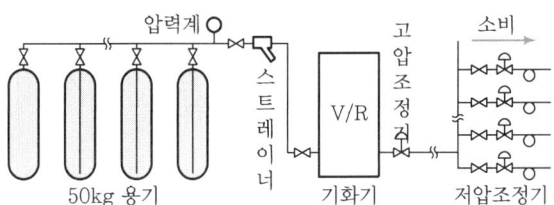

┃ 강제기화방식(2단 감압기) ┃

1) 강제기화방식의 종류

(1) 생가스 공급방식

생가스가 기화기(베이퍼라이저)에 의해서 기화된 그대로의 가스(자연기화의 경우도 포함)를 공급하는 방식이다. 부탄의 경우 온도가 0℃ 이하가 되면 재액화되기 쉽기 때문에 가스배관을 보온해야 한다.

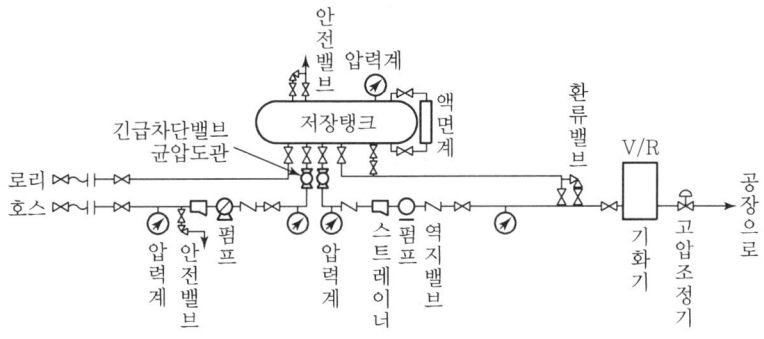

┃ 생가스 공급방식 ┃

> **Reference**
>
> 1. 생가스 공급방식의 특징
>   ① 높은 발열량을 필요로 하는 경우 사용한다.
>   ② 발생된 가스의 압력이 높다.
>   ③ 서지탱크가 필요하지 않다(발열량과 압력이 균일하므로).
>   ④ 장치가 간단하다.
>   ⑤ 열량조정이 필요 없다.
>   ⑥ 기화된 LP 가스가 이송배관 중에서 냉각되어 재액화의 문제점이 발생한다.
> 2. 기화기
>   ① 온수가열방식(온수의 온도가 80℃ 이하일 것)
>   ② 증기가열방식(증기의 온도가 120℃ 이하일 것)

(2) 공기혼합가스 공급방식

공기혼합가스(Air Mixture Gas)는 기화기, 혼합기(믹서)에 의해서 기화한 부탄에 공기를 혼합해서 만들며 다량 소비하는 경우에 유효하다.

① 공기혼합가스의 공급목적
- 발열량 조절
- 누설 시 손실 감소
- 재액화 방지
- 연소효율의 증대

② 재액화의 방지대책
- 가스의 사용조건 개선 : 가스압력, 가스이송배관의 길이, 연속운전이 단속운전이 될 때
- 사용장소의 최저기온을 조사하여 대책을 강구(보온대책 강구)

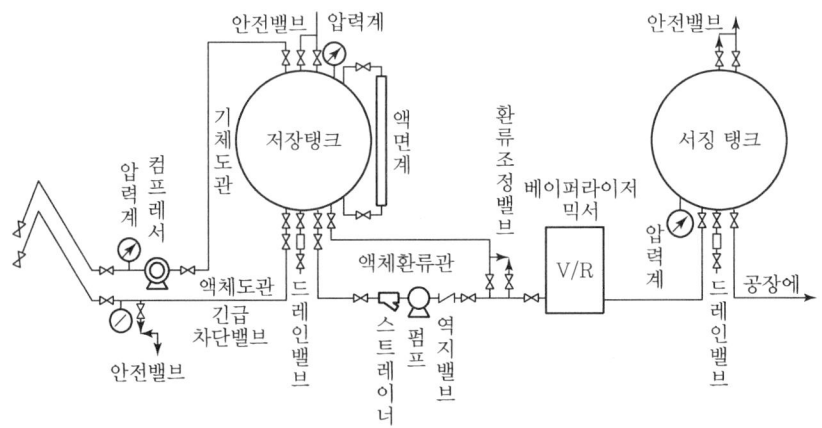

┃ 공기혼합가스 공급방식(부탄) ┃

3) LP 가스의 공기혼합설비

(1) 혼합기

혼합기는 기화기로서 기화시킨 부탄(LPG)을 공기와 혼합시키는 장치이나 기화기와 함께 사용하는 경우가 많다.

① 벤투리믹서

기화한 LP 가스는 일정압력으로 노즐에서 분출시켜 노즐 내를 감압함으로써 공기를 흡입하여 혼합하는 형식으로 가장 많이 사용되고 있는 방식이다.

- 벤투리믹서의 특징
  - 동력원을 특별히 필요로 하지 않는다.
  - 가스분출에너지(가스압)의 조절에 의해서 공기의 혼합비를 자유로이 바꿀 수 있다.

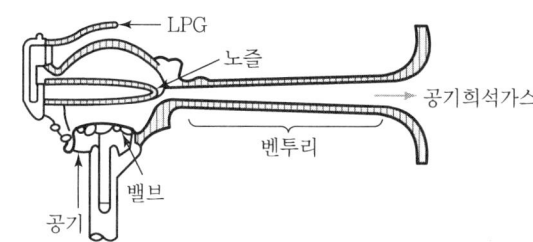

② 플로믹서(Flow Mixer)

LP 가스의 압력을 대기압으로 하며 플로(Flow)로서 공기와 함께 흡입하는 방식으로 가스압이 내려갈 경우에는 안전장치가 움직여 플로(Flow)가 정지하도록 되어 있다.

(2) 가스홀더(Gas Holder), 서지탱크(Surge Tank)

혼합기는 가스 소비량에 따라 운전할 수 없으므로 공기희석가스는 일단 가스홀더나 서지탱크에 저장되어 가스홀더의 조정(리미트) 스위치에 의해 최대사용 부하로 연속적 운전이 가능하다.

> Reference
>
> 1. LPG 가스 특성
>   ① 가스일 경우에는 공기보다 무겁다(비중 1.52).
>   ② 액상의 LP 가스는 물보다 가볍다.
>   ③ 액화, 기화가 용이하다.
>   ④ 기화하면 체적이 약 250배 증가한다(부탄은 230배).
>   ⑤ 증발잠열(C_3H_8 92kcal/kg, 부탄 102kcal/kg)이 크다.
>   ⑥ 용해성이 있고 무색, 무취, 무미 가스이다.
>   ⑦ 정전기 발생이 쉽다.
>   ⑧ 조성 LPG : 프로판, 부탄, 프로필렌, 부틸렌, 부타디엔 혼합물
> 2. 기화기
>   다관식 기화장치, 코일식 기관장치, 2중 관식 기화장치, 캐비닛식 직렬식 기화장치
> 3. 가열방식
>   전열식 온수형, 온수식, 스팀식, 전열식 고체 진열형

SECTION 04 LP 집단공급설비

1. 가스 배관

1) 가스 배관 시설 시 유의사항

(1) 배관시공을 위한 고려사항

① 배관 내의 압력손실
② 가스 소비량 결정(최대 가스 유량)
③ 용기의 크기 및 필요 본수 결정
④ 감압방식의 결정 및 조정기의 산정
⑤ 배관 경로의 결정
⑥ 관지름의 결정

(2) 가스배관 경로 선정 요소

① 최단 거리로 할 것(최단)
② 구부러지거나 오르내림을 적게 할 것(직선)
③ 은폐하거나 매설을 피할 것(노출)
④ 가능한 한 옥외에 할 것(옥외)

(3) 배관 내의 압력손실

① 마찰저항에 의한 압력손실
- 유속의 2승에 비례한다(유속이 2배이면 압력손실은 4배이다).
- 관의 길이에 비례한다(길이가 2배이면 압력손실은 2배이다).
- 관내경의 5승에 반비례한다(관경이 1/2이면 압력손실은 32배이다).
- 관내벽의 상태에 관계한다(내면의 요철이 심하면 압력손실이 심하다).
- 유체의 점도에 관계한다(유체점도(밀도)가 크면 압력손실이 크다).
- 압력과는 관계가 없다.

② **입상배관에 의한 손실**
공급관 또는 배관입상에 따른 압력손실은 가스의 자중에 의해 압력차가 생긴다.

③ 압력강하 산출식(H)

$$H = 1.293(S-1)h$$

여기서, H : 가스의 압력손실(압력강하)(수주mm)
h : 입상관의 높이(m)
S : 가스 비중

▼ 상승에 의한 압력강하(15℃, 수주 280mm 경우)

상승높이 (m)	압력강하(수주mm)		상승높이 (m)	압력강하(수주mm)	
	프로판	부탄		프로판	부탄
1	0.72	1.38	40	28.9	55.8
3	2.13	4.15	50	36	69
5	3.61	6.91	60	43	83
10	7.20	13.8	70	51	97
15	10.8	20.7	80	58	111
20	14.4	27.6	90	65	124
30	21.7	41.5	100	72	138

④ 밸브나 엘보 등 배관부속에 의한 압력손실

▼ 배관부속물의 저항에 상당하는 직관의 길이

판별 / 부속물	개수	동관	강관
엘보, 우측방향 티	1개당	0.2m	1m
옥형밸브(글로밸브)	1개당	1m	3m
콕	1개당	1m	3m

(4) LP 가스 공급, 소비설비의 압력손실 요인

① 배관의 직관부에서 일어나는 압력손실
② 관의 입상에 의한 압력손실(입하는 압력상승이 된다.)
③ 엘보, 티, 밸브 등에 의한 압력손실
④ 가스미터, 콕 등에 의한 압력손실

2) 배관의 관경결정

(1) 저압배관의 관경결정

$$Q = K\sqrt{\frac{D^5 \cdot H}{S \cdot L}} \quad \cdots\cdots\cdots ①$$

$$D^5 = \frac{Q^2 \cdot S \cdot L}{K^2 \cdot L} \quad \cdots\cdots\cdots ②$$

$$H = \frac{Q^2 \cdot S \cdot L}{K^2 \cdot D^5} \quad \cdots\cdots\cdots ③$$

여기서, Q : 가스의 유량(m^3/h)
 D : 관의 내경(cm)
 H : 압력손실(수주 mm)
 S : 가스 비중(공기를 1로 한 경우)
 L : 관의 길이(m)
 K : 유량계수(상수), (학자들의 실험 상수 : ① Pole : 0.707, ② Cox : 0.653)

▼ LP 가스 저압관 파이프 치수 환산표

파이프 길이 (m)	내관의 압력손실(수주 mm)																					
3	0.3	0.5	0.8	1.0	1.3	1.5	1.8	2.0	2.3	2.5	3.0	3.5	4.0	4.5	5.0	6.0	7.0	8.0	10.0	12.0	14.0	16.0
4	0.4	0.7	1.1	1.3	1.7	2.0	2.4	2.7	3.1	3.3	4.0	4.7	5.3	6.0	6.7	8.0	9.3	10.7	13.3	16.0	18.7	21.3
5	0.5	0.8	1.3	1.7	2.2	2.5	3.0	3.3	3.8	4.2	5.0	5.8	6.7	7.5	8.3	10.0	11.7	13.3	16.7	20.0	23.3	26.9
6	0.6	1.0	1.6	2.0	2.6	3.0	3.6	4.0	4.6	5.0	6.0	7.0	8.0	9.0	10.0	12.0	14.0	16.0	20.0	24.0	28.0	
7	0.7	1.2	1.9	2.3	3.0	3.5	4.2	4.7	5.4	5.8	6.7	8.2	9.3	10.5	11.7	14.0	16.3	18.7	23.3	28.0		
8	0.8	1.3	2.1	2.7	3.5	4.0	4.8	5.3	6.1	6.7	8.0	9.3	10.7	12.0	13.3	16.0	18.7	21.3	26.7			
9	0.9	1.5	2.4	3.0	3.9	4.5	5.4	6.0	6.9	7.5	9.0	10.5	12.0	13.5	15.0	18.0	20.0	23.3	23.7			
10	1.0	1.7	2.7	3.3	4.3	5.0	6.0	6.7	7.7	8.3	10.0	11.7	13.3	15.0	16.7	20.0	23.3	26.7				
12.5	1.25	2.1	3.3	4.2	5.4	6.2	7.5	8.3	9.6	10.4	12.5	14.6	16.7	18.7	20.8	25.0	29.2					
15	1.5	2.5	4.0	5.0	6.5	7.5	9.0	10.0	11.5	12.5	15.0	17.5	20.0	22.5	25.0	30.0						
17.5	1.75	2.9	4.7	5.8	7.5	8.7	10.5	11.7	13.4	14.6	17.5	20.4	23.3	26.2	29.2							
20.	2.0	3.3	5.3	6.7	8.7	10.0	12.0	13.3	15.3	16.7	20.0	23.3	26.7	30.0								
22.5	2.25	3.8	6.0	7.5	9.8	11.3	13.5	15.0	17.3	19.2	22.5	26.3	30.0									
25	2.5	4.2	6.7	8.3	10.8	12.5	15.0	16.7	19.2	20.8	25.0	29.2										
27.5	2.75	4.6	7.3	9.2	11.9	13.7	16.5	18.3	21.1	22.9	27.5											
30	3.0	5.0	8.0	10.0	13.0	15.0	18.0	20.0	23.0	25.0	20.0											
배관치수	가스유량(kg/h)																					
8φ	0.05	0.07	0.08	0.09	0.10	0.11	0.12	0.13	0.14	0.15	0.16	0.17	0.18	0.20	0.21	0.23	0.24	0.26	0.29	0.32	0.34	0.37
10φ	0.11	0.14	0.18	0.20	0.23	0.25	0.27	0.29	0.31	0.32	0.35	0.38	0.41	0.53	0.46	0.50	0.54	0.58	0.65	0.71	0.76	0.88
3/6B	0.37	0.48	0.61	0.68	0.77	0.83	0.91	0.96	1.03	1.07	1.17	1.27	1.36	1.44	1.52	1.66	1.79	1.92	2.14	2.35	2.54	2.71
1/2B	0.73	0.95	1.20	1.34	1.53	1.64	1.80	1.90	2.03	2.12	2.32	2.51	2.68	2.84	3.00	3.28	3.55	3.79	4.24	4.64	5.02	5.36
3/4B	1.70	2.19	2.77	3.10	3.53	3.79	4.16	4.38	4.70	4.90	5.37	5.80	6.20	6.57	6.93	7.59	8.20	8.76	9.80	10.7	11.6	12.4
1B	3.39	4.37	5.53	6.18	7.05	7.57	8.30	8.75	9.38	9.78	10.7	11.6	12.4	13.1	13.8	15.1	16.4	17.5	19.6	21.4	23.1	24.7
11/4B	6.94	8.97	11.3	12.7	14.5	15.5	17.0	17.9	19.2	20.0	22.0	23.7	25.4	26.9	28.4	31.1	33.5	35.9	40.1	43.9	47.4	50.7
11/2B	10.6	13.7	17.7	19.4	22.1	23.7	26.0	27.4	29.4	30.6	33.5	36.2	38.7	41.1	43.3	47.4	51.2	54.7	61.2	67.0	72.4	77.4

📖 **Reference** 환산표를 읽는 요령

1. 관의 길이는 큰 수를 택한다.
2. 압력 손실은 적은 수를 택한다.
3. 가스 유량은 큰 수를 택한다.

📖 **Reference** 환산표 사용법 예시

1. 최대가스 유량 2kg/hr, 파이프의 길이 10m, 파이프 치수 1/2B일 때 압력손실을 구하는 경우 다음과 같다.

10m	7.7수주mm(답)
1/2B	2.03(2.0)kg/hr

최대한 수주 7.7mm로 한다.

2. 호칭경 3/4B, 총 가스소비량 2.6kg/hr인 경우 압력손실을 수주 5mm 이하로 하면 파이프 길이는 몇 m로 하면 좋은가?

17.5m	4.7(5.0)mmH₂O
3/4B	2.77(2.6)kg/hr

3. 배관의 길이 15m, 압력손실을 수주 12mm로 하면 유량 2.6kg/hr를 확보하는 경우 다음과 같다.

15m	11.5(12)mmH₂O
3/4B	4.7(2.6)kg/hr

이때 수치는 떨어져 있어도 유량은 보다 큰 가장 가까운 수치를 사용한다.

(2) 중압, 고압배관 관경결정

$$Q = K\sqrt{\frac{D^5(P_1^2 - P_2^2)}{S \cdot L}} \quad \cdots\cdots\cdots\cdots ①$$

$$D^5 = \frac{Q^2 \cdot S \cdot L}{K^2 \cdot (P_1^2 - P_2^2)} \quad \cdots\cdots\cdots\cdots ②$$

여기서, Q : 가스의 유량(m³/h)
L : 관의 길이(m)
D : 관의 내경(cm)
H : 압력손실(수주 mm)
S : 가스 비중(공기를 1로 한 경우)
K : 유량 계수(코크스의 계수 : 52.31)
P_1^2 : 초압(kg/cm², 절대)
P_2^2 : 종압(kg/cm², 절대)

3) 배관계에서의 응력 및 진동

(1) 배관계에서 생기는 응력의 원인
① 열팽창에 의한 응력
② 내압에 의한 응력
③ 냉간 가공에 의한 응력
④ 용접에 의한 응력
⑤ 배관 재료의 무게(파이프 및 보온재 포함) 및 파이프 속을 흐르는 유체의 무게에 의한 응력
⑥ 배관 부속물, 밸브, 플랜지 등에 의한 응력

(2) 배관에서 발생되는 진동의 원인
① 펌프, 압축기에 의한 영향
② 관 내를 흐르는 유체의 압력변화에 의한 영향
③ 관의 굴곡에 의해 생기는 힘의 영향
④ 안전밸브 작동에 의한 영향
⑤ 바람, 지진 등에 의한 영향

(3) 배관이음의 종류
① 나사 이음
② 플랜지 이음
③ 용접 이음
④ 기계적 이음
⑤ 후레아 이음
⑥ 링 조인트

4) 배관의 내면에서 수리하는 방법
① 관 내에 실(Seal)액을 가압충전 배출하여 이음부의 미소한 간격을 폐쇄시키는 방법
② 관 내에 플라스틱 파이프를 삽입하는 방법
③ 관 내 벽에 접합제를 바르고 필름을 내장하는 방법
④ 관 내부에 실(Seal)제를 도포하여 고화시키는 방법

5) 가스 소비량의 결정
가스 소비량은 전체기구를 통해 사용하는 총 가스 소비량과 사용할 기구를 감안해야 한다.
① 기구의 안내문(카탈로그)에 의해 연소기구별 최대 소비량 합산

② 가스 기구의 종류로부터 산출
③ 가스 기구의 노즐 크기에 의한 산출

> **Reference** 노즐에서 LP 가스 분출량 계산식

$$Q = 0.009 D^2 \sqrt{\frac{h}{d}}$$

여기서, Q : 분출 가스양(m³/h)　　D : 노즐 직경(cm)
　　　　d : 가스 비중　　　　　　h : 노즐 직전의 가스압력(mmAq)

▼ 배관의 종류

종류	규격기호 KS	설명
배관용 탄소강관	SPP	• 사용압력이 비교적 낮은(10kg/cm² 이하) 증기, 물, 기름, 가스 및 공기 등의 배관 • 흑관과 백관이 있음 • 호칭지름 6~500A
압력배관용 탄소강관	SPPS	• 350℃ 이하의 온도에서 압력이 10~100kg/cm²까지의 배관에 사용 • 호칭은 호칭지름과 두께(스케줄 번호)에 따르며, 호칭지름은 6~500A
고압배관용 탄소강관	SPPH	• 350℃ 이하의 온도에서 압력이 100kg/cm² 이상의 배관에 사용 • 호칭은 SPPS와 동일, 호칭지름 6~500A
고온배관용 탄소강관	SPHT	• 350℃ 이상의 온도에서 사용 • 호칭은 SPPS와 동일, 호칭지름 6~500A
배관용 아크용접 탄소강관	SPW	• 사용압력이 비교적 낮은(10kg/cm² 이하) 증기, 물, 기름, 가스 및 공기 등의 배관 • 호칭지름 350~1,500A
배관용 합금강관	SPA	• 주로 고온도의 배관에 사용 • 두께는 스케줄 번호에 따르며 호칭지름 6~500A
저온배관용 강관	SPLT	• 빙점 이하의 특히 저온도 배관에 사용 • 두께는 스케줄 번호에 따르며, 호칭지름 6~500A

2. LPG 조정기(Regulator)

1) 조정기의 역할

① 용기로부터 나와 연소기구에 공급되는 가스의 압력을 그 연소기구에 적당한 압력(200~330mm수주)까지 감압시킨다.
② 용기 내의 가스를 소비하는 양의 변화 등에 대응하여 공급압력을 유지하고 소비가 중단되었을 때는 가스를 차단시킨다.

2) 조정기의 사용 목적

가스의 유출압력(공급압력)을 조정하여 안정된 연소를 도모하기 위해서 사용한다.

3) 조정기와 고장 시 그 영향

고압가스의 누설(분출)이나 불완전연소 등의 원인이 된다.

4) 조정기의 규격 용량

총가스 소비량의 150% 이상의 규격 용량을 가질 것

5) 조정기의 구조

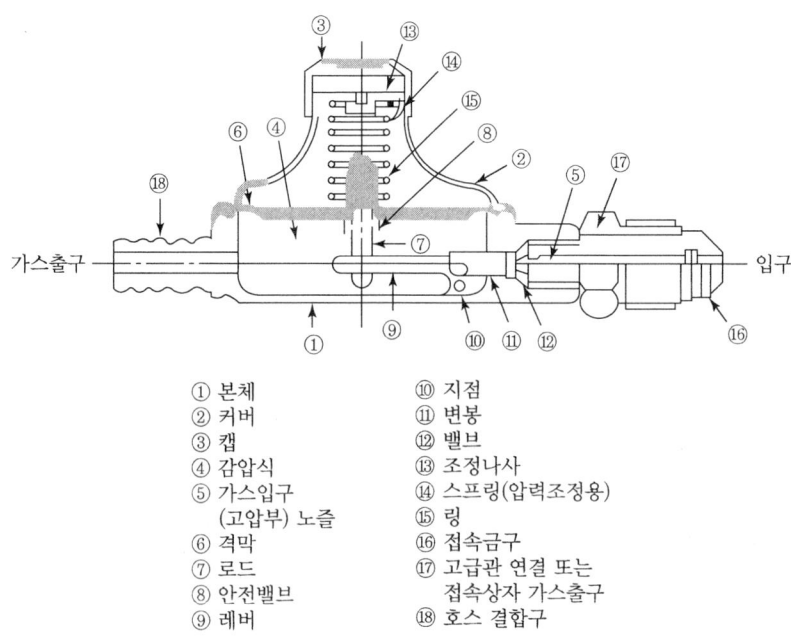

① 본체
② 커버
③ 캡
④ 감압식
⑤ 가스입구 (고압부) 노즐
⑥ 격막
⑦ 로드
⑧ 안전밸브
⑨ 레버
⑩ 지점
⑪ 변봉
⑫ 밸브
⑬ 조정나사
⑭ 스프링(압력조정용)
⑮ 링
⑯ 접속금구
⑰ 고급관 연결 또는 접속상자 가스출구
⑱ 호스 결합구

❚ 조정기의 구조 ❚

6) 조정기의 작동원리

입구측에 가해지는 높은 압력의 가스가 밸브의 작은 구멍 통과 시 조정기의 감압작용이 행해진다. 조정기 상부의 조정나사를 우로 돌려 조이면 스프링 압력이 커져 다이어프램이 하향(下向)하기 때문에 밸브가 열리면서 출구측 압력이 높아진다(조정나사를 좌로 돌리면 압력 감소).

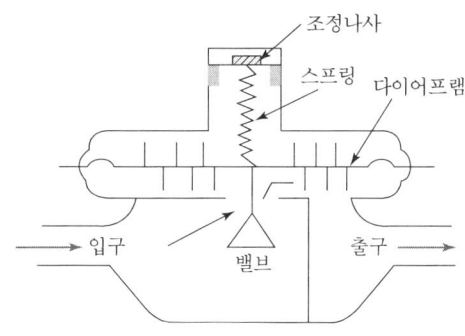

∥ 조정기의 작동원리 ∥

7) 조정기의 종류

(1) 단단 감압식 조정기

용기 내의 가스압력을 한번에 소요압력까지 감압하는 방식이다.

① 단단(1단) 감압식 저압 조정기

현재 많이 이용되고 있는 조정기이며 단단 감압에 의해서 일반 소비자에게 LP 가스를 공급하는 경우에 사용한다.

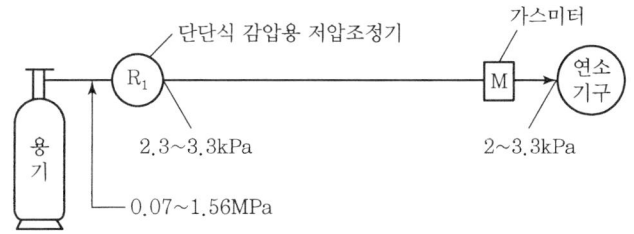

∥ 단단 감압식 저압 조정기 ∥

② 단단(1단) 감압식 준저압 조정기

일반 소비자 등이 액화석유가스를 생활용 이외(식당의 조리용 등)에 사용하는 데 한해 사용 가능한 조정기로 조정압력은 5~30kPa이다. 그러나 연소기구가 일반 소비자용(가정용)과 동일규격일 경우에는 단단 감압식 저압 조정기를 사용한다.

③ 단단(1단) 감압방법의 장단점
　㉠ 장점
　　• 장치가 간단하다.
　　• 조작이 간단하다.
　㉡ 단점
　　• 배관이 비교적 굵어진다.
　　• 최종 압력에 정확을 기하기 힘들다.

(2) 2단 감압식 조정기

용기 내의 가스압력을 소요압력보다 약간 높은 압력으로 감압하고 그 다음 단계에서 소요압력까지 감압하는 방법이다.

① 2단 감압용 1차 조정기

2단 감압식의 1차용으로 사용되는 것으로 중압 조정기라고도 불린다.
　㉠ 입구압력 : 1.56MPa
　㉡ 조정압력(출구압력) : 0.057~0.083MPa

② 2단 감압용 2차 조정기

2단식 감압용의 2차측 또는 자동절환식 분리형의 2차측으로 사용하는 조정기에 있어서는 입구압력의 상한이 3.5kg/cm²로 설계되어 있으므로 단단 감압식 저압 조정기의 대용으로 사용할 수는 없다.

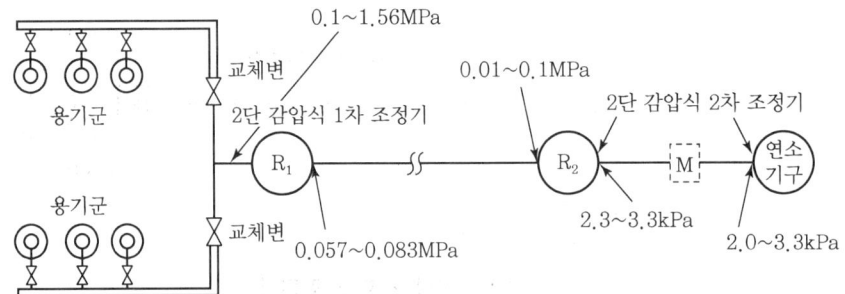

| 2단 감압용 2차 조정기 |

③ 2단 감압방법의 장단점
　㉠ 장점
　　• 공급 압력이 안정하다.
　　• 중간 배관이 가늘어도 된다.

- 배관 입상에 의한 압력 강하를 보정할 수 있다.
- 각 연소기구에 알맞은 압력으로 공급이 가능하다.

ⓒ 단점
- 설비가 복잡하다.
- 조정기가 많이 든다.
- 제액화의 문제가 있다.
- 검사방법이 복잡하다.

(3) 자동절환식(교체식) 조정기

2단 감압용에 있어서 자동절환 기능과 1차 감압기능을 겸한 1차용 조정기(사용측과 예비측에 1개씩 설치한 경우와 2개가 일체로 구성되어 있는 경우가 있다)이며, 사용측 용기 내의 압력이 저하하여 사용측에서는 소요가스 소비량을 충분히 댈 수 없을 때 자동적으로 예비측 용기군으로부터 보충하기 위한 것이다.

① 자동절환식(교체식) 분리형 조정기

㉠ 분리형 자동절환식은 중압, 중압배관에 가스를 내보내어 각 단말에 2차측 조정기를 설치하는 경우에 사용하는 것이다.

㉡ 자동절환식은 수동절환식에 비하여 소비자가 대체할 필요가 없으며 대체 시기의 잘못에 따른 가스공급의 중단이 없다.

㉢ 용기 1개당 잔액이 극히 작아질 때까지 소비 가능하며 수동절환식에 비하여 일반적으로 용기 설치 개수가 작은 이점이 있다.

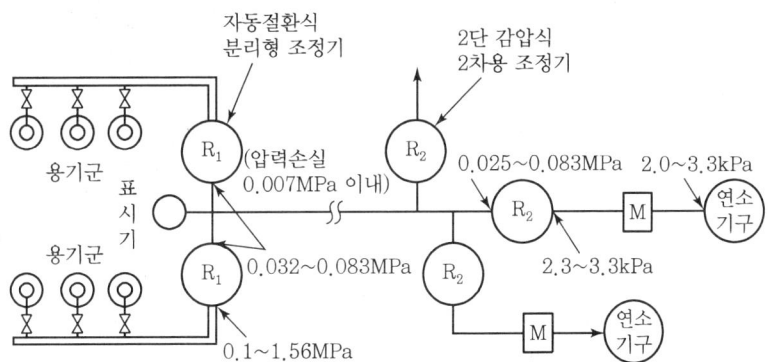

∥ 자동절환식 분리형 조정기 ∥

② 자동절환식(교체식) 일체형 조정기

2차측 조정기가 1차측 조정기의 출구측에 직접 연결되어 있거나 또는 일체로 구성되어 있다.

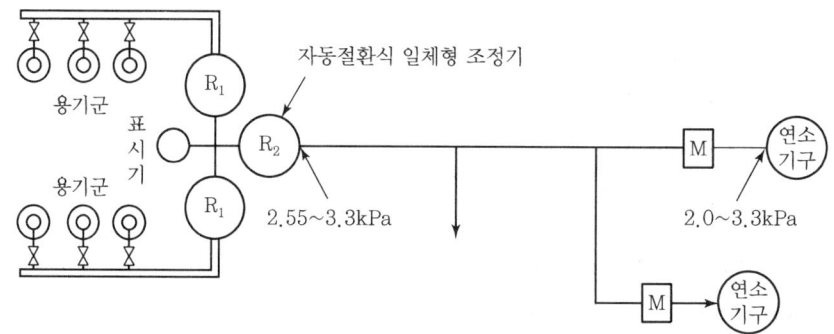

❙ 자동절환식 일체형 조정기 ❙

㉠ 입구압력 : 0.1~1.56MPa
㉡ 조정압력(출구압력) : 2.55~3.3kPa

③ 자동절환식(교체식) 조정기 사용 시 이점
- 전체 용기 수량이 수동교체식의 경우보다 적어도 된다.
- 잔액이 거의 없어질 때까지 소비된다.
- 용기 교환주기의 폭을 넓힐 수 있다.
- 분리형을 사용하면 단단 감압식 조정기의 경우보다 도관의 압력손실을 크게 해도 된다.

▼ 압력조정기 조정압력의 규격

구분		종류	1단 감압식		2단 감압식		자동절체식		
			저압 조정기	준저압 조정기	1차용 조정기	2차용 조정기	분리형 조정기	일체형 조정기 (저압)	일체형 조정기 (준저압)
입구 압력	하한		0.07MPa	0.1MPa	0.1MPa	0.01MPa	0.1MPa	0.1MPa	0.1MPa
	상한		1.56MPa	1.56MPa	1.56MPa	0.1MPa	1.56MPa	1.56MPa	1.56MPa
출구 압력	하한		2.3kPa	5kPa	0.057MPa	2.3kPa	0.032MPa	2.55kPa	5kPa
	상한		3.3kPa	30kPa	0.083MPa	3.3kPa	0.083MPa	3.3kPa	30kPa
내압 시험	입구측		3MPa 이상	3MPa 이상	3MPa 이상	0.8MPa 이상	3MPa 이상	3MPa 이상	3MPa 이상
	출구측		0.3MPa 이상	0.3MPa 이상	0.8MPa 이상	0.3MPa 이상	0.8MPa 이상	0.3MPa 이상	0.3MPa 이상
기밀 시험 압력	입구측		1.56MPa 이상	1.56MPa 이상	1.8MPa 이상	0.5MPa 이상	1.8MPa 이상	1.8MPa 이상	1.8MPa 이상
	출구측		5.5kPa	조정압력의 2배 이상	0.15MPa 이상	5.5kPa	0.15MPa 이상	5.5kPa 이상	조정압력의 2배 이상
최대폐쇄압력			3.5kPa	조정압력의 1.25배 이하	0.095MPa 이하	3.5kPa	0.095MPa 이하	3.5kPa	조정압력의 1.25배 이하

(4) 집단공급 시설의 가스소비량 결정

① 피크(최대) 시 가스소비량=1호당 평균(합산)소비량(kg/h)×가구 수×동시 사용율

② 최저 용기설치수량=$\dfrac{\text{최대가스 소비량}}{\text{용기 1개당 가스 발생능력}}$

③ 2일분 용기 개수=$\dfrac{\text{1호당 평균가스소비량}\times 2\text{일}\times\text{호수}}{\text{용기의 질량(크기)}}$

④ 표준 용기 설치 개수= 필용 용기 최저 개수+ 2일분 용기 개수

⑤ 2열의 합계 용기 개수=표준 용기 설치 수×2

연습문제

01 LP 가스의 일반적 특성에 대한 설명으로 틀린 것은?
① 증발잠열이 크다.
② 물에 대한 용해성이 크다.
③ LP 가스는 공기보다 무겁다.
④ 액상의 LP 가스는 물보다 가볍다.

풀이 LP 가스의 특성
㉠ 기화 및 액화가 쉽다(기화잠열 C_3H_8 : 101.8kcal/kg, C_4H_{10} : 92kcal/kg).
  • 프로판은 약 0.7MPa, 부탄은 약 0.2MPa 정도로 가압시키면 액화된다.
  • 기화되어도 재액화될 가능성이 있다.
㉡ 공기보다 무겁고 물보다 가볍다.
㉢ 액화하면 부피가 작아진다.
㉣ 폭발성이 있다.
㉤ 연소 시 다량의 공기가 필요하다(C_3H_8 : 25배, C_4H_{10} : 32배).
㉥ 발열량 및 청정성이 우수하다.
㉦ LPG는 고무, 페인트, 테이프 등의 유지류, 천연고무를 녹이는 용해성이 있다.
㉧ 무색 무취이다(부취제인 메르캅탄을 첨가).

02 다음 중 끓는점이 가장 높아서 겨울이나 한랭지에서 기화가 곤란한 가스는?
① 메탄
② 에탄
③ 프로판
④ 부탄

풀이 부탄은 비점이 높아서 한랭지에서 기화가 곤란하다.

03 파라핀계 LP 가스의 연소특성에 대한 설명으로 옳지 않은 것은?
① 연소범위(%)는 탄소수가 증가할수록 하한이 낮아진다.
② 연소속도(m/sec)는 탄소수가 증가할수록 늦어진다.
③ 발화온도(℃)는 탄소수가 증가할수록 높아진다.
④ 발열량(kcal/m³)은 탄소수가 증가할수록 커진다.

풀이 발화온도는 탄소(C)수가 감소할수록 높아진다.

04 LPG를 이용한 가스 공급방식이 아닌 것은?
① 변성혼입방식
② 공기혼합방식
③ 직접혼입방식
④ 가압혼입방식

정답 01 ② 02 ④ 03 ③ 04 ④

풀이 LPG를 이용한 가스 공급방식
- 직접혼입방식
- 공기혼합방식
- 변성혼입방식

05 에틸렌, 프로필렌, 부틸렌과 같은 LP 가스의 분류와 화학적 안정성이 바르게 연결된 것은?
① 파라핀계 – 안정과 불안정
② 올레핀계 – 불안정
③ 파라핀계 – 불안정
④ 올레핀계 – 안정

06 고압가스 분출 시 정전기가 가장 발생하기 쉬운 경우는?
① 다성분의 혼합가스인 경우
② 가스의 분자량이 작은 경우
③ 가스가 건조해 있을 경우
④ 가스 중에 액체나 고체의 미립자가 섞여 있는 경우

풀이 정전기는 두 종류의 유전체의 마찰에 의해 발생한다. 유전체를 서로 마찰할 때 발생하는 정전기의 부호는 물체의 조합에 의해 결정된다.

07 LPG를 지상의 탱크로리에서 지상의 저장탱크로 이송하는 방법으로 옳지 않은 것은?
① 위치에너지를 이용한 자연충전방법
② 차압에 의한 충전방법
③ 액펌프를 이용한 충전방법
④ 압축기를 이용한 충전방법

풀이 LPG를 탱크로리에서 지상의 저장탱크로 이송할 때는 ②, ③, ④ 방법을 채택한다.

08 1호당 1일 평균가스소비량이 1.44kg/day이고 소비자 호수가 50호라면 피크 시 평균가스소비량은?(단, 피크 시 평균가스소비율은 17%이다.)
① 10.18kg/h
② 12.24kg/h
③ 13.42kg/h
④ 14.36kg/h

풀이 피크(최대) 시 가스소비량 = 1호당 평균(합산)소비량(kg/h)×가구 수×동시 사용률
= 1.44×50×0.17 = 12.2kg/hr

정답 05 ② 06 ④ 07 ① 08 ②

09 기화장치 중 LP 가스가 액체상태로 열교환기 밖으로 유출되는 것을 방지하는 장치는?

① 압력조정기
② 안전밸브
③ 액면제어장치
④ 열매온도제어장치

풀이 액면제어장치 : 기화장치에서 LP 가스가 액체상태로 열교환기 밖으로 유출되는 것을 방지한다.

10 LPG 사용시설에 가스보일러를 설치한 경우에 대한 설명으로 옳은 것은?

① 환기팬이 설치된 전용보일러실에 가스보일러를 설치했다.
② 급배기시설이 있는 지하 전용보일러실에 자연배기식 보일러를 설치했다.
③ 밀폐식 가스보일러를 사방이 새시로 밀폐되어 있는 아파트 베란다에 설치했다.
④ 벽걸이형 가스보일러를 그 하중에 충분히 견디는 구조의 바닥면에 견고하게 설치했다.

11 자동정체식 조정기를 사용할 때의 장점에 해당하지 않는 것은?

① 잔류액이 거의 없어질 때까지 가스를 소비할 수 있다.
② 전체 용기의 개수가 수동절체식보다 적게 소요된다.
③ 용기교환 주기를 길게 할 수 있다.
④ 일체형을 사용하면 다단 감압식보다 배관의 압력손실을 크게 해도 된다.

풀이 일체형을 사용하면 다단 감압식보다 배관의 압력손실을 적게 해야 한다.

12 부탄가스 공급 또는 이송 시 가스 재액화 현상에 대한 대비가 필요한 방법(식)은?

① 공기 혼합 공급 방식
② 액송 펌프를 이용한 이송법
③ 압축기를 이용한 이송법
④ 변성 가스 공급방식

풀이 LPG 이송설비 시 압축기를 이용하는 방식은 부탄의 경우 저온에서 재액화의 우려가 있으나 베이퍼록 현상은 없다.

13 어떤 연소기구에 접속된 고무관이 노후화되어 0.6mm 구멍이 뚫려 280mmH₂O의 압력으로 LP 가스가 5시간 누출되었을 경우 가스 분출량은 약 몇 L인가?(단, LP 가스의 비중은 1.70이다.)

① 52
② 104
③ 208
④ 416

풀이 노즐의 분출량(Q)

$$Q = 0.009 D^2 \sqrt{\frac{P}{d}} = 0.009 \times 0.6^2 \times \sqrt{\frac{280}{1.7}} \times 5\text{hr} = 0.208\text{m}^3 (= 208\text{L})$$

정답 09 ③ 10 ③ 11 ④ 12 ③ 13 ③

14 LPG 기화장치 중 열교환기에 LPG를 송입하여 여기에서 기화된 가스를 LPG용 조정기에 의하여 감압하는 방식은?

① 가온 감압방식
② 자연기화 방식
③ 감압 가온방식
④ 대기온 이온방식

15 LP 가스 1단 감압식 저압조정기의 입구압력은?

① 0.025 ~ 0.35MPa
② 0.025 ~ 1.56MPa
③ 0.07 ~ 0.35MPa
④ 0.07 ~ 1.56MPa

풀이 압력조정기 조정압력의 규격

구분		종류	1단 감압식		2단 감압식		자동절체식		
			저압 조정기	준저압 조정기	1차용 조정기	2차용 조정기	분리형 조정기	일체형 조정기 (저압)	일체형 조정기 (준저압)
입구 압력	하한		0.07MPa	0.1MPa	0.1MPa	0.01MPa	0.1MPa	0.1MPa	0.1MPa
	상한		1.56MPa	1.56MPa	1.56MPa	0.1MPa	1.56MPa	1.56MPa	1.56MPa
출구 압력	하한		2.3kPa	5kPa	0.057MPa	2.3kPa	0.032MPa	2.55kPa	5kPa
	상한		3.3kPa	30kPa	0.083MPa	3.3kPa	0.083MPa	3.3kPa	30kPa
내압 시험	입구측		3MPa 이상	3MPa 이상	3MPa 이상	0.8MPa 이상	3MPa 이상	3MPa 이상	3MPa 이상
	출구측		0.3MPa 이상	0.3MPa 이상	0.8MPa 이상	0.3MPa 이상	0.8MPa 이상	0.3MPa 이상	0.3MPa 이상
기밀 시험 압력	입구측		1.56MPa 이상	1.56MPa 이상	1.8MPa 이상	0.5MPa 이상	1.8MPa 이상	1.8MPa 이상	1.8MPa 이상
	출구측		5.5kPa	조정압력의 2배 이상	0.15MPa 이상	5.5kPa 이상	0.15MPa 이상	5.5kPa 이상	조정압력의 2배 이상

16 LP 가스 공급설비에서 공기혼합(Air Mixture) 방식의 장점이 아닌 것은?

① 연소효율이 증대된다.
② 열량 조절이 자유롭다.
③ 공급배관에서 가스의 재액화를 방지할 수 있다.
④ 폭발 범위 내의 혼합가스를 형성하는 위험성이 있다.

정답 14 ① 15 ④ 16 ④

풀이 공기혼합방식 장점
- 연소효율 증대
- 발열량 조절
- 재액화 방지
- 가스 누설 시 감소

17 LPG 공급방식에서 강제기화방식의 특징이 아닌 것은?
① 기화량을 가감할 수 있다.
② 설치 면적이 작아도 된다.
③ 한랭 시에는 연속적인 가스공급이 어렵다.
④ 공급 가스의 조성을 일정하게 유지할 수 있다.

풀이 강제기화방식의 특징
- 기화량을 가감할 수 있다.
- 설치장소가 적게 든다.
- 공급가스의 조성이 일정하다.
- LP 가스의 종류에 관계없이 한랭 시에도 충분히 기화된다.
- 설비비 및 인건비가 절약된다.

18 5L들이 용기에 9기압의 기체가 들어 있다. 또 다른 10L들이 용기에 6기압의 같은 기체가 들어 있다. 이 용기를 연결하여 양쪽의 기체가 서로 섞여 평형에 도달하였을 때 기체의 압력은 약 몇 기압이 되는가?
① 6.5기압
② 7.0기압
③ 7.5기압
④ 8.0기압

풀이 $P_t V_t = P_1 V_1 + P_2 V_2$
$$P_t = \frac{(9 \times 5) + (6 \times 10)}{(5 + 10)} = 7기압$$

19 입구에 사용측과 예비측의 용기가 각각 접속되어 있어 사용측의 압력이 낮아지는 경우 예비측 용기로부터 가스가 공급되는 조정기는?
① 자동교체식 조정기
② 1단 감압식 조정기
③ 1단 감압식 저압 조정기
④ 1단 감압식 준저압 조정기

풀이 자동교체식 조정기 사용 시 장점
- 전체용기 수량이 수동식보다 적어도 된다.
- 배관의 압력손실을 크게 해도 된다.
- 잔액이 거의 없어질 때까지 소비된다.

정답 17 ③ 18 ② 19 ①

20 LPG 사용설비에 사용되는 기구들로 이루어진 것은?

① 압력계, 역화방지기, 체크밸브
② 고압배관, 드레인 밸브, 과류방지기
③ 가스누설 경보장치, 긴급차단장치, 압력계
④ 압력조정기, 중간 콕, 호스

풀이 LPG 사용설비 : 압력조정기, 중간 콕, 호스 등

21 액화석유가스(LPG)를 용기 또는 소형 저장탱크에 충전 시 기상부는 용기 내용적의 15%를 확보하도록 하고 있다. 다음 중 어떤 이유 때문인가?

① 용기의 부식여유를 갖도록
② 액체상태의 유동성을 갖도록
③ 충전된 액체상태의 부피의 양을 줄이도록
④ 온도상승에 따른 액화가스의 부피팽창

풀이 LPG 용기 또는 소형 저장탱크에 내용적의 약 15% 공간을 확보하는 이유는 액화가스의 온도상승에 따른 부피 팽창을 허용하기 위해서이다.

22 LP 가스 탱크로리에서 하역작업 종료 후 처리할 작업순서로 가장 옳은 것은?

㉠ 호스를 제거한다.
㉡ 밸브에 캡을 부착한다.
㉢ 어스선(접지선)을 제거한다.
㉣ 차량 및 설비의 각 밸브를 잠근다.

① ㉣ → ㉠ → ㉡ → ㉢
② ㉣ → ㉠ → ㉢ → ㉡
③ ㉠ → ㉡ → ㉢ → ㉣
④ ㉢ → ㉠ → ㉡ → ㉣

풀이 하역 시동정지-각 밸브차단-호스 제거-밸브 캡 부착-어스선 제거

23 액화 프로판 15L를 대기 중에 방출하였을 경우 약 몇 L의 기체가 되는가?(단, 액화 프로판의 액 밀도는 0.5kg/L이다.)

① 300L
② 750L
③ 1,500L
④ 3,800L

풀이 $15 \times 0.5 \text{kg/L} = 7.5 \text{kg}$
프로판 $44g : 22.4L = 7,500g : x$
$\therefore x = 3,830L$

정답 20 ④ 21 ④ 22 ① 23 ④

24 LPG 공급방식 중 공기혼합방식의 목적에 해당하지 않는 것은?

① 발열량 조절
② 누설 시의 손실 감소
③ 연소 효율의 증대
④ 재액화 현상 촉진

풀이 LPG 공급방식에서 공기혼합방식은 재액화 현상이 방지된다.

25 LP 가스 장치에서 자동교체식 조정기를 사용할 경우의 장점에 해당되지 않는 것은?

① 잔액이 거의 없어질 때까지 소비된다.
② 용기교환주기의 폭을 좁힐 수 있어, 가스발생량이 적어진다.
③ 전체 용기 수량이 수동교체식의 경우보다 적어도 된다.
④ 가스소비 시의 압력변동이 적다.

풀이 용기교환주기의 폭을 넓히고, 가스발생량이 풍부해진다.

26 프로판 $1m^3$에 공기 $2m^3$을 희석하여 도시가스를 제조하는 경우 다음 중 옳은 것은?(단, 프로판가스의 열량은 $24,000kcal/m^3$이다.)

① 혼합가스의 열량은 $8,000kcal/m^3$이며, 폭발범위의 밖이므로 혼합이 가능하다.
② 혼합가스의 열량은 $12,000kcal/m^3$이며, 폭발범위의 밖이므로 혼합이 가능하다.
③ 혼합가스의 열량은 $8,000kcal/m^3$이며, 폭발범위 내에 들어가므로 혼합이 불가능하다.
④ 혼합가스의 열량은 $12,000kcal/m^3$이며, 폭발범위 내에 들어가므로 혼합이 불가능하다.

풀이 $\dfrac{24,000}{1+2} = 8,000 kcal/m^3$

C_3H_8의 폭발범위 $2.1 \sim 9.5\%$

폭발범위 $= 24,000 \times (0.021 \sim 0.095) = 504 \sim 2,280 kcal/m^3$의 범위에서 폭발

27 가스조정기 중 2단 감압식 조정기의 장점이 아닌 것은?

① 조정기의 개수가 적어도 된다.
② 연소기구에 적합한 압력으로 공급할 수 있다.
③ 배관의 관경을 비교적 작게 할 수 있다.
④ 입상배관에 의한 압력강하를 보정할 수 있다.

풀이 조정기의 개수가 많다.

정답 24 ④ 25 ② 26 ① 27 ①

28 2단 감압방식의 장점에 대한 설명이 아닌 것은?

① 공급압력이 안정적이다.
② 재액화에 대한 문제가 없다.
③ 배관 입상에 의한 압력손실을 보정할 수 있다.
④ 연소기구에 맞는 압력으로 공급이 가능하다.

풀이 LPG 2단 감압방식으로 공급하면 액화가스가 기화 후에 재액화의 우려가 발생한다.

29 LP 가스의 일반적인 성질에 대한 설명 중 옳은 것은?

① 증발잠열이 작다.
② LP 가스는 공기보다 가볍다.
③ 가압하거나 상압에서 냉각하면 쉽게 액화한다.
④ 주성분은 고급탄화수소의 화합물이다.

풀이 LP 가스(프로판+부탄)는 비점이 프로판 $-42℃$, 부탄 $-0.5℃$이므로 가압하거나 상압에서 냉각하면 쉽게 액화가 가능한 액화석유가스이다(증발잠열이 92~102kcal/kg로 크고 비중이 1.53~2로 크다).

30 LP 가스 충전설비 중 압축기를 이용하는 방법의 특징이 아닌 것은?

① 잔류가스 회수가 가능하다.
② 베이퍼 록 현상 우려가 있다.
③ 펌프에 비해 충전시간이 짧다.
④ 압축기 오일이 탱크에 들어가 드레인의 원인이 된다.

풀이 LP 가스 이송설비에서 펌프를 이용하는 방법에서는 베이퍼 록(Vapor Lock) 현상이 발생한다.
(베이퍼 록 : 저비점의 액화가스 이송 시 마찰열에 의해서 기화되는 현상)

31 액화석유가스를 이송할 때 펌프를 이용하는 방법에 비하여 압축기를 이용할 때의 장점에 해당하지 않는 것은?

① 베이퍼 록 현상이 없다.
② 잔 가스 회수가 가능하다.
③ 서징(Surging)현상이 없다.
④ 충전작업 시간이 단축된다.

풀이 액화석유가스 이송 펌프에서 순간압력이 저하하면 서징현상이 발생한다(압축기로 이송 시에는 서징현상이 불가함).

정답 28 ② 29 ③ 30 ② 31 ③

32 가스화의 용이함을 나타내는 지수로서 C/H비가 이용된다. 다음 중 C/H비가 가장 낮은 것은?

① Propane
② Naphtha
③ Methane
④ LPG

풀이 가스탄화수소 $\left(\dfrac{C}{H}\right)$

㉠ 프로판($C_3H_8=44$) : $-C(12\times3=36)$, $H(1\times8=8)''$
  $\therefore \dfrac{36}{8}=4.5$

㉡ 나프타(납사) : 5~6

㉢ 메탄($CH_4=16$) : $-C(1\times12=12)$, $H(1\times4=4)''$
  $\therefore \dfrac{12}{4}=3$

㉣ LPG(프로판, 부탄)($C_3H_8=44$) : $-C(3\times12=36)$, $H(1\times8=8)''$ $\therefore \dfrac{36}{8}=4.5$

33 석유화학 공장 등에 설치되는 플레어 스택에서 역화 및 공기 등과의 혼합폭발을 방지하기 위하여 가스 종류 및 시설 구조에 따라 갖추어야 하는 것에 포함되지 않는 것은?

① Vacuum Breaker
② Flame Arrestor
③ Vapor Seal
④ Molecular Seal

풀이 플레어 스택(Flare Stack)의 역화방지 장치는 다음 5가지를 사용한다.
  ㉠ 리퀴드 셀
  ㉡ 플레임 어레스터
  ㉢ 베이퍼 실
  ㉣ 몰레큘러 셀
  ㉤ 퍼지가스

34 고압가스 기화장치의 검사에 대한 설명 중 옳지 않은 것은?

① 온수가열 방식의 과열방지 성능은 그 온수의 온도가 80℃이다.
② 안전장치는 최고 허용압력 이하의 압력에서 작동하는 것으로 한다.
③ 기밀시험은 설계압력 이상의 압력으로 행하여 누출이 없어야 한다.
④ 내압시험은 물을 사용하여 상용압력의 2배 이상으로 행한다.

풀이 기화장치 내압시험은 물로 하며 기밀시험의 경우 공기나 불연성 가스로 하여도 되나 내압시험은 물을 사용하는 것을 원칙으로 하며 상용압력의 1.5배 이상의 압력으로 한다(가스 통과부분 및 온수, 증기 통과부분에 대하여 내압시험 한다).

정답 32 ③ 33 ① 34 ④

35 가스조정기(Regulator)의 역할에 해당되는 것은?

① 용기 내 노의 역화를 방지한다.
② 가스를 정제하고 유량을 조절한다.
③ 공급되는 가스의 조성을 일정하게 한다.
④ 용기 내의 가스 압력과 관계없이 연소기에서 완전연소에 필요한 최적의 압력으로 감압한다.

36 LPG(액체) 1kg이 기화했을 때 표준상태에서의 체적은 약 몇 L가 되는가?(단, LPG의 조성은 프로판 80wt%, 부탄 20wt%이다.)

① 387
② 485
③ 584
④ 783

[풀이] 프로판 $C_3H_8 + 5O_2 \rightarrow 3CO_2 + 4H_2O$
부탄 $C_4H_{10} + 6.5O_2 \rightarrow 4CO_2 + 5H_2O$
분자량 ($C_3H_8 = 44$, 부탄=58)
1kg=1,000g (평균분자량=44×0.8+58×0.2=46.8)
몰수= $\dfrac{1,000}{46.8}$ = 21.37몰, 체적=21.37×22.4=478L

37 내용적 50L의 LPG 용기에 상온에서 액화 프로판 15kg를 충전하면 용기 내 안전공간은 약 몇 %인가?(단, LPG의 비중은 0.5이다.)

① 10%
② 20%
③ 30%
④ 40%

[풀이] LPG 질량(W)=50×0.5=25kg
$15kg = \dfrac{15kg}{0.5kg/L} = 30L$
∴ 안전공간= $\dfrac{50-30}{50} \times 100 = 40\%$

38 LP 가스 사용시설에 강제기화기를 사용할 때의 장점이 아닌 것은?

① 기화량의 증감이 쉽다.
② 가스 조성이 일정하다.
③ 한랭 시 가스공급이 순조롭다.
④ 비교적 소량 소비 시에 적당하다.

[풀이] 강제기화기는 대량 사용에, 자연기화기는 비교적 소량 사용에 적합하다.

정답 35 ④ 36 ② 37 ④ 38 ④

39 프로판의 탄소와 수소의 중량비(C/H)는 얼마인가?

① 0.375
② 2.67
③ 4.50
④ 6.40

> **풀이** 프로판 가스(C_3H_8)
> 탄소(C) 원자량(12) → 12×3=36g
> 수소(H) 원자량(1) → 1×8=8g
> ∴ 중량비 = $\dfrac{36}{8}$ = 4.5

40 LP 가스 사용 시의 특징에 대한 설명으로 틀린 것은?

① 연소기는 LP 가스에 맞는 구조이어야 한다.
② 발열량이 커서 단시간에 온도 상승이 가능하다.
③ 배관이 거의 필요 없어 입지적 제약을 받지 않는다.
④ 예비용기는 필요 없지만 특별한 가압장치가 필요하다.

> **풀이** LP 가스는 소비량 때문에 항상 예비용기가 필요하다.

41 일반용 LPG 2단 감압식 1차용 압력조정기의 최대폐쇄압력으로 옳은 것은?

① 3.3kPa 이하
② 3.5kPa 이하
③ 95kPa 이하
④ 조정압력의 1.25배 이하

42 LP 가스 소비시설에서 설치 용기의 개수 결정 시 고려할 사항으로 거리가 먼 것은?

① 최대소비수량
② 용기의 종류(크기)
③ 가스 발생능력
④ 계량기의 최대용량

> **풀이** LP 가스 소비시설 중 용기 설치 개수 결정 시 고려사항
> • 최대소비수량
> • 용기의 크기
> • 가스 발생능력

43 LPG 자동차에 설치되어 있는 베이퍼라이저(Vaporizer)의 주요 기능은?

① 압력승압-가스 기화
② 압력감압-가스 기화
③ 공기, 연료 혼합-타르 배출
④ 공기, 연료 혼합-가스 차단

정답 39 ③ 40 ④ 41 ③ 42 ④ 43 ②

[풀이] LPG 기화기(베이퍼라이저)의 주요 기능
- 압력감압
- LPG 가스기화

44 압력조정기에 대한 설명으로 틀린 것은?

① 2단 감압식 2차용 조정기는 1단 감압식 저압조정기 대신으로 사용할 수 없다.
② 2단 감압식 1차 조정기는 2단 감압방식의 1차용으로 사용되는 것으로서 중압 조정기라고도 한다.
③ 자동절체식 분리형 조정기는 1단 감압방식이며 자동교체와 1차 감압 기능이 따로 구성되어 있다.
④ 1단 감압식 준저압 조정기는 일반소비자의 생활용 이외의 용도에 공급하는 경우에 사용되고 조정압력의 종류가 다양하다.

[풀이] 자동절체식 분리형 조정기는 2단 감압방식이며 자동교체 1차 감압 기능과 저압용 2차 감압방식이 있다.

45 입구압력이 0.07~1.56MPa이고, 조정압력이 2.3~3.3kPa인 액화석유가스 압력조정기의 종류는?

① 1단 감압식 저압 조정기
② 1단 감압식 준저압 조정기
③ 자동 절체식 분리형 조정기
④ 자동 절체식 일체형 저압 조정기

[풀이] 1단 감압식 저압 조정기
㉠ 입구압력 : 0.07~1.56MPa
㉡ 조정압력 : 230~330mmH$_2$O(2.3~3.3kPa)

46 일반용 액화석유가스 압력조정기의 내압 성능에 대한 설명으로 옳은 것은?

① 입구 쪽 시험압력은 2MPa 이상으로 한다.
② 출구 쪽 시험압력은 0.2MPa 이상으로 한다.
③ 2단 감압식 2차용 조정기의 경우에는 입구 쪽 시험압력을 0.8MPa 이상으로 한다.
④ 2단 감압식 2차용 조정기 및 자동절체식 분리형 조정기의 경우에는 출구 쪽 시험압력을 0.8MPa 이상으로 한다.

[풀이] ① 3MPa 이상으로 한다.
② 0.3MPa 이상으로 한다.
④ 2단 감압식 1차용 조정기에 대한 설명이다(자동절체형도 동일).

정답 44 ③ 45 ① 46 ③

47 LPG 집단 공급시설에서 액화석유가스 저장탱크의 저장능력 계산 시 기준이 되는 것은?

① 0℃에서의 액비중을 기준으로 계산
② 20℃에서의 액비중을 기준으로 계산
③ 40℃에서의 액비중을 기준으로 계산
④ 상용온도에서의 액비중을 기준으로 계산

풀이 LPG(액화석유가스) 집단공급시설에서 액화가스 저장탱크의 저장능력은 40℃에서의 액비중을 기준으로 한다.

48 겨울철 LPG 용기에 서릿발이 생겨 가스가 잘 나오지 않을 때 가스를 사용하기 위한 조치로 옳은 것은?

① 용기를 힘차게 흔든다.
② 연탄불로 쪼인다.
③ 40℃ 이하의 열습포로 녹인다.
④ 90℃ 정도의 물을 용기에 붓는다.

풀이 동절기 액화석유가스(LPG) 용기에 서릿발이 생겨 가스가 잘 나오지 않으면 40℃ 이하의 열습포로 녹인다.

49 LP 가스 1단 감압식 저압 조정기의 입구압력은?

① 0.025~1.56MPa
② 0.07~1.56MPa
③ 0.025~0.35MPa
④ 0.07~0.35MPa

풀이 LP 가스 1단 감압식 저압 조정기
  ㉠ 입구압력 : 0.07~1.56MPa
  ㉡ 조정압력 : 230~330mmH$_2$O(2.3~3.3kPa)

50 LP 가스 판매사업의 용기보관실의 면적은?

① 9m^2 이상
② 10m^2 이상
③ 12m^2 이상
④ 19m^2 이상

풀이 ㉠ 용기보관실 면적 : 19m^2 이상
  ㉡ 사무실 면적 : 9m^2 이상

정답 47 ③ 48 ③ 49 ② 50 ④

51 LPG 집단공급시설 및 사용시설에 설치하는 가스누출자동차단기를 설치하지 않아도 되는 것은?

① 동일 건축물 안에 있는 전체 가스 사용시설의 주배관
② 체육관, 수영장, 농수산시장 등 상가와 유사한 가스사용시설
③ 동일 건축물 안으로서 구분 밀폐된 2개 이상의 층에서 가스를 사용하는 경우 층별 주배관
④ 동일 건축물의 동일 층 안에서 2 이상의 자가가스를 사용하는 경우 사용자별 주배관

풀이 LPG 집단공급시설 및 사용시설에 설치하는 가스누출자동차단기가 필요한 장소는 ①, ③, ④이다.

52 고압가스 기화장치의 형식이 아닌 것은?

① 온수식
② 코일식
③ 단관식
④ 캐비닛형

풀이 고압가스 기화장치
온수식, 코일식, 캐비닛형

53 압력조정기를 설치하는 주된 목적은?

① 유량 조절
② 발열량 조절
③ 가스의 유속 조절
④ 일정한 공급압력 유지

풀이 가스압력조정기(R) : 일정한 가스공급압력 유지

54 조정압력이 3.3kPa 이하인 조정기의 안전장치의 작동표준압력은?

① 3kPa
② 5kPa
③ 7kPa
④ 9kPa

풀이 조정압력 3.3kPa(330mmH$_2$O) 이하 조정기
※ 조정안전장치(액화석유가스용)
㉠ 작동표준압력 : 7kPa(700mmH$_2$O)
㉡ 작동개시압력 : 5.6~8.4kPa(560~840mmH$_2$O)
㉢ 작동정지압력 : 5.04~8.4kPa(504~840mmH$_2$O)

정답 51 ② 52 ③ 53 ④ 54 ③

55 LPG에 대한 설명으로 틀린 것은?

① 액화석유가스를 뜻한다.
② 프로판, 부탄 등을 주성분으로 한다.
③ 상온, 상압 하에서 기체이나 가압, 냉각에 의해 쉽게 액체로 변한다.
④ 석유의 증류, 정제 과정에서는 생성되지 않는다.

> **풀이** • LPG(L : 액화, P : 석유, G : 가스) : 액화석유가스(석유의 정제과정에서 나프타, 프로판, 부탄, 프로필렌, 부틸렌, 부타디엔 등을 얻는다.)
> • LNG(L : 액화, N : 천연자원, G : 가스) : 액화천연가스로 주성분은 메탄(CH_4)

56 LPG 사용시설의 설계 시 유의사항으로 적절하지 않은 것은?

① 사용 목적에 합당한 기능을 가지고 사용상 안전할 것
② 취급이 용이하고 사용에 편리할 것
③ 모양에 관계없이 관련 시설과 조화되어 있을 것
④ 구조가 간단하고 시공이 용이할 것

> **풀이** LPG 사용시설 설계 시 유의사항
> • 사용 목적에 합당한 기능을 가지고 사용상 안전할 것
> • 취급이 용이하고 사용에 편리할 것
> • 모양이 좋고 관련 시설과 조화로울 것
> • 구조가 간단하고 시공이 용이할 것
> • 고장이 적고 내구성이 있으며, 취급 · 사용이 편리할 것
> • 검침, 조사 · 수리 등의 유지관리가 용이할 것
> • 용기, 조정기, 가스미터 등의 부착 교환이 용이할 것
> • 기타 재해에 영향을 받지 않을 것

57 LP 가스 소비설비에서 용기 개수 결정 시 고려할 사항으로 가장 거리가 먼 것은?

① 피크(Peak) 시의 기온
② 소비자 가구 수
③ 1가구당 1일의 평균 가스소비량
④ 감압방식의 결정

> **풀이** 감압방식의 결정은 조정기 사용방법에 해당한다.

58 LP 가스의 일반적인 성질에 대한 설명 중 옳은 것은?

① LP 가스는 공기보다 가볍다.
② 가압하거나 상압에서 냉각하면 쉽게 액화한다.
③ 주성분은 고급탄화수소의 화합물이다.
④ 증발잠열이 작다.

풀이 LP 가스의 일반적 성질
- 공기보다 무겁고 물보다 가볍다.
- 가압하거나 상압에서 냉각하면 쉽게 액화한다.
- 주성분은 저급 탄화수소($C_3 \sim C_4$)의 화합물이다.
- 기화 및 액화가 쉽다(기화잠열 C_3H_8 : 101.8kcal/kg, C_4H_{10} : 92kcal/kg).
- 연소 시 다량의 공기가 필요하다.

59 LPG 공급방식에서 강제기화방식의 특징이 아닌 것은?

① 기화량을 가감할 수 있다.
② 설치면적이 작아도 된다.
③ 한랭 시에는 연속적인 가스공급이 어렵다.
④ 공급가스의 조성을 일정하게 유지할 수 있다.

풀이 강제기화방식의 특징
- 기화량을 가감할 수 있다.
- 설치장소가 적게 든다.
- 공급가스의 조성이 일정하다.
- LP 가스의 종류에 관계없이 한랭 시에도 충분히 기화된다.
- 설비비 및 인건비가 절약된다.

60 자동절체식 일체형 저압조정기의 조정압력은?

① 2.30~3.30kPa
② 2.50~3.03kPa
③ 2.55~3.30kPa
④ 5.00~30.00kPa

풀이 자동절체식 조정압력
- 일체형 저압조정기 : 2.55~3.30kPa
- 분리형 조정기 : 0.032~0.083MPa
- 일체형 준저압조정기 : 5~30kPa

정답 58 ② 59 ③ 60 ③

61 LPG(액체) 1kg이 기화했을 때 표준상태에서의 체적은 약 몇 L가 되는가?(단, LPG의 조성은 프로판 80wt%, 부탄 20wt%이다.)

① 387
② 485
③ 584
④ 783

풀이
- 프로판(C_3H_8) : $22.4Nm^3 = 44kg$
- 부탄(C_4H_{10}) : $22.4Nm^3 = 58kg$

∴ 체적(V) = $\dfrac{22.4 \times 0.8}{44} + \dfrac{22.4 \times 0.2}{58}$
= $(0.4845m^3/kg) \times 1,000 = 485L/kg$

62 LPG를 연료로 하는 차량에 LPG를 충전하기 위한 용적 계량계로 디스펜서를 사용하고 있다. 액온을 조정 환산하기 위하여 디스펜서에 내장되어 있는 자동온도 보정장치의 기준온도는?

① 5℃
② 15℃
③ 25℃
④ 35℃

풀이 디스펜서의 자동온도 보정장치의 기준온도는 15℃이다.

CHAPTER 003 도시가스 설비

SECTION 01 도시가스의 제조

1. 도시가스 제조 공정

도시가스는 가스의 제조, 경제, 열량조정 등의 일련의 공정에 의하여 제조된다. 다만 천연가스 원료와 같이 제조, 정제공정을 전혀 필요로 하지 않는 것과 LNG, LPG와 같이 정제공정 필요없이 증발기만의 제조공정인 것도 있다.

가스제조방식
- 열분해 공정
- 접촉분해 공정
  - 사이클링식 접촉분해 공정
  - 저온 수증기 개질공정
  - 고온 수증기 개질공정
- 부분연소 공정
- 수소화 분해공정
- 대체천연가스 공정

▼ 도시가스 원료로서의 특성

	천연가스	LNG	LPG	나프타
가스제조면	• C/H비가 3으로 도시가스의 C/H비와 같기 때문에 이 자체로 도시가스로 사용할 수 있어, 일반적으로 가스제조 장치가 필요 없다. • 다만, 천연가스의 열량보다 저열량의 도시가스를 공급하는 경우에는 다른 희석가스와 혼합하거나 혹은 개질장치에 의해 열량을 내려 공급한다.	• C/H비가 3으로 도시가스의 C/H비와 같기 때문에 기화한 LNG는 그대로 도시가스로 할 수 있다. 이 경우 기화설비가 필요하고 대량의 해수가 사용된다. • LNG 가스가 열량보다 저열량의 도시가스를 공급할 경우는 천연가스의 경우와 같다.	• C/H비가 약 5(부탄)이고 도시가스의 C/H비를 3에 합치기 위해 가스 제조비가 필요하다. • 기화설비가 필요하고 일반적으로 증기 가열에 의해 가스화된다. • 부탄 공기로서 공급되는 경우에는 가스제조 설비가 필요치 않고 기화설비로도 충분하다.	C/H비가 5~6이고, 도시가스의 C/H비를 3에 합치기 위해 가스제조가 필요하지만 원유 등과 비교해 용이하게 가스화할 수 있다.

	천연가스	LNG	LPG	나프타
정제면	국산 천연가스 중에는 유화수소 등의 불순물이 적기 때문에 탈유 등의 정제장치를 필요로 하지 않는다.	LNG 제조장치로 LNG를 제조하기 전에 유화수소, CO_2 등의 불순물은 제거되고 있기 때문에 탈유 등의 정제장치는 필요 없다.	유화수소 등의 불순물을 거의 지니고 있지 않기 때문에 탈유 등의 정제장치가 필요 없다.	• 유화수소 등의 불순물이 적기 때문에 탈유 등의 정제장치를 간략하게 할 수 있다. • 다만, 중질 나프타를 사용할 경우 그의 불순물 함유량에 따라 정제설비의 배려를 필요로 하는 경우도 있다. • 가스제조 설비 속에는 원료 나프타에 대한 고도의 탈유가 필요한 것도 있다.
공해면	아황산 가스, 매연 등의 대기오염, 비수공해 등의 공해문제가 없다.	천연가스의 경우와 같다.	천연가스의 경우와 같다.	아황산 가스, 매연 등의 대기오염, 비수공해 등의 공해문제가 적다.
원료저장면	천연가스는 상온이고 기체이기 때문에 구성가스 홀더 등에 용이하게 저장되어 관리가 용이하다.	LNG는 비점 $-162°C$ 초저온이기 때문에 초저온 저장설비가 필요하고 관리가 복잡하다.	부탄의 비점은 $-0.5°C$이기 때문에 상압 저온저장설비 또는 고압저장설비가 필요하지만 LNG보다 관리가 용이하다.	라이트 나프타의 비점은 약 $40 \sim 130°C$이기 때문에 상압 저장설비로 용이하게 저장할 수 있어 관리가 용이하다.

※ C/H비 = $\dfrac{\text{분자의 탄소질량(C)}}{\text{분자의 수소질량(H)}}$

예 CH_4의 C/H비 = $\dfrac{12}{4}$ ∴ 3

1) 가스화 방식에 의한 분류

(1) 열분해(Thermal Cracking) 공정

① 원유, 중유, 나프타 등의 분자량이 큰 탄화수소 원료를 고온(800~900℃)으로 분해하여 10,000kcal/Nm³ 정도의 고열량 가스를 제조하는 방법이다.

② 열분해에 의한 생성물은 수소, 메탄, 에탄, 에틸렌, 프로필렌 등의 가스상 탄화수소와 벤젠, 톨루엔 등의 경우 및 타르, 나프탈렌 등으로 분해한다.

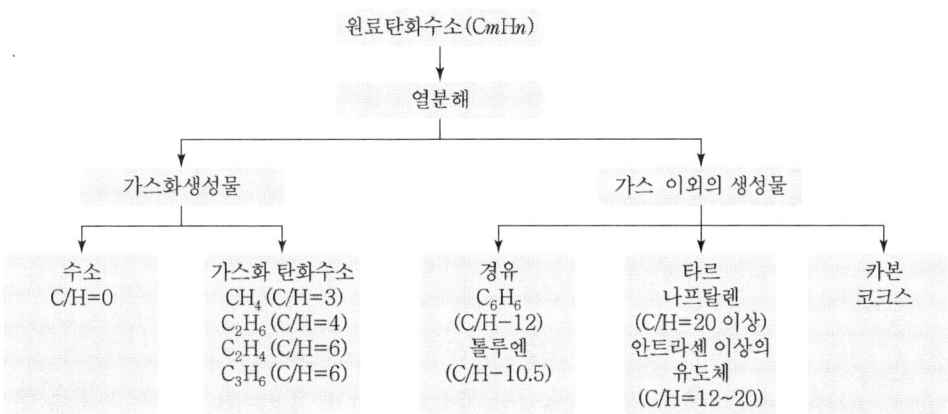

> **Reference** 도시가스 원료
>
> ① 고체연료 : 석탄, 코크스
> ② 액체연료 : 납사, LPG 가스, LNG 가스
> ③ 기체연료 : 천연가스, Offgas(오프가스)

(2) 접촉분해 공정(Steam Reforming)

① 접촉분해반응은 촉매를 사용하여 반응온도 400~800℃에서 탄화수소와 수증기를 반응시켜 수소, 일산화탄소, 탄산가스, 메탄, 에틸렌, 에탄 및 프로필렌 등의 저급 탄화수소를 변화하는 반응을 말한다.
② 700℃ 이상에서는 H_2, CO가 많아진다.
③ 저온에서는 CH_4, CO_2가 증가한다.
④ 수증기의 탄화수소비가 커지면 H_2, CO_2가 증가하고 CO, CH_4은 감소한다.
⑤ 상압에서 25기압까지 압력의 영향이 크며 그 이상에서는 생성가스 조성에 영향을 덜 미친다.
⑥ 고압이 되면서 메탄은 증가하고 H_2는 감소한다.

(3) 부분연소 공정(Partical Combustion Process)

언소 접촉분해방식에 공기를 넣는 경우가 보통이지만 수소를 중유, 원유 등의 중질유로부터 제조할 경우 고온, 고압으로 산소를 사용해서 행할 경우가 있다.

(4) 수소화 분해

주로 메탄을 생성시키려면 고압(20~60기압), 고온(700~800℃)에서 C/H비가 비교적 큰 탄화수소를 수증기 흐름 중에서 분해시키는 방법과 Ni 등의 수소화 촉매를 사용해서 나프타 등의 비교적 C/H비가 낮은 탄화수소를 메탄으로 변환시키는 방법 등이 있다.

(5) 대체 천연가스 공정(Substitute Natural Process)

수분, 산소, 수소를 원료 탄화수소와 반응시켜 수증기 개질, 부분 연소, 수첨 분해 등에 의해 가스화하고 메탄합성(메타네이션), 탈탄소 등의 공정과 병용해서, 천연가스의 성상과 거의 일치하게끔 가스를 제조하는 공정이다.

2) 원료의 송입법에 의한 분류

(1) 연속식

① 원료는 연속으로 송입되며 가스의 발생도 연속으로 된다.
② 가스양의 조절은 원료의 공급량 조절에 의하여, 일반적으로 장치 능력에 대하여 50~100% 사이에서 발생량이 조절된다.

(2) 배치식

석탄가스와 같이 원료를 일정량 취하여 가스화실에 넣어 가스화하고 가스가 발생하지 않으면 잔재(코크스 등)를 제거한다. 이와 같은 조작을 반복하면서 원료를 가스화하는 것으로 가스 발생량의 조절은 원료 송입량과 1일의 송입 횟수로 조절하므로 급격한 조절은 어렵다.

(3) 사이클링식

① 연속식과 배치식의 중간의 것이다.
② 일정시간 원료의 연속 송입에 의하여 가스발생을 하면 장시간 온도가 내려가게 된다.
③ 어느 정도 온도가 내려가면 원료의 송입을 중지하고, 승온하면 재차 원료를 송입하여 가스 발생을 한다.
④ 가스 발생량의 조절은 자체의 운전, 정지로 행한다.

3) 가열방식에 의한 분류

(1) 외열식

원료가 들어 있는 용기를 외부에서 가열한다.

(2) 축열식

가스화 반응기 내에서 원료를 태워서 충분히 가열한 후 이 반응 내에 원료를 송입하여 가스화의 열원으로 한다.

(3) 부분연소식

원료에 소량의 공기와 산소를 혼합하여 가스발생의 반응기에 넣고 원료의 일부를 연소시킨 다음 그 열을 이용하여 원료를 가스화 열원으로 한다.

(4) 자열식

가스화에 필요한 열이 산화반응과 수첨·분해반응 등의 발열 반응에 의해 가스를 발생시킨다.

2. 도시가스 공급방법

1) 공급방식의 분류

공급방식은 가스를 수송하는 도관의 수송 압력에 따라 고압공급방식, 중압공급방식, 저압공급방식으로 구분한다. 또한 수요가에의 공급압력에 따라 중압 스트레이트 공급, 저압공급 등으로 부른다.

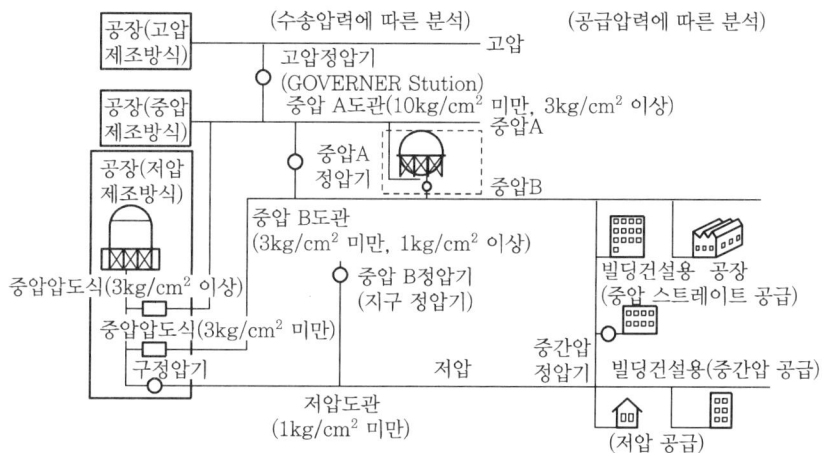

┃가스 공급 형태의 예┃

(1) 저압공급방식

① 가스공장에서 직접 수용가의 사용압력으로 공급하는 방식으로 저압가스홀더 압력을 이용하여 조정기를 통하여 송출한다.
② 저압공급은 공급량이 적고 공급구역이 좁은 소규모에 적합하다.
③ 저압이란 0.1MPa 미만의 가스압력을 말한다.
④ 저압공급방식의 특징
  • 공급계통이 간단하므로 유지관리가 된다.
  • 압송비용이 불필요하거나 극히 저렴하다.
  • 정전 시에도 공급이 중단되지 않고 공급이 안정하다.
  • 수송거리가 긴 경우나 수송량이 많은 때는 직경이 큰 도관을 사용해야 하므로 비경제적이다.
  • 유수식 가스홀더를 사용할 경우에는 수취기가 있어야 한다.

(2) 중압공급방식

① 가스 공장에서 중압으로 송출하고 공급구역 내에 배치한 지구 정압기에 의해 저압으로 정압하여 수요가에 공급하는 방식이다.
② 중압공급은 공급량이 많으며 공급선까지의 거리가 길고 저압공급으로는 도관비용이 많아질 경우에 채용된다(0.1~1MPa 공급).
③ 가스홀더를 수요지 가까이에 설치하고 야간에 가스 홀더에 저장해 두고 주간에 가스홀더에서 저압 또는 중압공급을 행하는 방법도 널리 행해진다.
④ **중압공급방식의 특징**
- 공급압력의 선정에 의해 높은 공급능력을 얻을 수 있기 때문에 저압공급에 비교하여 구경이 작아도 된다.
- 도관이 중압과 저압의 2계통이며 압송기 및 정압기가 있기 때문에 유지관리기가 복잡하여 유지관리가 어렵고 공급비가 높아진다.
- 가스가 압송기로 압축되어 재팽창하기 때문에 건조하고 가스 중의 수분에 의한 장애는 적다.
- 정전 등으로 인한 압송기의 운전정지 등 영향을 받아 공급에 지장을 주나 중압가스홀더를 가지고 있어 단시간의 정전에는 영향을 받지 않는다.

(3) 고압공급방식

① 가스 공장에서 고압가스를 송출하고 고압 정압기에 의해 중압 B로 감소하고 다시 지구 정압기에 의해 저압으로 정압하여 수요기에 공급하는 방식이다.
② 고압공급방식은 공급 구역이 넓고 대량의 가스를 원거리에 송출할 경우에 적합하고 도관 건설비가 절약되어 경제적이다(1MPa 이상 공급).
③ **고압공급방식의 특징**
- 작은 지름의 배관으로 많은 양의 가스를 수송할 수 있다.
- 고압홀더가 있을 때에는 정전 등의 고장에 대하여 공급의 안정이 높고 고압 또는 중압 본관의 설계를 경제적으로 할 수 있다.
- 고압 압송기, 고압배관, 고압 정압기 등의 유지관리가 어렵고 압송비용도 많이 든다.

2) LP 가스를 이용한 도시가스 공급방식

(1) 직접혼입방식

① 석탄가스, 발생로 가스에 LP 가스를 혼입하여 도시가스를 증열, 증량하는 방식이다.

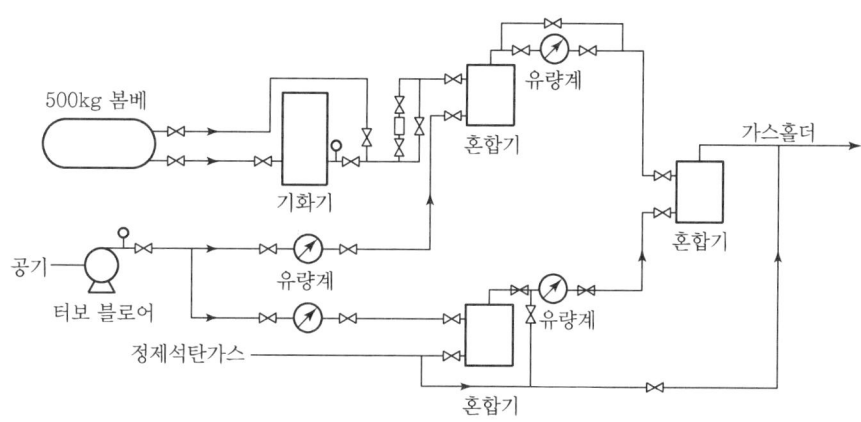

┃ **직접혼합방식에 의한 공급** ┃

② LP 가스의 혼입방법
- 종래의 도시가스에 LPG를 기화하여 그대로 혼입하는 방법
- LP 가스를 공기나 발생로 가스 등과 혼합하여 이 혼합가스를 공급가스에 혼입하는 방법

③ LP 가스를 다른 도시가스에 혼입하는 방법은 발열량 조절이나 피크 시의 공급 부족을 보충하는 데 사용한다.

(2) 공기혼합방식

① 에어 다이렉트 가스(Air Direct Gas) 공급 방식이라 한다.
② 액상의 LP 가스를 기화시킨 것에 일정 비율의 공기를 혼합시켜 공급하는 방식이다.

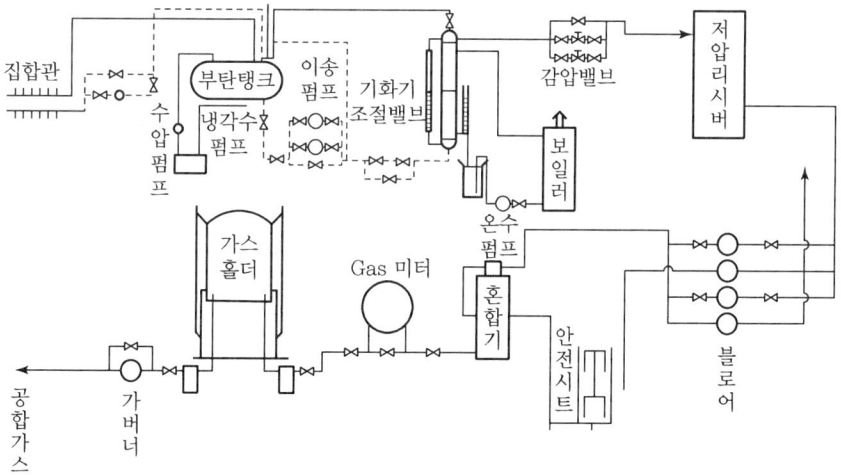

┃ **공기혼합방식에 의한 공급** ┃

> **Reference**
>
> 1. 공기 혼합 시 이점
>   ① 공급가스의 노점이 낮아지므로 도관 중에서 재액화하는 일이 없다.
>   ② 원료 LP 가스로 순부탄을 쓸 수 있고 발열량이 조절된다.
>   ③ 연소 시 공기량의 보충이 가능하다.
>   ④ 누설 시에 손실이 적다.
> 2. 연소현상
>   ① 불완전연소 : 공기의 공급불충분
>   ② 역화 : 불꽃이 염공을 따라 들어가서 버너의 혼합관 내에서 연소하는 현상이며 부식에 의해 염공이 크게 되거나 가스분출속도보다 연소속도가 빠를 때 발생
>   ③ 옐로팁(Yellow Tip) : 유리탄소 입자가 많아서 불완전연소 시 불꽃의 끝이 적황색이 되어 연소하는 현상
>   ④ 리프팅(Lifting ; 선화) : 역화의 반대로, 버너 선단에서 연소하며 버너 내 가스압이 높거나 염공이 막혀서 가스분출속도가 연소속도보다 빠를 때 발생

(3) 변성혼합방식

① 변성혼입방식은 LP 가스를 변성한 개질가스에 도시가스를 혼입하는 방식이다.
② LP 가스를 다른 도시가스에 직접 혼입하는 경우 그 혼입량은 한계가 있다.
③ 한계 이상으로는 LP 가스를 혼입하는 경우에는 도시가스와 상환성의 점에서 LP 가스를 변성하여 그 조성을 석탄가스에 가까운 개질가스로 만들 필요가 있다.

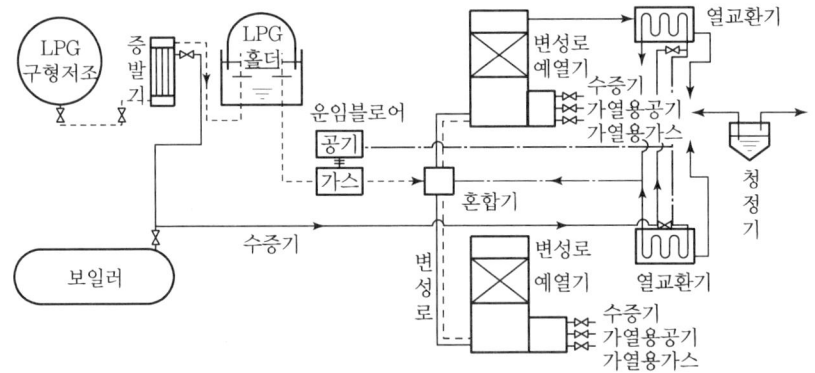

┃변성혼합방식에 의한 공급┃

SECTION 02 도시가스 공급 시설

1. 가스홀더(Gas Holder)

제조 공장에서 제정된 가스를 저장하여 가스의 질을 균일하게 유지하며 제조량과 수요량을 조절하는 저장탱크이다.

1) 가스홀더의 종류

(1) 유수식 가스홀더

① 물탱크와 가스 탱크로 구성되어 있으며 단층식과 다층식이 있다.
② 가스의 출입관은 물탱크부 내에서 올라와 수면 위로 나와 있다.
③ 가스층은 가스의 출입에 따라서 상하로 자유롭게 움직이게 되어 있고 2층 이상인 것은 각 층의 연결부를 수봉하고 있다.
④ 가스층의 증가에 따라 홀더 내 압력이 높아진다.
⑤ 유수식 가스홀더의 특징
  - 제조설비가 저압인 경우에 많이 사용된다.
  - 구형 가스홀더에 비해 유효가동량이 많다.
  - 많은 물을 필요로 하기 때문에 기초비가 많이 든다.
  - 가스가 건조해 있으면 수조의 수분을 흡수한다.
  - 압력이 가스의 수에 따라 변동한다.
  - 한랭지에 있어서 물의 동결방지를 필요로 한다.

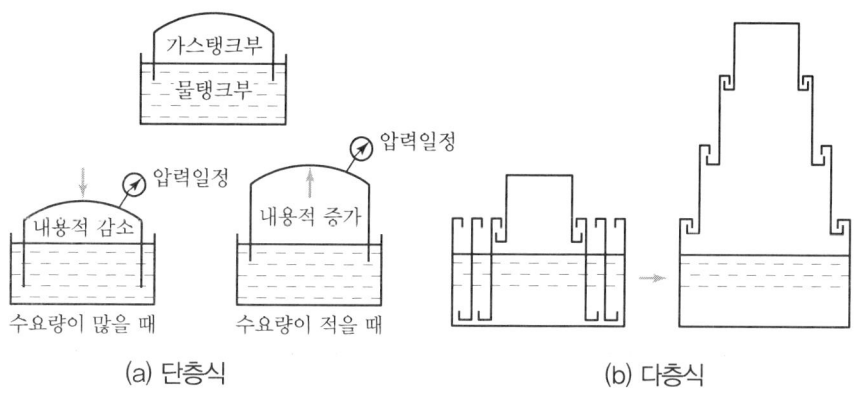

∥ 유수식 가스홀더 ∥

(2) 무수식 가스홀더

① 고정된 탱크 내부의 가스는 피스톤이나 다이어프램 밑에 저장되고 저장가스양의 증감에 따라 피스톤이 상하 왕복운동을 하며 가스압력을 일정하게 유지시켜 준다.
② 무수식 가스홀더의 특징
- 수조가 없으므로 기초가 간단하고 설비가 절감된다.
- 유수식 가스홀더에 비해서 작동 중 가스압이 일정하다.
- 저장가스를 건조한 상태에서 저장할 수 있다.
- 대용량의 경우에 적합하다.

(3) 고압식 가스홀더(서지 탱크)

고압홀더는 가스를 압축하여 저장하는 탱크로서 원통형과 구형이 있으며 고압홀더로부터 가스를 압송할 때는 고압 정압기를 사용하여 압력을 낮추어 공급한다.

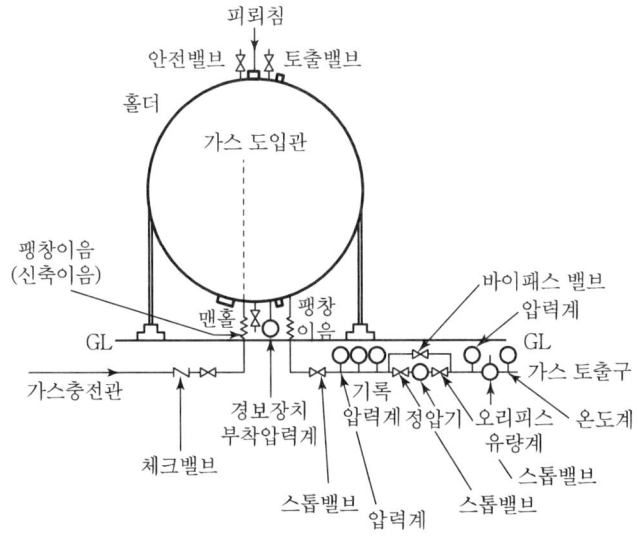

┃고압식 홀더┃

2) 가스홀더의 기능

① 가스 수요의 시간적 변동에 대하여 일정한 제조 가스양을 안정하게 공급하고 남는 가스를 저장한다.
② 정전, 배관공사, 제조 및 공급설비의 일시적 저장에 대하여 어느 정도 공급을 확보한다.
③ 각 지역에 가스홀더를 설치하여 피크 시에 각 지구의 공급을 가스 홀더에 의해 공급함과 동시에 배관의 수송효율을 올린다.
④ 조성 변동이 있는 제조가스를 저장·혼합하여 공급가스의 열량, 성분, 연소성 등을 균일화한다.

3) 가스홀더의 용량 결정

가스 공급량이 제조량보다 많은 시간에는 홀더에서 가스를 공급하게 되며, 제조량이 적은 시간대에서는 가스를 홀더에 저장하여, 공급량과 제조량의 차를 공급 가능한 가동용량을 유지할 수 있는 가스홀더 용량을 보유해야 한다. 제조 가스양은 주·야 일정하므로 수급균형을 유지하기 위해서 다음과 같이 가스 홀더 가동 용량을 계산할 수 있다.

$$\Delta H = S \times a - \frac{t}{24} \times M$$

$$\therefore M = (S \times a - \Delta H) \times \frac{24}{t}$$

여기서, M : 최대 제조능력(m^3/day)
S : 최대 공급량(m^3/day)
t : 시간당 공급량이 제조능력보다 많은 시간
a : t시간의 공급률
ΔH : 가스홀더 가동 용량(m^3/day)

4) 구형 가스홀더 부속품

① 가스홀더 하부 출입관에 가스 차단 밸브 및 신축관을 설치
② 가스홀더 입관에 수입량 조절용 밸브 설치
③ 가스홀더 내 가스 압력 측정용 압력계(저장량 측정용을 겸한다.)
④ 검사용 맨홀
⑤ 안전밸브 2개(단, 1개의 능력이 최대 수입량 이상일 것)
⑥ 드레인 장치
⑦ 접지 2개소 이상
⑧ 가스홀더 외에 승강계단, 가스홀더 내에 검사 시의 점검 사다리

2. 압송기

도시가스는 일반적으로 가스탱크에서 도관으로 각 지역에 공급될 때 그 압력은 가스홀더의 압력보다 낮다. 따라서 가스의 수요가 적은 경우에는 그 압력으로도 충분하나 공급지역이 넓어 수요가 많은 경우에는 가스의 압력이 부족하여 압송기를 사용해서 공급해 주는데, 이를 압송기라 한다.

1) 압송기의 종류

(1) 터보 압송기(블로어)

임펠러의 회전에 의해 가스압을 높이는 방식

(2) 가동날개형 회전 압송기

회전날개로 가스를 압송하는 방식

(3) 기타 루츠 블로어 및 피스톤을 지닌 왕복 압송기

2) 압송기의 용도

① 도시가스를 제조 공장에서 원거리 수송할 필요가 있을 경우
② 재승압을 할 필요가 있을 경우
③ 도시가스 홀더의 압력으로 피크 시 가스홀더 압력만으로 전 필요량을 보낼 수 없게 되는 경우

3. LNG 정압기(Governor)

가스의 공급 시 고압방식, 중압방식, 저압방식의 채용은 수송능력의 증대 및 배관, 가스홀더 등 공급설비의 효율적인 운용을 도모하는 데 있으며, 가스의 공급압력이 극히 제한된 영역에서 고압에서 중압으로, 중압에서 저압으로 감압하여 사용기구에 맞는 적당한 압력으로 감압해서 공급하기 위해 사용되는 것이 정압기이다.

정압기는 가스가 통과하는 배관의 적당한 곳에 설치하며, 1차 압력 및 부하 유량의 변동에 관계 없이 2차 압력을 일정한 압력으로 유지하는 기능을 가지고 있다. 즉, 시간별 가스 수요량의 변동에 따라 공급압력을 소요압력으로 조정한다.

1) 작동원리

(1) 직동식 정압기

직동식 정압기의 작동원리는 정압기의 작동원리의 기본이 된다.

① **설정압력이 유지될 때** : 다이어프램(Diaphragm)에 걸려 있는 2차 압력과 스프링의 힘이 평행상태를 유지하면서 메인밸브는 움직이지 않고 일정량의 가스가 메인밸브를 경유하여 2차측으로 가스를 공급한다.

② **2차측 압력이 설정압력보다 높을 때** : 2차측 가스 수요량이 감소하여 2차측 압력이 설정압력 이상으로 상승하나 이때 다이어프램을 들어 올리는 힘이 증강하여 스프링의 힘에 이기고 다이어프램에 직결된 메인밸브를 위쪽으로 움직여 가스의 유량을 제한하므로 2차 압력을 설정압력이 유지되도록 작동한다.

③ 2차측 압력이 설정압력보다 낮을 때 : 2차측의 사용량이 증가하고 2차 압력이 설정압력 이하로 떨어질 경우, 스프링의 힘이 다이어프램을 받치고 있는 힘보다 커서 다이어프램에 연결된 메인 밸브를 열리게 하여 가스의 유량이 증가하게 되며 2차 압력을 설정압력으로 유지되도록 작동한다.

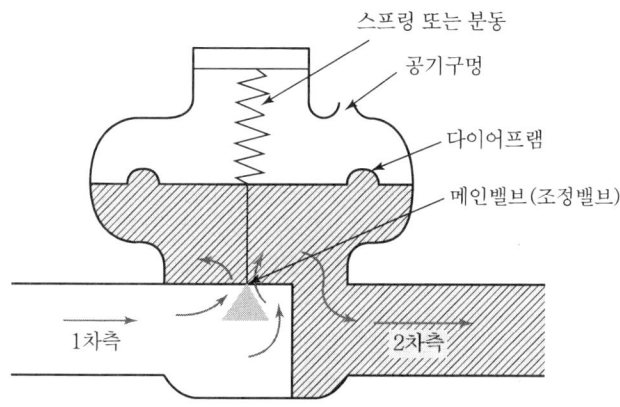

∥ 정압기의 기본구조(직동식 정압기) ∥

(2) 파일럿식 정압기

파일럿식 정압기에는 언로딩(Unloading)형과 로딩(Loading)형의 2가지로 나눌 수 있다.

- **파일럿 언로딩(Unloading)형 정압기** : 이 형식의 정압기는 다음 그림과 같이 직동식의 본체 및 파일럿으로 구성되어 있다.

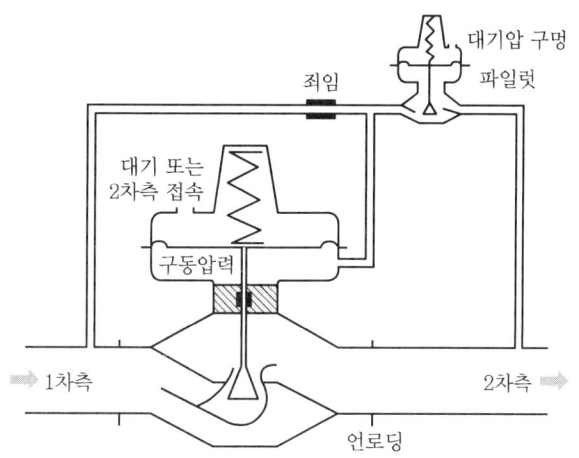

∥ 파일럿식 언로딩형 정압기의 구조 ∥

- **파일럿식 로딩(Loading)형 정압기** : 이 형식의 정압기는 다음 그림과 같이 직동식의 본체 및 파일럿으로 이루어져 있다.

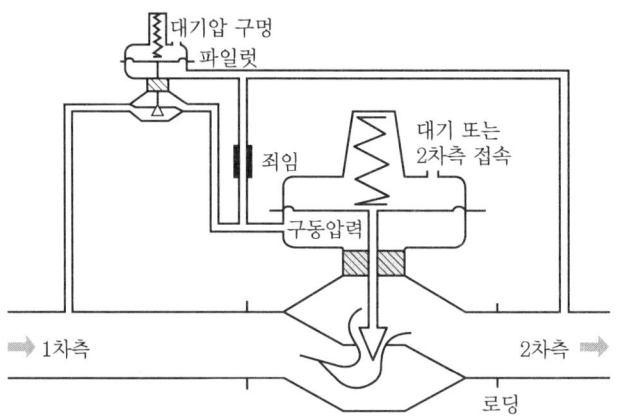

■ 파일럿식 로딩형 정압기의 구조 ■

① **2차 압력이 설정압력이 되었을 때** : 파일럿 다이어프램에 걸리는 2차 압력과 파일럿 스프링(Spring)의 힘 때문에 파일럿 밸브는 일정하게 열려 있다. 따라서 파일럿계에는 일정량의 가스가 흐르고 파일럿과 누름장치 사이의 구동압력은 일정한 압력을 유지하며 본체 다이어프램에 걸려 있는 압력과 본체 스프링의 힘이 균형을 유지하면서 본체 밸브는 정지되어 있고 가스가 본체 밸브를 거쳐서 2차측으로 흐른다.

② **2차 압력이 설정압력보다 높을 때** : 2차측의 사용량이 감소하면 2차 압력이 설정압력 이상으로 상승되나 이때 파일럿 스프링의 힘에 견디어내어 파일럿 밸브를 상부로 움직여 파일럿계에 공급하는 가스양을 감소시킨다. 이것에 의하여 구동 밸브가 저하되어 본체 스프링의 힘이 본체 다이어프램을 밀어올리는 힘에 견디어 본체 밸브를 아래쪽으로 내리고 가스유량을 제한하여 2차 압력을 설정압력으로 되돌아가도록 작동한다.

③ **2차 압력이 설정압력보다 낮을 때** : 2차측의 사용량이 증가하면 2차 압력이 설정압력 이하로 저하하나 이때 파일럿 스프링의 힘이 파일럿 다이어프램을 밀어올리는 힘에 견디어내어 파일럿 밸브를 아래쪽으로 움직여 파일럿계에 공급하는 가스양이 증가한다. 이때 죄임에 의하여 구동압력이 2차측으로 빠져 나가는 것을 제한하므로 구동압력이 상승하며 본체 다이어프램을 밀어 올리는 힘이 본체 스프링의 힘에 견디어 본체 밸브를 위쪽으로 작동시켜서 가스의 유량을 늘리고 2차 압력을 설정압력까지 회복시키도록 작동한다.

2) 정압기의 특성

정압기를 평가 선정할 경우 다음의 각 특성을 고려해야 한다.

(1) 정특성

정압기의 정특성이란 정상상태에서의 유량과 2차 압력의 관계를 말한다.

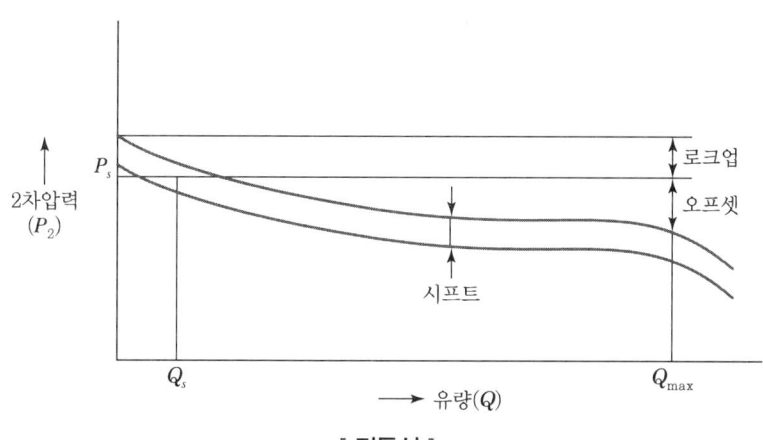

┃ 정특성 ┃

다음과 같이 오프셋(Off-set), 로크업(Lock-up), 시프트(Shift)가 있으면 모두 적어야 한다.

① **오프셋(Off-set)** : 기존유량이 Q_s이고 2차 압력을 P_s에 설정했을 때 유량변화에 따라 2차 압력이 P_s로부터 어긋나는 것을 말한다.

② **로크업(Lock-up)** : 유량이 0이 되었을 때 닫힘 압력과 P_s의 차이를 말한다.

③ **시프트(Shift)** : 1차 압력 등의 변화로 정압곡선이 전체적으로 떨어진 간격을 말한다.

(2) **동특성(응답속도 및 안정성)**

동특성은 부하 변화가 큰 곳에 사용되는 정압기에 대하여 중요한 특성으로 변동에 대한 응답의 신속성과 안정성이 모두 요구된다.

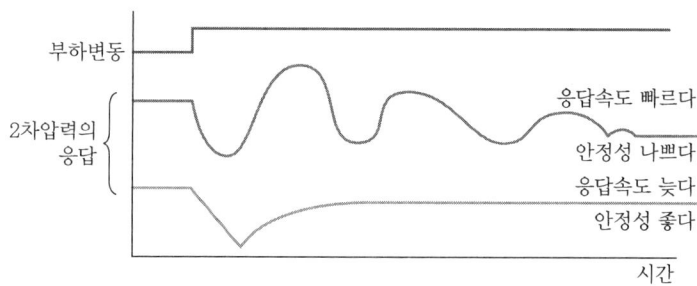

(3) **유량 특성**

메인밸브의 열림과 유량과의 관계를 말하며, 다음 3가지 형태가 많이 사용되고 있다.

① **직선형(장방형)** : '(유량) = K × (메인밸브의 개도)'의 관계가 있는 것으로 메인밸브의 개구부의 모양이 직사각형 형태로 되어 있는 경우로 유량파악이 편리하며, 액위 조절용에 사용된다.

② **2차형(팽이형)** : '(유량) = $K \times$ (메인밸브의 개도)^2'의 관계가 있는 것으로 메인밸브 개구부의 모양이 역삼각형, 즉 V자 형태로 되어 있어 천천히 유량을 증가시키는 형식으로 비교적 안정성이 좋으며, 압력 제어나 압력강하가 큰 변화가 예상되는 경우에 사용한다.

③ **평방근형(접시형)** : '(유량) = $K \times$ (메인밸브의 개도) $\times \frac{1}{2}$'의 관계가 있는 것으로 메인밸브 개구부 모양이 접시모양 형태로 되어 있어 ON-OFF용, 순간온수기 등 신속한 개폐가 필요한 경우에 사용되며 밸브가 열릴 때 유량변화가 심하고 끝부분에서는 거의 변화하지 않으며, 다른 것에 비하여 안전성이 나쁘다.

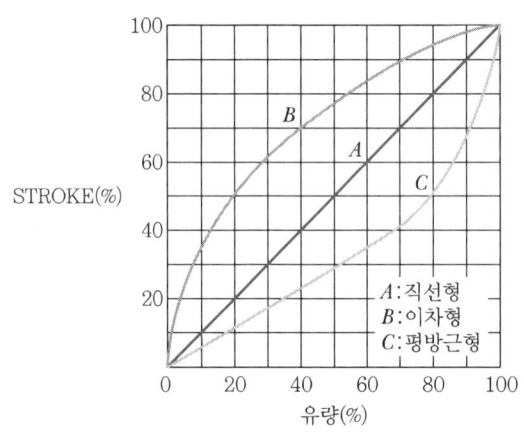

(4) 사용 최대차압

메인밸브에는 1차 압력과 2차 압력의 차압이 작용하여 정압성능에 영향을 주는데, 이것이 실용적으로 사용할 수 있는 범위에서 최대로 되었을 때의 차압을 사용 최대차압이라 한다.

3) 지역 정압기의 종류

정압기의 종류에는 여러 가지가 있으나 현재 지역 정압기로서 일반적으로 사용되고 있는 것은 파일럿식이나, 소규모의 공급용에는 일반적으로 수요자 정압기(Service Governer)라 하는 직동식 정압기가 사용된다. 여기에서는 가장 일반적인 피셔(Fisher)식, 엑시얼-플로(Axial-Flow)식 및 레이놀드(Reynolds)식의 정압기에 대하여 설명한다.

(1) 피셔(Fisher)식 정압기

파일럿식 로딩형 정압기의 작동원리와 같으나, 닫힘 방향의 응답성이 좋아지도록 개량한 것으로 복좌밸브(Double Board Type)와 단좌밸브(Single Board Type)로 구성한다.

(2) 엑시얼 – 플로(Axial – Flow)식 정압기

파일럿식 언로딩형 정압기의 작동원리와 같으나, 주 다이어프램과 메인밸브가 고무슬리브 한 개로 공용되는 매우 콤팩트한 정압기이다.

(3) 레이놀드(Reynolds)식 정압기

파일럿식 언로딩형 정압기의 작동원리와 같으나, 정압기 본체는 복좌밸브(Double Board Type)로 되어 있으며 상부에 다이어프램을 갖는 구조이다. 이 다이어프램의 아래쪽에는 2차압이 도입되어 있으며 2차 압력 제어기구는 중압보조정압기, 정압보조정압기 및 다이어프램이 가지는 조동밸브(Oxalic Ball)로 구성한다.

▼ 정압기의 종류

종류	특징	사용압력
Fisher식	• Loading형 • 정특성, 동특성이 양호하다. • 비교적 콤팩트하다.	• 고압 → 중압 A • 중압 A → 중압 A, 중압 B
Axial – Flow식	• 변직 Unloading형 • 정특성, 동특성이 양호하다. • 고차압이 될수록 특성이 양호하다. • 매우 콤팩트하다.	• Fisher식과 같다.
Reynolds식	• Unloading형 • 정특성은 극히 좋으나 안정성이 부족하다. • 다른 것에 비하여 크다.	• 중압 B → 저압 • 저압 → 저압
KRF식	• Reynolds식과 같다.	• Reynolds식과 같다.

4) 용도별 정압기의 종류

① **기지 정압기** : 가스제조공장 또는 공급기에서 사용하는 정압기이다.
② **지구 정압기** : 일반 지역에 가스를 공급하기 위해 설치하는 정압기이다.
③ **수용자 전용 정압기** : 지구 정압기로는 가스사용량 및 압력을 원활하게 조정하기 어려운 수요자 및 특수기스 사용수요자에게 공급할 경우에 수요자에게 알맞게 가스압력을 조정하는 정압기이다.

▼ 2차 압력의 이상 상승

구분	Fisher식 정압기	Axial-flow식	Reynold식 정압기
원인	• 메인밸브에 먼지류가 끼어들어 Cut-Off 불량 • 센터스템(Center Stem)과 메인밸브의 접속불량 • 바이패스 밸브류의 누설 • 가스 중 수분의 동결	• 고무슬리브, 게이지 사이에 먼지류가 끼어들어 Cut-Off 불량 • 파일로트의 Cut-Off 불량 • 파일로트계 필터, 조리개 먼지 막힘 • 고무슬리브 하류측의 파손 • 2차압 조절관 파손 • 바이패스 밸브류의 누설	• 메인밸브에 먼지류가 끼어들어 Cut-Off 불량 • 저압보조정압기의 Cut-Off 불량 • 중, 저압보조 정압기의 다이아프램 파손 • 바이패스 밸브류의 누설 • 2차압 조절관 파손 • 가스 중 수분의 동결
조치	• 필터의 설치 • 밸브의 교환 • 분해정비 • 동결방지 조치	• 필터의 설치 • 분해정비 • 고무슬리브의 교환 • 조절관 교환 • 밸브 교환	• 필터의 설치 • 분해정비 • 다이어프램 교환 • 밸브 교환 • 조절관의 교체 • 동결방지 조치
방지대책	• 분산방식 공급 • 2차측 압력감시장치 설치	• 저압 홀더의 되돌림 • 정압기 2계열 설치	

▼ 2차 압력의 이상 저하

구분	Fisher식 정압기	Axial-flow식	Reynold식 정압기
원인	• 정압기의 능력 부족 • 필터 먼지류의 막힘 • 센터스템의 불조 • 주 다이어프램의 파손	• 정압기의 능력 부족 • 필터 먼지류의 막힘 • 조리개 열림정도 막힘 • 고무슬리브 상류측 파손 • 파일럿 2차측 다이어프램 파손	• 정압기의 능력 부족 • 필터 먼지류의 막힘 • 센터스템의 불조 • 저압보조 정압기의 열림정도 부족 • 동결
조치	• 적절한 정압기로 교환 • 필터의 교환 • 분해정비 • 다이어프램의 교환	• 적절한 정압기로 교환 • 필터의 교환 • 열림정도의 조정 • 고무슬리브 교환 • 다이어프램 교환	• 적절한 정압기로 교환 • 필터의 교환 • 분해정비 • 열림정도의 조정 • 동결방지 조치
방지대책	• 저압배관의 루프화 • 2차측 압력감시장치 설치 • 정압기 2계열 설치		

5) 웨버지수(WI)

가스의 발열량을 비중의 평방근으로 나눈 것으로 가스의 연소성 판단의 지수로 사용한다.

$$WI = \frac{H_q}{\sqrt{S}}$$

여기서, S : 가스 비중
H_q : 총발열량

6) 연소기 조정의 기초원리

연소기에 공급되는 가스가 변경되어도 양호한 연소형태를 유지하도록 연소기를 조정하는 기본요소는 입력을 조정하는 방법과 연소상태를 조정하는 방법으로 구분한다.

(1) 입력(Input) 조정

주어진 입력의 열량에 따라 다음 식으로 구한다.

$$I = 0.011 \times D^2 \times K \times WI \times \sqrt{P}$$

여기서, I : 가스 입력(kcal/h)
D : 노즐의 구멍지름(mm)
P : 가스압력(mmH$_2$O)
K : 유량계수(약 0.8)

(2) 연소상태 조정

사용하는 가스가 결정되면 웨버지수와 가스입력은 정해지므로 변경시킬 수 있는 것은 노즐의 지름이 되므로 다음의 산식으로 구한다.

$$\frac{D_2}{D_1} = \sqrt{\frac{WI_1 \sqrt{P_1}}{WI_2 \sqrt{P_2}}}$$

여기서, D_1 : 변경 전 노즐지름(mm)
D_2 : 변경 후 노즐지름(mm)
WI_1 : 변경 전 가스의 웨버지수
WI_2 : 변경 후 웨버지수
P_1 : 변경 전 가스의 압력(mmH$_2$O)
P_2 : 변경 후 가스의 압력(mmH$_2$O)

SECTION 03 도시가스의 부취제

1. 개요

도시가스 원료인 LPG, 나프타가스, 액화천연가스(LPG) 등은 색도 없고 냄새도 거의 없거나 약하므로 누설 시 쉽게 발견할 수 없어 냄새를 낼 수 있는 향료(부취제)를 첨가함으로써 가스가 누설되었을 때 조기에 발견·조치하여 폭발사고나 중독사고를 방지하기 위하여 $\frac{1}{1,000}$ 의 비율로 부취제를 사용하도록 되어 있다.

1) 부취제의 구비조건

① 독성이 없을 것
② 보통 존재하는 냄새와는 명확하게 식별될 것
③ 극히 낮은 농도에서도 냄새가 확인될 수 있을 것
④ 가스관이나 가스 미터에 흡착되지 않을 것
⑤ 완전히 연소하고 연소 후에 유해한 혹은 냄새를 갖는 성질을 남기지 않을 것
⑥ 도관 내의 상용 온도에서는 응축하지 않을 것
⑦ 도관을 부식시키지 않을 것
⑧ 물에 잘 녹지 않는 물질일 것
⑨ 화학적으로 안정된 것
⑩ 토양에 대해 투과성이 클 것
⑪ 가격이 쌀 것

2) 부취제의 종류와 특성

(1) 화학적 안정성

① THT(Tetra Hydro Thiophene) : 화학구조적으로 상당히 안정한 화합물이기 때문에 산화, 중합 등은 일어나지 않는다.
② TBM(Tertiary Butyl Mercaptan) : 동상 메르캅탄류는 공기 중에서 일부 산화되어 이황화물을 생성하기 쉽지만 TBM은 메르캅탄류 중에서 내산화성이 우수하다.
③ DMS(Di-Methyl Sulfide) : 안정된 화합물이고 내산화성이 우수하다.

(2) 토양에 대한 투과성

① THT : 토양 투과성이 보통이다(토양에 약간 흡착되기 쉽다).

② TBM : 토양 투과성이 우수하다(토양에 흡착되기 어렵다).
③ DMS : 토양 투과성이 상당히 우수하다(토양에 흡착되기 어렵다).

(3) 취기의 강도
① TBM : 취기의 강도가 가장 강하다.
② THT : 취기의 강도가 보통이다.
③ DMS : 취기의 강도가 약하다.

▼ 부취제의 종류와 특성

특성 \ 종류	THT (Tetra Hydro Thiophene)	TBM (Tertiary Butyl Mercaptan)	DMS (Di－Methyl Sulfide)	비고
유해성 (LD_{50} 기준)	피하주입 : 8,790mg/kg 경구투여 : 6,790mg/kg	피하주입 : 8,128mg/kg 경구투여 : 9,275mg/kg		• LD_{50} : 체중 kg당 치사량 • Ethyl Alcohol 경구 투여 시 $LD_{50}=50$mg/kg 과 동일
취질	석탄가스냄새	양파썩는 냄새	마늘냄새	• 취기의 강도 Mercaptan > Thiophene > Disulfide • 혼합 시 취기농도 : 곱(배)의 효과
부식성	가스 중 H_2O, O_2의 존재 시	배관(강철·동합금) 부식	H_2O, O_2 부재 시 무관	고무, Plastic에 대하여는 팽윤 발생
화학적 안정성	안정화합물 (산화중합무관)	내산화성	안정된 화합물 (내산화성)	
토양투과성	보통(흡착용이)	좋음(흡착난이)	좋음(흡착난이)	

특성 \ 종류	THT (Tetra Hydro Thiophene)	TBM (Tertiary Butyl Mercaptan)	DMS (Di-Methyl Sulfide)	비고
물리적 성질 / 분자량	88	90	62	• THT : $0.06 g/Nm^3 \cdot CRG$ 기준 • TBM : $0.06 \times \dfrac{0.09}{0.77}$ $=0.007 g/Nm^3$ • DMS : $0.06 \times \dfrac{2.5}{0.77}$ $=O^2 g/Nm^3$
비점(℃)	122	64.4	37.2	
응고점(℃)	96	0	98	
비중(℃)	0.999	0.799	0.85	
S함유량 (wt%)	36.4	35.5	51.6	
ppb	0.77	0.09	2.5	
용해도 (%, 20℃)	0.85	0.96		
구조식	H₂C–CH₂ | | H₂C CH₂ \ / S	CH₃ | H₃C–C–SH | CH₃	H₃C–S–CH₃	
부취제 주입 시 변화 및 제어	완만한 변화, 제어용이	급격한 변화, 제어난이	THT와 동일, TBM과 혼합 사용	

2. 부취제의 주입설비

1) 액체주입식 부취설비

액체주입식 부취설비는 부취제를 액상 그대로 직접 가스 흐름에 주입하여 가스 중에서 기화, 확산시키는 방식으로서 가스 유량에 맞추어 주입량을 변화시키는 데 따라서 항상 일정한 부취제 첨가율을 유지할 수 있다.

(1) 액체주입식 부취설비의 종류

① 펌프주입방식

소요량의 다이어프램 펌프 등에 의해서 부취제를 직접 가스 중에 주입하는 방식이다. 간단한 계장으로 가스양의 변동에 대응하여 펌프의 스트로크 회전수 등을 변화시켜 가스 중의 부취제 농도를 항상 일정하게 유지할 수 있어 비교적 규모가 큰 부취설비에는 최적의 주입방식이다.

② 적하주입방식

　　액체주입 방식 중에서도 가장 간단한 것으로서 부취제 주입용기를 가스압으로 밸런스시키면 중력에 의해서 부취제는 가스 흐름 중에 떨어진다. 주입량의 조정은 니들밸브, 전자밸브 등으로 하지만 그 정도는 낮아 유량 변동이 작은 소규모의 부취에 많이 쓰이고 있다.

③ 미터 연결 바이패스 방식

　　가스 주 배관의 오리피스 차압에 의해서 바이패스 라인과 가스 유량을 변화시켜 바이패스 라인에 설치된 가스미터에 연동하고 있는 부취제를 가스중에 주입하는 방식이다. 이 방식은 미국에서 다년간 사용되어 왔지만 대규모의 설비에는 적합하지 않다.

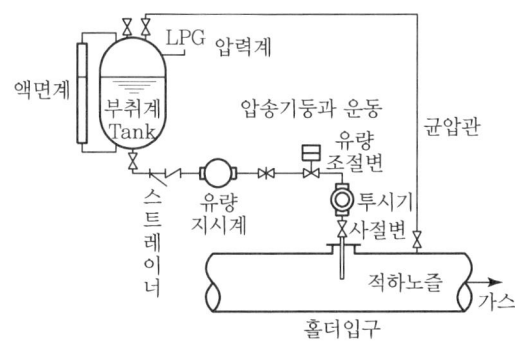

∥ 중력적하주입방식 ∥

2) 증발식 부취설비

증발식 부취설비는 부취제의 증기를 가스 흐름에 혼합하는 방식으로 설비비가 싸고, 동력을 필요로 하지 않는 이점이 있다. 설치 장소는 일반적으로 압력, 온도의 변동이 적고 관내 가스 유속이 큰 곳이 바람직하다. 온도의 변동을 피하기 위하여 지중에 매설하는 것도 좋다. 여러 가지 요인에 따라 부취제 첨가율을 일정하게 유지하는 것이 어려워 유량의 변동이 작은 소규모 부취에 쓰여지고 있다.

(1) 증발식 부취설비의 종류

① 바이패스 증발식

　　증발식 부취설비의 대표적인 형태이다. 부취제를 넣은 용기에 가스가 저유속으로 흐르면 가스는 부취제 증발로 거의 포화한다. 이때 가스라인에 설비된 오리피스에 의해서 부취제 용기에서 흐르는 유량을 조절하면 가스 유량에 상당한 부취제 포화가스가 가스라인으로 흘러들어가 거의 일정비율로 부취할 수 있다. 이 방식은 부취조절범위가 한정되어 있으므로 혼합부취제에 적용할 수 없다.

② 위크 증발식

아스베스토스 심을 전달하여 부취제가 상승하고 이것에 가스가 접촉하는 데 따라 부취제가 증발하여 부취된다. 설비는 상당히 간단하고 저렴하지만 부취제 첨가량의 조절이 어렵고 극히 소규모 부취에 사용된다.

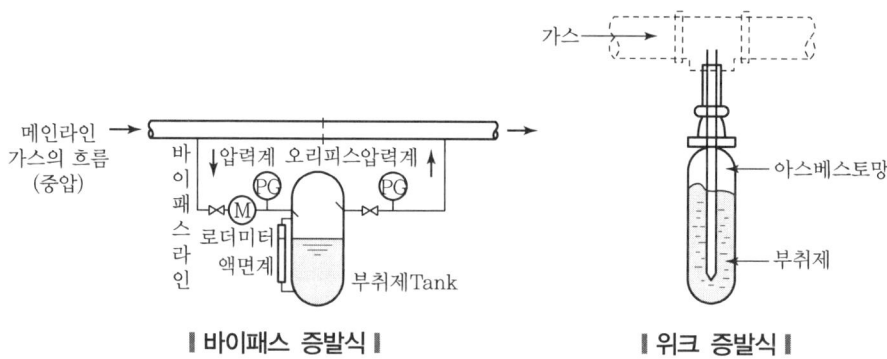

| 바이패스 증발식 | | 위크 증발식 |

3. 부취제 처리

부취제를 엎질렀을 때는 다음과 같은 방법으로 냄새를 감소시킬 수 있다.

① **활성탄에 의한 흡착**

밀폐한 용기와 실내외 소량의 부취제 용기의 흡착제거에는 유효하지만 대량의 처리에는 적합하지 않다.

② **화학적 산화처리**

차아염소산나트륨 용액 등의 강한 산화제로 부취제를 분해 처리하는 방법으로 부취제 용기, 배관, 수입 호스 등의 세정과 부취제를 엎질렀을 때 이용된다. 이 방법은 THT 등 안정한 부취제에는 적합하지 않다.

③ **연소법**

부취제 용기, 배관 등은 기름으로 닦고 그 기름을 연소처리하는 방법과 부취제 수입 시의 증기를 퍼지하는 대로 연소처리하는 방법이 포함된다.

CHAPTER 003 연습문제

01 끓는점이 약 -162℃로서 초저온 저장설비가 필요하며 관리가 다소 복잡한 도시가스의 연료는?

① SNG
② LNG
③ LPG
④ 나프타

풀이 LNG 연료
천연가스는 메탄(CH_4, 비점 -162℃)가스가 주성분이고, 약간의 에탄 등 경질 파라핀계 탄화수소와 황화수소, 이산화탄소 또는 부탄, 펜탄이 있다.

02 액화석유가스에 대하여 경고성 냄새가 나는 물질(부취제)의 비율은 공기 중 용량으로 얼마의 상태에서 감지할 수 있도록 혼합하여야 하는가?

① 1/100
② 1/200
③ 1/500
④ 1/1,000

풀이 부취제
도시가스 원료인 LPG, 나프타가스, 액화천연가스(LPG) 등은 색도 없고 냄새도 거의 없거나 약하므로 누설 시 쉽게 발견할 수 없어 냄새를 낼 수 있는 향료(부취제)를 첨가함으로써 가스가 누설되었을 때 조기에 발견, 조치하여 폭발사고나 중독사고를 방지하기 위하여 $\dfrac{1}{1,000}$ 의 비율로 부취제를 사용하도록 되어 있다.

03 도시가스사업법에서 정의한 가스를 제조하여 배관을 통해 공급하는 도시가스가 아닌 것은?

① 석유가스
② 나프타부생가스
③ 석탄가스
④ 바이오가스

04 액화천연가스 중 가장 많이 함유되어 있는 것은?

① 메탄
② 에탄
③ 프로판
④ 일산화탄소

풀이 천연가스(NG)의 주성분 : 메탄가스(CH_4)

정답 01 ② 02 ④ 03 ③ 04 ①

05 고압가스 제조시설의 플레어스택에서 처리가스의 액체 성분을 제거하기 위한 설비는?

① Knock-Out Drum ② Seal Drum
③ Flame Arrestor ④ Pilot Burnet

풀이 부속설비의 종류
① Knock-Out Drum : 플레어에 유입한 기체·액체를 분리 회수하는 역할
② Seal Drum : 역화나 내부 폭발을 방지하기 위한 설비
③ Flame Arrestor : 플레어스택 최종 단에 설치해 연소시켜 주는 장치
④ Pilot Burne : 불꽃을 항상 유지시켜주기 위한 점화장치

06 액화석유가스를 사용하고 있던 가스렌지를 도시가스로 전환하려고 한다. 다음 조건으로 도시가스를 사용할 경우 노즐구경은 약 몇 mm인가?

- LNG 총발열량(H_1) : 24,000kcal/m³
- LNG 총발열량(H_2) : 6,000kcal/m³
- LPG 공기에 대한 비중(d_1) : 1.55
- LNG 공기에 대한 비중(d_2) : 0.65
- LPG 사용압력(p_1) : 2.8kPa
- LNG 사용압력(p_2) : 1.0kPa
- LPG를 사용하고 있을 때의 노즐구경(D_1) : 0.3mm

① 0.2 ② 0.4
③ 0.5 ④ 0.6

풀이 노즐변경률

$$\frac{D_2}{D_1} = \sqrt{\frac{WI_1\sqrt{P_1}}{WI_2\sqrt{P_2}}}, \quad \frac{x}{0.3} = \sqrt{\frac{\frac{24,000}{\sqrt{1.55}} \times \sqrt{2.8\text{kPa} \times \frac{10,332\text{mmH}_2\text{O}}{101.325\text{kPa}}}}{\frac{6,000}{\sqrt{0.65}} \times \sqrt{1\text{kPa} \times \frac{10,332\text{mmH}_2\text{O}}{101.325\text{kPa}}}}}$$

$$\frac{x}{0.3} = \sqrt{\frac{19,200 \times \sqrt{2.8}}{7,500 \times \sqrt{1}}} = 0.2$$

∴ $x = 0.6$

여기서, WI : 웨버지수
H_g : 도시가스의 총발열량(kcal/m³)
S : 도시가스의 비중

07 LPG와 나프타를 원료로 한 대체천연가스(SNG) 공정에 속하지 않는 것은?

① 수소화탈황공정　　　　　　　　② 저온수증기개질공정
③ 열분해공정　　　　　　　　　　④ 메탄합성공정

풀이 열분해공정 : 원유, 중유, 나프타 등을 열분해하여 저급 탄화수소로 만드는 공정이다.

08 일반 도시가스 공급시설의 최고사용압력이 고압, 중압인 가스홀더에 대한 안전조치 사항이 아닌 것은?

① 가스방출장치를 설치한다.
② 맨홀이나 검사구를 설치한다.
③ 응축액을 외부로 뽑을 수 있는 장치를 설치한다.
④ 관의 입출구에는 온도나 압력의 변화에 따른 신축을 흡수하는 조치를 한다.

풀이 고압, 중압인 가스홀더에는 안전밸브를 설치한다.

09 LNG Bunkering이란?

① LNG를 지하시설에 저장하는 기술 및 설비
② LNG 운반선에서 LNG인수기지로 급유하는 기술 및 설비
③ LNG 인수기지에서 가스홀더로 이송하는 기술 및 설비
④ LNG를 해상 선박에 급유하는 기술 및 설비

풀이 LNG Bunkering : 가스연료 추진(급유) 선박

10 천연가스에 첨가하는 부취제의 성분으로 적합하지 않은 것은?

① THT(Tetra Hydro Thiophene)
② TBM(Tertiary Butyl Mercaptan)
③ DMS(Dimethyl Sulfide)
④ DMDS(Dimethyl Disulfide)

풀이 ① THT(Tetra Hydro Thiophene) : 석탄가스, 토양 투과성 보통
② TBM(Tertiary Butyl Mercaptan) : 양파 썩는 냄새, 토양 투과성 양호
③ DMS(Dimethyl Sulfide) : 마늘냄새, 토양 투과성 매우 양호
④ DMDS(Dimethyl Disulfide) : 위험성, 폭발성 물질(실험, 연구용)

정답 07 ③　08 ①　09 ④　10 ④

11 부취제 주입방식 중 액체 주입식이 아닌 것은?
① 펌프 주입방식　　② 적하 주입방식
③ 바이패스 증발식　　④ 미터 연결 바이패스 방식

풀이 증발식 부취설비(기체 주입식)
- 위크 증발식
- 바이패스 증발식

12 도시가스 원료로서 나프타(Naphtha)가 갖추어야 할 조건으로 틀린 것은?
① 황분이 적을 것　　② 카본 석출이 적을 것
③ 탄화물성 경향이 클 것　　④ 파라핀계 탄화수소가 많을 것

풀이 나프타(Naphtha)
원유의 상압 증류에 의해 생산되며 비점이 200℃ 이하의 유분이다(라이트나프타, 헤비나프타). 파라핀계, 나프텐계, 올레핀계, 방향족 분석치로 분류하며, 탄화수소비가 5~6이기 때문에 (C/H)비를 3으로 하는 개질장치가 필요하다.

13 정압기의 운전 특성 중 정상상태에서의 유량과 2차 압력과의 관계를 나타내는 것은?
① 정특성　　② 동특성
③ 사용최대차압　　④ 작동최소차압

풀이 정압기 정특성 : 정상상태에 있어서의 유량과 2차 압력의 관계를 말한다.

14 접촉분해 공정으로 도시가스를 제조하는 공정에서 발열반응을 일으키는 온도로서 가장 적당한 것은?(단, 반응압력은 10기압이다.)
① 350℃ 이하　　② 500℃ 이하
③ 750℃ 이하　　④ 850℃ 이하

풀이 도시가스 제조
- 열분해 공정
- 접촉분해 공정(400~800℃) : 일반적으로 10기압에서는 500℃ 이하 사용
- 부분연소 공정
- 수첨분해 공정
- 대체 천연가스

정답 11 ③　12 ③　13 ①　14 ②

15 합성천연가스(SNG) 제조 시 나프타를 원료로 하는 메탄(CH_4)합성공정과 관련이 적은 설비는?
① 탈황장치　　　　　　　　　　　② 반응기
③ 수첨 분해탑　　　　　　　　　　④ CO 변성로

풀이
- SNG : 수분, 산소, 수소를 원료 탄화수소와 반응시켜 가스화하고 메탄합성, 탈탄산 등의 공정과 병용하여 천연가스의 성상과 일치시킨다.
- CO 변성로 : 열처리로에 가압을 하기 위해 가스나 희석 공기를 공급하여 침탄이나 탈탄을 하기 위한 기본 분위기를 제공하는 것이 변성로이며 CO 가스로 침탄하면 CO 변성로가 된다.

16 가스의 호환성 측정을 위하여 사용되는 웨베지수의 계산식을 옳게 나타낸 것은?(단, WI는 웨버지수, H_g는 가스의 발열량[kcal/m³], d는 가스의 비중이다.)

① $WI = \dfrac{H_g}{d}$　　　　　　　② $WI = \dfrac{H_g}{\sqrt{d}}$

③ $WI = \dfrac{d}{H_g}$　　　　　　　④ $WI = \sqrt{\dfrac{d}{H_g}}$

풀이
- 도시가스 웨버지수 계산식(WI)

$$WI = \dfrac{H_g}{\sqrt{d}}$$

- 연소속도지수(C_p)

$$= k \times \dfrac{1.0H_2 + 0.6(CO + C_mH_n) + 0.3CH_4}{\sqrt{d}}$$

17 액화천연가스(LNG)의 유출 시 발생되는 현상으로 가장 옳은 것은?
① 메탄가스의 비중은 상온에서 공기보다 작지만 온도가 낮으면 공기보다 커져 땅 위에 체류한다.
② 메탄가스의 비중은 공기보다 크므로 증발된 가스는 항상 땅 위에 체류한다.
③ 메탄가스의 비중은 상온에서는 공기보다 크지만 온도가 낮으면 공기보다 작아져 땅 위에 체류하는 일이 없다.
④ 메탄가스의 비중은 공기보다 작으므로 증발된 가스는 위쪽으로 확산되어 땅 위에 체류하는 일이 없다.

풀이 LNG 주성분

메탄 : 분자량 16

비중 = $\dfrac{16}{29(공기)} = 0.552$ (누설 시 상부로 올라간다.)

- 단, 온도가 낮아지면 밀도가 무거워 땅 위에 체류한다.
- 상온에서는 가스가 위쪽으로 확산하여 지상에 체류하는 일이 없다.

정답 15 ④　16 ②　17 ①

18 부취제의 구비조건으로 틀린 것은?

① 배관을 부식하지 않을 것
② 토양에 대한 투과성이 클 것
③ 연소 후에도 냄새가 있을 것
④ 낮은 농도에서도 알 수 있을 것

> **풀이** 부취제의 구비조건
> • 독성이 없을 것
> • 보통 존재하는 냄새와는 명확하게 식별될 것
> • 극히 낮은 농도에서도 냄새가 확인될 수 있을 것
> • 가스관이나 가스 미터에 흡착되지 않을 것
> • 완전히 연소하고 연소 후에 유해한 혹은 냄새를 갖는 성질을 남기지 않을 것
> • 도관 내의 상용 온도에서는 응축하지 않을 것
> • 도관을 부식시키지 않을 것
> • 물에 잘 녹지 않는 물질일 것
> • 화학적으로 안정된 것
> • 토양에 대해 투과성이 클 것
> • 가격이 쌀 것

19 도시가스의 누출 시 감지할 수 있도록 첨가하는 것으로서 냄새가 나는 물질(부취제)에 대한 설명으로 옳은 것은?

① THT는 경구투여 시에는 독성이 강하다.
② THT는 TBM에 비해 취기 강도가 크다.
③ THT는 TBM에 비해 토양 투과성이 좋다.
④ THT는 TBM에 비해 화학적으로 안정하다.

> **풀이** ① THT는 피하주입 시 독성이 강하다.
> ② THT는 TBM에 비해 취기 강도가 작다.
> ③ TBM이 THT보다 토양 투과성이 좋다.

20 나프타(Naphtha)에 대한 설명으로 틀린 것은?

① 비점 200℃ 이하의 유분이다.
② 헤비 나프타가 옥탄가가 높다.
③ 도시가스의 증열용으로 이용된다.
④ 파라핀계 탄화수소의 함량이 높은 것이 좋다.

> **풀이** • 옥탄가 : 가솔린의 안티노킹성(Antiknocking)을 수로 나타낸 값
> • 나프타(Naphtha) : 라이트 나프타, 헤비 나프타
> • 라이트 나프타는 옥탄가가 높다.

21 LNG에 대한 설명으로 틀린 것은?

① 대량의 천연가스를 액화하려면 3원 캐스케이드 액화 사이클을 채택한다.
② LNG 저장탱크는 일반적으로 2중 탱크로 구성된다.
③ 액화 전의 전처리로 제진, 탈수, 탈탄산가스 등의 공정은 필요하지 않다.
④ 주성분인 메탄은 비점이 약 −163℃이다.

풀이 LNG(액화천연가스)를 제조하기 전 천연가스 내의 제진, 탈수, 탈탄산가스 등을 제거하여 가스의 청정도를 높인다.

22 도시가스의 발열량이 10,400kcal/m³이고 비중이 0.5일 때 웨버지수(WI)는 얼마인가?

① 14,142   ② 14,708   ③ 18,257   ④ 27,386

풀이 웨버지수(WI) $= \dfrac{H_g}{\sqrt{d}} = \dfrac{10,400}{\sqrt{0.5}} = 14,708$

23 가스 누출을 조기에 발견하기 위하여 사용되는 냄새가 나는 물질(부취제)이 아닌 것은?

① T.H.T   ② T.B.M   ③ D.M.S   ④ T.E.A

풀이 부취제
- T.H.T(석탄가스 냄새)
- T.B.M(양파 썩는 냄새)
- D.M.S(마늘냄새)

24 발열량 5,000kcal/m³, 비중 0.61, 공급표준압력 100mmH₂O인 가스에서 발열량 11,000kcal/m³, 비중 0.66, 공급표준압력이 200mmH₂O인 천연가스로 변경할 경우 노즐변경률은 얼마인가?

① 0.49   ② 0.58   ③ 0.71   ④ 0.82

풀이 ㉠ 웨버지수(WI) $= \dfrac{H_g}{\sqrt{d}}$

㉡ 도시가스 월 사용예정량(Q) $= \dfrac{(A \times 240) + (B \times 90)}{11,000}$

㉢ 노즐변경률(D) $= \left(\dfrac{D_2}{D_1}\right) = \sqrt{\dfrac{WI_1 \sqrt{P_1}}{WI_2 \sqrt{P_2}}}$

$\therefore D = \sqrt{\dfrac{\dfrac{5,000}{\sqrt{0.61}} \times \sqrt{100}}{\dfrac{11,000}{\sqrt{0.66}} \times \sqrt{200}}} = 0.58$

정답 21 ③ 22 ② 23 ④ 24 ②

25 액화천연가스(메탄기준)를 도시가스 원료로 사용할 때 액화천연가스의 특징을 옳게 설명한 것은?

① 천연가스의 C/H 질량비가 3이고 기화설비가 필요하다.
② 천연가스의 C/H 질량비가 4이고 기화설비가 필요 없다.
③ 천연가스의 C/H 질량비가 3이고 가스제조 및 정제설비가 필요하다.
④ 천연가스의 C/H 질량비가 4이고 개질설비가 필요하다.

풀이 액화천연가스(LNG=CH_4 가스)
- 기화설비가 필요하다.
- 탄화수소비 C/H = $\frac{12}{4}$ = 3

※ CH_4(메탄)분자량 = 16(C : 12, H : 4)

26 정압기 특성 중 정상상태에서 유량과 2차 압력과의 관계를 나타내는 특성을 무엇이라 하는가?

① 정특성
② 동특성
③ 유량특성
④ 작동최소차압

27 원유, 중유, 나프타 등 분자량이 큰 탄화수소를 원료로 하며, 800~900℃의 고온에서 분해시켜 약 10,000kcal/Nm^3 정도의 가스를 제조하는 공정은?

① 열분해공정
② 접촉분해공정
③ 부분연소공정
④ 고압수증기개질공정

풀이 열분해공정 가스 제조
- 원료 : 원유, 중유, 나프타 등의 탄화수소
- 분해온도 : 800~900℃
- 발열량 : 10,000kcal/Nm^3
- 생성물 : 수소, 메탄, 에탄, 에틸렌, 프로필렌 등

28 도시가스의 원료 중 탈황 등의 정제장치를 필요로 하는 것은?

① NG
② SNG
③ LPG
④ LNG

풀이 천연가스(NG 가스)의 주성분은 메탄(CH_4)으로, 탈황 등의 정제장치를 필요로 한다.

정답 25 ① 26 ① 27 ① 28 ①

29 천연가스에 첨가하는 부취제의 성분으로 적합하지 않은 것은?

① THT(Tetra Hydro Thiophene)
② TBM(Tertiary Butyl Mercaptan)
③ DMS(Dimethyl Sulfide)
④ DMDS(Dimethyl Disulfide)

30 정압기를 평가, 선정할 경우 정특성에 해당되는 것은?

① 유량과 2차 압력과의 관계
② 1차 압력과 2차 압력과의 관계
③ 유량과 작동 차압과의 관계
④ 메인밸브의 열림과 유량과의 관계

풀이 ① 정특성
② 사용최대차압 특성
④ 유량 특성

31 일반 도시가스사업소에 설치하는 매몰형 정압기의 설치에 대한 설명으로 옳은 것은?

① 정압기 본체는 두께 3mm 이상의 철판에 부식 방지 도장을 한 격납상자 안에 넣어 매설한다.
② 철근콘크리트 구조의 그 두께는 200mm 이상으로 한다.
③ 정압기의 기초는 바닥 전체가 일체로 된 철근콘크리트 구조로 한다.
④ 격납상자 쪽 도입관의 말단부에는 누출된 가스를 포집할 수 있는 직경 10cm 이상의 포집갓을 설치한다.

풀이 도시가스 매몰형 정압기 설치
정압기의 기초는 안전을 위하여 바닥 전체가 일체로 된 철근콘크리트 구조로 한다.

32 LNG 냉열 이용에 대한 설명으로 틀린 것은?

① LNG를 기화시킬 때 발생하는 한랭을 이용하는 것이다.
② LNG 냉열로 전기를 생산하는 발전에 이용할 수 있다.
③ LNG는 온도가 낮을수록 냉열이용량은 증가한다.
④ 국내에서는 LNG 냉열을 이용하기 위한 타당성 조사가 활발하게 진행 중이며 실제 적용한 실적은 아직 없다.

풀이 국내에서도 LNG 냉열을 이용한 실적이 있다.
※ LNG(CH_4 비점 : $-161.5℃$)

정답 29 ④ 30 ① 31 ③ 32 ④

33 공동주택에 압력 조정기를 설치할 경우 설치기준으로 맞는 것은?

① 공동주택 등에 공급되는 가스압력이 중압이상으로서 전 세대수가 200세대 미만인 경우 설치할 수 있다.
② 공동주택 등에 공급되는 가스압력이 저압으로서 전 세대수가 250세대 미만인 경우 설치할 수 있다.
③ 공동주택 등에 공급되는 가스압력이 중압이상으로서 전 세대수가 300세대 미만인 경우 설치할 수 있다.
④ 공동주택 등에 공급되는 가스압력이 저압으로서 전 세대수가 350세대 미만인 경우 설치할 수 있다.

[풀이] 공동주택 압력 조정기 설치
가스압력이 저압인 경우에는 전 세대수가 250세대 미만의 경우 정압기(거버너) 대신 압력 조정기의 설치가 가능하다.

34 $-160℃$의 LNG(액비중 : 0.62, 메탄 : 90%, 에탄 : 10%)를 기화($10℃$)시키면 부피는 약 몇 m^3가 되겠는가?

① 827.4
② 82.74
③ 356.3
④ 35.6

[풀이] 액비중 $0.62 = 0.62kg/L(620kg/m^3)$
메탄(CH_4) 분자량=16, 에탄(C_2H_6) 분자량=30
$16g = 22.4L$, $30g = 22.4L(16kg, 30kg = 22.4m^3)$
$$\therefore \left(\frac{620 \times 0.9}{16} \times 22.4\right) + \left(\frac{620 \times 0.1}{30} \times 22.4\right) = 781.2 + 46.30 = 827.4m^3$$

35 도시가스 제조설비 중 나프타의 접촉분해(수증기개질)법에서 생성가스 중 메탄(CH_4) 성분을 많게 하는 조건은?

① 반응온도 및 압력을 상승시킨다.
② 반응온도 및 압력을 감소시킨다.
③ 반응온도를 저하시키고 압력을 상승시킨다.
④ 반응온도를 상승시키고 압력을 감소시킨다.

[풀이] 도시가스 접촉분해공정
- 사이클릭식 접촉분해공정
- 저온 수증기 개질공정
- 고온 수증기 개질공정

메탄(CH_4) 성분을 많게 하려면 반응 시 반응온도를 저하시키고 압력을 상승시킨다.

정답 33 ② 34 ① 35 ③

36 냄새가 나는 물질(부취제)의 주입방법이 아닌 것은?

① 적하식
② 증기주입식
③ 고압분사식
④ 회전식

풀이 도시가스 부취제 주입방법
- 액체주입방식 : 펌프식, 적하식, 미터연결바이패스방식
- 증발식 기체주입방식 : 위크식, 바이패스식

37 정압기의 특성 중 유량과 2차 압력의 관계를 나타내는 것은?

① 정특성
② 유량특성
③ 동특성
④ 작동 최소차압

풀이 정특성
가스정압기(거버너)에서 정상상태에 있어서의 유량과 2차 압력의 관계를 말한다.

38 저온수증기 개질에 의한 SNG(대체천연가스) 제조 공정의 순서로 옳은 것은?

① LPG → 수소화 탈황 → 저온수증기 개질 → 메탄화 → 탈탄산 → 탈습 → SNG
② LPG → 수소화 탈황 → 저온수증기 개질 → 탈습 → 탈탄산 → 메탄화 → SNG
③ LPG → 저온수증기 개질 → 수소화 탈황 → 탈습 → 탈탄산 → 메탄화 → SNG
④ LPG → 저온수증기 개질 → 탈습 → 수소화 탈황 → 탈탄산 → 메탄화 → SNG

39 천연가스의 액화에 대한 설명으로 옳은 것은?

① 가스전에서 채취된 천연가스는 불순물이 거의 없어 별도의 전처리 과정이 필요하지 않다.
② 임계온도 이상, 임계압력 이하에서 천연가스를 액화한다.
③ 캐스케이드 사이클은 천연가스를 액화하는 대표적인 냉동사이클이다.
④ 천연가스의 효율적 액화를 위해서는 성능이 우수한 단일 조성의 냉매 사용이 권고된다.

풀이 ① 가스전에서 채취된 천연가스는 탈황 등의 전처리 과정이 필요하다.
② 임계온도 이상, 임계압력 이하에서는 액화하지 못한다.
④ 2원 냉동 사이클에서는 단일 냉매가 아닌 2중 냉매를 사용한다.

정답 36 ④ 37 ① 38 ① 39 ③

40 일반 도시가스 공급시설에서 최고사용압력이 고압, 중압인 가스홀더에 대한 안전조치사항이 아닌 것은?

① 가스방출 장치를 설치한다.
② 맨홀이나 검사구를 설치한다.
③ 응축액을 외부로 뽑을 수 있는 장치를 설치한다.
④ 관의 입구와 출구에는 온도나 압력의 변화에 따른 신축을 흡수하는 조치를 한다.

풀이 도시가스 공급시설에서 고압이나 중압 홀더의 안전조치사항은 안전밸브나 ②, ③, ④에 따른다.

41 LNG의 기화장치에 대한 설명으로 틀린 것은?

① Open Rack Vaporizer는 해수를 가열원으로 사용한다.
② Submerged Conversion Vaporizer는 연소가스가 수조에 설치된 열교환기의 하부에 고속으로 분출되는 구조이다.
③ Submerged Conversion Vaporizer는 물을 순환시키기 위하여 펌프 등의 다른 에너지원을 필요로 한다.
④ Intermediate Fluid Vaporizer는 프로판을 중간매체로 사용할 수 있다.

풀이 서브머지드 기화기
- 피크로드용으로 액 중 버너를 사용한다.
- 초기 설비비가 적으나 운전비용이 많이 든다.
- 버너 연소열로 기화시킨다.

42 고압가스용 기화장치의 구성요소에 해당하지 않는 것은?

① 기화통
② 열매온도 제어장치
③ 액유출 방지장치
④ 긴급차단장치

풀이 긴급차단장치는 가스 누설 시에 경보와 함께 가스를 차단한다(가스안전장치).

43 다음 부취제 주입방식 중 액체식 주입방식이 아닌 것은?

① 펌프주입식
② 적하주입식
③ 위크식
④ 미터연결 바이패스식

풀이 부취제 주입방식
- 액체주입방식 : 펌프주입식, 적하주입식, 미터연결 바이패스식
- 증발주입방식 : 위크증발식, 바이패스 증발식

정답 40 ① 41 ③ 42 ④ 43 ③

44 압력에 따른 도시가스 공급방식의 일반적인 분류가 아닌 것은?

① 저압공급방식
② 중압공급방식
③ 고압공급방식
④ 초고압공급방식

풀이 도시가스 공급방식
- 고압공급 : 1MPa 이상
- 중압공급 : 0.1~1MPa
- 저압공급 : 0.1MPa 미만

45 지하에 설치하는 지역정압기실(기지)의 조작을 안전하고 확실하게 하기 위하여 조명도는 최소 어느 정도로 유지하여야 하는가?

① 80Lux 이상
② 100Lux 이상
③ 150Lux 이상
④ 200Lux 이상

풀이 지역정압기실 조작 시 조명도 : 150럭스 이상

46 도시가스사업법에서 정의하는 것으로 가스를 제조하여 배관을 통해 공급하는 도시가스가 아닌 것은?

① 천연가스
② 나프타부생가스
③ 석탄가스
④ 바이오가스

풀이 석탄가스 : 석탄을 1,000℃ 내외로 건류할 때 얻어지는 가스이다(성분은 H_2 : 51%, CH_4 : 32%, CO : 8%, 발열량 : 5,670kcal/Nm^3 정도).

47 가스 제조공정인 수증기 개질공정에서 주로 사용되는 촉매는 어느 계통인가?

① 철
② 니켈
③ 구리
④ 비금속

풀이 니켈 : 수증기 개질공정에서 가스 제조 시 촉매로 사용

48 에틸렌, 프로필렌, 부틸렌과 같은 탄화수소의 분류로 올바른 것은?

① 파라핀계
② 방향족계
③ 나프텐계
④ 올레핀계

정답 44 ④　45 ③　46 ③　47 ②　48 ④

풀이 나프타
- 알칸족 탄화수소 : 파라핀계, 메탄계, 포화계
- 알켄족 탄화수소 : 올레핀계, 에틸렌계
- 알킨족 탄화수소 : 아세틸렌계
- 나프탄계 탄화수소
- 파라핀계 탄화수소
※ 올레핀계 : 에틸렌, 프로필렌, 부틸렌 등의 탄화수소(파라핀계 탄화수소가 많을수록 나프타는 좋다.)

49 액화가스의 기화기 중 액화가스와 해수 및 하천수 등을 열교환시켜 기화하는 형식은?
① Open Rack식
② 직화가열식
③ Air Fin식
④ Submerged Combustion식

풀이 해수식 기화기(Open Rack Vaporizer ; ORV)
고압으로 이송된 LNG가 해수 및 하천수에 설치된 열교환기 하부로 공급되어 상부로 통과되는 동안 NG 상태로 기화되는 형식의 기화기이다.

50 합성천연가스(SNG) 제조 시 납사를 원료로 하는 메탄합성 공정과 관련이 적은 설비는?
① 탈황장치
② 반응기
③ 수첨분해탑
④ CO 변성로

풀이 합성천연가스(SNG) 공정
- 수첨분해공정
- 수증기 개질공정
- 부분연소공정
- 메탄합성 공정(반응기)
- 탈탄산장치
- 탈황장치

51 LNG에 대한 설명 중 틀린 것은?
① LNG의 주성분은 메탄이다.
② LNG는 천연가스를 −162℃까지 냉각, 액화한 것이다.
③ 저온 저장탱크에 저장된 LNG는 대부분 액화하여 사용한다.
④ 대량의 천연가스를 액화하는 데에는 캐스케이드 사이클이 사용된다.

풀이 저온 저장탱크 내 LNG 가스는 기화시켜 액화상태가 아닌 기화가스로 사용한다.

정답 49 ① 50 ④ 51 ③

52 석유화학장치에서 나프타 개질반응에 해당하지 않는 것은?
① 코크스의 카르보닐화 레페반응
② 나프텐의 탈수소반응
③ 파라핀의 탄화 탈수소반응
④ 나프텐의 이성화반응

풀이 석유화학장치에서 나프타 개질반응
- 나프텐 수증기 개질법
- 나프텐의 탈수소반응
- 나프텐의 이성화반응
- 파라핀계의 탄화 탈수소반응

53 고압으로 수송하기 위해 압송기가 필요한 프로세스는?
① 사이클링식 접촉분해 프로세스
② 수소화 분해 프로세스
③ 대체천연가스 프로세스
④ 저온수증기 개질 프로세스

풀이 도시가스 제조 접촉분해 공정(수증기 개질법)
- 사이클링식 접촉분해(압송기가 필요하다.)
- 고온수증기 개질
- 중온수증기 개질
- 저온수증기 개질

54 CH_4 성분이 많은 열량 6,500kcal/Nm³ 정도의 가스를 제조하는 방법으로 적당한 것은?
① 사이클링식 접촉분해공정
② 고온수증기 개질공정
③ 저온수증기 개질공정
④ 부분연소공정

풀이 ① 사이클링식 접촉분해공정 : 9,000~10,000kcal/Nm³
② 고온수증기 개질공정 : 3,000kcal/Nm³ 전후
③ 저온수증기 개질공정 : 6,500kcal/Nm³ 전후
④ 부분연소공정 : 2,000kcal/Nm³ 전후

55 LNG 저장탱크에서 상이한 액체 밀도로 인하여 층상화된 액체의 불안정한 상태가 바로잡힐 때 생기는 LNG의 급격한 물질 혼합 현상으로 상당한 양의 증발가스가 발생하는 현상은?
① 롤오버(Roll-Over) 현상
② 증발(Boil-Off) 현상
③ BLEVE 현상
④ Fire Ball 현상

풀이 롤오버현상 : LNG 저장탱크에서 상이한 액체밀도로 인하여 층상화된 액체의 불안정한 상태가 바로잡힐 때 상당한 양의 증발가스가 발생하는 현상

정답 52 ① 53 ① 54 ③ 55 ①

56 다음 중 가스의 열량조절방식이 아닌 것은?

① 유량비제어방식 ② 캐스케이드방식
③ 통합제어방식 ④ 전위차방식

풀이 가스의 열량조절방식
- 유량비제어방식
- 캐스케이드방식
- 통합제어방식

57 도시가스 공급방식 중 고압공급의 특징에 대한 설명으로 옳지 않은 것은?

① 큰 배관을 사용하지 않아도 많은 양의 가스를 수송할 수 있다.
② 고압홀더가 있을 경우 정전 등의 고장에 대하여 안전성이 좋다.
③ 고압압송기 및 고압정압기 등의 유지관리가 쉽다.
④ 부속품의 열화 및 건조에 대한 방지책이 필요하다.

풀이 도시가스 고압공급에서 고압압송기 및 고압배관, 고압정압기 등의 유지관리가 어려워 압송비가 많아진다.

정답 56 ④ 57 ③

CHAPTER 004 펌프 및 압축기

SECTION 01 펌프

1. 펌프의 분류

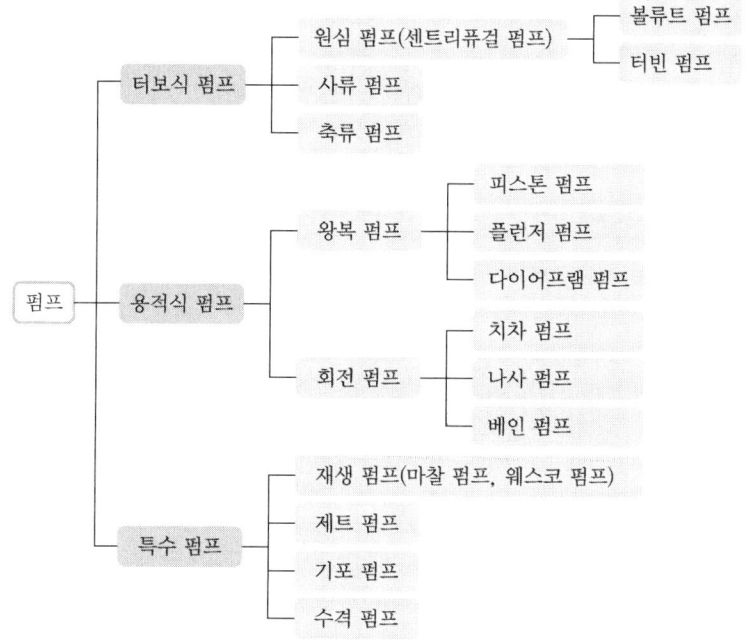

> **Reference**
>
> 대표적으로 사용되는 액체이송 펌프는 다음과 같다.
> 1. **원심 펌프** : 볼류트 펌프(Volute Pump), 터빈 펌프(Turbine Pump)
> 2. **회전 펌프** : 기어 펌프(Gear Pump), 베인 펌프(Vane Pump)
> 3. **왕복 펌프** : 피스톤 펌프(Piston Pump), 플런저 펌프(Plunger Pump)

1) 터보식(비용적식) 펌프

(1) 원심식 펌프

복류식 펌프라고도 하며 임펠러에 흡입된 물을 축과 직각의 복류 방향으로 토출한다.

① 볼류트 펌프

임펠러에서 나온 물을 직접 볼류트 케이싱에 유도하는 형식

② 터빈 펌프(디퓨저 펌프)

안내 베인을 통한 다음 볼류트 케이싱에 유도하는 형식

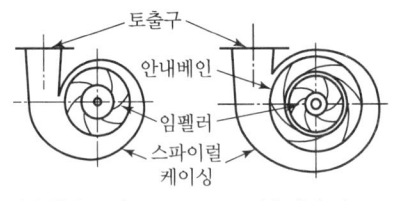
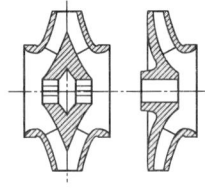

‖ 원심 펌프 ‖   ‖ 양흡입형과 편흡입형 임펠러 ‖

Reference

1. 안내 날개의 역할
   임펠러로부터 부여된 속도에너지를 능숙하게(마찰저항 등 쓸데 없이 소모시키지 않음) 압력의 에너지로 바꾸는 하나의 수단이며 간단히 말해서 수로의 교통 정리를 않는 것이 그 역할이다.
2. 안내 베인을 설치하는 이유
   고양정 펌프의 경우 임펠러에서 나온 유속이 빠른 물이 안내 베인을 통해 다음 볼류트 케이싱에 유도됨으로써 다시 효율적으로 압력 에너지로 변화시킬 수 있도록 한다.

(2) 사류 펌프

임펠러에서 나온 물의 흐름이 축에 대하여 비스듬히 나오는 데서 이름이 붙었다.

(3) 축류 펌프

임펠러에서 나오는 물의 흐름이 축방향으로 나오는 데서 이름이 붙었다.

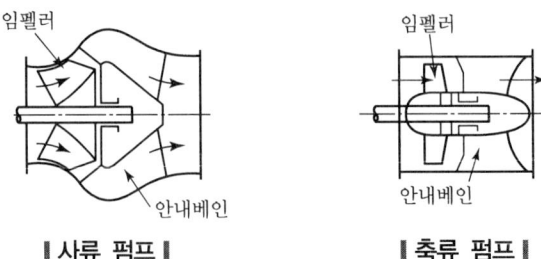

‖ 사류 펌프 ‖   ‖ 축류 펌프 ‖

(4) 원심펌프 특징

① 대용량에 적합하다.
② 고양정, 저점도의 액체 수송에 적당하다.
③ 용량에 비하여 설치면적이 작고 소형이다.

> **Reference**
>
> 원심펌프의 특징
> 1. 용량에 비해 설치면적이 적으며 소형이다.
> 2. 맥동현상이 없고 흡입, 토출밸브가 없다.
> 3. 가동 전 케이싱 내에 액을 충만시켜야 한다.
> 4. 가이드 베인이 있는 것은 터빈 펌프이다.
> 5. 대용량액의 수송에 적합하다.
> 6. 캐비테이션(공동현상), 서징현상이 발생하기 쉽다.

> **Reference** 터보형 펌프의 운전정지순서
>
> 1. 토출밸브를 서서히 닫는다.
> 2. 모터를 정지한다.
> 3. 흡입밸브를 닫는다.
> 4. 펌프의 액을 배출한다.

2) 왕복동(용적식) 펌프

(1) 구동방식에 따른 분류

① 직동식
　주로 증기기관의 피스톤 로드를 연결하여 운전하는 것이다.

② 크랭크식
　크랭크 기구를 사용하여 전동기나 엔진과 직렬 또는 밸브, 기어 감속기 등으로 구동하는 것으로 플라이 휠을 설치하여 평활한 운전을 도모하는 것도 있다.

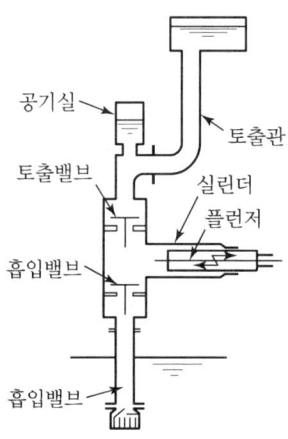

∥ 왕복 펌프 ∥

(2) 왕복동 펌프의 특징

① 토출 압력은 회전수에 따라 그다지 변하지 않는다.
② 1스트로크(1왕복)의 토출량이 결정되어 있으므로 일정량을 정확하게 토출할 수 있다.
③ 토출액이 진동하는 것을 적게 하기 위해 여러 가지 방법이 취해지고 있다.
④ 반드시 두 개 이상의 밸브가 있다. 한쪽이 닫힐 때는 한쪽이 열림으로써 펌프작용을 한다.
⑤ 소형인 데 비해 고압이 얻어진다.
⑥ 구조적으로는 동력의 회전운동을 왕복으로 변환하는 기수를 갖고 있다.

3) 다이어프램(왕복식) 펌프

진흙탕이나 모래가 많은 물 또는 특수약액 등을 이송하는 데 고무(또는 테프론)막을 상하로 운동시켜 작용시키는 펌프이다.

(1) 다이어프램 펌프의 원리

① 핸들을 내리면 다이어프램이 올라가고 흡입밸브가 열려 액체를 빨아 올린다. 이때 토출밸브는 흡착되어 닫혀 있다.
② 핸들을 올리면 다이어프램은 내려가 실내의 액을 밀어낸다. 이때 흡입밸브는 압력으로 압착되고 막혀 액의 역류를 방지하며 토출밸브가 열려 액을 유출시킨다. 이것을 반복한다.

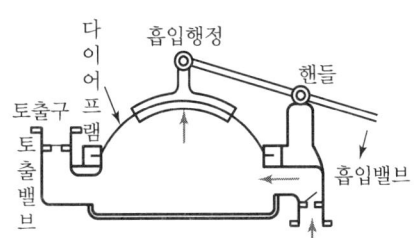

❙ 다이어프램 펌프 ❙

(2) 다이어프램 펌프의 특징

① 글랜드가 없고 완전히 누설을 방지할 수 있으므로 화학약액 등에 흔히 이용된다.
② 모래나 진흙탕 등 또는 슬러리(입자)를 함유한 액 등에 마모 및 막힘이 없으므로 이용할 수 있다.

> **Reference 격막 펌프(다이어프램 펌프)**
>
> 끝이 고정되어 있는 신축성 격막의 상하 운동으로 물질을 운반하는 것으로 부식성·독성·방사성 액체 따위를 압송하는 데 적당한 왕복 펌프의 한 변형이다.

4) 로터리 펌프(Rotary Pump : 회전 펌프)

로터리 펌프는 원심 펌프와 모습은 매우 흡사하나 원리는 전혀 다르며 왕복 펌프와 같은 용적식 펌프이고 펌프형식의 하나의 명칭으로서 회전 펌프라고도 한다. 즉, 펌프 본체 속에 회전자가 있고 본체(케이싱)와 약간의 틈새로 회전하여 액을 흡입측에서 토출측으로 압출하는 펌프이다.

(1) 로터리 펌프의 특징

① 왕복 펌프와 같은 흡입·토출 밸브가 없고, 연속 회전하므로 토출액의 맥동이 적다.
② 점성이 있는 액체에 좋다.
③ 고압유압 펌프로서 사용된다.

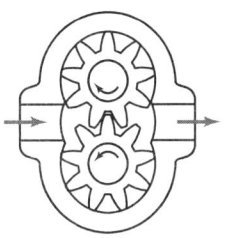

❙ 외치기어 펌프 ❙

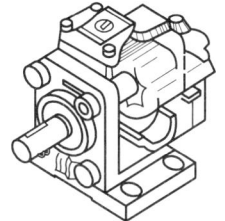

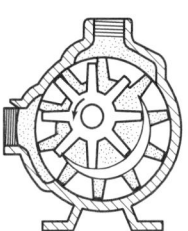

❙ 내치기어 펌프 ❙

(2) 회전 펌프 사용 시 주의사항

① 액의 점도에 따른 회전수와 소요동력의 선정을 적절히 할 것(점도가 큰 액일수록 회전수가 적어져 소요동력이 커진다.)
② 점도가 큰 액의 흡입측 저항을 가능한 한 작게 할 것
③ 윤활성의 유무에 따라 베어링의 형식을 선정할 것
④ 점도가 너무 없는 액이면 회전 펌프보다는 원심 펌프 이용을 생각해 볼 것
⑤ 고압 사용의 경우는 반드시 안전밸브를 사용할 것

5) 회전식 기어 펌프(치차 펌프)

회전식 기어 펌프는 여러 가지 기어를 두 개 맞물려 기어가 열릴 때 흡입, 닫힐 때 토출되도록 한 펌프이다. 열릴 때는 지금까지 기어가 맞물려 있던 곳이 열려 공간이 생기므로 저압부가 되어 액체가 침입하여 온다. 액체는 기어의 회전에 따라 1회전하면 기어가 맞물리도록 액을 토출하게 된다.

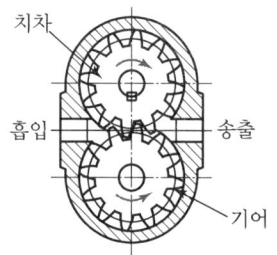

∥ 기어 펌프의 원리 ∥

(1) 기어 펌프의 구조상 분류

① 외치식 기어 펌프
② 내치식 기어 펌프
③ 편심 로터리 펌프

(2) 기어 펌프의 특징

① 흡입양정이 크다. 즉, 흡입력이 강하므로 8m 이상 빨아 올릴 수 있다.
② 토출압력은 회전수에 영향을 받지 않고 동력에 의해 얼마든지 높이 올릴 수 있다.
③ 고압력에 적합하다.
④ 고점도액의 이송에 적합하다(점도가 높은 액이라도 토출량에 큰 영향이 없다).
⑤ 고점도액인 때는 회전수를 낮춰 사용하는 것이 좋다.
⑥ 토출압력이 바뀌어도 토출량은 크게 바뀌지 않는다.

⑦ 원심 펌프와 같이 액체가 심하게 교반되지 않으므로 교반되면 곤란한 액에 적합하다.
⑧ 구조가 간단하고 분해소제, 세척이 용이하므로 식품공업용에 적합하다.
⑨ 모래와 같이 굳은 입자 특히 마모를 촉진하는 입자, 기어 사이에 끼어 회전불능이 되는 단단한 입자를 함유하는 액체에는 사용할 수 없다.
⑩ 기어 펌프의 용량은 보통 3~100m³/hr 정도이다.

6) 회전식 베인 펌프(Vane Pump)

원통형 케이싱 안에 편심 회전자가 있고 그 홈 속에 판상의 깃(베인 : Vane)이 들어 있다. 베인이 원심력 또는 스프링의 장력에 의하여 벽에 밀착되면서 회전하여 기름을 취급하는 데 사용되며 본질적으로는 대유량의 기름을 수송하는 데 알맞고, 소형에서는 특히 간극을 작게 하여 100kg/cm² 정도의 고압용으로 제작되고 있다.

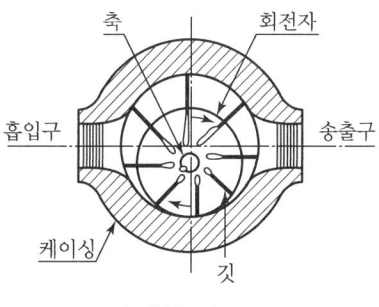

‖ 베인 펌프 ‖

7) 회전식 나사 펌프(Screw Pump)

한 개의 나사축(원동축)에 다른 나사축(종동축)을 1개 또는 2개 물리게 하여 케이싱 속에 넣어 이들 나사축을 서로 반대 방향으로 회전시킴으로써 한쪽의 나사홈 속의 액체를 다른 쪽의 나사산으로 밀어내게 되어 있는 펌프를 말한다.

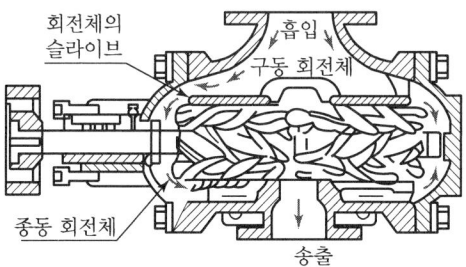

‖ 나사 펌프 ‖

8) 특수 펌프

(1) 마찰 펌프

유체의 점성력을 이용하여 매끈한 회전체 또는 나사가 있는 회전축을 케이싱 내에서 회전하므로 액체의 유체 마찰에 의하여 압력 에너지를 주어서 송출하는 펌프를 마찰 펌프라고 한다. 점성이 비교적 적은 액체로는 와류 펌프(Vortex Pump) 또는 웨스코 펌프(Westco Rotary Pump)라고 널리 알려져 있는 것이 있다.

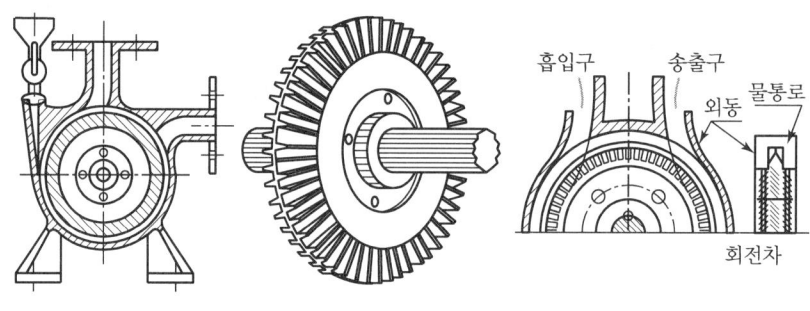

‖ 마찰 펌프 ‖

(2) 제트 펌프

고압의 액체를 분출할 때 그 주변의 액체가 분사류에 따라서 송출되도록 하는 펌프를 분사 펌프 또는 제트 펌프(Jet Pump)라 한다.

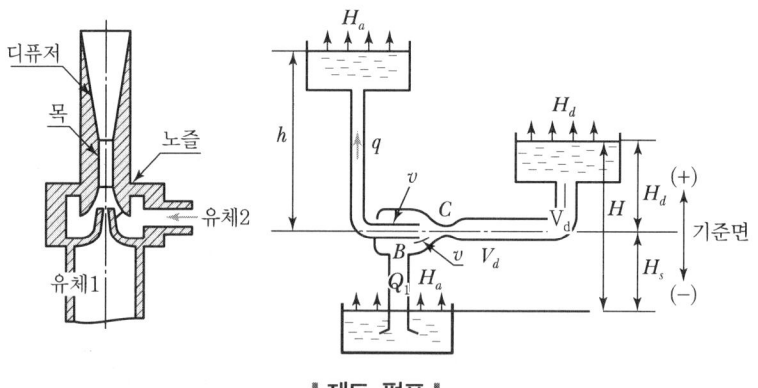

‖ 제트 펌프 ‖

(3) 기포 펌프

공기관에 의하여 압축공기를 양수관 속에 송입하면 양수관 속은 물과 공기의 물보다 가벼운 혼합체가 되므로 관 바깥 물의 압력을 받아 높은 곳으로 수송되는 펌프를 말한다.

(4) 수격 펌프

비교적 저낙차의 물을 긴 관으로 이끌어 그의 관성작용을 이용하여 일부분의 물을 원래의 높이보다 높은 곳으로 수송하는 자동양수기를 수격 펌프(Hydraulic Pump)라 한다.

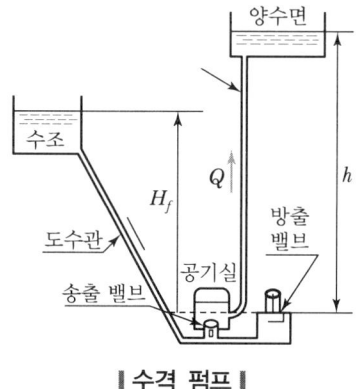

| 수격 펌프 |

2. 펌프의 특성

1) 펌프의 특성곡선

펌프의 성능을 나타내는 특성곡선으로 토출량 Q를 횡축으로 하여 양정 H, 축동력 L, 효율 η를 종축에 취하여 표시한다. 토출량 Q의 변화에 대하여 종축 각치의 변화의 비율은 베인형식, 즉 비속도에 따라 각각 다르다는 센트리퓨걸 펌프, 사류 펌프, 축류 펌프의 전형적인 특성곡선을 나타낸 것이다.

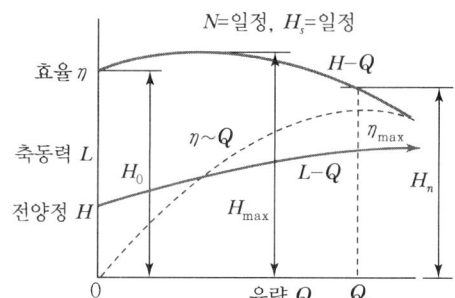

H_0 : $Q=0$일 때의 양정
H_n, Q_n : η_{max}이 되는 $H-Q$ 곡선상의 좌표
$H-Q$: 양정 곡선
$L-Q$: 축동력 곡선
$\eta-Q$: 효율 곡선

| 펌프의 특성곡선 |

2) 펌프의 전양정

펌프의 설치위치, 흡·토출배관이 결정된 경우의 전양정은 다음 식으로 구한다.

$$H = H_a + H_{fd} + H_{fs} + h_0$$

여기서, H : 전양정 H_a : 실양정
H_{fd} : 토출관계의 손실 수두 H_{fs} : 흡입관계의 손실 수두
V_{do} : 토출관단의 유출속도 $h_o : \dfrac{V_{do}^2}{2g}$ = 잔류속도 수두

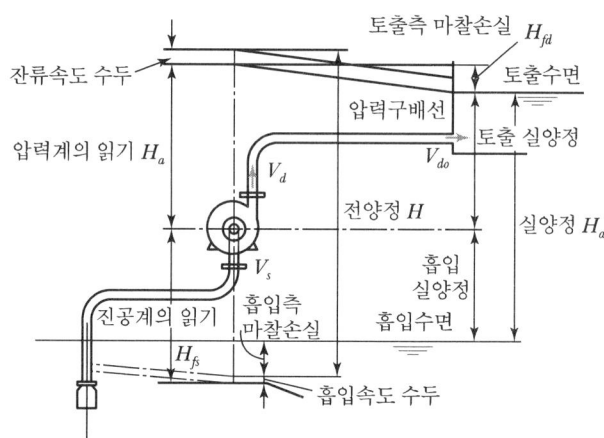

∥ 펌프의 전양정과 실양정 ∥

3) 펌프의 축동력

수량과 양정이 결정되면 그 요령을 만족시키는 펌프를 구동하는 데 필요한 구동축력은 다음 식에 의해 계산된다.

(1) 수동력

펌프 양수 시의 이론동력을 수동력이라 한다. 즉, 펌프에 의하여 액체에 공급되는 동력을 그 펌프의 수동력(Water Horse Power)이라 한다.

$$L_s = \frac{Q \times H \times r}{75 \times 60} [\text{PS}]$$

$$L_s = \frac{Q \times H \times r}{102 \times 60} [\text{kW}]$$

여기서, Q : 유량(m³/min)
H : 전양정(m)
r : 액체의 비중량(kg/m³)

(2) 펌프구경계산

$$d = \sqrt{\frac{4Q}{\pi V}} = 1.13\sqrt{\frac{Q}{V}}$$

여기서, Q : 소요수량(m³/s)
V : 유속(m/s)

(3) 펌프 축동력과 효율

원동기에 의하여 펌프를 운전하는 데 필요한 동력을 축동력(Shaft Horse Power)이라 하고 단위는 [PS] 또는 [kW]로 표시한다.

① 펌프의 전효율(η)

$$\eta = \frac{L_s}{L} = \frac{수동력}{축동력}$$

이 전효율(η)의 내용은

$$\eta = \eta_v \cdot \eta_m \cdot \eta_n$$

여기서, η : 전효율 η_v : 체적효율
η_m : 기계효율 η_n : 수력효율

② 축동력(L)

㉠ $L[\text{PS}] = \dfrac{Q \times H \times r}{75 \times 60 \times \eta} = \dfrac{0.222rQH}{\eta}[\text{PS}]$

㉡ $L[\text{kW}] = \dfrac{Q \times H \times r}{102 \times 60 \times \eta} = \dfrac{0.163rQH}{\eta}[\text{kW}]$

4) 비속도(N_s)

비속도란 토출량이 1m³/min, 양정 1m가 발생하도록 설계한 경우의 환산 임펠러의 매분 회전수로서 정의된다.

① 1단일 때 비속도(N_s) = $\dfrac{N \times \sqrt{Q}}{(H)^{3/4}}$

② n단일 때 비속도(N_s) = $\dfrac{N \times \sqrt{Q}}{\left(\dfrac{H}{n}\right)^{\frac{3}{4}}}$

여기서, N : 회전수(rpm) Q : 토출량(m³/min)
H : 양정(m) n : 단수

> **Reference**
> 비속도가 작으면 유량이 작은 고양정의 대형 펌프이고, 비속도가 크면 유량이 큰 저양정의 소형 펌프이다.

5) 펌프의 회전속도에 의한 비례측

토출량, 양정, 축동력은 그 회전속도가 변화한 경우에는 다음 식과 같이 비례식이 성립한다. 다만, 펌프 내부의 유동상태가 완전상사하며 대응하는 점의 펌프 효율은 변하지 않는다고 판정한다.

① $\dfrac{Q_2}{Q_1} = \dfrac{N_2}{N_1}$

∴ 토출량$(Q_2) = Q_1 \times \left(\dfrac{N_2}{N_1}\right)$

② $\dfrac{H_2}{H_1} = \left(\dfrac{N_2}{N_1}\right)^2$

∴ 양정$(H_2) = H_1 \times \left(\dfrac{N_2}{N_1}\right)^2$

③ $\dfrac{L_2}{L_1} = \left(\dfrac{N_2}{N_1}\right)^3$

∴ 축동력$(L_2) = L_1 \times \left(\dfrac{N_2}{N_1}\right)^3$

∴ 효율 $= \eta_2 = \eta_1$, N_1 : 변화 전, N_2 : 변화 후

6) 전동기(Motor)를 직결하여 사용할 때 펌프의 회전수(N)

펌프의 회전수$(N) = \dfrac{120 \times f}{P} \times \left(1 - \dfrac{S}{100}\right)$

여기서, f : 전원의 주파수(Hz)
P : 전동기의 극수
S : 미끄럼률[%]

7) 펌프의 축봉장치

펌프축이 케이싱을 관통하는 곳에 설치되는 축봉장치이며 축봉방식에는 글랜드 패킹 방식과 메커니컬 실 방식이 있다.

(1) 글랜드 패킹

글랜드 패킹은 펌프용의 축봉장치로서 오래 전부터 사용되어 왔다. 보존이 극히 용이한 점에서 특수한 용도의 펌프를 제외하고 내부의 취급액이 약간 누설하여도 무방한 경우에 널리 채택되고 있다.

> **Reference**
>
> 글랜드식에서는 취급액이 극히 소량 새는 정도가 좋다. 그 이유는,
> 1. 새는 액 그 자체로 축과 패킹의 윤활을 좋게 하여 저항을 적게 한다.
> 2. 마모에 의한 발열을 적게 한다.
> 3. 축이 표면을 상하게 하지 않는다.

(2) 메커니컬 실

화학액을 취급하는 펌프에서는 가연성, 유독성 등의 액체를 이송하는 경우가 많고 누설이 허용되지 않으므로 대단히 엄격한 축봉성이 요구되어 거의 메커니컬 실이 채택된다.

▼ 메커니컬 실 각 형식의 특징

형식	분류	적용
세트 형식	인사이드형	일반적으로 사용된다.
	아웃사이드형	1. 구조재, 스프링재가 액의 내식성에 문제가 있을 때 2. 점성계수가 100cp를 초과하는 고점도액일 때 3. 저응고점액일 때 4. 스타핑, 복스 내가 고진공일 때
실형식	싱글실형	일반적으로 사용된다.
	더블실형	1. 유독액 또는 인화성이 강한 액일 때 2. 보냉, 보온이 필요할 때 3. 누설되면 응고되는 액일 때 4. 내부가 고진공일 때 5. 기체를 실(Seal)할 때
면압 밸런스 형식	언밸런스실	일반적으로 사용된다(메이커에 의해 차이가 있으나 윤활성이 좋은 액으로 약 $7kg/cm^2$ 이하, 나쁜 액으로 약 $2.5kg/cm^2$ 이하가 사용된다).
	밸런스실	1. 내압 $4 \sim 5kg/cm^2$ 이상일 때 2. LPG 액화가스와 같이 저비점 액체일 때 3. 하이드로 카본일 때

3. 펌프에서 발생되는 특수 현상

1) 펌프의 공동현상(Cavitation)

유수 중에 그 수온의 증기압력보다 낮은 부분이 생기면 물이 증발을 일으키고 또 수중에 용해하고 있는 공기가 석출하여 적은 기포를 다수 발생한다. 이 현상을 캐비테이션(Cavitation) 현상이라고 한다.

이 기포는 수류에 따라 이동하며 압력이 높은 곳에 이르면 소멸한다. 많은 기포가 생성 소멸을 반복하며 소음, 진동이 일어나 에로션이 생긴다. 펌프에서는 임펠러 입구에서 가장 압력이 낮아지므로 이 부분에 캐비테이션이 생기기 쉽고 캐비테이션이 발생하면 소음, 진동, 임펠러의 침식이 생기고 토출량, 양정, 효율이 점차 감소한다.

(1) 유효 흡입양정(Net Positive Suction Head ; NPSH)

펌프의 흡입구에서의 전압력이 그 수온에 상당하는 증기압력에서 어느 정도 높은지를 표시하는 것이다.

(2) 필요 흡입양정(Required NPSH)

펌프가 캐비테이션을 일으키기 위해 필요로 하는 최소 수두(베인에 들어갈 때 나타나는 최대압력강하)를 필요 흡입양정이라 한다.

> **Reference**
> - NPSH 값은 하나의 펌프를 어느 회전속도로 운전할 때 수량이 정하여지면 결정되는 값이다.
> - NPSH는 캐비테이션 발생에 대한 흡입양정의 상태를 나타내는 값으로서 자주 사용된다.

(3) 캐비테이션 현상의 발생조건

① 관 속을 유동하고 있는 유체 중의 어느 부분이 고온일 때 발생할 가능성이 크다.
② 펌프에 유체가 과속으로 유량이 증가할 때 펌프 입구에서 일어난다.
③ 펌프와 흡수면 사이의 수직거리가 부적당하게 길 때 발생한다.

(4) 캐비테이션 발생에 따라 일어나는 현상

① 소음과 진동이 생긴다.
② 깃에 대한 침식이 생긴다.
③ 토출량, 양정, 효율이 점차 감소한다(양정곡선과 효율곡선의 저하를 가져온다).
④ 심하면 양수 불능의 원인이 된다.

(5) 캐비테이션 발생의 방지법

① 펌프에서 설치위치를 낮추고 흡입양정을 짧게 한다.
② 수직측 펌프를 사용하고 회전자를 수중에 완전히 잠기게 한다.
③ 펌프의 회전수를 낮추고 흡입 회전도를 적게 한다.
④ 양흡입 펌프를 사용한다.
⑤ 펌프를 두 대 이상 설치한다.

2) 수격작용(Water Hammering)

펌프에서 물을 압송하고 있을 때에 정전 등으로 급히 펌프가 멈춘 경우나 수량 조절밸브를 급히 개폐한 경우 등 관내의 유속이 급변하면 물에 심한 압력변화가 생기는데, 이 작용을 수격작용(워터해머)이라고 한다. 즉, 관 속에 흐르고 있는 액체의 속도를 급격히 변화시키면 액체에 심한 압력의 변화가 생기는 현상을 말한다.

(1) 수관 속의 압축파의 전파속도

$$a = \sqrt{\dfrac{K\sqrt{\rho}}{1+\dfrac{K}{E}\cdot\dfrac{D}{\delta}}}\ [\text{m/sec}]$$

여기서, a : 음속(전파 속도)(m/sec) K : 물의 체적 탄성계수(kg/m^2)
ρ : 물의 밀도(kg · sec^2/m^4) E : 관의 종탄성계수(kg/m^2)
D : 관의 안지름(m) δ : 관 벽의 두께(m)

(2) 수격작용의 방지법

① 관(管) 내의 유속을 낮게 한다(단, 관의 직경을 크게 할 것).
② 펌프의 플라이 휠(Fly Wheel)을 설치하여 펌프의 속도가 급격히 변화하는 것을 막는다.
③ 조압수조(調壓水槽, Surge Tank)를 관선에 설치한다.
④ 밸브(Valve)는 펌프 송출구 가까이에 설치하고, 밸브는 적당히 제어(制御)한다.

3) 서징(Surging) 현상

펌프를 운전하였을 때에 주기적으로 운동, 양정, 토출량이 규칙적으로 변동하는 현상을 서징(Surging) 현상이라 한다.

(1) 펌프의 서징에 따른 발생원인
① 펌프의 양정곡선이 산고곡선이고 곡선의 산고 상승부에서 운전했을 때
② 토출배관 중에 물탱크나 공기탱크가 있을 때
③ 토출량을 조절하는 밸브의 위치가 수조, 공기 저장기보다 하류에 있을 때

4) 펌프의 베이퍼록(Vapor-Lock) 현상

저비등점 액체 등을 이송할 때 펌프의 입구 쪽에서 발생하는 현상으로 일종의 액체의 끓는 현상에 의한 동요라고 말할 수 있다.

(1) 베이퍼록의 발생원인
① 액 자체 또는 흡입배관 외부의 온도가 상승될 때
② 펌프 냉각기가 정상 작동하지 않거나 설치되지 않은 경우
③ 흡입관 지름이 작거나 펌프의 설치위치가 적당하지 않을 때
④ 흡입관로의 막힘, 스케일 부착 등에 의해 저항이 증대하였을 때

(2) 베이퍼록의 발생방지법
① 실린더 라이너의 외부를 냉각한다.
② 흡입관 지름을 크게 하거나 펌프의 설치위치를 낮춘다.
③ 흡입배관을 단열처리한다.
④ 흡입관로를 청소한다.

5) 펌프의 이상 현상

(1) 전동기 과부하의 원인
① 펌프가 정상적인 양정 또는 수량으로 운전되지 않을 때(양정이나 수량이 증가된 때)
② 액의 점도가 증가되었을 때
③ 액 비중이 증가되었을 때
④ 베인이나 임펠러에 이물질 혼입 시

(2) 펌프의 토출량이 감소하는 원인

① 임펠러 자체가 마모 또는 부식되었을 때
② 송수관의 내면에 스케일 등이 부착하여 관로저항이 증대하였을 때
③ 공기를 혼입하였을 때
④ 이물질이 임펠러에 끼어들어 갔을 때
⑤ 캐비테이션이 발생하였을 때

(3) 펌프의 소음, 진동의 원인

① 캐비테이션의 발생
② 공기의 흡입
③ 임펠러에 이물질 혼입
④ 서징 발생
⑤ 임펠러 국부 마모 부식
⑥ 베어링의 마모 또는 파손
⑦ 기초불량, 설치, 센터링 불량

(4) 펌프의 흡입관에서 공기를 흡입하면 일어나는 현상

① 양수량이 감소하며 다량일 경우 양수 불능이 된다.
② 펌프의 기동 불능을 초래한다.
③ 이상음, 압력계의 변동, 진동 등이 생긴다.

(5) 펌프의 공기 흡입 원인

① 탱크의 수위가 낮아졌을 때
② 흡입관로 중에 공기 체류부가 있을 때
③ 흡입관의 누설

(5) 펌프가 액을 토출하지 않는 원인

① 탱크 내의 액면이 낮을 경우
② 흡입관로가 막힐 경우
③ 흡입측의 누설개소가 있을 경우

SECTION 02 압축기

1. 압축기 분류

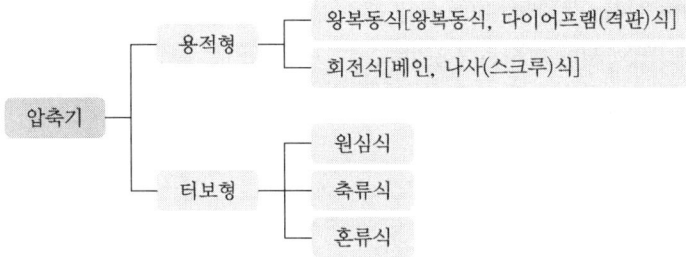

1) 용적형 압축기

일정용적의 실내에 기체를 흡입한 다음 흡입구를 닫아 기체를 압축하면서 다른 토출구에 압출하는 것을 반복하는 형식이다.

(1) 왕복식

압축을 피스톤의 왕복운동에 의해 교대로 행하는 것이며 접동부에 급유하는 것 또는 무급유로 래버린스, 카본, 테프론 등을 사용하는 것이 있다.

(2) 회전식

로터를 회전하여 일정용액의 실린더 내에 기체를 흡입하고 실의 용적을 감소시켜 기체를 타방으로 압출하여 압축하는 형식이며 가동익, 루트, 나사형이 있다.

2) 터보형 압축기

기계에너지를 회전에 의해 기체의 압력과 속도에너지로서 전하고 압력을 높이는 것이며 원심식과 축류식이 있다.

(1) 원심식

케이싱 내에 모인 임펠러가 회전하면 기체가 원심력의 작용에 의해 임펠러의 중심부에서 흡입되어 외조부에 토출되고 그때 압력과 속도 에너지를 얻음으로써 압력 상승을 도모하는 것이다.
① **터보형** : 임펠러의 출구각이 90°보다 작을 때
② **레이디얼형** : 임펠러의 출구각이 90°일 때
③ **다익형** : 임펠러의 출구각이 90°보다 클 때

(2) 축류식

선박 또는 항공기의 프로펠러에 외통을 장치한 구조를 하고 임펠러가 회전하면 기체는 한 방향으로 압출되어 압력과 속도에너지를 얻어 압력이 상승한다. 기체가 축방향으로 흐르는 데서 축류식이라는 명칭이 붙게 되었다.

2. 왕복동 압축기

1) 왕복동 압축기의 형식 구분

(1) 피스톤, 실린더의 배열 및 조합에 따른 분류

① 횡형 : 피스톤이 수평으로 왕복하는 것
② 입형 : 피스톤은 수직으로 다른 것은 수평으로 왕복운동하는 것
③ L형 : 피스톤의 하나가 수직으로 다른 것은 수평으로 왕복운동하는 것
④ V형, W형 : 피스톤의 축이 서로 V형, W형을 하고 있는 것
⑤ 대향형 : 실린더가 크랭크 샤프트의 양쪽에 서로 맞대어 배치되어 있는 것

(2) 압축방법에 따른 분류

① 단동형 : 피스톤의 한쪽에서만 압축이 행하여지는 것
② 복동형 : 피스톤의 양쪽에서 압축이 행하여지는 것

(3) 압축 단수에 따른 분류

① 1단형 : 소요압력까지 1단으로 압축하는 것
② 2단형 : 소요압력까지 2단으로 압축하는 것
③ 다단형 : 소요압력까지 여러 단으로 압축하는 것

(4) 윤활방법에 따른 분류

① 강제 윤활식 : 베어링에 기어펌프 등으로 윤활유를 공급하는 것
② 비말 윤활식 : 베어링부에 크랭크 샤프트에 의하여 윤활유를 공급하는 것
③ 실린더 윤활식 : 실린더에 윤활유를 공급하는 것
④ 실린더 무윤활식 : 실린더에 윤활유를 공급하지 않는 것

(5) 설치방법에 따른 분류

① 정지식 : 기초에 설치하는 것
② 가반식 : 바퀴를 장치한 베드 또는 자체에 장치하여 이동할 수 있게 한 것

(6) 구동방법에 따른 분류

① **직결형** : 모터, 내연기관 등 원동기에 크랭크 샤프트를 연결하여 구동시키는 것
② **감속형** : V벨트, 평벨트, 기어감속기 등의 감속기를 통하여 원동기로 구동시키는 것

2) 왕복동 압축기의 특징

① 용적형(부피형)이다.
② 오일 윤활식 또는 무급유식이다.
③ 피스톤과 실린더 사이에는 윤활이 요구되므로 압축되어 배출되는 가스 중에 오일(Oil)이 혼입될 우려가 있다.
④ 압축이 단속적이므로 진동이 크고, 소음이 크며 밸브에 대한 고장이 일어나기 쉽다.
⑤ 저속회전이므로 동일용량에 대한 형태가 크고, 중량이 무거우므로 설치면적도 크고 기초도 견고해야 한다.
⑥ 접촉부가 많으므로 보수가 까다롭다.
⑦ 토출압력에 의한 용량변화가 적고 기체의 비중에 영향이 없으며, 쉽게 고압이 얻어진다.
⑧ 압축 효율이 높다.
⑨ 용량 조정의 범위가 넓고 쉽다(0~100%).

3) 왕복동 압축기의 용량조정

(1) 연속적으로 조절하는 방법

① 흡입주 밸브를 폐쇄하는 방법
② 바이패스 밸브에 의하여 압축가스를 흡입 쪽에 복귀시키는 방법
③ 타임드 밸브 제어에 의한 방법
④ 회전수를 변경하는 방법

(2) 단계적으로 조절하는 방법

① 클리어런스 밸브에 의해 용적 효율을 낮추는 방법
② 흡입 밸브를 개방하여 가스의 흡입을 하지 못하도록 하는 방법

4) 왕복동 압축기의 피스톤 압출량

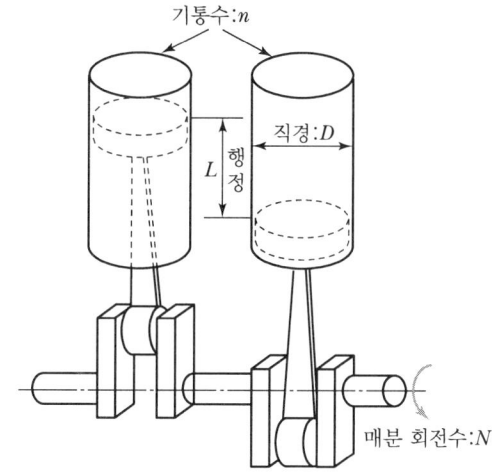

┃ 피스톤 압출량 이론 ┃

(1) 이론적 피스톤 압출량[V, m²/hr]

$$V = \frac{\pi}{4}D^2 \times L \times N \times n \times 60$$

여기서, D : 피스톤의 지름(m)
L : 행정 거리(m)
N : 분당 회전수(rpm)
n : 기통수

(2) 실제적 피스톤 압출량[V', m²/hr]

$$V' = \frac{\pi}{4}D^2 \times L \times N \times n \times 60 \times \eta$$

여기서, η : 체적효율

(3) 체적효율(흡입효율 : η_v)

$$\eta_v = \frac{G_2}{G_1} = \frac{실제적인\ 기체\ 흡입량[kg/hr]}{이론적인\ 기체\ 흡입량[kg/hr]}$$

> **Reference**
>
> 체적효율은 다음과 같은 영향을 받는다.
> 1. 클리어런스에 의한 영향
> 2. 밸브 하중과 가스의 마찰에 의한 영향
> 3. 불완전한 냉각에 의한 영향
> 4. 가스 누설에 의한 영향

(4) 압축효율[η_c]

$$\eta_c = \frac{N}{N_i} = \frac{\text{이론상 가스압축 소요동력(이론적 동력)}}{\text{실제 가스압축 소요동력(지시동력)}}$$

(5) 기계효율[η_m]

$$\eta_m = \frac{N_i}{N_a} = \frac{\text{실제 가스압축 소요동력(지시동력)}}{\text{축동력}}$$

(6) 토출효율[η']

$$\eta' = \frac{V}{V_s} = \frac{\text{토출기체의 흡입된 상태로 환산된 가스체적}}{\text{흡입된 기체의 부피}}$$

또는 $\eta' = \eta - \frac{1}{100}(1+\varepsilon)$

> **Reference** 왕복동 압축기의 동력
>
> 1. 압축효율[η_c] = $\frac{\text{이론적 동력}}{\text{지시동력}}$
> 2. 기계효율[η_m] = $\frac{\text{지시동력}}{\text{축동력}}$
> 3. 축동력 = $\frac{\text{이론적 동력}}{\text{압축효율} \times \text{기계효율}}$

5) 다단압축과 압축비

(1) 다단압축의 목적

① 1단 단열압축과 비교한 일량의 절약

② 힘의 평형 개선

③ 이용효율의 증가

④ 가스의 온도 상승 방지

(2) 단수 결정 시 고려할 사항

다단 압축기는 단수가 많을수록 고가이며 구조도 복잡하다. 다음을 고려하여 단수의 적당한 범위를 선택한다.
① 최종 토출압력
② 취급가스양
③ 취급가스의 종류
④ 연속운전의 여부
⑤ 동력 및 제작의 경제성

▼ 압력에 따른 단수의 표

압력[kg/cm²]	10	60	300	1,000
단수	1~2	3~4	5~6	6~9

(3) 각 단의 압축비

각 단 압축에 있어서는 중간냉각에 의해 동력이 절약되나 중간압력의 결정방법에 의해 동력의 절약량은 변한다. 각 단의 압력을 균등하게 하면 압축에 요하는 동력은 최소가 된다.

① 각 단의 압축비(r)

$$r = \sqrt[z]{\frac{P_2}{P_1}}$$

여기서, P_1 : 흡입압력(kg/cm²abs)
P_2 : 최종압력(kg/cm²abs)
Z : 단수

② 압력손실을 고려한 압축비(r')

$$r' = K \sqrt[z]{\frac{P_2}{P_1}}$$

여기서, K : 압력손실의 크기(=1.10)

> **Reference**
>
> 통풍기(팬) : 토출압력 1,000mmAq 이하
> 송풍기(블로어) : 토출압력 1,000mmAq 이상~0.1MPa 이하
> 압축기 : 토출압력 0.1MPa 이상

③ 압축비가 커질 때 장치에 미치는 영향
- 소요동력이 증대한다.
- 실린더 내의 온도가 상승한다.
- 체적 효율이 저하한다.
- 토출 가스양이 감소한다.

3. 회전식 압축기(Rotary Compressor)

1) 회전식 압축기의 특징

① 고정익형과 회전익형이 있다.
② 용적형(부피)이다.
③ 기름 윤활방식으로서 일반적으로 소용량으로 사용하나, 대용량으로도 만들 수 있다.
④ 왕복 압축기에 비해 부품의 수가 적고 구조가 간단하다.
⑤ 흡입 밸브가 없고 크랭크 케이스 내는 고압이다.
⑥ 베인의 회전에 의하여 압축하며 압축이 연속적이고 고진공을 얻을 수 있다.
⑦ 운동 부분의 동작이 단순하며 진공이 적고 고압축비가 얻어진다.

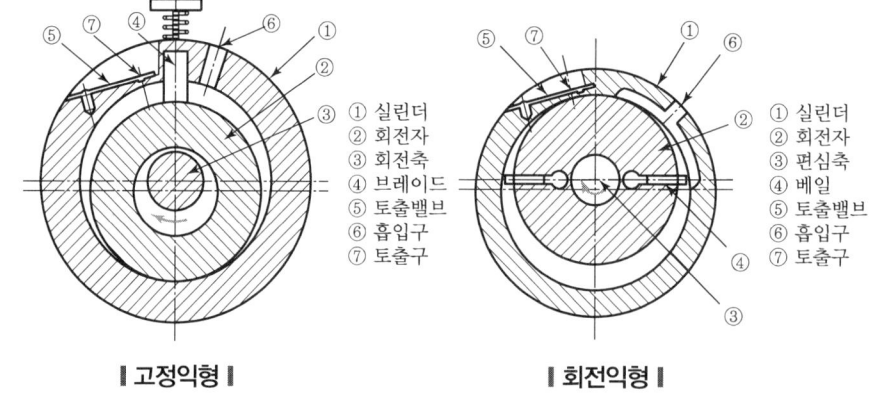

┃고정익형┃　　┃회전익형┃

2) 회전식 압축기의 피스톤 압출량

$$V = 60 \times 0.785 t\, N(D^2 - d^2)$$

여기서, V : 1시간의 피스톤 압출량(m³/hr)
t : 회전 피스톤의 가스 압축부분의 두께(m)
N : 회전 피스톤의 1분간의 표준회전수(rpm)
D : 피스톤 기동의 안지름(m)
d : 회전 피스톤의 바깥지름(m)

4. 나사 압축기(스크루 : Screw)

1) 나사 압축기의 특징

① 용적형이다(회전식 압축기).
② 무급유식 또는 급유식이다.
③ 흡입, 압축, 토출의 3행정을 갖는다.
④ 기체에는 거의 맥동이 없고 연속적으로 압축한다.
⑤ 토출 압력은 30kg/cm²까지 실용화되고 있다.
⑥ 토출 압력의 변화에 의한 용량의 변화가 적고 기체의 비중에 약간 영향을 받는다.
⑦ 용량 조정이 곤란하다(70~100%).
⑧ 일반적으로 효율은 떨어진다.
⑨ 소음방지 장치가 필요하다.
⑩ 기초 설치면적이 크다.
⑪ 고속 회전이므로 형태도 적고 경량이며 중용량이나 대용량에 적합하다.
⑫ 두 개의 암수 기어형을 갖는 로터의 맞물림에 의해 압축된다.

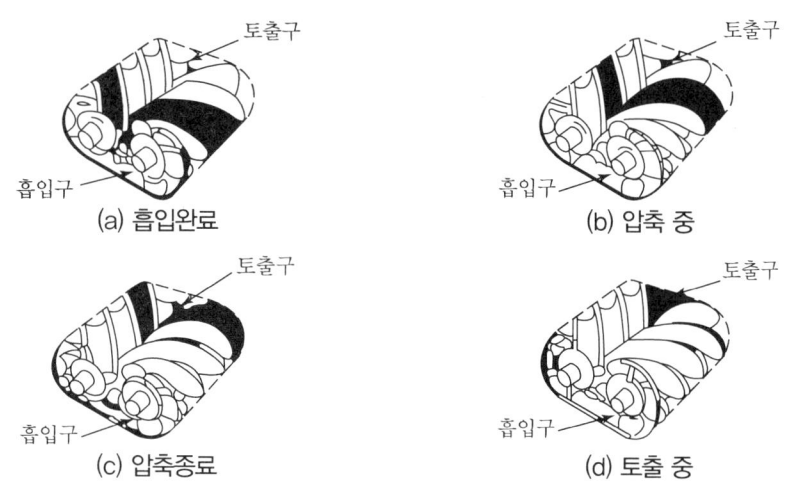

∥ 스크루 압축기의 압축기구 ∥

2) 나사(스크루) 압축기의 피스톤 송출량

$$Q = K \times D^3 \times \frac{L}{D} \times n \times 60$$

여기서, K : 기어의 형에 따른 계수
D : 로터의 지름(m)
L : 압축에 유효하게 작용하는 로터의 길이(m)
n : 1분간의 회전수

5. 터보 압축기(원심식, Centrifugal Compressor)

1) 터보 압축기의 특징

① 원심형이다(비용적형 압축기).
② 무급유식이다.
③ 기체에는 맥동이 없고 연속적으로 송출된다.
④ 고속회전이므로 형태가 적고 경량이며 대용량에 적합하다.
⑤ 내부에 윤활유를 사용하지 않으므로 유체 중에 기름이 혼입되지 않는다.
⑥ 기계적 접촉부가 적으므로 마모나 마찰손실이 적다.
⑦ 토출 압력의 변화에 의해 용량의 변화가 크고 서징 현상이 있으므로 운전 시 주의가 필요하다.
⑧ 기초 설치면적을 적게 차지한다.
⑨ 용량 조정은 가능하나 비교적 어렵고 범위도 좁다(70~100%).
⑩ 일반적으로 효율이 나쁘다.
⑪ 1단으로 높은 압축비를 얻을 수 없으므로 압축비가 클 때는 단수가 많아진다.

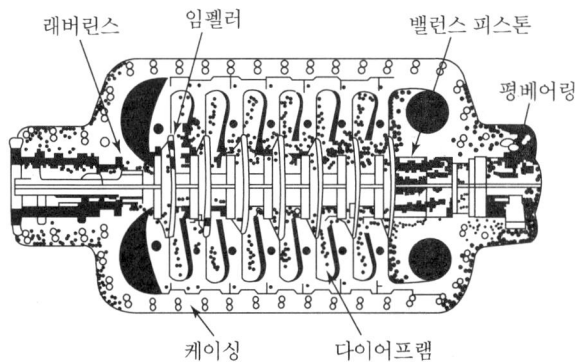

∥ 터보 압축기의 구조 ∥

2) 비속도(비교 회전수 : N_s)

$$N_s = N \frac{Q^{\frac{1}{2}}}{H^{\frac{3}{4}}} \quad (단위 : rpm \cdot m^3/min \cdot m)$$

여기서, Q : 흡입상태에서의 풍량(m^2/min)
N : 회전수(RPM)
H : 압력 헤드(m)

3) 용량조정(용량제어 방법)

(1) 속도제어에 의한 조정

변속이 가능한 원동기로 구동되는 경우에는 회전수를 바꿈으로써 용량을 제어한다. 터빈으로 구동하는 압축기의 회전수를 바꾸는 방법은 풍량을 제어하는 데 가장 실용적이며 경제적이다.

(2) 토출밸브에 의한 조정

토출관에 설치된 밸브의 개도를 조정함으로써 송풍량을 조정하는 방법이며 외기의 흡입을 피하는 경우 가장 일반적으로 사용된다.

(3) 흡입밸브에 의한 조정

흡입관에 설치한 밸브의 개도를 조절함으로써 송풍량을 조정하는 방법이며 대기압을 흡입하는 공기 압축기 등에 널리 사용된다.

(4) 베인컨트롤에 의한 조정(깃 각도 조정에 의한 방법)

임펠러의 입구에 방사선상으로 놓인 배인의 각도를 조정함으로써 임펠러에의 유입각도를 바꾸면 특성을 변화시킬 수 있다.

(5) 바이패스에 의한 조정

토출관로의 도중에 바이패스 관로를 설치하고 토출 풍량의 일부를 흡입에 복귀시키거나 또는 대기에 방출한다.

4) 서징(Surging)

압축기와 송풍기에서는 토출측 저항이 커지면 풍량이 감소하고 어느 풍량에 대하여 일정한 압력으로 운전되나 우상특성의 풍량까지 감소하면 관로에 심한 공기의 맥동과 진동을 발생시켜 불완전 운전이 되는 현상을 말한다.

(1) 서징현상의 방지법

① **우상이 없는 특성으로 하는 방법** : 일반적으로는 우상특성이 되나 경사를 가급적 완만하게 하도록 고려한다.

② **방출밸브에 의한 방법** : 소풍량 시 토출가스 또는 공기의 일부를 방출하거나 바이패스에 의해 흡입측에 복귀시키면 서징을 피할 수 있다.

③ **베인컨트롤에 의한 방법** : 베인컨트롤의 교축에 의해 서징 점을 소풍량측으로 이동시킨다.

④ **회전수를 변화시키는 방법** : 풍량의 감소에 따라 저항이 원점과 작동점을 통하는 2차 곡선상을 변화시키는 경우에는 원동기의 회전수를 변화시킬 수 있는 것에서는 교축을 중지하고 이 방법을 사용하여 서징을 방지할 수 있다.

⑤ 교축 밸브를 기계에 가까이 설치하는 방법 : 교축 밸브를 가까이 설치하면 밸브가 저항으로써 작용하여 진동을 감쇠하는 방향으로 작용하여 서징의 범위와 그 진폭이 적어지며, 흡입측에 놓으면 흡입압력의 저하에 따른 비용적의 증가로 한층 효과가 있다.

6. 축류 압축기

축류 압축기는 동익과 동익 간에 놓여진 정익의 조합으로 된 익열을 가지고 있으며 다음 3구간으로 구분한다(비용적형이다).

① 흡입구에서의 익열 전까지의 증속구간
② 익열에서의 에너지 증가구간
③ 익열 후의 디퓨저에서 토출구까지의 감속구간

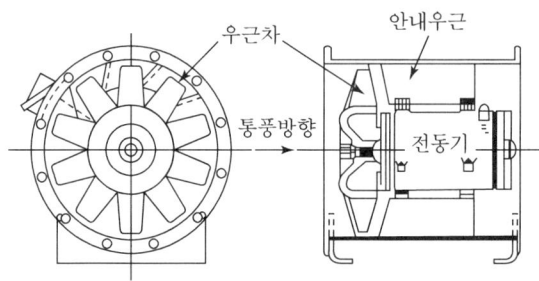

∥축류 압축기∥

> **Reference** 베인의 배열
>
> 다단의 축류 압축기에서 사용되는 익배열에는 다음과 같은 것이 있다.
> ① 후치정익형(반동도 80~100%)
> ② 전치정익형(반동도 100~120%)
> ③ 전후치정익형(반동도 40~60%)
>
> ※ 반동도 : 축류 압축기에서 하나의 단락에 대하여 임펠러에서의 정압 상승에 대하여 차지하는 비율

연습문제

01 동력원이 다른 펌프는?

① 원심펌프　　　　　　　　② 축류펌프
③ 회전펌프　　　　　　　　④ 제트펌프

풀이 ㉠ 비용적식 터보형 펌프
- 원심펌프
- 사류펌프
- 축류펌프

㉡ 용적식 펌프
- 왕복펌프
- 회전펌프

㉢ 특수펌프 : 제트펌프(디퓨저 이용)

02 원심펌프의 특징에 대한 설명으로 틀린 것은?

① 저양정에 적합하다.　　　　② 펌프에 충분히 액을 채워야 한다.
③ 원심력에 의하여 액체를 이송한다.　　　　④ 용량에 비하여 설치면적이 작고 소형이다.

풀이 원심펌프 특징
- 대용량에 적합하다.
- 고양정, 저점도의 액체 수송에 적당하다.
- 용량에 비하여 설치면적이 작고 소형이다.

03 회전펌프의 특징에 대한 설명으로 옳지 않은 것은?

① 회전운동을 하는 회전체와 케이싱으로 구성된다.
② 점성이 큰 액체의 이송에 적합하다.
③ 토출액의 맥동이 다른 펌프보다 크다.
④ 고압유체 펌프로 널리 사용된다.

풀이 회전펌프는 연속 회전하므로 토출액의 맥동이 적다.

정답 01 ③　02 ①　03 ③

04 펌프의 이상현상에 대한 설명 중 틀린 것은?

① 수격작용이란 유속이 급변하여 심한 압력변화를 갖게 되는 작용이다.
② 서징(Surging)의 방지법으로 유량조정밸브를 펌프 송출측 직후에 배치시킨다.
③ 캐비테이션 방지법으로 관경과 유속을 모두 크게 한다.
④ 베이퍼록은 저비점 액체를 이송시킬 때 입구 쪽에서 발생되는 액체비등 현상이다.

> **풀이** 펌프 캐비테이션(Cavitation : 공동현상)을 방지하려면 흡입관경을 크게 하고 회전수를 줄인다. 또한 과속으로 유량이 증대하면 공동현상이 발생하므로 고온을 방지하고 유속을 크게 하지 말아야 한다.

05 전양정이 14m인 펌프의 회전수를 1,100rpm에서 1,650rpm으로 변화시킨 경우 펌프의 전양정은 몇 m가 되는가?

① 21.5m
② 25.5m
③ 31.5m
④ 36.5m

> **풀이** $H' = H \times \left(\dfrac{N_2}{N_1}\right)^2 = 14 \times \left(\dfrac{1,650}{1,100}\right)^2 = 31.5$

06 펌프를 운전할 때 펌프 내에 액이 충만하지 않으면 공회전하여 펌프작업이 이루어지지 않는 현상을 방지하기 위하여 펌프 내에 액을 충만시키는 것을 무엇이라 하는가?

① 서징(Surging)
② 프라이밍(Priming)
③ 베이퍼록(Vaper Lock)
④ 캐비테이션(Cavitation)

> **풀이** 프라이밍(마중물)은 펌프 내에 공기가 차서 펌프 임펠러가 공회전 시 진공상태를 제거하고 펌프를 움직이게 하는 물을 채우는 과정이다.

07 흡입구경이 100mm, 송출구경이 90mm인 원심펌프의 올바른 표시는?

① 100×90 원심펌프
② 90×100 원심펌프
③ 100-90 원심펌프
④ 90-100 원심펌프

> **풀이** 흡입×송출 구경으로 표시한다.

정답 04 ③ 05 ③ 06 ② 07 ①

08 펌프의 이상현상인 베이퍼록(Vapor – Lock)을 방지하기 위한 방법으로 가장 거리가 먼 것은?

① 흡입배관을 단열처리한다.
② 흡입관의 지름을 크게 한다.
③ 실린더 라이너의 외부를 냉각한다.
④ 저장탱크와 펌프의 액면차를 충분히 작게 한다.

풀이 가스 저장탱크와 펌프의 높이차(펌프의 설치위치)를 낮게 하고 흡입관경을 크게 하면 베이퍼록(액의 기화)이 방지된다.

09 비교회전도(비속도, N_s)가 가장 적은 펌프는?

① 축류펌프　　　　　　　　② 터빈펌프
③ 벌류트펌프　　　　　　　④ 사류펌프

풀이 비속도가 작으면 유량이 작은 고양정의 대형 펌프이고, 비속도가 크면 유량이 큰 저양정의 소형 펌프이다.

10 기포펌프로서 유량이 0.5m³/min인 물을 흡수면보다 50m 높은 곳으로 양수하고자 한다. 축동력이 15PS 소요되었다고 할 때 펌프의 효율은 약 몇 %인가?

① 32　　　　　　　　　　② 37
③ 42　　　　　　　　　　④ 47

풀이 펌프 축동력$(PS) = \dfrac{\gamma QH}{75 \times \eta \times 60}$, $15 = \dfrac{1,000 \times 0.5 \times 50}{75 \times \eta \times 60}$, $\eta = 0.37 (= 37\%)$

11 펌프의 서징(Surging)현상을 바르게 설명한 것은?

① 유체가 배관 속을 흐르고 있을 때 부분적으로 증기가 발생하는 현상
② 펌프 내의 온도변화에 따라 유체가 성분의 변화를 일으켜 펌프에 장애가 생기는 현상
③ 배관을 흐르고 있는 액체에 속도를 급격하여 변화시키면 액체에 심한 압력변화가 생기는 현상
④ 송출압력과 송출유량 사이에 주기적인 변동이 일어나는 현상

풀이 펌프의 서징(Surging)현상
펌프를 운전하였을 때에 주기적으로 운동, 양정, 토출량이 규칙적으로 변동하는 현상을 말한다.

정답 08 ④　09 ②　10 ②　11 ④

12 펌프 임펠러의 현상을 나타내는 척도인 비속도(비교회전도)의 단위는?
① rpm · m³/min · m
② rpm · m³/min
③ rpm · kgf/min · m
④ rpm · kgf/min

풀이 비속도(비교회전도)
흡입상태에서의 풍량을 $Q[\text{m}^3/\text{min}]$, 회전수 $N[\text{rpm}]$, 압력 헤드(양정)를 $H[\text{m}]$으로 하였을 때 다음 식으로 표시되는 N_s를 비속도라고 한다.

$$N_s = N\frac{Q^{\frac{1}{2}}}{H^{\frac{3}{4}}} \quad (\text{단위} : \text{rpm} \cdot \text{m}^3/\text{min} \cdot \text{m})$$

13 전양정이 20m, 송출량이 1.5m³/min, 효율이 72%인 펌프의 축동력은 약 몇 kW인가?
① 5.8kW
② 6.8kW
③ 7.8kW
④ 8.8kW

풀이 펌프의 축동력(kW) $= \dfrac{r \cdot Q \cdot H}{102 \times \eta} = \dfrac{1{,}000 \times (1.5/60) \times 20}{102 \times 0.72} = 6.8\text{kW}$

※ 물의 비중량 : 1,000kg/m³

14 전양정 20m, 유량 1.8m³/min, 펌프의 효율이 70%인 경우 펌프의 축동력(L)은 약 몇 마력(PS)인가?
① 11.4
② 13.4
③ 15.5
④ 17.5

풀이 펌프의 축동력(L) $= \dfrac{\gamma \cdot Q \cdot H}{75 \times 60 \times \eta}$
$= \dfrac{1{,}000 \times 1.8 \times 20}{75 \times 60 \times 0.7} = 11.4\text{PS}$

15 펌프의 효율에 대한 설명으로 옳은 것으로만 짝지어진 것은?

㉠ 축동력에 대한 수동력의 비를 뜻한다.
㉡ 펌프의 효율은 펌프의 구조, 크기 등에 따라 다르다.
㉢ 펌프의 효율이 좋다는 것은 각종 손실 동력이 적고 축동력이 적은 동력으로 구동한다는 뜻이다.

① ㉠
② ㉠, ㉡
③ ㉠, ㉢
④ ㉠, ㉡, ㉢

정답 12 ① 13 ② 14 ① 15 ④

풀이 펌프동력(PS) = $\dfrac{\gamma \cdot Q \cdot H}{75 \times 60 \times \eta}$

여기서, η : 펌프효율(%)

16 토출량 5m³/min, 전양정 30m, 비교회전수 90rpm · m³/min · m인 3단 원심펌프의 회전수는 약 몇 rpm인가?

① 226　　　② 255　　　③ 326　　　④ 343

풀이 비교회전도(비속도 = N_s)

$N_s = \dfrac{N \cdot \sqrt{Q}}{\left(\dfrac{H}{n}\right)^{\frac{3}{4}}}$, $90 = \dfrac{N \cdot \sqrt{5}}{\left(\dfrac{30}{3}\right)^{\frac{3}{4}}}$

∴ 회전수(N) = $\dfrac{90 \times \left(\dfrac{30}{3}\right)^{\frac{3}{4}}}{\sqrt{5}}$ = 226rpm

17 원심펌프를 병렬로 연결시켜 운전하면 어떻게 되는가?

① 양정이 증가한다.　　　② 양정이 감소한다.
③ 유량이 증가한다.　　　④ 유량이 감소한다.

풀이 펌프 병렬연결 시 양정은 일정하고, 유량은 증가한다.

18 펌프의 특성 곡선상 체절운전(체절양정)이란 무엇인가?

① 유량이 0일 때의 양정　　　② 유량이 최대일 때의 양정
③ 유량이 이론값일 때의 양정　　　④ 유량이 평균값일 때의 양정

19 양정 20m, 송수량 3m³/min일 때 축동력 15PS를 필요로 하는 원심펌프의 효율은 약 몇 %인가?

① 59%　　　② 75%　　　③ 89%　　　④ 92%

풀이 축동력펌프(P_s) = $\dfrac{rQH}{75 \times 60 \times \eta} = \dfrac{1,000 \times 3 \times 20}{75 \times 60 \times 7} = 15$

∴ 효율(η) = $\dfrac{1,000 \times 3 \times 20}{75 \times 60 \times 15}$ = 0.888(89%)

정답 16 ①　17 ③　18 ①　19 ③

20 펌프를 운전할 때 펌프 내에 액이 충만하지 않으면 공회전하여 펌핑이 이루어지지 않는다. 이러한 현상을 방지하기 위하여 펌프 내에 액을 충만시키는 것을 무엇이라 하는가?

① 맥동 ② 캐비테이션 ③ 서징 ④ 프라이밍

21 펌프 입구와 출구의 진공계 및 압력계의 바늘이 흔들리며 송출유량이 변하는 현상은?

① 공동현상 ② 서징현상 ③ 수격현상 ④ 베이퍼록 현상

> **풀이** 서징(Surging)현상
> 펌프 작동 시 입구와 출구의 진공계 및 압력계의 바늘이 흔들리며 송출유량이 변화하는 현상

22 4극 3상 전동기를 펌프와 직결하여 운전할 때 전원주파수가 60Hz이면 펌프의 회전수는 몇 rpm인가?(단, 미끄럼률은 2%이다.)

① 1,562 ② 1,663 ③ 1,764 ④ 1,865

> **풀이** $(100-2) = 98\%$
> 동기속도 $(N_s) = \dfrac{120f}{P} = \dfrac{120 \times 60}{4} \times (0.98) = 1,764$ rpm

23 제트펌프의 구성이 아닌 것은?

① 노즐 ② 슬로트 ③ 베인 ④ 디퓨저

> **풀이**
> • 제트펌프(Jet Pump) : 고압의 액체를 분출할 때 그 주변의 액체가 분사류에 따라서 송출되도록 하는 펌프로서 분사펌프라고도 한다.
> • 베인(Vane) : 베인펌프에 사용되는 깃이다.

24 1,000rpm으로 회전하고 있는 펌프의 회전수를 2,000rpm으로 하면 펌프의 양정과 소요동력은 각각 몇 배가 되는가?

① 4배, 16배 ② 2배, 4배 ③ 4배, 2배 ④ 4배, 8배

> **풀이** 펌프의 상사법칙
> ㉠ 양정은 회전수 증가 2승 : 양정 $= 1 \times \left(\dfrac{2,000}{1,000}\right)^2 = 4$배
> ㉡ 동력은 회전수 증가 3승 : 동력 $= 1 \times \left(\dfrac{2,000}{1,000}\right)^3 = 8$배

정답 20 ④ 21 ② 22 ③ 23 ③ 24 ④

25 다음 중 양정이 높을 때 사용하기에 가장 적당한 펌프는?

① 1단 펌프 ② 다단펌프
③ 단흡입 펌프 ④ 양흡입 펌프

풀이 양정(펌프의 리프트)이 높을 때는 다단펌프로 사용한다.

26 터빈펌프에서 속도에너지를 압력에너지로 변환시키는 역할을 하는 것은?

① 회전자(Impeller) ② 안내깃(Guide Vane)
③ 와류실(Volute Casing) ④ 와실(Whirl Pool Chamber)

풀이 가이드베인(안내깃)
원심식 터빈펌프에서 속도에너지를 압력에너지로 변환시키는 역할을 한다.

27 펌프의 실양정을 h, 흡입 실양정을 h_1, 송출 실양정을 h_2라 할 때 펌프의 실양정 계산식을 옳게 표시한 것은?

① $h = h_2 - h_1$
② $h = \dfrac{h_2 - h_1}{2}$
③ $h = h_1 + h_2$
④ $h = \dfrac{h_1 + h_2}{2}$

풀이 펌프의 실제양정(h)=흡입양정(h_1)+송출실양정(h_2)

28 펌프의 유효흡입수두(NPSH)를 가장 잘 표현한 것은?

① 펌프가 흡입할 수 있는 전흡입 수두로 펌프의 특성을 나타낸다.
② 펌프의 동력을 나타내는 척도이다.
③ 공동현상을 일으키지 않을 한도의 최대 흡입 양정을 말한다.
④ 공동현상 발생조건을 나타내는 척도이다.

29 고압의 액체를 분출할 때 그 주변의 액체가 분사류에 따라서 송출되는 구조로서 노즐, 슬로트, 디퓨저 등으로 구성되어 있는 펌프는?

① 마찰펌프 ② 와류펌프
③ 기포펌프 ④ 제트펌프

풀이 제트펌프는 노즐, 슬로트, 디퓨저 등으로 구성된다.

정답 25 ② 26 ② 27 ③ 28 ③ 29 ④

30 도시가스 설비 중 압송기의 종류가 아닌 것은?

① 터보형 ② 회전형
③ 피스톤형 ④ 막식형

풀이 압축(압송)기 분류

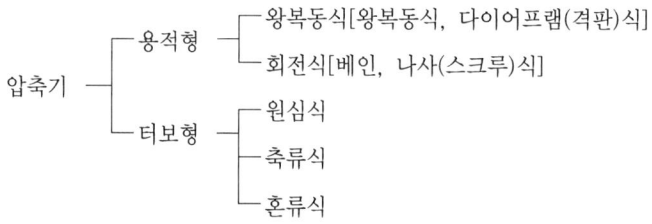

31 왕복식 압축기의 특징이 아닌 것은?

① 용적형이다.
② 압축효율이 높다.
③ 용량조정의 범위가 넓다.
④ 점검이 쉽고 설치면적이 적다.

풀이 저속회전을 하여 동일용량에 대한 형태가 크고 중량이 무거워서 설치면적이 크고 기초도 견고해야 한다.

32 압축기에 관한 용어에 대한 설명으로 틀린 것은?

① 간극용적 : 피스톤이 상사점과 하사점 사이를 왕복할 때 가스의 체적
② 행정 : 실린더 내에서 피스톤이 이동하는 거리
③ 상사점 : 실린더 체적이 최소가 되는 점
④ 압축비 : 실린더 체적과 간극 체적의 비

33 나사식 압축기의 특징으로 틀린 것은?

① 용기 조절이 어렵다.
② 기초, 설치면적 등이 적다.
③ 기체에는 맥동이 적고 연속적으로 압축한다.
④ 토출 압력의 변화에 따른 용량변화가 크다.

풀이 나사 압축기(스크루식 압축기)
용적식 압축기이며 토출압력의 변화에 따른 용량변화가 적다.

정답 30 ④ 31 ④ 32 ① 33 ④

34 터보(Turbo) 압축기의 특징에 대한 설명으로 틀린 것은?

① 고속 회전이 가능하다.
② 작은 설치면적에 비해 유량이 크다.
③ 케이싱 내부를 급유해야 하므로 기름의 혼입에 주의해야 한다.
④ 용량조정 범위가 비교적 좁다.

풀이 터보형 압축기
케이싱 내에 모인 임펠러가 회전하면 기체가 원심력의 작용에 의해 임펠러의 중심부에서 흡입되어 외조부에 토출되고 그때 압력과 속도 에너지를 얻음으로써 압력 상승을 도모하기 때문에 윤활유가 거의 불필요하다.

35 원심압축기의 특징이 아닌 것은?

① 설치면적이 적다.
② 압축이 단속적이다.
③ 용량조정이 어렵다.
④ 윤활유가 불필요하다.

풀이 원심식 압축기(터보형)는 압축이 연속적이다. 반면에 왕복동식 압축기는 압축이 단속적이라 공기실을 설치한다.

36 왕복형 압축기의 특징에 대한 설명으로 옳은 것은?

① 압축효율이 낮다.
② 쉽게 고압이 얻어진다.
③ 기초 설치 면적이 작다.
④ 접촉부가 적어 보수가 쉽다.

풀이 왕복형 압축기
- 저속이며 쉽게 고압을 얻을 수 있다.
- 용적형 압축기로서 왕복운동이 단속적으로 맥동이 있다.
- 압축효율이 높고 용량조정범위가 넓다.
- 접촉부가 많아서 보수가 까다롭다.

37 터보 압축기의 특징에 대한 설명으로 틀린 것은?

① 원심형이다.
② 효율이 높다.
③ 용량조정이 어렵다.
④ 맥동이 없어 연속적으로 송출한다.

풀이 비용적식 압축기(터보형 : 원심식)
- 일반적으로 효율이 적고 용량조절이 곤란하다.
- 대용량에 적합하며, 높은 압축비를 얻을 수 없다.

정답 34 ③　35 ②　36 ②　37 ②

38 터보형 압축기에 대한 설명으로 옳은 것은?

① 기체흐름이 축방향으로 흐를 때, 깃에 발생하는 양력으로 에너지를 부여하는 방식이다.
② 기체흐름이 축방향과 반지름방향의 중간적 흐름의 것을 말한다.
③ 기체흐름이 축방향에서 반지름방향으로 흐를 때, 원심력에 의하여 에너지를 부여하는 방식이다.
④ 한 쌍의 특수한 형상의 회전체 틈의 변화에 의하여 압력에너지를 부여하는 방식이다.

풀이 터보형(원심식) 압축기
비용적형이며 가스 흐름이 축방향에서 반지름방향으로 흐를 때 원심력에 의하여 에너지를 부여하는 방식

39 터보형 압축기에 대한 설명으로 옳지 않은 것은?

① 연속 토출로 맥동현상이 적다.
② 운전 중 서징현상이 발생하지 않는다.
③ 유량이 커서 설치면적을 적게 차지한다.
④ 윤활유가 필요 없어 기체에 기름의 혼입이 적다.

풀이 터보형(원심식) 압축기의 서징(Surging) 현상
토출 측 저항이 커지면 풍량이 감소하고 어느 풍량까지 감소하였을 때 관로에 강한 공기의 맥동과 진동을 발생시켜 불안정한 상태로 운전하는 현상

40 대기압에서 1.5 MPa · g까지 2단 압축기로 압축하는 경우 압축동력을 최소로 하기 위해서는 중간압력을 얼마로 하는 것이 좋은가?

① 0.2MPa · g   ② 0.4MPa · g   ③ 0.5MPa · g   ④ 0.75MPa · g

풀이 중간단 압력$(P) = \sqrt{P_1 + P_2} = \sqrt{0.1 \times (1.5 + 0.1)} = 0.4\text{Mpa}$

41 다음 그림은 어떤 종류의 압축기인가?

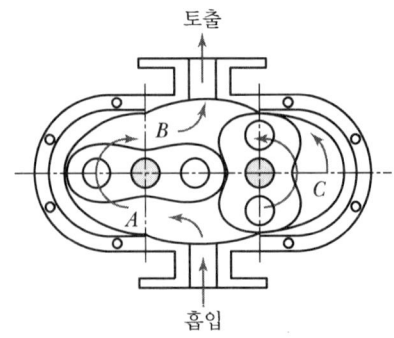

① 가동날개식   ② 루트식   ③ 플런저식   ④ 나사식

정답 38 ③   39 ②   40 ②   41 ②

42 압축기의 실린더를 냉각하는 이유로서 가장 거리가 먼 것은?

① 체적효율 증대 ② 압축효율 증대 ③ 윤활기능 향상 ④ 토출량 감소

풀이 압축기에서 암모니아 가스 등을 압축하면 토출가스 온도가 높아지므로 워터재킷으로 압축기 실린더를 냉각하여 토출량을 증가(체적효율 증대)시킨다.

43 흡입밸브 압력이 6MPa인 3단 압축기가 있다. 각 단의 토출압력은?(단, 각 단의 압축비는 3이다.)

① 18, 54, 162MPa
② 12, 36, 108MPa
③ 4, 16, 64MPa
④ 3, 15, 63MPa

풀이 ㉠ $\dfrac{P_2}{P_1} = 3 : 1$, $6 \times 3 = 18\text{MPa}(P_2)$

㉡ $\dfrac{P_3}{P_2} = 3 : 1$, $18 \times 3 = 54\text{MPa}(P_3)$

㉢ $\dfrac{P_4}{P_3} = 3 : 1$, $54 \times 3 = 162\text{MPa}(P_4)$

44 직경 150mm, 행정 100mm, 회전수 500rpm, 체적효율 75%인 왕복압축기의 송출량은 약 얼마인가?

① 0.54m³/min ② 0.66m³/min ③ 0.79m³/min ④ 0.88m³/min

풀이 왕복동 압축기 용량(m³/h) = 단면적×행정×회전수×60×효율

$= \dfrac{3.14}{4} \times (0.15)^2 \times 0.1 \times 500 \times 60 \times 0.75 = 39.74(\text{m}^3/\text{h})$

∴ 분당유량 = $\dfrac{39.74}{60} = 0.66(\text{m}^3/\text{min})$

※ 단면적 계산공식 $(A) = \dfrac{3.14}{4} \cdot d^2$

45 피스톤의 지름 : 100mm, 행정거리 : 150mm, 회전 수 : 1,200rpm, 체적 효율 : 75%인 왕복압축기의 압출량은?

① 0.95m³/min ② 1.06m³/min ③ 2.23m³/min ④ 3.23m³/min

풀이 단면적$(A) = \dfrac{\pi d^2}{4} = \dfrac{3.14 \times (0.1)^2}{4}$

$= 0.00785\text{m}^2$

유량 = $0.00785 \times 0.15 = 0.0011775\text{m}^3/\text{s}$

분당유량 = $0.0011775 \times 1,200\text{rpm} = 1.413\text{m}^3/\text{min}$

∴ 압출량 = 유량×효율 = $1.413 \times 0.75 = 1.06\text{m}^3/\text{min}$

정답 42 ④ 43 ① 44 ② 45 ②

46 왕복식 압축기에서 실린더를 냉각시켜 얻을 수 있는 냉각효과가 아닌 것은?

① 체적효율 증가
② 압축효율 증가
③ 윤활기능의 유지 향상
④ 소요동력 감소 및 습동 부분의 수명 유지

풀이 실린더 냉각효과
- 체적효율 증가
- 압축효율 증가
- 윤활기능의 유지 향상
- 윤활유의 탄화방지 및 열화방지

47 압축기의 윤활유에 대한 설명으로 틀린 것은?

① 공기압축기에는 양질의 광유가 사용된다.
② 산소압축기에는 물 또는 15% 이상의 글리세린수가 사용된다.
③ 염소압축기에는 진한 황산이 사용된다.
④ 염화메탄의 압축기에는 화이트유가 사용된다.

풀이 압축기 윤활유
- 공기압축기 : 양질의 광유
- 산소압축기 : 물 또는 10% 이하의 묽은 글리세린유
- 염소압축기 : 진한 황산
- 아세틸렌압축기 : 양질의 광유
- 수소압축기 : 양질의 광유
- 염화메탄압축기 : 화이트유, 정제된 터빈유
- 아황산가스압축기 : 화이트유, 정제된 터빈유
- LP 가스압축기 : 식물성유

48 왕복식 압축기의 연속적인 용량제어 방법으로 가장 거리가 먼 것은?

① 바이패스 밸브에 의한 방법
② 회전수를 변경하는 방법
③ 흡입 주밸브를 폐쇄하는 방법
④ 베인 컨트롤에 의한 방법

풀이 1. 왕복동 압축기의 용량조정
 (1) 연속적으로 조절을 하는 방법
  ① 흡입주 밸브를 폐쇄하는 방법
  ② 바이패스 밸브에 의하여 압축가스를 흡입 쪽에 복귀시키는 방법
  ③ 타임드 밸브 제어에 의한 방법
  ④ 회전수를 변경하는 방법

정답 46 ④ 47 ② 48 ④

(2) 단계적으로 조절하는 방법
① 클리어런스 밸브에 의해 용적 효율을 낮추는 방법
② 흡입밸브를 개방하여 가스의 흡입을 하지 못하도록 하는 방법

2. 터보 압축기의 용량조정
(1) 속도제어에 의한 방법
(2) 토출밸브에 의한 조정
(3) 흡입밸브에 의한 조정
(4) 베인컨트롤에 의한 조정(깃 각도 조정에 의한 방법)
(5) 바이패스에 의한 방법

49 진한 황산은 어느 가스 압축기의 윤활유로 사용되는가?

① 산소
② 아세틸렌
③ 염소
④ 수소

풀이 47번 문제 풀이 참조

50 흡입압력 105kPa, 토출압력 480kPa, 흡입 공기량이 3m³/min인 공기압축기의 등온압축일은 약 몇 kW인가?

① 2
② 4
③ 6
④ 8

풀이 압축비 $= \dfrac{480}{105} = 4.5714$

1시간 = 60min, 1kWh = 3,600kJ

등온압축 $({}_1W_2) = P_1V_1\ln\left(\dfrac{P_2}{P_1}\right) = P_1V_1\ln\left(\dfrac{V_1}{V_2}\right)$

$P_1V_1 = P_2V_2$

$V_2 = 3 \times \dfrac{105}{480} = 0.65625\,(\text{m}^3/\text{min})$

${}_1W_2 = \dfrac{105 \times 3 \times 60 \times \ln\left(\dfrac{480}{105}\right)}{3,600} = 8\text{kW}$

정답 49 ③ 50 ④

51 이론적 압축일량이 큰 순서로 나열된 것은?

① 등온압축>단열압축>폴리트로픽압축
② 단열압축>폴리트로픽압축>등온압축
③ 폴리트로픽압축>등온압축>단열압축
④ 등온압축>폴리트로픽압축>단열압축

52 피스톤 행정용량 0.00248m³, 회전수 175rpm의 압축기로 1시간에 토출구로 92kg/h의 가스가 통과하고 있을 때 가스의 토출효율은 약 몇 % 인가?(단, 토출가스 1kg을 흡입한 상태로 환산한 체적은 0.189m³이다.)

① 66.8
② 70.2
③ 76.8
④ 82.2

풀이 토출효율$(\eta) = \dfrac{\text{유효흡입량}}{\text{총 흡입량}} \times 100 = \dfrac{92 \times 0.189}{0.00248 \times 175 \times 60} \times 100 = \dfrac{17.338}{26.04} \times 100 = 66.8\%$

53 흡입밸브 압력이 6kgf/cm³·abs인 3단 압축기가 있다. 각 단의 토출압력은?(단, 각 단의 압축비는 3이다.)

① 18, 54, 162kgf/cm³G
② 17, 53, 161kgf/cm³G
③ 4, 16, 64kgf/cm³G
④ 3, 15, 63kgf/cm³G

풀이 1단=6×3=18kgf/cm³·abs=17kgf/cm³G
2단=18×3=54kgf/cm³·abs=53kgf/cm³G
3단=54×3=162kgf/cm³·abs=161kgf/cm³G

정답 51 ② 52 ① 53 ②

CHAPTER 005 고압장치 및 저온장치

SECTION 01 고압장치

1. 저장장치

1) 용기의 종류

(1) 이음새 없는 용기(무계목 용기, 심리스 용기)

① 이음새 없는 용기는 산소, 질소, 수소, 알곤 등의 압축가스 혹은 이산화탄소 등의 고압 액화 가스를 충전하는 데 사용할 수 있지만 주로 염소 등의 저압 액화가스나 용해 아세틸렌 가스 용으로서 사용되고 있다.

② 상용온도에서 압력 1MPa 이상의 압축가스나 압력이 0.2MPa 이상의 액화가스, 용해 아세 틸렌을 충전하는 내용적 0.1~500L의 이음새 없는 강철제 용기에 적용된다.

③ 이음새 없는 용기의 제조법
- 만네스만(Mannesmann)식 : 이음새 없는 강관을 재료로 하는 방식
- 에르하르트(Ehrhardt)식 : 강편을 재료로 하는 방법
- 딥 드로잉(Deep Drawing)식 : 강판을 재료로 하는 방법

④ 용기의 두께계산(t)

- 동판두께 $(t) = \dfrac{PD}{2S\eta - 1.2P} + C$

- 접시형 경판두께 $(t) = \dfrac{PDW}{2S\eta - 0.2P} + C$

- 반타원체형 경판두께 $(t) = \dfrac{PDV}{2S\eta - 0.2P} + C$

여기서, t : 두께(mm)
D : 외경(mm)
S : 인장강도(kgf/mm²)
P : 최고충전압력(kgf/mm²)
C : 부식여유(mm)
η : 용접효율
W : 접시형 경판의 형상계수($\dfrac{3+\sqrt{\eta}}{4}$ 계산)
V : 반타원체형 경판의 형상계수($\dfrac{2+m^2}{6}$ 계산)

㉠ 염소 용기(t) = $\dfrac{PD}{200S}$

㉡ 산소 용기(t) = $\dfrac{PD}{200 \times S \times 안전율}$

㉢ 프로판 용기(t) = $\dfrac{PD}{50S \times \eta - P} + C$

⑤ 용기의 형상은 가늘고 길며 저부의 형상은 凹凸 및 스커트의 종류가 있다.

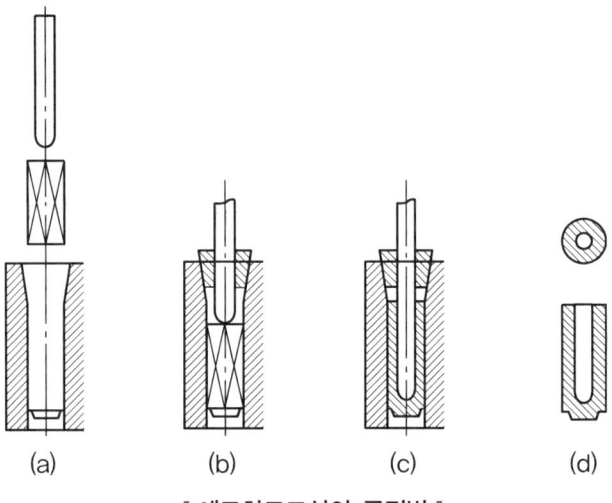

∥ 에르하르트식의 공정법 ∥

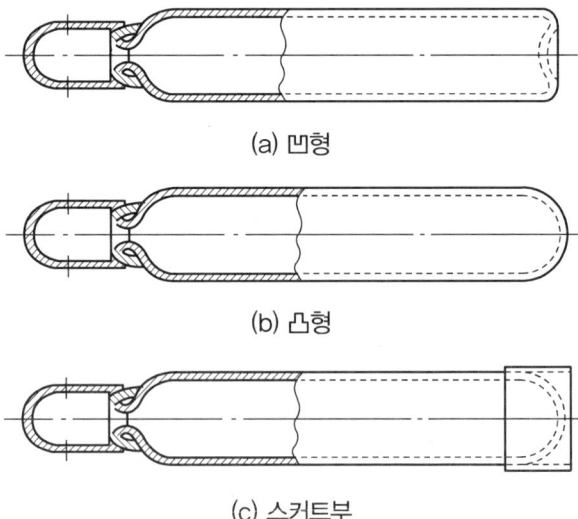

∥ 용기의 형상(저부 형상) ∥

⑥ 이음새 없는 용기의 재료
- 용기 재료는 C : 0.55% 이하, P : 0.04% 이하, S : 0.05% 이하의 강을 사용한다.
- 보통 염소, 암모니아 등 비교적 저압 용기에는 탄소강을 사용한다.
- 산소, 수소 등 고압 용기는 망간강을 사용한다.
- 초저온 용기의 재료는 오스테나이트계 스테인리스강, 알루미늄 합금을 사용한다.
- 알루미늄 합금 용기를 재료로 하여 제조된 용기에 충전되는 고압가스는 산소, 질소, 탄산가스 프로판 등으로 한정된다.

⑦ 이음새 없는 용기의 이점
- 이음매가 없으므로 고압에 견디기 쉬운 구조이다.
- 이음매가 없으므로 내압에 대한 응력분포가 균일하다.

(2) 용접 용기(계목 용기)

용접 용기는 강판을 사용하여 용접에 의해 제작되는 것으로 프로판 용기 및 아세틸렌 용기 등의 저압용 용기로서 많이 사용되고 있다.

① 용접 용기의 이점
- 재료로서 비교적 저렴한 강판을 사용하므로 같은 내용적의 이음새 없는 용기에 비하여 값이 싸다(저렴한 강판을 사용하므로 경제적이다).
- 재료가 판재이므로 용기의 형태, 치수가 자유로이 선택된다.
- 이음새 없는 용기는 제조 공정상 두께를 균일하게 하는 것이 곤란하나 용접 용기는 강판을 사용하므로 두께 공차도 적다.

② 용접 용기의 제조법
- 심교축 용기
- 동체부에 종방향의 용접 포인트가 있는 것

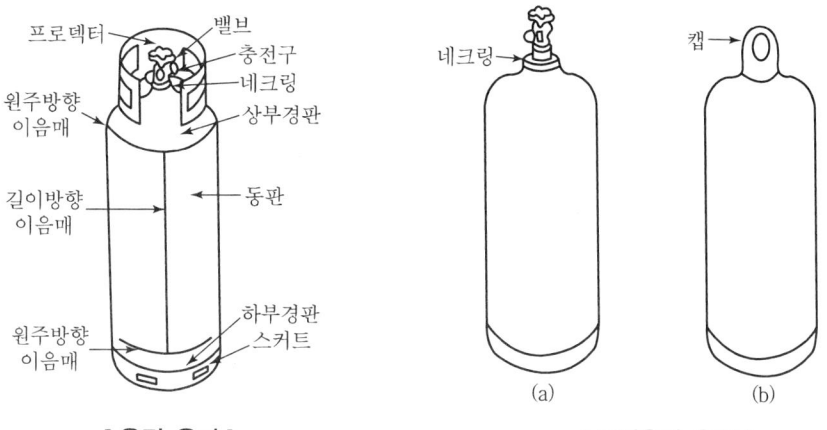

∥ 용접 용기 ∥   ∥ 무이음새 용기 ∥

③ 용접 용기의 재료
- 교축 가공성이 풍부하고 용접성이 좋은 것이 요구된다.
- LPG, 아세틸렌 각종 프레온 가스 등의 고압가스를 충전하는 데 사용된다.
- 500L 이하의 용접 용기의 재료로서는 고압가스용 강재가 제정되어 있다.
- 화학성분은 C : 0.33% 이하, P : 0.04% 이하, S : 0.05% 이하의 것을 사용한다.

(3) 용기의 재질

① LPG : 탄소강
② 산소(O_2) : 크롬강(산소 용기의 크롬 첨가량은 30%가 가장 적당하다.)
③ 수소(H_2) : 크롬강(5~6%)
(내수소성을 증가시키기 위하여 바나듐(V), 텅스텐(W), 몰리브덴(Mo), 티탄(Ti) 등을 첨가 재료로 사용한다.)
④ 암모니아(NH_3) : 탄소강(동 또는 동합금 62% 이상은 사용금지, 암모니아는 고온, 고압하에서 강재에 대하여 탈탄작용과 질화작용을 동시에 일으키므로 18~8 스테인리스강이 사용된다.)
⑤ 아세틸렌(C_2H_2) : 탄소강(동 또는 동합금 62% 이상 사용금지)
⑥ 염소(Cl_2) : 탄소강(염소용기는 수분에 특히 주의할 것)
⑦ 초저온용기 : 알루미늄합금강 또는 오스테나이트계 STS강이 사용된다.

2) 용기의 각종 시험

(1) 내압시험

용기의 내압시험은 보통 수압으로 행하며 수조식과 비수조식이 있다.

① 수조식
- 전증가량 : 용기를 수조에 넣고 수압으로 가압하면 수압에 의해 용기가 팽창함에 따라 그 팽창된 용적만큼 물이 압축되어 팽창계(브레드)에 나타난다.
- 항구증가량 : 용기 내부의 수압을 제거한 다음 용기의 영구 팽창 때문에 수로로 완전히 돌아가지 않고 팽창계에 남은 물의 양을 말한다.
- 항구증가율 : 항구증가량과 전증가량의 백분율

$$항구증가율(영구증가율) = \frac{항구증가량}{전증가량} \times 100$$

- 항구증가율이 10% 이하인 용기는 내압시험에 합격한 것이 된다.

> **Reference** 수조식의 특징
>
> - 보통 소형 용기에서 행한다.
> - 내압시험 압력까지 각 압력에서의 팽창이 정확하게 측정된다.
> - 비수조식에 비하여 측정결과에 대한 신뢰성이 크다.

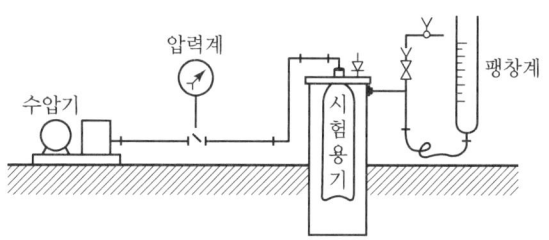

▮ 수조식 내압시험장치 예 ▮

② 비수조식 : 용기를 수조에 넣지 않고 수압에 의해 가압하고 용기 내에 압입된 물의 양을 살피고 다음 식에 의하여 압축된 물의 양을 압입된 물의 양에서 빼어 용기의 팽창량을 조사하는 방법이다.

$$\Delta V = (A - B) - [(A - B) + V] \cdot P \cdot \beta_t$$

여기서, ΔV : 전증가(cc)
A : P기압에서의 압입된 모든 물의 양(cc)
B : P기압에서의 용기 이외에 압입된 물의 양(cc)
V : 용기 내용적(cc)
P : 내압시험압력(atm)
β_t : t℃에서 물의 압축계수

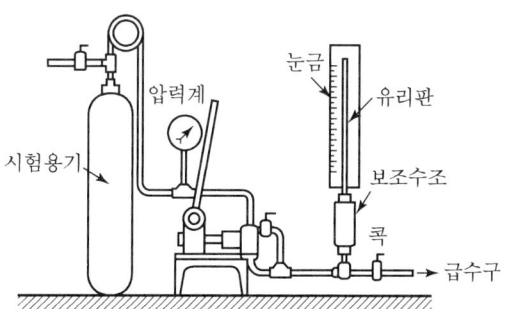

▮ 비수조식 내압시험장치 예 ▮

> **Reference** 용기의 내압시험

- 압축가스 및 액화가스의 내압시험(TP) = 최고충전압력(FP) × $\frac{5}{3}$ 배
- 아세틸렌 용기의 내압시험(TP) = 최고충전압력(FP) × 3배
- 고압가스 설비의 내압시험(TP) = 상용압력 × 1.5배

(2) 기밀시험

① 기밀시험에 사용되는 가스는 질소(N_2), 이산화탄소(CO_2) 등 불활성가스를 사용한다.
② 기밀시험 방법
  ㉠ 내압이 확인된 용기에 행하며 누설 여부를 측정한다.
  ㉡ 기밀시험은 가압으로 하는 것을 원칙으로 한다.
  ㉢ 시험기체는 공기 또는 불활성가스로 가압한다.
  ㉣ 시험압력 이상의 기체를 압입하여 1분 이상 유지하고 비눗물을 사용하여 기포 발생 여부를 보아 판별한다.
  ㉤ 중·소형 용기의 시험은 용기를 수조에 담가 기포 발생으로 측정한다.

> **Reference** 용기의 기밀시험

- 초저온 및 저온 용기의 기밀시험압력(AP) = 최고충전압력(FP) × 1.1배
- 아세틸렌 용기의 기밀시험압력(AP) = 최고충전압력(FP) × 1.8배
- 기타 용기의 기밀시험압력(AP) = 최고충전압력 이상

(3) 압궤시험

꼭지가 60℃로서 그 끝을 반지름 13mm의 원호로 다듬질한 강제틀을 써서 시험 용기의 대략 중앙부에서 원통축에 대하여 직각으로 서서히 눌러서 2개의 꼭지 끝의 거리가 일정량에 달하여도 균열이 생겨서는 안 된다.

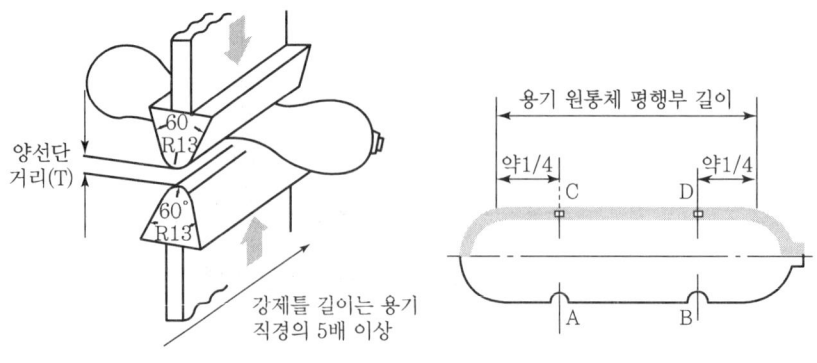

∥ 압궤시험 ∥

(4) 인장시험

① 용기의 인장시험은 압궤시험 후 용기의 원통부로부터 길이 방향으로 잘라내어 인장강도와 연신율을 측정하게 된다.
② 인장시험기에는 암슬러(Amsler), 올센(Olsen), 몰스(Mohrs) 등의 형식이 있는데 가장 대표적인 것은 암슬러 만능재료 시험기로서 인장시험 외에도 굽힘시험, 압축시험, 항절시험 등도 할 수 있다.

(5) 충격시험

금속재료의 충격치를 측정하는 것으로 샤르피 충격시험기(Charpy Impact Tester)와 아이조드 충격시험기(Izod Impact Tester)가 있다.

(6) 파열시험

파열시험은 길이가 60cm 이하, 동체의 외경이 5.7cm 이하인 이음새 없는 용기에 대하여 압력을 가했을 때 파열 여부를 보아 인장시험 및 압궤시험을 파열시험으로 갈음할 수 있다.

(7) 단열성능시험

① **시험방법** : 용기에 시험용 저온 액화가스를 충전해서 다른 모든 밸브를 닫고, 가스방출밸브만 열어 대기 중으로 가스를 방출하면서 기화 방출되는 양을 측정한다.
② **시험용 저온 액화가스** : 액화질소, 액화산소, 액화알곤
③ **시험 시 충전량** : 저온 액화가스 용적이 용기 내용적의 1/3 이상, 1/2 이하인 것
④ **침입열량의 측정** : 저울 또는 유량계
⑤ **판정** : 합격기준은 다음 식에 의해 침입열량을 계산해서 침입열량이 0.0005kcal/hr · ℃ · L (내용적이 1,000L를 초과하는 것에 있어서는 0.002kcal/hr · ℃ · L) 이하인 경우를 합격으로 한다.

$$Q = \frac{Wq}{H \times \Delta t \times V}$$

여기서 Q : 침입열량(kcal/hr · ℃ · L)
W : 측정 중의 기화가스양(kg)
q : 시험용 액화가스의 기화잠열(kcal/kg)
H : 측정시간(hr)
Δt : 시험용 저온 액화가스의 비점과 외기와의 온도차(℃)
V : 용기내용적(L)

2. 저장탱크

1) 원통형 저장탱크

원통형 저장탱크는 동체와 경판으로 분류하며 설치방법에 따라 횡형과 수직형이 있다.

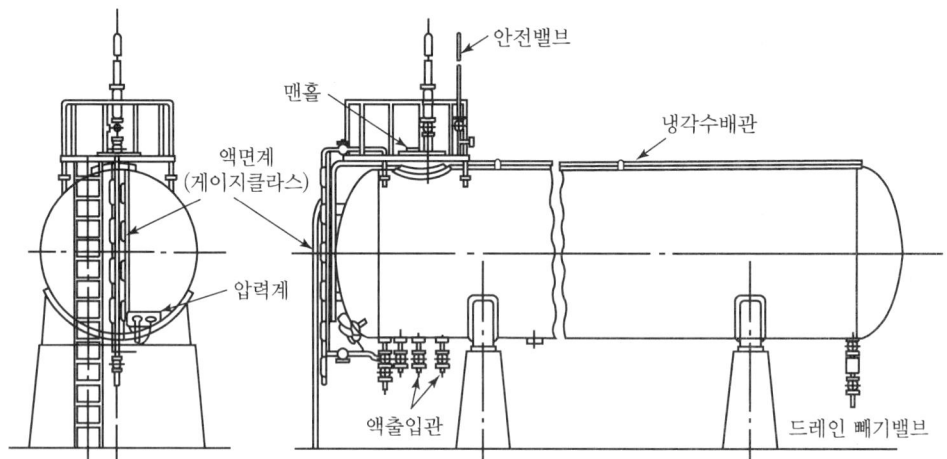

┃ 원통형 횡형 저조 ┃

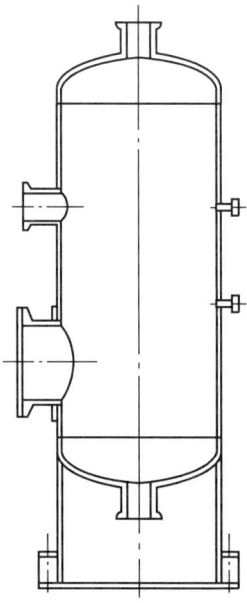

┃ 원통형 수직형 저조 ┃

(1) 원통형 저장탱크의 내용적

　① 입형 저장탱크

$$V = \pi r^2 l$$

　② 횡형 저장탱크

$$V = \pi r^2 \left(l + \frac{l_1 + l_2}{3} \right)$$

여기서, V : 탱크 내용적(m³)　　r : 탱크 반지름(m)
　　　　l : 원통부 길이(m)　　L : 저장탱크의 전길이(m)

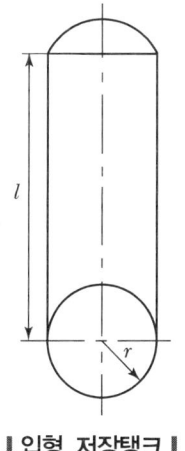

| 입형 저장탱크 |

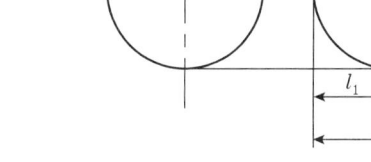

| 횡형 저장탱크 |

2) 구형 저장탱크

구형 저장탱크에는 단각식과 이중각식이 있다.

(1) 단각식 구형 탱크

　① 상온 또는 -30℃ 전후까지 저온의 범위에 사용된다.
　② 저온 탱크의 경우 일반적으로 냉동장치를 부속하고 탱크 내의 온도와 압력을 조절한다.
　③ 구각 외면에 충분한 단열재를 장치하고 흡열에 의한 온도상승을 방지하나 이들 단열구조는 단지 단열성만이 아니라 빙결을 막는 의미에서 단열재 표면을 방습할 수 있는 조치가 필요하다.
　④ 단각 구형 탱크의 각 부분의 재료는 상온 부근에서는 용접용 압연강재, 보일러용 압연강재 또는 고장력강이 사용된다. 보다 저온에서는 2.5% Ni강, 3.5% Ni강이 사용된다.

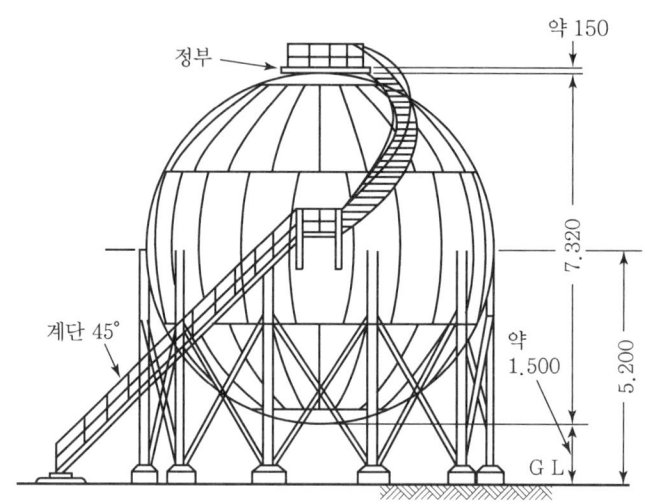

∥ 단각식 구형 탱크(1,000톤 부탄용) ∥

(2) 이중각식 구형 탱크

① 내구에는 저온강재를, 외구에는 보통 강판을 사용한 것으로 내외 구간은 진공 또는 건조공기 및 질소 가스를 넣고 펄라이트와 같은 보냉재를 충전한다.
② 이 형식의 탱크는 단열성이 높으므로 −50℃ 이하의 저온에서 액화가스를 저장하는 데 적합하다.
③ 액체산소, 액체질소, 액화메탄, 액화에틸렌 등의 저장에 사용된다.
④ 내구는 스테인리스강, 알루미늄, 9% Ni강 등을 사용하는 경우가 많다.
⑤ 지지방법은 외구의 적도부근에서 하수용 로드를 매어 달고 진동은 수평로드로 방지하고 있다.

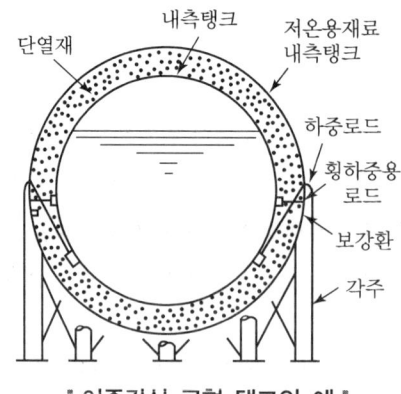

∥ 이중각식 구형 탱크의 예 ∥

(3) 구형 저장탱크의 이점과 특징

① 고압 저장탱크로서 건설비가 싸다.
② 동일용량의 가스 또는 액체를 동일압력 및 재료하에서 저장하는 경우 구형구조는 표면적이 가장 적고 강도가 높다.
③ 기초구조가 단순하며 공사가 용이하다.
④ 유리, 구형 저장탱크는 완성 시 충분한 용접검사, 내압 및 기밀시험을 하므로 누설이 완전히 방지된다. 주된 부속기기로서는 여러 대의 컴프레서, 압력조정 밸브가 있으며 보존이 용이하다.
⑤ 형태가 아름답다.

3) 초저온 액화가스 저장탱크

초저온 액화가스 저장조(Cold Evaporator ; C.E)는 공업용 액화가스, 즉 산소, 질소, 알곤, 수소, 액화 천연가스(LNG), 헬륨 등 액화가스를 저장 사용하는 데 가장 많이 사용되는 용기로서 그 구조와 제작방법에 대하여는 다소 차이가 있지만 크게 다른 점은 없다.

① C.E는 액화가스를 저조시켜 필요시에는 자기가압 장치 및 기화설비를 이용하여 임의의 압력으로 기화된 다량의 가스를 연속적으로 안전하게 공급시키는 방식이다.
② C.E는 원통입형 초저온 저장용기로서 그 구조는 금속 마법병과 같이 이중으로 되어 있으며 외조와 내조의 중간부분은 외부로부터의 열침입을 최대한으로 방지하기 위하여 단열재를 충전하고 이를 다시 충전시킨 특수구조로서 분말진공형과 다층진공형으로 구분되나 분말진공형(Perlite 충진)이 보편적으로 많이 사용되고 있다.

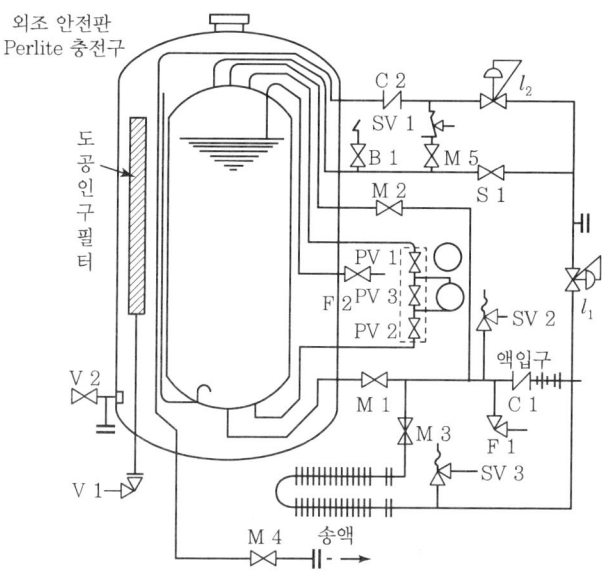

∥ 초저온 액화가스 저장탱크 구조 ∥

SECTION 02 고압반응장치

1. 화학 반응기

1) 오토 클레이브(Auto Clave)

액체를 가열하면 온도의 상승과 더불어 증기압이 상승하므로 액상을 유지하며 반응을 일으킬 경우 밀폐개를 가진 반응가마, 즉 오토 클레이브(Auto Clave)를 필요로 한다.

① 오토 클레이브에는 압력계, 온도계, 시료채취밸브, 안전밸브 등의 부속기기가 있다.
② 오토 클레이브는 시료의 무색 또는 그 방법에 따라 정치형, 교반형, 진탕형, 가스교반형 등이 있다.
③ 오토 클레이브는 광범위한 액체도 취급하므로 재질은 비교적 사용범위가 넓은 스테인리스강(SUS-27, SUS-32)이 사용된다.

(1) 교반형

교반기에 의해 내용물의 혼합을 균일하게 하는 것으로 종형 교반기, 횡형 교반기의 두 종류가 있다.

① 기-액 반응으로 기체를 계속 유동시키는 실험법을 취급할 수 있다.
② 특히 횡형 교반의 경우 교반효과가 뛰어나며 진탕식에 비하여 효과가 크다.
③ 종형 교반에서는 오토 클레이브 내부에 글라스 용기를 넣어 반응시킬 수가 있으므로 특수한 라이닝을 하지 않아도 된다.

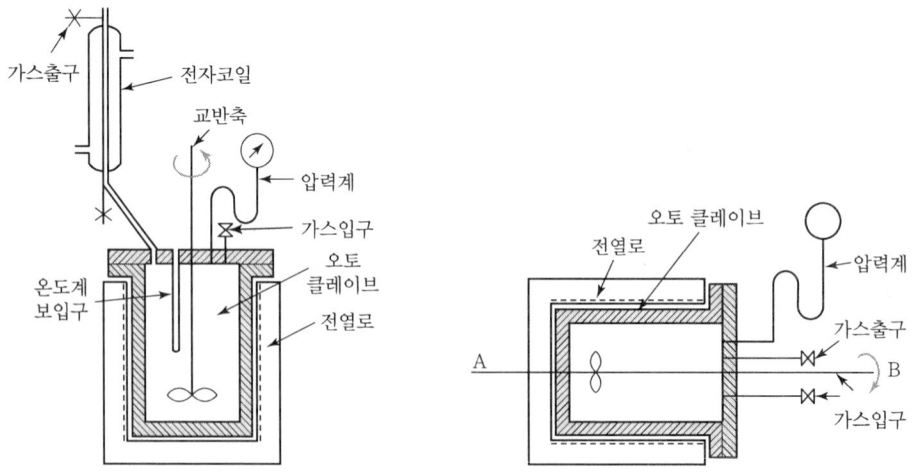

∥ 교반형 오토 클레이브 ∥

(2) 진탕형

이 형식은 횡형 오토 클레이브 전체가 수평, 전후운동을 함으로써 내용물을 교반시키는 형식으로 가장 일반적이다.
① 가스누설의 가능성이 없다.
② 고압력에 사용할 수 있고 반응물의 오손이 없다.
③ 장치 전체가 진동하므로 압력계는 본체로부터 떨어져 설치하여야 한다.
④ 뚜껑판에 뚫어진 구멍(가스출입 구멍, 압력계, 안전밸트 등의 연결구)에 촉매가 끼어 들어갈 염려가 있다.

(3) 회전형

오토 클레이브 자체를 회전시키는 형식이다.
① 고체를 액체나 기체로 처리할 경우 등에 적합하다.
② 교반효과가 타 형식에 비하여 좋지 않으므로 용기벽에 장애판을 장치하거나 용기 내에 다수의 볼을 넣어 내용물의 혼합을 촉진시켜 교반효과를 올린다.

(4) 가스 교반형

오토 클레이브의 기상부에서 반응가스를 취출하고 액상부의 최저부에 순환, 송입하는 방식과 원료가스를 액상부에 송입하고 배출가스는 환류 응축기를 통과하여 방출시키는 방식이 있다. 공업에서 레페반응장치나 연속반응의 실험실적 연구에 사용된다.

2. 고압가스 반응기

1) 암모니아 합성탑

① 암모니아 합성탑은 내압용기와 내부구조물로 구성된다.
② 내부구조물은 촉매를 유지하고 반응과 열교환을 행하기 위한 것이다.
③ 암모니아 합성의 촉매는 보통 산화철에 Al_2O_3 및 K_2O를 첨가한 것이나 CaO 또는 MgO 등을 첨가한 것도 사용된다.
④ 촉매는 5~15mm 정도의 입도인 파염체 형태 그대로 촉매관에 충전되어 소위 고정 촉매층의 형식을 취하나, 열교환 방법, 촉매층의 구조 등에 따라 여러 가지 형식이 있다.

> **Reference** 합성탑은 반응압력에 따라 구분
>
> - 고압법(600~1,000kg/cm^2) : 클로드법, 카자레법
> - 중압법(300kg/cm^2 전후) : IG법, 신파우서법, 뉴파우서법, 동공시법, JCI법, 케미그법
> - 저압법(150kg/cm^2 전후) : 구우데법, 켈로그법

2) 메탄올 합성탑

① 메탄올의 촉매 : Zn-Cr계, Zn-Cr-Cu계
② 온도 : 300~350℃
③ 압력 : 150~300atm
④ CO와 H_2로 직접 합성된다.

가스의 정제에 대해서 유황화합물, CO_2를 제거하는 것은 NH_3 합성과 변함이 없으나 CO_2가 1~2% 잔류하고 있어도 된다. 반응탑은 NH_3가 합성탑과 유사한 구조를 하고 있으나 부반응을 막는 의미에서 특히 온도분포가 균일한 것이 바람직하다.

3) 석유화학 반응기

석유화학 반응에서는 반응장치, 전열장치, 분리장치, 저장 및 수송장치로 대별할 수 있으며 이 중 반응장치가 가장 중요하다. 다음은 반응장치와 사용 예시이다.

① 조식 반응기 : 아크릴클로라이드의 합성, 디클로로 에탄의 합성
② 탑식 반응기 : 에틸벤젠의 제조, 벤졸의 염소화
③ 관식 반응기 : 에틸렌의 제조, 염화비닐의 제조
④ 내부 연소식 반응기 : 아세틸렌의 제조, 합성용 가스의 제조
⑤ 축열식 반응기 : 아세틸렌의 제조, 에틸렌의 제조
⑥ 고정촉매 사용기상 접촉 반응기 : 석유의 접촉개질, 에틸알코올 제조
⑦ 유동층식 접촉 반응기 : 석유개질
⑧ 이동상식 반응기 : 에틸렌의 제조

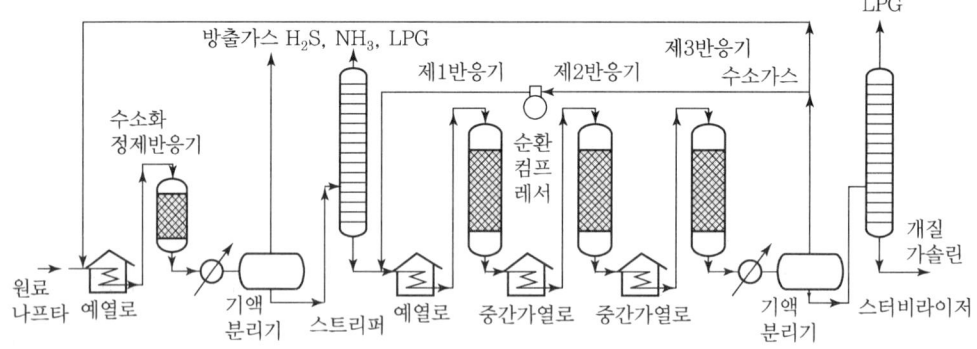

❙ 나프타의 접촉개질장치 예 ❙

SECTION 03 저온장치

1. 가스액화 사이클

1) 린데(Linde)식 공기액화 사이클

상온, 상압의 공기를 압축기에 의해 등온, 압축한 후 열교환기에서 저온으로 냉각하여 팽창밸브에서 단열 교축팽창(등엔탈피 팽창)시켜 액체공기로 만든다.

(1) 고압액화 사이클

① 상온, 상압의 점1(P_1, T_1)의 공기를 압축기로 점2(P_2, T_1)까지 등온, 압축한 후 열교환기에서 저온, 저압의 복귀공기와 열교환시켜 점3(P_2, T_3)까지 냉각한다.
② 이때 압축공기 중의 수분, 탄산가스가 빙결되어 열교환기 등을 폐쇄하므로 미리 제거할 필요가 있다.
③ 점3의 공기는 팽창밸브에서 압력 P_1까지 단열 교축 팽창(등엔탈피팽창)을 하며 온도가 강하하여 점4(P_1, T_4)가 된다.
④ 점4의 공기를 1kg으로 하여 점 0으로 표시되는 액체공기를 $y$kg라고 하면 점5(P_1, T_s)의 포화공기는 $(1-y)$kg이다.
⑤ 액체공기는 밸브 0에서 외부에 취출되며 점5의 포화공기는 열교환기에서 가온되어 점1의 상태로 복귀한다.
⑥ 실제는 점1의 포화공기의 온도보다 수도가 낮으나 동온까지 가온된다고 가정한다.
⑦ 점1의 복귀공기에 밸브 0의 액체공기와 동량의 공기를 보급한 다음 압축기에 흡입된다.

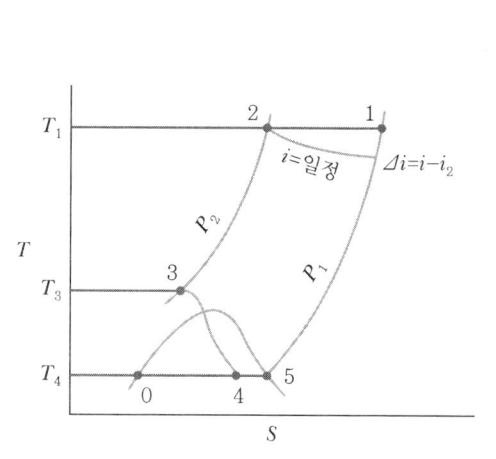
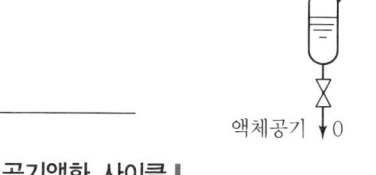

┃린데의 공기액화 사이클┃

(2) 린데의 보조 냉각기를 부착한 공기액화 사이클

린데의 액화기의 액화율을 증가시키는 방법으로서 보조 냉각기를 사용한 장치가 있다.

① 등엔탈피선은 온도가 저하됨에 따라 급경사가 된다.
② 따라서 공기를 등온 압축하였을 때의 엔탈피차는 다음 그림에서와 같이 상온에서의 값 Δi_{1-2}보다 보조의 암모니아 또는 프론 냉각 후의 Δi_{8-4}가 크다.
③ 그러나 공기를 저온에서 압축하는 것은 어려우므로 상온에서 압축된 공기를 보조 냉각기에서 냉각하여 같은 효과를 거둘 수 있다.
④ 동시에 냉각온도까지의 열 손실을 보조 암모니아 냉각기가 부담하므로 오히려 유리하다.

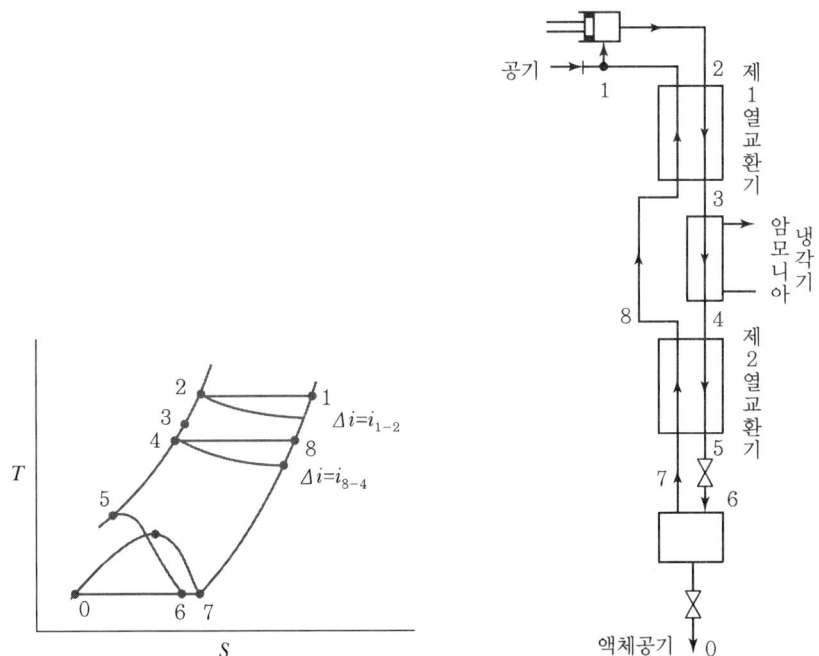

┃린데의 보조 냉각기 공기액화 사이클┃

2) 클로드(Claude)식 공기액화 사이클

린데식에서는 저온을 얻는 방법으로 줄-톰슨 효과에 따르고 있으나 클로드식에서는 주로 단열팽창기에 따르고 있는 점이 서로 다르다.

① 클로드(Claude)의 액화기는 다음 그림에서와 같이 압축기에서 약 $40kg \cdot cm^2$로 압축된 공기는 제1열교환기에서 약 $-100℃$로 냉각되어 팽창기에 들어간다. 이때의 공기량은 원료공기를 1로 하였을 때 $(1-M)$이다.
② 팽창기에서 대기압까지 단열팽창을 하여 저온이 된 공기는 점4에서 복귀공기와 혼합한다.
③ 남은 공기(M)는 제2, 제3열교환기에 다시 냉각된 후 팽창밸브에서 단열교축 팽창을 하여 점6이 된다.

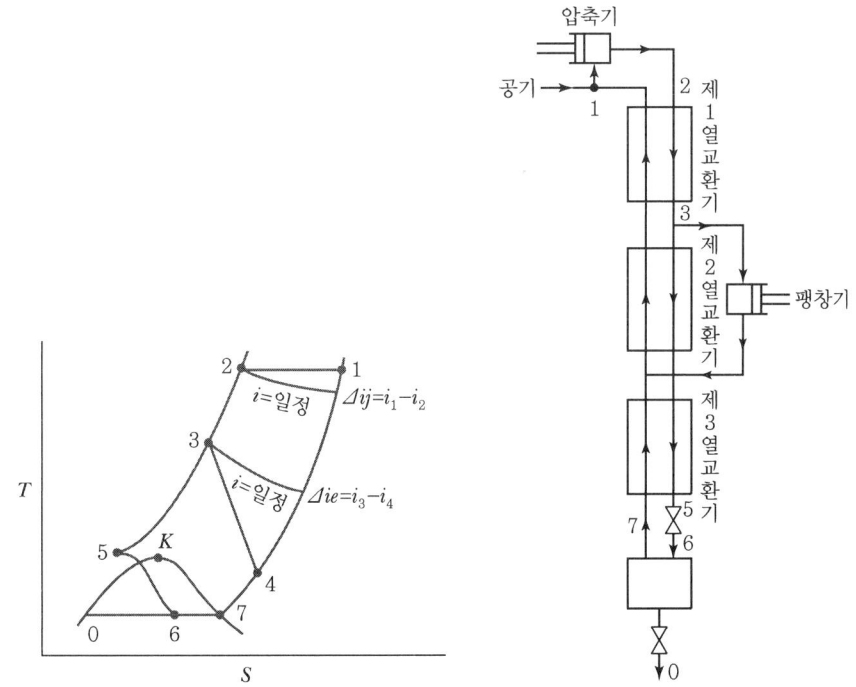

┃클로드의 공기액화 사이클┃

3) 캐피자(Kapitza)의 공기액화 사이클

캐피자(Kapitza)의 공기의 압축압력은 약 7atm으로 낮다. 열교환에 축냉기를 사용하여 원료공기를 냉각시킴과 동시에 원료공기 중의 수분과 탄산가스를 제거한다. 또한 팽창기는 클로드 사이클의 피스톤식과 달리 터빈식을 개발하였다.

팽창 터빈에서의 송입 공기 온도는 약 $-145\,^\circ\!\text{C}$로 낮으며 송입 공기량은 전량의 약 90%이다.

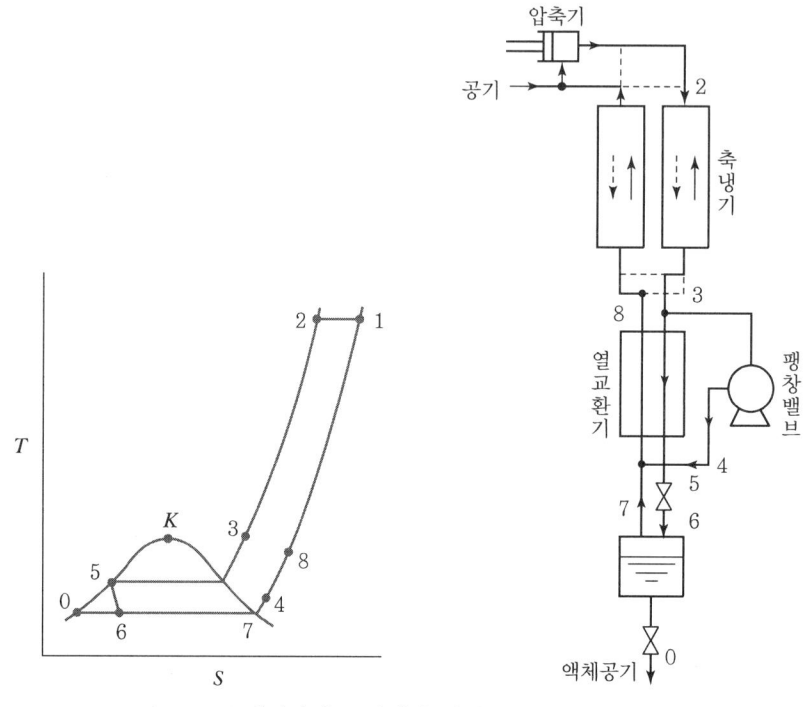

∥ 캐피자의 공기액화 사이클 ∥

4) 필립스(Philips)의 공기액화 사이클

실린더 중에 피스톤과 보조 피스톤이 있고 양 피스톤의 작용으로 상부에 팽창기, 하부에 압축기로 구성된다. 냉매인 수소 또는 헬륨이 장치 내에 봉입되어 있어 팽창기와 압축기 사이를 왕복하나 양 기의 중간에 수냉각기와 축냉기가 있다.

수냉각기는 압축열을 흡수하기 위해 있으며 축냉기는 압축기에서 팽창기로 냉매가 흐를 때에는 냉매를 냉각시키고 반대로 흐를 때에는 냉매를 가열한다.

5) 캐스케이드 액화 사이클

증기압축식 냉동 사이클에서 다원냉동 사이클과 같이 비점이 점차 낮은 냉매를 사용하여 저비점의 기체를 액화하는 사이클을 캐스케이드 액화 사이클(다원액화 사이클)이라고 부르고 있다.

그림에서와 같이 장치는 암모니아를 상온 10atm으로 액화하고 이 액화암모니아의 기화로 19atm의 에틸렌을 액화한다. 다음에 기화하는 에틸렌으로 29atm의 메탄을 액화한다.

캐스케이드법은 압축기의 수가 많아지는 단점이 있어 실용적인 공기 액화기로서 사용되지 않았으나 최근 대형 천연가스 액화장치로 사용한다.

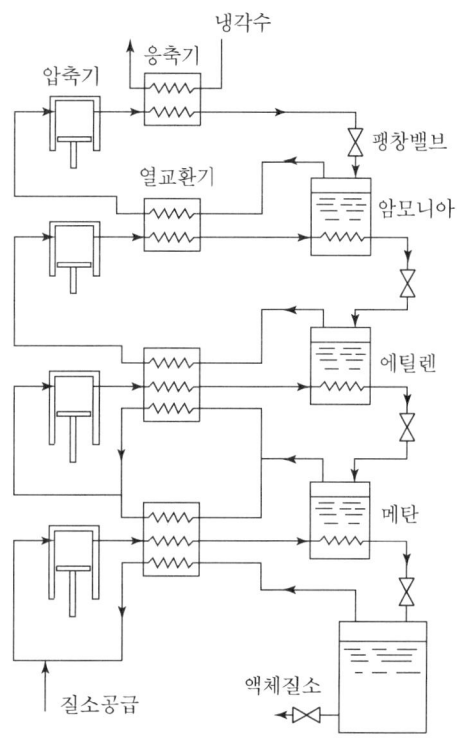

‖ 캐스케이드식 질소액화 사이클 ‖

6) 린데식 액화장치

압축기에서 압축된 공기는 1을 통해 열교환기에 들어가 액화기에서 액화하지 않고 나오는 저온 공기와 열교환을 함으로써 저온이 되고, 2를 통해 단열자유 팽창되므로 온도가 상승하여 액화기에 들어간다. 액화된 액체공기는 5의 취출밸브를 통해 취출되나, 액화되지 않은 포화증기는 4를 통하여 열교환기에 들어가 압축가스와 열교환을 함으로써 과열증기가 되어 6을 통해 압축기로 흡입된다.

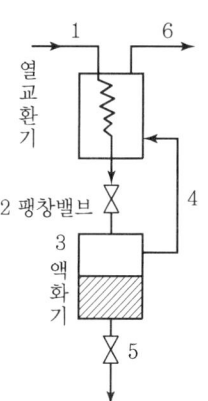

‖ 린데식 액화장치 ‖

7) 클로드식 액화장치

압축기에서 압축된 공기 1은 열교환기에 들어가 액화기와 팽창기에서 나온 저온 공기와 열교환을 하여 냉각되고, 2에서 일부의 공기는 팽창기에 들어가 단열팽창하여 저온이 된 공기는 8을 통해 열교환기에 들어가 열교환한 뒤 3을 통해 자유팽창하여 3→4에 따라 등엔탈피 팽창 액화기에 들어가면 일부는 액화되고 일부는 액화되지 않은 포화증기가 된다.

액화된 액화공기는 취출밸브 5를 통해 취출되고 액화되지 않은 포화증기는 6을 통해 열교환기에 들어가 압축가스와 열교환을 하여 과열증기 되어 7을 통해 압축기로 흡입된다.

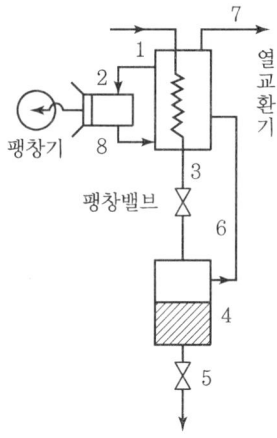

┃클로드식 액화장치┃

2. 공기액화 분리장치

▼ 가스액화

가스액화 분류	가스액화 사이클	가스액화 장치구성
① 단열팽창방법(줄-톰슨 방식) ② 팽창기에 의한 방법 (피스톤형, 터빈식)	① 린데식 ② 클로드식 ③ 캐피자식 ④ 필립스식 ⑤ 캐스케이드식	① 한랭발생장치 ② 정류(분축, 흡수)장치 ③ 불순물 제거장치

1) 고압식 공기액화 분리장치

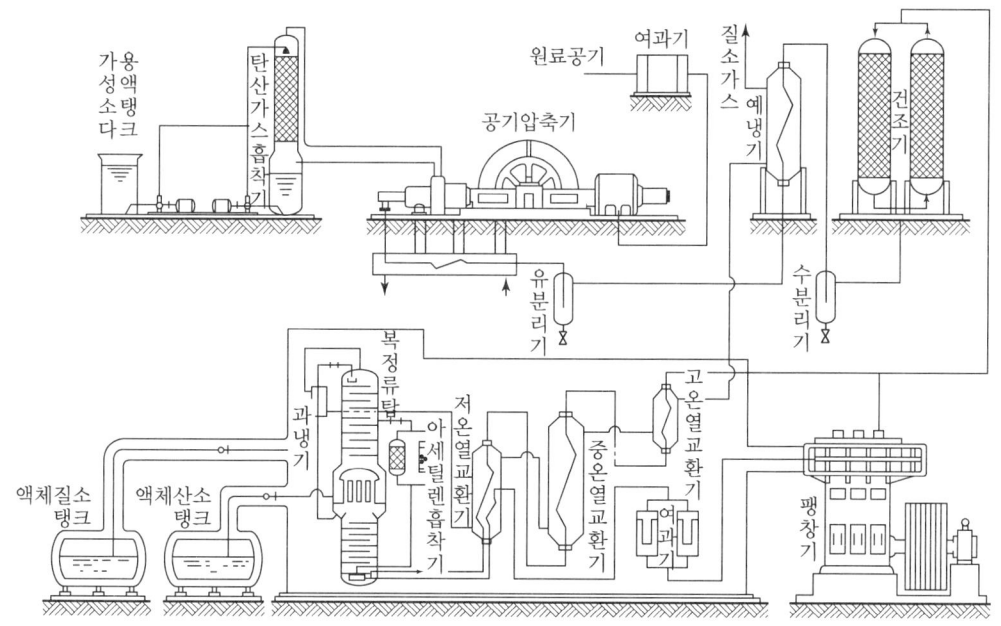

┃ 고압식 공기액화 분리장치 ┃

① 원료공기는 압축기에 흡입되어 150~200at로 압축되나 약 15at 중간단에서 탄산가스 흡수기에 이송된다.
② 공기 중의 탄산가스는 동기에서 가성소다 용액(약 8% 농도)에 흡수하여 제거된다.
③ 흡수기의 구조는 보통의 흡수탑과 같다.
④ 압축기를 나온 고압의 원료공기는 예냉기(열교환기)에서 냉각된 후 건조기에서 수분이 제거된다.
⑤ 건조기에는 고형 가성소다 또는 실리카겔 등의 흡착제가 충전되어 있으나 최근에는 흡착제가 많다.
⑥ 동기에서 탈습된 원료 공기 중 약 절반은 피스톤식 팽창기에 이송되어 하부탑의 압력 약 5atm까지 단열팽창을 하여 약 -150℃의 저온이 된다.
⑦ 이 팽창공기는 여과기에서 유분(주로 팽창기에서 혼입한다)이 제거된 후 저온 열교환기에서 거의 액화 온도로 되어 복정유탑의 하부탑으로 이송된다.

⑧ 팽창기에 주입되지 않은 나머지의 약 반량의 원료공기는 각 열교환기에서 냉각된 후 팽창밸브에서 약 5atm으로 팽창하여 하부탑에 들어간다. 이때 원료공기의 약 20%에 액화하고 있다.
⑨ 하부탑에는 다수의 정유판이 있어 약 5atm의 압력하에서 공기가 정유되고, 하부탑 상부에 액체질소가 통탑하부의 산소에서 순도 약 40%의 액체공기가 분리된다.
⑩ 이 액체질소와 액체공기는 상부탑에 이송되나 이때 아세틸렌 흡착기에서 액체공기 중의 아세틸렌 기타 탄화수소가 흡착·제거된다.
⑪ 상부탑에서는 약 0.5atm의 압력하에서 정유되고 상부탑 하부 순도 99.6~99.8%의 액체산소가 분리되어 액체산소 탱크에 저장된다. 하부탑 상부에 분리된 액체질소는 동용 탱크에 채취된다.

2) 저압식 공기액화 분리장치

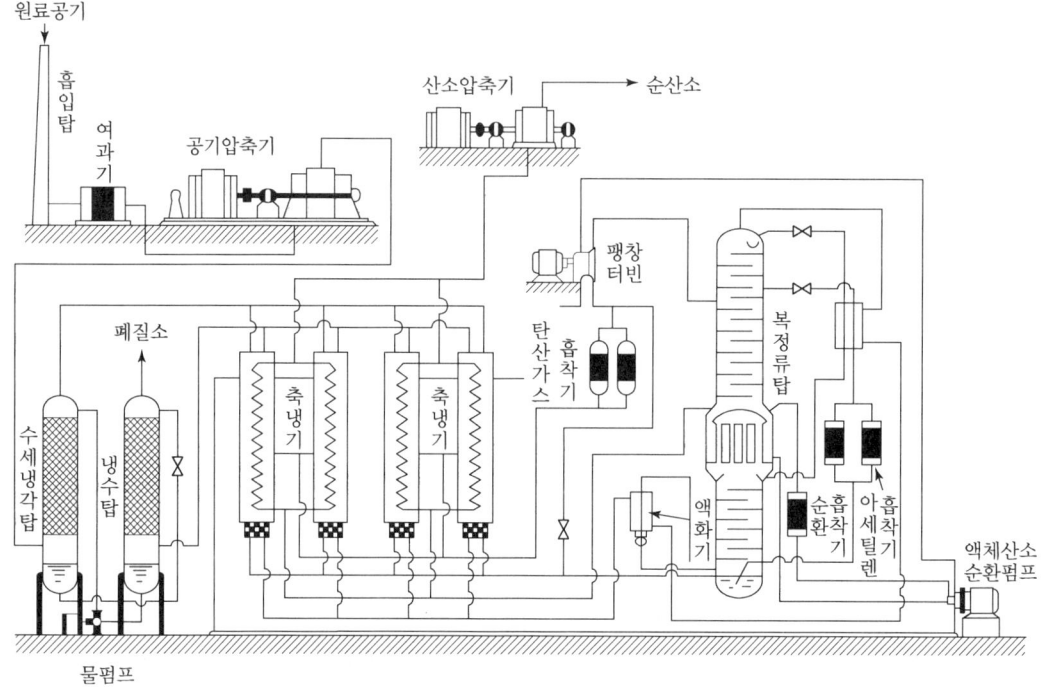

┃ 저압식 공기액화 분리장치 ┃

① 원료공기 여과기에서 여과된 후 터보식 공기 압축기에서 약 5at로 압축된다.
② 압축기의 공기는 수냉각기에서 냉수에 의해 냉각된 후 2회 1조로 된 축냉기의 각각에 1개씩 송입된다. 이때 불순 질소가 나머지 2개의 축냉기 반사 방향에서 흐르고 있다.
③ 일정 주기가 되면 1조 축냉기에서의 원료공기와 불순 질소류는 교체된다.
④ 순수한 산소는 축냉기 내부에 있는 사관에서 상온이 되어 채취된다.
⑤ 상온의 약 5at의 공기는 축냉기를 통하는 사이에 냉각되어 불순물인 수분과 탄산가스를 축냉체 상에 빙결 분리하여 약 $-170°C$가 되어 복정류탑의 하부탑에 송입된다. 이때 일부의 원료공기는 축냉기의 중간 $-120 \sim -130°C$에서 주기된다.
⑥ 이 때문에 축냉기 하부의 원료공기량이 감소하므로 교체된 다음의 주기에서 불순 질소에 의한 탄산가스의 제거가 완전하게 된다.
⑦ 주기된 공기에는 공기의 성분량만큼의 탄산가스를 함유하고 있으므로 탄산가스 흡착기(흡착기가 충만되어 있다)로 제거한다.
⑧ 흡착기를 나온 원료공기는 축냉기 하부에서 약간의 공기와 혼합되며 $-140 \sim 150°C$가 되어 팽창하고 약 $-190°C$가 되어 상부탑에 송입된다.
⑨ 복정류탑에서는 하부탑에서 약 5at의 압력하에 원료공기가 정류되고 동탑상부에 98% 정도의 액체질소가, 하단에 산소 40% 정도의 액체공기가 분리된다.
⑩ 이 액체질소와 액체공기는 상부탑에 이송되어 터빈에서의 공기와 더불어 약 0.5at의 압력하에서 정류된다.
⑪ 이 결과 상부탑 하부에서 순도 99.6~99.8%의 산소가 분리되고 축냉기 내의 사관에서 가열된 후 채취된다.
⑫ 불순 질소는 순도 96~98%로 상부탑 상부에서 분리되고 과냉기, 액화기를 거쳐 축냉기에 이른다.
⑬ 축냉기에서의 불순 질소는 축냉체상에 결빙된 탄산가스, 수분을 승화, 흡수함과 동시에 온도가 상승하여 축냉기를 나온다.
⑭ 다음에 불순 질소는 냉수탑에 이르러 냉각된 후 대기에 방출된다.
⑮ 원료 공기 중에 함유된 아세틸렌 등의 탄화수소는 아세틸렌 흡착기, 순화 흡착기 등에서 흡착, 분리된다.

3. 가스 분리장치

1) NH₃ 합성가스 분리장치

암모니아의 합성에 필요한 조성($3H_2+N_2$)의 혼합가스를 분리하는 장치로서 장치에 공급되는 코크스로 가스는 탄산가스, 벤젠, 일산화질소 등의 저온에서 불순물을 함유하고 있으므로 미리 제거할 필요가 있다. 특히 일산화질소는 저온에서 디엔류와 반응하여 폭발성의 검(Gum)상 물질을 만들므로 완전히 제거한다.

수소의 비점은 −250℃로 다른 기체보다 낮으므로 원료 가스를 −190℃ 정도까지 냉각시키면 거의 수소와 질소의 혼합가스가 된다.

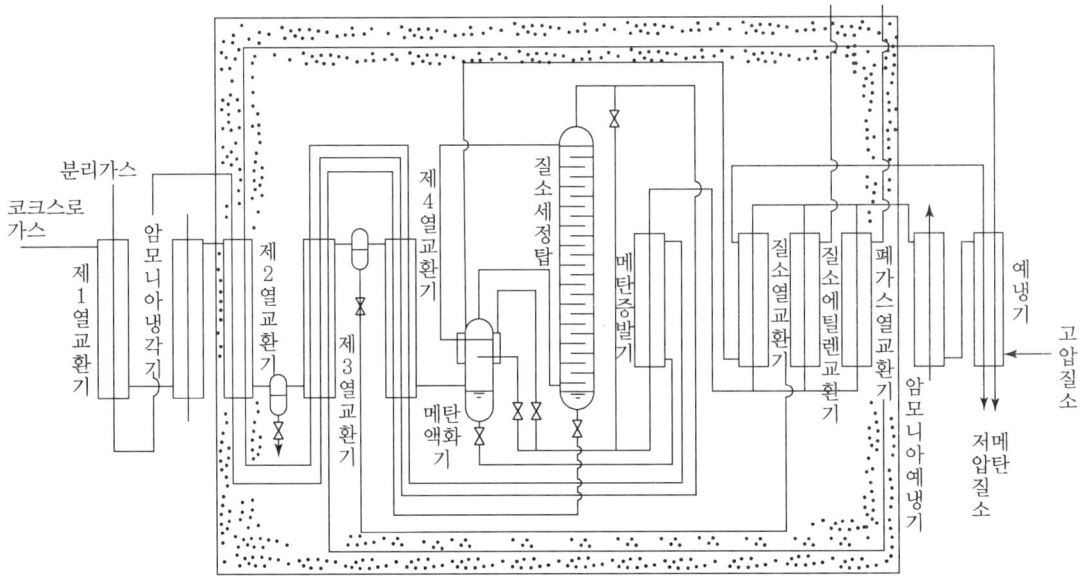

▮ 린데식 암모니아 합성가스 분리장치 ▮

2) LNG 액화장치

LNG의 주성분인 메탄은 비점 −161.5℃, 임계온도 −82℃이므로 그 액화는 가스 액화 사이클에 따르고 있다. 대량의 천연가스를 액화하는 데 캐스케이드(Cascade) 사이클이 사용되며, 암모니아, 에틸렌, 메탄 또는 프로판, 에틸렌, 메탄의 3원 캐스케이드 사이클이 실용화되고 있다. 냉매의 조성은 질소, 메탄, 에탄, 프로판, 부탄 등의 혼합가스가 액화하는 천연가스의 조정에 따라 정해진다.

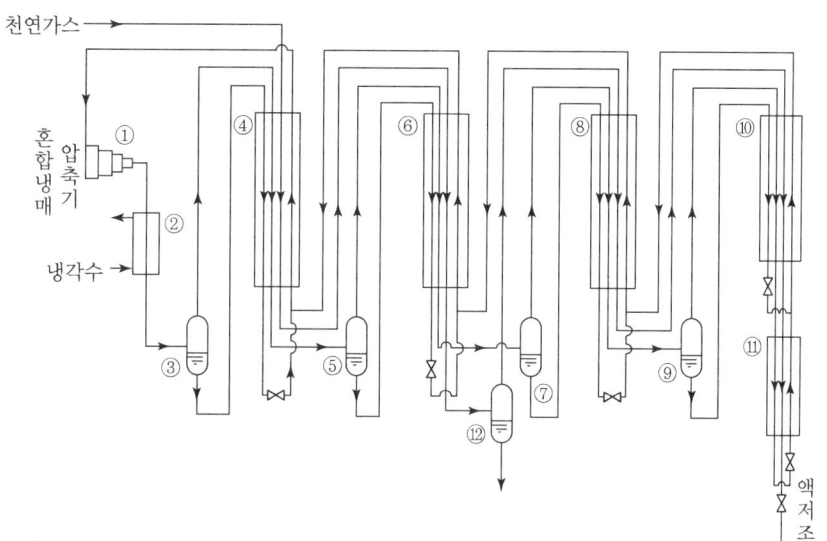

┃ 혼합 냉매를 사용하는 다원 천연가스 액화장치 ┃

[장치의 구성 개요]

- 혼합냉매 압축기 ①에 의해 5.6at에서 41at로 압축된 혼합냉매는 수냉각기 ②에서 냉각되면 부탄분이 액분리기 ③으로 분리된다.
- 액화분은 열교환기 ④에서 냉각된 후 팽창, 복귀냉매와 혼합하여 동기 ④를 냉각시킨다.
- 이 때문에 열교환기 ④ 안에서 천연가스(압력 38at) 중의 고비점 성분이 액화된다.
- 혼합냉매도 냉각되어 액화분은 액분리기 ⑤로 분리된다.
- 이와 같이 혼합 냉매는 점차 액화되어 액분리기 ⑦, ⑨에 액을 분리하고 액화분은 복귀되어 열교환기 ⑦, ⑧, ⑩을 냉각시킨다.
- 이 때문에 천연가스는 열교환기에서 점차 냉각되어 최후로 메탄분이 액화하고 저조에 저축된다.

4. 고형 탄산 제조장치

고형 탄산은 대기압하에서는 용해되어도 액체가 되지 않는 점에서 드라이아이스라고 부르고 있다.

① 눈을 고화시킨 형상으로 1.1~1.4로 일정하지 않으나 고유의 비중은 1.56이다.
② $P-i$ 선도는 다음 그림과 같이 기체, 액체의 영역 이외에 고체의 범위에 미친다.
③ 그림에서 임계점 K는 31℃, 75.3kg/cm², 삼중점 T_r(a, b, c선)은 -56.6℃, 5.28kg/cm²이다. 따라서 대기압에서 승화할 때에는 아래 그림 1, 2선으로 표시된다. 이때의 온도는 -78.5℃, 승화열은 137kcal/kg이다.

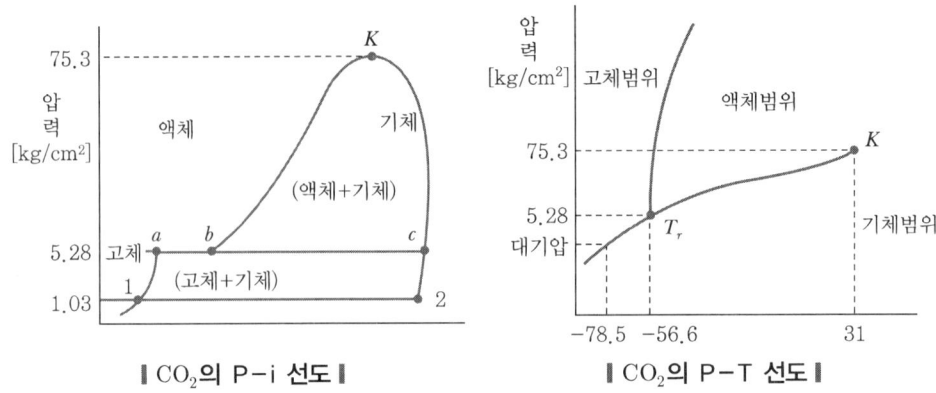

| CO_2의 P-i 선도 | | CO_2의 P-T 선도 |

[고형 탄산 제조공정]

- 탄산가스원에서 탄산가스를 분리하기 위해 탄산가스 흡수탑에서 탄산가스를 탄산칼륨 용액에 흡수시킨다.
- 다음에 이 용액 중 분리탑에서 탄산가스를 방출시키고 정제한 다음 탄산가스 저장조에 저장한다.
- 이 탄산가스를 압축기로 압축한 다음 냉동기에서 냉각, 액화한 후 삼중점 이하의 압력(일반적으로 대기압)까지 단열교축팽창을 시킨다.
- 이때 형성된 설상의 고체를 성형기로 압축하여 고형 탄산을 제조한다.

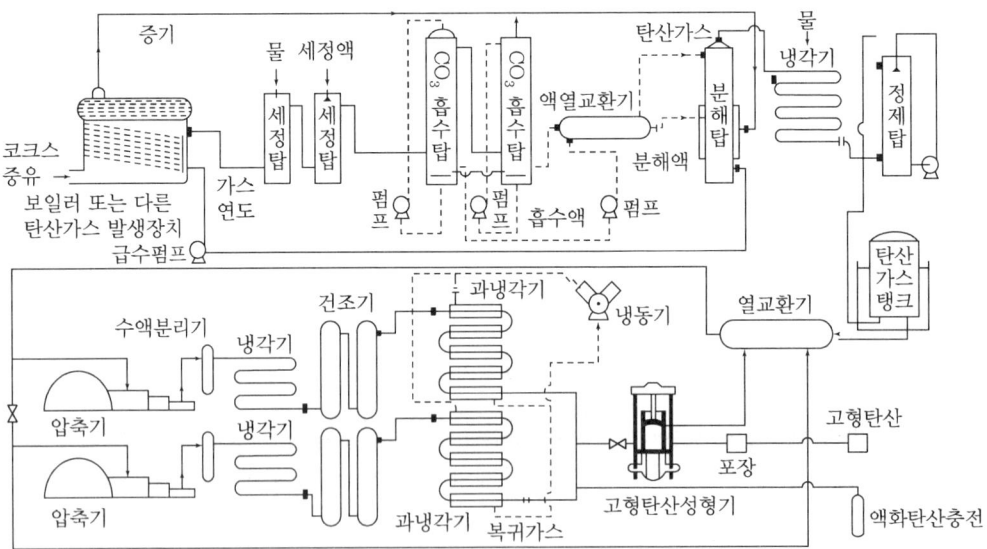

| 고형 탄산 제조장치 |

5. 저온장치 단열법

1) 단열법

① **상압의 단열법** : 단열하는 공간에 분말, 섬유 등의 단열재를 충전하는 방법으로 일반적으로 사용되는 상온 상압의 단열법이다.

$$Q = -KA\frac{dT}{dx}$$

여기서, Q : 전열량(kcal/h)
K : 열전달율(kcal/m² · h · ℃)
A : 전열면적(m²)
$\frac{dT}{dx}$: 방향온도구배(℃)

② **진공 단열법** : 공기의 열전도율보다 낮은 값을 얻기 위해 단열 공간을 진공으로 하여 공기에 의한 전열을 제거하는 단열방법으로 고진공 단열법, 분말 진공 단열법, 다층 진공 단열법이 있다.

③ **저조 단열재** : 저온 저장장치에 대한 열의 유입과 손실을 적게 하기 위한 재료로 유리섬유·코크스·광물면·암면 등을 말한다.

2) 단열재 구비조건

① 밀도가 적을 것(가벼울 것)
② 열전도도가 작을 것
③ 불연성 또는 난연성일 것
④ 화학적으로 안정되고 반응성이 적을 것
⑤ 흡수성이 없을 것
⑥ 경제적일 것

3) 단열재 취급 시 주의사항

① 충분한 진공으로 할 것
② 충격이나 진동을 일으키지 않을 것
③ 공기, 수분, 먼지, 기름 등이 단열재에 영향을 주지 않을 것
④ 단열재가 침하되지 않을 것

SECTION 04 도시가스 공급시설

1. 고압장치

1) 고압밸브

(1) 고압밸브의 특징

① 주조품보다 단조품을 깎아서 만든다.
② 밸브 시트는 내식성과 경도가 높은 재료를 사용한다.
③ 밸브 시트는 교체할 수 있도록 되어 있는 것이 많다.
④ 기밀유지를 위해 스핀들에 패킹이 사용된다.

(2) 고압밸브의 종류

고압밸브는 용도에 따라 스톱밸브, 감압밸브, 조절밸브(제어밸브), 안전밸브, 체크밸브 등으로 구분된다.

① 스톱밸브
- 관내경 3~10mm 정도의 소형 스톱밸브이며 압력계, 시료채취구의 이니셜 밸브 등에 많이 사용된다.
- 밸브체와 스핀들이 동체로 되어 있다.
- 30~60mm 정도의 대형밸브는 밸브 시트와 밸브체가 교체될 수 있도록 되어 있다.
- 슬루스밸브, 글로브밸브, 콕 등이 있다.

② 감압밸브
- 유체의 높은 압력을 낮은 압력으로 감압하는 데 사용한다.
- 감압밸브의 양끝은 가늘고 길게 되어 있어 미세한 가감을 할 수 있다.

③ 조절밸브
온도, 압력, 액면 등의 제어에 사용한다.

④ 안전밸브
고압장치에서는 압력이 소정의 값 이상으로 상승하면 위험하므로 어떤 이유로 압력이 상승한 경우 압력밸브를 작동시켜 소정의 값까지 내리는 것이 필요하다.

  ㉠ 안전밸브로서 요구되는 주요한 조건
  - 밸브가 작동하여 압력이 규정 이하로 내려가면 신속하게 이니셜 시트에 돌아가 누설되지 않을 것
  - 작동압이 사용압보다 너무 높지 않을 것(밸브의 직경을 크게 하고 밸브 시트의 폭을 좁게 하는 것이 필요하다.)

ⓒ 용기밸브 나사형식
- A형 : 충전구가 숫나사
- B형 : 충전구가 암나사
- C형 : 충전구에 나사가 없는 것
- 충전구 왼나사 : 가연성 가스(액화암모니아, 브롬화메탄은 제외)
- 충전구 오른나사 : 가연성 가스 외의 용기

ⓒ 안전밸브의 종류
- 스프링식 안전밸브
  - 일반적으로 가장 널리 사용한다.
  - 스프링의 압력이 용기 내 압력보다 작을 때 용기 내의 이상고압만 배출한다.
  - 스프링식 안전밸브의 작동이 균일치 않은 경우에 대비하여 장치에 보안상 박판식 안전밸브를 병용하는 경우도 있다.
- 파열판(박판)식 안전밸브
  파열판은 안전밸브와 같은 용도로 사용되며 얇은 박판 또는 도움형 원판의 주위를 홀더로 공정하여 보호하기 위해 설치한다. 파열판은 안전밸브와 달라서 그 성능의 확인을 파열시험에 의존할 수밖에 없으므로 동일 제작로트의 균일성이 특히 엄격하게 요구된다.

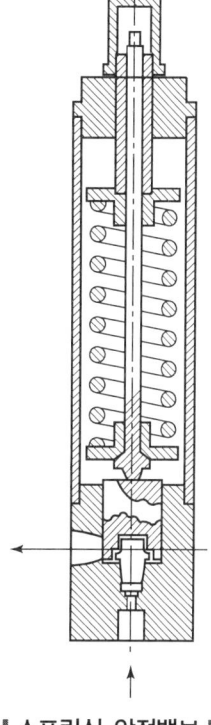

| 스프링식 안전밸브 |

Reference

1. **파열판식 안전밸브의 특징**
   ① 구조가 간단하므로 취급 점검이 용이하다.
   ② 스프링식 안전밸브보다도 취출용량이 많으므로 압력 상승속도가 급격한 중합 분해와 같은 반응장치에 사용된다.
   ③ 스프링식 안전밸브와 같은 밸브 시트 누설은 없다.
   ④ 부식성 유체, 괴상물체를 함유한 유체에도 적합하다.

2. **박판의 재료**
   사용유체에 대하여 내식성을 가지며 사용 온도에서는 안정되어 크리프나 피로에 견디고 강도의 분상이 없도록 요구하며 알루미늄, 스테인리스강 모넬, 은, 납이나 플라스틱을 라이닝한 것 등이 사용된다.

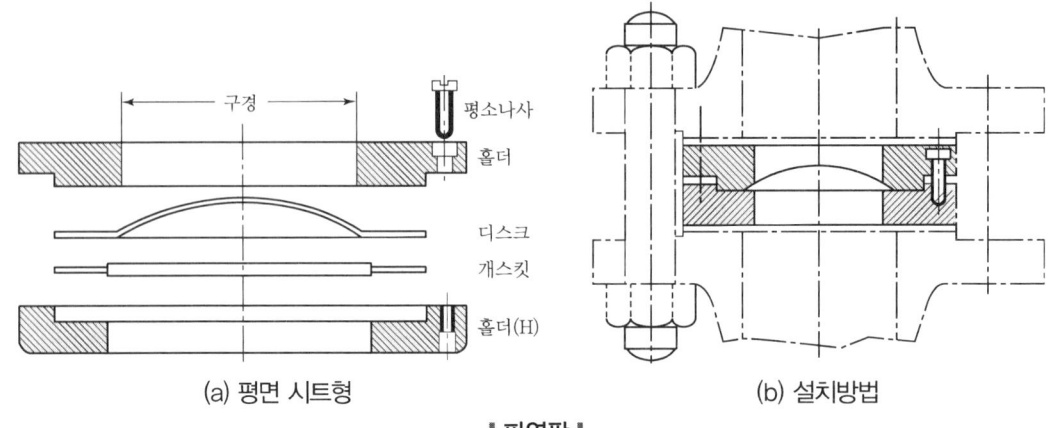

(a) 평면 시트형   (b) 설치방법

┃파열판┃

- 가용전식 안전밸브
  - 설정온도에서 용기 내의 온도가 규정온도 이상이면 녹아 용기 내의 전체가스를 배출한다.
  - 가스전의 재료는 구리, 망간, 주석, 납, 안티몬 등이 사용되나 사용가스와 반응하지 않는 재질을 사용한다.
- 중추식 안전밸브
  중추식은 추의 일정한 무게를 이용하여 내부압력이 높아질 경우 추를 밀어 올리는 힘으로 가스를 외부로 방출하여 장치를 보호한다.

> **Reference 고압장치에서의 안전밸브 설치장소**
>
> - 저장탱크의 상부
> - 압축기와 펌프의 토출측, 흡입측에 설치
> - 왕복동식 압축식의 각단에 설치
> - 반응탑, 정류탑 등에 설치
> - 감압밸브, 조정밸브 뒤의 배관

⑤ 체크밸브
- 유체의 역류를 막기 위해서 설치한다.
- 체크밸브는 고압배관 중에 사용된다.
- 유체가 역류하는 것은 중대한 사고를 일으키는 원인이 되므로 체크밸브의 작동은 신속하고 확실해야 한다.
- 체크밸브는 스윙형과 리프트형 2가지가 있다.
  - 스윙형 : 수평, 수직관에 사용
  - 리프트형 : 수평 배관에만 사용

2) 고압 조인트

(1) 뚜껑(덮개판)

① 분해의 유무에 따른 분류
  ㉠ 영구뚜껑
  ㉡ 분해가능한 뚜껑
  • 플랜지식
  • 스크루식
  • 자긴식

② 개스킷의 유무에 따른 분류
  ㉠ 개스킷 조인트형
  ㉡ 직조인트형

> **Reference 자긴식 구조**
>
> • 반경방향으로 작용하는 것 : 렌즈패킹, O링, △링, 파형링
> • 축방향으로 작용하는 것 : 브리지만(Bridgemann)형
> 　　　　　　　　　　　　　해치드럭 어프레이트바(Hochdruch Apparateba)형

(2) 배관용 조인트

① **영구 조인트** : 용접, 납땜 등에 의한 것이므로 가스의 누설에 대하여 안전하며 그 종류에는 버트 용접 조인트, 스켓 용접 조인트가 있다.

② **분해 조인트** : 플랜지, 스크루 등의 접속에 의한 것으로 장치의 보수, 교체 시 분해 결합을 할 수가 있으며 스켓형(슬립온형) 플랜지, 루트형 플랜지 등이 있다.

(3) 다방 조인트

배관 조작상 분기 또는 합류를 필요로 하는 데 사용된다. 용접으로 접속하는 다방 조인트는 일반적으로 티(T) 또는 크로스 등으로 부르고 있다.

(4) 신축 조인트

판은 온도의 변화에 따라 신축하고 판의 양단이 고정되어 있어 압축력(온도상승의 경우) 또는 인장력(온도강하의 경우) 때문에 판이 파괴되는 경우가 있는데 판의 신축에 따른 무리를 흡수, 완화시키기 위해 판에 신축 조인트를 설치한다. 신축 조인트의 종류는 다음과 같다.

① 루트형(관 굽힘형)
② 벨로스형
③ 슬리브형
④ 스위블형
⑤ **상온 스프링(Cold Spring)** : 배관의 자유 팽창량을 먼저 계산하고 관의 길이를 약간 짧게 하여 강제시공하는 배관공법을 말하며 이때 자유팽창량을 1/2 정도로 짧게 절단하는 것을 말한다.

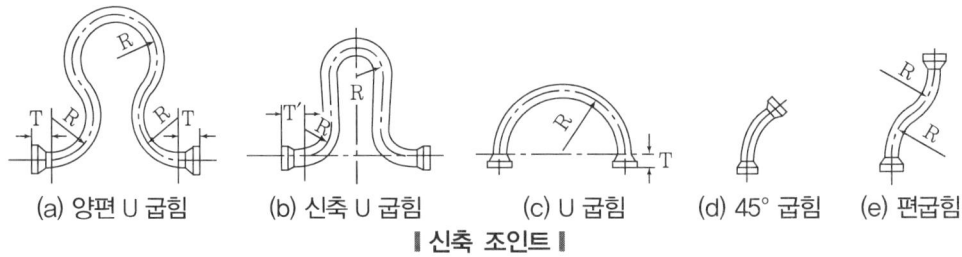

┃ 신축 조인트 ┃

2. 기화장치

1) 기화장치의 개요

① 기화장치는 기화기 또는 증발기(Vaporizer) 등으로도 불린다.
② 용기 또는 저조의 LP 가스를 그 상태로 또는 감압하여 빼내어 열교환기에 넣고 가습하여 가스화시킨다.
③ 가온원으로서는 전열 또는 온수 등에 대해 강제적으로 가열하는 방식이 사용되고 있다.
④ 기화량이 용기의 대소, 개수에 무관하므로 자연기화 방식에 비해 대량 공급 시 용기의 설치면적이 작다.
⑤ **기화장치의 구조**

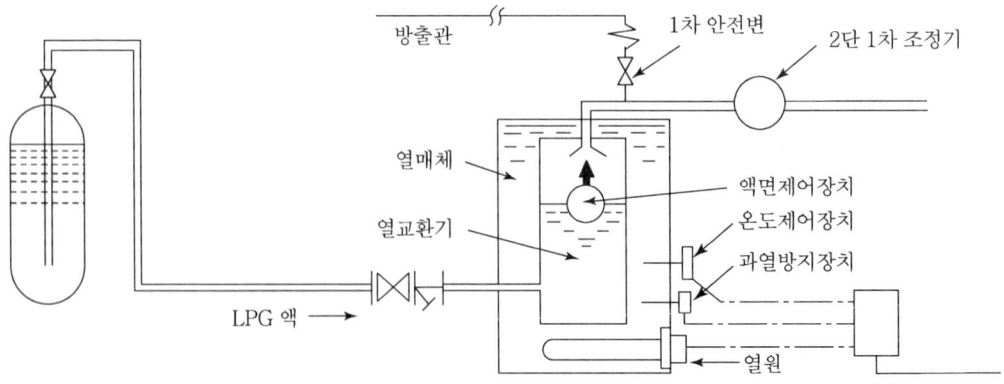

┃ 기화장치의 구조 개요도 ┃

- 기화부(열교환기) : 액체상태의 LP 가스를 열교환기에 의해 가스화시키는 부분
- 열매온도 제어장치 : 열매온도를 일정 범위 내에 보존하기 위한 장치
- 열매과열 방지장치 : 열매가 이상하게 과열되었을 경우 열매로의 입열을 정지시키는 장치
- 액유출 방지장치 : LP 가스가 액체상태로 열교환기 밖으로 유출되는 것을 방지하는 장치
- 압력 조정기 : 기화부에서 나온 가스를 소비목적에 따라 일정한 압력으로 조정하는 부분
- 안전변 : 기화장치의 내압이 이상 상승했을 때 장치 내의 가스를 외부로 방출하는 장치

2) 기화장치의 분류

(1) 작동원리에 따른 분류

① 가온 감압방식

일반적으로 많이 사용되고 있는 방식으로서 열교환기에 액체상태의 LP 가스를 흘려 들여보내고 여기서 기화된 가스를 가스용 조절기에 의해서 감압하여 공급하는 방식이다.

② 감압 가열방식

이 방식에서는 액체상태의 LP 가스를 액체 조정기 또는 팽창변동을 통하여 감압하며 온도를 내려서 열교환기에 도입시켜 대기 또는 온수 등으로 가온하여 기화시킨다.

㉠ 대기온을 이용하는 방법 : 액체 감압변을 통하여 감압되며 온도가 내려간 액체상태의 LP 가스는 비교적 열교환면적이 큰 열교환기(팬 터보형 등)에 도입되어서 대기에 의하여 열을 얻어 기화하는 것이다.

㉡ 온수로 가온하는 방법 : 액체상태 LP 가스가 온수로 가온되고 있는 열교환기에 도입되어서 기화하는 방법이며 온도가 내려간 액온과 기온온도와의 차가 다른 방식에 비하여 높으며 이 때문에 열교환기가 소형이라도 비교적 큰 기화능력을 얻을 수 있다.

(2) 장치 구성형식에 따른 분류

① 다관식 기화기
② 단관식 기화기
③ 사관식 기화기
④ 열판식 기화기

(3) 증발형식에 따른 분류

① 순간 증발식
② 유입 증발식

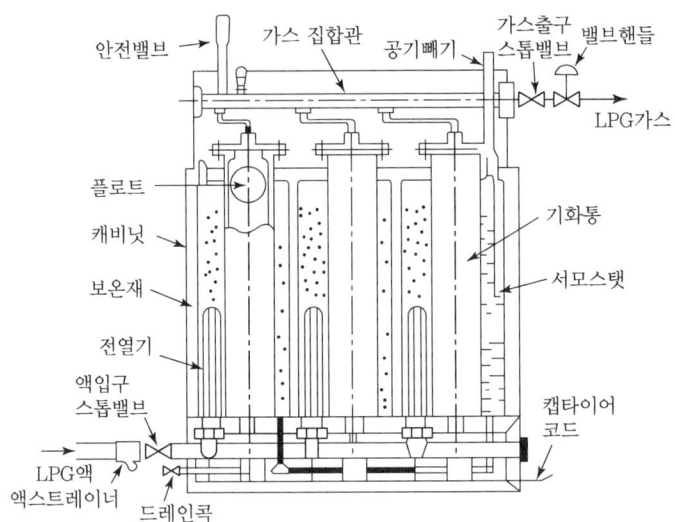

▌단관식 베이퍼라이저 ▌

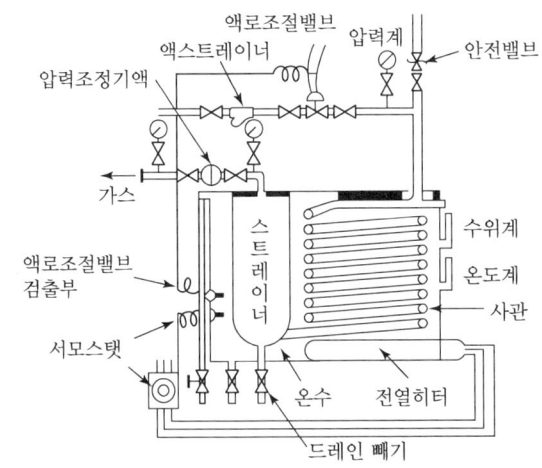

▌사관식 베이퍼라이저 ▌

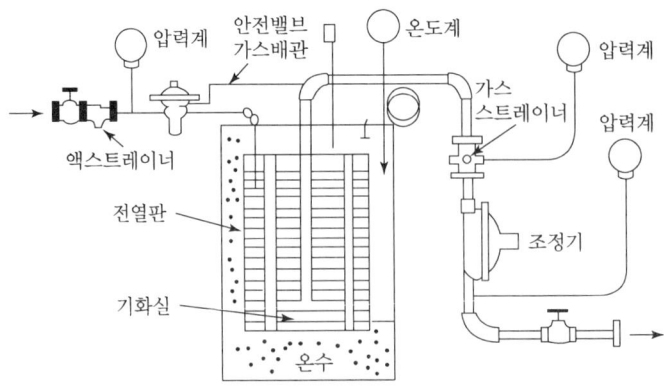

▌열판식 베이퍼라이저 ▌

3) 강제 기화장치

(1) 강제 기화장치의 분류
강제 기화장치를 가열방식에 따라 분류하면 다음과 같다.

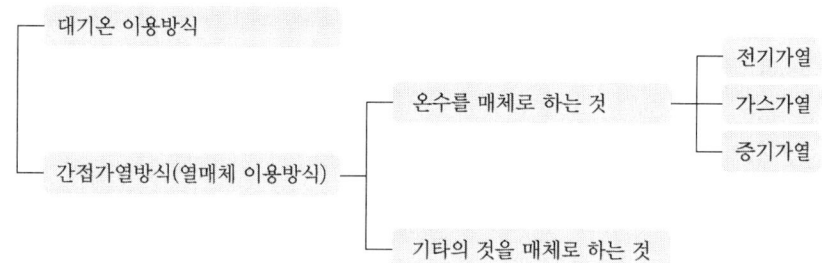

(2) 강제 기화장치의 구성
① 기화부
- 통상 설계압력의 1.5배 이상의 압력에서 내압시험이 행해지고 있다.
- 감압 가온방식에서는 열교환기와 액체조정기(또는 팽창변)로 제작되어 있는 것이 있다.

② 제어부(액유출 방지장치)
- 액면검출형 : 플로트 등의 움직임으로 액면을 검출하여 직접 또는 전기 신호 등을 변환하여 기화장치의 입구측 또는 출구측을 폐쇄 또는 제어하여 액의 유출을 방지하는 것이다.

4) 기화기 사용 시 이점
① LP 가스의 종류에 관계없이 한랭 시에도 충분히 기화된다.
② 공급가스의 조성이 일정하다(자연기화는 변화가 크다).
③ 설비면적이 적게 든다(자연기화는 용기가 병렬로 설치된다).
④ 설비비 및 인건비가 절약된다.
⑤ 기화량을 가감할 수 있다.

CHAPTER 005 연습문제

01 용기 속의 잔류가스를 배출시키려 할 때 다음 중 가장 적정한 방법은?

① 큰 통에 넣어 보관한다.
② 주위에 화기가 없으면 소화기를 준비할 필요가 없다.
③ 잔가스는 내압이 없으므로 밸브를 신속히 연다.
④ 통풍이 있는 옥외에서 실시하고, 조금씩 배출한다.

> **풀이** 용기 속의 잔류가스 배출 시에는 통풍이 있는 옥외에서 실시하고 조금씩 배출하여 공기와 희석시켜 연소농도 범위 이하로 한다.

02 용기밸브의 충전구가 왼나사 구조인 것은?

① 브롬화메탄
② 암모니아
③ 산소
④ 에틸렌

> **풀이** 브롬화메탄, 암모니아 외에 모든 가연성 가스는 용기밸브의 충전구 나사가 왼나사이다.

03 이음매 없는 용기와 용접용기의 비교 설명으로 틀린 것은?

① 이음매가 없으면 고압에서 견딜 수 있다.
② 용접용기는 용접으로 인하여 고가이다.
③ 만네스만법, 에르하르트식 등이 이음매 없는 용기의 제조법이다.
④ 용접용기는 두께공차가 적다.

> **풀이** (1) 이음새 없는 용기의 제조법
> ㉠ 만네스만(Mannesmann)식 : 이음새 없는 강관을 재료로 하는 방식
> ㉡ 에르하르트(Ehrhardt)식 : 강편을 재료로 하는 방법
> ㉢ 딥 드로잉(Deep Drawing)식 : 강판을 재료로 하는 방법
> (2) 이음새 없는 용기의 이점
> ㉠ 이음매가 없으므로 고압에 견디기 쉬운 구조이다.
> ㉡ 이음매가 없으므로 내압에 대한 응력분포가 균일하다.
> (3) 용접용기의 이점
> ㉠ 재료로서 비교적 저렴한 강판을 사용하므로 같은 내용적의 이음새 없는 용기에 비하여 값이 싸다(저렴한 강판을 사용하므로 경제적이다).
> ㉡ 재료가 판재이므로 용기의 형태, 치수가 자유로이 선택된다.
> ㉢ 이음새 없는 용기는 제조 공정상 두께를 균일하게 하는 것이 곤란하나 용접 용기는 강판을 사용하므로 두께 공차도 적다.

정답 01 ④ 02 ④ 03 ②

04 용기용 밸브는 가스 충전구의 형식에 따라 A형, B형, C형의 3종류가 있다. 가스 충전주가 암나사로 되어 있는 것은?

① A형　　　　② B형　　　　③ A형, B형　　　　④ C형

풀이 용기밸브 나사형식
- A형 : 충전구가 숫나사
- B형 : 충전구가 암나사
- C형 : 충전구에 나사가 없는 것
- 충전구 왼나사 : 가연성 가스(액화암모니아, 브롬화메탄은 제외)
- 충전구 오른나사 : 가연성 가스 외의 용기

05 고압가스 이음매 없는 용기의 밸브 부착부 나사의 치수 측정방법은?

① 링게이지로 측정한다.　　　　② 평형수준기로 측정한다.
③ 플러그게이지로 측정한다.　　　　④ 버니어 캘리퍼스로 측정한다.

풀이 플러그게이지
이음매 없는 용기(무계목 용기)의 부착 밸브 나사의 치수 측정 게이지이다(나사용 한계 게이지로 너트의 유효지름을 측정).

06 용기내장형 액화석유가스 난방기용 용접용기에서 최고 충전압력이란 몇 MPa를 말하는가?

① 1.25MPa　　　　② 1.5MPa　　　　③ 2MPa　　　　④ 2.6MPa

풀이 용기내장형 액화석유가스 난방기용 용접용기에서 최고 충전압력은 1.5MPa이다.

07 단열을 한 배관에 작은 구멍을 내고 압력이 있는 유체를 흐르게 하면 유체가 작은 구멍을 통할 때 유체의 압력이 하강함과 동시에 온도가 변화하는 현상을 무엇이라고 하는가?

① 토리첼리 효과　　　　② 줄-톰슨 효과
③ 베르누이 효과　　　　④ 도플러 효과

풀이
- 토리첼리 효과 : 유체가 오리피스를 통해 자유낙하할 때의 낙하 속도 높이에 비례한다.
- 줄-톰슨 효과 : 압축한 공기를 가는구멍을 통하여 갑자기 팽창시킬 때 그 온도가 내려가는 현상이다.
- 베르누이 효과 : 기체나 액체가 단면적이 큰 곳을 지날 때는 흐름이 느려지고 압력이 높아지며, 단면적이 작은 곳을 지날 때는 그 반대가 된다.
- 도플러 효과 : 소리나 빛이 발원체에서 나와 발원체와 상대적 운동을 하는 관측자에게 도달했을 때 진동수에 차이가 나는 현상이다.

정답 04 ② 05 ③ 06 ② 07 ②

08 용기밸브의 구성이 아닌 것은?

① 스템 ② O링 ③ 퓨즈 ④ 밸브시트

풀이 용기밸브는 스템(stem), O링, 밸브시트, 스핀들 등으로 구성된다.

09 저압배관에서 압력손실의 원인으로 가장 거리가 먼 것은?

① 마찰저항에 의한 손실
② 배관의 입상에 의한 손실
③ 밸브 및 엘보 등 배관 부속품에 의한 손실
④ 압력계, 유량계 등 계측기 불량에 의한 손실

풀이 가스 공급, 소비설비의 압력손실 요인
- 배관의 직관부에서 일어나는 압력손실
- 관의 입상에 의한 압력손실(입하는 압력상승이 된다.)
- 엘보, 티, 밸브 등에 의한 압력손실
- 가스미터, 콕 등에 의한 압력손실

10 고압가스 탱크의 수리를 위하여 내부가스를 배출하고 불활성가스로 치환하여 다시 공기로 치환하였다. 내부의 가스를 분석한 결과 탱크 안에서 용접작업을 해도 되는 경우는?

① 산소 20% ② 질소 85%
③ 수소 5% ④ 일산화탄소 4,000ppm

풀이 밀폐공간에서 작업원이 작업할 수 있는 산소 농도는 18~22%이다.

11 최대지름이 10m인 가연성 가스 저장탱크 2대가 상호 인접하여 있을 때 탱크 간에 유지하여야 할 거리는?

① 1m ② 2m ③ 5m ④ 10m

풀이 저장탱크 2대가 상호 인접 시 직경합의 1/4 이상 및 1m 이상 유지(10+10/4=5m)

12 저온장치에 사용되는 진공단열법의 종류가 아닌 것은?

① 고진공단열법 ② 다층진공단열법
③ 분말진공단열법 ④ 다공단층진공단열법

풀이
- 진공단열법 : 고진공단열법, 분말진공단열법, 다층진공단열법
- 상압단열법 : 공간에 분말, 섬유 등의 단열재 충전하는 방법

정답 08 ③ 09 ④ 10 ① 11 ③ 12 ④

13 "응력(Stress)과 스트레인(Strain)은 변형이 적은 범위에서는 비례관계에 있다."는 법칙은?

① Euler의 법칙　　② Wein의 법칙　　③ Hooke의 법칙　　④ Trouton의 법칙

풀이
- Euler의 법칙 : 비점성 유체 내의 한 점에 작용하는 수직응력은 모든 방향에 대해 동일하다.
- 비인(Wein)의 법칙 : 항성 표면의 절대온도와 최대 복사파장은 온도에 반비례한다.
- 트루톤(Trouton)의 법칙 : 상태변화에 따른 잠열구하는 식이다.

14 다음 초저온 액화가스 중 액체 1L가 기화되었을 때 부피가 가장 큰 가스는?

① 산소　　② 질소　　③ 헬륨　　④ 이산화탄소

풀이 액비중 산소 : 1.11, 질소 : 0.97, 헬륨 : 0.14, 이산화탄소 : 1.56(초저온 가스 아님)
액화산소는 기화 시 부피가 약 800배 증가한다.

15 어느 가스탱크에 10℃, 0.5MPa의 공기 10kg이 채워져 있다. 온도가 37℃로 상승하고 탱크의 체적 변화가 없다면 공기의 압력 증가는 약 몇 kPa인가?

① 48　　② 148　　③ 448　　④ 548

풀이 등적변화 $\left(\dfrac{P_1}{T_1}=\dfrac{P_2}{T_2}=일정\right)$, 0.5MPa=500kPa

$P_2 = P_1 \times \dfrac{T_2}{T_1}$, 10+273=283K, 37+273=310K

∴ $\left\{500 \times \left(\dfrac{310}{283}\right)\right\} - 500 = 48\text{kPa}$ (압력증가량)

16 TP(내압시험압력)이 25MPa인 압축가스(질소) 용기의 경우 최고충전압력과 안전밸브 작동압력이 옳게 짝지어진 것은?

① 20MPa, 15MPa　　② 15MPa, 20MPa
③ 20MPa, 25MPa　　④ 25MPa, 20MPa

풀이 (1) 용기의 내압시험
① 압축가스 및 액화가스의 내압시험(TP)=최고충전압력(FP)×$\dfrac{5}{3}$배
② 아세틸렌 용기의 내압시험(TP)=최고충전압력(FP)×3배
③ 고압가스 설비의 내압시험(TP)=상용압력×1.5배

(2) 최고충전압력=$25 \times \dfrac{5}{3}=15$MPa, 안전밸브 작동압력=$25 \times \dfrac{8}{10}=20$MPa

정답 13 ③　14 ①　15 ①　16 ②

17 중압식 공기분리장치에서 겔 또는 몰레큘러-시브(Molecular Sieve)에 의하여 주로 제거할 수 있는 가스는?

① 아세틸렌
② 염소
③ 이산화탄소
④ 암모니아

> **풀이** 몰레큘러-시브(Molecular Sieve)는 수분 및 이산화탄소 제거에 효과적이다.

18 저압식 액화산소 분리장치에 대한 설명이 아닌 것은?

① 충동식 팽창 터빈을 채택하고 있다.
② 일정 주기가 되면 1조의 축냉기에서의 원료공기와 불순 질소류는 교체된다.
③ 순수한 산소는 축냉기 내부에 있는 사관에서 상온이 되어 채취된다.
④ 공기 중 탄산가스로 가성소다 용액(약 8%)에 흡수하여 제거된다.

> **풀이**
> • 고압식 탄산가스(CO_2) 흡수제 : 고형 가성소다(8%), 실리카겔, 건조기 사용
> • 저압식 탄산가스 제거 : 탄산가스 흡착기 사용

19 다음 [보기]에서 설명하는 암모니아 합성탑의 종류는?

[보기]
• 합성탑에는 철계통의 촉매를 사용한다.
• 촉매층 온도는 약 500~600℃이다.
• 합성 압력은 약 300~400atm이다.

① 파우서법
② 하버-보슈법
③ 클로드법
④ 우데법

> **풀이** 암모니아 고압합성법
> • 60~100MPa에서 제조
> • 클로드법, 카자레법 등
> • 정촉매 : Fe_3O_4
> • 부촉매 : Al_2O_3, CaO, K_2O 등

20 가스용기 저장소의 충전용기는 항상 몇 ℃ 이하를 유지하여야 하는가?

① -10℃
② 0℃
③ 40℃
④ 60℃

> **풀이** 가스용기는 항상 40℃ 이하로 유지한다.

정답 17 ③ 18 ④ 19 ③ 20 ③

21 내용적 50L의 LPG 용기에 상온에서 액화 프로판 15kg를 충전하면 이 용기 내 안전공간은 약 몇 % 정도인가?(단, LPG의 비중은 0.5이다.)

① 10%　　　② 20%　　　③ 30%　　　④ 40%

풀이 LPG 질량(W) = 50×0.5 = 25kg

$$15kg = \frac{15kg}{0.5kg/L} = 30L$$

$$\therefore 안전공간 = \frac{50-30}{50} \times 100 = 40\%$$

22 도시가스 강관 파이프의 길이가 5m이고, 선팽창계수(a)가 0.000015(1/℃)일 때 온도가 20℃에서 70℃로 올라갔다면 늘어난 길이는?

① 2.74mm　　　② 3.75mm　　　③ 4.78mm　　　④ 5.76mm

풀이 0.000015(1/℃)×1,000 = 0.015mm/m
　　　∴ 0.015×5×(70−20) = 3.75m

23 가스배관에 대한 설명 중 옳은 것은?

① SDR21 이하의 PE 배관은 0.25MPa 이상 0.4MPa 미만의 압력에 사용할 수 있다.
② 배관의 규격 중 관의 두께는 스케줄 번호로 표시하는데 스케줄 수 40은 살 두께가 두꺼운 관을 말하고, 160 이상은 살 두께가 가는 관을 나타낸다.
③ 강괴에 내재하는 수축공, 국부적으로 집합한 기포나 편석 등의 개재물이 압착되지 않고 층상의 균열로 남아 있어 강에 영향을 주는 현상을 라미네이션이라 한다.
④ 재료가 일정온도 이하의 저온에서 하중을 변화시키지 않아도 시간의 경과함에 따라 변형이 일어나고 끝내 파탄에 이르는 것을 크리프 현상이라 하고 한계온도는 −20℃ 이하이다.

풀이 ① SDR21 이하의 PE관은 0.2MPa 이하 압력에 사용한다.
　　　② 스케줄 번호가 클수록 살 두께가 두껍다.
　　　④ 크리프 현상의 한계온도는 고온, 고하중에서 발생한다.

24 LNG 기화기 중 해수를 가열원으로 이용하므로 해수를 용이하게 입수할 수 있는 입지조건을 필요로 하는 기화기는?

① 서브머지드 기화기　　　② 오픈록 기화기
③ 전기가열식 기화기　　　④ 온수가열식 기화기

풀이 LNG 기화기 중 해수를 입수할 수 있는 입지조건이 필요한 기화기는 오픈록 기화기이다.

정답 21 ④　22 ②　23 ③　24 ②

25 바닷물과 LNG를 열교환하여 LNG를 기화하는 방식의 기화기로서 해수를 열원으로 하기 때문에 운전비용이 저렴하여 기저부하용으로 주로 사용하는 기화기는?

① 오픈록 기화기
② 서브머지드 기화기
③ 중간매체식 기화기
④ 간접가열식 기화기

풀이 오픈록 기화기

탱크로부터 펌프에 의해 LNG가 액체인 채로 유입되면서 튜브 외부에서 분사되는 바닷물에 의하여 기화된다. 최초 설비비는 많이 들지만 운전비가 적게 들어 기존부하(Bass Load)용으로 사용된다.

26 배관용 강관 중 압력배관용 탄소강관의 기호는?

① SPPH
② SPPS
③ SPH
④ SPHH

풀이 배관의 종류

종류	규격기호 KS	설명
배관용 탄소강관	SPP	• 사용압력이 비교적 낮은(10kg/cm² 이하) 증기, 물, 기름, 가스 및 공기 등의 배관용 • 흑관과 백관이 있음 • 호칭지름 6~500A
압력배관용 탄소강관	SPPS	• 350℃ 이하의 온도에서 압력이 10~100kg/cm²까지의 배관에 사용 • 호칭은 호칭지름과 두께(스케줄 번호)에 따르며, 호칭지름은 6~500A
고압배관용 탄소강관	SPPH	• 350℃ 이하의 온도에서 압력이 100kg/cm² 이상의 배관에 사용 • 호칭은 SPPS와 동일, 호칭지름 6~500A
고온배관용 탄소강관	SPHT	• 350℃ 이상의 온도에서 사용 • 호칭은 SPPS와 동일, 호칭지름 6~500A
배관용 아크용접 탄소강관	SPW	• 사용압력이 비교적 낮은(10kg/cm² 이하) 증기, 물, 기름, 가스 및 공기 등의 배관 • 호칭지름 350~1,500A
배관용 합금강관	SPA	• 주로 고온도의 배관에 사용 • 두께는 스케줄 번호에 따르며 호칭지름 6~500A
저온배관용 강관	SPLT	• 빙점 이하의 특히 저온도 배관에 사용 • 두께는 스케줄 번호에 따르며, 호칭지름 6~500A

정답 25 ① 26 ②

27 저압배관에서 압력손실의 원인으로 가장 거리가 먼 것은?

① 마찰저항에 의한 손실
② 배관의 입상에 의한 손실
③ 밸브 및 엘보 등 배관 부속품에 의한 손실
④ 압력계, 유량계 등 계측기 불량에 의한 손실

풀이 압력계 및 유량계는 저압배관의 압력손실과는 연관성이 없다.

28 LPG 수송관의 이음부분에 사용할 수 있는 패킹재료로 가장 적합한 것은?

① 목재　　② 천연고무　　③ 납　　④ 실리콘 고무

29 가스배관 내의 압력손실을 작게 하는 방법으로 틀린 것은?

① 유체의 양을 많게 한다.
② 배관 내면의 거칠기를 줄인다.
③ 배관 구경을 크게 한다.
④ 유속을 느리게 한다.

풀이 가스배관 내 유체의 양을 많게 하면 압력손실이 커진다.

$$압력손실(h) = \frac{Q^2 \cdot S \cdot L}{K^2 \cdot D^5} = \frac{(가스유량)^2 \times 가스비중 \times 관길이}{(유량계수)^2 \times (관지름)^5}$$

30 산소용기의 내압시험 압력은 얼마인가?(단, 최고충전압력은 15MPa이다.)

① 12MPa　　② 15MPa　　③ 25MPa　　④ 27.5MPa

풀이 산소용기 내압시험

산소는 초저온 용기에 저장하지 않고 압축가스에 해당하므로 최고충전압력의 $\frac{5}{3}$배이다.

$$\therefore 내압시험(TP) = 15 \times \left(\frac{5}{3}\right) = 25MPa$$

31 LPG 용기밸브 충전구의 일반적인 나사 형식과 암모니아의 나사 형식이 바르게 연결된 것은?

① 수나사 – 암나사
② 암나사 – 수나사
③ 왼나사 – 오른나사
④ 오른나사 – 왼나사

풀이
- 암모니아, 브롬화메탄 : 밸브 충전구 나사(오른나사)
- LPG 등 가연성 가스 : 용기밸브 충전구 나사(왼나사)

정답 27 ④　28 ④　29 ①　30 ③　31 ③

32 호칭지름이 동일한 외경이 강관에 있어서 스케줄 번호가 다음과 같을 때 두께가 가장 두꺼운 것은?

① XXS　　　　　　　　　② XS
③ Sch 20　　　　　　　 ④ Sch 40

풀이 스케줄 번호(Schedule Number)
배관 내 유체의 사용압력(P)과 그 상태에 있어서 재료의 허용응력(S)과의 비

스케줄 번호 $= 10 \times \dfrac{P(\text{사용압력}, \text{kg/cm}^2)}{S(\text{허용응력}, \text{kg/mm}^2)}$

※ 두께 크기 : STD = sch 40, XS = sch 80, XXS = sch 140

---

33 압력용기에 해당하는 것은?

① 설계압력(MPa)과 내용적(m³)을 곱한 수치가 0.05인 용기
② 완충기 및 완충장치에 속하는 용기가 자동차에어백용 가스충전용기
③ 압력에 관계없이 안지름, 폭, 길이 또는 단면의 지름이 100mm인 용기
④ 펌프, 압축장치 및 축압기의 본체와 그 본체와 분리되지 아니하는 일체형 용기

풀이 압력용기는 35℃에서 압력 또는 설계압력이 그 내용물이 액화가스인 경우 0.2MPa 이상, 압축가스는 1MPa 이상인 용기를 말한다.
- 설계압력(MPa)과 내용적(m³)을 곱한 수치가 0.04 이상 용기
- 완충기 및 완충장치에 속하는 용기가 자동차에어백용 가스충전용기는 제외
- 유량계, 액면계, 그 밖의 계측기기는 제외
- 압력에 관계없이 안지름, 폭, 길이 또는 단면의 지름이 150mm 이상인 용기
- 펌프, 압축장치 및 축압기의 본체와 그 본체와 분리되지 아니하는 일체형 용기는 제외

---

34 다음 수치를 가진 고압가스용 용접용기의 동판 두께는 약 몇 mm인가?

- 최고충전압력 : 15MPa
- 동체의 내경 : 200mm
- 재료의 허용응력 : 150N/mm²
- 용접효율 : 1.00
- 부식여유 두께 : 고려하지 않음

① 6.6　　　　　　　　　 ② 8.6
③ 10.6　　　　　　　　 ④ 12.6

풀이 동판두께$(t) = \dfrac{PD}{2S\eta - 1.2P} + C = \dfrac{15 \times 200}{2 \times 150 \times 1 - 1.2 \times 15} + 0 = 10.6\text{mm}$

정답 32 ① 33 ① 34 ③

35 공기액화 분리장치의 폭발원인이 아닌 것은?

① 액체공기 중 산소(O_2)의 혼입
② 공기 취입구로부터 아세틸렌 혼입
③ 공기 중 질소화합물(NO, NO_2)의 혼입
④ 압축기용 윤활유 분해에 따른 탄화수소의 생성

풀이 공기액화 분리장치의 폭발원인
- 공기 흡입구로부터의 아세틸렌의 혼입
- 압축기용 윤활유의 분해에 따른 탄화수소의 생성
- 공기 중에 있는 산화질소(NO), 과산화질소(NO_2) 등 질소화합물의 혼입
- 액체공기 중에 오존(O_3)의 혼입

36 압력 2MPa 이하의 고압가스 배관설비로서 곡관을 사용하기 곤란한 경우 가장 적정한 신축이음매는?

① 벨로즈형 신축이음매
② 루프형 신축이음매
③ 슬리브형 신축이음매
④ 스위블형 신축이음매

풀이 압력 2MPa(20kg/cm²) 이하 신축이음에서 곡관이음(루프형)의 신축이음이 어려우면 벨로즈형(주름형) 신축이음 사용

37 LNG, 액화산소, 액화질소 저장탱크 설비에 사용되는 단열재의 구비조건에 해당되지 않는 것은?

① 밀도가 클 것
② 열전도도가 작을 것
③ 불연성 또는 난연성일 것
④ 화학적으로 안정되고 반응성이 적을 것

풀이 단열재 구비조건
- 밀도가 적을 것(가벼울 것)
- 열전도도가 작을 것
- 불연성 또는 난연성일 것
- 화학적으로 안정되고 반응성이 적을 것
- 흡수성이 없을 것
- 경제적일 것

38 수소가스의 용기에 의한 공급방법으로 가장 적절한 것은?

① 수소용기 → 압력계 → 압력조정기 → 압력계 → 안전밸브 → 차단밸브
② 수소용기 → 체크밸브 → 차단밸브 → 압력계 → 압력조정기 → 압력계
③ 수소용기 → 압력조정기 → 압력계 → 차단밸브 → 압력계 → 안전밸브
④ 수소용기 → 안전밸브 → 압력계 → 압력조정기 → 체크밸브 → 압력계

정답 35 ① 36 ① 37 ① 38 ①

39 가스액화 원리인 줄-톰슨 효과에 대한 설명으로 옳은 것은?
① 압축가스를 등온팽창시키면 온도나 압력이 증대
② 압축가스를 단열팽창시키면 온도나 압력이 강하
③ 압축가스를 단열압축시키면 온도나 압력이 증대
④ 압축가스를 등온압축시키면 온도나 압력이 강하

풀이 줄-톰슨 효과 : 압축가스를 단열팽창시키면 온도나 압력이 강하한다.

40 가스액화 분리장치를 구분할 경우 구성요소에 해당되지 않는 것은?
① 단열장치
② 냉각장치
③ 정류장치
④ 불순물 제거장치

풀이 가스액화 분리장치(린데식, 클로드식, 필립스식, 캐스케이드식, 다원식)의 구성요소
- 정류장치
- 냉각장치
- 불순물 제거장치

41 공기액화 분리장치 중에서 원료공기를 압축기로 흡입하여 15~20MPa으로 압축한 후 중간단계에 약 1.5MPa의 압력으로 탄산가스를 흡수탑으로 송출하여 분리하는 장치는?
① 고압식 액체산소 분리장치
② 저압식 액체산소 분리장치
③ 가압식 액체산소 분리장치
④ 중압식 액체산소 분리장치

풀이
- 고압식 액체산소 분리장치 : 압축기로 흡입하여 15~20MPa으로 압축하나 약 1.5MPa의 중간단에서 산소가스 흡수기로 이송한다.
- 저압식 액체산소 분리장치 : 전 공기량의 약 50%를 약 1.5MPa의 고압으로 압축하여 줄-톰슨 효과에 의해 분리하는 장치이며, 진정한 의미의 저압식이라 말할 수 없다.

42 다음의 수치를 이용하여 고압가스용 용접용기의 동판 두께를 계산하면 얼마인가?(단, 아세틸렌용기 및 액화석유가스 용기는 아니며, 부식여유 두께는 고려하지 않는다.)

- 최고충전압력 : 4.5MPa
- 동체의 내경 : 200mm
- 재료의 허용응력 : 200N/mm^2
- 용접효율 : 1.00

① 1.98mm
② 2.28mm
③ 2.84mm
④ 3.45mm

정답 39 ② 40 ① 41 ① 42 ②

풀이 두께$(t) = \dfrac{P \cdot D}{2s\eta - 1.2P}$

$= \dfrac{4.5 \times 200}{2 \times 200 - 1.2 \times 4.5} = 2.28\text{mm}$

43 초저온 용기의 단열재 구비조건으로 가장 거리가 먼 것은?

① 열전도율이 클 것 ② 불연성일 것 ③ 난연성일 것 ④ 밀도가 작을 것

풀이 초저온 용기(비점이 낮은 액화질소, 액화산소, 액화아르곤)의 단열재는 열전도율(kcal/m² · h · ℃)이 작아야 한다.

44 지하에 매설하는 배관의 이음방법으로 가장 부적합한 것은?

① 링조인트 접합 ② 용접접합 ③ 전기융착접합 ④ 열융착접합

풀이 지하 매설배관 이음방법
- 용접접합
- 전기융착접합
- 열융착접합

45 최고 충전압력이 7.3MPa, 동체의 내경이 326mm, 허용응력 240N/mm²인 용접용기 동판의 두께는 얼마인가?(단, 용접효율은 1, 부식여유는 고려하지 않는다.)

① 3mm ② 4mm ③ 5mm ④ 6mm

풀이 동판 두께$(t) = \dfrac{PD}{200s\eta - 1.2P} + C = \dfrac{7.3 \times 326}{200 \times \left(\dfrac{240}{100}\right) \times 1 - 1.2 \times 7.3} = 5\text{mm}$

46 내부 용적이 47L인 용기를 내압시험에서 3MPa의 수압을 가하니 용기의 내부 용적이 47.125L가 되었다. 다시 압력을 제거하여 대기압 상태로 만들었더니 용기의 내부 용적이 47.002L가 되었다면 항구증가율은?

① 0.8% ② 1.3% ③ 1.6% ④ 2.6%

풀이 항구(영구)증가량 = 47.002 - 47 = 0.002L
전 증가량 = 47.125 - 47 = 0.125L
∴ 영구증가율 = $\dfrac{\text{항구증가량}}{\text{전 증가량}} = \dfrac{0.002}{0.125} \times 100 = 1.6\%$

정답 43 ① 44 ① 45 ③ 46 ③

47 전기방식법 중 외부전원법의 특징이 아닌 것은?

① 전압, 전류의 조정이 용이하다.　　② 전식에 대해서도 방식이 가능하다.
③ 효과범위가 넓다.　　④ 다른 매설 금속체의 장해가 없다.

풀이 전기방식법 장단점

구분	장점	단점
선택배류법	• 전기철도의 전류를 이용하므로 유지비가 극히 적다. • 전기철도와의 관계 위치에 있어서는 대단히 효율적이다. • 설비비가 비교적 싸다. • 전기철도의 운행 시에는 자연부식 방지도 된다.	• 다른 매설 금속체의 장해에 대하여 충분한 검토를 요한다. • 전기철도와의 관계 위치에 있어서는 효과 범위가 좁으며, 설치 불능의 경우도 있다. • 전기철도의 휴지기간(야간등)은 전기방식으로 사용되지 않는다. • 과방식이 될 수도 있다.
외부전원법	• 효과 범위가 넓다. • 장거리의 Pipe Line에는 수가 적어진다. • 전극의 소모가 적어서 관리가 용이하다. • 전압, 전류의 조정이 용이하다. • 전식에 대해서도 방식이 가능하다.	• 초기 투자비용이 크다. • 강력하기 때문에 다른 매설 금속체와의 장해에 대해서 충분히 검토를 해야 한다. • 전원이 없는 경우는 전지, 충전기 등을 필요로 한다. • 과방식이 될 수도 있다.
유전양극법	• 간편하다. • 단거리의 Pipe Line에는 설비가 싼 값이다. • 다른 매설 금속체의 장해는 거의 없다. • 과방식의 염려가 없다. • 관로의 도막 저항이 충분히 높다면 장거리에도 효과가 좋다.	• 도장이 나쁜 배관에서는 효과범위가 적다. • 장거리의 Pipe Line에서는 소모가 높기 때문에 어떤 기간 안에 보충할 필요가 있다. • 도장이 나쁜 Pipe Line에서는 소모가 높기 때문에 어떤 기간 안에 보충할 필요가 있다. • 평상의 관리 개소가 많게 된다. • 강한 전선에 대해서는 미력하다.

48 도시가스 배관에서 가스 공급이 불량해지는 원인으로 가장 거리가 먼 것은?

① 배관의 파손
② Terminal Box의 불량
③ 정압기의 고장 또는 능력부족
④ 배관 내의 물의 고임, 녹으로 인한 폐쇄

풀이 Terminal Box의 불량은 전기방식의 일종으로 전위 측정용이다.

49 가스설비에 대한 전기방식(防蝕)의 방법이 아닌 것은?

① 희생양극법　　② 외부전원법
③ 배류법　　④ 압착전원법

풀이 대표적인 가스설비 전기방식으로는 ①, ②, ③이 있다.

정답　47 ④　48 ②　49 ④

50 부식 방지방법에 대한 설명으로 틀린 것은?

① 이종의 금속을 접촉시킨다.
② 금속을 피복한다.
③ 금속 표면의 불균일을 없앤다.
④ 선택배류기를 접속시킨다.

풀이 금속재료의 부식을 억제하는 방법
- 금속의 피복에 의한 방식법
- 부식환경의 처리에 의한 방식법
- 인히비터(부식억제제)에 의한 방식법
- 전기방식법(유전양극법, 선택배류, 외부전원 등)
- 금속 표면의 불균일을 없애는 방식법

51 가스배관의 굵기를 구할 수 있는 다음 식에서 "S"가 의미하는 것은?

$$Q = \sqrt{\frac{(P_1^2 - P_2^2)d^5}{SL}}$$

① 유량계수 ② 가스 비중 ③ 배관 길이 ④ 관 내경

풀이 P_1, P_2 : 초압, 종압
d : 관지름(cm)
S : 가스 비중

52 관지름 50A인 SPPS가 최고사용압력이 5MPa, 허용응력이 500N/mm²일 때 스케줄 번호는?(단, 안전율은 4이다.)

① 40 ② 60 ③ 80 ④ 100

풀이 관의 스케줄 번호(SCH)

$SCH = 10 \times \dfrac{P}{S}$, S=허용응력$\times \dfrac{1}{안전율}$

$\therefore 10 \times \dfrac{5\text{MPa}}{500\text{N/mm}^2 \times \left(\dfrac{1}{4}\right)} = 40$번

53 가스 액화 사이클의 종류가 아닌 것은?

① 클로드식 ② 필립스식 ③ 클라시우스식 ④ 린데식

풀이 클라시우스식 : 열역학 제2법칙에서 경험법칙(저온에서 고온으로 움직이지 않는다)을 말한다.

정답 50 ① 51 ② 52 ① 53 ③

54 액화 사이클의 종류가 아닌 것은?

① 클로드식 사이클
② 린데식 사이클
③ 필립스식 사이클
④ 헨리식 사이클

풀이 액화 사이클(기체 액화 사이클)
클로드식, 린데식, 필립스식, 캐스케이드식, 다원액화식 등

55 공기압축기에서 초기 압력 2kg/cm²인 공기를 8kg/cm²까지 압축하는 공기의 잔류가스 팽창이 등온팽창할 때 체적효율은 약 몇 %인가?(단, 실린더의 간극비(ε_0)는 0.06, 공기의 단열지수(r)는 1.4로 한다.)

① 24%
② 40%
③ 48%
④ 82%

풀이 효율(η) = $\left\{1 - \varepsilon_0\left[\left(\dfrac{P_2}{P_1}\right) - 1\right]\right\} \times 100 = \left\{1 - 0.06\left[\left(\dfrac{8}{2}\right) - 1\right]\right\} \times 100 = 82\%$

56 수소화염 또는 산소·아세틸렌 화염을 사용하는 시설 중 분기되는 각각의 배관에 반드시 설치해야 하는 장치는?

① 역류방지장치
② 역화방지장치
③ 긴급이송장치
④ 긴급차단장치

57 지하매설물 탐사방법 중 주로 가스배관을 탐사하는 기법으로 전도체에 전기가 흐르면 도체 주변에 자장이 형성되는 원리를 이용한 탐사법은?

① 전자유도탐사법
② 레이다탐사법
③ 음파탐사법
④ 전기탐사법

풀이 지하시설물측량으로는 전자유도탐사법, GPR(Ground Penetrating Radar)탐사법, 음파탐사법 등이 있다.
- 전자유도탐사법 : 전도체에 전기가 흐르면 도체 주변에 자장이 형성되는 원리를 이용한 것으로서 전류가 흐르는 도선은 동심원의 형태로 자장을 형성하여 수신기로 증폭시켜 음향이 검류계에 나타나도록 함으로써 지하시설물을 탐사한다.
- 레이다탐사법(GPR) : 고주파의 전자파신호를 공중에 방사시킨 후 목표물의 탐지 및 위치를 파악하는 레이다 탐사법을 지하에 적용시킨 것이다.

정답 54 ④ 55 ④ 56 ② 57 ①

58 가스액화 분리장치의 구성기기 중 왕복동식 팽창기의 특징에 대한 설명으로 틀린 것은?

① 고압식 액체산소 분리장치, 수소액화장치, 헬륨액화기 등에 사용된다.
② 흡입압력은 저압에서 고압(20MPa)까지 범위가 넓다.
③ 팽창기의 효율은 85~90%로 높다.
④ 처리 가스양이 1,000m³/h 이상의 대량이면 다기통이 된다.

풀이 가스액화 분리장치의 왕복동식 팽창기 효율은 60~65% 정도이다.

59 공기를 액화시켜 산소와 질소를 분리하는 원리는?

① 액체산소와 액체질소의 비중 차이에 의한 분리
② 액체산소와 액체질소의 비등점의 차이에 의한 분리
③ 액체산소와 액체질소의 열용량 차이로 분리
④ 액체산소와 액체질소의 전기적 성질 차이에 의한 분리

풀이
- 산소의 끓는점(비등점) : $-183℃$
- 질소의 끓는점(비등점) : $-195.8℃$

따라서, 비점이 낮은 질소가 먼저 분리된다.

60 공기액화 분리장치에서 내부 세정제로 사용되는 것은?

① CCl_4
② H_2SO_4
③ NaOH
④ KOH

풀이 내부 세정제 : 사염화탄소(CCl_4)이며 1년에 1회 정도 불연성 세제로 세척한다.

61 공기액화 분리장치에 아세틸렌 가스가 혼입되면 안 되는 이유로 가장 옳은 것은?

① 산소의 순도가 저하
② 파이프 내부가 동결되어 막힘
③ 질소와 산소의 분리작용에 방해
④ 응고되어 있다가 구리와 접촉하여 산소 중에서 폭발

풀이 공기액화 분리장치에서 산소 제조 시 아세틸렌[C_2H_2]가스가 혼입되면 응고되어 있다가 구리와 접촉하여 산소 중에서 폭발한다.
※ 동(구리) 아세틸라이드($Cu_2C_2 + H_2 \rightarrow C_2H_2 + Cu_2$)

정답 58 ③ 59 ② 60 ① 61 ④

62 공기액화 분리장치에서 이산화탄소 1kg을 제거하기 위해 필요한 NaOH는 약 몇 kg인가?(단, 반응률은 60%이고, NaOH의 분자량은 40이다.)

① 0.9
② 1.8
③ 2.3
④ 3.0

풀이 $2NaOH + CO_2 \rightarrow Na_2CO_3 + H_2O$
$2 \times 40 \quad 44$
$80 : 44 = x : 1$
$x = \dfrac{80 \times 1}{44 \times 0.6} = 3.03 \text{kg}$

63 공기액화 분리장치에서 반드시 제거해야 하는 물질이 아닌 것은?

① 탄산가스
② 아세틸렌
③ 수분
④ 질소

풀이 공기 액화분리기 내의 제거물질
- CO_2 : 고체탄산(드라이아이스 방지) 제거
- 수분 : 얼음이 생성되므로 배관폐쇄로 제거
- 아세틸렌 : 카바이트(CaC_2)와 수분이 반응하여 가연성 C_2H_2가 생성되므로 제거

64 중압식 공기분리장치에서 겔 또는 몰레큐러 – 시브(Moleculer Sieve)에 의하여 제거할 수 있는 가스는?

① 아세틸렌
② 염소
③ 이산화탄소
④ 이산화황

풀이 공기분리장치의 수분제거제로 실리카겔, 알루미나겔, 몰레큐러 – 시브 등을 이용하며 미량의 CO_2(탄산가스)를 제거할 수 있다.

65 공기액화 분리장치의 폭발방지대책으로 옳지 않은 것은?

① 장치 내에 여과기를 설치한다.
② 유분리기는 설치해서는 안 된다.
③ 흡입구 부근에서 아세틸렌 용접은 하지 않는다.
④ 압축기의 윤활유는 양질유를 사용한다.

풀이 공기액화 분리장치 운전 시 오일분리기, 즉 유(油)분리기를 설치하면 폭발을 방지할 수 있다.

정답 62 ④ 63 ④ 64 ③ 65 ②

66 공기액화 분리장치의 복정류탑에 대한 설명으로 옳지 않은 것은?

① 정류판에서 정류된 산소는 위로 올라가고 질소가 많은 액은 하부 증류드럼에 고인다.
② 상부에 상부 정류탑, 중앙부에 산소응축기, 하부에 하부 정류탑과 증류드럼으로 구성된다.
③ 산소가 많은 액이나 질소가 많은 액 모두 팽창밸브를 통하여 상압으로 감압된 다음 상부 정류탑으로 이송한다.
④ 하부탑은 약 5기압, 상부탑은 약 0.5기압의 압력에서 정류된다.

풀이 정류판에서 정류된 산소는 하부에서 유출되고, 질소가 많은 액은 상부 증류드럼에 고여 상부로 유출된다.

67 다음 그림에서 보여주는 관이음재의 명칭은?

① 소켓 ② 니플
③ 부싱 ④ 캡

68 가스배관의 플랜지(Flange) 이음에 사용되는 부품이 아닌 것은?

① 플랜지 ② 개스킷
③ 체결용 볼트 ④ 플러그

69 염소가스(Cl_2) 고압용기의 지름을 4배, 재료의 강도를 2배로 하면 용기의 두께는 얼마가 되는가?

① 0.5 ② 1배 ③ 2배 ④ 4배

풀이 $t = \dfrac{P \cdot D}{200S} = \dfrac{4}{2} = 2$

70 LPG 기화장치 중 열교환기에 LPG를 송입하여 여기에서 기화된 가스를 LPG용 조정기에 의하여 감압하는 방식은?

① 가온 감압방식 ② 자연기화 방식
③ 감압 가온방식 ④ 대기온 이온방식

풀이 가온 감압방식
열교환기에 LPG를 송입하여 여기에서 기화된 가스를 LPG용 조정기에 의하여 감압하는 방식

정답 66 ① 67 ② 68 ④ 69 ③ 70 ①

71 고압가스시설에서 전기방식시설의 유지관리를 위하여 T/B를 반드시 설치해야 하는 곳이 아닌 것은?

① 강재보호관 부분의 배관과 강재보호관
② 배관과 철근 콘크리트 구조물 사이
③ 다른 금속 구조물과 근접 교차부분
④ 직류전철 횡단부 주위

풀이 배관의 부식방지 위한 전위 측정용으로 철근 콘크리트는 제외한다.

72 외부전원법으로 전기방식 시공 시 직류전원장치의 +극 및 -극에는 각각 무엇을 연결해야 하는가?

① +극 : 불용성 양극, -극 : 가스배관
② +극 : 가스배관, -극 : 불용성 양극
③ +극 : 전철레일, -극 : 가스배관
④ +극 : 가스배관, -극 : 전철레일

풀이 전기방식 외부전원법(가스배관 부식방지)
직류전원장치 : +극(불용성 양극연결), -극(가스배관 연결)

73 전구용 봉입가스, 금속의 정련 및 열처리 시공기 외의 접촉 방지를 위한 보호가스로 주로 사용되는 가스의 방전관 발광색은?

① 보라색
② 녹색
③ 황색
④ 적색

풀이 전구용 봉입가스 금속의 정련 및 열처리 시 공기 외의 접촉 방지를 위한 보호가스로 주로 사용되는 가스의 방전관 발광색은 적색이다.

74 저압배관의 관지름 설계 시에는 Pole식을 주로 이용한다. 배관의 내경이 2배가 되면 유량은 약 몇 배가 되는가?

① 2.00
② 4.00
③ 5.66
④ 6.28

풀이 배관 내 압력손실(관 내경의 5승에 반비례)
내경이 $\frac{1}{2}$로 줄어들면 압력손실 32배

압력손실 $(h) = \dfrac{Q_2 \cdot s \cdot L}{K^2 \cdot D^5}$, 유량 $(Q) = K\sqrt{\dfrac{D^5 \cdot h}{sL}}$

∴ $Q = \sqrt{2^5} = 5.66$배

정답 71 ② 72 ① 73 ④ 74 ③

75 가스배관의 접합시공방법 중 원칙적으로 규정된 접합시공방법은?

① 기계적 접합 ② 나사 접합 ③ 플랜지 접합 ④ 용접 접합

풀이 가스배관은 용접 접합을 원칙으로 한다.

76 나사 이음에 대한 설명으로 틀린 것은?

① 유니언 : 관과 관의 접합에 이용되며 분해가 쉽다.
② 부싱 : 관 지름이 다른 접속부에 사용된다.
③ 니플 : 관과 관의 접합에 사용되며 암나사로 되어 있다.
④ 밴드 : 관의 완만한 굴곡에 이용된다.

풀이 니플은 관과 관의 접합(연결)에 사용되며 숫나사로 되어 있다.

77 가스배관이 콘크리트벽을 관통할 경우 배관과 벽 사이에 절연을 하는 가장 주된 이유는?

① 누전을 방지하기 위하여
② 배관의 부식을 방지하기 위하여
③ 배관의 변형 여유를 주기 위하여
④ 벽에 의한 배관의 기계적 손상을 막기 위하여

78 토양의 금속부식을 확인하기 위해 시험편을 이용하여 실험하였다. 이에 대한 설명으로 틀린 것은?

① 전기저항이 낮은 토양 중의 부식속도는 빠르다.
② 배수가 불량한 점토 중의 부식속도는 빠르다.
③ 염기성 세균이 번식하는 토양 중의 부식속도는 빠르다.
④ 통기성이 좋은 토양에서 부식속도는 점차 빨라진다.

풀이 통기성이 좋은 토양에서 부식속도는 점차 느려진다.

79 고압가스시설에 설치한 전기방식시설의 유지관리 방법으로 옳은 것은?

① 관대지 전위 등은 2년에 1회 이상 점검하였다.
② 외부전원법에 의한 전기방식시설은 외부전원점관대지전위, 정류기의 출력, 전압, 전류, 배선의 접속은 3개월에 1회 이상 점검하였다.
③ 배류법에 의한 전기방식시설은 배류점관대지전위, 배류기 출력, 전압, 전류, 배선 등은 6개월에 1회 이상 점검하였다.
④ 절연부속품, 역전류방지장치, 결선 등은 1년에 1회 이상 점검하였다.

정답 75 ④ 76 ③ 77 ② 78 ④ 79 ②

풀이 외부전원 전기방식
별도의 외부전원이 필요하다. 타 인접시설물에 간섭현상이 야기될 수 있다. 양극전류의 조절이 수월하여 대용량에 적합하고 주기적인 유지보수(3개월 1회 이상)가 필요하다.

80 부식 방지방법에 대한 설명으로 틀린 것은?
① 금속을 피복한다.
② 선택배류기를 접속시킨다.
③ 이종의 금속을 접촉시킨다.
④ 금속 표면의 불균일을 없앤다.

풀이 이종(각기 다른 가스배관)의 금속을 접촉시켜 배관하면 전류 흐름에 의해 부식이 촉진된다.

81 LPG 배관에 직경 0.5mm의 구멍이 뚫려 LP 가스가 5시간 유출되었다. LP 가스의 비중이 1.55라고 하고 압력은 280mmH₂O 공급되었다고 가정하면 LPG의 유출량은 약 몇 L인가?
① 131 ② 151 ③ 171 ④ 191

풀이 노즐에서 LP 가스 분출량 계산(Q)
$$Q = 0.009 \times D^2 \times \left(\sqrt{\frac{h}{d}}\right) \times H (m^3)$$
$$= 0.009 \times 0.5^2 \times \left(\sqrt{\frac{280}{1.55}}\right) \times 5$$
$$= 0.151 m^3 (151L)$$

82 LP 가스 탱크로리의 하역 종료 후 처리할 작업순서로 가장 옳은 것은?

> ㉠ 호스를 제거한다.
> ㉡ 밸브에 캡을 부착한다.
> ㉢ 어스선(접지선)을 제거한다.
> ㉣ 차량 및 설비의 각 밸브를 잠근다.

① ㉣ → ㉠ → ㉡ → ㉢
② ㉣ → ㉠ → ㉢ → ㉡
③ ㉠ → ㉡ → ㉢ → ㉣
④ ㉢ → ㉠ → ㉡ → ㉣

83 정전기 제거 또는 발생 방지조치에 대한 설명으로 틀린 것은?
① 상대습도를 낮춘다.
② 대상물을 접지시킨다.
③ 공기를 이온화시킨다.
④ 도전성 재료를 사용한다.

풀이 공기의 상대습도를 높이면 정전기 제거나 발생이 방지된다.

정답 80 ③ 81 ② 82 ① 83 ①

84 다음 식은 외경과 내경의 비가 1.2 이상인 산소가스 배관 두께를 구하는 식이다. D는 무엇을 의미하는가?

$$t = \frac{D}{2}\left(\sqrt{\frac{\frac{f}{s}+P}{\frac{f}{s}-P}}-1\right)+C$$

① 배관의 내경
② 내경에서 부식여유의 상당부분을 뺀 부분의 수치
③ 배관의 상용압력
④ 배관의 지름

풀이
- D : 내경에서 부식여유의 상당부분을 뺀 부분의 수치
- P : 배관의 상용압력
- C : 부식여유

85 신규 용기의 내압시험 시 전 증가량이 100cm³이었다. 이 용기가 검사에 합격하려면 영구증가량은 몇 cm³ 이하이어야 하는가?

① 5
② 10
③ 15
④ 20

풀이 용기의 영구증가율은 10% 이하이어야 한다.

영구증가율 = $\frac{영구증가량}{전증가량} \times 100(\%)$

∴ 100cm³×0.1=10cm³ 이하

86 과류차단 안전기구가 부착된 것으로 배관과 호스 또는 배관과 커플러를 연결하는 구조의 콕은?

① 호스콕
② 퓨즈콕
③ 상자콕
④ 노즐콕

풀이 퓨즈콕
과류차단 안전기구가 부착되며 배관과 호스 또는 배관과 커플러를 연결하는 구조의 콕이다.

87 고압가스 저장탱크와 유리제 게이지를 접속하는 상·하 배관에 설치하는 밸브는?

① 역류방지밸브
② 수동식 스톱밸브
③ 자동식 스톱밸브
④ 자동식 및 수동식의 스톱밸브

정답 84 ② 85 ② 86 ② 87 ④

88 도로에 매설되어 있는 도시가스 배관의 누출검사방법으로 가장 적절한 것은?

① 공기보다 무거운 도시가스는 수소염 이온화식 가스 검지기를 이용하여 누출 유무를 검지할 수 없다.
② 배관의 노선상을 50m 간격으로 깊이 50cm 이상으로 보링을 하여 수소염 이온화식 가스검지기 등을 이용하여 가스 누출 여부를 검사한다.
③ 배관의 노선상은 적당한 간격을 정하여 누출 유무를 검사한다.
④ 아스팔트 포장 등 도로구조상 보링이 곤란한 경우에는 누출검사를 생략한다.

풀이 도로에 매설된 도시가스 배관 누출 검사
배관 노선상 50m 간격으로 깊이 50cm 이상으로 보링하여 수소염 이온화식 가스검지기 등을 이용한다.

89 오토 클레이브(Auto Clave)의 종류가 아닌 것은?

① 교반형
② 가스교반형
③ 피스톤형
④ 진탕형

풀이 오토 클레이브(반응기) : 교반형, 가스교반형, 진탕형

90 교반형 오토 클레이브의 장점에 해당되지 않는 것은?

① 가스누출의 우려가 없다.
② 기액반응으로 기체를 계속 유통시킬 수 있다.
③ 교반효과는 진탕형에 비하여 저 좋다.
④ 특수 라이닝을 하지 않아도 된다.

풀이 교반형 오토 클레이브(Auto Clave)
• 기-액 반응으로 기체를 계속 유동시키는 실험법을 취급할 수 있다.
• 교반효과는 특히 횡형교반의 경우가 뛰어나며 진탕식에 비하여 효과가 크다.
• 종형 교반에서는 오토 클레이브 내부에 글라스 용기를 넣어 반응시킬 수가 있으므로 특수한 라이닝을 하지 않아도 된다.
※ 가스 누설가능성이 없는 것은 진탕형 오토 클레이브이다.

91 가연성 가스 용기의 도색 표시가 잘못된 것은?(단, 용기는 공업용이다.)

① 액화염소 : 갈색
② 아세틸렌 : 황색
③ 액화탄산가스 : 청색
④ 액화암모니아 : 회색

풀이 액화암모니아 용기 도색 : 백색

정답 88 ② 89 ③ 90 ① 91 ④

92 가스의 종류와 용기 표면의 도색이 틀린 것은?

① 의료용 산소 : 녹색
② 수소 : 주황색
③ 액화염소 : 갈색
④ 아세틸렌 : 황색

풀이 의료용 산소 : 백색

93 액화석유가스(LPG)를 용기 또는 소형 저장탱크에 충전 시 기상부는 용기 내용적의 15%를 확보하도록 하고 있다. 다음 중 그 이유로서 가장 옳은 것은?

① 용기가 부식여유를 갖도록
② 액체상태의 유동성을 갖도록
③ 충전된 액체상태의 부피의 양을 줄이도록
④ 온도 상승에 따른 부피팽창으로 인한 파열을 방지하기 위하여

94 고압가스설비는 상용압력의 몇 배 이상의 압력에서 항복을 일으키지 않는 두께를 갖도록 설계해야 하는가?

① 2배
② 10배
③ 20배
④ 100배

풀이 고압가스설비는 상용압력의 2배 압력에서 항복을 일으키지 않는 두께로 설계하여야 한다.

95 검사에 합격한 가스용품에는 국가표준기본법에 따른 국가통합인증마크를 부착하여야 한다. 다음 중 국가통합인증마크를 의미하는 것은?

① KA
② KE
③ KS
④ KC

풀이 가스용품 국가 통합인증마크 기호 : KC

96 가스보일러에 설치되어 있지 않은 안전장치는?

① 전도안전장치
② 과열방지장치
③ 헛불방지장치
④ 과압방지장치

풀이 전도안전장치는 용기나 소형 연소장치로 국한한다.
※ 전도 : 옆으로 쓰러져 엎어져 버리는 것

정답 92 ① 93 ④ 94 ① 95 ④ 96 ①

97 다음 배관 중 반드시 역류방지밸브를 설치할 필요가 없는 곳은?

① 가연성 가스를 압축하는 압축기와 오토 클레이브 사이
② 암모니아의 합성탑과 압축기 사이
③ 가연성 가스를 압축하는 압축기와 충전용 주관 사이
④ 아세틸렌을 압축하는 압축기의 유분리기와 고압건조기 사이

풀이 ①에는 역화방지장치가 설치된다.

98 용기내장형 가스난방기에 대한 설명으로 옳지 않은 것은?

① 난방기는 용기와 직결되는 구조로 한다.
② 난방기의 콕은 항상 열림 상태를 유지하는 구조로 한다.
③ 난방기는 버너 후면에 용기를 내장할 수 있는 공간이 있는 것으로 한다.
④ 난방기 통기구의 면적은 용기 내장실 바닥면적에 대하여 하부는 5%, 상부는 1% 이상으로 한다.

풀이 용기내장형 가스난방기는 가스용기와 분리되는 구조로 설계하여야 한다(가스용기의 교체가 순조롭게 하기 위하여).

99 다음 [보기]의 비파괴 검사방법은?

> [보기]
> • 내부결함 또는 불균일 층의 검사를 할 수 있다.
> • 용입부족 및 용입부의 검사를 할 수 있다.
> • 검사비용이 비교적 저렴하다.
> • 탐지되는 결함의 형태가 명확하지 않다.

① 방사선투과 검사
② 침투탐상 검사
③ 초음파탐상 검사
④ 자분탐상 검사

풀이 비파괴시험(초음파 검사)
[보기] 외에도 다음과 같은 특징이 있다.
• 초음파 진동수의 0.5~1.5MHz를 사용한다.
• 종류 : 투상법, 반향법이 있다.
• 초음파 속도(m/s) : 공기 330, 물 1,500, 강철 6,000

정답 97 ① 98 ① 99 ③

CHAPTER 06 재료와 방식

SECTION 01 장치의 재료와 강도

1. 금속의 기계적 성질

1) 응력(Stress)

재료에 하중을 가하면 그 내부에는 이 하중에 저항하여 그것과 크기가 같은 반대방향의 내압을 일으키고 물체는 하중의 크기에 따라 변형된다. 이 내력을 그 내압의 방향에 직각인 단면적으로 나눈 것을 응력이라 한다.

$$\sigma = \frac{P}{A}$$

여기서, P : 하중(kg), A : 단면적(cm^2), σ : 응력(kg/cm^2)

(1) 축방향 응력

그림 (a)에서 축방향으로 작용하는 힘은 $\pi R^2 P$이고, 원통동체 내부에서 생기는 힘은 $2\pi R t \sigma_1$이며, 두 힘은 서로 같다.

$$2\pi R t \sigma_1 = \pi R^2 P \to \sigma_1 = \frac{RP}{2t} \text{ 또는 } \sigma_1 = \frac{PD}{4t}$$

여기서, P : 압력, D : 안지름, t : 두께

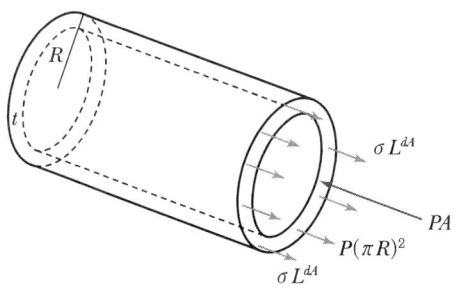
(a) 축방향 응력

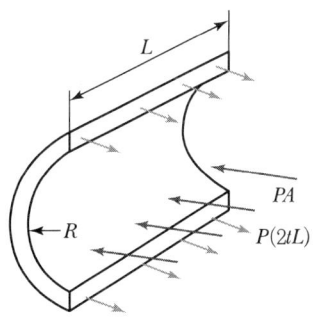
(b) 접선방향 응력

(2) 원주(접선)방향 응력

그림 (b)에서 원통을 좌우로 분리시키려는 힘은 $2RLP$이고, 원통 두께 부분에 생기는 힘은 $2tL\sigma_2$이며, 이 두 힘은 서로 같다.

$$2RLP = 2tL\sigma_2 \rightarrow \sigma_2 = \frac{RP}{t} \text{ 또는 } \sigma_2 = \frac{PD}{2t}$$

(3) 축방향 응력(σ_1)과 원주방향 응력(σ_2) 비교

$$\frac{\sigma_1}{\sigma_2} = \frac{\dfrac{PD}{4t}}{\dfrac{PD}{2t}} = \frac{1}{2}$$

$2\sigma_1 = \sigma_2$이므로 원통에 파괴 압력이 가해졌을 때 축선 방향으로 먼저 평행하게 찢어지면서 파괴된다.

> **Reference** 하중이 작용하는 방향에 따른 분류
>
> 1. 인장응력
> 2. 압축응력
> 3. 전단응력
> 4. 비틀림응력

2) 변형률

물체에 하중을 가하면 변형하는데, 이때 물체 원래 크기에 대한 변형비율을 변형률(변율, 신연율, 연신율)이라 한다.

(1) 가로 변형률

봉에 축방향으로 인장하중, 압축하중 $P(\text{kg})$이 작용한 경우 각각 늘어난 변형률(ε_1), 압축된 변형률(ε_2)이라 하며 다음과 같다.

① 늘어난 변형률(ε_1) = $\dfrac{\text{늘어난 길이}}{\text{처음 길이}} = \dfrac{L' - L}{L} = \dfrac{X}{L}$

② 줄어든 변형률(ε_2) = $\dfrac{\text{줄어든 길이}}{\text{처음 길이}} = \dfrac{L - L'}{L} = \dfrac{X}{L}$

(2) 세로 변형률

하중과 직각방향으로 생기는 변형을 세로 변형률이라 한다.

① 늘어난 변형률(ε_1) = $\dfrac{\text{늘어난 직경}}{\text{처음 직경}} = \dfrac{d - d'}{d}$

② 줄어든 변형률(ε_2) = $\dfrac{줄어든\ 직경}{처음\ 직경}$ = $\dfrac{d'-d}{d}$

3) 응력 변형도

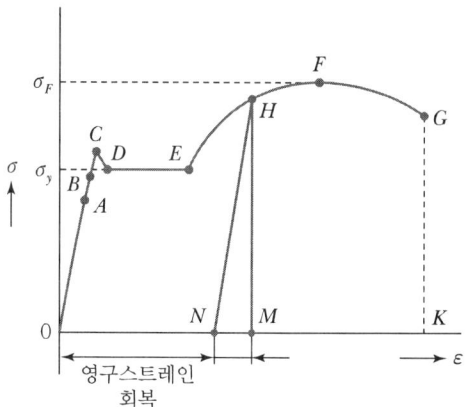

A : 비례한계
B : 탄성한계
C : 상항복점
D : 하항복점
F : 인장강도
G : 파괴점

∥ 응력 – 변형선도 ∥

(1) 비례한도

응력이 작은 사이는 응력과 변형률이 비례하여 그림에서 B점에 달하면 응력의 증가에 비해 변형률의 증가가 크게 된다. 이 한계점의 응력 (A점)을 비례한도라 한다.

(2) 탄성한도

하중을 제거하였을 때 물체가 원형으로 복귀하는 것을 탄성이라 한다. 그림에서 B점에 해당된다.

(3) 항복점(Yield Point)

재료에 가하는 하중에 따라 재료는 변형해가며 하중이 어느 정도까지 증가하면 하중을 더 이상 증가하지 않아도 변형하는 경우가 있다. 이 점의 응력을 항복점이라고 한다.

항복점에는 상항복점(C점)과 하항복점(D점)이 있으나 일반적으로는 하항복점을 취한다. 항복점은 상온의 강에서 명료하게 확인되나 고온에서는 불명확하다.

(4) 인장강도

재료의 시험편이 견디는 최대하중(kg), 즉 F점에서의 하중은 시험편 평형부의 원단면적(mm^2)으로 나눈 값(kg/mm^2)을 말한다.

(5) 파괴점

그림에서 G점에 해당하며 재료가 파괴된 점이다. 이때 파단점에서의 응력을 파단응력이라 한다.

4) 허용응력과 안전율

(1) 허용응력
재료를 실제로 사용하여 안전하다고 생각되는 최대응력을 허용응력이라 한다. 허용응력의 값은 일반적으로 재료의 종류, 하중의 종류, 공작의 정도, 작업상황 등을 고려하여 정한다.

(2) 안전율(Factor of Safety)
재료의 인장강도와 허용응력과의 비를 말한다.

$$안전율 = \frac{인장강도}{허용응력}$$

5) 피로한도

정적시험에 의한 파괴강도보다 상당히 낮은 응력에서도 그것이 반복작용하는 경우에는 재료가 파괴되는데, 이를 피로파괴라고 하며 이와 같이 반복하중에 의해 재료의 저항력이 저하하는 현상을 피로라고 한다. 이때 무한히(때로는 $10^7 \sim 10^8$) 반복하중을 가하여도 파괴되지 않는 응력을 그 재료의 내구한도 또는 피로한도라 한다.

6) 크리프(Creep)

일반적으로 어느 온도 이상에서는 재료에 하중을 가한 순간에 변형을 일으킬 뿐만 아니라 그대로 방치해도 변형이 증대하거나 파괴되는 경우가 있다. 이와 같이 일정 하중에서 시간과 더불어 변형이 증대하는 현상을 크리프라고 한다.

7) 신장, 교축

재료가 하중을 받아 완전히 늘어났을 때의 변형의 정도를 신장이라고 하며 최초의 길이를 기준으로 하여 백분율로 표시한 것을 신장 또는 신장률이라고 한다.

① 연신율(ε) = $\dfrac{L - L'}{L} \times 100$

여기서, L : 최초의 길이
L' : 절단되었을 때의 길이

② 단면수축률(교축) = $\dfrac{A - A'}{A} \times 100$

여기서, ε_A : 단면수축률
A : 시험편의 원단면적
A' : 절단 후의 단면적

2. 금속재료

1) 탄소강

(1) 탄소강

① 탄소강은 보통강이라고 부르며 철(Fe)과 탄소(C)를 주요 성분으로 하는 합금이고 망간(Mn), 규소(Si), 인(P), 황(S), 기타의 원소를 소량씩 함유하고 있다.

② 표준성분은 탄소(C) 0.03~1.7%, 망간(Mn) 0.2~0.8%, 규소(Si) 0.35%, 인·황 0.06%이며 나머지는 철이다.

③ 탄소량이 증가하면 펄라이트의 조직이 증가하고 따라서 탄소강의 물리적 성질과 기계적 성질이 그것에 따라 변화한다. 즉, 탄소 함유량이 증가하면 강의 인장강도, 항복점은 증가하나 약 0.9% 이상이 되면 반대로 감소한다. 이때 신장, 충격치는 반대로 감소하고 취성을 증가시킨다.

④ 탄소강을 탄소 함유량에 따라 분류하면 다음과 같다.
  ㉠ 저탄소강 : 탄소 함유량 0.3% 이하
  ㉡ 중탄소강 : 탄소 함유량 0.3~0.6%
  ㉢ 고탄소강 : 탄소 함유량 0.6% 이상

⑤ 일반적으로 함유량이 0.3% 이하의 비교적 연한 강을 연강이라 하고 0.3% 이상의 단단한 강을 경강이라 한다.

(2) 망간(Mn)

① 망간은 철 중에 존재하는 황(S)과의 친화력이 철보다 강하므로 철 중에 용입된 것 이외에는 황화망간이 되며 황(S)의 영향을 완화하는 도움을 준다.

② 일반적으로 망간을 함유하면 단조, 압연을 용이하게 하며 강의 경도, 강도, 점성 강도를 증대하기 위해 철 중에는 0.2~0.8% 정도 함유되어 있다.

(3) 인(P)

인은 강 중에 대체로 0.06% 이하 함유되어 있고 철 중에서 녹아 경도를 증대시키나 상온에서는 취약하여 소위 상온취성의 원인이 되므로 적은 것이 좋다.

(4) 유황(S)

황은 망간 존재 시 황화망간으로서 존재하나 망간의 양이 적을 때에는 황화철이 되어 결정입의 경계에 분포되어 강을 약화시키고 적열취성이 되므로 적은 것이 좋다.

(5) 규소(Si)

① 유동성을 좋게 하나 단접성 및 냉간 가공성을 나쁘게 한다.
② 충격값이 낮아지므로 저탄소강에는 0.2% 이하로 제한한다.

(6) 가스(N_2, O_2, H_2)

① 질소(N_2)는 페라이트 중에서 석출 경화현상이 생긴다.
② 산소(O_2)는 FeO, MnO, SiO 등의 산화물을 만든다.
③ 수소(H_2)는 백점이나 헤어크랙의 원인이 된다.

> **Reference 강의 청열취성**
>
> 중탄소강은 250~300℃에서 인장강도가 최대이며 이 온도 이상에서는 급격히 저하된다. 이것과 반대로 신율, 단면 수축률은 250~300℃ 범위에서 최소가 되는데 이와 같은 현상을 청열취성이라 한다.

2) 특수강

탄소강에 각종 원소를 첨가하여 특수한 성질을 지닌 것으로서 그 목적과 첨가하는 원소와 첨가량에 따라 강의 기계적 성질을 개선한다.

(1) 크롬(Cr)

① 크롬(Cr) 혹은 니켈(Ni)과 크롬을 여러 가지 비율로 소량 함유한 강은 탄소강에 비하여 대단히 우수한 기계적 성질을 나타내게 된다.
② 크롬(Cr)을 첨가하면 취성은 증가하지 않고 인장강도, 항복점을 높일 수 있다. 내식성, 내열성, 내마모성을 증가시키므로 고온용 재료의 첨가성분으로서 중요하다.

(2) 니켈(Ni)

① 니켈은 모든 비율로 철과 고용체를 만들며 그 기계적 성질을 향상시키나 일반적으로 단독 첨가되는 경우는 적고 크롬(Cr), 몰리브덴(Mo) 등과 함께 첨가된다.
② 니켈(Ni)과 크롬(Cr)을 동시에 함유한 강은 각각 단독으로 함유된 강보다 뛰어난 성질을 나타낸다.
③ 고니켈-크롬강, 고크롬강은 소위 스테인리스강으로서 유명하며 내열강으로 사용되고 있다.

(3) 몰리브덴(Mo)

① 일반적으로 몰리브덴은 단독으로 가하여지는 경우가 적으며 다른 원소와 함께 소량 첨가된다.
② 크롬강, 니켈-크롬강에 0.5% 정도 첨가하면 뜨임 취성이 방지되고 기타 기계적 성질도 대단히 좋아진다.

③ 니켈-크롬-몰리브덴강은 합금강으로 대단히 우수한 것이다.

(4) 코발트(Co)

코발트는 니켈과 성질이 유사하며 고온에 대한 강도를 증가함에 있어서는 니켈보다 효과가 크다.

3) 고압 또는 고온용 금속

(1) 5% 크롬강

C 0.1~0.3% 함유한 강에 Cr 4~6% 또는 Mo, W, V를 소량 가한 것으로 500℃ 이하에서 강도는 탄소강보다 크므로 암모니아 합성, 제유장치 등에 많이 사용된다.

(2) 9% 크롬강

C 0.1~0.5%, Cr 8~10%를 함유한 강 또는 이것에 Mo, W, V 등을 소량 첨가한 것으로 반불투명강이라고도 한다.

(3) 스테인리스강

스테인리스강에는 Cr을 주체로 한 것과 Cr과 Ni를 첨가한 것이 있고, 소위 13Cr강이나 18~8강이 이에 속한다. Ni의 함유량을 높이고 Mo 등을 첨가하여 내식성을 증대시킨 것도 있다.

(4) 니켈-크롬-몰리브덴강

C 0.3%, Ni 2.35%, Cr 0.62%, Mo 0.65%의 것은 Vibrac강이라고 부른다. 특히 강력한 내열강으로서는 Ni, Co, 기타의 첨가량을 한층 높여 가스터빈 등의 고온 부분에 적합한 것이 만들어지고 있다. 그중에는 강이 아닌 Ni 기합금, Co 기합금까지도 있다.

4) 동 및 동합금

(1) 동

① 동은 연하고 전성, 연성이 풍부하며 가공성이 우수하고 내식성도 상당히 좋으므로 고압장치의 동관으로 많이 쓰인다.
② 상온에서 가공경화를 일으켜 경도가 증가하며 연성이 감소하여 취성을 일으키므로 사용상 주의해야 한다. 이것을 열처리하면 200~400℃에서 연화하여 연성을 회복하나, 700℃ 이상이 되면 연성이 감소하므로 온도를 너무 올리지 않도록 할 필요가 있다.
③ 고압장치에 동을 사용할 때는 취급되는 가스에 따라서 동을 사용할 수 없는 경우(암모니아, 아세틸렌)가 있으므로 사용상 주의를 요한다.

(2) 황동

① 동과 아연(30~35%)의 합금으로 놋쇠라고도 한다.

② 가공이 용이하며 고압장치용 재료로서는 계수류, 밸브, 콕 등에 널리 쓰인다.
③ 내식성은 동보다 우수하나 비교적 높은 온도에서 해수에 접촉하는 경우에는 침식되기 쉽다.

(3) 청동
① 동과 주석을 주성분으로 하는 합금이며, 아연, 납 등을 소량 함유하고 있다.
② 청동은 내식성과 경도 면에서 황동보다 우월하며 밸브, 콕류의 재료로서 널리 사용된다.
③ 주석의 함유량이 13% 이상인 청동은 내식성, 내마모성이 커서 축수재로 쓰인다.

3. 가공과 열처리

1) 가공

탄소강은 인고트 그대로는 강의 조직이 취약하므로 단조하여 단단한 조직으로 바꾸는 것이 필요하다. 이를 위해 고온도에서 압연, 드로잉 등을 행하여 일정 치수로 가공하는 경우가 있다.
① 열간가공 : 고온도로 가공하는 것
② 냉간가공 : 상온에서 가공하는 것
③ 탄소강을 냉간가공하면 인장강도, 항복점, 피로한도, 경도 등이 증가하고 신장, 교축, 충격치가 감소하여 가공경화를 일으킨다.
④ 가공의 정도를 표시하는 여러 방법이 있는데 압연에 있어서 최초의 두께를 t_1, 압연 후의 두께를 t_2라고 하면 가공도 또는 압연도는 다음과 같이 표시된다.

$$가공도 = \frac{t_1 - t_2}{t_1} \times 100\%$$

> **Reference 가공경화**
>
> 금속을 가공하는 도중 결정 내 변형이 생겨 경도가 증가되는 현상

2) 열처리

(1) 담금질(소입 : Quenching)

담금질은 재료를 적당한 온도로 가열하여 이 온도에서 물, 기름 속에 급히 침지하고 냉각, 경화시키는 것이며 강의 경우에는 A_3 또는 $A\,cm$ 변태점보다 30~60℃ 정도 높은 온도로 가열한다(강의 경도와 강도 증가).

(2) 불림(소준 : Normalizing)

불림은 결정조직이 거친 것을 미세화하며 조직을 균일하게 하고, 조직의 변형을 제거하기 위하여 균일하게 가열한 후 공기 중에서 냉각하는 조작이다(조직의 표준화 및 내부응력 제거).

(3) 풀림(소둔 : Annealing)

금속을 기계가공하거나 주조, 단조, 용접 등을 하게 되면 가공경화나 내부응력이 생기므로 이러한 가공 중의 내부응력을 제거 또는 가공경화된 재료를 연화시키거나 열처리로 경화된 조직을 연화시켜 결정조직을 결정하고 상온가공을 용이하게 할 목적으로 뜨임보다는 약간 높은 온도로 가열하여 노 중에서 서서히 냉각시킨다(연화).

(4) 뜨임(소려 : Tempering)

담금질 또는 냉각가공된 재료의 내부응력을 제거하며 재료에 연성이나 인장강도를 주기 위해 담금질 온도보다 낮은 적당한 온도로 재가열한 후 냉각시키는 조작을 말한다. 보통강은 가열 후 서서히 냉각하나 크롬강, 크롬-니켈강 등은 서서히 냉각하면 취약하게 되므로 이들 강은 급랭시킨다(경도 감소).

4. 부식과 방식

1) 습식

일종의 전지작용이며 금속 표면에 형성되는 무수한 국부전지(로컬셀) 또는 각종의 원인으로 형성되는 마이크로셀에 의해 진행된다. 즉, 철은 수분의 존재하에 일어나는 부식이며 국부전지에 의한다.

(1) 부식 전지의 발생원인

① 이종 금속의 접촉
② 금속 재료의 조성, 조직의 불균일
③ 금속 재료의 표면상태의 불균일
④ 금속 재료의 응력상태, 표면 온도의 불균일
⑤ 부식액의 조성, 유동상태의 불균일

(2) 부식의 형태

금속 재료의 부식은 재료의 성질, 상태 및 부식액 측의 조건에 따라 여러 가지 형태를 나타내며 다음과 같이 분류된다.
① **전면부식** : 전면이 대략 균일하게 부식되는 양식이다. 부식량은 크나 전면에 파급되므로 실해는 적은 경우가 많고 비교적 대처하기 쉽다.

② **국부부식** : 부식이 특정한 부분에 집중하는 양식이며 공식(孔蝕), 극간부식(隙間腐蝕), 구식(構蝕) 등이 있다. 부식속도가 비교적 빠르므로 위험성이 높고 자주 장치에 중대한 손상을 끼친다.

③ **선택부식** : 합금 중 특정 성분만이 선택적으로 용출되거나 일단 전체를 용출한 다음 특정 성분만이 재석출됨으로써 기계강도가 적은 다공질의 침식층을 형성하는 형태이다. 주철의 흑연화 부식, 활동의 탈아연부식, 알루미늄 청동의 탈알루미늄 부식 등이 있다.

④ **입계부식** : 결정입자가 선택적으로 부식되는 양식이다. 오스테나이트 스테인리스강은 450~900℃의 온도 범위로 가열하면 결정 입계로 크롬(Cr) 탄화물이 석출된다. 특히 이음의 열영향부에서 잘 나타난다.

> **Reference**
>
> - **응력부식** : 인장응력하에서 부식 환경이 되면 금속의 연성 재료에 나타나지 않은 취성 파괴가 일어나는 형상이며, 특히 연강으로 제작한 가성소다 저장탱크에서 발생되기 쉽다.
> - **에로션** : 배관 및 밴드 부분 펌프의 회전자 등 유속이 큰 부분은 부식성 환경에서 마모가 현저한데, 이를 에로션이라 하며 황산의 이송 배관에서 일어난다.
> - **바나듐 어택** : 중유나 연료유의 회분 중에 있는 V_2O_3가 고온에서 용융할 때 발생되는 다량의 산소가 금속표면을 산화시켜 일어나는 부식 현상을 말한다.

(3) 부식속도에 영향을 끼치는 인자

부식속도에 영향을 미치는 인자는 다양하지만 이들 중 재료측의 조건을 결정하는 인자를 분류하면 다음과 같다.

① **내부인자** : 금속 재료의 조성, 조직, 구조, 전기화학적 특성, 표면상태, 응력상태, 온도 등
② **외부인자** : 부식액의 조정, PH(수소이온 농도), 용존가스 농도, 온도, 유동상태, 생물수식 등

2) 건식

(1) 고온가스 부식

고온가스와 금속이 접촉한 경우 양자 간의 화학적 친화력이 크면 금속의 산화, 황화, 할로겐 등의 반응이 일어나고 화학적 친화력이 작으면 금속조직 내에 환경 물질의 침입이 일어난다.

(2) 용융염 및 용융금속에 의한 부식

고온의 용융염 또는 용융금속 중에 금속재료가 용해되는 경우와 그들 중에 함유된 불순물과 금속재료가 반응하는 경우 등이 있다.

3) 방식

(1) 장치의 방식
① 적절한 사용재료의 선정
② 방식을 고려한 구조의 결정
③ 방식을 고려한 제작, 설치 공정의 관리
④ 방식을 고려한 사용 시의 보존, 관리

(2) 금속재료의 부식을 억제하는 방식법
① 부식환경의 처리에 의한 방식법
② 인히비터(부식억제제)에 의한 방식법
③ 피복에 의한 방식법
④ 전기 방식법

(3) 전기 방식
전기 방식의 원리는 매설관의 전위를 주위 토양의 전위보다 내려서 매설관이 부식되지 않도록 방식전류를 발생시켜서 철이 토양으로 용출하는 것을 방지한다.
전기 방식의 방법을 대별하면 다음과 같다.

① 전기양극법
② 외부전원법
③ 선택배류법
④ 강제배류법

> **Reference 전기 방식법**
>
> **1. 선택배류법**
> 전기철도에 근접한 매설배관의 전위가 궤도전위에 대해 양전위가 되어 미주전류가 유출하는 부분에 선택배류기를 접속하여 전류만을 선택하여 궤도에 보내는 방법이다.
>
> **2. 음극방식법**
> ① 유전양극법 : 강관보다 저전위의 금속을 직접 또는 도선으로 전기적으로 접속하여 양금속 간의 고유전위차를 이용하여 방식 전류를 주어 방식하는 것이다.
> ② 외부전원법 : 외부의 직류전원 장치로부터 필요한 방식전류를 지중에 설치한 전극을 통하여 매설관에 흘려 부식전류를 상쇄하는 것이다.

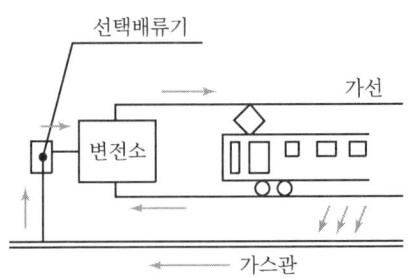

선택배류법의 원리

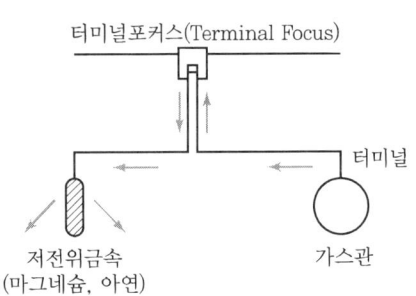

유전양극법의 원리

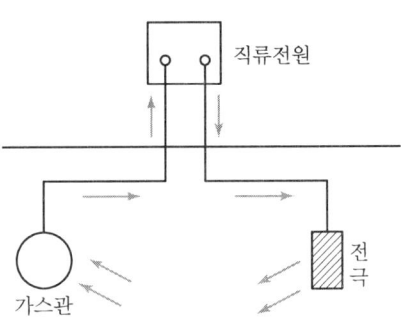

외부전원법의 원리

▼ 전기 방식법

구분	장점	단점
선택배류법	• 전기철도의 전류를 이용하므로 유지비가 극히 적다. • 전기철도와의 관계 위치에 있어서는 대단히 효율적이다. • 설비비가 비교적 싸다. • 전기철도의 운행 시에는 자연부식 방지도 된다.	• 다른 매설 금속체의 장해에 대하여 충분한 검토를 요한다. • 전기철도와의 관계 위치에 있어서는 효과 범위가 좁으며, 설치 불능의 경우도 있다. • 전기철도의 휴지기간(야간등)은 전기방식으로 사용되지 않는다. • 과방식이 될 수도 있다.
외부전원법	• 효과 범위가 넓다. • 장거리의 Pipe Line에는 수가 적어진다. • 전극의 소모가 적어서 관리가 용이하다. • 전압, 전류의 조정이 용이하다. • 전식에 대해서도 방식이 가능하다.	• 초기 투자비용이 크다. • 강력하기 때문에 다른 매설 금속체와의 장해에 대해서 충분히 검토를 해야 한다. • 전원이 없는 경우는 전지, 충전기 등을 필요로 한다. • 과방식이 될 수도 있다.
유전양극법	• 간편하다. • 단거리의 Pipe Line에는 설비가 싼 값이다. • 다른 매설 금속체의 장해는 거의 없다. • 과방식의 염려가 없다. • 관로의 도막 저항이 충분히 높다면 장거리에도 효과가 좋다.	• 도장이 나쁜 배관에서는 효과범위가 적다. • 장거리의 Pipe Line에서는 소모가 높기 때문에 어떤 기간 안에 보충할 필요가 있다. • 도장이 나쁜 Pipe Line에서는 소모가 높기 때문에 어떤 기간 안에 보충할 필요가 있다. • 평상의 관리 개소가 많게 된다. • 강한 전선에 대해서는 미력하다.

SECTION 02 용접 및 비파괴검사

1. 용접 종류

1) 피복 금속 아크 용접(Shielded Metal Arc Welding ; SMAW)

보통 전기용접, 피복 아크 용접이라고도 하며 피복제를 바른 용접봉과 모재 사이에 발생하는 아크 열(약 6,000℃)을 이용하여 모재의 일부와 용접봉을 녹여서 용접하는 용극식 용접법이다.

2) 가스용접(Gas Welding)

가스용접이란 용접 시 사용하는 가스에 따라 산소-아세틸렌 용접, 산소-수소 용접, 산소-프로판 용접, 공기-아세틸렌 등이 있으나, 가장 많이 이용되는 것은 산소-아세틸렌 가스이므로 가스용접은 곧 산소-아세틸렌 가스 용접을 의미하기도 한다.

3) 불활성가스 아크 용접

TIG 용접과 MIG 용접이 불활성가스 아크 용접에 해당되며, 불활성가스인 Ar을 보호가스로 하여 용접하는 특수 용접법이다. 불활성가스는 다른 물질과 화학반응을 일으키기 어려운 가스로서 Ar(아르곤), He(헬륨), Ne(네온) 등이 있다.

4) CO_2가스 아크 용접(이산화탄소 가스 아크용접, 탄산가스 아크 용접)

Coil로 된 용접 와이어를 송급 모터에 의해 용접 토치까지 연속으로 공급하여 토치 팁에 의해서 용접 전류가 와이어에 통전되며, 와이어 자체가 전극이 되어 모재와의 사이에 아크를 발생시켜 접합하는 용극식 용접법이다.

2. 용접 결함 종류

1) 균열(Crack)

가열이나 냉각으로 열응력과 용접제 두께 차이로 인성이 낮은 조직에서 발생

2) 기공(Blow Hole)

융착금속 내에 포함된 가스(CO, 수분 등)가 응고 시 방출하지 못하고 내부에서 발생

3) 언더컷(Undercut)

용착부에 금속이 충분히 차지 못하고 오목하게 파이는 현상

4) 오버랩(Overlap)

용융금속이 모재에 융합되지 못하고 위로 겹치는 현상

3. 비파괴 시험

용접부의 내부 결함 등을 제품을 파괴하지 않고 외부에서 검사하는 방법으로, 배관 및 저장탱크 용기 등의 용접부나 주물 속의 공동을 조사하는 데 x선, γ선, β선 방사선을 투과하여 관재 등의 상처나 내부의 결함을 조사하는 시험이다.

1) 방사선투과검사(Radiographic Testing ; RT)

(1) 원리

방사선원의 에너지 및 시험체의 밀도와 두께에 따라 방사선의 투과량이 달라지며 투과된 방사선원은 필름을 감광시키는데, 이때 투과된 방사선량에 따라 필름의 감광정도가 달라 이를 현상하여 필름에 나타난 밝고 어두운 정도를 비교하여 시험체 내부의 상태를 알아보는 방법이다.

(2) 결함의 종류

① 제1종 블로 홀 및 이에 유사한 둥근 결함
② 제2종 가늘고 긴 슬래그 섞임 및 이와 유사한 결함
③ 제3종 균열 및 이와 유사한 결함

(3) 특징

① 내부결함을 검출하며 사진으로 형상되기 때문에 보존이 용이하다.
② 장치가 크므로 가격이 비싸다.
③ 고온부 두께가 두꺼운 개소에는 부적당하다.
④ 취급상 방호의 주의가 필요하다.
⑤ 금속 및 비금속 모든 시험체에 적용 가능하다.
⑥ 결함의 종류 및 현상을 판별하기 쉽다.
⑦ 방사선은 시험체에 수직으로만 투과되기 때문에 방사선 투사 방향과 일치되는 결함을 잘 찾을 수 있지만, 방사선 투사방향에 수직 방향으로만 존재하는 결함이나 경사진 결함은 찾기 어려운 단점이 있다.

2) 초음파탐상검사(Ultrasonic Testing ; UT)

(1) 원리

내부결함을 검출하기 위해서 물체 내에서 발생하는 소리의 파동 특성을 이용한다. 기계진동 형태의 고주파 음파를 시험할 부분으로 주사하면 재료를 통과하는 음파는 결함부 또는 경계면에 부딪치게 된다. 이에 음향진동은 반사가 되고 반사된 신호를 분석하면 결함 또는 경계면의 위치와 형태를 파악할 수 있게 된다.

(2) 특징

① 내부 결함 또는 불균일층의 검사를 할 수 있다.
② 용입 부족 및 용입부의 결함을 검출할 수 있다.
③ 검사 비용이 비싸다.
④ 결과의 보존성이 없다.
⑤ 결함의 종류 식별이 어렵고 금속조직의 영향을 받기 쉽다.

3) 자분탐상검사(Magnetic Particle Testing ; MT)

(1) 원리

강자성체인 시험체가 자화되었을 때 표면 또는 표면직하에 결함이 있으면 자속선의 흐름이 혼란되고 표면에 누설자속이 나타난다. 이 부위에 자분을 적용하면 누설자장에 의하여 형성된 자분의 지시로 결함크기, 위치 등을 알 수 있는 방법이다.

(2) 특징

① 피로파괴나 취성파괴에 적당하다.
② 전원이 필요하고 종료 후의 탈지 처리가 필요하다.
③ 미세한 표면결함 검출능력이 우수하며 검사비용이 저렴하다.
④ 비자성체 및 내부결함 판별할 수 없고 시험편의 크기, 형상에 관계없이 시험이 가능하다.
⑤ 표면 바로 밑의 결함 검출 및 얇은 도막이 되어 있는 경우에도 검사가 가능하다.
⑥ 검사방법이 비교적 간단하여 검사속도가 빠르고 검사비용이 저렴하다.
⑦ 강자성체만 적용 가능하다.

4) 침투탐상법(Penetrant Testing ; PT)

(1) 원리
① 시험체 표면 및 표면에 개구(開口)한 결함 내부의 이물질을 제거하고 침투성이 좋은 액에 적색 염료나 형광물질을 함유시켜 결함에 침투시킨다.
② 시험체 표면에 잔존하는 침투액을 제거하고 현상제를 표면에 도포하여 결함 내부의 침투액을 빨아올린다.
③ 염색 침투액의 경우에는 자연광으로, 형광 침투액의 경우에는 자외선·전등으로 조사해서 결함 지시 모양을 관찰한다.

(2) 특징
① 금속 및 비금속의 표면결함 검출이 우수하다.
② 다른 비파괴 시험에 비해 시험방법이 간편하다.
③ 결과가 즉시 나오지 않는다.

5) 전자유도시험(Eddy Current Testing ; ECT)

전자 유도를 이용하여 조직의 문제 및 화학성분의 변화 등의 결함을 검출하는 방법으로 표면 가까이에 있는 결함의 검출감도가 좋고 비자성금속의 검사에도 사용할 수 있다.

6) 육안검사(Visual Testing ; VT)

사람의 눈으로 결함의 유무나 부재의 변형 등 이상 여부를 검출한다. 많은 검사기기를 필요로 하지 않기 때문에 간단히 수행할 수 있는 반면, 충분한 지식과 기량을 가진 검사원이 필요하다.

7) 음향방출검사(Acoustic Emission Testing ; AET)

물체의 균열 또는 국부적인 파단으로부터 방출 되는 응력파(Stress Wave Emission)를 센서로 검출하는 기법으로서 실시간으로 결함의 진원지와 결함의 상태를 추적할 수 있으며, 국부적인 결함의 검출 이외에 전체 구조물의 상태를 모니터링할 수 있지만 진행이 멈춘 균열 등은 검출할 수 없으며, 센서의 감도에 따라 결함의 검출 결과가 좌우된다. 또한 음향방출이 구조물의 여러 구조 상세를 따라 전달될 때 결함의 정확한 위치를 찾기가 어렵다.

8) 기타 비파괴 검사

(1) 와류검사
① 교류 자계 중에 도체를 놓으면 도체에는 자계 변화를 방해하는 와전류가 흐른다.

② 내부나 표면의 손상 등으로 도체의 단면적이 변하면 도체를 흐르는 와전류의 양이 변화하므로 이 와전류를 측정하여 검사할 수 있다.

③ 본 법은 표면 또는 표면에 가까운 내부의 결함이나 조직의 부정, 성분의 변화 등의 검출에 적용되며 자기검사로 적당하지 않은 동합금관, 오스테나이트계 스테인리스강관 등의 결함 검사 및 부식 검사에 위력을 발휘한다.

(2) 전위차법

① 표면 결함이 있는 금속 재료에 표면의 결함으로 직류 또는 교류를 흐르게 하면 결함의 주위에 전류 분포가 균일하지 않고 장소에 따라 전위차가 나타난다.

② 이 전위차를 측정함으로써 표면 균열의 깊이를 조사할 수 있다.

③ 흐르는 전류는 1A 정도이며 수 mm까지 깊이의 균열을 측정할 수 있다. 측정 정도는 1/10mm 정도이다.

(3) 설파 프린트

① 강재 중 유황의 편석 분포상태를 검출하는 방법이다.

② 인(P)도 검출할 수 있으며, 황(S)이 있는 부분은 지면이 갈색을 나타내고 황이 없는 부분은 변하지 않는다.

③ 묽은 황산에 침적한 사진용 인화지를 사용한다.

SECTION 03 내진 설계

1. 적용 대상

1) 고법 적용 대상 시설

(1) 5톤(비가연성 가스나 비독성가스의 경우에는 10톤) 또는 500m^3(비가연성 가스나 비독성가스의 경우에는 1,000m^3) 이상의 지상 저장탱크

(2) 반응 · 분리 · 정제 · 증류 등을 행하는 탑류로서, 동체부의 높이가 5m 이상인 압력용기(탑류)

(3) 세로 방향으로 설치한 동체의 길이가 5m 이상인 원통형 응축기

(4) 내용적 5,000L 이상인 수액기

(5) 지상에 설치되는 사업소 밖의 고압가스 배관

(6) 위 (1)~(5) 시설의 지지구조물 및 기초와 이들의 연결부

2) 액법 적용 대상 시설

(1) 3톤 이상의 지상 저장탱크
(2) 지상에 설치되는 액화석유가스 배관망공급제조소 밖의 배관(사용자 공급관과 내관은 제외)
(3) (1) 및 (2)에 따른 시설의 지지구조물 및 기초와 이들의 연결부
(4) 액화석유가스 배관망공급사업자의 철근 콘크리트 구조의 정압기실. 다만, 캐비닛 및 매몰형은 제외한다.

3) 도법 적용 대상 시설

(1) 가스제조시설에서 저장능력이 3톤(압축가스의 경우에는 300m³) 이상인 지상 저장탱크(가스 도매 사업자가 소유하는 지중식 저장탱크를 포함한다)와 가스홀더
(2) 가스충전시설에서 저장능력이 5톤 또는 500m³ 이상인 지상 저장탱크와 가스홀더
(3) 가스충전시설에서 반응·분리·정제·증류 등을 행하는 탑류로서, 동체부의 높이가 5m 이상인 압력용기(탑류)
(4) 지상에 설치하는 사업소 밖의 도시가스 배관(사용자 공급관과 내관은 제외)
(5) (1)~(4)에 따른 시설 및 압축기, 펌프, 기화기, 열교환기, 냉동설비, 정제설비, 부취제 주입 설비의 지지구조물 및 기초와 이들의 연결부
(6) 가스 도매 사업자(도시가스 사업자 외의 가스 공급시설 설치자를 포함)의 적용 대상 시설은 다음과 같다.
  ① 정압기지 및 밸브기지 내
    ㉠ 정압설비·계량설비·가열설비·배관의 지지구조물 및 기초
    ㉡ 방산탑
    ㉢ 건축물
  ② 사업소 밖의 배관에 긴급 차단장치를 설치 또는 관리하는 건축물
(7) 일반 도시가스 사업자의 철근콘크리트 구조의 정압기실. 다만, 캐비닛 및 매몰형은 제외한다.

4) 수소법 적용 대상 시설

설비 중량 5톤 이상인 수소저장설비와 수소저장설비의 지지구조물 및 기초

2. 용어 정의

(1) 내진 설계 설비란 내진 설계 적용 대상인 저장탱크·가스홀더·응축기·수액기(저장탱크), 탑류 및 그 지지구조물과 압축기·펌프·기화기·열교환기·냉동설비·가열설비·계량설비·정압설비(처리설비)의 지지구조물을 말한다.

(2) 내진 설계 구조물이란 내진 설계 설비, 내진 설계 설비의 기초 또는 내진 설계 설비와 배관 등의 연결부를 말한다.

(3) 설계지반운동이란 내진 설계를 위해 정의된 지반운동으로서, 구조물이 건설되기 전에 부지 정지 작업이 완료된 지면에서의 지반운동을 말한다.

(4) 위험도 계수란 평균 재현 주기 500년 지진지반운동 수준에 대한 평균 재현 주기별 지반운동 수준의 비를 말한다.

(5) 내진 등급 구분
① 내진 특등급이란 그 설비의 손상이나 기능 상실이 사업소 경계 밖에 있는 공공의 생명과 재산에 막대한 피해를 초래할 수 있을 뿐만 아니라 사회의 정상적인 기능 유지에 심각한 지장을 가져올 수 있는 것을 말한다.
② 내진 I등급이란 그 설비의 손상이나 기능 상실이 사업소 경계 밖에 있는 공공의 생명과 재산에 상당한 피해를 초래할 수 있는 것을 말한다.
③ 내진 II등급이란 그 설비의 손상이나 기능 상실이 사업소 경계 밖에 있는 공공의 생명과 재산에 경미한 피해를 초래할 수 있는 것을 말한다.

(6) 독성가스
공기 중에 일정량 이상 존재할 경우 인체에 유해한 독성을 가진 가스로서, 허용 농도(정상인이 1일 8시간 또는 1주 40시간 통상적인 작업을 수행할 때 건강상 나쁜 영향을 미치지 않는 정도의 공기 중의 가스의 농도)가 100만분의 200 이하인 것
① 제1종 독성가스란 독성가스 중 염소, 시안화수소, 이산화질소, 불소 및 포스겐과 그 밖에 허용 농도가 1ppm 이하인 것을 말한다.
② 제2종 독성가스란 독성가스 중 염화수소, 삼불화붕소, 이산화유황, 불화수소, 브롬화메틸 및 황화수소와 그 밖에 허용 농도가 1ppm 초과 10ppm 이하인 것을 말한다.
③ 제3종 독성가스란 독성가스 중 ① 및 ②의 제1종과 제2종 독성가스 이외의 것을 말한다.

3. 내진 설비

(1) 종방향 버팀대(Longitudinal Sway Bracing)
(2) 횡방향 버팀대(Lateral Sway Bracing)
(3) 4방향 흔들림 방지 버팀대

SECTION 04 가스용 기기 및 용품

1. 연소기

종류	가스소비량		사용압력 (kPa)
	전가스소비량	버너 1개의 소비량	
레인지	16.7kW(14,400kcal/h) 이하	5.8kW(5,000kcal/h) 이하	3.3 이하
오븐	5.8kW(5,000kcal/h) 이하	5.8kW(5,000kcal/h) 이하	
그릴	7.0kW(6,000kcal/h) 이하	4.2kW(3,600kcal/h) 이하	
오븐레인지	22.6kW(19,400kcal/h) 이하 [오븐부는 5.8kW(5,000kcal/h) 이하]	4.2kW(3,600kcal/h) 이하 [오븐부는 5.8kW(5,000kcal/h) 이하]	
밥솥	5.6kW(4,800kcal/h) 이하	5.6kW(4,800kcal/h) 이하	
온수기 · 온수보일러 · 난방기 · 냉난방기 및 의류건조기	232.6kW(20만kcal/h) 이하	–	30 이하
주물연소기	232.6kW(20만kcal/h) 이하	–	
업무용 대형 연소기	가) 위 연소기 종류마다의 전가스소비량 또는 버너 1개의 소비량을 초과하는 것		
	나) 튀김기, 국솥, 그리들, 브로일러, 소독조, 다단식취반기 등		
이동식 부탄 연소기, 이동식 프로판 연소기, 부탄 연소기 및 숯불구이 점화용 연소기	232.6kW(20만kcal/h) 이하	–	–
그 밖의 연소기	232.6kW(20만kcal/h) 이하	–	–

비고 : 이동식 프로판 연소기는 「고압가스 안전관리법 시행규칙」 별표 10에 따라 재충전이 가능하도록 제조된 액화석유가스(주성분이 프로판인 경우를 말한다) 용기에만 사용할 수 있는 연소기를 말한다.

2. 액화석유가스 압력조정기

(1) 일반용 액화석유가스 압력조정기(연소기의 부품으로 사용하는 것은 제외한다)
(2) 액화석유가스 자동차용 압력조정기
(3) 용기내장형 가스난방기용 압력조정기
(4) 용접 절단기용 액화석유가스 압력조정기
(5) 정압기용 압력조정기

3. 호스

1) 고압호스

(1) 일반용 고압고무호스(투원호스 · 측도관을 말한다)
(2) 자동차용 고압고무호스
(3) 자동차용 비금속호스

2) 저압호스

(1) 염화비닐호스
(2) 금속플렉시블호스
(3) 고무호스
(4) 수지호스

4. 배관이음관 용품

(1) 전기절연이음관
(2) 전기융착폴리에틸렌이음관
(3) 이형질이음관(금속관과 폴리에틸렌관을 연결하기 위한 것을 말한다)
(4) 신속 커플러
(5) 안전 커플링

CHAPTER 006 연습문제

01 수소취성에 대한 설명으로 가장 옳은 것은?

① 탄소강은 수소취성을 일으키지 않는다.
② 수소는 환원성 가스로 상온에서도 부식을 일으킨다.
③ 수소는 고온, 고압하에서 철과 화합하며 이것이 수소취성의 원인이 된다.
④ 수소는 고온, 고압에서 강중의 탄소와 화합하여 메탄을 생성하며 이것이 수소취성의 원인이 된다.

[풀이]
- 수소취성 방지 금속 : W, Cr, Ti, Mo, V
- 수소취성 방지 재료 : 5~6% 크롬강, 18-8 스테인리스강

02 고압가스 제조장치 재료에 대한 설명으로 틀린 것은?

① 상온, 상압에서 건조상태의 염소가스에 탄소강을 사용한다.
② 아세틸렌은 철, 니켈 등의 철족의 금속과 반응하여 금속 카르보닐을 생성한다.
③ 9% 니켈강은 액화 천연가스에 대하여 저온취성에 강하다.
④ 상온, 상압에서 수증기가 포함된 탄산가스 배관에 18−8 스테인리스강을 사용한다.

[풀이]
- 일산화탄소는 금속과 반응하여 금속(Fe, CO, Ni) 카보닐을 생성(카보닐 방지금속 : Cu, Ag, Al)
- 아세틸렌은 동, 수은, 은(Cu, Hg, Ag) 등의 금속과 결합하여 금속 아세틸리드를 생성한다.

03 금속재료에 대한 설명으로 옳은 것으로만 짝지어진 것은?

㉠ 염소는 상온에서 건조하여도 연강을 침식시킨다.
㉡ 고온, 고압의 수소는 강에 대하여 탈탄작용을 한다.
㉢ 암모니아는 동, 동합금에 대하여 심한 부식성이 있다.

① ㉠   ② ㉠, ㉡   ③ ㉡, ㉢   ④ ㉠, ㉡, ㉢

[풀이] 염소가스는 상온 건조한 상태 시에는 부식하지 않는다.

04 고압가스장치 재료에 대한 설명으로 틀린 것은?

① 고압가스장치에는 스테인리스강 또는 크롬강이 적당하다.
② 초저온 장치에는 구리, 알루미늄이 사용된다.
③ LPG 및 아세틸렌 용기 재료로는 Mn강을 주로 사용한다.
④ 산소, 수소 용기에는 Cr강이 적당하다.

[풀이] LPG, C_2H_2 용기 재료 : 탄소강 사용

정답 01 ④ 02 ② 03 ③ 04 ③

05 고압가스 용기의 재료에 사용되는 강의 성분 중 탄소, 인, 황의 함유량은 제한되어 있다. 이에 대한 설명으로 옳은 것은?

① 황은 적열취성의 원인이 된다.
② 인(P)은 될수록 많은 것이 좋다.
③ 탄소량은 증가하면 인장강도와 충격치가 감소한다.
④ 탄소량이 많으면 인장강도는 감소하고 충격치는 증가한다.

풀이
- 인(P) : 상온이나 저온취성의 원인
- 탄소(C) : 0.77%까지는 인장강도 최대 충격치 감소(탄소가 많으면 경도는 증가)

06 고압가스용 밸브에 대한 설명 중 틀린 것은?

① 고압밸브는 그 용도에 따라 스톱밸브, 감압밸브, 안전밸브, 체크밸브 등으로 구분된다.
② 가연성 가스인 브롬화메탄과 암모니아 용기밸브의 충전구는 오른나사이다.
③ 암모니아 용기밸브는 동 및 동합금의 재료를 사용한다.
④ 용기에는 용기 내 압력이 규정압력 이상으로 될 때 작동하는 안전밸브가 부착되어 있다.

풀이 암모니아 가스는 구리, 아연, 은, 알루미늄, 코발트 등과 반응하여 착이온을 발생시킨다.

07 보통 탄소강에서 여러 가지 목적으로 합금원소를 첨가한다. 다음 중 적열메짐을 방지하기 위하여 첨가하는 원소는?

① 망간
② 텅스텐
③ 니켈
④ 규소

풀이 망간
탄소강에서 적열메짐(적열취성)을 방지하기 위해 0.2~1% 정도 함유시킨다.

08 고온, 고압에서 수소가스 설비에 탄소강을 사용하면 수소취성을 일으키게 되므로 이것을 방지하기 위하여 첨가시키는 금속 원소로서 적당하지 않은 것은?

① 몰리브덴
② 크립톤
③ 텅스텐
④ 바나듐

풀이 용기 강철 재료 중 170℃ 이상 250atm에서 수소는 탄소와 반응하여 탈탄작용에 의하여 수소취성을 일으킨다.
$Fe_3C + 2H_2 \rightarrow CH_4 + 3Fe$(수소취성)
※ 수소취성 방지 첨가 원소 : Cr, Ti, V, W, Mo, Nb 등

정답 05 ① 06 ③ 07 ① 08 ②

09 저온장치용 재료로서 가장 부적당한 것은?

① 구리
② 니켈강
③ 알루미늄합금
④ 탄소강

풀이 초저온 재료
알루미늄 또는 알루미늄합금강 및 오스테나이트계 STS강 등

10 탄소강에서 생기는 취성(메짐)의 종류가 아닌 것은?

① 적열취성
② 풀림취성
③ 청열취성
④ 상온취성

풀이 탄소강 취성
- 적열취성 : 800℃
- 청열취성 : 200~300℃
- 상온취성

11 다음 금속재료에 대한 설명으로 틀린 것은?

① 강에 P(인)의 함유량이 많으면 신율, 충격치는 저하된다.
② 18% Cr, 8% Ni을 함유한 강을 18-8 스테인리스강이라 한다.
③ 금속가공 중에 생긴 잔류응력 제거에는 열처리를 한다.
④ 구리와 주석의 합금은 황동이고, 구리와 아연의 합금은 청동이다.

풀이
- 황동=구리+아연
- 청동=구리+주석

12 고압가스 이음매 없는 용기의 밸브 부착부 나사의 치수 측정방법은?

① 링게이지로 측정한다.
② 평형수준기로 측정한다.
③ 플러그게이지로 측정한다.
④ 버니어 캘리퍼스로 측정한다.

풀이
- 링게이지 : 바깥지름 측정하는 게이지
- 평형수준기 : 수평 측정기
- 플러그게이지 : 나사측정 게이지
- 버니어 캘리퍼스 : 내경, 외경, 깊이 등의 길이 측정자

정답 09 ④ 10 ② 11 ④ 12 ③

13 구리 및 구리합금을 고압장치의 재료로 사용하기에 가장 적당한 가스는?

① 아세틸렌 ② 황화수소
③ 암모니아 ④ 산소

풀이
- 산소가스는 구리나 구리합금의 고압장치에 저장하여도 이상이 없다.
- 암모니아는 구리와 착이온 반응을 일으킨다.
- 아세틸렌가스는 구리와 치환폭발을 발생시킨다.

14 다음 가스장치의 사용재료 중 구리 및 구리합금의 사용이 가능한 가스는?

① 산소 ② 황화수소
③ 암모니아 ④ 아세틸렌

풀이
- 황화수소(H_2S) : 황화구리(CuS)로 금속 이온의 정성분석에 사용하나 저온부식 발생
- 암모니아($4NH_3$) → $Cu(NH_4)^{+2} + 2OH^-$ (착염발생)
- 아세틸렌(C_2H_2) + 2Cu → Cu_2C_2 (아세틸라이트 생성)

15 고압가스 제조장치의 재료에 대한 설명으로 틀린 것은?

① 상온, 건조 상태의 염소가스에는 보통강을 사용한다.
② 암모니아, 아세틸렌의 배관 재료에는 구리를 사용한다.
③ 저온에서 사용되는 비철금속 재료는 동, 니켈 강을 사용한다.
④ 암모니아 합성탑 내부의 재료에는 18-8 스테인리스강을 사용한다.

풀이 고압장치에 동을 사용할 때는 취급되는 가스에 따라서 동을 사용할 수 없는 경우(암모니아, 아세틸렌)가 있으므로 사용상 주의를 요한다.

16 결정 조직이 거칠은 것을 미세화하여 조직을 균일하게 하고 조직의 변형을 제거하기 위하여 균일하게 가열한 후 공기 중에서 냉각하는 열처리 방법은?

① 퀀칭 ② 노말라이징
③ 어닐링 ④ 템퍼링

풀이 열처리
㉠ 담금질(소입 : Quenching)
담금질은 재료를 적당한 온도로 가열하여 이 온도에서 물, 기름 속에 급히 침지하고 냉각, 경화시키는 것이며 강의 경우에는 A_3 또는 Acm 변태점보다 30~60℃ 정도 높은 온도로 가열한다(강의 경도와 강도 증가).

정답 13 ④ 14 ① 15 ② 16 ②

ⓒ 불림(소준 : Normalizing)
불림은 결정조직이 거친 것을 미세화하며 조직을 균일하게 하고, 조직의 변형을 제거하기 위하여 균일하게 가열한 후 공기 중에서 냉각하는 조작이다(조직의 표준화 및 내부 응력 제거).
ⓒ 풀림(소둔 : Annealing)
금속을 기계가공하거나 주조, 단조, 용접 등을 하게 되면 가공경화나 내부응력이 생기므로 이러한 가공 중의 내부응력을 제거 또는 가공경화된 재료를 연화시키거나 열처리로 경화된 조직을 연화시켜 결정조직을 결정하고 상온가공을 용이하게 할 목적으로 뜨임보다는 약간 높은 온도로 가열하여 노 중에서 서서히 냉각시킨다 (연화).
ⓔ 뜨임(소려 : Tempering)
담금질 또는 냉각가공된 재료의 내부응력을 제거하며 재료에 연성이나 인장강도를 주기 위해 담금질 온도보다 낮은 적당한 온도로 재가열한 후 냉각시키는 조작을 말한다. 보통강은 가열 후 서서히 냉각하나 크롬강, 크롬-니켈강 등은 서서히 냉각하면 취약하게 되므로 이들 강은 급랭시킨다(경도 감소).

17 인장시험 방법에 해당하는 것은?

① 올센법
② 샤르피법
③ 아이조드법
④ 파우더법

풀이
- 올센법 : 유압식 인장시험기
- 샤르피법, 아이조드법 : 충격시험기

18 스테인리스강을 조직학적으로 구분하였을 때 이에 속하지 않는 것은?

① 오스테나이트계
② 보크사이트계
③ 페라이트계
④ 마텐자이트계

풀이 스테인리스강
- 오스테나이트계
- 페라이트계
- 마텐자이트계

19 아세틸렌은 금속과 접촉 반응하여 폭발성 물질을 생성한다. 다음 금속 중 이에 해당하지 않는 것은?

① 금
② 은
③ 동
④ 수은

풀이 아세틸렌 금속아세틸라이드(폭발성 물질) 반응 금속
- $C_2H_2 + 2Cu(구리) \rightarrow Cu_2C_2 + H_2$
- $C_2H_2 + 2Hg(수은) \rightarrow Hg_2C_2 + H_2$
- $C_2H_2 + 2Ag(은) \rightarrow Ag_2C_2 + H_2$

정답 17 ① 18 ② 19 ①

20 금속재료에 대한 일반적인 설명으로 옳지 않은 것은?

① 황동은 구리와 아연의 합금이다.
② 뜨임의 목적은 담금질 후 경화된 재료에 인성을 증대시키는 등 기계적 성질의 개선을 꾀하는 것이다.
③ 철에 크롬과 니켈을 첨가한 것은 스테인리스강이다.
④ 청동은 강도는 크나 주조성과 내식성은 좋지 않다.

풀이 청동
구리와 주석의 합금으로 주조성과 내식성이 크고 내마멸성이 크다. 강도상 유리하고 축수재료나 베어링재료에 많이 사용된다.

21 다음 중 동관(Copper Pipe)의 용도로서 가장 거리가 먼 것은?

① 열교환기용 튜브 ② 압력계 도입관 ③ 냉매가스용 ④ 배수관용

풀이 배수관용 재료 : 주철관을 사용한다.

22 저온장치용 금속재료에 있어서 일반적으로 온도가 낮을수록 감소하는 기계적 성질은?

① 항복점 ② 경도 ③ 인장강도 ④ 충격값

풀이 충격값 : 저온장치용 금속재료에서 온도가 낮을수록 감소하는 기계적 성질

23 고압가스 제조시설의 플레어스택에서 처리가스의 액체 성분을 제거하기 위한 설비는?

① Knock-out Drum ② Seal Drum
③ Flame Arrestor ④ Pilot Burnet

풀이 부속설비의 종류
- Knock-out Drum : 플레어에 유입한 기, 액을 분리 회수하는 역할
- Seal Drum : 역화나 내부 폭발을 방지하기 위한 설비
- Flame Arrestor : 플레어스택 최종 단에 설치해 연소시켜 주는 장치
- Pilot Burne : 불꽃을 항상 유지시켜 주기기 위한 점화장치

24 가스의 연소기구가 아닌 것은?

① 피셔식 버너 ② 적화식 버너 ③ 분젠식 버너 ④ 전1차 공기식 버너

풀이 피셔식 정압기로 구분한다.

정답 20 ④ 21 ④ 22 ④ 23 ① 24 ①

25 적화식 버너의 특징으로 틀린 것은?

① 불완전연소가 되기 쉽다.
② 고온을 얻기 힘들다.
③ 넓은 연소실이 필요하다.
④ 1차 공기를 취할 때 역화 우려가 있다.

풀이 적화식 연소
  ㉠ 장점
  • 역화하는 일이 전혀 없다.
  • 자동온도 조절장치의 사용이 용이하다.
  • 적황색의 장염을 얻을 수 있다.
  • 낮은 칼로리의 기구에 사용된다.
  • 염의 온도는 비교적 낮다(900℃).
  • 기기를 국부적으로 과열하는 일이 없다.
  ㉡ 단점
  • 연소실이 넓어야 한다. 좁으면 불완전연소를 일으키기 쉽다.
  • 버너내압이 너무 높으면 선화(Lifting) 현상이 일어난다.
  • 고온을 얻을 수 없다.
  • 불꽃이 차가운 기물에 접촉하면 기물표면에 그을음이 부착된다.

26 어떤 연소기구에 접속된 고무관이 노후화되어 0.6mm이 구멍이 뚫려 280mmH$_2$O의 압력으로 LP 가스가 5시간 누출되었을 경우 가스 분출량은 약 몇 L인가?(단, LP 가스의 비중은 1.7이다.)

① 52
② 104
③ 208
④ 416

풀이 노즐의 분출량(Q)
$$Q = 0.009 D^2 \sqrt{\frac{P}{d}} \times h = 0.009 \times 0.6^2 \times \sqrt{\frac{280}{1.7}} \times 5\mathrm{hr} = 0.208\mathrm{m}^3 (= 208\mathrm{L})$$

27 과류차단 안전기구가 부착된 것으로서 가스유로를 볼로 개폐하고 배관과 호스 또는 배관과 커플러를 연결하는 구조의 콕은?

① 호스콕
② 퓨즈콕
③ 상자콕
④ 노즐콕

풀이 퓨즈콕은 과류차단 안전기구 기능을 갖추고 볼로 개폐하며 배관과 배관, 호스와 호스, 배관과 커플러 등 연결에 사용한다.

28 벽에 설치하여 가스를 사용할 때에만 퀵 커플러로 연결하여 난로와 같은 이동식 연소기에 사용할 수 있는 구조로 되어 있는 콕은?

① 호스콕
② 상자콕
③ 퓨즈콕
④ 노즐콕

풀이 상자콕
벽에 설치하여 가스를 사용할 때에만 퀵 커플러로 연결하여 난로와 같은 이동식 연소기에 사용할 수 있는 구조의 콕이다.

정답 25 ④ 26 ③ 27 ② 28 ②

29 불꽃의 주위, 특히 불꽃의 기저부에 대한 공기의 움직임이 세지면 불꽃이 노즐에 정착하지 않고 떨어지게 되어 꺼지는 현상은?

① 블로 오프(Blow-off)
② 백 파이어(Back-fire)
③ 리프트(Lift)
④ 불완전연소

풀이 블로 오프 현상
불꽃의 주위, 특히 불꽃의 기저부에 대한 공기의 움직임이 세지면 불꽃이 노즐에 정착하지 않고 떨어지게 되어 불꽃이 꺼지는 현상이며 선화라고도 한다.
※ 백-파이어 : 역화현상

30 석유화학 공장 등에 설치되는 플레어 스택에서 역화 및 공기 등과의 혼합폭발을 방지하기 위하여 가스 종류 및 시설 구조에 따라 갖추어야 하는 것에 포함되지 않는 것은?

① Vacuum Breaker
② Flame Arrestor
③ Vapor Seal
④ Molecular Seal

풀이 플레어 스택(Flare Stack)의 역화방지 장치는 다음 5가지를 사용한다.
- 리퀴드 셀
- 플레임 어레스터
- 베이퍼 실
- 몰레큘러 실
- 퍼지가스 주입

31 고압가스용 스프링식 안전밸브의 구조에 대한 설명으로 틀린 것은?

① 밸브 시트는 이탈되지 않도록 밸브 몸통에 부착되어야 한다.
② 안전밸브는 압력을 마음대로 조정할 수 없도록 봉인된 구조로 한다.
③ 가연성 가스 또는 독성가스용의 안전밸브는 개방형으로 한다.
④ 안전밸브는 그 일부가 파손되어도 충분한 분출량을 얻어야 한다.

풀이 가연성 가스, 독성가스용 안전밸브는 밀폐형 안전밸브로 설치한다.

32 안전밸브에 대한 설명으로 틀린 것은?

① 가용전식은 Cl_2, C_2H_2 등에 사용된다.
② 파열판식은 구조가 간단하며, 취급이 용이하다.
③ 파열판식은 부식성, 괴상물질을 함유한 유체에 적합하다.
④ 피스톤식이 가장 일반적으로 널리 사용된다.

정답 29 ① 30 ① 31 ③ 32 ④

풀이 안전밸브 종류
- 스프링식(가장 많이 사용함)
- 추식
- 지렛대식
- 복합식

33 가스 연소기에서 발생할 수 있는 역화(Flash Back)현상의 발생원인으로 가장 거리가 먼 것은?

① 분출속도가 연소속도보다 빠른 경우
② 노즐, 기구밸브 등이 막혀 가스양이 극히 적게 된 경우
③ 연소속도가 일정하고 분출속도가 느린 경우
④ 버너가 오래되어 부식에 의해 염공이 커진 경우

풀이 분출속도가 연료의 연소속도보다 빠르면 선화(블로 오프 현상)가 발생된다.

34 화염에서 백-파이어(Back-fire)가 생기는 주된 원인은?

① 버너의 과열
② 가스의 과량공급
③ 가스압력의 상승
④ 1차 공기량의 감소

풀이 화염의 백-파이어(역화)는 버너의 과열이나 화실 내 잔류가스의 재점화 시에 일어난다.

35 다음 [보기]의 안전밸브의 선정절차에서 가장 먼저 검토하여야 하는 것은?

[보기]
- 통과유체 확인
- 밸브 용량계수값 확인
- 해당 메이커의 자료 확인
- 기타 밸브구동기 선정

① 기타 밸브구동기 선정
② 해당 메이커의 자료 확인
③ 밸브 용량계수값 확인
④ 통과유체 확인

풀이 안전밸브 선정 시에는 통과유체, 통과압력범위 등을 가장 먼저 검토하여야 한다.

36 가스와 공기의 열전도도가 다른 특성을 이용하는 가스검지기는?

① 서모스탯식
② 적외선식
③ 수소염 이온화식
④ 반도체식

풀이 서모스탯식(열전도율식) 가스분석기
가스와 공기의 열전도도가 다른 특성을 이용한 가스검지기(공기는 열전도율이 매우 낮다.)

정답 33 ① 34 ① 35 ④ 36 ①

37 독성가스 제조설비의 기준에 대한 설명 중 틀린 것은?
① 독성가스 식별표시 및 위험표시를 할 것
② 배관은 용접이음을 원칙으로 할 것
③ 유지를 제거하는 여과기를 설치할 것
④ 가스의 종류에 따라 이중관으로 할 것

풀이 여과기는 유지 제거가 어렵다(세퍼레이터 설치).

38 액화석유가스용 염화비닐호스의 안지름 치수가 12.7mm인 경우 제 몇 종으로 분류되는가?
① 1
② 2
③ 3
④ 4

풀이
- 6.3mm : 제1종
- 9.5mm : 제2종
- 12.7mm : 제3종

39 고무호스가 노후되어 직경 1mm의 구멍이 뚫려 280mmH₂O의 압력으로 LP 가스가 대기 중으로 2시간 유출되었을 때 분출된 가스의 양은 약 몇 L인가?(단, 가스의 비중은 1.6이다.)
① 140L
② 238L
③ 348L
④ 672L

풀이 노출가스양(Q) = $0.009D^2\sqrt{\dfrac{P}{d}} \times h = 0.009 \times 1^2 \sqrt{\dfrac{280}{1.6}} \times 2 = 0.238\text{m}^3 = 238\text{L}$

40 다음 중 역류를 방지하기 위하여 사용되는 밸브는?
① 체크밸브(Check Valve)
② 글로브 밸브(Glove Valve)
③ 게이트 밸브(Gate Valve)
④ 버터플라이 밸브(Butterfly Valve)

풀이 체크밸브는 유체흐름 중 역류방지용 밸브이다.

41 콕 및 호스에 대한 설명으로 옳은 것은?
① 고압고무호스 중 트윈호스는 차압 0.1MPa 이하에서 정상적으로 작동하는 체크밸브를 부착하여 제작한다.
② 용기밸브 및 조정기에 연결하는 이음쇠의 나사는 오른나사로서 W22.5×14T, 나사부의 길이는 12mm 이상으로 한다.

정답 37 ③ 38 ③ 39 ② 40 ① 41 ③

③ 상자콕은 커플러 안전기구 및 과류차단안전기구가 부착된 것으로서 배관과 커플러를 연결하는 구조이고, 주물황동을 사용할 수 있다.
④ 커플러 안전기구부 및 과류차단 안전기구부는 4.2kPa 이상의 압력에서 1시간당 누출량이 커플러 안전기구부는 1.0L/h 이하, 과류차단 안전기구부는 0.55L/h 이하가 되도록 제작한다.

풀이 ① 고압고무호스 중 트윈호스는 차압 0.1kPa 이하에서 정상적으로 작동하는 체크밸브를 부착하여 제작한다.
② 용기밸브 및 조정기에 연결하는 이음쇠의 나사는 왼나사로서 W22.5×14T, 나사부의 길이는 12mm 이상으로 한다.
④ 커플러 안전기구부 및 과류차단 안전기구부는 4.2kPa 이상의 압력에서 1시간당 누출량이 커플러 안전기구부는 0.55L/h 이하, 과류차단 안전기구부는 1L/h 이하가 되도록 제작한다.

42 가스레인지에 연결된 호스에 직경 1.0mm의 구멍이 뚫려 LP 가스가 250mmH₂O 압력으로 3시간 동안 누출되었다면 LP 가스의 분출량은 약 몇 L인가?(단, LP 가스의 비중은 1.2이다.)

① 360 ② 390 ③ 420 ④ 450

풀이 노즐의 LP 가스 분출량(Q)

$$Q = 0.009 D^2 \sqrt{\frac{P(\text{압력})}{d(\text{비중})}} \times h(\text{시간})$$

$$= 0.009 \times (1.0)^2 \times \sqrt{\frac{250}{1.2}} \times 3\text{시간}$$

$$= 0.3897\text{m}^3 \fallingdotseq 390\text{L}$$

43 가스보일러에 설치되어 있지 않은 안전장치는?

① 과열방지장치 ② 헛불방지장치
③ 전도안전장치 ④ 과압방지장치

풀이 가스보일러에 넘어짐 방지 안전장치는 필요하지 않다.

44 가스보일러의 물탱크 수위를 다이어프램에 의한 압력변화로 검출하여 전기접점에 의해 가스회로를 차단하는 안전장치는?

① 헛불방지장치 ② 동결방지장치
③ 소화안전장치 ④ 과열방지장치

풀이 헛불방지장치 : 가스보일러의 물탱크 수위를 다이어프램에 의한 압력변화로 검출하여 가스회로를 차단하여 사고를 미연에 방지(저수위, 보일러과열사고 방지장치)

정답 42 ② 43 ③ 44 ①

45 액화가스의 기화기 중 액화가스와 해수 및 하천수 등을 열교환시켜 기화하는 형식은?
① Open Rack식
② 직화가열식
③ Air Fin식
④ Submerged Combustion식

> 풀이 해수식 기화기(ORV ; Open Rack Vaporizer)
> 고압으로 이송된 LNG가 해수 및 하천수에 설치된 열교환기 하부로 공급되어 상부로 통과되는 동안 NG 상태로 기화되는 형식의 기화기이다.

46 연소기용 금속 플렉시블 호스의 성능시험방법으로 가장 적정한 것은?
① 기밀성능은 0.02MPa, 1분간 공기압에서 실시 후 누출이 없어야 한다.
② 내압성능은 0.8MPa, 30초간, 공기압에서 실시 후 누출, 그 밖에 이상이 없어야 한다.
③ 내비틀림성능은 90° 비틀림을 1회당 5초의 균일한 속도로 좌우 100회 실시하여 파손 등 이상이 없어야 한다.
④ 내구성능 중 기밀성은 반복부착시험 후 0.05MPa, 30초간 실시 후 누출이 없어야 한다.

> 풀이 연소기용 금속 플렉시블(금속 가요관 이음) 호스의 성능시험 방법
> 기밀성능은 0.02MPa에서 1분간 공기압에서 실시 후 누출이 없어야 합격이다.

47 가스사용시설에는 연소기 각각에 대하여 설치하는 중간밸브로 퓨즈콕 또는 이와 동등 이상의 성능을 가진 안전장치를 설치해야 하는 조건에 해당하는 것은?
① 소비량 16,200kcal/h 이하, 사용압력 2.5kPa 이하
② 소비량 16,200kcal/h 이하, 사용압력 3.3kPa 이하
③ 소비량 19,400kcal/h 초과, 사용압력 2.5kPa 초과
④ 소비량 19,400kcal/h 초과, 사용압력 3.3kPa 초과

> 풀이 가스사용시설(20만kcal/h 이하용)
> 가스소비량 19,400kcal/h 초과, 사용압력 3.3kPa 초과 연소기에는 중간밸브로 퓨즈콕 또는 이와 동등 이상의 성능을 가진 안전장치를 설치해야 한다.

48 가스계량기의 최대유량이 16m³/h인 경우 가스계량기 검정 유효기간으로 맞는 것은?
① 5년
② 8년
③ 10년
④ 15년

> 풀이 • 막식 가스미터기 유효기간 : 만 5년(LPG : 2년)
> • 검정 유효기간(최대유량 16m³/h) : 8년

정답 45 ① 46 ① 47 ④ 48 ②

49 파이프의 길이가 5m이고, 선팽창계수 α = 0.000015(1/℃)일 때 온도가 20℃에서 70℃로 올라갔다면 늘어난 길이는?

① 2.74mm
② 3.75mm
③ 4.78mm
④ 5.76mm

풀이 $\ell = L \times a \times \Delta t \times 1{,}000$
$= 5 \times 0.000015 \times (70-20) \times 1{,}000 = 3.75 \text{mm}$

50 저온장치용 금속재료에 있어서 일반적으로 온도가 낮을수록 감소하는 기계적 성질은?

① 항복점
② 충격값
③ 인장강도
④ 경도

풀이 저온장치용 금속재료에서 일반적으로 온도가 낮을수록 충격값이 감소한다.

51 고압가스 용기의 재료로 사용되는 강의 성분 중 탄소, 인, 유황의 함유량이 제한되고 있다. 그 이유로서 다음 중 옳은 번호로만 나열된 것은?

㉠ 탄소의 양이 많아지면 수소 취성을 일으킨다.
㉡ 인의 양이 많아지면 연신율이 증가하고, 고온취성을 일으킨다.
㉢ 유황은 적열 취성의 원인이 된다.
㉣ 탄소량이 증가하면 인장 강도 및 충격치가 증가한다.

① ㉠, ㉡
② ㉡, ㉢
③ ㉢, ㉣
④ ㉠, ㉢

풀이 고압가스 용기
- 탄소의 양이 많아지면 수소 취성 발생
- 유황은 적열 취성의 원인

52 다기능 가스안전계량기(마이콤미터)의 기능이 아닌 것은?

① 합계유량 차단기능
② 연속사용시간 차단기능
③ 압력저하 차단기능
④ 과열방지 차단기능

풀이 가스안전계량기의 기능
- 합계유량 차단기능
- 연속사용시간 차단기능
- 압력저하 차단기능

정답 49 ② 50 ② 51 ④ 52 ④

53 화염의 리프트(Lift) 현상의 원인이 아닌 것은?

① 배기 불충분
② 1차 공기량의 과다
③ 노즐의 줄어듦
④ 가스압의 과다

풀이 배기 및 환기의 불충분은 불완전연소의 원인이 된다.

54 고압가스 제조시설에 설치하는 내부반응 감시장치에 속하지 않는 것은?

① 온도감시장치
② 압력감시장치
③ 유량감시장치
④ 기화감시장치

풀이 내부반응 감시장치
- 온도감시장치
- 압력감시장치
- 유량감시장치

55 금속재료의 내산화성을 증가시키기 위해 첨가 원소에 대한 설명으로 틀린 것은?

① Si는 일반적으로 0.03% 이하 첨가한다.
② Al는 Cr의 보조로서 3% 이하 첨가한다.
③ 카로라이징도 내식성을 증가시킨다.
④ Cr은 Fe-Cr-Ni 합금에서 30% 정도까지는 내산화성이 증가하나 40% 이상에서는 감소한다.

풀이 Al는 Cr의 함유량이 0.18~0.28%일 때 최고의 강도를 지닌 내식재료이다.

56 금속재료에 관한 일반적인 설명으로 옳지 않은 것은?

① 황동은 구리와 아연의 합금이다.
② 저온뜨임의 주목적은 내부응력 제거이다.
③ 탄소함유량이 0.3% 이하인 강을 저탄소강이라 한다.
④ 청동은 내식성은 좋으나 강도가 약하다.

풀이 청동(포금)은 주조성, 내식성, 내마모성이 좋고 강도가 크다.

정답 53 ① 54 ④ 55 ② 56 ④

PART 03

Engineer Gas

가스계측

CHAPTER 01 계측기기
CHAPTER 02 가스분석
CHAPTER 03 가스미터

CHAPTER 001 계측기기

SECTION 01 계측기기 개요

1. 계측기 원리 및 특성

1) 계측의 목적
① 조업의 조건을 안정화
② 장치의 안전운전 및 효율 증대
③ 작업인원 절감
④ 안전위생 관리
⑤ 원료 및 연료비, 인건비 등 절약

2) 계측의 원리

(1) 직접측정과 간접측정

① 직접 계량 방법(물리적 방법)
측정량을 동일한 종류의 표준량과 직접 비교하여 그 값을 결정하는 것

② 간접 계량 방법(비교법)
일정한 관계가 있는 다른 물리량에 옮겨 치환량을 측정한 후 그것을 물리적인 법칙이나 정의에 의하여 환산해서 그 대상물의 양을 측정하는 방법(공정에 많이 사용)

(2) 측정방식

① 영위법(Zero Method)
기준량과 비교 측정하여 그 기준량으로부터 측정량을 구하는 방식
예 천칭을 사용하여 물체의 질량을 측정하는 경우에는 분동과 측정하고자 하는 물체를 각각 올려놓고, 분동의 질량을 조정하여 측정한다.

② 편위법(Deflection Method)
측정량의 크기가 직접적인 원인이 되어 생기는 변화의 크기로부터 측정량을 아는 방법
예 다이얼 게이지를 이용하여 길이를 측정하는 경우에는 블록 게이지와 측정물을 각각 측정자 밑에 바꾸어 물체의 무게를 지시한다.

> **Reference**
> 영위법은 편위법에 비하여 정밀측정에 적합하나 측정시간이 오래 걸린다.

③ 보상법(Compensation Method)
측정량과 크기가 같은 미리 알고 있는 양을 준비하고, 측정량으로부터 기준량을 빼고 그 차이를 측정하여 측정량을 알아내는 방법
  예 천칭을 사용하여 물체의 질량을 측정하는 경우 분동과 물체의 불평형의 정도를 바늘이 가리키는 눈금을 읽어 물체의 질량을 측정한다.

④ 치환법(Substitution Method)
지시량과 미리 알고 있는 양으로부터 측정량을 아는 방법
  예 다이얼게이지를 이용하여 길이를 측정하는 경우에 블록게이지를 놓고 측정한 후 측정물을 측정하였을 때 지시눈금의 차를 읽고 사용한 블록 게이지의 높이를 알면 측정물의 높이를 구할 수 있다.

3) 오차

측정치와 진실치의 차를 오차라 하며, 오차의 발생 원인은 여러 가지가 있는데 그 발생 원인에 따라 오차는 다음과 같이 분류한다.

$$오차율(\%) = \frac{오차}{진실치} \times 100$$

① 과실오차(Erratic Error) : 측정자의 부주의에 의해서 일어나는 오차
② 우연오차(Accidental Error) : 측정자나 계측기와는 관계없이 우연히 생기는 오차. 측정치가 일치하지 않는 분포 상태를 일으키는 것을 산포라 하며 이 산포에 의해 생기는 오차를 우연오차라 한다. 원인을 알 수 없어 완전히 제거할 수 없다.
③ 계통오차(Systematic Error) : 진실치와 평균치와의 차를 편위라 하며 이 편위에 의해 일어나는 오차. 조건 변화에 따라 규칙적으로 생기며, 원인을 알 수 있어 제거와 보정이 가능하다.
④ 계측기오차(Instrumental Error) : 계측기와 노화, 마멸, 부저오학에 의해 생기는 오차
⑤ 환경오차(Environmental Error) : 환경조건(온도, 습도, 기압, 진동, 전압)의 영향으로 생기는 오차
⑥ 개인오차(Personal Error) : 측정자의 측정 습관에 의해 생기는 오차
⑦ 이론오차(Theoretical Error) : 사용 공식이나 근사값 계산 등에 의해 생기는 오차

4) 계측 용어

① **보정치** : 측정결과 생긴 오차를 가감하여 진실치에 가깝도록 행하는 것으로 오차와 크기는 같거나 부호가 반대인 것을 말한다(보정치=진실치-측정치).

② **기차** : 계측기가 가지고 있는 고유의 오차이다.

$$기차(\%) = \frac{측정값 - 참값}{측정값} \times 100$$

③ **공차** : 계량기가 가지고 있는 기차의 최대허용한도

④ **정도** : 측정결과에 대한 신뢰도를 수량적으로 나타내는 척도로서, 측정할 수 있는 전체 범위에 대한 최대의 오차 백분율로 나타낸다.

⑤ **정확도** : 가장 정확한 측정값은 여러 번 측정하여 얻은 측정값의 산술평균값이다. 이때 평균값이 참값에 가까운 정도를 정확도라 하며, 정확도가 좋은 측정이란 치우침(평균값-참값)이 작은 측정을 말한다. 계통오차가 작으며, 편위가 작다.

$$산술평균 = \frac{측정값의 합}{측정횟수(n)}$$

⑥ **정밀도** : 측정을 여러 번 되풀이할 때 측정값은 평균값에서 벗어나는 것이 보통이다. 이때 측정값 사이의 일치하는 정도를 정밀도라 하고 평균치로부터 측정치의 상대적인 분포여하를 말하며 표준편차로 나타낸다. 우연오차가 작으며, 감도가 좋다.

$$표준편차 = \sqrt{\frac{d_1^2 + d_2^2 + d_3^2 + \cdots + d_n^2}{n}}$$

여기서, d : 편차
n : 측정횟수

⑦ **감도**(Sensitivity)

측정량의 변화에 민감한 정도를 말하는 것으로 감도계수를 나타낸다. 감도가 좋아지면 측정 시간이 길어지고 측정범위는 좁아진다.

$$감도 = \frac{지시량의 변화}{측정량의 변화}$$

⑧ **히스테리시스 오차**(Hysteresis Error)

계측기의 측정량을 증가시킬 때와 감소시킬 때 동일측정량에 대하여 지시값이 다를 때가 있다. 이와 같이 되풀이에 의해 생기는 동일측정량에 대한 지시값의 차를 말한다.

5) 계측기의 구비 조건

① 구조가 간단하며 정도, 감도가 높고 취급이 용이할 것
② 설비비 및 유지비가 적게 들고, 견고하고 신뢰성이 있을 것
③ 설치장소 및 주위조건에 대한 내구성이 크고, 보수가용이 가능할 것
④ 원거리 지시 및 기록이 가능하고 연속적 측정이 가능할 것
⑤ 구입이 용이하고 경제적일 것

2. 제어의 종류

1) 자동제어의 개요

목표치와 대상이 되는 제어량을 일치시키는 행위(계측, 판단, 조작)이다.

(1) 자동제어의 이점

① 인력 절감 및 작업능률의 향상
② 제품의 균일화, 품질향상 기대
③ 원재료 및 연료의 경제적 운영
④ 작업에 따른 위험부담 감소
⑤ 사람이 할 수 없는 어려운 작업도 가능

(2) 자동제어의 조건

① 안정하고 편차가 적을 것
② 응답이 빠르고 정확할 것
③ 평형에 도달할 수 있을 것

2) 조절부 제어방식 구분

(1) 시퀀스(Sequence) 제어

미리 정해진 순서에 따라 제어의 각 단계를 순차적으로 행하는 제어이며, 제어 명령이 스위치의 ON/OFF 또는 전압의 고/저 등으로 형성된다.

① 유접점 논리소자

접점을 가지고 있는 논리소자로 구성된 시퀀스 제어회로를 말하며 릴레이, 타이머 등이 해당한다.

▼ 유접점 시퀀스 제어회로의 특징

장점	단점
• 개폐부하의 용량이 크다. • 전기적 노이즈에 대하여 안정적이다. • 온도특성이 양호하다. • 독립된 다수의 출력회로를 동시에 얻을 수 있다. • 동작상태의 확인이 쉽다.	• 소비전력이 비교적 크다. • 접점의 소모가 따르기 때문에 수명의 한계가 있다. • 동작 속도가 느리다. • 기계적 진동, 충격 등에 비교적 약하다. • 부피의 소형화에 한계가 있다.

② 무접점 논리소자

어느 쪽의 전압이 큰가에 따라 전류를 흐르게 하기도 하고 못하게 하기도 하는 무접점 스위치를 말하며 다이오드나 트랜지스터에 이용된다.

▼ 무접점 시퀀스 제어회로의 특징

장점	단점
• 동작 속도가 빠르다. • 고빈도 사용이 가능하고 수명이 길다. • 진동 및 충격에 대한 불량 응동의 가능성이 없다. • 소형화가 가능하다.	• 전기적 노이즈나 서지에 약하다. • 온도 변화에 약하다. • 신뢰성이 떨어진다. • 별도의 전원을 필요로 한다.

③ 여러 가지 논리회로

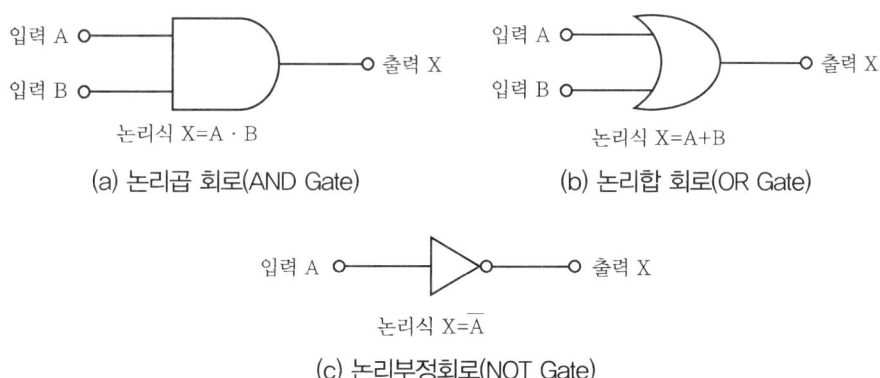

(a) 논리곱 회로(AND Gate) 논리식 $X = A \cdot B$

(b) 논리합 회로(OR Gate) 논리식 $X = A + B$

(c) 논리부정회로(NOT Gate) 논리식 $X = \overline{A}$

(2) 피드백(Feedback) 제어

제어신호에 의해 온도, 습도, 압력 등과 같은 제어량을 설정치와 비교하고, 제어량과 설정치가 일치하도록 수정동작하는 제어방식을 말한다.

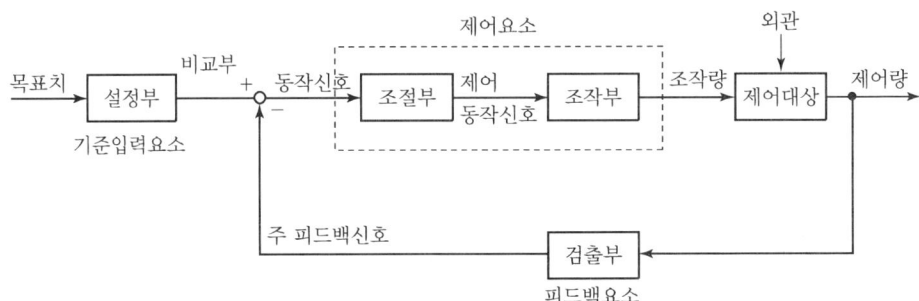

┃피드백 제어의 블록선도┃

① 설정부 : 목표치를 기준입력신호로 바꾼다.
② 비교부 : 제어량을 측정한 주 피드백 신호와 비교하여 제어동작 신호를 만드는 부분이다.
③ 동작신호 : 기준입력 신호량과 주 피드백 신호량과의 차를 의미한다.
④ 조절부 : 동작신호에 따라 2위치, 비례, 비례적분, 비례적분미분제어 동작신호를 출력한다.
⑤ 조작부 : 제어동작 신호를 받아 조작량으로 바꾼다.
⑥ 제어대상 : 조작량만큼의 제어결과, 즉 제어량을 발생한다. 이 제어량은 외란에 의해 변화된다.
⑦ 외란 : 제어계의 상태를 교란시키는 외적작용으로서, 실내온도 제어에서는 인체·조명 등에 의한 발생열, 창문을 통한 태양일사, 틈새바람, 외기온도 등을 의미한다.
⑧ 검출부 : 제어대상의 상태를 검출하여 그 상태를 전기적인 신호로 변환한다.
⑨ 주 피드백신호 : 제어량을 측정하여 그것을 목표치와 비교할 수 있도록 내보내는 신호이다.

3) 제어방법에 따른 분류

(1) 정치제어

목푯값이 시간적으로 변화가 없고 일정한 값을 유지하는 제어

(2) 추치제어

목푯값이 시간적으로 변화하는 제어방식으로 추종제어, 프로그램제어, 비율제어가 이에 해당한다.
① 추종제어 : 목푯값이 임의의 시간적으로 변화하는 제어

② 프로그램제어 : 목푯값이 미리 정해진 계측에 따라 시간적 변화를 할 경우 목푯값에 따라 변동하도록 한 제어
③ 비율제어 : 목푯값이 다른 두 종류의 공정변화량을 어떤 일정한 비율로 유지하는 제어

(3) 캐스케이드(Cascade)제어

제어계를 조합하여 1차 제어장치에서 측정된 명령을 바탕으로 2차 제어계에서 제어량을 조절하는 방식으로 외란의 영향이나 낭비지연시간이 큰 제어

4) 제어동작에 따른 분류

(1) 불연속동작
① ON-OFF 동작 : 일명 2위치 동작이라 하며, 조작량 또는 제어량을 지배하는 신호가 입력의 크기에 따라 2개의 정해진 값(ON, OFF) 중 어느 한쪽을 취하는 동작
② 다위치 제어 : 편차의 크기에 따라 제어장치의 조작량이 3개 이상의 정해진 값 중 하나를 취하는 제어동작
③ 단속도 제어 : 편차가 어느 특정 범위를 넘으면 편차에 따라 일정한 속도로 조작신호가 변하는 제어동작
④ 다속도 동작 : 편차의 크기에 따라 조작신호의 변화속도를 3개 이상 정한 값 중 하나를 취하도록 하는 제어동작

(2) 연속동작
① 비례 동작(Proportional Action, P동작)
조작량은 제어편차의 변화속도에 비례하는 동작으로 연속동작 중 가장 기본적이다.

[특징]
- 잔류편차가 발생한다.
- 응답속도가 정확하다.
- 계의 안정도가 있어야 한다.

② 적분 동작(Integral Action, I동작)
조작량은 제어편차의 적분치에 비례한 크기로 조작량을 변화시키는 동작으로 잔류편차를 제거하는 데 효과적이다.

[특징]
- 잔류편차가 남지 않는다.
- 안전성이 떨어지고 응답속도가 느리다.

③ 미분 동작(Derivative, D동작)
조작량은 제어편차의 미분값에 비례하는 크기로 조작량을 변화시키는 동작이다.

[특징]
- 빠른 응답시간으로 진동을 감소시킬 수 있다.
- 비례동작이나 비례적분동작과 조합하여 사용한다.

④ 비례적분 동작(Proportional Integral Action, PI동작)
비례제어에서는 잔류편차를 제거하기 위하여 수동 리셋(Reset)을 사용하는데 이것을 자동화한 동작이다.

[특징]
- 잔류편차(Off-set) 제거
- 감도 응답이 빨라짐
- 제어시간의 증가

⑤ 비례미분 동작(Proportional Derivative, PD동작)
동작신호의 미분값과 현재 편차의 경향에서 장래 편차를 예상한 정정 신호를 내는 제어로 시간지연이 큰 공정에 적합하다.

⑥ 비례적분미분 동작(Proportional Integral Derivative, PID동작)
비례, 적분, 미분 동작을 조합하여 잔류편차(Off-set)가 없고 응답이 빠르게 한 연속동작의 대표적인 동작이다.

[특징]
- 오프셋을 제거한다.
- 리셋시간도 단축되는 제어방식으로서 쓸모없는 시간이나 전달느림이 있는 경우에도 사이클링을 일으키지 않아 넓은 범위의 특성프로세스에 적용한다.

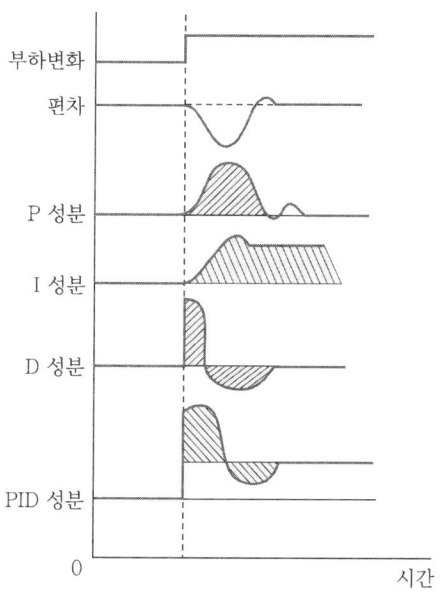

┃비례적분미분 제어계의 스텝응답┃

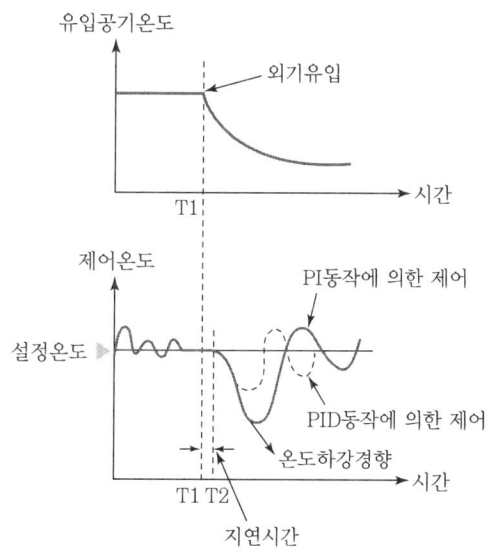

┃비례적분미분 동작에 의한 제어┃

Reference 리셋률(Reset Rate)

비례 위치 제어 작동의 효과가 1분간 반복되는 횟수로, 매 분당 적분동작에 의한 변화를 비례동작에 의한 변화로 나눈 값을 리셋률이라고 한다.

SECTION 02 가스계측기기

1. 압력 계측

압력계는 측정방법에 따라서 1차 압력계와 2차 압력계로 대별할 수 있다.
① 1차 압력계 : 측정선으로 하는 압력과 평형하는 무게, 힘으로 직접 측정하는 것
② 2차 압력계 : 압력에 따른 물질의 성질 변화를 측정하고 그 변화율에 의해 압력을 아는 것

1차 압력계	2차 압력계
① 액주식(유자관, 경사관) ② 침종식(단종, 복종) ③ 링밸런스식(환산천평식) ④ 자유피스톤식	① 탄성식(브로동식, 벨로스식, 다이어프램식) ② 전기식(저항식, 피에조 압전식, 스트레인 게이지식)

1) 1차 압력계

정확한 압력의 측정이나 2차 압력계의 눈금 교정에 사용된다.
① 액주식(Manometer)
② 자유 피스톤형 압력계

(1) 수은주 압력계

가장 기본적인 압력계이며 저압의 정밀한 측정에 많이 사용되는 것은 개방식 수은주 압력계이다.
① 가장 간단한 압력계로서 U자관(U자형을 판 파이프)에 수은이나 적당한 액체를 넣고, 파이프의 좌우에 압력차가 있는 경우에는 액면 높이의 차를 보아 그 압력차를 구할 수 있다. 일반적으로 U자관을 사용하므로 U자관을 압력계라고 부른다.
② 봉입액의 종류에 따라 수은주 압력계, 수주 압력계로 분류된다.
③ 수은주 압력계는 수주 압력보다 약간 높은 압력을 측정한다.
④ 자유 피스톤형 압력계의 보정에는 강제 폐관식이 편리하다.

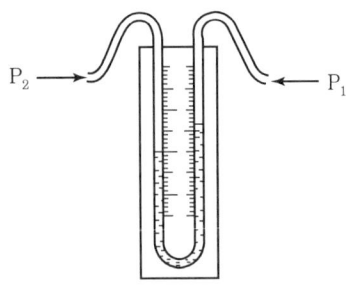

마노미터(액주계)

> **Reference** 액주식 액체의 구비조건

- 점도 및 열팽창계수가 적을 것
- 모세관 현상 및 표면장력이 적을 것
- 온도에 따라서 밀도변화가 적을 것
- 증기에 대한 밀도변화가 적을 것
- 액면은 수평을 이루고, 액주의 높이를 정확히 읽을 수 있을 것
- 휘발성 및 흡수성이 적고 경제적일 것
- 화학적으로 안정할 것

(2) 자유 피스톤형 압력계

광유나 기타 적당한 액체로 측정하여야 할 압력을 피스톤의 일단에 작용시키고 피스톤에 가해진 추와 평형이 되도록 한 것이다. 이때 압력은 추와 피스톤의 단면적에서 산출된다.

① 자유 피스톤형 압력계는 직접식 압력계이다.

이상상태에서 측정하여야 할 압력(P)은

$$P = \left(\frac{W+W'}{a}\right) + P_1$$

여기서, W' : 피스톤의 중량
W : 추의 무게
a : 단면적
P_1 : 대기압

또는, $P - P_1 = \left(\frac{W+W'}{a}\right)$

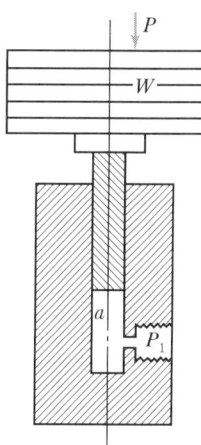

┃자유 피스톤 압력계의 원리┃

② 온도변화에 의한 피스톤 직경의 변화 등이 있고 이들의 보정을 고려하면 상식은 다음과 같이 된다.

$$P = \left(\frac{W+W'}{S \cdot a}\right) + P_1$$

여기서, S : 온도의 함수
a : 피스톤의 유효 단면적(S, a는 직접 피스톤과 실린더의 직경을 측정하여 그 평균 지름에서 구할 수 있다.)

③ 주로 압력계의 눈금 교정, 실험실 등에서 사용한다.
④ 자유 피스톤형 압력계의 조작 원리
　㉠ 먼저 일정한 수준까지 기름을 가득 채운 압력계를 장치하고 피스톤 D를 삽입하여 일정량의 추를 단다.
　㉡ 밸브 F 및 오일 소프트 G의 아래 밸브를 개방한 상태에서 펌프 B를 움직여 유압을 올리고 피스톤이 부상하여 압력과 추가 평형이 되면 밸브 F를 닫는다.
　㉢ 추의 중량을 미리 측정해 두면 압력이 계산되므로 눈금과 비교하여 교정한다.
　㉣ 측정에 있어 피스톤과 실린더의 마찰을 적게 하기 위해 피스톤을 느슨하게 회전시켜 측정하는 것이 정상이다.

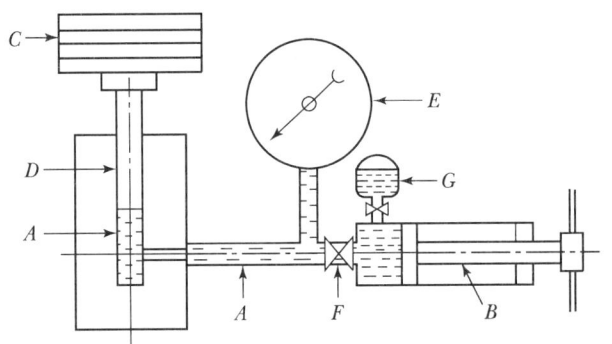

A : 액체(주로 광유를 사용)
B : 펌프, C : 추, D : 피스톤
E : 검정하여야 할 압력계
F : 밸브(유압과 추가 평형을 이룬 후 폐쇄되는 밸브)
G : 보충용 오일 스폿

‖ 압력 시험기 ‖

2) 2차 압력계

물질의 성질이 압력에 의해 받는 변화를 측정하고 그 변화율에 의해 압력을 측정한다. 측정방법은 다음과 같다.
① 탄성을 이용하는 것
② 전기적 변화를 이용하는 것
③ 물질변화를 이용하는 것

(1) 부르동관(Bourdon) 압력계

2차 압력계 중 일반적인 것은 부르동관 압력계이며 탄성을 이용한 압력계로서 가장 많이 사용되고 있다.
① 부르동관은 청동 혹은 강제의 타원과 편평한 단면을 가진 관을 반원형으로 굽히고 일단을 폐지하여 확대기구로 연결한 것이며 압력이 가해지면 관은 신장하여 단면은 원에 가까워진다. 이때 관선단의 움직임은 압력에 대체로 비례한다. 즉, 압력이 상승하면 늘어나고, 낮아지면 수축한다.

② 부르동관 압력계의 양부는 부르동관의 재질로 결정한다.
- 저압의 경우 : 황동, 인청동, 니켈, 청동
- 고압의 경우 : 니켈강, 특수강, 인발관, 강

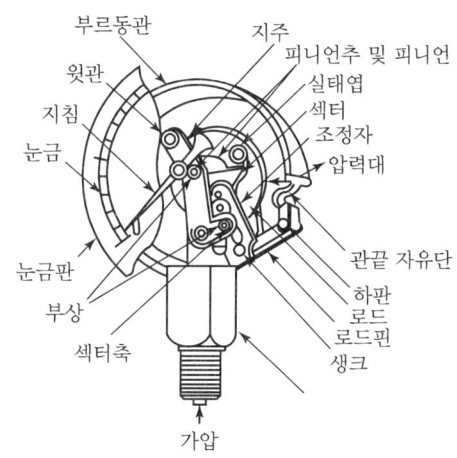

│ 부르동관 압력계 │

> **Reference**
>
> 암모니아(NH_3), 아세틸렌(C_2H_2), 산화에틸렌(C_2H_4O)의 경우는 동 및 동합금을 사용할 수 없고 연강재를 사용한다. 산소일 경우에는 다른 가스의 것과 혼용해서는 안 된다.
> 1. 고압의 산소용 압력계에는 유지류에 접촉하면 격렬하게 연소폭발을 일으킬 위험이 있으므로 눈금판에 금유라고 명기된 산소 전용의 깃을 사용해야 한다.
> 2. 특히 가연성 가스의 압력계와 혼용 시 폭발의 위험이 있으며 유지류와 접촉하면 산화폭발의 위험이 있으므로 반드시 금유라고 명기된 산소 전용의 것을 사용해야 한다.
> 3. 압력계의 눈금 범위는 상용압력의 1.5배 이상, 2배 이하의 눈금이 있는 것을 사용해야 한다.
> 4. 부르동관 압력계를 사용할 때의 주의사항
>   - 항상 검사를 행하고 지시의 정확성을 확인하여 둘 것
>   - 안전장치가 있는 것을 사용할 것
>   - 압력계에 가스를 유입하거나 빼낼 때는 서서히 조작할 것
>   - 온도변화나 진동, 충격 등이 적은 장소에 설치할 것

(2) 다이어프램(Diaphragm Manometer) 압력계

베릴륨, 구리, 인청동, 스테인리스강과 같은 탄성이 강한 얇은 판 양쪽의 압력 $P_1 \cdot P_2$가 서로 다르면 판이 굽는다. 이때 범위 응력은 $P_1 \cdot P_2$의 차에 비례하므로 그 변위의 크기를 측정하여 압력의 차이를 알 수 있는 것을 다이어프램 압력계(격막식 압력계)라 한다.

① 공업용의 경우 사용범위는 20~5,000mmAg 정도이다.
② 다이어프램(격막)의 재질 : 천연고무, 합성고무, 테프론, 가죽
③ 다이어프램 압력계의 특징
- 극히 미소한 압력을 측정하기 위한 압력계이다.
- (+), (−) 차압을 측정할 수 있다.
- 부식성 유체의 측정이 가능하다.
- 응답이 빠르나 온도의 영향을 받기 쉽다.
- 과잉 압력으로 파손되어도 그 위험은 적다.

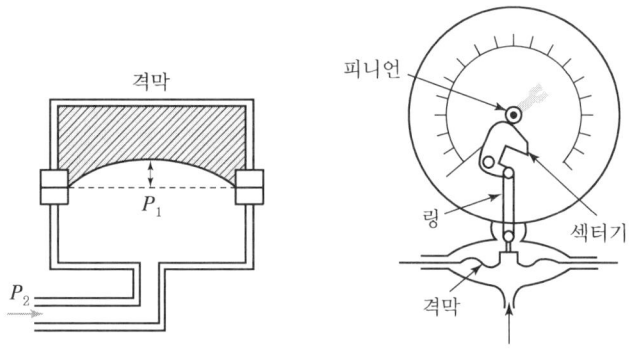

‖ 다이어프램 압력계 ‖

(3) 벨로스(Bellows) 압력계

얇은 금속판으로 만들어진 원통에 주름이 생기게 만든 것을 벨로스(Bellows)라 하며 이 벨로스의 탄성을 이용하여 압력을 측정하는 것이다.

① 측정압력은 0.01~10kg/cm^2, 정도는 ±1~2%
② 유체 내 먼지 등의 영향이 적다.
③ 압력 변동에 적응하기 어렵다.

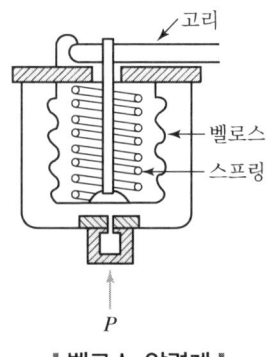

‖ 벨로스 압력계 ‖

(4) 전기저항 압력계

금속의 전기저항이 압력에 의해 변화하는 것을 이용한 것으로 그 목적에 적합한 금속으로서는 저항 변화가 압력과 더불어 직선적으로 변화하며 온도계수가 적은 것이 좋다.

망간 선은 이들의 조건을 가장 잘 갖추고 있으며, 가는 망간 선을 코일상으로 감아 가압하여 전기저항을 측정하면 압력을 알 수 있다. 그러나 망간 선으로도 압력에 의한 전기저항의 변화가 적으므로 수백 기압 이하에는 사용하지 않고 오로지 초고압의 측정이나 특수한 목적에 이용된다.

(5) 피에조(Piezo) 전기 압력계

수정이나 전기석 또는 로쉘염 등의 결정체의 특정방향에 압력을 가하면 그 표면에 전기가 일어나고 발생한 전기량은 압력에 비례한다. 피에조 전기 압력계는 엔진의 지시계나 가스의 폭발 등과 같이 급격히 변화하는 압력의 측정에 유효하며, 아세틸렌의 폭발 압력의 측정에 사용된다.

(6) 스트레인 게이지

금속, 합금이나 금속산화물(반도체) 등이 기계적 변형을 받으면 전기저항이 변화하는 것을 이용한 것이다. 적당한 변형계 소지자에 압력을 이용한 변형을 주면 측정할 수 있으며 소자에 대한 응답을 민감하게 하면 급격한 압력 변동도 측정된다.

(7) 기타 압력계

① 링 밸런스(환상 천평형) 압력계(1차 압력계)

U자관 대신에 환상관을 사용하고 그 상부에 격막을 두며 하부에 수은 등을 가득 채운 것이다. 상반부는 중압 상부의 격막에 의해 2실로 나누어지고 각 실의 압력 평형이 깨지면 원환은 지축의 주변을 회전한다. 회전각은 압력차에 비례하므로 이것을 지침에 의해 지시시키고 압력차를 본다. 즉, 압력차는 $P_1 - P_2 = \dfrac{Wl}{RA}\sin\phi$로 표시되며, 측정 압력범위는 상압에서 약 300atm 정도이다.

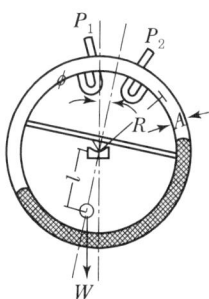

∥ 링 밸런스 ∥

② 침종식 압력계(1차 압력계)

아르키메데스(Archimedes)의 원리인 액중에 담근 플로트의 편위가 그 내부 압력에 비례하는 것을 이용한 것으로 금속제의 침종을 띄워 스프링을 지시하는 단종식과 복종식이 있다. 침종식 압력계는 진동 및 충격의 영향이 적고, 미소 차압의 측정과 저압가스의 유량측정이 가능하다. 또한 액유입관을 최대한 짧게 하여 과다한 차압을 피하는 것이 좋으며 정도는 ±1~2%이다.

2. 온도 계측

1) 접촉식 온도계

온도를 측정하여야 할 물체에 온도계의 감온부를 접촉시키고 감온부와 물체 사이에 열교환을 행하여 평형을 유지할 때의 감온부의 물리적 변화량에서 온도를 아는 방법이다.

(1) 열팽창을 이용한 방법

① 고체 열팽창 : 고체 압력식 온도계, 바이메탈식 온도계

② 액체 열팽창 : 유리제(알코올, 수은) 온도계, 액체 압력계 온도계

③ 기체 열팽창 : 기체 압력식 온도계

(2) 전기 저항 변화를 이용한 방법

① 금속 저항 변화 : 백금 온도계, 니켈 온도계, 구리 온도계

② 반도체 저항 변화 : 더미스트 온도계

(3) 열전기력을 이용한 방법(열전대 온도계)

① 백금-로듐 온도계

② 철-콘스탄탄

③ 동-콘스탄탄

④ 크로멜-알루멜 온도계

(4) 물질 상태 변화를 이용한 방법

① 제겔콘의 융점 이용 : 제겔콘 온도계

② 증기압의 이용 : 증기 압력식 온도계

2) 비접촉식 온도계

피측온체에서 열복사의 강도를 측정하여 온도를 아는 방법이다.

(1) 완전방사를 이용한 방법

① 광고 온도계
② 광전관 온도계
③ 방사 온도계

(2) 변색 물체를 이용한 방법

① 흑체와 색온도를 비교 : 색 온도계
② 완전 방사체 온도와 색 온도의 비교 : 더머컬러 온도계

▼ 각종 온도계의 사용범위

온도계의 종류	사용가능(℃)	적용범위(℃)
봉상글라스온도계	$-200 \sim 1{,}000$	
수은온도계	$-35 \sim 700$	$-30 \sim 500$
알코올온도계	$-100 \sim 200$	$-70 \sim 150$
부르동관온도계	$-200 \sim 600$	
증기압식	$-30 \sim 300$	$0 \sim 300$
액체식	$-35 \sim 600$	$-30 \sim 500$
기체식	$-270 \sim 500$	$-270 \sim 500$
바이메탈온도계	$-100 \sim 650$	$-50 \sim 350$
저항온도계	$-200 \sim 600$	$-200 \sim 400$
열전온도계	$-200 \sim 1{,}700$	$-200 \sim 1{,}200$
제겔콘	$600 \sim 2{,}000$	$600 \sim 2{,}000$
측온도료	$40 \sim 650$	$40 \sim 650$
광고온계	$700 \sim 3{,}000$ 이상	$1{,}000$ 이상
방사고온계	$50 \sim 3{,}000$ 이상	$1{,}000$ 이상
동상(저온용)	$100 \sim 800$	$200 \sim 800$
광전관고온계	$700 \sim 3{,}000$ 이상	$1{,}000$ 이상

▼ 표준온도(순수물질에 있어서 760mmHg하에서의 수치)

기준정점	℃
1. 액체산소 및 기체산소가 공존하는 평형 온도	-182.97
2. 공기로 포화한 물에 접하고 있는 얼음의 용해 온도	0.000
3. 수증기의 응축 온도	100.000
4. 유황의 증기의 응축 온도	444.60
5. 은의 응고 온도	960.5
6. 금의 응고 온도	1,063.0
보조정점	℃
1. 탄산가스의 기체와 고체의 평형 온도	-78.5
2. 수은의 응고 온도	-38.87
3. 황산나트륨의 전이점 $Na_2SO_4 \cdot 10H_2O$ $Na_2SO_4 + 10H_2O$	32.38
4. 나프탈렌 증기의 응고 온도	217.9
5. 주석의 응고 온도	231.85
6. 벤조페논증기의 응축 온도	305.9
7. 카드뮴의 응고 온도	320.9
8. 납의 응고 온도	327.3
9. 아연의 응고 온도	419.45
10. 안티모니아의 응고 온도	630.5

3) 온도계의 선택요령

① 온도의 측정범위와 정밀도가 적당할 것
② 지시 및 기록 등을 쉽게 행할 수 있을 것
③ 피측 물체의 크기가 온도계의 크기에 적당할 것
④ 피측 물체의 온도 변화에 대한 온도계 반응이 충분할 것
⑤ 피측 물체의 화학반응 등으로 온도계에 영향이 없을 것
⑥ 견고하고 내구성이 있을 것
⑦ 취급하기가 쉽고 측정하기 간편할 것
⑧ 원격지시 및 기록, 자동제어 등이 가능할 것

4) 접촉법에 따른 온도측정

접촉법의 온도계에는 먼저 열팽창의 것으로서 봉상 온도계, 압력식 온도계 등이 있다.

(1) 봉상 온도계

봉상 온도계는 가장 일반적으로 사용되는 것이다.

① 통상 −30~300℃ 전후의 곳에 적용된다.
② 측정에 특히 어려운 점은 없으나 오차를 최소한으로 하려면 가급적 온도계 전체를 측정하는 물체에 접촉시키는 것이 좋다.

(2) 압력식 온도계

기체 또는 액체의 온도에 의한 팽창압력을 이용하는 것과 액체의 증기압을 이용한 것이 있다.
① 압력식 온도계의 구성은 감온부(금속통부), 금속 모세관, 수압계로 되어 있다.
② 감온부 내의 기체 또는 액체가 온도상승에 의해 팽창(또는 증기압이 변화)하고 그것에 의해 생긴 압력이 모세관을 통하여 수압부인 부르동관에 달한다.
③ 부르동관의 편위가 지침에 의해 지시된다.
④ 액체 팽창식은 수은, 에틸알코올, 물, 부탄−프로판을 사용하며, 측온범위는 −315~−185℃ 이다.
⑤ 기체 압력식은 질소, 헬륨을 사용하며 측온범위는 −270~540℃이다.
⑥ 증기압식은 프로판, 에틸알코올, 에테르를 사용하고 측온범위는 −315~−45℃이다.
⑦ 구조가 간단하고 가격면에서도 현장용의 간역계기(簡易計器)로서 가장 적합하다.

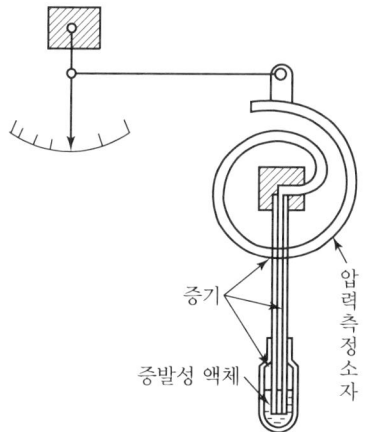

‖ 증기압식 온도계의 원리 ‖

(3) 저항(더미스트) 온도계

저항 온도계는 온도 상승에 따라 순 금속선의 전기저항이 증가하는 현상을 이용한 것이다.
① 측정범위는 −400~−200℃의 온도를 정확하게 측정하는 데 적합하다.
② 금속선으로서 현재 사용되고 있는 것은 백금 이외에 니켈, 동이 있고 서미스터(Ni, Cu, Mn, Fe, Co) 등의 비금속 재료도 사용한다.

③ 0℃에서의 전기저항은 25Ω, 50Ω, 100Ω 등이 있고 이것을 5cm 정도의 테에 감아 보통 금속성의 보호관에 넣고 있는데, 이를 측정 저항체라고 한다.
④ 일반적으로 저항온도계는 측온체, 동도선 및 표시계로 되어 있고 측정 회로로서 휘스톤 브리지가 채택되고 있다.
⑤ 저항 측정법으로서 보통 사용되고 있는 것은 전위차계, 전교, 교차선륜, 전류비율계 등이다.

(4) 열전대 온도계

열전대 온도계는 열전대를 사용하여 온도를 측정하는 것이다. 즉, 이종의 금속선의 양단을 접속하여 두 접합점에 온도차를 부여하면 양 접점 간에 기전력이 발생한다. 이 열기전력은 2종의 금속선이 재질과 양 접점의 온도만으로 결정된다.

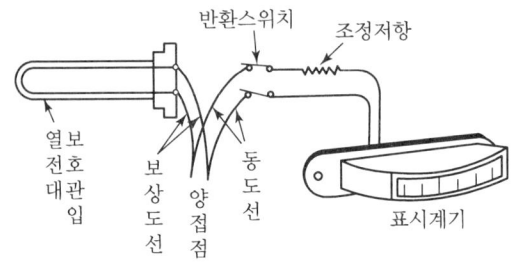

‖ 열전대 ‖

① 열전대 온도계의 구성은 열전대 보상도선, 냉접점, 동도선 및 표시계기로 성립한다.
② 열전대는 측온 저항체와 같이 보호관에 넣어 사용하는 경우가 많다.
③ 보상도선은 고온에는 견딜 수 없으나 150℃ 이하에서는 열전대와 대략 같은 열기전력을 갖는 것으로 열전대만으로 냉접점까지 결선하는 것은 고온이므로 비교적 저온 부분은 보상도선으로 대응하는 것이 보통이다.
④ 열전대는 온접점과 냉접점의 기전력의 차를 나타내므로 냉접점을 일정 온도로 유지하는 것이 좋다.
⑤ 실험실용으로서는 수냉식으로 0℃로 유지한다.
⑥ 공업계기로는 서모스탯으로 일정 온도를 유지한다.
⑦ 지시계기로서 전위차기 또는 밀리볼트미터를 사용한다.
⑧ 실험실 등에 사용되는 밀리볼트미터는 내분저항이 큰 것을 사용한다.
⑨ 열전대의 전자관계기에는 직류 전위차계식을 사용한다.
⑩ **열전대의 구비조건**
 • 열기전력이 크고 온도상승에 따라 연속적으로 상승할 것
 • 열기전력 특성이 안정되고 장시간 사용에도 변화가 없을 것
 • 내열성이 크고 고온 가스에 대한 내식성이 있을 것

- 전기저항 및 온도계수, 열전도율이 작을 것
- 재료의 공급이 쉽고, 가격이 쌀 것
- 재생도가 높고 특성이 일정한 것은 얻기 쉬워야 하며, 가공이 쉬울 것

⑪ 열전대의 종류 및 특성

▼ 열전대

형식	종류	사용금속 +극	사용금속 -극	선굵기(m)	최고측정 온도	특징
R	백금 로듐 -백금 (PR)	Pt 87 Rh 13	Pt (백금)	0.5	0~1,600	신화성 분위기에는 침식되지 않으나 환원성에는 약하다. 정도가 높고 안전성이 우수하여 고온 측정에 적합하다.
K	크로멜 -알루멜 (CA)	크로멜 Ni : 90 Cu : 10	알루멜 Ni : 94 Al : 3 Mn : 2 Si : 1	0.65~3.20	0~1,200	가전력이 크고 온도-기전력선이 거의 직선적이다. 값이 싸고 특성이 안정되어 있다.
J	철 -콘스탄탄 (IC)	Fe (순철)	콘스탄탄 Cu : 55 Ni : 45	0.50~3.20	-200~800	환원성 분위기에 강하나 산화성에는 약하며 값이 싸고 열기전력이 높다.
T	구리 -콘스탄탄 (CC)	Cu (순수 구리)	콘스탄탄	0.50~1.6	-200~350	열기전력이 크고 저항 및 온도계수가 작아 저온용으로 쓰인다.

▼ 열전대의 정도

형식	종류	온도범위(℃)	허용치
R	백금-백금 로듐(PR)	0~600	±3℃
		600~1,600	±0.5%
K	크로멜-알루멜(CA)	-20~300	±2.3℃
		300~1,200	±0.75%
J	철-콘스탄탄(IC)	-20~460	±2.3℃
		460~800	±0.5%
T	동-콘스탄탄(CC)	-180~-60	±1.75%
		-60~130	±1.0℃
		130~350	±1.75%

⑫ 보호관 : 측정개소의 열전대를 기계적, 화학적으로 보호하기 위하여 열전대를 보호관에 넣어 사용한다.

㉠ 보호관의 구비조건
- 고온에서도 변형되지 않고 온도의 급변에도 영향을 받지 않을 것
- 압력에 견디는 힘이 강할 것
- 산화성 가스, 환원성 가스 및 용융성 금속 등에 강할 것
- 보호관 재료가 열전대에 유해한 가스를 발생시키지 않은 것
- 외부 온도 변화를 신속히 열전대에 전할 것

㉡ 보호관의 종류

▼ 금속 보호관

종류	상용사용 온도(℃)	최고사용 온도(℃)	비고
황동관	400	650	증기 등 저온 측정에 쓰인다.
연강관	600	800	값이 싸고 기계적 강도와 내산성이 크고, 흑색으로 도장한다.
13 Cr 강관	800	950	기계적 강도가 크고 산화염, 환원염에도 사용할 수 있다.
13 Cr 카로라이즈강관	900	1,100	상기의 것에 카로라이즈하여 내열, 내식성을 증가시킨 것으로 환원가스에 약하다.
SUS-27 SUS-32	850	1,100	내열성보다 내식성에 중점을 둘 때에 사용하며, 유황가스, 환원염에 약하다.
내열강 SEH-5	1,050	1,200	Cr 25%, Ni 20%를 포함하고 내식, 내열성, 기계적 강도가 크고, 유황을 포함하는 산화염, 환원염에도 사용할 수 있다.

▼ 비금속 보호관

종류	상용사용 온도(℃)	최고사용 온도(℃)	비고
석영관	1,000	1,050	급랭, 급열에 견디고 알칼리에는 약하지만, 산에는 강하다. 환원가스에 기밀성이 떨어진다.
자기관(A)	1,450	1,550	급랭, 급열에 약하다. 알칼리에 약하며 용융금속, 연소가스에 강하다. 기밀질이며 조성은 $Al_2O_3(60\%) + SiO_2(40\%)$이다.
자기관(B)	1,600	1,750	고알루미나로서 알루미나(Al_2O_3)는 99% 이상에서 급랭, 급열에 약하다. 특히 알칼리에는 약하나 용융금속, 연소가스에 강하다.
카보랜덤	1,600	1,700	다공질로서 급랭, 급열에 강하다. 방사 고온계용, 2중 보호관의 외관으로서 사용된다.

> **Reference**
>
> 비금속 보호관을 기계적으로 보존하기 위하여 관을 2중으로 한 것

⑬ **보상도선** : 열전쌍의 단자가 고온일 때 온도변화로 인하여 발생되는 오차를 보상하기 위하여 열전쌍의 머리로부터 지시계 안에 있는 기준접점으로 이어주는 도선을 보상도선이라 한다.

5) 비접촉에 의한 온도측정

(1) 광고 온도계

피온물체에서 나오는 가시역 내의 일정 파장의 빛(통상 적생광 0.65μ)을 선정하고 표준전구에서 나오는 필라멘트의 휘도와 같게 하여 표준전구의 전류 또는 저항을 측정하여 온도를 알 수 있다. 이때 흑체 온도로 눈금을 새기고 있으므로 흑도에 따라 보정할 필요가 있다.

[특징]
- 비교적 정도는 좋으나 직접 사람이 측정해야 하는 결점이 있다.
- 움직이는 물체의 온도 측정이 가능하다.
- 자동제어 · 자동기록이 불가능하다.

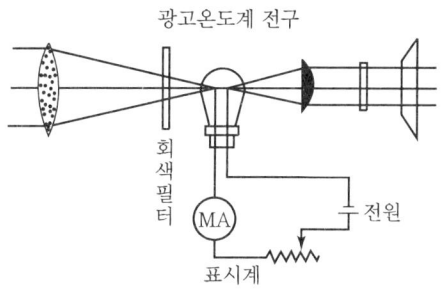

∥ 광고 온도계 ∥

(2) 방사 온도계

피온물체에서 나오는 전방사를 렌즈, 반사경으로 모아 흡수체에 받는다. 이 흡수체의 상승온도를 열전대로 읽고 측온 물체의 반사경을 통해 온도를 측정한다.

[특징]
- 측정시간 지연이 적고 연속측정 자동기록이 가능하다.
- 측정거리에 제한을 받는다.
- 방사율의 보정량이 크다.

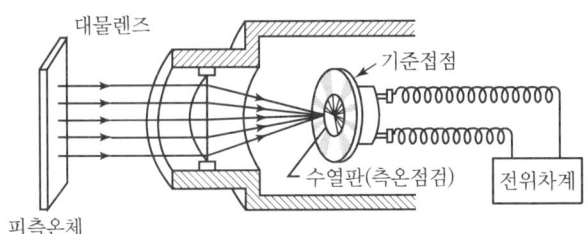

∥ 방사 온도계 ∥

(3) 광전관 온도계

물체로부터 방사된 파장을 광전관으로 받아 방사의 강도에 의해 변화는 광전류를 측정함으로써 온도를 측정한다.

[특징]
- 온도의 자동기록, 자동제어가 가능하다.
- 응답시간이 빠르나 구조가 복잡하다.

> **Reference 온도측정**
>
> ① 광고 온도계 : 700~3,000℃   ② 광전관식 온도계 : 700~3,000℃
> ③ 방사 온도계 : 50~3,000℃   ④ 색온도계 : 600~2,500℃

3. 유량 계측

모든 운전조작을 원활하게 하려면 취급하는 물질의 양을 주어진 조건에 적합하도록 정하는 것이 필요하다. 이를 위하여 유량을 수치식으로 측정하는 것이 필요한데, 이것을 유량계라 한다. 기체, 액체의 유량을 측정하는 방법은 다음과 같다.

① 유체 유량을 일정 용적의 탱크나 일정 용기(그릇) 등으로 직접 측정하는 방법
② 유체가 가진 에너지를 이용하여 이것을 임펠러의 회전수나 차압 등으로 변환하고 간접적으로 유량을 측정하는 방법

1) 유량의 측정방법

(1) 직접법

유체의 부피나 질량을 직접 측정하는 방법으로서 중량이나 용적 유량을 직접 측정하기 때문에 유체의 성질에 영향을 받는 경우가 적고 고점도로 측정되는 반면 구조가 복잡하고 취급하기 어렵다는 결점이 있다. 대표적으로 오벌기어식, 루츠형, 로터리피스톤형, 회전원판형, 가스미터, 습식 가스미터가 있다.

(2) 간접법

유속을 측정하여 유량을 구하는 방법이 대부분이며 베르누이의 정리를 응용한 것이 주류를 이루고 있다. 직접법에 비하면 정도가 약간 떨어지나 기계적 측정치의 전기 또는 공기압 신호에의 변환이 용이하므로 공업용 유량계로서 널리 이용되고 있다.

① 피토관(Pitot Tube)
② 오리피스미터(Orificemeter)
③ 벤투리미터(Venturimeter)
④ 로터미터(Rotameter) 면적식
⑤ 플로 노즐(Flow Nozzle)

(3) 고압용 유량계

압력 천평, 전기 저항식 유량계, 부자(플로)식 유량계

(4) 기타 유량계

열선식 유량계, 전자식 유량계, 와류식 유량계, 초음파 유량계

2) 적산 유량계(직접 유량계)

(1) 평량식 유량계

용량기지의 용기에 액체를 주입하고 만량이 되면 그 무게로 용기가 경사하여 방출하는 장치이며 일정시간 내의 용기의 경사, 액의 방출횟수에서 중량 유량을 적산하여 나타낸다. 정도는 높지만(0.1%) 가압 유체는 측정되지 않는다.

(2) 용적식 유량계

체적기지의 계산실에 유체압에 의해 유체를 만량하며 이어 배출조작을 반복함으로써 유체의 용적유량을 측정하여 적산표시하는 것으로 정도도 좋고 공업적 용도도 넓다.

① 가스미터

가스의 누설방지에 물 또는 다른 액체를 사용하는가에 따라 습식과 건식(막식)이 있다. 습식은 정도가 높으나 대용량의 경우에는 건식이 적합하다.

㉠ 습식 가스미터 : 습식 가스미터의 원리를 나타낸 것은 다음과 같다.

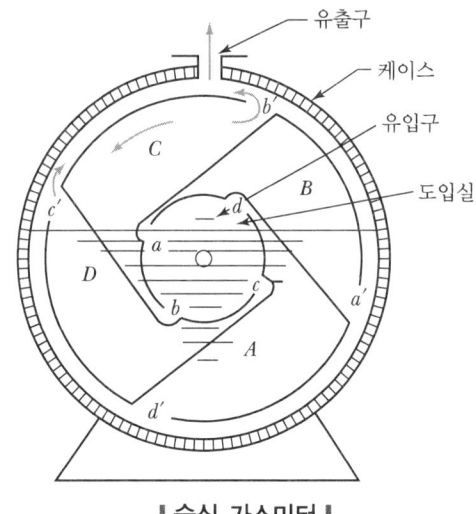

∥ 습식 가스미터 ∥

- 고정 수평 원통 내에 회전드럼이 있고 중간 남짓 물을 넣고 있다.
- 드럼은 방사상 격막으로 A, B, C, D실로 나누어지고 각 실에는 내측에 가스의 입구 a, b, c, d와 외측에 출구 a', b', c', d'가 있다.
- 그림에서 가스는 중심에서 실로 들어가 그 부력으로 드럼이 반시계방향으로 회전하며 물로 서서히 방출된다.
- 즉, 가스가 유입된 만큼 드럼이 회전하므로 회전수에서 일정 시간 동안 흐른 전유량을 알 수 있다.
- 이와 같은 습식 가스미터는 유체의 양을 직접 측정할 수 있고 간접법의 검정을 행하는 경우나 실험조작의 유량측정 등에 많이 이용된다.

㉡ 건식 가스미터 : 피혁으로 된 두 개의 드럼에 밸브로부터 가스를 번갈아 넣고 가스의 압력에 의해서 드럼이 신축운동을 할 때 지침을 움직여 유량을 지시한다. 이 유량계는 물을 사용하지 않으므로 운반하기 편리하나 정도가 떨어진다.

> **Reference** 용적식의 특징
>
> - 정도가 높아 상업거래용으로 적합하다.
> - 고점도유체의 측정이 가능하다.
> - 맥동의 영향을 적게 받고 압력손실이 적다.
> - 입구에 여과기 설치가 필요하다.
> - 온도나 압력의 영향을 거의 받지 않는다.

② 회전자형 미터

석유화학공업의 발전에 따라 고가의 원료를 취급하므로 정도가 높은 유량측정이 필요함에 따라 회전자형 유량계를 많이 사용하게 되었다. 회전자형 미터는 밀폐된 케이스 내에 전동하여 접촉하는 2개의 비원형의 회전자가 있고 유입 측과 유출 측의 압력차에 의해 회전자가 회전하며 1회전마다 일정 용적의 유량을 케이스 밖으로 배출한다. 회전자의 회전수에서 유량을 측정할 수 있다.

㉠ 회전자형 미터는 구조가 간단하고 맥동 유체에 대해서도 안전성이 있다.
㉡ 물은 ±0.5%, 가스는 ±2.0% 이상의 정도를 얻을 수 있다.
㉢ 회전자의 형상에 의해 오벌형과 루트형 유량계가 있다.

- 루트형 회전수는 800rpm까지이며 유량계를 포함한 관로에 진동을 주는 결점이 있다.
- 이 밖에 직접식이 아닌 간접적으로 액체의 유량을 구하는 임펠러식 유량계가 있다.
- 즉, 수도미터와 같이 유체 중에 프로펠러나 터빈 등의 임펠러를 놓고 그 회전속도가 유량에 비례하므로 회전수를 검출하여 유량을 측정적산하는 것이다.
- 특히, 축류형의 임펠러를 사용하는 터빈 미터는 동점도가 낮은 고온, 저온, 고압의 유체에 사용 가능하며 난류역에서는 유체의 종류에 불구하고 동일한 특성을 표시하며 유량의 범위도 넓다.
- 측정 정도는 ±0.2~0.5%이다.

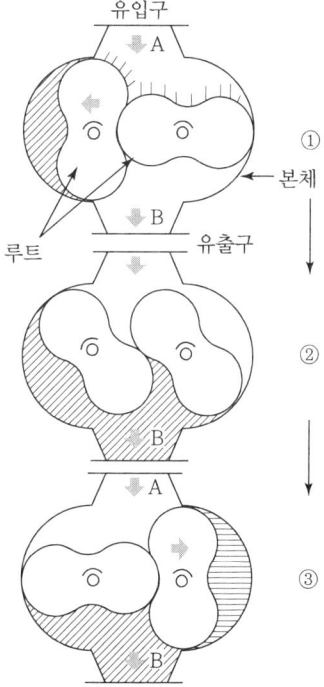

┃루트형 유량계┃

3) 간접 유량계

(1) 피토관(Pitot Tube)

유체 중에 피토관을 삽입하고 동압과 정압을 측정하여 유속을 구해 유량을 아는 유속식 유량계이다. 오리피스 미터가 평균유속을 측정하는 데 반해, 피토관은 유체 중 어느 점에서의 유속을 측정한다.

① 피토관은 그림처럼 직각으로 굽은 2중관이며 환상부는 단이 뾰족하게 봉하여져 있다.
② 환상부와 중심관을 U자관에 연결하고 피토관을 그림과 같이 유동방향으로 맞춰 중심관의 선단개구가 유동을 받아 흐르도록 하여 준다.
③ 피토관의 유량(Q)을 구하는 식

$$Q = AV(단면적 \times 유속)$$
$$= \frac{\pi}{4}d^2 \sqrt{\frac{2g(\rho'-\rho)h}{\rho}} = C \cdot A \sqrt{z \cdot g \frac{(P_t - P_s)}{r}}$$

여기서, Q : 유량(m³/sec) C : 유량계수
V : (m/sec) A : 단면적(m²)
d : 관내경(m) P_t : 전압(kg/m²)
ρ : 관에 흐르는 유체의 밀도(kg/m³) P_s : 정압(kg/m²)
ρ' : U자관 내의 액밀도(kg/m³)

④ 특징
- 피토관을 유체의 흐름방향과 평행하게 설치한다.
- 유속 5m/s 이하의 유체측정은 어렵다.
- 슬러지나 분진 등 불순물이 많은 유체의 측정은 어렵다.
- 노즐부분의 마모에 의한 오차가 발생한다.
- 유체의 압력에 대한 충분한 강도가 요구된다.

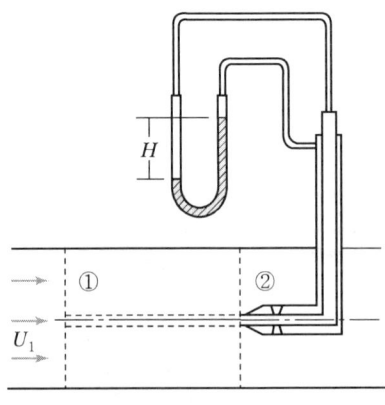

‖ 피토관 ‖

(2) 차압식 유량계

이것은 측정관로 중에 교축기구를 설치하여 유동을 교축하고 이 때문에 생기는 교축부 전후의 압력차에서 유속을 구하여 유량을 측정하는 것으로 공업용으로 쓰인다.

① 오리피스미터(Orifice Meter)

오리피스미터는 피토관과 같이 베르누이의 정리를 사용하여 유속을 구하는 것이나 피토관과 달리 도관의 평균유속(u)을 알 수 있다. 공업용 또는 실험용의 간접측정법으로서 가장 중요하며 동심오리피스, 편심오리피스가 있다.

$$u = \frac{C_0}{\sqrt{1-m^2}} \times \sqrt{\frac{2g_c(\rho'-1)H}{\rho}}$$

여기서, C_0 : 유량계수 m : 교축비$\left(=\dfrac{d^2}{D^2}\right)$
D : 교축 전의 지름(m) d : 교축 후의 지름(m)
g_c : 중력 가속도(9.8m/sec²) H : 마노미터의 읽기(m)
ρ' : 마노미터 봉입액의 밀도(kg/m³) ρ : 유체로 밀도(kg/m³)

[특징]
- 구조가 간단하고 제작이 용이하다.
- 유량계수의 신뢰도가 크다.
- 오리피스 교환이 용이하다.
- 압력손실이 매우 크다.
- 협소한 장소 설치가 가능하다.
- 침전물의 생성우려가 있다.

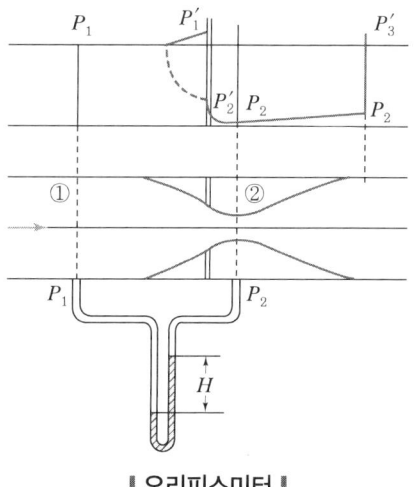

∥ 오리피스미터 ∥

> **Reference** 유량계산식
>
> $$Q(\text{m}^3/\text{sec}) = A \times u = \frac{\pi}{4}d^2 \times \frac{C_0}{\sqrt{1-m^2}} \times \sqrt{\frac{2g(\rho'-1)H}{\rho}}$$

② 벤투리미터(Venturimeter)

벤투리미터 역시 오리피스미터와 같이 관경의 변화에 따른 속도변화에 대한 압력변화의 차를 측정하여 유속을 구하는 것이다. 다음 그림과 같이 교축판 대신에 원추관으로 축소와 확대부를 서서히 변화시킨다.

평균유속 산정식은 오리피스와 같이 $u = \dfrac{C_0}{\sqrt{1-m^2}} \times \sqrt{\dfrac{2g_c(\rho'-1)H}{\rho}}$ 이다.

다만, C_0는 0.97~0.99로 크고 두손실이 적은 것이 이점이나 이를 위해서는 확대부 원출관의 테이퍼를 적게 할 필요가 있다.

[특징]
- 압력차가 적고 압력손실이 거의 없다.
- 내구성이 좋고 정밀도가 높다.
- 대형이라 제작비가 비싸다.
- 구조가 복잡하다.
- 교환이 어렵다.

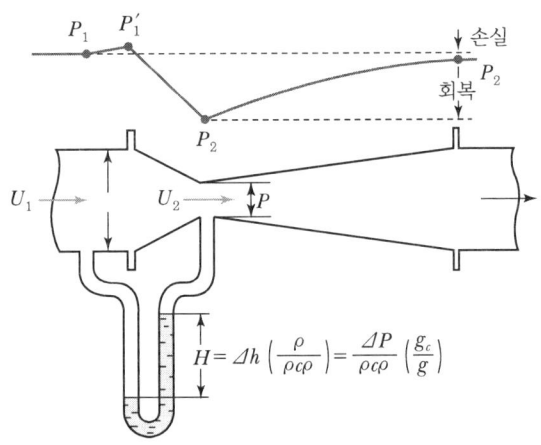

∥ 벤투리미터 ∥

③ 플로 노즐 (Flow Nozzle)

벤투리와 오리피스 미터의 중간 특성을 이용하여 만든 원통 모양의 조리개를 가진 측정 기구로서, 정압이 유속으로 변하는 원리를 이용한 유량계이다.

[특징]
- 압력손실이 중간정도이다.
- 고압유체 측정이 가능하다.
- 고속유체 측정이 가능하다.
- 소유량 유체 측정이 가능하다.
- 비교적 강도가 크다.

(3) 면적식 유량계

차압식 유량계가 일정한 교축면적인 데 반하여 면적식은 유량의 대소에 의해 교축면적을 바꾸고 차압을 일정하게 유지하면서 면적변화에 따라 유량을 구한다. 면적식 유량계는 부자형과 피스톤형으로 대별된다.

① 로터미터(Rotameter)

로터미터는 면적 가변형 유량계의 일종이다. 그림에서와 같이 위로 갈수록 점차 굵은 글라스제 수직관 A 속에 부자 B가 있어서 계량할 액 또는 가스가 아래에서 위로 통과하고 부자는 그 부력과 중력이 평정하는 위치에 부상하므로 부자 위치의 눈금에 따라 유속을 알 수 있다(부자식형 유량계). 레이놀즈수가 낮아도 유량계수가 안정하므로 중유와 같은 고점도 유체나 오리피스 미터에서는 측정 불가능한 소유량의 측정에 적합하다.

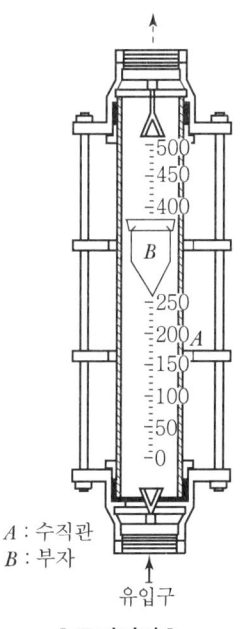

A : 수직관
B : 부자

∥ 로터미터 ∥

$$S_f g_c (P_1 - P_2) = V_f (\rho_t - \rho)g$$

$$\therefore \frac{P_1 - P_2}{\rho} = \frac{V_f}{S_f} \left(\frac{\rho_f - \rho}{\rho} \right) \frac{g}{g_c}$$

여기서, V_f : 부자의 체적
ρ_f : 부자의 밀도
P_1, P_2 : 부자 전후의 압력
ρ : 유체의 밀도
S_f : 부자와 관 사이의 환상로의 면적

여기를 통과하는 유체의 평균유속을 U_R라고 하면 오리피스의 경우와 같다.

$$U_R = C_R \sqrt{2g \Delta h}$$

$\Delta h = (P_1 - P_2)/\rho$의 관계를 대입하면

$$U_R = C_R \sqrt{\frac{2g V_f (\rho_f - \rho)}{S_f \rho}}$$

따라서 유량 Q(m³/sec)는

$$Q = C_R S_f \sqrt{\frac{2g V_f (\rho_f - \rho)}{S_f \rho}}$$

여기서, C_R : 유량 계수

② 면적 가변식 유량계의 장점
- 소용량 측정이 가능하다(차압이 일정하면 오차발생이 적다).
- 압력손실이 적고 거의 일정하다(고점도 유체나 소용량 유량측정이 가능하다).

- 유효 측정범위가 넓다.
- 직접 유량을 측정한다.
- 장치가 간단하다(오차는 ±1~2% 정도).

4) 고압용 유량계

(1) 압력천평

압력천평은 수은을 넣은 금속제 U자관 또는 반원형관이 나이프 에지로 지지되어 좌우로 저항 없이 기울일 수 있도록 만들어져 있다.

U자관 내에 압력차가 형성되면 수은주의 높이 차가 생기기 때문에 중심이 이동하여 파이프가 기울어져 눈금판을 가리킨다. 이 눈금은 유량을 체적으로 나타내고 있으므로 유체압도 동시에 측정해 둘 필요가 있다. 압력천평은 링밸런스형 유량계라고도 하며 간접측정법으로 쓰인다.

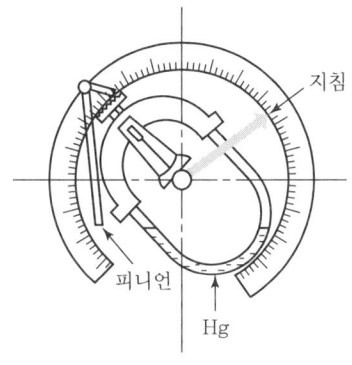

┃ 압력천평 ┃

(2) 전기저항식 유량계

전기저항식 유량계는 압력차에 의한 수은면의 상하를 그 속에 집어 넣은 접촉봉을 통하여 전기적으로 저항의 변화를 지시하고 이에 따라 유량을 알 수 있다. 이때 수은은 순도가 높은 것이 필요하며 전선송입 개소의 시일이 충분하면 초고압에도 사용할 수 있다.

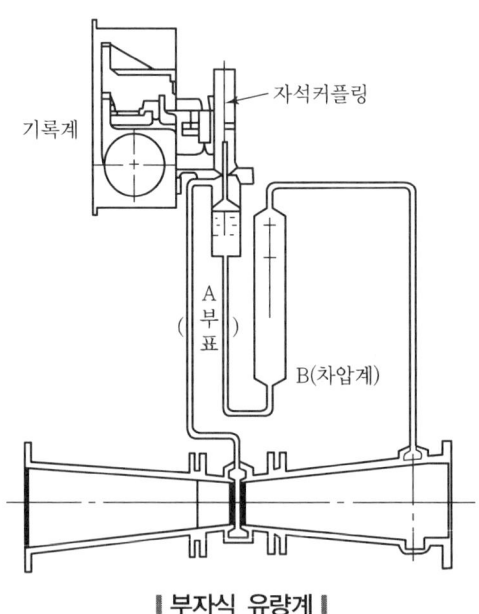

┃ 부자식 유량계 ┃

(3) 부자식 유량계

부자식 유량계는 그림에 표시한 것과 같은 수은면상에 부자를 넣고 수은면의 상하에 의한 부자의 상하를 지침이나 기타 방법으로 표시하는 것으로 다음 그림은 자석카풀링을 사용한 것이다.

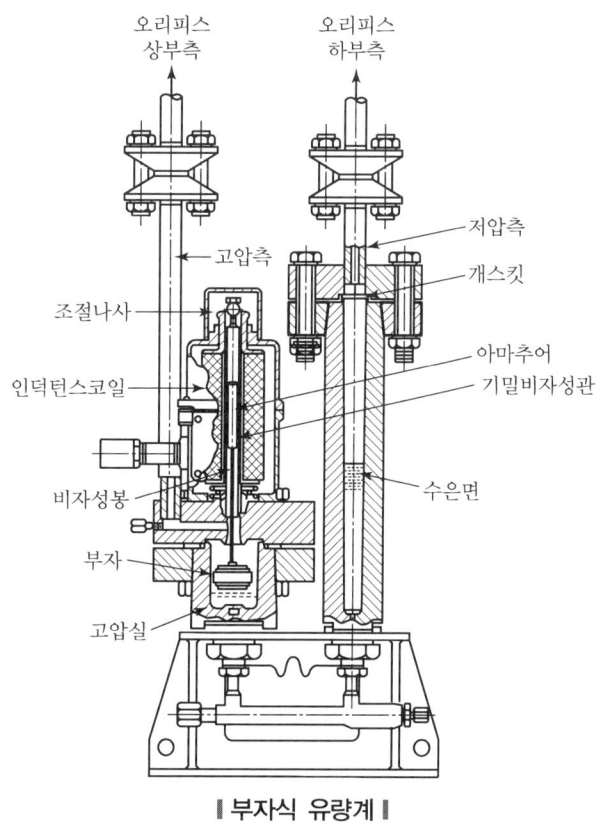

| 부자식 유량계 |

5) 기타 유량계

(1) 열선식 유량계

유속에 의한 가열체의 온도변화를 이용하고 어느 점의 유속을 측정하여 유량을 구하는 방법으로, 미풍계, 토마스유량계, 서멀유량계가 있다.

(2) 전자식 유량계

페러데이(Faraday)의 적자유도의 법칙을 이용하여 기전력을 측정하여 유량을 구한다.

(3) 초음파식 유량계

초음파의 전파시간이 송수신 기간의 거리에 비례하고 초음파의 음속과 유체 유속의 변화에 반비례한다는 원리를 이용하여 유량을 측정한다.

4. 액면 계측

1) 액면계의 종류

① 클링커식 액면계
② 유리관식 액면계
③ 플로식 액면계
④ 정전 용량식 액면계
⑤ 차압식(햄프슨) 액면계
⑥ 편위식 액면계
⑦ 고정 튜브식 액면계
⑧ 회전 튜브식 액면계
⑨ 슬립 튜브식 액면계

▼ 액면계 종류

직접식		간접식
① 직관식(유리관)	① 압력식	② 저항식(경보용)
② 부자식(플로트식)	③ 초음파식	④ 정전용량식
③ 검척식(액면높이식)	⑤ 방사선식	⑥ 차압식(햄프슨식)
	⑦ 편위식	⑧ 다이어프램식
	⑨ 기포식	⑩ 슬립튜브식

2) 액면계의 구비조건

① 온도나 압력 등에 견딜 수 있을 것
② 연속 조정이 가능할 것
③ 지시 기록에 원격 측정이 가능할 것
④ 가격이 싸고 보수가 쉬울 것
⑤ 구조가 간단하고 내식성일 것
⑥ 자동 제어화가 가능할 것

3) 액면계 선정 시 고려사항

① 측정범위와 정도
② 측정장소와 제반 조건
③ 설치조건
④ 안정성
⑤ 변동상태

4) 액면계의 원리

(1) 클링커식 액면계

유리판과 금속판을 조합하여 사용하며 파손할 때 액체의 유출을 최소한도로 줄이기 위하여 짧은 것을 서로 비슷하게 배열한다. 저장소 내의 액면을 직접 읽을 수 있는 것으로 경질의 유리관 또는 유리판의 파손을 방지하기 위하여 프로텍터 및 밸브 등으로 구성한다.

(2) 플로트식 액면계(부자식 액면계)

저장조 내의 중앙부 액면에 부자를 띄워서 철사줄(Wire Rope)로 밖으로 인출하여 측정한다. 저장조 내의 측벽에 부자를 띄워서 회전력에 의하여 링기구를 가지고 중앙 경판(거울)부에 축을 인출하여 지침에 전한다. 특히 구조가 간단하고 고압, 고온 밀폐탱크의 압력까지 측정이 가능하여 가장 널리 사용된다.

(3) 정전용량식 액면계

저장조 벽과 전극부를 축전기로써 액면의 변화에 의한 정전 용량을 변화로 하여 끄집어 내고 이것을 함께 측정한다. 즉, 그림 (c)에 있어서 액면 A와 액면 B는 정전 용량 C가 된다.

(4) 초음파식 액면계

기상부에 초음파 발신기를 두고 초음파의 왕복하는 시간을 측정하여 액면까지의 길이를 측정하는 방법과 액면 밑에 발전기를 붙여두고 같은 모양으로 액면까지의 높이를 측정하는 방법이 있다.

(5) 마그네트식 액면계(자석식 액면계)

비자성관 내의 부자를 전자화하여 두고 관외의 철심 부자의 상하에 추종시키도록 한 것으로 부식성 액체에도 사용된다.

(6) 햄프슨식 액면계(차압식 액면계)

액화 산소 등과 같은 극저온의 저장조의 액면의 측정에는 차압식이 많이 사용되고 있다. 저장조 상부로부터 끄집어 낸 압력과 저장조 저부로부터 끄집어 낸 압력의 차압에 의하여 액면을 측정한다.

(7) 벨로스식 액면계

고압 벨로스에 저장조 저면으로부터의 압력을 저압 벨로스로 저장조 상부로부터의 압력을 걸어 신축의 차를 지침에 나타내도록 한 것으로, 차압식의 극저온 액체의 액면 측정에 쓰인다.

(8) 슬립 튜브식 액면계

저장조 최정상부 중앙으로부터 가는 스테인리스관을 저면까지 붙인다. 이 관을 상하로 하여 관 내에서 분출하는 가스상과 액상의 경계를 찾아 액면을 측정한다.

(9) 전기 저항식 액면계

백금선 등을 가온하여 저장조 내에 세워두면 액중의 길이에 대하여 전기저항이 변화하므로 액면을 측정할 수 있다.

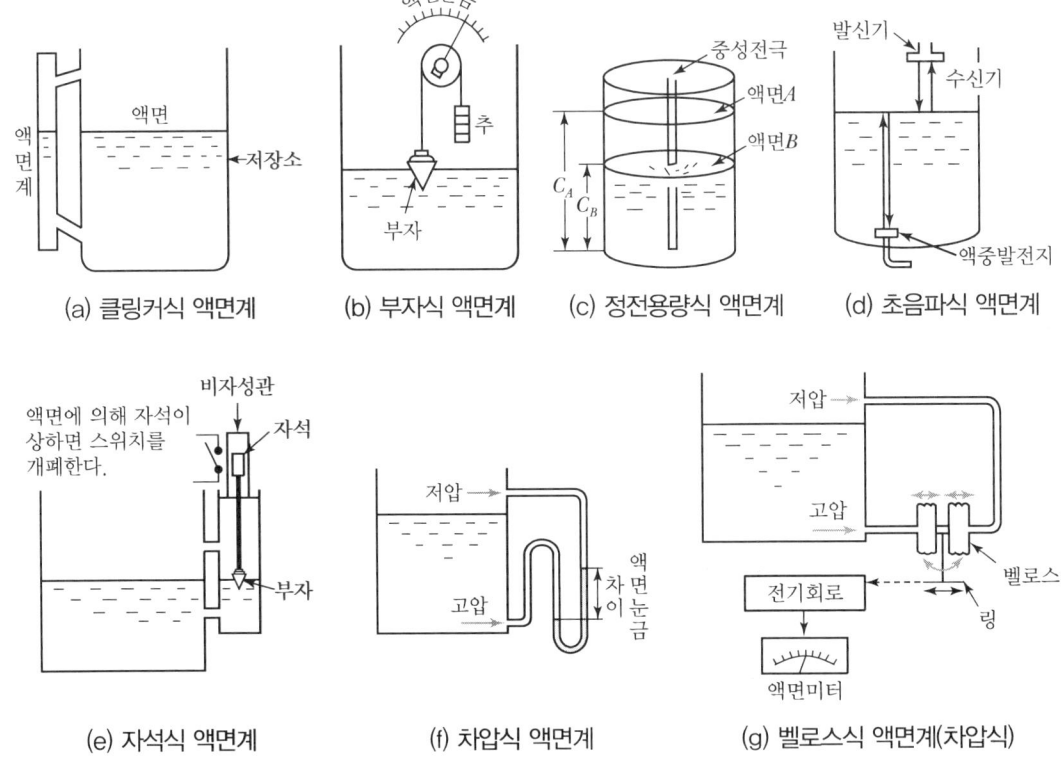

▮ 액면계의 종류 ▮

5. 비중 계측

비중이란 표준 물질에 대한 어떤 물질의 밀도의 비로 나타낸다.

① 고체, 액체의 비중 = $\dfrac{\text{측정하고자 하는 물질의 밀도}(\text{kg/L})}{4℃\ \text{물의 밀도}(\text{kg/L})}$

② 기체의 비중 = $\dfrac{\text{측정하고자 하는 기체의 밀도}(\text{g/L})}{0℃,\ 1\text{기압에서의 공기의 밀도}(1.29\text{g/L})}$

③ 고체의 비중은 아르키메데스의 원리에 따라 부력을 이용하여 측정되는 것이 일반적이며, 액체의 경우 비중병을 통한 방법과 부력법을 이용한 방법이 널리 이용된다.

1) 비중병의 사용

액체의 비중은 비중병을 사용하여 측정하려는 액체의 질량과 물의 질량을 측정한 후, 비중 = $\dfrac{시료의\ 질량(g)}{물의\ 질량(g)}$ 으로 구한다.

2) 비중계의 이용

액체 비중계는 표준기로 보정된 가는 유리관을 달고 있는 유리 용기로 액체 속에 용기가 잠기는 깊이를 측정함으로써 계산 과정 없이 액체의 비중을 직접적으로 얻을 수 있는 기구이다.

3) 고체의 비중 측정

고체물질이 물에 잠기면 그 물질의 부피에 해당하는 물의 무게만큼 가벼워지는 원리를 이용한다.

$$물보다\ 비중이\ 큰\ 고체의\ 비중 = \dfrac{M_1}{M_1 - M_2} dw$$

여기서, M_1 : 고체시료의 공기 중에서의 질량
M_2 : 고체시료가 물속에 잠겼을 때의 질량
dw : 측정 온도에서의 물의 비중

6. 습도 계측

일반적으로 공기는 반드시 수증기를 함유하는데, 이런 공기를 습한 공기(Humid Air)라 하고, 수증기를 제거한 공기를 건조 공기(Dry Air)라 한다. 이때 습한 공기 중의 수증기의 양을 농도로 나타낸 것이 습도이다.

1) 상대습도(Relative Humidity)

주어진 온도에서 완전 포화에 대한 부분 포화, 즉 물의 포화 증기압에 대한 부분 포화를 의미하는 것으로 다음과 같이 물의 포화 증기압에 대한 분압의 백분율로 나타낸다.

$$H_r(\%) = \dfrac{\overline{P}}{P_s} \times 100$$

여기서, $\overline{P}$: 공기 중의 수증기 분압
P_s : 공기 중의 물의 포화증기압

2) 절대습도(Absolute Humidity)

건조 공기의 질량에 대한 습한 공기 속에 들어 있는 수증기의 질량비를 의미하며, 다음과 같이 나타낸다.

$$H_a = \frac{m_w}{m_a} = \frac{m_w}{m - m_w}$$

여기서, m : 습한공기의 질량(kg)
m_w : 습한공기 속에 들어 있는 수증기의 질량(kg)
m_a : 건조공기의 질량(kg)

습한 공기의 전압 P, 그 속에 들어 있는 수증기 분압을 $\overline{P}$라 하면 다음과 같다.

$$\frac{수증기의\ 몰\ 수}{건조\ 공기의\ 몰\ 수} = \frac{\frac{m_w}{18}}{\frac{m_a}{29}} = \frac{\overline{P}}{P - \overline{P}}$$

따라서 절대습도는 다음과 같이 나타낼 수 있다.

$$H_a = \frac{m_w}{m_a} = \frac{19}{28} \frac{\overline{P}}{P - \overline{P}} ≒ 0.62 \frac{\overline{P}}{P - \overline{P}}$$

3) 포화습도(Saturated Relative Humidity)

수증기의 분압이 그 온도에서의 포화 증기압과 같은 습한 공기를 포화공기라 하고, 그때의 습도를 포화습도(H_s)라 한다. 즉, 일정 온도에서 공기가 함유할 수 있는 최대의 수증기량을 포화습도라 하며, 다음과 같이 나타낸다.

$$H_s = 0.62 \frac{P_s}{P - P_s}$$

4) 비교습도(Percentage Humidity)

습공기의 절대습도 x와 그 온도와 동일한 포화 공기의 절대습도 x_s의 비를 말하고 ϕ로 표시하며, 포화도(Degree of Saturation)라고도 부른다.

$$\phi = \frac{x}{x_s} \times 100$$

즉, 습한 공기가 주어진 온도 및 전압에서 완전히 포화되었을 때 수증기를 제외한 건조 공기 1몰당 수증기의 몰수에 대한 실제 습한 공기에서 수증기를 제외한 건조 공기 1몰당 수증기의 몰수의 비로 정의된다.

$$H_p = \frac{H}{H_s} = \frac{\overline{P}/(P-\overline{P})}{P_s/(P-P_s)} \times 100 = \frac{P-P_s\overline{P}}{P-\overline{P}P_s} \times 100$$

$$\frac{\overline{P}}{P_s} \times 100 = H_r \text{이므로 } H_p = \frac{P-P_s}{P-\overline{P}} H_r \text{이다.}$$

5) 전압력과 수증기의 분압

$$P = P_w + P_a$$

여기서, P : 수증기와 건공기와의 혼합가스가 나타내는 압력
P_w : 습공기 중의 수증기가 나타내는 분압
P_a : 습공기 중에 건공기가 가지는 분압

6) 습도 측정방법

① **건습구 습도계법** : 상대습도를 측정하는 방법으로 대기에 직접적으로 노출된 건구 온도계와 온도계의 밸브가 항상 심지에 둘러싸여 물에 젖어 있는 습구 온도계의 온도를 측정하여 습도를 결정하는 방법이다. 구조 및 취급이 간단하지만 물이 필요하다.

② **흡습법** : 흡습체를 이용하여 주위 대기의 습도를 측정하는 방법으로 상대습도를 직접 지시할 수 있다. 예를 들어 머리카락은 대기로부터 습기를 흡수하여, 흡수된 머리카락 내에 물기가 증가하면 길이가 늘어난다. 따라서 상대습도의 변화에 따른 머리카락의 팽창과 수축을 이용하여 습도를 측정할 수 있다.

③ **이슬점법** : 흡습염(염화리듐)이 습도를 측정하려는 대기 중의 습기를 흡수하면 흡습체 표면에 포화 용액층을 형성하게 되는데, 이 포화 용액과 대기와의 증기 평형을 이루는 온도를 측정하여 이슬점을 결정한다.

> **Reference** 습도계측
>
> - 모발 습도계, 저하 습도계, 냉각식 노점계, 가열식 노점계
> - 모발 습도계 : 재현성이 좋기 때문에 상대습도계의 감습소자로 사용되며 실내의 습도조절용으로도 많이 이용된다.

7. 열량 계측

1) 열량계 구성

(1) 유량부(Flow Sensor)
열교환기(Heat-Exchange Circuit)의 송류측 또는 환류측에서 열매체의 부피, 질량, 체적을 측정하거나 또는 질량 유량 함수로 신호를 발생하는 부분

(2) 감온부(Temperature Sensor Pair)
열교환기의 송류측과 환류측에서 열매체의 온도를 측정하는 부분

(3) 연산부(Calculator)
유량부와 감온부로부터 신호를 받아, 열교환량을 계산하고 지시하는 부분

2) 열량계의 종류

(1) 일체형(Complete Instrument)
유량부, 감온부, 연산부를 분리할 수 있는 부분품(Subassembly)이 없는 열량계

(2) 조합형(Combined Instrument)
유량부, 감온부, 연산부를 분리할 수 있는 부분품을 가지고 있는 열량계

(3) 혼합형(Hybrid Instrument)
형식승인과 초기검정은 조합형으로 시험할 수 있으나, 검정 후에는 부분품으로 분리할 수 없는 열량계로 콤팩트(Compact)형이라고도 한다.

3) 열량계의 일반적 용어

(1) 응답시간(Response Time, $\tau_{0.5}$)
유동, 온도 또는 온도차가 규정된 급격한 변화 순간과 응답이 최종 안정값의 50%에 도달한 순간까지의 시간

(2) 고속응답미터(Fast Response Meter)
열교환이 빠르며 변동이 심한 열교환기에 적당한 미터

(3) 정격전압(Rated Voltage)
열량계를 작동하는 데 필요한 외부전원의 전압이며, 일반적으로 교류전원의 전압이다.

(4) 정격작동조건

　　계량기의 규정된 계량특성이 정해진 최대허용오차 내에 있기 위한 사용조건

(5) 기준조건(Reference Condition)

　　계량기의 성능시험이나 측정결과의 상호비교를 위해 명시된 사용조건

(6) 최대허용오차(Maximum Permissible Error ; MPE)

　　이 기준에서 허용되는 오차(양 또는 음)의 최댓값

연습문제

01 스프링식 저울에 물체의 무게가 작용되어 스프링의 변위가 생기고 이에 따라 바늘의 변위가 생겨 물체의 무게를 지시하는 눈금으로 무게를 측정하는 방법을 무엇이라 하는가?

① 영위법
② 치환법
③ 편위법
④ 보상법

풀이 측정 구분
- 스프링식 저울 : 편위법 이용, 부르동관 압력계
- 천칭 : 영위법
- 다이얼게이지 : 치환법

02 계측기의 기차(Instrument Error)에 대하여 가장 바르게 나타낸 것은?

① 계측기가 가지고 있는 고유의 오차
② 계측기의 측정값과 참값과의 차이
③ 계측기 검정 시 계량점에서 허용하는 최소 오차한도
④ 계측기 사용 시 계량점에서 허용하는 최대 오차한도

풀이 기차

계측기가 제작 당시부터 가지고 있는 고유의 오차

$$E = \frac{I-Q}{I} \times 100$$

여기서, E : 기차
I : 시험용 미터의 지시량
Q : 준미터의 지시량

03 다음 중 편위법에 의한 계측기기가 아닌 것은?

① 스프링 저울
② 부르동관 압력계
③ 전류계
④ 화학천칭

풀이 영위법은 기준량과 측정하고자 하는 상태량을 비교 평형시켜 측정하는 방법으로 천칭을 이용하여 질량을 측정한다.

정답 01 ③ 02 ① 03 ④

04 측정치가 일정하지 않고 분포현상을 일으키는 흩어짐(Dispersion)이 원인이 되는 오차는?

① 개인오차
② 환경오차
③ 이론오차
④ 우연오차

풀이 우연오차 : 측정치가 일정하지 않고 분포현상을 일으키는 흩어짐이 원인이 되는 오차(원인을 알 수 없는 오차)

05 정오차(Static Error)에 대하여 바르게 나타낸 것은?

① 측정의 전력에 따라 동일 측정량에 대한 지시값에 차가 생기는 현상
② 측정량이 변동될 때 어느 순간에 지시값과 참값에 차가 생기는 현상
③ 측정량이 변동하지 않을 때의 계측기의 오차
④ 입력 신호변화에 대해 출력신호가 즉시 따라가지 못하는 현상

풀이 측정치와 진실치의 차를 오차라 하며, 측정량이 변동하지 않을 때의 계측기의 오차를 정오차라 한다.

06 밀도와 비중에 대한 설명으로 틀린 것은?

① 밀도는 단위체적당 물질의 질량으로 정의한다.
② 비중은 두 물질의 밀도비로서 무차원수이다.
③ 표준물질인 순수한 물은 0℃, 1기압에서 비중이 1이다.
④ 밀도의 단위는 $N \cdot s^2/m^4$이다.

풀이 순수한 물은 4℃, 1기압에서 비중이 1이다.

07 강(Steel)으로 만들어진 자(Rule)로 길이를 잴 때 자가 온도의 영향을 받아 팽창, 수축함으로써 발생하는 오차를 무슨 오차라 하는가?

① 우연오차
② 계통적 오차
③ 과오에 의한 오차
④ 측정자의 부주의로 생기는 오차

풀이 계통적 오차
측정값에 어떤 일정한 영향을 주는 원인에 의하여 생기는 오차로서 평균치를 구하였으나 진실치와 차이가 생기는 오차

08 계측기의 선정 시 고려사항으로 가장 거리가 먼 것은?

① 정확도와 정밀도
② 감도
③ 견고성 및 내구성
④ 지시방식

정답 04 ④ 05 ③ 06 ③ 07 ② 08 ④

풀이 ▶ **계측기의 구비조건**
- 구조가 간단하며 정도, 감도가 높고 취급이 용이할 것
- 설비비 및 유지비가 적게 들고, 견고하고 신뢰성이 있을 것
- 설치장소 및 주위조건에 대한 내구성이 크고, 보수가 용이할 것
- 원거리 지시 및 기록이 가능하고 연속적 측정이 가능할 것
- 구입이 용이하고 경제적일 것

09 계측기기의 감도에 대한 설명 중 틀린 것은?
① 감도가 좋으면 측정시간이 길어지고 측정범위는 좁아진다.
② 계측기기가 측정량의 변화에 민감한 정도를 말한다.
③ 측정량의 변화에 대한 지시량의 변화 비율을 말한다.
④ 측정결과에 대한 신뢰도를 나타내는 척도이다.

풀이 ▶
- 계측기기 감도 = $\dfrac{\text{지시량 변화}}{\text{측정량 변화}}$
- 정도 = 측정결과의 신뢰도를 나타낸다.

10 계측기기 구비조건으로 가장 거리가 먼 것은?
① 정확도가 있고, 견고하고 신뢰할 수 있어야 한다.
② 구조가 단순하고, 취급이 용이하여야 한다.
③ 연속적이고 원격지시, 기록이 가능하여야 한다.
④ 구성은 전자화되고, 기능은 자동화되어야 한다.

풀이 ▶ 8번 문제 풀이 참조

11 계측기의 감도에 대하여 바르게 나타낸 것은?
① $\dfrac{\text{지시량의 변화}}{\text{측정량의 변화}}$
② $\dfrac{\text{측정량의 변화}}{\text{지시량의 변화}}$
③ 지시량의 변화 − 측정량의 변화
④ 측정량의 변화 − 지시량의 변화

풀이 ▶
- 오차율 = $\dfrac{\text{측정값} - \text{참값}}{\text{측정값}} \times 100(\%)$
- 기차(E) = $\dfrac{\text{시험용미터의 지시량} - \text{기준미터의 지시량}}{\text{시험용미터의 지시량}} \times 100(\%)$
- 감도 = $\dfrac{\text{지시량의 변화}}{\text{측정량의 변화}}$

정답 09 ④ 10 ④ 11 ①

12 다음 중 1차 압력계는?

① 부르동관 압력계　② U자 마노미터　③ 전기저항 압력계　④ 벨로즈 압력계

풀이 1차 압력계
U자 마노미터, 자유 피스톤식 압력계 등

13 액주형 압력계의 일반적인 특징에 대한 설명으로 옳은 것은?

① 고장이 많다.
② 온도에 민감하다.
③ 구조가 복잡하다.
④ 액체와 유리관의 오염으로 인한 오차가 발생하지 않는다.

풀이 액주식 압력계
단관식, 유자관식, 경사관식, 2액마노미터, 플로트식 등이 있으며 대체적으로 온도에 민감하다.

14 부르동관(Bourdon Tube)에 대한 설명 중 틀린 것은?

① 다이어프램 압력계보다 고압 측정이 가능하다.
② C형, 와권형, 나선형, 버튼형 등이 있다.
③ 계기 하나로 2공정의 압력차 측정이 가능하다.
④ 곡관에 압력이 가해지면 곡률 반경이 증대되는 것을 이용한 것이다.

풀이 부르동관 압력계는 1공정의 압력에 사용되는 압력계이다(탄성 고압용).

15 피스톤형 게이지로서 다른 압력계의 교정 또는 검정용 표준기로 사용되는 압력계는?

① 분동식 압력계　　　　　　　　② 부르동관식 압력계
③ 벨로즈식 압력계　　　　　　　④ 다이어프램식 압력계

풀이 분동식 압력계
피스톤형 게이지로서 다른 압력계의 교정 또는 검정용 표준기로 사용된다.

16 부르동(Bourdon)관 압력계에 대한 설명으로 틀린 것은?

① 높은 압력은 측정할 수 있지만 정도는 좋지 않다.
② 고압용 부르동관의 재질은 니켈강이 사용된다.
③ 탄성을 이용하는 압력계이다.
④ 부르동관의 선단은 압력이 상승하면 수축되고, 낮아지면 팽창한다.

정답 12 ②　13 ②　14 ③　15 ①　16 ④

(풀이) 부르동관 압력계(2차 압력계)
　　탄성을 이용한 압력계(0~300MPa 측정)로서 부르동 곡관에 압력이 상승하면 반지름이 증대하고 압력이 낮아지면 수축하는 원리를 이용한다(저압용 : 황동, 인청동, 청동/고압용 : 니켈강, 스테인리스강).

17 다음 압력계 중 압력 측정범위가 가장 큰 것은?
① U자형 압력계
② 링밸런스식 압력계
③ 부르동관 압력계
④ 분동식 압력계

(풀이) 압력 측정범위
- U자형 압력계 : 10~200mmH$_2$O
- 링밸런스식 압력계 : 25~3,000mmH$_2$O
- 부르동관 압력계 : 1~1,000kg/cm^2
- 분동식 압력계 : 40~3,000kg/cm^2

18 수은이나 기름 위에 부자를 띄워 압력을 측정하는 압력계는?
① 액주식 압력계
② 탄성식 압력계
③ 침종식 압력계
④ 환상천평식 압력계

(풀이) 침종식 압력계(단종식, 복종식) : 수은이나 기름 위에 부자를 띄워 양쪽의 압력차에 의해 압력을 측정한다.
압력차 $P_1 - P_2 = \dfrac{We}{AL}\tan\theta$

19 액주식 압력계에 해당하는 것은?
① 벨로즈 압력계
② 분동식 압력계
③ 침종식 압력계
④ 링밸런스식 압력계

(풀이)
- 링밸런스식 압력계 : 액주를 이용한 1차 압력계
- 침종식 압력계 : 부력을 이용한 1차 압력계

20 물체의 탄성 변위량을 이용한 압력계가 아닌 것은?
① 부르동관 압력계
② 벨로즈 압력계
③ 다이어프램 압력계
④ 링밸런스식 압력계

(풀이) 링밸런스식 압력계
　　U자관 대신에 환상관을 사용하고 그 상부에 격막을 두며 하부에 수은 등을 가득 채운 것이다(1차 압력계).

정답 17 ④ 18 ③ 19 ④ 20 ④

21 다음 중 간접계측 방법에 해당되는 것은?

① 압력을 분동식 압력계로 측정
② 질량을 천칭으로 측정
③ 길이를 줄자로 측정
④ 압력을 부르동관 압력계로 측정

풀이 압력을 부르동관 압력계로 측정 : 물질의 탄성변화로 측정

22 액주형 압력계 사용 시 유의해야 할 사항이 아닌 것은?

① 액체의 점도가 클 것
② 경계면이 명확한 액체일 것
③ 온도에 따른 액체의 밀도 변화가 적을 것
④ 모세관 현상에 의한 액주의 변화가 없을 것

풀이 액주식 액체의 구비조건
- 점도 및 열팽창계수가 적을 것
- 모세관 현상 및 표면장력이 적을 것
- 온도에 따라서 밀도변화가 적을 것
- 증기에 대한 밀도변화가 적을 것
- 액면은 수평을 이루고, 액주의 높이를 정확히 읽을 수 있을 것
- 휘발성 및 흡수성이 적고 경제적일 것
- 화학적으로 안정할 것

23 $5kgf/cm^2$는 약 몇 mAq인가?

① 0.5
② 5
③ 50
④ 500

풀이 1기압(atm)=760mmHg=76cmHg=10.332mH_2O=10.332mAq=30inHg
=14.7Lb/in^2(PSI)=1.0332kg/cm^2=1.013bar
=0.101325MPa=101.325kPa

$1.0332 kgf/cm^2$: $10.332 mAq$
$5 kgf/cm^2$: x

$\therefore x = \dfrac{5 kgf/cm^2 \times 10.332 mAq}{1.0332 kgf/cm^2} = 50 mAq$

24 다이어프램 압력계의 특징에 대한 설명 중 옳은 것은?

① 감도는 높으나 응답성이 좋지 않다.
② 부식성 유체의 측정이 불가능하다.
③ 미소한 압력을 측정하기 위한 압력계이다.
④ 과잉압력으로 파손되면 그 위험성은 커진다.

정답 21 ④ 22 ① 23 ③ 24 ③

[풀이] 다이어프램 압력계
탄성식이며 20~5,000mmH$_2$O의 미소한 압력을 측정하는 압력계로 사용된다. 감도가 다소 낮고 부식성 유체측정이 가능하며 과잉압력으로 파손되면 사용이 불가능하다.

25 압력계측 장치가 아닌 것은?

① 마노미터(Manometer)
② 벤투리미터(Venturimeter)
③ 부르동 게이지(Bourdon Gauge)
④ 격막식 게이지(Diaphragm Gauge)

[풀이] 차압식 유량계
- 벤투리미터
- 플로 노즐
- 오리피스미터

26 부르동관 재질 중 일반적으로 저압에서 사용하지 않는 것은?

① 황동   ② 청동   ③ 인청동   ④ 니켈강

[풀이] 부르동관 재질
- 고압 : 니켈강, 스테인리스강
- 저압 : 황동, 청동, 인청동

27 액주식 압력계에 봉입되는 액체로서 가장 부적당한 것은?

① 윤활유   ② 수은   ③ 물   ④ 석유

[풀이] 윤활유는 압축기 등에 사용한다.

28 탄성압력계의 오차유발요인으로 가장 거리가 먼 것은?

① 마찰에 의한 오차
② 히스테리시스 오차
③ 디지털식 탄성압력계의 측정오차
④ 탄성요소와 압력지시기의 비직진성

[풀이] 탄성식 압력계(부르동관식 등)의 오차유발요인으로 가장 주의할 점은 ①, ②, ④이다.

정답 25 ② 26 ④ 27 ① 28 ③

29 경사관 압력계에서 P_1의 압력을 구하는 식은?(단, γ : 액체의 비중량, P_2 : 가는 관의 압력, θ : 경사각, X : 경사관 압력계의 눈금이다.)

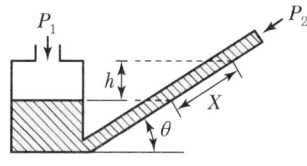

① $P_1 = P_2/\sin\theta$
② $P_1 = P_2\gamma\cos\theta$
③ $P_1 = P_2 + \gamma X\cos\theta$
④ $P_1 = P_2 + \gamma X\sin\theta$

풀이 경사관식 압력계
$P_1 = P_2 + \gamma x\sin\theta$
$x = \dfrac{h}{\sin\theta}$ (경사관 압력계눈금)

30 경사각(θ)이 30°인 경사관식 압력계의 눈금(X)을 읽었더니 60cm가 상승하였다. 이때 양단의 차압($P_1 - P_2$)은 약 몇 kgf/cm²인가?(단, 액체의 비중은 0.8인 기름이다.)

① 0.001
② 0.014
③ 0.024
④ 0.034

풀이 $\Delta P = \gamma L(\sin\sigma + \dfrac{a}{A}) = \gamma L(\sin\theta)$
$= 1,000 \times 0.8 \times 0.6 \times (\sin 30°)$
$= 10^3 \times 0.8 \times 0.6 \times (\sin 30°)$
$= 240 \text{kgf/m}^2$
$= 0.024 \text{kgf/cm}^2$

31 응답이 빠르고 일반 기체에 부식되지 않는 장점을 가지며 급격한 압력변화를 측정하는 데 가장 적절한 압력계는?

① 피에조 전기압력계
② 아네로이드 압력계
③ 벨로즈 압력계
④ 격막식 압력계

풀이 피에조 전기압력계(압전기식 압력계)
- 수정이나 전기석 또는 로셀염 등의 결정체의 특정 방향에 의해 압력을 가하면 기전력이 발생하고 발생한 전기량은 압력에 비례하는 것을 이용한 압력계이다(가스폭발이나 급격한 압력변화에 용이한 측정이 된다).
- 응답이 빠르고 일반 기체에는 부식되지 않는다.

정답 29 ④ 30 ③ 31 ①

32 부르동관(Bourdon Tube) 압력계의 종류가 아닌 것은?

① C자형
② 스파이럴형(Spiral Type)
③ 헬리컬형(Helical Type)
④ 케미컬형(Chemical Type)

> **풀이** 부르동관의 종류
> - C자형
> - 스파이럴형
> - 헬리컬형
> - 버튼형

33 추 무게가 공기와 액체 중에서 각각 5N, 3N이었다. 추가 밀어낸 액체의 체적이 $1.3 \times 10^{-4} m^3$일 때 액체의 비중은 약 얼마인가?

① 0.98
② 1.24
③ 1.57
④ 1.87

> **풀이** 액체 체적 = $1.3 \times 10^{-4} m^3 = 0.00013 m^3$
> $1,000 kgf/m^3 = 9,800 N/m^3$
> 비중 = $\dfrac{5-3}{9,800 \times 0.00013} = 1.57$

34 가스압력식 온도계의 봉입액으로 사용되는 액체로 가장 부적당한 것은?

① 프레온
② 에틸에테르
③ 벤젠
④ 아닐린

> **풀이** 가스압력식 온도계 봉입액
> 프로판, 에틸에테르, 알코올, 아닐린, 에테르, 수은, 물, 에틸 알코올 등

35 압력 30atm, 온도 50℃, 부피 $1m^3$의 질소를 -50℃로 냉각시켰더니 그 부피가 $0.32m^3$가 되었다. 냉각 전, 후의 압축계수가 각각 1.001, 0.930일 때 냉각 후의 압력은 약 몇 atm이 되는가?

① 60
② 70
③ 80
④ 90

> **풀이** 압축 후의 증가압력 = $\left(\dfrac{1.001}{0.930}\right) = 1.07$
> $30 \times 1.07 ≒ 32 atm$
> ∴ 냉각 후 압력 = $30 + 32 = 62 atm$

정답 32 ④ 33 ③ 34 ③ 35 ①

36 액주식 압력계의 구비조건과 취급 시 주의사항으로 가장 옳은 것은?

① 온도에 따른 액체의 밀도변화를 크게 해야 한다.
② 모세관 현상에 의한 액주의 변화가 없도록 해야 한다.
③ 순수한 액체를 사용하지 않아도 된다.
④ 점도를 크게 하여 사용하는 것이 안전하다.

풀이 액주식 압력계는 액주의 모세관 현상에 의한 액주의 변화가 없도록 한다(액주는 밀도 변화가 적고 순수한 액체로서 점도가 작아야 한다).

37 연소로의 드래프트용으로 주로 사용되며 공기식 자동제어의 압력 검출용으로도 이용 가능한 압력계는?

① 벨로즈 압력계
② 자기변형 압력계
③ 공강식 압력계
④ 다이어프램형 압력계

풀이 다이어프램 압력계(탄성식)
- 통풍력 측정(드래프트용)
- 공기식 자동제어 압력검출용
- 측정압력은 0.01~20kg/cm²
- 재질은 인, 구리, 청동, 스테인리스 등

38 LPG 저장탱크 내 액화가스의 높이가 2.0m일 때, 바닥에서 받는 압력은 약 몇 kPa인가?(단, 액화석유가스 밀도는 0.5g/cm³이다.)

① 1.96
② 3.92
③ 4.90
④ 9.80

풀이 $0.5g/cm^3 = 0.5kg/m^3$
$P = rh$
$1.0332kg/cm^2 = 102kPa = 10.33mH_2O$
∴ $\dfrac{102 \times (0.5 \times 2)}{1.0332 \times 10.33} = 9.8kPa$

39 부유 피스톤 압력계로 측정한 압력이 20kg/cm²였다. 이 압력계의 피스톤 지름이 2cm, 실린더 지름이 4cm일 때 추와 피스톤의 무게(W)는 약 몇 kg인가?

① 52.6
② 62.8
③ 72.6
④ 82.8

풀이 피스톤 단면적 $= \dfrac{\pi}{4}d^2 = \dfrac{3.14}{4} \times (2)^2 = 3.14cm^2$
∴ $W = 3.14 \times 20 = 62.8kg$
※ 실린더 단면적 $= \dfrac{\pi}{4}d^2 = \dfrac{3.14}{4} \times (4)^2 = 12.56cm^2$
게이지압력(P) $= \dfrac{추와\ 피스톤의\ 무게}{유효\ 피스톤의\ 단면적}(kg/cm^2)$

정답 36 ② 37 ④ 38 ④ 39 ②

40 온도에 대한 설명으로 틀린 것은?

① 물의 삼중점(0.01℃)은 273.16K로 정의하였다.
② 온도는 일반적으로 온도변화에 따른 물질의 물리적 변화를 가지고 측정한다.
③ 기체온도계는 대표적인 2차 온도계이다.
④ 온도란 열, 즉 에너지와는 다른 개념이다.

풀이 • 기체나 액체의 온도 측정은 대표적인 1차 온도계
• 열전대, 바이메탈 등의 고체형 온도계는 대표적인 2차 온도계

41 온도계에 이용되는 것으로 가장 거리가 먼 것은?

① 열기전력
② 탄성체의 탄력
③ 복사에너지
④ 유체의 팽창

풀이 탄성체 탄력은 압력계의 이상적인 구비조건이다.
• 부르동관식
• 벨로스식
• 다이어프램식(격막식)

42 접촉식 온도계의 측정방법이 아닌 것은?

① 열팽창 이용법
② 전기저항 변화법
③ 물질상태 변화법
④ 열복사의 에너지 및 강도 측정

풀이 열복사(열방사)에너지 이용 온도계
복사 고온계(50~3,000℃ 측정)로서 비접촉식 온도계이다.

43 다음 중 측온 저항체의 종류가 아닌 것은?

① Hg　　② Ni　　③ Cu　　④ Pt

풀이 ㉠ 금속 저항 변화
• 백금 온도계
• 니켈 온도계
• 구리 온도계
㉡ 반도체 저항 변화
서미스트 온도계

정답 40 ③　41 ②　42 ④　43 ①

44 서미스터(Thermistor)에 대한 설명으로 옳지 않은 것은?

① 측정범위는 약 -100~300℃이다.
② 수분을 흡수하면 오차가 발생한다.
③ 반도체를 이용하여 온도변화에 따른 저항변화를 온도 측정에 이용한다.
④ 감도가 낮고 온도변화가 큰 곳의 측정에 주로 이용된다.

[풀이]
- 서미스터 온도계는 응답이 빠르고 국부적인 온도 측정에 적합하다(저항변화가 크다).
- 약간의 온도변화도 측정이 가능하다.

45 측정온도가 가장 높은 온도계는?

① 수은온도계
② 백금저항온도계
③ PR 열전도온도계
④ 바이메탈온도계

[풀이]
① 수은온도계 : $-35\sim360$℃
② 백금저항온도계 : $-200\sim500$℃
③ PR 열전도온도계 : $600\sim1,600$℃
④ 바이메탈온도계 : $-50\sim500$℃

46 50℃에서의 저항이 100Ω인 저항온도계를 어떤 노 안에 삽입하였을 때 온도계의 저항이 200Ω을 가리키고 있었다. 노 안의 온도는 약 몇 ℃인가?(단, 저항온도계의 저항온도계수는 0.0025이다.)

① 100℃
② 250℃
③ 425℃
④ 500℃

[풀이] 저항(R_t) = $R_0(1 + a \cdot \Delta t)$
$200 = 100 \times (1 + 0.0025 \times \Delta t)$
온도차(Δt) = $50 + \dfrac{1}{0.0025} \times \left(\dfrac{200}{100} - 1\right)$ = 450℃
∴ 노 안의 온도 = 450 + 50 = 500℃

47 열전대 사용상의 주의사항 중 오차의 종류는 열적 오차와 전기적 오차로 구분할 수 있다. 다음 중 열적 오차에 해당되지 않는 것은?

① 삽입 전이의 영향
② 열 복사의 영향
③ 전자 유도의 영향
④ 열 저항 증가에 의한 영향

[풀이]
- ①, ②, ④ : 열적 오차
- ③ : 전기적 오차

정답 44 ④ 45 ③ 46 ④ 47 ③

48 열기전력이 작으며, 산화 분위기에 강하나 환원 분위기에는 약하고, 고온 측정에는 적당한 열전대 온도계의 단자 구성으로 옳은 것은?

① 양극 : 철, 음극 : 콘스탄탄
② 양극 : 구리, 음극 : 콘스탄탄
③ 양극 : 크로멜, 음극 : 알루멜
④ 양극 : 백금-로듐, 음극 : 백금

풀이 백금-백금 로듐 온도계(PR온도계) : 0~1,600℃까지 접촉식 고온용 온도계이다.
- 산화 분위기에는 강하나 환원성에는 약하다.
- 양극(백금-로듐), 음극(백금)

49 다음 계측기기와 관련된 내용을 짝지은 것 중 틀린 것은?

① 열전대 온도계 - 제백효과
② 모발 습도계 - 히스테리시스
③ 차압식 유량계 - 베르누이식의 적용
④ 초음파 유량계 - 램버트 비어의 법칙

풀이 흡광광도계(기기분석계) : 램버트 비어의 법칙

50 열전대를 사용하는 온도계 중 가장 고온을 측정할 수 있는 것은?

① R형
② K형
③ E형
④ J형

풀이 열전대 온도계
- R형(P-R) : 0~1,600℃
- J형(I-C) : -20~800℃
- K형(C-A) : -20~1,200℃
- T형(C-C) : -180~360℃

51 제백(Seebeck)효과의 원리를 이용한 온도계는?

① 열전대 온도계
② 서미스터 온도계
③ 팽창식 온도계
④ 광전관 온도계

풀이 제백효과의 원리를 이용한 접촉식 온도계는 열전대 온도계이다.

52 두 금속의 열팽창계수의 차이를 이용한 온도계는?

① 서미스터 온도계
② 베크만 온도계
③ 바이메탈 온도계
④ 광고 온도계

정답 48 ④ 49 ④ 50 ① 51 ① 52 ③

53 구리 – 콘스탄탄 열전대의 (–)극에 주로 사용되는 금속은?

① Ni – Al
② Cu – Ni
③ Mn – Si
④ Ni – Pt

풀이 T형 온도계(구리 – 콘스탄탄 열전대)
- +측 : 구리
- –측 : 콘스탄탄(구리 55% + 니켈 45%)

54 열전대 온도계의 특징에 대한 설명으로 틀린 것은?

① 원격 측정이 가능하다.
② 고온의 측정에 적합하다.
③ 보상도선에 의한 오차가 발생할 수 있다.
④ 장기간 사용하여도 재질이 변하지 않는다.

풀이 장기간 사용 시 재질의 히스테리가 발생한다.

55 서미스터 등을 사용하고, 응답이 빠르고 저온도에서 중온도 범위 계측에 정도가 우수한 온도계는?

① 열전대 온도계
② 전기저항식 온도계
③ 바이메탈 온도계
④ 압력식 온도계

풀이 저항온도계
- 백금측온
- 니켈측온
- 구리측온
- 서미스터측온(Ni + Mn + Co + Fe + Cu 혼압용)

56 방사고온계는 다음 중 어느 이론을 이용한 것인가?

① 제백 효과
② 펠티에 효과
③ 윈 – 플랑크의 법칙
④ 스테판 – 볼츠만 법칙

풀이 방사고온계
고온(500~3,000℃) 측정용·비접촉식 온도계로서 스테판 – 볼츠만의 이론을 이용하는 복사온도계이다.

정답 53 ② 54 ④ 55 ② 56 ④

57 다음 중 가장 저온에 대하여 연속 사용할 수 있는 열전대 온도계의 형식은?

① T ② R ③ S ④ L

풀이 열전대의 종류 및 특성

형식	종류	사용금속		선굵기(m)	최고측정 온도	특징
		+극	-극			
R	백금 로듐 -백금 PR	Pt 87 Rh 13	Pt (백금)	0.5	0~1,600	산화성 분위기에는 침식되지 않으나 환원성에는 약하다. 정도가 높고 안전성이 우수하여 고온 측정에 적합하다.
K	크로멜 -알루멜 CA	크로멜 Ni : 90 Cu : 10	알루멜 Ni : 94 Al : 3 Mn : 2 Si : 1	0.65~3.20	0~1,200	가전력이 크고 온도-기전력선이 거의 직선적이다. 값이 싸고 특성이 안정되어 있다.
J	철 -콘스탄탄 IC	Fe (순철)	콘스탄탄 Cu : 55 Ni : 45	0.50~3.20	-200~800	환원성 분위기에 강하나 산화성에는 약하며 값이 싸고 열기전력이 높다.
T	구리 -콘스탄탄 CC	Cu (순수 구리)	콘스탄탄	0.50~1.6	-200~350	열기전력이 크고 저항 및 온도계수가 작아 저온용으로 쓰인다.

58 다음 [보기]에서 설명하는 열전대 온도계(Thermo Electric Thermometer)의 종류는?

[보기]
- 기전력 특성이 우수하다.
- 환원성 분위기에 강하나 수분을 포함한 산화성 분위기에는 약하다.
- 값이 비교적 저렴하다.
- 수소와 일산화탄소 등에 사용이 가능하다.

① 백금 - 백금·로듐 ② 크로멜 - 알루멜
③ 철 - 콘스탄탄 ④ 구리 - 콘스탄탄

59 서미스터 온도계에 대한 설명으로 옳은 것은?

① 경년변화가 있다.
② 저항변화가 작다.
③ 재현성이 크다.
④ 흡습 등에 의하여 열화되지 않는다.

풀이 서미스터(Thermister) 저항온도계 특징
- 전기저항이 온도에 따라 크게 변한다.
- 금속산화물의 분말을 혼합·소결한 반도체 소결이다.
- 응답이 빠르다.
- 재현성이 크지 않으며 열화되기 쉽다.
- 경년변화가 있다.

60 접촉식 온도계에 대한 설명으로 틀린 것은?

① 열전대 온도계는 열전대로서 서미스터를 사용하여 온도를 측정한다.
② 저항 온도계의 경우 측정회로로서 일반적으로 휘스톤브리지가 채택되고 있다.
③ 압력식 온도계는 감온부, 도압부, 감압부로 구성되어 있다.
④ 봉상온도계에서 측정오차를 최소화하려면 가급적 온도계 전체를 측정하는 물체에 접촉시키는 것이 좋다.

풀이 서미스터(Thermistor)
반도체의 온도 상승에 동반해서 전기 저항이 감소하는 것을 이용한 회로소자(Ni, Co, Mn, Fe, Cu 등 산화물로 전기 저항식 온도계에 사용)

61 온도측정기를 사용하여 온도를 측정하였더니 250℃이었다. 참값이 240℃일 때 오차는 얼마인가?

① 10 ② 24 ③ 25 ④ 1.04

풀이 오차 = 250 - 240 = 10℃

62 열전대 온도계의 특징에 대한 설명으로 틀린 것은?

① 냉접점이 있다.
② 보상 도선을 사용한다.
③ 원격 측정용으로 적합하다.
④ 접촉식 온도계 중 가장 낮은 온도에 사용된다.

풀이 열전대 온도계는 접촉식 온도계 중 가장 높은 온도 측정에 사용한다.

63 다음 열전대 중 사용온도 범위가 가장 좁은 것은?

① PR ② CA ③ IC ④ CC

정답 60 ① 61 ① 62 ④ 63 ④

풀이 열전대 중 사용온도 범위

형식	종류	온도범위(℃)	허용치
J	철-콘스탄탄(IC)	-20~800	±2.3℃
K	크로멜-알루멜(CA)	-20~1,200	±2.3℃
T	동-콘스탄탄(CC)	-180~350	±1.75%
R	백금-백금 로듐(PR)	0~1,600	±3℃

64 열전대 온도계에 적용되는 원리(효과)가 아닌 것은?

① 제백효과
② 틴들효과
③ 톰슨효과
④ 펠티에효과

풀이
- 틴들효과 : 빛의 광선통로에서 미립자가 산란하는 현상
- 제백효과 : 두 개의 서로 다른 금속 접합부의 온도 차에 의하여 기전력이 발생하는 현상
- 톰슨효과 : 하나의 물질로 이루어져 있고 그 길이를 따라 온도차이가 나는 회로를 통해 전류가 흐를 때 열이 방출되거나 흡수되는 현상
- 펠티에효과 : 두 개의 서로 다른 금속으로 된 회로에 전류가 흐를 때 한쪽 접합부는 냉각되고 다른 부위는 가열되는 현상

65 수은 온도계와 같은 접촉식 온도계는 열역학 법칙 중 어느 것을 이용한 것인가?

① 열역학 0법칙
② 열역학 1법칙
③ 열역학 2법칙
④ 엔탈피 보존의 법칙

풀이 수은 온도계는 온도계 내의 액체팽창에 의한 변위계측이다. 그러므로 열역학 0법칙(열평형 법칙)의 원리가 이용된다.

66 온도계측기에 대한 설명으로 틀린 것은?

① 기체온도계는 대표적인 1차 온도계이다.
② 접촉식의 온도계측에는 열팽창, 전기저항 변화 및 열기전력 등을 이용한다.
③ 비접촉식 온도계는 방사온도계, 광온도계, 바이메탈 온도계 등이 있다.
④ 유리온도계는 수은을 봉입한 것과 유기성 액체를 봉입한 것 등으로 구분한다.

풀이 비접촉식 온도계는 방사온도계, 광고온도계, 광전관온도계 등이 있다.

정답 64 ② 65 ① 66 ③

67 2종의 금속선 양끝에 접점을 만들어 주어 온도차를 주면 기전력이 발생하는 데 이 기전력을 이용하여 온도를 표기하는 온도계는?

① 열전대 온도계
② 방사 온도계
③ 색온도계
④ 제겔콘 온도계

68 다음 [보기]의 온도계에 대한 설명으로 옳은 것을 모두 나열한 것은?

[보기]
㉠ 온도계의 검출단은 열용량이 작은 것이 좋다.
㉡ 일반적으로 열전대는 수은 온도계보다 온도변화에 대한 응답속도가 늦다.
㉢ 방사 온도계는 고온의 화염온도 측정에 적합하다.

① ㉠
② ㉡, ㉢
③ ㉠, ㉢
④ ㉠, ㉡, ㉢

풀이 열전대 온도계는 수은 온도계에 비해 온도변화 시 응답속도가 늦은 편이 아니다.

69 속도 변화에 의하여 생기는 압력차를 이용하는 유량계는?

① 벤투리미터
② 아누바 유량계
③ 로터미터
④ 오벌 유량계

풀이 벤투리차압식 유량계
속도 변화에 의하여 생기는 압력차 이용(벤투리미터)

70 유수형 열량계로 5L의 기체 연료를 연소시킬 때 냉각수량이 2,500g이었다. 기체연료의 온도가 20℃, 전체압이 750mmHg, 발열량이 5,437.6kcal/Nm³일 때 유수 상승온도는 약 몇 ℃인가?

① 8℃
② 10℃
③ 12℃
④ 14℃

풀이 유수 상승온도$(t) = \dfrac{5,437.6}{2,500} \times 5 ≒ 10℃$

71 열팽창계수가 다른 두 금속을 붙여서 온도에 따라 휘어지는 정도의 차이로 온도를 측정하는 온도계는?

① 저항 온도계
② 바이메탈 온도계
③ 열전대 온도계
④ 광고 온도계

정답 67 ① 68 ③ 69 ① 70 ② 71 ②

풀이 • 저항 온도계 : 저항 온도계는 온도 상승에 따라 순 금속선의 전기저항이 증가하는 현상을 이용한 것
- 열전대 온도계 : 이종의 금속선의 양단을 접속하여 두 접합점에 온도차를 부여하면 양 접점 간에 기전력이 발생을 측정
- 광고 온도계 : 피온물체에서 나오는 가시역 내의 일정 파장의 빛(통상 적색광 0.65μ)을 선정하고 휘도에 따라 측정

72 선팽창계수가 다른 두 종류의 금속을 맞대어 온도변화를 주면 휘어지는 성질을 이용한 온도계는?

① 저항 온도계
② 바이메탈 온도계
③ 열전대 온도계
④ 유리 온도계

풀이 바이메탈 온도계(황동+인바)
선팽창계수가 다른 두 종류의 금속을 맞대어 온도변화를 주었을 때 휘어지는 성질을 이용한 온도계

73 복사열을 이용하여 온도를 측정하는 것은?

① 열전대 온도계
② 저항 온도계
③ 광고 온도계
④ 바이메탈 온도계

풀이 광고 온도계는 비접촉 온도계로서 피물체에서 나오는 복사열(가시광선) 내의 일정 파장의 빛으로 표준전구에서 나오는 휘도의 정도에 따라 전류와 저항을 측정하여 온도를 아는 온도계이다.

74 0℃에서 저항이 120Ω이고 저항온도계수가 0.0025인 저항 온도계를 어떤 노 안에 삽입하였을 때 저항이 180Ω이 되었다면 노 안의 온도는 약 몇 ℃인가?

① 125
② 200
③ 320
④ 534

풀이 $R_t = R_o(1 + a \cdot \Delta t) = 120(1 + 0.0025\Delta t) = 180\ \Omega$
$\Delta t = (x - 0)$
$\therefore \Delta t = \dfrac{R_t - R_o}{R_o \times a} = \dfrac{180 - 120}{120 \times 0.0025} = 200\ ℃$

75 Ni, Mn, Co 등의 금속 산화물을 소결시켜 만든 반도체로서 미세한 온도 측정에 용이한 온도계는?

① 바이메탈 온도계
② 서모컬러 온도계
③ 서모커플 온도계
④ 서미스터 저항체 온도계

풀이 저항 온도계
Pt, Ni, Cu, Fe 등을 이용하며 서미스터 저항체는 Ni, Mn, Co 등의 금속 산화물을 소결시켜 만든 저항 온도계이다. 사용온도는 -100~300℃으로, 소형이며 저항온도계수가 다른 금속에 비해 크다.

정답 72 ② 73 ③ 74 ② 75 ④

76 측정 전 상태의 영향으로 발생하는 히스테리시스(Hysteresis) 오차의 원인이 아닌 것은?

① 기어 사이의 틈
② 주위 온도의 변화
③ 운동 부위의 마찰
④ 탄성변형

풀이 히스테리시스(Hysteresis)는 물질이 경과해 온 이전 상태 변화로 발생하는 것으로 탄성의 변형, 강자성체의 자화의 변형, 운동 부위의 마찰, 기어 사이의 틈새 등은 계측기 오차의 원인이 된다.

77 다음 조작장치 중 다이어프램 밸브가 대표적으로 사용되는 것은?

① 공기식 조작장치
② 유압식 조작장치
③ 전기식 조작장치
④ 혼합식 조작장치

풀이 조작장치의 신호전달 방법으로는 공기식·유압식·전기식 등이 있으며, 공기식은 다이어프램 밸브를 사용하며 전송거리가 짧은 곳에 이용한다.

78 온도 0℃에서 저항이 40Ω인 니켈 저항체로서 100℃에서 측정하면 저항값은 얼마인가?

① 56.8Ω
② 66.8Ω
③ 78.0Ω
④ 83.5Ω

풀이 저항값$(R_t) = R_o(1 + a \cdot \Delta t)$
$\Delta t = 100 - 0 = 100$℃ (온도차)
$\therefore R_t = 40(1 + 0.0067 \times 100) = 66.8\,\Omega$

79 액면계는 액면의 측정방법에 따라 직접법과 간접법으로 구분한다. 간접법 액면계의 종류가 아닌 것은?

① 방사선식
② 플로트식
③ 압력검출식
④ 퍼지식

풀이
- 직접법 : 플로트식(부자식), 유리관식, 검척식(막대자식)
- 간접법 : 압력식, 저항식, 초음파식, 정전용량식, 방사선식, 차압식(햄프슨식), 편위식, 다이어프램식, 기포식, 슬립튜브식

80 다음 중 액면 측정방법이 아닌 것은?

① 플로트식
② 압력식
③ 정전용량식
④ 박막식

풀이 박막식(격막식)은 주로 압력계 중 저압용으로 사용한다(측정범위 : 20~5,000mmH$_2$O).

정답 76 ② 77 ① 78 ② 79 ② 80 ④

81 마이크로파식 레벨측정기의 특징에 대한 설명 중 틀린 것은?

① 초음파식보다 정도가 낮다.
② 진공용기에서의 측정이 가능하다.
③ 측정면에 비접촉으로 측정할 수 있다.
④ 고온, 고압의 환경에서도 사용이 가능하다.

풀이 마이크로파식 레벨측정기
전파 중 하나인 마이크로파를 안테나를 통해 송신하고 측정대상면에서 반사되어 오는 것을 수신한다. 초음파식보다는 정도가 높다.

82 다음 중 열선식 유량계에 해당하는 것은?

① 델타식 ② 에뉴바식 ③ 스웰식 ④ 토마스식

풀이 열선식 유량계
유속에 의한 가열체의 온도변화를 이용하고 어느 점의 유속을 측정하여 유량을 구하는 방법이다. 미풍계, 토마스유량계, 서멀유량계가 있다.

83 고압 밀폐탱크의 액면 측정용으로 주로 사용되는 것은?

① 편위식 액면계 ② 차압식 액면계 ③ 부자식 액면계 ④ 기포식 액면계

84 피토관은 측정이 간단하지만 사용방법에 따라 오차가 발생하기 쉬우므로 주의가 필요하다. 이에 대한 설명으로 틀린 것은?

① 5m/s 이하인 기체에는 적용하기 곤란하다.
② 흐름에 대하여 충분한 강도를 가져야 한다.
③ 피토관 앞에는 관지름 2배 이상의 직관길이를 필요로 한다.
④ 피토관 두부를 흐름의 방향에 대하여 평행으로 붙인다.

풀이 피토관(직관 2중관 사용) 특징
- 피토관을 유체의 흐름방향과 평행하게 설치한다.
- 유속이 5m/s 이하의 유체측정은 어렵다.
- 슬러지나 분진 등 불순물이 많은 유체의 측정은 어렵다.
- 노즐부분의 마모에 의한 오차가 발생한다.
- 유체의 압력에 대한 충분한 강도가 요구된다.

85 피토관(Pitot Tube)의 주된 용도는?

① 압력을 측정하는 데 사용된다.
② 유속을 측정하는 데 사용된다.
③ 온도를 측정하는 데 사용된다.
④ 액체의 점도를 측정하는 데 사용된다.

정답 81 ① 82 ④ 83 ② 84 ③ 85 ②

86 임펠러식(Impeller Type) 유량계의 특징에 대한 설명으로 틀린 것은?

① 구조가 간단하다.
② 직관부분이 필요 없다.
③ 측정 정도는 약 ±0.5%이다.
④ 부식성이 강한 액체에도 사용할 수 있다.

풀이 ② 직관부분이 필요하다.

87 관에 흐르는 유체 흐름의 전압과 정압의 차이를 측정하고 유속을 구하는 장치는?

① 로터미터
② 피토관
③ 벤투리미터
④ 오리피스미터

풀이 피토관 유속식 유량계 : 탭을 이용하여 전압 – 정압 = 동압을 측정함으로써 유량을 계측하는 유속계이다.
※ 피토관으로 국부유속을 측정하고 배관 단면적으로 유량을 계산한다.

88 유리관 등을 이용하여 액위를 직접 판독할 수 있는 액위계는?

① 직관식 액위계
② 검척식 액위계
③ 퍼지식 액위계
④ 플로트식 액위계

풀이 직접식 액면계
- 직관식(유리관 사용)
- 검척식(막대자 사용)
- 부자식(플로트 사용)

89 다음 중 면적식 유량계는?

① 로터미터
② 오리피스미터
③ 피토관
④ 벤투리미터

풀이 면적식(플로트, 부자)은 부자의 변위를 면적으로 변화시켜 순간유량을 측정하며, 대표적으로 로터미터, 게이트식이 있다.

90 직각 3각 위어(Weir)를 사용하여 물의 유량을 측정하였다. 위어를 통과하는 물의 높이를 H, 유량계수를 k라고 했을 때 부피유량 Q를 구하는 식은?

① $Q = kH$
② $Q = kH^{1/2}$
③ $Q = kH^{3/2}$
④ $Q = kH^{5/2}$

풀이 직각 3각 위어를 이용한 물의 유량 측정
부피유량$(Q) = K \cdot H^{5/2}$

정답 86 ② 87 ② 88 ① 89 ① 90 ④

91 유량계를 교정하는 방법 중 기체 유량계의 교정에 가장 적합한 것은?

① 저울을 사용하는 방법
② 기준 탱크를 사용하는 방법
③ 기준 체적관을 사용하는 방법
④ 기준 유량계를 사용하는 방법

풀이 유량계(가스미터기 등)의 교정
기체 유량계 교정 시 기준 체적관을 사용한다.

92 다음 중 열선식 유량계에 해당하는 것은?

① 델타식
② 에뉴바식
③ 스웰식
④ 토마스식

풀이 열선식 유량계
저항선에 전류를 공급하여 열을 발생시키고 유체를 통과시키면 저항선의 온도변화로 유속을 측정하여 유량을 계측하는 것으로 미풍계, 토마스식이 있다.

93 국제표준규격에서 다루고 있는 파이프(Pipe) 안에 삽입되는 차압 1차 장치(Primary Device)에 속하지 않는 것은?

① 노즐(Nozzle)
② 보호관(Thermo Well)
③ 벤투리 노즐(Venturi Nozzle)
④ 오리피스 플레이트(Orifice Plate)

풀이 보호관(Thermo Well)은 파이프 밖에 설치된다.

94 원형 오리피스를 수면에서 10m인 곳에 설치하여 매분 0.6m³의 물을 분출시킬 때 유량계수 0.6인 오리피스의 지름은 약 몇 cm인가?

① 2.9
② 3.9
③ 4.9
④ 5.9

풀이 $Q = A \times C_v \sqrt{2gH}$

$$\frac{0.6\text{m}^3}{60\text{sec}} = \frac{\pi d^2}{4} \times 0.6 \times \sqrt{2 \times 9.8 \times 10} \quad \therefore d = 0.0387\text{m} = 3.9\text{cm}$$

95 물탱크의 크기가 높이 3m, 폭 2.5m일 때, 물탱크 한쪽 벽면에 작용하는 전압력은 약 몇 kgf인가?

① 2,813
② 5,625
③ 11,250
④ 22,500

풀이 $F = rhA = 1,000 \times \left(1 \times \frac{3}{2}\right) \times (2.5 \times 1) \times 3 = 11,250\text{kgf}$

정답 91 ③ 92 ④ 93 ② 94 ② 95 ③

96 내경 70mm의 배관으로 어떤 양의 물을 보냈더니 배관 내 유속이 3m/s이었다. 같은 양의 물을 내경 50mm의 배관으로 보내면 배관 내 유속은 약 몇 m/s가 되는가?

① 2.56　　　② 3.67　　　③ 4.20　　　④ 5.88

풀이 유량$(Q) = A \times V = \dfrac{\pi d^2}{4} \times V$

$\dfrac{\pi \times 0.07^2}{4} \times 3 = \dfrac{\pi \times 0.05^2}{4} \times x$,　∴ $x = \dfrac{0.07^2 \times 3}{0.05^2} = 5.88 \text{m/s}$

97 전자유량계의 특징에 대한 설명 중 가장 거리가 먼 내용은?

① 액체의 온도, 압력, 밀도, 점도의 영향을 거의 받지 않으며 체적유량의 측정이 가능하다.
② 측정관 내에 장애물이 없으며, 압력손실이 거의 없다.
③ 유량계 출력은 유량에 비례한다.
④ 기체의 유량측정이 가능하다.

풀이 전자유량계를 사용하기 위해서는 도전성 유체가 가득 채워져야 하므로 기체의 측정은 어렵다.

98 물 속에 피토관을 설치하였더니 전압이 20mH$_2$O, 정압이 10mH$_2$O이었다. 이때의 유속은 약 몇 m/s인가?

① 9.8　　　② 10.8　　　③ 12.4　　　④ 14

풀이 유속$(V) = \sqrt{2gh} = \sqrt{2 \times 9.8(20-10)} = 14 \text{m/s}$
※ 동압=전압-정압

99 차압식 유량계에서 유량과 압력차와의 관계는?

① 차압에 비례한다.　　　② 차압의 제곱에 비례한다.
③ 차압의 5승에 비례한다.　　　④ 차압의 제곱근에 비례한다.

풀이 차압식 유량계 유량 : 차압의 제곱근에 비례한다(평방근에 비례).

100 차압식 유량계로 유량을 측정하였더니 오리피스 전·후의 차압이 1,936mm^{2}H$_2$O일 때 유량은 22m^3/h이었다. 차압이 1,024mm^{2}H$_2$O이면 유량은 약 몇 m^3/h이 되는가?

① 6　　　② 12
③ 16　　　④ 18

정답 96 ④　97 ④　98 ④　99 ④　100 ③

풀이 유량 계산식

$$Q(\text{m}^3/\text{sec}) = A \times u = \frac{\pi}{4}d^2 \times \frac{Co}{\sqrt{1-m^2}} \times \sqrt{\frac{2g(\rho'-1)H}{\rho}}$$ 에서 유량은 차압의 제곱근에 비례한다.

$$Q_2 = Q_1 \times \sqrt{\frac{H_2}{H_1}} = 22 \times \sqrt{\frac{1,024}{1,936}} = 16\text{m}^3/\text{hr}$$

101 오리피스 유량계의 적용 원리는?

① 부력의 법칙   ② 토리첼리의 법칙   ③ 베르누이 법칙   ④ Gibbs의 법칙

풀이 베르누이 법칙 유량계
- 오리피스식
- 플로노즐식
- 벤투리식

102 안지름이 14cm인 관에 물이 가득 차서 흐를 때 피토관으로 측정한 유속이 7m/sec였다면 이때의 유량은 약 몇 kg/sec인가?

① 39   ② 108   ③ 433   ④ 1,077.2

풀이 유량(Q) = 단면적×유속 = $\frac{3.14}{4}(0.14)^2 \times 7 = 0.1077\text{m}^3 = 108\text{kg/s}$

※ 물 4℃ 1m³ = 1,000L = 1,000kg

103 내경이 30cm인 어떤 관 속에 내경 15cm인 오리피스를 설치하여 물의 유량을 측정하려 한다. 압력강하는 0.1kgf/cm²이고, 유량계수는 0.72일 때 물의 유량은 약 몇 m³/s인가?

① 0.028m³/s   ② 0.28m³/s   ③ 0.056m³/s   ④ 0.56m³/s

풀이 유량(Q) = $A \times \sqrt{2gh}$

교축비 = $\left(\frac{15}{30}\right)^2 = 0.25$

압력차 0.1kg/cm² = 1,000kg/m²

물의 비중량 = 1,000kg/m³

$$Q = 0.01252a \cdot B^2 \cdot Dt^2 \sqrt{\frac{P_1-P_2}{r_1}}$$

$$= 0.01252 \times 0.72 \times 0.25 \times (30 \times 10)^2 \times \sqrt{\frac{1,000}{1,000}}$$

$$= 202.824\text{m}^3/\text{h}$$

∴ $\frac{202.824}{3,600} = 0.056\text{m}^3/\text{s}$

정답 101 ③   102 ②   103 ③

104 내경이 25cm인 원관에 지름이 15cm인 오리피스를 붙였을 때, 오리피스 전후의 압력수두차가 1kgf/m²이었다. 이때 유량은 약 몇 m³/s인가?(단, 유량계수는 0.85이다.)

① 0.021
② 0.047
③ 0.067
④ 0.084

풀이
$$Q = \frac{\pi D^2}{4} \times C_0 \times \sqrt{2g\left(\frac{\rho-1}{\rho}\right)h}$$
$$= \frac{3.14 \times (0.15)^2}{4} \times 0.85 \times \sqrt{2 \times 9.8\left(\frac{1,000-1}{1}\right) \times 0.001} \fallingdotseq 0.067 \, \text{m}^3/\text{s}$$

※ $1\text{kgf/m}^2 = 0.0001\text{kgf/cm}^2 = 0.001\text{mH}_2\text{O}$
※ 물의 비중량 : $1,000\text{kg/m}^3$

105 액화산소 등을 저장하는 초저온 저장탱크의 액면 측정용으로 가장 적합한 액면계는?

① 직관식
② 부자식
③ 차압식
④ 기포식

풀이 햄프슨식 액면계(차압식 액면계)
액화산소 등과 같은 극저온의 저장조의 액면의 측정에는 차압식이 많이 사용되고 있다. 저장조 상부로부터 끄집어 낸 압력과 저장조 저부로부터 끄집어 낸 압력의 차압에 의하여 액면을 측정한다.

106 압력센서인 스트레인게이지의 응용원리는?

① 전압의 변화
② 저항의 변화
③ 금속선의 무게 변화
④ 금속선의 온도 변화

풀이 스트레인게이지
물체에 작은 힘을 가하면 변형이 일어나고 이때에 저항이 현저하게 변하는 것을 이용한 변형 게이지이다.

107 고온, 고압의 액체나 고점도의 부식성 액체 저장탱크에 가장 적합한 간접식 액면계는?

① 유리관식
② 방사선식
③ 플로트식
④ 검척식

풀이 방사선식 액면계
고온 고압의 액체나 고점도의 부식성 액체, 저장탱크에 가장 적합한 간접식 액면계이다(감마선 ^{60}Co, ^{137}Cs 이용).

정답 104 ③ 105 ③ 106 ② 107 ②

108 액면계 선정 시 고려사항이 아닌 것은?

① 동특성
② 안전성
③ 측정범위와 정도
④ 변동상태

풀이 ㉠ 가스미터기의 특성
- 압력손실
- 공차
- 검정 유효기간
- 부동
- 불통
- 기차불량

㉡ 정압기 특성 : 정특성, 동특성, 유량특성, 최대최소차압

109 다음 중 직접식 액면 측정기기는?

① 부자식 액면계
② 벨로즈식 액면계
③ 정전용량식 액면계
④ 전기저항식 액면계

풀이 직접식 액면계
- 부자식(플로트식)
- 검척식
- 유리관식

110 액체의 압력을 이용하여 액위를 측정하는 방식으로 일명 Purge식 액면계라고도 하는 것은?

① 차압식 액면계
② 기포식 액면계
③ 검척식 액면계
④ 부자식 액면계

풀이 기포식 액면계(퍼지식 액면계)
- 일정량의 공기압축기를 이용하여 액면 측정
- 기포발생을 이용한 액면계
- 비교적 측정이 간단한 액면계

111 고온, 고압의 액체나 고점도의 부식성 액체 저장탱크에 가장 적합한 간접식 액면계는?

① 유리관식
② 방사선식
③ 플로트식
④ 검척식

풀이 방사선식 액면계 : 고온 고압의 액체나 고점도의 부식성 액체 저장탱크에 사용된다.

정답 108 ① 109 ① 110 ② 111 ②

112 직접식 액면계에 속하지 않는 것은?
① 직관식
② 차압식
③ 플로트식
④ 검척식

풀이 차압식(압력검출식) 액면계 : 간접식 액면계

113 직접 체적유량을 측정하는 적산유량계로서 정도(精度)가 높고 고점도의 유체에 적합한 유량계는?
① 용적식 유량계
② 유속식 유량계
③ 전자식 유량계
④ 면적식 유량계

풀이 용적식 유량계
체적기지의 계산실에 유체압에 의해 유체를 만량하며 이어 배출조작을 반복함으로써 유체의 용적유량을 측정하여 적산표시하는 것으로 정도도 좋고 공업적 용도도 넓다.

114 대용량의 유량을 측정할 수 있는 초음파 유량계는 어떤 원리를 이용한 유량계인가?
① 전자유도법칙
② 도플러 효과
③ 유체의 저항변화
④ 열팽창계수 차이

풀이 초음파 유량계(도플러 효과 이용)
유체 속을 초음파가 통과할 때 유체가 정지할 때와 이동할 때의 초음파의 진행속도가 변화한다는 도플러 효과를 이용한 유량계(압력손실이 없고 비전도성의 액체도 유량 측정이 가능한 대유량 측정용이다.)

115 물체의 탄성 변위량을 이용한 압력계가 아닌 것은?
① 부르동관 압력계
② 벨로즈 압력계
③ 다이어프램 압력계
④ 링밸런스식 압력계

풀이 링밸런스식 압력계(환상천평식)
U자관 대신에 환상관을 사용하고 그 상부에 격막을 두어 하부에 수은 등을 채워서 상압에서 300atm까지 측정하며 미소한 압력차로 유량계의 지시기구 등으로 사용

116 Parr Bomb을 이용하여 열량을 측정할 때는 Parr Bomb의 어떤 특성을 이용하는가?
① 일정 압력
② 일정 온도
③ 일정 부피
④ 일정 질량

풀이 Parr Bomb는 연소 시 생기는 수증기 부피량으로 열량을 측정한다.

정답 112 ② 113 ① 114 ② 115 ④ 116 ③

117 오리피스 유량계의 측정오차 중 맥동에 의한 영향이 아닌 것은?

① 게이지 라인이 배관 내 압력변화를 차압계까지 전달하지 못하는 경우
② 차압계의 반응속도가 좋지 않은 경우
③ 스월(Swirl)이 생기는 경우
④ SRE(Square Root Error)가 생기는 경우

풀이 스월(Swirl)
　　　냉동기 응축기에서 냉매가 소용돌이를 일으켜서 냉매가 응축되는 데 사용된다.

118 절대습도(絕對濕度)에 대하여 가장 바르게 나타낸 것은?

① 건공기 1kg에 대한 수증기의 중량
② 건공기 1m³에 대한 수증기의 중량
③ 건공기 1kg에 대한 수증기의 체적
④ 건공기 1m³에 대한 수증기의 체적

풀이 절대습도 : 건공기 1kg에 대한 수증기의 중량
$$x(DA) = \frac{습공기\ 전\ 중량}{건공기\ 전\ 중량} = kg/kg$$

119 습도에 대한 설명으로 틀린 것은?

① 절대습도는 비습도라고도 하며 %로 나타낸다.
② 상대습도는 현재의 온도 상태에서 포함할 수 있는 포화수증기량에 대한 현재 공기가 포함하고 있는 수증기의 양을 %로 표시한 것이다.
③ 이슬점은 상대습도가 100%일 때의 온도이며 노점온도라고도 한다.
④ 포화공기는 더 이상 수분을 포함할 수 없는 상태의 공기이다.

풀이 절대습도 : 건조 공기 1kg 중의 H_2O의 중량이며 단위는 kg/kg′이다.

120 절대습도(Absolute Humidity)를 가장 바르게 나타낸 것은?

① 습공기 중에 함유되어 있는 건공기 1kg에 대한 수증기의 중량
② 습공기 중에 함유되어 있는 습공기 1m³에 대한 수증기의 체적
③ 기체의 절대온도와 그것과 같은 온도에서의 수증기로 포화된 기체의 습도비
④ 존재하는 수증기의 압력과 그것과 같은 온도의 포화수증기압과의 비

풀이 절대습도(Absolute Humidity)는 건조 공기의 질량에 대한 습한 공기 속에 들어 있는 수증기의 질량비이다.

정답 117 ③　118 ①　119 ①　120 ①

121 상대습도가 30%이고, 압력과 온도가 각각 1.1bar, 75℃인 습공기가 100m³/h로 공정에 유입될 때 몰습도(mol H₂O/mol Dry Air)는?(단, 75℃에서 포화수증기압은 289mmHg이다.)

① 0.017 ② 0.117 ③ 0.129 ④ 0.317

풀이 몰습도(H_m)는 건조기체 1mol에 수반되는 수증기 몰수

$$H_m = \frac{P_w}{P-P_w} = \frac{86.7}{825.067 - 86.7} = 0.117 \text{mol H}_2\text{O/mol Dry Air}$$

$P_w = 289 \text{mmHg} \times 0.3 = 86.7 \text{mmHg}$

$P = (1.1\text{bar}/1.01325\text{bar}) \times 760\text{mmHg} = 825.067\text{mmHg}$

122 모발습도계에 대한 설명으로 틀린 것은?

① 재현성이 좋다.
② 히스테리시스가 없다.
③ 구조가 간단하고 취급이 용이하다.
④ 한냉지역에서 사용하기가 편리하다.

풀이 모발습도계의 단점
- 응답시간이 느리다.
- 히스테리가 있다.
- 정도가 좋지 않다.
- 시도가 틀리기 쉽다.
- 모발의 유효작용 기간이 2년이다.

123 22℃의 1기압 공기(밀도 1.21kg/m³)가 덕트를 흐르고 있다. 피토관을 덕트 중심부에 설치하고 물을 봉액으로 한 U자관 마노미터의 눈금이 4.0cm였다면, 이 덕트 중심부의 풍속은 약 몇 m/s인가?

① 25.5 ② 30.8 ③ 56.9 ④ 97.4

풀이 풍속$(V) = C\sqrt{2g\left(\frac{S_0 - S}{S}\right)h} = \sqrt{2 \times 9.8\left(\frac{1,000 - 1.2}{1.2}\right) \times 0.04} = 25.5\text{m/s}$

※ 물의 밀도(1,000kg/m³), 4.0cm=0.04m

124 전기저항식 습도계와 저항 온도계식 건습구 습도계의 공통적인 특징으로 가장 옳은 것은?

① 정도가 좋다.
② 물이 필요하다.
③ 고습도에서 장기간 방치가 가능하다.
④ 연속기록, 원격측정, 자동제어에 이용된다.

풀이
- 전기저항식 습도계 : 감습부의 전기저항이 흡습, 탈습에 의해 변화를 이용한다.
- 저항 온도계식 건습구 습도계 : 습도는 기체의 온도를 측정하는 건식 온도계와 증발열을 흡수한 물로 침투된 물질에 의하여 계속 축축하게 유지되는 습구온도계와의 온도차로 측정된다.

 121 ② 122 ② 123 ① 124 ④

125 통상적으로 사용하는 열전대의 종류가 아닌 것은?

① 크로멜 – 백금
② 철 – 콘스탄탄
③ 구리 – 콘스탄탄
④ 백금 – 백금 · 로듐

풀이 열전대 온도계

크로멜 – 알루멜 온도계(0~1,200℃)는 니켈 + 크롬(Ni 90% + Cr 10%) 합금 온도계이다.

126 건조공기 120kg에 6kg의 수증기를 포함한 습공기가 있다. 온도가 49℃이고, 전체 압력이 750 mmHg일 때의 비교습도는 약 얼마인가?(단, 49℃에서의 포화수증기압은 89mmHg이고 공기의 분자량은 29로 한다.)

① 30%
② 40%
③ 50%
④ 60%

풀이
$$\phi(\text{비교습도}) = \frac{x(\text{습공기 절대습도})}{x_s(\text{포화공기 절대습도})} \times 100 = \frac{\frac{6}{120}}{0.622 \times \frac{89}{760-89}} \times 100 = 60\%$$

㉠ 절대습도 $(H) = \frac{m_w}{m_a} = \frac{m_w}{m - m_w} = \frac{6}{120} = 0.05 \text{kg/kg}$

여기서, m : 습한 공기의 질량(kg)
m_w : 습한 공기 속에 들어 있는 수증기의 질량(kg)
m_a : 건조 공기의 질량(kg)

㉡ 포화공기 절대습도
$$H = 0.622 \times \frac{P_w}{P - P_w} = 0.622 \times \frac{89}{750 - 89} = 0.0837 \text{kg/kg}$$

127 광전관식 노점계에 대한 설명으로 틀린 것은?

① 기구가 복잡하다.
② 냉각장치가 필요 없다.
③ 저습도의 측정이 가능하다.
④ 상온 또는 저온에서 상점의 정도가 우수하다.

풀이 광전관식 습도계
- 기구가 복잡하다.
- 냉각장치가 필요하다.
- 노점과 상점과의 육안판정이 필요하다.
- 저습도의 측정이 가능하다.
- 연속기록, 원격측정, 자동제어에 이용된다.

정답 125 ① 126 ④ 127 ②

128 습한 공기 205kg 중 수증기가 35kg 포함되어 있다고 할 때 절대습도(kg/kg)는?(단, 공기와 수증기의 분자량은 각각 29, 18로 한다.)

① 0.106
② 0.128
③ 0.171
④ 0.206

풀이 건조공기 = 205 - 35 = 170kg

∴ 절대습도(ϕ) = $\frac{35}{170}$ = 0.206(20.6%)

129 온도가 21℃에서 상대습도 60%의 공기를 압력은 변화하지 않고 온도를 22.5℃로 할 때, 공기의 상대습도는 약 얼마인가?

온도(℃)	물의 포화증기압(mmHg)
20	16.54
21	17.83
22	19.12
23	20.41

① 52.41%
② 53.63%
③ 54.13%
④ 55.95%

풀이 21℃ = 17.83mmHg × 0.6 = 10.698mmHg

22.5℃ = $\frac{19.12 + 20.41}{2}$ = 19.765mmHg(평균)

∴ 상대습도(22.5℃) = $\frac{10.698}{19.765}$ × 100 = 54.13(%)

130 20℃에서 어떤 액체의 밀도를 측정하였다. 측정용기의 무게가 11.6125g, 증류수를 채웠을 때가 13.1682g, 시료 용액을 채웠을 때가 12.8749g이라면 이 시료액체의 밀도는 약 몇 g/cm³인가?(단, 20℃에서 물의 밀도는 0.99823g/cm³이다.)

① 0.791
② 0.801
③ 0.810
④ 0.820

풀이 20℃에서 무게 G1(증류수) : 13.1682-11.6125=2.0432g
G2(시료) : 12.8749-11.6125=1.2624g

밀도(ρ) = $\frac{G(질량)}{V(부피)}$ = $\frac{1.2624}{\frac{2.0432}{0.99823}}$ = 0.81g/cm³

정답 128 ④ 129 ③ 130 ③

131 온도 25℃, 전압 760mmHg인 공기 중의 수증기 분압은 17.5mmHg이었다. 이 공기의 습도를 건조공기 kg당 수증기의 kg으로 나타낸 것은?(단, 공기 및 물의 분자량은 각각 29, 18이다.)

① 0.0014kg H₂O/kg 건조공기
② 0.0146kg H₂O/kg 건조공기
③ 0.0029kg H₂O/kg 건조공기
④ 0.0292kg H₂O/kg 건조공기

풀이 수증기량 $= \dfrac{18}{29} \times \dfrac{17.5}{760} ≒ 0.0146$ kg H₂O/kg 건조공기

132 점도의 차원은?(단, 차원기호는 M : 질량, L : 길이, T : 시간이다.)

① MLT^{-1}
② $ML^{-1}T^{-1}$
③ $M^{-1}LT^{-1}$
④ $M^{-1}L^{-1}T$

풀이 차원
㉠ MLT계 : M(질량), L(길이), T(시간) : 절대단위
㉡ FLT계 : F(힘), L(길이), T(시간) : 공학단위계

점도차원 ─ 절대점도 ─ SI단위계 : $ML^{-1}T^{-1}$
　　　　　　　　　　└ 공학단위계 : $FL^{-2}T$
　　　　　└ 동점성 ─ SI단위계 : L^2T^{-1}
　　　　　　　　　　└ 공학단위계 : L^2T^{-1}

※ Pa=N/m², N=kg·m/s², Pa·s=(kg/m·s²)×s=kg/m·s
※ 점도(μ) = 밀도 × 동점성계수 = kg/m·s

133 임펠러식 유량계에 대한 설명으로 틀린 것은?

① 구조가 간단하다.
② 내구력이 우수하다.
③ 직관부분이 필요 없다.
④ 부식성 유체에도 사용이 가능하다.

풀이 임펠러식(날개바퀴식) 유량계
유체 중에 프로펠러나 터빈 등의 임펠러를 놓고 그 회전속도에 의해 유량이 비례하므로 회전수를 검출하여 유량을 측정하는 유량계이다. 일정한 길이의 직관부가 필요한 유량계이다.

134 로터리 피스톤형 유량계에서 중량유량을 구하는 식은?(단, C : 유량계수, A : 유출구의 단면적, W : 유체 중의 피스톤 중량, a : 피스톤의 단면적이다.)

① $G = CA\sqrt{\dfrac{a}{2g\gamma W}}$
② $G = CA\sqrt{\dfrac{\gamma a}{2gW}}$
③ $G = CA\sqrt{\dfrac{2g\gamma W}{a}}$
④ $G = CA\sqrt{\dfrac{2gW}{\gamma a}}$

정답 131 ② 132 ② 133 ③ 134 ③

풀이 로터리 피스톤형 유량계의 중량유량(G) 계산식
$$G = C \times A \times \sqrt{\frac{2g\gamma W}{a}} \text{ (kg)}$$

135 방사선식 액면계의 종류가 아닌 것은?

① 조사식
② 전극식
③ 가반식
④ 투과식

풀이 방사선식 액면제(^{60}Co, ^{137}Cs 감마선 이용)
조사식, 가반식, 투과식

136 공기의 유속을 피토관으로 측정하였을 때 차압이 60mmH$_2$O이었다. 이때 유속(m/s)은?(단, 피토관 계수 1, 공기의 비중량 1.2kgf/m^{3}이다.)

① 0.053
② 31.3
③ 5.3
④ 53

풀이 물의 비중량(1,000kg/m^3)
$$V = C\sqrt{2g\frac{r_w - r_a}{r_a}h} = 1 \times \sqrt{2 \times 9.8 \times \left(\frac{1,000 - 1.2}{1.2}\right) \times 0.06} = 31.3 \text{m/s}$$

137 Stokes의 법칙을 이용한 점도계는?

① Ostwald 점도계
② Falling Ball Type 점도계
③ Saybolt 점도계
④ Rotation Type 점도계

138 빈병의 질량이 414g인 비중병이 있다. 물을 채웠을 때 질량이 999g, 어느 액체를 채웠을 때의 질량이 874g일 때 이 액체의 밀도는 얼마인가?(단, 물의 밀도 : 0.998g/cm^3, 공기의 밀도 : 0.00120g/cm^{3}이다.)

① 0.785g/cm^3
② 0.998g/cm^3
③ 7.85g/cm^3
④ 9.98g/cm^3

풀이 물의 질량 = 999 − 414 = 585g
어느 액체 = 874 − 414 = 460g
$$\therefore \text{밀도}(\rho) = \frac{460 \times 0.998}{585} = 0.785 \text{g/cm}^3$$

정답 135 ② 136 ② 137 ② 138 ①

139 차압식 유량계로 유량을 측정하였더니 오리피스 전·후의 차압이 1,936mmH$_2$O일 때 유량은 22m^3/h이었다. 차압이 1,024mmH$_2$O이면 유량은 얼마가 되는가?

① 12m^3/h ② 14m^3/h
③ 16m^3/h ④ 18m^3/h

[풀이] $22 \times \dfrac{\sqrt{1,024}}{\sqrt{1,936}} = 16 \, \text{m}^3/\text{h}$

140 유체의 압력 및 온도 변화에 영향이 적고, 소유량이며 정확한 유량제어가 가능하여 혼합가스 제조 등에 유용한 유량계는?

① Roots Meter ② 벤투리유량계
③ 터빈식 유량계 ④ Mass Flow Controller

[풀이] Mass Flow Controller 유량계
- 유체의 압력 및 온도변화에 영향이 적다.
- 소유량 측정용이다.
- 정확한 유량제어가 가능하며 혼합가스 제조 등에 유용한 유량계이다.

141 속도분포식 $U = 4y^{2/3}$일 때 경계면에서 0.3m 지점의 속도구배(s^{-1})는?(단, U와 y의 단위는 각각 m/s, m이다.)

① 2.76 ② 3.38
③ 3.98 ④ 4.56

[풀이] $\dfrac{du}{dy} = 4 \times \dfrac{2}{3}\left(y^{\frac{2}{3}-1}\right) = 4 \times \dfrac{2}{3} \times \left(0.3^{\frac{2}{3}-1}\right) = 3.98 \, \text{s}^{-1} \, (y = 0.3)$

142 실내공기의 온도는 15℃이고, 이 공기의 노점은 5℃로 측정되었다. 이 공기의 상대습도는 약 몇 %인가?(단, 5℃, 10℃ 및 15℃의 포화수증기압은 각각 6.54mmHg, 9.21mmHg 및 12.79mmHg이다.)

① 46.6 ② 51.1
③ 71.0 ④ 72.0

[풀이] 상대습도$(\psi) = \dfrac{P_w}{P_s} \times 100 = \dfrac{\gamma_w}{\gamma_s} \times 100 \, (\%)$
$= \dfrac{6.54}{12.79} \times 100 = 0.511 \, (51.1\%)$

정답 139 ③ 140 ④ 141 ③ 142 ②

143 에탄올, 헵탄, 벤젠, 에틸아세테이트로 된 4성분 혼합물을 TCD를 이용하여 정량분석하려고 한다. 다음 데이터를 이용하여 각 성분(에탄올 : 헵탄 : 벤젠 : 에틸아세테이트)의 중량분율(wt%)을 구하면?

성분	면적(cm^2)	중량인자
에탄올	5.0	0.64
헵탄	9.0	0.70
벤젠	4.0	0.78
에틸아세테이트	7.0	0.79

① 20 : 36 : 16 : 28
② 22.5 : 37.1 : 14.8 : 25.6
③ 22.0 : 24.1 : 26.8 : 27.1
④ 17.6 : 34.7 : 17.2 : 30.5

풀이 가스총중량 = $(5.0 \times 0.64) + (9.0 \times 0.70) + (4.0 \times 0.78) + (7.0 \times 0.79) = 18.15$

- 에탄올 = $\frac{5.0 \times 0.64}{18.15} \times 100 = 17.6\%$
- 헵탄 = $\frac{9.0 \times 0.70}{18.15} \times 100 = 34.7\%$
- 벤젠 = $\frac{4.0 \times 0.78}{18.15} \times 100 = 17.2\%$
- 에틸아세테이트 = $\frac{7.0 \times 0.79}{18.15} \times 100 = 30.5\%$

144 압력 $5kgf/cm^2 \cdot abs$, 온도 40℃인 산소의 밀도는 약 몇 kg/m^3인가?

① 2.03　　② 4.03　　③ 6.03　　④ 8.03

풀이 ㉠ 표준상태 산소(O_2) 일반밀도(kg/m^2)
$$= \frac{32kg}{22.4m^3} = 1.43 kg/m^3$$
$$22.4 \times \frac{273+40}{273} \times \frac{1.033}{5} = 5.31 m^3$$
㉡ 변화 후 밀도(ρ) = $\frac{질량}{체적} = \frac{32kg}{5.31m^3} = 6.03 kg/m^3$

145 계측기와 그 구성을 연결한 것으로 틀린 것은?

① 부르동관 : 압력계
② 플로트(浮子) : 온도계
③ 열선 소자 : 가스검지기
④ 운반가스(Carrier Gas) : 가스분석기

풀이 플로트
액면계, 압력계 소자로 사용된다.

정답 143 ④　144 ③　145 ②

146 태엽의 힘으로 통풍하는 통풍형 건습구 습도계로서 휴대가 편리하고 필요 풍속이 약 3m/s인 습도계는?

① 아스만 습도계
② 모발 습도계
③ 간이건습구 습도계
④ Dewcel식 노점계

풀이 아스만 습도계
태엽의 힘으로 통풍하는 건습구 습도계로, 휴대가 간편하고 풍속 약 3m/s인 습도계로 사용한다.

147 불연속적인 제어이므로 제어량이 목푯값을 중심으로 일정한 폭의 상하 진동을 하게 되는 현상, 즉 뱅뱅현상이 일어나는 제어는?

① 비례제어
② 비례미분제어
③ 비례적분제어
④ 온·오프제어

풀이 불연속제어
- 온·오프 2위치동작
- 다위치 동작
- 간헐 동작

148 제어회로에 사용되는 기본논리가 아닌 것은?

① OR
② NOT
③ AND
④ FOR

풀이 시퀀스 제어 유접점 계전기의 기본 회로
논리적(AND), 논리합(OR), 논리부정(NOT), 기억(MEMORY), 지연(DELAY), NAND 등

149 편차의 크기에 단순 비례하여 조절 요소에 보내는 신호의 주기가 변하는 제어 동작은?

① On-Off동작
② P동작
③ PI동작
④ PID동작

풀이 비례동작 P(Proportional Action)
입력인 편차에 대하여 조작량의 출력변화가 일정한 비례 관계가 있는 동작($Y = K_D \cdot \varepsilon$)
※ Y(출력변화), K_D(비례정수), ε(편차)

정답 146 ① 147 ④ 148 ④ 149 ②

150 변화되는 목표치를 측정하면서 제어량을 목표치에 맞추는 자동제어 방식이 아닌 것은?

① 추종 제어
② 비율 제어
③ 프로그램 제어
④ 정치 제어

풀이 제어방법에 의한 분류
㉠ 정치제어(목표치가 일정하다.)
㉡ 추치제어 : 추종제어, 비율제어, 프로그램제어
㉢ 캐스케이드제어

151 오프셋을 제거하고, 리셋시간도 단축되는 제어방식으로서 쓸모없는 시간이나 전달느림이 있는 경우에도 사이클링을 일으키지 않아 넓은 범위의 특성프로세스에 적용할 수 있는 제어는?

① 비례적분미분 제어기
② 비례미분 제어기
③ 비례적분 제어기
④ 비례 제어기

풀이 비례적분미분 동작(Proportional Integral Derivative, PID동작)
비례, 적분, 미분 동작을 조합하여 잔류편차(Off-set)가 없고 응답이 빠르게 한 연속동작의 대표적인 동작이다.

152 순간적으로 무한대의 입력에 대한 변동하는 출력을 의미하는 응답은?

① 스텐응답
② 직선응답
③ 정현응답
④ 충격응답

풀이 충격응답은 과도한 현상에서 순간적으로 무한대의 입력에 대한 변동하는 출력을 의미하는 응답을 말한다.

153 오프셋(Off-set)이 발생하기 때문에 부하변화가 작은 프로세스에 주로 적용되는 제어동작은?

① 미분동작
② 비례동작
③ 적분동작
④ 뱅뱅동작

풀이 ㉠ 미분 동작(Derivative, D동작)
조작량은 제어편차의 미분값에 비례하는 크기로 조작량을 변화시키는 동작이다.
㉡ 비례 동작(Proportional Action, P동작)
조작량은 제어편차의 변화속도에 비례하는 동작으로 연속동작 중 가장 기본적으로 오프셋(Off-set, 잔류편차)이 발생하는 특징이 있다.
㉢ 적분 동작(Integral Action, I동작)
조작량은 제어편차의 적분치에 비례한 크기로 조작량을 변화시키는 동작으로 잔류편차를 제거하는 데 효과적인 방법이다.

정답 150 ④ 151 ① 152 ④ 153 ②

154 제어계 오차가 검출될 때 오차가 변화하는 속도에 비례하여 조작량을 가·감산하도록 하는 동작은?

① 미분동작　　　　　　　　② 적분동작
③ 온-오프동작　　　　　　　④ 비례동작

> **풀이** 미분동작 D동작
> 조작량이 동작신호의 미분값, 즉 편차의 변화속도에 비례하는 동작이다. 초기상태에서 큰 수정동작을 하며 단독 사용보다는 비례동작 또는 비례적분동작과 결합하여 사용한다.

155 가스공급용 저장탱크의 가스저장량을 일정하게 유지하기 위하여 탱크내부의 압력을 측정하고 측정된 압력과 설정압력(목표압력)을 비교하여 탱크에 유입되는 가스의 양을 조절하는 자동제어계가 있다. 탱크내부의 압력을 측정하는 동작은 다음 중 어디에 해당하는가?

① 비교　　　　　　　　　　② 판단
③ 조작　　　　　　　　　　④ 검출

> **풀이** 검출→ 비교→ 판단→ 조작

156 비례 제어기로 60~80℃ 사이의 범위로 온도를 제어하고자 한다. 목푯값이 일정한 값으로 고정된 상태에서 측정된 온도가 73~76℃로 변할 때 비례대역은 약 몇 %인가?

① 10%　　　　　　　　　　② 15%
③ 20%　　　　　　　　　　④ 25%

> **풀이** 비례대역은 비례 제어의 조작량을 변화시키는 데 필요한 입력을 입력신호의 전체 눈금에 대한 비율을 말한다.
> 비례대역 $= \dfrac{(76-73)℃}{(80-60)℃} \times 100 = 15\%$

157 보일러에서 여러 대의 버너를 사용하여 연소실의 부하를 조절하는 경우 버너의 특성 변화에 따라 버너의 대수를 수시로 바꾸는데, 이때 사용하는 제어방식으로 가장 적당한 것은?

① 다변수 제어　　　　　　　② 병렬제어
③ 캐스케이드 제어　　　　　④ 비율제어

> **풀이** 캐스케이드 제어
> 보일러에서 여러 대의 버너를 사용하여 연소실 부하를 조절하는 대수 제어이다.

정답 154 ① 155 ④ 156 ② 157 ③

158 진동이 일어나는 장치의 진동을 억제하는 데 가장 효과적인 제어동작은?

① 뱅뱅동작　　② 비례동작　　③ 적분동작　　④ 미분동작

풀이 연속동작
- P(비례동작) : 잔류편차(옵셋) 발생
- I(적분동작) : 잔류편차 제거, 진동하는 경향이 있음
- D(미분동작) : 진동억제 효과, 비례동작과 함께 사용

159 연속 제어동작의 비례(P)동작에 대한 설명 중 틀린 것은?

① 사이클링을 제거할 수 있다.
② 부하변화가 적은 프로세스의 제어에 이용된다.
③ 외란이 큰 자동제어에는 부적당하다.
④ 잔류편차(Off-set)가 생기지 않는다.

풀이 연속동작 비례 동작(P)의 특징은 ①, ②, ③ 외에도 부하변동 시 외란이 있으면 잔류편차가 발생하며, 프로세스의 반응속도가 정확하다.

160 제어량의 응답에 계단변화가 도입된 후에 얻게 될 궁극적인 값을 얼마나 초과하게 되는가를 나타내는 척도를 무엇이라 하는가?

① 상승시간(Rise Time)　　② 응답시간(Response Time)
③ 오버슈트(Over Shoot)　　④ 진동주기(Period of Oscillation)

풀이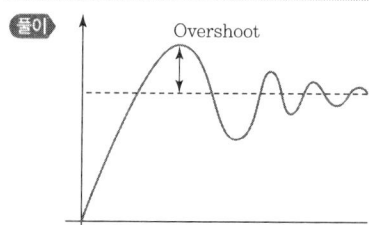

161 1차 지연형 계측지의 스텝응답에서 전변화의 80%까지 변화하는 데 걸리는 시간은 시정수의 얼마인가?

① 0.8배　　② 1.6배　　③ 2.0배　　④ 2.8배

풀이 스텝응답은 프로세스나 제어계의 입력을 어떤 값에서 다른 값으로 순차적인 계단형으로 바꿀 때 나타나는 전송로의 출력 신호

정답 158 ④　159 ④　160 ③　161 ②

$$스텝응답(Y) = 1 - e^{-\frac{t}{T}} \quad (여기서, t : 시간, T : 시정수)$$

$0.8 = 1 - e^{-\frac{t}{T}}$ 자연대수 ln으로 정리하면 $\ln(1-0.8) = -\frac{t}{T}$

$$\therefore \frac{t}{T} = -\ln(1-0.8) = 1.6$$

162 밸브를 완전히 닫힌 상태로부터 완전히 열린 상태로 움직이는 데 필요한 오차의 크기를 의미하는 것은?
① 잔류편차 ② 비례대
③ 보정 ④ 조작량

163 자동조절계의 제어동작에 대한 설명으로 틀린 것은?
① 비례동작에 의한 조작신호의 변화를 적분동작만으로 일어나는 데 필요한 시간을 적분시간이라고 한다.
② 조작신호가 동작신호의 미분값에 비례하는 것을 레이트 동작(Rate Action)이라고 한다.
③ 매 분당 미분동작에 의한 변화를 비례동작에 의한 변화로 나눈 값을 리셋률이라고 한다.
④ 미분동작에 의한 조작신호의 변화가 비례동작에 의한 변화와 같아질 때까지의 시간을 미분시간이라고 한다.

> **풀이** 리셋률(Reset Rate)
> 비례 위치 제어 작동의 효과가 1분간 반복되는 횟수로 매 분당 적분동작에 의한 변화를 비례동작에 의한 변화로 나눈 값을 리셋률이라고 한다.

164 교통 신호등은 어떤 제어를 기본으로 하는가?
① 피드백 제어 ② 시퀀스 제어
③ 캐스케이드 제어 ④ 추종 제어

> **풀이** 시퀀스 제어(정성적 제어)
> 교통신호, 승강기, 커피자판기, 전기밥솥, 세탁기

165 목푯값이 미리 정해진 변화를 하거나 제어순서 등을 지정하는 제어로서 금속이나 유리 등의 열처리에 응용하면 좋은 제어방식은?
① 프로그램 제어 ② 비율제어
③ 캐스케이드 제어 ④ 타력제어

정답 162 ② 163 ③ 164 ② 165 ①

166 제어의 최종신호값이 이 신호의 원인이 되었던 전달 요소로 되돌려지는 제어방식은?

① Open-Loop 제어계
② Closed-Loop 제어계
③ Forward 제어계
④ Feedforward 제어계

167 미리 정해 놓은 순서에 따라서 단계별로 진행시키는 제어방식에 해당하는 것은?

① 수동 제어(Manual Control)
② 프로그램 제어(Program Control)
③ 시퀀스 제어(Sequence Control)
④ 피드백 제어(Feedback Control)

> **풀이** 시퀀스 제어 : 미리 정해 높은 순서에 따라서 단계별로 진행시키는 제어방식이다.

168 변화되는 목표치를 측정하면서 제어량을 목표치에 맞추는 자동제어 방식이 아닌 것은?

① 추종 제어
② 비율 제어
③ 프로그램 제어
④ 정치 제어

> **풀이** 정치 제어 : 프로세스에서 목표치가 일정한 자동제어 방식이다.

169 제어 오차가 변화하는 속도에 비례하는 제어동작으로, 오차의 변화를 감소시켜 제어 시스템이 빨리 안정될 수 있게 하는 동작은?

① 비례 동작
② 미분 동작
③ 적분 동작
④ 뱅뱅 동작

170 대류에 의한 열전달에 있어서의 경막계수를 결정하기 위한 무차원 함수로 관성력과 점성력의 비로 표시되는 것은?

① Reynolds수
② Nusselt수
③ Prandtl수
④ Euler수

> **풀이** 무차원 수의 종류
> • 레이놀즈수(관성력/점성력)
> • 너셀수
> • 프란틀수(열확산/열전도)

정답 166 ② 167 ③ 168 ④ 169 ② 170 ①

171 되먹임 제어의 특성에 대한 설명으로 틀린 것은?

① 목푯값에 정확히 도달할 수 있다.
② 제어계의 특성을 향상시킬 수 있다.
③ 외부조건의 변화에 영향을 줄일 수 있다.
④ 제어기 부품들의 성능이 다소 나빠지면 큰 영향을 받는다.

풀이 되먹임 제어(피드백 제어)는 수정동작이 가능한 제어로서 제어기 부품들의 성능이 다소 나빠져도 그리 큰 영향을 받지 않는, 일명 정량적 제어이다.
※ ④는 시퀀스 제어이다.

172 전력, 전류, 전압, 주파수 등을 제어량으로 하며 이것을 일정하게 유지하는 것을 목적으로 하는 제어 방식은?

① 자동조정
② 서보기구
③ 추치제어
④ 정치제어

풀이 자동조정 제어
전력, 전류, 전압, 주파수 등의 제어량을 일정하게 유지하는 제어이다.

173 캐스케이드 제어에 대한 설명으로 옳은 것은?

① 비율제어라고도 한다.
② 단일 루프제어에 비해 내란의 영향이 없으나 계전체의 지연이 크게 된다.
③ 2개의 제어계를 조합하여 제어량을 1차 조절계로 측정하고 그 조작 출력으로 2차 조절계의 목표치를 설정한다.
④ 물체의 위치, 방위, 자세 등의 기계적 변위를 제어량으로 하는 제어계이다.

풀이 캐스케이드 제어
2개의 제어계 조합이며 1차 조절계(제어량 측정), 2차 조절계(목표치 설정)로 제어한다.

174 레이더의 방향 및 선박과 항공기의 방향제어 등에 사용되는 제어는 제어량 성질에 따라 분류할 때 어떤 제어방식에 해당하는가?

① 정치제어
② 추치제어
③ 자동조정
④ 서보기구

풀이 제어의 서보기구
- 레이더 방향
- 선박, 항공기 방향제어

정답 171 ④ 172 ① 173 ③ 174 ④

175 다음 중 프로세스 제어량으로 보기 어려운 것은?

① 온도
② 유량
③ 밀도
④ 액면

풀이 프로세스(공정) 제어는 주로 온도, 압력 유량, 액면 등으로 한다.

176 다음 그림은 자동제어계의 특성에 대하여 나타낸 것이다. 그림 중 B는 입력신호의 변화에 대하여 출력신호의 변화가 즉시 따르지 않는 것을 나타내는 것으로 이를 무엇이라고 하는가?

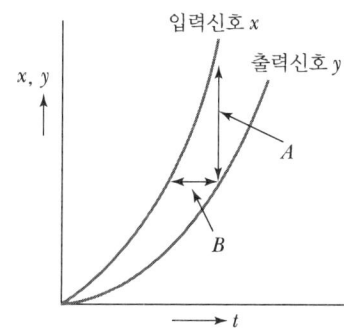

① 정오차
② 히스테리시스 오차
③ 동오차
④ 지연(遲延)

풀이 지연
자동제어에서 입력신호(x)와 출력신호(y)의 변화가 즉시 따르지 않는 것

177 방사온도계의 원리는 방사열(전방사에너지)과 절대온도의 관계인 스테판-볼츠만의 법칙을 응용한 것이다. 이때 전방사 에너지 Q는 절대온도 T의 몇 제곱에 비례하는가?

① 2
② 3
③ 4
④ 5

풀이 복사(방사)의 최대
$Q = \sigma A T^4 (\text{w})$
여기서, σ : 스테판-볼츠만 상수
$\sigma = 5.67 \times 10^{-8} \text{w/m}^2 \cdot \text{K}^4$
ε : 표면방사율
T : 절대온도
A : 표면적
a : 흡수체

정답   175 ③   176 ④   177 ③

178 입력(x)과 출력(y)의 관계식이 $y = kx$로 표현될 경우 제어요소는?

① 비례요소
② 적분요소
③ 미분요소
④ 비례적분요소

풀이 비례요소
$y = K_p \cdot X$(비례감도, 편차)

179 불연속적인 제어이므로 제어량이 목푯값을 중심으로 일정한 폭의 상하 진동을 하게 되는 현상, 즉 뱅뱅현상이 일어나는 제어는?

① 비례제어
② 비례미분제어
③ 비례적분제어
④ 온·오프제어

180 제어기의 신호전송방법 중 유압식 신호전송의 특징이 아닌 것은?

① 사용유압은 0.2~1kg/cm² 정도이다.
② 전송거리는 100~150m 정도이다.
③ 전송지연이 작고 조직력이 크다.
④ 조작속도와 응답속도가 빠르다.

풀이 유압식 신호전송거리는 300m 이내이다.
※ ②는 공기식 신호전송거리이다.

181 유압식 조절계의 제어동작에 대한 설명으로 옳은 것은?

① P동작이 기본이고 PI, PID동작이 있다.
② I동작이 기본이고 P, PI동작이 있다.
③ P동작이 기본이고 I, PID동작이 있다.
④ I동작이 기본이고 PI, PID동작이 있다.

풀이 유압식 조절계 제어동작
- 기본동작 : 적분동작(I)
- 동작 : 비례동작(P), 비례적분동작(PI)

182 진동이 일어나는 장치의 진동을 억제하는 데 가장 효과적인 제어동작은?

① 뱅뱅동작
② 비례동작
③ 적분동작
④ 미분동작

풀이 **자동제어 미분동작(D)** : 진동을 억제하는 데 가장 효과적인 동작(연속동작은 P.I.D 동작이 있다.)

정답 178 ① 179 ④ 180 ② 181 ② 182 ④

183 자동조절계의 비례적분동작에서 적분시간에 대한 설명으로 가장 적당한 것은?

① P동작에 의한 조작신호의 변화가 I동작만으로 일어나는 데 필요한 시간
② P동작에 의한 조작신호의 변화가 PI동작만으로 일어나는 데 필요한 시간
③ I동작에 의한 조작신호의 변화가 PI동작만으로 일어나는 데 필요한 시간
④ I동작에 의한 조작신호의 변화가 P동작만으로 일어나는 데 필요한 시간

풀이 적분시간 : P동작(비례동작)에 의한 조작신호의 변화가 I동작(적분동작)만으로 일어나는 데 필요한 시간

184 대규모의 플랜트가 많은 화학공장에서 사용하는 제어방식이 아닌 것은?

① 비율제어(Ratio Control)
② 요소제어(Element Control)
③ 종속제어(Cascade Control)
④ 전치제어(Feed Forward Control)

풀이 ①, ③, ④ : 대규모 플랜트 화학공장 제어법

185 폐루프를 형성하여 출력 측의 신호를 입력 측에 되돌리는 것은?

① 조절부
② 리셋
③ 온·오프동작
④ 피드백

풀이 피드백 신호는 출력 측 제어량을 측정하여 목표치와 비교할 수 있도록 되돌려 보내는 신호이다.

186 가스공급용 저장탱크의 가스저장량을 일정하게 유지하기 위하여 탱크 내부의 압력을 측정하고 측정된 압력과 설정압력(목표압력)을 비교하여 탱크에 유입되는 가스의 양을 조절하는 자동제어계가 있다. 탱크 내부의 압력을 측정하는 동작은 다음 중 어디에 해당하는가?

① 비교 ② 판단 ③ 조작 ④ 검출

풀이 유량, 압력, 온도 등의 검출은 자동제어 검출부에 속한다.

187 공기압식 조절계의 구성요소에 대한 설명으로 옳은 것은?

① 편차를 공기압으로 변환하는 기구를 벨로스라고 한다.
② 변환된 공기압을 증폭하는 기구를 파일럿밸브라고 한다.
③ 설정값과 측정값의 편차를 검출하는 데 플래퍼가 사용된다.
④ 각종 제어동작을 부여하는 데 노즐과 디스크가 사용된다.

풀이 파일럿밸브 : 변환된 공기압을 증폭하는 기구

정답 183 ① 184 ② 185 ④ 186 ④ 187 ②

188 제어시스템에서 응답이 목푯값에 처음으로 도달하는 데 걸리는 시간을 의미하는 것은?

① 시간지연　　② 상승시간
③ 응답시간　　④ 오버슈트

풀이 상승시간 : 제어시스템에서 응답이 목푯값에 처음으로 도달하는 데 걸리는 시간을 의미한다.

189 가스보일러의 자동연소제어에서 조작량에 해당되지 않는 것은?

① 연료량　　② 증기압력
③ 연소가스양　　④ 공기량

풀이 가스보일러 자동연소제어 조작량
- 연료량
- 연소가스양
- 공기량

190 다음 중 잔류편차(Off-set)는 없앨 수 있으나 제어시간이 단축되지 않는 특징을 가지는 제어는?

① P 제어　　② PI 제어
③ PD 제어　　④ PID 제어

풀이 PI 제어(비례+적분동작) 연속제어 특성
- 잔류 편차 제거
- 제어시간은 단축되지 않음

191 그림과 같은 논리회로의 출력 Y를 옳게 나타낸 것은?

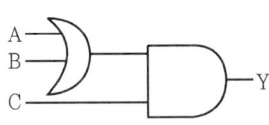

① $A+B+C$　　② $\overline{(A \cdot B)}+C$
③ $(A \cdot B)+C$　　④ $(A+B) \cdot C$

풀이
X.OR회로 X=A
X.AND회로 X=
∴ $Y=(A+B)C$

정답　188 ②　189 ②　190 ②　191 ④

192 제어량의 값이 목푯값과 달라지게 하는 외부로부터의 영향을 무엇이라 하는가?

① 상승시간 ② 외란
③ 설정점 ④ 제어점

풀이 외란이란 제어량의 값이 목푯값과 달라지게 하는 외부로부터의 혼란스러운 영향

193 노즐 – 플래퍼(Nozzle – Flapper)를 이용한 공기식 조절기의 역할은?

① 공기압 신호를 전기신호로 변환하는 기기
② 전기신호를 공기압 신호로 변환하는 기기
③ 변위를 공기압 신호로 변환하는 기기
④ 공기압 신호를 변위로 변환하는 기기

풀이 노즐 – 플래퍼 공기식 조절기는 변위를 공기압 신호로 변환하는 기기이다.

194 다음 중 프로세스 제어에 해당하지 않는 것은?

① 방위 ② 유량
③ 효율 ④ 압력

풀이 프로세스 제어
- 유량
- 효율
- 압력

195 전기로의 온도를 10℃/min의 속도로 올려서 노 내의 온도를 500℃로 만들어 2시간 동안 유지시킨 다음 5℃/min의 속도로 온도를 내려서 상온에 도달시키고자 할 때 어떤 제어방법을 사용하는 것이 가장 좋은가?

① 정치제어 ② 추종제어
③ 캐스케이드 제어 ④ 프로그램 제어

풀이 프로그램 제어
목표치가 시간에 따라 미리 결정된 일정한 프로그램에 따라 순차적으로 수행되는 제어방식으로 배치 프로세스 등에 사용된다.

정답 192 ② 193 ③ 194 ① 195 ④

CHAPTER 002 가스분석

SECTION 01 흡수 분석법

흡수법은 혼합가스를 각각 특정한 흡수액에 흡수시켜 흡수 전후의 가스용적의 차에서 흡수된 가스양을 구하여 정량을 측정하는 것이다.

1. 헴펠(Hempel)법

분석되는 가스는 주로 CO_2, C_mH_n(중탄화수소), O_2, CO이며 흡수액은 아래 표와 같다.

▼ 헴펠법의 흡수액

성분	흡수액	피펫
CO_2	KOH 30g/H_2O 100mL	단식 또는 복식
C_mH_n	무수황산약 25%를 포함한 발연황산	구입
O_2	KOH 60g/H_2O 100mL + 피로갈롤 12g/H_2O 100mL	복식
CO	NH_4Cl 33g + CuCl 27g/H_2O 100mL + 암모니아수	복식

흡수장치에는 헴펠의 피펫을 사용하고 CO_2, C_mH_n, O_2 및 CO의 순서에 따라 각각 규정된 흡수액에 흡수시켜 흡수 가스양은 가스뷰렛으로 측정한다.

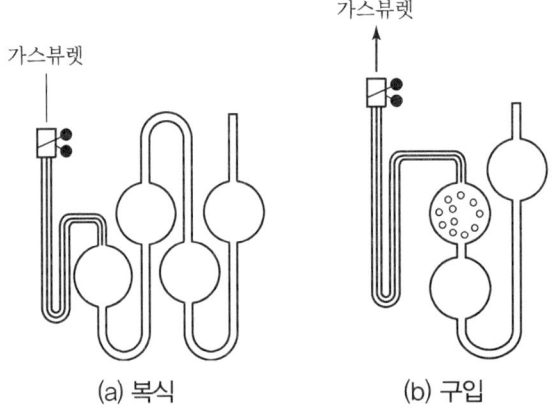

| 헴펠의 흡수 피펫 |

2. 오르자트(Orsat)법

가스와 흡수액의 접촉이 양호한 구조의 피펫을 사용하여 가스의 흡수는 섞지 않고 행한다.

1) 오르자트 분석장치의 일례

① 뷰렛 B는 보온 외투관부 수준병 N에 의해 a에서 시료 가스를 뷰렛 내에 도입한다.
② 피펫Ⅲ의 흡수액은 KOH용액으로 뷰렛 내의 시료가스를 수준병의 조작으로 피펫Ⅲ에 넣고 뷰렛에 복귀시키는 것을 반복하여 완전히 CO_2를 흡수시킨다.
③ 나머지 가스를 같은 조작으로 피펫Ⅱ(알칼리성 피로갈롤 용액)에 넣어 O_2를 흡수한다.
④ 다시 남은 가스는 피펫Ⅰ(암모니아성 염화 제1동 용액)에 넣어 CO를 흡수한다.

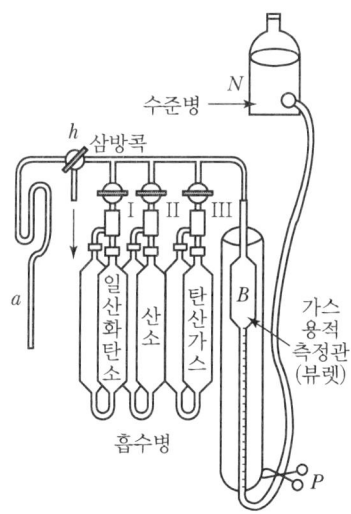

- $CO_2 = \dfrac{\text{수산화칼륨 용액 30\% 흡수액}}{\text{시료채취량}} \times 100(\%)$
- $O_2 = \dfrac{\text{알칼리성 피로갈롤 용액 흡수량}}{\text{시료채취량}} \times 100(\%)$
- $CO = \dfrac{\text{염화 제1동 용액 흡수량}}{\text{시료채취량}} \times 100(\%)$
- $N_2 = 100 - (CO_2 + O_2 + CO)(\%)$

∥오르자트 분석장치∥

2) 오르자트 가스분석 순서 및 흡수액

① 이산화탄소(CO_2) : 33% KOH 수용액
② 산소(O_2) : 알칼리성 피로갈롤 용액
③ 일산화탄소(CO) : 암모니아성 염화 제1동 용액

3. 게겔(Gockel)법

게겔법은 저급 탄화수소의 분석용에 고안된 것이다. 게겔법의 분석순서 및 흡수액은 다음과 같다.

① 이산화탄소(CO_2) : 33% KOH용액
② 아세틸렌(C_2H_2) : 옥소수은 칼륨용액
③ 프로필렌(C_3H_6)과 노르말부틸렌 : 87% H_2SO_4
④ 에틸렌(C_2H_4) : 취수소
⑤ 산소(O_2) : 알칼리성 피로갈롤 용액
⑥ 일산화탄소(CO) : 암모니아성 염화 제1동 용액

SECTION 02 연소 분석법

시료 가스는 공기 또는 산소 또는 산화제에 의해 연소되고 그 결과 생긴 용적의 감소, 이산화탄소의 생성량, 산소의 소비량 등을 측정하여 목적 성분을 산출하는 방법이다.

1. 폭발법

① 일정량의 가연성 가스 시료를 뷰렛에 넣고 적량의 산소 또는 공기를 혼합하여 폭발 피펫에 옮겨 전기 스파크에 의해 폭발시킨다.
② 가스를 다시 뷰렛에 되돌려 연소에 의한 용적의 감소에서 목적 성분을 구하는 방법이다.
③ 연소에서 생성된 CO_2 및 잔류하는 O_2는 흡수법에 의해 구할 수 있다.
④ 폭발법은 가스 조성이 대체로 변할 때에 사용하는 것이 안전하다.

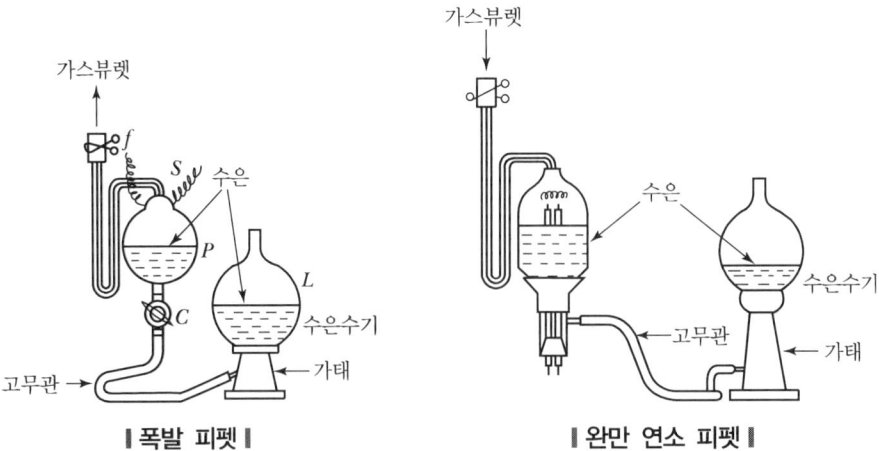

∥ 폭발 피펫 ∥   ∥ 완만 연소 피펫 ∥

2. 완만 연소법

지름 0.5mm 정도의 백금선을 3~4mm의 코일로 한 적열부를 가진 완만 연소 피펫으로 시료가스의 연소를 행하는 방법이며 적열백금법 또는 우인클레법이라고도 한다.

① 시료가스와 적당량의 산소를 서서히 피펫에 이송하고 가열, 조절이 되는 백금선으로 연소를 행하므로 폭발의 위험을 피할 수 있고 N_2가 혼재할 때에도 질소 산화물의 생성을 방지할 수 있다.
② 완면연소법은 흡수법과 조합하여 H_2와 CH_4를 산출하는 이외에 H_2와 CO, H_2, H_2 또는 CH_4와 C_2H_6 등을 모두 용적의 수축과 CO_2의 생성량 및 소비 O_2량에서 산출할 수 있다.

3. 분별 연소법

2종 이상의 동족 탄화수소와 H_2가 혼재하고 있는 시료에서는 폭발법과 완만 연소법이 이용될 수 없다. 이 경우에 탄화수소는 산화시키지 않고, H_2 및 CO만을 분별적으로 완전 산화시키는 분별 연소법이 사용된다.

1) 팔라듐관 연소법

약 10%의 팔라듐 석면 0.1~0.2g을 넣은 팔라듐관을 80℃ 전후로 유지하고 시료가스와 적당량의 O_2를 통하여 연소시키면 다음과 같다.

$$2H_2 + O_2 \longrightarrow 2H_2O$$

연소 전후의 체적차 2/3가 H_2가 되면 C_mH_{2n+2}는 변화하지 않으므로 H_2의 양이 산출된다. 이때 촉매로서 팔라듐 석면 이외에 팔라듐 흑연, 백금 실리카겔 등이 사용된다.

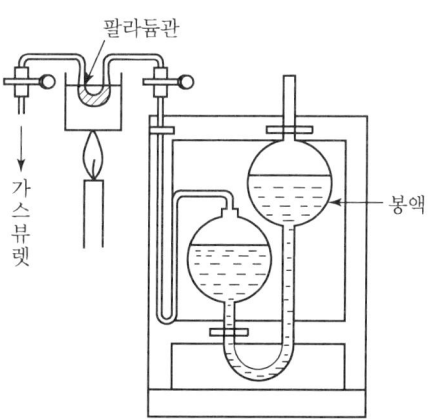

| 팔라듐관 연소장치 |

2) 산화동법

산화제로서 산화동을 250℃로 가열하여 시료가스를 통하면 H_2 및 CO는 연소하나 CH_4는 남는다. 적열(800~900℃)에 가까운 산화동에서는 CH_4도 연소하므로 H_2 및 CO를 제거한 가스에 대해서는 CH_4의 정량도 된다.

SECTION 03 화학 분석법

1. 적정법

일반적으로 가스 분석에서는 옥소(요오드 : I_2) 적정법에 널리 이용되고 있다.

1) 옥소 적정법

(1) 직접법(Iodimetry)

옥소 표준 용액을 사용하여 반응으로 소비하는 옥소에서 H_2S를 정량한다.

$$H_2S + I_2 \longrightarrow 2HI + S$$

직접법에서는 타트와일러의 뷰렛에 의한 H_2S의 정량이 많이 사용된다.

(2) 간접법(Iodometry)

유리(遊離)하는 옥소를 티오황산나트륨 용액으로 적정하여 O_2를 구한다.

$$O_3 + 2KI + H_2O \longrightarrow 2KOH + O_2 + I_2$$

2) 중화 적정법

① 연소가스 중의 암모니아를 황산에 흡수시켜 나머지의 황산(H_2SO_4)을 수산화나트륨(NaOH) 용액으로 적정한다.
③ 전유황분의 정량에서의 SO_2, SO_3를 수산화나트륨(NaOH) 용액에 의한다.

3) 킬레히드 적정법

EDTA(Ethylene Diamine Tetraacetic Acid)용액을 사용하며, 미량수분의 측정에서는 탈수메탄올에 시료가스를 통하게 하고 이것을 카알피쉬 시약으로 적정하는 방법이 많이 사용되고 있다.

$$I_2 + SO_2 + 3C_5H_5N + H_2O \longrightarrow 2C_5H_5NHI + C_5H_5NSO_4$$

2. 중량법

가스분석에서의 중량법은 침전법과 황산바륨($BaSO_4$) 침전법이 있다.

1) 침전법

시료가스를 타 물질과 반응시켜 침전을 만들고 이것을 적량하여 목적성분의 적량을 행한다.

(1) 황화수소(H_2S)의 적량

$$H_2S + CdCl_2 \longrightarrow 2HCl + CdS \downarrow$$

(2) 이황화탄소(CS_2)의 정량

$$CS_2 + KOH + C_2H_5OH \longrightarrow H_2O + C_3H_5KOS_2 \downarrow$$

2) 황산바륨($BaSO_4$) 침전법

아황산가스(SO_2) 혹은 전유황분을 측정한다.

$$SO_2 + H_2O_2 \longrightarrow H_2SO_4$$
$$H_2SO_4 + BaCl_2 \longrightarrow 2HCl + BaSO_4 \downarrow$$

3. 흡광 광도법

시료가스를 타 물질과의 반응으로 발색시켜 광전 광도계 또는 광전분광 광도계를 사용하여 흡광도의 측정에서 함량을 구하는 분석법이다.

① 흡광 광도법은 램버트 – 비어(Lambert – Beer)의 법칙을 이용한 것으로 흡광도로 표시된다.

$$흡광도(E) = \varepsilon CL$$

여기서, ε : 흡광계수
C : 농도
L : 광(빛)이 통과하는 액층의 길이

② 농도를 알고 있는 수종류의 표준액에 대하여 흡광도를 측정하고 미리 검량선을 작성해 두면 흡광계수(ε)를 직접 구하지 않아도 목적 성분의 농도가 산출된다.

▼ 흡광 광도법의 예

측정가스	방법	측정파장(mµ)
Cl_2	o-톨리딘법	438
$SO_2 \rightarrow SO_4$	황산바륨법	450
$NO + NO_2$	나프틸에틸렌디아민	545
HCN	파라딘-피라졸론법	620
NH_3	인도페놀법	640
H_2S	메틸렌블루법	665
CO	몰리브덴블루법	720

③ 흡광 광도법은 미량분석에 유용하다.

SECTION 04 기기 분석법

1. 가스크로마토그래피(Gas Chromatography)

1) 가스크로마토그래피의 원리

먼저 캐리어 가스(Carrier Gas)를 유량을 조절하여 흘려 넣고 측정가스도 시료 도입부를 통하여 공급하면 측정가스와 캐리어 가스가 분리관(칼럼)을 통하는 동안 분리되어 시료의 각 성분을 검출기에서 측정하게 된다. 이때 캐리어 가스와 시료성분의 검출은 열전도율의 차에 의해 검출되고 검출기에서는 대조측과 시료측의 차를 비교하여 기록계에서 기록한다(분리평가 : 크로마토그램으로부터 이론단수, 이론단높이, 피크의 면적 등으로 계산하여 평가한다).

2) 가스크로마토그래피의 구성

가스크로마토그래피는 분리관(칼럼), 검출기, 기록계 등으로 구성된다.

(1) 흡착 크로마토그래피

흡착제(고정상)를 충전한 관중에 혼합 시료를 주입하고 용제(이동상)를 유동시켜 전개를 행하면 흡착력의 차이에 따라 시료 각 성분의 분리가 일어난다.
① 흡착력이 강할수록 이동 속도는 늦다.
② 가스크로마토그래피법 또는 흡착-치환형(Adsorption Displacement Chromatography)이라고도 한다.
③ 가스 시료의 분석에 널리 이용되고 있다.

(2) 분배 크로마토그래피

액체를 담체(Support)로 유지시켜 고정상으로 하고 이것과 자유롭게 혼합하지 않는 액체를 전개제(이동상)로 하여 시료 각 성분의 분배율의 차이에 의하여 분리하는 것이다.

① 기액크로마토그래피법 또는 분배-유출형(Partition Elution Chromatography)이라고 한다.
② 액체 시료의 분석에 많이 쓰인다.

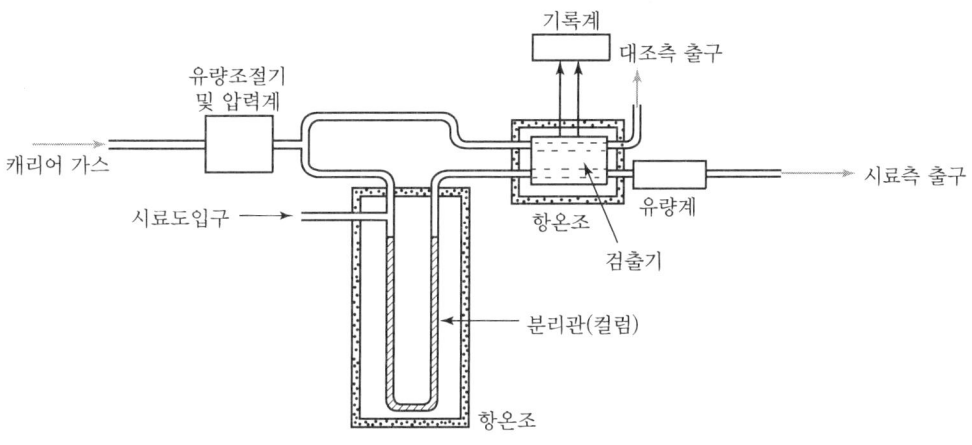

┃ 가스크로마토그래피의 일례 ┃

▼ 분리관(칼럼)의 충전물

	품명	최고사용온도(℃)	적용
흡착형	황성탄	–	H_2, CO, CO_2, CH_4
	활성알루미나	–	CO, $C_1 \sim C_4$ 탄화수소
	실리카겔	–	CO_2, $C_1 \sim C_3$ 탄화수소
	Molecular Sieves 13X	–	CO, CO_2, N_2, O_2
	Porapak Q	250	N_2O, NO, H_2O
분기형	DMF(Dimethyl Formamide)	20	$C_1 \sim C_4$ 탄화수소
	DMS(Dimethyl Sulfolane)	50	프레온, 올레핀류
	TCP(Ticresyl Phosphate)	125	유황 화합물
	Silicone SE-30	250	고비점 탄화수소
	Goaly U-90(Squalane)	125	다성분 혼합의 탄화수소

3) 캐리어 가스

전개제에 상당하는 가스를 캐리어 가스라 하며, H_2, He, Ar, N_2 등이 사용된다.

[캐리어 가스의 구비조건]
- 시료와 반응하지 않은 불활성 기체일 것
- 기체 확산을 최소로 할 수 있을 것
- 순도가 높고 구입이 용이할 것
- 경제적일 것(가격이 저렴할 것)
- 사용하는 검출기에 적합할 것

4) 가스크로마토그래피의 검출기

(1) 열전도도 검출기(Thermal Conduct Detector ; TCD)

기체의 흐름에 따른 열전도율 변화를 이용한 것이다. 유기 및 무기 화합물을 모두 검출할 수 있으며, 검출 후에도 시료가 파괴되지 않기 때문에 시료를 모을 수 있으나 다른 검출기에 비해 감도가 비교적 낮다.

[열전도도 검출기 주의사항]
- 운반기체 흐름속도에 민감하므로 흐름속도를 일정하게 유지한다.
- 필라멘트에 전류를 공급하기 전에 일정량의 운반기체를 먼저 흘려 보낸다.
- 감도를 위해 필라멘트와 검출실 내벽온도를 적정하게 유지한다.

(2) 수소염 이온화 검출기(Flame Ionization Detector ; FID)

유기 화합물이 수소−공기의 불꽃 속에서 탈 때 생성되는 이온을 검출하는 검출기이며, 탄화수소에 대한 감도가 우수하다. 특히 연소 시 발생하는 수분의 응축을 방지하기 위하여 검출기의 온도는 100℃ 이상으로 한다.

(3) 전자포획형 검출기(Electron Capture Detector ; ECD)

방사선 동위원소로부터 방출되는 β선이 운반가스를 전리하여 미소전류를 흘려보낼 때 시료 중의 할로겐이나 산소와 같이 전자 포획력이 강한 화합물에 의하여 전자가 포획되어 전류가 감소하는 것을 이용하는 방법으로 유기할로겐화합물, 니트로화합물 및 유기금속화합물을 선택적으로 검출할 수 있다. 할로겐 등에 감도가 우수하며 탄화수소에 대한 감도는 나쁘다.

(4) 염광광도형 검출기(Flame Photometric Detector ; FPD)

수소염에 의하여 시료성분을 연소시키고 이때 발생하는 염광의 광도를 분광학적으로 측정하는 방법으로서 인 또는 유황화합물을 선택적으로 검출할 수 있다.

(5) 알칼리열 이온화검출기(Flame Thermionic Detector ; FTD)

알칼리열 이온화검출기는 수소염 이온화 검출기에 알칼리 또는 알칼리토류 금속염의 튜브를 부착한 것으로 유기질소 화합물 및 유기염 화합물을 선택적으로 검출할 수 있다.

▼ 검출기의 종류

명칭	열전도도형 검출기(TCD)	수소이온화 검출기(FID)	전자포획이온화 검출기(ECD)
원리	캐리어 가스와 시료성분 가스의 열전도도 차를 금속필라멘트(혹은 더미스터)의 저항 변화로 검출	염으로 시료성분이 이온화됨으로써 염 중에 놓여진 전극 간의 전기전도가 증대하는 것을 이용	방사선으로 캐리어 가스가 이온화되고 생긴 자유전자를 시료성분이 포획하면 이온전류가 멸소하는 것을 이용
적용	일반적으로 가장 널리 사용됨	탄화수소에 감도 최고 H_2, O_2, CO, CO_2, SO_2 등은 감도 없음	할로겐 및 산소화합물에서 감도 최고, 탄화수소는 감도가 나쁨

7) 분리 평가

(1) 분리 효율

분리관을 나오는 성분 봉우리의 퍼지는 크기에 따라 관의 분리효율을 결정한다. 이것을 정량적으로 표시하기 위한 척도로서 이론단수와 이론단 높이를 사용한다. 크로마토그래피의 효율은 이론단수가 클수록, 이론단 높이가 작을수록 증가한다. 보통 이론단수 또는 1 이론단에 해당하는 분리관의 길이 HETP(Height Equivalent to a Theoretical Plate)로 표시하며 크로마토그램상의 피크로부터 다음 식에 의하여 구한다.

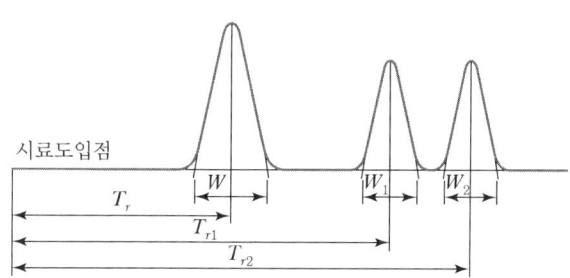

① 이론단수$(n) = 16 \times \left(\dfrac{T_r}{W}\right)^2$

여기서, T_r : 시료도입점부터 피크 최고점까지 거리(보유시간)
W : 피크 시 좌우 변곡점에서 접선 바탕의 폭

② 이론단높이(HETP) $= \dfrac{L}{n}$

여기서, L : 분리관의 길이(mm)

(2) 분리능

2개의 접근한 피크의 분리의 정도를 나타내기 위하여 분리계수 또는 분리도를 가지고 다음과 같이 정량적으로 정의하여 사용한다.

① 분리계수 = $\dfrac{T_{r2}}{T_{r1}}$

② 분리도 = $2 \times \dfrac{(T_{r2} - T_{r1})}{W_1 + W_2}$

여기서, T_{r1} : 시료도입점으로부터 피크 1의 최고점까지의 길이
T_{r2} : 시료도입점으로부터 피크 2의 최고점까지의 길이
W_1 : 피크 1의 좌우 변곡점에서의 접선이 자르는 바탕선의 길이
W_2 : 피크 2의 좌우 변곡점에서의 접선이 자르는 바탕선의 길이

8) 가스크로마토그래피의 장단점

(1) 장점

① 불활성 기체로 분리관(칼럼)을 연속적으로 재생할 수 있다.
② 시료성분이 완전히 분리된다(여러 종류의 가스분석이 가능하고 선택성이 좋고 고감도로 측정이 가능하다).
③ 분석시간이 짧다(미량 성분분석이 가능하고 응답속도는 늦으나 분리 능력이 좋다).

(2) 단점

① 강하게 분리된 성분은 매우 서서히 움직이거나 어떤 경우 거의 움직이지 않는다.
② 응답속도가 느리고 동일 가스의 연속측정은 불가능하다.

2. 질량 분석법

시료가스를 진공의 이온화실에 도입하여 열전자로 이온화를 행하고 생성된 이온을 정전장에서 가속하여 이온선을 만들어 이것을 직각으로 자장을 작용시키면 이온 전류가 생긴다. 이 전류를 이온 콜렉터로 검출하면 질량 스펙트럼(운동량 스펙트럼)을 얻는다.

3. 적외선 분광 분석법

적외선 분광 분석법은 분자의 진동 중 쌍극자 모멘트의 변화를 일으킬 진동에 의하여 적외선의 흡수가 일어나는 것을 이용한 것이다.

① 쌍극자 모멘트를 갖지 않는 H_2, O_2, N_2, Cl_2 등의 2원자는 적외선을 흡수하지 않으므로 분석이 불가능하다.

② 분자 내 전자에너지의 천이에 의하여 일어나는 자외선 흡수(400~50mμ)를 이용하는 방법으로는 O_3, Cl_2, SO_2, $COCl_2$ 등의 분석이 가능하다.

4. 전량 적정법

패러데이(Faraday)의 법칙에 따르면 전해에 소비되는 전기량(Q)(1쿨롱=1암페어×1초)과 피전해중량 W와의 관계는 다음과 같다.

$$W = \frac{Wm \cdot Q}{n \cdot F}$$

여기서, Wm : 피전해질의 그램 원자수(또는 그램 분자수)
n : 반응에 관여하는 전자수
F : 패러데이 정수(96,500쿨롱)

이때 전해에 소비되는 전기량에서 목적 물질을 분석하는 것을 전량 적정법(정전류 전량분석법)이라 한다.

① 특히 미량 분석에 많이 사용된다.
② CO_2, O_2, SO_2, NH_3 등의 분석에도 이용된다.

5. 저온 정밀 증류법

시료가스를 상압에서 냉각하거나 가압하여 액화시키고 정류 효과가 큰 정류탑으로 정류하여 그 증류 온도 및 유출 가스의 분압($PV = nRT$)에서 증류 곡선을 얻어 시료가스의 조성을 산출하는 방법이다.
① 탄화수소 혼합가스의 분석에 많이 사용된다.
② C_2H_2, CO_2 등 간단하게 액화하지 않는 가스나 저함유량의 성분에 대해서는 부적당하다.

6. 원자 흡광 광도계

원자의 증기 층에 어느 파장의 빛을 가해 주면 바닥 상태에 있는 원자가 빛을 흡수하는데, 원자의 수가 많을수록 빛이 많이 흡수된다. 즉, 빛의 흡수는 원자의 농도에 비례한다. 또 원자에 흡수되는 빛의 파장은 원자의 종류에 따라 달라진다. 원자 흡광 광도계는 이와 같은 현상을 이용하여 측정하고자 하는 원소를 원자화한 다음, 여기에 특정 파장의 빛을 통과시켜 빛의 흡수 정도를 측정하여 원소의 정량 분석할 수 있다.

SECTION 05 가스 분석계

1. 밀도식(비중식)

혼합가스 성분의 조정률을 알고 있는 경우 그 조정률의 변화는 가스 밀도의 변화가 되는 것을 이용하여 가스 밀도의 측정에서 조성률을 구하는 방법이다. 밀도 측정법에는 가스 천칭, 유출식, 임펠러식, 음향식 등이 있다.

예) 암모니아 합성원료 가스 중의 수소, 연소가스 중의 SO_2 등

2. 열전도율식

가스크로마토그래피에서의 열전도형 검출기와 같은 원리에 의한 것이나 단일 성분이 아닌 혼합가스에서 측정이 되므로 표준가스(대조측)와 측정가스 열전도율의 차가 큰 것일수록 측정이 용이하다.

예) N_2 중의 H_2 측정, 공기분리장치에서의 N_2 및 O_2, Ar 등의 사용

3. 적외선식

적외선 분광분석법과 원리는 같으나 적외선을 분광하지 않고 측정성분의 흡수파장을 그대로 시료에 통하게 하는 것이다. 이 방법에 의한 분석계는 측정 대상 가스의 종류가 많고 측정범위도 CO 또는 CO_2로 0~20ppm에서 0~100%의 것까지 있어 널리 사용되고 있다. 2원자분자 N_2, O_2, H_2, Cl_2 및 단원자분자 He, Ar 등은 분석이 불가능하다.

4. 반응열식

촉매를 사용하여 측정성분에 화학반응을 일으키게 하고 그때 생기는 반응열을 측정하여 함유량을 구하는 방법이다. 따라서 촉매의 성능이 분석계의 성능을 좌우하므로 촉매의 독(특히 황분, 할로겐) 등에 주의해야 한다.

① **반응열의 측정법** : 열전대를 사용하는 방법과 백금선을 저항선으로 하여 그 저항치가 온도에 의존하는 것을 이용하는 열선법이 있다.
② 본법에서 이용되는 반응은 특히 반응열이 큰 O_2와의 연소반응이 있다.

예) 가연성 가스 또는 불활성 가스 중의 O_2의 측정 및 H_2 혼합가스 중의 O_2 또는 H_2 등의 측정

5. 자기식

가스의 자화율(대자율)을 이용한 것이며 특히 자화율이 큰 산소의 분석계로서 널리 사용되고 있다. 자장을 가진 측정실 내에서 시료 가스 중의 O_2에 자기풍(자화율과 온도의 상호관계에서 생기는 순환류)을 일으키고 이것을 검출하여 함량을 구하는 방식이다.

① **자기풍의 검출** : 열선소자의 저항치 변화로써 측정하는 방법과 쿠인케의 법칙에 의하여 계면 압력차를 이용하는 방법이 있다.
② 자기분석계에서는 O_2에 이어 자화율이 큰 NO, NO_2, ClO_2, CiO_3 이외는 측정에 방해가 되지 않으므로 O_2 측정에 대한 선택성이 우수하다.

예 연소가스 중의 $O_2(1\sim10\text{vol}\%)$, 폭발성 혼합가스 중의 $O_2(1\sim10\text{vol}\%)$ 측정 등이 있다.

6. 용액 도전율식

용액(반응식 또는 흡수액)에 시료가스를 흡수시켜서 측정 성분에 따라 도전율이 변하는 것을 이용한 것이다. 따라서 측정대상 가스에 적합한 반응액의 종류, 농도 등이 분석계의 성능을 좌우한다.

① 도전율(저항률의 역수)의 측정은 콜라우시의 교류 브리지를 기초로 한다.
② 가스 분석계에서는 도전율의 절대치를 구하는 것에서 반응 또는 흡착 전후의 변화를 구하면 되므로 이 변화 측정에 각종 편법이 취해지고 있다.
③ 용액 도전율식 분석계는 미량성분의 측정에 유효하다. 예를 들면, SO_2, Cl_2, H_2S 등의 $0\sim2\text{ppm}$의 측정이 가능하다.

▼ **용액 도전율식 분석계의 반응액열**

측정가스	반응액	반응식
CO_2	NaOH 용액	$CO_2 + 2NaOH \longrightarrow Na_2CO_3 + H_2O$
SO_2	H_2O_2 용액	$SO_2 + H_2O_2 \longrightarrow H_2SO_4$
Cl_2	$AgNO_3$ 용액	$3Cl_2 + 6AgNO_3 + 3H_2O \longrightarrow 5AgCl + AgClO_3 + 6HNO_3$
H_2S	I_2 용액	$H_2S + I_2 \longrightarrow sHI + S$
NH_3	H_2SO_4 용액	$2NH_3 + H_2SO_4 + H_2O \longrightarrow (NH_4)2SO_42H_2O$

7. 기타

① **열전도율형 CO_2계** : CO_2는 공기보다 열전도가 느리다.
② **밀도식 CO_2계** : CO_2는 공기보다 밀도가 1.5배 크다.
③ **자기식 O_2계** : 산소는 상자성체가스이다.
④ **세라믹 O_2계** : 850℃ 이상에서 O_2 가스를 분석한다.
⑤ **갈바니 전기식 O_2계** : 유전기를 이용하여 저농도 O_2 가스를 분석한다.

SECTION 06 가스 검지법

화학공장에서 가스가 누설하거나 증기가 발생하고 있는 경우 현장에서 신속하게 검출, 정량되면 재해를 방지할 수 있다. 이를 위해 화학적 또는 물리적 방법을 이용하여 가연성 가스 또는 증기가 연소 범위의 농도에 달하기 이전에 유독가스가 허용 농도를 넘기 이전에 검지한다.

1. 시험지법

검지 가스와 반응하여 변색하는 시약을 여지 등에 침투시킨 것을 이용한다.

▼ 시험지의 예

시험지	제법	검지가스	반응	감도
KI-전분지 요오드칼륨지	전분액과 N-KI액을 동량혼합한다.	NO_2 할로겐 Cl_2	청~갈변	Cl_2 0.00143g/L
리트머스지	여과지에 시험액 주입 후 건조한다.	산성가스	적변	NH_3 0.0007mg/L
		NH_3	청변	
염화제일동 착염지	$CuSO_4 \cdot 5HO$ 3g, NH_4Cl 3g : 염산히드록실아민 5g을 88mL H_2O에 용해한다. 이 액 9mL와 암모니아성 $AgNO_3$ 1.5mL를 양합액으로 만든다.	아세틸렌 C_2H_2	적갈색	2.5mg/L
Harrison씨 시약지	P-디메틸아미노벤츠알데히드 및 디펠아민 1g을 CCl_4 10mL에 용해해서 만든다.	포스겐 $COCl_2$	심등색	1mg/L
염화팔라듐지	$PdCl_2$ 0.2%액에 침수, 건조 후 5% 초산 침수시킨다.	CO	흑변	0.01mg/L
연당지	초산연 10g을 물 90mL로 용해한다.	황화수소 H_2S	회~흑변	0.001mg/L
초산벤지딘지 질산구리벤지	초산동 2.86g을 물 1L에 용해하고 따로 포화초산벤지딘액 475mL와 525mL를 혼합한다. 사용 직전에 양자의 등용을 혼합하여 만든다.	시안화 수소 HCN	청변	0.001mg/L

2. 검지관법

검지관은 내경 2~4mm의 글라스관 중에 발색시약을 흡착시킨 검지제를 충전하여 관의 양단을 액봉한 것이다. 사용에 있어서는 양단을 절단하여 가스 채취기로 시료가스를 넣은 후 착색층의 길이, 착색의 정도에서 성분의 농도를 측정한다.

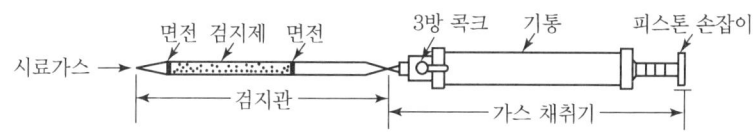

❙ 가스크로마토그래피의 일례 ❙

▼ 검지관의 종류(예)

측정대상가스	측정농도범위 vol(%)	검지한도 (ppm)	측정대상가스	측정농도범위 vol(%)	검지한도 (ppm)
아크릴로니트릴	0~5.0	1	시안화수소	0~0.01	0.2
아크롤레인	0~3.0	5	수소	0~1.5	250
아세틸렌	0~0.3	10	이산화탄소	0~10.0	20
아세토알데히드	0~2.0	5	이산화질소	0~0.1	0.1
암모니아	0~25.0	5	이황산탄소	0~0.02	5
일산화탄소	0~0.1	1	부타디엔	0~2.6	10
에틸렌	0~1.2	0.01	프로판	0~5.0	100
염화비닐	0~4.0	10	부롬메틸	0~0.05	1
염소	0~0.004	0.1	벤젠	0~0.04	0.1
산화에틸렌	0~3.5	10	포스겐	0~0.005	0.02
산화프로필렌	0~4.0	100	메틸에테르	0~10.0	10
산소	0~30.0	1,000	유화수소	0~0.18	0.5

3. 가연성 가스 검출기

공기와 혼합하여 폭발할 가능성이 있는 가스는 모두 그 폭발 범위의 농도에 달하기 전에 검출되어야 한다. 이들의 검출에는 현장에서 시료를 채취하여 검지하는 일반적인 가스 분석법만으로는 안전상 위험하므로 파이프로 현장에서 시험실까지 연결하여 신속하게, 가능한 한 자동적으로 검출이 되고 경보가 작동하여야 한다. 종류로는 간섭계형, 열선형(열전도식, 접촉연소식), 안전등형, 반도체식 등이 있다.

1) 안전등형

탄광 내에서 CH_4의 발생을 검출하는 데 안전등형 간이 가연성 가스 검지기가 사용되고 있다. 이것은 2중의 철강에 둘러싸인 석유 램프의 일종으로 인화점 50℃ 전후의 등유를 사용한다. CH_4가 존재하면 불꽃 주변의 발열량이 증가하므로 불꽃의 형상이 커지는데, 이것을 청염(푸른 불꽃)이라 하며 청염의 길이에서 CH_4의 농도를 대략적으로 알 수 있다.

▼ 염길이와 메탄농도의 관계

청염길이(mm)	7	8	9.5	11	13.5	17	24.5	47
메탄농도(%)	1	1.5	2	2.5	3	3.5	4	4.5

※ CH_4가 폭발범위로 근접하여 5.7%가 되면 불꽃이 흔들리기 시작하고 5.85%가 되면 등내서 폭발하여 불꽃이 꺼지나 철강 때문에 등외의 가스에 점화되지 않도록 되어 있다.

2) 간섭계형

가스의 굴절률 차를 이용하여 농도를 측정하는 것이다.

$$X = \frac{Z}{(n_m - n_s)L} \times 100$$

여기서, X : 성분 가스의 농도(%)
Z : 공기의 굴절률 차에 의한 간섭무늬의 이동
n_m : 성분가스의 굴절률
n_s : 공기의 굴절률

3) 열선형

측정원리에 의하여 열전도식과 연소식이 있다.

(1) 열전도식

가스크로마토그래피의 열전도형 검출기와 같이 전기적으로 가열된 열선(필라멘트)으로 가스를 검지한다.

(2) 접촉연소식

열선(필라멘트)으로 검지 가스를 연소시켜 생기는 전기 저항의 변화가 연소에 의해 생기는 온도에 비례하는 것을 이용한 것이다.

> **Reference**
>
> 열선형의 연전도식과 접촉연소식 모두 브리지회로의 편위 전류로써 가스 농도를 지시하거나 자동적으로 경보한다.

CHAPTER 002 연습문제

01 측정치가 일정하지 않고 분포 현상을 일으키는 흩어짐(Dispersion)이 원인이 되는 오차는?

① 개인오차 ② 환경오차
③ 이론오차 ④ 우연오차

풀이 오차

$$오차율(\%) = \frac{오차}{진실치} \times 100$$

- 과실오차(Erratic Error) : 측정자의 부주의에 의해서 일어나는 오차
- 우연오차(Accidental Error) : 측정자나 계측기와는 관계없이 우연히 생기는 오차. 측정치가 일치하지 않고 분포상태를 일으키는 것을 산포라 하며, 이 산포에 의해 생기는 오차를 우연오차라 한다.

02 오르자트 가스분석기의 구성이 아닌 것은?

① 칼럼 ② 뷰렛
③ 피펫 ④ 수준병

풀이 오르자트 분석장치
- 뷰렛은 보온 외투관부 수준병 시료에 의해 입구에서 시료가스를 뷰렛 내에 도입한다.
- 피펫Ⅲ의 흡수액은 KOH용액으로 뷰렛 내의 시료가스를 수준병의 조작으로 피펫Ⅲ에 넣고 뷰렛에 복귀시키는 것을 반복하여 완전히 CO_2를 흡수시킨다.

03 게겔(Gockel)법에 의한 저급탄화수소 분석 시 분석가스와 흡수액이 옳게 짝지어진 것은?

① 프로필렌 – 황산
② 에틸렌 – 옥소수은 칼륨용액
③ 아세틸렌 – 알칼리성 피로갈롤 용액
④ 이산화탄소 – 암모니아성 염화 제1구리 용액

풀이 게겔법의 분석 순서
㉠ 이산화탄소(CO_2) : 33% KOH용액
㉡ 아세틸렌(C_2H_2) : 옥소수은 칼륨용액
㉢ 프로필렌(C_3H_6)과 노르말부틸렌 : 87% H_2SO_4
㉣ 에틸렌(C_2H_4) : 취수소
㉤ 산소(O_2) : 알칼리성 피로갈롤 용액
㉥ 일산화탄소(CO) : 암모니아성 염화 제1동 용액

정답 01 ④ 02 ① 03 ①

04 게겔법에 의한 아세틸렌(C_2H_2)의 흡수액으로 옳은 것은?

① 87% H_2SO_4 용액
② 요오드수은칼륨 용액
③ 알칼리성 피로갈롤 용액
④ 암모니아성 염화제일구리 용액

05 헴펠식 가스분석법에서 수소나 메탄은 어떤 방법으로 성분을 분석하는가?

① 흡수법   ② 연소법   ③ 분해법   ④ 증류법

> **풀이** 흡수법인 헴펠식 가스분석법에서 수소나 메탄 등 가연성 가스의 성분분석은 연소법을 이용한다.

06 헴펠식 가스분석법에서 흡수·분리되지 않는 성분은?

① 이산화탄소   ② 수소   ③ 중탄화수소   ④ 산소

> **풀이** 헴펠식(흡수분석법)으로 연료가스의 성분을 분석하는 대상
> CO_2, C_mH_n(중탄화수소), O_2, CO

07 오르자트(Orsat) 가스 분석기의 가스 분석 순서를 옳게 나타낸 것은?

① $CO_2 \rightarrow O_2 \rightarrow CO$
② $O_2 \rightarrow CO \rightarrow CO_2$
③ $O_2 \rightarrow CO_2 \rightarrow CO$
④ $CO \rightarrow CO_2 \rightarrow O_2$

> **풀이** 오르자트 가스분석기 측정 순서
> $CO_2 \rightarrow O_2 \rightarrow CO$

08 연료 가스의 헴펠식(Hempel) 분석방법에 대한 설명으로 틀린 것은?

① 중탄화수소, 산소, 일산화탄소, 이산화탄소 등의 성분을 분석한다.
② 흡수법과 연소법을 조합한 분석방법이다.
③ 흡수 순서는 일산화탄소, 이산화탄소, 중탄화수소, 산소의 순이다.
④ 질소성분은 흡수되지 않은 나머지로 각 성분의 용량(%)의 합을 100에서 뺀 값이다.

> **풀이** 오르자트 가스분석 순서 및 흡수액
> ㉠ 이산화탄소(CO_2) : 33% KOH 수용액
> ㉡ 산소(O_2) : 알칼리성 피로갈롤 용액
> ㉢ 일산화탄소(CO) : 암모니아성 염화 제1동 용액

정답 04 ② 05 ② 06 ② 07 ① 08 ③

09 오르자트법에 의한 기체분석에서 O_2의 흡수제로 주로 사용되는 것은?

① KOH 용액
② 암모니아성 $CuCl_2$ 용액
③ 알칼리성 피로갈롤 용액
④ H_2SO_4 산성 $FeSO_4$ 용액

풀이
- 이산화탄소(CO_2) : 33% KOH 수용액
- 산소(O_2) : 알칼리성 피로갈롤 용액
- 일산화탄소(CO) : 암모니아성 염화 제1동 용액

10 다음 가스 분석방법 중 흡수분석법이 아닌 것은?

① 헴펠법 ② 적정법 ③ 오르자트법 ④ 게겔법

풀이 화학분석법 : 적정법 가스분석(옥소(Ⅰ)적정법, 중화적정법, 킬레이트적정법)
※ 가스에는 Ⅰ적정법이 사용된다.

11 채취된 가스를 분석기 내부의 성분 흡수제에 흡수시켜 체적변화를 측정하는 가스 분석방법은?

① 오르자트 분석법
② 적외선 흡수법
③ 불꽃이온화 분석법
④ 화학발광 분석법

풀이 오르자트 분석법은 흡수분석법에 해당한다.

12 오르자트(Orsat) 가스 분석기의 특징으로 틀린 것은?

① 연속측정이 불가능하다.
② 구조가 간단하고 취급이 용이하다.
③ 수분을 포함한 습식배기 가스의 성분 분석이 용이하다.
④ 가스의 흡수에 따른 흡수제가 정해져 있다.

풀이 오르자트 가스 분석기는 수분을 포함하지 않은 배기가스의 CO_2, O_2, CO 분석에 용이하다.

13 게겔법에 의한 가스 분석에서 가스와 그 흡수제가 바르게 짝지어진 것은?

① O_2 – 취화수소
② CO_2 – 발연황산
③ C_2H_2 – 33% KOH 용액
④ CO – 암모니아성 염화 제1구리 용액

풀이
- 산소(O_2) : 알칼리성 피로갈롤(Pyrogallol) 용액
- 탄산가스(CO_2) : 33% KOH 용액
- 일산화탄소(CO) : 암모니아성 염화 제1구리 용액

정답 09 ③ 10 ② 11 ① 12 ③ 13 ④

14 다음 가스 분석방법 중 성질이 다른 하나는?

① 자동화학식 가스 분석법
② 열전도율법
③ 밀도법
④ 기체크로마토그래피법

풀이 ①은 화학적인 가스분석법, ②~④는 물리적인 가스분석법이다.

15 수소의 품질검사에 이용되는 분석방법은?

① 오르자트법
② 산화 연소법
③ 인화법
④ 파라듐블랙에 의한 흡수법

풀이 가스에 대한 품질검사기준
- 산소는 동·암모니아 시약을 사용한 오르자트법에 의한 시험결과 순도가 99.5% 이상이고 용기 안의 가스 충전압력은 35℃에서 11.8MPa 이상으로 한다.
- 아세틸렌은 발연황산시약을 사용한 오르자트법 또는 브롬시약을 사용한 뷰렛법에 의한시험결과 순도가 98% 이상이고 질산은시약을 사용한 정성시험에 합격한 것으로 한다.
- 수소는 피로갈롤 또는 하이드로설파이트 시약을 사용한 오르자트법에 의한 시험결과 순도가 98.5% 이상이고 용기 안의 가스 충전압력은 35℃에서 11.8MPa 이상으로 한다.
- 품질검사는 안전관리책임자가 제조장에서 1일 1회 이상 실시한다.

16 화학분석법 중 요오드(I)적정법은 주로 어떤 가스를 정량하는 데 사용되는가?

① 일산화탄소
② 아황산가스
③ 황화수소
④ 메탄

풀이 용액전도율식 분석계의 반응액

측정가스	반응액	반응식
CO_2	NaOH 용액	$CO_2 + 2NaOH \longrightarrow Na_2CO_3 + H_2O$
SO_2	H_2O_2 용액	$SO_2 + H_2O_2 \longrightarrow H_2SO_4$
Cl_2	$AgNO_3$ 용액	$3Cl_2 + 6AgNO_3 + 3H_2O \longrightarrow 5AgCl + AgClO_3 + 6HNO_3$
H_2S	I_2 용액	$H_2S + I_2 \longrightarrow sHI + S$
NH_3	H_2SO_4 용액	$2NH_3 + H_2SO_4 + H_2O \longrightarrow (NH_4)_2SO_4 2H_2O$

17 적외선 가스 분석기에서 분석 가능한 기체는?

① Cl_2
② SO_2
③ N_2
④ O_2

풀이 적외선 분광 분석법
- 쌍극자 모멘트를 갖지 않는 H_2, O_2, N_2, Cl_2 등의 2원자는 적외선을 흡수하지 않으므로 분석이 불가능하다.
- 분자 내 전자에너지의 천이에 의하여 일어나는 자외선 흡수(400~50mμ)를 이용하는 방법으로는 O_3, Cl_2, SO_2, $COCl_2$ 등의 분석이 가능하다.

정답 14 ① 15 ① 16 ③ 17 ②

18 물리적 가스 분석계 중 가스의 상자성(常磁性)체에 있어서 자장에 대해 흡인되는 성질을 이용한 것은?

① SO_2 가스계   ② O_2 가스계   ③ CO_2 가스계   ④ 기체 크로마토그래피

풀이
- 산소는 자장을 가지는 상자성체가스에 자화율이 큰 것을 이용
- 용액(반응, 흡수) 도전율식 : SO_2, CO_2, NH_3 등 미량가스 분석용

19 시험지에 의한 가스 검지법 중 시험지별 검지가스가 바르지 않게 연결된 것은?

① 연당지 – HCN
② KI전분지 – NO_2
③ 염화파라듐지 – CO
④ 염화제일동 착염지 – C_2H_2

풀이
- 연당지 – H_2S(흑색)
- 초산벤지진지 – HCN(청색)
- KI전분지 – NO_2(청색)
- 염화파라듐지 – CO(흑색)
- 염화제일동 착염지 – C_2H_2(적갈색)

20 수분흡수법에 의한 습도 측정에 사용되는 흡수제가 아닌 것은?

① 염화칼슘   ② 황산   ③ 오산화인   ④ 과망간산칼륨

풀이 수분흡수에 의한 습도 측정 흡수제
염화칼슘, 황산, 오산화인

21 흡수법에 의한 가스분석법 중 각 성분과 가스 흡수액을 옳지 않게 짝지은 것은?

① 중탄화수소 흡수액 – 발연황산
② 이산화탄소 흡수액 – 염화나트륨 수용액
③ 산소 흡수액 – (수산화칼륨+피로갈롤)수용액
④ 일산화탄소 흡수액 – (염화암모늄+염화 제1구리)의 분해용액에 암모니아수를 가한 용액

풀이 ② 이산화탄소(CO_2)흡수액 – 수산화칼륨 용액(KOH 33%)

22 광학분광법은 여러 가지 현상에 바탕을 두고 있다. 이에 해당하지 않는 것은?

① 흡수   ② 형광
③ 방출   ④ 분배

정답 18 ②   19 ①   20 ④   21 ②   22 ④

풀이 광학 분광 가스분석의 바탕 : 흡수, 형광, 방출

23 안전등형 가스검출기에서 청색 불꽃의 길이로 농도를 알 수 있는 가스는?
① 수소
② 메탄
③ 프로판
④ 산소

풀이 안전등형 가연성 가스 검출기는 메탄가스의 청색 불꽃의 길이로서 농도가 표시된다(메탄농도 1%에서 청색 불꽃길이 7mm, 메탄농도 4.5%에서 청색 불꽃길이 47mm).

24 냉동용 암모니아 탱크의 연결 부위에서 암모니아의 누출 여부를 확인하려 한다. 가장 적절한 방법은?
① 리트머스 시험지로 청색으로 변하는가 확인한다.
② 초산용액을 발라 청색으로 변하는가 확인한다.
③ KI-전분지로 청갈색으로 변하는가 확인한다.
④ 염화팔라듐지로 흑색으로 변하는가 확인한다.

풀이 암모니아 냉매 누설 확인
- 냄새 측정
- 적색의 리트머스 시험지 : 청색변화이면 누설
- 유황초에 대면 흰 연기 발생하면 누설
- 페놀프탈렌 시험지를 물에 적셔 누설개소에 대면 홍색변화이면 누설

25 LPG의 정량분석에서 흡광도의 원리를 이용한 가스 분석법은?
① 저온 분류법
② 질량 분석법
③ 적외선 흡수법
④ 가스크로마토그래피법

풀이 적외선 흡수법
가스마다 적외선 흡수 스펙트럼의 차이를 이용하여 가스를 분석한다(단, N_2, O_2, H_2, Cl_2 등 2원자 분자 가스 또는 He, Ar 등의 대칭성 분자나 단원자 분자는 가스분석이 불가능하다).

26 초산납 10g을 물 90mL로 용해하여 만드는 시험지와 그 검지가스가 바르게 연결된 것은?
① 염화파라듐지 - H_2S
② 염화파라듐지 - CO
③ 연당지 - H_2S
④ 연당지 - CO

정답 23 ② 24 ① 25 ③ 26 ③

풀이 시험지의 예

시험지	제법	검지가스	반응	감도
KI-전분지 요오드칼륨지	전분액과 N-KI액을 동량혼합한다.	NO_2 할로겐 Cl_2	청~갈변	Cl_2 0.00143g/L
리트머스지	여과지에 시험액 주입 후 건조한다.	산성가스	적변	NH_3 0.0007mg/L
		NH_3	청변	
염화제일동 착염지	$CuSO_4 \cdot 5HO$ 3g, NH_4Cl 3g : 염산히드록실아민 5g을 88mL H_2O에 용해한다. 이 액 9mL와 암모니아성 $AgNO_3$ 1.5mL를 양합액으로 만든다.	아세틸렌 C_2H_2	적갈색	2.5mg/L
Harrison씨 시약지	P-디메틸아미노벤츠알데이드 및 디펠아민 1g을 CCl_4 10mL에 용해해서 만든다.	포스겐 $COCl_2$	심등색	1mg/L
염화팔라듐지	$PdCl_2$ 0.2%액에 침수, 건조 후 5% 초산 침수시킨다.	CO	흑변	0.01mg/L
연당지	초산연 10g을 물 90mL로 용해한다.	황화수소 H_2S	회~흑변	0.001mg/L
초산벤지딘지 질산구리벤지	초산동 2.86g을 물 1L에 용해하고 따로 포화 초산벤지딘액 475mL와 525mL를 혼합한다. 사용 직전에 양자의 등용을 혼합하여 만든다.	시안화 수소 HCN	청변	0.001mg/L

27 산소(O_2)는 다른 가스에 비하여 강한 상자성체이므로 자장에 대하여 흡인되는 특성을 이용하여 분석하는 가스 분석계는?

① 세라믹식 O_2계
② 자기식 O_2계
③ 연소식 O_2계
④ 밀도식 O_2계

풀이 산소는 체적대자율($R \times 10^9$)이 매우 크다(+148). 상자성체이므로 자기식 O_2계로서 가스분석이 가능하다.

28 오르자트 분석기에 의한 배기가스 각 성분 계산법 중 CO의 성분(%) 계산법은?

① $100 - (CO_2\% + N_2\% + O_2\%)$
② $\dfrac{\text{KOH30\%용액 흡수량}}{\text{시료채취량}} \times 100$
③ $\dfrac{\text{알칼리성 피로갈롤용액 흡수량}}{\text{시료채취량}} \times 100$
④ $\dfrac{\text{암모니아성 염화제일구리용액 흡수량}}{\text{시료채취량}} \times 100$

풀이 ① 질소분석 계산
② CO_2 분석
③ O_2 분석

정답 27 ② 28 ④

29 시험지에 의한 가스 검지법 중 시험지별 검지가스가 바르지 않게 연결된 것은?

① KI전분지 – NO_2
② 염화제일동 착염지 – C_2H_2
③ 염화파라듐지 – CO
④ 연당지 – HCN

풀이 ④ 연당지 – 황화수소
※ 시안화수소(HCN) : 초산벤지딘 시험지로 가스분석(HCN가스가 검출되면 시험지가 흑색으로 변한다.)

30 염화파라듐지로 일산화탄소의 누출 유무를 확인할 경우 누출되었다면 이 시험지는 무슨 색으로 변하는가?

① 검은색
② 청색
③ 적색
④ 오렌지색

풀이 염화파라듐지 : 일산화탄소 가스분석 시험지로 CO가 검출되면 시험지가 검은색(흑색)으로 변색된다.

31 적외선 분광분석법에 대한 설명으로 틀린 것은?

① 적외선을 흡수하기 위해서는 쌍극자 모멘트의 변화를 일으켜야 한다.
② 고체, 액체, 기체상의 시료를 모두 측정할 수 있다.
③ 열 검출기와 광자 검출기가 주로 사용된다.
④ 적외선 분광기기로 사용되는 물질은 적외선에 잘 흡수되는 석영을 주로 사용한다.

풀이 적외선 분광기기로 사용되는 물질은 적외선에 잘 흡수되지 않는 가스를 주로 사용한다.

32 연소 분석법에 대한 설명으로 틀린 것은?

① 폭발법은 대체로 가스 조성이 일정할 때 사용하는 것이 안전하다.
② 완만 연소법은 질소 산화물 생성을 방지할 수 있다.
③ 분별 연소법에서 사용되는 촉매는 파라듐, 백금 등이 있다.
④ 완만 연소법은 지름 0.5mm 정도의 백금선을 사용한다.

풀이 폭발법은 연소 분석법으로서 일정성분의 가연성 가스와 공기가 필요하며 전기스파크로 폭발시킨다. 일반적으로 가스조성이 대체로 변할 때 사용하는 것이 안전하며 2가지 이상의 동족 탄화수소와 수소가 혼합된 시료는 측정할 수 없다.

33 산소(O_2)는 다른 가스에 비하여 강한 상자성체이므로 자장에 대하여 흡인되는 특성을 이용하여 분석하는 가스 분석계는?

① 세라믹식 O_2계
② 자기식 O_2계
③ 연소식 O_2계
④ 밀도식 O_2계

정답 29 ④ 30 ① 31 ④ 32 ① 33 ②

풀이 자기식 산소계

자화율이 큰 산소의 분석계로, 자장을 가진 측정실 내에서 시료가스 중의 산소에 자기풍을 일으키고 이것을 검출하여 함량을 구하는 방식이다.

34 LPG의 정량분석에서 흡광도의 원리를 이용한 가스 분석법은?

① 저온 분류법
② 질량 분석법
③ 적외선 흡수법
④ 가스크로마토그래피법

풀이 적외선 흡수법

적외선 분광분석법과 원리는 같으나 적외선을 분광하지 않고 측정성분의 흡수파장을 그대로 시료에 통과시킨다.

35 염화 제1구리 착염지를 이용하여 어떤 가스의 누출 여부를 검지한 결과 착염지가 적색으로 변하였다. 이때 누출된 가스는?

① 아세틸렌
② 수소
③ 염소
④ 황화수소

풀이 시험지(가스검지용)
- 아세틸렌 : 염화 제1동 착염지
- 수소 : 열전도도법 이용, 산화동연소법, 파라듐블랙흡수법
- 염소 : KI전분지
- 황화수소 : 연당지(초산납시험지)

36 적외선 가스 분석계로 분석하기가 어려운 가스는?

① Ne
② N_2
③ CO_2
④ SO_2

풀이 적외선 가스 분석계로는 2원자 분자(H_2, O_2, N_2, Cl_2 등)를 분석할 수 없다.

37 가스 분석계 중 O_2(산소)를 분석하기에 적합하지 않은 것은?

① 자기식 가스 분석계
② 적외선 가스 분석계
③ 세라믹식 가스 분석계
④ 갈바니 전기식 가스 분석계

풀이 적외선 분광 분석법 : 쌍극자 모멘트를 갖지 않는 2원자 분자(O_2, H_2, N_2, Cl_2) 기체나 가스는 적외선을 흡수하지 않으므로 분석이 불가능하다.

정답 34 ③ 35 ① 36 ② 37 ②

38 가스 성분에 대하여 일반적으로 적용하는 화학분석법이 옳게 짝지어진 것은?

① 황화수소 – 요오드적정법
② 수분 – 중화적정법
③ 암모니아 – 기체 크로마토그래피법
④ 나프탈렌 – 흡수평량법

풀이
- 중화적정법 : 산, 알카리 분석
- 기체 크로마토그래피법 : 기기분석
- 연소분석법 : 나프탈렌

39 페러데이(Faraday)법칙의 원리를 이용한 기기 분석방법은?

① 전기량법
② 질량분석법
③ 저온정밀 증류법
④ 적외선 분광광도법

풀이 전자식 유량계
페러데이의 적자유도의 법칙을 이용하여 기전력(전기량)을 측정하여 유량을 구한다.

40 열전도도 검출기의 측정 시 주의사항으로 옳지 않은 것은?

① 운반기체 흐름속도에 민감하므로 흐름속도를 일정하게 유지한다.
② 필라멘트에 전류를 공급하기 전에 일정량의 운반기체를 먼저 흘려 보낸다.
③ 감도를 위해 필라멘트와 검출실 내벽온도를 적정하게 유지한다.
④ 운반기체의 흐름속도가 클수록 감도가 증가하므로, 높은 흐름속도를 유지한다.

풀이 열전도도 검출기(Thermal Conduct Detector ; TCD)
기체의 흐름에 따른 열전도율 변화를 이용한 것이다. 유기 및 무기 화합물을 모두 검출할 수 있으며, 검출 후에도 시료가 파괴되지 않기 때문에 시료를 모을 수 있으나 다른 검출기에 비해 감도가 비교적 낮다.

41 기체 크로마토그래피의 주된 측정 원리는?

① 흡착
② 증류
③ 추출
④ 결정화

풀이 가스크로마토그래피의 원리
먼저 캐리어 가스(Carrier Gas)의 유량을 조절하면서 흘려 넣고 측정가스도 시료 도입부를 통하여 공급하면 측정가스와 캐리어 가스가 분리관(칼럼)을 통하게 되는 동안 분리되어 시료의 각 성분을 검출기에서 측정하게 된다. 이때 캐리어 가스와 시료성분의 검출은 열전도율의 차에 의해 검출되고 검출기에서는 대조측과 시료측의 양자의 차를 비교하여 기록계에서 기록한다.

정답 38 ① 39 ① 40 ④ 41 ①

42 독성가스나 가연성 가스 저장소에서 가스누출로 인한 폭발 및 가스중독을 방지하기 위하여 현장에서 누출 여부를 확인하는 방법으로 가장 거리가 먼 것은?

① 검지관법
② 시험지법
③ 가연성 가스 검출기법
④ 기체 크로마토그래피법

풀이 가스검지법 : 시험지법, 검지관법, 가연성 가스 검출기법
※ 기체 크로마토그래피법은 기기 분석법의 일종이다.

43 가스크로마토그래피 분석기에서 FID(Flame Ionization Detector)검출기의 특성에 대한 설명으로 옳은 것은?

① 시료를 파괴하지 않는다.
② 대상 감도는 탄소수에 반비례한다.
③ 미량의 탄화수소를 검출할 수 있다.
④ 연소성 기체에 대하여 감응하지 않는다.

풀이 FID(수소이온화검출기) : 미량의 탄화수소나 탄화수소의 가스분석에 감도가 최고이다. H_2, O_2, CO, CO_2, SO_2 등은 검출이 불가능하다.

44 주로 탄광 내 CH_4 가스의 농도를 측정하는 데 사용되는 방법은?

① 질량분석법
② 안전등형
③ 시험지법
④ 검지관법

풀이 가연성 가스 검출기
- 안전등형 : CH_4측정(탄광 내 메탄가스 분석)
- 간섭계형 : 가스의 굴절률 차를 이용하여 농도 측정
- 열선형

45 캐리어 가스의 유량이 60mL/min이고, 기록지의 속도가 3cm/min일 때 어떤 성분시료를 주입하였더니 주입점에서 성분피크까지의 길이가 15cm였다. 지속용량은 약 mL인가?

① 100
② 200
③ 300
④ 400

풀이 지속용량 = $\dfrac{\text{유량} \times \text{피크길이}}{\text{기록지속도}} = \dfrac{60 \times 15}{3} = 300\text{mL}$

46 도시가스 누출 검출기로 사용되는 수소이온화 검출기(FID)가 검출할 수 없는 것은?

① CO
② CH_4
③ C_3H_8
④ C_4H_{10}

정답 42 ④ 43 ③ 44 ② 45 ③ 46 ①

풀이 ㉠ FID(수소이온화 검출기)
- 탄화수소에서 감도 최고
- H_2, O_2, CO, CO_2, SO_2 등의 가스는 검출 불가

㉡ ECD(전자포획이온화 검출기)
- 할로겐 및 산소화합물에서 감도 최고
- 탄화수소는 감도 나쁨

47 캐리어 가스와 시료성분가스의 열전도도 차이를 금속 필라멘트 또는 서미스터의 저항 변화로 검출하는 가스크로마토그래피 검출기는?

① TCD   ② FID
③ ECD   ④ EPD

풀이
- TCD : 열전도도형 가스기기 분석법
- FID : 수소이온화 검출기
- ECD : 전자포획이온화 검출기
- EPD : N_2가스 측정 시 최고 감도

48 기체 크로마토그래피에서 사용되는 캐리어 가스에 대한 설명으로 틀린 것은?

① 헬륨, 질소가 주로 사용된다.
② 기체 확산이 가능한 한 큰 것이어야 한다.
③ 시료에 대하여 불활성이어야 한다.
④ 사용하는 검출기에 적합하여야 한다.

풀이 캐리어 가스는 측정하고자 하는 시료에 대하여 불활성이어야 하므로 기체 확산이 가능한 한 적어야 한다.

49 가스크로마토그래피 분석법에서 자유전자 포착성질을 이용하여 전자 친화력이 있는 화합물에만 감응하는 원리를 적용하여 환경물질분석에 널리 이용되는 검출기는?

① TCD   ② FPD
③ ECD   ④ FID

풀이 ECD
전자포획이온화 검출기(Electron Capture Detector)로서 할로겐 및 산소화합물에서는 감도 최고로, 분리가 용이하다. 단, 탄화수소가스의 성분 분석은 감도가 나쁘다.

정답 47 ① 48 ② 49 ③

50 가스크로마토그래피의 분리관에 사용되는 충전담체에 대한 설명 중 틀린 것은?

① 화학적으로 활성을 띠는 물질이 좋다.
② 큰 표면적을 가진 미세한 분말이 좋다.
③ 입자 크기가 균등하면 분리작용이 좋다.
④ 충전하기 전에 비휘발성 액체로 피복해야 한다.

풀이 분리관(칼럼)에 사용되는 충전담체의 성능은 ②, ③, ④에 대한 기능이 있어야 한다.
※ 담체 : 시료 및 고정상 액체에 대하여 반응을 하지 않는 규조토, 내화벽돌, 유리, 석영, 합성수지 등 불활성 물체

51 다음 중 화학적 가스 분석방법에 해당하는 것은?

① 밀도법
② 열전도율법
③ 적외선 흡수법
④ 연소열법

풀이 화학적 가스 분석법
- 오르자트법
- 연소열법
- 헴펠법
- 미연소($CO+H_2$) 분석법

52 가연성 가스 검출기의 형식이 아닌 것은?

① 안전등형
② 간섭계형
③ 열선형
④ 서포트형

풀이 가연성 가스 검출기
- 안전등형(CH_4 측정)
- 간섭계형(CH_4 측정)
- 열선형(열전도식, 연소식)

53 적외선 가스 분석기에서 분석 가능한 기체는?

① Cl_2
② SO_2
③ N_2
④ O_2

풀이 적외선 가스 분석기는 적외선의 흡수가 일어나는 것을 이용한 분석법으로 적외선 분광광도계가 사용된다. 쌍극자 모멘트를 갖지 않는 2원자 가스 Cl_2, N_2, H_2, O_2 등은 분석이 불가능하다.

정답 50 ① 51 ④ 52 ④ 53 ②

54 열전도형 검출기(TCD)의 특성에 대한 설명으로 틀린 것은?

① 고농도의 가스를 측정할 수 있다.
② 가열된 서미스터에 가스를 접촉시키는 방식이다.
③ 공기와의 열전도도 차가 작을수록 감도가 좋다.
④ 가연성 가스 이외의 가스도 측정할 수 있다.

> **풀이** 가스검출기
> • TCD(열전도형 검출기) : 순도 99.8% 이상의 수소나 헬륨을 사용한다(일반적으로 널리 사용된다).
> • ECD(전자포획이온화식 검출기)
> • FID(수소이온화 검출기)

55 다음 중 가스 검지법에 해당하지 않는 것은?

① 분별연소법
② 시험지법
③ 검지관법
④ 가연성 가스 검출기법

> **풀이** 분별연소법
> 연소 분석법으로, 2종 이상의 동족 탄화수소와 H_2 가스가 혼합되어 있는 시료에 사용된다. 탄화수소(C_mH_n)는 산화시키지 않고 H_2 및 CO 가스만을 분별적으로 완전산화시키는 사용법이다(파라듐관연소법, 산화동법이 있다).

56 검지관에 의한 프로판의 측정농도 범위와 검지한도를 각각 바르게 나타낸 것은?

① 0~0.3%, 10ppm
② 0~1.5%, 250ppm
③ 0~5%, 100ppm
④ 0~30%, 1000ppm

> **풀이** 프로판(C_3H_8)의 측정 농도 종류(검지관)
> 0~5%(검지한도 100ppm)

57 적외선 분광분석법에 대한 설명으로 틀린 것은?

① 적외선을 흡수하기 위해서는 쌍극자 모멘트의 알짜변화를 일으켜야 한다.
② H_2, O_2, N_2, Cl_2 등의 2원자 분자는 적외선을 흡수하지 않으므로 분석이 불가능하다.
③ 미량성분의 분석에는 셀(Cell) 내에서 다중반사되는 기체 셀을 사용한다.
④ 흡광계수는 셀 압력과는 무관하다.

> **풀이** 적외선 분광분석법
> 분자의 진동 중 쌍극자 모멘트의 변화를 일으킬 진동에 의하여 적외선의 흡수가 일어나는 것을 이용하여 가스를 분석하는 기기 분석법이다. 그 특징은 ①, ②, ③이고 흡광계수는 셀(통) 압력과 관계된다.

정답 54 ③ 55 ① 56 ③ 57 ④

58 탄화수소에 대한 감도는 좋으나 H_2O, CO_2에 대하여는 감응하지 않는 검출기는?

① 불꽃이온화검출기(FID)
② 열전도도검출기(TCD)
③ 전자포획검출기(ECD)
④ 불꽃광도법검출기(FPD)

풀이
- 불꽃이온화검출기(FID) : 염으로 시료 성분 이온화, 탄화수소에서의 감도 최고
- 열전도도검출기(TCD) : 일반적으로 가장 널리 사용된다(금속 필라멘트 저항변화검출).
- 전자포획검출기(ECD) : 할로겐 및 산소화합물에서의 감도가 최고이나 탄화수소는 감도가 나쁘다(방사선으로 캐리어 가스 이온화).
- 불꽃광도법검출기(FPD) : 유기질소 화합물 및 유기염 화합물을 선택적으로 검출할 수 있다.

59 기체 크로마토그래피법의 검출기에 대한 설명으로 옳은 것은?

① 불꽃이온화 검출기는 감도가 낮다.
② 전자포획 검출기는 선형 감응범위가 아주 우수하다.
③ 열전도도 검출기는 유기 및 무기화학종에 모두 감응하고 용질이 파괴되지 않는다.
④ 불꽃광도 검출기는 모든 물질에 적용된다.

풀이 ㉠ 검출기의 종류

명칭	열전도도형 검출기(TCD)	불꽃(수소)이온화 출기(FID)	전자포획이온화 검출기(ECD)
원리	캐리어 가스와 시료성분 가스의 열전도도 차를 금속 필라멘트(혹은 더미스터)의 저항 변화로 검출	염으로 시료성분이 이온화됨으로써 염 중에 놓여진 전극 간의 전기전도도가 증대하는 것을 이용	방사선으로 캐리어 가스가 이온화되고 생긴 자유전자를 시료성분이 포획하면 이온전류가 멸소하는 것을 이용
적용	일반적으로 가장 널리 사용된다.	탄화수소에서의 감도 최고, H_2, O_2, CO, CO_2, SO_2 등은 감도 없음	할로겐 및 산소화합물에서의 감도 최고, 탄화수소는 감도가 나쁨

㉡ 불꽃(염광)광도형 검출기(Flame Photometric Detector ; FPD)
수소염에 의하여 시료성분을 연소시키고 이때 발생하는 염광의 광도를 분광학적으로 측정하는 방법으로서 인 또는 유황화합물을 선택적으로 검출할 수 있다.

60 가스크로마토그래피의 캐리어 가스로 사용하지 않는 것은?

① He
② N_2
③ Ar
④ O_2

풀이 캐리어 가스(전개제) : Ar(아르곤), He(헬륨), H_2(수소), N_2(질소) 등이 있다.

정답 58 ① 59 ③ 60 ④

61 기체 크로마토그래피의 열린관 칼럼 중 유연성이 있고, 화학적 비활성이 우수하여 널리 사용되고 있는 것은?

① 충전 칼럼
② 지지체도포 열린관 칼럼(SCOT)
③ 벽도포 열린관 칼럼(WCOT)
④ 용융실리카도포 열린관 칼럼(FSWC)

> **풀이** FSWC(용융실리카도포 열린관 칼럼)
> 가스(기체)크로마토그래피 가스 분석기의 칼럼으로 유연성, 화학적 비활성이 우수하다.

62 불꽃이온화검출기(FID)에 대한 설명 중 옳지 않은 것은?

① 감도가 아주 우수하다.
② FID에 의한 탄화수소의 상대감도는 탄소수에 거의 반비례한다.
③ 구성요소로는 시료가스, 노즐, 컬렉터 전극, 증폭부, 농도 지시계 등이 있다.
④ 수소 불꽃 속에 탄화수소가 들어가면 불꽃의 전기전도도가 증대하는 현상을 이용한 것이다.

> **풀이** FID 구성 : 칼럼(분리관), 검출기, 기록계
> • 감도가 높고 탄화수소에서 감도가 최고이나 H_2, O_2, CO, CO_2, SO_2 등에는 감도가 없어서 측정불가
> • 구성요소 : 시료가스, 노즐, 컬렉터전극, 증폭부, 농도지시계 등
> • 탄화수소의 상대감도는 탄소수에 거의 비례한다.

63 가스성분 중 탄화수소에 대하여 감응이 가장 좋은 검출기는?

① TCD
② ECD
③ TGA
④ FID

> **풀이** 가스크로마트그래피 기기 분석법
> • FID(수소이온화 검출기) : 탄화수소에 감도 최고, H_2, O_2, CO, CO_2, SO_2 등에는 감도측정이 없음
> • TCD(열전도도형 검출기)
> • ECD(전자포획이온화 검출기)

64 가스크로마토그래피의 구성이 아닌 것은?

① 캐리어 가스
② 검출기
③ 분광기
④ 칼럼

> **풀이** 분광기(Spectrometer)
> 물질의 방출량 또는 빛의 스펙트럼을 계측하는 장치이다. 파장 스펙트럼의 좁은 영역을 분리시킨다.

정답 61 ④ 62 ② 63 ④ 64 ③

65 가스크로마토그래피에서 사용되는 검출기가 아닌 것은?

① FID(Flame Ionization Detector)
② ECD(Electron Capture Detector)
③ NDIR(Non-Dispersive Infra-Red)
④ TCD(Thermal Conductivity Detector)

풀이 가스크로마토그래피 검출기
- TCD(열전도형)
- FID(수소이온화 검출기)
- ECD(전자포획이온화 검출기)
- TCD(열전도형 검출기 : 가장 많이 사용)
- FPD(염광 광도형 검출기)
- FTD(알칼리성 이온화 검출기)

66 기체 크로마토그래피에서 분리도(Resolution)와 칼럼 길이의 상관관계는?

① 분리도는 칼럼 길이의 제곱근에 비례한다.
② 분리도는 칼럼 길이에 비례한다.
③ 분리도는 칼럼 길이의 2승에 비례한다.
④ 분리도는 칼럼 길이의 3승에 비례한다.

풀이 분리도는 칼럼 길이의 제곱근에 비례한다.

$$\text{이론단수}(\eta) = 16 \times \left(\frac{\text{보유시간}}{\text{바탕선의 길이}}\right)^2$$

이론 1단에 해당하는 분리관의 길이

$$(\text{HETP}) = \frac{\text{분리관의 길이}}{\text{이론단수}}$$

67 기체 크로마토그래피의 충전칼럼 내의 충전물, 즉 고체 지지체로서 일반적으로 사용되는 재질은?

① 실리카겔 ② 활성탄 ③ 알루미나 ④ 규조토

풀이 기체 크로마토그래피의 충전칼럼 내의 충전물 중 고체 지지체는 일반적으로 규조토를 사용한다.

68 기체 크로마토그래피의 분리관에 사용되는 충전담체에 대한 설명으로 틀린 것은?

① 화학적으로 활성을 띠는 물질이 좋다.
② 큰 표면적을 가진 미세한 분말이 좋다.
③ 입자크기가 균등하면 분리작용이 좋다.
④ 충전하기 전에 비휘발성 액체로 피복한다.

풀이 분리관에 사용되는 담체 : 유리, 석영, 규조토, 내화물, 합성수지 등 화학적으로 안정한 것

정답 65 ③ 66 ① 67 ④ 68 ①

69 가스크로마토그래피에서 운반가스의 구비조건으로 옳지 않은 것은?

① 사용하는 검출기에 적합해야 한다.
② 순도가 높고 구입이 용이해야 한다.
③ 기체확산이 가능한 큰 것이어야 한다.
④ 시료와 반응성이 낮은 불활성 기체이어야 한다.

풀이 운반가스(전개제) : 수소, 헬륨, 아르곤, 질소 등이며 기체 확산을 최소로 할 수 있어야 한다.

70 기체 크로마토그래피를 통하여 가장 먼저 피크가 나타나는 물질은?

① 메탄
② 에탄
③ 이소 부탄
④ 노르말 부탄

풀이 메탄이 가장 빠르게 통과한다.

71 머무른 시간 407초, 길이 12.2mm인 칼럼에서의 띠너비를 바닥에서 측정하였을 때 13초이었다. 이때 단높이는 몇 mm인가?

① 0.58   ② 0.68   ③ 0.78   ④ 0.88

풀이 ㉠ 이론단수$(n) = 16 \times \left(\dfrac{Tr}{W}\right)^2 = 16 \times \left(\dfrac{407}{13}\right)^2 = 15.683$

여기서, Tr : 시료도입점부터 피크최고점까지 거리(보유시간)
W : 피크 시 좌우 변곡점에서 접선 바탕의 폭

㉡ 이론단높이(HETP) $= \dfrac{L}{n} = \dfrac{12.2\mathrm{m}}{15.683} = 0.7779$

여기서, L : 분리관의 길이(mm)

72 다음은 기체 크로마토그래피의 크로마토그램이다. T_r, T_1, T_2는 무엇을 나타내는가?

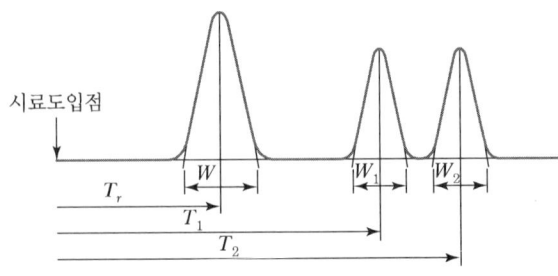

① 이론 단수
② 체류시간
③ 분리관의 효율
④ 피크의 좌우 변곡점 길이

풀이 이론단수$(n) = 16 \times \left(\dfrac{T_r}{W}\right)^2$

여기서, T_r : 시료도입점부터 피크최고점까지 거리(보유시간)
W : 피크 시 좌우 변곡점에서 접선 바탕의 폭

73 기체 크로마토그래피에 의해 가스의 조성을 알고 있을 때에는 계산에 의해서 그 비중을 알 수 있다. 이때 비중계산과의 관계가 가장 먼 인자는?

① 성분의 함량비　　② 분자량　　③ 수분　　④ 증발온도

풀이 비중계산 인자 : 성분의 함량비, 분자량, 수분, 주변 온도 등

74 가스크로마토그래피는 시료의 어떤 특성을 주로 이용하는 분석기기인가?

① 점성　　② 비열　　③ 반응속도　　④ 확산속도

풀이 가스크로마토그래피 가스분석기의 특성
- 가스의 확산속도를 이용한다.
- 혼합가스의 분석에 용이하다.
- 전개제가 필요하다.

75 가스크로마토그래피에 의한 분석방법은 어떤 성질을 이용한 것인가?

① 비열의 차이
② 비중의 차이
③ 연소성의 차이
④ 이동속도의 차이

풀이 가스크로마토그래피에 의한 가스분석은 각종 가스의 이동속도의 차이로 분석한다.

76 가스크로마토그래피에 대한 설명으로 가장 옳은 것은?

① 운반가스로는 일반적으로 O_2, CO_2가 이용된다.
② 각 성분의 머무름 시간은 분석조건이 일정하면 조성에 관계없이 거의 일정하다.
③ 분석시료는 반드시 LP 가스의 기체 부분에서 채취해야 한다.
④ 분석 순서는 가장 먼저 분석시료를 도입하고 그 다음에 운반가스를 흘려보낸다.

풀이 가스크로마토그래피
- 운반가스 : He, H_2, Ar, N_2 등
- 시료가스 대부분을 분석할 수 있다.
- 운반가스를 먼저 흘려보내고 분석가스를(측정가스) 흘려보내는 순서이다.

정답 73 ④　74 ④　75 ④　76 ②

77 기체 크로마토그래피에서 캐리어 가스 유량이 5mL/s이고 기록지 속도가 3mm/s일 때 어떤 시료가스를 주입하니 지속용량이 250mL이었다. 이때 주입점에서 성분의 피크까지의 거리는 약 몇 mm인가?

① 50　　② 100　　③ 150　　④ 200

풀이 지속용량 = $\dfrac{\text{유량} \times \text{피크길이}}{\text{기록지 속도}}$ (mL)

$250 = \dfrac{(5 \times 60) \times x}{3 \times 60}$

∴ 피크거리(x) = $\dfrac{(3 \times 60) \times 250}{5 \times 60}$ = 150mm

※ 1분=60초이다.

78 유독가스인 시안화수소의 누출탐지에 사용되는 시험지는?

① 연당지　　② 초산벤지딘지
③ 하리슨 시험지　　④ 염화 제1구리 착염지

풀이
- 연당지 : 황화수소(H_2S) 검지지
- 하리슨 시험지 : 포스겐($COCl_2$) 검지지
- 염화 제1구리 착염지 : 아세틸렌(C_2H_2) 검지지

79 NO_X 분석 시 약 590~2,500nm의 파장영역에서 발광하는 광량을 이용하는 가스 분석방식은?

① 화학 발광법　　② 세라믹식 분석
③ 수소이온화 분석　　④ 비분산 적외선 분석

풀이 NO_X(질소산화물) 가스분석에서 파장의 발광하는 광량으로 분석하는 법은 화학 발광법이다.

80 가스보일러의 배기가스에서 오르자트 분석기를 이용하여 시료 50mL를 채취하였더니 흡수 피펫을 통과한 후 남은 시료 부피는 각각 CO_2 40mL, O_2 20mL, CO 17mL였다. 이 가스 중 N_2의 조성은?

① 30%　　② 34%　　③ 64%　　④ 70%

풀이 50 − 40 = 10mL
50 − 20 = 30mL
50 − 17 = 33mL
N_2 = 50 − 33 = 17mL

∴ $\dfrac{17}{50} \times 100 = 34\%$

정답 77 ③　78 ②　79 ①　80 ②

81 흡착형 가스크로마토그래피에 사용하는 충전물이 아닌 것은?

① 실리콘(SE-30) ② 활성알루미나
③ 활성탄 ④ 뮬레큘러시브

풀이 흡착제 충전물
- 활성탄
- 활성알루미나
- 뮬레큘러시브
- 실리카겔

82 가연성 가스 중에 포함된 O_2를 측정하는 데 가장 적당한 분석법은?

① 중량법 ② 중화적정법 ③ 흡수법 ④ 완만연소법

풀이 흡수 분석법
흡수법은 혼합가스를 각각 특정한 흡수열로 흡수시켜 흡수된 가스양으로 정량한다.
- 헴펠법 : CO_2, C_mH_4, O_2, CO
- 오르자트법 : CO_2, O_2, CO
- 게겔법 : CO_2, C_2H_2, C_2H_4, O_2, CO 등

83 가스 분석법에 대한 설명으로 옳지 않은 것은?

① 비분산형 적외선 분석계는 고순도 헬륨 등 불활성 가스의 분석에 적합하다.
② 불꽃광도검출기(FPD)는 열전도검출기(TCD)보다 미량분석에 적합하다.
③ 반도체용 특수재료가스의 검지방법에는 정전위전해법이 널리 사용된다.
④ 메탄(CH_4)과 같은 탄화수소 계통의 가스는 열전도 검출기보다 불꽃이온화검출기(FID)가 적합하다.

풀이 비분산형 적외선 분석계는 에너지 흡수가 안 되는 불활성 가스를 봉입하여 성분가스를 분석한다.

84 질소용 Mass Flow Controller를 헬륨에 사용하였다. 예측가능한 결과는?

① 질량유량에는 변화가 있으나 부피 유량에는 변화가 없다.
② 지시계는 변화가 없으나 부피유량은 증가한다.
③ 입구압력을 약간 낮춰주면 동일한 유량을 얻을 수 있다.
④ 변화를 예측할 수 없다.

풀이 질소용 매스 플로 컨트롤러를 헬륨에 사용하면 지시계의 변화는 없으나 부피유량은 증가한다.

정답 81 ① 82 ③ 83 ① 84 ②

CHAPTER 003 가스미터

SECTION 01 가스미터 개요

1. 가스미터의 목적

가스미터는 소비자에게 공급하는 가스의 체적을 측정하기 위하여 사용되는 것이다.

1) 가스미터의
① 가스의 사용최대유량에 적합한 계량능력을 갖출 것
② 사용 중에 기차 변화가 없고 정확하게 계량이 가능할 것
③ 내압, 내열성이 좋고 가스의 기밀성이 양호하여 내구성이 좋을 것
④ 부착이 간단하여 유지 관리가 용이할 것

2) 가스미터 선정 시 주의사항
① 액화 가스용의 것일 것
② 용량에 여유가 있을 것
③ 계량법에서 정한 유효기간에 충분히 만족할 것
④ 기타 외관시험 등을 행할 것

2. 가스미터의 종류

① 가스미터에는 다음의 것이 있지만 LP 가스에서는 독립내기식이 많이 사용되고 있다.
② 가스미터는 사용하는 가스 질에 따른 계량법에 의하여 도시가스용, LP 가스용, 양자병동 등으로 구별된다.

③ 실측식은 일정요식의 부피를 만들어 그 부피로 가스가 몇 회 측정되었는가를 적산하는 방식이다.
  - 건식 : 수용가에 설치
  - 습식 : 액체 봉입, 실험실의 기준 가스미터로 사용
④ 추량식은 유량과 일정한 관계에 있는 다른 양(예를 들면, 흐름 속에 있는 임펠러의 회전수와 같은 것)을 측정함으로써 간접적으로 구하는 방식이다.

▼ 가스미터의 종류별 특징 비교

종류	막식 가스미터	습식 가스미터	루츠식 미터
장점	• 값이 싸다. • 설치 후의 유지관리에 시간을 요하지 않는다.	• 계량이 정확하다. • 사용 중에 기차(器差)의 변동이 크지 않다.	• 대유량의 가스 측정에 적합하다. • 중압가스의 계량이 가능하다. • 설치면적이 작다.
단점	대용량의 것은 설치면적이 크다.	• 사용 중에 수위조정 등의 관리가 필요하다. • 설치면적이 크다.	• 스트레이너의 설치 및 설치 후의 유지관리가 필요하다. • 소유량($0.5m^3/h$ 이하)의 것은 부동의 우려가 있다.
일반적 용도	일반 수용가	실험실용 기준기	대수용가
용량 범위	$1.5 \sim 200m^3/h$	$0.2 \sim 3,000m^3/h$	$100 \sim 5,000m^3/h$

3. 가스미터의 표시

① Meter의 형식
② MAX $1.5m^3/h$: 사용최대유량 $1.5m^3/h$
③ 0.5L/rev : 계량실의 일주기의 체적
④ 형식승인 : 형식승인 합격번호
⑤ 공용 : LP 가스, 도시가스 중 어느 것에 사용해도 좋다.
⑥ 가스의 유입방향(→)
⑦ 사용압력 범위
⑧ 사용온도 범위

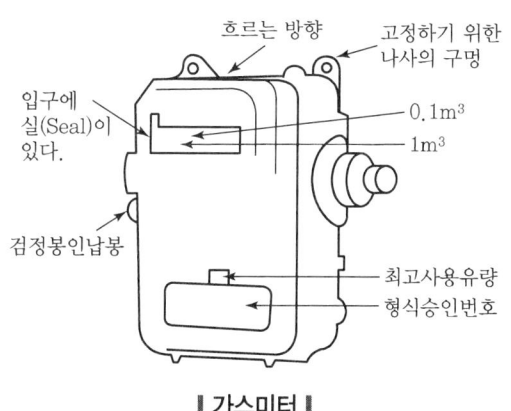

┃ 가스미터 ┃

4. 가스미터의 성능

1) 가스미터의 기밀시험

가스미터는 수주 1,000mm의 기밀시험에 합격한 것이어야 한다.

2) 가스미터의 선편

① 막식 가스미터를 통하여 출구로 나오고 있는 가스는 2개의 계량실로부터 1/4주기의 위상차를 갖고 배출되는 가스양의 합계이므로 그림에 나타낸 것과 같이 유량에 맥동성이 있다. 이 맥동량이 압력차로 나타나며, 이것을 선편이라고 부른다.

② 선편의 양이 많은 미터를 사용하면 도시가스와 같이 말단 공급압력이 저하되었을 경우 연소 불꽃이 흔들거리는 상태가 생길 수 있다.

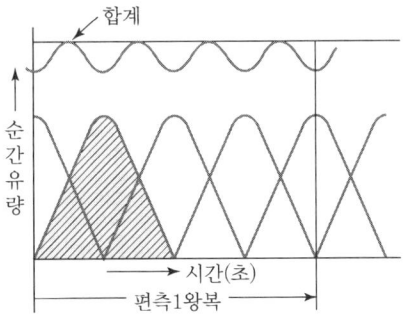

∥ 막식 가스미터 선편과 압력손실 ∥

3) 가스미터의 압력손실

① 가스미터를 포함한 배관 전체의 압력손실의 허용최대가 수주 30mm이므로 가스미터의 표시 용량을 흘렸을 때의 압력손실이 큰 것을 부착하여 사용한다. 최대유량한도의 가스를 흘리면 배관 전체의 압력손실이 수주 30mm를 초과하여 공급압력이 수주 200mm를 하회하게 되므로 충분한 주의가 필요하다.

② 아래 그림은 유량 $1.5m^3/hr$에서 압력손실 15mm의 가스미터의 특성을 나타낸 것이다.

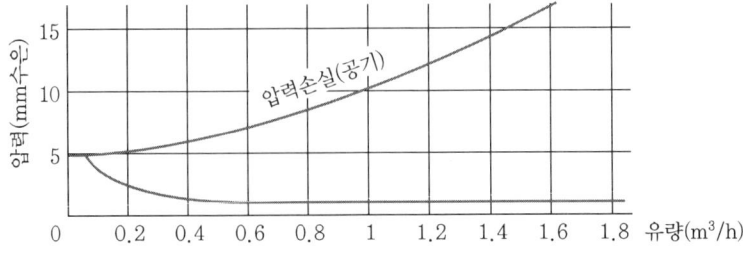

∥ 막식 가스미터의 시간과 유량의 관계 ∥

4) 사용공차

가스미터(막식)의 정도는 실제 사용되고 있는 상태에서 ±4%가 되어야 한다.

5) 검정공차

계량법에서 정해진 검정 시 오차의 한계(검정공차)는 사용최대유량의 20~80%의 범위에서 ±1.5%이다.

6) 감도유량

가스미터가 작동하는 최소유량을 감도유량이라 하며, 계량법에서 일반 가정용 LP 가스미터는 5L/hr 이하로 되어 있지만 일반 막식 가스미터의 감도는 대체로 3L/hr 이하로 되어 있다.

7) 검정 유효기간

① 계량법에서 정한 유효기간이며 유효기간을 넘긴 것은 분해수리를 행하여 재검정을 받지 않으면 안 된다.
② 유효기간 중이라도 사용공차 이상의 기차가 있는 것, 파손 고장을 일으킨 것 등도 똑같이 재검정을 받지 않으면 사용할 수 없다.
③ 가스미터의 유효기간 : 약 5년(단, LPG 가스미터기 : 2년)

8) 계량실의 체적

계량단위는 명판에 [L/주기]의 단위로 표시하고 있다. 이 계량단위는 미터 기준의 가스 체적이며 기차를 작게 하면 미터의 외형이 작아지지만 압력 손실이나 내구력에 문제가 발생하기 쉬운 결점이 있다.

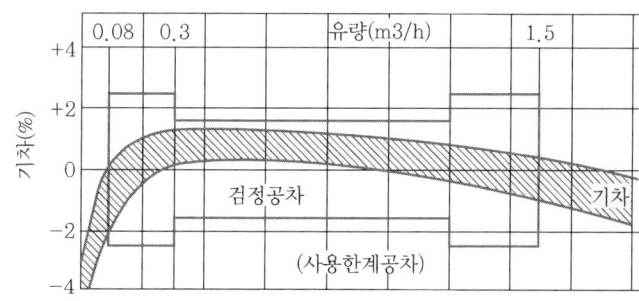

| 사용공차 등의 설명도 |

5. 가스미터의 설치기준

소비설비에는 다음 각 호의 기준에 의해 일반소비자 1호에 대하여 1개소 이상의 가스미터를 부착하는 것으로 한다.

1) 가스미터는 저압배관에 부착할 것
2) 가스미터 부착장소는 다음의 조건에 적합할 것
   ① 습도가 낮을 것
   ② 화기로부터 2m 이상 떨어지고 또는 화기에 대하여 차열판을 설치하여 놓을 것(화기와 습기에서 멀리 떨어져 있고 청결하며 진동이 없는 위치)
   ③ 저압전선으로부터 가스미터까지는 15cm 이상 전기개폐기 및 안전기에 대하여서는 60cm 이상 떨어진 장소일 것(전기 공작물과 60cm 이상의 거리가 떨어진 위치)
   ④ 일광, 비 또는 눈에 직접 접촉하지 말 것
   ⑤ 부식성 가스 또는 용액이 비산하는 장소가 아닐 것
   ⑥ 진동이 적은 장소일 것
   ⑦ 검침이 용이한 장소일 것(검침, 수리 등의 작업이 편리한 위치)
   ⑧ 부착 및 교환작업이 용이할 것
   ⑨ 용기 등의 접촉에 의해 가스미터가 파손되지 않는 장소일 것
   ⑩ 실외에 설치하고 그 높이가 1.6~2m 이내인 위치
   ⑪ 소형 가스미터의 경우 가스사용량이 가스미터 용량의 60% 정도가 되도록 선정한다.
   ⑫ 통풍이 양호한 위치

3) 가스미터는 다음의 기준에 따라서 부착할 것
   ① 수평으로 부착할 것
   ② 입구와 출구의 구별을 혼돈하지 말 것
   ③ 가스미터 또는 배관의 상호 부당한 힘이 가해지지 않도록 할 것
   ④ 배관에 접촉할 때는 배관 중에 먼지 오수 등의 이물질을 배제한 후에 부착할 것
   ⑤ 가스미터의 입구 배관에는 드레인을 부착할 것

> **Reference** 가스미터 설치 시 유의사항

- 입상배관을 하지 말 것
- 가스미터를 배관에 연결 시 무리한 힘을 가하지 말 것
- 가스미터를 소중히 다룰 것

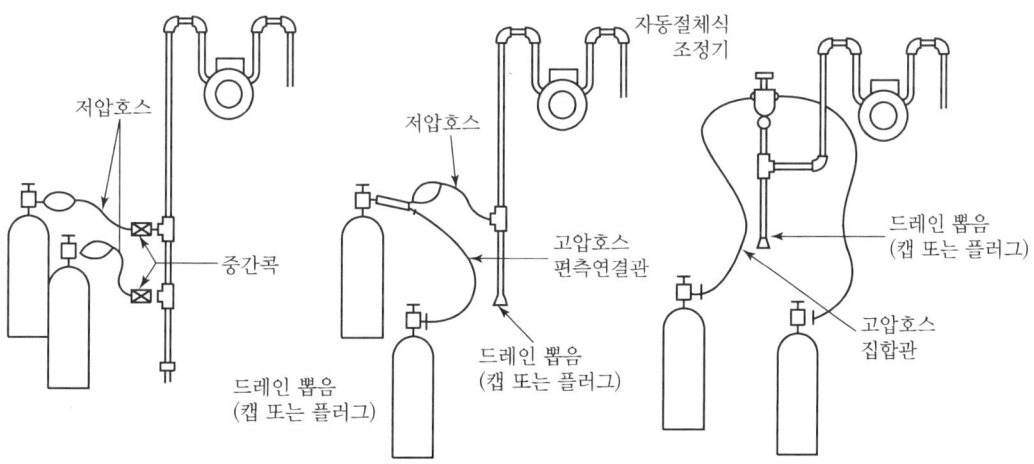

‖ 가스미터 입구측에 드레인 뽑기를 설치한 예 ‖

SECTION 02 가스미터의 고장처리

1. 막식 가스미터의 고장

① 부동 : 가스는 미터를 통과하나 미터지침이 작동하지 않는 고장을 말한다.
② 불통 : 가스가 미터를 통과하지 않는 고장을 말한다.
③ 기차불량 : 사용 중의 가스미터는 계량하고 있는 가스의 영향을 받는다든지 부품의 마모 등에 의하여 기차가 변화하는 수가 있다. 기차가 변화하여 계량법에 사용공차(±4% 이내)를 넘어서는 경우를 기차불량이라 한다.
④ 감도불량 : 지침의 시도변화가 나타나지 않는 고장을 말한다(감도유량 통과 시).
⑤ 이물질로 인한 불량 : 미터 입출압력이 현저하게 낮아져 가스의 연소상태를 불안정하게 하는 고장이다.

▼ 막식 계량기 고장현상 및 원인

현상	원인
부동	• 계량막의 파손, 밸브 탈락 • 밸브와 밸브시트 틈새 불량 • 지시기어 장치의 물림불량에 의한 지침 미작동
불통	• 크랭크축이 녹슬거나 밸브와 밸브시트가 타르·수분 등에 의해 점착이나 고착 또는 동결하여 움직일 수 없게 된 경우 • 날개, 조절기 등의 납땜이 떨어지는 등 회전장치 부분에 고장이 생겼을 때
기차불량	• 계량식 체적변화, 계량막 파손 • 밸브와 밸브시트 틈새 불량 • 패킹열화 등
감도불량	계량막, 밸브와 밸브시트의 사이, 패킹부 등에서의 누설
누설	• 내부누설 : 날개축과 수평축이 각 격벽을 관통하는 시일 부분의 기밀 파손, 패킹 재료의 열화 • 외부누설 : 납땜 접합부의 파손케이스의 부식
이물질로 인한 불량	• 크랭크축에 이물질이 들어가 회전에 윤활유가 없어졌거나 밸브와 밸브시트 사이에 기름 등의 점성물질이 부착하였을 때 • 연동기구가 변형되었을 경우

2. 로터미터(Rotameter)의 고장

① **부동현상** : 회전자는 회전하고 있으나 미터의 지침이 작동하지 않는 고장이다.
② **불통현상** : 회전자의 회전이 정지하여 가스가 통과하지 못하는 고장을 말한다.
③ 기차불량
④ 기타 불량

▼ 로터계량기 고장현상 및 원인

현상	원인
부동	• 마그넷카플링 장치의 풀림 • 감속 또는 지시기구 기어의 물림 불량 • 감속기구기어 축대의 고착 파손 • 유량과소 • 압력보정장치 전달기구 이물질 부착 • 압력보정장치 전달기구 베어링 마모
불통	• 회전자의 먼지 · 시일제 등 부착 • 회전자의 변형 · 파손 • 회전자 축대의 마모, 축변형 • 배관 비틀림
기차불량	• 회전자 축대의 마모 • 회전부분의 마찰저항 증대
소음	• 감속기구 기어 마모 • 계량기 굽힘배관 비틀림에 의한 회전자 접촉
누설	• 접합부위 파손, 계량기 부식 • 패킹재료 열화에 의한 시일부분 파손

3. 가스미터의 검정

가스미터는 계량법의 규정에 의한 검정을 받아 이에 합격된 것이 아니면 사용할 수 없다.

1) 검정검사의 종류

외관검사, 구조검사, 기차검사

2) 검정대상 제외

① 구경이 25cm를 초과하는 회전자식 가스미터

② 압력이 1mmH$_2$O를 초과하는 가스의 계량에 사용하는 실측 건식 가스미터
③ 추량식의 것

3) 검정공차와 사용공차

미터 자체가 가지는 오차를 기차라 하며 다음 식으로 나타낸다.

$$E = \frac{I-Q}{I} \times 100$$

여기서, E : 기차(%)
I : 시험용 미터의 지시량
Q : 기준 미터의 지시량

4) 다기능 가스안전계량기

LP 가스 또는 도시가스 사용시설에 설치되는 가스계량기로서 이상유량차단, 가스누출차단 등의 기능을 가진 복합계량기를 말한다.

① 합계유량차단기능으로서 다음의 유량을 초과하는 가스가 흐를 경우에 75초 이내에 차단할 것 (다만, 합계유량차단값은 설정기 등으로 변경 또는 설정할 수 있을 것)

합계유량차단값=연소기구 소비량의 총합×1.13

② 증가유량차단기능으로서 통상의 사용상태에서 다음의 유량을 초과하여 유량이 증가하는 경우 차단할 것

증가유량차단값=연소기구 중 최대소비량×1.13

③ 미소누출검지기능으로서 유량을 연속을 30일간 검지할 때에 표시하는 기능이 있고, 또한 기타 원인에 의해 차단 복귀하더라도 당해 기능에 영향을 주지 않는 것일 것
④ 압력저하차단기능으로서 통상의 사용상태에서 다기능 가스안전계량기 출구측의 압력저하를 감지하여 압력이 0.6±0.1kPa에서 차단할 것

SECTION 03 가스누설검지 경보장치

가스누설검지 경보장치는 가스의 누설 시 검지하여 경보농도에서 자동적으로 경보하는 것일 것

1. 가스누설검지 경보장치의 종류

① 접촉연소 방식
② 열전도식(써미스터)
③ 반도체 방식(산화주석)

2. 가스누설검지 경보장치의 경보농도

① **가연성 가스** : 폭발하한계의 1/4 이하
② **독성가스** : 허용농도 이하(단, NH_3를 실내에서 사용하는 경우 : 50ppm)

3. 가스누설검지 경보장치의 정밀도

① **가연성 가스용** : ±25% 이하
② **독성가스용** : ±30% 이하

4. 가스누설검지 경보장치의 검지에서 발신까지 걸리는 시간

① 가스누설검지 경보장치의 경보농도의 1.6배 농도에서 보통 30초 이내일 것
② NH_3, CO 또는 이와 유사한 가스는 1분 이내

5. 가스누설검지 경보장치 지시계의 눈금범위

① **가연성 가스** : 0~폭발하한계
② **독성가스** : 0~허용농도의 3배값(단, NH_3를 실내에서 사용하는 경우에는 150ppm)

6. 가스누설검지 경보장치의 설치장소

① 제조설비(특수반응설비, 도시가스, LP 가스)가 건축물 내에 설치된 경우 : 바닥면 둘레 20m에 대하여 1개 이상의 비율로 설치

② 제조설비(도시가스, LP 가스)가 건축물 밖에 설치된 경우 : 바닥면 둘레 20m에 대하여 1개 이상의 비율로 설치
③ 계기실 내부 : 1개 이상
④ 독성가스의 충전용 접속구군의 주위 : 1개 이상

7. 가스누설검지 경보장치 검지부의 설치 높이

① LP 가스(공기보다 무거운 가스) : 바닥면으로부터 검지부 상단까지의 높이가 30cm 이내(단, 가능한 바닥에 가까운 위치에 설치)
② 도시가스 및 기타 가스(공기보다 가벼운 가스) : 가스비중, 주위상황, 가스설비 높이 등 조건에 따라 결정할 것(일반적으로 천정에서 검지부 상단까지 높이는 30cm 이하에 설치한다.)

SECTION 04 가스시설 원격 감시

1. 원격 제어반

중앙 제어실(Central Control Station)에서 소단위 시스템으로 분리한 분산처리시스템 분산제어 시스템(Distributed control system ; DCS)의 하부구조로서 중앙 제어실의 운전지령(원격) 또는 현장 조작으로 일정 규모의 공정을 독립적 운전을 할 수 있는 기능과 기기의 운전상태, 계측 정보를 수집한 후 중앙 제어실에 전송하여 중앙 제어실에서 전체 시스템의 제어를 할 수 있게 하고 정보의 기록과 표시를 할 수 있게 하는 주 처리장치로 하는 현장 제어반이다.

2. 제어반의 기능

① 계측과 제어 계통은 모든 운전상태에서 경제적이며, 안전하고, 신뢰성 있게 동작될 수 있도록 한다.
② 원격 제어반은 현장 제어 기기와 제어를 위한 입·출력 신호 등을 사전에 조사하여 반영한다.
③ 보조 기기의 제어 계통은 감시 제어 시스템 계통에 조합이 되도록 구성한다.
④ Sequence, Interlock의 오동작 및 Trip 상태를 경보, 표시 및 기록되도록 한다.
⑤ 제어 기기들은 어떠한 고장이 발생했을 때 즉시 Back Up이 이루어지며, 운전에 관계 없이 On Line 상태에서 복구가 가능하도록 구성한다.
⑥ 제어기의 메모리는 전원 상실 시에도 프로그램이 상실되지 않도록 한다.
⑦ 환경에 대하여 최소한의 악영향(소음 및 진동 등) 최소화한다.

3. 프로그램 및 소프트웨어 구성

1) 운영 소프트웨어는 산업 표준화에 알맞은 개방형 구조로 설계되어야 하며, 응용 소프트웨어의 요건에 적합하게 한다.
   ① 운영 체계(OS : Operation System)는 표준화된 시스템(Open System)을 사용하여 다른 Computer System과 호환성을 가지고 있어야 하며, 특히 주제어 시스템인 분산제어 시스템(DCS)과 상호 Data 통신이 원활하게 이루어질 수 있도록 한다.
   ② Process Control을 위하여 PLC의 H/W나 Control의 비정상 작동에 자동 Back-Up 기능을 보유하고 고장 상황의 경보를 발생하여 운전원이 알 수 있게 한다.
2) 제어 상태를 감시하고 유지 보수를 위해 다양한 Alarm 기능을 보유한다.
3) 상위 컴퓨터와의 통신을 위하여 범용 TCP/IP 및 기타 DCS 공급 업체가 제시하는 통신방식에 적합한 통신 Module을 장착한다.

4. 원격 제어반 마감 처리하기

① 자동 제어시스템의 모든 기기 및 부속 자재들은 온·습도, 분진, 진동 등 설치 환경에서 정상적인 기능을 유지하여야 한다.
② 원격 제어반의 설치 위치가 습도에 취약한 장소에 설치될 경우 원격 제어반 내부 부속 부품들이 정상적으로 작동할 수 있도록 습도 제거용 기타 장치들을 구비하여야 한다.
③ 원격 제어반의 케이블 인입 인출은 방진·방수 구조로 시공해야 한다.
④ 외함은 내부 기기의 중량, 동작에 의한 충격 등에 충분히 견딜 수 있고 외부 자연 환경 으로부터 보호될 수 있는 방진 방습 구조로 한다.
⑤ 케이블 인입은 전선관, 케이블 그랜드 또는 방수형 플렉시블 컨넥타를 사용하여 수분과 먼지의 침투를 방지한다.
⑥ 케이블 인입 후 개구부를 실링 컴파운드 충진 또는 아크릴판으로 마감 처리를 한다.
⑦ 모든 계기는 적당한 보호재를 사용하여 충격 및 먼지, 기온차 등으로 인한 손상으로부터 보호한다.
⑧ 금속관 및 그 부속품은 녹이나 부식이 발생할 우려가 있는 부분 (나사 내기 및 기타 원인으로 금속관이나 그 부속품에 시행한 도금, 도료가 벗겨진 경우 등)에는 방청 도료를 칠하거나 기타 동등 이상 방법 등으로 보호한다.
⑨ 부식성 가스가 발생하는 장소에 시설되는 금속관 및 부속류는 방식형 자재를 사용한다.

CHAPTER 003 연습문제

01 가스미터가 규정된 사용공차를 초과할 때의 고장을 무엇이라고 하는가?
① 부동
② 불통
③ 기차불량
④ 감도불량

풀이 가스미터의 고장
- 부동 : 가스는 미터를 통과하나 미터지침이 작동하지 않는 고장을 말한다.
- 불통 : 가스가 미터를 통과하지 않는 고장을 말한다.
- 기차불량 : 사용 중의 가스미터는 계량하고 있는 가스의 영향을 받는다든지 부품의 마모 등에 의하여 기차가 변화하는 수가 있다. 기차가 변화하여 계량법에 사용공차(±4% 이내)를 넘어서는 경우를 기차불량이라 한다.
- 감도불량 : 지침의 시도변화가 나타나지 않는 고장을 말한다(감도유량 통과 시).

02 가스계량기는 실측식과 추량식으로 분류된다. 다음 중 실측식이 아닌 것은?
① 건식
② 회전식
③ 습식
④ 벤투리식

풀이 가스계량기 구분

03 회전수가 비교적 적기 때문에 일반적으로 100m³/h 이하의 소용량 가스계량에 적합하며 독립내기식과 크로바식으로 구분되는 가스미터는?
① 막식
② 루트미터
③ 로터리피스톤식
④ 습식

정답 01 ③ 02 ④ 03 ①

04 막식 가스미터에서 발생할 수 있는 고장의 형태 중 가스미터에 감도 유량을 흘렸을 때, 미터 지침의 시도(示度)에 변화가 나타나지 않는 고장을 의미하는 것은?

① 감도불량　　　② 부동　　　③ 불통　　　④ 기차불량

풀이 1번 문제 풀이 참조

05 감도(感度)에 대한 설명으로 옳은 것은?

① 감도가 좋으면 측정시간이 길어지고 측정범위는 좁아진다.
② 측정결과에 대한 신뢰도를 나타내는 척도이다.
③ 지시량 변화에 대한 측정량 변화의 비로 나타낸다.
④ 계측기가 지시량의 변화에 민감한 정도를 나타내는 값이다.

풀이 계측기기의 감도
- 감도(지시량 변화/측정량 변화) : 감도가 좋으면 측정시간이 길어지고 측정범위가 좁아진다.
- ②는 계측기의 정도에 대한 설명이다.
- 측정량의 변화에 대한 지시량의 변화비율

06 계측기기의 감도에 대한 설명 중 옳지 않은 것은?

① 계측기가 측정량의 변화에 민감한 정도를 말한다.
② 지시계의 확대율이 커지면 감도는 낮아진다.
③ 감도가 나쁘면 정밀도도 나빠진다.
④ 측정량의 변화에 대한 지시량의 변화의 비로 나타낸다.

풀이 계측기기는 지시계의 확대율이 커지면 감도가 증가한다.

07 습식 가스미터의 특징에 대한 설명으로 틀린 것은?

① 계량이 정확하다.
② 설치공간이 크게 요구된다.
③ 사용 중에 기차의 변동이 크다.
④ 사용 중에 수위조정 등의 관리가 필요하다.

풀이 습식 가스미터의 특징
- 계량이 정확하다.
- 사용 중에 기차의 변동이 크지 않다.
- 사용 중에 수위조정 등의 관리가 필요하다.
- 설치면적이 크다.

정답 04 ①　05 ①　06 ②　07 ③

08 습식 가스미터에 대한 설명으로 틀린 것은?

① 계량이 정확하다.
② 설치공간이 크다.
③ 일반 가정용에 주로 사용한다.
④ 수위조정 등 관리가 필요하다.

풀이 일반 가정용에 주로 사용하는 것은 막식 가스미터이다.

09 가스를 일정용적의 통 속에 넣어 충만시킨 후 배출하여 그 횟수를 용적단위로 환산하는 방법의 가스미터는?

① 막식
② 루트식
③ 로터리식
④ 와류식

풀이 루트식 가스미터
- 건식 가스미터이며 회전식 가스미터기이다.
- 대량수용가(100~5,000m³/h)용이고 여과기 설치가 필요하다.
- 용적식이며 설치 후 유지관리가 필요하다.

10 다음 보기에서 설명하는 가스미터는?

- 설치공간을 적게 차지한다.
- 대용량의 가스측정에 적당하다.
- 설치 후 유지관리가 필요하다.
- 가스의 압력이 높아도 사용이 가능하다.

① 막식 가스미터
② 루트미터
③ 습식 가스미터
④ 오리피스미터

11 막식 가스미터에서 계량막 밸브의 누설, 밸브와 밸브시트 사이의 누설 등이 원인이 되는 고장은?

① 부동(不動)
② 불통(不通)
③ 누설(漏泄)
④ 기차(器差) 불량

풀이 가스미터기의 기차 불량
개량막(다이어프램) 밸브의 누설, 밸브와 밸브시트 사이의 누설 원인인 가스미터기의 이상 현상이다.

정답 08 ③ 09 ① 10 ② 11 ④

12 막식 가스미터의 부동현상에 대한 설명을 가장 옳은 것은?

① 가스가 미터를 통과하지만 지침이 움직이지 않는 고장
② 가스가 미터를 통과하지 못하는 고장
③ 가스가 누출되고 있는 고장
④ 가스가 통과될 때 미터가 이상음을 내는 고장

풀이
- 부동현상 : 회전자는 회전하고 있으나, 미터의 지침이 작동하지 않는 고장을 말한다.
- 불통현상 : 회전자의 회전이 정지하여 가스가 통과하지 못하는 고장을 말한다.

13 가스미터의 특징에 대한 설명으로 옳은 것은?

① 막식 가스미터는 비교적 값이 싸고 용량에 비하여 설치면적이 적은 장점이 있다.
② 루트미터는 대유량의 가스측정에 적합하고 설치면적이 작고, 대수용가에 사용한다.
③ 습식 가스미터는 사용 중에 기차의 변동이 큰 단점이 있다.
④ 습식 가스미터는 계량이 정확하고 설치면적이 작은 장점이 있다.

풀이
① 막식 가스미터는 비교적 값이 싸고 용량에 비하여 설치면적이 크다.
③ 습식 가스미터는 사용 중에 기차의 변동이 크지 않는 장점이 있다.
④ 습식 가스미터는 계량이 정확하고 설치면적이 크다는 단점이 있다.

14 가스미터에 의한 압력손실이 적어 사용 중 기압차의 변동이 거의 없고, 유량이 정확하게 계량되는 계측기는?

① 루츠미터
② 습식 가스미터
③ 막식 가스미터
④ 로터리피스톤식 미터

풀이 습식 가스미터
- 유량(계량)이 정확하게 검출된다.
- 기차의 변동이 거의 없다.
- 사용 중 수위조정이 필요하다.
- 설치스페이스가 크다.

15 다음 가스미터 중 추량식(간접식)이 아닌 것은?

① 벤투리식
② 오리피스식
③ 막식
④ 터빈식

정답 12 ① 13 ② 14 ② 15 ③

16 석유제품에 주로 사용하는 비중 표시방법은?

① Alcohol도　　② API도　　③ Baume도　　④ Twaddell도

풀이 API(American Petroleum Institute)도는 원유비중 표시방식으로 아래 산식으로 구한다.

$$API도 = \frac{141.5}{원유의\ 비중} - 131.5$$

※ Baume도 $= 144.3 - \frac{144.3}{비중}$

17 습식 가스미터에 대한 설명으로 틀린 것은?

① 추량식이다.　　② 설치공간이 크다.
③ 정확한 계량이 가능하다.　　④ 일정 시간 동안의 회전수로 유량을 측정한다.

풀이 습식 가스미터는 실측식(건식, 습식) 가스미터로 계량이 정확하며 설치스페이스가 큰 실험실용 기준기이다.

18 가스미터에 대한 설명 중 틀린 것은?

① 습식 가스미터는 측정이 정확하다.
② 다이어프램식 가스미터는 일반 가정용 측정에 적당하다.
③ 루트미터는 회전자식으로 고속회전이 가능하다.
④ 오리피스미터는 압력손실이 없어 가스양 측정이 정확하다.

풀이 오리피스미터는 압력손실이 비교적 크고 가스양 측정이 정확하지 않다(터빈, 벤투리식).

19 용량범위가 1.5~200m³/h 일반 수용가에 널리 사용되는 가스미터는?

① 루트미터　　② 습식 가스미터　　③ 델터미터　　④ 막식 가스미터

풀이 가스미터 용량
- 루트식 : 100~5,000m³/h
- 습식 : 0.2~3,000m³/h
- 막식 : 1.5~200m³/h

20 소형 가스미터의 경우 가스사용량이 가스미터 용량의 몇 % 정도가 되도록 선정하는 것이 가장 바람직한가?

① 40%　　② 60%　　③ 80%　　④ 100%

풀이 소형 가스미터의 경우 가스사용량이 가스미터 용량의 60% 정도가 되도록 선정한다.

정답 16 ②　17 ①　18 ④　19 ④　20 ②

21 가스미터 선정 시 주의사항으로 가장 거리가 먼 것은?
① 내구성
② 내관검사
③ 오차의 유무
④ 사용 가스의 적정성

풀이 내관검사가 아닌 외관검사를 실시한다.

22 고속회전이 가능하므로 소형으로 대용량 계량이 가능하고 주로 대수용가의 가스측정에 적당한 계기는?
① 루트미터
② 막식 가스미터
③ 습식 가스미터
④ 오리피스미터

풀이 루트미터 가스미터기
고속회전이 가능하고 소형이지만 대용량 계량(100~5,000m³/h)이 가능하여 대수용가의 가스계량에 적당하다(설치스페이스가 적으나 여과기 및 설치 후의 유지관리가 필요하다).

23 다음 중 건식 가스미터는?
① Venturi식
② Roots식
③ Orifice식
④ Turbine식

풀이 건식 가스미터
- 막식(독립내기식, 크로바식)
- 회전식(루츠식, 로터리식, 오벌식)

24 시험용 미터인 루트 가스미터로 측정한 유량이 5m³/h이다. 기준용 가스미터로 측정한 유량이 4.75m³/h이라면 이 가스미터의 기차는 약 몇 %인가?
① 2.5%
② 3%
③ 5%
④ 10%

풀이 기차% = $\dfrac{측정값 - 참값}{측정값} \times 100$

$= \dfrac{5 - 4.75}{4.75} \times 100 = 5\%$

정답 21 ② 22 ① 23 ② 24 ③

25 가스미터의 필요 요건으로 틀린 것은?

① 부착이 간단하며 유지관리가 용이할 것
② 정확하게 계량될 것
③ 감도는 적으나 정밀성이 있을 것
④ 내열성이 좋고 가스의 기밀성이 양호할 것

풀이 가스미터기는 감도와 정밀성이 좋아야 한다.

26 가스미터에 대한 다음 설명 중 틀린 것은?

① 습식 가스미터는 가스양의 측정이 정확하다.
② 다이어프램식 가스미터는 일반 가정용 가스양 측정에 적당하다.
③ 루트미터는 회전자식으로 고속회전이 가능하다.
④ 오리피스미터는 압력손실이 없어 가스양 측정이 정확하다.

풀이 오리피스 차압식 유량계는 벤투리미터, 플로노즐 차압식에 비해 압력손실이 크다.

27 반도체식 가스누출 검지기의 특징에 대한 설명으로 옳은 것은?

① 안정성은 떨어지지만 수명이 길다.
② 가연성 가스 이외의 가스는 검지할 수 없다.
③ 소형·경량화가 가능하며 응답속도가 빠르다.
④ 미량가스에 대한 출력이 낮으므로 감도는 좋지 않다.

풀이 반도체식 가스누출 검지기는 소형·경량화로 휴대가 가능하고 응답속도가 빠르다.

28 도시가스 사용시설에서 최고사용압력이 0.1MPa 미만인 도시가스 공급관을 설치하고, 내용적을 계산하였더니 8m³이었다. 전기식 다이어프램형 압력계로 기밀시험을 할 경우 최소 유지시간은 얼마인가?

① 4분
② 10분
③ 24분
④ 40분

풀이 기밀시험 최소 유지시간

내용적(m³)	기밀유지시간(분)
1 미만	4분
1 이상~10 미만	40분
10 이상~300 미만	4 × V(240분 초과 경우 240분)

정답 25 ③ 26 ④ 27 ③ 28 ④

29 습식 가스미터기는 주로 표준계량에 이용된다. 이 계량기는 어떤 타입의 계측기기인가?

① Drum Type
② Orifice Type
③ Oval Type
④ Venturi Type

풀이 드럼타입은 습식 가스미터기의 대표적인 형태로 표준계량 가스미터기로 사용된다.

30 막식 가스미터에서 가스는 통과하지만 미터의 지침이 작동하지 않는 고장이 일어났다. 예상되는 원인으로 가장 거리가 먼 것은?

① 계량막의 파손
② 밸브의 탈락
③ 회전장치 부분의 고장
④ 지시장치 톱니바퀴의 불량

풀이 부동
가스는 가스미터기를 통과하나 미터 지침이 작동하지 않는 현상(회전장치 부분의 고장이 일어난 경우 발생한다.)

31 다음 막식 가스미터의 고장에 대한 설명을 옳게 나열한 것은?

㉮ 부동 : 가스가 미터를 통과하나 지침이 움직이지 않는 고장
㉯ 누설 : 계량막 밸브와 밸브시트 사이, 패킹부 등에서의 누설이 원인

① ㉮
② ㉯
③ ㉮, ㉯
④ 모두 틀림

풀이 막식 가스미터의 고장원인
㉠ 부동
  • 계량막의 파손, 밸브 탈락
  • 밸브와 밸브시트 틈새 불량
  • 지시기어 장치의 물림불량에 의한 지침 미작동
㉡ 불통
  • 크랭크축이 녹슬거나 밸브와 밸브시트가 타르 · 수분 등에 의해 점착이나 고착 또는 동결하여 움직일 수 없게 된 경우
  • 날개, 조절기 등의 납땜이 떨어지는 등 회전장치 부분에 고장이 생겼을 때
㉢ 기차불량
  • 계량식 체적변화, 계량막 파손
  • 밸브와 밸브시트 틈새 불량
  • 패킹열화 등
㉣ 감도불량 : 계량막, 밸브와 밸브시트의 사이, 패킹부 등에서의 누설
㉤ 누설
  • 내부누설 : 날개축과 수평축이 각 격벽을 관통하는 시일부분의 기밀 파손, 패킹 재료의 열화
  • 외부누설 : 납땜 접합부의 파손케이스의 부식

정답 29 ① 30 ③ 31 ①

32 루트 가스미터의 고장 중 불통(가스가 미터를 통과할 수 없는 고장)의 원인을 가장 바르게 설명한 것은?

① 계량막의 파손, 밸브의 탈락, 밸브와 밸브시트의 간격에서의 누출
② Magnet Coupling 장치의 Slip, 감속 또는 지시장치의 기어물림 불량
③ 회전자 베어링의 마모에 의한 회전자의 접촉, 설치공사 불량에 의한 먼지
④ 감속 또는 지시장치의 기어 물림 불량

> **풀이** 가스미터 불통
> 회전자 베어링의 마모에 의한 회전자의 접촉, 설치공사 불량에 의한 먼지 등으로 가스가 가스미터기를 통과하지 못한다.

33 기준가스미터 교정주기는 얼마인가?

① 1년   ② 2년
③ 3년   ④ 5년

> **풀이** 기준가스미터 교정주기 : 2년마다 실시한다.

34 계량 관련법에서 정한 최대유량 $10m^3/h$ 이하인 가스미터의 검정 유효기간은?

① 1년   ② 2년
③ 3년   ④ 5년

> **풀이** 가스미터의 최대유량이 $10m^3/h$ 이하는 5년, 그 밖의 가스미터는 8년의 검정유효기간으로 한다.

35 루트 가스미터의 고장에 대한 설명으로 틀린 것은?

① 부동 : 회전자는 회전하고 있으나, 미터의 지침이 움직이지 않는 고장
② 떨림 : 회전자 베어링의 마모에 의한 회전자 접촉 등에 의해 일어나는 고장
③ 기차불량 : 회전자 베어링의 마모에 의한 간격 증대 등에 의해 일어나는 고장
④ 불통 : 회전자의 회전이 정지하여 가스가 통과하지 못하는 고장

> **풀이** 떨림현상 원인 : 가스미터 출구측의 압력변동이 심하여 가스의 연소상태를 불안정하게 하는 현상

정답 32 ③ 33 ② 34 ④ 35 ②

36 가스미터에 다음과 같이 표시되어 있다. 이 표시가 의미하는 내용으로 옳은 것은?

$$0.5[L/rev], MAX\ 2.5[m^3/h]$$

① 계량실 1주기 체적이 $0.5m^3$이고, 시간당 사용 최대 유량이 $2.5m^3$이다.
② 계량실 1주기 체적이 $0.5L$이고, 시간당 사용 최대 유량이 $2.5m^3$이다.
③ 계량실 전체 체적이 $0.5m^3$이고, 시간당 사용 최소 유량이 $2.5m^3$이다.
④ 계량실 전체 체적이 $0.5L$이고, 시간당 사용최소 유량이 $2.5m^3$이다.

풀이
- $0.5(L/rev)$: 계량실 1주기 체적값
- $MAX\ 2.5(m^3/h)$: 시간당 최대 유량값

37 가스계량기의 설치장소에 대한 설명으로 틀린 것은?

① 습도가 낮은 곳에 부착한다.
② 진동이 적은 장소에 설치한다.
③ 화기와 2m 이상 떨어진 곳에 설치한다.
④ 바닥으로부터 2.5m 이상에 수직 및 수평으로 설치한다.

풀이 바닥으로부터 1.5m 이상에 수직 및 수평으로 설치한다.

38 가스계량기의 설치장소에 대한 설명으로 틀린 것은?

① 화기와 습기에서 멀리 떨어지고 통풍이 양호한 위치
② 가능한 배관의 길이가 길고 꺾인 위치
③ 바닥으로부터 1.6m 이상 2.0m 이내에 수직, 수평으로 설치
④ 전기 공작물과 일정 거리 이상 떨어진 위치

풀이 가스계량기는 가능한 가스배관 길이가 짧고 꺾이지 않은 곳에 설치하여야 정확성이 우수하다.

39 가스미터는 계산된 주기체적 값과 가스미터에 지시된 공칭 주기체적 값 간의 차이가 기준조건에서 공칭 주기체적 값의 얼마를 초과해서는 아니 되는가?

① 1%
② 2%
③ 3%
④ 5%

풀이 계산된 주기체적 값과 가스미터에 지시된 공칭 주기체적 값 간의 차이가 기준조건에서 공칭주기체적 값의 5%를 초과해서는 아니 된다.

정답 36 ② 37 ④ 38 ② 39 ④

40 가스미터를 통과하는 동일량의 프로판 가스의 온도를 겨울에 0℃, 여름에 32℃로 유지한다고 했을 때 여름철 프로판 가스의 체적은 겨울철의 얼마 정도인가?(단, 여름철 프로판 가스의 체적 : V_1, 겨울철 프로판 가스의 체적 : V_2이다.)

① $V_1 = 0.80\,V_2$ ② $V_1 = 0.90\,V_2$
③ $V_1 = 1.12\,V_2$ ④ $V_1 = 1.22\,V_2$

풀이 $V_1 = V_2 \times \dfrac{T_2}{T_1}$, ($T_1 = 0 + 273 = 273\text{K}$, $T_2 = 32 + 273 = 305\text{K}$)

$= V_2 \times \dfrac{305}{273} = 1.12\,V_2$

※ 기체는 온도 1℃ 상승 시 용적이 $\left(\dfrac{1}{273}\right)$ 증가한다.

41 4개의 실로 나누어진 습식 가스미터의 드럼이 10회전 했을 때 통과유량이 100L였다면 각 실의 용량은 얼마인가?

① 1L ② 2.5L ③ 10L ④ 25L

풀이 각 실의 용량 $= \dfrac{100\text{L}}{10 \times 4} = 2.5\text{L}$

42 계량기의 검정기준에서 정하는 가스미터의 사용오차의 값은?

① 최대허용오차의 1배의 값으로 한다.
② 최대허용오차의 1.2배의 값으로 한다.
③ 최대허용오차의 1.5배의 값으로 한다.
④ 최대허용오차의 2배의 값으로 한다.

43 어떤 가스의 유량을 막식 가스미터로 측정하였더니 65L였다. 표준가스미터로 측정하였더니 71L이었다면 이 가스미터의 기차는 약 몇 %인가?

① -8.4% ② -9.2% ③ -10.9% ④ -12.5%

풀이 가스미터 기차 $= \dfrac{65 - 71}{65} \times 100 = -9.23\%$

44 가스미터가 규정된 사용공차를 초과할 때의 고장을 무엇이라고 하는가?

① 부동 ② 불통
③ 기차불량 ④ 감도불량

정답 40 ③ 41 ② 42 ④ 43 ② 44 ③

45 측정량이 시간에 따라 변동하고 있을 때 계기의 지시값은 그 변동에 따를 수 없는 것이 일반적이며 시간적으로 처짐과 오차가 생기는데 이 측정량의 변동에 대하여 계측기의 지시가 어떻게 변하는지 대응관계를 나타내는 계측기의 특성을 의미하는 것은?

① 정특성
② 동특성
③ 계기특성
④ 고유특성

풀이 계측기의 동특성
측정량의 시간적 처짐과 오차 발생 시 이 측정량의 변동에 대하여 계측기의 변화 대응관계를 나타내는 특성

46 루트식 가스미터의 특징에 해당되는 것은?

① 계량이 정확하다.
② 설치공간이 커진다.
③ 사용 중 수위 조절이 필요하다.
④ 소유량에는 부동의 우려가 있다.

풀이 ①, ③ : 습식 가스미터
② : 막식 가스미터

47 막식 가스미터의 감도유량(㉠)과 일반 가정용 LP 가스미터의 감도유량(㉡)의 값이 바르게 나열된 것은?

① ㉠ 3L/h 이상, ㉡ 15L/h 이상
② ㉠ 15L/h 이상, ㉡ 3L/h 이상
③ ㉠ 3L/h 이하, ㉡ 15L/h 이하
④ ㉠ 15L/h 이하, ㉡ 3L/h 이하

풀이
• 막식(다이어프램식) 가스미터의 감도유량 : 3L/h 이하
• 가정용 감도유량 : 15L/h 이하

48 가스미터의 검정에서 피시험미터의 지시량이 $1m^3$이고 기준기의 지시량이 750L일 때 기차(器差)는 약 몇 %인가?

① 2.5
② 3.3
③ 25.0
④ 33.3

풀이 지시량 $1m^3$=1,000L
기준기 지시량=750L
1,000-750=250L
∴ 기차=$\frac{250}{1,000}\times 100 = 25\%$

정답 45 ② 46 ④ 47 ③ 48 ③

49 가스미터의 특징에 대한 설명으로 옳은 것은?

① 막식 가스미터는 비교적 값이 싸고 용량에 비하여 설치면적이 작은 장점이 있다.
② 루트미터는 대유량의 가스 측정에 적합하고 설치면적이 작고, 대수용가에 사용한다.
③ 습식 가스미터는 사용 중에 기차의 변동이 큰 단점이 있다.
④ 습식 가스미터는 계량이 정확하고 설치면적이 작은 장점이 있다.

풀이 ① 대용량의 것은 설치면적이 크다.
③ 사용 중 기차의 변동이 크지 않다.
④ 설치면적이 크다.

50 습식 가스미터의 기본형은?

① 임펠러형　　　② 오벌기여형
③ 드럼형　　　　④ 루트형

풀이 드럼형 가스미터기(실측식 가스미터기)는 습식 가스미터의 기본형으로 계량이 정확하고 사용 중 기차의 변동이 거의 없다.

51 루트가스미터에 대한 설명 중 틀린 것은?

① 설치장소가 작아도 된다.　　② 대유량 가스 측정에 적합하다.
③ 중압가스의 계량이 가능하다.　　④ 계량이 정확하여 기준기로 사용된다.

풀이 ④는 습식 가스미터기의 장점이다.

52 와류유량계(Vortex Flow Meter)의 특성에 해당하지 않는 것은?

① 계량기 내에서 와류를 발생시켜 초음파로 측정하여 계량하는 방식
② 구조가 간단하여 설치, 관리가 쉬움
③ 유체의 압력이나 밀도에 관계없이 사용 가능
④ 가격이 경제적이나, 압력손실의 큰 단점이 있음

풀이 와유량계(소용돌이 유량계)
- 압력손실이 없는 유량계이며 가동부분이 없고 측정범위가 넓다.
- 종류 : 델타식, 스와르메타, 카르만

정답 49 ② 50 ③ 51 ④ 52 ④

53 다음 중 최대 용량범위가 가장 큰 가스미터는?

① 습식 가스미터
② 막식 가스미터
③ 루트미터
④ 오리피스미터

풀이 루트미터는 대용량에 사용된다.

54 루트미터와 습식 가스미터 특징 중 루트미터의 특징에 해당되는 것은?

① 유량이 정확하다.
② 사용 중 수위조정 등의 관리가 필요하다.
③ 실험실용으로 적합하다.
④ 설치공간이 적게 필요하다.

풀이 루트미터(용적식) 유량계
- 설치공간이 적게 필요하다.
- 대용량 가스미터기이다.
- 중압가스의 유량측정이 가능하다.
※ ①, ②, ③은 습식 가스미터에 해당한다.

55 가정용 가스계량기에 10kPa이라고 표시되어 있다면 이것은 무엇을 의미하는가?

① 최대순간유량
② 기밀시험압력
③ 압력손실
④ 계량실 체적

56 가스검지기의 경보방식이 아닌 것은?

① 즉시 경보형
② 경보 지연형
③ 중계 경보형
④ 반시한 경보형

풀이 가스검지기의 경보방식
- 즉시 경보형
- 경보 지연형
- 반시한 경보형

57 화학발광검지기(Chemiluminescence Detector)는 Ar Gas가 Carrier 역할을 하는 고온(800~900℃)으로 유지된 반응관 내에 시료를 주입시키면, 시료 중의 화합물이 열분해된 후 O_2 가스로 산화된다. 이때 시료 중의 화합물은 무엇인가?

① 수소
② 이산화탄소
③ 질소
④ 헬륨

풀이 화학발광검지기 시료 중 화합물 : 질소

정답 53 ③ 54 ④ 55 ② 56 ③ 57 ③

58 반도체식 가스검지기의 반도체 재료로 가장 적당한 것은?

① 산화니켈(NiO)
② 산화알루미늄(Al_2O_3)
③ 산화주석(SnO_2)
④ 이산화망간(MnO_2)

> **풀이** 반도체식 가스검지기 반도체 재료
> - 산화주석
> - 산화철 n형 등을 300~400℃까지 승온시켜 소결체를 이용한다.
> - 농도가 낮은 가스에 대하여 비교적 민감하고 가스농도가 상승하는 데 따라서 그의 출력을 완만하게 한다.

59 가연성 가스 누설검지 경보장치 지시계의 눈금범위로 옳은 것은?

① 0~폭발하한계
② 0~폭발상한계
③ 폭발범위(연소범위)
④ 0~허용농도

> **풀이** 가연성 가스 누설검지 경보장치 지시계의 눈금범위는 0~폭발하한계(%)이다.

60 열전도식 가스검지기의 특성이 아닌 것은?

① 공기와의 열전도 차가 작을수록 감도가 좋다.
② 가연성 가스 이외의 가스도 측정할 수 있다.
③ 고농도의 가스를 측정할 수 있다.
④ 자기가열된 서미스터에 가스를 접촉시키는 방식이다.

> **풀이** 열전도식 가스검지기는 전기적으로 가열된 필라멘트(열선)로 가스를 검지하는 방식으로 가연성 가스검지기이다. 감도는 공기와 열전도차가 클수록 감도가 크다.

정답 58 ③ 59 ① 60 ①

PART 04

Engineer Gas

가스안전관리

CHAPTER 01 가스에 대한 안전
CHAPTER 02 용기, 냉동기, 특정설비 제조 및 수리에 관한 안전
CHAPTER 03 가스취급에 대한 안전
CHAPTER 04 가스의 특성
CHAPTER 05 연습문제

CHAPTER 001 가스에 대한 안전

SECTION 01 가스 제조 및 공급, 충전에 관한 안전

1. 고압가스 제조 및 공급 충전

1) 용어정의

(1) 액화가스란 가압·냉각 등의 방법으로 액체상태로 되어 있는 것으로서 대기압에서의 끓는점이 40℃ 이하 또는 상용의 온도 이하인 것을 말한다.

(2) 압축가스란 일정한 압력에 의하여 압축되어 있는 가스를 말한다.

(3) 저장설비란 고압가스를 충전·저장하기 위한 설비로서 저장탱크 및 충전용기 보관설비를 말한다.

(4) 저장탱크란 고압가스를 충전·저장하기 위하여 지상 또는 지하에 고정설치된 탱크를 말한다.

(5) 충전용기란 고압가스의 충전질량 또는 충전압력의 2분의 1 이상이 충전되어 있는 상태의 용기를 말한다.

(6) 잔가스용기란 고압가스의 충전질량 또는 충전압력의 2분의 1 미만이 충전되어 있는 상태의 용기를 말한다.

(7) 가스설비란 고압가스의 제조·저장·사용 설비 중 가스(제조·저장되거나 사용 중인 고압가스, 제조공정 중에 있는 고압가스가 아닌 상태의 가스, 해당 고압가스제조의 원료가 되는 가스 및 고압가스가 아닌 상태의 수소를 말한다)가 통하는 설비를 말한다.

(8) "고압가스설비"란 가스설비 중 다음의 설비를 말한다.
① 고압가스가 통하는 설비
② 고압가스설비와 연결된 것으로서 고압가스가 아닌 상태의 수소가 통하는 설비. 다만, 수소경제 육성 및 수소 안전관리에 관한 법률에 따른 수소연료사용시설에 설치된 설비는 제외한다.

(9) 처리능력은 공정흐름도(Process Flow Diagram ; PFD)의 물질수지(Material Balance)를 기준으로 액화가스는 무게(kg)로 압축가스는 용적(온도 0℃, 게이지압력 0Pa의 상태를 기준으로 한 m^3)으로 계산한다.

(10) 제1종보호시설은 다음의 보호시설을 말한다.
① 학교·유치원·어린이집·놀이방·어린이놀이터·학원·병원(의원을 포함한다)·도서관·청소년수련시설·경로당·시장·공중목욕탕·호텔·여관·극장·교회 및 공회당 등

② 사람을 수용하는 건축물(가설건축물을 제외한다)로서 사실상 독립된 부분의 연면적이 1,000m² 이상인 것
③ 예식장·장례식장 및 전시장, 그 밖에 이와 유사한 시설로서 300명 이상 수용할 수 있는 건축물
④ 아동복지시설 또는 장애인복지시설로서 20명 이상 수용할 수 있는 건축물
⑤ 문화재보호법에 따라 지정문화재로 지정된 건축물

(11) 제2종보호시설은 다음의 보호시설을 말한다.
① 주택
② 사람을 수용하는 건축물(가설건축물을 제외한다)로서 사실상 독립된 부분의 연면적이 100m² 이상 1,000m² 미만인 것

(12) 상용압력이란 내압시험압력 및 기밀시험압력의 기준이 되는 압력으로서 사용상태에서 해당 설비 등의 각 부에 작용하는 최고사용압력을 말한다.

(13) 설정압력(Set Pressure)이란 안전밸브의 설계상 정한 분출압력 또는 분출개시압력으로서 명판에 표시된 압력을 말한다.

(14) 축적압력(Accumulated Pressure)이란 내부유체가 배출될 때 안전밸브에 의하여 축적되는 압력으로서 그 설비 안에서 허용될 수 있는 최대압력을 말한다.

(15) 초과압력(Over Pressure)이란 안전밸브에서 내부유체가 배출될 때 설정압력 이상으로 올라가는 압력을 말한다.

(16) 평형 벨로즈형 안전밸브(Balanced Bellows Safety Valve)란 밸브의 토출측 배압의 변화에 의하여 성능특성에 영향을 받지 않는 안전밸브를 말한다.

(17) 일반형 안전밸브(Conventional Safety Valve)란 밸브의 토출측 배압의 변화에 의하여 직접적으로 성능특성에 영향을 받는 안전밸브를 말한다.

(18) 배압(Back Pressure)이란 배출물 처리설비 등으로부터 안전밸브의 토출측에 걸리는 압력을 말한다.

(19) 시공감리란 고압가스배관이 관계법령의 규정에 적합하게 시공되는지의 여부를 시장·군수·구청장이 시공감리하기 위한 제도로서 한국가스안전공사가 시장·군수·구청장으로부터 시공감리권한을 위탁받아 한국가스안전공사의 명의와 권한으로 고압가스배관의 공사현장에 상주하여 시공과정의 일체를 확인·감리하는 것을 말한다.

2) 시설 및 배치 기준

(1) 보호시설과의 거리

고압가스의 처리설비 및 저장설비가 그 외면으로부터 보호시설(사업소 안에 있는 보호시설과 전용공업지역 안에 있는 보호시설은 제외한다)까지 유지하여야 할 거리는 다음 표에서 정한 거리 이상으로 한다. 다만, 지하에 설치하는 저장설비의 경우에는 안전거리의 2분의 1 이상을 유지할 수 있으며, 시장·군수 또는 구청장이 필요하다고 인정하는 지역에는 안전거리에 일정거리를 더하여 안전거리를 정할 수 있다.

▼ 보호시설과의 안전거리(단위 : m)

처리능력 및 저장능력	1. 독성가스 또는 가연성 가스의 처리설비 및 저장설비		2. 산소의 처리설비 및 저장설비		3. 그 밖의 가스의 처리설비 및 저장설비	
	제1종 보호시설	제2종 보호시설	제1종 보호시설	제2종 보호시설	제1종 보호시설	제2종 보호시설
1만 이하	17	12	12	8	8	5
1만 초과 2만 이하	21	14	14	9	9	7
2만 초과 3만 이하	24	16	16	11	11	8
3만 초과 4만 이하	27	18	18	13	13	9
4만 초과	30	20	20	14	14	10
5만 초과 99만 이하	30(가연성 가스 저온저장탱크는 $\frac{3}{25}\sqrt{X+10,000}$)		20(가연성 가스 저온저장탱크는 $\frac{2}{25}\sqrt{X+10,000}$)			
99만 초과	30(가연성 가스 저온저장탱크는 120)		20(가연성 가스 저온저장탱크는 80)			

[비고]
1. 위의 표 중 각 처리능력 및 저장능력란의 단위 및 X는 1일간 처리능력 또는 저장능력으로서 압축가스의 경우에는 세제곱미터(m^3), 액화가스의 경우에는 킬로그램(kg)으로 한다.
2. 같은 사업소에 2개 이상의 처리설비 또는 저장설비가 있는 경우에는 그 처리능력별 또는 저장능력별로 각각 안전거리를 유지한다.

(2) 사업소 경계와의 거리

고압가스 처리설비 및 저장설비는 사업소 경계 안쪽에 위치하되, 그 처리설비 등의 외면에서부터 그 사업소 경계까지는 사업소 경계 밖의 제1종보호시설과의 거리 이상을 유지한다. 이 경우 제1종보호시설과의 거리가 20m를 초과하는 경우에는 20m로 할 수 있다.

(3) 화기와의 거리

① 가스설비 및 저장설비 외면으로부터 화기(그 설비 안의 것을 제외한다)를 취급하는 장소 사이에 유지하여야 하는 거리는 우회거리 2m(가연성 가스 및 산소의 가스설비 또는 저장설비는 8m) 이상으로 하고, 가연성 가스의 가스설비 또는 사용시설에 관련된 저장설비, 기화장치 및 이들 사이의 배관(이하 "가스설비 등"이라 한다)에서 누출된 가연성 가스가 화기를 취급하는 장소로 유동하는 것을 방지하기 위하여 유동방지시설을 설치한다. 다만, 가스설비 등이 화기와의 거리 이상을 유지한 경우에는 유동방지시설을 설치하지 않을 수 있다.

② 유동방지시설은 높이 2m 이상의 내화성 벽으로 하고, 가스설비 등과 화기를 취급하는 장소와는 우회수평거리 8m 이상을 유지한다.

③ 불연성 건축물 안에서 화기를 사용하는 경우에는 가스설비 등으로부터 수평거리 8m 이내에 있는 건축물 개구부는 방화문 또는 망입유리로 폐쇄하고, 사람이 출입하는 출입문은 2중문으로 한다.

(4) 다른 설비와의 거리

① 가연성 가스제조시설의 고압가스설비 외면으로부터 다른 가연성 가스제조시설의 고압가스설비까지의 거리는 5m 이상으로 한다.

② 가연성 가스제조시설의 고압가스설비 외면으로부터 산소제조시설의 고압가스설비까지의 거리는 10m 이상으로 한다.

(5) 기초공사

저장탱크(저장능력이 압축가스는 100m^3, 액화가스는 1톤 이상의 것에 한정한다)의 지주(지주가 없는 저장탱크는 아랫부분)는 부등침하로 그 설비에 유해한 영향을 끼치지 않도록 한다.

3) 저장설비 기준

(1) 저장설비 재료

가연성 가스의 가스설비실·저장설비실, 산소의 충전실과 인화성 또는 발화성 원료의 저장실 벽은 불연재료를 사용하고, 그 지붕은 불연 또는 난연의 가벼운 재료를 사용한다. 다만, 암모니아의 가스설비실 및 저장설비실과 고압가스가 아닌 상태의 수소를 소비하는 설비를 설치한 실의 지붕은 가벼운 재료를 사용하지 않을 수 있다.

(2) 저장설비 구조

① 저장탱크 및 가스홀더는 가스가 누출하지 아니하는 구조로 하고, 5m^3 이상의 가스를 저장하는 것에는 가스방출장치를 설치한다.

② 저장능력 5톤(가연성 가스 또는 독성가스가 아닌 경우에는 10톤) 또는 500m^3(가연성 가스

또는 독성가스가 아닌 경우에는 1,000m³) 이상인 저장탱크 및 압력용기(반응·분리·정제·증류를 위한 탑류로서 높이 5m 이상인 것만을 말한다)와 저장탱크 및 압력용기의 지지구조물 및 기초는 지진의 영향에 대하여 안전한 구조로 설계·제작·설치하고, 그 성능을 유지한다.

(3) 저장탱크 간 거리

① 가연성 가스의 저장탱크(저장능력이 300m³ 또는 3톤 이상의 것에 한정한다)와 다른 가연성 가스 또는 산소의 저장탱크와의 사이에는 두 저장탱크의 최대지름을 합산한 길이의 $\frac{1}{4}$ 이상에 해당하는 거리(두 저장탱크의 최대지름을 합산한 길이의 $\frac{1}{4}$ 이 1m 미만인 경우에는 1m 이상의 거리)를 유지한다.

② ①에 따른 거리를 유지하지 못하는 경우에는 다음 기준에 따라 물분무장치를 설치한다.
 ㉠ 물분무장치는 저장탱크의 표면적 1m²당 8L/분을 표준으로 하여 계산된 수량을 저장탱크 전 표면에 균일하게 방사할 수 있는 것으로 한다.
 ㉡ 내화구조 저장탱크는 그 수량을 4L/분을 표준으로 하여 계산한 수량으로 한다.
 ㉢ 준내화구조 저장탱크는 그 수량을 6.5L/분을 표준으로 하여 계산한 수량으로 한다.

③ 소화전(호스 끝 압력이 0.3MPa 이상으로서 방수능력 400L/분 이상의 물을 방수할 수 있는 것을 말한다.)의 경우에는 저장탱크 외면으로부터 40m 이내에서 저장탱크에 어느 방향에서도 방사할 수 있는 것으로 하고, 해당 저장탱크의 표면적 30m²당 1개의 비율로 계산된 수 이상으로 한다. 다만, 내화구조 저장탱크에 대하여는 해당 저장탱크의 표면적 60m²당 준내화구조 저장탱크는 표면적 38m²당 1개의 비율로 계산된 수로 할 수 있다.

④ 물분무장치 등은 그 저장탱크의 외면에서 15m 이상 떨어진 안전한 위치에서 조작할 수 있도록 하며, 방류둑을 설치한 저장탱크에는 그 방류둑 밖에서 조작할 수 있도록 한다. 다만, 저장탱크의 주위에 예상되는 화재에 대비하여 유효하게 안전한 차단장치를 설치한 경우에는 물분무장치 조작기준을 적용하지 않을 수 있다.

⑤ 물분무장치 등은 동시에 방사할 수 있는 최대수량을 30분 이상 연속하여 방사할 수 있는 수원에 접속된 것으로 한다.

⑥ 물분무장치 등에 연결된 입상배관에는 겨울철에 동결 등을 방지할 수 있도록 드레인밸브 설치 등 적절한 조치를 한다.

(4) 저장탱크의 지하설치

① 저장탱크의 외면에는 부식방지코팅과 전기적 부식방지를 위한 조치를 한다.
② 저장탱크는 천정·벽 및 바닥의 두께가 각각 30cm 이상인 방수조치를 한 철근콘크리트로 만든 곳(이하 "저장탱크실"이라 한다)에 설치한다.
③ 저장탱크실은 다음의 규격을 가진 레디믹스트 콘크리트(Ready-Mixed Concrete)를 사용하여 수밀 콘크리트로 시공한다.

▼ 저장탱크실 재료 규격

항목	규격
굵은 골재의 최대치수	25mm
설계강도	20.6~23.5MPa
슬럼프(Slump)	12~15cm
공기량	4%
물-시멘트 비	53% 이하
기타	KS F 4009(레디믹스트 콘크리트)에 따른 규격

[비고] 수밀콘크리트의 시공기준은 건설교통부가 제정한 "콘크리트표준 시방서"를 준용한다.

④ 지하수위가 높은 곳 또는 누수의 우려가 있는 경우에는 콘크리트를 친 후 저장탱크실의 내면에 무기질계 침투성 도포방수제로 방수처리한다.
⑤ 저장탱크의 주위에는 마른모래를 채운다.
⑥ 지면으로부터 저장탱크의 정상부까지의 깊이는 60cm 이상으로 한다.
⑦ 저장탱크를 2개 이상 인접하여 설치하는 경우에는 상호 간에 1m 이상의 거리를 유지한다.
⑧ 저장탱크에 설치한 안전밸브에는 지면에서 5m 이상의 높이에 방출구가 있는 가스방출관을 설치한다.

(5) 저장탱크 및 처리설비의 실내설치

① 저장탱크실과 처리설비실은 각각 구분하여 설치하고 강제환기시설을 갖춘다.
② 저장탱크실 및 처리설비실은 천정·벽 및 바닥의 두께가 30cm 이상인 철근콘크리트로 만든 실로서 방수처리가 된 것으로 한다.
③ 가연성 가스 또는 독성가스의 저장탱크실과 처리설비실에는 가스누출검지경보장치를 설치한다.
④ 저장탱크의 정상부와 저장탱크실 천정과의 거리는 60cm 이상으로 한다.
⑤ 저장탱크를 2개 이상 설치하는 경우에는 저장탱크실을 각각 구분하여 설치한다.
⑥ 저장탱크 및 그 부속시설에는 부식방지도장을 한다.
⑦ 저장탱크실 및 처리설비실의 출입문은 각각 따로 설치하고, 외부인이 출입할 수 없도록 자물쇠 채움 등의 조치를 한다.
⑧ 저장탱크실 및 처리설비실을 설치한 주위에는 경계표지를 한다.
⑨ 저장탱크에 설치한 안전밸브는 지상 5m 이상의 높이에 방출구가 있는 가스방출관을 설치한다.

(6) 저장탱크 부압파괴 방지조치

가연성 가스 저온저장탱크에는 그 저장탱크의 내부압력이 외부압력보다 낮아짐에 따라 그 저장탱크가 파괴되는 것을 방지하기 위하여 다음의 부압파괴방지설비를 설치한다.
① 압력계
② 압력경보설비
③ 진공안전밸브
④ 다른 저장탱크 또는 시설로부터의 가스도입배관(균압관)
⑤ 압력과 연동하는 긴급차단장치를 설치한 냉동제어설비
⑥ 압력과 연동하는 긴급차단장치를 설치한 송액설비

(7) 저장탱크 과충전 방지조치

아황산가스 · 암모니아 · 염소 · 염화메탄 · 산화에틸렌 · 시안화수소 · 포스겐 또는 황화수소의 저장탱크에는 그 가스의 용량이 그 저장탱크 내용적의 90%를 초과하는 것을 방지하기 위하여 다음 기준에 따라 과충전 방지조치를 강구한다.
① 저장탱크에 충전된 독성가스의 용량이 90%에 이르렀을 때 이를 검지하는 방법은 그 액면 또는 액두압을 검지하는 것이거나 이에 갈음할 수 있는 유효한 방법으로 한다.
② 그 용량이 검지되었을 때는 지체 없이 경보(부자 등 음향으로 하는 것)를 울리는 것으로 한다.
③ 경보는 해당 충전작업관계자가 상주하는 장소 및 작업장소에서 명확하게 들을 수 있는 것으로 한다.

(8) 저장탱크의 형식

저장탱크의 방호형식은 단일방호형식, 이중방호형식, 완전방호형식으로 분류한다.
① **단일방호형식**
내부탱크는 액상 및 기상의 가스를 모두 저장하며, 내부탱크가 파괴되는 경우 누출된 액상의 가스를 방류둑에서 충분히 담을 수 있는 구조
② **이중방호형식**
내부탱크는 액상 및 기상의 가스를 모두 저장하며, 내부탱크가 파괴되어 액상의 가스가 누출되는 경우 방류둑 또는 외부탱크에서 누출된 액상의 가스를 담을 수 있는 구조
③ **완전방호형식**
정상운전 시 내부탱크는 액상의 가스를 저장할 수 있고, 외부탱크는 기상의 가스를 저장할 수 있는 구조로서 내부탱크가 파괴되어 누출되는 경우 외부탱크가 누출된 액상 및 기상의 가스를 담을 수 있으며, 증발가스(Boil-Off Gas)는 안전밸브를 통해 방출될 수 있는 구조

4) 가스설비 기준

(1) 아세틸렌은 구리 또는 구리의 함유량이 62%를 초과하는 동합금은 사용하지 아니한다.
(2) 아세틸렌은 충전용 지관에는 탄소의 함유량이 0.1% 이하의 강을 사용한다.
(3) 굴곡에 의한 응력이 일부에 집중되지 않도록 된 형상으로 한다.
(4) 액화산소가 접촉하는 부분의 외면을 단열재로 피복하는 때에는 불연성 재료를 사용한다.

5) 가스설비 구조

(1) 고압가스설비는 상용압력의 2배 이상의 압력에서 항복을 일으키지 아니하는 두께를 가지고, 상용의 압력에 견디는 충분한 강도를 가지는 것으로 한다.
(2) 상용압력이 29.4MPa 이하인 고압가스설비(다층 원통을 제외한다)의 두께계산은 KS B 6750 (압력용기 – 설계 및 제조 일반)에 따른다.

6) 가스설비 설치

(1) 여과기 설치

공기액화분리기(1시간의 공기압축량이 1천m^3 이하의 것을 제외한다)의 액화공기탱크와 액화산소증발기와의 사이에는 석유류·유지류 그 밖의 탄화수소를 여과·분리하기 위한 여과기를 설치한다.

(2) 에어졸 자동충전기 설치

에어졸제조시설에는 정량을 충전할 수 있는 자동충전기를 설치하고, 인체에 사용하거나 가정에서 사용하는 에어졸의 제조시설에는 불꽃길이 시험장치를 설치한다.

(3) 에어졸 누출시험시설 설치

에어졸제조시설에는 온도를 46℃ 이상 50℃ 미만으로 누출시험을 할 수 있는 에어졸충전용기의 온수시험탱크를 설치한다.

(4) 과충전방지설비 설치

액화가스를 용기에 충전하는 시설에는 액화가스의 저장능력을 초과하지 않도록 다음 기준에 따라 과충전방지설비를 갖춘다. 다만, 비독성·비가연성의 초저온가스는 그렇지 아니한다.
① 액화가스의 저장능력 초과 여부를 확인하는 방법은 계측기를 사용하여 측정하는 것이거나 이에 갈음할 수 있는 유효한 방법으로 한다.
② 가연성이거나 독성인 액화가스를 용기에 충전하는 시설에는 그 용량이 검지되었을 때는 지체없이 경보(버저 등 음향으로 하는 것)를 울리는 것으로 한다.

③ 경보는 해당 충전작업관계자가 상주하는 장소 및 작업장소에서 명확하게 들을 수 있는 것으로 한다.

7) 가스설비 성능

(1) 고압가스설비는 상용압력의 1.5배(그 구조상 물로 실시하는 내압시험이 곤란하여 공기·질소 등의 기체로 내압시험을 실시하는 경우 및 압력용기 및 그 압력용기에 직접 연결되어 있는 배관의 경우에는 1.25배) 이상의 압력으로 내압시험을 실시하여 이상이 없어야 한다. 다만, 다음에 해당하는 고압가스설비는 내압시험을 실시하지 않을 수 있다.
   ① 검사에 합격한 용기 등
   ② 수소경제 육성 및 수소 안전관리에 관한 법률 검사에 합격한 수소용품
   ③ 산업안전보건법에 따른 안전인증을 받은 압력용기
   ④ 그 밖에 고압가스설비 중 수소를 소비하는 설비로서 그 구조상 가압이 곤란한 부분

(2) 초고압(압력을 받는 금속부의 온도가 -50℃ 이상 350℃ 이하인 고압가스 설비의 상용압력이 98MPa 이상인 것을 말한다. 이하 같다)의 고압가스설비와 초고압의 배관에 대하여는 1.25배(운전압력이 충분히 제어될 수 있는 경우에는 공기 등의 기체로 상용압력의 1.1배) 이상의 압력으로 실시할 수 있다.

8) 배관설비기준

(1) 배관재료 적용제외

고압가스를 수송하는 배관 등과 고압가스 이외의 가스를 수송하는 배관 등의 재료에 적용한다. 다만, 다음 배관은 배관재료 기준을 적용하지 아니한다.
   ① 최고사용압력이 98MPa 이상의 배관
   ② 최고사용온도가 815℃를 초과하는 배관
   ③ 직접화기를 받는 배관
   ④ 이동제조설비용 배관

(2) 재료의 사용제한

① 배관재료는 허용응력 값에 대응하는 온도 범위를 초과하여 사용하지 아니한다. 또한 동등 이상의 재료는 설계온도에 대하여 충격시험을 실시하여 불합격한 것은 0℃ 미만에서 사용되는 배관등의 재료로 사용하지 아니한다.
② 다음의 재료는 고압가스 배관 등의 내압부분에 사용하지 아니한다.
   ㉠ 탄소 함유량이 0.35% 이상의 탄소강재 및 저합금강 강재로서 용접구조에 사용되는 재료. 다만, KS D 3710(탄소강 단강품)과 같이 탄소함유량의 규정이 없는 재료는 탄소함유량을 확인한 후에 사용한다.

ⓒ KS D 3507(배관용 탄소강관)
ⓒ KS D 3583(배관용 아크 용접 탄소강관)
ⓔ SPS-KFCA-D4301-5015(회주철품)

(3) 다음의 탄소강 강재는 배관재료로 사용하지 아니한다.
KS D 3503(일반구조용 압연강재) 및 KS D 3515(용접구조용 압연강재)의 1종 A, 2종 A 및 3종 A는 다음에 기재하는 것에 사용하지 아니한다.
① 독성가스를 수송하는 배관 등
② 설계압력이 1.6MPa를 초과하는 내압부분
③ 설계압력이 1MPa를 초과하는 길이 이음매를 가지는 관 또는 관이음
④ 두께가 16mm를 초과하는 내압부분
⑤ 설계압력이 3MPa를 초과하는 배관 등

(4) 다음의 주철품은 배관재료로 사용하지 아니한다.
SPS-KFCA-D4302-5016(구상 흑연 주철품)의 3종·4종 및 5종, SPS-KOSA0179-ISO5922-5244(가단 주철품) 중 GCMB 30-06, 백심가단 주철품, 펄라이트 가단주철품은 다음에 기재하는 것에 사용하지 아니한다.
① 독성가스를 수송하는 배관 등
② 설계압력이 0.2MPa 이상인 가연성 가스의 배관 등
③ 설계압력이 1.6MPa를 초과하는 가연성 가스 및 독성가스 외의 가스밸브 및 플랜지
④ 설계온도가 0℃ 미만 또는 250℃를 초과하는 배관 등

(5) 다음의 구리·구리합금 및 니켈동합금은 배관재료로 사용하지 아니한다.
① KS B 6750(압력용기-설계 및 제조 일반) 중 허용인장응력치에 대응하는 온도를 초과하는 것. 다만, 압력계·액면계 연결관에 사용하는 것을 제외한다.
② 구리 및 구리의 함유량이 62%를 초과하는 합금으로 내부 유체에 아세틸렌이 함유된 것

(6) 알루미늄 및 알루미늄합금은 KS B 6750(압력용기-설계 및 제조 일반) 중 부표2에 표시된 허용인장력치에 대응하는 온도를 초과하여 사용하지 아니한다. 다만, 압력계·액면계 연결관에 사용하는 것을 제외한다.

9) 배관설비 구조

(1) 독성가스 배관은 그 가스의 종류·성질·압력 및 그 배관의 주위의 상황에 따라 안전한 구조를 갖도록 하기 위하여 다음 기준에 따라 2중관 구조로 한다.

① 2중관으로 하여야 하는 가스의 대상

　암모니아, 아황산가스, 염소, 염화메탄, 산화에틸렌, 시안화수소, 포스겐 및 황화수소로 한다.

② 독성가스 배관 중 2중관으로 하여야 할 부분은 그 고압가스가 통하는 배관으로서 그 양끝을 원격조작밸브 등으로 차단한다.

③ 2중관의 외층관 내경은 내층관 외경의 1.2배 이상을 표준으로 한다.

④ 2중관의 내층관과 외층관 사이에는 가스누출검지경보설비의 검지부를 설치하여 가스누출을 검지하는 조치를 강구한다.

(2) 로딩암 구조

로딩암은 배관부와 구동부로 구성하며, 다음 기준에 적합한 구조를 가지는 것으로 한다.

① 로딩암의 구동부는 항만시설장비 관리규칙에 따른 검사를 받은 것으로 한다.

② 로딩암의 배관부는 적합한 것으로 하되, 로딩암의 구동부에 의해 움직이는 것으로 한다.

③ 풍랑 등으로 인하여 선박과 연결된 로딩암이 파손되는 것을 방지하기 위하여 선박과 로딩암의 연결부에는 긴급분리장치(Emergency Release Coupler)를 설치한다.

④ 가연성 가스 및 독성가스를 이입·이송하는 로딩암의 관절부 등 가스가 누출할 우려가 있는 부근에는 가스누출검지경보장치의 검지부를 로딩암의 투영면(로딩암의 이입·이송 작업 가능 범위 중 최대 거리에서의 투영면을 말한다) 둘레 20m마다 1개 이상의 비율로 설치한다.

(3) 배관 두께

배관설비의 두께는 상용압력의 2배 이상의 압력에 항복을 일으키지 않도록 다음 기준에 따라 계산한 두께 이상으로 한다.

① 외경과 내경의 비가 1.2 미만인 경우

$$t = \frac{PD}{2\frac{f}{s} - P} + C$$

② 외경과 내경의 비가 1.2 이상인 경우

$$t = \frac{D}{2}\left(\sqrt{\frac{\frac{f}{s} + P}{\frac{f}{s} - P}} - 1\right) + C$$

　　여기서, t : 배관의 두께의 수치(mm)
　　　　　 P : 상용압력의 수치(MPa)
　　　　　 D : 내경에서 부식여유에 상당하는 부분을 뺀 부분의 수치(mm)

f : 재료의 인장강도(N/mm²)규격 최소치이거나 항복점(N/mm²)규격 최소치의 1.6배
C : 관내면의 부식여유의 수치(mm)
s : 안전율로서 다음 표 환경의 구분에 따라 각각 같은 표의 오른쪽란에 나타낸 수치

▼ 환경 구분에 따른 안전율(s)

구분	환경	안전율
A	공로 및 가옥에서 100m 이상의 거리를 유지하고 지상에 가설되는 경우와 공로 및 가옥에서 50m 이상의 거리를 유지하고 지하에 매설되는 경우	3.0
B	공로 및 가옥에서 50m 이상 100m 미만의 거리를 유지하고 지상에 가설되는 경우와 공로 및 가옥에서 50m 미만의 거리를 유지하고 지하에 매설되는 경우	3.5
C	공로 및 가옥에서 50m 미만의 거리를 유지하고 지상에 가설되는 경우와 지하에 매설되는 경우	4.0

(4) 배관설비 접합

배관은 고압가스의 누출을 방지할 수 있도록 다음 기준에 따라 접합하고, 이를 확인하기 위하여 필요한 경우에는 비파괴시험을 한다.

① 사업소 밖에 설치하는 배관 등의 접합부분은 용접을 한다. 다만, 용접이 적당하지 아니한 경우에는 안전확보에 필요한 강도를 갖는 플랜지접합으로 할 수 있으며, 이 경우에는 점검을 할 수 있는 조치를 한다.

② 배관 등의 용접은 아크용접 또는 그 밖에 이와 동등 이상의 효과를 갖는 용접방법으로 하고, 사업소 밖에 설치한 배관 등의 용접부에 대해서는 KGS GC205(가스시설 용접 및 비파괴시험 기준)에 따라 비파괴 검사를 실시한다.

③ 압력계, 액면계, 온도계 그 밖의 계기류를 배관에 부착하는 부분은 반드시 용접으로 한다. 다만, 호칭지름 25mm 이하의 것은 다음의 경우 또는 해당 장소에는 전단 규정에 불구하고 플랜지접합으로 할 수 있다.

  ㉠ 수시로 분해하여 청소 · 점검을 하여야 하는 부분을 접합할 경우나 특히 부식되기 쉬운 곳으로서 수시점검을 하거나 교환할 필요가 있는 곳
  ㉡ 정기적으로 분해하여 청소 · 점검 · 수리를 하여야 하는 반응기, 탑, 저장탱크, 열교환기 또는 회전기계와 접합하는 곳(해당 설비 전 · 후의 첫 번째 이음매에 한정한다)
  ㉢ 수리 · 청소 · 철거 시 맹판 설치를 필요로 하는 부분을 접합하는 경우 및 신축이음매의 접합부분을 접합하는 경우

④ 플랜지접합으로 할 때의 안전상 필요한 플랜지의 강도는 다음 기준에 적합한 것으로 한다.

㉠ 플랜지의 강도 및 재료는 상용압력 0.2MPa 이상의 것으로서 각각 사용압력에 따른 것 또는 이와 동등 이상의 것으로 한다.

㉡ 가스켓 시트의 형식은 압입형 또는 오목형(凹형)이나 렌스링용 테이퍼형의 것을 사용한다. 다만, 상용압력 6.2MPa 이하의 것으로서, 해당 상용압력에서 누출을 방지하기 위하여 충분히 조일 수 있는 구조의 것에는 평면시트 또는 전면시트를 사용할 수 있다.

㉢ 안전확보에 필요한 강도를 갖는 플랜지(Flange)의 계산에 사용하는 설계압력은 상당압력과 내압과의 합으로 한다.

$$P_d = P + P_{eq}$$

여기서, P_d : 안전확보에 필요한 강도를 갖는 플랜지의 계산에 사용하는 설계압력(MPa)
P : 배관의 설계내압(MPa)
P_{eq} : 상당압력(MPa)으로, 다음 식에 따라 구할 것

$$P_{ed} = \frac{0.16M}{\pi G^3} + \frac{0.04F}{\pi G^2}$$

여기서, M : 주하중 등으로 인하여 생기는 합성굽힘 모멘트(N·cm)
F : 주하중 등으로 인하여 생기는 축방향의 힘(N)
(다만, 인장력을 양(+)으로 한다.)
G : 가스켓 반력이 걸리는 위치를 통과하는 원의 지름(cm)

(5) 배관설비 신축흡수조치

배관의 신축흡수는 곡관(Bent Pipe)을 사용한다. 다만, 압력 2MPa 이하인 배관으로서 곡관을 사용하기가 곤란한 곳에는 벨로즈형(Bellows Type) 신축이음매를 사용할 수 있다. 이 경우 벨로즈형 신축이음매는 고정 지지되어 있고, 유체압력·운동으로 인한 작동력 및 마찰저항 그 밖의 원인에 따른 끝부분의 반력에 견딜 수 있도록 설치한다.

(6) 배관설비 절연조치

배관에는 그 배관의 유지관리에 지장이 없고, 그 배관에 대한 위해의 우려가 없도록 하기 위하여 다음 기준에 따라 절연설비를 설치한다.

① 배관장치에는 필요에 따라 안전용접지 또는 이와 유사한 장치를 설치한다.

② 배관장치는 안전확보를 위하여 지지물에 이상전류가 흘러 배관장치가 대지전위로 인하여 부식이 예상되는 다음 장소에 설치된 배관은 지지물 그 밖의 구조물로부터 절연시키고 절연용 물질을 삽입한다. 다만, 절연이음물질 사용 등의 방법에 따라서 매설배관에 부식이 방지될 수 있는 경우에는 절연조치를 하지 않을 수 있다.

(7) 사업소 안의 배관 매몰설치

고압가스제조·충전·저장 및 판매(특정고압가스사용시설을 포함한다) 사업소 안에 매몰 설치하는 배관은 다음 기준에 따라 설치한다.

① 배관은 지면으로부터 최소한 1m 이상의 깊이에 매설한다. 이 경우 공도의 지하에는 그 위를 통과하는 차량의 교통량 및 배관의 관경 등을 고려하여 더 깊은 곳에 매설한다.
② 도로폭이 8m 이상인 공도(公道)의 횡단부 지하에는 지면으로부터 1.2m 이상인 곳에 매설한다.
③ 정한 매설깊이를 유지할 수 없을 경우는 커버플레이트·케이싱 등을 사용하여 보호한다.
④ 철도 등의 횡단부 지하에는 지면으로부터 1.2m 이상인 곳에 매설하고 또는 강제의 케이싱을 사용하여 보호한다.
⑤ 지하철도(전철) 등을 횡단하여 매설하는 배관에는 전기방식조치를 강구한다.

(8) 사업소 밖의 배관 매몰설치

사업소 외에 매몰 설치하는 배관은 다음 기준에 따라 설치한다.

① 배관은 건축물과는 1.5m, 지하도로 및 터널과는 10m 이상의 거리를 유지한다.
② 독성가스의 배관은 그 가스가 혼입될 우려가 있는 수도시설과는 300m 이상의 거리를 유지한다.
③ 배관은 그 외면으로부터 지하의 다른 시설물과 0.3m 이상의 거리를 유지한다. 다만, 다음 기준에 따른 보호관으로 보호한 경우에는 그렇지 않다.
　㉠ 보호관의 안지름은 배관 바깥지름의 1.2배 이상으로 한다.
　㉡ 보호관의 재료는 배관과 동등이상의 기계적 강도를 가지는 금속재인 것으로 한다.
　㉢ 보호관의 두께는 기준에서 정해진 값 이상으로 한다.

(9) 배관 도로매설

① 원칙적으로 자동차 등의 하중의 영향이 적은 곳에 매설한다.
② 배관의 외면으로부터 도로의 경계까지 1m 이상의 수평거리를 유지한다.
③ 시가지의 도로 밑에 배관을 매설하는 경우에는 그 도로와 관련이 있는 공사로 인하여 손상을 받지 않도록 다음 중 어느 하나의 조치를 한다.
　㉠ 다음 기준에 적합한 보호판을 배관의 정상부로부터 30cm 이상 떨어진 그 배관의 직상부에 설치한다.
　㉡ 보호판의 재료는 화학적 성분 및 기계적 성질을 가진 것으로 한다.
　㉢ 보호판에는 직경 30mm 이상 50mm 이하의 구멍을 3m 이하의 간격으로 뚫어 누출된 가스가 지면으로 확산되도록 한다.

㉣ 보호판은 숏블라스팅 등으로 내·외면의 이물질을 완전히 제거하고, 방청도료(Primer)를 1회 이상 도포한 후, 도막두께가 80μm 이상 되도록 에폭시타입 도료를 2회 이상 코팅하거나 이와 동등 이상의 방청 및 코팅효과를 가진 것으로 한다.

④ 시가지의 도로노면 밑에 매설하는 경우에는 노면으로부터 배관의 외면까지의 깊이를 1.5m 이상으로 한다. 다만, 방호구조물 안에 설치하는 경우에는 노면으로부터 그 방호구조물의 외면까지의 깊이를 1.2m 이상으로 할 수 있다.

⑤ 시가지 외의 도로노면 밑에 매설하는 경우에는 노면으로부터 배관의 외면(방호구조물 안에 설치하는 경우에는 그 방호구조물의 외면을 말한다)까지의 깊이를 1.2m 이상으로 한다.

⑥ 포장되어 있는 차도에 매설하는 경우에는 그 포장부분의 노반 밑에 매설하고 배관의 외면과 노반의 최하부와의 거리는 0.5m 이상으로 한다.

⑦ 인도·보도 등 노면 외의 도로 밑에 매설하는 경우에는 지표면으로부터 배관의 외면까지의 깊이는 1.2m 이상으로 한다. 다만, 방호구조물 안에 설치하는 경우에는 그 방호구조물의 외면까지의 깊이를 0.6m(시가지의 노면 외의 도로 밑에 매설하는 경우에는 0.9m) 이상으로 할 수 있다.

⑧ 전선·상수도관·하수도관·가스관 그 밖에 이와 유사한 것이 매설되어 있는 도로 또는 매설할 계획이 있는 도로에 매설하는 경우에는 이들의 하부에 매설한다.

(10) 배관 철도부지 매설

① 배관의 외면으로부터 궤도중심까지 4m 이상, 그 철도부지의 경계까지는 1m 이상의 거리를 유지한다. 다만, 다음 중 어느 하나에 해당하는 경우에는 그렇지 아니하며, 철도부지가 도로와 인접되어 있는 경우에는 배관의 외면과 철도부지경계와의 거리를 유지하지 않을 수 있다.
  ㉠ 배관을 열차하중의 영향을 받지 아니하는 위치에 매설하는 경우
  ㉡ 배관이 열차하중의 영향을 받지 않도록 적절한 방호구조물로 방호되는 경우
  ㉢ 배관의 구조가 열차하중을 고려한 것일 경우

② 지표면으로부터 배관의 외면까지의 깊이를 1.2m 이상으로 한다.

(11) 배관의 공지 폭

불활성가스 외의 가스의 배관 양측에는 다음 표에서의 상용압력구분에 따른 폭 이상의 공지를 유지한다. 다만, 다음 기준에 따라 안전에 필요한 조치를 강구한 경우에는 공지를 유지하지 않을 수 있다.

▼ 배관의 공지 폭

상용압력	공지의 폭
0.2MPa 미만	5m
0.2MPa 이상 1MPa 미만	9m
1MPa 이상	15m

[비고] 공지의 폭은 배관양쪽의 외면으로부터 계산하되, 다음에서 정하는 지역에 설치하는 경우에는 위 표에서 정한 폭의 3분의 1로 할 수 있다.
1. 「도시계획법」에서의 전용공업지역 또는 일반공업지역
2. 그 밖에 산업통상자원부장관이 지정하는 지역

(12) 배관 보호포 설치

매설배관의 직상부에 적색의 보호포를 일반형 보호포와 탐지형 보호포(지면에서 매설된 보호포의 설치 위치를 탐지할 수 있도록 제조한 것을 말한다)로 구분하고 재질·규격 및 설치 기준은 다음과 같다.

① 보호포는 폴리에틸렌수지·폴리프로필렌수지 등 잘 끊어지지 않는 재질로 직조한 것으로서 두께는 0.2mm 이상으로 한다.
② 보호포의 폭은 0.15~0.35m로 한다.
③ 보호포의 바탕색은 적색으로 하고, 보호포에는 회사명·고압가스종류·사용압력 등을 표시한다.
④ 보호포 표시방법은 다음과 같다.

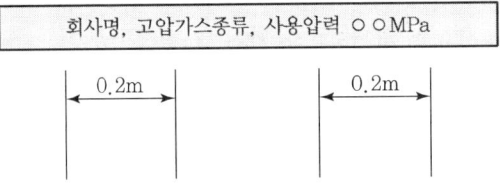

⑤ 보호포는 호칭지름에 0.1m를 더한 폭으로 설치하고, 2열 이상으로 설치할 경우 보호포 사이의 간격은 보호포 넓이 이내로 한다.
⑥ 보호포는 배관 상부(보호판을 설치한 경우에는 그 상부)로부터 0.3m 이상 떨어진 곳에 설치한다. 다만, 매설깊이를 확보할 수 없어 보호관 등을 사용하는 경우에는 그 직상부에 설치한다.
⑦ 도로 복구 등으로 인하여 보호포가 훼손될 우려가 있는 경우에는 ⑥에서 정한 보호포 설치 위치 이하에 설치하며, 철도 밑 등 부득이한 경우에는 설치하지 않을 수 있다.

(13) 표지판 설치

① 지하에 설치된 배관은 500m 이하의 간격으로, 지상에 설치된 배관은 1,000m 이하의 간격으로 설치하며, 배관의 위치를 알기 어려운 곳(굽어지는 곳, 분리되는 곳, 다른 가스 배관과 교차되는 곳 등)에 대하여는 표지판을 추가로 설치한다. 다만, 지상에 설치한 배관의 경우 배관의 표면에 가스의 종류, 연락처 등을 표시한 때에는 이를 표지판에 갈음할 수 있다.
② 하나의 도로에 2개 이상의 고압가스배관이 함께 설치되어 있는 경우에는 사업자 간에 협의하여 공동 표지판을 설치한다.
③ 표지판에는 고압가스의 종류, 설치구역명, 배관설치(매설)위치, 신고처, 회사명 및 연락처 등을 명확하게 적는다.

[보기] 배관 표지판

제○○구역 고압가스 배관의 표지판

이 지역에는 아래와 같이 고압가스배관이 설치(매설)되어 있습니다.
가스누출이나 그 밖의 이상을 발견하신 분은 즉시 신고 또는
연락하여 주시기 바랍니다.
신고처 : 한국가스안전공사 또는 소방서(119)

고압가스의 종류	표지판에서 본 배관위치	회사명 및 연락처
○○	○방향 ○m지점	㈜○○ ☎ ○○-○○○
○○	○방향 ○m지점	㈜○○ ☎ ○○-○○○
○○	○방향 ○m지점	㈜○○ ☎ ○○-○○○

(14) 수취기 설치

산소 또는 천연메탄을 수송하기 위한 배관과 이에 접속하는 압축기(산소를 압축하는 압축기는 물을 내부윤활제로 사용하는 것에 한정한다)와의 사이에는 수취기를 설치한다.

(15) 누출확산방지 조치

① 시가지·하천·터널·도로·수로 및 사질토 등의 특수성지반 중에 배관을 설치하는 경우에는 고압가스의 종류에 따라 안전한 방법으로 누출된 가스의 확산방지조치를 한다. 이 경우 고압가스의 종류 및 압력과 배관의 주위상황에 따라 배관을 2중관으로 하고, 가스누출검지경보장치를 설치한다.

② 배관을 2중관으로 하여야 하는 장소는 고압가스가 통과하는 부분으로서 가스의 종류에 따라 다음 표와 같은 장소에 설치한다.

▼ 고압가스 종류에 따른 2중관 설치장소

가스의 종류	주위의 상황	
	지상설치 (하천 위 또는 수로 위를 포함한다)	지하설치
염소 포스겐 불소 아크릴알데히드 (아크로레인)	사업소 밖의 배관노출 설치 시 주택, 학교, 병원, 철도 등의 시설과 지상배관에서 정한 수평거리의 2.0배(500m를 초과하는 경우는 500로 한다) 미만인 거리에 배관을 설치하는 구간	사업소 밖의 배관노출 설치 시 주택, 학교, 병원, 철도 등의 시설과 지상배관 및 배관의 공지폭에서 정한 수평거리 미만인 거리에 배관을 설치하는 구간
아황산가스 시안화수소 황화수소	사업소 밖의 배관노출 설치 시 주택, 학교, 병원, 철도 등의 시설과 지상배관에 따른 수평거리의 1.5배 미만인 거리에 배관을 설치하는 구간	

③ 2중관의 바깥층관 안지름은 안층관 바깥지름의 1.2배 이상으로 한다.

(16) 배관의 경보장치는 다음의 경우에 경보를 울리는 것으로 한다.

① 배관 안의 압력이 상용압력의 1.05배(상용압력이 4MPa 이상인 경우에는 상용압력에 0.2MPa를 더한 압력)를 초과한 때
② 배관 안의 압력이 정상운전 시의 압력보다 15% 이상 강하한 때
③ 배관 안의 유량이 정상운전 시의 유량보다 7% 이상 변동한 때(고압가스제조시설에 한정한다)
④ 긴급차단밸브의 조작회로가 고장난 때 또는 긴급차단밸브가 폐쇄된 때

(17) 배관의 안전제어장치 설치

압력안전장치, 가스누출검지경보장치, 긴급차단장치 그 밖에 안전을 위한 설비 등의 제어회로가 정상상태로 작동되지 아니하는 경우에 압축기 또는 펌프가 작동되지 아니하는 제어기능으로 다음의 이상상태가 발생한 경우에 재해발생방지를 위하여 압축기·펌프·긴급차단장치 등을 신속하게 정지 또는 폐쇄한다.
① 설치한 압력계로 측정한 압력이 상용압력의 1.1배를 초과하였을 때
② 정한 압력계로 측정한 압력이 정상운전 시의 압력보다 30% 이상 강하했을 때
③ 설치한 유량계로 측정한 유량이 정상운전 시의 유량보다 15% 이상 증가했을 때
④ 설치한 가스누출경보기가 작동하였을 때

⑤ 압력안전장치, 가스누출검지경보설비 등 그 밖에 안전을 위한 설비 등의 조작회로에 동력이 공급되지 아니한 때 또는 경보장치가 경보를 울리고 있을 때에는 압축기 또는 펌프가 작동하지 아니하는 제어기능

10) 과압안전장치 설치

고압가스설비에는 그 고압가스설비 내의 압력이 상용의 압력을 초과하는 경우 즉시 상용의 압력 이하로 되돌릴 수 있도록 하기 위하여 과압안전장치를 설치한다.

(1) 과압안전장치 선정

가스설비 등에서의 압력상승 특성에 따라 다음 기준에 따라 과압안전장치를 선정한다.
① 기체 및 증기의 압력상승을 방지하기 위하여 설치하는 안전밸브
② 급격한 압력상승, 독성가스의 누출, 유체의 부식성 또는 반응생성물의 성상 등에 따라 안전밸브를 설치하는 것이 부적당한 경우에 설치하는 파열판
③ 펌프 및 배관에서 액체의 압력상승을 방지하기 위하여 설치하는 릴리프밸브 또는 안전밸브
④ 안전장치와 병행 설치할 수 있는 자동압력제어장치

(2) 과압안전장치 설치위치

① 내·외부 요인으로 압력상승이 설계압력을 초과할 우려가 있는 압력용기 등
② 토출측의 막힘으로 인한 압력상승이 설계압력을 초과할 우려가 있는 압축기(다단 압축기의 경우에는 각 단) 또는 펌프의 출구측
③ 배관 안의 액체가 2개 이상의 밸브로 차단되어 외부열원으로 인한 액체의 열팽창으로 파열이 우려되는 배관
④ 압력조절실패, 이상반응, 밸브의 막힘 등으로 인한 압력상승이 설계압력을 초과할 우려가 있는 고압가스설비 또는 배관 등
⑤ 압축기에는 그 최종단에, 그 밖의 고압가스설비에는 압력이 상용압력을 초과한 경우에 그 압력을 직접 받는 부분마다

11) 가스누출경보 및 자동차단장치 설치

(1) 경보는 접촉연소방식, 격막갈바니전지방식, 반도체방식, 그 밖의 방식으로 검지엘리먼트의 변화를 전기적 신호에 따라 이미 설정하여 놓은 가스농도(경보농도)에서 자동적으로 울리는 것으로 한다. 이 경우 가연성 가스 경보기는 담배연기 등에, 독성가스용 경보기는 담배연기, 기계세척유 가스, 등유의 증발가스, 배기가스 및 탄화수소계 가스 등 잡가스에는 경보하지 아니하는 것으로 한다.

(2) 경보농도는 검지경보장치의 설치장소, 주위 분위기 온도에 따라 가연성 가스는 폭발 하한계의 1/4 이하, 독성가스는 TLV-TWA 기준 농도 이하로 한다(다만, 암모니아를 실내에서 사용하는 경우에는 50ppm으로 할 수 있다).

> **Reference**
>
> TLV-TWA(Threshold Limit Value-Time Weight Average)는 정상인이 1일 8시간 또는 주 40시간 통상적인 작업을 수행함에 있어 건강상 나쁜 영향을 미치지 아니하는 정도의 공기 중 가스농도를 말한다.

(3) 경보기의 정밀도는 경보농도 설정치에 대하여 가연성 가스용에서는 25% 이하, 독성가스용에서는 ±30% 이하로 한다.

(4) 검지에서 발신까지 걸리는 시간은 경보농도의 1.6배 농도에서 보통 30초 이내로 한다. 다만, 검지경보장치의 구조상 또는 이론상 30초가 넘게 걸리는 가스(암모니아, 일산화탄소 또는 이와 유사한 가스)는 1분 이내로 할 수 있다.

(5) 검지경보장치의 경보정밀도는 전원의 전압 등 변동이 ±10% 정도일 때에도 저하되지 않는 것으로 한다.

(6) 지시계의 눈금은 가연성 가스용은 0~폭발하한계 값, 독성가스는 0~TLV-TWA 기준 농도의 3배 값(암모니아를 실내에서 사용하는 경우에는 150ppm)을 명확하게 지시하는 것으로 한다.

(7) 경보를 발신한 후에는 원칙적으로 분위기 중 가스농도가 변화하여도 계속 경보를 울리고, 그 확인 또는 대책을 강구함에 따라 경보가 정지되는 것으로 한다.

(8) 가스누출경보 및 자동차단장치 설치장소 및 설치개수검지경보장치의 설치장소 및 검지경보장치 검출부의 설치 개수는 다음 기준에 따른다.

  ① 건축물 안에 설치되어 있는 압축기, 펌프, 반응설비, 저장탱크 등 가스가 누출하기 쉬운 고압가스설비 등 설치되어 있는 장소의 주위에는 누출된 가스가 체류하기 쉬운 곳에 이들 설비군의 바닥면 둘레 10m에 대하여 1개 이상의 비율로 계산한 수

  ② 건축물 밖에 설치되어 있는 적은 고압가스설비가 다른 고압가스설비, 벽이나 그 밖의 구조물에 인접하여 설치된 경우, 피트 등의 내부에 설치되어 있는 경우 및 누출된 가스가 체류할 우려가 있는 장소에 설치되어 있는 경우에는 누출된 가스가 체류할 우려가 있는 장소에 그 설비군의 바닥면 둘레 20m마다 1개 이상의 비율로 계산한 수

  ③ 특수 반응설비에서 정한 설비가 누출된 가스가 체류하기 쉬운 장소에 설치되는 경우에는 그 장소 바닥면 둘레 10m마다 1개 이상의 비율로 계산한 수

  ④ 가열로 등 발화원이 있는 제조설비가 누출된 가스가 체류하기 쉬운 장소에 설치되는 경우에는 그 장소의 바닥면 둘레 20m마다 1개 이상의 비율로 계산한 수

⑤ 계기실 내부에는 1개 이상
⑥ 독성가스의 충전용 접속구 군의 주위에는 1개 이상
⑦ 방류둑(2기 이상의 저장탱크를 집합방류둑 안에 설치한 경우에는 저장탱크 칸막이를 설치한 경우에 한정한다) 안에 설치된 저장탱크의 경우에는 해당 저장탱크마다 1개 이상

12) 역류방지장치 설치

(1) 가연성 가스를 압축하는 압축기와 충전용 주관과의 사이의 배관
(2) 아세틸렌을 압축하는 압축기의 유분리기와 고압건조기와의 사이의 배관
(3) 암모니아 또는 메탄올의 합성탑 및 정제탑과 압축기와의 사이의 배관

13) 역화방지장치 설치

(1) 가연성 가스를 압축하는 압축기와 오토클레이브 사이의 배관
(2) 아세틸렌의 고압건조기와 충전용 교체밸브 사이의 배관 및 아세틸렌충전용 지관

14) 정전기제거설비 설치

(1) 가연성 가스 제조설비에서 정한 것 및 접지저항치의 총합이 100Ω 이하인 것 등에서 발생하는 정전기를 제거하는 설비를 설치한다.
(2) 탑류, 저장탱크, 열교환기, 회전기계, 벤트스택 등은 단독으로 접지한다. 다만, 기계가 복잡하게 연결되어 있는 경우 및 배관 등으로 연속되어 있는 경우에는 본딩용 접속선으로 접속하여 접지할 수 있다.
(3) 본딩용 접속선 및 접지접속선은 단면적 $5.5mm^2$ 이상인 것(단선은 제외한다)을 사용하고 경납붙임, 용접, 접속금구 등을 사용하여 확실히 접속한다.
(4) 접지 저항치는 총합 100Ω (피뢰설비를 설치한 것은 총합 10Ω) 이하로 한다.

15) 방류둑 설치

저장능력(2개 이상의 탱크가 설치된 경우에는 이들의 저장능력을 합한 것을 말한다)이 1천 톤 이상인 산소·가연성 가스 또는 5톤 이상인 독성가스의 액화가스저장탱크 주위에는 액상의 가스가 누출된 경우에 그 가스의 유출을 방지할 수 있도록 하기 위하여 방류둑이나 이와 동등 이상의 효과가 있는 시설을 설치한다.

(1) 방류둑 용량

▼ 저장탱크 종류에 따른 방류둑 용량

저장탱크의 종류	용량
(1) 액화산소의 저장탱크	저장능력 상당용적의 60%
(2) 2기 이상의 저장탱크를 집합 방류둑 안에 설치한 저장탱크(저장탱크마다 칸막이를 설치한 경우에 한정한다. 다만, 가연성 가스가 아닌 독성가스로서 같은 밀폐 건축물 안에 설치된 저장탱크에 있어서는 그렇지 않다)	저장탱크 중 최대저장탱크의 저장능력 상당용적[단, (1)에 해당하는 저장탱크일 때에는 (1)에 표시한 용적을 기준한다. 이하 같다]에 잔여 저장탱크 총 저장능력 상당용적의 10% 용적을 가산할 것

[비고] 1. (2)에 따라 칸막이를 설치하는 경우, 칸막이로 구분된 방류둑의 용량은 다음 식에 따라 계산한 것으로 한다.

$$V = A \times \frac{B}{C}$$

여기서, V : 칸막이로 분리된 방류둑의 용량(m^3)
A : 집합방류둑의 총 용량(m^3)
B : 각 저장탱크별 저장탱크 상당용적(m^3)
C : 집합방류둑 안에 설치된 저장탱크의 저장능력 상당능력 총합(m^3)

2. 칸막이의 높이는 방류둑보다 최소 10cm 이상 낮게 한다.

(2) 방류둑 재료 및 구조

① 방류둑 재료는 철근콘크리트, 철골·철근콘크리트, 금속, 흙 또는 이들을 혼합한 것으로 한다.
② 철근콘크리트, 철골·철근콘크리트는 수밀성 콘크리트를 사용하고 균열발생을 방지하도록 배근, 리벳팅 이음, 신축이음 및 신축이음의 간격, 배치 등을 한다.
③ 금속은 해당 가스에 침식되지 아니하는 것 또는 부식방지·녹방지 조치를 강구한 것으로 하고 대기압 하에서 액화가스의 기화온도에 충분히 견디는 것으로 한다.
④ 성토는 수평에 대하여 45° 이하의 기울기로 하여 쉽게 허물어지지 않도록 충분히 다져 쌓고, 강우 등으로 인하여 유실되지 않도록 그 표면에 콘크리트 등으로 보호하고, 성토 윗 부분의 폭은 0.3m 이상으로 한다.
⑤ 방류둑은 액밀한 것으로 한다.
⑥ 독성가스 저장탱크 등에 대한 방류둑의 높이는 방류둑 안의 저장탱크 등의 안전관리 및 방재활동에 지장이 없는 범위에서 방류둑 안에 체류한 액의 표면적이 될 수 있는 한 적게 되도록 한다.
⑦ 방류둑은 그 높이에 상당하는 해당 액화가스의 액두압에 견딜 수 있는 것으로 한다.
⑧ 방류둑에는 계단, 사다리 또는 토사를 높이 쌓아 올린 형태 등으로 된 출입구를 둘레 50m마다 1개 이상씩 설치하되, 그 둘레가 50m 미만일 경우에는 2개 이상을 분산하여 설치한다.

⑨ 방류둑 내외부 부속설비 설치방류둑의 내측 및 그 외면으로부터 10m(독성가스의 액화가스 저장탱크의 경우에는 그 독성가스의 종류 및 저장능력에 따라 그 시설의 안전을 확보하는 데 필요한 거리) 이내에는 그 저장탱크의 부속설비 외의 것을 설치하지 아니한다. 다만, 다음 설비는 방류둑 내부 또는 그 외면으로부터 10m 이내에 설치할 수 있다.

⑩ 독성가스의 액화가스 저장탱크의 경우 그 독성가스의 종류 및 저장능력에 따라 독성가스 저장탱크 부속설비 이외의 설비와 방류둑의 외면 사이에는 다음 표에서 정한 거리 이상을 유지한다.

▼ 독성가스 종류에 따른 설비 안전거리

독성가스의 종류	저장능력	안전거리(m)
가연성	5톤 이상 1,000톤 미만	$4(X-5)/995+6$
	1,000톤 이상	10
그 밖의 것	5톤 이상 1,000톤 미만	$4(X-5)/995+4$
	1,000톤 이상	8

[비고] X는 저장능력(톤)을 지칭한다.

16) 방호벽 설치

다음의 공간에는 가스폭발에 따른 충격에 견딜 수 있는 방호벽을 설치하고, 한쪽에서 발생하는 위해요소가 다른 쪽으로 전이되는 것을 방지하기 위하여 필요한 조치를 할 것. 다만, (1)부터 (4)까지는 아세틸렌가스 또는 압력이 9.8MPa 이상인 압축가스를 용기에 충전하는 경우에 한한다.

(1) 압축기와 그 충전장소 사이의 공간
(2) 압축기와 그 가스충전용기 보관장소 사이의 공간
(3) 충전장소와 그 가스충전용기 보관장소 사이의 공간
(4) 충전장소와 그 충전용 주관밸브 조작밸브 사이의 공간
(5) 저장설비와 사업소 안의 보호시설 사이의 공간. 다만, 다음의 경우에는 방호벽을 설치하지 않을 수 있다.
　① 비가연성·비독성의 저온 또는 초저온가스로서 경계책을 설치한 경우
　② 방호벽의 설치로 인하여 조업이 불가능할 정도로 특별한 사정이 있다고 시장·군수 또는 구청장이 인정한 경우
　③ 규정된 안전거리 이상의 거리를 유지한 경우
　④ 저장설비를 지하에 매몰하여 설치한 경우
　⑤ 저장설비(저장설비가 2개 이상인 경우에는 각각의 저장설비를 말한다)의 저장능력이 고압가스 안전관리법 시행규칙에 따른 저장능력 미만인 경우

(6) 철근콘크리트제 방호벽 설치

직경 9mm 이상의 철근을 가로·세로 400mm 이하의 간격으로 배근하고 모서리 부분의 철근을 확실히 결속한 두께 120mm 이상, 높이 2,000mm 이상으로 한다.
① 일체로 된 철근콘크리트 기초로 한다.
② 아래 그림과 같이 높이는 350mm 이상, 되메우기 깊이는 300mm 이상으로 한다.
③ 기초의 두께는 방호벽 최하부 두께의 120% 이상으로 한다.

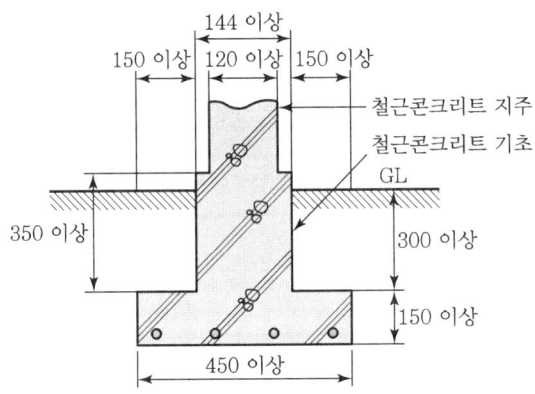

┃ 철근콘크리트제 방호벽 설치 예 ┃

(7) 콘크리트블럭제 방호벽 설치
① 철근을 배근·결속하고 블럭공동부에는 콘크리트 모르타르를 채운 두께는 150mm 이상, 높이는 2,000mm 이상으로 한다.
② 두께 150mm 이상, 간격 3,200mm 이하의 보조벽의 배치를 그림과 같이 본체와 직각으로 설치한다.
③ 보조벽의 높이는 그림과 같이 방호벽면으로부터 400mm 이상 돌출한 것으로 하고, 그 높이는 방호벽의 높이보다 400mm 이상 아래에 있지 아니하게 한다.

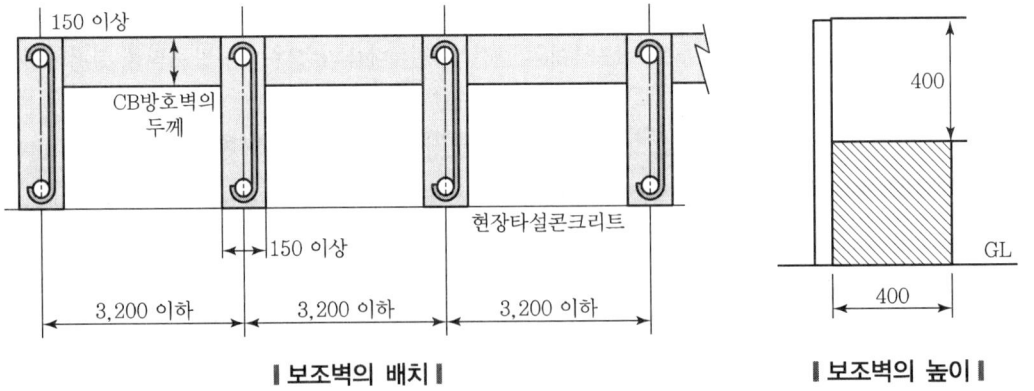

┃ 보조벽의 배치 ┃   ┃ 보조벽의 높이 ┃

④ 기초는 일체로 된 철근콘크리트 기초이고, 기초의 높이는 350mm 이상으로 하되, 되메우기 깊이는 300mm 이상으로 한다.

(8) 강판제 방호벽 설치강판제 방호벽은 다음 기준에 따라 설치한다.

① 방호벽은 두께 $6^{+0.8}_{-0.4}$mm 이상의 강판 또는 두께 $3.2^{+0.8}_{-0.4}$mm 이상의 강판에 30mm×30mm이상의 앵글강을 가로·세로 400mm 이하의 간격으로 용접 보강한 강판을 1,800mm 이하의 간격으로 세운 지주와 용접 결속하여 높이 2,000mm 이상으로 한다.

② 앵글강의 보강은 그림과 같이 한다.

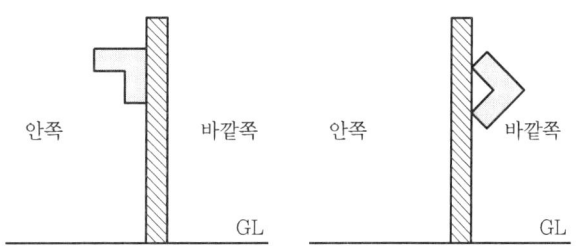

‖ 강판제 방호벽의 앵글강 보강 ‖

③ 지주는 1,800mm 이하의 간격으로 하되 벽면과 모서리 및 벽면 양쪽 끝에도 설치한다.
④ 지주와 벽면은 필렛용접으로 결속하고, 모서리 부의 지주는 모서리의 안쪽에, 벽부의 지주는 벽면의 바깥쪽(바깥쪽에 설치하기 곤란한 경우에는 안쪽에 설치할 수 있다)에 설치한다.

17) 살수장치 설치

아세틸렌 가스를 용기에 충전하는 장소 및 충전용기보관장소에는 화재 등의 원인으로 용기가 파열되는 것을 방지하기 위하여 살수장치를 설치한다.

18) 제독설비 설치

독성가스 중 아황산가스·암모니아·염소·염화메탄·산화에틸렌·시안화수소·포스겐 또는 황화수소의 제조설비에는 그 설비로부터 독성가스가 누출될 경우 그 독성가스로 인한 중독을 방지하기 위하여 다음 기준에 따라 제독설비를 설치하고 제독제 및 제독작업에 필요한 보호구를 구비한다.

(1) 제독조치

① 물 또는 흡수제로 흡수 또는 중화하는 조치. 다만, 냉동제조시설은 고압수액기 상부에 한정한다.

② 흡착제로 흡착 제거하는 조치
③ 저장탱크 주위에 설치된 유도구에 의하여 집액구·피트 등에 고인 액화가스를 펌프 등의 이송설비를 이용하여 안전하게 제조설비로 반송하는 조치
④ 연소설비(플레어스택·보일러 등)에서 안전하게 연소시키는 조치

(2) 제독제 보유

제독제는 독성가스의 종류에 따라 1가지 이상의 것 또는 이와 동등 이상의 제독효과가 있는 것으로서 다음 표의 오른쪽 란의 수량(용기보관실에는 그의 1/2로 하고, 가성소다수용액 또는 탄산소다수용액은 가성소다 또는 탄산소다를 100%로 환산한 수량을 표시한다) 이상 보유한다.

▼ 제독제 보유량 (단위 : kg)

가스별	제독제	보유량
염소	가성소다수용액	670[저장탱크 등이 2개 이상 있을 경우 저장탱크에 관계되는 저장탱크의 수의 제곱근의 수치, 그 밖의 제조설비와 관계되는 저장설비 및 처리설비(내용적이 5m³ 이상의 것에 한정한다)수의 제곱근의 수치를 곱하여 얻은 수량, 이하 염소는 탄산소다수용액 및 소석회에 대하여도 같다]
	탄산소다수용액	870
	소석회	620
포스겐	가성소다수용액	390
	소석회	360
황화수소	가성소다수용액	1,140
	탄산소다수용액	1,500
시안화수소	가성소다수용액	250
아황산가스	가성소다수용액	530
	탄산소다수용액	700
	물	다량
암모니아 산화에틸렌 염화메탄	물	다량

(3) 보호구의 종류와 수량

① 독성가스 종류에 따라 구비하는 보호구 종류는 다음과 같다.
　㉠ 공기호흡기 또는 송기식 마스크(전면형)
　㉡ 방독마스크(농도에 따라 전면 고농도형, 중농도형, 저농도형 등)
　㉢ 안전장갑 및 안전화(「산업안전보건법」 제34조에 따른 안전인증을 받은 것으로서 화학물질용 성능수준 2 이상의 것)
　㉣ 보호복(「산업안전보건법」 제34조에 따른 안전인증을 받은 것으로서 화학물질용 보호복 1형식)

② 독성가스의 종류에 따라 구비해야 할 보호구 수량은 다음과 같다.
　㉠ 보호구 수량은 긴급작업에 종사하는 작업원에게 적절하게 배부할 수 있는 수량에 예비 개수를 더한 수량 또는 상시 작업에 종사하는 작업원 10인당 3개의 비율로 계산한 수량(3개 미만인 경우 3개로 한다) 중 많은 수량으로 한다.
　㉡ 공기호흡기 또는 송기식 마스크(전면형)의 보호구를 상시작업에 종사하는 작업원 수에 상당한 수량을 보유한 경우에는 방독마스크 보호구를 구비하지 않을 수 있다.
　㉢ 방독마스크 또는 안전장갑 및 안전화 보호구 수량은 독성가스를 취급하는 전 종업원 수량에 상당한 수량으로 한다.
　㉣ 보호복이 공기호흡기, 송기식 마스크, 안전장갑 또는 안전화를 포함하는 일체형일 경우에는 보호복에 포함된 공기호흡기, 송기식 마스크, 안전장갑 또는 안전화의 개수만큼 이들을 갖춘 것으로 본다.

19) 온도상승방지설비 설치

(1) 온도상승방지설비 설치범위

① 방류둑을 설치한 가연성 가스 저장탱크의 경우 해당 방류둑 외면으로부터 10m 이내
② 방류둑을 설치하지 아니한 가연성 가스 저장탱크의 경우 해당 저장탱크 외면으로부터 20m 이내
③ 가연성물질을 취급하는 설비의 경우 그 외면으로부터 20m 이내

(2) 액화가스 저장탱크 온도상승방지설비 설치

① 저장탱크 표면적 $1m^2$당 5L/분 이상의 비율로 계산된 수량을 저장탱크 전 표면에 분무할 수 있도록 고정된 장치를 설치한다. 이 경우 저장탱크가 암면두께 25mm 이상 또는 이와 동등 이상의 내화성능을 가지는 단열재로 피복되고 그 외측을 두께 0.35mm 이상의 KS D 3506(용융 아연도금 강판 및 강대) SBHG2 또는 이와 동등 이상의 강도 및 내화성능을 가지는 재료로 피복한 것(준내화구조저장탱크)에는 그 표면적 $1m^2$당 2.5L/분 이상의 비율로 계산된 수량을 분무시킬 수 있는 고정된 장치를 설치한다.

② 저장탱크 외면으로부터의 거리가 40m 이내인 위치에, 저장탱크를 향하여 어느 방향에서도 방수할 수 있는 소화전(호스 끝 수압 0.3MPa 이상, 방수능력 400L/분 이상의 것을 말한다)을 해당 저장탱크 표면적 50m^{2}당 1개의 비율로 계산된 수 이상 설치한다. 이 경우 준내화구조 저장탱크에는 해당 저장탱크의 표면적 100m^{2}당 소화전 1개의 비율로 계산된 수 이상의 소화전을 설치한다.
③ 높이 1m 이상의 지주(구조물 위에 설치된 저장탱크에는 해당 구조물의 지주를 말한다)에는 두께 50mm 이상의 내화콘크리트 또는 이와 동등 이상의 내화성능을 가지는 불연성의 단열재로 피복한다.

(3) 온도상승방지설비의 수원

① 분무장치와 소화전 등은 해당 설비를 30분 이상 연속하여 동시에 방수할 수 있는 수량을 가지는 수원에 접속한다.
② 물분무장치 등에 연결된 입상배관에는 겨울철에 동결 등을 방지할 수 있도록 드레인밸브 설치 등 적절한 조치를 하여야 한다.
③ 4기 이상의 저장탱크가 상호 인접하여 설치되어 있는 경우에는 분무 또는 방수용 펌프의 능력 및 수원의 수량은 저장탱크와 인접하는 저장탱크의 조합을 저장탱크군으로 분류할 때 합계 표면적이 최대로 되는 저장탱크군의 표면적에 의거 계산하는 것으로 한다.

20) 부대설비기준

(1) 압력계 설치

고압가스설비에 설치하는 압력계는 상용압력의 1.5배 이상 2배 이하의 최고눈금이 있는 것으로 하고, 압축·액화 그 밖의 방법으로 처리할 수 있는 가스의 용적이 1일 100m^3 이상인 사업소에는 국가표준기본법에 의한 제품인증을 받은 압력계를 2개 이상 비치한다.

(2) 액면계 설치

액화가스의 저장탱크에는 다음 기준에 따라 액면계(산소 또는 불활성가스의 초저온저장탱크의 경우에 한정하여 환형유리제 액면계도 가능)를 설치한다.
① 액면계는 평형반사식 유리액면계, 평형투시식 유리액면계 및 플로트(Float)식·차압식·정전용량식·편위식·고정튜브식 또는 회전튜브식이나 슬립튜브식 액면계 등에서 액화가스의 종류와 저장탱크의 구조 등에 적합한 구조와 기능을 갖는 것을 선정·사용한다.
② 유리액면계로 사용하는 유리는 KS B 6208(보일러용 수면계 유리) 중 기호 B 또는 P의 것 또는 이와 동등 이상의 것으로 한다.
③ 유리를 사용한 액면계에는 액면을 확인하기 위한 필요한 최소면적 이외의 부분을 금속제 등의 덮개로 보호하여 그의 파손을 방지하는 조치를 한다.

④ 일반고압가스설비에 설치하는 고정튜브식 또는 회전튜브식이나 슬립튜브식 액면계는 그 액면계로부터 가스가 방출되었을 때 인화 또는 중독의 우려가 없는 가스의 경우에만 사용한다.

⑤ 저장탱크(가연성 가스 및 독성가스에 한정한다)와 유리제게이지를 접속하는 상하 배관에는 자동식 및 수동식의 스톱밸브를 설치한다. 다만, 자동식 및 수동식 기능을 함께 갖춘 경우에는 각각 설치한 것으로 볼 수 있다.

21) 비상전력설비

설치반응·분리·정제·증류 등을 하는 제조설비를 자동으로 제어하는 설비, 살수장치, 방화설비, 소화설비, 제조설비의 냉각수펌프, 비상용조명설비 그 밖에 제조시설의 안전확보에 필요한 시설에는 정전 등으로 그 설비의 기능이 상실되지 않도록 다음 기준에 따라 비상전력설비를 설치한다. 다만, 아세틸렌제조시설의 경우에는 비상전력설비를 설치하지 않을 수 있다.

(1) 비상전력 등이란 정전 등의 경우에 제조설비 등을 안전하게 유지하고 안전하게 정지시키기 위하여 필요한 최소용량을 갖춘 전력 및 공기 등 또는 이와 동등 이상인 것을 말한다.

(2) 배관장치의 비상전력설비

① 운전상태 감시장치
② 안전제어장치
③ 가스누출검지 경보설비
④ 제독설비
⑤ 통신시설
⑥ 비상조명설비
⑦ 그 밖에 안전상 중요하다고 인정되는 설비

22) 통신설비 설치

고압가스사업소 안에는 긴급사태가 발생한 경우에 이를 신속히 전파할 수 있도록 사업소의 규모·구조에 적합한 다음의 통신설비를 설치한다.

▼ 통신설비의 구비조건

사항별(통신범위)	설치(구비)하는 통신설비	비고
1. 안전관리자가 상주하는 사업소와 현장사업소와의 사이 또는 현장사무소 상호 간	1) 구내전화 2) 구내방송설비 3) 인터폰 4) 페이징설비	사무소가 동일한 위치에 있는 경우에는 제외한다.
2. 사업소 안 전체	1) 구내방송설비 2) 사이렌 3) 휴대용 확성기 4) 페이징설비 5) 메가폰	
3. 종업원 상호 간(사업소 안 임의의 장소)	1) 페이징설비 2) 휴대용 확성기 3) 트랜시버(계기 등에 대하여 영향이 없는 경우에 한정한다) 4) 메가폰	사무소가 동일한 위치에 있는 경우에는 제외한다.

[비고] 1. 사항별 2,3의 메가폰은 해당 사업소 안 면적이 1,500m² 이하인 경우로 한정한다.
2. 위의 표 중 통신설비는 사업소의 규모에 적합하도록 1가지 이상을 구비한다.

23) 경계표지

(1) 용기보관소 경계표지

① 경계표지는 해당 용기보관소 또는 보관실의 출입구 등 외부로부터 보기 쉬운 곳에 게시한다. 이 경우 출입하는 방향이 여러 곳일 경우에는 그 장소마다 게시한다.
② 표지는 외부사람이 용기보관소 또는 용기보관실이라는 것을 명확히 식별할 수 있는 크기로 하며, 용기에 충전되어 있는 가스의 성질에 따라 가연성 가스일 경우에는 "연", 독성가스일 경우에는 "독"자를 표시한다.
③ 충전용기 및 그 밖의 용기(잔 가스 용기, 재검사 대상 용기 등)보관 장소는 각각 구획 또는 경계선으로 안전 확보에 필요한 용기 상태를 명확히 식별할 수 있도록 조치하고 해당 내용에 따라 필요한 표지를 부착한다.

(2) 가스충전 또는 이입장소 경계표지

① 가스를 충전하거나 이입하는 작업을 하고 있는 고압가스설비 주변에 제3자가 보기 쉬운 장소에 경계표지를 게시한다. 이 경우 해당 설비에 접근할 수 있는 방향이 여러 곳일 경우에는 각각의 방향에 대하여 게시한다.

② 표지에는 고압가스제조(충전 · 이입) 작업 중이라는 것 및 그 부근에서 화기사용을 절대 금지한다(가연성 가스 또는 산소의 경우에 한정한다)는 주의문을 명확히 알 수 있도록 기재한다.

(3) 저장탱크 표시

지상에 설치하는 저장탱크(국가보안목표시설로 지정된 것을 제외한다)의 외부에는 은색 · 백색 도료를 바르고 주위에서 보기 쉽도록 가스의 명칭을 붉은 글씨로 표시한다. 다만, 국가보안목표시설로 지정된 것은 표시를 하지 않을 수 있다.

24) 식별표지 및 위험표지

(1) 식별표지

독성가스 제조시설이라는 것을 쉽게 식별할 수 있도록 다음 보기의 식별표지를 해당 독성가스 제조시설 등의 보기 쉬운 곳에 게시한다.

[보기] 독성가스 제조시설 식별표지

독성가스 (○ ○) 제조시설
독성가스 (○ ○) 저장소

[비고] 1. ○○에는 가스의 명칭을 적색으로 기재한다.
　　　 2. 경계표지와는 별도

① 문자의 크기는 가로 · 세로 10cm 이상으로 하고, 30m 이상 떨어진 위치에서도 알 수 있도록 한다.
② 식별표지의 바탕색은 백색, 글씨는 흑색으로 한다.
③ 문자는 가로 또는 세로로 쓸 수 있다.
④ 식별표지에는 다른 법령에 따른 지시사항 등을 병기할 수 있다.

(2) 위험표지

독성가스가 누출할 우려가 있는 부분에는 다음 보기의 문자 또는 이와 동등 이상의 효과를 표시하는 문자 등을 기재한 위험표지를 설치한다.

[보기] 독성가스 누출우려 표지

독성가스누설주의 부분

① 문자의 크기는 가로 · 세로 5cm 이상으로 하고, 10m 이상 떨어진 위치에서도 알 수 있도록 한다.
② 위험표지의 바탕색은 백색, 글씨는 흑색(주위는 적색)으로 한다.
③ 문자는 가로 또는 세로로 쓸 수 있다.
④ 위험표지에는 다른 법령에 따른 지시사항 등을 병기할 수 있다.

25) 경계책

고압가스시설의 안전을 확보하기 위하여 저장설비, 처리설비 및 감압설비를 설치한 장소 주위에는 외부인의 출입을 통제할 수 있도록 다음 기준에 따라 경계책을 설치한다. 다만, 저장설비, 처리설비 및 감압설비가 건축물 안에 설치된 경우 또는 차량의 통행 등 조업시행이 현저히 곤란하여 위해요인이 가중될 우려가 있는 경우에는 경계책을 설치하지 않을 수 있다.

① 경계책 높이는 1.5m 이상으로 한다.
② 경계책의 재료는 철책, 철망 등 적합한 것으로 한다.
③ 경계책 주위에는 외부사람이 무단출입을 금하는 내용의 경계표지를 보기 쉬운 장소에 부착한다.
④ 경계책 안에는 누구도 화기, 발화 또는 인화하기 쉬운 물질을 휴대하고 들어갈 수 없도록 필요한 조치를 강구한다. 다만, 해당 설비의 정비수리 등 불가피한 사유가 발생한 경우에 한정하여 안전관리책임자의 감독하에 휴대 조치할 수 있다.

26) 저장설비 유지관리

(1) 저장탱크 용량 감시

① 아세틸렌·천연메탄·물의 전기분해에 의한 산소 및 수소의 제조시설 중 압축기 운전실에는 그 운전실에서 항상 그 저장탱크 안에 들어있는 가스의 용량을 알 수 있도록 한다.
② 저장탱크에 액화가스를 충전하는 때에는 액화가스의 용량이 상용의 온도에서 그 저장탱크 내용적의 90%를 넘지 않도록 한다.

(2) 저장탱크의 침하방지조치

저장탱크(저장능력이 압축가스는 $100m^3$, 액화가스는 1톤 미만인 저장탱크는 제외)의 침하로 인한 위해를 예방하기 위하여 다음 기준에 따라 주기적으로 침하상태를 측정한다.

① 저장탱크의 침하상태 측정주기는 1년에 1회 이상으로 한다.
② 저장탱크의 침하상태 측정방법은 다음과 같이 한다. 이 경우 저장능력이 100톤 이하인 저장탱크는 벤치마크의 조치를 생략할 수 있다.
③ 벤치마크(Bench Mark : 수준점) 또는 가벤치마크를 다음 기준과 같이 설정한다. 다만, 해당 저장탱크로부터 2km 이내에 국토정보지리원의 일등수준점이 있는 경우에는 벤치마크 또는 가벤치마크를 설정하지 않을 수 있다.
④ 벤치마크는 지진, 사태, 침하 그 밖의 외력으로 인하여 변형이 일어나지 않는 구조로 한다.
⑤ 벤치마크는 해당 사업소 안의 면적 50만m^2당 1개소 이상 설치한다.
⑥ 벤치마크 또는 가벤치마크는 차량의 통행 등으로 인하여 파손되지 않은 위치이고 또한 관측하기 쉬운 위치에 설치한다.

⑦ 해당 저장탱크의 기초를 관측하기 쉬운 곳에는 레벨차를 측정할 수 있도록 레벨측정기를 설치한다.
⑧ 침하상태측정은 해당 저장탱크의 기초면 또는 밑판의 측정점과 벤치마크 또는 가벤치마크와의 레벨차를 측정한다.
⑨ 측정의 결과에 따라 해당 저장탱크의 기초면 또는 밑판의 침하에 따른 기울기가 최대로 되는 기초면 또는 밑판에 두 점을 정하고 그 두 점 간의 레벨차(단위 : mm, 기호 : h) 및 그 두 점 간의 수평거리(단위 : mm, 기호 : l)를 측정한다.

(3) 저장탱크 침하상태에 따른 조치
① 침하량(h/l)이 0.5%를 초과한 경우
  ㉠ 침하량을 1년 동안 매월(저장탱크 내부를 개방하여 부분적인 침하량을 측정하는 경우에는 6개월마다) 측정하여 기록한다.
  ㉡ 측정결과, 침하가 진행되고 있는 경우로서 다음 1년 동안의 침하량이 1%를 초과할 것으로 판단되는 경우에는 ㉠의 측정을 계속한다.
② 침하량(h/l)이 1%를 초과한 경우
  ㉠ 앵커볼트를 분리한 후 저장탱크에 무리한 하중이 걸리지 않도록 지지하면서 저장탱크를 기초로부터 들어 올리고 해당 기초의 경사 또는 침하량에 따라 필요한 두께의 라이너를 삽입하거나 무수축 콘크리트를 충전한다.
  ㉡ 저장탱크를 들어 올리고 침하되지 않은 쪽 아래의 토사를 수평이 될 때까지 깎아낸다.
  ㉢ 저장탱크를 들어 올려 밑판을 떼어내고 기초면을 수평으로 한 후 밑판을 설치한다.
③ 기초를 수정한 후에는 적어도 3개월에 2회, 그 후에는 6개월마다 1회씩 부등침하량을 측정하고 이상이 없음을 확인한다.

27) 용기

(1) 충전용기와 잔가스 용기는 각각 구분하여 용기보관장소에 놓는다.
(2) 가연성 가스 · 독성가스 및 산소의 용기는 각각 구분하여서 용기보관장소에 놓는다.
(3) 용기보관장소에는 계량기 등 작업에 필요한 물건 외에는 이를 두지 아니한다.
(4) 용기보관장소의 주위 2m 이내에는 화기 또는 인화성 물질이나 발화성 물질을 두지 아니한다.
(5) 용기는 항상 40℃ 이하의 온도를 유지하고, 직사광선을 받지 않도록 조치한다.
(6) 가연성 가스 용기보관장소에는 방폭형 휴대용 손전등 외의 등화를 휴대하고 들어가지 아니한다.
(7) 밸브가 돌출한 용기(내용적이 5L 미만인 용기를 제외한다)에는 고압가스를 충전한 후 용기의 넘어짐 및 밸브의 손상을 방지하기 위하여 다음 기준에 적합한 조치를 강구하고, 난폭한 취급을 하지 아니한다.

① 충전용기는 바닥이 평탄한 장소에 보관한다.
② 충전용기는 물건의 낙하우려가 없는 장소에 저장한다.
③ 고정된 프로텍터가 없는 용기에는 캡을 씌워 보관한다.
④ 충전용기를 이동하면서 사용하는 때에는 손수레에 단단하게 묶어 사용한다.

28) 가스설비 유지관리

(1) 가스설비 접속

고압가스설비를 이음쇠로 접속할 때에는 그 이음쇠와 접속되는 부분에 잔류응력이 남지 않도록 조립하고 이음쇠 밸브류를 나사로 조일 때에는 무리한 하중이 걸리지 않도록 하며, 상용압력이 19.6MPa 이상이 되는 곳의 나사는 나사게이지로 검사한 것으로 한다.

(2) 윤활제의 선택 및 사용

① 석유류・유지류 또는 글리세린은 산소압축기의 내부윤활제로 사용하지 아니한다.
② 공기압축기의 내부윤활유는 재생유가 아닌 것으로서 잔류탄소의 질량이 전 질량의 1% 이하이며 인화점이 200℃ 이상으로서 170℃에서 8시간 이상 교반하여 분해되지 아니하거나, 잔류탄소의 질량이 1% 초과 1.5% 이하이며 인화점이 230℃ 이상으로서 170℃에서 12시간 이상 교반하여 분해되지 아니하는 것을 사용한다.

(3) 사업소 밖의 배관

① 안전관리자 책임하에 점검 장비 및 순회감시자동차 등을 이용하여 점검 업무를 수행한다.
② 원격으로 감시・기록하는 장치(CCTV, 배관 센싱 등 감시장치)를 설치하여 점검이 가능한 항목은 배관이 설치된 현장에서 직접 점검하지 않을 수 있다.

(4) 긴급차단장치

긴급차단장치는 매년 1회 이상 밸브시트의 누출 및 작동검사를 실시하여 그 누출량이 안전상 지장이 없는가를 확인하고 개폐 조작기능 등이 원활하고 확실하게 되는가를 확인한다.

(5) 정전기제거설비

① 지상에서 접지 저항치
② 지상에서의 접속부의 접속상태
③ 지상에서의 절선 그 밖에 손상부분의 유무

29) 에어졸 제조

(1) 에어졸의 분사제는 독성가스를 사용하지 아니한다.

(2) 인체용으로 사용하거나 가정에서 사용하는 에어졸의 분사제는 가연성 가스를 사용하지 아니한다. 다만, 다음에서 정한 것은 가연성 가스를 분사제로 사용할 수 있다.
  ① 보건복지부장관의 허가를 받은 의약품 · 의약부외품
  ② 화장품 중 물이 내용물 전질량의 40% 이상이고 분사제가 내용물 전질량의 10% 이하인 것으로서 내용물이 거품 또는 반죽(Gel)상태로 분출되는 제품
  ③ 액화석유가스 및 액화석유가스와 가연성 이외의 가스의 혼합물
  ④ 디메틸에테르 및 디메틸에테르와 가연성 이외의 가스의 혼합물
  ⑤ ③,④에서 열거한 각각의 가스 상호의 혼합물

(3) 에어졸을 제조하는 용기
  ① 용기의 내용적은 1L 이하로 하고, 내용적이 100cm^{3}를 초과하는 용기의 재료는 강 또는 경금속을 사용한다.
  ② 금속제의 용기는 그 두께가 0.125mm 이상이고 내용물로 인한 부식을 방지할 수 있는 조치를 한 것으로 하며, 유리제용기의 경우에는 합성수지로 그 내면 또는 외면을 피복한다.
  ③ 용기는 50℃에서 용기 안의 가스압력의 1.5배의 압력을 가할 때에 변형되지 아니하고, 50℃에서 용기 안의 가스압력의 1.8배의 압력을 가할 때에 파열되지 아니하는 것으로 한다. 다만, 1.3MPa 이상의 압력을 가할 때에 변형되지 아니하고, 1.5MPa의 압력을 가할 때에 파열되지 아니한 것은 그렇지 않다.
  ④ 내용적이 100cm^{3}를 초과하는 용기는 그 용기의 제조자의 명칭 또는 기호가 표시되어 있는 것으로 한다.
  ⑤ 사용 중 분사제가 분출하지 않는 구조의 용기는 사용 후 그 분사제인 고압가스를 그 용기로부터 용이하게 배출하는 구조의 것으로 한다.
  ⑥ 내용적이 30cm^3 이상인 용기는 에어졸의 제조에 재사용하지 아니한다.

(4) 에어졸 제조설비 및 에어졸 충전용기 저장소는 화기 또는 인화성 물질과 8m 이상의 우회거리를 유지한다.

(5) 에어졸의 제조는 건물의 내면을 불연재료로 입힌 충전실에서 하고, 충전실 안에서는 담배를 피우거나 화기를 사용하지 아니한다.

(6) 충전실 안에는 작업에 필요한 물건 외의 물건을 두지 아니한다.

(7) 에어졸은 35℃에서 그 용기의 내압이 0.8MPa 이하로 하고, 에어졸의 용량이 그 용기 내용적의 90% 이하로 한다.

(8) 에어졸을 충전하기 위한 충전용기 · 밸브 또는 충전용 지관을 가열하는 때에는 열습포 또는 40℃ 이하의 더운 물을 사용한다.

(9) 에어졸이 충전된 용기는 그 전수에 대하여 온수시험탱크에서 그 에어졸의 온도를 46℃ 이상 50℃ 미만으로 하는 때에 그 에어졸이 누출되지 않도록 한다.
(10) 에어졸이 충전된 용기(내용적이 30cm^3 이상인 것에 한정한다)의 외면에는 그 에어졸을 제조한 자의 명칭·기호·제조번호 및 취급에 필요한 주의사항(사용 후 폐기 시의 주의사항을 포함한다)을 명시하며, 가정용 또는 인체용 에어졸제품에 대하여는 불꽃길이 시험을 실시하고 종류에 따라 기재사항을 표시한다.

▼ 에어졸 제품 기재사항

에어졸의 종류	용기에 기재할 사항	
	연소성	주의사항
1. 불꽃길이 시험에 따른 화염이 인지되지 아니하는 것으로서 가연성 가스를 사용하지 않는 것		고압가스를 사용하여 위험하므로 다음의 주의를 지킬 것 • 온도가 40℃ 이상 되는 장소에 보관하지 말 것 • 불 속에 버리지 말 것 • 사용 후 잔 가스가 없도록 해 버릴 것 • 밀폐된 장소에 보관하지 말 것
2. 제1호 이외의 것	가연성 (화기주의)	고압가스를 사용한 가연성 제품으로서 위험하므로 다음의 주의를 지킬 것 • 불꽃을 향해 사용하지 말 것 • 난로, 풍로 등 화기부근에서 사용하지 말 것 • 화기를 사용하고 있는 실내에서 사용하지 말 것 • 온도 40℃ 이상의 장소에 보관하지 말 것 • 밀폐된 실내에서 사용한 후에는 반드시 환기를 실시할 것 • 불 속에 버리지 말 것 • 사용 후 잔 가스가 없도록 해 버릴 것 • 밀폐된 장소에 보관하지 말 것

[비고] 인체용 에어졸의 제품은 상기 내용 외에 "인체용" 및 다음 주의사항을 추가로 표시한다.
  1. 특정 부위에 계속하여 장기간 사용하지 말 것
  2. 가능한 한 인체에서 20cm 이상 떨어져서 사용할 것.

30) 에어졸 시험방법

(1) 시료채취

① 시료는 같은 에어졸 제조소에서 같은 충전연월일에 내용물 조성을 같게 한 같은 로트에서 에어졸을 충전한 용기를 1조로 하여 그 조에서 임의로 에어졸이 충전된 용기(이하 "시료"라 한다) 3개를 채취한다.
② 채취된 시료는 24℃ 이상 26℃ 이하가 되도록 온도를 유지하여 불꽃길이 시험을 실시한다.
③ 시험측정결과는 시험 시마다 로트번호 · 시험연월일 · 불꽃길이 · 측정자 · 에어졸제품 등을 기록하여 보존한다.

(2) 불꽃길이시험

① 버너(도시가스 또는 엘피지를 연료로 하는 것에 한정한다)와 시료(용기의 분사구 이는 버너의 높이와 같게 한다)의 간격은 15cm로 한다.
② 버너의 불꽃길이를 4.5cm 이상 5.5cm 이하로 조절하고 시료의 하부가 버너의 불꽃상부 3분의 1을 통과하도록 설치한 다음 시료를 분사하여 불꽃길이 시험장치의 보기와 같이 불꽃의 길이를 측정한다. 해당 시험을 3회 반복해 얻은 불꽃길이의 평균치를 시료의 불꽃 길이로 한다.

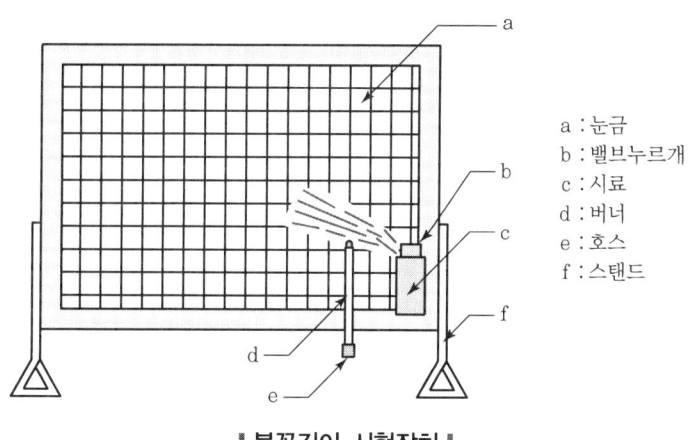

a : 눈금
b : 밸브누르개
c : 시료
d : 버너
e : 호스
f : 스탠드

┃ 불꽃길이 시험장치 ┃

31) 용기 기재사항의 표시방법

(1) 연소성의 표시

용기 내용적이 200cm³ 이상 되는 용기에는 KS A 0201(활자의 기준 치수)에서 정한 16포인트 이상, 200cm³ 미만의 것은 14포인트 이상의 되는 크기의 문자로 용기의 보기 쉬운 곳에 붉은 글씨로 표시한다.

(2) 주의사항의 표시

용기 내용적이 200cm³ 이상이 되는 용기에는 KS A 0201(활자의 기준 치수)에서 정한 8포인트 이상, 200cm³ 미만인 것은 6포인트 이상이 되는 크기의 문자로 용기의 보기 쉬운 곳에 선명하게 표시한다.

(3) 사용가스의 명칭

사용가스의 명칭을 표시한다.

32) 가스 충전작업

(1) 시안화수소 충전작업

① 용기에 충전하는 시안화수소는 순도가 98% 이상이고 아황산가스 또는 황산 등의 안정제를 첨가한 것으로 한다.
② 시안화수소를 충전한 용기는 충전 후 24시간 정치하고, 그 후 1일 1회 이상 질산구리벤젠 등의 시험지로 가스의 누출검사를 하며, 용기에 충전 연월일을 명기한 표지를 붙이고, 충전한 후 60일이 경과되기 전에 다른 용기에 옮겨 충전한다. 다만, 순도가 98% 이상으로서 착색되지 아니한 것은 다른 용기에 옮겨 충전하지 않을 수 있다.

(2) 아세틸렌 충전작업

① 아세틸렌을 2.5MPa 압력으로 압축하는 때에는 질소·메탄·일산화탄소 또는 에틸렌 등의 희석제를 첨가한다.
② 습식 아세틸렌발생기의 표면은 70℃ 이하의 온도로 유지하고, 그 부근에서는 불꽃이 튀는 작업을 하지 아니한다.
③ 아세틸렌을 용기에 충전하는 때에는 미리 용기에 다공물질을 고루 채워 다공도가 75% 이상 92% 미만이 되도록 한 후 아세톤 또는 디메틸포름아미드를 고루 침윤시키고 충전한다.
④ 아세틸렌을 용기에 충전하는 때의 충전 중의 압력은 2.5MPa 이하로 하고, 충전 후에는 압력이 15℃에서 1.5MPa 이하로 될 때까지 정치하여 둔다.
⑤ 상하의 통으로 구성된 아세틸렌 발생장치로 아세틸렌을 제조하는 때에는 사용 후 그 통을 분리하거나 잔류가스가 없도록 조치한다.

(3) 산소 충전작업

① 산소를 용기에 충전하는 때에는 미리 용기밸브 및 용기의 외부에 석유류 또는 유지류로 인한 오염여부를 확인하고 오염된 경우에는 용기 내·외부를 세척하거나 용기를 폐기한다.
② 용기와 밸브 사이에는 가연성 패킹을 사용하지 아니한다.

③ 산소 또는 천연메탄을 용기에 충전하는 때에는 압축기(산소압축기는 물을 내부윤활제로 사용한 것에 한정한다)와 충전용 지관 사이에 수취기를 설치하여 그 가스 중의 수분을 제거한다.
④ 밀폐형의 수전해조에는 액면계와 자동급수장치를 설치한다.

(4) 산화에틸렌 충전

① 산화에틸렌의 저장탱크는 그 내부의 질소가스·탄산가스 및 산화에틸렌가스의 분위기가스를 질소가스 또는 탄산가스로 치환하고 5℃ 이하로 유지한다.
② 산화에틸렌을 저장탱크 또는 용기에 충전하는 때에는 미리 그 내부가스를 질소가스 또는 탄산가스로 바꾼 후에 산 또는 알칼리를 함유하지 아니하는 상태로 충전한다.
③ 산화에틸렌의 저장탱크 및 충전용기에는 45℃에서 그 내부가스의 압력이 0.4MPa 이상이 되도록 질소가스 또는 탄산가스를 충전한다.

33) 고압가스 제조 시 압축금지

(1) 가연성 가스(아세틸렌·에틸렌 및 수소는 제외한다) 중 산소용량이 전체 용량의 4% 이상인 것
(2) 산소 중의 가연성 가스(아세틸렌·에틸렌 및 수소는 제외한다)의 용량이 전체 용량의 4% 이상인 것
(3) 아세틸렌·에틸렌 또는 수소 중의 산소용량이 전체 용량의 2% 이상인 것
(4) 산소 중의 아세틸렌·에틸렌 및 수소의 용량 합계가 전체 용량의 2% 이상인 것

34) 가스의 분석

가연성 가스 또는 산소(물을 전기분해하여 제조하는 것만을 말한다)를 제조(용기에 충전하는 것은 제외한다)할 때에는 발생장치·정제장치 및 저장탱크의 출구에서 1일 1회 이상 그 가스를 채취하여 지체 없이 분석하고, 공기액화분리기(1시간의 공기압축량이 1천m^3 이하의 것을 제외한다) 안에 설치된 액화산소통 안의 액화산소는 1일 1회 이상 분석한다.

35) 공기액화분리기의 불순물 유입금지

공기액화분리기(1시간의 공기압축량이 1천m^3 이하의 것은 제외한다)에 설치된 액화산소통 안의 액화산소 5L 중 아세틸렌의 질량이 5mg 또는 탄화수소의 탄소의 질량이 500mg을 넘을 때에는 그 공기액화분리기의 운전을 중지하고 액화산소를 방출한다.

36) 품질검사

(1) 품질검사방법
① 검사는 1일 1회 이상 가스제조장에서 실시한다.
② 검사는 안전관리책임자가 실시하고, 검사결과를 안전관리부총괄자와 안전관리책임자가 함께 확인하고 서명 날인한다.

(2) 품질검사결과 판정기준
① 산소는 동·암모니아시약을 사용한 오르자트법에 의한 시험결과 순도가 99.5% 이상이고, 용기 안의 가스충전압력이 35℃에서 11.8MPa 이상으로 한다.
② 아세틸렌은 발연황산시약을 사용한 오르자트법 또는 브롬시약을 사용한 뷰렛법에 의한 시험에서 순도가 98% 이상이고, 질산은시약을 사용한 정성시험에서 합격한 것으로 한다.
③ 수소는 피로갈롤 또는 하이드로설파이트시약을 사용한 오르자트법에 의한 시험에서 순도가 98.5% 이상이고, 용기 안의 가스충전압력이 35℃에서 11.8MPa 이상의 것으로 한다.

37) 가스 충전

충전압력 및 충전량 제한고압가스를 용기에 충전할 때에는 압축가스의 경우 용기에 각인된 압축가스의 최고충전압력 이하, 액화가스의 경우 다음 식에 따라 산정한 액화가스의 질량을 초과하지 않도록 충전한다.

$$W = \frac{V_2}{C}$$

여기서, W: 저장능력(kg)
V_2: 내용적(L)
C: 저온용기 및 차량에 고정된 저온탱크와 초저온용기 및 차량에 고정된 초저온탱크에 충전하는 액화가스의 경우에는 용기 및 탱크의 상용온도 중 최고의 온도에서의 그 가스의 비중(kg/L)의 수치에 10분의 9를 곱한 수치의 역수, 그 밖의 액화가스의 충전용기 및 차량에 고정된 탱크의 경우에는 다음 표의 가스종류에 따르는 정수

38) 가스설비 점검

▼ 그 밖의 액화가스의 종류에 따른 정수

액화가스의 종류	정수	액화가스의 종류	정수
액화에틸렌	3.50	액화4불화에틸렌	1.11
액화에탄	2.80	액화프레온 152a	1.08
액화프로판	2.32	액화산소	1.04
액화프로필렌	2.27	액화프레온 500	1.00
액화부탄	2.05	액화프레온 13	1.00
액화부틸렌	2.00	액화프레온 22	0.98
액화사이크로프로판	1.87	액화프레온 502	0.93
액화암모니아	1.86	액화6불화황	0.91
액화부타디엔	1.85	액화프레온 115	0.90
액화트리메틸아민	1.76	액화아르곤	0.87
액화메틸에테르	1.67	액화프레온 12	0.86
액화모노메틸아민	1.67	액화크세논	0.81
액화염화수소	1.67	액화염소	0.80
액화시안화수소	1.57	액화취화수소	0.80
액화황화수소	1.47	액화아황산가스	0.80
액화질소	1.47	액화프레온$13B_1$	0.79
액화탄산가스	1.47	액화프레온 114	0.76
액화아산화질소	1.34	액화프레온 C318	0.74
액화산화에틸렌	1.30	그 밖의 액화가스	1.05를 해당 액화가스의 48℃에서의 비중으로 나누어 얻은 수치
액화염화메탄	1.25		
액화염화비닐	1.22		

고압가스 제조설비의 사용개시 전과 사용종료 후에는 반드시 그 제조설비에 속하는 제조시설의 이상 유무를 점검하는 것 외에 1일 1회 이상 제조설비의 작동상황에 대하여 점검·확인을 하고, 이상이 있을 때에는 그 설비의 보수 등 필요한 조치를 한다.

(1) 점검작업 준비

① 안전관리총괄자는 사전에 안전관리담당자와 협의하여 점검계획을 정하고 이를 각각의 안전관리 부문 담당자에게 철저히 주지시킨다. 이를 변경한 때에도 또한 같다.

② 점검계획을 기준으로 점검표를 작성하고 점검원에게 실시요령 및 주의사항을 철저히 주지시킨다.

③ 점검계획에는 지시 및 보고체계를 명시한다.

④ 점검에 사용하는 공구, 측정기구, 보호구 등을 준비하고 이를 확인한다.

(2) 사용개시 전 점검사항

① 가스설비에 있는 내용물의 상황
② 계기류의 기능, 특히 인터록(Interlock), 긴급용 시퀜스, 경보 및 자동제어장치의 기능
③ 긴급차단 및 긴급방출장치, 통신설비, 제어설비, 정전기방지 및 제거설비 그 밖에 안전설비의 기능
④ 각 배관계통에 부착된 밸브 등의 개폐상황 및 맹판의 탈착·부착 상황
⑤ 회전기계의 윤활유 보급상황 및 회전구동상황
⑥ 가스설비의 전반적인 누출 유무
⑦ 가연성 가스 및 독성가스가 체류하기 쉬운 곳의 해당 가스농도
⑧ 전기, 물, 증기, 공기 등 유틸리티시설의 준비상황
⑨ 안전용 불활성가스 등의 준비상황
⑩ 비상전력 등의 준비상황
⑪ 그 밖에 필요한 사항의 이상 유무

(3) 사용종료 시 점검사항

① 사용종료 직전에 각 설비의 운전상황
② 사용종료 후에 가스설비에 있는 잔유물의 상황
④ 가스설비 안의 가스, 액 등의 불활성가스 등에 의한 치환상황, 특히 수리점검 작업상 설비 안에 사람이 들어갈 경우에는 공기로의 치환상황
⑤ 개방하는 가스설비와 다른 가스설비와의 차단상황
⑥ 가스설비의 전반에 대하여 부식, 마모, 손상, 폐쇄, 결합부의 풀림, 기초의 경사 및 침하, 그 밖의 이상 유무

39) 일일점검

(1) 점검기준

① 점검하는 설비, 부문, 항목, 점검방법, 판정기준, 조치 등을 기재한 점검표를 작성한다.
② 점검표에 지시, 보고체계 등을 정한다.
③ 점검에 사용하는 공구, 측정기구, 보호구 등의 준비상황을 확인한다.

(2) 운전 중의 점검사항

① 가스설비로부터의 누출
② 계기류의 지시, 경보, 제어의 상태
③ 가스설비의 온도, 압력, 유량 등 조업조건의 변동상황

④ 가스설비의 외부부식, 마모, 균열, 그 밖의 손상 유무
⑤ 회전기계의 진동, 이상음, 이상온도상승, 그 밖의 작동상황
⑥ 탑류, 저장탱크류, 배관 등의 진동 및 이상음
⑦ 가스누출 경보장치 및 가스경보기의 상태
⑧ 저장탱크 액면의 지시
⑨ 접지접속선의 단선, 그 밖의 손상 유무
⑩ 그 밖에 필요한 사항의 이상 유무

40) 사업소 밖의 배관 점검

(1) 가스의 누출 여부
(2) 배관 · 신축흡수조치 · 지지구조물의 이상 유무
(3) 부식방지조치 · 절연조치 적정 유무
(4) 노출배관과 주택 · 도로 등과 수평거리 및 공지의 폭 적정 여부
(5) 방호설비 및 다른 시설물과 유지관리에 필요한 간격 적정 여부
(6) 배관이 매설된 지면 상부의 지반 침하 여부
(7) 매설배관과 건축물 · 도로 등과의 수평거리 적정 여부
(8) 방식조치를 한 경우 방식전위의 적정 여부
(9) 굴착공사로 인하여 노출된 배관의 가스 누출 여부
(10) 굴착작업자에 대한 법적 절차 준수 여부 확인 및 무단 굴착공사 확인 · 발견 시 후속 조치 등
(11) 운영상태 감시장치의 이상 유무
(12) 안전제어장치의 이상 유무
(13) 피뢰설비의 이상 유무
(14) 내용물 제거장치의 이상 유무
(15) 그 밖에 필요한 사항

41) 물분무장치 등 점검

물분무장치 등은 매월 1회 이상 작동상황을 점검하여 원활하고 확실하게 작동하는지 확인하고 그 기록을 작성 · 유지한다. 다만, 동결할 우려가 있는 경우에는 펌프구동만으로 통수시험을 갈음할 수 있다.

42) 부대설비 점검

(1) 압력계

충전용 주관의 압력계는 매월 1회 이상, 그 밖의 압력계는 3개월에 1회 이상 표준이 되는 압력계로 그 기능을 검사한다.

(2) 안전밸브

안전밸브(액화산소저장탱크의 경우에는 안전장치를 말하며, 액체의 열팽창으로 인한 배관의 파열방지용 안전밸브는 제외한다) 중 압축기의 최종단에 설치한 것은 1년에 1회 이상, 그 밖의 안전밸브는 2년에 1회 이상 조정을 하여 정한 압력 이하에서 작동이 되도록 한다. 다만, 고압가스 특정제조허가를 받은 시설에 설치된 안전밸브의 조정주기는 4년(압력용기에 설치된 안전밸브는 그 압력용기의 내부에 대한 재검사주기)의 범위에서 연장할 수 있다.

43) 가연성 가스 가스설비 방출

(1) 가스설비의 내부가스를 그 압력이 대기압 가까이 될 때까지 다른 저장탱크 등에 회수한 후 잔류가스를 서서히 안전하게 방출하거나 연소장치에 유도하여 연소시키는 방법으로 대기압이 될 때까지 방출한다.
(2) 처리를 한 후에는 잔류가스를 불활성가스 또는 물이나 스팀 등 해당 가스와 반응하지 아니하는 가스 또는 액체로 서서히 치환한다. 이 경우에 가스방출 방법은 대기압이 될 때까지 방출한다.
(3) 잔류가스를 대기 중에 방출할 경우에는 방출한 가스의 착지농도가 해당 가연성 가스의 폭발하한계의 1/4 이하가 되도록 방출관으로부터 서서히 방출시킨다. 이 농도확인은 가스검지기 그 밖에 해당 가스농도식별에 적합한 분석방법(이하 "가스검지기 등"이라 한다)으로 한다.
(4) 치환 결과를 가스검지기 등으로 측정하고 해당 가연성 가스의 농도가 그 가스의 폭발하한계의 1/4 이하가 될 때까지 치환을 계속한다.

44) 독성가스 가스설비 방출

(1) 가스설비의 내부가스를 그 압력이 대기압 가까이 될 때까지 다른 저장탱크 등에 회수한 후 잔류가스를 대기압이 될 때까지 제해설비로 유도하여 제해시킨다.
(2) 처리를 한 후에는 해당 가스와 반응하지 아니하는 불활성가스 또는 물 그 밖의 액체 등으로 서서히 치환한다. 이 경우 방출하는 가스는 제해설비에 유도하여 제해시킨다.
(3) 치환결과를 가스검지기 등으로 측정하고 해당 독성가스의 농도가 TLV-TWA 기준 농도 이하로 될 때까지 치환을 계속한다.

45) 산소설비 방출

(1) 가스설비의 내부가스를 실외까지 유도하여 다른 용기에 회수하거나 산소가 체류하지 아니하는 조치를 강구하여 대기 중에 서서히 방출한다.
(2) 처리를 한 후 내부가스를 공기 또는 불활성가스 등으로 치환한다. 이 경우 가스치환에 사용하는 공기는 기름이 혼입될 우려가 없는 것을 선택한다.

(3) 산소측정기 등으로 치환결과를 수시 측정하여 산소의 농도가 22% 이하로 될 때까지 치환을 계속하여야 한다.

46) 그 밖의 가스 설비

수리 등의 작업 대상 및 작업내용이 다음 기준에 해당 하는 것은 가스치환 작업을 하지 않을 수 있다.
(1) 가스설비의 내용적이 1m³ 이하인 것
(2) 출입구의 밸브가 확실히 폐지되어 있고 내용적이 5m³ 이상의 가스설비에 이르는 사이에 2개 이상의 밸브를 설치한 것
(3) 사람이 그 설비의 밖에서 작업하는 것
(4) 화기를 사용하지 아니하는 작업인 것
(5) 설비의 간단한 청소 또는 가스켓의 교환 그 밖에 이들에 준비하는 경미한 작업인 것

47) 수리 · 청소 및 철거작업

(1) 가연성 가스 가스설비

공기로 재치환한 결과를 산소측정기 등으로 측정하여 산소의 농도가 18%에서 22%로 된 것이 확인될 때까지 공기로 반복하여 치환한다.

(2) 독성가스 가스설비

공기로 재치환 한 결과를 산소측정기 등으로 측정하여 산소의 농도가 18%에서 22%로 된 것이 확인될 때까지 공기로 반복하여 치환한다. 이 경우 가스검지기 등으로 해당 독성가스의 농도가 TLV-TWA 기준 농도 이하인 것을 재확인한다.

(3) 산소설비

공기로 재치환한 결과를 산소측정기 등으로 측정하고 산소의 농도가 18%에서 22%로 된 것이 확인될 때까지 공기를 반복하여 치환한다.

48) 내압 및 기밀시험 방법

(1) 내압시험방법

① 내압시험은 원칙적으로 수압으로 실시한다. 다만, 부득이한 이유로 물을 채우는 것이 부적당한 경우에는 공기 또는 위험성이 없는 기체의 압력으로 할 수 있다.
② 사업소 경계 밖에 설치되는 배관의 양 끝부에는 이음부의 재료와 동등 이상의 성능이 있는 배관용 앤드캡(End Cap), 막음플랜지 등을 용접으로 부착하고 비파괴시험을 실시한 후 내압시험을 실시한다.

③ 내압시험은 해당 설비가 취성파괴를 일으킬 우려가 없는 온도에서 실시한다.
④ 내압시험은 상용압력의 1.5배(공기 등의 기체의 압력으로 하는 내압시험은 상용압력의 1.25배) 이상으로 하고, 규정압력을 유지하는 시간은 5분에서 20분간을 표준으로 한다. 다만, 초고압(압력을 받는 금속부의 온도가 -50℃ 이상 350℃ 이하인 고압가스 설비의 상용압력 98MPa를 말한다. 이하 같다)의 고압가스 설비와 초고압의 배관에 대하여는 1.25배(운전압력이 충분히 제어될 수 있는 경우에는 공기 등의 기체에 의한 상용압력의 1.1배) 이상의 압력으로 실시할 수 있다.
⑤ 내압시험은 내압시험압력에서 팽창·누설 등의 이상이 없을 때 합격으로 한다.
⑥ 내압시험을 공기 등의 기체의 압력으로 하는 경우에는 먼저 상용압력의 50%까지 승압하고 그 후에는 상용압력의 10%씩 단계적으로 승압하여 내압시험압력에 달하였을 때 누설 등의 이상이 없고, 그 후 압력을 내려 상용압력으로 하였을 때 팽창·누설 등의 이상이 없으면 합격으로 한다.
⑦ 사업소 경계 밖에 설치되는 배관의 내압시험 시 시공관리자는 시험이 시작되는 때부터 끝날 때까지 시험구간을 순회점검하고 이상 유무를 확인한다.

(2) 내압시험 생략

사업소 경계 밖에 설치되는 배관에 대하여 내압시험을 생략할 수 있는 경우는 다음과 같다.
① 내압시험을 위하여 구분된 구간과 구간을 연결하는 이음관으로서 그 관의 용접부가 방사선투과시험에 합격된 경우
② 길이가 15m 미만인 배관의 이음부와 동일재료, 동일치수 및 동일시공방법으로 접합시킨 시험을 위한 관을 이용하여 미리 상용압력의 1.5배(공기 등의 기체의 압력에 의한 경우에는 1.25배) 이상인 압력으로 시험을 실시하여 합격된 경우
③ 사업소 경계 안에 설치되는 배관으로서 내압시험의 실시로 인하여 뜨임취화현상의 발생 등 배관에 손상을 줄 우려가 있는 경우에는 내압시험을 생략할 수 있다.

(3) 기밀시험방법

① 기밀시험은 원칙적으로 공기 또는 위험성이 없는 기체의 압력으로 실시한다.
② 기밀시험은 그 설비가 취성 파괴를 일으킬 우려가 없는 온도에서 한다.
③ 기밀시험압력은 상용압력 이상으로 하되, 0.7MPa를 초과하는 경우 0.7MPa압력 이상으로 한다. 이 경우 다음 표와 같이 시험할 부분의 용적에 대응한 기밀유지시간 이상을 유지하고 처음과 마지막 시험의 측정압력차가 압력측정기구의 허용오차 안에 있는 것을 확인한다. 처음과 마지막 시험의 온도차가 있는 경우에는 압력차를 보정한다.

▼ 시험 용적에 따른 기밀유지시간

압력측정기구	용적	기밀유지시간
압력계 또는 자기압력기록계	1m³ 미만	48분
	1m³ 이상 10m³ 미만	480분
	10m³ 이상	48 × V분(다만, 2,880분을 초과한 경우는 2,880분으로 할 수 있다)

[비고] V는 피시험부분의 용적(단위 : m³)이다.

④ 기밀시험을 하는 장소 및 그 주위는 잘 정돈하여 긴급한 경우 대피하기 좋도록 하고 2차적으로 인체에 피해가 발생하지 않도록 한다.

⑤ 사업소 경계 밖에 설치되는 배관으로서 완성검사를 받은 날부터 15년 이상 경과한 매몰고압가스배관의 기밀시험은 다음 기준에 따라 실시한다.

　㉠ 피복손상탐지장치, 지하매설배관부식탐지장치 또는 그 밖에 배관의 손상을 측정할 수 있는 장비를 이용하여 배관의 상태를 점검·측정하고 이상부위에 대하여 누출검사를 한 때. 이 경우 배관피복 손상여부는 희생양극의 실제 연결부위 상태를 고려하여 판정한다.

　㉡ 배관의 노선상을 약 50m 간격으로 깊이 약 50cm 이상의 보링을 하고 관을 이용하여 흡입한 후, 가스검지기 등으로 누출되었는지를 검사한 때. 다만, 보도블럭, 콘크리트 및 아스팔트 포장 등 도로구조상 보링이 곤란한 경우에는 그 주변의 맨홀 등을 이용하여 누출되었는지를 검사할 수 있다.

49) 시공감리

(1) 시공감리신청서 제출

고압가스 일반제조자는 시공감리대상, 고압가스배관의 매몰설치·변경공사에 관하여 다음 내용이 포함된 공사공정표를 첨부하여 감리희망일로부터 3일 전까지 한국가스안전공사에 시공감리신청서를 제출한다.

① 공사의 종류
② 공사 장소 또는 구간
③ 공사개요
④ 착공 및 완공예정일

(2) 시공감리 실시

① 감리원은 감리일정계획을 수립하여 감리업무를 시행한다.

② 감리원은 현장입회 전에 설계도면, 시방서, 사용재료 성적서 등을 숙지하여 공사내용을 미리 파악한다.
③ 시공현장이 설계도면과 일치하는지 확인한다.
④ 감리현장에서 공사에 관계한 자의 인적사항을 파악한다.
⑤ 시공감리 시점을 확인하고 시공감리를 실시한다.
⑥ 최종시공감리 실시 전에 시공자로부터 완공도면을 제출받는다.
⑦ 사용자재의 적합성 여부를 확인한다.
⑧ 용접부 비파괴시험 실시 시 입회·확인한다.
⑨ 비파괴시험 필름에 대한 재확인(Review)을 받았는지 확인한다.
⑩ 배관에 피복손상이 있는지 확인한다.
⑪ 배관 부식방지조치의 적정한지 확인한다.
⑫ 배관의 내압시험 및 기밀시험을 실시한다.

2. 액화석유가스 제조 및 공급·충전

1) 용어 정의

(1) 저장설비란 액화석유가스를 저장하기 위한 설비로서, 저장탱크·마운드형 저장탱크·소형 저장탱크 및 용기(용기집합설비와 충전용기 보관실을 포함한다. 이하 같다)를 말한다.
(2) 저장탱크란 액화석유가스를 저장하기 위하여 지상 또는 지하에 고정 설치된 탱크로서, 그 저장능력이 3톤 이상인 탱크를 말한다.
(3) 소형 저장탱크란 액화석유가스를 저장하기 위하여 지상이나 지하에 고정 설치된 탱크로서, 그 저장능력이 3톤 미만인 탱크를 말한다.
(4) 가스설비란 저장설비 외의 설비로서, 액화석유가스가 통하는 설비(배관은 제외한다)와 그 부속설비를 말한다.
(5) 충전설비란 용기 또는 자동차에 고정된 탱크에 액화석유가스를 충전하기 위한 설비로서, 충전기와 저장탱크에 부속된 펌프 및 압축기를 말한다.
(6) 저장능력이란 저장설비에 저장할 수 있는 액화석유가스의 양으로서, 다음 식에 따라 산정된 것을 말한다.

$$W = 0.9dV \text{ (다만, 소형 저장탱크의 경우에는 0.9 대신 0.85를 적용한다.)}$$

여기서, W : 저장탱크 및 소형 저장탱크의 저장능력(kg)
d : 상용온도에서 액화석유가스 비중(kg/L)
V : 저장탱크 및 소형 저장탱크의 내용적(L)

※ 액화석유가스 저장탱크의 저장능력은 40℃에서의 액 비중을 기준으로 계산하며, 그 값은 다음 표와 같다.

▼ 40℃에서의 액화석유가스 액 비중

설계압력(MPa)	구성비(몰 %)	40℃ 액 비중
2.16(프로필렌급)	프로필렌 75 이상	0.477
1.8(프로판급)	프로판 65 이상 부탄 35 미만	0.472
1.08(부탄, 부틸렌, 부타디엔급)	프로판 35 미만 부탄 65 이상	0.54

(7) 일반집단공급시설이란 저장설비에서 가스 사용자가 소유하거나 점유하고 있는 건축물의 외벽(외벽에 가스계량기가 설치된 경우에는 그 계량기의 전단밸브)까지의 배관과 그 밖의 공급시설을 말한다.

(8) 설정압력(Set Pressure)이란 안전밸브의 설계를 위하여 정한 분출압력 또는 분출개시압력으로서 명판에 표시된 압력을 말한다.

(9) 축적압력(Accumulated Pressure)이란 내부유체가 배출될 때 안전밸브에 축적되는 압력으로서, 그 설비 안에서 허용될 수 있는 최대압력을 말한다.

(10) 초과압력(Over Pressure)이란 안전밸브에서 내부 유체가 배출될 때 설정압력 이상으로 올라가는 압력을 말한다.

(11) 평형 벨로즈형 안전밸브(Balanced Bellows Safety Valve)란 밸브의 토출측 배압의 변화로 성능 특성에 영향을 받지 않는 안전밸브를 말한다.

(12) 일반형 안전밸브(Conventional Safety Valve)란 밸브의 토출측 배압의 변화로 직접적으로 성능 특성에 영향을 받는 안전밸브를 말한다.

(13) 배압(Back Pressure)이란 배출물 처리설비 등으로부터 안전밸브의 토출측에 걸리는 압력을 말한다.

(14) 폭발방지장치란 액화석유가스 저장탱크 외벽이 화염으로 국부적으로 가열될 경우 그 저장탱크 벽면의 열을 신속히 흡수·분산함으로써 탱크 벽면의 국부적인 온도 상승에 따른 저장탱크의 파열을 방지하기 위하여 저장탱크 내벽에 설치하는 다공성 벌집형 알루미늄 합금 박판을 말한다.

(15) 검지부란 가스누출자동차단장치 중 누출된 가스를 검지하여 제어부로 신호를 보내는 기능을 가진 것을 말한다.

(16) 차단부란 가스누출자동차단장치 중 제어부에서 보낸 신호에 따라 가스의 유로를 개폐하는 기능을 가진 것을 말한다.

(17) 제어부란 가스누출자동차단장치 중 차단부에 자동차단신호를 보내는 기능, 차단부를 원격 개폐할 수 있는 기능 및 경보기능을 가진 것을 말한다.

2) 가스용 폴리에틸렌관 설치 제한

(1) 가스용 폴리에틸렌관(PE배관)은 노출배관으로 사용하지 않는다. 다만, 지상배관과 연결을 위하여 금속관을 사용하여 보호조치를 한 경우로서, 지면에서 0.3m 이하로 노출하여 시공하는 경우에는 노출배관으로 사용할 수 있다.

(2) PE배관은 폴리에틸렌 융착원 양성교육을 이수한 자에게 시공하도록 한다.

3) 화기와의 거리

저장설비와 가스설비는 그 외면에서 화기(그 설비 안의 것은 제외)를 취급하는 장소까지 8m 이상의 우회거리를 두거나 화기를 취급하는 장소와의 사이에는 그 저장설비와 가스설비로부터 누출된 가스가 유동하는 것을 방지하기 위한 다음 조치를 한다.

(1) 누출된 가연성 가스가 화기를 취급하는 장소로 유동하는 것을 방지하기 위한 시설은 높이 2m 이상의 내화성 벽으로 하고, 저장설비 및 가스설비와 화기를 취급하는 장소와의 사이는 우회수평거리를 8m 이상으로 한다.

(2) 화기를 사용하는 장소가 불연성 건축물 안에 있는 경우 저장설비 및 가스설비로부터 수평거리 8m 이내에 있는 그 건축물의 개구부는 방화문이나 망입유리를 사용하여 폐쇄하고, 사람이 출입하는 출입문은 2중문으로 한다.

4) 사업소 경계와의 거리

저장설비(소형 저장탱크는 제외)는 그 외면에서 사업소 경계(다만, 사업소 경계가 바다·호수·하천·도로 등과 접한 경우에는 그 반대편 끝을 경계로 본다)까지 다음 표에 따른 거리 이상을 유지한다. 다만, 지하에 저장설비를 설치하는 경우에는 다음 표에 따른 거리의 2분의 1로 할 수 있고, 시장·군수 또는 구청장이 공공의 안전을 위하여 필요하다고 인정하는 지역은 일정 거리를 더하여 정할 수 있다.

▼ 사업소 경계와의 거리

저장능력	사업소 경계와의 거리
10톤 이하	17m
10톤 초과 20톤 이하	21m
20톤 초과 30톤 이하	24m
30톤 초과 40톤 이하	27m
40톤 초과	30m

[비고] 동일한 사업소에 두 개 이상의 저장설비가 있는 경우에는 그 설비별로 각각 안전거리를 유지하여야 한다.

5) 저장탱크 구조

(1) 저장탱크, 그 받침대, 저장탱크에 부속된 펌프·압축기 등이 설치된 가스설비실에는 다음 기준에 따라 외면에서 5m 이상 떨어진 위치에서 조작할 수 있는 다음 중 어느 하나의 냉각장치를 설치한다.

① 살수장치는 저장탱크의 표면적 $1m^2$당 5L/min 이상의 비율로 계산된 수량을 저장탱크 전 표면에 분무할 수 있는 고정된 장치로 한다.

② 살수장치는 다음 중 어느 하나의 방법으로 설치하고, 배관 재질은 내식성 재료로 한다. 다만, 구형 저장탱크의 살수장치는 확산판식으로 설치한다.
  ㉠ 살수관식 : 배관에 직경 4mm 이상의 다수의 작은 구멍을 뚫거나 살수 노즐을 배관에 부착한다.
  ㉡ 확산판식 : 확산판을 살수 노즐 끝에 부착한다.

③ 소화전(호스 끝 수압 0.25MPa 이상으로, 방수능력 350L/min 이상의 것을 말한다)의 설치 위치는 해당 저장탱크의 외면에서 40m 이내이고, 소화전의 방수 방향은 저장탱크를 향하여 어느 방향에서도 방수할 수 있는 것이며, 소화전의 설치 개수는 해당 저장탱크의 표면적 $40m^2$당 1개의 비율로 계산한 수 이상으로 한다. 다만, 준내화구조 저장탱크의 경우에는 소화전의 설치 개수를 해당 저장탱크의 표면적 $85m^2$마다 1개의 비율로 계산한 수 이상으로 할 수 있다.

④ 살수장치 또는 소화전은 동시에 방사를 필요로 하는 최대 수량을 30분 이상 연속하여 방사할 수 있는 양을 갖는 수원에 접속되도록 한다.

(2) 저장탱크 내진구조

저장탱크(저장능력이 3톤 이상인 저장탱크만을 말한다)의 지지구조물과 기초는 지진에 견딜 수 있도록 KGS GC203(가스시설 및 지상 가스배관 내진설계 기술 기준)에 따라 설계하고, 지진의 영향으로부터 안전한 구조로 설치한다.

(3) 저장설비 설치

① 두 저장탱크의 최대지름을 합산한 길이의 4분의 1의 길이가 1m 이상인 경우에는 두 저장탱크의 사이에 두 저장탱크의 최대지름을 합산한 길이의 4분의 1 이상에 해당하는 거리를 유지하고, 두 저장탱크의 최대지름을 합산한 길이의 4분의 1의 길이가 1m 미만인 경우에는 두 저장탱크의 사이에 1m 이상의 거리를 유지한다.

② 저장탱크의 사이 거리를 유지하지 못하는 경우에는 다음 기준에 따라 물분무장치를 설치한다.
  ㉠ 물분무장치는 저장탱크의 표면적 $1m^2$당 8L/min을 표준으로 하여 계산된 수량을 저장탱크 전 표면에 균일하게 방사할 수 있는 것으로 한다. 이 경우 보냉을 위한 단열재가 사용된 저장탱크는 다음과 같이 한다.

- 단열재의 두께가 해당 저장탱크의 주변 화재를 고려하여 충분한 내화 성능을 가지는 것(내화구조 저장탱크)에서는 그 수량을 4L/min을 표준으로 하여 계산한 수량으로 한다.
- 저장탱크가 두께 25mm 이상의 암면 또는 이와 같은 수준 이상의 내화 성능을 갖는 단열재로 피복되고, 그 외측을 두께 0.35mm 이상의 KS D 3506(용융 아연 도금 강판 및 강대)에서 정한 SBHG2 또는 이와 같은 수준 이상의 강도 및 내화 성능을 갖는 재료를 피복한 것(준내화구조 저장탱크)은 그 수량을 6.5L/min을 표준으로 하여 계산한 수량으로 한다.

ⓒ 소화전(호스 끝 압력이 0.35MPa 이상으로서 방수능력 400L/min 이상의 물을 방수할 수 있는 것을 말한다.)의 설치위치는 해당 저장탱크의 외면에서 40m 이내이고, 소화전의 방수 방향은 저장탱크를 향하여 어느 방향에서도 방사할 수 있는 것이며, 소화전의 설치 개수는 해당 저장탱크의 표면적 $30m^2$당 1개의 비율로 계산한 수 이상으로 한다. 다만, 내화구조 저장탱크의 경우에는 소화전의 설치 개수를 해당 저장탱크의 표면적 $60m^2$마다 1개의 비율로 계산한 수 이상으로 하고, 준내화구조 저장탱크의 경우에는 해당 저장탱크의 표면적 $38m^2$마다 1개의 비율로 계산한 수 이상으로 할 수 있다.

(4) 저장탱크 지하 설치

저장탱크(소형 저장탱크는 제외한다)를 지하에 설치하는 기준은 다음과 같다.
① 저장탱크는 지하 저장탱크실에 설치한다.
② 저장탱크실은 천장·벽 및 바닥(집수구 바닥을 포함한다)의 두께가 각각 0.3m 이상의 방수조치를 한 철근콘크리트구조로 한다.
③ 저장탱크실은 다음 기준에 따라 방수조치를 한다.
  ㉠ 저장탱크실의 재료는 다음에서 정한 규격을 가진 레디믹스트 콘크리트(Ready-Mixed Concrete)로 하고, 저장탱크실의 시공은 수밀 콘크리트로 한다.

▼ 저장탱크실 재료의 규격

항목	규격
굵은 골재의 최대 치수	25mm
설계강도	21MPa 이상
슬럼프(Slump)	120~150mm
공기량	4% 이하
물-결합재비	50% 이하
그 밖의 사항	KS F 4009(레디믹스트 콘크리트)에 따른 규정

[비고] 수밀콘크리트의 시공 기준은 국토교통부가 제정한 "콘크리트표준 시방서"를 준용한다.

ⓛ 저장탱크실의 철근 규격 및 배근은 다음과 같다. 다만, 건축사·구조기술사 등 전문가나 전문기관에서 구조계산을 하고 이를 확인한 경우에는 다음을 적용하지 않을 수 있다.
- 20톤 이하 저장탱크실은 가로·세로 300mm 이하의 간격으로 호칭명 D13 이상의 철근(이형봉강)을 이중 배근하고 모서리 부분을 확실히 결속한다.
- 20톤 초과 저장탱크실은 가로·세로 300mm 이하의 간격으로 호칭명 D16 이상의 철근(이형봉강)을 이중 배근하고 모서리 부분을 확실히 결속한다.

ⓒ 저장탱크실의 콘크리트제 천장으로부터 맨홀, 돔, 노즐 등(돌기물)을 돌출시키기 위한 구멍 부분은 콘크리트제 천장과 돌기물이 접함으로써 저장탱크 본체와의 부착부에 응력 집중이 발생하지 않도록 돌기물 주위에 돌기물의 부식방지 조치를 한 외면(외면 보호면)으로부터 10mm 이상의 간격을 두고 강판 등으로 만든 프로텍터를 설치한다. 또한, 프로텍터와 돌기물의 외면 보호면과의 사이는 빗물의 침입을 방지하기 위하여 피치, 아스팔트 등으로 채운다.

ⓔ 저장탱크실의 바닥은 저장탱크실에 침입한 물 또는 기온 변화에 따라 생성된 물이 모이도록 구배를 가지는 구조로 하고, 바닥의 낮은 곳에 집수구를 설치하며, 집수구에 고인 물을 쉽게 배수할 수 있도록 한다.
- 집수구는 가로 0.3m, 세로 0.3m, 깊이 0.3m 이상의 크기로 저장탱크실 바닥면보다 낮게 설치한다.
- 집수관은 내식성 재료를 사용하고, 직경을 80A 이상으로 하며, 집수구 바닥에 고정한다.
- 상시 침수 우려 지역에 설치된 가스설비실 내의 점검구, 검지관 및 집수관 등은 바닥면보다 0.3m 이상 높게 설치한다.
- 검지관은 내식성 재료를 사용하고, 직경을 40A 이상으로 4개소 이상 설치하되, 집수관을 설치한 경우에는 검지관 1개를 설치한 것으로 본다.

ⓜ 지면과 거의 같은 높이에 있는 가스검지관, 집수관 등의 입구에는 빗물 및 지면에 고인 물 등이 저장탱크실 안으로 침입하지 않도록 덮개를 설치한다.

④ 저장탱크 외면과 저장탱크실 내벽의 이격거리는 다음 그림과 같다. 저장탱크실의 상부 윗면은 주위 지면보다 최소 50mm, 최대 0.3m까지 높게 설치하고, 저장탱크실 상부 윗면에서 저장탱크 상부까지의 깊이는 0.6m 이상으로 한다.

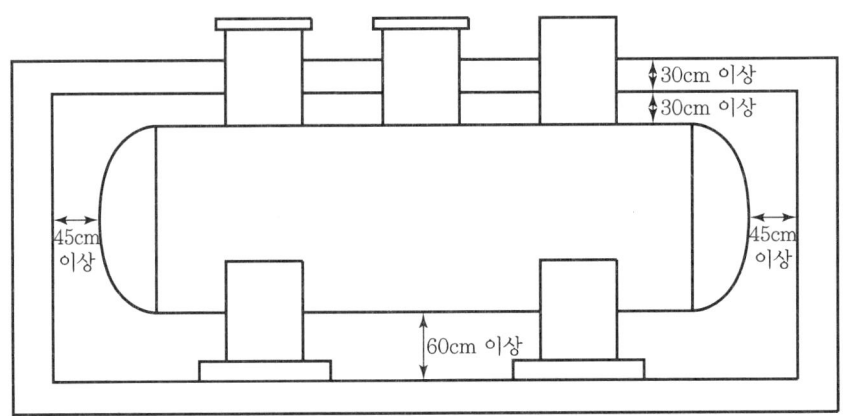

∥ 지하매설 저장탱크 입면도(A) ∥

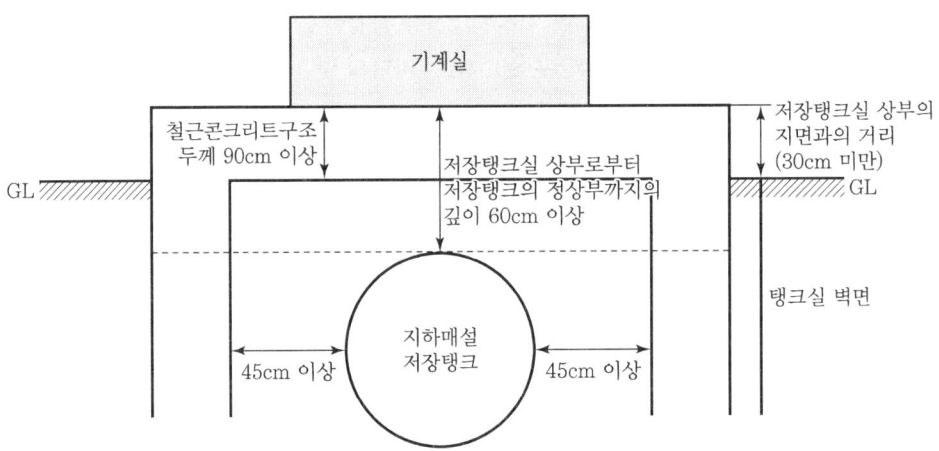

∥ 지하매설 저장탱크 입면도(B) ∥

⑤ 저장탱크를 2개 이상 인접하여 설치하는 경우에는 상호 간에 1m 이상의 거리를 유지한다.
⑥ 저장탱크를 묻은 곳의 지상에는 경계표지를 한다.
⑦ 점검구는 다음과 같이 설치한다.
　㉠ 점검구는 저장능력이 20톤 이하인 경우에는 1개소, 20톤 초과인 경우에는 2개소로 한다.
　㉡ 점검구는 저장탱크실의 모래를 제거한 후 저장탱크 외면을 점검할 수 있는 저장탱크 측면 상부의 지상에 설치한다.
　㉢ 점검구는 저장탱크실 상부 콘크리트 타설 부분에 맨홀 형태로 설치하되, 맨홀 뚜껑 밑부분까지는 모래를 채우고, 빗물의 영향을 받지 않도록 방수턱과 철판 덮개를 설치한다.

ⓔ 사각형 점검구는 0.8m×1m 이상의 크기로 하며, 원형 점검구는 직경 0.8m 이상의 크기로 한다.

(5) 저장설비 부압파괴방지 조치

저온저장탱크는 그 저장탱크의 내부 압력이 외부 압력보다 저하됨에 따라 그 저장탱크가 파괴되는 것을 방지하기 위한 조치로서 다음의 설비를 갖춘다.
① 압력계
② 압력경보설비
③ 다음 중 어느 하나의 설비
 ㉠ 진공안전밸브
 ㉡ 다른 저장탱크 또는 시설로부터의 가스 도입배관(균압관)
 ㉢ 압력과 연동하는 긴급차단장치를 설치한 냉동제어설비
 ㉣ 압력과 연동하는 긴급차단장치를 설치한 송액설비

(6) 소형 저장탱크

① 토지 경계선이 바다·호수·하천·도로 등과 접하는 경우에는 그 반대편 끝을 토지 경계선으로 보며, 이 경우 탱크 외면과 토지 경계선 사이에는 최소 0.5m 이상의 거리를 유지한다.
② 충전 질량이 1,000kg 이상인 소형 저장탱크의 경우로서, 그 소형 저장탱크의 가스충전구와 토지 경계선 및 건축물 개구부 사이에 다음 표에서 정한 거리를 유지할 수 없는 경우에는, 방호벽을 설치함으로써 가스충전구와 토지 경계선 및 건축물 개구부 사이에 다음 표에서 정한 거리의 1/2 이상의 직선거리를 유지하고, 다음 표에 따른 거리 이상의 우회거리를 유지하도록 할 수 있다. 이 경우 방호벽의 높이는 소형 저장탱크 정상부보다 0.5m 이상 높게 한다.

▼ 소형 저장탱크의 이격거리

소형 저장탱크의 충전 질량(kg)	가스충전구로부터 토지 경계선까지의 수평거리(m)	탱크 간 거리(m)	가스 충전구로부터 건축물 개구부까지의 거리(m)
1,000 미만	0.5 이상	0.3 이상	0.5 이상
1,000 이상 2,000 미만	3.0 이상	0.5 이상	3.0 이상
2,000 이상	5.5 이상	0.5 이상	3.5 이상

[비고] 동일한 사업소에 두 개 이상의 소형 저장탱크가 있는 경우에는 각 소형 저장탱크 저장 능력별로 이격거리를 유지하여야 한다.

③ 소형 저장탱크는 옥외에 지상 설치식으로 설치한다. 다만, 다음의 경우에는 소형 저장탱크를 옥외에 설치하지 않을 수 있다.
  ㉠ 전용 탱크실은 단층으로 3면 이상(벽 둘레의 75% 이상)의 불연성 벽으로 된 구조로 하고 지붕은 설치하지 않는다. 다만, 지붕을 가벼운 불연재료로 설치할 경우에는 지붕을 설치할 수 있다.
  ㉡ 전용 탱크실은 다른 건물 벽과 직접 접하지 않고 환기가 양호한 독립된 장소에 설치한다. 다만, 다른 건물과 직접 접하는 부분의 벽을 방호벽(기초 부분은 제외)으로 설치할 경우에는 다른 건물과 직접 접하여 설치할 수 있다.
  ㉢ 전용 탱크실에는 바닥면에 접하고 외기에 면한 구조의 환기구를 바닥 면적 $1m^2$마다 $300cm^2$(철망, 환기구의 틀 등이 부착될 경우에는 그 철망, 환기구의 틀 등이 차지하는 면적을 뺀 면적)의 비율로 2방향 이상 분산하여 설치한다.
  ㉣ 소형 저장탱크 상부에는 소형 저장탱크의 외면에서 5m 이상 떨어진 위치에서 조작할 수 있는 살수장치를 설치한다. 다만, 1톤 미만인 소형 저장탱크의 경우 그 살수 용량 등이 기준에 적합할 경우 그 수원을 일반 상수도로 설치할 수 있다.

④ 소형 저장탱크는 건축물이나 사람이 통행하는 구조물의 하부에 설치하지 않는다. 다만, 처마, 차양, 부연, 그 밖에 이와 비슷한 것으로서 건축물의 외벽으로부터 수평거리 1m 이내로 돌출된 부분의 하부에는 소형 저장탱크를 설치할 수 있다.

⑤ 소형 저장탱크 설치방법
  ㉠ 동일 장소에 설치하는 소형 저장탱크의 수는 6기 이하로 하고, 충전 질량의 합계는 5,000kg 미만이 되도록 한다. 이 경우 "동일 장소에 설치하는 소형 저장탱크"란 다음 중 어느 하나에 해당하는 소형 저장탱크를 말한다.
    • 하나의 독립된 건축물(공동주택은 1개동)에 가스를 공급하는 소형 저장탱크
    • 배관으로 연결된 소형 저장탱크
    • 탱크 중심 사이의 거리가 30m 이하이거나 같은 구축물에 설치되어 있는 소형 저장탱크
  ㉡ 소형 저장탱크는 지면보다 50mm 이상 높게 설치된 일체형 콘크리트 기초에 설치한다. 이 경우, 저장능력이 1톤 초과인 소형 저장탱크는 일체형 철근콘크리트 기초에 설치하여야 하며 철근의 규격, 배근·결속 등의 설치 기준은 다음과 같다.
    • 철근의 규격 : 직경 9mm 이상
    • 배근·결속 : 가로·세로 400mm 이하의 간격으로 배근하고, 모서리 부분의 철근은 확실히 결속한다.
    • 소형 저장탱크 지지대는 배근·결속된 철근의 안쪽에 위치한다.

ⓒ 보호대는 다음 중 어느 하나를 만족하는 것으로 한다.
- 두께 0.12m 이상의 철근콘크리트
- 호칭지름 100A 이상의 KS D 3507(배관용 탄소강관) 또는 이와 동등 이상의 기계적 강도를 가진 강관

ⓔ 보호대의 높이는 0.8m 이상으로 한다.

ⓜ 보호대는 차량의 충돌로부터 소형 저장탱크를 보호할 수 있는 형태로 한다. 다만, 말뚝 형태일 경우 말뚝은 2개 이상을 설치하고, 간격은 1.5m 이하로 한다.

ⓗ 보호대의 기초는 다음 중 어느 하나를 만족하는 것으로 한다.
- 철근콘크리트제 보호대는 콘크리트 기초에 0.25m 이상의 깊이로 묻고, 보호대를 바닥과 일체가 되도록 콘크리트를 타설한다.
- 강관제 보호대는 기초에 묻거나, KS B 1016(기초볼트)에 따른 앵커볼트를 사용하여 다음 표 및 다음 그림과 같이 고정한다.

▼ 강관제 보호대의 받침대 치수

보호대 관 지름	받침대 치수(mm)	
D	a, b	T
100A 이상	$D+100$ 이상	6 ± 0.5 이상

[비고] 받침대의 재료는 KS D 3503(일반구조용 압연강재) 또는 이와 동등 이상의 기계적 강도를 갖는 것으로 한다.

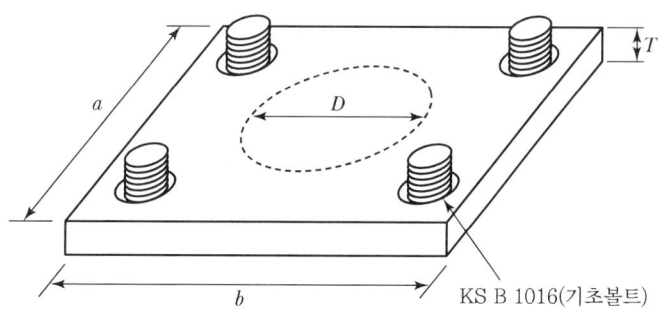

▮ 강관계 보호대의 받침대 설치방법 ▮

Ⓐ 보호대 설치방법 예시

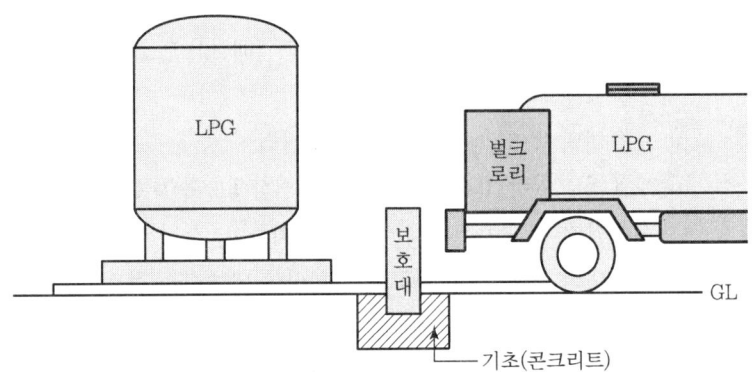

⑥ 소형 저장탱크 부속설비
  ㉠ 충전 질량 합계가 1,000kg 이상인 소형 저장탱크 부근에는 능력단위 ABC용 B-12 이상의 분말소화기를 2개 이상 비치한다.
  ㉡ 소형 저장탱크 부근에는 소화활동에 필요한 통로 등을 확보한다.

6) 가스설비 기준

(1) 가스설비 두께 및 강도

가스설비는 상용압력의 2배 이상의 압력에서 변형되지 않는 두께를 가지고, 상용 압력에 견디는 충분한 강도를 갖는 것으로 한다.

(2) 압력조정기 설치

① 압력조정기의 입·출구압력, 조정압력 및 최대유량은 연소기의 사용압력에 충분한 것으로 한다.
② 용기에 직결하지 않는 형식의 압력조정기는 조정기의 입구부에 재액화된 액화석유가스나 이물질이 고이지 않도록 용기밸브보다 0.05m 이상 높게 설치한다.
③ 찜질방 가스사용시설에 설치하는 압력조정기는 가열로실 내부에 설치하지 않는다.
④ 기화장치가 설치된 시설의 예비 기체라인에는 자동절체기를 설치하지 않는다.
⑤ 압력조정기는 균압공으로 눈·비 등이 들어가지 않도록 설치한다.

(3) 기화장치 설치

기화장치는 저장설비와 구분하여 설치하고, 기화장치를 병렬로 설치하는 경우에는 각각의 기화장치가 최대가스소비량 이상의 용량이 되는 것으로 설치한다. 다만, 저장설비가 소형 저장탱크인 경우에는 구분하여 설치하지 않을 수 있다.

① 기화장치의 출구 측 압력은 1MPa 미만이 되도록 하는 기능을 가지거나, 1MPa 미만에서 사용한다.
② 소형 저장탱크와 기화장치는 3m 이상의 우회거리를 유지한다. 다만, 기화장치를 방폭형으로 설치하는 경우에는 우회거리를 유지하지 않을 수 있다.
③ 기화장치의 출구 배관에는 고무호스를 직접 연결하지 않는다.
④ 기화장치의 설치장소에는 배수구나 집수구로 통하는 도랑이 없도록 한다.

(4) 로딩암

저장탱크에는 자동차에 고정된 탱크에서 가스를 이입할 수 있도록 건축물 외부에 로딩암을 설치할 수 있다. 다만, 로딩암을 건축물 내부에 설치하는 경우에는 건축물의 바닥면에 접하여 환기구를 2방향 이상 설치하고, 환기구 면적의 합계는 바닥 면적의 6% 이상으로 한다.

7) PE배관 접합

(1) PE배관의 접합은 다음 기준에 따른다.
① PE배관의 접합은 관의 재질, 설치 조건 및 주위 여건 등을 고려하여 실시하고, 눈·우천 시에는 천막 등으로 보호조치를 한 후 융착한다.
② PE배관은 수분, 먼지 등의 이물질을 제거한 후 접합한다.
③ PE배관의 접합 전에는 접합부를 접합 전용 스크레이프 등을 사용하여 다듬질한다.
④ 금속관과의 접합은 T/F(Transition Fitting)를 사용한다.
⑤ 공칭 외경이 상이할 경우의 접합은 관 이음매(Fitting)를 사용하여 접합한다.
⑥ PE배관의 접합은 열융착 또는 전기융착의 방법으로 하고, 모든 융착은 융착기(Fusion Machine)를 사용하도록 한다. 이 경우 맞대기융착과 전기융착에 사용하는 융착기(이하 "융착기"라 한다)는 융착 조건 및 결과가 표시되는 것으로서, 제조일을 기준으로 매 1년(고정부 이동거리의 측정이 가능한 구조의 융착기는 매 2년, 단 성능 확인 결과 부적합 융착기는 매 1년)이 되는 날의 전후 30일 이내에 한국가스안전공사로부터 성능 확인을 받는다.

(2) 열융착 이음은 맞대기융착, 소켓융착 또는 새들융착으로 구분하여 다음 기준에 적합하게 실시한다.
① 맞대기융착(Butt Fusion)은 공칭 외경 90Mm 이상의 직관과 이음관 연결에 적용하되, 다음 기준에 적합하게 한다.
  ㉠ 비드(Bead)는 좌·우 대칭형으로 둥글고 균일하게 형성되도록 한다.
  ㉡ 비드의 표면은 매끄럽고 청결하도록 한다.
  ㉢ 접합면의 비드와 비드 사이의 경계 부위는 배관의 외면보다 높게 형성되도록 한다.
  ㉣ 이음부의 연결오차(v)는 배관 두께의 10% 이하로 한다.

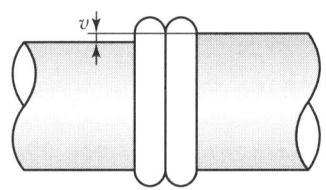

∥ 이음부 연결오차(v) ∥

　㉤ 공칭 외경별 비드 폭은 원칙적으로 다음 식에 따라 산출한 최소치 이상 최대치 이하로 한다.

　　최소＝3+0.5t
　　최대＝5+0.75t

　　　여기서, t＝배관 두께

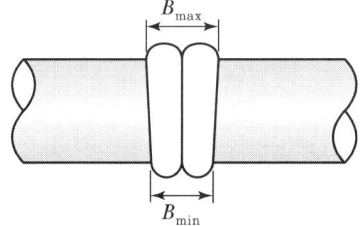

∥ 비드 폭의 최소 및 최대치 ∥

　㉥ 접합하는 PE배관은 KS M 3514(가스용 폴리에틸렌관) 및 KS M 3515(가스용 폴리에틸렌관의 이음관)에서 규정하는 동일한 호수의 관 종류를 사용한다.
　㉦ 시공이 불량한 융착이음부는 절단해서 제거하고 재시공한다.

② 소켓융착(Socket Fusion)은 다음 기준에 적합하게 한다.
　㉠ 용융된 비드는 접합부 전면에 고르게 형성되고 관 내부로 밀려나오지 않도록 한다.
　㉡ 배관 및 이음관의 접합은 일직선을 유지한다.
　㉢ 비드 높이(h)는 이음관의 높이(H) 이하로 한다.

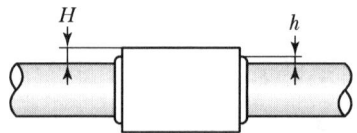

∥ 비드 높이(h) 및 이음관의 높이(H) ∥

㉡ 융착작업은 홀더(Holder) 등을 사용하고 관의 용융 부위는 소켓 내부 경계턱까지 완전히 삽입되도록 한다.
㉢ 시공이 불량한 융착이음부는 절단해서 제거하고 재시공한다.
③ 새들융착(Saddle Fusion)은 다음 기준에 적합하게 한다.
㉠ 접합부 전면에는 대칭형의 둥근 형상 이중 비드가 고르게 형성되도록 한다.
㉡ 비드의 표면은 매끄럽고 청결하도록 한다.
㉢ 접합된 새들의 중심선과 배관의 중심선이 직각을 유지한다.
㉣ 비드의 높이(h)는 이음관 높이(H) 이하로 한다.

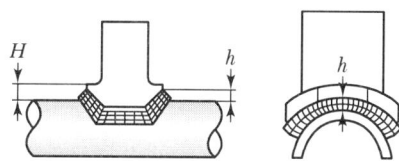

∥ 비드 높이(h) 및 이음관의 높이(H) ∥

㉤ 시공이 불량한 융착이음부는 절단해서 제거하고 재시공한다.
(3) 전기융착이음은 소켓융착 또는 새들융착으로 구분하여 다음 기준에 적합하게 한다.
① 전기융착에 사용되는 이음관은 KGS AA232(가스용 전기융착식 폴리에틸렌 이음관 제조 및 검사 기술 기준)에 따른 검사품 또는 KS M 3515(가스용 폴리에틸렌관의 이음관) 제품을 사용한다.
② 소켓융착의 이음부는 배관과 일직선을 유지하고, 새들융착 이음매 중심선과 배관 중심선은 직각을 유지한다.
③ 소켓융착 작업의 이음부에는 배관 두께가 일정하게 표면 산화층을 제거할 수 있도록 기계식 면취기(스크래퍼)를 사용하여 배관 표면층을 제거해야 하며, 관의 용융 부위는 소켓 내부 경계턱까지 완전히 삽입되도록 한다. 다만, 기계식 면취기(스크래퍼)로 면취가 불가능한 경우 면취용 날 등을 사용하여 배관의 표면 산화층을 일정하게 제거할 수 있다.
④ 전기융착에 사용되는 이음관과 배관의 접합면 외부로는 용융물 또는 열선이 돌출되지 않도록 한다.
⑤ 융착기는 융착 과정의 전류 변화가 표시되어야 하고, 급격한 전류 변화 및 이음관 열선의 단선·단락 시에는 융착을 즉시 중단한다.
⑥ 융착기는 전기융착에 사용되는 이음관의 사양에 적합한 것으로 한다.
⑦ 시공이 불량한 융착이음부는 절단 후 재시공한다.
⑧ 소켓융착 작업은 클램프 등 홀더를 사용하여 고정 후 융착작업을 실시하고 융착작업 종료 시까지 융착 공정에 적합한 전류가 공급되어야 한다.
⑨ 그 밖에 제작자가 제시하는 융착 기준(가열온도, 가열유지시간, 냉각시간 등)을 준수한다.

8) 배관 설비

(1) 지상에 설치하는 배관에는 다음 계산식에 따라서 계산한 값의 신축량을 흡수할 수 있도록 굽힘관, 루프, 벨로즈형 신축이음매 또는 슬라이드형 신축이음매를 사용하는 등의 방법으로 신축흡수조치를 한다.

$$신축량 = 선팽창계수 \times 온도차 \times 배관 \ 길이$$

여기서, 선팽창계수 : 탄소강에서는 11.7×10^{-6}으로 하고, 탄소강 이외의 재료에는 공인되는 값
온도차 : 예상되는 최고 또는 최저의 사용 온도와 주위 평균 온도와의 차

(2) 입상관의 경우에는 다음 기준에 따라 신축흡수조치를 할 수 있다.
  ① 분기관에는 90° 엘보 1개 이상을 포함하는 굴곡부를 설치한다.
  ② 분기관이 외벽, 베란다 또는 창문을 관통하는 부분에 사용하는 보호관의 내경은 분기관 외경의 1.2배 이상으로 한다.
  ③ 건축물에 노출하여 설치하는 배관의 분기관 길이는 0.5m 이상으로 한다. 다만, 다음에 해당하는 경우에는 분기관의 길이를 0.5m 이상으로 하지 않을 수 있다.
    ㉠ 분기관에 90° 엘보 2개 이상을 포함하는 굴곡부를 설치하는 경우
    ㉡ 건축물 외벽 관통 시 사용하는 보호관의 내경을 분기관 외경의 1.5배 이상으로 하는 경우
  ④ 11층 이상 20층 이하 건축물의 배관에는 1개소 이상의 곡관을 설치하고, 20층 이상인 건축물의 배관에는 2개소 이상의 곡관을 설치한다.

(3) 배관의 환기

배관은 다음 기준에 따라 환기가 잘 되거나 기계환기설비를 설치한 장소에 설치한다.
  ① 외기에 면하여 설치하는 환기구의 통풍 가능 면적 합계가 바닥 면적 $1m^2$마다 $300cm^2$의 비율로 계산한 면적 이상이고, 바닥면에 접하여 환기구를 2방향 및 2개소 이상으로 분산 설치한 장소
  ② 바닥 면적 $1m^2$마다 $0.5m^3$/분 이상의 통풍능력을 가진 기계환기설비가 설치된 장소

(4) 배관 가스누출경보기

가스누출경보기의 검지부 설치 수는 배관 길이 20m마다 또는 바닥면 둘레 20m에 한 개 이상의 비율로 계산한 수로 한다.

(5) 용접부에 대한 비파괴 시험방법

① 호칭지름 80mm 이상인 배관의 접합부에는 방사선투과시험(R/T)을 실시한다.
② 호칭지름 80mm 미만인 배관의 접합부에는 방사선투과시험, 초음파탐상시험, 자분탐상시험, 침투탐상시험 중 어느 하나의 시험을 실시한다.

(6) 배관의 외면과 지면 또는 노면 사이에는 다음 기준에 따른 매설 깊이를 유지한다.

① 액화석유가스 일반집단공급사업 허가 대상 지역 부지에서는 0.6m 이상. 다만, 도로(공동주택단지 안의 도로는 제외한다) 또는 타인의 토지에 매설된 배관을 통하여 액화석유가스를 공급하는 일반집단공급시설은 제외한다.
② 차량이 통행하는 폭 8m 이상의 도로에서는 1.2m 이상
③ 차량이 통행하는 폭 4m 이상 8m 미만인 도로에서는 1m 이상. 다만, 다음 어느 하나에 해당하는 경우에는 0.8m 이상으로 할 수 있다.
  ㉠ 호칭지름이 300mm(KS M 3514에 따른 가스용 폴리에틸렌관의 경우에는 공칭 외경 315mm를 말한다) 이하로서 최고사용압력이 0.1MPa 미만인 배관
  ㉡ 도로에 매설된 최고사용압력이 0.1MPa 미만인 배관에서 횡으로 분기하여 수요가에게 직접 연결되는 배관
④ ①부터 ③까지에 해당되지 않는 곳에서는 0.8m 이상. 다만, 다음 어느 하나에 해당하는 경우에는 0.6m 이상으로 할 수 있다.
  ㉠ 폭 4m 미만인 도로에 매설하는 배관
  ㉡ 암반·지하 매설물 등에 의하여 매설 깊이의 유지가 곤란하다고 시장·군수·구청장이 인정하는 경우
⑤ 철도의 횡단부 지하의 경우에는 지면으로부터 1.2m 이상
⑥ 보호관 또는 보호판 외면이 지면 또는 노면과 0.3m 이상의 깊이를 유지한다. 다만, 다음의 철근콘크리트 방호구조물 안에 배관을 설치하는 경우에는 0.3m 이하로 유지할 수 있다.
⑦ 도로 밑에 최고사용압력이 0.1MPa 이상인 배관을 매설하는 때에는 배관을 보호할 수 있는 보호판을 설치하여야 하며, 이 경우 배관을 보호할 수 있는 보호판의 설치기준은 다음과 같다.
  ㉠ 보호판에는 직경 30mm 이상 50mm 이하의 구멍을 3m 이하의 간격으로 뚫어 누출된 가스가 지면으로 확산되도록 한다.
  ㉡ 보호판은 배관의 정상부에서 0.3m 이상 높이에 설치하고, 보호판의 재질이 금속제인 경우에는 보호판과 보호판을 점용접하거나 연결철재고리로 고정 또는 겹침 설치하는 등으로 보호판과 보호판이 이격되지 않도록 한다.

9) 배관 노출 설치

(1) 지상에 설치하는 배관은 부식 방지와 검사 및 보수를 위하여 지면으로부터 0.3m 이상의 거리를 유지(가스설비실 내부에 설치된 배관은 제외)하고, 또한 이의 손상 방지를 위하여 주위의 상황에 따라 방책이나 가드레일 등의 방호조치를 한다.

(2) 지상에 노출되는 배관은 차량 등으로 추돌할 위험이 없는 안전한 장소에 설치한다. 다만, 불가피한 사유로 차량 등으로 추돌할 위험이 있는 장소에 설치하는 경우에는 다음 중 어느 하나의 방호구조물로 방호조치를 한다.

① "ㄷ" 형태로 가공한 방호철판에 의한 방호구조물

　㉠ 방호철판의 두께는 4mm 이상이고, 재료는 KS D 3503(일반 구조용 압연 강재) 또는 이와 같은 수준 이상의 기계적 강도가 있는 것으로 한다.

　㉡ 방호철판은 부식을 방지하기 위한 조치를 한다.

　㉢ 방호철판 외면에는 야간 식별이 가능한 야광테이프 또는 야광페인트에 의해 가스배관임을 알려주는 경계표지를 한다.

　㉣ 방호철판의 길이는 1m 이상으로 하고 앵커볼트 등으로 건축물 외벽에 견고하게 고정 설치한다.

　㉤ 방호철판과 배관은 서로 접촉되지 않도록 설치하고, 필요한 경우에는 접촉을 방지하기 위한 조치를 한다.

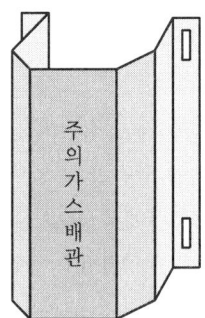

| 방호철판을 사용한 방호구조물 예시 |

② 파이프를 "ㄷ" 형태로 가공한 강관제 구조물에 의한 방호구조물

　㉠ 방호파이프는 호칭지름 50A 이상으로 하고, 재료는 KS D 3507(배관용 탄소강관) 또는 이와 같은 수준 이상의 기계적 강도가 있는 것으로 한다.

　㉡ 강관제 구조물은 부식을 방지하기 위한 조치를 한다.

ⓒ 강관제 구조물 외면에는 야간 식별이 가능한 야광테이프 또는 야광페인트로 가스배관임을 알려주는 경계표지를 한다.
ⓔ 그 밖에 강관제 구조물의 크기 및 설치방법에 따른다.

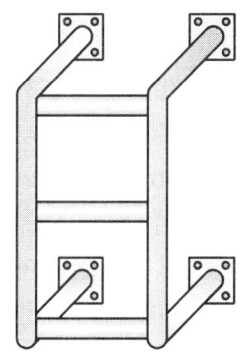

∥ 파이프를 사용한 방호구조물 예시 ∥

③ "ㄷ" 형태의 철근콘크리트재 방호구조물
　ⓐ 철근콘크리트재는 두께 0.1m 이상, 높이 1m 이상으로 한다.
　ⓑ 철근콘크리트재 구조물 외면에는 야간 식별이 가능한 야광테이프 또는 야광페인트로 가스배관임을 알려주는 경계표지를 한다.
　ⓒ 철근콘크리트재 구조물은 건축물 외벽에 견고하게 고정 설치한다.
　ⓓ 철근콘크리트재 방호구조물과 배관은 서로 접촉되지 않도록 설치하고, 필요한 경우에는 접촉을 방지하기 위한 조치를 한다.

∥ 철근콘크리트재 방호구조물 예시 ∥

(3) 배관의 이음매(용접이음매는 제외한다)와 전기계량기 및 전기개폐기와의 거리는 0.6m 이상, 굴뚝(단열조치를 한 경우는 제외한다)·전기점멸기·전기접속기 및 절연조치를 하지 않는 거리는 0.3m 이상, 절연조치를 한 전선과의 거리는 0.1m 이상의 거리를 유지한다.

(4) 입상관이 화기 등이 있을 우려가 있는 주위를 통과할 경우에는 화기 등과 차단조치를 하고, 이에 부착된 밸브는 바닥으로부터 1.6m 이상 2m 이내(단단한 상자 안에 설치하는 경우는 제외한다)에 설치한다.

(5) 배관은 그 배관을 움직이지 않도록 그 호칭지름이 13mm 미만의 것은 1m마다, 13mm 이상 33mm 미만의 것은 2m마다, 33mm 이상의 것은 3m마다 고정한다. 다만, 호칭지름 100mm 이상의 것에는 다음의 방법에 따라 3m를 초과하여 설치할 수 있다.

① 배관은 온도 변화에 의한 열응력과 수직 및 수평 하중을 동시에 고려하여 설계·설치한다.
② 배관의 재료는 강재를 사용하고 접합은 용접으로 하도록 한다.
③ 배관 지지대는 배관 하중 및 축 방향의 하중에 충분히 견디는 강도를 갖는 구조로 설치하고, 지지대의 부식 등을 감안하여 가능한 한 여유있게 설치한다.
④ 지지대, U볼트 등의 고정장치와 배관 사이에는 고무판, 플라스틱 등 절연물질을 삽입한다.
⑤ 배관의 고정 및 지지를 위한 지지대의 최대 지지간격은 다음 표를 기준으로 하되, 호칭지름 600A를 초과하는 배관은 배관 처짐량의 500배 미만이 되는 지점마다 지지한다.

▼ 배관 관경별 지지간격

호칭지름(A)	지지간격(m)
100	8
150	10
200	12
300	16
400	19
500	22
600	25

10) 사고예방설비 기준

(1) 과압안전장치 분출량

안전밸브 또는 파열판에서 필요분출량은 ① 또는 ②에서 정한 계산식이나, ③에 따라 구한 양(① 또는 ②에서 정한 계산식에 따라 구한 양이 해당 설비 안의 액화석유가스양을 초과하는 경우에는 해당 설비 안의 액화석유가스양) 이상으로 한다.

① 액화가스의 가스설비 등이 외부 화재에 노출되어 분출되는 경우(③에서 정한 경우는 제외한다)
② 압축가스의 가스설비 등(③에서 정한 경우는 제외한다)

$$W = 0.28\,V\gamma d^2$$

여기서, W : 시간당 소요분출량(kg/h)
V : 도입관 안의 압축가스 유속(m/s)

γ : 안전장치의 입구 측에서의 가스 밀도(kg/m³)
d : 도입관의 내경(cm)

③ 펌프 또는 압축기에서는 시간당의 토출량(kg/h)을 시간당의 소요 분출량으로 한다.
④ 액화석유가스설비 안의 기체 및 증기가 외부 화재에 노출되어 분출되는 경우

$$W = 0.277(MP_1)^{0.5}\frac{(T_w - T_1)^{1.25}A}{T_1^{1.1506}}$$

여기서, W : 필요 분출량(kg/h)
A : 용기의 노출 표면적(m²)
P_1 : 분출량 결정압력(절대압력으로 설정압력과 초과압력의 합을 말한다)[kPa(a)]
M : 기체 또는 증기의 분자량
T_w : 용기 표면온도(탄소강의 최대 용기 표면온도를 865K로 권장되고, 그 외의 합금강의 경우 좀 더 높은 온도를 권장)(K)
T_1 : 분출 시 온도로서 다음 식에 따라 계산된 값으로 한다.

$$T_1 = T_n\left(\frac{P_1}{P_n}\right)$$

여기서, P_n : 정상운전압력[kPa(a)]
T_n : 정상운전온도(K)

(2) 과압안전장치 작동압력

① 액화가스의 가스설비 등에 부착되어 있는 스프링식 안전밸브는 상용의 온도에서 해당 가스설비 등 안의 액화가스의 상용 체적이 해당 가스설비 등 안의 내용적의 98%까지 팽창하게 되는 온도에 대응하는 해당 가스설비 등 안의 압력 이하에서 작동하는 것으로 한다.
② 프로판용 가스설비 등에 부착되어 있는 안전밸브의 설정압력은 1.8MPa 이하로 하고, 부탄용 가스설비 등에 부착되어 있는 안전밸브의 설정압력은 1.08MPa 이하(압축기나 펌프 토출압력의 영향을 받는 부분은 1.8MPa 이하)로 한다.

(3) 과압안전장치 가스방출관 설치

① 가스방출관의 방출구는 화기가 없는 다음의 위치에 설치한다.
  ㉠ 저장탱크에 설치한 안전밸브의 경우에는 지면으로부터 5m 이상 또는 그 저장탱크의 정상부로부터 2m 이상의 높이 중 더 높은 위치
  ㉡ 소형 저장탱크에 설치한 안전밸브의 경우에는 지면으로부터 2.5m 이상 또는 소형 저장탱크의 정상부로부터 1m 이상의 높이 중 더 높은 위치

② 가스방출관의 방출구는 공기 중에 수직 상방향으로 가스를 분출하는 구조로서, 방출구의 수직 상방향 연장선으로부터 다음의 안전밸브 규격에 따라 수평거리 이내에 장애물이 없는 안전한 곳으로 분출하는 구조로 한다.
　㉠ 입구 호칭지름 15A 이하 : 0.3m
　㉡ 입구 호칭지름 15A 초과 20A 이하 : 0.5m
　㉢ 입구 호칭지름 15A 초과 25A 이하 : 0.7m
　㉣ 입구 호칭지름 25A 초과 40A 이하 : 1.3m
　㉤ 입구 호칭지름 40A 초과 : 2.0m
③ 가스방출관 끝에는 빗물이 유입되지 않도록 캡을 설치하고, 그 캡은 방출가스의 흐름을 방해하지 않도록 설치하며, 가스방출관 하부에는 드레인밸브를 설치한다. 다만, 안전밸브에 드레인 기능이 내장되어 있는 경우에는 드레인밸브를 설치하지 않을 수 있다.
④ 가스방출관 단면적은 안전밸브 분출 면적(하나의 방출관에 2개 이상의 안전밸브 방출관이 연결되어 있는 경우에는 각 안전밸브 분출 면적의 합계 면적) 이상으로 한다.

11) 가스누출경보기 설치

(1) 가스누출경보기 기능
① 가스의 누출을 검지하여 그 농도를 지시함과 동시에 경보를 울리는 것으로 한다.
② 미리 설정된 가스 농도(폭발한계의 1/4이하)에서 자동적으로 경보를 울리는 것으로 한다.
③ 경보를 울린 후에는 주위의 가스 농도가 변화되어도 계속 경보를 울리고, 그 확인 또는 대책을 강구함에 따라 경보정지가 되도록 한다.
④ 담배연기 등 잡가스에는 경보를 울리지 않는 것으로 한다.

(2) 가스누출경보기 구조
① 충분한 강도를 가지고, 취급과 정비(특히 엘리먼트의 교체)가 용이한 것으로 한다.
② 경보기의 경보부와 검지부는 분리하여 설치할 수 있는 것으로 한다.
③ 검지부가 다점식인 경우에는 경보가 울릴 때 경보부에서 가스의 검지장소를 알 수 있는 구조로 한다.
④ 경보는 램프의 점등 또는 점멸과 동시에 경보를 울리는 것으로 한다.

(3) 가스누출경보기 설치장소
① 경보기의 검지부는 저장설비 및 가스설비 중 가스가 누출하기 쉬운 다음 설비가 설치(보관)되어 있는 장소의 주위에 설치하되, 누출한 가스가 체류하기 쉬운 장소에 설치한다.
　㉠ 저장탱크, 소형 저장탱크
　㉡ 충전설비, 로딩암, 로리호스, 압력용기, 기화장치 등 가스설비(압력조정기 제외)

② 경보기의 검지부를 설치하는 위치는 가스의 성질, 주위 상황, 각 설비의 구조 등의 조건에 따라 정하되 다음에 해당하는 장소에는 설치하지 않는다.
　㉠ 증기, 물방울, 기름기 섞인 연기 등이 직접 접촉될 우려가 있는 곳
　㉡ 주위 온도 또는 복사열에 따른 온도가 40℃ 이상이 되는 곳
　㉢ 설비 등에 가려져 누출가스의 유동이 원활하지 못한 곳
　㉣ 차량, 그 밖의 작업 등으로 경보기가 파손될 우려가 있는 곳
③ 경보기 검지부의 설치 높이는 바닥면으로부터 검지부 상단까지의 높이가 0.3m 이내인 범위에서 가능하면 바닥에 가까운 곳으로 한다.
④ 경보기의 경보부의 설치 장소는 관계자가 상주하거나 경보를 식별할 수 있는 장소로서, 경보가 울린 후 각종 조치를 취하기에 적절한 곳으로 한다.

(4) 가스누출경보기 설치 개수

① 설비가 건축물 안(지붕이 있고 둘레의 1/4 이상이 벽으로 싸여 있는 장소를 말한다)에 설치된 경우에는 그 설비군의 바닥면 둘레 10m에 1개 이상의 비율로 계산한 수
② 설비가 용기보관장소, 용기 저장실, 지하에 설치된 전용 저장탱크실, 지하에 설치된 전용처리설비실 및 건축물 밖에 설치된 경우에는 그 설비군의 바닥면 둘레 20m에 1개 이상의 비율로 계산한 수
③ 기타 설비군을 형성하는 방법은 다음 중 어느 하나로 한다.
　㉠ 그림과 같이 각각의 설비마다 개별 설비군으로 형성하는 방법

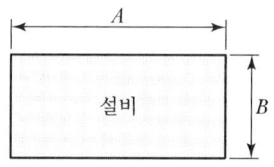

설비군 바닥면 둘레 $= 2A + 2B$

｜ 개별 설비마다 형성하는 방법 ｜

　㉡ 그림과 같이 여러 개의 설비를 하나의 설비군으로 형성하는 방법

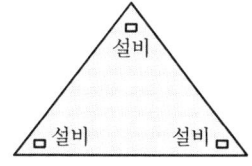

설비군 바닥면 둘레 = 실선 부분 길이

｜ 여러 개의 설비를 한 개의 군으로 형성하는 방법 ｜

12) 가스누출자동차단장치 설치

(1) 검지부 설치
① 검지부의 설치 수는 연소기(가스누출자동차단기의 경우에는 소화안전장치가 부착되지 않은 연소기만을 말한다) 버너의 중심 부분으로부터, 수평거리 4m 이내에 검지부 1개 이상이 설치되도록 한다. 다만, 연소기 설치실이 별실로 구분되어 있는 경우에는 실별로 산정한다.
② 검지부는 바닥면으로부터 검지부 상단까지의 거리가 0.3m 이하로 한다.
③ 검지부는 다음 장소에는 설치하지 않는다.
　㉠ 출입구의 부근 등으로서 외부의 기류가 통하는 곳
　㉡ 환기구 등 공기가 들어오는 곳으로부터 1.5m 이내의 곳
　㉢ 연소기의 폐가스에 접촉하기 쉬운 곳

(2) 제어부 설치
제어부는 가스사용실의 연소기 주위로서 조작하기 쉬운 위치에 설치한다.

(3) 차단부 설치
차단부는 다음의 주 배관에 설치한다. 다만, 동일 공급 배관의 상·하류에 이중으로 차단부가 설치되는 경우 각 연소기로부터 가장 가까운 곳에 설치된 것 외의 것은 배관용 밸브로 할 수 있다.
① 동일 건축물 안에 있는 전체 가스사용시설의 주 배관
② 동일 건축물 안으로서 구분 밀폐된 2개 이상의 층에서 가스를 사용하는 경우 층별 주 배관
③ 동일 건축물의 동일 층 안에서 2명 이상의 가스사용자가 가스를 사용하는 경우 사용자별 주 배관. 다만, 동일의 가스사용실에서 다수의 가스사용자가 가스를 사용하는 경우에는 그 실의 주 배관으로 할 수 있다.

13) 환기설비 설치

(1) 자연환기설비 설치
외기에 면하여 설치된 환기구의 통풍 가능 면적의 합계는 바닥 면적 $1m^2$마다 $300cm^2$의 비율로 계산한 면적 이상으로 하고, 환기구 1개의 면적은 $2,400cm^2$ 이하로 한다. 이 경우 환기구의 통풍 가능 면적은 다음 기준에 따른다.
① 환기구에 철망 또는 환기구의 틀 등이 부착될 경우 환기구의 통풍 가능 면적은 그 철망, 환기구의 틀 등이 차지하는 단면적을 뺀 면적으로 계산한다.
② 환기구에 알루미늄 또는 강판제 갤러리가 부착된 경우 환기구의 통풍 가능 면적은 환기구 면적의 50%로 계산한다.
③ 한 방향 이상이 전면 개방되어 있는 경우 환기구의 통풍 가능 면적은 개방되어 있는 부분의 바닥면으로부터 높이 0.4m까지의 개구부 면적으로 계산한다.

④ 한 방향의 환기구 통풍 가능 면적은 전체 환기구 필요 통풍 가능 면적의 70%까지만 계산한다.
⑤ 사방을 방호벽 등으로 설치할 경우 환기구의 방향은 2방향 이상으로 분산 설치한다.
⑥ 환기구는 가로의 길이를 세로의 길이보다 길게 한다. 〈신설 11. 1. 3.〉

(2) 강제환기설비 설치

① 통풍능력이 바닥 면적 $1m^2$마다 $0.5m^3/min$ 이상으로 한다.
② 흡입구는 바닥면 가까이에 설치한다.
③ 배기가스 방출구를 지면에서 5m 이상의 높이에 설치한다.

14) 정전기 제거설비 설치

저장설비와 가스설비에는 그 설비에서 발생한 정전기가 점화원으로 되는 것을 방지할 수 있도록 다음 기준에 따라 정전기 제거조치를 하고, 저장설비와 가스설비 주위가 콘크리트, 아스팔트 등으로 포장되어 있어 접지저항 측정이 곤란한 경우에는 그 설비로부터 10m 이내에 접지저항 측정을 위한 내식성 봉을 설치한다.

(1) 저장설비 및 충전설비 정전기 제거조치

① 탑류, 저장탱크, 열교환기, 회전기계, 벤트스택 등은 단독으로 되어 있도록 한다. 다만, 기계가 복잡하게 연결되어 있는 경우 및 배관 등으로 연속되어 있는 경우에는 본딩용 접속선으로 접속하여 접지한다.
② 본딩용 접속선 및 접지접속선은 단면적 $5.5mm^2$ 이상의 것(단선은 제외한다)을 사용하고 경납붙임, 용접, 접속금구 등을 사용하여 확실히 접속한다.
③ 접지저항치의 총합은 100Ω(피뢰설비를 설치한 것은 총합 10Ω) 이하로 한다.

(2) 이·충전설비 정전기 제거조치

① 충전용으로 사용하는 저장탱크 및 충전설비는 접지한다. 이 경우 접지접속선은 단면적 $5.5mm^2$ 이상의 것(단선은 제외한다)을 사용하고, 경납붙임, 용접, 접속금구 등을 사용하여 확실히 접속한다.
② 차량에 고정된 탱크 및 충전에 사용하는 배관은 반드시 충전하기 전에 다음 기준에 따라 확실하게 접지한다.
　㉠ 접속금구 등 접지시설은 차량에 고정된 탱크, 저장탱크, 가스설비, 기계실 개구부 등의 외면(차량에 고정된 탱크의 경우에는 지면에 표시된 정차 위치의 중심)으로부터 수평거리 8m 이상 거리를 두고 설치한다. 다만, 방폭형 접속금구의 경우에는 8m 이내에 설치할 수 있다.

ⓒ 접지선은 절연전선(비닐절연전선은 제외한다)·캡타이어케이블 또는 케이블로서 단면적 5.5mm² 이상의 것(단선은 제외한다)을 사용하고 접속금구를 사용하여 확실하게 접속한다.

15) 경계표지

(1) 사업소 경계표지

① 사업소의 경계표지는 해당 사업소의 출입구(경계울타리, 담 등에 설치되어 있는 것) 등 외부에서 보기 쉬운 곳에 게시한다.
② 사업소 안 시설 중 일부만이 이 법의 적용을 받을 때에는 해당 시설이 설치되어 있는 구획 건축물 또는 건축물 내에 구획된 출입구 등의 외부에서 보기 쉬운 곳에 게시한다. 이 경우 해당 시설에 출입이나 접근할 수 있는 장소가 여러 곳일 때에는 그 장소마다 게시한다.
③ 경계표지는 이 법의 적용을 받고 있는 사업소 또는 시설임을 외부 사람이 명확하게 식별할 수 있는 크기로 하고, 경계표지에는 해당 사업소에서 준수하여야 할 안전 확보에 필요한 주의사항을 부기할 수 있다.

LPG 일반집단공급사업소

- 규격 : 2×0.5m 이상
- 색상 : 흰색(바탕), 적색(글자)
- 수량 : 2개소 이상
- 게시위치 : 사업장 출입

‖ 사업장 출입구 ‖

(2) 저장설비 경계표지

① 지상에 설치하는 저장탱크(국가보안목표시설로 지정된 것은 제외한다)의 외면에는 은백색 도료를 바르고, 주위에서 보기 쉽도록 "액화석유가스" 또는 "LPG"를 붉은 글씨로 표시한다.
② 저장설비의 경계표지는 다음과 같이 한다.
   ⓐ 경계표지를 설치하는 장소는 저장설비 출입구 등의 외부에서 보기 쉬운 장소에 게시한다. 이 경우 출입 방향이 여러 곳일 때에는 그 장소마다 게시한다.
   ⓑ 경계표지의 표시는 외부에서 저장설비가 있는 것을 명확하게 식별할 수 있는 크기로 한다.

가스설비 기계실
(저장탱크실)

- 규격 : 0.5×0.3m 이상
- 색상 : 흰색(바탕), 흑색(글자)
- 수량 : 1개소 이상(출입구마다)
- 게시위치 : 기계실 출입

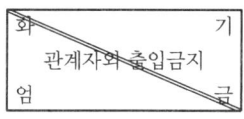
- 규격 : 0.5×0.4m 이상
- 색상 : 흰색(바탕), 적색(화기엄금, 사선), 청색(관계자외 출입금지)
- 수량 : 1개소 이상(출입구마다)
- 게시위치 : 기계실 출입

∥ 기계실·지상 저장탱크실 출입구 ∥

(3) 충전 장소 경계표지

① 자동차에 고정된 탱크 이입·충전 장소

- 규격 : 0.6×0.45m 이상
- 색상 : 흰색(바탕), 흑색(LPG 이·충전 작업 중), 적색(절대금연)
- 수량 : 2개소 이상
- 게시위치 : 자동차에 고정된 탱크의 전·후

긴급차단밸브
- 규격 : 0.15×0.3m 이상
- 색상 : 황색(바탕), 흑색(글자)
- 수량 : 긴급차단밸브 조작밸브 수량과 동일

소화기
- 규격 : 0.15×0.3m 이상
- 색상 : 황색(바탕), 흑색(글자)
- 수량 : 소화기 비치 장소와 동일

∥ 긴급차단장치 조작밸브 ∥   ∥ 소화기 비치 장소 ∥

② 안전수칙

자동차에 고정된 탱크 이·충전 작업장에는 안전수칙을 부착한다.
  ㉠ 게시위치 : 자동차에 고정된 탱크 이·충전작업 장소 부근의 보기 쉬운 곳(1개소)
  ㉡ 규격 : 0.85×1.5m 이상
  ㉢ 색상 : 바탕(흰색), 글자(제목 : 청색, 본문 : 흑색)

(4) 소형 저장탱크의 경계표지

① 경계표지는 출입구의 잘 보이는 장소에 "액화석유가스" 또는 "LPG"라고 적색으로 표시하고, 소형 저장탱크의 주위에는 "화기엄금" 및 "출입금지"의 경계표지를 한다.
② 소형 저장탱크 주위 잘 보이는 곳에 아래의 긴급 연락처(액화석유가스 공급자의 명칭, 주소, 전화번호)를 표시한다.

긴급 연락처	
공급자	○○가스
주소	○○도 ○○시 ○○번지
전화번호	○○○-○○○○

- 규격 : 0.5×0.6m 이상
- 색상 : 흰색(바탕), 흑색(글자)
- 수량 : 1개소 이상
- 게시위치 : 경계책 또는 저장설비 외면

(5) 보호포의 재질·규격 및 설치

① 재질 및 규격
  ㉠ 보호포는 폴리에틸렌수지·폴리프로필렌수지 등 잘 끊어지지 않는 재질로 직조한 것으로서, 두께는 0.2mm 이상으로 한다.
  ㉡ 보호포의 폭은 0.15m 이상으로 한다.
  ㉢ 보호포의 바탕색은 최고사용압력이 0.1MPa 미만인 관은 황색, 0.1MPa 이상인 관은 적색으로 하고, 가스명·사용압력 등을 그림의 표시방법과 같이 표시한다.

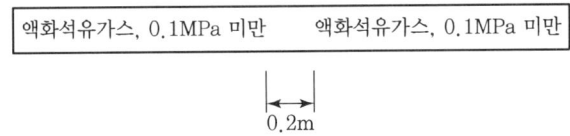

| 보호포의 표시방법 |

② 설치기준
  ㉠ 보호포 설치는 호칭지름에 0.1m를 더한 폭으로 하고, 2열 이상으로 설치할 경우 보호포 간의 간격은 해당 보호포 폭 이내로 한다.
  ㉡ 최고사용압력이 0.1MPa 이상인 배관의 경우에는 보호판의 상부로부터 0.3m 이상 떨어진 곳에 보호포를 설치한다.
  ㉢ 최고사용압력이 0.1MPa 미만인 배관으로서 매설깊이가 1.0m 이상인 경우에는 배관 정상부로부터 0.6m 이상, 매설깊이가 1.0m 미만인 경우에는 배관 정상부로부터 0.4m 이상 떨어진 곳에 보호포를 설치한다.
  ㉣ 공동주택 등의 부지 안에 설치하는 배관의 경우에는 배관 정상부로부터 0.4m 떨어진 곳에 보호포를 설치한다.
  ㉤ 매설 깊이를 확보할 수 없어 보호관 등을 사용한 경우에는 보호관 직상부에 보호포를 설치할 수 있다.
  ㉥ 압입 구간, 철도 밑 등 부득이한 경우에는 보호포를 설치하지 않을 수 있다.

(6) 라인마크(Linemark)의 설치

① 라인마크는 배관 길이 50m마다 1개 이상 설치하되, 주요 분기점·굴곡지점·관말지점 및 그 주위 50m 안에 설치한다. 다만, 단독주택 분기점은 제외하며, 밸브박스 또는 배관 직상부에 전위측정용 터미널(T/B)·검지공·로케이팅와이어 측정함(L/B) 등이 라인마크 기능을 갖도록 적합하게 설치된 경우에는 라인마크로 볼 수 있다.

② 라인마크의 재료는 KS D 5101(동 합금봉), KS D 6024(동 및 동 합금 주물)에서 정하는 황동 주물 1종, 2종, 3종 또는 이와 동등 이상의 것을 사용하고, 라인마크 핀은 KS D 3503(일반구조용 압연강재) 또는 이와 동등 이상의 재료를 사용한다.

③ 라인마크의 모양, 크기, 글자 및 방향 표시

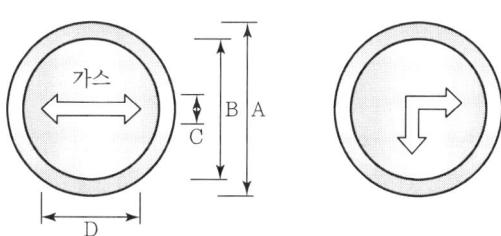

(단위 : mm)

A	B	C	D
60	40	4	20

[비고] 글씨는 6~10mm 정방향에 양각으로 할 것

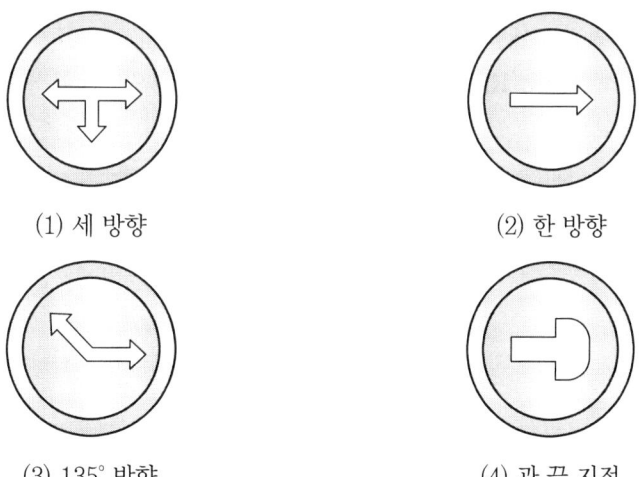

(1) 세 방향 (2) 한 방향

(3) 135° 방향 (4) 관 끝 지점

❚ 라인마크의 모양·크기 및 표시방법의 예시 ❚

④ 라인마크의 규격은 다음 표와 같다.

▼ 라인마크의 규격

기호	종류	직경×두께	핀의 길이×직경
LM-1	직선방향	60mm×7mm	140mm×20mm
LM-2	양방향	60mm×7mm	140mm×20mm
LM-3	삼방향	60mm×7mm	140mm×20mm
LM-4	일방향	60mm×7mm	140mm×20mm
LM-5	135° 방향	60mm×7mm	140mm×20mm
LM-6	관말	60mm×7mm	140mm×20mm

(7) 표지판의 설치

① 액화석유가스 배관을 시가지 외의 도로·산지·농지 또는 하천부지·철도부지 내에 매설하는 경우에는 표지판을 설치한다. 이때 하천부지·철도부지를 횡단하여 배관을 매설하는 경우에는 양편에 표지판을 설치한다.

② 표지판은 배관을 따라 50m 간격으로 1개 이상으로 설치하되, 교통 등의 장애가 없는 장소를 선택해 일반인이 쉽게 볼 수 있도록 설치한다.

③ 표지판의 가로 치수는 200mm, 세로 치수는 150mm 이상의 직사각형으로 하고, 황색 바탕에 검정색 글씨로 다음 그림 표지판의 치수 및 표기방법 예시와 같이 액화석유가스 배관임을 알리는 내용과 연락처 등을 표기한다.

④ 판의 재료는 KS D 3503(일반구조용 압연강재)으로서 부식방지 조치를 한 것 또는 내식성 재료로 하고, 지지대의 재료는 관의 재료와 동등 이상인 것으로 한다.

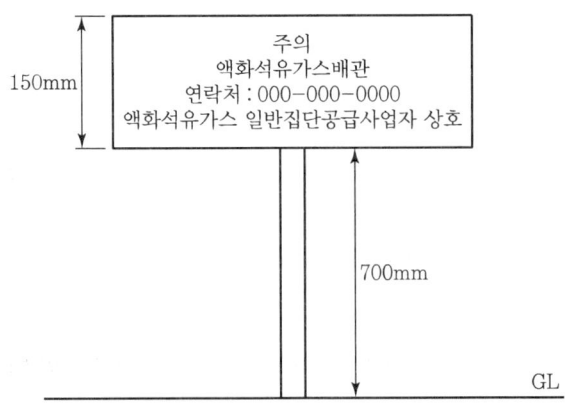

┃표지판의 치수 및 표기방법의 예시┃

(8) 경계책

① 저장설비 및 가스설비를 설치한 장소 주위에는 높이 1.5m 이상의 철책 또는 철망 등의 경계 울타리를 설치하고, 작업 등을 위한 관계자 출입이 완료되면 출입문이 잠기도록 하는 등 일반인의 출입이 통제되도록 필요한 조치를 한다. 다만, 건축물 안에 설치하였거나, 차량의 통행 등 조업 시행이 현저히 곤란하여 위해 요인이 가중될 우려가 있는 경우에는 경계 울타리를 설치하지 않을 수 있다.
② 경계 울타리 주위의 보기 쉬운 장소에는 외부 사람의 무단출입을 금하는 내용의 경계표지를 부착한다.
③ 경계 울타리 안에는 누구도 화기·발화 또는 인화하기 쉬운 물질을 휴대하고 들어가서는 안 된다. 다만, 해당 설비의 정비수리 등 불가피한 사유가 발생한 경우에는 안전관리책임자의 감독에 따라 화기·발화 또는 인화하기 쉬운 물질을 휴대할 수 있다.

(9) 배관표시

① 지하 매설배관은 붉은색이나 노란색으로 표시한다.
② 지상배관은 방청 도장 후 노란색으로 표시한다. 다만, 건물의 내·외벽에 노출된 것으로서 바닥(2층 이상의 건물의 경우에는 각 층의 바닥을 말한다)에서 1m의 높이에 폭 30mm의 노란색 띠를 2중으로 표시한 경우에는 노란색으로 표시하지 않을 수 있다.

(10) 저장탱크 침하방지조치

① 저장탱크의 침하상태 측정주기는 1년에 1회 이상으로 한다.
② 저장탱크의 침하상태 측정방법은 다음과 같다.
  ㉠ 벤치마크(Bench Mark : 수준점) 또는 가벤치마크는 다음 기준과 같이 설정한다. 다만, 해당 저장탱크로부터 2km 이내에 국립지리원의 일등수준점이 있는 경우에는 벤치마크 또는 가벤치마크를 설정하지 않을 수 있다.
    • 벤치마크는 그림의 예시와 같이 지진, 사태, 침하, 그 밖에 외력에 따른 변형이 일어나지 않는 구조로 한다.

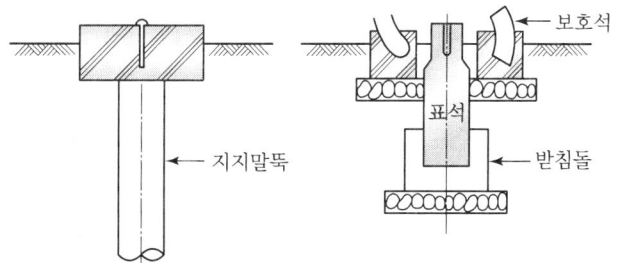

❚ 벤치마크의 구조 ❚

• 가벤치마크는 아래와 같이 설정한다.

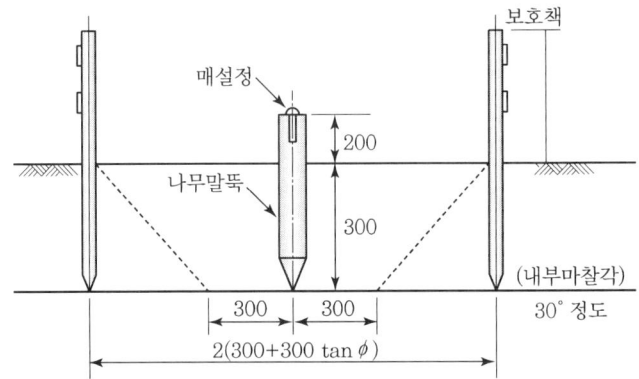

ⓛ 벤치마크는 해당 사업소 안의 면적 50만m²당 1개소 이상 설치한다.
ⓒ 벤치마크 또는 가벤치마크는 차량의 통행 등으로 파손되지 않는 위치, 관측하기 쉬운 위치에 설치한다.

16) 이입 및 충전 기준

(1) 저장탱크

① 자동차에 고정된 탱크는 저장탱크의 외면으로부터 3m 이상 떨어져 정지한다. 다만, 저장탱크와 자동차에 고정된 탱크와의 사이에 방호 울타리 등을 설치한 경우에는 3m 이상 떨어져 정지하지 않을 수 있다.
② 자동차에 고정된 탱크로부터 액화석유가스를 저장탱크에 송출 또는 이입하는 때에는 "가스충전 중"의 표시를 하고, 자동차가 고정되도록 그 자동차에 자동차 정지목 등을 설치한다.

(2) 소형 저장탱크

① 자동차에 고정된 탱크로부터 액화석유가스를 소형 저장탱크에 송출 또는 이입하는 때에는 "가스충전 중"의 표시를 하고, 자동차가 고정되도록 그 자동차에 자동차 정지목 등을 설치한다.
② 소형 저장탱크에의 액화석유가스 공급은 벌크로리로 하거나, 소형 저장탱크에 펌프 또는 압축기가 설치된 경우에는 자동차에 고정된 탱크로 할 수 있다.
③ 충전작업을 시작하기 전에 주위에 화기 및 인화성 또는 발화성 물질을 확인하고 위험이 없도록 한다.
④ 주위에서 잘 보이는 장소에 "충전작업 중" 및 "화기엄금" 등의 표지를 설치한다.

⑤ 벌크로리 및 자동차에 고정된 탱크에 발생하는 정전기를 정해진 접지로 제거하는 조치를 한다.
⑥ 소화기는 사용하기 편리한 장소에 배치한다.
⑦ 충전 작업자는 소형 저장탱크의 가스 잔량을 액면계로 확인하고, 충전해야 할 가스의 용적을 산정한다.
⑧ 펌프 또는 압축기는 충전에 필요한 밸브를 확실히 열어 충전 준비가 완료되었음을 확인한 후 스위치를 넣는다.

(3) 이입 및 충전 작업

① 저장탱크
  ㉠ 자동차에 고정된 탱크와 로리호스(로딩암)의 액체라인 및 기체라인 커플링을 접속한 후 충전한다.
  ㉡ 저장탱크에 가스를 충전하려면 정전기를 제거한 후 저장탱크의 내용적의 90%를 넘지 않도록 충전한다.
  ㉢ 액화석유가스를 자동차에 고정된 탱크로부터 이입하는 때에는 배관 접속 부분의 가스 누출 여부를 확인하고, 이입한 후에는 그 배관 안의 가스로 인한 위해가 발생하지 않도록 조치한다.

② 소형 저장탱크
  ㉠ 자동차에 고정된 탱크(벌크로리를 포함한다)와 소형 저장탱크의 액체라인 및 기체라인 커플링을 접속한 후 충전한다.
  ㉡ 소형 저장탱크에 가스를 충전하려면 정전기를 제거한 후 소형 저장탱크의 내용적의 85%를 넘지 않도록 충전한다.
  ㉢ 액화석유가스를 자동차에 고정된 탱크로부터 이입할 때에는 배관 접속 부분의 가스 누출 여부를 확인하고, 이입한 후에는 그 배관 안의 가스로 인한 위해가 발생하지 않도록 조치한다.
  ㉣ 벌크로리 측의 호스어셈블리로 충전을 하는 경우에는 충전호스를 호스릴 등에서 풀어내고, 충전호스 끝의 세이프티커플링 및 소형 저장탱크의 세이프티커플링으로부터 캡을 열기 전에 블리더밸브를 열어 압력이 없음을 확인하며, 커플링을 접속한 후에는 액화석유가스 검지기 등을 사용하여 접속부의 가스 누출이 없음을 확인한다.
  ㉤ 길이 10m 이상의 충전호스를 사용하여 충전하는 경우에는 별도의 충전 보조원에게 충전작업 중 충전호스를 감시하게 한다.
  ㉥ 충전 중 충전 작업자는 충전이 순조롭게 진행되고 있는지 액면계의 움직임 및 펌프 등의 작동 상태를 주의 깊게 관찰한다.

ⓢ 탱크 안의 액면이 정해진 액면에 달했음을 액면계로 확인하고, 신속히 충전용 펌프 또는 압축기의 운전을 정지하며, 확인 및 운전의 정지는 충전 작업자가 스스로 한다.
ⓞ 펌프나 압축기를 정지한 후에는 벌크로리 측으로부터 순차적으로 밸브를 닫고, 커플링을 분리한다. 이 경우 계량에 따른 자동정지방식을 병용하고 있는 경우에도 액면계의 확인으로 펌프나 압축기를 정지한다.

17) 가스설비 확인방법

(1) 가스설비의 재료는 재료성적서, 전기설비 방폭성능은 명판, 형식승인서 또는 성능시험성적서로 확인한다.

(2) 가스설비는 압력계 또는 자기압력기록계 등을 이용하여 상용압력의 1.5배(그 구조상 물로의 내압시험이 곤란하여 공기·질소 등의 기체로 내압시험을 실시하는 경우에는 1.25배) 이상의 압력으로 내압시험을 실시하고, 상용압력 이상의 기체의 압력으로 기밀시험(공기·질소 등의 기체로 내압시험을 실시하는 경우에는 제외하고 기밀시험을 실시하기 곤란한 경우에는 사용압력으로 누출검사)을 실시하며, 내압시험 및 기밀시험에 관한 세부 기준은 다음과 같다.

① 상용압력

내압시험 및 기밀시험압력의 기준이 되는 상용압력이란 사용 상태에서 해당 설비 등에 작용하는 최고사용압력으로서 다음에 따른 압력을 말한다.

㉠ 프로판용 설비의 경우에는 1.8MPa 이하로서 해당 과압안전장치 작동 압력
㉡ 부탄용 설비의 경우에는 1.08MPa 이하로서 해당 과압안전장치 작동 압력. 다만, 압축기나 펌프 토출 압력의 영향을 받는 부분은 1.8MPa에 따른 압력

② 내압시험

㉠ 내압시험은 원칙적으로 수압으로 한다. 다만, 부득이한 이유로 물을 채우는 것이 부적당한 경우에는 공기 또는 위험성이 없는 기체의 압력으로 할 수 있다.
㉡ 내압시험을 공기 등의 기체로 하는 경우에는 작업을 안전하게 하기 위하여 그 설비에서의 용접부 중 맞대기 용접에 의한 용접부의 전길이에 대해서는 KGS GC205(가스시설 용접 및 비파괴시험 기술기준)에 따라 방사선투과시험을 하고 합격한 것을 확인한다. 다만, 완성검사의 경우 배관의 길이이음매에 대하여 그 배관을 제조한 사업소에서 내압시험을 한 것으로써 그 시험성적서 등으로 확인할 수 있는 것은 그렇지 않다. 또한, 필렛용접부에 대해서는 KS D 0213(강자성 재료의 자분탐상검사 방법 및 자분 모양 분류) 또는 KS B 0816(침투탐상시험방법 및 지시모양의 분류)에 따라 탐상시험을 하고 표면 등에 유해한 결함이 없음을 확인한다.

ⓒ 내압시험은 해당 설비가 취성 파괴를 일으킬 우려가 없는 온도에서 실시한다.
ⓔ 내압시험압력은 상용압력의 1.5배(공기 등 기체로 실시할 경우에는 1.25배) 이상으로 하고, 규정 압력유지시간은 5분부터 20분까지를 표준으로 한다.
ⓜ 내압시험에 종사하는 사람의 수는 작업에 필요한 최소 인원으로 하고, 관측 등을 하는 경우에는 적절한 방호시설을 설치하고 그 뒤에서 실시한다.
ⓗ 내압시험을 하는 장소 및 그 주위는 잘 정돈하여 긴급한 경우 대피하기 좋도록 하고, 인체에 위해가 발생하지 않도록 한다.
ⓢ 내압시험은 내압시험 압력에서 팽창, 누출 등의 이상이 없을 때 합격으로 한다.
ⓞ 내압시험을 공기 등의 기체로 하는 경우에는 우선 상용압력의 50%까지 승압하고, 그 후에는 상용압력의 10%씩 단계적으로 승압하여 내압시험압력에 달하였을 때 누출 등의 이상이 없으며, 그 후 압력을 내려 상용압력으로 하였을 때 팽창, 누출 등의 이상이 없으면 합격으로 한다.

③ 기밀시험

ⓐ 기밀시험은 원칙적으로 공기 또는 위험성이 없는 기체로 실시한다.
ⓑ 기밀시험은 그 설비가 취성 파괴를 일으킬 우려가 없는 온도에서 실시한다.
ⓒ 기밀시험은 작업에 필요한 최소 인원으로 실시하고, 관측 등은 적절한 방호시설 뒤에서 한다.
ⓓ 기밀시험을 하는 장소와 그 주위는 잘 정돈하여 긴급한 경우에 대피하기 좋도록 하고, 인체에 위해가 발생하지 않도록 한다.
ⓔ 완성검사 시 기밀시험은 다음 기준에 따라 실시한다.
  • 기밀시험압력은 고압부의 경우 상용압력 이상의 압력으로, 저압부의 경우 압력조정기의 조정 압력이 3.3kPa 미만인 것은 8.4kPa 이상의 압력(압력이 3.3kPa 이상 30kPa 이하인 것은 35kPa, 30kPa 초과의 것은 최고사용압력의 1.1배 또는 35kPa 중 높은 압력)으로 실시한다.
  • 저장탱크는 맹판(블라인드 플랜지)이나 블록 밸브를 설치하여 배관 등과 구분하고, 상용압력으로 누출검사를 실시하되, 누출 여부는 10분 이상 기다린 후 비눗물 또는 그 밖의 발포제를 액면계, 압력계, 온도계 등의 이음부에 도포하여 거품이 발생하지 않는 경우 합격으로 한다.

▼ 압력측정기의 종류별 기밀시험 방법 <개정 22. 12. 30.>

종류	최고사용압력	용적	기밀유지시간
수은주 게이지	0.3MPa 미만	1m³ 미만	2분
		1m³ 이상 10m³ 미만	10분
		10m³ 이상 300m³ 미만	V분(다만, 120분을 초과할 경우에는 120분으로 할 수 있다.)
수주 게이지	0.03MPa 이하	1m³ 미만	1분
		1m³ 이상 10m³ 미만	5분
		10m³ 이상 300m³ 미만	V분(다만, 60분을 초과할 경우에는 60분으로 할 수 있다.)
전기식 다이어 프램형 압력계	0.1MPa 미만	1m³ 미만	4분
		1m³ 이상 10m³ 미만	40분
		10m³ 이상 300m³ 미만	$4 \times V$분(다만, 240분을 초과할 경우에는 240분으로 할 수 있다.)
압력계 또는 자기압력 기록계	0.3MPa 이하	1m³ 미만	24분
		1m³ 이상 10m³ 미만	240분
		10m³ 이상 300m³ 미만	$24 \times V$분(다만, 1,440분을 초과할 경우에는 1,440분으로 할 수 있다.)
	0.3MPa 초과	1m³ 미만	48분
		1m³ 이상 10m³ 미만	480분
		10m³ 이상 300m³ 미만	$48 \times V$분(다만, 2,880분을 초과할 경우에는 2,880분으로 할 수 있다.)

[비고] 1. V는 피시험 부분의 용적(단위 : m³)이다.
   2. 전기식 다이어프램형 압력계는 공인검사기관으로부터 성능 인증을 받아 합격한 것이어야 한다.

3. 도시가스 제조 및 공급·충전

1) 용어 정의

(1) 고압이란 1MPa 이상의 압력(게이지 압력을 말한다)을 말한다. 다만, 액체상태의 액화가스의 경우에는 이를 고압으로 본다.
(2) 중압이란 0.1MPa 이상 1MPa 미만의 압력을 말한다. 다만, 액화가스가 기화되고 다른 물질과 혼합되지 않은 경우에는 0.01MPa 이상 0.2MPa 미만의 압력을 말한다.
(3) 저압이란 0.1MPa 미만의 압력을 말한다. 다만, 액화가스가 기화되고 다른 물질과 혼합되지 않은 경우에는 0.01MPa 미만의 압력을 말한다.
(4) 액화가스란 상용의 온도 또는 35℃의 온도에서 압력이 0.2MPa 이상이 되는 것을 말한다.
(5) 안전구역이란 가스공급시설의 재해예방 및 유지·보수를 위하여 일정면적(2만m^2)으로 구획한 단위구역을 말한다.
(6) 레이저메탄가스디텍터 등 가스 누출 정밀 감시장비란 최대 150m의 거리에서 300ppm·m의 메탄가스를 0.2초 이내에 검출해 낼 수 있으며, 진단기간 동안 가스 누출을 자동으로 상시 감시할 수 있는 장비를 말한다.

2) 배치 기준

(1) 보호시설과의 거리

액화석유가스의 저장설비와 처리설비는 그 외면으로부터 보호시설까지 30m 이상의 거리를 유지한다. 다만, 산업통상자원부장관이 필요하다고 인정하는 지역의 경우에는 이 기준 외에 거리를 더하여 정할 수 있다.

(2) 화기와의 거리

제조소 및 공급소에 설치하는 가스가 통하는 가스공급시설은 그 외면으로부터 화기를 취급하는 장소까지 8m 이상의 우회거리를 유지하고, 그 가스공급시설과 화기를 취급하는 장소와의 사이에는 그 가스공급시설에서 누출된 가스가 유동하는 것을 방지하기 위한 시설을 설치한다.

(3) 다른 설비와의 거리

① 고압인 가스공급시설은 통로·공지 등으로 구획된 안전구역 안에 설치하되 그 안전구역의 면적은 20,000m^2 미만으로 한다. 다만, 공정상 밀접한 관련을 가지는 가스공급시설로서 둘 이상의 안전구역을 구분할 때 그 가스공급시설의 운영에 지장을 줄 우려가 있는 경우에는 그 면적을 20,000m^2 이상으로 할 수 있다.

② 안전구역 안의 고압인 가스공급시설은 그 외면으로부터 다른 안전구역 안에 있는 고압인 가스공급시설의 외면까지 30m 이상의 거리를 유지한다.

③ 둘 이상의 제조소가 인접하여 있는 경우의 가스공급시설은 그 외면으로부터 그 제조소와 다른 제조소의 경계까지 20m 이상의 거리를 유지한다.

④ 액화천연가스의 저장탱크는 그 외면으로부터 처리능력이 200,000m^3 이상인 압축기까지 30m 이상의 거리를 유지한다.

⑤ 저장탱크와 다른 저장탱크 또는 가스홀더와의 사이에는 두 저장탱크의 최대 지름을 더한 길이의 4분의 1 이상에 해당하는 거리(두 저장탱크의 최대 지름을 합산한 길이의 4분의 1이 1m 미만인 경우에는 1m 이상의 거리)를 유지하는 등 하나의 저장탱크에서 발생한 위해 요소가 다른 저장탱크로 전이되지 않도록 한다. 다만, 저장탱크 상호 간에 물분무장치를 설치한 경우에는 본문에서 규정한 거리를 유지하지 않을 수 있다.

(4) 사업소 경계와의 거리

액화천연가스(기화된 천연가스를 포함한다)의 저장설비와 처리설비(1일 처리능력이 52,500m^3 이하인 펌프·압축기·응축기 및 기화장치는 제외한다)는 그 외면으로부터 사업소 경계까지 다음 계산식에서 얻은 거리(그 거리가 50m 미만의 경우에는 50m) 이상을 유지한다.

$$L = C \times \sqrt[3]{143{,}000\,W}$$

여기서, L : 유지하여야 하는 거리(m)
  C : 저압 지하식 저장탱크는 0.240, 그 밖의 가스저장설비 및 처리설비는 0.576
  W : 저장탱크는 저장능력(톤)의 제곱근, 그 밖의 것은 그 시설 안의 액화천연가스의 질량(톤)

(5) 저장능력 산정

① 액화가스 저장탱크의 저장능력은 다음 계산식에 따라 산정한다.

$$W = CDV_1$$

여기서, W : 저장능력(kg)
  C : 0.9(저온 저장탱크는 그 용적에 대한 액화가스를 저장하는 부분의 용적비의 값)
  D : 저장탱크의 상용온도에서 액화가스의 비중량(kg/L)
  V_1 : 저장탱크의 내용적(L)

② 가스홀더로서 내부에 압축가스를 저장하는 것은 다음 계산식에 따라 산정한다.

$$Q = (10P + 1)V_2$$

여기서, Q : 저장능력(m^3)
P : 가스홀더의 최고사용압력(MPa)
V_2 : 가스홀더의 내용적(m^3)

3) 내진설계

저장탱크 · 가스홀더 · 압축기 · 펌프 · 기화기 · 열교환기 및 냉동설비(이하 "저장탱크 등"이라 한다)의 지지구조물 및 기초는 KGS GC203(가스시설 및 지상 가스배관 내진설계 기준)에 따라 설계하고, 지진의 영향으로부터 안전한 구조로 설치한다. 다만, 다음 어느 하나에 해당하는 시설은 내진설계 대상에서 제외한다.

(1) 건축법령에 따라 내진설계를 하여야 하는 것으로서 같은 법령에서 정하는 바에 따라 내진설계를 한 시설
(2) 저장능력 3톤(압축가스의 경우에는 300m^3) 미만인 저장탱크 또는 가스홀더
(3) 지하에 설치되는 시설

4) 저장설비 폭발방지장치

(1) 저장설비 폭발방지장치 설치저장탱크에는 저장탱크의 안전을 확보하기 위하여 폭발방지장치를 설치한다. 다만, 다음 중 어느 하나를 설치한 경우에는 폭발방지장치를 설치하지 않을 수 있다.
① 물분무장치(살수장치를 포함한다) 및 소화전을 적합하게 설치 · 관리하는 저장탱크
② 저온 저장탱크(2중각 단열구조의 것을 말한다)로서 그 단열재의 두께가 해당 저장탱크 주변의 화재를 고려하여 설계 · 시공된 저장탱크
③ 지하에 매몰하여 설치하는 저장탱크

(2) 폭발방지장치 재료

폭발방지장치의 열전달 매체인 다공성 알루미늄 박판(폭발방지제) 및 지지구조물은 다음의 기준을 따른다.
① 폭발방지제는 알루미늄합금 박판에 일정 간격으로 슬릿(Slit)을 내고 이것을 팽창시켜 다공성 벌집형으로 한 것으로 한다.
② 폭발방지제 지지구조물의 후프링 재질은 기존 탱크의 재질과 같은 것 또는 이와 동등 이상의 것으로서 액화석유가스에 내식성을 가지며 열적 성질이 탱크 동체의 재질과 유사한 것으로 한다.

③ 폭발방지제 지지구조물의 지지봉은 KS D 3507(배관용 탄소강관)에 적합한 것(최저 인장강도 294N/mm²)으로 한다.
④ 그 밖의 폭발방지제 지지구조물의 부품 재질은 안전 확보에 충분한 기계적 강도 및 액화석유가스에 내식성을 가지는 것으로 한다.

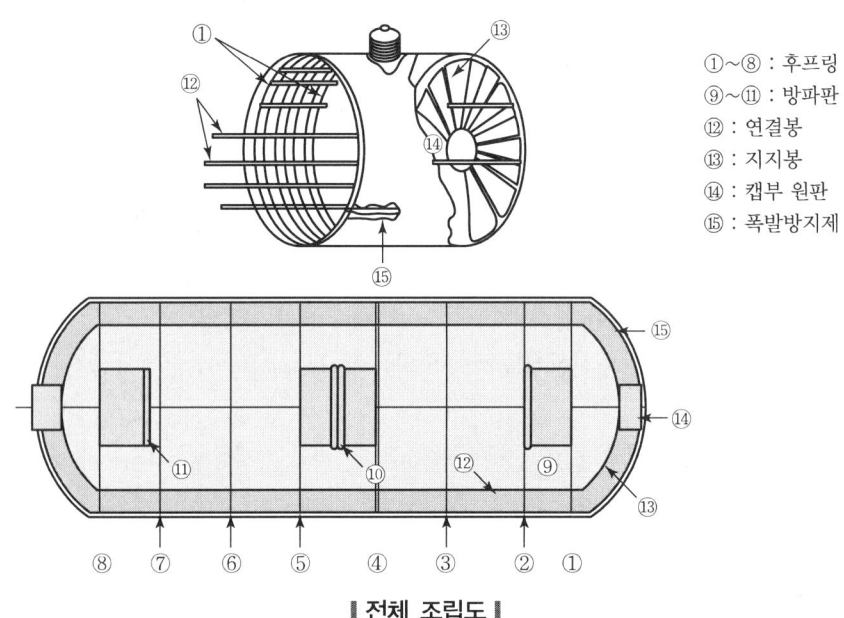

①~⑧ : 후프링
⑨~⑪ : 방파판
⑫ : 연결봉
⑬ : 지지봉
⑭ : 캡부 원판
⑮ : 폭발방지제

∥ 전체 조립도 ∥

(3) 저장탱크 온도상승방지조치

① 저장탱크 표면적 1m²당 5L/분 이상의 비율로 계산된 수량을 저장탱크 전 표면에 분무(살수를 포함한다)할 수 있도록 고정된 장치를 설치한다. 이 경우 저장탱크는 두께 25mm 이상의 암면 또는 이와 동등 이상의 내화 성능을 갖는 단열재로 피복하고, 그 외측의 두께 0.35mm 이상의 KS D 3506(아연도강판) 또는 이와 동등 이상의 강도 및 내화 성능을 갖는 재료로 피복한 것(준내화구조 저장탱크)은 그 표면적 1m²당 2.5L/분 이상의 비율로 계산된 수량을 분무할 수 있는 고정장치를 설치한다.

② 해당 저장탱크 외면으로부터의 거리가 40m 이내인 위치에서 저장탱크를 향하여 어느 방향에서도 방수할 수 있는 소화전(호스 끝 수압 0.35MPa 이상으로서 방수능력이 400L/분 이상의 것을 말한다)을 해당 저장탱크 표면적 50m²당 1개의 비율로 계산된 수 이상을 설치한다.

③ 높이 1m 이상의 지주(구조물 위에 설치된 저장탱크에는 해당 구조물의 지주를 말한다)에는 두께 50mm 이상의 내화콘크리트 또는 이와 동등 이상의 내화 성능을 가지는 불연성의 단열피복재로 피복한다. 다만, 물분무장치나 소화전을 지주에 살수할 수 있도록 설치한 경우에는 이를 갈음할 수 있다.

(4) 저장탱크 물분무장치

① 저장탱크(저장능력이 압축가스인 경우에는 300m^3, 액화가스인 경우에는 3톤 이상의 것만 말한다)가 다른 저장탱크와 인접하여 그 간격이 1m 이하의 것 또는 해당 저장탱크의 최대 직경의 4분의 1의 길이 중 큰 것과 동등 이상의 거리를 유지하지 못할 경우에는 다음의 물분무장치를 설치한다.

　㉠ 해당 저장탱크 표면적 1m^{2}당 8L/분을 표준으로 하여 계산된 수량을 저장탱크의 전 표면에 균일하게 방사할 수 있는 것이거나 보냉을 위한 단열재가 사용된 저장탱크로서 해당 단열재의 두께가 해당 저장탱크의 주변 화재를 고려한 것으로 하고, 충분한 내화 성능을 가지는 것(내화구조저장탱크)은 그 수량을 4L/분을 표준으로 하고, 준내화구조 저장탱크는 그 수량을 6.5L/분을 표준으로 하여 계산한 수량으로 할 수 있다.

　㉡ 해당 저장탱크에 어느 방향에서도 방사할 수 있는 소화전(호스끝 수압 0.35MPa 이상, 방수능력 400L/분 이상인 것을 말한다)을 해당 저장탱크의 표면적 30m^{2}당 1개의 비율로 계산된 수 이상 설치하되, 소화전과 해당 저장탱크와의 거리는 40m 이내로 한다. 다만, 내화구조 저장탱크는 표면적 60m^2, 준내화구조 저장탱크는 표면적 38m^{2}당 1개의 비율로 계산 된 수의 소화전을 설치할 수 있다.

② 저장탱크가 인접하여 있는 경우 또는 산소 저장탱크와 인접하여 해당 두 저장탱크의 최대 직경을 합한 길이의 4분의 1보다 적을 경우에는 이들 기준을 혼합하여 물분무장치를 설치한다.

　㉠ 해당 저장탱크 표면적 1m^{2}당 7L/분을 표준으로 계산된 수량을 저장탱크의 전 표면에 균일하게 방사할 수 있도록 한다. 다만, 내화구조 저장탱크에는 그 수량을 2L/분, 준내화구조 저장탱크에는 그 수량을 4.5L/분을 표준으로 하여 계산된 수량으로 할 수 있다.

　㉡ 해당 저장탱크에 어느 방향에서도 방사할 수 있는 소화전을 해당 저장탱크 표면적 35m^{2}당 1개의 비율로 계산한 수 이상 설치하되, 소화전과 해당 저장탱크와의 거리는 40m 이내로 한다. 다만, 내화구조 저장탱크에 있어서는 해당 저장탱크 표면적 125m^2, 준내화구조 저장탱크에는 해당 저장탱크 표면적 55m^{2}당 1개의 비율로 계산된 수의 소화전을 설치한다.

③ 물분무장치 등은 해당 저장탱크의 외면으로부터 15m 이상 떨어진 안전한 위치에서 조작하거나 방류둑을 설치한 저장탱크의 경우 해당 방류둑의 밖에서 조작할 수 있는 것으로 한다. 다만, 저장탱크의 주위에 예상되는 화재에 대비하여 안전한 차단장치를 설치한 경우에는 이를 제한하지 않을 수 있다.

④ 물분무장치 등은 다음 중 어느 하나의 수원에 접속되도록 한다. 이 경우 방수량은 물분무장치 등을 동시에 방수할 수 있는 양으로 한다.

　㉠ 60분 이상 연속하여 방수할 수 있는 물이 저장된 수원

ⓒ 30분 이상 연속하여 방수할 수 있는 물이 저장된 수원으로서, 다음 중 어느 하나의 방법으로 60분 이상 연속하여 방수할 수 있는 수원
- 상수도 또는 공업용수 등에 연결
- 물 순환구조에 따라 방수된 물의 재사용

⑤ 저장탱크 주위 5m 이내에는 물분무장치의 물차단밸브를 설치하지 않고 물차단밸브는 원거리 개폐가 가능한 구조로 하며, 물차단밸브 이후의 배관 재료는 내식성재료 또는 내식처리가 된 재료로 한다.

5) 액화천연가스 저장탱크의 형식

(1) 저장탱크의 방호 형식은 단일방호 형식, 이중방호 형식, 완전방호 형식으로 분류하고, 그 구조는 다음과 같다.

① 단일방호 형식

내부 탱크는 액상 및 기상의 가스를 모두 저장하며, 내부 탱크가 파괴되는 경우 누출된 액상의 가스를 방류둑에서 충분히 담을 수 있는 구조

② 이중방호 형식

내부 탱크는 액상 및 기상의 가스를 모두 저장하며, 내부 탱크가 파괴되어 액상의 가스가 누출되는 경우 방류둑 또는 외부탱크에서 누출된 액상의 가스를 담을 수 있는 구조

③ 완전방호 형식

정상운전 시 내부 탱크는 액상의 가스를 저장할 수 있고, 외부 탱크는 기상의 가스를 저장할 수 있는 구조로서 내부 탱크가 파괴되어 누출되는 경우 외부 탱크가 누출된 액상 및 기상의 가스를 담을 수 있으며, 증발가스(Boil-off Gas)가 안전밸브를 통해 방출될 수 있는 구조

(2) 이중방호 형식과 완전방호 형식 저장탱크 형식은 다음의 조건을 만족하여야 한다.

① 도시가스사업법에 따른 가스 도매사업자 및 도시가스 사업자 외의 가스공급시설 설치자는 외부 탱크의 정량적 안전성 평가(QRA)를 수행하고 그 결과에 따라 안전성을 확보할 것. 이 경우 정량적 안전성 평가(QRA)에는 충격손상, 열복사, 폭발 같은 외력을 포함하여야 한다.

② 외부 탱크의 손상이 발생하는 경우, 도미노효과를 방지하고 내부 탱크의 건전성이 상실되지 않도록 설계할 것

③ 외부 탱크의 재료가 프리스트레트 콘크리트(Pre-Stressed Concrete)일 경우, 프리스트레스 케이블(Pre-Stressed Cables)의 재질은 외부 탱크 내면에 액상의 가스가 접촉되는 경우의 온도를 추정하여 그 온도에 적합한 것으로 하고, 최대 액압에 견딜 수 있을 것

④ 벽체와 바닥 슬래브가 강결(Rigid Connection) 구조로 된 콘크리트 외부 탱크의 경우, 벽체와 바닥 슬래브의 연결 부위 또는 바닥 슬래브에 제어할 수 없는 균열이 발생하는 것을 방지하기 위해 바닥 부위와 바닥으로부터 최소 5m까지의 벽체는 저온보호장치(Thermal Protection System ; TPS)를 설치할 것

6) 배관 지하매설

(1) 배관은 그 외면으로부터 지하의 다른 시설물과 0.3m 이상의 거리를 유지한다.
(2) 지표면으로부터 배관의 외면까지의 매설 깊이는 산이나 들에서는 1m 이상, 그 밖의 지역에서는 1.2m 이상으로 한다.
(3) 매설 깊이를 유지할 수 없는 경우에는 다음과 같은 방호구조물 안에 설치한다.
  ① 직경 9mm 이상의 철근을 가로×세로 400mm 이상으로 결속하고, 두께를 120mm 이상의 구조로 한 철근콘크리트 방호구조물
  ② 가스 배관 외부에 콘크리트를 타설하는 경우에는 고무판 등을 사용하여 배관의 피복 부위와 콘크리트가 직접 접촉하지 않도록 한다.
(4) 배관은 지반의 동결로 손상을 받지 않는 깊이로 매설한다.
(5) 성토하였거나 절토한 경사면 부근에 배관을 매설하는 경우에는 흙이나 돌 등이 흘러내려서 안전 확보에 지장이 없도록 매설한다.
(6) 배관 입상부 · 지반 급변부 등 지지 조건이 급변하는 곳에는 곡관의 삽입 · 지반의 개량, 그 밖의 필요한 조치를 한다.
(7) 굴착 및 되메우기는 안전 확보를 위하여 적절한 방법으로 실시한다.
(8) 철도의 횡단부 지하에는 지면으로부터 1.2m 이상 깊이에 매설하고 또한 강제의 케이싱을 사용하여 보호한다.
(9) 연약지반에 설치하는 배관은 모래 기초 또는 그 밖의 단단한 기초공사 등으로 지반침하를 방지한다.
(10) 배관 설치 시 되메움 재료 및 다짐 공정은 다음과 같이 한다.
  ① **되메움 기초재료(Foundation)**
    기초재료는 모래[가스 배관이 금속관인 경우에는 KS F 4009(레드믹스콘크리트)에 따른 염분 농도가 0.04% 이하일 것] 또는 19mm 이상(순환골재의 경우에는 13mm 초과)의 큰 입자가 포함되지 않은 다음 어느 하나의 재료를 사용한다.
    ㉠ 굴착 현장에서 굴착한 흙(굴착토) 또는 모래와 유사한 성분이 함유된 흙(마사토). 다만, 유기질토(이탄 등) · 실트 · 점토질 등 연약한 흙은 제외한다.

ⓒ 「건설폐기물의 재활용 촉진에 관한 법률 시행규칙」 제29조에서 정한 시험 · 분석기관으로부터 품질 검사를 받은 순환골재 또는 KS F 2527(콘크리트용 골재)에 적합하게 생산한 순환골재

ⓒ 건설재료시험 연구원 등 공인기관이 KS F 2324(흙의 공학적 분류기준)에서 정한 방법에 따라 시험하여 GW, GP, SW, SP의 판정을 받은 인공 토양

② 되메움 침상재료(Bedding)

배관에 작용하는 하중을 수직방향 및 횡방향에서 지지하고 하중을 기초 아래로 분산하기 위하여 배관 하단에서 배관 상단 0.3m(가스용 폴리에틸렌관의 경우에는 0.1m)까지 포설하는 재료를 말한다.

③ 되메움

㉠ 배관에 작용하는 하중을 분산해 주고 도로의 침하 등을 방지하기 위하여 침상재료 상단에서 도로 노면까지 포설하는 재료를 말한다.

ⓒ 되메움재는 암편이나 굵은 돌이 포함되지 않는 양질의 흙을 사용한다. 다만, 유기질토(이탄 등) · 실트 · 점토질 등 연약한 흙은 제외한다.

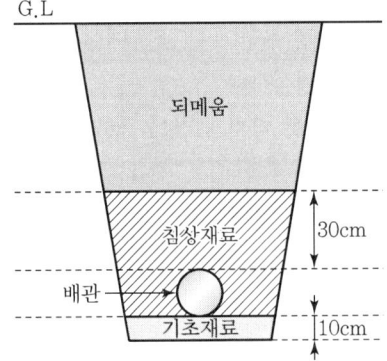

④ 다짐 공정 및 방법

㉠ 배관 상단으로부터는 0.3m마다 다짐 실시. 다만, 포장되어 있는 차도에 매설하는 경우 노반층의 다짐은 「도로법」에 따라 실시한다.

ⓒ 콤팩터, 래머 등 현장 상황에 맞는 다짐기계를 사용한다. 다만, 폭 4m 이하의 도로 등은 인력다짐으로 할 수 있다.

ⓒ 다짐은 전면에 걸쳐 균등하게 실시하여 불균등한 다짐이 되지 않게 한다.

㉣ 흙의 함수량이 다짐에 부적당할 때는 다짐작업을 하여서는 안 된다.

⑤ 배관의 기울기는 도로의 기울기를 따르고 도로가 평탄한 경우에는 1/500~1/1,000 정도의 기울기로 설치한다.

⑥ 수취기를 설치하는 콘크리트 등의 박스는 침수방지조치를 한다.

7) 배관 노출 설치

(1) 수평거리 유지

① 주택·학교·병원·철도, 그 밖에 이와 유사한 시설은 다음표에 열거한 시설(해당 가스공급시설 부지 안에 설치된 계기실 등 가스 공급에 필요한 시설은 제외한다)로 하고, 시설의 종류에 따라 안전 확보를 위하여 필요한 수평거리는 다음 표에 열거한 거리 이상으로 한다. 다만, 교량에 설치하는 배관으로서 적절한 보강을 하였을 때와 정압기실 안에 설치한 배관은 수평거리를 유지하지 않을 수 있다.

▼ **시설별 수평거리**

호	시설	수평거리(m)
1	철도(화물수송으로만 쓰이는 것은 제외한다)	30
2	도로(전용공업지역 및 일반공업지역 안에 있는 도로는 제외한다)	30
3	학교, 유치원, 새마을유아원, 사설 강습소	30
4	아동복지시설 또는 심신장애자 복지시설로서 수용 능력이 20명 이상인 건축물	30
5	병원(의원을 포함한다)	30
6	공공공지(도시계획시설만 말한다) 또는 도시공원(전용공업지역 안에 있는 도시공원은 제외한다)	30
7	극장·교회·공회당, 그 밖에 유사한 시설로서 수용 능력이 300명 이상을 수용할 수 있는 곳	30
8	백화점·공중목욕탕·호텔·여관, 그 밖에 사람을 수용하는 건축물(가설 건축물은 제외한다)로서 사실상 독립된 부분의 연면적이 1,000m^2 이상인 곳	30
9	「문화재보호법」에 따라 지정문화재로 지정된 건축물	70
10	주택(제1호부터 제9호까지에서 열거한 것 또는 가설 건축물은 제외한다) 또는 제1호부터 제9호까지에서 열거한 시설과 유사한 시설로서 다수인이 출입하거나 근무하고 있는 곳	30

② 최고사용압력이 1MPa 미만인 배관은 ①에 관계없이 위 표에 열거한 시설의 종류에 따라 필요한 수평거리로부터 각각 15m를 뺀 거리로 한다.

③ 지상 배관의 주위에 시설의 신설 때문에 수평거리가 유지되지 않는 경우로서 한국가스안전공사로부터 안전성 평가를 받고 그 결과에 따라 안전관리 강화조치를 하는 경우에는 다음에서 정한 수평거리 이상으로 한다.

㉠ 전용 공업지역 및 일반 공업지역 안에 설치된 배관의 경우 최소 수평거리는 공지폭에 따른 거리

ⓒ 전용 공업지역 및 일반 공업지역을 제외한 지역 안에 설치된 배관의 경우 최소 수평거리는 수평거리의 2분의 1 이상

(2) 공지의 폭 유지

노출된 배관의 양측에는 다음 표의 최고사용압력 구분에 따른 공지의 폭을 유지한다. 다만, 안전을 위하여 필요한 경우에는 공지의 폭을 초과하여 공지를 유지할 수 있으며 안전상 필요한 조치를 한 경우에는 공지의 폭 이하로 할 수 있다.

▼ 최고사용압력에 따른 공지의 폭

최고사용압력	공지의 폭
0.2MPa 미만	5m
0.2MPa 이상 1MPa 미만	9m
1MPa 이상	15m

[비고] 공지의 폭은 배관 양쪽의 외면으로부터 계산하되, 다음 지역에 설치하는 경우에는 표에서 정한 폭의 3분의 1로 할 수 있다.
1. 「국토의 계획 및 이용에 관한 법률」에 따른 전용 공업지역 또는 일반 공업지역

8) 배관 부대설비 설치

(1) 수취기 설치

물이 체류할 우려가 있는 배관에는 수취기를 콘크리트 등의 상자 안에 설치한다. 다만, 수취기의 기초와 주위를 튼튼히 하여 수취기에 연결된 수취 배관의 안전 확보를 위해 보호 상자를 설치한 경우에는 콘크리트 등의 상자 안에 설치하지 않을 수 있다.
① 수취기의 입관에는 플러그 또는 캡(중압 이상의 경우에는 밸브)을 설치한다.
② 수취기를 설치하는 콘크리트 등의 상자는 침수방지조치를 한다.

(2) 내용물 제거장치 설치

배관에는 서로 인접하는 긴급 차단장치의 구간마다 다음 기준에 따라 그 배관 안의 가스를 방출할 수 있는 내용물 제거장치를 설치한다. 다만, 안전밸브 설치의 경우에는 내용물 제거장치를 설치하지 않을 수 있다.
① 내용물 제거장치의 설치 높이는 방출된 가스의 착지 농도가 폭발하한계 값 미만이 되도록 설치한다.
② 가스방출 시작 압력에서부터 대기압까지의 방출 소요 시간은 방출 시작으로부터 60분 이내가 되도록 한다.
③ 내용물 제거장치는 방출된 가스로 주변 건축물 등에 착화할 위험이 없는 장소에 설치한다.

④ 가스방출구 위치는 작업원이 정상 작업을 하는 데 필요한 장소 및 작업원이 통행하는 장소에서 10m 이상 떨어진 곳에 설치한다.
⑤ 내용물 제거장치에는 정전기 및 낙뢰 등으로 착화하지 않도록 정전기 및 낙뢰방지설비를 설치하고 착화된 경우에는 불활성가스 퍼지 등으로 소화할 수 있는 조치를 한다.

9) 배관설비 표시

(1) 배관의 외부에 사용 가스명, 최고사용압력 및 가스의 흐름 방향을 표시한다. 다만, 지하에 매설하는 경우에는 흐름 방향을 표시하지 않을 수 있다.
(2) 지상 배관의 표면 색상은 황색으로 하고, 매설 배관의 표면 색상은 최고사용압력이 저압인 경우에는 황색으로, 최고사용압력이 중압인 경우에는 적색으로 한다. 다만, 지상 배관 중 건축물의 내·외벽에 노출된 것은 바닥(2층 이상 건물의 경우에는 각 층의 바닥을 말한다)으로부터 1m의 높이에 폭 30mm의 황색띠를 2중으로 표시한 경우에 표면 색상을 황색으로 하지 않을 수 있다.
(3) 배관을 지하에 매설하는 경우에는 다음과 같이 배관의 바로 윗부분에 보호포 설치 및 지면에 매설 위치를 확인할 수 있는 표지를 설치한다.

① 보호포 설치

보호포는 일반형 보호포와 탐지형 보호포(지면에서 매설된 보호포의 설치위치를 탐지할 수 있도록 제조된 것을 말한다)로 구분하고 재질·규격 및 설치는 다음과 같이 한다.

㉠ 보호포는 폴리에틸렌수지·폴리프로필렌수지 등 잘 끊어지지 않는 재질로 직조한 것으로서 두께는 0.2mm 이상으로 한다.
㉡ 보호포의 폭은 0.15~0.35m로 한다.
㉢ 보호포의 바탕색은 최고사용압력이 저압인 배관은 황색으로, 중압 이상인 배관은 적색으로 하고, 보호포에는 가스명·사용압력·공급자명 등을 다음 보기와 같이 표시한다.

[보기]

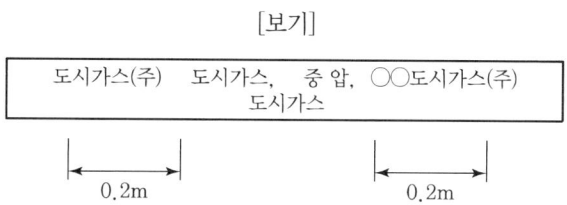

㉣ 보호포는 호칭지름에 0.1m를 더한 폭으로 설치하고, 2열 이상으로 설치할 경우 보호포 간의 간격은 보호포 넓이 이내로 한다.
㉤ 보호포는 최고사용압력이 저압인 배관의 경우에는 배관의 정상부로부터 0.6m 이상, 최고사용압력이 중압 이상인 배관의 경우에는 보호판의 상부로부터 0.3m 이상 떨어진 곳에 설치한다.

10) 라인마크 설치

(1) 라인마크의 종류는 금속재 라인마크, 스티커형 라인마크 및 네일형(Nail) 라인마크로 한다. 다만, 「도로교통법」에 따라 보도와 차도가 명확히 구분된 도로의 차도에는 네일형 라인마크를 설치하지 않는다.

(2) 라인마크는 배관 길이 50m마다 1개 이상 설치하되, 주요 분기지점·굴곡지점·관말지점 및 그 주위 50m 이내에 설치한다. 다만, 밸브 박스 또는 배관 바로 윗부분에 전위측정용 터미널(T/B)·검지공 등이 라인마크 기능을 갖도록 적합하게 설치된 경우에는 이를 라인마크로 볼 수 있다.

(3) 라인마크의 재료

① 금속재 라인마크

라인마크의 재료는 KS D 5101(동 합금봉)·KS D 6024(동 및 동 합금 주물)에서 정하는 황동 주물 1종, 2종, 3종 또는 이와 동등 이상의 것을 사용하고, 라인마크 핀은 KS D 3503(일반구조용 압연강재) 또는 이와 동등 이상의 재료를 사용한다.

② 스티커형 라인마크

라인마크의 재료는 다음에 적합한 폴리에틸렌으로 하고, 그 색상은 황색으로 한다.

㉠ 인장강도 : 150N/25mm 폭 이상
㉡ 점착강도 : 30N/25mm 폭 이상
㉢ 미끄럼 방지계수 : 40BPN 이상
㉣ 내마모성 : 200mg 이하

③ 네일형 라인마크

라인마크의 재료는 폴리카보네이트로 하고, 그 색상은 황색으로 하며, 라인마크 핀은 KS D 3698(냉간 압연 스테인리스 강판 및 강대)의 STS410 또는 이와 동등 이상의 재료를 사용한다.

(4) 라인마크의 모양 · 크기 및 표시방법
① 금속재 라인마크

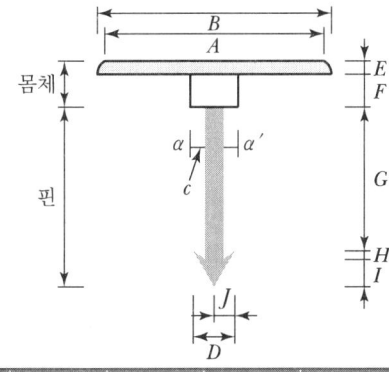

A	B	C	D	E	F	G	H	I	J
40mm	60mm	15mm	25mm	7mm	15mm	100mm	5mm	20mm	5mm

[비고] a, a'는 핀이 회전하지 않는 구조로 한다.

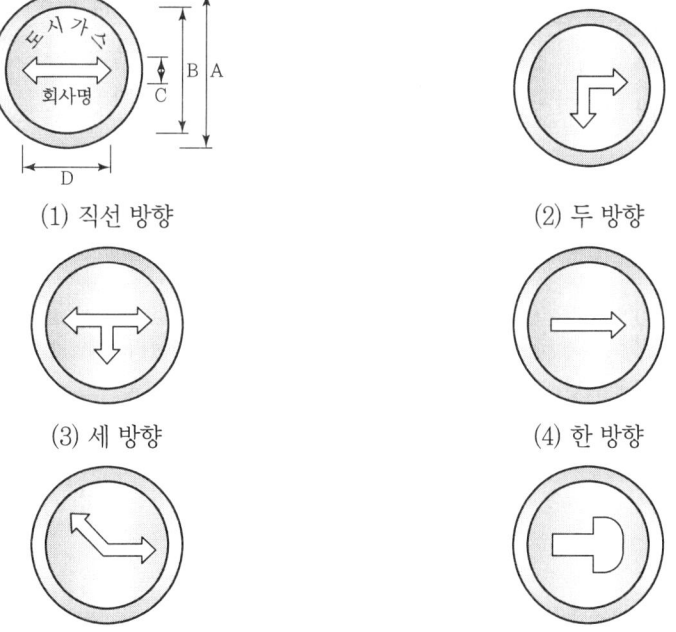

(1) 직선 방향 (2) 두 방향
(3) 세 방향 (4) 한 방향
(5) 135° 방향 (6) 관 끝 지점

A	B	C	D
60mm	40mm	6mm	40mm

[비고] 글씨는 6~10mm 장방형에 양각으로 한다.

∥ 금속재 라인마크의 모양 · 크기 및 표시방법 ∥

② 스티커형 라인마크

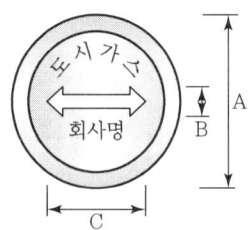

A	B	C	두께
100mm	10mm	70mm	1.5±0.2mm

[비고] 글씨는 8~12mm 장방향으로 하며, 표시방향은 금속재 라인마크의 (2)에서 (6)까지 따른다.

∥ 스티커형 라인마크의 모양 · 크기 및 표시방법 ∥

③ 네일형 라인마크

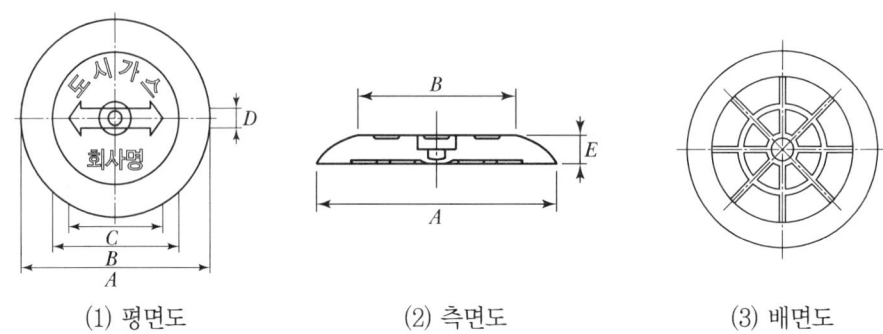

(1) 평면도　　　　　(2) 측면도　　　　　(3) 배면도

A	B	C	D	E
60mm	40mm	30mm	6mm	7mm

[비고] 글씨는 6~10mm 장방향으로 음각으로 하며, 표시방향은 금속재 라인마크의 (2)에서 (6)까지 따른다.

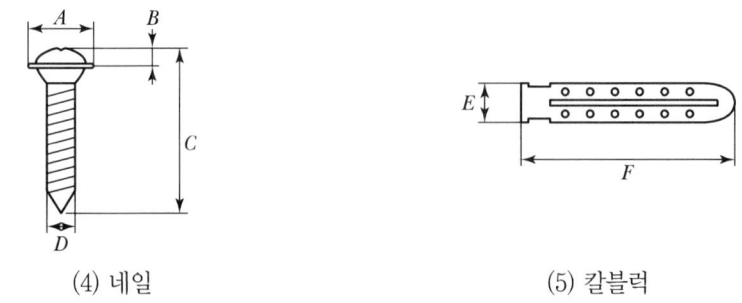

(4) 네일　　　　　　　　　(5) 칼블럭

A	B	C	D	E	F
9mm	2.6mm	50mm	4.2mm	6mm	30mm

∥ 네일형 라인마크의 모양 · 크기 및 표시방법 ∥

(5) 표지판 설치

① 도시가스배관을 시가지 외의 도로·산지·농지 또는 철도 부지에 매설하는 경우에는 표지판을 설치한다.
② 표지판은 배관을 따라 500m 간격으로 하나 이상 설치하되, 교통 등의 장애가 없는 장소에 일반인이 쉽게 볼 수 있도록 설치한다.
③ 표지판의 가로는 200mm, 세로는 150mm 이상의 직사각형으로 하고, 황색 바탕에 검정색 글씨로 ⑤의 보기와 같이 도시가스배관임을 알리는 표시와 연락처 등을 표기한다.
④ 판의 재료는 KS D 3503(일반구조용 압연강재)으로서 부식방지 조치를 한 것 또는 내식성 재료로 하고 지지대는 관의 재료와 동등 이상의 재료로 한다.
⑤ 표지판의 치수 및 표기방법은 다음 보기와 같다.

[보기]

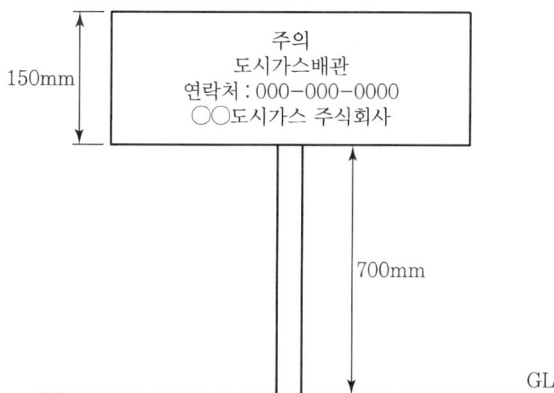

11) 안전밸브 설치

(1) 안전밸브는 스프링식 안전밸브를 설치한다.

(2) 안전밸브의 분출압력

① 안전밸브가 한 개인 경우에는 해당 설치 부분의 최고사용압력 이하의 압력으로 한다. 다만, 해당 가스공급시설에 그 최고사용압력 이하의 압력으로 작동하는 릴리프밸브나 자동적으로 가스의 유입을 막는 장치가 있는 경우에는 해당 설치 부분의 최고사용압력의 1.03배 이하의 압력으로 할 수 있다.
② 안전밸브가 두 개 이상인 경우에 한 개는 ①에 준하는 압력으로, 다른 한 개는 해당 설치부분의 최고사용압력의 1.03배 이하의 압력으로 한다.

(3) 안전밸브의 분출량을 결정하는 압력

① 고압 또는 중압의 가스공급시설에서는 최고사용압력의 1.1배 이하의 압력으로 한다.
② 액화가스가 통하는 가스공급시설에서는 최고사용압력의 1.2배 이상의 압력으로 한다.

(4) 가스홀더의 안전밸브 설치

① 분출압력이 가스홀더의 최고사용압력 이하인 안전밸브를 두 개 이상 설치한다. 다만, 가스홀더의 입구에 최고사용압력 이하의 압력으로 가스의 유입을 자동적으로 막는 장치가 있는 경우에는 분출압력을 최고사용압력의 1.07배 이하의 압력으로 조정할 수 있다.
② 안전밸브 분출 용량의 합계는 가스홀더의 압력이 최고사용압력과 같이 될 경우에 이입되는 가스 최대량의 2배 이상으로 한다. 다만, 가스홀더에 설치된 안전밸브 중 어느 한 개를 제거한 경우에도 분출 용량의 합계는 가스홀더의 압력이 최고사용압력과 같은 경우에 이입되는 가스의 최대량 이상으로 한다.

12) 긴급 차단장치

긴급 차단장치 설치제조소의 저장탱크·배관 및 고압인 가스공급시설에는 사용 중 발생할 수 있는 재해나 이상이 발생할 경우에 가스나 액화가스의 송출 또는 유입을 신속하게 차단할 수 있는 긴급 차단장치를 설치한다.

(1) 저장탱크에 긴급차단장치 설치

액화가스 저장탱크 중 내용적 5,000L 이상의 것에 설치한 배관(송출 또는 이입하기 위한 저장탱크만을 말하며 저장탱크와 배관과의 접속부를 포함한다)에는 그 저장탱크의 외면으로부터 10m 이상 떨어진 위치에서 조작할 수 있는 긴급 차단장치를 설치한다.

① 부착 위치
  ㉠ 긴급 차단장치는 저장탱크 주밸브의 외측에서 가능한 한 저장탱크와 가까운 위치에 설치하거나 저장탱크의 내부에 설치하되, 저장탱크 주밸브와 겸용하지 않도록 한다.
  ㉡ 긴급 차단장치는 저장탱크의 침하 또는 부상, 배관의 열팽창, 지진, 그 밖의 외력에 따른 영향을 고려하여 설치한다.

② 차단 조작기구
  ㉠ 차단밸브의 구조에 따라 액압, 기압, 전기(어느 것이든 정전 등에 따라 비상전력 등을 사용할 수 있는 것으로 한다) 또는 스프링 등을 동력원으로 사용한다.

ⓒ 긴급 차단장치를 조작할 수 있는 위치는 해당 저장탱크로부터 5m 이상 떨어진 곳(방류둑을 설치한 경우에는 그 외측)으로 하고, 예상되는 액화가스의 대량 유출에 대비하여 충분히 안전한 장소로 한다. 다만, 본문에서 규정한 위치 외에 주변 상황에 따라 차단 조작을 하는 기구를 설치하는 경우에는 해당 긴급 차단장치의 차단 조작을 신속히 할 수 있는 위치(원격조작으로 가스공급을 차단할 수 있는 통제소 또는 계기실을 포함한다)로 한다.

ⓒ 차단 조작은 간단하고 확실하며 신속히 할 수 있는 것으로 한다.

③ 배관의 긴급 차단장치

주요 하천·호수를 횡단하는 배관(횡단 거리가 500m 이상인 교량에 설치되는 배관을 말한다)에는 횡단부의 양 끝으로부터 가까운 거리에 설치한다.

13) 역류 방지장치 설치

제조소 및 공급소 가스공급시설의 가스가 통하는 부분에 직접 액체를 옮겨 넣는 가스발생설비(액화석유가스를 원료로 하는 것은 제외한다)와 가스정제설비에는 액체의 역류를 방지하기 위한 역류 방지장치를 설치한다.

(1) 역류 방지장치는 저장탱크 주밸브의 외측에서 가능한 한 저장탱크와 가까운 위치에 설치하거나 저장탱크의 내부에 설치하되, 저장탱크 주밸브와 겸용하지 않도록 한다.

(2) 역류 방지장치는 저장탱크의 침하 또는 부상, 배관의 열팽창, 지진, 그 밖의 외력에 따른 영향을 고려하여 설치한다.

(3) 역류 방지장치는 그 차단에 따라 해당 역류 방지방치 및 접속하는 배관 등에서 워터해머(Water Hammer)가 발생하지 않도록 조치를 강구한 것으로 한다.

14) 운전 감시장치 설치

배관장치에는 압축기·펌프 및 밸브의 작동 상황 등 그 배관장치의 운영 상태를 감시하는 장치를 다음 기준에 따라 설치한다.

(1) 배관장치에는 적절한 장소에 압력계, 유량계, 온도계(필요한 경우에만 설치한다) 등의 계기류(計器類)를 설치한다.

(2) 압축기 또는 펌프에 관련되는 계기실(배관장치의 경로에 설치한 관리실을 포함한다)에는 해당 압축기 또는 펌프의 작동 상황을 나타내는 표시등 및 긴급 차단밸브의 개폐 상태를 나타내는 표시등을 설치한다.

15) 이상 상태 경보장치 설치

(1) 경보장치의 경보 수신부는 해당 경보장치가 경보를 울리는 때에 지체 없이 필요한 조치를 할 수 있는 장소에 설치한다.
(2) 경보장치는 다음의 경우에 울리는 것이어야 한다.
   ① 배관 안의 압력이 최고사용압력의 1.05배(최고사용압력이 4MPa 이상인 경우에는 최고사용압력에 0.2MPa를 더한 압력)를 초과한 때. 다만, 배관 압력을 최고사용압력보다 낮게 운용할 경우에는 운용하는 압력의 1.05배로 할 수 있다.
   ② 배관 안의 압력이 정상 운전 때의 압력보다 15% 이상 강하한 경우 이를 검지한 때
   ③ 긴급 차단밸브의 조작회로가 고장난 때 또는 긴급 차단밸브가 폐쇄된 때

16) 안전 제어장치 설치

배관장치에는 가스의 압력과 배관의 길이에 따라 다음과 같은 제어 기능을 가지는 안전 제어장치를 설치한다.

(1) 압력 안전장치·가스누출검지경보장치·긴급 차단장치, 그 밖에 안전을 위한 설비 등의 제어회로가 정상 상태로 작동되지 않는 경우에 압축기 또는 펌프가 작동되지 않는 제어 기능을 가진 안전 제어장치를 설치한다.
   ① 제어 기능은 압력 안전장치, 가스누출검지경보장치 등과 그 밖에 안전을 위한 설비 등의 조작회로에 동력이 공급되지 않을 때나 경보장치가 경보를 울리고 있을 때에 압축기 또는 펌프가 작동하지 않도록 한다.
   ② 압력 안전장치는 다음과 같이 한다.
      ㉠ 배관 안의 압력이 최고사용압력을 초과하지 않고, 또한 수격(Water Hammer)현상에 따라 생기는 압력이 최고사용압력의 1.1배를 초과하지 않도록 하는 제어 기능을 갖추어야 한다.
      ㉡ 재질 및 강도는 가스의 성질, 상태, 온도 및 압력 등에 상응되는 적절한 것으로 한다.
      ㉢ 배관장치의 압력 변동을 충분히 흡수할 수 있는 용량을 갖추도록 한다.
(2) 배관장치에는 다음과 같은 이상 상태가 발생한 경우에 재해 발생 방지를 위하여 압축기·펌프·긴급 차단장치 등을 신속하게 정지 또는 폐쇄하는 제어 기능을 가지는 안전 제어장치를 설치한다.
   ① 압력계로 측정한 압력이 최고사용압력의 1.1배를 초과했을 때
   ② ①에서 정한 압력계로 측정한 압력이 정상 운전 때의 압력보다 30% 이상 강하했을 때
   ③ 가스발생설비, 가스정제설비, 가스홀더, 배송기, 압송기 및 부대설비 등 제조설비에 따라 설치한 경보장치가 작동했을 때

17) 방류둑 설치

액화가스저장탱크의 저장능력이 500톤 이상(서로 인접하여 설치된 것은 그 저장능력의 합계)인 것의 주위에는 액상의 가스가 누출될 경우에 그 유출을 방지할 수 있는 방류둑 또는 이와 동등 이상의 효과가 있는 시설을 설치한다. 또한 방류둑의 내측 및 그 외면으로부터 10m(저장능력이 1,000톤 미만인 액화가스저장탱크의 경우에는 8m) 이내에는 그 저장탱크의 부속시설 및 배관 외의 것은 설치하지 않는다.

(1) 방류둑 용량

① 방류둑의 용량은 저장탱크의 저장능력에 상당하는 용적(이하 '저장능력 상당용적'이라 한다) 이상의 용적으로 한다.
② 두 개 이상의 저장탱크를 집합 방류둑 안에 설치한 저장탱크(저장탱크마다 칸막이를 설치한 경우만 말한다)에는 해당 저장탱크 중 최대 저장탱크의 저장능력 상당용적에 잔여 저장탱크 총 저장능력 상당용적 합계의 10% 용량을 더하여 얻은 용량 이상을 전량 수용할 수 있도록 한다.
③ 저장탱크의 방류둑의 칸막이란 계산된 용량의 집합 방류둑 안에 설치된 저장탱크의 저장능력 상당용적의 합계에 개개의 저장능력 상당용적의 비율을 곱하여 얻은 용량 구성비를 말하며, 칸막이의 높이는 방류둑보다 0.1m 낮게 한다.

(2) 방류둑 재료 및 구조

① 방류둑의 재료는 철근콘크리트, 철골·철근콘크리트, 금속, 흙, 또는 이들을 혼합한 것으로 한다.
② 철근콘크리트, 철골·철근콘크리트는 수밀성 콘크리트를 사용하고 균열 발생을 방지하도록 배근, 리벳팅이음, 신축이음 및 신축이음의 간격, 배치 등을 정한다.
③ 금속은 해당 가스에 침식되지 않는 것 또는 부식방지·녹방지 조치를 강구한 것이어야 하고, 대기압에서 액화가스의 기화온도에 충분히 견디는 것으로 한다.
④ 성토는 45° 이하의 기울기로 하여 쉽게 허물어지지 않도록 충분히 다져 쌓고, 강우 등으로 유실되지 않도록 그 표면에 콘크리트 등으로 보호하며, 성토 윗부분의 폭은 0.3m 이상으로 한다.
⑤ 방류둑은 액밀한 것으로 한다.
⑥ 방류둑의 높이는 방류둑 안 저장탱크 등의 안전관리 및 방재활동에 지장이 없는 범위에서 방류둑 안에 고인 액의 표면적이 될 수 있는 한 적게 되도록 한다.
⑦ 방류둑은 그 높이에 상당하는 해당 액화가스의 액두압에 견딜 수 있는 것으로 한다.

⑧ 방류둑에는 계단, 사다리 또는 토사를 높이 쌓아 올린 형태 등으로 된 출입구를 둘레 50m마다 한 개 이상씩 설치하되 그 둘레가 50m 미만일 경우에는 두 개 이상 분산하여 설치한다.
⑨ 배관 관통부의 틈새에는 누출방지 및 부식방지를 위한 조치를 한다.
⑩ 방류둑 안에 고인 물을 외부로 배출할 수 있는 조치를 한다. 이 경우 배수조치는 방류둑 밖에서 배수 및 차단 조작을 할 수 있도록 하며, 배수할 때 이외에는 반드시 닫혀 있도록 한다.
⑪ 집합 방류둑 안에는 가연성 가스와 조연성가스 또는 독성가스의 저장탱크를 혼합하여 배치하지 않는다.
⑫ 방류둑 내부에는 연소하기 쉬운 물질(잔디 등)이 없도록 관리해야 한다.

(3) 방류둑 내·외부 부속설비 설치

① 해당 저장탱크에 속하는 송출 및 송액설비(액화가스 저장탱크 및 저온 저장탱크에 속한 것만 말한다), 불활성가스의 저장탱크, 물분무장치 또는 살수장치(저장탱크 외면에서 방류둑까지 20m를 초과하는 경우에는 방류둑 외측에서 조작할 수 있는 소화설비를 포함한다), 가스누출검지경보설비(검지부만 말한다), 재해설비(누출된 가스를 흡입하는 부분만 말한다), 조명설비, 계기시스템, 배수설비, 배관 및 그 파이프 랙(Pipe Rack)과 이들에 부속하는 시설 및 설비 이외의 것으로서 안전 확보에 지장이 없는 시설 및 설비

② 방류둑 외부에 설치할 수 있는 설비
  ㉠ 해당 저장탱크에 속하는 송출 및 송액설비, 불활성가스의 저장탱크, 냉동설비, 열교환기, 기화기, 가스누출검지경보설비, 재해설비, 조명설비, 누출된 가스의 확산을 방지하기 위하여 설치된 건물 형태의 구조물, 계기시스템, 배관 및 그 파이프 랙(Pipe Rack)과 이들에 부속하는 시설 및 설비
  ㉡ 배관(신축이음매 이외의 부분이 지면에서 4m 이상의 높이를 가진 것만 말한다) 또는 지하에 매설되어 있는 시설(지상 중량물의 하중에 견딜 수 있도록 조치한 것만 말한다)
  ㉢ 위에서 정한 것 이외의 것으로서 안전 확보에 지장이 없는 시설 및 설비

18) 긴급 이송설비

긴급 차단장치를 설치한 고압의 가스공급시설은 그 시설에 속하는 가스양·온도·압력 등에 따라 이상 사태가 발생하는 경우에 그 설비 안의 내용물을 설비 밖으로 긴급하고도 안전하게 이송할 수 있는 긴급 이송설비를 설치한다.

(1) 긴급 이송설비 이송능력과 이송 시간

인접한 설비에 재해가 발생하였을 경우 해당 구간으로 연소 또는 급격히 이송됨으로써 해당 구간의 설비에 손상 등으로 2차적인 재해가 발생되지 않도록 긴급 이송설비가 설치되어 있는 구간 안에 보유하고 있는 가스를 안전한 시간 안에 이송할 수 있도록 한다.

(2) 긴급 이송설비 처리설비

긴급이송설비에 부속된 처리설비는 이송되는 설비 안의 내용물을 다음과 같은 방법으로 처리할 수 있는 것으로 한다.
① 플레어스택에서 안전하게 연소시키는 것
② 안전한 장소에 설치된 저장탱크 등에 임시 이송할 수 있는 것
③ 벤트스택에서 안전하게 방출할 수 있는 것

19) 계측설비 설치

(1) 액면계 설치

제조소 및 공급소의 저장탱크에는 액화가스의 양을 확인할 수 있도록 다음 기준에 따라 액면계(환형 유리제 액면계는 제외한다)를 설치한다. 이 경우 그 액면계가 유리제일 때는 파손을 방지하는 장치를 설치하고 저장탱크와 유리제 게이지를 접속하는 상하 배관에는 자동식 및 수동식 스톱밸브를 설치한다.
① 액면계는 평형반사식 유리액면계, 평형투시식 유리액면계 및 플로트(Float)식 · 차압식 · 정전용량식 · 편위식 · 고정튜브식 또는 회전튜브식이나 슬립튜브식 액면계 등에서 액화가스의 종류와 저장탱크의 구조 등에 적합한 구조와 기능을 가지는 것을 선정하여 사용한다.
② 유리액면계에 사용하는 유리는 KS B 6208(보일러용 수면계유리) 중 기호 B나 P의 것 또는 이와 동등 이상의 것으로 한다.
③ 유리를 사용한 액면계에는 액면을 확인하기 위해 필요한 최소 면적 이외의 부분을 금속제 등의 덮개로 보호하여 유리의 파손을 방지하는 조치를 한다.
④ 액면계에 설치하는 상하 스톱밸브는 수동식이나 자동식을 각각 설치한다. 다만, 자동식이나 수동식 기능을 함께 갖춘 경우에는 각각 설치한 것으로 볼 수 있다.

(2) 비상전력설비 설치

① 비상전력 등이란 정전 등의 경우에 제조설비를 안전하게 유지하고 정지시키기 위해 필요한 최소 용량을 갖춘 전력 및 공기 또는 이와 동등 이상인 것을 말한다.
② 비상전력은 정전 등으로 그 제조설비의 기능이 상실되지 않도록 지체 없이 전환될 수 있는 것으로 하고, 안전에 필요한 설비는 다음 표에서 게기한 것 또는 이들과 동등 이상으로 인정되는 것 중 같은 종류를 포함하여 두 가지 이상(평상시에 사용되는 전력을 포함한다)을 보유하도록 조치한다.

▼ 설비별 비상전력

비상전력 등 설비	타처 공급전력	자가발전	축전지 장치	엔진구동 발전	스팀터빈 구동 발전	공기 또는 질소설비
자동제어장치	○	○	○			△
긴급차단장치	○	○	○			△
살수장치	○	○	○	○	○	
방소화설비	○	○	○	○	○	
냉각수펌프	○	○	○	○	○	
물분무장치	○	○	○	○	○	
독성가스 재해설비	○	○	○	○	○	
비상조명설비	○	○	○			
가스누출검지경보설비	○	○	○			
통신시설	○	○	○			

[비고]
1. 표에서 ○표는 비상전력 중에서 두 가지 이상 보유하는 것을 표시하며, △표는 공기를 사용하는 자동제어장치 또는 긴급차단장치에 반드시 보유하도록 조치할 것을 표시한다.
2. 자가발전은 항상 가동되는 것으로서 같은 선로에 닿는 곳으로부터 공급되는 전력 또는 별도의 자가 발전설비와 병렬로 수전할 수 있는 것이어야 한다.
3. 살수장치, 방소화설비, 냉각수펌프, 물분무장치 등에 엔진 또는 스팀터빈 구동으로 펌프를 사용하는 경우에는 표의 비상전력 등을 보유하는 조치를 하지 않아도 된다.
4. 자동제어장치 또는 긴급차단장치는 정전 등의 경우 1. 또는 2.에 정한 바에 관계없이 자동 또는 원격수동으로 즉시 안전하게 작동될 수 있는 것을 갖춤으로써 갈음할 수 있다.
5. 다음 가 및 나는 비상전력 등을 보유한 것으로 본다.
    가. 정전 때에 그 기능이 상실되지 않는 것
        (1) 긴급 차단장치 중 와이어 등으로 작동되는 것
        (2) 물분무장치, 방소화설비 및 살수장치 중 항상 필요한 용수량을 수두압으로 유지할 수 있는 물탱크 또는 저수지 등을 확보하고 있는 상태에서 펌프를 사용하지 않는 경우
        (3) 통신시설 중 메가폰
    나. 비상조명 또는 통신시설로서 전지를 사용하는 것은 항상 사용할 수 있는 예비전지를 보유하고 있거나 충전식 전지일 경우

(3) 통신설비 설치

① 제조소, 공급소 및 배관을 관리하는 사업장에는 긴급할 때에 신속하게 통신할 수 있도록 업소의 규모·구조에 적합한 전용 통신시설을 다음 기준에 따라 갖추고 이에 따른 비상연락체제를 확립한다.

② 사업소 안에서 긴급사태가 발생할 때 연락을 신속히 할 수 있도록 하기 위하여 통신설비를 다음 표와 같이 갖춘다.

▼ 사업소 안에 갖출 통신설비

사항별(통신범위)	설치(구비)하여야 할 통신설비	비고
1. 안전관리자가 상주하는 사업소와 현장사업소와의 사이 또는 현장사무소 상호 간	• 구내전화 • 구내방송설비 • 인터폰 • 페이징설비	통신설비는 사업소의 규모에 적합하도록 하나 이상을 갖춘다.
2. 사업소 안 전체	• 구내방송설비 • 사이렌 • 휴대용 확성기 • 페이징설비 • 메가폰	메가폰은 해당 사업소의 면적이 $1,500m^2$ 이하의 경우에만 적용한다.
3. 종업원 상호 간(사업소안 임의의 장소)	• 페이징설비 • 휴대용 확성기 • 트랜시버(계기 등에 영향이 없는 경우만을 말한다) • 메가폰	

(4) 조명등 설치

제조소 및 공급소에는 가스공급시설의 조작을 안전하고 확실하게 할 수 있도록 하기 위하여 조명등을 설치하고 조도를 150lx 이상으로 한다.

(5) 냄새첨가장치 설치

제조소에는 누출된 가스를 신속히 감지하여 사고의 확대를 방지하기 위하여, 공기 중의 혼합비율의 용량이 1,000분의 1 상태에서 감지할 수 있는 냄새가 나는 물질을 혼합하기 위한 냄새첨가장치를 설치한다.

20) 열량 조정장치 설치

(1) 제조소에는 가스의 안정적 공급을 위하여 열량 조정장치를 설치한다.
(2) 비상공급시설 설치가스공급시설이 손상되거나 재해 발생으로 비상공급시설을 설치하는 경우에는 다음 기준에 따라 설치한다.
　① 비상공급시설의 설치는 인화성 물질이나 발화성 물질을 저장·취급하는 장소가 아닌 곳으로 한다.

② 비상공급시설에는 접근을 금지하는 내용의 경계표지를 설치한다.
③ 고압이나 중압의 비상공급시설은 최고사용압력의 1.5배(고압의 비상공급시설로서 공기·질소 등의 기체로 내압시험을 실시하는 경우에는 1.25배) 이상의 압력으로 내압시험을 실시하여 이상이 없는 것으로 한다.
④ 비상공급시설 중 가스가 통하는 부분은 최고사용압력의 1.1배 이상의 압력으로 기밀시험이나 누출검사를 실시하여 이상이 없는 것으로 한다.
⑤ 비상공급시설은 그 외면으로부터 제1종보호시설까지의 거리가 15m 이상, 제2종보호시설까지의 거리가 10m 이상이 되도록 한다.
⑥ 비상공급시설의 원동기에는 불씨가 방출되지 않도록 하는 조치를 한다.
⑦ 비상공급시설에는 그 설비에서 발생하는 정전기를 제거하는 조치를 한다.
⑧ 비상공급시설에는 소화설비와 재해 발생 방지를 위해 응급조치에 필요한 자재 및 용구 등을 비치한다.
⑨ 이동식 비상공급시설은 엔진을 정지한 후 주차제동장치를 걸어 놓고, 자동차 바퀴를 고정목 등으로 고정한다.

21) 벤트스택 설치

제조소 및 공급소에는 이상 사태가 발생할 때 그 확대를 방지하기 위하여 벤트스택을 설치한다.

(1) 가스공급시설 벤트스택 설치가스공급시설에 설치하는 벤트스택은 다음 기준에 따라 설치한다.
  ① 벤트스택의 높이는 방출된 가스의 착지 농도가 폭발하한계 값 미만이 되도록 충분한 높이로 한다.
  ② 벤트스택 방출구의 위치는 작업원이 정상 작업을 하는 데 필요한 장소 및 작업원이 항시 통행하는 장소로부터 10m 이상 떨어진 곳에 설치한다.
  ③ 벤트스택에는 정전기 또는 낙뢰 등으로 착화를 방지하는 조치를 강구하고 만일 착화된 경우에는 즉시 소화할 수 있는 조치를 강구한다.
  ④ 벤트스택 또는 그 벤트스택에 연결된 배관에는 응축액의 고임을 제거하거나 방지하기 위한 조치를 강구한다.
  ⑤ 액화가스가 함께 방출되거나 급냉될 우려가 있는 벤트스택에는 그 벤트스택과 연결된 가스공급시설의 가장 가까운 곳에 기액분리기를 설치한다.

(2) 그 밖의 벤트스택 설치
  ① 벤트스택의 높이는 방출된 가스의 착지 농도가 폭발하한계 값 미만이 되도록 충분한 높이로 한다.

② 벤트스택 방출구의 위치는 작업원이 정상 작업을 하는 데 필요한 장소 및 작업원이 항시 통행하는 장소로부터 5m 이상 떨어진 곳에 설치한다.
③ 벤트스택에는 정전기 또는 낙뢰 등으로 착화된 경우에 소화할 수 있는 조치를 강구한다.
④ 벤트스택 또는 그 벤트스택에 연결된 배관에는 응축액의 고임을 제거하거나 방지하기 위한 조치를 한다.
⑤ 액화가스가 함께 방출되거나 급랭될 우려가 있는 벤트스택에는 액화가스가 함께 방출되지 않도록 조치를 한다.

22) 플레어스택 설치

제조소 및 공급소에는 이상 사태가 발생할 때 그 확대를 방지하기 위하여 플레어스택을 다음 기준에 따라 설치한다.
(1) 연소능력은 긴급 이송설비로 이송되는 가스를 안전하게 연소시킬 수 있는 것으로 한다.
(2) 플레어스택에서 발생하는 복사열이 다른 가스공급시설에 나쁜 영향을 미치지 않도록 안전한 높이에 설치한다.
(3) 플레어스택의 설치 위치 및 높이는 플레어스택 바로 밑의 지표면에 미치는 복사열이 4,000 kcal/m²·hr 이하가 되도록 한다. 다만, 4,000kcal/m²·hr를 초과하는 경우로서 출입이 통제되어 있는 지역은 설치 위치 및 높이를 제한하지 않을 수 있다.
(4) 플레어스택에서 발생하는 최대 열량에 장시간 견딜 수 있는 재료 및 구조로 한다.
(5) 플레어스택은 긴급이송설비에 따라 이송되는 가스를 연소시켜 대기로 안전하게 방출할 수 있도록 다음과 같은 구조로 한다.
① 파일럿버너나 항상 작동할 수 있는 자동점화장치를 설치한다. 이때 파일럿버너는 꺼지지 않는 것으로 하거나, 자동점화장치의 기능이 완전하게 유지되는 것으로 한다.
② 역화 및 공기 등과의 혼합폭발을 방지하기 위하여 그 제조시설의 가스 종류 및 시설의 구조에 따라 다음 중 어느 하나 이상을 갖춘 것으로 한다.
㉠ Liquid Seal의 설치
㉡ Flame Arrestor의 설치
㉢ Vapor Seal의 설치
㉣ Molecular Seal의 설치
㉤ Purge Gas(N_2, Off Gas 등)의 지속적인 주입
(6) 플레어스택은 파일럿버너를 항상 점화하여 두는 등 플레어스택과 관련된 폭발을 방지하기 위한 조치가 되어 있는 것으로 한다.
(7) 플레어스택은 API, ISO 공인 기준을 적용한 경우에는 적합한 것으로 본다.

23) 내용물 제거장치 설치

(1) 내용물 제거장치의 설치 높이는 방출된 가스의 착지 농도가 폭발하한계 값 미만이 되도록 한다.
(2) 가스 방출 시작 압력에서부터 대기압까지의 방출 소요 시간은 방출 시작으로부터 60분 이내가 되도록 한다.
(3) 내용물 제거장치는 방출된 가스로 인하여 주변 건축물 등에 착화할 위험이 없는 장소에 설치한다.
(4) 가스방출구 위치는 작업원이 정상 작업을 하는 데 필요한 장소 및 작업원이 통행하는 장소로부터 10m 이상 떨어진 곳에 설치한다.
(5) 내용물 제거장치에는 정전기 및 낙뢰 등으로 착화하지 않도록 정전기 및 낙뢰방지설비를 설치하고 착화된 경우에는 불활성가스 퍼지 등으로 소화할 수 있는 조치를 한다.

24) 경계표시 설치

(1) 사업소 경계표시 설치

제조소 및 공급소의 안전을 확보하기 위하여 필요한 곳에는 가스를 취급하는 시설이거나 일반인의 출입을 제한하는 시설이라는 것을 명확하게 알아볼 수 있도록 다음 기준에 따라 경계표지를 설치한다.
① 경계표지는 해당 제조소 및 공급소의 출입구(경계책, 담 등에 설치되어 있는 것) 등 외부에서 보기 쉬운 곳에 게시한다.
② 경계표지는 제조소 및 공급소 또는 가스공급시설임을 외부 사람이 명확히 식별할 수 있는 크기로 하고 해당 제조소 및 공급소에서 지켜야 할 안전 확보에 필요한 주의사항을 다음과 같이 표시한다.

도 시 가 스 제 조 사 업 소
출 입 금 지
화 기 절 대 엄 금

(2) 저장설비 경계표시 설치

저장탱크(국가보안목표시설로 지정된 것은 제외한다)의 외부에는 은색·백색 도료를 바르고 주위에서 보기 쉽도록 가스의 명칭을 붉은 글씨로 표시한다.

25) 경계책 설치

제조소 및 공급소에는 일반인이 무단으로 출입하는 것을 방지하기 위하여 다음 기준에 따라 울타리나 경비소를 설치한다.

(1) 가스발생설비·가스정제설비·가스홀더·액화석유가스 저장탱크·가스혼합기를 설치한 장소 주위에는 높이 1.5m 이상의 철책이나 철망 등의 경계책을 설치하여 일반인의 출입이 통제되도록 필요한 조치를 한다. 다만, 가스발생설비·가스정제설비·가스홀더·액화석유가스 저장탱크·가스혼합기를 건물 안에 설치하였거나 차량의 통제 등 조업 시행이 현저히 곤란하여 위해 요인이 가중될 우려가 있는 경우에는 경계책 설치를 생략할 수 있다.
(2) 경계책 주위에는 경계표지를 보기 쉬운 장소에 부착한다.
(3) 경계책 안에는 누구도 발화 또는 인화하기 쉬운 물질을 휴대하고 들어가서는 안 된다. 다만, 해당 설비의 정비·수리 등 불가피한 사유가 발생할 경우에만 안전관리책임자의 감독 아래 휴대할 수 있다.

26) 사고예방설비 유지관리

LNG 저장탱크의 안전성을 확보하고 과충전을 방지하기 위해 인터록 바이패스는 다음 기준에 따라 관리하여야 한다.

(1) 인터록 바이패스란 인터록 장치가 정상적으로 작동되지 않도록 조작하는 행위를 말하며 다음 중 어느 하나에 해당하는 경우에 할 수 있다.
　① 인터록 관련 계기의 작동이 불량하나 별도 계기에 의해 운전 상태 감시가 가능하고 사업소의 운전절차에 따른 안전성이 확보된 경우
　② 예측이 가능한 인터록 관련 계기의 오작동(주변에서 방사선 검사 시 화염감지기의 오작동 등)을 방지하기 위한 경우
　③ 공정의 정상운전 중에 인터록 관련 계기의 일시적인 수리를 위해 공정의 정상운전과 기기 및 설비의 보호를 위하여 필요하다고 인정된 경우
　④ 운전 중에 실시되는 예비 장치 및 설비를 교체·수리할 경우
(2) 하역 작업 시 해당설비에 대한 인터록 바이패스를 하지 않는다.
(3) 인터록 바이패스를 실시한 경우 사유가 해소되면 즉시 인터록 바이패스를 해지하여 정상화한다.
(4) 인터록 바이패스 및 인터록 바이패스 해지 절차를 마련하여 준수하고 인터록 바이패스 기록을 유지해야 한다.

27) 저장설비 점검

(1) 물분무장치 점검
물분무장치 등은 매월 1회 이상 확실하게 작동하는지를 확인하고 기록한다.

(2) 긴급 차단장치 점검
① 긴급 차단장치는 1년에 1회 이상 밸브 몸체의 누출검사와 작동검사를 실시하여 누출량이 안전 확보에 지장이 없는 양 이하이고, 원활하며 확실하게 개폐될 수 있는 작동 기능을 가졌음을 확인한다.
② 긴급 차단장치는 6개월에 1회 이상 작동 상황을 점검한다.

(3) 가스누출검지경보장치 점검
제조소, 공급소 및 배관에 설치된 가스누출검지경보장치는 1주일에 1회 이상은 육안으로 점검하되, 6개월에 1회 이상은 표준가스를 사용하여 작동 상황을 점검하고, 작동이 불량할 때는 즉시 교체하거나 수리하여 항상 정상적인 작동이 되도록 한다.

(4) 안전밸브 설정 압력 작동 확인
제조소 및 공급소에 설치된 안전밸브의 정상 작동 여부를 2년에 1회 이상 확인하고 기록을 유지하며, 작동이 불량할 때는 즉시 교체하거나 수리하여 설정 압력에서 항상 정상적인 작동이 되도록 한다.

28) 부취제

(1) 부취제 이입 작업
① 운반차량으로부터 부취제를 저장탱크 등에 이입할 경우 보호의, 보안경 등의 보호장비를 착용한 후 작업한다.
② 운반차량은 저장탱크 등의 외면과 3m 이상 이격거리를 유지한다. 다만, 운반차량과 저장탱크 등 사이에 경계턱 등을 설치한 경우에는 3m 이상 유지하지 않을 수 있다.
③ 운반차량으로부터 부취제는 저장탱크 등으로 이입하는 경우 운반차량이 고정되도록 자동차 정지목 등을 설치한다.
④ 부취제를 이입할 때에는 이입장비 등의 작동 상태를 확인한 후 이입작업을 시작한다.
⑤ 부취제 이입 작업을 시작하기 전에 주위에 화기 및 인화성 또는 발화성 물질이 없도록 한다.
⑥ 운반차량에 발생하는 정전기를 제거하는 조치를 한다.
⑦ 부취제가 누출될 수 있는 주변에 중화제, 소화기 등을 구비하여 부취제 누출 시 곧바로 중화 및 소화작업을 한다.

⑧ 누출된 부취제는 중화 및 소화작업을 하여 안전하게 폐기한다.
⑨ 저장탱크 등에 이입을 종료한 후 설비에 남아 있는 부취제는 최대한 회수하고 누출 점검을 실시한다.
⑩ 부취제를 이입할 때에는 안전관리자가 상주하여 이를 확인하여야 하고, 작업 관련자 이외에는 출입을 통제한다.

(2) 부취설비는 「위험물안전관리법」에 따라 안전하게 유지·관리한다.

(3) 부취제 주입 작업

① 부취제를 첨가할 때에 그 특성을 고려하여 적정 농도로 주입될 수 있도록 한다.
② 부취제 주입 작업을 할 때에는 주위에 화기 사용을 금지하고 인화성 또는 발화성 물질이 없도록 한다.
③ 부취제가 누출될 수 있는 주변에 중화제, 소화기 등을 구비하여 부취제 누출 시 곧바로 중화 및 소화작업을 한다.
④ 누출된 부취제는 중화 및 소화작업을 하여 안전하게 폐기한다.
⑤ 부취제 주입 작업을 할 때에는 상시 모니터링하며, 작업 관련자 이외에는 출입을 통제한다.

30) 검사

(1) 기밀시험 또는 누출검사

최고사용압력의 1.1배의 압력으로 기밀시험을 실시하되, 기밀시험이 곤란한 경우에는 가스누출검지기 및 검지액을 이용하여 누출 여부를 확인한다.

(2) 제조소 및 공급소의 기밀시험 방법

① 기밀시험은 공기 또는 위험성이 없는 불활성 기체로 실시한다. 다만, 다음의 경우에는 통과하는 가스로 할 수 있다.
  ㉠ 최고사용압력이 고압 또는 중압으로 길이가 15m 미만인 배관 또는 그 부대설비는 그 이음부와 같은 재료, 같은 치수 및 같은 시공 방법을 따르고 최고사용압력의 1.1배 이상인 압력에서 누출이 없는지를 확인하며, 다음과 같은 방법으로 기밀시험을 한 것
    • 발포액을 이음부에 도포하여 거품의 발생 여부로 판정하는 방법
    • 시험에 사용하는 가스 농도가 0.2% 이하에서 작동하는 가스검지기를 사용하여 해당 검지기가 작동되지 않는 것으로 판정하는 방법(매설된 배관은 시험가스를 넣어서 12시간 경과한 후에 판정한다)
  ㉡ 최고사용압력이 저압인 배관 또는 그 부대설비로서 ㉠에 따른 방법으로 기밀시험을 한 것

② 기밀시험은 최고사용압력의 1.1배 또는 8.4kPa 중 높은 압력 이상으로 실시한다. 다만, 최고사용압력이 저압인 가스홀더, 배관 및 그 부대설비 이외의 것 중 최고사용압력이 30kPa 이하인 것은 시험압력을 최고사용압력으로 할 수 있다.

③ 기밀시험은 그 설비가 취성 파괴를 일으킬 우려가 없는 온도에서 실시한다.

④ 기밀시험은 기밀시험압력에서 누출 등의 이상이 없을 때 합격으로 한다.

⑤ 기밀시험에 종사하는 인원은 작업에 필요한 최소 인원으로 하고, 관측 등은 적절한 장애물을 설치하고 그 뒤에서 실시한다.

⑥ 기밀시험을 하는 장소 및 그 주위는 잘 정돈하여 긴급한 경우 대피하기 좋도록 하고 2차적으로 인체에 피해가 발생하지 않도록 한다.

⑦ 기밀시험 및 누출검사에 필요한 준비는 검사 신청인이 한다.

(3) 신규로 설치하는 제조소 및 공급소 안 배관의 기밀시험은 다음 어느 하나의 방법에 따라 실시한다. 다만, 매설 배관의 경우에는 ①의 방법을 제외한다.

① 발포액을 이음부에 도포하여 거품의 발생 여부로 판정하는 방법

② 시험에 사용하는 가스 농도가 0.2% 이하에서 작동하는 가스검지기를 사용하여 해당 검지기가 작동하지 않는 것으로 판정하는 방법(매설된 배관은 시험가스를 넣어서 12시간 경과한 후 판정한다.)

③ 배관 연결(Tie-In) 공정에서 최고사용압력이 고압 또는 중압인 배관으로서 용접으로 접합하고 방사선투과시험에 합격된 배관은 통과하는 가스를 시험가스로 사용하고 0.2% 이하에서 작동하는 가스검지기를 사용하여 해당 검지기가 작동하지 않는 것으로 판정한다(매설된 배관은 시험가스를 넣어 24시간 경과한 후 판정한다), 이때 시험압력은 사용압력으로 할 수 있다.

④ 다음 표에 열거한 압력측정기구의 종류와 시험할 부분의 용적 및 최고사용압력에 따라 정한 기밀 유지 시간 이상을 유지하여 처음과 마지막 시험의 측정 압력차가 압력측정기구의 허용오차 안에 있는 것을 확인함으로써 판정하는 방법(처음과 마지막 시험의 온도차가 있는 경우에는 압력차를 보정한다)

▼ 압력측정기구별 기밀시험 유지 시간

압력측정기구	최고사용압력	용적	기밀 유지 시간
수은주 게이지	0.3MPa	$1m^3$ 미만	2분
		$1m^3$ 이상 $10m^3$ 미만	10분
		$10m^3$ 이상 $300m^3$ 미만	V분(다만, 120분을 초과한 경우는 120분으로 할 수 있다)
수주 게이지	저압	$1m^3$ 미만	1분
		$1m^3$ 이상 $10m^3$ 미만	5분
		$10m^3$ 이상 $300m^3$ 미만	$0.5 \times V$분(다만, 60분을 초과한 경우는 60분으로 할 수 있다)
전기식 다이어프램형 압력계	저압	$1m^3$ 미만	4분
		$1m^3$ 이상 $10m^3$ 미만	40분
		$10m^3$ 이상 $300m^3$ 미만	$4 \times V$분(다만, 240분을 초과한 경우는 240분으로 할 수 있다)
압력계 또는 자기압력기록계	저압 중압	$1m^3$ 미만	24분
		$1m^3$ 이상 $10m^3$ 미만	240분
		$10m^3$ 이상 $300m^3$ 미만	$24 \times V$분(다만, 1,440분을 초과한 경우는 1,440분으로 할 수 있다)
압력계 또는 자기압력기록계	고압	$1m^3$ 미만	48분
		$1m^3$ 이상 $10m^3$ 미만	480분
		$10m^3$ 이상 $300m^3$ 미만	$48 \times V$분(다만, 2,880분을 초과한 경우는 2,880분으로 할 수 있다)

[비고] 1. V는 피시험 부분의 용적(m^3)이다.
    2. 전기식 다이어프램형 압력계는 공인기관으로부터 성능 인증을 받아 합격한 것으로 한다.

⑤ 배관의 내용적이 300m³ 이상 되는 경우의 기밀시험압력 유지 시간은 다음 표와 같이 한다.
〈신설 22. 12. 1.〉

▼ 기밀 유지 시간

배관 내용적	5,000m³ 미만	5,000m³ 이상 10,000m³ 미만	10,000m³ 이상 25,000m³ 미만	25,000m³ 이상
기밀 유지 시간	48시간(2일)	96시간(4일)	120시간(5일)	144시간(6일)

(4) 이미 설치된 제조소 및 공급소 안 배관의 기밀시험은 다음 기준에 따라 실시한다.
① 기밀시험 방법은 압력측정기구에 따라 실시한다. 다만, 자기압력계 및 전기식 다이어프램형 압력계를 사용하여 기밀시험을 실시할 경우 기밀 유지 시간은 압력측정기구에서 정한 수은주 게이지 유지 시간으로 실시할 수 있으며, 이 경우 자기압력기록계는 최소 기밀 유지 시간을 30분으로 하고, 전기식 다이어프램형 압력계는 최소 기밀 유지 시간을 4분으로 한다.
② 기밀시험 실시시기는 다음 표와 같다.

▼ 배관의 기밀시험 실시 시기

대상구분		기밀시험 실시시기
PE배관		설치 후 15년이 되는 해 및 그 이후 5년마다
폴리에틸렌 피복강관	1993년 6월 26일 이후에 설치된 것	
	1993년 6월 25일 이전에 설치된 것	설치 후 15년이 되는 해 및 그 이후 3년마다
그 밖의 배관		설치 후 15년이 되는 해 및 그 이후 1년마다

③ 다음 어느 하나의 검사를 한 때에는 기밀시험을 한 것으로 본다.
  ㉠ 이미 설치된 배관으로서 노출 배관·배관 바로 윗부분에 가스누출 여부를 확인할 수 있는 검지공이 있는 배관의 누출검사를 한 때
  ㉡ 피복손상탐지장치·지하매설배관 부식탐지장치 또는 그 밖에 배관의 손상을 측정할 수 있는 장비를 이용하여 배관의 상태를 점검·측정하고 이상 부위에 누출검사를 한 때. 이 경우 배관 피복 손상은 희생양극의 실제 연결 부위 상태를 고려하여 판정하여야 한다.

ⓒ 배관의 노선을 따라 약 50m 간격으로 지면에서「건설기술 진흥법」제44조 및 건설기준「KDS 44 50 00(도로 포장 설계)」에 따른 다음의 깊이(그 깊이가 0.3m 미만의 경우 0.3m) 이상의 보링을 하고 수소염이온화식 가스검지기 등을 이용하여 가스의 누출을 확인한 때
- 아스팔트로 포장된 경우 : 기층
- 콘크리트로 포장된 경우 : 보조기층

④ 배관 노선의 지표에서 수소염이온화식 가스검지기 등을 이용하여 가스의 누출 여부를 검사하는 방법

(5) 기밀시험을 생략할 수 있는 가스공급시설은 최고사용압력이 0MPa 이하의 것이거나 항상 대기로 개방되어 있는 것으로 한다.

CHAPTER 002 용기, 냉동기, 특정설비 제조 및 수리에 관한 안전

SECTION 01 고압가스용 이음매 없는 용기 제조의 안전기준

1. 용어 정의

(1) 비열처리재료란 용기제조에 사용되는 재료로서 오스테나이트계 스테인리스강·내식 알루미늄합금판·내식 알루미늄합금단조품, 그 밖에 이와 유사한 열처리가 필요 없는 것을 말한다.
(2) 열처리재료란 용기 제조에 사용되는 재료로서 비열처리재료 외의 것을 말한다.
(3) 최고충전압력이란 다음 표에서 정한 압력을 말한다.

▼ 최고충전압력

용기의 구분	압력
압축가스를 충전하는 용기	35℃의 온도에서 그 용기에 충전할 수 있는 가스의 압력 중 최고 압력
저온용기	상용압력 중 최고 압력
저온용기 외의 용기로서 액화가스를 충전하는 것	내압시험압력 표에서 정한 내압시험압력의 5분의 3배의 압력

(4) 기밀시험압력이란 저온용기의 경우에는 최고충전압력의 1.1배, 그 밖의 용기는 최고충전압력을 말한다.
(5) 내압시험압력이란 다음 표의 고압가스의 종류에 따라 각각 내력비가 0.5 이하의 알루미늄합금으로 제조한 용기는 같은 표의 압력의 0.9배, 그 밖의 용기는 표에서 정한 압력을 말한다.
(6) 내력비란 내력과 인장강도의 비를 말한다.

▼ 내압시험압력

고압가스의 종류		압력(MPa)	
압축가스 및 저온용기에 충전하는 액화가스		최고충전압력의 3분의 5배	
액화가스(저온용기에 충전하는 액화가스는 제외	액화에틸렌	22.1	
	액화프레온13	20.6	
	액화탄산가스	19.6(소화기용인 것은 24.5)	
	액화이산화질소	19.6	
	액화에탄	19.6	
	액화6불화황	19.6	
	액화탄산가스에 액화산화에틸렌 또는 액화이산화질소를 첨가한 것	19.6	
	액화4불화에틸렌	A	13.7
		B	19.6
	액화크세논	A	12.7
		B	19.6
	액화염화수소	A	12.7
		B	15.2
	액화브롬화수소	A	6.7
		B	7.6
	액화황화수소	A	5.2
		B	6.4
	액화프레온 13B1	A	4.3
		B	5.1
	액화프레온 502	A	3.0
		B	3.6
	액화프로필렌	A	3.0
		B	3.5
	액화암모니아	A	2.9
		B	3.6
	액화프레온 22	A	2.9
		B	3.4
	액화프로판	A	2.5
		B	2.9
	액화프레온 115	A	2.5
		B	2.9
	액화염소	A	2.2
		B	2.5
	액화사이클로프로판	A	2.1
		B	2.5
	액화프레온 500	A	2.2
		B	2.4

2. 제조설비

(1) 단조설비 또는 성형설비
(2) 아랫부분 접합설비(아랫부분을 접합하여 제조하는 경우에 한정한다)
(3) 열처리로(노 안의 용기를 가열하는 각 부분의 온도차가 25℃ 이하가 되도록 한 구조의 것으로 한다) 및 그 노 안의 온도를 측정하여 자동으로 기록하는 장치
(4) 세척설비
(5) 숏브라스팅 및 도장설비
(6) 밸브 탈·부착기
(7) 용기 내부 건조설비 및 진공흡입설비(대기압 이하)
(8) 그 밖에 제조에 필요한 설비 및 기구

3. 검사설비

(1) 내압시험설비
(2) 기밀시험설비
(3) 초음파두께측정기·나사게이지·버니어캘리퍼스 등 두께측정기
(4) 저울
(5) 용기 부속품 성능시험기
(6) 용기 전도대
(7) 내부조명설비
(8) 만능재료시험기
(9) 밸브 토크 측정기
(10) 표준이 되는 압력계
(11) 표준이 되는 온도계
(12) 그 밖에 용기 검사에 필요한 설비 및 기구

4. 두께

(1) 용기 동체의 최대 두께와 최소 두께와의 차이는 평균 두께의 20% 이하로 한다.
(2) 용기는 최고충전압력의 1.7(알루미늄합금으로 제조한 용기는 1.5 또는 내력비의 5배 수치를 내력비에 1을 더한 수치로 나누어 얻은 수치 중 큰 것)을 곱한 수치 이상의 압력에서 항복을 일으키지 않는 두께 이상으로 제조한다.
(3) 최고충전압력의 1.7배 압력에서 항복을 일으키지 않는 이음매 없는 용기의 동체 두께는 식 (3.1)과 식 (3.2)로 계산하여 얻은 값 가운데에서 큰 값 이상으로 한다.

$$t = \frac{D}{2}\left(1 - \sqrt{\frac{S-1.3P}{S+0.4P}}\right) \quad \cdots\cdots\cdots (3.1)$$

$$t = \frac{d}{2}\left(\sqrt{\frac{S+0.4P}{S-1.3P}} - 1\right) \quad \cdots\cdots\cdots (3.2)$$

여기서, t : 동체 두께(mm)
D : 바깥지름(mm)
d : 안지름(mm)
S : 내압시험압력에서의 동체 재료의 허용응력(N/mm^2)
P : 내압시험압력(MPa)

다만, 강제 용기 동체의 최소 두께는 다음 표에 표시한 값 이상으로 한다. 또한, 어깨부분과 오목부에 내압을 받는 밑부분의 두께는 동체부의 두께보다 두꺼워야 하며, 볼록부에 내압을 받는 밑부분의 두께는 동체부 두께의 2배 이상이어야 한다.

▼ 강제 이음매 없는 용기 동체의 최소 두께

바깥지름(mm)	최소 두께(mm)
50 이하	1
50 초과 250 이하	$0.5 + \dfrac{D}{100}$
250 초과	3

(4) 내압시험압력에서 강제 이음매 없는 용기 동체의 허용응력(S) 값은 다음 표에 표시한 값 이하로 한다.

▼ 강제 용기 허용응력(S)

강의 종류	열처리	동체의 허용응력(S) 값
탄소강	어닐링, 노멀라이징	인장강도×5/12
망간강	노멀라이징	인장강도×5/9
	담금질, 템퍼링	항복점×5/6
크롬몰리브덴강 그 밖의 저합금강	노멀라이징	항복점×5/6
	담금질, 템퍼링	항복점×5/6
스테인리스강	–	인장강도×5/12

[비고]
1. 탄소강 중 탄소함유량이 0.55% 이하, 황함유량이 0.05% 이하, 인 함유량이 0.04% 이하이고 KS규격품으로서 기계적 성질이 명시된 것을 사용하는 경우에는 재료제조자의 증명서에 따라 그 규격치의 인장강도를 사용하고, KS규격품으로서 기계적 성질이 명시되지 않은 것 또는 KS규격품 이외의 것을 사용하는 경우에는 용기제조자가 보증하는 인장강도를 사용한다.
2. 망간강의 노멀라이징 또는 담금질, 템퍼링, 크롬몰리브덴강. 그 밖의 저합금강의 노멀라이징 또는 담금질, 템퍼링을 실시한 것의 인장강도 또는 항복점의 수치는 용기제조자의 보증치에 따른다. 용기제조자의 보증치란 재료의 화학성분, 용기의 열처리방법 및 용기의 치수 등에 따라 정해지는 것이며, 용기제조자가 한국가스안전공사에 제출하여 한국가스안전공사가 인정한 인장강도 또는 항복점의 값을 말한다.
3. 보증치에서 항복점의 상한은 열처리의 구분에 따라 다음 수치 이하로 한다.
   - 노멀라이징의 경우는 보증인장강도의 75%
   - 담금질, 템퍼링의 경우는 보증인장강도의 85%
4. 항복점은 내력으로 대신할 수 있다.

(5) 내압시험압력에서 알루미늄합금제 이음매 없는 용기 동체의 허용응력(S) 값은 다음 표에 표시한 값 이하로 한다.

▼ 알루미늄제 용기 허용응력(S)

열처리	동체의 허용응력(S) 값
노멀라이징	인장강도×5/10.5
담금질	인장강도×5/10
담금질, 템퍼링	항복점×4/5

5. 전처리

부식방지도장을 실시하기 전에 도장효과를 향상하기 위하여 필요에 따라 다음의 처리방법 또는 이와 동등 이상의 효과를 갖는 처리를 한다.

(1) 탈지
(2) 피막 화성처리
(3) 산 세척
(4) 숏블라스팅
(5) 에칭프라이머

6. 제품표시

(1) 용기 제조업자의 명칭 또는 약호
(2) 충전하는 가스의 명칭
(3) 용기의 번호
(4) 내용적(기호 : V, 단위 : L)
(5) 밸브 및 부속품(분리할 수 있는 것에 한정한다)을 포함하지 않은용기의 질량(기호 : W, 단위 : kg)
(6) 내압시험에 합격한 연월
(7) 내압시험압력(기호 : TP, 단위 : MPa)
(8) 압축가스 충전의 경우 최고충전압력(기호 : FP, 단위 : MPa)
(9) 내용적이 500L를 초과하는 용기의 경우 동체의 두께(기호 : t, 단위 : mm)

7. 합격표시

제품확인검사 · 생산공정검사 또는 종합공정검사를 받는 용기에 그 검사구분에 따라 용기 어깨부분이나 프로텍터 부분 등 보기 쉬운 곳에 다음과 같이 "KC"자의 각인을 한다. 다만, 각인하기가 곤란한 용기의 경우에는 다른 금속박판에 각인한 것을 그 용기에 부착하는 것으로 각인을 갈음할 수 있으며, 고압가스가 충전되어 수입되는 용기는 그 가스를 사용할 때까지 한국가스안전공사에서 발행하는 표지를 부착할 수 있다.

 크기 : 6mm×10mm(다만, 내용적 5L 미만인 용기의 경우에는 3mm×5mm)

| 합격표시 |

SECTION 02 고압가스용 용접 용기 제조의 안전기준

1. 용어 정의

(1) 용접용기란 동판 및 경판을 각각 성형하고 용접으로 접합하여 제조한 용기를 말한다.
(2) 액화석유가스용 강제용기란 액화석유가스를 충전하기 위한 내용적 20L 이상 125L 미만의 강으로 만든 용접용기를 말한다.
(3) 그 밖의 용기란 액화석유가스용 강제용기 이외의 용기를 말한다.

2. 용기 두께

(1) 용기 동판의 최대 두께와 최소 두께의 차이는 평균 두께의 10% 이하로 한다.
(2) 용기의 동판, 오목부에 내압을 받는 접시형 경판 및 반타원제형 경판은 다음 산식에 따라 계산된 두께 이상으로 하고, 동판, 접시형 경판 및 반타원제형 경판 이외의 두께는 그 용기 접속 부분과 동등 이상의 강도를 갖는 두께 이상으로 한다.

$$동판 \quad t = \frac{PD}{2S\eta - 1.2P} + C$$

$$접시형 \; 경판 \quad t = \frac{PDW}{2S\eta - 0.2P} + C$$

$$반타원체형 \; 경판 \quad t = \frac{PDV}{2S\eta - 0.2P} + C$$

여기서, t : 두께(mm)
P : 최고충전압력(MPa)
D : 동판은 동체의 내경, 접시형 경판은 그 중앙 만곡부 내면의 반지름, 반타원체형 경판은 반타원체 내면의 장축부 길이에 각각 부식 여유의 두께를 더한 길이
W : 접시형 경판의 형상에 따른 계수로서 다음 산식에 따라 계산된 수치. 이 경우 다음 산식에서 η은 경판 중앙 만곡부의 내경과 경판 둘레의 단곡부 내경의 비를 표시한다.

$$\frac{3+\sqrt{\eta}}{4}$$

V : 반타원체형 경판의 형상에 의한 계수로서 다음 산식에 따라 계산된 수치. 이 경우 m은 반타원형체형 내면의 장축부와 단축부의 길이의 비를 표시한다.

$$\frac{3+\sqrt{m^2}}{6}$$

S : 다음 표에서 정한 재료의 허용응력(N/mm^2)

▼ 재료의 구분에 따른 허용응력 수치

재료의 구분		허용응력 수치
스테인리스강		인장강도의 3.5분의 1 수치
스테인리스강 외의 강	열처리를 하여 제조된 저합금강으로서 인장강도가 392N/mm^2 이상의 것 또는 그 용기의 상용온도에서 취성 파괴를 일으키지 않는 성질을 가지는 것	항복점에 다음 산식에 따라 얻은 수치를 곱하여 얻은 수치 또는 인장강도의 4분의 1 수치 $$\frac{1.7-\gamma}{2}$$ 위 식에서 γ는 그 재료의 항복점과 인장강도의 비(0.7 미만인 때에는 0.7)를 표시한다.
	그 밖의 것	항복점의 0.4배의 수치 또는 인장강도의 4분의 1 수치
알루미늄합금		재료의 인장강도와 내력의 합의 5분의 1의 수치 또는 내력의 3분의 2 수치 중 작은 것

C : 정한 부식 여유 두께(mm)

▼ 용기의 종류에 따른 부식 여유 두께

용기의 종류		부식 여유 두께 (mm)
암모니아를 충전하는 용기	내용적이 1천L 이하인 것	1
	내용적이 1천L 초과한 것	2
염소를 충전하는 용기	내용적이 1천L 이하인 것	3
	내용적이 1천L 초과한 것	5

3. 구조 및 치수

(1) 액화석유가스용 강제용기의 스커트 형상은 용기의 축방향에 대한 수직단면을 원형으로 하고 하단에는 내측으로 굴곡부를 만들도록 한다.

(2) 액화석유가스용 강제용기 스커트의 상단부 또는 중간부에는 다음 표에 기재한 용기의 종류에 따른 통기를 위하여 필요한 면적을 가진 통기 구멍을 3개소 이상 설치한다.

▼ 용기의 종류에 따른 통기를 위하여 필요한 면적

용기의 종류	필요한 면적
내용적이 20L 이상 25L 미만인 용기	300mm^2 이상
내용적이 25L 이상 50L 미만인 용기	500mm^2 이상
내용적이 50L 이상 125L 미만인 용기	1,000mm^2 이상

(3) 액화석유가스용 강제용기 스커트 하단 굴곡부에는 다음 표에 기재한 용기의 종류에 따라 물 빼기를 위하여 필요한 구멍을 원주에 같은 간격으로 3개소 이상 설치한다. 이때 물을 빼는 구멍의 형상은 스커트 하단 굴곡부에 물이 남아 있지 않도록 고려한다.

▼ 용기의 종류에 따라 물 빼기를 위하여 필요한 면적

용기의 종류	필요한 면적
내용적이 20L 이상 25L 미만인 용기	50mm^2 이상
내용적이 25L 이상 50L 미만인 용기	100mm^2 이상
내용적이 50L 이상 125L 미만인 용기	150mm^2 이상

(4) 액화석유가스용 강제용기 스커트의 직경, 두께 및 아랫면 간격은 다음 표와 같다. 다만, 스커트를 KS D 3533(고압가스용기용 강판 및 강대) SG 295 이상의 강도 및 성질을 갖는 재료로 제조하는 경우 내용적이 25L 이상 50L 미만인 용기는 두께 3.0mm 이상으로, 내용적이 50L 이상 125L 미만인 용기는 두께 4.0mm 이상으로 할 수 있다.

▼ 용기의 종류에 따른 스커트의 직경 · 두께 및 아랫면 간격

용기의 종류	직경	두께	아랫면 간격
내용적이 20L 이상 25L 미만인 용기	용기동체 직경의 80% 이상	3mm 이상	10mm 이상
내용적이 25L 이상 50L 미만인 용기		3.6mm 이상	15mm 이상
내용적이 50L 이상 125L 미만인 용기		5mm 이상	15mm 이상

(5) 용기밸브의 부착부 나사의 치수를 플러그게이지(Plug-Gauge) 등으로 측정하여 확인한다.

4. 도장

용기(내식성이 있는 것은 제외한다)에는 녹이 슬지 않도록 다음 기준에 따라 전처리와 부식방지 도장을 한다.

1) 전처리

부식방지 도장을 실시하기 전에 도장 효과를 향상하기 위하여 필요에 따라 다음의 전처리 또는 이와 동등 이상의 효과를 갖는 전처리를 한다. 다만, 내용적이 10리터 이상 125리터 미만인 액화석유가스용 용기의 경우에는 숏블라스팅을 하고 부식방지 도장에 유해한 스케일, 기름, 그 밖의 이물질을 제거할 수 있도록 적당한 방법으로 표면 세척을 실시한다.

(1) 탈지
(2) 피막 화성 처리
(3) 산 세척
(4) 숏블라스팅
(5) 에칭프라이머

2) 도장 방법

전처리를 실시한 용기는 도장을 실시한다. 다만, 자동차용 용기는 도장 횟수를 1회 이상으로 할 수 있다.

5. 도색 및 표시

용기에는 그 용기에 충전하는 고압가스의 종류 및 특성을 쉽게 식별할 수 있도록 다음 기준에 따라 도색을 하고, 가스의 명칭, 용도, 특성 등을 표시한다. 다만, 수출용 용기의 경우에는 도색을 하지 않을 수 있고, 스테인리스강 등 내식성 재료를 사용한 용기의 경우에는 용기 동체의 외면 상단에 10cm 이상의 폭으로 충전가스에 해당하는 색으로 도색할 수 있다.

1) 용기 외면 도색

용기의 도색은 가스의 특성 및 종류에 따라 다음 표와 같이 한다. 다만, 내용적 2L 미만의 용기는 제조자가 정하는 바에 따라 도색할 수 있다.

▼ 용기 도색 〈개정 18.10.16.〉

가스 특성	가스 종류	도색 색상	가스 종류	도색 색상
가연성 가스 또는 독성가스	액화석유가스	밝은 회색	액화암모니아	백색
	수소	주황색	액화염소	갈색
	아세틸렌	황색	그 밖의 가스	회색
의료용 가스	산소	백색	질소	흑색
	액화탄산가스	회색	아산화질소	청색
	헬륨	갈색	사이크로프로판	주황색
	에틸렌	자색	그 밖의 가스	회색
그 밖의 가스	산소	녹색	소방용 용기 그 밖의 가스	소방법에 의한 도색 회색
	액화탄산가스	청색		
	질소	회색		

2) 가스 종류 표시

용기는 가스의 특성 및 용도에 따라 다음 기준에 따라 표시하고, 충전가스명 표시부분 아래에 충전기한을 표시한다.

3) 표시 방법

(1) 가연성 가스 및 독성가스 용기

① 가연성 가스(액화석유가스용은 제외한다) 및 독성가스는 각각 다음과 같이 표시한다.

▎가연성 가스▎

▎독성가스▎

② 액화석유가스 용기 중 부탄가스를 충전하는 용기는 부탄가스임을 표시한다.
③ 그 밖의 가스에는 가스 명칭 하단에 용도("절단용", "자동차용" 등)를 표시한다.
④ 용기에는 그 용기의 부속품을 보호하기 위하여 프로텍터 또는 캡을 고정식 또는 체인식으로 부착한다.

(2) 선박용 액화석유가스 용기

① 용기의 상단부에 2cm 크기의 백색 띠를 두 줄로 표시한다.

② 백색 띠의 하단과 가스 명칭 사이에 "선박용"이라고 표시한다.

(3) 의료용 가스 용기

① 용기의 상단부에 2cm 크기의 백색(산소는 녹색) 띠를 두 줄로 표시한다.
② 백색 띠의 하단과 가스 명칭 사이에 "의료용"이라고 표시한다.

4) 문자의 색상 및 크기

(1) 문자 색상

① 용기에 충전하는 가스명의 문자 색상은 다음 표와 같이 한다.

▼ **충전가스명 문자 색상**

충전가스명	문자의 색상		충전가스명	문자의 색상	
	공업용	의료용		공업용	의료용
액화석유가스	적색	–	질소	백색	백색
수소	백색	–	아산화질소	백색	백색
아세틸렌	흑색	–	헬륨	백색	백색
액화암모니아	흑색	–	에틸렌	백색	백색
액화염소	백색	–	사이클로프로판	백색	백색
산소	백색	녹색	그 밖의 가스	백색	–
액화탄산가스	백색	백색			

② 용도에 따라 표시하는 "절단용", "자동차용" 등과 "선박용" 및 "의료용" 문자는 백색(산소는 녹색)으로 한다.
③ 충전기한은 적색으로 한다. 다만, 용기도색이 주황색, 갈색, 자색, 적색, 흑색인 경우에는 백색으로 그 충전기한을 표시해야 하며, 이 경우 액화석유가스용 용기에 대해서는 차기 재검사기한까지 충분히 식별할 수 있도록 내구성이 보장되어야 한다.

(2) 문자 크기

가스 용도에 따른 용도 표시의 문자 크기는 다음 그림을 준용한다. 다만, 내용적 20L 미만 용기의 문자 및 그림의 크기는 각각 10mm 이상 및 50mm×50mm로 할 수 있다.

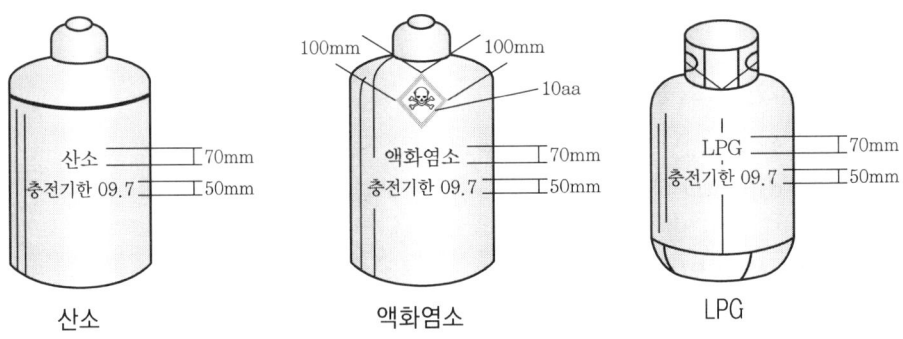

‖ 일반공업용 가스용기 문자 크기 ‖

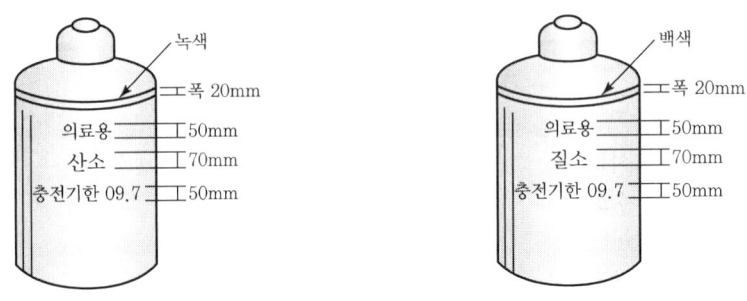

‖ 의료용 가스용기 문자 크기 ‖

6. 제품표시

용기 제조자 또는 수입자는 용기의 어깨부분이나 프로텍터 부분 등 보기 쉬운 곳에 다음 사항을 각인한다. 다만, 각인하기가 곤란한 용기에는 다른 금속박판에 각인한 것을 그 용기에 부착함으로써 갈음할 수 있다.

(1) 용기제조업자의 명칭 또는 약호
(2) 충전하는 가스의 명칭
(3) 용기의 번호
(4) 내용적(기호 : V, 단위 : L)
(5) 밸브 및 부속품(분리할 수 있는 것에 한정한다)을 포함하지 않은 용기의 질량(기호 : W, 단위 : kg)
(6) 내압시험에 합격한 연월
(7) 내압시험압력(기호 : TP, 단위 : MPa)
(8) 압축가스 충전의 경우 최고충전압력(기호 : FP, 단위 : MPa)
(9) 내용적이 500L를 초과하는 용기의 경우 동판의 두께(기호 : t, 단위 : mm)

7. 검사

1) 생산단계 검사

다음 기준에 따라 생산단계 검사를 실시한다. 이 경우 용기 제조자는 자체검사능력 및 품질관리능력에 제품확인검사·생산공정검사 또는 종합공정검사 중 어느 하나를 선택하여 받을 수 있으며, 생산공정검사 또는 종합공정검사를 받고자 하는 경우에는 공정검사 대상 심사를 받는다.

▼ 생산단계 검사의 종류 및 주기

종류		주기	비고
(1) 제품확인검사	상시품질검사	신청 시마다	생산공정검사 또는 종합공정검사 대상 이외 품목
(2) 생산공정검사	정기품질검사	3개월에 1회	제조공정·자체검사 공정에 대한 품질시스템의 적합성을 충족할 수 있는 품목
	공정확인심사	3개월에 1회	
	수시품질검사	1년에 2회 이상	
(3) 종합공정검사	종합품질관리체계 심사	6개월에 1회	공정 전체(설계·제조·자체검사)에 대한 품질시스템의 적합성을 충족할 수 있는 품목
	수시품질검사	1년에 1회 이상	

2) 외관 검사

(1) 용기 동체의 모재와 용접 부분의 상태를 확인하기 위하여 완성된 용기에서 용접부분의 횡단면을 채취하여 확인한다.
(2) 용접 부분이 표면과 완전한 융합을 보여야 하고 용접 결함이나 중대한 함유물 개재 등 결함이 없는 경우 적합으로 한다.
(3) 육안으로 판단이 곤란한 경우에는 현미경 등을 사용하여 세부적인 조사를 한다.

SECTION 03 고압가스용 납붙임 또는 접합용기 제조의 안전기준

1. 접합 또는 납붙임 용기

접합 또는 납붙임 용기란 동판 및 경판을 각각 성형하여 시임용접 및 그 밖의 방법으로 접합하거나 납붙임하여 만든 내용적 1L 이하인 1회용 용기로서, 에어졸 제조용, 라이터 충전용, 연료용 가스용, 절단용 또는 용접용으로 제조한 것을 말한다.

(1) 최고충전압력 구분

▼ 최고충전압력

용기의 구분	압력
압축가스를 충전하는 용기	35℃의 온도에서 그 용기에 충전할 수 있는 가스의 압력 중 최고 압력
액화가스를 충전하는 용기	내압시험압력의 5분의 3배. 다만, 내압시험압력이 0.8MPa를 초과하는 경우에는 0.8MPa로 한다.

(2) 기밀시험압력이란 최고충전압력을 말한다.
(3) 내압시험압력이란 압축가스 최고충전압력 수치의 3분의 5배 압력을 말한다. 다만, 내력비가 0.5 이하인 알루미늄 합금으로 제조한 용기의 경우에는 정한 압력의 0.9배의 압력을 말한다.

2. 제조설비

(1) 절단설비
(2) 성형설비
(3) 접합 또는 납붙임 설비
(4) 세척설비
(5) 부식 방지 도장설비 또는 프린팅 설비
(6) 건조설비
(7) 밸브 조립설비
(8) 그 밖에 제조에 필요한 설비 및 기구

3. 검사설비

(1) 내압시험설비
(2) 기밀시험설비
(3) 초음파 두께측정기·나사게이지·버니어캘리퍼스 등 두께 측정기
(4) 저울
(5) 용기 부속품 성능 시험기
(6) 내부조명설비
(7) 만능 재료시험기
(8) 표준이 되는 압력계
(9) 표준이 되는 온도계
(10) 그 밖에 용기 검사에 필요한 설비 및 기구

4. 용기 치수

(1) 용기 내용적은 1L 이하로 한다.
(2) 이동식 부탄연소기용 용기 및 용기의 노즐부는 다음 그림에서 정한 치수로 한다.

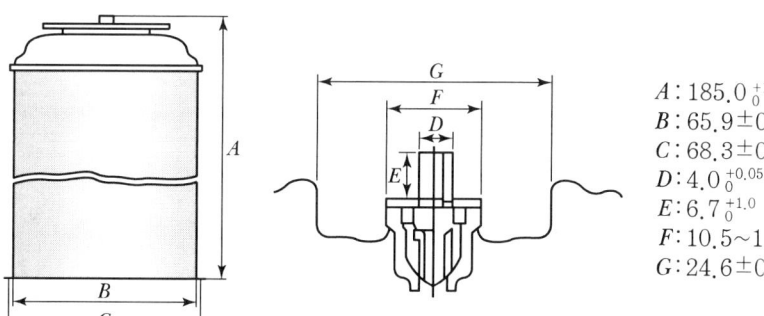

$A : 185.0^{+}_{0}$
$B : 65.9 \pm C$
$C : 68.3 \pm C$
$D : 4.0^{+0.05}_{0}$
$E : 6.7^{+1.0}_{0}$
$F : 10.5 \sim 1$
$G : 24.6 \pm C$

┃용기 및 노즐부 치수┃

5. 제품표시

용기 제조자 또는 수입자는 용기에 다음 사항을 표시한다. 다만, (6)부터 (13)까지는 이동식 부탄연소기용 접합 용기에 한정하고, (14)는 가정용 에어졸 용기에 한정한다.

(1) 용기 제조업자의 명칭 또는 약호
(2) 충전하는 가스의 명칭
(3) 내용적(기호 : V, 단위 : L)
(4) 충전량(g)
(5) 제조연월일 또는 로트번호
(6) 용기의 장착·보관방법에 관한 사항
(7) 사용방법에 관한 주의사항
(8) 경고 문안은 용기 면적의 20분의 1 이상의 면적에 바탕색과 보색인 글씨로 쓴다.
(9) 사용상 주의사항에 관한 경고 그림은 용기면적의 1/8 이상(직결식 이동식 부탄연소기용 용기의 경우 1/20 이상)의 면적으로 보기의 예와 같이 한다.

[보기] 사용상 주의사항에 관한 경고 그림

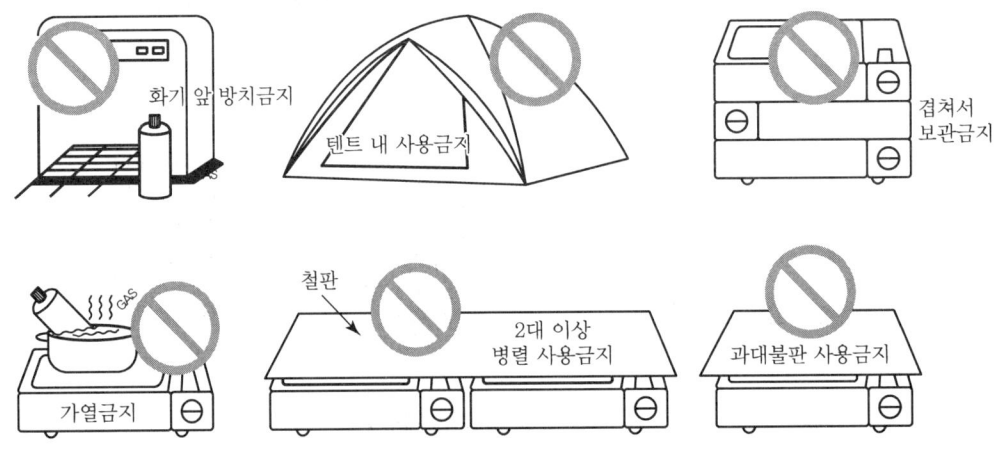

∥ 카세트식 이동식 부탄연소기용 용기의 그림 ∥

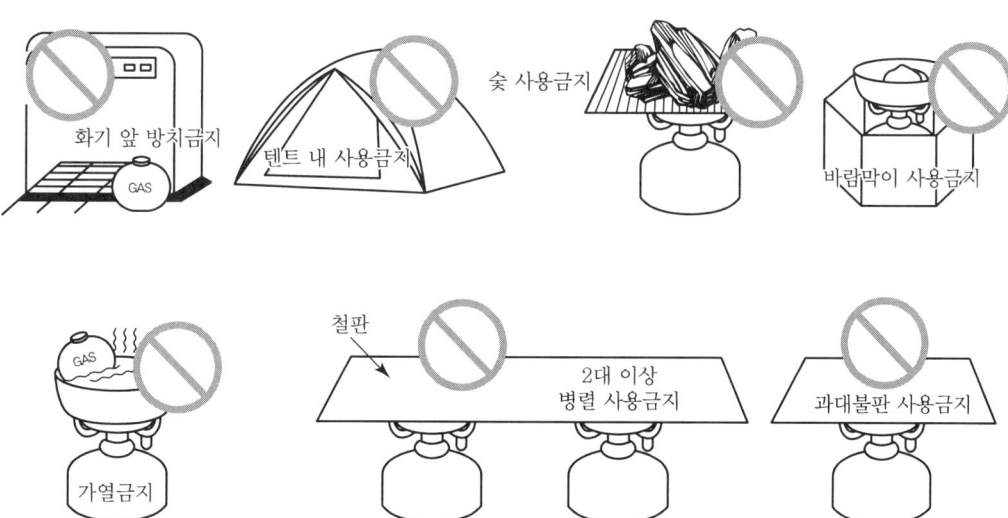

┃ 직결식 이동식 부탄연소기용 용기의 그림 ┃

(10) 가열금지 문구는 다음과 같은 크기로 표시한다.

┃ 가열금지 표시 ┃

(11) 파열방지기능에 관한 사항은 용기면적의 1/30 이상의 면적으로 부착 여부에 따라 다음과 같이 표시한다.

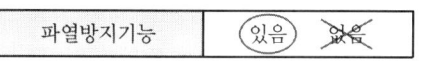

┃ 파열방지기능 유무 표시 ┃

(12) 파열방지기능이 있는 용기의 경우에는 다음과 같이 안내사항을 표시한다.

> 파열방지기능이 있는 용기도 부주의 시 파열 및 화재가 발생할 수 있음.

┃ 파열방지기능 유무 표시 ┃

(13) 권장사용기간 : 3년
(14) 그 밖의 필요한 사항

6. 합격표시

제품확인검사·생산공정검사 또는 종합공정검사를 받는 용기에는 그 검사 구분에 따라 보기 쉬운 곳에 다음과 같이 자를 표시한다.

크기 : 15mm×15mm
백색 바탕에 흑색 문자(명확히 식별할 수 있는 경우에는 색상을 제한하지 않는다.)

∥합격표시∥

7. 검사 요령

다음 기준에 따라 검사를 실시하며, 용기 노즐부의 치수검사, 반복사용 검사, 진동검사 및 충격검사는 1개월마다 실시한다.

1) 고압가압검사

(1) 온도 50℃에서 가스압력의 1.5배의 압력을 가할 때에 변형되지 않고, 가스압력의 1.8배의 압력을 가할 때에 파열되지 않는 경우
(2) 용기에 수압을 초당 0.1MPa 이하의 속도로 가하여 1.3MPa에서 30초 이상 유지한 상태에서 누설 및 변형되지 않고, 압력 1.5MPa를 가할 때에 파열되지 않는 경우
(3) 그 밖의 용기는 그 용기에 최고충전압력의 4배 이상의 압력을 가하여 파열되지 않는 것을 적합으로 한다.

2) 노즐부 치수 검사

용기 노즐부의 압축(스토로크) 치수는 스템을 통상의 상태로부터 눌린 상태까지의 치수가 1.7mm 이상이며, 초기 분사 압축(스토로크) 치수는 스템을 서서히 눌러 기포가 단속적으로 발생할 때의 치수가 1.5mm 이하인 것을 적합으로 한다.

3) 노즐부 반복사용 검사

용기 노즐부의 반복사용 시험은 스템을 1mm 이상 전압축(스토로크) 치수 미만의 범위 안에서 누르는 조작을 초당 1회의 속도로 100회 반복한 후 기밀시험 및 스템의 스프링 강도에 이상이 없는 것을 적합으로 한다. 이 경우 스프링 하중은 스템을 1.5mm 누른 상태에서 스템 선단에 걸리는 하중을 5회 측정한 후 평균값이 7.8N 이상 19.6N 이하인 것으로 한다.

4) 진동검사

용기에 수송을 위한 포장을 한 상태로 진동시험기에 수평으로 고정하여 상하 및 좌우 방향의 진동을 각각 30분간 가한 후 누설이 없는 것을 적합으로 한다. 이 경우 진동수는 분당 600회, 진폭은 5mm로 한다.

5) 충격검사

낙하시험기로 용기 노즐부를 상부로 한 상태에서 목재의 바닥면에 수직으로 떨어뜨렸을 때에 사용상 지장이 있는 변형 등이 없는 것을 적합으로 한다. 이 경우 낙하 높이는 0.3m로 한다.

6) 파열방지기능 성능검사

파열방지기능이 있는 이동식 부탄연소기용 접합용기는 다음 기준에 따라 작동시험을 실시한다. 이 경우에 고압가압검사를 생략한다.
(1) 채취한 용기를 물로 초당 0.1MPa 이하로 가압하여 압력이 방출될 때까지 시험을 실시한다.
(2) 파열방지는 1.38~1.72MPa 범위 내여야 한다.
(3) 용기가 시험 도중 파열되지 않아야 한다.
(4) 시험 결과가 부적합한 경우에는 한 차례에 한정하여 그 용기가 속하는 조의 다른 용기에서 임의로 4개 이상의 용기를 채취하여 파열방지기능 성능검사를 할 수 있다.

SECTION 04 이동식 부탄연소기용 용접용기 제조의 안전기준

1. 용어 정의

(1) 용기란 카세트식 이동식 부탄연소기에 사용되는 내용적 1리터 미만의 용접용기(골판지가 내장된 용접용기를 포함한다)로서 재충전하여 사용할 수 있는 것을 말한다.
(2) 캔밸브라 함은 액화석유가스의 충전 및 사용을 위하여 용기 네크링부에 접합되는 스템 및 노즐부를 포함한 일체의 것을 말한다.

2. 내용연한

(1) 용기에 캔밸브를 부착한 후 2년이 경과한 때에는 새로운 캔밸브로 교체한다. 다만, 캔밸브 중 노즐부만 교체되는 구조는 2년마다 새로운 노즐부로 교체할 수 있다.

(2) 용기에 골판지를 삽입한 후 2년이 경과한 때에는 새로운 골판지로 교체한다(골판지가 내장된 용기에 한정한다).

(3) 용기가 다음 중 어느 하나에 해당하는 경우에는 이를 파기한다.
　① 제조 후 10년이 경과한 경우
　② 용기에 다음의 어느 하나의 해당하는 결함이 있는 경우
　　㉠ 찍힌 흠 또는 긁힌 흠
　　㉡ 부식

3. 두께

(1) 용기의 동판 및 경판은 다음의 계산식에 따라 계산된 두께 이상으로 한다.

$$\text{동판 } t = \frac{PD}{2S\eta - 1.2P}$$

$$\text{경판 } t = \frac{PDV}{2S\eta - 0.2P}$$

여기서, t : 두께(mm)
　　　　P : 최고충전압력(MPa)
　　　　D : 동판은 동체의 내경, 경판은 내면 장축부 길이(mm)
　　　　V : 경판의 형상계수로서 다음의 산식에 따라 얻은 수치. 이 경우 다음 산식에서 m은 내면의 장축부와 단축부의 길이의 비를 표시한다.

$$\frac{2+m^2}{6}$$

　　　　η : 용접이음효율로서 1로 한다.
　　　　S : 재료의 허용응력(N/mm²)으로서 인장강도의 3.5분의 1

(2) 볼록면에 압력을 받는 하부 경판은 경판 두께에 1.67을 곱하여 얻은 두께 이상으로 한다.

4. 검사

1) 고압가압검사

다음 기준에 따라 시험을 실시하여 용기가 사용상 지장이 있는 변형이 없는 것을 적합으로 한다.

(1) 밸브가 부착된 5개의 용기에 압력을 가할 수 있도록 별도의 밸브를 용기 몸통부에 용접으로 접속한다.

(2) (1)의 용기에 물로 서서히 2.5MPa의 압력까지 가압하여 용기의 변형 및 파열 여부를 확인한다.

2) 밸브 유량 검사

다음 기준에 따라 시험을 실시하여 1차압 0.2MPa에서 밸브 유량이 8L/min 이상인 것을 적합으로 한다.

(1) 부탄가스가 충전된 10개의 용기에 밸브스트로크를 1,000회 반복 작동한 후 시험장치에 접속하여 밸브스템을 1.5mm 압입한 상태에서 용기의 상류측에 공기를 0.2MPa 압력으로 가압하면서 밸브 유량을 측정한다.
(2) (1)의 시험을 20회 반복하면서 밸브 유량을 측정한다.

3) 연소기 호환 검사

다음 기준에 따라 시험을 실시하여 용기가 치수 기준에 적합하고, 사용상 지장이 있는 변형과 누출이 없는 것을 적합으로 한다.

(1) 부탄가스가 충전된 10개의 용기를 이동식 부탄연소기에 설치하고 반복 탈착을 30,000회 실시한 후 용기의 구조, 치수, 외관검사를 실시한다.
(2) (1)의 시험을 한 용기에 부탄가스를 충전하여 (55±2)℃의 물속에 110초 이상 담그고 가스의 누출 여부를 확인한다.

4) 내가스성 검사

다음 기준에 따라 시험을 실시하여 용기에 사용되는 고무 및 합성수지 부품 등의 질량 변화율이 10% 이하이고, 사용상 지장이 있는 변형 및 변화가 없는 것을 적합으로 한다.

(1) 용기에 사용되는 고무 및 합성수지 부품 등을 각각 20개씩 채취한다.
(2) (1)에 따라 채취한 시료 10개를 −10℃ 이하의 부탄 95% 이상의 액화석유가스 중에 24시간 방치한 후 꺼낸 경우와 (1)에 따라 채취한 다른 시료 10개를 40℃ 이상의 부탄 95% 이상의 액화석유가스 중에 24시간 이상 방치한 후 꺼낸 경우 각각의 시료에 대하여 다음 식에 따라 질량 변화율을 산출한다.

$$\Delta M = \frac{M_f - M_i}{M_i}$$

여기서, M_i : 시험 전의 질량(g)
M_f : 시험 후의 질량(g)
ΔM : 질량 변화율(%)

SECTION 05 초저온가스용 용기 제조의 안전기준

1. 문자 크기

용기에 사용하는 문자 크기는 가스의 용도에 따라 다음 그림과 같이 한다. 다만, 내용적 20L 미만 용기의 문자 및 그림의 크기는 각각 10mm 이상 및 50mm×50mm로 할 수 있다.

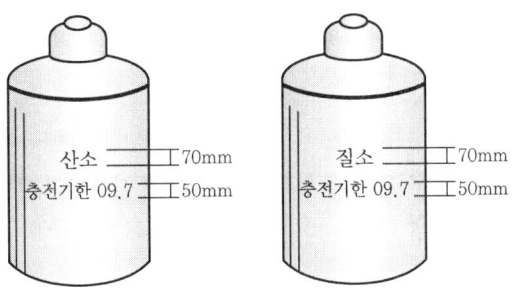

❙ 일반·공업용 가스용기 문자 크기 ❙

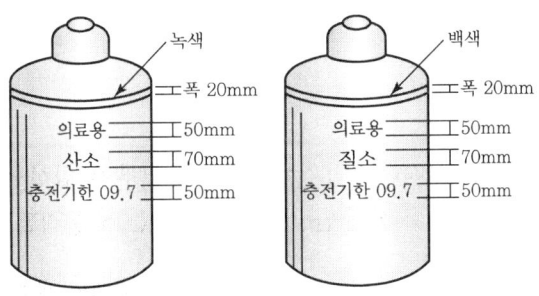

❙ 의료용 가스용기 문자 크기 ❙

2. 단열 성능 검사

1) 검사방법

① 단열 성능 시험은 액화질소, 액화산소 또는 액화아르곤(이하 "시험용 가스"라 한다)을 사용하여 실시한다.
② 용기에 시험용 가스를 충전하고, 기상부에 접속된 가스방출밸브는 완전히 열고 다른 모든 밸브는 잠그며, 초저온용기에서 가스를 대기 중으로 방출하여 기화가스양이 거의 일정하게 될 때까지 정지한 후 가스방출밸브에서 방출된 기화량을 중량계(저울) 또는 유량계를 사용하여 측정한다.

③ 시험용 가스의 충전량은 충전한 후 기화가스양이 거의 일정하게 되었을 때 시험용 가스의 용적이 초저온용기 내용적의 1/3 이상 1/2 이하가 되도록 충전한다.

2) 침입열량의 계산

침입열량은 다음 식에 따른다.

$$Q = \frac{Wq}{H \cdot \Delta t \cdot V}$$

여기서, Q : 침입열량 (J/h · ℃ · L)
W : 기화된 가스양(kg)
q : 시험용 가스의 기화잠열(J/kg)
H : 측정 기간(h)
Δt : 시험용 가스의 비점과 대기 온도와의 온도차(℃)
V : 초저온용기의 내용적(L)

단, 시험용 가스의 비점 및 기화잠열은 다음 표와 같다.

시험용 가스의 종류	비점(℃)	기화잠열(J/kg)
액화질소	-196	200,966
액화산소	-183	213,526
액화아르곤	-186	159,098

3) 판정기준

① 침입열량이 2.09J/h · ℃ · L(내용적이 1,000L 이상인 초저온용기는 8.37J/h · ℃ · L) 이하인 경우를 적합한 것으로 한다.
② 단열 성능에 대한 재시험
단열 성능 검사에서 부적합 판정된 초저온용기는 단열재를 교체하여 재시험을 할 수 있다.

SECTION 06 고압가스용 냉동기 제조의 안전기준

1. 냉동기 구분

1) 냉동기란 고압가스를 사용하여 냉동하기 위한 기기로서 냉동능력 산정기준에 따라 계산된 냉동능력 3톤 이상인 것을 말한다.
2) 일체형 냉동기란 다음에 적합한 것과 응축기유니트와 증발기유니트가 냉매배관으로 연결된 것으로 1일 냉동능력이 20톤 미만인 공조용 패키지에어컨 등을 말한다.
   (1) 냉매설비 및 압축기용 원동기가 하나의 플레임 위에 일체로 조립된 것
   (2) 냉동설비를 사용할 때 스톱밸브 조작이 필요 없는 것
   (3) 사용장소에 분할·반입하는 경우에는 냉매설비에 용접 또는 절단을 수반하는 공사를 하지 아니하고 재조립하여 냉동제조용으로 사용할 수 있는 것
   (4) 냉동설비의 수리 등을 하는 경우에 냉매설비 부품의 종류·설치개수·부착위치 및 외형치수와 압축기용 원동기의 정격출력 등이 제조 시와 동일하도록 설계·수리될 수 있는 것
   (5) 한국가스안전공사가 일체형 냉동기로 인정하는 것

2. 발생기

발생기란 흡수식 냉동설비에 사용하는 발생기에 관계되는 설계온도가 200℃를 넘는 열교환기 및 이들과 유사한 것을 말한다.

3. 압력용기

1) 압력용기란 다음 (1) 또는 (2) 이외의 것을 말한다.
   (1) 안지름이 310mm 이하로서 내용적이 10L 이하인 것
   (2) KS D 3507(배관용 탄소강관), KS D 3562(압력배관용 탄소강관), KS D 3569(저온배관용 탄소강관), KS D 3576(배관용 스테인레스강관) 및 KS D 5301(이음매 없는 동 및 동합금 관) 또는 이와 동등 이상의 재료인 관을 사용하여 제조한 것으로 다음에 해당하는 것
      ① 동체의 안지름이 160mm 이하인 것
      ② 동체의 길이가 내측 긴지름의 20배 이상인 것

2) 압력용기의 기하학적 범위는 다음과 같다.
   (1) 용접으로 배관과 연결하는 것은 첫 번째 용접이음매까지
   (2) 플랜지로 배관과 연결하는 것은 첫 번째 플랜지이음면까지

(3) 나사결합으로 배관과 연결하는 것은 첫 번째 나사결합부까지
(4) 그 밖의 방법으로 압력용기 등과 배관을 연결하는 것은 그 첫 번째 이음부까지

3) 압력용기의 내압부에 직접 용접부착 된 지지구조물, 러그, 패드 등은 그 용접이음매까지 압력용기 등으로 본다.

4. 고압부와 저압부

1) 고압부란 압축기 또는 발생기의 작용에 따라 응축압력을 받는 부분으로서 다음 (1)부터 (5)까지의 것을 제외한다.
    (1) 원심식 압축기
    (2) 고압부를 내장한 밀폐형 압축기로서 저압부의 압력을 받는 부분
    (3) 승압기(Booster)의 토출압력을 받는 부분
    (4) 다원냉동장치로서 압축기 또는 발생기의 작용으로 응축압력을 받는 부분으로 응축온도가 보통의 운전상태에서 −15℃ 이하의 부분
    (5) 자동팽창밸브[팽창밸브의 2차측에 고압부 압력이 걸리는 것(열펌프용 등)은 고압부로 한다]
2) 저압부란 고압부 이외의 부분을 말한다.
3) 상용압력이란 사용상태 또는 정지상태에서 해당 설비의 각 부에 작용하는 최고사용압력을 말한다.

5. 재료의 사용제한

1) 재료는 표면에 사용상 해로운 흠·찌그러짐·부식 등의 결함이 없는 것으로 한다.
2) 재료는 냉매가스·흡수용액·윤활유 또는 이들 혼합물의 작용으로 열화되지 아니하는 것으로 한다.
3) 냉매가스·흡수용액 또는 피냉각물에 접하는 부분의 재료는 냉매가스의 종류에 따라 다음의 것을 사용하지 아니한다.
    (1) 암모니아에는 구리 및 구리합금. 다만, 압축기의 축수 또는 이들과 유사한 부분으로 항상 유막으로 덮여 액화 암모니아에 직접 접촉하지 아니하는 부분에는 청동류를 사용할 수 있다.
    (2) 염화메탄에는 알루미늄 합금
    (3) 프레온에는 2% 넘는 마그네슘을 함유한 알루미늄 합금
4) 항상 물에 접촉되는 부분에는 순도 99.7% 미만의 알루미늄을 사용하지 아니한다. 다만, 적절한 내식처리를 한 때는 그러하지 아니하다.

6. 안전장치의 구조

1) 안전장치의 부착

냉동설비에는 그 냉동설비를 안전하게 사용할 수 있도록 하기 위하여 상용압력(허용압력) 이하로 되돌릴 수 있는 다음 중 적절한 안전장치를 다음 기준에 따라 설치한다.

(1) 고압차단장치
(2) 안전밸브(압축기 내장형 안전밸브를 포함한다)
(3) 파열판
(4) 용전 및 압력릴리프 장치(유효하게 직접압력을 바이패스 할 수 있는 장치를 말한다)

2) 흡수식 이외의 냉동설비 안전장치

냉동설비에 대한 안전장치의 부착은 그 설비의 종류에 따라 다음 기준에 따른다. 이 경우에 냉매가스가 가연성 가스 또는 독성가스로 된 냉동설비의 안전장치는 파열판 또는 용전을 사용하지 아니한다.

(1) 압축기(원심식 압축기를 제외한다. 이하 같다)에는 그 토출부로부터 토출되는 압력을 올바르게 검지할 수 있는 위치에 고압차단장치와 안전밸브를 부착한다. 다만, 20톤 미만의 것은 어느 한 쪽의 설치를 생략할 수 있다.
(2) 셸형 응축기와 수액기에는 안전밸브를 부착한다. 다만, 내용적이 500L 미만의 것에는 용전으로 갈음할 수 있다.
(3) 코일형 응축기(냉매가스가 하나의 순환계통으로서 냉동능력이 20톤 이상의 냉동설비에 속하는 것에만 적용한다)에는 안전밸브 또는 용전을 부착한다.
(4) 원심식 냉동설비의 셸형 증발기에는 안전밸브 또는 파열판을 부착한다. 다만, 내용적 500L 미만의 것에는 용전으로 갈음할 수 있다.
(5) 원심식 압축기를 사용한 냉동장치로서 응축기에 액냉매가 체류하는 일이 없고 증발기에 안전밸브 또는 파열판이 부착되어 이들에 따라 응축기에 이상고압이 발생한 경우에도 고압부의 상용압력을 초과하는 일이 없는 구조의 것에는 응축기에 부착하는 안전밸브를 생략할 수 있다.
(6) 저압부에 사용하는 압력용기로서 해당 압력용기 본체에 부속된 밸브로 인해 봉쇄되는 구조의 것에는 안전밸브, 파열판 또는 압력릴리프 장치를 부착한다.
(7) 액봉으로 인하여 현저히 압력상승의 우려가 있는 부분(동관 및 바깥지름이 26mm 미만의 배관 부분을 제외한다)에는 안전밸브·파열판 또는 압력릴리프 장치를 부착한다.

3) 흡수식 냉동설비 안전장치

흡수식 냉동설비의 안전장치 부착은 다음에 따른다. 이 경우 냉매가스가 가연성 가스 또는 독성가스인 냉동설비의 안전장치는 파열판 또는 용전을 사용하지 아니한다.

(1) 발생기의 고압부에는 고압차단장치 및 안전밸브 또는 파열판을 부착한다. 다만, 냉동능력 20톤 미만의 발생기에는 안전밸브 또는 파열판의 부착을 생략할 수 있다.

(2) 셀형 증발기, 흡수기 및 용액 열교환기에는 안전밸브 또는 파열판을 부착한다. 다만, 내용적 500L 미만인 경우에는 용전으로 대신할 수 있다.

(3) 발생기와 다른 압력용기를 연결하는 배관이 보통의 사용상태에서 패쇄되는 일이 없고, 또 해당 발생기에 안전밸브가 부착되어, 이것에 따라 해당 압력용기의 안전장치로서 작동한다고 인정되는 경우에는 해당 압력용기에 부착하는 안전장치를 생략할 수 있다.

(4) 상기 이외의 것은 2)-(2), (3), (6), (7)에 따른다.

4) 압축기 등의 안전장치 생략

다음 조건을 만족하는 압축기 또는 발생기에 부착하여야 할 안전장치는 각각 다음에 따른다.

(1) 2대 이상의 압축기 또는 발생기의 토출관이 공통인 경우에는 각 압축기 또는 발생기에 안전밸브가 부착되어 있는 경우에 한정하여 각 압축기 또는 발생기에 부착할 고압차단장치를 공용할 수 있다.

(2) 유니트형 냉동설비로서 2대 이상의 압축기의 운전이 연동하여 행해지고 마치 단일 압축기로 작용한다고 인정하는 것은 압축기에 부착하는 안전장치를 공용할 수 있다.

(3) 냉동능력 20톤 이상의 압축기 또는 발생기를 사용하는 냉동설비의 응축기에 안전밸브를 부착한 경우로서 압축기 또는 발생기와 응축기 사이의 연결관에 부착된 스톱밸브가 보통의 사용상태에서 패쇄되는 일이 없고 또 응축기에 부착된 안전밸브 또는 파열판의 구경이 압축기의 토출가스양을 충분히 처리할 수 있을 때에는 압축기 또는 발생기에 부착하는 안전밸브 또는 파열판을 생략할 수 있다.

(4) 다단압축방식 냉동설비로서 2대 이상이 압축기가 연동되어 있는 것으로 상호 연결관에 스톱밸브가 없을 때에는 저압측 압축기의 안전장치를 생략할 수 있다.

5) 압력용기의 안전장치 생략

다음 조건을 만족하는 압력용기에 대하여는 어느 한쪽의 압력용기에 안전밸브 또는 파열판을 생략할 수 있다.

(1) 압력용기 상호간의 연결관에 스톱밸브가 없을 경우
(2) 압력용기 상호간의 연결관의 내경이 내용적이 큰 쪽의 압력용기에 대해 안전밸브의 분출면적의 계산식에 따라 구한 안전밸브 또는 파열판의 구경의 수치 이상일 경우
(3) 안전밸브 또는 파열판 구경이 2개 이상의 압력용기가 연결된 경우로서 공통의 안전밸브 구경이 압력용기 바깥지름과 용기길이 값에 각각 압력용기의 바깥지름과 용기길이의 합계치를 대입하여 계산한 구경 이상일 경우

7. 고압차단장치의 구조

1) 고압차단장치는 그 설정압력을 눈으로 판별할 수 있는 것으로 한다.
2) 고압차단장치의 그 설정압력의 정밀도는 설정압력의 범위에 따라 다음 표에 따른다.

▼ **설정압력 정밀도**

설정압력의 범위	설정압력의 정밀도
2.0MPa 이상	−10% 이내
1.0MPa 이상 2.0MPa 미만	−12% 이내
1.0MPa 미만	−15% 이내

[비고]
위의 수치는 압력설정치가 고정된 고압차단장치일 때 그 설정압력을 기준으로 하고, 가변형인 것에는 해당 고압차단장치의 압력눈금판에 설정용 지침을 합치시켰을 때 표시된 압력을 설정압력으로서 적용하는 것으로 한다.

3) 고압차단장치는 원칙적으로 수동복귀방식으로 한다. 다만, 가연성 가스와 독성가스 이외의 가스를 냉매로 하는 유니트형의 냉매설비(냉매가스에 관계되는 순환계통의 냉동능력이 10톤 미만의 냉동설비에만 적용한다)로서 운전 및 정지가 자동적으로 되어도 위험이 생길 우려가 없는 구조의 것은 그러하지 아니하다.
4) 고압차단장치는 냉매설비 고압부의 압력을 바르게 검지할 수 있어야 하며, 압력계를 부착하는 경우에는 양자가 검지하는 압력과의 차압이 최소한 적게 되도록 부착한다.
5) 용전은 해당 용전이 부착되는 냉매설비에 관계되는 냉매가스의 온도를 정확히 검지할 수 있고, 압축기 또는 발생기의 고온토출가스에 영향 받지 아니하는 위치에 부착한다.
6) 파열판은 냉매설비 안의 냉매가스 압력이 이상 상승할 때에 판이 파열하여 냉매가스를 방출하는 구조로 한다.

8. 안전장치의 작동압력

1) 압축기 또는 발생기에 부착되는 안전밸브의 분출압력은 해당 압축기 또는 발생기의 토출측 상용압력의 1.2배 또는 해당 압축기, 발생기에서 토출하는 가스의 압력을 직접 받는 압력용기의 상용압력의 1.2배 중 낮은 압력을 초과하지 아니하도록 한다. 이 경우 안전밸브의 분출압력은 분출개시압력의 1.15배 이하로 한다.
2) 압력용기에 부착하는 안전밸브의 분출압력은 고압부에서는 해당 냉동설비 고압부의 상용압력의 1.15배의 압력 이하, 저압부에는 해당 냉매설비는 저압부 상용압력의 1.1배의 압력 이하의 압력이 되도록 설정한다.
3) 고압차단장치의 작동압력을 해당 냉매설비의 고압부에 부착된 안전밸브(내장형 안전밸브를 제외한다)의 분출개시압력의 최저치 이하의 압력이고, 해당 냉매설비 고압부의 상용압력 이하의 압력이 되도록 설정한다. 다만, 고압부에 부착된 모든 안전밸브의 분출개시압력이 해당 안전밸브에 부착된 냉매설비의 상용압력의 1.05배를 초과하는 경우이며 해당 냉매설비의 기밀시험을 설계압력의 1.05배 이상으로 실시한 때에는 고압차단장치의 실제 작동압력을 상용압력의 1.05배 이하로 할 수 있다.
4) 용전(저압부에 사용하는 것은 제외한다)의 용융온도는 75℃ 이하로 한다. 다만, 75℃ 초과 100℃ 이하로 일정한 온도에 상당하는 냉매가스의 포화압력의 1.2배 이상 압력으로 내압시험을 실시한 냉매설비에 사용하는 것은 그 온도를 가지고 용융온도로 할 수 있다.
5) 저압부에 사용하는 용전의 용융온도는 해당 용전을 부착하는 부분의 내압시험압력에 대응하는 포화온도 이하의 온도로 한다.
6) 파열판의 파열압력은 내압시험압력 이하의 압력으로 한다.
7) 냉매설비에 파열판과 안전밸브를 부착하는 경우에는 파열판의 파열압력은 안전밸브의 작동압력 이상으로 한다.

9. 표시

냉동기의 제조자 또는 수입자는 금속박판에 다음 사항을 각인하여 이를 냉동기의 보기 쉬운 곳에 떨어지지 아니하도록 부착한다. 다만, 독성가스 또는 가연성 가스가 아닌 냉매가스를 사용하는 것으로서 냉동능력이 20톤 미만인 경우에는 다음 사항이 인쇄된 표지를 부착할 수 있다.

(1) 냉동기 제조자의 명칭 또는 약호
(2) 냉매가스의 종류
(3) 냉동능력(단위 : RT). 다만, 압력용기의 경우에는 내용적(단위 : L)을 표시한다.
(4) 원동기소요전력 및 전류(단위 : kW, A). 다만, 압축기의 경우에 한정한다.

(5) 제조번호
(6) 검사에 합격한 연월(年月)
(7) 내압시험압력(기호 : TP, 단위 : MPa)
(8) 최고사용압력(기호 : DP, 단위 : MPa)

SECTION 07 고압가스용 저장탱크 및 압력용기 제조의 안전기준

1. 저장탱크 및 압력용기 구분

1) 저장탱크란 고압가스를 충전·저장하기 위하여 지상 또는 지하에 고정 설치된 탱크를 말한다.
2) 압력용기란 35℃에서의 압력 또는 설계압력이 그 내용물이 액화가스인 경우는 0.2MPa 이상, 압축가스인 경우는 1MPa 이상인 용기를 말한다. 다만, 다음 중 어느 하나에 해당하는 용기는 압력용기로 보지 아니한다.
   (1) 용기 제조의 기술·검사 기준의 적용을 받는 용기
   (2) 설계압력(MPa)과 내용적(m^3)을 곱한 수치가 0.004 이하인 용기
   (3) 펌프, 압축장치(냉동용압축기를 제외한다) 및 축압기(Accumulator, 축압 용기 안에 액화가스 또는 압축가스와 유체가 격리될 수 있도록 고무격막 또는 피스톤 등이 설치된 구조로서 상시 가스가 공급되지 않은 구조의 것을 말한다)의 본체와 그 본체와 분리되지 않은 일체형 용기
   (4) 완충기 및 완충장치에 속하는 용기와 자동차 에어백용 가스충전용기
   (5) 유량계, 액면계, 그 밖의 계측기기
   (6) 소음기 및 스트레이너(필터를 포함한다.이하 같다)로서 다음의 어느 하나에 해당되는 것
      ① 플랜지 부착을 위한 용접부 이외에는 용접이음매가 없는 것
      ② 용접구조나 동체의 바깥지름(D)이 320mm(호칭지름 12B 상당) 이하이고, 배관접속부 호칭지름(d)과의 비(D/d)가 2.0 이하인 것
   (7) 압력에 관계없이 안지름, 폭, 길이 또는 단면의 지름이 150mm 이하인 용기

3) 이 기준을 적용하는 압력용기 등의 기하학적 범위는 다음과 같다.
   (1) 용접으로 배관과 연결하는 것은 첫 번째 용접이음매까지
   (2) 플랜지로 배관과 연결하는 것은 첫 번째 플랜지이음면까지
   (3) 나사결합으로 배관과 연결하는 것은 첫 번째 나사결합부까지
   (4) 그 밖의 방법으로 압력용기와 배관을 연결하는 것은 그 첫 번째 이음부까지

4) 압력용기 등에 직접 용접부착된 지지구조물, 러그, 패드 등은 압력용기 등의 본체로 본다.
5) 압력용기 등이란 저장탱크와 압력용기를 말한다.
6) 냉간연신(Cold-Stretching)이란 오스테나이트계 스테인리스강 초저온 압력용기 등을 제조하기 위한 방법으로서 재료의 항복강도를 증가시키기 위하여 상온에서 냉간연신압력으로 가압하는 것을 말한다.
7) 냉간연신압력이란 압력용기 등의 냉간연신을 하기 위한 압력으로서 설계압력의 1.5배에서 1.6배 사이의 압력을 말한다.
8) 수소취성(Hydrogen Embrittlement)이란 금속이 수소원자의 침입으로 연성을 잃고 취성균열로 이어지는 현상을 말한다.
9) 수소압축가스설비란 압축기로부터 압축된 수소가스를 저장하기 위한 것으로서 설계압력을 말한다.

2. 제조시설 기준

1) 제조설비

(1) 성형설비
(2) 용접설비
(3) 세척설비
(4) 열처리로(노 안의 압력용기 등을 가열하는 각 부분의 온도차가 25K 이하가 되도록 한 구조의 것으로 한다) 및 그 노 안의 온도를 측정하여 자동으로 기록하는 장치
(5) 전처리설비 및 부식방지도장설비
(6) 냉간연신 가압설비(냉간연신압력에서 ±1.5% 범위 내로 압력을 유지할 수 있는 것으로 한다) 및 그 압력을 자동으로 기록하는 장치
(7) 그 밖에 제조에 필요한 설비 및 기구

2) 검사설비

(1) 초음파 두께측정기 · 나사게이지 · 버니어켈리퍼스 등 두께측정기
(2) 내압시험설비
(3) 기밀시험설비
(4) 단열성능시험설비(해당 시설에만 한정한다)
(5) 표준이 되는 압력계
(6) 표준이 되는 온도계
(7) 마이크로시험설비
(8) 누출시험설비(수소압축가스설비 제조시설에 한정한다) 〈신설 22.1.10.〉
(9) 그 밖에 특정설비검사에 필요한 설비 및 기구

3. 수소가 포함된 액화가스 또는 압축가스를 내용물로 하는 압력용기 등 기준

1) 고온의 운전조건에서 사용하는 압력용기등의 경우에는 미국석유협회(American Petroleum Institute ; API) Recommended Practice 941에 적합할 것
2) 95℃ 이하에서 운전하는 다음의 압력용기 등은 내수소취성 성능을 만족할 것
    (1) 설계압력 중 수소분압(수소가 차지하는 압력을 말한다. 이하 같다)이 41MPa을 초과하면서 용접부가 없는 압력용기 등
    (2) 설계압력 중 수소분압이 5.2MPa을 초과하고, 인장강도가 945MPa를 초과하면서 용접부가 없는 압력용기 등
    (3) 설계압력 중 수소분압이 17MPa을 초과하면서 용접부가 있는 압력용기 등
    (4) 설계압력 중 수소분압이 5.2MPa을 초과하고, 인장강도가 620MPa를 초과하면서 용접부가 있는 압력용기 등

4. 재료의 허용인장응력

1) 규격재료의 경우 설계온도에서 허용인장응력 값은 정한 온도범위를 설계온도범위로 하여 그 온도범위에 따라 같은 부록에서 정한 최대 허용인장응력 값 이하로 한다.
2) 동등재료의 설계온도에서 허용인장응력 값은 그 재료의 화학적 성분 및 기계적 성질에 대응하는 규격재료의 허용인장응력 값 이하로 한다.
3) 클래드강(접합재와 모재가 완전히 접착되어 있는 것 및 맞대기용접부의 접합재가 내식성이 좋은 용접금속(Weld Metal)으로 완전히 융착되어 있는 것에 한정한다)의 설계온도에서 허용인장응력 값은 다음 계산식으로 구한 값으로 한다.

$$\sigma = \frac{\sigma_1 t_1 + \sigma_2 t_2}{t_1 + t_2}$$

여기서, σ : 설계온도에서 클래드강의 허용인장응력(N/mm²)
σ_1 : 설계온도에서 모재의 허용인장응력(N/mm²)
σ_2 : 설계온도에서 접합재의 허용인장응력(N/mm²)
t_1 : 모재의 두께(mm)
t_2 : 접합재의 두께(mm)

SECTION 08 고압가스용 안전밸브 제조의 안전기준

1. 내압성능

1) 밸브 몸통의 내부는 밸브디스크 시트의 접촉면을 경계로 하여, 밸브 입구 쪽에서 다음 표에 따른 시험시간으로 하여 호칭압력의 1.5배의 압력으로 수압시험을 실시했을 때 변형·누출 등이 없는 것으로 한다. 다만, 물을 채우는 것이 곤란한 경우 또는 수분의 잔류가 그 후의 사용상 문제가 되는 경우에는 호칭압력의 1.25배의 압력으로 공기 또는 불활성가스로 시험할 수 있다. 이 경우 공기 또는 불활성가스로 내압시험을 하는 경우에는 위험을 방지할 수 있는 충분한 수단을 취하여야 한다.

▼ 밸브 몸통의 내압시험시간

공칭 밸브 크기	최소시험유지시간(초)
50A 이하	15
65A 이상 200A 이하	60
250A 이상	180

[비고] 공기 또는 기체로 내압시험을 하는 경우에도 같다.

2) 밀폐형 안전밸브에서 배기유체에 접하는 부분은 내압시험시간으로 하여 플랜지 호칭압력의 1.5배의 수압을 가했을 때 변형·누설 등이 없는 것으로 한다. 다만, 물을 채우는 것이 곤란한 경우 또는 수분의 잔류가 문제가 되는 경우에는 공기 또는 불활성가스로 시험할 수 있다.

2. 기밀성능

1) 분출개시압력의 측정을 시행한 후, 안전밸브 입구 쪽에 설정압력의 90% 이상의 압력을 가했을 때 누출이 없는 것으로 한다.
2) 밀폐형에 대해서는 출구 쪽으로부터 밸브 내부에 0.6MPa 이상의 압력을 가해서, 입구 쪽 및 출구 쪽을 밀폐시켰을 때 몸체 기타의 각부에 누출이 없는 것으로 한다.

3. 작동성능

1) 안전밸브의 작동은 확실하고 안전한 것으로 한다.
2) 분출개시압력의 허용차는 설정압력이 0.7MPa 이하인 것은 설정압력의 ±0.02, 0.7MPa를 초과하는 것은 설정압력의 ±3%인 것으로 한다.
3) 분출차의 압력은 분출압력 또는 설정압력에 따라 다음 표에 따른다.

▼ 분출압력 또는 설정압력에 따른 분출차의 압력

(단위 : MPa)

분출압력 또는 설정압력	분출차의 압력	분출압력 또는 설정압력	분출차의 압력
0.1 이하	0.02 이하	0.2 초과 0.3 이하	0.04 이하
0.1 초과 0.2 이하	0.03 이하	0.3 초과	설정압력의 15% 이하

4) 밸브 몸체를 밸브시트에서 들어 올리는 장치는 3회 이상 측정하여 설정압력의 75% 이상에서 작동되는 것으로 한다.

4. 표시

1) 제품표시

안전밸브 제조자 또는 수입자는 안전밸브의 몸통부분 등의 보기 쉬운 곳에 다음 사항을 각인하거나 금속박판에 각인하여 이를 보기 쉬운 곳에 부착한다.

(1) 제조자의 명칭 또는 약호
(2) 검사에 합격한 연월
(3) 내압시험압력(기호 : TP, 단위 : MPa)
(4) 사용하는 가스의 명칭 또는 사용가스별 기호
  ① 아세틸렌가스용 : AG
  ② 압축가스용 : PG
  ③ 액화석유가스용 : LPG
  ④ 저온 및 초저온가스용 : LT
  ⑤ 그 밖의 가스용 : LG
(5) 가스의 흐름방향 및 최대유량(m^3/h)

2) 합격표시

제품확인검사 · 생산공정검사 또는 종합공정검사를 받는 안전밸브에 대하여 그 검사 구분에 따라 다음과 같이 각인을 한다.

     ⓚ   크기 : 4mm×7mm(안지름이 25mm를 초과하는 안전밸브)

     ⓚ   크기 : 3mm×5mm(안지름이 25mm 이하인 안전밸브)

SECTION 09 고압가스용 기화장치 제조의 안전기준

1. 기화장치

기화장치란 액화가스를 증기·온수·공기 등 열매체로 가열하여 기화시키는 기화통을 주체로한 장치이고, 이것에 부속된 기기·밸브류·계기류 및 연결관을 포함한 것(기화장치가 캐비닛 등에 격납된 것은 캐비닛 등의 외측에 부착된 밸브 또는 플랜지까지)을 말한다.

2. 제조설비

(1) 성형설비
(2) 용접설비
(3) 세척설비
(4) 제관설비
(5) 전처리설비 및 부식방지도장설비
(6) 유량계
(7) 그 밖에 제조에 필요한 설비 및 기구

3. 검사설비

(1) 초음파 두께측정기·나사게이지·버니어켈리퍼스 등 두께측정기
(2) 내압시험설비
(3) 기밀시험설비
(4) 표준이 되는 압력계
(5) 표준이 되는 온도계
(6) 그 밖에 검사에 필요한 설비 및 기구

4. 기화장치의 구조

(1) 기화장치의 액화가스 인입부에는 이물질 유입방지를 위한 필터 또는 스트레이너를 설치한다.
(2) 기화장치에는 액화가스의 유출을 방지하기 위한 액유출방지장치 또는 액유출방지기구를 설치한다. 다만, 임계온도가 $-50℃$ 이하인 액화가스용 기화장치와 이동식 기화장치는 그러하지 아니하다.
(3) 액유출방지장치로서의 전자식 밸브는 액화가스 인입부의 필터 또는 스트레이너 후단에 설치한다.

(4) 기화통 또는 기화장치의 기체부분에는 그 부분의 압력이 허용압력을 초과하는 경우 즉시 그 압력을 허용압력 이하로 되돌릴 수 있는 안전장치를 설치한다. 다만, 임계온도가 −50℃ 이하인 액화가스용 고정식 기화장치에는 적용하지 아니한다.

(5) 기화통의 기체가 통하는 부분으로서 배관 또는 동체에는 압력계를 설치하고, 증기 또는 온수 가열식에는 열매체의 온도를 측정하기 위한 온도계(임계온도 −50℃ 이하인 액화가스용 기화장치는 제외)를 설치한다. 다만, 다른 부분에서 온도 및 압력을 측정할 수 있는 기구는 그러하지 아니한다.

(6) 증기 및 온수 가열구조의 기화장치에는 응축된 물 또는 기화장치 안에 물을 쉽게 뺄 수 있는 드레인 밸브를 설치한다.

(7) 가연성 가스(암모니아, 브롬화메탄 및 공기 중에서 자기발화 하는 가스는 제외한다)용 기화장치에 부속된 전기설비는 누출된 가스의 점화원이 되는 것을 방지하기 위하여 KGS GC102(방폭전기기기의 설계, 선정 및 설치에 관한 기준)에 따라 방폭성능을 가진 것으로 한다.

(8) 기화장치는 그 외면에 부식·변형·흠·주름 등의 결함이 없고 그 다듬질이 매끈한 것으로 한다.

(9) 가연성 가스용 기화장치에는 정전기 제거조치를 위한 접지단자를 설치한 것으로 한다.

5. 성능

1) 내압 성능

내압시험은 물을 사용하는 것을 원칙으로 하고, 물을 사용하여 가스·온수 및 증기통과 부분에 대하여 설계압력의 1.3배 이상의 압력으로 내압시험을 실시하였을 때 각 부분에 누수·변형·이상팽창이 없는 것으로 한다. 다만, 기화장치의 구조상 물을 사용하는 것이 곤란한 경우에는 질소 또는 공기 등의 불활성 기체를 사용하여 설계압력의 1.1배의 압력으로 실시할 수 있다.

2) 기밀 성능

기밀시험은 공기 또는 불활성가스를 사용하여 가스·온수 및 증기 통과부분에 대하여 설계압력 이상의 압력으로 기밀시험을 실시하였을 때 각 부분에 가스의 누출이 없는 것으로 한다.

3) 용접 성능

용접부는 다음 기준에 따라 비파괴시험을 실시하여 이상이 없는 것으로 한다.

(1) 방사선투과시험

맞대기용접부에 속하는 용접부 중 다음에 열거한 것은 용접부 전 길이에 대하여 방사선투과시험을 실시한다. 다만, 기화통을 밀폐시키기 위한 동체 또는 경판의 마지막 용접이음매는 초음파탐상시험으로 갈음할 수 있으며, 호칭지름 300mm 이하의 노즐을 부착하기 위한 용접부 등 방사선투과시험을 실시하기 곤란한 것은 자분탐상시험 등으로 갈음할 수 있다.

(2) 초음파탐상시험

방사선투과시험을 실시하기 곤란한 용접부 중 기재한 것(모재의 두께가 10mm 이하인 것과 오스테나이트계 스테인리스강 및 오스테나이트 조직인 강을 제외한다)은 초음파탐상시험을 실시한다.

(3) 자분탐상시험

용접부 또는 지그자국(고정구 자국 및 가접부를 포함한다)은 그 전 길이에 대하여 자분탐상시험을 시시하여 합격하는 것으로 한다. 다만, 비자성체 및 기화통의 용접부 형상 또는 크기에 따라 자분탐상시험장치의 자화기가 해당 기화통의 검사부분 내부에 삽입할 수 없는 것과 자분을 뿌릴 수 없는 것 등 자분탐상시험을 실시하기 곤란한 것은 그러하지 아니하다.

(4) 침투탐상시험

용접부와 모재가 내열합금, 구리합금, 니켈동합금, 알루미늄, 알루미늄합금, 타이타늄 등인 용접부 중 비자성체인 부분 및 그 밖에 자분탐상시험을 실시하기 곤란한 것은 그 전 길이에 대하여 침투탐상시험을 실시하여 합격하는 것으로 한다.

CHAPTER 003 가스취급에 대한 안전

SECTION 01 운반기준과 취급

1. 독성가스 용기 운반차량

1) 차량구조

독성가스를 운반하는 차량은 용기를 안전하게 취급하고, 용기에서 가스가 누출될 경우 외부에 피해를 끼치지 않도록 하기 위하여 적재함, 리프트 등 적절한 구조의 설비를 갖출 것. 다만, 허용농도가 100만분의 200 이하인 독성가스 용기 중 내용적이 1천L 미만인 충전용기를 운반하는 차량의 적재함은 밀폐된 구조일 것

2) 경계표지 설치

(1) 독성가스를 운반하는 차량에는 그 차량에 적재된 독성가스로 인한 위해를 예방하기 위하여 일반인이 쉽게 알아볼 수 있도록 그 차량 앞뒤의 보기 쉬운 곳에 각각 붉은 글씨로 "위험 고압가스" 및 "독성가스"라는 경계표시와 위험을 알리는 도형 및 상호와 사업자의 전화번호를 표시할 것
(2) 독성가스를 운반하는 차량에는 운반기준 위반행위를 신고할 수 있도록 등록관청의 전화번호 등이 표시된 안내문을 부착할 것

3) 보호장비 비치

(1) 독성가스를 운반하는 차량에는 그 차량에 적재된 독성가스로 인한 위해를 예방하기 위하여 소화설비, 인명보호장비 및 응급조치 장비를 갖출 것
(2) 용기의 충격을 완화하기 위하여 완충판 등을 비치할 것

2. 독성가스 외 용기 운반차량

1) 차량구조

독성가스 외의 고압가스를 운반하는 차량은 용기를 안전하게 취급하고, 용기에서 가스가 누출될 경우 외부에 피해를 끼치지 않도록 하기 위하여 적재함, 리프트 등 적절한 구조의 설비를 갖출 것

2) 경계표지 설치

(1) 독성가스 외의 고압가스를 운반하는 차량에는 그 차량에 적재된 고압가스로 인한 위해를 예방하기 위하여 일반인이 쉽게 알아볼 수 있도록 그 차량 앞뒤의 보기 쉬운 곳에 붉은 글씨로 "위험 고압가스"라는 경계표시 및 상호와 사업자의 전화번호를 표시할 것

(2) 독성가스 외의 고압가스를 운반하는 차량에는 운반기준 위반행위를 신고할 수 있도록 등록관청의 전화번호 등이 표시된 안내문을 부착할 것

3) 보호장비 비치

(1) 가연성 가스 또는 산소를 운반하는 차량에는 그 차량에 적재된 가스로 인한 위해를 예방하기 위하여 비상 상황 발생 시 효과적으로 대응할 수 있도록 소화설비, 인명보호장비 및 응급조치장비 등 적절한 장비를 갖출 것

(2) 용기의 충격을 완화하기 위하여 완충판 등을 비치할 것

3. 차량에 고정된 탱크 운반차량

1) 탱크 설치

(1) 가연성 가스(액화석유가스는 제외한다) 및 산소탱크의 내용적은 1만 8천L, 독성가스(액화암모니아는 제외한다)의 탱크의 내용적은 1만 2천L를 초과하지 않을 것. 다만, 철도차량 또는 견인되어 운반되는 차량에 고정하여 운반하는 탱크의 경우에는 그렇지 않다.

(2) 차량에 고정된 저장탱크에는 그 저장탱크를 보호하고 그 저장탱크로부터 가스가 누출되는 경우 재해 확대를 방지하기 위하여 온도계 및 액면계 등 필요한 설비를 설치하고, 액면요동방지조치, 돌출 부속품의 보호조치, 밸브 콕 개폐표시 조치 등 필요한 조치를 할 것

2) 경계표지 설치

차량에 고정된 저장탱크에는 그 차량에 적재된 가스로 인한 위해를 예방하기 위하여 일반인이 쉽게 알아볼 수 있도록 각각 붉은 글씨로 "위험 고압가스"라는 경계표지를 할 것

4. 독성가스 용기 운반차량

1) 적재 및 하역작업

(1) 충전용기를 차량에 적재하여 운반할 때에는 고압가스 운반차량에 세워서 운반할 것
(2) 차량의 최대적재량을 초과하여 적재하지 않을 것

(3) 밸브가 돌출한 충전용기는 고정식 프로텍터 또는 캡을 부착시켜 밸브의 손상을 방지하는 조치를 한 후 운반할 것
(4) 충전용기를 운반할 때에는 넘어짐 등으로 인한 충격을 방지하기 위하여 충전용기를 단단하게 묶을 것
(5) 충전용기를 차에 싣거나 차에서 내릴 때에는 충격을 받지 않도록 하며, 충격을 최소한으로 방지하기 위하여 완충판 등을 차량 등에 갖추고 사용할 것
(6) 독성가스 중 가연성 가스와 조연성(助燃性)가스는 같은 차량의 적재함으로 운반하지 않을 것
(7) 충전용기는 자전거나 오토바이에 적재하여 운반하지 않을 것

2) 운행기준

(1) 가스운반차량을 운행할 때에는 그 가스로 인한 위해를 방지하기 위하여 주의사항의 비치, 안전점검, 안전수칙 준수 등 안전 확보에 필요한 조치를 할 것
(2) 고압가스를 운반하는 도중에 주차를 하려면 충전용기를 차에 싣거나 차에서 내릴 때를 제외하고는 보호시설 부근과 육교 및 고가차도 등의 부근을 피하고, 주위의 교통상황·지형조건·화기 등을 고려하여 안전한 장소에 주차해야 하며, 주차 시에는 엔진을 정지시킨 후 주차제동장치를 걸어 놓고 차바퀴를 고정목으로 고정시킬 것
(3) 운반 중에는 충전용기를 항상 40℃ 이하로 유지할 것
(4) 독성가스를 운반하는 때에는 그 고압가스의 명칭·성질 및 이동 중의 재해방지를 위하여 필요한 주의사항을 적은 서면을 운반책임자 또는 운전자에게 내주고 운반 중에 지니게 할 것
(5) 고압가스를 적재하여 운반하는 차량은 차량의 고장, 교통사정이나 운반책임자 또는 운전자의 휴식 등 부득이한 경우를 제외하고는 장시간 정차하여서는 아니 되며, 운반책임자와 운전자가 동시에 차량에서 이탈하지 않을 것
(6) 고압가스를 운반할 때에는 운반책임자 또는 고압가스 운반차량의 운전자에게 그 고압가스의 예방에 필요한 사항을 주지시킬 것
(7) 고압가스를 운반하는 자는 그 고압가스를 수요자에게 인도할 때까지 최선의 주의를 다하여 안전하게 운반해야 하며, 고압가스를 보관할 때에는 안전한 장소에 보관·관리할 것
(8) 200km 이상의 거리를 운행하는 경우에는 중간에 충분한 휴식을 취한 후 운행할 것
(9) 독성가스 용기를 적재하여 운반하는 중 누출 등의 위해 우려가 있는 경우에는 소방서 및 경찰서에 신고하고, 독성가스를 도난 당하거나 분실한 때에는 즉시 그 내용을 경찰서에 신고할 것
(10) 독성가스 용기를 적재하여 운반할 경우에는 노면이 나쁜 도로에서는 되도록 운행하지 말 것. 다만, 부득이하게 노면이 나쁜 도로를 운행할 경우에는 운행개시 전에 충전용기의 적재상황을 재점검하여 이상이 없는지를 확인하여야 한다.

(11) 독성가스 용기를 적재하여 운반하는 때에는 노면이 나쁜 도로를 운행한 후 일단 정지하여 적재상황 · 용기밸브 · 로프 등의 풀림 등이 없는지를 확인할 것

3) 운반책임자 동승기준

다음 표에서 정한 기준 이상의 독성가스 용기를 차량에 적재하여 운반하는 경우 운전자 외에 한국가스안전공사에서 실시하는 운반에 관한 소정의 교육을 이수한 자, 안전관리책임자 또는 안전관리원 자격을 가진 자(운반책임자)를 동승시켜 운반에 대한 감독 또는 지원을 하도록 할 것. 다만, 운전자가 운반책임자의 자격을 가진 경우에는 운반책임자의 자격이 없는 자를 동승시킬 수 있다.

가스의 종류		기준
압축가스	허용농도가 100만분의 200 초과, 100만분의 5,000 이하	100m³ 이상
	허용농도가 100만분의 200 이하	10m³ 이상
액화가스	허용농도가 100만분의 200 초과, 100만분의 5,000 이하	1천kg 이상
	허용농도가 100만분의 200 이하	100kg 이상

5. 독성가스 외 용기 운반차량

1) 적재 및 하역작업

(1) 충전용기는 이륜차에 적재하여 운반하지 않을 것. 다만, 다음 ①부터 ③까지에 모두 해당하는 경우에는 액화석유가스 충전용기를 이륜차(자전거는 제외한다. 이하 같다)에 적재하여 운반할 수 있다.
 ① 차량이 통행하기 곤란한 지역의 경우 또는 시 · 도지사가 이륜차에 의한 운반이 가능하다고 지정하는 경우
 ② 이륜차가 넘어질 경우 용기에 손상이 가지 않도록 제작된 용기운반 전용적재함을 장착한 경우
 ③ 적재하는 충전용기의 충전량이 20kg 이하이고, 적재하는 충전용기의 수가 2개 이하인 경우
(2) 염소와 아세틸렌 · 암모니아 또는 수소는 한 차량에 적재하여 운반하지 않을 것
(3) 가연성 가스와 산소를 동일차량에 적재하여 운반하는 경우에는 그 충전용기의 밸브가 서로 마주보지 않도록 적재할 것
(4) 충전용기와 위험물 안전관리법에서 정하는 위험물과는 동일차량에 적재하여 운반하지 아니할 것
(5) 그 밖에 적재 및 하역작업에 필요한 기준을 적용할 것

2) 운행기준

(1) 고압가스를 운반할 때에는 그 고압가스의 명칭·성질 및 이동 중의 재해방지를 위하여 필요한 주의사항을 적은 서면을 운반책임자나 운전자에게 내주고 운반 중에 지니도록 할 것
(2) 그 밖에 운행에 관한 기준을 적용할 것

3) 운반책임자 동승기준

다음 표에 정하는 기준 이상의 고압가스를 차량에 적재하여 운반할 경우에는 운반책임자를 동승시켜 운반에 대한 감독 또는 지원을 하도록 할 것. 다만, 운전자가 운반책임자의 자격을 가진 경우에는 운반책임자의 자격이 없는 사람을 동승시킬 수 있다.

가스의 종류		기준
압축가스	가연성 가스	300m³ 이상
	조연성 가스	600m³ 이상
액화가스	가연성 가스	3천kg 이상
	조연성 가스	6천kg 이상

6. 차량에 고정된 탱크 운반차량

1) 이입 및 이송 작업

저장설비로부터 차량에 고정된 탱크에 가스를 이입하거나 차량에 고정된 탱크로부터 저장설비에 가스를 이송할 때에는 가스의 누출을 방지하고 누출된 가스로 인한 재해의 확대를 방지하기 위하여 작업 상황에 따라 적절한 조치를 하되, 고압가스를 저장탱크에 충전한 사업소의 안전관리자는 저장설비에 대하여 안전점검을 하고 그 결과를 기록·보존할 것

2) 운행기준

(1) 고압가스를 운반하는 도중에 주차를 하려면 저장탱크 등에 고압가스를 이입하거나 그 저장탱크 등으로부터 고압가스를 송출할 때를 제외하고는 보호시설 부근과 육교 및 고가차도 등의 아래 또는 부근을 피하고, 주위의 교통상황·지형조건·화기 등을 고려하여 안전한 장소를 택하여 주차해야 하며, 주차 시에는 엔진을 정지시킨 후 주차제동장치를 걸어 놓고 차바퀴를 고정목으로 고정시킬 것
(2) 차량에 고정된 탱크는 그 온도를 항상 40℃ 이하로 유지할 것

(3) 고압가스를 운반하는 경우의 운반책임자(운전자가 운반책임자의 자격을 가진 경우에는 운전자를 말한다)는 운반 도중에 응급조치를 위한 긴급지원을 요청할 수 있도록 운반경로의 주위에 소재하는 그 고압가스의 제조·저장·판매자, 수입업자 및 경찰서·소방서의 위치 등을 파악하고 있을 것

(4) 고압가스를 운반하는 자는 시장·군수 또는 구청장이 지정하는 도로·시간·속도에 따라 운반할 것

(5) 차량에 고정된 탱크를 운반할 때에는 그 고압가스의 명칭·성질 및 운반 중의 재해방지를 위하여 필요한 주의사항을 적은 서면을 운반책임자 또는 운전자에게 내주고 운반 중에 휴대하게 할 것

(6) 차량에 고정된 탱크에 의하여 고압가스의 운반을 시작할 때 또는 운반을 종료하였을 때에는 가스누출 등의 이상 유무를 점검하고 이상이 있을 때에는 보수를 하거나 그 밖에 위험을 방지하기 위한 조치를 할 것

3) 운반책임자 동승기준

다음 표에서 정한 기준 이상의 고압가스를 200km를 초과하는 거리까지 운반할 때에는 운반책임자를 동승시켜 운반에 대한 감독 또는 지원을 하도록 할 것. 다만, 액화석유가스용 차량에 고정된 탱크에 폭발방지장치를 설치하고 운반하는 경우 및 「액화석유가스의 안전관리 및 사업법 시행규칙」제2조제1항제3호에 따른 소형 저장탱크에 액화석유가스를 공급하기 위한 차량에 고정된 탱크로서 액화석유가스의 충전능력이 5톤 이하인 차량에 고정된 탱크로 운반하는 경우에는 그렇지 않으며, 운전자가 운반책임자의 자격을 가진 경우에는 동승자를 운반책임자의 자격이 없는 자로 할 수 있다.

가스의 종류		기준
압축가스	가연성 가스	3천kg 이상
	독성가스	1천kg 이상
	조연성 가스	6천kg 이상
액화가스	가연성 가스	300m^3 이상
	독성가스	100m^3 이상
	조연성 가스	600m^3 이상

SECTION 02 액화석유가스 충전

1. 용기 충전

1) 시설기준

(1) 액화석유가스 충전시설 중 충전설비는 다음의 요건을 모두 갖출 것
  ① 액화석유가스 충전시설 중 충전설비는 그 바깥 면으로부터 사업소 경계까지 24m 이상을 유지할 것
  ② 충전설비 중 충전기는 사업소 경계가 도로에 접한 경우에는 충전기 바깥 면으로부터 가장 가까운 도로 경계선까지 4m 이상을 유지할 것

(2) 자동차에 고정된 탱크 이입·충전 장소에는 정차위치를 지면에 표시하되 다음의 요건을 모두 갖출 것
  ① 지면에 표시된 정차위치의 중심으로부터 사업소 경계까지 24m 이상을 유지할 것
  ② 사업소 경계가 도로에 접한 경우에는 지면에 표시된 정차위치의 바깥 면으로부터 가장 가까운 도로 경계선까지 2.5m 이상을 유지할 것

2) 저장설비기준

(1) 저장탱크(저장능력이 3톤 이상인 저장탱크를 말한다)의 지지구조물과 기초는 지진에 견딜 수 있도록 설계하고 지진의 영향으로부터 안전한 구조일 것

(2) 처리능력은 연간 1만 톤 이상의 범위에서 시장·군수·구청장이 정하는 액화석유가스 물량을 처리할 수 있는 능력 이상일 것

(3) 소형 저장탱크의 보호와 그 탱크를 사용하는 시설의 안전을 위하여 같은 장소에 설치하는 소형 저장탱크의 수는 6기 이하로 하고 충전 질량의 합계는 5천kg 미만이 되도록 하는 등 위해의 우려가 없도록 적절하게 설치할 것

(4) 소형 저장탱크의 보호와 그 탱크를 사용하는 시설의 안전을 위하여 소형 저장탱크에 설치하는 안전 커플링과 소화설비의 재료, 구조 및 설치방법 등에 대한 적절한 조치를 할 것

(5) 저장탱크에는 안전을 위하여 필요한 과충전 경보 또는 방지장치, 폭발방지장치 등의 설비를 설치하고, 부압파괴방지 조치 및 방호조치 등 필요한 조치를 할 것. 다만, 다음 중 어느 하나를 설치한 경우에는 폭발방지장치를 설치한 것으로 본다.
  ① 물분무장치(살수장치를 포함한다)나 소화전을 설치하는 저장탱크
  ② 저온저장탱크(이중각 단열구조의 것을 말한다)로서 그 단열재의 두께가 그 저장탱크 주변의 화재를 고려하여 설계 시공된 저장탱크
  ③ 지하에 매몰하여 설치하는 저장탱크

3) 피해저감설비기준

(1) 저장탱크를 지상에 설치하는 경우 저장능력(2개 이상의 탱크가 설치된 경우에는 이들의 저장능력을 합한 것을 말한다)이 1천 톤 이상의 저장탱크 주위에는 액체상태의 액화석유가스가 누출된 경우에 그 유출을 방지하기 위한 조치를 할 것
(2) 지상에 설치된 저장탱크와 가스충전장소 사이에는 가스 폭발에 따른 충격에 견딜 수 있는 방호벽을 설치하거나, 한 쪽에서 발생하는 위해요소가 다른 쪽으로 전이되는 것을 방지하기 위하여 필요한 조치를 할 것
(3) 저장탱크(지하에 매설하는 경우는 제외한다)·가스설비 및 자동차에 고정된 탱크의 이입·충전장소에는 소화를 위하여 살수장치, 물분무장치 또는 이와 같은 수준 이상의 소화능력이 있는 설비를 설치할 것
(4) 배관에는 온도상승 방지조치 등 필요한 보호조치를 할 것
(5) 벌크로리를 2대 이상 확보한 경우에는 각 벌크로리별로 기준에 적합하여야 하고, 벌크로리 주차위치 중심 설정 시 벌크로리 간에는 1m 이상 거리를 두고 각각 벌크로리의 주차위치 중심을 설정한다.

4) 안전유지기준

(1) 저장탱크의 안전을 위하여 1년에 1회 이상 정기적으로 적절한 방법으로 침하 상태를 측정하고, 그 침하 상태에 따라 적절한 안전조치를 할 것
(2) 저장탱크는 항상 40℃ 이하의 온도를 유지할 것
(3) 저장설비실 안으로 등화를 휴대하고 출입할 때에는 방폭형 등화를 휴대할 것
(4) 가스누출검지기와 휴대용 손전등은 방폭형일 것
(5) 저장설비와 가스설비의 바깥 면으로부터 8m 이내에서는 화기(담뱃불을 포함한다)를 취급하지 않을 것
(6) 소형 저장탱크의 주위 5m 이내에서는 화기의 사용을 금지하고 인화성 물질이나 발화성 물질을 많이 쌓아 두지 않을 것
(7) 소형 저장탱크 주위에 있는 밸브류의 조작은 원칙적으로 수동조작으로 할 것
(8) 소형 저장탱크의 안전 커플링의 주밸브는 액체의 열팽창으로 인하여 배관의 압력이 상승하는 것을 방지하기 위하여 항상 열어 둘 것. 다만, 그 커플링으로부터의 가스누출이나 긴급 시의 대책을 위하여 필요한 경우에는 닫아 두어야 한다.
(9) 용기 보관장소에 충전용기를 보관할 때에는 다음의 기준에 맞게 할 것
① 용기 보관장소에는 계량기 등 작업에 필요한 물건 외에는 두지 않을 것
② 용기 보관장소의 주위 8m(우회거리) 이내에는 화기 또는 인화성 물질이나 발화성 물질을 두지 않을 것

③ 충전용기는 항상 40℃ 이하를 유지하고, 직사광선을 받지 않도록 조치할 것
④ 충전용기(내용적이 5L 이하인 것은 제외한다)에는 넘어짐 등에 의한 충격이나 밸브의 손상을 방지하는 조치를 하고 난폭하게 취급하지 않을 것
⑤ 용기 보관장소에는 방폭형 휴대용 손전등 외의 등화를 지니고 들어가지 않을 것
⑥ 용기 보관장소에는 충전용기와 잔가스용기를 각각 구분해 놓을 것

(10) 가스설비에 설치한 밸브 또는 콕(조작스위치로 그 밸브 또는 콕을 개폐하는 경우에는 그 조작스위치를 말한다. 이하 "밸브 등"이라 한다)에는 다음의 기준에 따라 종업원이 그 밸브 등을 적절히 조작할 수 있도록 조치할 것
① 밸브 등에는 그 밸브 등의 개폐 방향(조작스위치로 그 밸브 등이 설치된 설비의 안전에 중대한 영향을 미치는 경우에는 그 밸브 등의 개폐 상태를 포함한다)을 표시할 것
② 밸브 등(조작스위치로 개폐하는 것은 제외한다)이 설치된 배관에는 그 밸브 등의 가까운 부분에 쉽게 알아볼 수 있는 방법으로 가스의 종류와 방향을 표시할 것
③ 밸브 등을 조작함으로써 그 밸브 등이 설치된 설비의 안전에 영향을 미치는 경우 항상 사용하는 것이 아닌 밸브 등(긴급 시에 사용하는 것은 제외한다)에는 자물쇠를 채우거나 봉인해 두는 등의 조치를 할 것
④ 밸브 등을 조작하는 장소에는 밸브 등의 기능 및 사용 빈도에 따라 그 밸브 등을 확실히 조작하는 데 필요한 발판과 조명도를 확보할 것

5) 제조 및 충전기준

(1) 저장탱크에 가스를 충전하려면 가스의 용량이 상용 온도에서 저장탱크 내용적의 90%(소형 저장탱크의 경우는 85%)를 넘지 않도록 충전하고, 충전 시 사고를 예방하기 위한 적절한 안전조치를 할 것
(2) 자동차에 고정된 탱크는 저장탱크의 바깥 면으로부터 3m 이상 떨어져 정지할 것. 다만, 저장탱크와 자동차에 고정된 탱크의 사이에 방호 울타리 등을 설치한 경우에는 그렇지 않다.
(3) 가스를 충전하려면 충전설비에서 발생하는 정전기를 제거하는 조치를 할 것
(4) 액화석유가스가 공기 중에 1천분의 1의 비율로 혼합되었을 때 그 사실을 알 수 있도록 냄새가 나는 물질(공업용의 경우는 제외한다)을 섞어 용기에 충전할 것
(5) 액화석유가스의 충전은 다음의 기준에 따라 안전에 지장이 없는 상태로 할 것
① 안전밸브 또는 방출밸브에 설치된 스톱밸브는 항상 열어 둘 것. 다만, 안전밸브 또는 방출밸브의 수리·청소를 위하여 특히 필요한 경우에는 그렇지 않다.
② 자동차에 고정된 탱크(내용적이 5천L 이상인 것을 말한다)로부터 가스를 이입받을 때에는 자동차가 고정되도록 자동차 정지목 등을 설치할 것

③ 액화석유가스를 자동차에 고정된 탱크로부터 이입할 때에는 배관 접속 부분의 가스누출 여부를 확인하고, 이입한 후에는 그 배관 안의 가스로 인한 위해가 발생하지 않도록 조치할 것

④ 자동차에 고정된 탱크로부터 저장탱크에 액화석유가스를 이입받을 때에는 5시간 이상 연속하여 자동차에 고정된 탱크를 저장탱크에 접속하지 않을 것

(6) 가스를 용기에 충전하려면 다음의 계산식에 따라 산정된 충전량을 초과하지 않도록 충전할 것

$$G = \frac{V}{C}$$

여기서, G : 액화석유가스의 질량(kg)
V : 용기의 내용적(L)
C : 프로판은 2.35, 부탄은 2.05

(7) 가스를 용기에 충전하기 위하여 밸브 또는 충전용 지관을 가열할 필요가 있으면 열습포나 40℃ 이하의 물을 사용할 것

(8) 소형 용기 중 접합 또는 납붙임용기와 이동식 부탄연소기용 용접용기 및 이동식 프로판연소기용 용접용기에 액화석유가스를 충전하려면 에어졸 충전기준에 따를 것. 이 경우 충전하는 가스의 압력과 성분은 다음의 구분에 따른다.

① 접합 또는 납붙임용기와 이동식 부탄연소기용 용접용기
  ㉠ 가스의 압력 : 40℃에서 0.52MPa 이하
  ㉡ 가스의 성분 : 프로판+프로필렌은 10mol% 이하, 부탄+부틸렌은 90mol% 이상

② 이동식 프로판연소기용 용접용기
  ㉠ 가스의 압력 : 40℃에서 1.53MPa 이하
  ㉡ 가스의 성분 : 프로판+프로필렌 90mol% 이상

(9) 이동식 부탄연소기용 용접용기 및 이동식 프로판연소기용 용접용기에 액화석유가스를 충전할 때에는 다음 기준에 맞게 할 것

① 외관검사
  ㉠ 제조 후 10년이 지나지 않은 용접용기일 것
  ㉡ 용기의 상태가 4급에 해당하는 찍힌 흠(긁힌 흠), 부식, 우그러짐 및 화염(전기불꽃)에 의한 흠이 없을 것

② 캔밸브와 용기밸브
  ㉠ 캔밸브와 용기밸브는 부착한 지 2년이 지나지 않아야 하며, 부착연월이 새겨져 있을 것
  ㉡ 사용에 지장이 있는 흠, 주름, 부식 등이 없을 것

(10) 액화석유가스 충전사업자가 액화석유가스 특정사용자 또는 주거용으로 액화석유가스를 직접 공급하는 경우에는 다음 기준에 따를 것

① 자동차에 고정된 탱크로부터 액화석유가스를 저장탱크 또는 소형 저장탱크에 송출하거나 이입하려면 "가스충전 중"이라 표시하고, 자동차가 고정되도록 자동차 정지목 등을 설치할 것
② 저장탱크에 가스를 충전하려면 정전기를 제거한 후 저장탱크 내용적의 90%(소형 저장탱크의 경우는 85%)를 넘지 않도록 충전하고, 충전 시 사고를 예방하기 위한 적절한 안전조치를 할 것
③ 저장설비 또는 가스설비에는 방폭형 휴대용 전등 외의 등화를 지니고 들어가지 않을 것

(11) 벌크로리로 수요자의 소형 저장탱크 또는 저장능력이 10톤 이하인 저장탱크에 액화석유가스를 충전할 때에는 다음 기준에 따를 것
① 액화석유가스를 충전하려면 소형 저장탱크 또는 저장능력이 10톤 이하인 저장탱크 안의 잔량을 확인한 후 충전할 것
② 충전작업은 수요자가 채용한 안전관리자가 지켜보는 가운데에 할 것
③ 충전 중에는 액면계의 움직임·펌프 등의 작동을 주의·감시하여 과충전 방지 등 작업 중의 위해 방지를 위한 조치를 할 것
④ 충전작업이 완료되면 안전 커플링으로부터의 가스누출이 없는지를 확인할 것
⑤ 벌크로리 저장능력 10톤 이하인 저장탱크에 액화석유가스를 충전하려면 벌크로리의 탱크주밸브를 통하여 충전할 것. 다만, 저장탱크 설치장소까지 벌크로리의 진입이 불가능하여 탱크주밸브를 통하여 충전이 어려운 경우에는 벌크로리의 충전호스 커플링을 통하여 충전할 수 있고, 이 경우 충전호스 커플링 연결부 등을 감시하는 사람을 추가로 배치해야 한다.

6) 점검기준

(1) 충전시설 중 액화석유가스의 안전을 위하여 필요한 시설 또는 설비에 대해서는 작동 상황을 주기적(충전설비의 경우에는 1일 1회 이상)으로 점검하고, 이상이 있을 경우에는 그 시설 또는 설비가 정상적으로 작동될 수 있도록 필요한 조치를 할 것
(2) 충전용기(소형 용기는 제외한다) 중 외관이 불량한 용기에 대해서는 누출시험을 실시하고 그 밖의 용기에 대해서는 비눗물을 이용하여 누출시험을 할 것
(3) 액화석유가스가 충전된 이동식 부탄연소기용 용접용기 및 이동식 프로판연소기용 용접용기는 연속공정에 의하여 $55 \pm 2°C$의 온수조에 60초 이상 통과시키는 누출검사를 모든 용기에 대하여 실시하고, 불합격된 용기는 파기할 것
(4) 안전밸브 중 압축기의 맨 끝 부분에 설치한 것은 1년에 1회 이상, 그 밖의 안전밸브는 2년에 1회 이상 설정되는 압력 이하의 압력에서 작동하도록 조정할 것. 다만, 종합적 안전관리 대상자의 시설에 설치된 안전밸브의 조정 주기는 저장탱크 및 압력용기에 대한 재검사 주기로 한다.

(5) 가스시설에 설치된 긴급차단장치에 대해서는 1년에 1회 이상 밸브시트의 누출검사 및 작동검사를 하여 누출량이 안전에 지장이 없는 양 이하이고, 작동이 원활하며 확실하게 개폐될 수 있는 작동 기능을 가졌음을 확인할 것
(6) 정전기 제거 설비를 정상 상태로 유지하기 위하여 다음 기준에 따라 검사를 하여 기능을 확인할 것
  ① 지상에서의 접지저항치
  ② 지상에서의 접속부의 접속 상태
  ③ 지상에서의 절선 부분이나 그 밖의 손상 부분의 유무
(7) 물분무장치, 살수장치와 소화전은 매월 1회 이상 작동 상황을 점검하여 원활하고 확실하게 작동하는지 확인하고, 점검 기록을 작성·유지할 것. 다만, 얼어붙을 우려가 있는 경우에는 펌프 구동만으로 성능시험을 갈음할 수 있다.
(8) 슬립 튜브식 액면계의 패킹을 주기적으로 점검하고 이상이 있을 때에는 교체할 것
(9) 충전용 주관의 압력계는 매월 1회 이상, 그 밖의 압력계는 1년에 1회 이상 「국가표준기본법」에 따른 교정을 받은 압력계로 그 기능을 검사할 것

2. 자동차에 고정된 용기 충전

1) 시설기준

(1) 충전시설에는 그 충전시설의 안전과 원활한 충전작업을 위하여 다음의 조치를 할 것
  ① 저장설비 저장능력의 총합이 15톤 이상일 것
  ② 로딩암, 충전기, 충전호스, 차양 등 필요한 설비 등을 설치하고 적절한 조치를 할 것
(2) 충전 시 자동차의 오발진을 방지하기 위하여 오발진 방지장치를 설치하거나 적절한 조치를 할 것
(3) 충전시설에는 충전시설의 안전을 위하여 가스설비 설치실을 설치하는 경우에는 불연재료(지붕은 가벼운 불연재료)를 사용하고 가스설비 설치실과 사무실 등 건축물의 창의 유리는 망입유리 또는 안전유리로 하며, 사무실 등의 건축물의 벽, 기둥 등은 내화구조 또는 불연재료로 하는 등 안전한 구조로 할 것
(4) 자동차에 고정된 용기 충전소에는 충전 또는 그 충전소의 안전에 지장이 없는 범위에서 그에 부대하는 업무를 위하여 사용되는 다음 건축물 또는 시설 외에 다른 건축물 또는 시설을 설치하지 않을 것. 다만, 충전사업 용도의 건축물이나 시설은 설치할 수 있다.
  ① 충전을 하기 위한 작업장
  ② 충전소의 업무를 하기 위한 사무실과 회의실

③ 충전소 관계자가 근무하는 대기실
④ 액화석유가스 충전사업자가 운영하고 있는 용기를 재검사하기 위한 시설
⑤ 충전소 종사자의 숙소

(5) 충전소의 종사자가 이용하기 위한 연면적 100㎡ 이하의 식당
(6) 비상발전기실 또는 공구 등을 보관하기 위한 연면적 100㎡ 이하의 창고

2) 검사기준

(1) 안전성확인·완성검사·정기검사 및 수시검사의 검사항목은 시설이 적합하게 설치 또는 유지·관리되고 있는지 확인하기 위하여 다음의 검사 항목으로 할 것

검사 종류	검사 항목
가) 안전성확인	제1호가목의 시설기준에 규정된 항목 중 (지상형 저장탱크의 기초설치 공정으로 한정함), (저장탱크를 지하에 매설하기 직전의 공정으로 한정함), (한국가스안전공사가 지정하는 부분의 비파괴시험을 하는 공정으로 한정함), (배관을 지하에 설치하는 경우로서 한국가스안전공사가 지정하는 부분을 매몰하기 직전의 공정으로 한정함), (저장탱크를 지하에 매설하기 직전의 공정과 배관을 지하에 설치하는 경우로서 한국가스안전공사가 지정하는 부분을 매몰하기 직전의 공정으로 한정함), [방호벽의 기초설치 공정과 방호벽(철근콘크리트제 방호벽이나 콘크리트블럭제 방호벽의 경우만 해당한다)의 벽 설치공정에 한정함]
나) 완성검사	가목의 시설기준에 규정된 항목. 다만, 안전성확인에서 확인된 검사항목은 제외할 수 있다.
다) 정기검사	(1) 가목의 시설기준에 규정된 항목 중 해당 사항 (2) 기술기준에 규정된 항목 중 해당 사항
라) 수시검사	각 시설별 정기검사 항목 중에서 다음에서 열거한 안전장치 유지·관리 상태 중 필요한 사항 (1) 안전밸브 (2) 긴급차단장치 (3) 가스누출자동차단장치 및 경보기 (4) 물분무장치와 살수장치 (5) 강제통풍시설 (6) 정전기 제거장치와 방폭 전기기기 (7) 배관 등의 가스누출 여부 (8) 비상전력의 작동 여부 (9) 그 밖에 안전관리에 필요한 사항

(2) 안전성확인·완성검사·정기검사 및 수시검사는 시설이 검사 항목에 적합한지를 명확하게 판정할 수 있는 방법으로 할 것

3) 정밀안전진단 및 안전성평가 기준

(1) 정밀안전진단 및 안전성평가 항목

① 정밀안전진단은 제55조에 따른 정밀안전진단 대상시설이 적절하게 유지·관리되고 있는지 확인하기 위하여 분야별로 필요한 진단 항목에 대하여 할 것

진단 분야	진단 항목
일반 분야	안전장치 관리 실태, 공정안전 관리 실태, 저장탱크 운영 실태, 입하·출하 설비의 운영 실태
장치 분야	외관 검사, 배관두께 측정, 배관경도 측정, 배관용접부 결함 검사, 배관 부식 상태, 보온·보냉 상태 확인
전기·계장 분야	가스시설과 관련된 전기설비의 운전 중 열화상·절연저항 측정, 계측설비 유지·관리 실태, 방폭설비 유지·관리 실태, 방폭지역 구분의 적정성

② 안전성평가는 안전성평가 대상시설에 대하여 위험성 인지, 사고발생 빈도 분석, 사고피해 영향 분석, 위험의 해석 및 판단의 평가 항목별로 필요한 평가항목에 대하여 할 것

(2) 정밀안전진단 및 안전성평가 방법

정밀안전진단 및 안전성평가를 할 때는 상세기준에 따른 적절한 방법으로 할 것

3. 자동차에 고정된 탱크 충전(배관을 통한 저장탱크 충전을 포함한다)

1) 시설기준

(1) 자동차에 고정된 탱크 충전시설의 경우 저장탱크의 저장능력은 40톤 이상일 것. 이 경우 저장탱크의 저장능력에는 자동차에 고정된 용기 충전시설, 소형용기 충전시설 및 가스난방기용기 충전시설의 저장능력을 합산하지 않는다.
(2) 마운드형 저장탱크의 안전거리는 정한 안전거리 기준에 따를 것. 이 경우 마운드형 저장탱크는 저장설비가 지하에 설치된 것으로 본다.
(3) 마운드형 저장탱크는 유지·관리에 지장이 없고, 그 탱크에 대한 위해의 우려가 없도록 설치할 것
(4) 충전시설에는 충전시설의 안전을 위하여 가스설비 설치실을 설치하는 경우에는 불연재료(지붕은 가벼운 불연재료)를 사용하고 가스설비 설치실과 사무실 등 건축물의 창의 유리는 망입유리 또는 안전유리로 하는 등 안전한 구조로 할 것

2) 기술기준

(1) 자동차에 고정된 탱크에 가스충전이 끝나면 접속부분을 완전히 분리시킨 후에 발차할 것
(2) 액화석유가스의 충전은 다음의 기준에 따라 안전에 지장이 없는 상태로 할 것
  ① 안전밸브 또는 방출밸브에 설치된 스톱밸브는 항상 열어 둘 것. 다만, 안전밸브 또는 방출밸브의 수리·청소를 위하여 특히 필요한 경우에는 그렇지 않다.
  ② 자동차에 고정된 탱크(내용적이 5천L 이상인 것을 말한다)에 가스를 충전하거나 그로부터 가스를 이입받을 때에는 자동차가 고정되도록 자동차 정지목 등을 설치할 것
  ③ 액화석유가스를 자동차에 고정된 탱크에 충전하거나 자동차에 고정된 탱크로부터 이입할 때에는 배관 접속 부분의 가스누출 여부를 확인하고, 이입한 후에는 그 배관 안의 가스로 인한 위해가 발생하지 않도록 조치할 것
(3) 자동차에 고정된 탱크에 가스를 충전하려면 액화석유가스 운반자동차 운전자의 교육이수 여부 및 운반책임자의 자격 또는 교육이수 여부를 확인할 것
(4) 배관을 통한 저장탱크 충전의 경우 배관을 통하여 다른 저장탱크에 액화석유가스를 이송할 경우에는 그 저장탱크 내용적의 90%(소형 저장탱크의 경우는 85%)를 넘지 않도록 충전할 것

SECTION 03 도시가스충전사업의 가스충전

1. 고정식 압축천연가스 자동차 충전

1) 배치기준

(1) 처리설비 및 압축가스설비로부터 30m 이내에 보호시설(사업소에 있는 보호시설 및 전용공업지역에 있는 보호시설은 제외한다)이 있는 경우에는 처리설비 및 압축가스설비의 주위에 도시가스폭발에 따른 충격을 견딜 수 있는 철근콘크리트제 방호벽을 설치할 것. 다만, 처리설비 주위에 방류둑 설치 등 액확산방지조치를 한 경우에는 그러하지 아니하다.
(2) 저장설비, 처리설비, 압축가스설비 및 충전설비는 그 외면으로부터 사업소 경계까지 10m 이상의 안전거리를 유지할 것. 다만, 처리설비 및 압축가스설비의 주위에 철근콘크리트제 방호벽을 설치하는 경우에는 5m 이상의 안전거리를 유지할 수 있다.
(3) 충전설비는 도로법에 따른 도로경계까지 5m 이상의 거리를 유지할 것
(4) 저장설비·처리설비·압축가스설비 및 충전설비는 철도까지 30m 이상의 거리를 유지할 것

2) 저장설비 기준

(1) 저장탱크(가스홀더를 포함한다)의 구조는 저장탱크를 보호하고 저장탱크로부터 도시가스가 누출되는 것을 방지하기 위하여 저장탱크에 저장하는 도시가스의 종류·온도·압력 및 저장탱크의 사용 환경에 따라 적절한 것으로 하고, 저장능력 5톤 또는 500m^3 이상인 저장탱크 및 압력용기(반응·분리·정제·증류를 위한 탑류로서 높이 5m 이상인 것만 해당한다)에는 지진발생 시 저장탱크를 보호하기 위하여 내진성능 확보를 위한 조치 등 필요한 조치를 하며, 5m^3 이상의 도시가스를 저장하는 것에는 가스방출장치를 설치할 것

(2) 저장설비는 원칙적으로 지상에 설치하되 저장탱크(저장능력이 300m^3 또는 3톤 이상인 탱크만 해당한다)와 다른 가연성 가스 저장탱크 또는 산소저장탱크 사이에는 두 저장탱크 최대지름을 더한 길이의 4분의 1 이상의 거리를 유지하는 등 하나의 저장탱크에서 발생한 위해요소가 다른 저장탱크로 전이되지 않도록 하고, 저장탱크를 지하 또는 실내에 설치하는 경우에는 그 저장탱크 설치실에서의 도시가스폭발을 방지하기 위하여 필요한 조치를 할 것

(3) 저장탱크에는 그 저장탱크를 보호하기 위하여 부압파괴방지 조치, 과충전 방지 조치 등 필요한 조치를 할 것

3) 안전유지 기준

(1) 가스충전시설 중 진동이 심한 곳에 설치되는 고압의 가스설비에는 진동을 최소한도로 줄일 수 있는 조치를 할 것

(2) 도시가스설비를 이음쇠로 접속할 때에는 그 이음쇠와 접속되는 부분에 잔류응력이 남지 아니하도록 조립하고 이음쇠 밸브류를 나사로 조일 때에는 무리한 하중이 걸리지 아니하도록 하여야 하며, 상용압력이 19.6MPa 이상이 되는 곳의 나사는 나사게이지로 검사한 것일 것

(3) 안전밸브 또는 방출밸브에 설치된 스톱밸브는 그 밸브의 수리 등을 위하여 특별히 필요한 때를 제외하고는 항상 완전히 열어 놓을 것

(4) 화기를 취급하는 곳이나 인화성 물질 또는 발화성 물질이 있는 곳 및 그 부근에서는 도시가스를 용기에 충전하지 않을 것

2. 이동식 압축도시가스 자동차 충전

1) 시설기준

(1) 이동충전차량 및 충전설비로부터 30m 이내에 보호시설(사업소에 있는 보호시설 및 전용공업지역에 있는 보호시설은 제외한다)이 있는 경우에는 이동충전차량 주위에 방호벽을 설치할 것

(2) 가스배관구(이동충전차량의 압축도시가스를 충전설비로 이입하기 위하여 충전시설에 설치한 배관을 말한다. 이하 같다)와 가스배관구 사이 또는 이동충전차량과 충전설비 사이에는 8m 이상의 거리를 유지할 것. 다만, 가스배관구와 가스배관구 사이 또는 이동충전차량과 충전설비 사이에 방호벽을 설치할 경우에는 8m 이상의 거리를 유지하지 아니할 수 있다.

(3) 이동충전차량 및 충전설비는 그 설비로부터 사업소 경계(버스차고지에 설치한 경우 차고지 경계를 사업소 경계로 보며, 사업소 경계가 바다·호수·하천·도로·임야·논밭 등의 경우에는 그 반대편 끝을 경계로 본다. 다만, 임야·전답이 주거지역 등으로 용도 변경되는 경우에는 그러하지 아니하다)까지 10m 이상의 안전거리를 유지할 것. 다만, 이동충전차량 외부에 방화판을 설치하거나 충전설비 주위에 방호벽을 설치하는 경우에는 5m 이상의 안전거리를 유지할 수 있다.

(4) 사업소에서 주정차 또는 충전작업을 하는 이동충전차량의 설치대수는 3대 이하로 하고, 이동충전차량 보유수량이 동시에 주차할 수 있는 공간을 확보할 것

(5) 이동충전차량을 구성하는 각각의 용기에는 그 설비의 압력이 상용압력을 초과하는 경우 즉시 그 압력을 상용압력 이하로 되돌릴 수 있는 조치를 할 것

(6) 가스충전시설에는 충전설비 근처 및 충전설비로부터 5m 이상 떨어진 장소에서 긴급 시 도시가스의 누출을 효과적으로 차단할 수 있는 조치를 할 것

(7) 집합용기에 도시가스를 이입하는 관에는 긴급 시 도시가스가 역류되는 것을 효과적으로 차단할 수 있는 조치를 할 것

(8) 충전설비는 도로법에 따른 도로경계로부터 5m(방호벽을 설치하는 경우에는 2.5m) 이상의 거리를 유지할 것

(9) 이동충전차량 및 충전설비는 철도에서부터 15m 이상의 거리를 유지할 것

2) 기술기준

(1) 이동충전차량은 사업소의 지정된 장소에 정차하여야 하며, 충전 중에는 정지목 등을 설치하여 이동충전차량이 움직이지 않도록 고정할 것

(2) 이동충전차량에 의한 이송작업 또는 충전작업은 반드시 사업소에서 실시하고, 이동하는 경우를 제외하고는 이동충전차량을 사업소 외의 지역에 주정차하지 않을 것

(3) 그 밖에 이동식 압축도시가스 자동차 충전의 기술기준은 기술기준을 따를 것. 이 경우 "자동차"를 "자동차 또는 이동충전차량"으로 본다.

3. 고정식 압축도시가스 이동충전차량 충전

1) 시설기준

(1) 이동충전차량 충전설비 사이에는 8m 이상의 거리를 유지할 것. 다만, 이동충전차량 충전설비 사이에 방호벽을 설치한 경우에는 그러하지 아니하다.

(2) 이동충전차량 충전설비 수량에 1을 더한 수량의 이동충전차량을 주정차할 수 있는 충분한 공간을 확보할 것

(3) 가스충전시설에는 이동충전차량 충전설비 근처 및 이동충전차량 충전설비로부터 5m 이상 떨어진 장소에 긴급 시 도시가스의 누출을 효과적으로 차단할 수 있는 조치를 할 것

(4) 압축장치와 이동충전차량 충전설비 사이, 압축가스설비와 이동충전차량 충전설비 사이에는 도시가스폭발에 따른 충격에 견딜 수 있는 방호벽을 설치하거나, 한쪽에서 발생하는 위해요소가 다른 쪽으로 전이되는 것을 방지하기 위하여 필요한 조치를 할 것

(5) 이동충전차량의 원활한 충전 및 운행을 위하여 이동충전차량 충전설비는 그 외면으로부터 이동충전차량의 진입구 및 진출구까지 12m 이상의 거리를 유지할 것

(6) 이동충전차량 충전설비에는 그 설비가 이동충전차량 충전설비임을 알 수 있도록 표시하고, 이동충전차량 충전장소에는 지면에 정차위치와 진입 및 진출의 방향을 표시할 것

(7) 그 밖에 고정식 압축도시가스 이동충전차량 충전의 시설기준을 따를 것

2) 기술기준

(1) 이동충전차량은 사업소의 지정된 장소에 정차하여야 하며, 충전 중에는 정지목 등을 설치하여 이동충전차량이 움직이지 않도록 고정할 것

(2) 이동충전차량에 의한 이송작업 또는 충전작업은 반드시 사업소에서 실시하고, 이동하는 경우를 제외하고는 이동충전차량을 사업소 외의 지역에 주정차하지 않을 것

(3) 이동충전차량의 사업소 외에서 이동충전차량에 충전을 하지 말 것

(4) 그 밖에 이동식 압축도시가스자동차 충전의 기술기준은 기술기준을 따를 것. 이 경우 "자동차"는 "자동차 또는 이동충전차량"으로 본다.

4. 액화도시가스 자동차 충전

1) 시설기준

(1) 액화도시가스 충전시설 중 저장설비는 그 외면으로부터 사업소 경계(버스차고지에 설치한 경우 차고지 경계를 사업소 경계로 보며, 사업소 경계가 바다 · 호수 · 하천 · 도로 등의 경우에는 그 반대편 끝을 경계로 본다)까지 다음 표에 따른 거리 이상의 안전거리를 유지할 것

저장탱크의 저장능력(w)	사업소 경계와의 안전거리
25톤 이하	10m
25톤 초과 50톤 이하	15m
50톤 초과 100톤 이하	25m
100톤 초과	40m

[비고]
1. 이 표의 저장능력(w)을 산정하는 계산식은 다음과 같다.
   $w = 0.9d \times v$
   여기서, w : 저장탱크의 저장능력(kg)
   d : 상용온도에서의 액화도시가스 비중(kg/L)
   d : 저장탱크의 내용적
2. 한 사업소에 2개 이상의 저장설비가 있는 경우에는 각각 사업소 경계와의 안전거리를 유지하여야 한다.

(2) 처리설비 및 충전설비는 그 외면으로부터 사업소 경계까지 10m 이상의 안전거리를 유지할 것. 다만, 처리설비 및 충전설비 주위에 방호벽(방류둑이 높이 2m 이상, 두께 12cm 이상의 철근콘크리트인 경우에는 방류둑을 방호벽으로 본다)을 설치하는 경우에는 5m 이상의 안전거리를 유지할 수 있다.

(3) 가스설비의 재료는 그 도시가스의 취급에 적합한 기계적 성질 및 화학적 성분을 가지는 것일 것

(4) 가스설비의 강도 및 두께는 그 도시가스를 안전하게 취급할 수 있는 적절한 것일 것

2) 안전유지 기준

(1) 가스설비의 주위에는 가연성 액체 등의 위험물과 같은 연소하기 쉬운 물질을 두지 아니할 것

(2) 가스설비 중 진동이 심한 곳에는 진동을 최소한도로 줄일 수 있는 조치를 할 것

(3) 가스설비를 이음쇠로 접속할 때에는 그 이음쇠와 접속되는 부분에 잔류응력이 남지 않도록 조립하고, 관이음 또는 밸브류를 나사로 조일 때에는 무리한 하중이 걸리지 아니하도록 할 것

(4) 차량에 고정된 탱크(내용적이 5,000L 이상의 것만을 말한다)로부터 액화도시가스를 이입하는 경우에는 탱크가 고정된 차량을 차량 정지목 등으로 고정할 것

(5) 탱크가 고정된 차량은 저장탱크의 외면으로부터 3m 이상 떨어져 정지할 것. 다만, 저장탱크와 차량에 고정된 탱크와의 사이에 방호책 등을 설치한 경우에는 그러하지 아니하다.

(6) 가스설비에 설치한 밸브 또는 콕(조작스위치에 의하여 그 밸브 또는 콕을 개폐하는 경우에는 그 조작스위치를 말한다. 이하 "밸브 등"이라 한다)에는 다음의 기준에 따라 종업원이 그 밸브 등을 적절히 조작할 수 있도록 조치할 것

① 밸브 등에는 그 밸브 등의 개폐방향(조작스위치에 의하여 그 밸브 등이 설치된 설비에 안전상 중대한 영향을 미치는 밸브 등에는 그 밸브 등의 개폐상태를 포함한다)이 표시되도록 할 것
② 밸브 등(조작스위치로 개폐하는 것은 제외한다)이 설치된 배관에는 그 밸브 등의 가까운 부분에 쉽게 식별할 수 있는 방법으로 도시가스의 종류 및 방향이 표시되도록 할 것
③ 조작함으로써 그 밸브 등이 설치된 설비에 안전상 영향을 미치는 밸브 등 중에서 항상 사용하는 것이 아닌 밸브 등(긴급 시에 사용하는 것은 제외한다)에는 자물쇠의 채우거나 봉인하여 두는 등의 조치를 할 것
④ 밸브 등을 조작하는 장소에는 그 밸브 등의 기능 및 사용빈도에 따라 그 밸브 등을 확실히 조작하는 데 필요한 발판과 조명도를 확보할 것

(7) 배관에는 그 온도를 항상 40℃ 이하로 유지할 수 있는 조치를 할 것
(8) 가스누출검지기와 휴대용 손전등은 방폭형일 것
(9) 저장설비 및 가스설비의 외면으로부터 8m 이내의 곳에서 화기(담뱃불을 포함한다)를 취급하지 않도록 할 것
(10) 안전밸브 또는 방출밸브에 설치된 스톱밸브는 항상 완전히 열어 놓을 것. 다만, 안전밸브 또는 방출밸브의 수리·청소 등을 위하여 특히 필요한 경우에는 그러하지 아니하다.

3) 충전기준

(1) 차량에 고정된 탱크로부터 액화도시가스를 이입하는 경우에는 배관접속 부분의 도시가스누출 여부를 확인해야 하고, 이입을 한 후에는 그 배관에 남아 있는 액화도시가스로 인한 위해가 발생하지 않도록 조치할 것
(2) 액화도시가스를 자동차용기에 충전하는 경우에는 용기에 유해한 양의 수분 및 유화물이 포함되지 않도록 할 것
(3) 액화도시가스의 충전이 끝난 후에는 접속 부분을 완전히 분리시킨 후에 액화도시가스 자동차를 움직이도록 할 것
(4) 저장탱크에 도시가스를 충전할 때에는 도시가스의 용량이 상용의 온도에서 저장탱크 내용적의 90%를 넘지 않을 것
(5) 도시가스를 충전할 때에는 충전설비에서 발생하는 정전기를 제거하는 조치를 할 것
(6) 충전설비에서 도시가스 충전작업을 할 때에는 그 외부로부터 보기 쉬운 곳에 충전작업 중임을 알리는 표시를 할 것

CHAPTER 04 가스의 특성

SECTION 01 수소(Hydrogen, H_2)

모든 물질 가운데 가장 가벼운 기체로 원자 중 가장 간단한 구조를 하고 있다.

1. 성질

① 상온에서 무색, 무취, 무미의 가연성 압축가스이다.
② 가장 밀도가 작고 가장 가벼운 기체이다(확산속도 : 1.8km/s).
③ 액체수소는 극저온으로 연성의 금속재료를 쉽게 취화시키고, 열전달율이 크다.
④ 산소와 수소의 혼합가스를 연소시키면 2,000℃ 이상의 고온을 얻을 수 있다.

$$2H_2 + O_2 = 2H_2O + 135.6 kcal \ (수소폭명기)$$

⑤ 고온·고압하에서 강재 중의 탄소와 반응하여 메탄을 생성하는 수소취화현상이 있다.

$$Fe_3C + 2H_2 = CH_4 + 3Fe \ (탈탄작용)$$

> **Reference**
>
> 1. 탈탄작용 방지금속 : W(텅스텐), Cr(크롬), Ti(티타늄), Mo(몰리브덴), V(바나듐)
> 2. 탈탄작용 방지재료 : 5~6% 크롬강, 18-8스테인리스

▼ 수소의 물성

구분	분자량	비점	임계온도	임계압력	융점	폭발범위	폭굉범위	발화점
수치	2.016	-252.8℃	-239.9℃	12.8atm	-259.1℃	4~75%	18.3~59.0	530℃

2. 공업적 제법

① **수전해법** : 물 전기분해법(20% NaOH 사용)
② **수성가스법** : 석탄, 코크스의 가스화법(폭발등급 3등급)
③ **석유분해법** : 수증기 개질법, 부분산화법(파우더법)
④ 천연가스 분해법
⑤ 일산화탄소 전화법

3. 용도

① 암모니아, 염산, 메탄올 합성 등 공업용으로 널리 사용되는 압축가스이다.
② 금속의 용접이나 절단에 사용한다.
③ 액체수소의 경우 로켓이나 미사일의 추진용 연료이다.

4. 폭발성 및 인체에 미치는 영향

① 염소, 불소와 반응하면 폭발(수소폭명기) 위험이 있다.
② 최소발화에너지가 매우 작아 미세한 정전기나 스파크로도 폭발할 위험이 있다.
③ 비독성으로 질식제로 작용한다.

SECTION 02 산소(Oxygen, O_2)

산소는 지각(地殼) 중에서 가장 다량(약 50%) 존재하며, 공기 중에 약 21% 함유되어 있다.
→ 산소에는 질량수 16, 17, 18의 안정한 동위원소가 있다.

1. 성질

① 비중은 공기를 1로 할 때 1.11의 무색 · 무취 · 무미의 기체이다.
② 화학적으로 화합하여 산화물을 만든다.
③ 순산소 중에서는 공기 중에서보다 심하게 반응한다.
④ 수소와는 격렬하게 반응하여 폭발하고 물을 생성한다.
⑤ 탄소와 화합하면 이산화탄소와 일산화탄소를 생성한다.
⑥ 산소-수소염은 2,000~2,500℃, 산소-아세틸렌염은 3,500~3,800℃에 달한다.
⑦ 산소는 그 자신 폭발의 위험은 없지만 강한 조연성 가스이다.
⑧ 기름이나 그리스 같은 가연성 물질은 발화 시에 산소 중에서 거의 폭발적으로 반응한다.
⑨ 만일 유지류가 부착되어 있을 경우에는 사염화탄소 등의 용제로 세정한다.

▼ 산소의 물성

구분	분자량	비점	임계온도	임계압력	융점	용해도	정압비열	정적비열
수치	32	-182.97℃	-118.4℃	50.1atm	-218℃	49.1cc	0.2187cal/g℃	0.1566cal/g℃

2. 제법

① 물전기 분해

$$2H_2O = 2H_2 + O_2$$

② 공기 액화 분리법

비등점 차이에 의한 분리(O_2 : -183℃, N_2 : -195.8℃)

> **Reference** 공기액화장치의 종류
>
> ① 전저압식 공기분리장치 : 5kg/cm^2 이하, 대용량 사용
> ② 중압식 공기분리장치 : 10 ~ 30kg/cm^2 정도, 산소보다 질소가 많음
> ③ 저압식 액산플랜트 방식 : 25kg/cm^2 이하, 액화산소 및 액화질소, Ar 회수

3. 용도

① 타 가스에 의한 마취로부터의 소생 등 의료계에 널리 이용되고 있다.
② 잠수 시 또는 우주탐사 시 호흡용과 연료원으로 사용된다.
③ 산소-아세틸렌염, 산소-수소염, 산소-프로판염 등으로 용접, 절단용으로 쓰이고 있다.
④ 인조보석 제조와 로켓 추진의 산화제 또는 액체산소 폭약 등에도 널리 쓰이고 있다.

4. 폭발성 및 인화성

① 물질의 연소성은 산소농도나 산소분압이 높아짐에 따라 현저하게 증대하고 연소속도의 급격한 증가, 발화온도의 저하, 화염온도의 상승 및 화염길이의 증가를 가져온다.
② 공기 중과 비교하면 산소 중 폭발한계 및 폭굉한계가 현저하게 넓고, 물질의 점화에너지가 저하하여 폭발의 위험성이 증대한다.

> **Reference** 공기액화분리장치(린데식)
>
> - 드라이아이스 생성방지를 위해 CO_2 흡수제 NaOH 사용
> - 건조제는 실리카겔, 산화알루미늄, 소바비드가 사용된다.
> - 산소용 압축기 윤활유는 물 또는 10% 이하의 묽은 글리세린수가 사용된다.

5. 인체에 미치는 영향

① 기체산소의 흡입은 인체에 독성효과보다 강장의 효과가 있다.
② 산소과잉이거나 순산소인 경우는 인체에 유해하다. 60% 이상의 고농도에서 12시간 이상 흡입하면 폐충혈이 되며 어린 아이나 작은 동물은 실명·사망하게 된다.

6. 장치 안전

① 산소가스용기 및 기계류에는 윤활유, 그리스 등을 사용하지 않는 금유 표시기기를 사용한다.
② 산소 압축기의 윤활유로 물이나 10% 이하의 글리세린수를 사용한다.
③ 산소의 최고압력은 150kg/cm²이며, 용기재질은 Mn강, Cr강, 18-8스테인리스강을 사용한다.

SECTION 03 질소(Nitrogen, N₂)

1. 성질

① 상온에서 무색·무취의 기체이며 공기 중에 약 78.1% 함유되어 있다.
② 불연성 기체로 분자상태는 안정하나 원자상태는 화학적으로 활발하다(NO, NO₂).
③ Mg, Li, Ca 등과 질화작용한다(Mg₃N₂, Li₃N₂, Ca₃N₂). (내질화성 금속 : Ni)

▼ 질소의 물성

구분	분자량	비점	임계온도	임계압력	융점	밀도
수치	28	$-195.8℃$	$-147℃$	33.5atm	$-209.89℃$	1.25

2. 제법

① 공기액화분리장치 이용 제조
② 아질산암모늄(NH_4NO_2) 가열하여 제조

3. 용도

① 급속동결용 냉매로 사용한다.
② 산화방지용 보호제로 사용한다.
③ 기기 기밀 시험용, 퍼지용, 고온고압에서 NH_3 생성 등으로 사용한다.

SECTION 04 희가스(알곤, 네온, 헬륨, 크립톤, 크세논, 라돈)

1. 성질

① 원소와 화합하지 않는 불활성 기체이다(원자량, 분자량이 같다).
② 무색·무취의 기체이며, 방전관 속에서 특유의 빛을 발생한다.

▼ 희가스의 물성

구분	분자량	공기 중 분포	융점	비점	임계온도	임계압력	발광색
Ar	39.94	0.93%	−189.2℃	−185.8℃	−22℃	40atm	적색
Ne	20.18	0.0015%	−248.67℃	−245.9℃	−228.3℃	26.9atm	주황색
He	4.00	0.0005%	−272.2℃	−268.9℃	−267.9℃	2.26atm	황백색

※ Kr : 녹자색, Xe : 청자색, Rn : 청록색

2. 제법

공기액화 시 부산물로 생산(아르곤(Ar)은 공기 중에 0.93% 존재한다.)

3. 용도

네온사인용, 형광등 방전관용, 금속가공 제련 보호가스 등

SECTION 05 염소(Chlorine, Cl₂)

1. 성질

상온에서 심한 자극적인 냄새가 있는 황록색의 무거운 독성기체이다(허용농도 1ppm). -34℃ 이하로 냉각시키거나, 6~8기압의 압력으로 액화되어 액체상태로 저장한다. 기체일 때 무게는 공기보다 약 2.5배 무겁고, 조연성 가스로 취급된다. 수소와 염소가 혼합되었을 경우 폭발성을 가진다(염소폭명기).

① 염소폭명기 : $H_2 + Cl_2 \rightarrow 2HCl + 44kcal$
② 철에서는 120℃를 넘으면 부식되고 고온이 되면 급격히 반응하여 염화물이 된다.
③ 염소와 수소의 혼합물은 냉암소에서는 반응하지 않는다.

▼ 염소의 물성

구분	분자량	비점	임계온도	임계압력	융점	용해도	허용농도	밀도
수치	71	-34℃	144℃	76.1atm	-100.98℃	4.61배	1ppm	1.429g/L

2. 제법

소금전기분해
① **수은법** : 아말감(고순도)
② **격막법** : 공업용

3. 용도

① 수돗물 살균
② 펄프 · 종이 · 섬유 표백
③ 공업용수나 하수의 정화제

4. 폭발성, 인화성 및 위험성

① 염소가스 분위기 중에 있는 금속을 가열하면, 금속이 연소된다.
② 염소와 아세틸렌이 접촉하게 되면 자연발화의 가능성이 높다.
③ 독성가스로서 호흡기에 유해하다.
④ 독성 제해제로는 소석회, 가성소다, 탄산소다 수용액을 사용한다.
⑤ 안전변은 가용전(65~68℃)식 안전변 사용

5. 기타

① 안전장치로 가용전은 65~68℃에서 용해된다.
② 압축기의 윤활제 및 건조제로는 진한 황산이 사용된다.
③ 제독제로는 가성소다수용액, 탄산소다수용액, 소석회 등이 있다.

SECTION 06 암모니아(NH_3)

1. 성질

① 상온·상압하에서 자극이 강한 냄새를 가진 무색의 기체이다.
② 물에 잘 용해된다(0℃, 1atm에서 1,164배 용해됨, 물 1cc에 800cc 용해).
③ 증발잠열이 크며, 독성, 가연성 가스이다.

▼ 암모니아의 물성

구분	분자량	비점	임계온도	임계압력	융점	연소범위	허용농도	비중(공기)
수치	17	−33.4℃	132.9℃	112.3atm	−77.7℃	15~28%	25ppm	0.59

2. 제법

1) 하버 – 보슈법

$$N_2 + 3H_2 = 2NH_3 + 23kcal(촉매\ Fe + Al_2O_3)$$

① **고압법**(600~1,000kg/cm² 이상) : 클로드법, 카자레법
② **중압법**(300kg/cm²) : IG법, 뉴파우더법, 동고시법, JCI법
③ **저압법**(150kg/cm²) : 구데법, 켈로그법(경제적임)

2) 석회질소법

$$3CaCN_2 + 3H_2O = 3CaCO_3 + 2NH_3$$

3. 용도

① 질소비료, 황산암모늄 제조, 나일론, 아민류의 원료
② 흡수식이나 압축식 냉동기의 냉매, 드라이아이스 제조

4. 누출검지 및 인체에 미치는 영향

① 염소, 염화수소, 황화수소 등과 반응하면 흰 연기 발생(구리, 아연, 알루미늄, 은, 코발트 등과 반응하여 착이온생성)
② 페놀프탈레인 용액과 반응(무색 → 적색)
③ 적색 리트머스 시험지와 반응(파란색)
④ 독성가스로 최대허용치는 25ppm, 고온·고압에서 질화작용으로 18-8스테인리스강 사용

SECTION 07 일산화탄소(CO)

1. 성질

① 무미·무취·무색의 기체. 독성이 강하고, 환원성의 가연성 기체이다.
② 물에는 녹기 어렵고 알코올에 녹는다.
③ 금속과 반응하여 금속(Fe, CO, Ni) 카보닐을 생성(카보닐 방지금속 : Cu, Ag, Al)

고압에서 $Fe + 5CO = Fe(CO)_5$ ········ 철카보닐
100℃ 이상에서 $Ni + 4CO = Ni(CO)_4$ ········ 니켈카보닐

▼ 일산화탄소의 물성

구분	분자량	비점	임계온도	임계압력	융점	연소범위	허용농도	비중(공기)
수치	28	−192.2℃	139℃	35atm	−207℃	12.5~74.2%	50ppm	0.97

2. 제법

1) 수성가스화법

$$CH_4 + H_2O = CO + 3H_2$$

2) 석탄 코크스 습증기 분해법

$$C + H_2O = CO + H_2$$

3. 용도

메탄올 합성, 포스겐 제조, 환원제 등

4. 기타

① 상온에서 염소와 반응하여 포스겐($COCl_2$) 독성가스를 생성한다.
② 압력 증가 시 폭발범위가 좁아진다.

SECTION 08 이산화탄소(CO_2)

1. 성질

① 무미·무취·무색의 기체. 독성이 없고, 불연성 기체로 공기보다 무겁다.
② 물에 녹아 약산성으로 관부식한다.

▼ 이산화탄소의 물성

구분	분자량	비점	임계온도	임계압력	융점	공기 중 분포	허용농도	비중(공기)
수치	44	$-78.5℃$	$31℃$	$72.9atm$	$-56℃$	0.03%	1,000ppm	1.517

2. 제조

일산화탄소 전화반응, 석회석 가열, 코크스 연소 등

3. 용도

드라이아이스(고체탄산) 제조, 요소($(NH_2)_2CO$) 원료, 탄산수, 소화제 등

SECTION 09 LPG(Liquefied Petroleum Gas : 액화석유가스)

LPG란 프로판, 부탄을 주성분으로 한 저급탄화수소로 보통 C_3~C_4까지를 말한다.

1. 성질

① 기화 및 액화가 쉽다(기화잠열 C_3H_8 : 101.8kcal/kg, C_4H_{10} : 92kcal/kg).
  • 프로판은 약 0.7MPa, 부탄은 약 0.2MPa 정도로 가압시키면 액화된다.
  • 기화되어도 재액화될 가능성이 있다.
② 공기보다 무겁고 물보다 가볍다.
③ 액화하면 부피가 작아진다.
④ 폭발성이 있다.
⑤ 연소 시 다량의 공기가 필요하다(C_3H_8 : 25배, C_4H_{10} : 32배).
⑥ 발열량 및 청정성이 우수하다.

$$C_3H_8 + 5O_2 = 3CO_2 + 4H_2O + 530kcal/mol$$
$$C_4H_{10} + 6.5O_2 = 4CO_2 + 5H_2O + 700kcal/mol$$

⑦ LPG는 고무, 페인트, 테이프 등의 유지류, 천연고무를 녹이는 용해성이 있다.
⑧ 무색 무취이다(부취제인 메르캅탄을 첨가).

> **Reference** 공기희석 목적
>
> 열량조절, 연소효율증대, 재액화방지, 누설손실감소

▼ LPG의 물성

구분	분자량	비점	임계온도	임계압력	발화점	연소범위
C_3H_8	44	−42.1℃	96.8℃	42atm	460~520℃	2.1~9.5%
C_4H_{10}	58	−0.5℃	152℃	37.5atm	430~510℃	1.8~8.4%

> **Reference** 부취제
>
> 1. 부취제 첨가 : 공기 중의 혼합비율이 1/1,000 상태에서 감지하도록 첨가
> 2. 부취제의 특성
>   ① 독성이 없을 것
>   ② 일반적으로 존재하는 냄새와는 명확하게 구별될 것
>   ③ 저농도에 있어서도 냄새를 알 수 있을 것
>   ④ 가스배관이나 가스메타 등에 흡착되지 않을 것
>   ⑤ 완전히 연소하고 연소 후에는 유해하거나 냄새를 가지는 물질을 남기지 않을 것
>   ⑥ 배관 내에서 통상의 온도로 응축되지 않을 것
>   ⑦ 부식성이 없고 화학적으로 안정할 것
>   ⑧ 물에 녹지 않고 토양에 대한 투과성이 좋을 것
>   ⑨ 가격이 저렴할 것

2. 제법

① 습성 천연가스 및 원유로부터의 제조 : 압축냉동법, 흡수법(경유), 활성탄 흡수법
② 제유소 가스로부터 제조
③ 나프타 분해 및 수소화 분해 생성물

3. 용도

① 프로판은 가정용·공업용 연료로 많이 쓰이며, 내연기관 연료로도 많이 쓰인다.
② 합성고무 원료인 부타디엔은 노르말부탄을 제조한다.

> **Reference** 정전기발생 방지대책
>
> - 폭발성 분위기 형성, 확산방지
> - 방폭전기설비 설치
> - 접지 실시
> - 작업자의 대전방지

4. 액화석유가스 누출 시 주의사항

① LPG가 누출되면 공기보다 무거워서 낮은 곳에 고이게 되므로 특히 주의할 것
② 가스가 누출되었을 때는 부근의 착화원을 신속히 치우고 용기밸브, 중간밸브를 잠그고 창문 등을 열어 신속히 환기시킬 것
③ 용기의 안전밸브에서 가스가 누출될 때에는 용기에 물을 뿌려 냉각시킬 것

> **Reference** 발화점에 영향을 주는 인자
>
> - 가연성 가스와 공기의 혼합비
> - 가열속도와 지속시간
> - 점화원의 종류와 투여법
> - 발화가 생기는 공간의 형태
> - 기벽의 재질과 촉매효과

SECTION 10 LNG(Liquefied Natural Gas : 액화천연가스)

1. 성질

천연가스는 메탄(CH_4)가스가 주성분이고, 약간의 에탄 등 경질 파라핀계 탄화수소와 순수한 천연가스는 주성분인 메탄 외에도 황화수소, 이산화탄소, 부탄, 펜탄이 있다.

▼ LNG의 조성

구분	조성(Vol %)						액밀도	비점
	CH_4	C_2H_6	C_3H_8	C_4H_{10}	C_5H_{12}	N_2		
보르네오산	88.1	5.0	4.9	1.8	0.1	0.1	465	−160℃
알래스카산	99.8	0.1	−	−	−	0.1	415	−162℃

2. 용도

1) 연료

① 도시가스
② 발전용 연료
③ 공업용 연료

2) 한랭 이용

① 액화산소 및 액화질소의 제조
② 냉동창고
③ 냉동식품
④ 저온분쇄(자동차 폐타이어, 대형폐기물, 플라스틱 등)
⑤ 냉각(발전소 온·배수의 냉각)

3) 화학 공업 원료

메탄올, 암모니아의 냉각

SECTION 11 메탄

천연가스의 주성분인 메탄가스의 특성을 보면 다음과 같다.

① 공기 중에서 잘 연소하고 담청색 화염을 낸다.

$$CH_4 + 2O_2 \rightarrow CO_2 + 2H_2O + 212.8 \text{kcal/mol}$$

② 염소와 반응시키면 염소화합물을 만든다.

▼ 메탄의 물성

구분	분자량	비점	임계온도	임계압력	융점	연소범위	허용농도	비중(공기)
수치	16	-162℃	-82.1℃	45.8atm	-182.4℃	5~15%	550℃	0.55

SECTION 12 에틸렌(Ethylene, C₂H₄)

1. 성질

① 물에 녹지 않고, 무색의 달콤한 냄새를 가진 마취성 가스이다.
② 부가·중합반응을 일으킨다.

▼ 에틸렌의 물성

구분	분자량	융점	비점	임계온도	임계압력
수치	28.05	-169.2℃	-103.71℃	9.9℃	50.1atm

2. 용도

폴리에틸렌, 산화에틸렌, 에틸알코올의 제조에 이용

SECTION 13 포스겐($COCl_2$)

1. 성질

① 순수한 것은 무색, 시판품은 짙은 황록색, 자극적인 냄새를 가진 유독가스이다.
② 서서히 분해하면서 유독하고 부식성이 있는 가스를 생성한다.
③ 300℃에서 분해하여 일산화탄소와 염소가 된다.
④ 표준품질의 순도는 97% 이상이며, 유리염소는 0.3% 이상이다.
⑤ 중화제, 흡수제로 강한 알칼리를 사용한다(건조제는 진한 황산이다).

▼ 포스겐의 물성

구분	분자량	융점	비점	임계온도	임계압력	비중	허용농도
수치	98.92	-128℃	8.2℃	181.85℃	56atm	1.435	0.1ppm

2. 제조법

① 일산화탄소와 염소로부터 제조한다.

$$CO + Cl_2 = COCl_2(포스겐)$$

② 사염화탄소(CCl_4)를 공기 중, 산화철, 습한 곳에서 생성한다.

SECTION 14 아세틸렌(Acetylene : C_2H_2)

1. 성질

① 3중 결합을 가진 불포화 탄화수소로 무색의 기체이다.
② 비점(-84℃)과 융점(-81℃)이 비슷하여 고체 아세틸렌은 융해하지 않고 승화한다.
③ 물 1몰에 아세틸렌 1.1몰(15℃), 아세톤 1몰에 아세틸렌 25몰(15℃)이 녹는다.
④ 불꽃, 가열, 마찰 등에 의하여 자기분해를 일으키고, 수소와 탄소로 분해된다.

$$C_2H_2 = 2C + H_2 + 54.2kcal/mol(분해폭발)$$

⑤ 동, 수은, 은(Cu, Hg, Ag) 등의 금속과 결합하여 금속 아세틸리드를 생성한다.

$$C_2H_2 + 2Cu = Cu_2C_2(동아세틸리드) + H_2$$

▼ 아세틸렌의 물성

구분	분자량	융점	비점	임계온도	임계압력	연소범위
수치	26	-82℃	83.8℃	36℃	61.7atm	2.1~81%

2. 제법

① 카바이트(Carbide : CaC_2)에 물을 가하여 제조

$$CaC_2 + 2H_2O = C_2H_2 + Ca(OH)_2$$

② 석유 크래킹으로 제조

$$C_3H_8 \longrightarrow C_2H_2 + CH_4 + H_2 (Creaking,\ 1,000 \sim 1,200℃)$$

3. 용도

① 산소 · 아세틸렌염을 이용하여 금속의 용접 및 절단에 사용한다.
② 벤젠, 부타디엔(합성고무원료), 알코올, 초산 등 생산에 사용한다.

4. 기타

① **가스발생기** : 주수식, 침지식, 투입식(대량생산)
② **발생압력** : 저압식(0.07kg/cm² 미만), 중압식(0.07~1.3kg/cm²), 고압식(1.3kg/cm² 이상)
③ **희석제** : 질소, 메탄, CO, 에틸렌, 수소, 프로판, CO_2 등

> **Reference** 아세틸렌 발생기 요약
>
> 1. 가스발생기 : 주수식, 침지식, 투입식
> 2. 습식 아세틸렌 발생기 : 표면온도는 70℃ 이하 유지, 적정온도는 50~60℃ 유지
> 3. 아세틸렌 압축기의 윤활유 : 양질의 광유 사용, 온도에 불구하고 2.5MPa 이상 압축금지
> 4. 역화방지기 : 역화방지기 내부에 페로실리콘이나 물 또는 모래, 자갈이 사용된다.
> 5. 건조기 건조제 : $CaCl_2$ 사용
> 6. 아세틸렌가스 청정제 : 에푸렌, 카타리솔, 리카솔(대표 불순물 : H_2S, PH_3, NH_3, SiH_4)
> 7. 아세틸렌가스 용제 : 아세톤, DMF(디메틸포름아미드)
> 8. 아세틸렌가스를 용제에 침윤시킨 다공도 : 75~92% 이하
> 9. 다공도(%) = $\dfrac{V-E}{V} \times 100$ (V : 다공 물질의 용적, E : 아세톤 침윤시킨 잔용적)

SECTION 15 산화에틸렌(CH₂CH₂O, C₂H₄O)

1. 성질

① 상온에서는 무색 가스로 에테르 냄새, 고농도에서는 자극적인 냄새가 난다.
② 액체는 안정하나 증기는 폭발성, 가연성 가스로 중합 및 분해 폭발을 한다.
③ 아세틸라이드를 형성하는 금속(Cu, Hg, Ag)을 사용해서는 안 된다.

▼ 산화에틸렌의 물성

구분	분자량	융점	비점	인화점	발화점	밀도	연소범위
수치	44.05	-113℃	-10.4℃	-17.8℃	429℃	1.52	3~80%

2. 용도

에틸렌 글리콜, 폴리에스테르섬유 원료 등에 이용

3. 기타

① 저장 : 질소나 탄산가스로 치환하고 5℃ 이하 유지
② 45℃에서 압력이 0.4MPa 이상되도록 충전(질소, 탄산가스 충전)
③ 산화에틸렌 증기는 전기스파크, 화염, 아세틸드에 의해 폭발한다.
④ 구리(Cu)와는 직접 접촉을 피한다.

SECTION 16 프레온(Freon)

탄화수소와 할로겐 원소의 결합화합물

1. 성질

① 무미·무취·무색의 기체. 독성이 없고, 불연성 비폭발성으로 열에 안정하다.
② 액화하기 쉽고 증발잠열이 크다.
③ 약 800℃에서 분해하여 유독성의 포스겐가스를 발생시킨다.
④ 천연고무나 수지를 침식시킨다.

▼ 여러 가지 프레온의 물성

품명	약칭	분자식	비중	할론 No.
사염화탄소	CTC	CCl_4	1.595	104
1염화 1취화 메탄	CB	CH_2BrCl	1.95	1011
1취화 1염화 2불화 메탄	BCF	CF_2ClBr	2.18	1211
1취화 메탄	MB	CH_3Br	—	1001
1취화 3불화 메탄	MTB	CF_3Br	1.50	1301
2취화 4불화 에탄	FB^{-2}	$C_2F_4Br_2$	2.18	2402

2. 용도

냉동기 냉매, 테프론수지 생산, 에어졸 용제, 우레탄 발포제 등

> **Reference** 헬라이트 토치 램프 색상으로 프레온가스 누설검사
>
> 1. 누설이 없을 때 : 청색
> 2. 소량누설 시 : 녹색
> 3. 다량누설 시 : 자색
> 4. 극심할 때 : 불꺼짐

SECTION 17 시안화수소(HCN)

1. 성질

① 복숭아 냄새의 무색 기체, 무색 액체로 독성이 강하고 휘발하기 쉬운 액화가스이다.
② 물, 암모니아수, 수산화나트륨 용액에 쉽게 흡수하여 중합하기 쉽다.
③ 장기간 저장하면 중합하여 암갈색의 폭발성 고체가 된다(60일 이내 저장).

▼ 시안화수소의 물성

구분	분자량	융점	비점	인화점	발화점	밀도	연소범위	허용농도
수치	27	−13.2℃	−25.6℃	−17.8℃	538℃	0.941	6~41%	10ppm

2. 제법

1) 앤드류소법

$$CH_4 + NH_3 + 3/2O_2 = HCN + 3H_2O + 11.3kcal$$

2) 폼아미드법

$$CO + NH_3 \rightarrow HCONH_2$$
(폼아미드)

$$\xrightarrow{탈수} HCN + H_2O$$

3. 용도

살충제, 아크릴수지 원료

> **Reference** 아크릴로니트릴
>
> $$C_2H_2 + HCN \longrightarrow CH_2 = CHCN$$

4. 기타

① 소량의 수분 존재 시 중합폭발을 일으킨다.
② 암모니아, 소다 등 알칼리성 물질을 함유하면 중합폭발을 일으킨다.
③ 중합폭발방지제는 황산, 아황산가스, 동, 동망, 염화칼슘, 인산, 오산화인이다.

④ 충전 후 24시간 정치하고 60일이 경과되기 전 다른 용기에 옮겨 충전한다(단, 순도 98% 이상은 제외한다).
⑤ 1일 1회 이상 질산구리벤젠지로 누출검사를 실시한다.

SECTION 18 벤젠(Benzene, C₆H₆)

① 무색, 특유의 냄새를 지닌 휘발성의 가연성 독성이다.
② 물에 녹지 않으나, 유기용매에 잘 녹으며 용제로 사용한다.
③ 방향족 탄화수소로 수소에 비해 탄소가 많아 연소 시 그을음이 많이 난다.
④ 살충제(DDT), 염료, 수지의 원료로 사용된다.

SECTION 19 황화수소(H_2S)

① 달걀 썩는 냄새를 지닌 유독성 가연성 가스이다(폭발범위 : 4.3~45%).
② 화산(광천수) 속에 포함되어 있고, 킵장치로 얻는다.
③ 연당지(($CH_2=COO)_2Pb$)와 반응하여 흑색으로 변한다(검출법).
④ 환원제, 정성분석, 공업용 의약품 등에 이용된다.

SECTION 20 이황화탄소(CS_2)

1. 성질

① 무색 또는 엷은 황색 휘발성 액체, 보통은 악취(계란 썩는 냄새)를 가지고 있다.
② 물에는 잘 녹지 않으며 알코올, 에테르에 용해된다(액화가스이다).
③ 저온에도 강한 인화성이 있다.
④ 산화성은 없으나 폭발성, 연소성이 있다.
⑤ 인화점, 발화점이 낮아서 전구표면, 스팀배관에 접촉하여도 발화된다.
⑥ 비전도성이라 정전기에 의한 폭발의 우려가 있다.

▼ 이황화탄소의 물성

구분	분자량	융점	비점	인화점	발화점	밀도	연소범위	허용농도
수치	76.14	−112℃	46.25℃	−30℃	90℃	2.67	1.2~50%	20ppm

2. 위험성

① **흡입 시** : 현기증, 두통, 의식불명, 정신장애, 정신착란, 전신마비
② **삼켰을 때** : 두통, 구토, 다발성 신경염, 정신착란, 혼수상태
③ **피부** : 홍반, 심한 통증, 피부로 흡수되어 중독되는 수도 있음
④ **눈** : 심하게 자극, 통증 홍반 급성중독의 경우는 순환기계 장애를 일으킴

3. 용도

① 비스코스레이온, 셀로판 제조
② 고무가황 촉진제 등

SECTION 21 아황산가스(SO_2)

1. 성질

① 물에 쉽게 녹으며, 알코올과 에테르에도 녹는다. 환원성이 있다.
② 표백작용을 하고 액체는 각종 무기, 유기화합물의 용제로 사용한다.
③ 누출 시 눈, 코 및 기도를 강하게 자극시킨다.
④ 20℃에서 물에 36배 용해하며 산성을 나타낸다.
⑤ 불연성, 안정된 가스이며 2,000℃ 고온에서도 분해하지 않는다.

▼ 아황산가스의 물성

구분	분자량	융점	비점	임계온도	임계압력	밀도	허용농도
수치	64	−78.5℃	−10℃	157.5℃	77.8atm	2.3	5ppm

2. 제법

황 연소 : $S + O_2 \longrightarrow SO_2$

3. 용도

황산 제조, 제당, 펄프의 표백제 이용

SECTION 22 온실가스(Greenhouse Gas)

지구온난화는 대기 중의 온실가스(Greenhouse Gases ; GHGs)의 농도가 증가하면서 온실효과가 발생하여 지구 표면의 온도가 점차 상승하는 현상을 말한다. 온실효과를 일으키는 6대 온실기체는 이산화탄소(CO_2), 메탄(CH_4), 아산화질소(N_2O), 수소불화탄소(HFCs), 과불화탄소(PFCs), 육불화황(SF_6)이다.

▼ 온실가스 주요 발생원

온실가스	지구온난화지수 (SAR)	주요 발생원	배출량
이산화탄소(CO_2)	1	에너지 사용, 산림 벌채	77%
메탄(CH_4)	21	화석원료, 폐기물, 농업, 축산	14%
아산화질소(N_2O)	310	산업공정, 비료 사용, 소각	8%
수소불화탄소(HFCs)	140~11,700	에어컨 냉매, 스프레이 분사제	1%
과불화탄소(PFCs)	6,500~9,200	반도체 세정용	
육불화황(SF_6)	23,900	전기 절연용	

※ 유엔기후변화협약(United Nations Framework Convention on Climate Change ; UNFCCC)이 채택되었으며, 1997년에 국가 간 이행 협약인 교토의정서(Kyoto Protocol)가 만들어지고 인위적 방출 규제한다.

> **Reference**
> 수증기는 열흡수 열량은 대단히 크나 온실효과에 영향을 미치는지는 정확히 알기 어렵다.

SECTION 23 기타 가스

1. 디보란(B_2H_6, Diborane)

1) 성질

① 무색, 역겨운 냄새를 가진 극인화성, 자연발화성, 독성 압축가스이다.
② 강력한 산화제로 8℃ 이상에서는 아주 불안정하다.
③ 액화 펜타보란(Pentaborane)을 형성하며 중합한다.
④ 습기, 물 등과 접촉 시 발화하며 할로겐 물질과도 접촉 시 발화한다.

▼ 디보란의 물성

구분	분자량	융점	비점	인화점	발화점	비중	연소범위	허용농도
수치	27.68	-165.5℃	-92.5℃	-90℃	40~50℃	0.21	0.5~88%	2.5ppm

2) 용도

① 올레핀 중합(Olefin Polymerization)반응의 촉매
② 산화제, 화염촉진제

3) 취급 시 주의사항

① 호흡기, 중추신경계, 간, 신장에 영향을 준다.
② 코르티코스테로이드(Corticosteroid) 스프레이를 적용하여 치료할 수 있다.
③ 고압가스 가열 시 폭발할 수 있다.
④ 피부에 심한 화상 또는 눈에 손상을 일으킨다.
⑤ 물리적 손상을 입지 않도록 보호조치를 취해야 한다.
⑥ 용기는 서늘하고 건조한 곳에 보관하고 날씨 및 온도변화로부터 보호해야 한다.

2. 디실란(Si_2H_6, Disilane)

① 공기 중에서 자연발화하며 무색, 자극적인 냄새를 가진다.
② 공기가 존재하지 않을 경우 100℃까지 안정적이며, 200℃에서 각 성분으로 분해한다.
③ 물과 서서히 반응하여 산화규소와 수소가 된다.
④ 할로겐과 격렬하게 반응하며 모노실란과는 달리 사염화탄소, 클로로포름과도 격렬히 반응한다.

⑤ 물리적 손상을 입지 않도록 보호조치를 취해야 한다.
⑥ 용기는 서늘하고 건조한 곳에 보관하고 날씨 및 온도변화로부터 보호해야 한다.

▼ 디실란의 물성

구분	분자량	융점	비점	인화점	발화점
수치	62.22	-133℃	-14.3℃	-90℃	30~52℃

3. 모노실란(SiH_4, Monosilane)

① 무색, 불쾌한 냄새를 가진다.
② 물과 천천히 반응하며 약간 녹고 분해한다.
③ 반도체 공정의 도핑액(Doping Agent)로 이용된다.
④ 가연성 가스로 공기 중에서 자연발화한다.
⑤ 할로겐족(브롬, 염소 등)과 반응한다.
⑥ 물리적 손상을 입지 않도록 보호조치를 취해야 한다.
⑦ 용기는 서늘하고 건조한 곳에 보관하고 날씨 및 온도변화로부터 보호해야 한다.

▼ 모노실란의 물성

구분	분자량	융점	비점	인화점	폭발범위
수치	32.12	-185℃	-112℃	-236℃	1.37~100%

4. 알진(AsH_3 Arsine)

① 무색, 마늘 냄새가 나며 물에 불용이다.
② 열적 불안정, 물리적 충격에 민감하다.
③ 산화제, 산, 할로겐, 암모니아 혼합물 등과 격렬히 반응한다.
④ 빛에 노출 시 비소로 분해한다.
⑤ 독성, 극인화성 압축액화가스이다.
⑥ 전자 화합물, 유기물합성, 납산배터리 등 제조에 이용한다.
⑦ 폐를 자극하여 기침, 호흡 장애, 폐수종, 사망한다.
⑧ 용기는 서늘하고 건조한 곳에 보관하고 날씨 및 온도변화로부터 보호해야 한다.

▼ 알진의 물성

구분	분자량	융점	비점	증기밀도	허용농도
수치	77.95	-117℃	-62℃	2.7	1ppm

5. 불화수소(Hydrogen Fluoride ; HF)

① 무색, 아주 자극적인 냄새를 가지며, 물과 격렬히 반응한다.
② 휘발성, 부식성, 독성, 불연성 등의 물리적 성질이 있다.
③ 무수물이 수용액보다 더 강산이다.
④ 염, 아민류, 암모니아, 강산화제, 규소 함유 화합물과 격렬히 반응한다.
⑤ 일부 플라스틱, 고무, 코팅제와 반응한다.
⑥ 불소, 플라스틱, 불소화합물, 크리스탈 및 에나멜 세척, 세라믹의 다공성을 증가시키는 공정 등에 이용한다.
⑦ 용기는 서늘하고 건조한 곳에 보관하고 날씨 및 온도변화로부터 보호해야 한다.

▼ 불화수소의 물성

구분	분자량	융점	비점	증기밀도	허용농도
수치	20.01	-83℃	-19.5℃	0.7	3ppm

CHAPTER 005 가스의 구분

SECTION 01 고압가스의 범위

① 상용의 온도에서 압력(게이지압력을 말한다)이 1MPa 이상이 되는 압축가스로서 실제로 그 압력이 1MPa 이상이 되는 것 또는 35℃의 온도에서 압력이 1MPa 이상이 되는 압축가스(아세틸렌가스는 제외한다)
② 15℃의 온도에서 압력이 0Pa을 초과하는 아세틸렌가스
③ 상용의 온도에서 압력이 0.2MPa 이상이 되는 액화가스로서 실제로 그 압력이 0.2MPa 이상이 되는 것 또는 압력이 0.2MPa이 되는 경우의 온도가 35℃ 이하인 액화가스
④ 35℃의 온도에서 압력이 0Pa을 초과하는 액화가스 중 액화시안화수소·액화브롬화메탄 및 액화산화에틸렌가스

SECTION 02 고압가스의 종류

1. 가연성 가스

아크릴로니트릴·아크릴알데히드·아세트알데히드·아세틸렌·암모니아·수소·황화수소·시안화수소·일산화탄소·이황화탄소·메탄·염화메탄·브롬화메탄·에탄·염화에탄·염화비닐·에틸렌·산화에틸렌·프로판·시클로프로판·프로필렌·산화프로필렌·부탄·부타디엔·부틸렌·메틸에테르·모노메틸아민·디메틸아민·트리메틸아민·에틸아민·벤젠·에틸벤젠 및 그 밖에 공기 중에서 연소하는 가스로서 폭발한계(공기와 혼합된 경우 연소를 일으킬 수 있는 공기 중의 가스 농도의 한계를 말한다)의 하한이 10% 이하인 것과 폭발한계의 상한과 하한의 차가 20% 이상인 것을 말한다.

▼ 가연성 가스 폭발범위(상 · 하한값%)

가스명	화학기호	폭발범위	가스명	화학기호	폭발범위
에틸렌	C_2H_4	3.1~32	산화프로필렌	CH_3CH_2CHO (C_3H_6O)	2.5~38.5
브롬화메탄	CH_3Br	13.5~14.5	이소프로필아민	$(CH_3)_2CHNH_2$	2~10.4
아세틸렌	C_2H_2	2.5~81	펜타보란	B_5H_9	0.4~98
수소	H_2	4~75	시안화수소	HCN	6~41
일산화탄소	CO	12.4~74	산화에틸렌	C_2H_4O	3~80
메탄	CH_4	5~15	노르말헥산	C_6H_{14}	1.2~7.4
암모니아	NH_3	15~28	아세톤	CH_3COCH_3	2.5~12.8
에탄	C_2H_6	3~12.5	휘발유	C_5H_{12}~C_9H_{20}	1.4~7.6
프로판	C_3H_8	2.1~9.5	벤젠	C_6H_6	1.4~7.1
부탄	C_4H_{10}	1.8~8.4	톨루엔	$C_6H_5CH_3$	1.4~6.7
황화수소	H_2S	4.3~45	메틸에틸케톤	$CH_3COC_2H_5$	1.8~10
이황화탄소	CS_2	1.2~44	피리딘	C_5H_5N	1.8~12.4
에테르	$C_4H_{10}O$	1.9~48	메틸알코올 (메탄올)	CH_3OH	7.3~36
아세트알데히드	CH_3CHO	4.1~57	에틸알코올	C_2H_5OH	4.3~19

2. 독성가스

아크릴로니트릴 · 아크릴알데히드 · 아황산가스 · 암모니아 · 일산화탄소 · 이황화탄소 · 불소 · 염소 · 브롬화메탄 · 염화메탄 · 염화프렌 · 산화에틸렌 · 시안화수소 · 황화수소 · 모노메틸아민 · 디메틸아민 · 트리메틸아민 · 벤젠 · 포스겐 · 요오드화수소 · 브롬화수소 · 염화수소 · 불화수소 · 겨자가스 · 알진 · 모노실란 · 디실란 · 디보레인 · 세렌화수소 · 포스핀 · 모노게르만 및 그 밖에 공기 중에 일정량 이상 존재하는 경우 인체에 유해한 독성을 가진 가스로서 허용농도가 100만분의 5,000 이하인 것을 말한다.

> **Reference 허용농도**
>
> 해당 가스를 성숙한 흰쥐 집단에게 대기 중에서 1시간 동안 계속하여 노출시킨 경우 14일 이내에 그 흰쥐의 2분의 1 이상이 죽게 되는 가스의 농도를 말한다.

▼ 독성가스 허용농도(ppm)

가스명칭	분자식	TLV-TWA	LC-50	가스명칭	분자식	TLV-TWA	LC-50
알진	AsH_3	0.05	20	메틸아민	CH_3NH_2	10	
니켈카르보닐	$Ni(CO)_4$	0.05		에틸아민	$CH_3CH_2NH_2$	10	
디보레인	B_2H_6	0.1	80	디메틸아민	$(CH_3)_2NH$	10	11,100
포스겐	$COCl_2$	0.1	5	트리메틸아민	$N(CH_3)_3$	10	
브롬	Br_2	0.1		브롬화메틸	CH_3Br	20	850
불소	F_2	0.1	185	이황화탄소	CS_2	20	
오존	O_3	0.1		아크릴로니트릴	CH_2CHCN	20	666
인화수소(포스핀)	PH_3	0.3	20	암모니아	NH_3	25	
모노실란(실란)	SiH_4	0.5	1,900	산화질소	NO	25	
염소	Cl_2	1	293	일산화탄소	CO	50	3,760
아황산가스	SO_2	2	2,520	산화에틸렌	C_2H_4O	50	2,900
불화수소	HF	3	966	염화메탄	CH_3Cl	50	
염화수소	HCl	5	3,124	아세트알데히드	CH_3CHO	200	
브롬알데히드	$HCHO$	5		이산화탄소	CO_2	5,000	
염화비닐	$CHCl$	5		사플루오린화황	SF_4		40
시안화수소	HCN	10	140	셀렌화수소	H_2Se		51
황화수소	H_2S	10	444	사플루오린화규소	SiF_4		450
벤젠	C_6H_6	10		게르만	GeH_4		

3. 조연성 가스

1) 정의

조연성 가스는 스스로 연소하지 않지만 다른 물질의 연소를 촉진하는 가스로, 대표적으로 산소(O_2), 공기, 불소(F_2), 염소(Cl_2), 오존(O_3) 등이 있다.

2) 종류

① 산소(O_2) : 대기 중 약 21%를 차지하며, 모든 연소 반응의 필수요소이다. 수소(H_2)와 반응 시 폭발을 일으킬 수 있다.
② 공기 : 산소와 질소(N_2) 등의 혼합물로, 연소 시 산소가 공급된다.

③ 불소(F_2) : 강한 산화제로, 가연성 물질과 반응 시 폭발 위험이 있다.
④ 염소(Cl_2) : 독성가스로, 가연성 물질과 반응 시 폭발적 반응을 일으킨다.
⑤ 오존(O_3) : 산소의 동소체로, 강한 산화력을 가진다.

SECTION 03 고압가스 용어의 정의

1. 용어 정의(고압가스 안전관리법 시행규칙)

① 액화가스 : 가압·냉각 등의 방법에 의하여 액체상태로 되어 있는 것으로서 대기압에서의 끓는점이 40℃ 이하 또는 상용 온도 이하인 것을 말한다.
② 압축가스 : 일정한 압력에 의하여 압축되어 있는 가스를 말한다.
③ 저장설비 : 고압가스를 충전·저장하기 위한 설비로서 저장탱크 및 충전용기보관설비를 말한다.
④ 저장능력 : 저장설비에 저장할 수 있는 고압가스의 양으로서 별표 1에 따라 산정된 것을 말한다.
⑤ 저장탱크 : 고압가스를 충전·저장하기 위하여 지상 또는 지하에 고정 설치된 탱크를 말한다.
⑥ 초저온저장탱크 : -50℃ 이하의 액화가스를 저장하기 위한 저장탱크로서 단열재를 씌우거나 냉동설비로 냉각시키는 등의 방법으로 저장탱크 내의 가스온도가 상용의 온도를 초과하지 아니하도록 한 것을 말한다.
⑦ 저온저장탱크 : 액화가스를 저장하기 위한 저장탱크로서 단열재를 씌우거나 냉동설비로 냉각시키는 등의 방법으로 저장탱크 내의 가스온도가 상용의 온도를 초과하지 아니하도록 한 것 중 초저온저장탱크와 가연성 가스 저온저장탱크를 제외한 것을 말한다.
⑧ 가연성 가스 저온저장탱크 : 대기압에서의 끓는점이 0℃ 이하인 가연성 가스를 0℃ 이하인 액체 또는 해당 가스의 기상부의 상용 압력이 0.1MPa 이하인 액체상태로 저장하기 위한 저장탱크로서 단열재를 씌우거나 냉동설비로 냉각하는 등의 방법으로 저장탱크 내의 가스온도가 상용 온도를 초과하지 아니하도록 한 것을 말한다.
⑨ 차량에 고정된 탱크 : 고압가스의 수송·운반을 위하여 차량에 고정 설치된 탱크를 말한다.
⑩ 초저온용기 : -50℃ 이하의 액화가스를 충전하기 위한 용기로서 단열재를 씌우거나 냉동설비로 냉각시키는 등의 방법으로 용기 내의 가스온도가 상용 온도를 초과하지 아니하도록 한 것을 말한다.
⑪ 저온용기 : 액화가스를 충전하기 위한 용기로서 단열재를 씌우거나 냉동설비로 냉각시키는 등의 방법으로 용기 내의 가스온도가 상용의 온도를 초과하지 아니하도록 한 것 중 초저온용기 외의 것을 말한다.
⑫ 충전용기 : 고압가스의 충전질량 또는 충전압력의 2분의 1 이상이 충전되어 있는 상태의 용기를 말한다.

⑬ **잔가스용기** : 고압가스의 충전질량 또는 충전압력의 2분의 1 미만이 충전되어 있는 상태의 용기를 말한다.
⑭ **가스설비** : 고압가스의 제조·저장·사용 설비(제조·저장·사용 설비에 부착된 배관을 포함하며, 사업소 밖에 있는 배관은 제외한다) 중 가스(제조·저장되거나 사용 중인 고압가스, 제조공정 중에 있는 고압가스가 아닌 상태의 가스, 해당 고압가스 제조의 원료가 되는 가스 및 고압가스가 아닌 상태의 수소를 말한다)가 통하는 설비를 말한다.
⑮ **고압가스설비**
　㉠ 고압가스가 통하는 설비
　㉡ ㉠에 따른 설비와 연결된 것으로서 고압가스가 아닌 상태의 수소가 통하는 설비. 다만, 「수소경제 육성 및 수소 안전관리에 관한 법률」 제2조제9호에 따른 수소연료사용시설에 설치된 설비는 제외한다.
⑯ **처리설비** : 압축·액화나 그 밖의 방법으로 가스를 처리할 수 있는 설비 중 고압가스의 제조(충전을 포함한다)에 필요한 설비와 저장탱크에 딸린 펌프·압축기 및 기화장치를 말한다.
⑰ **감압설비** : 고압가스의 압력을 낮추는 설비를 말한다.
⑱ **처리능력** : 처리설비 또는 감압설비에 의하여 압축·액화나 그 밖의 방법으로 1일에 처리할 수 있는 가스의 양(온도 0℃, 게이지압력 0Pa의 상태를 기준으로 한다)을 말한다.
⑲ **불연재료** : 「건축법 시행령」 제2조제10호에 따른 불연재료를 말한다.
⑳ **방호벽** : 높이 2m 이상, 두께 12cm 이상의 철근콘크리트 또는 이와 같은 수준 이상의 강도를 가지는 구조의 벽을 말한다.
㉑ **보호시설** : 제1종 보호시설 및 제2종 보호시설로서 별표 2에서 정한 것을 말한다.
㉒ **용접용기** : 동판 및 경판(동체의 양 끝부분에 부착하는 판을 말한다)을 각각 성형하고 용접하여 제조한 용기를 말한다.
㉓ **이음매 없는 용기** : 동판 및 경판을 일체(一體)로 성형하여 이음매가 없이 제조한 용기를 말한다.
㉔ **접합 또는 납붙임용기** : 동판 및 경판을 각각 성형하여 심(Seam)용접이나 그 밖의 방법으로 접합하거나 납붙임하여 만든 내용적 1L 이하인 일회용 용기를 말한다.
㉕ **충전설비** : 용기 또는 차량에 고정된 탱크에 고압가스를 충전하기 위한 설비로서 충전기와 저장탱크에 딸린 펌프·압축기를 말한다.
㉖ **특수고압가스** : 압축모노실란·압축디보레인·액화알진·포스핀·세렌화수소·게르만·디실란 및 그 밖에 반도체의 세정 등 산업통상자원부장관이 인정하는 특수한 용도에 사용되는 고압가스를 말한다.
㉗ **수소연료 충전시설** : 수소를 연료로 사용하는 차량·선박 등 이동수단에 수소를 충전하기 위한 시설을 말한다.

㉘ **압축가스설비** : 수소연료 충전시설에 사용되는 설비로서 처리설비로부터 압축된 가스를 저장하기 위한 압력용기를 말한다.

2. 저장능력

① **액화가스** : 5톤. 다만, 독성가스인 액화가스의 경우에는 1톤(허용농도가 100만분의 200 이하인 독성가스인 경우에는 100kg)을 말한다.
② **압축가스** : 500m³. 다만, 독성가스인 압축가스의 경우에는 100m³(허용농도가 100만분의 200 이하인 독성가스인 경우에는 10m³)를 말한다.

3. 냉동능력

「고압가스 안전관리법 시행규칙」 별표 3에 따른 냉동능력 산정기준에 따라 계산된 냉동능력 3톤을 말한다.

4. 안전설비

① 독성가스 검지기
② 독성가스 스크러버
③ 밸브

5. 고압가스 관련 설비

① 안전밸브 · 긴급차단장치 · 역화방지장치
② 기화장치
③ 압력용기
④ 자동차용 가스 자동주입기
⑤ 독성가스배관용 밸브
⑥ 냉동설비(일체형 냉동기는 제외한다)를 구성하는 압축기 · 응축기 · 증발기 또는 압력용기
⑦ 고압가스용 실린더캐비닛
⑧ 자동차용 압축천연가스 완속충전설비(처리능력이 시간당 18.5m³ 미만인 충전설비를 말한다)
⑨ 액화석유가스용 용기 잔류가스회수장치
⑩ 차량에 고정된 탱크

CHAPTER 006 연습문제

01 아세틸렌 충전 시 아세틸렌을 몇 MPa 압력으로 압축하는 때에 질소, 메탄, 에틸렌 등의 희석제를 첨가하는가?

① 1　　　② 1.5　　　③ 2　　　④ 2.5

풀이 $25kg/cm^2 = 2.5MPa$

02 내용적이 25,000L인 액화산소 저장탱크와 내용적이 3m³인 압축산소 용기가 배관으로 연결된 경우 총 저장능력은 약 몇 m³인가?(단, 액화산소, 비중량은 1.14kg/L이고, 35℃에서 산소의 최고충전압력은 15MPa이다.)

① 2,818　　　② 2,918　　　③ 3,018　　　④ 3,118

풀이 $V_1 = \dfrac{25,000L}{1,000L/m^3} \times (151) = 3,775 m^3$

$V_2 = 3 \times 151 = 453 m^3$

$(3,775 - 453) \times 0.9 = 2,989.8 m^3$

∴ $2,989.8 + (25+3) = 3,018 m^3$

※ $15MPa = 150kg/cm^2g = 151kg/cm^3a$

03 고압가스제조설비의 비상전력을 반드시 갖추어야 할 설비가 아닌 것은?

① 물분무장치　　　② 자동제어장치
③ 벤트스택　　　　④ 긴급차단장치

풀이 벤트스택은 연돌의 역할이다.

04 가연성 가스가 폭발할 위험이 있는 농도에 도달할 우려가 있는 장소로서 "2종장소"에 해당되지 않는 것은?

① 상용의 상태에서 가연성 가스의 농도가 연속해서 폭발하한계 이상으로 되는 장소
② 밀폐된 용기가 그 용기의 사고로 인해 파손될 경우에만 가스가 누출할 위험이 있는 장소
③ 환기장치에 이상이나 사고가 발생한 경우에는 가연성 가스가 체류하여 위험하게 될 우려가 있는 장소
④ 1종 장소의 주변에서 위험한 농도의 가연성 가스가 종종 침입할 우려가 있는 장소

풀이 ①은 1종, 2종, 0종 위험물 장소의 등급분류에서 0종 장소에 해당된다.

정답 01 ④　02 ③　03 ③　04 ①

05 차량에 고정된 탱크에는 차량의 진행방향과 직각이 되도록 방파판을 설치하여야 한다. 방파판의 면적은 탱크 횡단면적의 몇 % 이상이 되어야 하는가?

① 30
② 40
③ 50
④ 60

풀이 방파판의 설치위치 및 면적
차량의 진행방향과 직각이 되도록 설치하며 탱크 횡단면적의 40% 이상으로 한다.

06 차량에 고정된 저장탱크에 고압가스를 운반할 경우 안전사항으로 옳지 않은 것은?

① 저장탱크는 그 온도를 항상 40℃ 이하로 유지하여야 한다.
② 액화 가연성 가스의 저장탱크에는 유리제품의 액면계를 부착한다.
③ 저장탱크에 설치된 밸브 및 콕에는 개폐상태를 외부에서 쉽게 확인할 수 있는 표시를 해야 한다.
④ 액화가스 충전저장탱크에는 액면요동방지용 방파판을 설치한다.

풀이 충전된 탱크에는 손상되지 아니하는 재료로 된 액면계만 사용 가능하다.

07 용기제조에 대한 기준 중 틀린 것은?

① 이음매 없는 용기의 재료로 강을 사용할 경우에는 함유량이 각각 탄소 0.55% 이하, 인 0.04% 이하 및 황 0.05% 이하이어야 한다.
② 스테인리스강, 알루미늄합금의 경우에는 용기의 재료로 사용할 수 있다.
③ 내용적이 125L 미만인 LPG 용기를 강재로 제조하는 경우에는 KS D 3533(고압가스용기용 강판 및 강대)의 재료 또는 이와 동등 이상의 재료를 사용하여야 한다.
④ 용기동판의 최대 두께와 최소 두께와의 차이는 평균두께의 10% 이하로 하여야 한다.

풀이 용기동판의 최대 두께와 최소 두께와의 차이는 평균 두께의 20% 이하로 할 것

08 고압가스 운반방법에 대한 설명 중 틀린 것은?

① 용기적재함을 설치한 오토바이에 20kg LPG 용기 1개를 실어 운반하였다.
② 염소용기와 수소용기를 동일차량에 적재하여 운반하였다.
③ 허용농도가 100만분의 1 미만인 독성가스 충전용기를 용기승하차용 리프트가 장착된 전용차량으로 운반하였다.
④ 프로판가스와 산소를 동일차량에서 용기밸브가 마주보지 않도록 조치한 후 운반하였다.

풀이 염소와 수소, 아세틸렌, 암모니아 등은 동일차량에 적재운반이 금지된다.

정답 05 ② 06 ② 07 ④ 08 ②

09 고압가스 설비에 설치하는 안전장치 중 가연성 가스 및 독성가스의 안전밸브 또는 파열판에는 무엇을 설치하여야 하는가?

① 가스방출관　　　　　　　　　② 플레어스택
③ 긴급차단장치　　　　　　　　④ 인터록기구

풀이 가연성 가스 및 독성가스의 안전밸브 또는 파열판에는 가스방출관을 설치한다.

10 시안화수소를 용기에 충전할 때 주로 사용되는 안정제는?

① 염산　　　　　　　　　　　　② 아세트산
③ 아황산가스　　　　　　　　　④ 염소가스

풀이 시안화수소(HCN) 저장 시 용기충전의 경우 아황산가스 및 황산 등의 안정제를 첨가한다.

11 동암모니아 시약을 사용한 오르자트법에서 산소의 순도는 몇 % 이상이어야 하는가?

① 95%　　　　　　　　　　　　② 98.5%
③ 99%　　　　　　　　　　　　④ 99.5%

풀이
- 산소 : 99.5% 이상
- 아세틸렌 : 98% 이상
- 수소 : 98.5% 이상

12 초저온용기에 대한 정의를 바르게 나타낸 것은?

① 영하 50℃ 이하의 액화가스를 충전하기 위한 용기로서 단열재로 피복하여 용기 내의 가스온도가 상용의 온도를 초과하지 않도록 한 용기
② 액화가스를 충전하기 위한 용기로서 단열재로 피복하여 용기 내의 가스온도가 상용의 온도를 초과하지 않도록 한 용기
③ 대기압에서 비점이 0℃ 이하인 가스를 상용압력이 0.1MPa 이하의 액체상태로 저장하기 위한 용기로서 단열재로 피복하여 가스온도가 상용의 온도를 초과하지 않도록 한 용기
④ 액화가스를 냉동설비로 냉각하여 용기 내의 가스의 온도가 영하 70℃ 이하로 유지하도록 한 용기

풀이 초저온용기란 영하 50℃ 이하의 액화가스를 충전하기 위한 용기로서 단열재로 피복하여 용기 내의 가스온도가 상용의 온도를 초과하지 않도록 한 용기이다.

정답 09 ①　10 ③　11 ④　12 ①

13 차량에 고정된 탱크에 의하여 고압가스를 운반할 때 설치하여야 하는 소화설비의 기준 중 틀린 것은?

① 가연성 가스는 분말소화제 사용
② 산소는 분말소화제 사용
③ 가연성 가스의 소화기 능력단위는 BC용, B-10 이상
④ 산소의 소화기 능력단위는 ABC용, B-12 이상

풀이 산소(분말소화제)
BC용(B-8 이상), ABC용(B-10 이상)

14 다음 중 명판에 열효율을 기재하여야 하는 가스연소기는?

① 업무용 대형연소기
② 가스레인지
③ 가스그릴
④ 가스오븐

풀이 가스안전수칙 표시대상
가스레인지, 가스보일러, 가스온수기, 가스난방기, 이동식 부탄연소기, 가스밥솥, 가스오븐렌지(가스레인지에는 명판에 열효율이 표시되어야 한다.)

15 고압가스안전관리법의 적용을 받는 고압가스의 종류 및 범위에 대한 내용 중 옳은 것은?(단, 압력은 게이지압력이다.)

① 상용의 온도에서 압력이 1MPa 이상이 되는 압축가스로서 실제로 그 압력이 1MPa 이상이 되는 것 또는 섭씨 25도의 온도에서 압력이 1MPa 이상이 되는 압축가스(아세틸렌가스 제외)
② 섭씨 35도의 온도에서 압력이 1Pa를 초과하는 아세틸렌가스
③ 상용의 온도에서 압력이 0.1MPa 이상이 되는 액화가스로서 실제로 그 압력이 0.1MPa 이상이 되는 것 또는 압력이 0.1MPa이 되는 액화가스
④ 섭씨 35도의 온도에서 압력이 0Pa를 초과하는 액화가스 중 액화시안화수소·액화브롬화메탄 및 액화산화 에틸렌가스

풀이 ① 35℃ 온도에서 압축가스가 된다.
② 상용의 온도에서 아세틸렌가스가 된다.
③ 0.2MPa 이상에서 액화가스가 된다.

16 자동차용 용기의 충전시설 점검 시 충전용 주관의 압력계는 매월 몇 회 이상 그 기능을 검사하는가?

① 1회
② 2회
③ 3회
④ 4회

풀이 자동차 용기 충전시설에서 충전용 주관의 압력계는 매월 1회 이상 그 기능을 검사한다.

정답 13 ④ 14 ② 15 ④ 16 ①

17 차량에 고정된 탱크의 설계기준 중 틀린 것은?

① 탱크의 길이이음 및 원주이음은 맞대기 양면 용접으로 한다.
② 용접하는 부분의 탄소강은 탄소함유량이 1.0% 미만이어야 한다.
③ 탱크에는 지름 375mm 이상의 원형맨홀 또는 긴지름 375mm 이상, 짧은 지름 275mm 이상의 타원형 맨홀을 1개 이상 설치하여야 한다.
④ 초저온탱크의 원주이음에 있어서 맞대기 양면 용접이 곤란한 경우에는 이와 동등한 용접을 할 수 있다.

풀이 차량에 고정하는 탱크는 용접하는 부분의 탄소강은 탄소함량이 0.35% 미만이어야 한다.

18 허용농도가 100만분의 1 미만인 액화독성가스를 몇 kg 이상 차량에 적재하여 운반하는 때에 운반책임자를 동승시켜야 하는가?

① 100
② 300
③ 500
④ 1,000

풀이 허용농도가 100만분의 1 미만인 액화독성가스를 100kg 이상 차량에 적재하여 운반할 시에는 운반책임자를 동승시켜야 한다.

19 다음 중 가연성 가스이면서 독성가스인 것은?

① 산화에틸렌, 염화메탄, 황화수소
② 염소, 불소, 프로판
③ 포스겐, 오존, 아황산가스
④ 암모니아, 질소, 수소

풀이
- H_2S(황화수소) : 폭발범위 4.3~45% 독성허용농도 10ppm
- CH_3Cl(염화메탄) : 폭발범위 8.32~18.7% 독성허용농도 100ppm
- C_2H_4O(산화에틸렌) : 폭발범위 3~80% 독성허용농도 50ppm

20 가연성 가스란 연소범위 중 하한농도가 몇 % 이하이거나 상한과 하한의 차이가 몇 % 이상인 가스를 말하는가?

① 20, 10
② 10, 20
③ 30, 10
④ 20, 30

풀이 가연성 가스
- 연소범위 하한농도 10% 이하
- 연소범위 상한과 하한의 차이 20% 이상 가스

정답 17 ② 18 ① 19 ① 20 ②

21 아세틸렌의 폭발범위는 2.5~81%이다. 이때 위험도는 얼마인가?

① 12.5
② 16.7
③ 25.6
④ 31.4

풀이 $H = \dfrac{U-L}{L} = \dfrac{81-2.5}{2.5} = 31.4$

22 내용적 500L 미만인 용기의 고압가스 종류에 따른 내압시험 압력의 기준으로 옳은 것은?

① 액화프로판은 3.0kPa이다.
② 액화프레온 22는 35MPa이다.
③ 액화암모니아는 3.7kPa이다.
④ 액화부탄은 0.9MPa이다.

풀이 500L 미만 용기 내압시험
- 액화프로판 : 0.26MPa
- 액화프레온 : 0.25MPa
- 액화암모니아 : 3.0MPa
- 액화부탄 : 0.9MPa

23 다음 용기 중 재검사 시 내면 및 외면검사가 제외되는 용기는?

① LPG 용기
② 압축산소 용기
③ 아세틸렌 용기
④ 액화질소 용기

24 다음 [보기]에서 임계온도가 0℃에서 40℃ 사이인 것끼리만 나열된 것은?

[보기]
㉠ 산소
㉡ 이산화탄소
㉢ 프로판
㉣ 에틸렌
㉤ 메탄

① ㉠, ㉡
② ㉡, ㉢
③ ㉡, ㉣
④ ㉢, ㉤

풀이 임계온도
- CO_2 : 31℃
- 메탄 : -82.1℃
- 프로판 : 96.8℃
- 산소 : -118.4℃
- 에틸렌 : 9.9℃

정답 21 ④ 22 ④ 23 ① 24 ③

25 공기액화분리기에 설치된 액화산소통 내의 액화산소 5L 중 탄화수소의 탄소 질량이 몇 mg을 넘을 때 공기액화분리기의 운전을 중지하고 액화산소를 방출하여야 하는지 그 기준값으로 옳은 것은?

① 5
② 10
③ 100
④ 500

풀이 액화산소 5L 중 탄화수소의 탄소 질량이 500mg을 넘으면 액화산소를 방출하여야 한다.

26 니켈(Ni) 금속을 포함하고 있는 촉매를 사용하는 공정에서 주로 발생할 수 있는 맹독성 가스는?

① 산화니켈(NiO)
② 니켈카르보닐[Ni(CO)$_4$]
③ 니켈클로라이드(NiCl$_2$)
④ 니켈염

풀이 니켈카르보닐 Ni+4CO → Ni(CO)$_4$

27 다음 용어에 대한 설명 중 틀린 것은?

① 가연성 가스라 함은 폭발하한계의 하한이 10% 이하인 것과 폭발한계의 상한과 하한의 차가 20% 이상인 것을 말한다.
② 독성가스라 함은 허용농도가 100만분의 200 이하인 것을 말한다.
③ 용기라 함은 고압가스를 충전하기 위한 것으로서 지상에 고정설치된 것을 말한다.
④ 저장설비라 함은 고압가스를 충전·저장하기 위한 설비로서 저장탱크 및 충전용기보관설비를 말한다.

풀이 용기는 지상에 고정시킬 수가 없다.

28 고압가스 운반용 차량에 고정된 탱크의 내용적은 독성가스(암모니아 제외)의 경우 몇 L를 초과하지 않아야 하는가?

① 10,000
② 12,000
③ 15,000
④ 18,000

풀이 독성가스 운반차량 탱크의 내용적이 12,000L를 초과하지 않아야 한다.

정답 25 ④ 26 ② 27 ③ 28 ②

29 고압가스설비에 장치하는 압력계의 최고눈금은 얼마로 하여야 하는가?

① 내압시험 압력의 1.0배 이상 2배 이하
② 내압시험 압력의 1.5배 이상 2배 이하
③ 상용압력의 1.0배 이상 2배 이하
④ 상용압력의 1.5배 이상 2배 이하

풀이 고압가스설비에 장치하는 압력계의 최고눈금은 상용압력의 1.5배 이상 2배 이하이다.

30 200km를 초과하는 거리까지 차량에 고정된 탱크에 의하여 고압가스 운반 시 운반책임자를 동승시키지 않아도 되는 경우는?(단, 독성가스 허용농도가 100만분의 1 이상이다.)

① 액화가스 중 질량이 500kg인 독성가스
② 액화가스 중 질량이 6,000kg인 독성가스
③ 압축가스 중 용적이 500m³인 독성가스
④ 압축가스 중 용적이 1,000m³인 산소

풀이 허용농도 100만분의 1 이상에서 액화가스는 1,000kg 이상의 독성가스인 경우 운반책임자가 동승한다.

31 가스밸브와 연소기기(가스레인지 등) 사이에서 호스가 끊어지거나 빠진 경우 가스가 계속 누출되는 것을 차단하기 위한 안전장치는?

① 열전대
② 퓨즈콕
③ 압력조정기
④ 가스누출검지기

풀이 퓨즈콕은 가스밸브와 연소기기 사이에서 호스가 끊어지거나 빠지면 누출을 차단시킨다.

32 독성가스 냉매를 사용하는 압축기 설치장소에는 냉매누출 시 체류하지 않도록 통풍구를 설치하여야 한다. 냉동능력 1ton당 통풍구 설치기준은?

① 0.05m² 이상의 통풍구 설치
② 0.1m² 이상의 통풍구 설치
③ 0.15m² 이상의 통풍구 설치
④ 0.2m² 이상의 통풍구 설치

풀이 독성가스 냉매 압축기 설치장소에는 냉동능력 1톤당 0.05m² 이상의 통풍구를 설치하여야 한다.

33 충전용기 등을 차량에 적재하여 운행할 때 운반책임자를 동승하는 차량의 운행에 있어서 현저하게 우회하는 도로란 이동거리가 몇 배 이상인 경우를 말하는가?

① 1
② 1.5
③ 2
④ 2.5

풀이 현저하게 우회하는 도로는 이동거리 2배 이상인 경우를 말한다.

정답 29 ④ 30 ① 31 ② 32 ① 33 ③

34 산소를 차량에 적재하여 운반할 경우 운반책임자를 동승시켜야 하는 적재기준은?

① 600m³ 이상
② 500m³ 이상
③ 400m³ 이상
④ 300m³ 이상

풀이 산소는 조연성 가스이므로 600m³ 이상(6,000kg 이상) 시에는 운반책임자가 동승한다.

35 차량에 고정된 탱크의 안전운행 기준으로 운행을 완료하고 점검하여야 할 사항이 아닌 것은?

① 밸브의 이완상태
② 경계표지 및 휴대품 등의 손상유무
③ 부속품 등의 볼트 이완상태
④ 자동차 운행등록허가증 확인

풀이 차량운행등록증은 차량에 고정된 탱크를 운행할 경우 안전운행 서류철이다.

36 저장탱크에 액화가스를 충전할 때 상용의 온도에서 적정 충전량은?

① 저장탱크 내용적의 80% 이하
② 저장탱크 내용적의 90% 이하
③ 저장탱크 내용적의 95% 이하
④ 저장탱크 내용적의 100%

37 고압가스용기에 대한 설명으로 옳지 않은 것은?

① 아세틸렌용기는 황색으로 도색하여야 한다.
② 압축가스를 충전하는 용기의 최고 충전압력은 TP로 표시한다.
③ 20년 이상된 용접용기는 1년마다 재검사를 하여야 한다.
④ 독성가스 용기는 "독"자를 용기표면에 표시하여야 한다.

풀이 최고충전압력 : FP

38 안전설비 중 계기실의 설치 위치 및 구조에 대한 설명으로 옳지 않은 것은?

① 연소열량의 수치가 1.2×10^7 이상이 되는 고압가스설비와 계기실은 15m 이상의 거리를 유지하여야 한다.
② 특수반응설비와 계기실은 15m 이상의 거리를 유지하여야 한다.
③ 계기실의 내장재는 불연성 재료를 사용하되, 바닥재료는 난연성 재료를 사용할 수 있다.
④ 계기실의 출입구는 1곳 이상 설치하고 출입문은 건축법에 의한 방화문으로 한다.

풀이 계기실의 출입구는 2곳 이상 설치하고 출입문은 방화문으로 한다.

정답 34 ③ 35 ④ 36 ② 37 ② 38 ④

39 다음 중 의료용 산소용기의 도색 및 표시가 바르게 된 것은?

① 백색으로 도색 후 흑색 글씨로 산소라고 표시한다.
② 녹색으로 도색 후 백색 글씨로 산소라고 표시한다.
③ 백색으로 도색 후 녹색 글씨로 산소라고 표시한다.
④ 녹색으로 도색 후 흑색 글씨로 산소라고 표시한다.

풀이 의료용 산소용기의 도색 표시
백색 도색 후 녹색 글씨로 산소라고 표시한다.

40 저장시설로부터 차량에 고정된 탱크에 가스를 주입하는 작업을 할 경우 차량운전자는 작업기준을 준수하여 작업하여야 한다. 다음 중 틀린 것은?

① 차량이 앞뒤로 움직이지 않도록 차바퀴의 전후를 차바퀴 고정목 등으로 확실하게 고정시킨다.
② "이입작업 중(충전 중) 화기엄금"의 표시판이 눈에 잘 띄는 곳에 세워져 있는가를 확인한다.
③ 정전기제거용의 접지코드를 기지(基地)의 접지탭에 접속하여야 한다.
④ 운전자는 이입작업이 종료될 때까지 운전석에 위치하여 만일의 사태에 대비하여야 한다.

풀이 운전자는 이입작업이 종료될 때까지 차량 주위에서 안전사항 준수해야 한다.

41 고압가스 일반제조시설의 저장탱크 및 처리설비를 실내에 설치하는 경우의 기준으로 옳은 것은?

① 저장탱크실과 처리설비시설은 각각 구분하여 설치하고 구분하지 않을 경우는 강제통풍구조로 하여야 한다.
② 저장탱크실과 처리설비시설은 천장, 벽, 바닥의 두께는 20cm 이상이 되도록 한다.
③ 가연성 가스 또는 독성가스의 저장탱크와 처리시설에는 가스누출 자동차단장치를 설치하여야 한다.
④ 저장탱크의 정상부와 저장탱크실의 천장과의 거리는 60cm 이상으로 한다.

풀이 지면으로부터 저장탱크의 정상부까지가 60cm 이상이다.
※ ②는 30cm 이상

42 다음 중 용기에 각인되는 기호와 그 기호가 의미하는 내용을 옳게 나타낸 것은?

① TP : 기밀시험압력
② V : 용기의 합격표시
③ FP : 압축가스를 충전하는 용기는 최고충전압력
④ TW : 밸브 및 부속품을 포함하지 아니한 용기의 질량

풀이
- TP : 내압시험
- V : 내용적
- TW : C_2H_2 가스 용기의 질량과 다공질, 용제, 밸브의 질량 합계

정답 39 ③ 40 ④ 41 ④ 42 ③

43 액화산소 저장탱크의 저장능력이 2,000m³일 때 방류둑의 용량은?

① 1,200m³ 이상
② 1,400m³ 이상
③ 1,800m³ 이상
④ 2,000m³ 이상

풀이 방류둑의 용량
- 저장탱크의 저장능력에 상당하는 용적의 크기
- 액화산소는 상당용적의 60%
∴ 2,000×0.6=1,200m³ 이상

44 자동차에 고정된 탱크로 소형 저장탱크에 액화석유가스를 충전할 때의 기준으로 틀린 것은?

① 소형 저장탱크의 검사여부를 확인하고 공급할 것
② 소형 저장탱크 내의 잔량을 확인한 후 충전할 것
③ 충전작업은 수요자가 채용한 경험이 많은 사람의 입회하에 할 것
④ 작업 중의 위해방지를 위한 조치를 할 것

풀이 소형 저장탱크에 액화석유가스를 충전할 때는 입회자가 필요 없다.

45 고압가스를 제조하는 경우 다음 가스 중 압축해서는 안 되는 것은?

① 수소 중 산소용량이 전용량의 2%일 것
② 산소 중 프로판가스용량이 전용량의 2%인 것
③ 수소 중 프로판가스용량이 전용량의 2%인 것
④ 프로판가스 중 산소용량이 전용량의 2%인 것

풀이 ②는 4% 이상 시 압축금지
③은 압축과 관계 없음
④는 4% 이상 시 압축금지

46 일반고압가스의 시설 및 제조기술상 안전관리 측면에서 정한 기준으로 틀린 것은?

① 가연성 가스는 저장탱크의 출구에서 1일 1회 이상 채취하여 분석하여야 한다.
② 1시간의 공기압축량이 1천m³를 초과하는 공기액화분리기 내에 설치된 액화 산소통 내의 액화산소는 1일 1회 이상 분석하여야 한다.
③ 저장탱크는 가스가 누출되지 아니하는 구조로 하고 50m³ 이상의 가스를 저장하는 곳에는 가스방출장치를 설치하여야 한다.
④ 산소 등의 충전에 있어 밀폐형의 물전해조에는 액면계와 자동급수장치를 하여야 한다.

풀이 저장탱크나 가스홀더는 5m³ 이상의 가스 저장 시에는 가스방출장치가 필요하다.

정답 43 ① 44 ③ 45 ① 46 ③

47 다음 고압가스 일반제조의 시설기준 중 역류방지밸브를 반드시 설치하지 않아도 되는 것은?
① 아세틸렌 고압건조기와 충전용 교체밸브 사이의 배관
② 아세틸렌을 압축하는 압축기의 유분리기와 고압건조기와의 사이
③ 가연성 가스를 압축하는 압축기와 충전용 주관 사이
④ 암모니아 또는 메탄올의 합성탑 및 정제탑과 압축기와의 사이의 배관

풀이 ①에는 역화방지장치가 설치되어야 한다.

48 다음 중 용접용기의 신규검사항목이 아닌 것은?(단, 용기는 강제로 제조한 것이다.)
① 인장시험
② 압궤시험
③ 기밀시험
④ 파열시험

풀이 ④는 이음매 없는 용기에 해당한다.

49 비점 −161℃에서의 기체 CH_4는 20℃ 공기보다 약 몇 배 더 무거운가?(단, 20℃에서 기체 CH_4의 밀도는 0.667g/L, 같은 온도에 있어서 건조공기의 밀도는 1.23g/L로 한다.)
① 1.2
② 1.4
③ 1.6
④ 1.8

풀이 $0.667 \times \dfrac{273+20}{273-161} = 1.7449 \text{g/L}$
∴ $(1.7449/1.23) = 1.418$배

50 정전기의 발생에 영향을 주는 요인에 대한 설명으로 옳지 않은 것은?
① 물질의 표면상태가 원활하면 발생이 적어진다.
② 물질표면이 기름 등에 의해 오염되었을 때는 산화, 부식에 의해 정전기가 크게 발생한다.
③ 정전기의 발생은 처음 접촉, 분리가 일어났을 때 최대가 된다.
④ 분리속도가 빠를수록 정전기의 발생량은 적어진다.

풀이 분리속도가 빠를수록 정전기 발생이 커진다.

51 1몰의 Cl_2 가스를 0℃에서 2L 용기에 넣었을 때의 압력을 Van Der Waals 식에 의하여 구하면 약 몇 atm인가?(단, a는 6.49atm · L^2/mol^2, b는 0.0562L/mol이다.)
① 8.2
② 9.9
③ 11.2
④ 12.5

정답 47 ① 48 ④ 49 ② 50 ④ 51 ②

풀이 $(P+\frac{a}{V^2})(V-b)$, $PV=nRT$

$P = \frac{RT}{V-b} - \frac{a}{V^2} = \frac{0.082 \times (273)}{2-0.0562} - \frac{6.49}{(2)^2} = 9.8941 \text{ atm}$

52 제조설비에 설치하는 가스누출 검지 경보장치의 설치기준에 대한 설명 중 틀린 것은?

① 독성가스의 충전용 접속구 군의 주위에 2개 이상 설치
② 특수반응설비는 그 바닥면 둘레 10m에 대하여 1개 이상의 비율로 설치
③ 방류둑 내에 설치된 저장탱크의 경우에는 당해 저장탱크마다 1개 이상 설치
④ 건축물 내에 설치된 압축기, 펌프, 반응설비, 저장탱크 등이 설치되어 있는 장소 주위에는 바닥면 둘레 10m에 대하여 1개 이상의 비율로 설치

풀이 독성가스의 충전용 접속구 군의 주위에 1개 이상 설치

53 액화석유가스의 안전 및 사업관리법에서 요구하는 압력 조정기에 대한 제품검사 항목이 아닌 것은?

① 구조검사 ② 치수검사
③ 조정압력시험 ④ 내압시험

풀이 압력조정기 제품검사
  • 구조검사
  • 치수검사
  • 조정압력시험

54 다음 중 압축가스의 저장탱크 및 용기 저장능력의 산정식을 옳게 나타낸 것은?(단, Q는 저장능력 [m³], P : 35℃에서의 최고충전압력[MPa], V_1 : 설비의 내용적[m³]이다.)

① $Q = \frac{(10P-1)}{V_1}$ ② $Q = 1.5 V_1$
③ $Q = (1-P)V_1$ ④ $Q = (10P+1)V_1$

풀이 압축가스 저장식 $Q = (10P+1)V_1(\text{m}^3)$

55 공급자의 안전 점검기준의 항목에 해당하지 않는 것은?

① 다공질물 교체 여부 ② 충전용기의 설치위치
③ 충전용기와 화기와의 거리 ④ 충전용기 및 배관의 설치상태

정답 52 ① 53 ④ 54 ④ 55 ①

풀이 공급자의 안전 점검기준의 항목에 다공질물 교체 여부는 생략된다.

56 산화에틸렌 저장탱크 내부를 치환할 때 사용하는 가스로 적합한 것은?

① 산소 ② 질소
③ 공기 ④ 염소

풀이 산화에틸렌(C_2H_4O) 가스의 저장탱크는 그 내부에 질소가스, 탄산가스로 치환하고 5℃ 이하로 유지한다.

57 용적 100L의 초저온용기에 200kg의 산소를 넣고 외기온도 25℃인 곳에서 10시간 방치한 결과 180kg의 산소가 남아 있다. 이 용기의 열침입량(kcal/h·℃·L)의 값과, 단열성능시험에의 합격 여부로서 옳은 것은?(단, 액화산소의 비점은 −183℃, 기화잠열은 51kcal/kg이다.)

① 0.02, 불합격 ② 0.05, 합격
③ 0.005, 불합격 ④ 0.08, 합격

풀이 $Q = \dfrac{W \cdot q}{H \cdot \Delta t \cdot V} = \dfrac{51 \times (200-180)}{10 \times [25-(-183)] \times 100}$
= 0.0050(1,000L 미만은 0.0005kcal/h·℃·L을 넘으면 불합격)

58 공기액화분리기의 운전을 중지하고 액화산소를 방출해야 하는 기준으로 옳은 것은?

① 액화산소 5L 중 탄화수소의 탄소의 질량이 50mg을 넘을 때
② 액화산소 5L 중 아세틸렌의 질량이 5mg을 넘을 때
③ 액화산소 5L 중 탄화수소의 탄소의 질량이 5mg을 넘을 때
④ 액화산소 5L 중 아세틸렌의 질량이 0.5mg을 넘을 때

풀이 액화산소 방출기준
액화산소 5L 중 아세틸렌의 질량이 5mg을 넘거나, 탄소의 질량이 500mg을 넘는 경우

59 독성가스 외의 고압가스의 용기에 의한 운반기준으로 틀린 것은?

① 운반 중의 충전용기는 항상 40℃ 이하를 유지하여야 한다.
② 차량에 적재하는 경우 최대적재량을 초과하여 적재할 수 없다.
③ 액화석유가스를 오토바이에 의하여 운반할 경우에는 용기운반 전용적재함을 갖추어야 한다.
④ 액화석유가스를 오토바이에 의하여 운반할 경우 용기의 충전량은 30kg 이하이어야 한다.

풀이 오토바이로 LPG를 운반하는 경우 충전량은 20kg 이하이어야 한다.

정답 56 ② 57 ③ 58 ② 59 ④

60 가스운반 전용차량은 충전용기 최대높이의 (㉠) 이상까지 (㉡) 또는 이와 동등 이상의 강도를 갖는 재질로 적재함을 보강하여 용기고정이 용이하도록 하여야 한다. (   )에 알맞은 것은?

① ㉠ 1/3, ㉡ SS 200
② ㉠ 1/2, ㉡ SPPS 200
③ ㉠ 2/3, ㉡ SS 400
④ ㉠ 3/4, ㉡ SPPS 400

61 냉동기의 냉매가스와 접하는 부분은 냉매가스의 종류에 따라 금속재료의 사용이 제한된다. 다음 중 사용 가능한 가스와 그 금속재료가 옳게 연결된 것은?

① 암모니아 : 동 및 동합금
② 염화메탄 : 알루미늄합금
③ 프레온 : 2% 초과 마그네슘을 함유한 알루미늄합금
④ 탄산 : 스테인리스강

풀이 사용이 불가능한 금속재료
- 암모니아 냉매 : 동 및 동합금
- 염화메탄 : 알루미늄합금
- 프레온 : 2% 초과 마그네슘을 함유한 알루미늄 합금

62 고압가스 지하배관 설치 시 타 매설물 등과의 최저 이격거리를 바르게 나타낸 것은?

① 배관은 그 외면으로부터 지하의 다른 시설물과 0.5m 이상
② 독성가스의 배관은 수도시설로부터 100m 이상
③ 터널과는 5m 이상
④ 건축물과는 1.5m 이상

풀이 고압가스 지하배관은 건축물과는 1.5m 이상의 이격거리가 필요하다.
※ ①은 0.3m 이상 ②는 300m 이상

63 액화가스 용기의 설계상 주의해야 할 사항으로 옳지 않은 것은?

① 가스가 열을 받아 올라가는 최고 온도를 추정해야 하는데 보통 직사광선을 고려하여 100℃를 최고 온도로 본다.
② 최고온도가 되어도 내압이 그 허용치를 넘지 않는 범위에서 용기에 충전할 수 있는 가스의 최대량을 생각한다.
③ 내압뿐만이 아니고 기계적 충격에도 견디는 두께를 결정해야 한다.
④ 용기 및 밸브에 대한 재료의 선택과 용기의 제작법 및 시험법도 생각해야 한다.

풀이 모든 가스는 40℃ 이하를 유지한다.

정답 60 ③ 61 ④ 62 ④ 63 ①

64 다음 중 가스에 대한 설명으로 옳은 것은?

① 트리메틸아민은 가연성 가스이지만 독성가스는 아니다.
② 허용농도가 백만분의 20 이하인 가스를 독성가스로 분류한다.
③ 가압·냉각 등의 방법에 의하여 액체상태로 되어 있는 것으로서 대기압에서의 비점이 섭씨 40도 이하 또는 상용의 온도 이하인 것을 가연성 가스라 한다.
④ 일정한 압력에 의하여 압축되어 있는 가스를 압축가스라 한다.

> **풀이** 압축가스
> 상용의 온도 또는 35℃에서 압력이 1MPa 이상이 되는 가스(산소, 질소, 수소, CO_2, 메탄, Ar, H_2, Ne 등)

65 차량에 고정된 탱크에 산소를 충전할 경우 안전관리상 탱크의 내용적은 몇 리터를 초과하지 않도록 규정하는가?

① 12,000　　　　　　　　　　　② 15,000
③ 18,000　　　　　　　　　　　④ 20,000

> **풀이** 산소나 가연성 가스는 18,000L, 독성가스는 12,000L를 초과하지 않는다(단, 암모니아는 제외한다).

66 가연성 가스의 가스설비 수리를 위해 작업원이 가스설비 내에 들어갈 때 적정 산소농도로서 법규에 명시된 농도는?

① 14~16%　　　　　　　　　　② 16~18%
③ 18~20%　　　　　　　　　　④ 18~22%

> **풀이** 산소농도 적정범위는 18~22%

67 차량에 고정된 탱크 및 용기에는 안전밸브 등 필요한 부속품이 장치되어 있어야 하는데 이 중 긴급차단장치는 그 성능이 원격조작에 의하여 작동되고 차량에 고정된 저장탱크 또는 이에 접속하는 배관 외면의 온도가 얼마일 때 자동적으로 작동하도록 되어 있는가?

① 90℃　　　　　　　　　　　　② 100℃
③ 110℃　　　　　　　　　　　　④ 120℃

> **풀이** 자동적 작동의 경우 배관 외면의 온도 : 110℃

정답 64 ④　65 ③　66 ④　67 ③

68 아세틸렌은 일정 압력에 도달하면 탄소와 수소로 분해하여 다량의 열을 발산한다. 아세틸렌의 분해 한계압에 대한 설명으로 옳지 않은 것은?

① 아세틸렌 용기의 크기에 따라 분해한계압이 다르다.
② 아세틸렌의 온도에 따라 분해한계압이 다르다.
③ 아세틸렌에 물이 존재하면 분해한계압이 극히 낮아져 분해 폭발을 일으킨다.
④ 아세틸렌은 혼합가스의 종류에 따라 분해 한계압이 다르다.

69 냉동기의 냉매설비는 진동, 충격, 부식 등으로 냉매가스가 누출되지 않도록 조치하여야 한다. 다음 중 그 조치방법이 아닌 것은?

① 주름관을 사용한 방진조치
② 냉매설비 중 돌출부위에 대한 적절한 방호조치
③ 냉매가스가 누출될 우려가 있는 부분에 대한 부식방지 조치
④ 냉매설비 중 냉매가스가 누출될 우려가 있는 곳에 차단밸브 설치

풀이 냉매가스가 진동에 의하여 가스가 누출될 우려가 있는 경우 적절한 방호조치가 있어야 한다.

70 초저온용기의 신규검사 시 다른 용접용기 검사 항목에서 특별히 시험하여야 하는 검사 항목은?

① 압궤시험
② 인장시험
③ 용접부에 관한 방사선검사
④ 단열성능시험

풀이 초저온용기의 신규검사 시 다른 용접용기 검사에서는 특별히 단열성능시험을 실시한다.

71 일산화탄소의 성질 및 중독 증상에 대한 설명으로 옳은 것은?

① 코를 강하게 자극하는 냄새가 난다.
② 폭발범위가 8.4~57.5%인 가연성 가스이다.
③ 공기 중의 농도 0.32%일 때, 20분 경과 후 두통, 현기증, 메스꺼움을 느낀다.
④ 헤모글로빈과의 결합력이 산소의 약 250배 정도이다.

풀이 CO가스
• 헤모글로빈과의 결합력이 산소의 약 250배이다.
• 무색, 무취의 가스이며, 연소범위는 12.5~74%이다.

72 다음 중 염소와 동일차량에 적재하여 운반 가능한 것은?

① 산소　　② 암모니아　　③ 수소　　④ 아세틸렌

풀이 염소와 아세틸렌, 암모니아, 수소는 동일차량에 적재하지 않는다.

정답 68 ③　69 ④　70 ④　71 ④　72 ①

73 용기 또는 소형 저장탱크에서 압력조정기 입구까지의 배관에 이상압력 상승 시 압력을 방출할 수 있는 안전장치를 설치해야 하는 것은 저장능력이 얼마 이상일 때인가?

① 200kg
② 250kg
③ 300kg
④ 500kg

풀이 가스의 저장능력이 250kg 이상이면 안전장치가 필요하다.

74 자동차용기충전시설에서 충전기의 시설기준에 대한 설명으로 옳은 것은?

① 충전기 상부에는 닫집모양의 차양을 설치하여야 하며, 그 면적은 공지면적의 2분의 1 이하로 할 것
② 배관이 닫집모양의 차양내부를 통과하는 경우에는 2개 이상의 점검구를 설치할 것
③ 닫집모양의 차양내부에 있는 배관으로서 점검이 곤란한 장소에 설치하는 배관은 안전상 필요한 강도를 가지는 플랜지접합으로 할 것
④ 충전기 주위에는 가스누출자동차단장치를 설치할 것

풀이 자동차용기충전시설의 충전기 상부에는 닫집모양의 차양을 설치하여야 하며 그 면적은 공지면적의 1/2 이하로 한다.

75 다음 중 방류둑을 설치하여야 하는 시설은?

① 저장능력 5,000톤의 액화석유가스 지하 저장탱크
② 저장능력 500톤의 산소충전소 지상형 저장탱크
③ 암모니아를 저장하는 지상형 10톤 저장탱크
④ 프로판을 저장하는 지상형 300톤 저장탱크

풀이 방류둑
- 산소탱크 : 1천 톤 이상
- 독성 가스 : 5톤 이상
- 가연성 가스 : 1천 톤 이상
- 독성가스 냉매수액기 : 1만L 이상

76 가연성 가스를 대기 중에 폐기 시 폐기가스를 연소시켜 내보내는 재해설비는?

① 플레어스택
② 벤트스택
③ 살수장치
④ 인터록

풀이 플레어스택은 가연성 가스를 대기 중에 폐기 시 폐기가스를 연소시켜 내보내는 재해설비이다.

정답 73 ② 74 ① 75 ③ 76 ①

77 고압가스 충전용기를 운반할 때의 기준으로 옳지 않은 것은?

① 충전용기와 등유는 동일 차량에 적재하여 운반하지 않는다.
② 충전량이 30kg 이하이고, 용기 수가 2개를 초과하지 않는 경우에는 오토바이에 적재 운반할 수 있다.
③ 충전용기 운반차량은 "위험고압가스"라는 경계표시를 하여야 한다.
④ 밸브가 돌출한 충전용기는 밸브의 손상을 방지하는 조치를 하여야 한다.

> **풀이** 적재하는 충전용기는 충전량이 20kg 이하이고 적재 수가 2개를 초과하지 아니한 경우 오토바이에 적재운반이 가능하다.

78 고압가스 특정설비를 제조하고자 하는 자는 특정설비 구분에 따라 규정된 설비를 갖추어야 한다. 다음 중 검사설비에 해당되는 것은?

① 내압시험설비
② 초음파세척설비
③ 용접설비
④ 유량계

> **풀이** 특정설비
> - 저장탱크 및 그 부속품
> - 차량에 고정된 탱크 및 그 부속품
> - 저장탱크와 함께 설치된 기화장치

79 일산화탄소가 누출되고 있다면 그 탐지를 위한 가스검지법은?

① 염화팔라듐지
② 하리슨씨시약
③ 요드화칼륨전분지
④ 초산연지

> **풀이** 가스검지
> - 염화팔라듐지 : CO가스
> - 하리슨씨시약 : 포스겐($COCl_2$)
> - 요드화 칼륨전분지 : 염소(Cl_2)
> - 초산연(납)지 : 황화수소(H_2S)

80 염소 저장탱크 및 처리설비를 실내에 설치하려고 한다. 다음 설치기준 중 틀린 것은?

① 저장탱크실과 처리설비실은 각각 구분하여 설치하고 강제통풍시설을 갖출 것
② 저장탱크실 및 처리설비실은 천장·벽 및 바닥의 두께가 30cm 이상인 철근 콘크리트실로 만든 실로서 방수처리가 된 것일 것
③ 가연성 가스 및 독성가스의 저장탱크실과 처리설비실에는 가스누출검지경보장치를 설치할 것
④ 저장탱크의 정상부와 저장탱크실 천장과의 거리는 30cm 이상으로 할 것

정답 77 ② 78 ① 79 ① 80 ④

81 메탄의 완전연소방정식은 $CH_4 + 2O_2 \rightarrow CO_2 + 2H_2O + Q$ kcal이다. 메탄 1mole의 발열량 Q는 몇 kcal인가?(단, CH_4, CO_2, H_2O의 생성열은 17.9, 94.1, 57.8kcal이다.)

① 232.6 ② 191.8
③ 56.4   ④ 327.7

풀이 $CH_4 + 2O_2 \rightarrow CO_2 + 2H_2O$
$94.1 + (57.8 \times 2) - 17.9 = 191.8$ kcal/mole

82 산소를 용기에 30℃에서 120kg/cm² · g까지 충전했다. 온도가 0℃로 되면 압력은?

① 98kg/cm²   ② 100kg/cm²
③ 108kg/cm² ④ 120kg/cm²

풀이 $P' = P_1 \times \dfrac{T_1}{T_2} = 120 \times \dfrac{273}{273+30} = 108$ kg/cm²

83 공기액화장치에 아세틸렌 가스가 혼입되면 안 되는 이유는?

① 배관에서 동결되어 배관을 막아 버리므로
② 질소와 산소의 분리를 어렵게 만들므로
③ 분리된 산소가 순도를 나빠지게 하므로
④ 분리기 내 액체산소 탱크에 들어가 폭발하기 때문에

풀이 공기액화장치에 아세틸렌 가스가 혼입되면 분리기 내 액체산소 탱크에 들어가서 폭발하게 된다.

84 고압가스 충전용기의 차량운반 시 "운반책임자"가 동승해야 하는 경우로서 잘못된 것은?

① 압축 가연성 가스 : 용적 300m³ 이상
② 압축 가연성 가스 : 용적 600m³ 이상
③ 액화 가연성 가스 : 질량 3,000kg 이상
④ 액화 조연성 가스 : 질량 5,000kg 이상

풀이 액화 조연성 가스 : 질량 6,000kg 이상

정답 81 ②　82 ③　83 ④　84 ④

85 가스제조시설 등에 설치하는 플레어스택에 대한 설명으로 옳지 않은 것은?

① 연소능력은 긴급이송설비에 의하여 이송되는 가스를 안전하게 연소시킬 수 있는 것일 것
② 복사열이 다른 가스공급시설에 나쁜 영향을 미치지 아니하도록 안전한 높이 및 위치에 설치할 것
③ 방출된 가스가 지상에서 폭발한계에 도달하지 아니하도록 한 것일 것
④ 파일럿 버너는 항상 점화하여 둘 것

풀이 ③항의 내용은 벤트스택에 관한 설명이다.

86 액화산소를 저장하는 저장능력 10톤인 저장탱크를 2기 설치하려고 한다. 각각의 저장탱크 최대지름이 3m일 경우 저장탱크 간의 거리는 몇 m 이상 유지하여야 하는가?

① 1.5m　　　　　　　　② 6m
③ 1m　　　　　　　　　④ 3m

풀이 이격거리는 두 저장탱크의 최대지름을 합산한 길이의 1/4 이상에 해당하는 거리 이상이어야 한다.

$\therefore (3+3) \times \dfrac{1}{4} = 1.5\text{m}$ 이상

87 차량에 고정된 고압가스를 취급하는 기준으로 옳지 않은 것은?

① 차량에 고정된 탱크에 고압가스를 충전하거나 그로부터 이입받을 때 차량 정지목으로 고정하여야 한다.
② 가연성 가스나 독성가스를 충전하는 차량에 설치된 안전밸브의 작동압력은 최고사용압력의 8/10 이하에서 작동하여야 한다.
③ 차량에 고정된 탱크 또는 이와 접속하는 배관 외면의 온도가 100℃ 이상이면 자동으로 작동할 수 있도록 한다.
④ 차량에 고정으로 부착되는 밸브, 안전밸브, 부속배관은 내압시험 및 기밀시험에 합격하여야 한다.

풀이 안전밸브는 내압시험의 8/10 이하에서 작동하여야 한다.
※ 내압시험은 최고충전압력×1.5배

88 아세틸렌 제조를 위한 설비 중 아세틸렌에 접촉하는 부분에는 동 또는 동 합금을 사용하여서는 안 되는데 동함유량이 몇 % 이상 넘어서는 아니 되는가?

① 36%　　　　　　　　② 44%
③ 57%　　　　　　　　④ 62%

풀이 아세틸렌 제조를 위한 설비 중 동이나 동합금을 사용하게 되면 62% 이상 넘어서는 아니 된다.

정답 85 ③　86 ①　87 ②　88 ④

89 고압가스 제조설비에서 가스의 분출 또는 누출사고의 원인으로 가장 많이 발생하는 사고는?

① 저장탱크의 균열에 의한 누출
② 이음매 나사의 풀림에 의한 누출
③ 이음매 패킹에서의 누출
④ 액면계 유리의 파손에 의한 누출

풀이 고압가스 제조설비에서 가스의 분출 또는 누출사고의 원인은 이음매 패킹에서의 누출이다.

90 일반적으로 압축가스가 충전된 용기를 차량으로 운반 시 옆으로 뉘여서 적재하나 원칙적으로 세워서 적재하여야 하는 가스는?

① 산소
② 수소
③ 질소
④ 아세틸렌

풀이 아세틸렌가스는 용해가스로, 압축하면 분해폭발의 우려가 있다.
$2C + H_2 \rightarrow C_2H_2 - 54.2\text{kcal}$
$C_2H_2 \xrightarrow{압축} 2C + H_2 + 54.2\text{kcal}$

91 아세틸렌을 용기에 충전할 때에는 미리 용기에 다공질물을 채워야 하는데, 이때 다공질물의 다공도 상한값은?

① 72%
② 85%
③ 92%
④ 98%

풀이 법정 다공도 : 75% 이상~92% 미만

92 차량에 고정 설치된 탱크에 관한 설명으로 옳지 않은 것은?

① 조작상자와 차량의 뒤범퍼와의 수평거리는 20cm 이상 이격한다.
② 2개 이상의 탱크를 동일 차량에 적재하는 경우 탱크마다 주밸브를 설치한다.
③ 후부취출식 탱크 외의 탱크는 후면과 차량의 뒤범퍼와의 거리를 20cm 이상 이격한다.
④ 탱크 주밸브 및 긴급차단장치에 속한 밸브와 차량의 뒤범퍼와의 거리는 40cm 이상 이격한다.

풀이 후부취출식 탱크 외의 탱크는 후면과 차량의 뒤범퍼와의 거리는 30cm 이상 이격한다.

정답 89 ③ 90 ④ 91 ③ 92 ③

93 고압가스를 안전관리하기 위해서는 각종 시설에 방호벽을 설치하여야 한다. 다음 중 적용시설에 해당하지 않는 것은?

① 판매시설 중 용기보관실의 벽
② 압축기와 아세틸렌 충전장소 또는 그 충전용기 보관장소
③ 고압가스의 저장량이 100kg 이상인 용기보관실의 벽
④ 저장시설 중 기화설비의 주위

풀이 고압가스 저장량이 300kg 이상인 용기보관실의 벽은 방호벽이 필요하다.

94 원심식 압축기를 사용하는 냉동설비는 그 압축기의 원동기 정격출력 몇 kW를 1일의 냉동능력 1톤으로 하는가?

① 0.5kW
② 1.2kW
③ 2.2kW
④ 3.5kW

풀이 원심식 압축기의 원동기 정격출력 1.2kW는 1일의 냉동능력 1톤이다(1일의 1RT 능력=3,320kcal/h).

95 내압시험압력이 40kg/cm²인 경우 안전밸브의 작동압력은 얼마인가?

① 24kg/cm²
② 30kg/cm²
③ 32kg/cm²
④ 36kg/cm²

풀이 $P = 내압시험 \times \dfrac{8}{10} = 40 \times \dfrac{8}{10} = 32\,kg/cm^2$

96 상용압력이 6MPa의 고압설비에서 안전밸브의 작동압력은?

① 4.8MPa
② 6.0MPa
③ 7.2MPa
④ 9.0MPa

풀이 6×1.2배=7.2MPa

97 차량에 고정된 탱크로 가연성 가스를 운반할 때 갖추어야 할 소화기는?

① 차량 좌측에 소화기 1대
② B-6 이상의 소화기 2대
③ BC용, B-10 이상 소화기 2대
④ B-8 이상의 소화기 1대

풀이 가연성 가스의 차량운반 시 소화기는 B급, C급용 2대 정도를 갖춘다.

정답 93 ③ 94 ② 95 ③ 96 ③ 97 ③

98 다음에 표시하는 가스의 조합 중 공기 중의 폭발하한계(vol%)가 적은 것부터 차례로 나열한 것은?

① 산화에틸렌 – 암모니아 – 일산화탄소
② 암모니아 – 수소 – 메탄
③ 일산화탄소 – 프로판 – 아세틸렌
④ 아세틸렌 – 수소 – 일산화탄소

> **풀이** 폭발하한계
> • 아세틸렌 : 2.5%   • 수소 : 4%
> • 일산화탄소 : 12.5%   • 산화에틸렌 : 3%
> • 암모니아 : 15%   • 메탄 : 5%
> • 프로판 : 2%

99 가스사용시설 설치방법으로 가장 적당한 것은?

① 개방형 연소기를 설치한 곳에는 배기통을 설치할 것
② 반밀폐형 연소기는 환풍기 또는 환기구를 설치할 것
③ 배기통의 재료는 금속, 석면을 사용치 말 것
④ 가스온수기는 목욕탕이나 환기가 잘 되지 아니하는 곳에 설치하지 말 것

> **풀이** 가스용 온수기는 목욕탕 등 대중이 모인 곳이나 환기가 잘 되지 않는 곳에는 설치하지 않는다.

100 "액화석유가스충전사업"의 용어정의에 대하여 가장 바르게 설명한 것은?

① 저장시설에 저장된 액화석유가스를 용기 또는 차량에 고정된 탱크에 충전하여 공급하는 사업
② 액화석유가스를 일반의 수요에 따라 배관을 통하여 연료로 공급하는 사업
③ 대량수요자에게 액화한 천연가스를 공급하는 사업
④ 수요자에게 연료용 가스를 공급하는 사업

101 가연성 가스 설비 내부에서 수리 또는 청소작업을 할 때에는 설비 내부의 가스농도가 폭발하한계의 몇 % 이하가 되도록 하여야 하는가?

① 25%   ② 50%
③ 75%   ④ 100%

102 누출된 가연성 가스의 유동을 방지하기 위한 시설에 대한 설명으로 옳지 않은 것은?

① 높이 2m 이상의 내화성 벽을 만든다.
② 화기를 취급하는 장소로 우회 수평거리 8m 이상으로 한다.
③ 건축물 개구부는 방화문 또는 망입유리를 사용한다.
④ 사람이 출입하는 문은 방화문으로 한다.

정답 98 ④ 99 ④ 100 ① 101 ① 102 ④

풀이 계기실의 구조에서는 출입구는 2곳 이상 설치하고 출입문은 방화문으로 한다. 그중 1곳은 위험한 장소로 향하지 않도록 설치한다.

103 고압가스 설비 내에서 압력이 상승할 때 그 위험을 막기 위한 안전밸브는 저장능력이 얼마 이상일 때 설치해야 하는가?
① 300kg
② 500kg
③ 1톤
④ 2톤

풀이 고압가스 저장량이 300kg 이상일 때는 안전밸브가 부착되어야 한다.

104 용기보관장소에 충전용기를 보관하는 방법으로 옳지 않은 것은?
① 충전용기와 잔가스용기는 각각 구분하여 용기보관장소에 놓아야 한다.
② 용기보관장소에는 계량기 등 작업에 필요한 물건 이외에는 두지 않아야 한다.
③ 용기보관장소 주위 8m 이내에는 발화성 물질을 두지 않아야 한다.
④ 충전용기는 항상 45℃ 이하의 온도를 유지하고, 직사광선을 받지 않도록 하여야 한다.

풀이 충전용기는 항상 40℃ 이하의 온도를 유지한다.

105 가연성 가스 및 독성가스 용기 중 액화 암모니아 용기의 외부표면에 도색하여야 할 색깔은?
① 백색
② 검은색
③ 갈색
④ 파란색

풀이 액화암모니아 용기도색 : 백색

106 암모니아의 성질에 대한 설명으로 옳지 않은 것은?
① 강한 자극성 냄새가 나는 무색 액체이다.
② 물에는 잘 용해되지 않는다.
③ 산소 중에서 황색염을 내며 연소한다.
④ 할로겐과 반응하면 질소를 유리시킨다.

풀이 암모니아는 물에 800배 용해된다.

107 다음 중 지상에 설치하는 저장탱크 주위에 방류둑을 설치하지 않아도 되는 경우는?
① 저장능력 5톤의 염소탱크
② 저장능력 2,000톤의 액화산소탱크
③ 저장능력 1,000톤의 부탄탱크
④ 저장능력 5,000톤의 액화질소탱크

정답 103 ① 104 ④ 105 ① 106 ② 107 ④

풀이 방류둑이 필요한 저장능력
- 산소 : 1,000톤 이상
- 독성가스 : 5톤 이상
- 독성가스 냉매 수액기 : 10,000L 이상
- 가연성 가스 : 500톤 이상

108 압력이 1kgf/cm², 온도 100℃에서 2m³의 용기에 있는 공기의 온도를 250℃까지 상승시킬 때 공기의 내부에너지 변화량은?(단, 공기의 C_v는 0.17cal/g · ℃이다.)

① 46.7kcal　　② 64.5kcal
③ 35.2kcal　　④ 26.8kcal

풀이
- 공기중량(G) = $\dfrac{PV}{RT}$ = $\dfrac{1 \times 10^4 \times 2}{29.27 \times (100+273)}$ = 1.83kg
- 정적과정 내부에너지 변화량
  $\Delta U = GC_v(T_2 - T_1) = 1.83 \times 0.17 \times (250-100) = 46.7$kcal

109 "독성가스"라 함은 공기 중에 일정량 이상 존재하는 경우 인체에 유해한 독성을 가진 가스로서 허용농도 기준은?

① 10ppm 이하　　② 50ppm 이하
③ 100ppm 이하　　④ 200ppm 이하

풀이 독성가스란 독성의 허용농도가 200ppm 이하의 가스이다.

110 저장설비 또는 가스설비의 수리 또는 청소 시 안전확보와 관련된 사항 중 가장 거리가 먼 것은?

① 안전관리자 중에서 작업책임자를 선정하여 작업책임자의 감독에 따라 실시한다.
② 탱크 내부의 가스를 그 가스와 반응하지 아니하는 불활성 가스 또는 불활성 액체로 치환한다.
③ 치환에 사용된 가스 또는 액체를 공기로 재치환하고 산소 농도는 폭발방지를 위하여 18% 이하이어야 한다.
④ 작업 후 그 설비가 정상으로 작동하는가 확인 후 충전작업을 한다.

풀이 산소농도는 18~22%로 유지시킨다.

정답 108 ①　109 ④　110 ③

111 용기의 안전밸브 성능시험 압력은 안전상 얼마로 하여야 하는가?(단, 파열판 및 가용전을 제외한다.)

① 용기의 내압시험압력의 $\frac{8}{10}$ 이하
② 용기의 내압시험압력의 1.1배
③ 용기의 최고충전압력의 $\frac{8}{10}$ 이하
④ 용기의 최고충전압력의 1.1배

> **풀이** 용기 안전밸브의 성능시험
> 내압시험(TP) × $\frac{8}{10}$ 이하에서 분출

112 초저온용기에 대한 신규검사 시 단열성능시험을 실시할 경우 내용적에 대한 침입열량 기준이 바르게 연결된 것은?

① 내용적 500L 이상 : 0.002kcal/h · ℃ · L
② 내용적 1,000L 이상 : 0.002kcal/h · ℃ · L
③ 내용적 1,500L 이상 : 0.003kcal/h · ℃ · L
④ 내용적 2,000L 이상 : 0.005kcal/h · ℃ · L

> **풀이** 단열성능시험
> • 내용적 1,000L 미만 : 0.0005kcal/h · ℃ · L
> • 내용적 1,000L 이상 : 0.002kcal/h · ℃ · L

113 프로판가스가 폭발 시 폭발위력 및 격렬함 정도가 가장 크게 될 때 공기와의 혼합농도는?

① 2%
② 4%
③ 5%
④ 8%

> **풀이** C_3H_8의 폭발범위 : 2.1%~9.5%
> 4%의 폭발에서 격렬함이 가장 크다.

114 압력용기 및 저장탱크에 대한 용접부 기계시험의 항목이 아닌 것은?

① 이음매인장시험
② 표면굽힘시험
③ 방사선투과시험
④ 충격시험

> **풀이** 용접부 기계적 성질시험
> • 이음매인장시험
> • 표면굽힘시험
> • 충격시험
> • 측면굽힘시험
> • 표면굽힘시험
> • 이면굽힘시험

정답 111 ① 112 ② 113 ② 114 ③

115 액화산소탱크에 설치할 안전밸브의 작동압력으로 옳은 것은?

① 상용압력×0.8배 이하
② 내압시험압력×0.8배 이하
③ 상용압력×1.5배 이하
④ 내압시험압력×1.5배 이하

풀이
- 안전밸브의 작동압력 = 내압시험×0.8배 이하
- 산소탱크 안전밸브의 작동압력 = 상용압력×1.5배 이하

116 방폭전기기기 설비의 부품이나 정션 박스(Junction Box), 풀 박스(Full Box)는 어떤 방폭구조로 하여야 하는가?

① 압력방폭구조(p)
② 내압방폭구조(d)
③ 우입방폭구조(o)
④ 특수방폭구조(s)

풀이 방폭전기기기 설비부품, 정션박스, 풀박스의 방폭구조 : 내압방폭구조

117 탱크차의 내용적이 2,000L인 것에 최고충전압력 2.1MPa로 충전하고자 할 때 탱크차의 최대 적재량은 얼마가 되는가?(단, 충전정수는 2.1MPa에서 2.35이다.)

① 17,871kg
② 14,562kg
③ 11,254kg
④ 851kg

풀이 $W = \dfrac{V_2}{M} = \dfrac{2,000}{2.35} = 851\,\text{kg}$

118 아세틸렌 제조시설에서 고압건조기와 충전용 교체밸브 사이의 배관에는 어떤 안전장치를 설치해야 하는가?

① 경보장치
② 긴급차단장치
③ 역화방지장치
④ 역류방지장치

풀이 C_2H_2 제조에서 고압건조기와 충전용 교체밸브 사이의 배관에는 역화방지장치를 설치한다.

119 고압가스 충전용기를 보관실에 둘 때 충전용기는 몇 도 이하를 유지하여야 하는가?

① 35℃
② 40℃
③ 45℃
④ 50℃

정답 115 ③ 116 ② 117 ④ 118 ③ 119 ②

120 다음 중 독성이 약한 것에서 강한 순서로 나타낸 것은?

   ㉠ Cl₂   ㉡ HCN
   ㉢ HCl   ㉣ CO

① ㉠ → ㉢ → ㉡ → ㉣
② ㉠ → ㉢ → ㉣ → ㉡
③ ㉡ → ㉠ → ㉣ → ㉢
④ ㉡ → ㉠ → ㉢ → ㉣

풀이 독성허용농도
- 염소(1ppm)
- 시안화수소(10ppm)
- 염화수소(5ppm)
- CO(50ppm)

121 다음 가연성 가스이면서 독성가스인 것은?

① 염소
② 불소
③ 프로판
④ 산화에틸렌

풀이 산화에틸렌
- 가연범위(3~80%)
- 독성허용농도범위(50ppm)

122 한국가스안전공사가 가스로 인한 사고예방 그 밖에 가스안전을 위하여 필요하다고 인정하는 때에는 수시검사를 실시할 수 있다. 다음 중 수시검사 항목이 아닌 것은?

① 안전밸브의 유지 및 관리상태
② 강제통풍시설의 유지 및 관리상태
③ 배관 등의 가스 누출 여부
④ 안전관리규정 준수 여부의 확인 등

풀이 한국가스안전공사에서 가스사고 예방을 위한 수시검사 항목
- 안전밸브의 유지 및 관리상태
- 강제통풍시설의 유지 및 관리상태
- 배관 등의 가스 누출 여부

123 공기 중 폭발범위가 큰 것에서 작은 순으로 나열된 것은?

   ㉠ 아세틸렌   ㉡ 아세톤
   ㉢ 프로판   ㉣ 일산화탄소

① ㉠ → ㉣ → ㉢ → ㉡
② ㉠ → ㉣ → ㉡ → ㉢
③ ㉣ → ㉡ → ㉠ → ㉢
④ ㉣ → ㉠ → ㉡ → ㉢

정답 120 ① 121 ④ 122 ④ 123 ②

풀이 폭발범위
- 아세틸렌(2.5~81%)
- 아세톤(2.6~12.8%)
- 프로판(2.1~9.5%)
- 일산화탄소(12.5~74%)

124 액화석유가스 저장시설을 수리하기 위하여 수리원이 탱크 내로 들어갈 때 탱크 내의 산소농도는 최소 몇 % 이상이어야 하는가?

① 5% ② 13%
③ 18% ④ 22%

풀이 산소농도 : 18~22% 사이

125 가스용품 제조사업의 기술기준 중 염화비닐호스에 대한 설명으로 옳은 것은?

① 호스의 안지름은 6.3mm(1종)로 하고 허용오차는 ±0.7mm로 할 것
② 호스의 구조는 안층, 바깥층으로 되어 있고 안지름과 두께가 균일할 것
③ 0.5MPa 이하의 압력에서 실시하는 기밀시험에서 누출이 없을 것
④ 5MPa 이상의 압력에서 파열되지 않을 것

126 에어졸 충전 시 용기의 기준으로 옳지 않은 것은?

① 내용적 100cm³를 초과하는 용기의 재료는 강 또는 경금속을 사용할 것
② 용기는 50℃에서 용기 안의 가스압력의 1.2배 압력을 가할 때 변형되지 아니할 것
③ 유리제 용기는 합성수지로 그 내면 또는 외면을 피복한 것일 것
④ 금속제 용기의 두께는 0.125mm 이상일 것

풀이 에어졸 충전 시 용기의 기준은 50℃에서 용기 안의 가스압력의 1.5배의 압력을 가할 때 변형되지 아니하여야 한다.

127 저장소라 함은 일정량 이상의 고압가스를 용기 또는 저장탱크에 의하여 저장하는 일정한 장소를 말한다. 다음의 액화가스가 2톤의 저장탱크에 각각 저장되었을 경우 고압가스안전관리법에 의한 저장소에 해당되지 않는 것은?

① 암모니아(NH_3) ② 시안화수소(HCN)
③ 산화에틸렌(C_2H_4O) ④ 아세트알데히드(CH_3CHO)

풀이 아세트알데히드는 위험물이지만 고압가스에는 해당되지 않는다.

정답 124 ③ 125 ① 126 ② 127 ④

128 압축천연가스의 저장탱크는 그 외면으로부터 처리능력 20만m³ 이상인 압축기까지 몇 m 이상의 거리를 유지하여야 하는가?

① 8m
② 15m
③ 16m
④ 30m

풀이 가연성 가스의 저장탱크는 그 외면으로부터 처리능력 20만m³ 이상인 압축기까지는 30m 이상의 거리를 유지해야 한다.

129 아세틸렌을 용기에 충전하는 때의 충전 중의 압력은 얼마 이하로 하고, 충전 후에는 압력이 몇 ℃에서 몇 MPa 이하가 되도록 정치해야 하는가?

① 2.7MPa, 11℃에서 2.5MPa
② 2.6MPa, 14℃에서 1.5MPa
③ 2.5MPa, 15℃에서 1.5MPa
④ 2.5MPa, 35℃에서 1.5MPa

풀이 아세틸렌은 충전 중에는 2.5MPa 이하로 하고 충전 후에는 15℃에서 1.5MPa 이하가 되도록 정치해야 한다.

130 어느 가스용기에 구리관을 연결시켜 사용하던 도중 구리관에 충격을 가하였더니 폭발사고가 발생하였다. 이 용기에 충전된 가스는?

① 황화수소
② 아세틸렌
③ 암모니아
④ 염소

풀이 $C_2H_2 + 2Cu(구리) \rightarrow Cu_2C_2 + H_2$
※ Cu_2C_2(동아세틸라이드)

131 가스의 종류와 용기도색의 구분이 잘못된 것은?

① 액화암모니아 : 백색
② 액화염소 : 갈색
③ 헬륨(의료용) : 자색
④ 질소(의료용) : 흑색

풀이 의료용 헬륨 : 갈색용기

132 냉매가스가 프로판이고 고압부의 기준 응축온도가 60℃인 냉매설비의 설계압력은?

① 26kg/cm²
② 25kg/cm²
③ 22kg/cm²
④ 18kg/cm²

풀이 냉매가스가 프로판이고 고압부의 기준 응축온도가 60℃인 냉매설비의 설계압력은 22kg/cm²이다.

정답 128 ④ 129 ③ 130 ② 131 ③ 132 ③

133 산소용기에 압축산소가 35℃에서 150kg/cm²(게이지압력) 충전되어 있다가 용기온도가 0℃로 저하하면 압력(게이지압력)은?

① 103kg/cm² ② 113kg/cm²
③ 123kg/cm² ④ 133kg/cm²

풀이 $P_2 = P_1 \times \dfrac{T_2}{T_1}$

∴ $P_2 = 150 \times \dfrac{273+0}{273+35} = 133\,\text{kg/cm}^2$

134 염소가스의 누출을 감지하는 데 필요한 것은?

① 암모니아 ② 양잿물
③ 식염수 ④ 비눗물

풀이 염소가스의 누출감지액 : 암모니아수

135 배관의 전기부식을 방지하기 위한 방법이 아닌 것은?

① 희생양극법 ② 외부전원법
③ 강제볼트법 ④ 선택배류법

136 시안화수소 충전 시 안전점검 및 관리에 관한 설명으로 옳지 않은 것은?

① 1일 1회 이상 질산구리벤젠 등의 시험지로 가스누출을 검사한다.
② 시안화수소 저장은 용기에 충전한 후 40일을 초과하지 않아야 한다.
③ 순도가 98% 이상으로서 착색되지 않은 것은 다른 용기에 옮겨 충전하지 않을 수 있다.
④ 폭발을 일으킬 우려가 있으므로 안정제를 첨가한다.

풀이 시안화수소의 저장기간 : 60일 이내

137 고압가스안전관리법에 의한 지식경제부령이 정하는 고압가스 관련설비에 해당되지 않는 것은?

① 정압기 ② 안전밸브
③ 기화장치 ④ 독성가스배관용 밸브

정답 133 ④ 134 ① 135 ③ 136 ② 137 ①

138 20m³ 미만의 장소에서 사염화탄소 소화기를 사용하지 않아야 하는 이유로 가장 옳은 것은?

① 포스겐 가스(COCl₂)가 발생할 수 있기 때문
② 사염화탄소(CCl₄) 자체가 맹독성이기 때문
③ 사염화탄소가 불에 분해하여 Cl₂가스를 발생시킬 수 있기 때문
④ 산소를 방출하여 오히려 화재를 크게 할 우려 때문

139 고압가스 운반기준 중 옳지 않은 것은?

① 가연성 가스와 산소는 동일차량에 적재해서는 안 된다.
② 납붙임용기에 고압가스를 충전하여 운반시에는 포장상자에 넣어서 운반해야 한다.
③ 충전용기와 휘발유는 동일차량에 적재해서는 안 된다.
④ 운반 중 충전용기는 항상 40℃ 이하를 유지해야 한다.

140 상온에서 액화될 수 없는 가스는?

① 염소
② 산소
③ 황화수소
④ 산화에틸렌

풀이 비점
- 산소 : -183℃
- 염소 : -33.7℃
- 산화에틸렌 : 10.44℃
- 황화수소 : -61.8℃

141 고압가스 시설에서 가연성 물질을 취급하는 설비의 주위라 함은 그 외면으로부터 어떤 범위의 거리를 말하는가?

① 10m 이내
② 20m 이내
③ 15m 이내
④ 30m 이내

142 냉동기 제조의 기술기준에서 냉동기의 설비에 실시하는 기밀시험과 내압시험의 압력기준은 각각 얼마인가?

① 설계압력 1.5배 이상, 설계압력 1.5배 이상
② 설계압력 1.1배 이상, 설계압력 1.1배 이상
③ 설계압력 이상, 설계압력 1.5배 이상
④ 설계압력 1.5배 이상, 설계압력 이상

풀이 냉동기 제조의 기술기준
- 기밀시험 및 내압시험은 설계압력 이상(기밀시험)
- 냉매설비 중 배관 외의 부분은 설계압력의 1.5배 내압시험에 합격한 것일 것

정답 138 ① 139 ① 140 ② 141 ② 142 ③

143 냉동제조시설의 기술기준에 대한 설명으로 옳지 않은 것은?

① 압축기 최종단에 설치한 안전장치는 1년에 1회 이상 점검을 실시한다.
② 안전장치는 설계압력 이상 내압시험압력의 10분의 8 이하 압력에서 작동하도록 조정을 한다.
③ 압축기 최종단에 설치한 안전장치 이외의 것은 2년에 1회 이상 점검을 실시한다.
④ 안전밸브 또는 방출밸브에 설치된 스톱밸브는 항상 닫아 놓아야 한다.

풀이 안전밸브 또는 방출밸브는 그에 따른 스톱밸브가 있으면 유사시 대비하여 언제나 열려 있어야 한다.

144 고압가스 설비 중 플레어스택의 설치 높이는 플레어스택 바로 밑의 지표면에 미치는 복사열이 얼마 이하로 되도록 하여야 하는가?

① $2,000 kcal/m^2 \cdot h$
② $3,000 kcal/m^2 \cdot h$
③ $4,000 kcal/m^2 \cdot h$
④ $5,000 kcal/m^2 \cdot h$

풀이 플레어스택 지표면의 복사열이 $4,000 kcal/m^2 \cdot h$ 이하가 되는 높이에 설치한다.

145 내용적이 50L인 이음매 없는 용기의 재검사 시 용기의 질량은 용기제조 시 각인된 질량의 몇 % 이상일 때 합격으로 하는가?(단, 내압시험에서 용기의 영구팽창률은 8%이다.)

① 98%
② 95%
③ 90%
④ 88%

풀이 질량검사
내용적 500L 미만의 용기(저온, 초저온용기 제외) 제조 시엔 각인된 질량의 95% 이상일 때, 영구팽창률이 10% 이하 시 합격(다만, 내압시험에서 영구팽창률이 6% 이하이면 용기질량이 90% 이상일 때 합격)

146 염소(Cl_2) 가스에 대한 설명으로 옳지 않은 것은?

① 수분이 함유되면 철에 대한 부식성이 강하다.
② 자극취가 강한 황록색의 가스로서 공기보다 가볍다.
③ 가스 누출 시에는 소석회 등으로 중화시키면 좋다.
④ 묽은 알칼리용액과 반응하여 하이포염소산이 되며 표백에 이용된다.

풀이 염소는 자극취가 강한 황록색의 가스이나 분자량이 71이라서 비중이 공기보다 무겁다.

정답 143 ④ 144 ③ 145 ② 146 ②

147 다음 중 제1종 보호시설이 아닌 것은?

① 주택
② 수용능력 300인 이상의 극장
③ 국보 제1호인 남대문
④ 호텔

> 풀이 주택과 연면적이 100~1,000m² 미만인 건축물은 제2종 보호시설이다.

148 공기나 산소 등이 없어도 압력이 상승하거나 온도가 높아지면 폭발하는 성질을 가지는 가스가 아닌 것은?

① O_3
② F_2
③ NO
④ C_2H_4O

> 풀이 불소(F_2)는 자극성의 유독성 기체로서 담황색 기체이며, 독성허용농도는 0.1ppm이다. 냉암소에서 수소와 격렬하게 폭발한다.

149 대기압 35℃에서 산소가스 20m³를 50L의 용기에 150기압으로 충전하고자 할 때 필요한 용기 수는?

① 2개
② 3개
③ 4개
④ 5개

> 풀이 $50 \times 150 = 7,500L = 7.5m^3$
> $\therefore \dfrac{20}{7.5} = 2.666 ≒ 3$개

150 시안화수소에 대한 설명으로 옳은 것은?

① 가연성, 독성가스이다.
② 인체에 대한 강한 마취작용을 나타낸다.
③ 공기보다 아주 무거워 아래쪽에 체류하기 쉽다.
④ 가스의 색깔은 연한 황색이다.

> 풀이 시안화수소(HCN)
> • 분자량 : 27
> • 폭발범위 : 6~41%(가연성, 독성가스)
> • 독성허용농도 : 10ppm
> • 특이한 복숭아 향이 난다.
> • 2% 이상의 H_2O에 의해 중합폭발이 발생한다.

정답 147 ① 148 ② 149 ② 150 ①

151 고압가스 용기의 내압시험방법 중 팽창측정시험의 경우 용기가 완전히 팽창한 후 적어도 얼마 이상의 시간을 유지해야 하는가?

① 30초
② 45초
③ 1분
④ 5분

152 아세틸렌에 대한 설명으로 옳지 않은 것은?

① 무색, 무취의 가스이다.
② 흡열화합물이므로 압축하면 분해 폭발할 수 있다.
③ 동, 은, 수은 등의 금속과 화합 시 아세틸라이드를 형성한다.
④ 충전 시 분해폭발을 방지하기 위하여 메틸알코올을 침윤시킨다.

풀이 아세틸렌(C_2H_2) 가스는 충전 시 분해폭발을 방지하기 위하여 아세톤[$(CH_3)_2CO$]에 침윤시킨다.

153 어떤 고압가스의 폭발상한계는 수소에 가깝고 폭발하한계는 암모니아에 가깝다. 이 가스는?

① 에탄
② 산화프로필렌
③ 일산화탄소
④ 메틸아민

풀이
• 일산화탄소의 폭발범위 : 12.5~74%
• 수소가스의 폭발범위 : 4~75%
• 암모니아가스의 폭발범위 : 15~28%

154 가연성 가스와 산소를 동일차량에 적재하여 운반할 때는 어떻게 하여야 하는가?

① 보호망을 씌운다.
② 용기 사이에 패킹을 한다.
③ 충전용기의 밸브가 서로 마주보지 않도록 적재한다.
④ 함께 운반해서는 안 된다.

풀이 가연성 가스와 산소를 동일차량에 적재 운반하려면 충전용기의 밸브가 서로 마주보지 않도록 적재한다.

155 P : 15kg/cm^2, D : 300mm, S : 40kg/mm^2, E : 0.85일 때 프로판 용기의 두께는?(단, 부식여유 수치는 가산하지 않은 두께)

① 2.38mm
② 2.67mm
③ 2.85mm
④ 3.18mm

정답 151 ① 152 ④ 153 ③ 154 ③ 155 ②

풀이) $t = \dfrac{P \cdot D}{50S \cdot \eta - P} + C$

$= \dfrac{15 \times 300}{50 \times 40 \times 0.85 - 15} = 2.67\,\text{mm}$

156 아세틸렌 용기를 제조하고자 하는 자가 갖추어야 할 시설기준의 설비가 아닌 것은?

① 성형설비
② 자동부식방지 도장설비
③ 세척설비
④ 필라멘트와인딩 설비

157 암모니아를 사용하는 A 공장에서 저장능력 25톤의 저장탱크를 지상에 설치하고자 할 때 저장설비 외면으로부터 사업소 외의 주택까지 안전거리는 얼마 이상을 유지하여야 하는가?(단, A 공장의 지역은 전용공업지역이 아님)

① 18m
② 21m
③ 16m
④ 14m

풀이) 독성가스 25톤(25,000kg)의 경우 주택(제2종보호시설)까지는 16m 이상의 안전거리가 필요하다(단, 1종보호시설까지는 24m 이상이다).

158 공기액화분리장치에 취입되는 원료 공기 중 불순물이 아닌 것은?

① 아세틸렌
② 에틸렌
③ 수소
④ 질소

풀이) 공기액화분리기에 취입되는 공기 중 불순물
- 아세틸렌
- 아황산가스
- 염소
- 먼지
- 수소
- 에틸렌 등

159 압축천연가스 자동차 용기에 천연가스를 충전하는 시설에 대한 설명으로 옳지 않은 것은?

① 충전설비는 그 외면으로부터 사업소 경계까지 10m 이상의 안전거리를 유지하여야 한다.
② 압축가스설비의 모든 배관 부속품 주위에는 안전한 작업을 위하여 1m 이상의 공간을 확보하여야 한다.
③ 충전설비는 인화성 물질이나 가연성 물질 저장소로부터 8m 이상의 거리를 유지하여야 한다.
④ 충전설비는 도로법에 의한 도로경계로부터 3m 이상 유지하여야 한다.

풀이) 충전설비는 도로법에 의한 도로경계로부터 5m 이상 유지가 필요하다.

정답 156 ④ 157 ③ 158 ④ 159 ④

160 고압가스설비의 고압배관이 상용압력 0.5MPa일 때 기밀시험압력은 얼마 이상이어야 하는가?

① 0.75MPa 이상
② 0.5MPa 이상
③ 0.55MPa 이상
④ 1.0MPa 이상

풀이 기밀시험 : 상용압력 이상의 시험

161 액화가스의 정의에 대하여 바르게 설명한 것은?

① 대기압에서의 비점이 섭씨 0도 이하인 것
② 대기압에서의 비점이 상용의 온도 이상인 것
③ 가압, 냉각 등의 방법으로 액체상태로 되어 있는 것
④ 일정한 압력으로 압축되어 있는 것

풀이 액화가스 : 가압 냉각에 의하여 액체상태로 되어 있는 것으로서 대기압에서의 비점이 40℃ 이하 또는 상용의 온도 이하인 가스

162 차량에 고정된 탱크를 운행할 때의 주의사항으로 옳지 않은 것은?

① 차를 수리할 때에는 반드시 사람의 통행이 없고 밀폐된 장소에서 한다.
② 운행 중은 물론 정차 시에도 허용된 장소 이외에서는 담배를 피우거나 화기를 사용하지 않는다.
③ 운행 시 도로교통법을 준수하고 번화가를 피하여 운행한다.
④ 화기를 사용하는 수리는 가스를 완전히 빼고 질소나 불활성가스로 치환한 후 실시한다.

163 사람이 사망한 사고발생 시 도시가스사업자는 한국가스안전공사에 사고발생 후 얼마 이내에 서면으로 통보하면 되는가?

① 즉시
② 7일 이내
③ 10일 이내
④ 20일 이내

164 저장설비 또는 가스설비의 수리 및 청소 시 지켜야 할 안전사항으로 옳지 않은 것은?

① 안전관리인 중에서 작업 책임자를 선정, 감독한다.
② 공기 중의 산소농도가 10% 이상이어야 한다.
③ 내부가스를 불활성 가스로 치환한다.
④ 수리를 끝낸 후에 그 설비가 정상으로 작동하는 것을 확인한 후 충전작업을 한다.

풀이 공기 중의 산소농도는 18~22% 이하이어야 한다.

정답 160 ② 161 ③ 162 ① 163 ④ 164 ②

165 고압가스 일반 제조시설의 가연성 가스 또는 독성가스를 저장하는 저장능력 10,000리터의 저장탱크에 설치한 긴급차단장치는 그 저장탱크 외면으로부터 몇 미터 이상에서 조작할 수 있어야 하는가?

① 3m
② 5m
③ 7m
④ 10m

풀이 긴급차단장치는 그 저장탱크 외면으로부터 5m 이상에서 조작이 가능하도록 한다.

166 특정고압가스 사용신고 대상이 아닌 것은?

① 포스핀
② 셀렌화수소
③ 에틸렌
④ 디실란

풀이 에틸렌가스는 가연성 가스이다(일반고압가스).

167 저장능력이 4톤인 액화석유가스 저장탱크 1기와 산소탱크 1기의 최대지름이 각각 4m, 2m일 때 상호 간의 최소이격거리는?

① 1m
② 1.5m
③ 2m
④ 2.5m

풀이 이격거리는 $\left(\text{최대지름} \times \dfrac{1}{4} \text{ 이상}\right)$

∴ $(4+2) \times \dfrac{1}{4} = 1.5\text{m}$ 이상

168 고압가스 용기 제조 시 기술기준으로 옳지 않은 것은?

① 용기동판의 최대두께와 최소두께와의 차이는 평균두께의 20% 이하로 하여야 한다.
② 초저온 용기는 오스테나이트계 스테인리스강 또는 알루미늄 합금으로 제조하여야 한다.
③ 용기(내식성 있는 것을 제외한다)에는 부식방지 도장을 하여야 한다.
④ 내용적이 125리터 이상인 액화석유가스를 충전할 용기에는 아랫부분의 부식 및 넘어짐을 방지하기 위하여 적절한 구조 및 재질의 스커트를 부착하여야 한다.

풀이 ④는 20~125L의 것에만 해당된다.

정답 165 ② 166 ③ 167 ② 168 ④

169 액화석유가스의 저장탱크에 설치한 안전밸브는 지상으로부터 몇 m 이상의 높이에 방출구가 있는 가스방출관을 설치해야 하는가?

① 2m 이상
② 3m 이상
③ 4m 이상
④ 5m 이상

풀이 밸브 방출구는 지상으로부터 5m 이상 높이에 설치해야 한다.

170 액화석유가스 충전시설 중 저장설비는 그 외면으로부터 사업소 경계와 일정 거리 이상을 유지하여야 한다. 다음 중 저장능력과 사업소 경계와의 거리를 바르게 연결한 것은?

① 10톤 이하 : 20m
② 10톤 초과 20톤 이하 : 22m
③ 20톤 초과 30톤 이하 : 30m
④ 30톤 초과 40톤 이하 : 32m

풀이 액화석유가스 충전시설 중 저장설비는 그 외면으로부터 사업소 경계와의 거리가 20톤 초과 30톤 이하에서는 30m 이상이다.

171 액화석유가스 공급자는 위해예방조치를 위하여 안전관리 실시 대장을 작성하는데, 보존기간은 얼마인가?

① 4년
② 1년
③ 3년
④ 2년

172 액화석유가스용 저장탱크(소형 저장탱크 제외)에 부착된 배관에는 저장탱크의 외면으로부터 얼마 이상 떨어진 위치에서 조작할 수 있는 "긴급차단장치"를 설치하는가?

① 2m
② 3m
③ 4m
④ 5m

173 LPG 용기보관실 바닥면적이 40m²이라면 통풍구의 크기는?

① 12,000cm²
② 9,000cm²
③ 8,000cm²
④ 4,000cm²

풀이 통풍가능 면적의 합계가 바닥면적 $1m^2$당 $300cm^2$
∴ $300 \times 40 = 12,000cm^2$

정답 169 ④ 170 ③ 171 ④ 172 ③ 173 ①

174 가압식 LPG 탱크에 안전상 없어도 되는 장치는?
① 안전밸브
② 긴급차단장치
③ 살수장치
④ 분석장치

175 액화프로판 50kg을 충전하고자 할 때 용기의 내용적은?(단, 액화프로판의 가스정수 : 2.35)
① 117.5L
② 21.3L
③ 105.75L
④ 50L

풀이) $w = \dfrac{V_2}{C} = \dfrac{V_2}{2.35} = 50$

$V_2 = w \times C = 50 \times 2.35 = 117.5L$

176 액화석유가스의 이송 시 베이퍼록(Vapor-Lock) 현상을 방지하기 위한 방법으로 옳은 것은?
① 흡입배관을 크게 한다.
② 토출배관을 크게 한다.
③ 펌프의 회전수를 일정하게 유지시킨다.
④ 펌프의 설치위치를 높인다.

풀이) 베이퍼록 현상 방지법은 흡입배관을 크게 하고 단열처리하며, 펌프의 회전수를 감소시키고, 펌프의 설치위치를 낮춘다.

177 다음과 같은 설계조건으로 피크 시(최고부하) 평균 가스소비량은 얼마인가?

[설계조건]
• 가구수 : 50호
• 피크 시 평균가스소비율 : 0.25
• 가구당 1일 평균 가스소비량 : 1.33kg/day

① 14.5kg/day
② 16.6kg/day
③ 18.5kg/day
④ 20.6kg/day

풀이) $G = 50 \times 0.25 \times 1.33 = 16.625$kg/day

178 LPG 용기 저장에 관한 내용으로 옳지 않은 것은?
① 용기보관실 주위의 2m(우회거리) 이내에는 인화성 물질을 두지 않는다.
② 충전용기는 항상 40℃ 이하를 유지하여야 한다.
③ 전기 스위치는 용기보관실 내부에 설치하여야 한다.
④ 내용적 30L 미만의 용접용기는 2단으로 쌓을 수 있다.

정답 174 ④ 175 ① 176 ① 177 ② 178 ③

풀이 전기 스위치는 용기보관실의 외부에 설치할 것

179 액화석유가스 저장탱크를 지상에 설치하는 경우 저장능력이 몇 톤 이상일 때 방류둑을 설치해야 하는가?

① 1,000톤 ② 1,200톤
③ 1,500톤 ④ 2,000톤

풀이 액화석유가스는 1,000톤 이상의 저장탱크를 지상에 설치하는 경우 방류둑을 설치한다.

180 액화석유가스용 차량에 고정된 저장탱크의 외벽이 화염에 의하여 국부적으로 가열될 경우를 대비하여 폭발방지장치를 한다. 재료로 사용되는 금속은?

① 아연 ② 알루미늄
③ 주철 ④ 스테인리스

풀이 고정된 저장탱크의 외벽이 화염에 의해 국부적 가열을 위해 폭발방지 장치재료는 알루미늄이다.

181 LPG 사용시설 중 배관의 설치방법으로 옳지 않은 것은?

① 건축물의 기초 밑 또는 환기가 잘되는 곳에 설치할 것
② 건축물 내의 배관은 단독 피트 내에 설치하거나 노출하여 설치할 것
③ 지하매몰 배관은 적색 또는 황색으로 표시할 것
④ 배관이음부와 전기계량기와의 거리는 60cm 이상 거리를 유지할 것

풀이 가스배관은 건축물에서 기초 밑에 설치하지 않고 건축물과는 1.5m 이상의 거리를 띄어서 설치한다.

182 액화석유가스의 저장실 통풍구조에 관한 설명으로 옳지 않은 것은?

① 강제통풍장치 배기가스 방출구는 지면에서 3m 이상 높이에 설치해야 한다.
② 강제통풍장치 흡입구는 바닥면 가까이에 설치해야 한다.
③ 환기구의 가능 통풍면적은 바닥면적 $1m^2$당 $300cm^2$ 이상이어야 한다.
④ 저장실을 방호벽으로 설치할 경우는 환기구를 2개 방향 이상으로 설치해야 한다.

풀이 배기가스 방출구는 지면에서 5m 이상의 높이에 설치한다.

정답 179 ① 180 ② 181 ① 182 ①

183 액화석유가스 저장탱크를 지하에 묻을 경우 그 탱크실의 시설기준으로 옳은 것은?

① 두께 12cm 이상의 철근콘크리트 방수
② 두께 20cm 이상의 철근콘크리트 방수
③ 철판을 댄 두께 12cm 콘크리트 방수
④ 두께 30cm 이상의 철근콘크리트 방수

풀이 지하 저장탱크의 탱크실의 시설기준은 두께 30cm 이상의 철근콘크리트

---

184 LPG를 용기에 충전할 경우 부취제의 농도를 공기 중의 혼합비율 용량으로 얼마의 상태에서 감지할 수 있도록 설비를 하여야 하는가?

① 1/100
② 1/200
③ 1/500
④ 1/1,000

풀이 액화석유가스는 공기 중의 혼합비율의 용량이 1/1,000 상태에서 감지하도록 부취제를 첨가한다.

---

185 프로판 1톤을 내용적 47L의 LPG 용기에 충전할 경우 필요한 용기의 수는 몇 개인가?(단, 프로판의 충전정수는 2.35이다.)

① 45
② 50
③ 55
④ 60

풀이 $G = \dfrac{47}{2.35} = 20\text{kg}$

$\therefore \dfrac{1 \times 1,000}{20} = 50$개

---

186 다음 그림과 같은 합격표시 검사필증을 부착하는 가스용품에 해당하지 않는 것은?

크기 : 15mm×15mm
은색 바탕에 흑색 문자

① 배관용 밸브
② 압력조정기
③ 콕
④ 가스누출자동차단장치

정답 183 ④ 184 ④ 185 ② 186 ①

[풀이] 배관용 밸브에는 검자표시는 생략한다.

187 액화석유가스 용기(내용적 125L 미만의 것에 한한다)의 기밀시험방법으로 적합하지 않은 것은?
① 기밀시험은 샘플링 검사한다.
② 기밀시험가스는 공기 또는 질소를 이용한다.
③ 용기 1개에 1분 이상에 걸쳐서 시험한다.
④ 내용적이 50L 미만인 용기는 30초 이상의 시간에 걸쳐서 한다.

[풀이] 기밀시험은 샘플링 검사로는 부적합하다.

188 액화석유가스 사용시설의 시설기준에 관한 설명으로 옳지 않은 것은?
① 기화장치를 전원에 의하여 조작하는 것은 비상전력을 보유할 것
② 충전용기는 넘어지지 아니하도록 조치할 것
③ 배관이 분기되는 경우에는 주배관에 배관용 밸브를 설치할 것
④ 저장설비는 그 설비의 작동상황에 대하여 연 1회 이상 점검할 것

189 액화석유가스용 차량에 고정된 탱크의 폭발을 방지하기 위하여 탱크 내벽에 설치하는 장치로서 가장 적절한 것은?
① 다공성 벌집형 알루미늄합금박판
② 다공성 벌집형 아연합금박판
③ 다공성 봉형 알루미늄합금박판
④ 다공성 봉형 아연합금박판

[풀이] LPG 차량의 고정된 탱크 폭발방지를 위하여 탱크 내벽에 다공성 벌집형 알루미늄합금박판을 설치하는 것이 좋다.

190 차량이 통행하기 곤란한 지역에서 액화석유가스 충전용기를 오토바이에 적재·운반 시의 기준으로 틀린 것은?
① 오토바이에는 용기 운반전용 적재함이 정착되어 있어야 한다.
② 적재하는 충전용기는 충전량이 20kg 이하이어야 한다.
③ 적재하는 충전용기의 적재 수는 2개를 초과하지 않아야 한다.
④ 적재하는 충전용기의 충전량이 10kg 이하인 경우에는 적재 수를 4개까지 할 수 있다.

[풀이] 20kg 이하인 경우 적재 수는 2개를 초과하지 않는다.

정답 187 ① 188 ④ 189 ① 190 ④

191 액화석유가스 소형 저장탱크의 충전질량과 가스 충전구로부터 토지경계선에 대한 수평거리가 맞는 것은?

① 1,000kg 미만 : 0.2m 이상
② 1,000kg 이상~2,000kg 미만 : 0.5m 이상
③ 2,000kg 이상~3,000kg 미만 : 2m 이상
④ 3,000kg 이상 : 5.5m 이상

풀이
- 1,000kg 미만 : 0.5m 이상
- 1,000 이상~2,000kg 미만 : 3.0m 이상
- 2,000kg 이상 : 5.5m 이상

192 액화석유가스의 충전, 집단공급, 저장 및 사용시설의 사용개시 전 점검사항의 항목이 아닌 것은?

① 제조설비 등에 있는 내용물의 상황
② 계기류의 기능 및 제어장치의 상태
③ 개방하는 제조설비와 다른 제조설비와의 차단상황
④ 긴급차단 및 긴급방출장치의 기능

풀이 ③은 사용개시 전 점검이 아니고 사용 종료 시 점검사항이다.

193 액화석유가스 저장시설을 지하에 설치하는 경우에 대한 설명 중 틀린 것은?

① 저장 탱크실의 벽면 두께는 30cm 이상의 철근콘크리트로 한다.
② 저장탱크 주위에는 마른 모래를 채운다.
③ 탱크와 탱크 사이에는 최소 0.5m의 간격을 유지한다.
④ 탱크 정상부와 지면 사이는 60cm 이상으로 한다.

풀이 탱크와 탱크 사이에는 1m 이상의 간격을 유지한다.

194 액화석유가스 사용시설에 배관을 설치하는 방법 중 틀린 것은?

① 저장설비로부터 중간밸브까지의 배관은 강관·동관·호스 또는 금속 플렉시블 호스를 설치하여야 한다.
② 저장능력이 250kg 이상인 경우에는 고압배관에 이상 압력 상승 시 압력을 방출할 수 있는 안전장치를 설치하여야 한다.
③ 건축물의 벽을 관통하는 부분의 배관에는 보호관 및 부식방지 피복을 하여야 한다.
④ 용접이음매를 제외한 배관이음부와 전기개폐기와의 거리는 60cm 이상의 거리를 유지하여 설치하여야 한다.

정답 191 ④ 192 ③ 193 ③ 194 ①

195 액화석유가스를 용기 저장탱크 또는 제조설비에 이·충전 시 정전기 제거조치에 관한 내용 중 틀린 것은?

① 접지저항 총합이 100Ω 이하의 것은 정전기제거 조치를 하지 않아도 된다.
② 피뢰설비가 설치된 것의 접지저항값이 50Ω 이하의 것은 정전기 제거조치를 하지 않아도 된다.
③ 접지접속선 단면적은 5.5mm² 이상의 것을 사용해야 한다.
④ 탱크로리 및 충전에 사용하는 배관은 반드시 충전 전에 접지해야 한다.

196 지상에 설치하는 액화석유가스의 저장탱크 안전밸브에 가스 방출관을 설치하고자 한다. 저장탱크의 정상부가 8m일 경우 방출관의 높이는 지상에서 몇 m 이상 높이이어야 하는가?

① 2
② 5
③ 7
④ 10

> **풀이** 안전밸브 방출관은 지상에서 5m 이상, 저장탱크 정상부에서 2m 이상이어야 한다.
> ∴ 8+2=10m 이상

197 액화석유가스 자동차 용기의 충전시설에서 충전기의 충전호스는 몇 m 이내로 하여야 하는가?

① 5
② 7
③ 8
④ 10

> **풀이** 충전기의 호스 : 5m 이내

198 소형 저장탱크에 액화석유가스를 충전하는 때에는 액화가스의 용량이 상용온도에서 그 저장탱크 내용적의 몇 %를 넘지 않아야 하는가?

① 75%
② 80%
③ 85%
④ 90%

> **풀이** LPG 소형 저장탱크에 액화가스 충전 시 상용온도에서 탱크 내용적의 85% 이상 저장하지 않는다.

199 LPG 50kg을 기화시켰을 때 용적으로 약 몇 m³이 되는가?(단, 프로판가스의 비중은 공기를 1로 할 때 1.5이며, 온도 20℃, 1기압이다.)

① 25.5
② 27.8
③ 35.8
④ 50.6

정답 195 ② 196 ④ 197 ① 198 ③ 199 ②

풀이 C_3H_8 분자량 = 44

$$22.4 \times \frac{50}{44} \times \frac{273+20}{273} = 27.3 \text{m}^3$$

200 액화석유가스 용기의 안전점검기준에 대한 설명 중 틀린 것은?

① 용기는 도색 및 표시가 되어 있는지 여부를 확인할 것
② 용기 아래 부분의 부식상태를 확인할 것
③ 재검사기간의 도래 여부를 확인할 것
④ 열 영향을 받은 용기는 폐기할 것

풀이 열 영향을 받은 용기는 재검사가 필요하다.

201 액화석유가스용 소형 저장탱크의 설치장소로 적합하지 않은 곳은?

① 탱크나 배관계에 유해 결함이 없는 곳
② 통풍이 좋고 수평한 곳
③ 부등침하가 발생한 곳
④ 습기가 적은 곳

풀이 부등침하가 발생하면 액화석유가스용 소형 저장탱크 설치장소로 부적합하다.

202 액화석유가스에 첨가하는 냄새가 나는 물질의 측정방법이 아닌 것은?

① 오더미터법
② 에지법
③ 주사기법
④ 냄새주머니법

풀이 액화석유가스의 냄새측정법
- 오더미터법(냄새측정기법)
- 주사기법
- 냄새주머니법
- 무취실법

203 저장탱크에 액화석유가스를 충전하려면 가스의 용량이 상용의 온도에서 저장탱크 내용적의 몇 %를 넘지 않아야 하는가?

① 80
② 90
③ 95
④ 98

풀이 저장탱크 충전량 : 90% 이내

정답 200 ④ 201 ③ 202 ② 203 ②

204 액화석유가스 이외의 액화가스를 충전하는 용기의 부속품을 표시하는 기호는?

① AG
② PG
③ LG
④ LPG

풀이
- 액화석유가스 충전용기 부속품 기호 : LPG
- 액화석유가스 이외 액화가스 충전용기 부속품 기호 : LG

205 용기가스 소비자에게 액화석유가스를 공급하고자 하는 가스공급자의 공급기준 중 틀린 것은?

① 용기가스 소비자에게 LPG를 공급할 경우 안전공급 계약을 체결한 후 안전공급계약에 의하여 공급한다.
② 가스공급자가 용기가스 소비자에게 LPG를 공급하고자 할 때는 공급설비를 자기의 부담으로 설치하고 관리한다.
③ 가스공급자는 용기의 외면에 허가관청의 코드번호, LPG 충전사업자의 주소를 반드시 표시하여 공급한다.
④ 가스사용자는 공급계약기간에 가스공급자가 안전점검, 기타 안전관리의무를 이행하지 않을 경우에는 계약을 해지할 수 있다.

풀이 ①, ②, ③은 액화석유가스 공급자의 공급기준이다.

206 이동식 부탄연소기(220g 납붙임용기 삽입형)를 사용하는 음식점에서 부탄연소기의 본체보다 큰 주물 불판을 사용하여 30~40분 동안 고기를 굽다가 폭발사고가 일어났다. 원인은 무엇이라고 추정되는가?

① 가스 누출
② 납붙임용기의 불량
③ 납붙임용기의 오장착
④ 용기 내부의 압력 급상승

207 액화석유가스 사용시설에 설치되는 조정압력 3.3kPa 이하인 조정기의 안전장치의 작동정지압력 기준은?

① 7kPa
② 5.6~8.4kPa
③ 5.04~8.4kPa
④ 9.9kPa

풀이 3.3kPa 이하 조정기
- 작동표준압력 : 7kPa
- 작동개시압력 : 5.6~8.4kPa
- 작동정지압력 : 5.04~8.4kPa

정답 204 ③ 205 ③ 206 ④ 207 ③

208 정압기 설치상 유의점에 대한 설명으로 가장 옳은 것은?
① 최고 1차 압력이 정압기의 설계 압력 이상이 되도록 선정한다.
② 대규모 지역의 정압기로서 사용하는 경우 정특성이 우수한 정압기를 선정한다.
③ 스프링제어의 정압기를 사용할 때에는 필요한 1차 압력 설정범위에 적합한 스프링을 사용한다.
④ 사용조건에 따라 다르나, 일반적으로 최고 1차 압력의 정압기 최대용량의 70~90% 정도의 부하가 되도록 정압기 용량을 선정한다.

풀이
- 대규모 지역 정압기 : 정특성이 우수한 정압기 사용
- 소규모 지역 정압기 : 동특성이 우수한 정압기 사용

209 도시가스 배관을 지하에 매설하는 경우 배관은 그 외면으로부터 지하의 다른 시설물과 얼마 이상 유지하여야 하는가?
① 1.5m 이상
② 0.7m 이상
③ 0.5m 이상
④ 0.3m 이상

풀이 도시가스 배관을 지하에 매설하는 경우 배관은 그 외면으로부터 지하의 다른 시설물과 0.3m 이상 유지한다.

210 다음 (   )에 알맞은 것은?

> 도시가스 사용시설의 시설기준 중 호스의 길이는 연소 시까지 (㉠)m 이내로 연결하되 (㉡)형으로 연결하지 아니할 것

① ㉠ 2m, ㉡ S형   ② ㉠ 2m, ㉡ T형   ③ ㉠ 3m, ㉡ S형   ④ ㉠ 3m, ㉡ T형

211 도시가스 사용시설에 실시하는 기밀시험 압력으로 옳은 것은?
① 최고사용압력의 3배 이상
② 최고사용압력의 1.1배 이상
③ 최고사용압력의 1.5배 이상
④ 최고사용압력의 1.8배 이상

풀이 도시가스의 기밀시험
최고사용압력×1.1배

212 발열량이 11,400kcal/m³이고 비중이 0.7, 공급압력이 200mmH₂O인 나프타 가스의 웨버지수는?
① 10,700   ② 11,360   ③ 12,950   ④ 13,630

풀이 $WI = \dfrac{H_g}{\sqrt{d}} = \dfrac{11,400}{\sqrt{0.7}} = 13,630$

정답 208 ② 209 ④ 210 ④ 211 ② 212 ④

213 도시가스 공급시설인 지역정압기의 안전장치 중 설정압력이 가장 높은 것은?

① 이상압력통보설비
② 주정압기에 설치하는 긴급차단장치
③ 예비정압기에 설치하는 긴급차단장치
④ 정압기 밸브

풀이 ㉠ 지역정압기
- 피셔식
- 엑시얼-플로식
- 레이놀드식

㉡ 정압기 안전장치의 설정압력(상용압력 $250mmH_2O$)
- 이상압력통보설비 : $120 \sim 130mmH_2O$ 이하
- 예비정압기의 긴급차단장치 : $380mmH_2O$ 이하
- 안전밸브 : $420mmH_2O$ 이하

214 부취제 주입방식 중 전원이 필요하지 않고, 온도, 압력 등의 변동에 따라 부취제 첨가율이 변동하는 방식은?

① 적하주입방식
② 펌프주입방식
③ 바이패스 증발방식
④ 미터연결 바이패스방식

풀이 바이패스 증발방식은 가스라인에 설비된 오리피스에 의해서 부취제 용기에서 흐르는 유량을 조절한다.

215 가스용품 중 배관용 밸브 제조 시 기술기준으로 옳지 않은 것은?

① 각 부분은 개폐동작이 원활히 작동하고 O-링과 패킹 등에 마모 등 이상이 없는 것일 것
② 배관용 밸브의 핸들을 고정시키는 너트의 재료는 내식성 재료 또는 표면에 내식처리를 한 것일 것
③ 개폐용 핸드휠은 열림 방향이 시계 방향일 것
④ 볼밸브는 완전히 열렸을 때 핸들 방향과 유로 방향이 평행일 것

풀이 개폐용 핸드휠은 열림 방향이 시계 반대방향이어야 한다.

216 가스가 누출될 경우 쉽게 알 수 있도록 도시가스에 첨가하는 부취제의 조건으로 옳지 않은 것은?

① 독성이 없어야 한다.
② 부식성이 없어야 한다.
③ 토양에 대한 투과성이 좋아야 한다.
④ 물에 잘 녹아야 한다.

풀이 부취제는 물에 잘 녹지 않는 물질이어야 한다.
※ 부취제 : THT, TBM, DMS

정답 213 ③ 214 ③ 215 ③ 216 ④

217 가정의 난방용으로 사용되는 가스보일러 사고 중 사고발생 빈도가 가장 높은 사고 유형은?
① 가스 누출 폭발사고
② 가스 누출 질식사고
③ 폐가스 유입 중독사고
④ 기기 결함 파열사고

> **풀이** 가정의 난방용 가스보일러 사고에서 빈도가 심한 경우는 폐가스 유입 중독사고이다.

218 도시가스배관에 대한 설명으로 옳지 않은 것은?
① 도시가스 제조사업소의 부지경계에서 정압기까지에 이르는 배관을 본관이라 한다.
② 정압기에서 가스사용자가 소유하거나 점유하고 있는 토지의 경계까지의 배관을 사용자 공급관이라 한다.
③ 가스도매사업자의 정압기에서 일반도시가스사업자의 가스공급시설까지의 배관을 공급관이라 한다.
④ 가스사용자가 소유하거나 점유하고 있는 토지의 경계에서 연소기까지에 이르는 배관을 내관이라 한다.

> **풀이** **사용자 공급관** : 가스사용자가 소유하거나 점유하고 있는 토지의 경계에서 가스사용자가 구분하여 소유하거나 점유하는 건축물의 외벽에 설치된 계량기의 전단밸브까지 이르는 배관이다.

219 가스보일러가 가동 중인 아파트 7층 다용도실에서 세탁 중이던 주부가 세탁 30분 후 머리가 아프다며 다용도실을 나온 후 실신하였다. 정밀조사결과 상층으로 올라갈수록 CO의 농도가 높아짐을 알았다. 최우선대책으로 추정되는 것은?
① 가스보일러 시설 개선
② 공동배기구 시설 개선
③ 다용도실의 환기 개선
④ 도시가스의 누출 차단

> **풀이** 아파트 다용도시설 상층부에서 CO 가스의 농도가 높다면 최우선대책으로 공동배기구 시설을 개선시켜 배기력을 높여야 한다.

220 압축천연가스 충전시설에서 자동차가 충전호스와 연결된 상태로 출발할 경우 가스의 흐름이 차단될 수 있도록 하는 장치를 긴급분리장치라고 한다. 긴급분리장치에 대한 설명 중 틀린 것은?
① 긴급분리장치는 고정설치해서는 안 된다.
② 긴급분리장치는 각 충전설비마다 설치한다.
③ 긴급분리장치는 수평방향으로 당길 때 666.4N 미만의 힘에 의하여 분리되어야 한다.
④ 긴급분리장치와 충전설비 사이에는 충전자가 접근하기 쉬운 위치에 90° 회전의 수동밸브를 설치하여야 한다.

정답 217 ③ 218 ② 219 ② 220 ①

풀이 긴급분리장치는 고정설치해야 한다.

221 도시가스 사용자시설에 설치되는 단독사용자 정압기의 분해점검 주기는?
① 6개월에 1회 이상
② 1년에 1회 이상
③ 2년에 1회 이상
④ 3년에 1회 이상

풀이 단독사용자 정압기의 분해점검은 3년에 1회 이상 실시한다.

222 도시가스제조소 및 공급소의 안전설비의 안전거리기준으로 옳은 것은?
① 가스발생기 및 가스홀더는 그 외면으로부터 사업장의 경계까지의 거리는 최고사용압력이 고압인 것은 30m 이상이 되도록 한다.
② 가스발생기 및 가스홀더는 그 외면으로부터 사업장의 경계까지의 거리는 최고사용압력이 중압인 것은 20m 이상이 되도록 한다.
③ 가스발생기 및 가스홀더는 그 외면으로부터 사업장의 경계까지의 거리는 최고사용압력이 중압인 것은 10m 이상이 되도록 한다.
④ 가스정제설비는 그 외면으로부터 사업장의 경계까지의 거리는 최고사용압력이 고압인 것은 20m 이상이 되도록 한다.

풀이 가스정제설비는 그 외면에서 사업장의 경계까지는 최고사용압력이 고압의 경우 20m 이상이다(다만 제1종 보호시설까지는 30m 이상).
※ ①의 경우 20m, ②의 경우 10m, ③의 경우 5m 이상이다.

223 실제 사용하는 도시가스의 열량이 9,500kcal/m³이고 가스 사용시설의 법적 사용량은 5,200m³일 때 도시가스 사용량은 약 몇 m³인가?(단, 도시가스의 월사용예정량을 구할 때의 열량을 기준으로 한다.)
① 4,490
② 6,020
③ 7,020
④ 8,020

풀이 $Q = \{(A \times 240) + (B \times 90)\}''/11,000 = \dfrac{9,500 \times 5,200}{11,000} = 4,490 \text{m}^3$

224 도시가스의 총 발열량이 10,000kcal/m³, 도시가스의 공기에 대한 비중이 0.66일 때 이 가스의 웨베지수는?
① 16,100
② 12,309
③ 10,620
④ 6,600

풀이 $WI = \dfrac{H_g}{\sqrt{d}} = \dfrac{10,000}{\sqrt{0.66}} = \dfrac{10,000}{0.81} = 12,340$

정답 221 ④ 222 ④ 223 ① 224 ②

225 도시가스 총 발열량을 측정하였더니 11,500kcal/m³이고, 공기에 대한 비중이 0.6이었다. 웨베지수는 얼마인가?

① 6,900
② 8,908
③ 14,846
④ 19,167

풀이 $WI = \dfrac{H_h}{\sqrt{d}} = \dfrac{11,500}{\sqrt{0.6}} = 14,846$

226 파일럿버너 또는 메인버너의 불꽃이 꺼지거나 연소기구 사용 중에 가스공급이 중단 혹은 불꽃 검지부에 고장이 생겼을 때 자동으로 가스밸브를 닫히게 하여 불이 꺼졌을 때 가스가 유출되는 것을 방지하는 안전장치는?

① 과열방지장치
② 산소결핍안전장치
③ 헛불방지장치
④ 소화안전장치

풀이 소화안전장치 : 버너 불꽃이 꺼지거나 가스공급이 중단되면 가스밸브를 차단하여 가스유출을 방지한다.

227 가스시설과 관련하여 사람이 사망한 사고 발생 시 규정상 도시가스사업자는 한국가스안전공사에 사고발생 후 얼마 이내에 서면으로 통보하여야 하는가?

① 즉시
② 7일 이내
③ 10일 이내
④ 20일 이내

풀이 사망사고 발생 서면 통보 : 20일 이내에 한국 가스안전공사에 서면 통보

228 일정 규정 이상의 도시가스 특정 사용시설에는 가스누출 자동차단장치를 설치하여야 한다. 가스누출 자동차단장치의 설치기준에 대한 설명 중 틀린 것은?

① 공기보다 가벼운 경우에는 검지부의 설치위치는 천장으로부터 검지부 하단까지의 거리가 30cm 이하가 되도록 한다.
② 공기보다 무거운 경우에는 검지부 상단이 바닥면으로부터 30cm 이하가 되도록 한다.
③ 제어부는 가능한 한 연소기로부터 멀리 떨어진 위치로서 실외에서 조작하기가 용이한 위치로 한다.
④ 연소기의 폐가스에 접촉하기 쉬운 곳에는 검지부를 설치할 수 없다.

풀이 제어부는 가능한 연소기로부터 가까운 곳에 설치하며 실내에서 조작하기가 용이한 위치로 한다.

정답 225 ③ 226 ④ 227 ④ 228 ③

229 도시가스를 제조하는 고압 또는 중압의 가스공급설비에 대한 내압시험 및 기밀시험 압력의 기준으로 옳은 것은?

① 내압시험 : 최고사용압력의 1.5배 이상
   기밀시험 : 최고사용압력의 1.1배 이상
② 내압시험 : 사용압력의 1.5배 이상
   기밀시험 : 사용압력의 1.1배 이상
③ 내압시험 : 최고사용압력의 1.1배 이상
   기밀시험 : 최고사용압력의 1.5배 이상
④ 내압시험 : 사용압력의 1.1배 이상
   기밀시험 : 사용압력의 1.5배 이상

230 도시가스배관을 지하에 매설할 때 배관에 작용하는 하중을 수직방향 및 횡방향에서 지지하고 하중을 기초 아래로 분산시키기 위한 침상재료는 배관하단에서 배관상단 몇 cm까지 포설하여야 하는가?

① 10　　② 20　　③ 30　　④ 50

풀이 침상재료(Bedding) : 배관하단에서 배관상단 30cm까지 포설하는 재료

231 도시가스 도매사업의 저장설비 중 저장능력이 100ton인 저장탱크의 외면과 사업소 경계까지 유지하여야 하는 안전거리는 몇 m 이상으로 하여야 하는가?(단, 유지하여야 하는 안전거리 계산 시 적용하는 상수 C는 0.576으로 한다.)

① 60　　② 120　　③ 140　　④ 160

풀이 $L = C\sqrt[3]{143,000\,W}$
$= 0.576\sqrt[3]{143,000 \times 100} = 140\mathrm{m}$

232 도시가스공급시설 또는 그 시설에 속하는 계기를 장치하는 회로에 설치하는 것으로서 온도 및 압력과 그 시설의 상황에 따라 안전확보를 위한 주요부분에 설비가 잘못 조작되거나 이상이 발생하는 경우에 자동으로 가스의 발생을 차단시키는 장치를 무엇이라 하는가?

① 벤트스택
② 가스누출검지통보설비
③ 안전밸브
④ 인터록기구

풀이 인터록기구 : 이상이 발생하는 경우 자동으로 도시가스의 발생을 차단시킨다.

정답 229 ①　230 ③　231 ③　232 ④

233 방류둑의 구조기준으로 적합하지 않은 것은?

① 성토는 수평에 대하여 45° 이하의 기울기로 한다.
② 방류둑의 재료는 철근콘크리트, 철골, 금속, 흙 또는 이들을 혼합하여야 한다.
③ 방류둑은 액밀한 것이어야 한다.
④ 방류둑 성토 윗부분의 폭은 50cm 이상으로 한다.

풀이 방류둑 성토 윗부분의 폭은 30cm 이상으로 한다.

234 독성가스 운반 시 누출검지액으로 사용하지 않는 것은?

① 비눗물
② 10% 암모니아수
③ 5% 염산
④ 붕산수

풀이 독성가스 운반 시 누출검지액으로 비눗물, 10% 암모니아수, 5% 염산 등을 사용한다.

235 독성가스배관 중 2중관으로 하여야 하는 독성가스가 아닌 것은?

① 포스겐
② 염소
③ 브롬화메탄
④ 염화메탄

풀이
- 누출 확산방지를 위한 2중관 배관용 가스 : 염소, 포스겐, 불소, 아크릴알데히드, 아황산가스, 시안화수소, 황화수소
- 하천이나 수도 횡단용 2중관 배관용 가스 : 염소, 포스겐, 불소, 아크릴알데히드, 아황산가스, 시안화수소, 황화수소

236 마운드형 저장탱크의 설치기준에 대한 설명으로 옳은 것은?

① 높이 50cm 이상 견고하게 다져진 모래기반 위에 설치하여야 한다.
② 저장탱크의 모래기반 주위에는 지하수 침입 등으로 인한 붕괴의 위험이 없도록 30cm 이상의 철근 콘크리트 옹벽을 설치하여야 한다.
③ 저장탱크는 그 주위에 20cm 이상 모래를 덮은 후 1m 이상 흙으로 채워야 한다.
④ 저장탱크에 설치한 안전밸브에는 저장탱크를 덮은 흙의 정상부에서 1m 이상 높이에 방출구가 있는 방출관을 설치하여야 한다.

237 가스누출 검지경보장치의 검지에서 발신까지 걸리는 시간으로 옳은 것은?

① 경보농도의 1.2배 농도에서 15초 이내
② 경보농도의 1.5배 농도에서 20초 이내
③ 경보농도의 1.6배 농도에서 30초 이내
④ 경보농도의 1.7배 농도에서 40초 이내

정답 233 ④ 234 ④ 235 ③ 236 ③ 237 ③

238 다음 중 2중관으로 하여야 하는 가스의 대상은?

① 염소
② 수소
③ 아세틸렌
④ 산소

풀이 2중관 가스대상 : 염소, 포스겐, 불소, 아크릴알데히드, 아황산가스, 시안화수소, 황화수소

239 다음과 같은 특징을 가진 전기방식법은?

- 도시가스 배관의 방식에 많이 이용한다.
- 발생하는 전류가 적다.
- 설비가 비교적 간단하고 저렴하다.
- 과방식의 위험이 적다.

① 희생양극법
② 외부전원법
③ 선택배류법
④ 강제배류법

풀이 희생양극법은 과방식의 우려가 없고 단거리의 파이프 라인에는 저렴하다.

240 공정에 존재하는 위험요소들과 공정의 효율을 떨어뜨릴 수 있는 운전상의 문제점을 찾아낼 수 있는 정성적인 위험평가기법으로 산업체(화학공장)에서 가장 일반적으로 사용되는 것은?

① Check List법
② FTA법
③ ETA법
④ HAZOP법

풀이 HAZOP(HAZard And OPerability Studies)은 위험과 운전분석이다.

241 내압방폭구조의 폭발등급 분류에서 "A"가 의미하는 것은?

① 가연성 가스의 최소점화 에너지이다.
② 가연성 가스의 폭발등급이다.
③ 방폭 전기기기의 온도등급이다.
④ 위험장소 구분이다.

풀이
- 내압방폭구조 A, B, C : 가연성 가스의 폭발등급
- 내압방폭구조 ⅡA, ⅡB, ⅡC : 방폭전기기기의 폭발등급

정답 238 ① 239 ① 240 ④ 241 ②

242 정전기의 발생에 영향을 주는 요인에 대한 설명으로 옳지 않은 것은?

① 물질의 표면이 원활하면 발생이 적어진다.
② 물질표면이 기름 등에 의해 오염되었을 때는 산화, 부식에 의해 정전기가 크게 발생한다.
③ 정전기의 발생은 처음 접촉, 분리가 일어났을 때 최대가 된다.
④ 분리속도가 빠를수록 정전기의 발생량은 적어진다.

풀이 분리속도가 빠를수록 정전기의 발생량은 많아진다.

243 배기가스의 실내 누출로 인하여 질식사고가 발생하는 것을 방지하기 위해 반드시 전용 보일러실에 설치하여야 하는 가스보일러는 다음 중 어느 것인가?

① 강제급·배기식(FF) 가스보일러
② 강제배기식(FE) 가스보일러
③ 옥외에 설치한 가스보일러
④ 전용급기통을 부착시키는 구조로 검사에 합격한 강제배기식 가스보일러

풀이 자연배기식이나 강제배기식은 전용 보일러실에 설치하여야 한다.

244 가스와 그 가스의 검지방법이 바르게 짝지어진 것은?

① 암모니아 : 요오드화칼륨전분지
② 염소 : 초산벤젠 검지기
③ 아세틸렌 : 염화제1동 착염지
④ 황화수소 : 하리슨씨 시약지

풀이 ① 암모니아 : 적색 리트머스 시험지(청색)
② 염소 : KI 전분지(청색)
④ 황화수소 : 연당지(흑색)

245 재료의 허용응력(a), 재료의 기준강도(e) 및 안전율(s)의 관계를 옳게 나타낸 식은?

① $a = \dfrac{s}{e}$ ② $a = \dfrac{e}{s}$ ③ $a = 1 - \dfrac{s}{e}$ ④ $a = \dfrac{e}{s} + 1$

풀이 허용응력(a) = $\dfrac{재료의\ 기준강도(e)}{안전율(s)}$

정답 242 ④ 243 ② 244 ③ 245 ②

246 가스 누출 검지경보장치에 대한 설명으로 옳지 않은 것은?

① 가연성 가스의 경보농도는 폭발하한계의 1/4 이하로 할 것
② 독성가스의 경보농도는 허용농도 이하로 할 것
③ 경보기의 정밀도는 경보농도 설정치에 대하여 가연성 가스용에 있어서는 ±25% 이하로 할 것
④ 지시계의 눈금은 독성가스는 0~허용농도의 5배값을 눈금범위에 명확하게 지시하는 것일 것

풀이 지시계의 눈금은 독성가스를 O_2 허용농도 3배값(암모니아를 실내에 사용하는 경우 150ppm)을 각각의 눈금범위에 명확하게 지시하는 것일 것

247 직경이 각각 4m와 8m인 2개의 LP 가스 저장탱크가 상호 유지하여야 할 안전거리는?

① 1m 이상
② 2m 이상
③ 3m 이상
④ 6m 이상

풀이 $h = (A+B) \times \dfrac{1}{4}$

$= (4+8) \times \dfrac{1}{4} = 3\text{m}$ 이상

248 가스난방기에서 구비하지 않아도 되는 안전장치는?(단, 납붙임용기 또는 접합용기를 부착하여 사용하는 난방기의 경우에는 그러지 아니하다.)

① 불완전연소 방지장치
② 전도안전장치
③ 과열방지장치
④ 소화안전장치

풀이 가스난방기의 안전장치
- 불완전연소 방지장치
- 전도안전장치
- 소화안전장치

249 고압가스 압축기와 충전장소 사이에 설치하는 방호벽을 철근콘크리트로 할 경우 그 두께는 얼마 이상이어야 하는가?

① 10cm
② 12cm
③ 15cm
④ 20cm

풀이 방호벽 두께
- 철근콘크리트 : 12cm 이상
- 콘크리트 블록 : 15cm 이상
- 박강판 : 3.2mm 이상
- 후강판 : 6mm 이상

정답 246 ④ 247 ③ 248 ③ 249 ②

250 차량에 고정된 탱크를 운행하고자 할 경우에는 사전에 점검하여야 한다. 운행 전의 점검내용과 관계 없는 것은?

① 탱크와 그 부속품 점검
② 차량의 점검
③ 탑재기기의 점검
④ 밸브 등의 이완의 점검

풀이 밸브 등의 이완은 운행 후의 점검사항이다.

251 염소, 염화수소, 포스겐, 아황산가스 등 액화독성가스의 누출에 대비하여 응급조치로 휴대하여야 하는 약제는?

① 소석회
② 가성소다
③ 암모니아수
④ 아세톤

풀이 염소, 염화수소, 포스겐, 아황산가스 등의 응급조치 약제
- 액화가스질량 1,000kg 미만 : 소석회 20kg 이상
- 액화가스질량 1,000kg 이상 : 소석회 40kg 이상

252 사고에 대하여 원인을 파악하는 연역적 기법으로 사고를 일으키는 장치의 이상이나 운전자 실수의 상관관계를 분석하는 안전성 평가기법은?

① 결함수분석기법(FTA)
② 사건수분석기법(ETA)
③ 원인 – 결과분석법(CCA)
④ 위험도평가기법(RBI)

풀이 결함수분석기법 : 사고를 일으키는 장치의 이상이나 운전자 실수의 상관관계를 분석하는 안전성 평가기법

253 가스를 송출하는 데 사용되는 밸브를 후면에 설치한 탱크에는 탱크 주밸브 및 긴급차단장치에 속하는 밸브와 차량의 뒤범퍼와의 수평거리는 몇 cm 이상 떨어져 있어야 하는가?

① 20cm
② 30cm
③ 40cm
④ 50cm

풀이 탱크 주밸브 및 긴급차단장치에 속하는 밸브와 차량의 뒤범퍼와의 수평거리는 40cm 이상으로 한다.

254 최고충전압력 2.0MPa, 동체의 내경 65cm인 산소용 강재 용접용기의 동판 두께는 약 몇 mm인가? (단, 재료의 인장강도 : 500N/mm², 용접효율 : 100%, 부식 여유 : 1mm이다.)

① 2.30
② 6.25
③ 8.30
④ 10.25

정답 250 ④ 251 ① 252 ① 253 ③ 254 ②

풀이
$$t = \frac{PD}{2S\eta - 1.2P} + C$$
$$= \frac{2 \times 650}{2 \times \left(\frac{500}{4}\right) \times 1 - 1.2 \times 2} + 1$$
$$= 6.25$$

255 아황산가스 500kg을 차량에 적재하여 운반할 때 휴대하여야 하는 소석회의 양은 몇 kg 이상으로 규정되어 있는가?

① 5　　　　② 10　　　　③ 15　　　　④ 20

풀이
- 1,000kg 미만 : 소석회 20kg 이상
- 1,000kg 이상 : 소석회 40kg 이상

256 철근콘크리트제 방호벽의 설치기준에 대한 설명 중 틀린 것은?

① 기초는 일체로 된 철근콘크리트 기초일 것
② 기초는 높이는 350mm 이상, 되메우기 깊이는 300mm 이상으로 할 것
③ 기초의 두께는 방호벽 최하부 두께의 120% 이상일 것
④ 방호벽의 두께는 200mm 이상, 높이 1,800mm 이상으로 할 것

풀이 철근콘크리트제 방호벽은 두께 120mm 이상, 높이 200mm 이상으로 한다.

257 저장탱크에 가스를 충전할 때 저장탱크 내용적의 90%를 넘지 않도록 충전해야 하는 이유는?

① 액의 요동을 방지하기 위하여
② 충격을 흡수하기 위하여
③ 온도에 따른 액팽창이 현저히 크므로 안전공간을 유지하기 위하여
④ 추가로 충전할 때를 대비하기 위하여

풀이 액화가스의 팽창에 따른 안전공간은 10% 이상을 유지하여야 한다.

258 물분무설비가 설치된 액화석유가스 저장탱크 2개의 최대 지름이 각각 3.5m, 2.5m일 때 저장탱크 간의 이격거리의 기준은?

① 0.5m 이상　　　　② 1m 이상
③ 1.5m 이상　　　　④ 거리를 유지하지 않아도 된다.

정답 255 ④　256 ④　257 ③　258 ④

풀이 물분무장치를 설치한 경우는 저장탱크 간의 이격거리를 유지하지 않아도 된다.

259 다음 중 정량적 위험성 평가 분석방법이 아닌 것은?
① 결함수분석(FTA)기법
② 사건수분석(ETA)기법
③ 원인-결과분석(Cause-Consequence Analysis)기법
④ 체크리스트(Checklist)기법

풀이 체크리스트기법
공정 및 설비의 오류 결함상태 위험상황 등을 목록화한 형태로 작성하여 경험적으로 비교함으로써 위험성을 정성적으로 파악하는 안전성 평가기법이다.

260 위험물을 취급하는 사업장에는 비상사태 발생 시 피해를 최소화시킬 수 있는 비상조치계획을 수립하여 운용하여야 한다. 비상조치계획에 포함될 사항으로 가장 거리가 먼 것은?
① 위험성 및 재해의 파악과 분석
② 비상대피 계획
③ 감사팀의 구성
④ 운전정지 절차

풀이 비상조치 계획
- 위험성 및 재해의 파악과 분석
- 비상대피 계획
- 운전정지 절차

261 다음에서 가스누출검지 경보장치의 설치기준으로 옳은 것으로만 짝지어진 것은?

> ㉠ 가연성 가스 검지경보장치의 경보농도는 폭발한계의 1/4 이하이어야 한다.
> ㉡ 독성가스 검지경보장치의 경보농도는 허용농도 이하이어야 한다.
> ㉢ 독성가스 경보기의 정밀도는 경보농도 설정치의 ±30% 이하이어야 한다.

① ㉠
② ㉠, ㉡
③ ㉡, ㉢
④ ㉠, ㉡, ㉢

262 피뢰설비를 설치하지 않은 가연성 가스 제조설비에 정전기를 제거하는 조치로 접지를 실시할 경우 접지저항치의 총합이 몇 Ω 이하이어야 하는가?
① 10
② 50
③ 100
④ 200

정답 259 ④ 260 ③ 261 ④ 262 ③

풀이 접지저항치의 총합 : 100Ω 이하

263 고압가스 제조설비의 기밀시험이나 시운전 시의 가압용 고압가스로 사용할 수 없는 것은?
① 질소
② 헬륨
③ 공기
④ 산소

풀이 산소는 조연성 가스이기 때문에 기밀시험이나 시운전 시 사용하는 가스에서 제외된다.

264 가스배관용 밸브의 제조기술상 안전기준을 설명한 것 중 옳지 않은 것은?
① 각 부분은 개폐동작이 원활히 작동하는 것일 것
② 볼밸브는 핸들 끝에서 10kg 이하의 힘을 가하여 90도 회전할 때 완전히 개폐되는 구조일 것
③ 개폐용 핸드휠은 열림 방향이 시계바늘 반대방향일 것
④ 표면은 매끄럽고 사용상 지장이 있는 부식, 균열, 주름 등이 없을 것

풀이 볼밸브 회전력은 시험 전 최소 3회 개폐한 후 핸들 끝에서 294.2N 이하의 힘으로 90° 회전할 경우에 완전히 개폐하는 구조로 한다. 다만, 공압식, 유압식, 전동밸브는 제외한다.

265 다음 중 정량적 안전성 평가기법에 해당하는 것은?
① 작업자 실수분석(HEA)기법
② 체크리스트(Checklist)기법
③ 위험과 운전분석(HAZOP)기법
④ 사고예상 질문분석(WHAT – IF)기법

풀이 HEA(Human Error Analysis) : 정량적으로 실수의 상대적 순위를 결정하는 안전성 평가기법

266 안전관리규정의 작성기준에서 다음 [보기] 중 종합적 안전관리규정에 포함되어야 할 항목을 모두 나열한 것은?

[보기]
㉠ 경영이념
㉡ 안전관리투자
㉢ 안전관리목표
㉣ 안전문화

① ㉠, ㉡
② ㉡, ㉢, ㉣
③ ㉠, ㉢, ㉣
④ ㉠, ㉡, ㉢, ㉣

정답 263 ④ 264 ② 265 ① 266 ④

267 압축가스의 용적이 80m³인 독성가스 운반 시 반드시 휴대하지 않아도 되는 보호구는?

① 방독마스크　　　　　　　　② 공기호흡기
③ 보호의　　　　　　　　　　④ 보호장갑

풀이 압축가스 용적 100m³ 미만의 경우 공기호흡기는 제외된다.

268 다음 두 종류의 가스가 혼합 적재되어 있을 경우 폭발 위험성이 가장 큰 것은?

① 암모니아, 네온　　　　　　② 질소, 프로판
③ 염소, 아르곤　　　　　　　④ 염소, 아세틸렌

풀이 염소와 아세틸렌, 암모니아, 수소는 혼합 적재하면 안 된다.

269 구리(Cu) 또는 구리합금을 재료로 한 장치를 사용할 경우 심한 부식성을 나타내는 가스는?

① 암모니아　　　　　　　　　② 염소
③ 일산화탄소　　　　　　　　④ 메탄

풀이 암모니아 가스는 구리, 아연, 은, 코발트 등의 금속이온과 반응하여 착이온을 만든다.

270 NH_4 가스 누출시험에 사용할 수 없는 것은?

① 헬라이트 토치　　　　　　② 염화수소
③ 리트머스 시험지　　　　　④ 네슬러 용액

풀이 헬라이트 토치 : 프레온 냉매가스의 누설 검사용 토치이다.

271 LNG의 유출사고 시 메탄가스의 거동에 관한 다음 설명 중 가장 옳은 것은?

① 메탄가스의 비중은 공기보다 크므로 증발된 가스는 지상에 체류한다.
② 메탄가스의 비중은 공기보다 작으므로 증발된 가스는 위로 확산되어 지상에 체류하는 일이 없다.
③ 메탄가스의 비중은 상온에서 공기보다 작으나 온도가 낮으면 공기보다 커지기 때문에 지상에 체류한다.
④ 메탄가스의 비중은 상온에서는 공기보다 크나 온도가 낮으면 공기보다 작아지기 때문에 지상에 체류하는 일이 없다.

풀이 메탄가스는 상온에서는 공기보다 작으나 −130℃ 이하에서는 공기보다 비중이 커지며 지상에 체류한다.

정답 267 ②　268 ④　269 ①　270 ①　271 ③

272 가정용 프로판에 대한 설명으로 옳은 것은?

① 공기보다 가볍다.
② 완전연소하면 탄산가스만 생성한다.
③ 1몰의 프로판을 완전연소하는 데 5몰의 산소가 필요하다.
④ 프로판은 상온에서는 액화시킬 수 없다.

풀이 $C_3H_8 + 5O_2 \longrightarrow 3CO_2 + 4H_2O$
$\quad\ 1\ +\ 5\ \longrightarrow\ \ 3\ +\ 4$

273 LPG에 대한 설명 중 틀린 것은?

① 포화탄화수소화합물이다.
② 휘발유 등 유기용매에 용해된다.
③ 상온에서는 기체이나 가압하면 액화된다.
④ 액체비중은 물보다 무겁고, 기체상태에서는 공기보다 가볍다.

풀이 LPG는 물보다 가벼운 액화가스이나 기체일 때는 공기보다 무겁다.

274 프로판(C_3H_8)과 부탄(C_4H_{10})의 혼합가스가 표준상태에서 밀도가 2.25(kg/m³)이다. 프로판의 조성은 몇 %인가?

① 35.16 ② 42.72 ③ 54.28 ④ 68.53

풀이 $C_3H_8 = 44/22.4 = 1.96 \text{kg/m}^3$
$C_4H_{10} = 58/22.4 = 2.598 \text{kg/m}^3$
$1.964 + 2.589 = 4.553$
$\dfrac{1.96}{4.553} \times 100 = 43\%$
$\dfrac{2.25 - 1.96}{2.25} \times 100 = 12\%$
∴ $43 + 12 = 55\%$

275 다음 메탄가스의 설명에 관한 내용 중 옳은 것은?

① 고온에서 수증기와 작용하면 반응하여 일산화탄소와 수소를 생성한다.
② 공기 중 메탄가스가 60% 정도 함유되어 있는 기체가 점화되면 폭발한다.
③ 수분을 함유한 메탄은 금속을 급격히 부식시킨다.
④ 메탄은 조연성 가스이기 때문에 다른 유기화합물을 연소시킬 때 사용한다.

정답 272 ③ 273 ④ 274 ③ 275 ①

풀이 $CH_4 + H_2O \xrightarrow[\text{고온}]{Ni} CO + 3H_2 - 49.3\text{kcal}$

276 다음 중 중합에 의한 폭발을 일으키는 물질은?

① 과산화수소 ② 시안화수소
③ 아세틸렌   ④ 염소산칼륨

풀이 시안화수소(HCN)는 2%의 수분에 의해 중합이 촉진되어 중합폭발이 일어난다.

277 수소의 연소반응식은 다음과 같이 나타낸다. 수소를 일정한 압력에서 이론 산소량만으로 완전연소시켰을 때 생성된 수증기의 온도는?(단, 수증기의 정압비열 10cal/mol·K, 수소와 산소의 공급온도 25℃, 외부로의 열손실은 없음)

$$H_2 + \frac{1}{2}O_2 \rightarrow H_2O(g) + 57.8\text{kcal/mol}$$

① 5,580K   ② 5,780K   ③ 6,053K   ④ 6,078K

풀이 $\dfrac{57.8\text{kcal/mol} \times 1,000\text{cal/mol}}{10\text{kcal/mol} \cdot K} = 5,780K$
∴ $5,780 + (25+273) = 6,078K$

278 기체연료의 특성을 설명한 것 중 옳은 것은?

① 가스연료의 화염은 방사율이 크기 때문에 복사에 의한 열전달률이 작다.
② 기체연료는 연소성이 뛰어나기 때문에 연소 조절이 간단하고 자동화가 용이하다.
③ 단위체적당 발열량이 액체나 고체연료에 비해 대단히 크기 때문에 저장이나 수송에 큰 시설을 필요로 한다.
④ 저산소 연소를 시키기 쉽기 때문에 대기오염물질인 질소산화물(NOx)의 생성이 많으나 분진이나 매연의 발생은 거의 없다.

279 공기 중 폭발범위가 가장 큰 것은?

① 수소   ② 암모니아   ③ 일산화탄소   ④ 아세틸렌

풀이 폭발범위
• 수소 : 4~75%   • 암모니아 : 15~28%
• 일산화탄소 : 12.5~74% • 아세틸렌 : 2.5~81%

정답 276 ② 277 ④ 278 ② 279 ④

280 산화에틸렌을 장기간 저장하지 못하게 하는 이유는 무엇 때문인가?

① 분해폭발 ② 분진폭발 ③ 산화폭발 ④ 중합폭발

풀이 산화에틸렌(C_2H_4O)
- 산화폭발
- 분해폭발(단기간 저장)
- 중합폭발

281 공기와 혼합되어 있는 상태에서 폭발한계 농도범위가 가장 넓은 물질은?

① 에탄 ② 에틸렌 ③ 메탄 ④ 프로판

풀이
- 에탄 : 3~12.5%
- 에틸렌 : 2.7~36%
- 메탄 : 5~15%
- 프로판 : 2.1~9.5%

282 산소 없이도 자기분해 폭발을 일으키는 가스가 아닌 것은?

① 프로판 ② 아세틸렌
③ 산화에틸렌 ④ 히드라진

풀이 프로판
$C_3H_8 + 5O_2 \rightarrow 3CO_2 + 4H_2O$

283 다음 중 가스 연소 시 기상 정지반응을 나타내는 기본 반응식은?

① $H + O_2 \rightarrow OH + O$
② $O + H_2 \rightarrow OH + H$
③ $OH + H_2 \rightarrow H_2O + H$
④ $H + O_2 + M \rightarrow HO_2 + M$

284 수소의 성질을 설명한 것 중 틀린 것은?

① 고온에서 금속산화물을 환원시킨다.
② 불완전연소하면 일산화탄소가 발생된다.
③ 고온, 고압에서 철에 대해 탈탄작용(脫炭作用)을 한다.
④ 염소와의 혼합기체에 일광(日光)을 비추면 폭발적으로 반응한다.

풀이 $H_2 + 1/2O_2 \rightarrow H_2O$
※ $C + 1/2O_2 \rightarrow CO$

정답 280 ①　281 ②　282 ①　283 ④　284 ②

285 가스의 기본 특성에 관한 설명 중 옳은 것은?

① 염소는 공기보다 무거우며 무색이다.
② 질소는 스스로 연소하지 않는 조연성이다.
③ 산화에틸렌은 기체상태에서 분해폭발성이 있다.
④ 일산화탄소는 수분혼합으로 중합폭발을 일으킨다.

286 다음은 기체연료 중 천연가스에 관한 설명이다. 옳은 것은?

① 주성분은 메탄가스로 탄화수소의 혼합가스이다.
② 상온, 상압에서 LPG보다 액화하기 쉽다.
③ 발열량이 수성가스에 비하여 작다.
④ 누출 시 폭발위험성이 적다.

풀이 천연가스 : 주성분은 CH_4, 탄화수소의 혼합가스

287 기체연료 중 수소가 산소와 화합하여 물이 생성되는 경우에 있어 $H_2 : O_2 : H_2O$의 비례 관계는?

① 2 : 1 : 2
② 1 : 1 : 2
③ 1 : 2 : 1
④ 2 : 2 : 3

풀이 $H_2 + \dfrac{1}{2}O_2 \rightarrow H_2O$

288 다음은 폭발의 위험성을 갖는 물질들이다. 이 중 폭발의 종류가 중합열에 의한 폭발물질에 해당되는 것은?

① 염소산칼륨
② 과산화물
③ 부타디엔
④ 아세틸렌

풀이 중합폭발물질
시안화수소, 염화비닐, 산화에틸렌, 부타디엔 등

289 공기액화분리에 의한 산소와 질소 제조시설에 아세틸렌 가스가 소량 혼입되었다. 이때 발생 가능한 현상 중 가장 옳은 것은?

① 산소 아세틸렌이 혼합되어 순도가 감소한다.
② 아세틸렌이 동결되어 파이프를 막고 밸브를 고장낸다.
③ 질소와 산소 분리 시 비점 차이의 변화로 분리를 방해한다.
④ 응고되어 이동하다가 구리와 접촉하여 산소 중에서 폭발할 가능성이 있다.

정답 285 ③ 286 ① 287 ① 288 ③ 289 ④

풀이) 공기액화분리기에 아세틸렌 가스가 소량 혼입되면 응고되어 이동하다가 구리와 접촉하여 산소 중에서 폭발할 가능성이 있다.

290 암모니아 Gas Purger의 작용에 대한 설명으로 가장 옳은 것은?

① 암모니아 가스는 냉각 응축되어 액이 된다.
② 분리된 암모니아 가스는 압축기로 돌려 보내진다.
③ 분리된 공기에 암모니아 가스가 혼입되는 일은 없다.
④ 공기를 냉각하여 암모니아 가스보다 무겁게 하여 분리한다.

풀이) 암모니아 가스 퍼저(Purger)는 냉각되어 암모니아가 냉각되어 응축된다.

291 다음 염소가스에 대한 설명으로 옳지 않은 것은?

① 염소 자체는 폭발성이나 인화성이 없다.
② 조연성이 있어 다른 물질의 연소를 도와준다.
③ 부식성이 매우 강하다.
④ 상온에서 무색, 무취 가스이다.

풀이) 염소가스는 상온에서는 자극성 냄새가 있는 황록색의 기체이며, 공기보다 무겁고 독성의 조연성 가스이다.

292 냉매가스로 염화메탄을 사용하는 냉동기에 사용해서는 안 되는 재료는?

① 탄소강재 ② 주강품 ③ 구리 ④ 알루미늄 합금

풀이) • 암모니아 : 동이나 동합금 제외
• 염화메탄 : 알루미늄 합금 제외
• 프레온 : 2% 이상의 알루미늄 합금 제외

293 공기액화분리기의 운전을 중지하여야 하는 조건으로 옳은 것은?

① 액화산소 5L 중 아세틸렌 질량이 2mg 함유
② 액화산소 5L 중 아세틸렌 질량이 4mg 함유
③ 액화산소 5L 중 탄화수소의 탄소질량이 400mg 함유
④ 액화산소 5L 중 탄화수소의 탄소질량이 600mg 함유

풀이) 액화산소 5L 중 C_2H_2 질량 5mg 또는 탄화수소의 질량이 500mg을 넘을 때 공기액화분리기의 운전을 중지하고 액화산소를 방출해야 한다.

정답) 290 ① 291 ④ 292 ④ 293 ④

294 열팽창률($a = \dfrac{1}{V}\left(\dfrac{\partial V}{\partial T}\right)_P$)이 $2 \times 10^{-2}\,℃^{-1}$이고, 등온압축률($\beta = -\dfrac{1}{V}\left(\dfrac{\partial V}{\partial P}\right)_T$)이 $4 \times 10^{-3}\,atm^{-1}$인 액화가스가 빈 공간 없이 용기 속에 완전히 충전된 상태에서 외기 온도가 3℃ 상승하게 되면 용기가 추가로 받아야 할 압력은?

① 15atm   ② 5atm   ③ 0.6atm   ④ 0.2atm

풀이 $2 \times 10^{-2}\,℃^{-1} : 4 \times 10^{-3}\,atm^{-1} = x : 3℃$

$\therefore x = \dfrac{3 \times (2 \times 10^{-2})}{4 \times 10^{-3}/atm} = 15\,atm$ 상승

295 아세틸렌 용기의 다공물질의 다공도를 측정하기 위해 사용되는 물질이 아닌 것은?

① 아세톤   ② 디메틸포름아미드
③ 물   ④ 메탄올

풀이 다공도 측정물질
- 아세톤
- 물
- 디메틸포름아미드

296 다음 중 아세틸렌의 침윤제로 사용되고 있는 것은?

① 아세톤, DMF   ② 에탄올, 석유
③ DME, 벤젠   ④ 포름알데히드, 톨루엔

풀이 아세틸렌의 용제(침윤제)
- 아세톤[$(CH_3)_2CO$]
- 디메틸포름아미드[$HCON(CH_3)_2$]

297 공기액화 분리장치에서 산소를 압축하는 왕복동 압축기의 분출량이 6,000kg/h이고, 27℃에서 안전변의 작동압력이 80kg/cm²일 때 안전밸브의 유효 분출면적은?

① 0.099cm²   ② 0.76cm²   ③ 0.99cm²   ④ 1.19cm²

풀이 $a = \dfrac{\omega}{230P\sqrt{\dfrac{M}{T}}}$

$= \dfrac{6,000}{230 \times (80+1)\sqrt{\dfrac{32}{(273+27)}}} = 0.99\,cm^2$

정답 294 ①   295 ④   296 ①   297 ③

298 −162℃의 LNG(액비중 : 0.46, CH₄ : 90%, 에탄 : 10%)를 20℃까지 기화시켰을 때의 부피는?

① 625.6m³   ② 635.6m³
③ 645.6m³   ④ 655.6m³

[풀이] 분자량 CH₄ 16×0.9 = 14.4
C₂H₆ 30×0.1 = 3
CH₄+C₂H₆ = 17.4

$$\therefore \frac{1 \times 0.46 \times 10^3}{17.4} \times 22.4 \times \frac{20+273}{273} = 635.6\text{m}^3$$

※ 0.46×10³ = 460kg/m³

299 공기 중에 누출될 때 바닥으로 흘러 고이는 가스로만 이루어진 것은?

① 프로판, 수소, 아세틸렌   ② 에틸렌, 천연가스, 염소
③ 염소, 암모니아, 포스겐   ④ 부탄, 염소, 포스겐

[풀이] 공기의 분자량보다 큰 가스는 바닥으로 흘러 고인다.
※ 공기의 분자량보다 큰 가스 : 부탄(C_3H_{10}), 염소(Cl_2), 포스겐($COCl_2$), 프로판(C_3H_8)

300 공기 중에서 수소의 폭발범위는?

① 15~90%   ② 38~90%
③ 4.2~50%   ④ 4.0~75%

301 내용적 40L의 CO_2 용기에 법적 최고량의 CO_2 가스를 충전하였다. 이 용기에 충전된 CO_2 가스의 중량(kg)은?(단, CO_2의 가스정수는 1.47이다.)

① 29.9kg   ② 27.2kg   ③ 58.8kg   ④ 64.68kg

[풀이] $G = \dfrac{40}{1.47} = 27.2\text{kg}$

302 석유 속에 저장하여야 되는 물질은 어느 것인가?

① 에테르   ② 황린   ③ 벤젠   ④ 나트륨

[풀이]
• 나트륨, 황린 : 제3류 갑종 위험물
• 벤젠, 에테르 : 제1석유류 및 특수 인화물
※ 금속 칼륨에 금속나트륨의 보호액은 석유류이다. 황린의 보호액은 물이다.

정답 298 ② 299 ④ 300 ④ 301 ② 302 ④

303
메탄 : 50%, 에탄 : 30%, 프로판 : 20%인 혼합가스의 공기 중 폭발하한계는 얼마인가?(단, 메탄, 에탄, 프로판의 공기 중 폭발하한계는 각각 5%, 3%, 2%이다.)

① 4.2%　　　② 3.3%
③ 2.8%　　　④ 2.3%

풀이 폭발하한계 = $\dfrac{100}{\dfrac{50}{5}+\dfrac{30}{3}+\dfrac{20}{2}} = 3.3\%$

304
특수가스의 하나인 실란(SiH_4)의 주요 위험성은?

① 공기 중에 누출되면 자연발화한다.
② 태양광에 의해 쉽게 분해된다.
③ 분해 시 독성물질을 생성한다.
④ 상온에서 쉽게 분해된다.

풀이 실란(SiH_4)은 공기 중에 누출되면 자연발화한다.

305
아황산가스에 대한 설명으로 옳지 않은 것은?

① 강한 자극성이 있는 무색의 기체이다.
② 공기 중의 그 농도가 0.5~1ppm일 때 감각적으로 그 소재를 알 수 있다.
③ 30~40ppm일 때 호흡이 곤란하게 된다.
④ 300~400ppm일 때 생명이 위험하다.

풀이 아황산가스(SO_2)의 독성 허용농도 : 5ppm

306
액화가스의 임계온도(℃)가 높은 순서로 된 것은?

① $C_2H_4 > Cl_2 > C_3H_8 > NH_3$
② $NH_3 > C_2H_4 > C_3H_8 > Cl_2$
③ $Cl_2 > C_3H_8 > C_2H_4 > NH_3$
④ $Cl_2 > NH_3 > C_3H_8 > C_2H_4$

풀이 임계온도
- 염소(Cl_2) : 144℃
- 암모니아(NH_3) : 132.3℃
- 프로판(C_3H_8) : 96.8℃
- 에틸렌(C_2H_4) : 9.9℃

307 암모니아에 대한 설명으로 옳지 않은 것은?

① 증발잠열이 크므로 냉동기 냉매에 사용한다.
② 물에 잘 용해한다.
③ 암모니아 건조제로서 진한 황산을 사용한다.
④ 암모니아용의 장치에는 직접 동을 사용할 수 없다.

풀이 암모니아 건조제는 CaO나 소다석회를 사용한다.

308 공기 중에 노출되었을 경우 폭발의 위험도 있고 독성을 가지고 있는 가스가 아닌 것은?

① 브롬화메탄
② 산화에틸렌
③ 일산화탄소
④ 포스겐

풀이 포스겐은 무색의 액체로서 자극적인 냄새를 지닌 유독성 가스이나(허용농도 0.1ppm), 그 자체는 폭발성과 인화성이 없다.

309 아세틸렌 제조방법 중 공업적으로 많이 사용되는 것은?

① 주수식
② 침지식
③ 투입식
④ 연속식

풀이 투입식 가스 발생기
- 공업적으로 대량 생산에 적합하다.
- 카바이드가 물속에 있어서 온도상승이 작다.
- 불순가스 발생이 적다.
- 가스발생량의 조절이 가능하다.

310 다음 중 가장 무거운 가스는?(단, 공기의 비중을 1로 한다.)

① 아르곤
② 암모니아
③ 황화수소
④ 부탄

풀이 가스의 분자량
- 아르곤(40)
- 암모니아(17)
- 황화수소(34)
- 부탄(58)

정답 307 ③ 308 ④ 309 ③ 310 ④

311 산소의 일반적인 성질에 대한 설명으로 옳지 않은 것은?

① 산화물을 생성한다.
② 마늘 냄새가 나는 엷은 푸른색 기체이다.
③ 유지류와의 접촉은 위험하다.
④ 공기보다 무겁다.

풀이) 산소는 상온에서 무색, 무미, 무취이다.

312 고압가스를 취급하는 제조설비를 수리할 때 공기로 직접 치환하여도 보안상 지장을 주지 않는 가스는?

① 수소
② 염소
③ 천연가스
④ 아세틸렌

풀이) 염소가스는 조연성 가스이며 공기로 치환하여도 지장이 없다(가연성 가스는 공기치환을 자제한다).

313 수소 : 45vol%, 일산화탄소 : 10vol%, 메탄 : 45vol%인 혼합가스의 폭발상한계(%) 값은?(단, 폭발범위는 H_2 : 4~75, CO : 12.5~74, CH_4 : 5~15이다.)

① 20.5%
② 27.0%
③ 32.5%
④ 35.6%

풀이) 폭발상한계 $= \dfrac{100}{\dfrac{45}{75}+\dfrac{10}{74}+\dfrac{45}{15}} = 27.0\%$

314 아세틸렌 가스를 2.5MPa의 압력으로 압축할 때 첨가하는 희석제가 아닌 것은?

① 질소
② 메탄
③ 일산화탄소
④ 산소

풀이) 아세틸렌 가스의 분해폭발방지제
- 질소
- CO
- 메탄

315 다음 중 가연성 가스가 아닌 것은?

① 아세트알데히드
② 일산화탄소
③ 산화에틸렌
④ 염소

풀이) 염소 : 독성이면서 조연성 가스

정답 311 ② 312 ② 313 ② 314 ④ 315 ④

316 아세틸렌을 용기에 충전하는 때에는 미리 용기에 다공질 물을 고루 채워 다공도가 75% 이상 92% 미만이 되도록 한 후 어떤 물질로 고루 침윤시키고 충전해야 하는가?

① 질소
② 에틸렌
③ 아세톤
④ 암모니아

풀이 충전용제
- 아세톤
- 디메틸포름아미드

317 폭명기로도 불리며, 약 530℃ 이상에서 폭발적으로 반응하여 폭음을 내는 가스는?

① 산소
② 수소
③ 암모니아
④ 메탄

풀이 수소폭명기

$$2H_2 + O_2 \xrightarrow{530℃ \text{ 이상}} 2H_2O + 136.6\text{kcal}$$

318 가스의 성질에 대한 설명으로 옳은 것은?

① 아세틸렌을 25kg/cm^2 이상으로 충전할 때는 질소, 메탄 등의 희석제를 첨가한다.
② 암모니아는 공기 중 연소하면 수소와 아산화질소가 되므로 이 방법이 제해조치로 쓰인다.
③ 시안화수소는 독성이 있고 수분을 함유하여도 안정하다.
④ 암모니아는 고온, 고압에서는 강재와는 반응하지 않으므로 강재용기에 저장한다.

풀이 아세틸렌 가스를 25kg/cm^2(2.5MPa)이상으로 충전 시에는 질소나 메탄 등의 희석제를 첨가한다.

319 가스보일러 설치 후 설치·시공확인서를 작성하여 사용자에게 교부하여야 한다. 이때 보일러 설치·시공확인사항이 아닌 것은?

① 최근의 안전점검 결과
② 공동배기구, 배기통의 막힘 여부
③ 배기가스의 적정 배기 여부
④ 사용교육의 실시 여부

풀이 시공확인사항

②, ③, ④ 외에도 다음을 확인하다.
- 급기구 상부 환기구의 적합 여부
- 가스누출 여부
- 보일러 정상작동 여부
- 기타 특기사항

정답 316 ③ 317 ② 318 ① 319 ①

320 다음 성질을 가지고 있는 기체는?

- 젖은 붉은 리트머스 시험지가 푸른색으로 변한다.
- 염화수소와 반응하면 흰 연기가 난다.
- 네슬러 시약과 반응하면 노란색 침전이 생긴다.

① 염소 ② 암모니아
③ 아세틸렌 ④ 이산화탄소

321 다음 중 대기에 방출되었을 때 가장 빨리 공기 중으로 확산되는 가스는?

① 부탄 ② 프로판 ③ 질소 ④ 산소

> **풀이** 분자량
> - 부탄 58
> - 프로판 44
> - 질소 28
> - 산소 32
>
> ※ 기체의 확산속도 = $\dfrac{U_1}{U_2} = \sqrt{\dfrac{M_2}{M_1}} = \sqrt{\dfrac{d_2}{d_1}}$
>
> (여기서, U(확산속도), M(분자량), d(밀도))

322 액화염소 142g을 기화시키면 표준상태에서 몇 L의 기체염소가 되는가?(단, 염소의 분자량은 71로 한다.)

① 22.4 ② 44.8 ③ 67.2 ④ 89.6

> **풀이** Cl_2 142g은 $\dfrac{142}{71}$ = 2몰, 1몰 = 22.4L
>
> ∴ 22.4×2 = 44.8L

323 가스제조소에서 정전기 대책은 아주 중요한데 다음 중 정전기의 스파크(방전) 종류가 아닌 것은?

① Magnet 방전 ② Spark 방전
③ Blush 방전 ④ Corona 방전

> **풀이** 정전기의 스파크(방전)의 종류
> - Spark 방전
> - Blush 방전
> - Corona 방전

정답 320 ② 321 ③ 322 ② 323 ①

324 산화에틸렌을 저장탱크 또는 용기에 충전할 경우의 기준 중 틀린 것은?

① 충전 전에 미리 그 내부가스를 질소가스 또는 탄산가스로 바꾼 후에 충전하여야 한다.
② 저장탱크 또는 용기의 내부에는 산 또는 알칼리를 함유하지 않은 상태이어야 한다.
③ 질소가스 또는 탄산가스로 치환한 후의 저장탱크는 10℃ 이하로 유지하여야 한다.
④ 저장탱크 및 충전용기에는 45℃에서 그 내부가스의 압력이 0.4MPa 이상이 되도록 질소가스 또는 탄산가스를 충전하여야 한다.

[풀이] 산화에틸렌 저장 시 N_2, CO_2 가스로 치환하고 5℃ 이하로 유지할 것

325 메탄 80vol%와 아세틸렌 20vol%로 혼합된 혼합가스의 공기 중 폭발하한계는 얼마인가?

① 3.4%   ② 4.3%
③ 5.4%   ④ 6.3%

[풀이]
- 폭발범위 : $CH_4(5\sim15\%)$, $C_2H_2(2.5\sim81\%)$
- 폭발하한계 $= \dfrac{100}{\dfrac{80}{5}+\dfrac{20}{2.5}} = 4.166$

326 다음 물질 중 상온에서 물과 반응하여 수소를 발생시키지 않는 물질은?

① Na   ② K
③ Ca   ④ S

[풀이]
$S + O_2 \rightarrow SO_2$
$SO_2 + H_2O \rightarrow H_2SO_3$
$H_2SO_3 + \dfrac{1}{2}O_2 \rightarrow H_2SO_4$

327 HCN은 충전한 후 며칠이 경과하기 전에 다른 용기에 옮겨 충전하여야 하는가?

① 7일   ② 30일
③ 50일   ④ 60일

[풀이] 시안화수소는 충전한 후 60일이 경과되기 전에 다른 용기로 재충전시켜 중합폭발을 방지한다(단, 순도 98% 이상은 제외).

정답 324 ③   325 ②   326 ④   327 ④

PART 05 유체역학

Engineer Gas

- **CHAPTER 01** 유체의 정의 및 특성
- **CHAPTER 02** 유체 정역학
- **CHAPTER 03** 유체 동역학
- **CHAPTER 04** 유체의 측정

CHAPTER 001 유체의 정의 및 특성

SECTION 01 단위와 차원해석

유체역학과 수력학은 정지 또는 운동 중인 유체의 역학적인 상태를 취급하는 응용역학의 한 분야로 물리량의 기본물량과 유도 물리량으로 구분하고 그 차원은 다음과 같다.

1) 단위 차원

(1) 질량 차원계(MLT)

질량(Mass), 길이(Length), 시간(Time)을 기본으로 하는 차원계이다.

$$MLT계 : 면적 = 가로 \times 세로 = L \times L = L^2$$

$$힘 = 질량 \times 가속도(\frac{m}{s^2}) = MLT^{-2}$$

(2) 힘의 기본차원계(FLT)

힘(Force), 길이(Length), 시간(Time)을 기본으로 하는 차원계이다.

$$FLT계 : 압력 = \frac{힘}{면적} = \frac{F}{L^2} = FL^{-2}$$

$$질량 = \frac{힘}{가속도} = \frac{F}{LT^{-2}} = FL^{-1}T^2$$

2) 단위 정리

(1) 기본단위

국제단위(Systeme international Unites)의 통일 단위계를 말한다.

▼ 기본단위 기호

단위 명칭	표시 기호	단위 명칭	표시 기호
길이(Length)	M(meter)	전류(Ampere)	A(Ampere)
질량(Mass)	kg(kilogram)	광도(Candela)	Cd(Candela)
시간(Time)	S(sec)	물질량(mole)	n(mol)
온도(Temperature)	K(kelvin)		

(2) 절대 단위

① CGS 단위계

길이(Length), 질량(Mass), 시간(Time) 단위를 cm. g. s계열로 표현한다.

$$1\text{dyn} = 1\text{g} \times 1\text{cm/sec}^2 = C.G.S^{-2}$$

② MKS 단위계

길이(Length), 질량(Mass), 시간(Time) 단위를 m. kg. s계열로 표현한다.

$$1\text{N} = 1\text{kg} \times 1\text{m/sec}^2 = M.K.S^{-2} = 10^5 \text{dyn}$$

(3) 공학단위(중력단위)

질량 1kg인 물체가 9.8m/s^2의 중력가속도를 받았을 때의 힘으로 kgf로 표시한다.

$$1\text{kgf} = 1\text{kg} \times 9.8\text{m/s}^2 = 9.8\text{kg} \cdot \text{m/s}^2 = 9.8\text{N}$$

(4) 유도단위

기본 단위에서 단위군으로 유도된 단위로 힘, 동력, 압력 등이 이에 해당한다.

▼ 유도단위의 예

물리적 양	단위 명칭	기호	단위의 이해	MLT 차원
힘	뉴턴(Newton)	N	$1\text{N} = 1\text{kg} \cdot \text{m/s}^2$	MLT^{-2}
일, 에너지, 열량	줄(Joule)	J	$1\text{J} = 1\text{N} \cdot \text{m} = 1\text{kg} \cdot \text{m}^2/\text{s}^2$	ML^2T^{-2}
동력	와트(Watt)	W	$1\text{W} = 1\text{J/s} = 1\text{kg} \cdot \text{m}^2/\text{s}^3$	ML^2T^{-3}
압력	파스칼(Pascal)	Pa	$1\text{Pa} = 1\text{N/m}^2$	$ML^{-1}T^{-2}$

SECTION 02 물리량의 정의

1) 밀도(Density) : 단위체적에 갖는 유체의 질량을 말한다.

$$밀도(\rho) = \frac{질량(M)}{체적(V)} = ML^{-3}$$

1atm, 4℃인 물 1m^3의 무게는 1,000kgf이므로

$$밀도(\rho) = \frac{1{,}000\text{kgf}/\text{m}^3}{9.8\text{m/sec}^{-2}} = 102\text{kgf} \cdot \text{sec/m}^{-4}$$

2) 비중량(Specific Weight) : 단위체적에 갖는 유체의 중량을 말한다.

$$비중량(\gamma) = \frac{중량(W)}{체적(V)} = FL^{-3} = \rho \cdot g$$

∴ 1atm, 4℃인 물 1m³의 비중량은 절대단위로=9,800N/m³, 중력단위로 1,000kgf/m³

3) 비체적(Specific Volume) : 단위질량당 갖는 체적 또는 밀도의 역수를 말한다.

$$비체적(V_s) = \frac{1}{밀도(\rho)} = M^{-1}L^3$$

4) 비중(Specific Gravity) : 같은 체적의 무게와 순수한 물의 비를 말한다.

$$비중(S) = \frac{물질무게(W)}{순수물무게(W_w)} = \frac{M}{M_w} = \frac{\rho}{\rho_w}$$

SECTION 03 유체의 흐름현상

1. 점성과 동점성

1) 점성(Viscosity)

유체의 점성은 전단력에 대한 저항력을 결정하는 유체마찰(Fluid Friction)이라고 하며, 이러한 마찰이 생기는 성질을 점성이라 한다. 보통 점도는 두 개의 평판을 두고 평판에 가해지는 힘이 F일 때, 유체와 접촉면적 A와 속도 u에 비례하고 두 평판 사이의 거리 h에 반비례하는 뉴턴(Newton) 의 점성법칙이 성립한다.

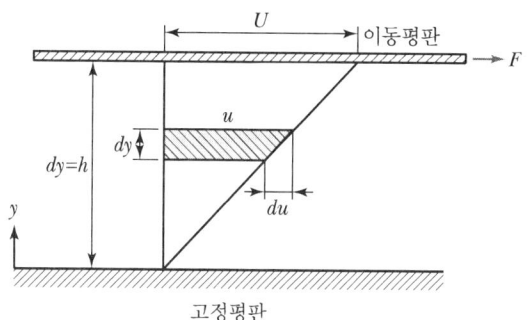

‖ 평판 사이 유동 ‖

$$F = \frac{Au}{y}, \quad F = \mu \frac{Au}{y}$$

미분령표시 $\frac{F}{A} = \frac{du}{dy}$, $\tau = \mu \frac{du}{dy}$

여기서, τ : 전단응력 $\left(\frac{F}{A} = \frac{du}{dy}\right)$
μ : 점성계수(비례상수)

$$\mu = \frac{\tau}{du/dy}$$

$\frac{du}{dy}$: 속도변화율＝속도구배

(1) 점성성질

뉴턴(Newton)의 점성법칙에 의하면 전단력과 점성계수는 압력과 관계가 없고 유체의 종류에 따른 온도만의 함수이다.

① **액체의 점성** : 온도가 증가하면 액체입자들의 응집성이 감소하므로 액체의 점성은 감소한다.
② **기체의 점성** : 온도가 증가하면 기체입자들의 운동에너지가 증가하므로 기체의 점성은 증가한다.

(2) 전단력과 속도구배에 따른 유체 구분

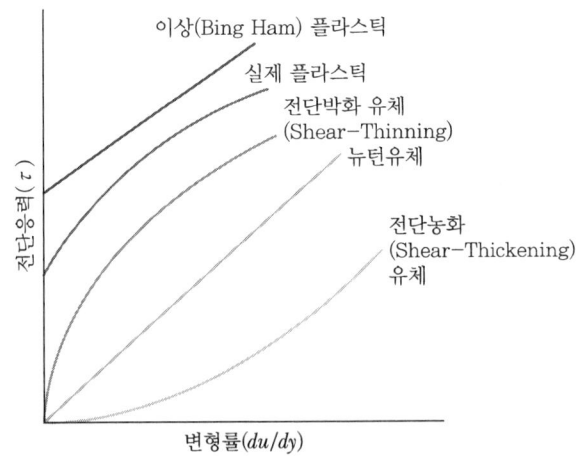

┃ 전단력과 속도구배 관계 ┃

① 이상(Bingham Plastic)유체 : 유동이 일어나지 않은 전단응력(τ)의 한계값을 갖는 유체

② 의소성(Pseudo Plastic)유체 : $\dfrac{du}{dh}$의 증가에 따라 τ의 증가율이 둔화되는 유체

③ 딜라탄트(Dilatant) 유체 : $\dfrac{du}{dh}$의 증가에 따라 τ의 증가율이 커지는 유체

2) 동점성계수(Kinematic Viscosity)

점성효과를 나타내는 척도에서 점성계수가 클수록, 밀도가 작을수록 빠른 속도로 점성이 확산된다. 이때 점성계수에 비례하고 밀도에 반비례하는 성질을 동점성계수라고 한다.

$$v = \dfrac{\mu}{\rho}$$

여기서, v : 동점성계수
μ : 점성계수
ρ : 밀도

3) 점성계수와 동점성계수의 단위

(1) 점성계수의 단위

점성계수의 단위는 푸아즈(Poise)나 센티푸아즈(cP)를 사용한다.

$1\text{P(Poise)} = 1\text{g/cm} \cdot \sec = 1\text{dyne} \cdot \sec/\text{cm}^2 = 0.1\text{N} \cdot \sec/\text{m}^2 = \dfrac{1}{9.8}\text{kgf} \cdot \sec/\text{m}^2$

$1\text{Poise} = \dfrac{1}{100}\text{cP(Centipoise)}$

단위 차원 : M.L.T계 $[\mu] = [ML^{-1}T^{-1}]$
　　　　　　F.L.T계 $[\mu] = [FTL^{-2}]$

(2) 동점성계수의 단위

동점성계수의 단위는 스토크스(Stokes)나 센티스토크스(cSt)를 사용한다.

$1[\text{Stokes}] = 1[\text{cm}^2/\sec] = 10^{-4}[\text{m}^2/\sec]$
$1[\text{cSt}] = 10^{-2}[\text{Stokes}]$
단위 차원 : $[L^2T^{-1}]$

2. 체적탄성계수(Bulk Modulus Elasticity)

유체는 압력을 작용하면 압착되고 탄성에너지는 저장된다. 압축된 유체의 체적은 작용된 압력을 제거하면 본래의 체적으로 팽창한다. 이와 같이 유체는 탄성매질을 탄성계수로 정의할 수 있으며 이는 체적(V)에 기준을 두는 체적탄성계수이다.

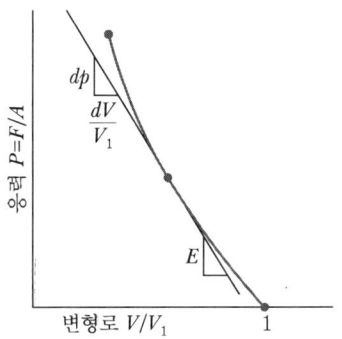

∥ 체적탄성계수 ∥

$$E = \frac{dp}{dv/v} = -\frac{Vdp}{dv}$$

여기서, E : 체적탄성계수
dp : 미소 압력변화
dv/v : 미소 체적변화

3. 압축성(Compressiblity)

유체에서 어느 압력을 p에서 dp만큼 증가시키면 체적 V는 dv만큼 감소한다($V-dv$). 이때 단위체적당의 감소율은 $-\dfrac{dv}{v}$로 계산할 수 있으며 이는 압력에 비례하는 압축성을 지닌다.

$$-\frac{dv}{v} = \beta dp$$

$$\beta = \frac{1}{v} \cdot \frac{dv}{dp} \,(\text{cm}^2/\text{kg})$$

여기서, β : 압축율

또한 압축율의 역수를 체적탄성계수라 한다.

$$E = \frac{1}{\beta} = -\frac{vdp}{dv} = -v\frac{dp}{dv} \text{ (체적 } v \propto r \propto \rho)$$

$$E = -r\frac{dp}{dr} = \rho\frac{dp}{d\rho}$$

① **압축성 유체** : 정지된 상태에 있는 유체에 압축을 할 경우 밀도변화가 있는 유체(고압, 고속, 수격, 충격파 등)
② **비압축성 유체** : 정지된 상태에 있는 유체에 압축을 할 경우 밀도변화가 없는 유체(저압, 저속, 수류, 기류 등)

4. 표면장력(Surface Tension)

액체는 이웃 분자와 접촉 없이는 인력을 받지 않아 자체 표면적을 최소화하려고 하는 장력이 작용하는데, 이것을 표면장력이라고 한다. 즉, 자유 표면적이 감소된 단위 면적당의 자유표면 에너지를 표면장력이라고 한다.

$$\sigma \pi d = p \frac{\pi d^2}{4}$$

$$\sigma = \frac{pd}{4}$$

여기서, σ : 표면장력, d : 지름, p : 압력차

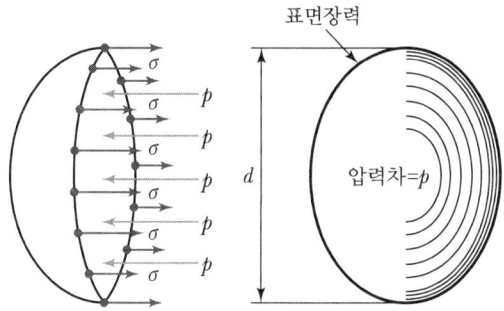

‖ 표면장력 표현 ‖

5. 모세관현상(Capillarity)

가는 관을 액체 속에 세우면 액체의 표면장력과 고체 사이의 부착력에 의해 관 내의 액체가 올라가거나 내려가는 현상을 모세관현상이라고 한다. 물기둥 높이 h는 모세관 내의 물이 표면장력의 수직 분력과 상승된 물기둥의 무게와 평형을 이룰 때까지 진행된다.

$$\pi d \sigma \cos\theta = \frac{\pi d^2}{4} rh, \quad h = \frac{4\sigma\cos\theta}{rd}$$

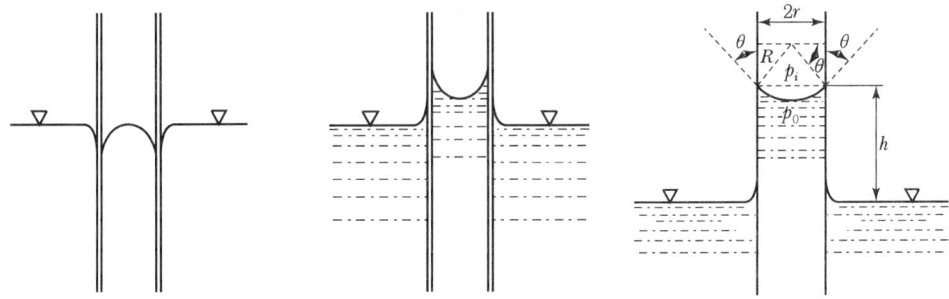

│ 모세관현상과 높이 │

CHAPTER 001 연습문제

01 유도단위는 어느 단위에서 유도되는가?
① 절대단위
② 중력단위
③ 특수단위
④ 기본단위

02 국제단위계(International System of Unit)의 기본단위가 아닌 것은?
① 길이[m]
② 압력[Pa]
③ 시간[s]
④ 광도[cd]

> 풀이 국제단위계의 기본단위에는 ①, ③, ④ 외 물질량(mol), 온도(K), 질량(kg), 시간(s) 등 7가지가 있다.

03 물리량은 몇 개의 독립된 기본단위(기본량)의 나누기와 곱하기의 형태로 표시할 수 있다. 이를 각각 길이[L], 질량[M], 시간[T]의 관계로 표시할 때 다음의 관계가 맞는 것은?
① 압력 : $[ML^{-1}T^{-2}]$
② 에너지 : $[ML^2T^{-1}]$
③ 동력 : $[ML^2T^{-2}]$
④ 밀도 : $[ML^{-2}]$

> 풀이 압력의 차원
> $FL^{-2} = MLT^{-2}L^{-2} = ML^{-1}T^{-2}$
> ※ FLT계 차원에서는 질량 대신 힘(F)이다.

04 점도의 차원은?(단, 차원기호는 M : 질량, L : 길이, T : 시간이다.)
① MLT^{-1}
② $ML^{-1}T^{-1}$
③ $M^{-1}LT^{-1}$
④ $M^{-1}L^{-1}T$

> 풀이 점도의 차원
> ㉠ FLT계 차원
> $$= \frac{FL^{-2}}{\frac{LT^{-1}}{L}} = FL^{-2} \cdot T$$
> ㉡ MLT계 차원
> $$= \frac{ML^{-1}T^{-2}}{\frac{LT^{-1}}{L}} = ML^{-1}T^{-1}$$

정답 01 ④ 02 ② 03 ① 04 ②

05 전단응력(Shear Stress)과 속도구배와의 관계를 나타낸 그림에서 빙햄 플라스틱 유체(Bingham Plastic Fluid)에 관한 것은?

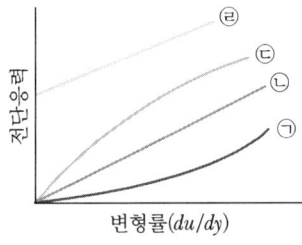

① ㉠
② ㉡
③ ㉢
④ ㉣

풀이 ㉠ Dilatent Fluid
㉡ Newton Fluid
㉢ Pseudo Plastic
㉣ Ideal(Bingham) Plastic

06 Newton의 점성법칙과 가장 관련있는 것으로만 나열된 것은?

① 점성계수, 속도, 압력
② 압력, 전단응력, 점성계수
③ 전단응력, 점성계수, 속도기울기
④ 점성계수, 온도, 속도기울기

풀이 뉴턴의 점성법칙

전단응력 = 점성계수 × $\left(\dfrac{du}{dy}\right)$

※ $\dfrac{du}{dy}$: 속도구배

07 비압축성 이상 유체에 작용하지 않는 힘은?

① 마찰력 또는 전단응력
② 중력에 의한 힘
③ 압력차에 의한 힘
④ 관성력

풀이 비압축성 이상 유체에 작용하는 힘
- 중력에 의한 힘
- 압력차에 의한 힘
- 관성력

정답 05 ④ 06 ③ 07 ①

08 정압비열 C_P = 0.2kcal/kg·K, 비열비 k = 1.33인 기체의 기체상수 R은 몇 kcal/kg·K인가?

① 0.04
② 0.05
③ 0.06
④ 0.07

풀이 $C_V = \dfrac{0.2}{1.33} = 0.15$

$R = C_P - C_V = 0.2 - 0.15 = 0.05$

09 압력의 차원을 절대단위계로 바르게 나타낸 것은?

① MLT^{-2}
② $ML^{-1}T^2$
③ $ML^{-2}T^{-2}$
④ $ML^{-1}T^{-2}$

풀이 압력의 차원
- MLT계 : $ML^{-1}T^{-2}$
- FLT계 : FL^{-2}

10 다음 그림에서 모세관현상으로 올라가는 액주의 높이 h를 계산하는 공식은 어느 것인가?(단, σ는 표면장력계수이고, 비중량 r은 $p \cdot g$이다.)

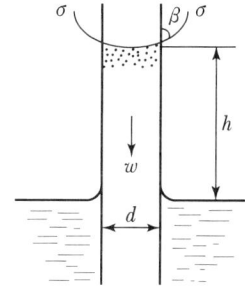

① $h = \dfrac{\sigma d}{4r\cos\beta}$
② $h = \dfrac{rd}{4\sigma\cos\beta}$
③ $h = \dfrac{4\sigma\cos\beta}{rd}$
④ $h = \dfrac{4r\cos\beta}{\sigma d}$

풀이 $h = \dfrac{4\sigma\cos\beta}{rd}$

정답 08 ② 09 ④ 10 ③

11 다음은 Newton 및 Non Newton 유체의 유동에 대하여 전단응력 τ와 속도기울기 $\dfrac{du}{dy}$의 관계를 나타낸 그림이다. 치약이나 진흙과 같은 유체의 특성에 가장 가까운 것은?

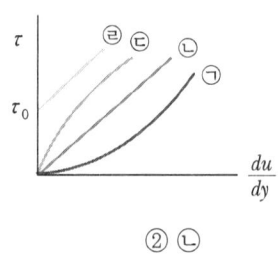

① ㉠
② ㉡
③ ㉢
④ ㉣

풀이 ㉣ : 치약, 진흙과 같은 유체 특성

12 완전 기체에서 정적비열(C_v), 정압비열(C_p)의 관계식을 표시한 것은?(단, R은 기체상수이다.)

① $\dfrac{C_p}{C_v} = R$
② $\dfrac{C_v}{C_p} = R$
③ $C_p - C_v = R$
④ $C_p + C_v = R$

풀이 $C_p - C_v = R$(기체상수)

13 유체 흐름에 있어서 전단응력에 대한 속도구배의 관계가 그림과 같이 표시되는 유체의 종류는?

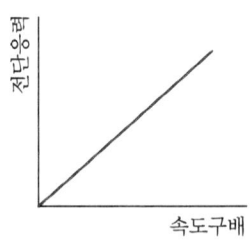

① 뉴턴유체(Newtonian Fluid)
② 빙햄유체(Bingham Plastic Fluid)
③ 의소성유체(Pseudo Plastic Fluid)
④ 팽창유체(Dilatant Fluid)

풀이 뉴턴유체란 점성계수(μ)가 속도 기울기 du/dy에 관계없이 일정한 값을 가지는 유체로서 전단응력(τ)과 du/dy의 관계가 직선이다. 물, 공기, 기름 등 공학상 많이 사용되는 액체가 이에 속한다.

14 표면장력(σ)의 차원은?(단, F = 힘, L = 길이, T = 시간이다.)

① FL
② FL^2
③ FLT^{-1}
④ FL^{-1}

풀이 표면장력 차원=FL^{-1}

15 전단속도가 증가함에 따라 점도가 증가하는 유체는?

① 딕소트로픽(Thixotropic) 유체
② 레오펙틱(Rheopectic) 유체
③ 빙햄 플라스틱(Bingham Plastic) 유체
④ 뉴턴(Newtonians) 유체

16 경험적으로 낙하거리 s는 물체의 질량 m, 낙하시간 t, 중력가속도 g와 관계가 있다. 차원해석을 통해 이들에 관한 관계식을 옳게 나타낸 것은?(단, k는 비례상수이다.)

① $s = kgt$
② $s = kgt^2$
③ $s = kmgt$
④ $s = kmgt^2$

17 습도에 관한 설명 중 틀린 것은?

① 상대습도란 습공기 중 수증기 분압과 포화수증기압과의 비이다.
② 질량습도란 수증기의 질량과 건조공기의 질량비이다.
③ 질량습도란 몰습도에 29[g · air/gmol · air]/18[gH$_2$O/g · mol · H$_2$O]를 곱한 것이다.
④ 비교습도란 포화몰습도에 대한 실제 몰습도의 비이다.

풀이
- 공기의 평균분자량 29
- H$_2$O 1몰=18g=22.4L

18 이상기체를 등온압축할 때 체적 탄성계수는?(단, k는 비열비, P는 압력이다.)

① $K = k$(비열비)
② $K = 1/P$
③ $K = kP$
④ $K = P$

풀이
- 단열일 때 $PV^k = C$, $KPV^{k-1}dV + V^k dP = 0$
  $k = -\Delta P/\Delta V/V = KP$
- 등온일 때 $K = P$

정답 14 ④ 15 ② 16 ② 17 ③ 18 ④

19 등엔트로피 과정이란 어떤 과정인가?

① 가역 단열 과정이다.
② 비가역 등온 과정이다.
③ 수축과 확대 과정이다.
④ 마찰이 있는 가역적 과정이다.

20 원추 확대관의 손실계수를 최대로 하는 각은?

① 손실계수는 확대각 θ에 무관하고 일정하다.
② $\theta = 20°$ 전후에서 최대이다.
③ $\theta = 60°$ 전후에서 최대이다.
④ $\theta = 90°$에서 최대이다.

[풀이]
- $\theta = 6 \sim 7°$에서 최소
- $\theta = 65°$에서 최대

21 다음 중 정상상태의 흐름은 어느 것인가?

① 파동에 의한 흐름
② 수격(Water Hammer)작용 상태하의 흐름
③ 관의 밸브를 조작하는 중의 흐름
④ 관 내 어느 한 점에서 일정한 속도를 가지는 흐름

[풀이] 배관 내 어느 한 점에서 일정한 속도를 가지는 흐름은 정상상태의 흐름이다.

22 다음은 Navier - Stokes을 나타내고 있다. 유체의 밀도가 일정하고 점도가 0일 때 다음 식에서 생략할 수 있는 것은?

$$\rho \frac{\overrightarrow{Dv}}{Dt} = \underset{\text{㉠}}{\overrightarrow{\rho g}} - \underset{\text{㉡}}{\overrightarrow{\Delta DP}} + \underset{\text{㉢}}{\mu \overrightarrow{\nabla^2 v}}$$

① ㉠항
② ㉡항
③ ㉡, ㉢항
④ ㉢항

정답 19 ① 20 ③ 21 ④ 22 ④

23 재질이 같은 정지하고 있는 두 평행판 사이로 유체가 흐른다. 전단응력이 최대가 되는 곳은?
① 윗판벽
② 밑판벽
③ 두 판의 중심
④ 양쪽벽

> **풀이** 전단응력 = 점성계수 × $\dfrac{du}{dy}$
>
> ※ $\dfrac{du}{dy}$ (속도구배, 각변형률)

24 완전기체에서 정적비열의 정의로 옳은 것은?
① $\left(\dfrac{\partial U}{\partial T}\right)_P$
② KC_p
③ $\left(\dfrac{\partial T}{\partial U}\right)_V$
④ $\left(\dfrac{dU}{dT}\right)_V$

> **풀이** $C_V = \left(\dfrac{\partial q}{\partial T}\right)_V = \left(\dfrac{dU}{dT}\right)_V = T\left(\dfrac{\partial S}{\partial T}\right)_V$

25 이상유체에 대한 정의로 가장 옳은 것은?
① 비압축성, 비점성인 유체
② 압축성, 비점성인 유체
③ 비압축성, 점성인 유체
④ 압축성, 점성인 유체

> **풀이** 이상유체 : 점성이 없고 비압축성인 유체

26 비압축성 유체에 적용되는 관계식은?(단, A : 단면적, u : 유속, ρ : 밀도, r : 비중량)
① $r_1 A_1 u_1 = r_2 A_2 u_2$
② $\rho_1 A_1 u_1 = \rho_2 A_2 u_2$
③ $\dfrac{du}{u} + \dfrac{dA}{A} + \dfrac{d\rho}{\rho} = 0$
④ $A_1 u_1 = A_2 u_2$

27 노점(Dew Point)에 대한 설명으로 옳지 않은 것은?
① 건구온도보다 습구온도가 낮은 상태이다.
② 포화된 기상의 노점은 기체온도와 같다.
③ 대기 중의 수증기의 분압이 그 온도에서 포화수증기압과 같아지는 온도이다.
④ 상대습도가 100%가 되는 온도이다.

정답 23 ④ 24 ④ 25 ① 26 ④ 27 ①

풀이 노점온도(DP)

습공기가 일정한 압력상태에서 수분의 증감 없이 냉각될 때 수증기가 응결을 시작하는 공기의 온도를 그 습공기의 노점온도라 한다.

28 간격이 5mm인 평행한 두 평판 사이에 점성계수 10Poise의 피마자기름이 차 있다. 한쪽 판이 다른 판에 대해서 6m/s의 속도로 미끄러질 때 면적 1m²당 받는 힘은 몇 kgf인가?

① 61.23kgf
② 122.45kgf
③ 183.67kgf
④ 244.9kgf

풀이 ※ 점성계수=Poise

$1\text{Poise} = 1\text{dyne} \cdot \sec/\text{cm}^2 = 1\text{g/cm} \cdot \sec$

$FLT = \text{kgf} \cdot \sec/\text{m}^2$

$\therefore 10\text{Poise} = 10\text{dyne} \cdot \sec/\text{cm}^2$

$V = 6\text{m/s} = 600\text{cm/s}$

$D = 0.5\text{cm}, \ A = 1\text{m}^2 = 10,000\text{cm}^2$

$F = \mu A \dfrac{v}{h} = 10 \times 10^4 \times \dfrac{600}{0.5} = 12 \times 10^7 \text{dyne} = 1,200\text{N} = \dfrac{1,200}{9.8} = 122.45 \text{kgf} \quad (1\text{N} = 10^5 \text{dyne})$

29 비중이 0.8인 액체의 절대압력이 2.0kgf/cm²일 때 이것을 두(Head)로 구하면 몇 m인가?

① 1.6
② 2.5
③ 16
④ 25

풀이 $2.0 \text{kgf/cm}^2 = 20 \text{mH}_2\text{O}$

$\therefore \dfrac{20}{0.8} = 25\text{m}$

30 5리터들이 탱크에는 9기압의 기체가 들어 있고 10리터들이 탱크에는 12기압의 같은 기체가 들어 있다. 이 두 탱크를 연결하여 양쪽 기체가 서로 섞여 평형에 도달했을 때의 압력은?

① 9기압
② 10기압
③ 11기압
④ 12기압

풀이 $5 \times 9 = 45\text{L}$

$10 \times 12 = 120\text{L}$

$\therefore \dfrac{45 + 120}{5 + 10} = 11$

정답 28 ② 29 ④ 30 ③

31 다음 중 대기압을 측정하는 계기는 무엇인가?

① 수은 기압계　　② 오리피스미터　　③ 로타미터　　④ 둑(Weir)

풀이 수은 기압계 : 대기압 측정계기

32 온도 20℃, 압력 5kgf/cm²인 이상기체 10cm³를 등온 조건에서 5cm³까지 압축시키면 압력은 약 몇 kgf/cm²인가?

① 2.5　　② 5　　③ 10　　④ 20

풀이 $P_2 = P_1 \times \dfrac{V_1}{V_2} = 5 \times \dfrac{10}{5} = 10 \text{kgf/cm}^2$

33 압축률(β)과 체적 탄성계수(K)에 대한 표현으로 옳지 않은 것은?

① $K = \dfrac{1}{\beta} = -\dfrac{1}{V} \cdot \dfrac{dP}{dV}$　　② $K = kP$(단열변화)

③ $\beta = -\dfrac{1}{V} \cdot \dfrac{dV}{dP}$　　④ $K = P$(등온변화)

풀이 $K = \dfrac{1}{\beta} = \dfrac{1}{-\dfrac{1}{V} \cdot \dfrac{dV}{dP}} = -V \cdot \dfrac{dP}{dV}$

$= \rho \dfrac{dP}{d\rho} = dP = -K\dfrac{dV}{V} = K\dfrac{d\rho}{\rho}$

34 대기압이 750mmHg일 때 수두(mmH₂O)는 약 얼마인가?

① 1.033　　② 102　　③ 1,033　　④ 10,200

풀이 760mmHg(1atm) = 10,332mmH₂O

∴ $10,332 \times \dfrac{750}{760} = 10,200 \text{mmH}_2\text{O}$

35 2atm을 수은의 높이로 나타내면 약 몇 m인가?

① 0.76　　② 1.14　　③ 1.52　　④ 2.28

풀이 2atm = 20.664mmH₂O, Hg비중량 = 13,560kg/m³

∴ $\dfrac{20.664}{13.56} = 1.52 \text{m}$

정답 31 ①　32 ③　33 ①　34 ④　35 ③

36 난류에서 전단응력(Shear Stress) τ_t를 다음 식으로 나타낼 때 η는 무엇을 나타낸 것인가?(단, $\frac{du}{dy}$는 속도구배를 나타낸다.)

$$\tau_t = \eta\left(\frac{du}{dy}\right)$$

① 절대점도　　② 비교점도　　③ 에디점도　　④ 중력점도

풀이 η : 에디점도(점성계수)

37 25℃, 100kPa인 방 안의 상대습도가 60%라면 절대습도(또는 습도비)는 몇 kgH₂O/kg 건조공기인가?(단, 25℃에서 물의 포화압력은 3.17kPa이다.)

① 0.008　　② 0.012　　③ 0.029　　④ 0.038

풀이 $100 - 60 = 40\%$

$\frac{3.17}{100} \times 0.4 = 0.01268 \text{kgH}_2\text{O/kg}$

38 절대압이 2kgf/cm²이고, 27℃인 이상기체 2kg이 단열 압축되어 절대압 3kgf/cm²이 되었다. 최종 온도는 약 몇 ℃인가?(단, 비열비 k는 1.4이다.)

① 43　　② 64　　③ 85　　④ 102

풀이 $T_2 = (273 + 27) \times \left(\frac{3}{2}\right)^{\frac{1.4-1}{1.4}} = 300 \times \left(\frac{3}{2}\right)^{\frac{0.4}{1.4}} = 339\text{K}$

∴ $339 - 273 = 64℃$

※ $\frac{T_2}{T_1} = \left(\frac{P_2}{P_1}\right)^{\frac{k-1}{k}}$ (단열압축)

39 다음 중 용어에 대한 정의가 틀린 것은?

① 이상유체 : 점성이 없다고 가정한 비압축성 유체
② 뉴턴유체 : 전단응력이 속도구배에 비례하는 유체
③ 표면장력계수 : 액체 표면상에서 작용하는 단위길이당 장력
④ 동점성계수 : 절대점도와 유체압력의 비

풀이 동점성계수$(\nu) = \frac{점성계수}{밀도}$ (Stokes)

정답　36 ③　37 ②　38 ②　39 ④

40 질량보존의 법칙을 유체유동에 적용한 방정식은?

① 오일러 방정식 ② 달시 방정식
③ 운동량 방정식 ④ 연속 방정식

41 공기가 물체 주위를 1,000m/s로 흐르고 있다. 정체점에서 공기의 온도는 주위 공기 온도보다 얼마나 높은가?(단, 공기의 기체상수 값은 287J/kg·K이고 비열비는 1.4이다.)

① 298K ② 398K
③ 498K ④ 598K

풀이
$$\Delta T = T_0 - T = \frac{K-1}{K \times R} \times \frac{V^2}{2}$$
$$= \frac{1.4-1}{1.4 \times 287} \times \frac{1,000^2}{2} = 497.76 \text{K}$$

42 다음 체적탄성계수에 대한 설명으로 잘못된 것은?(단, k는 비열비이다.)

① 유체의 압축성에 반비례한다.
② 압력과 동일한 차원을 갖는다.
③ 압력과 점성에 무관하다.
④ 단일변화에서는 체적탄성계수 $K = kP$의 관계가 있다.

풀이 체적탄성계수 : 압축률의 역수이며 압력에 따라 증가한다.

43 지름이 d이고, 구형방울 안과 밖의 압력차가 Δp인 물방울의 표면장력(σ)을 옳게 나타낸 것은?

① $\Delta pd/4$ ② $\Delta p/\pi d$ ③ $\pi d/4\Delta p$ ④ $\Delta pd/2$

풀이 표면장력(σ) $= \dfrac{\Delta pd}{4}$ (kg/cm)

44 이상유체에 대한 다음 설명 중 옳은 것을 모두 나타낸 것은?

㉠ 점성이 없다.
㉡ 전단응력이 발생하지 않는다.
㉢ 압축이 되지 않는다.

① ㉠, ㉡ ② ㉠, ㉢
③ ㉡, ㉢ ④ ㉠, ㉡, ㉢

정답 40 ④ 41 ③ 42 ③ 43 ① 44 ④

45
메탄가스 1kg을 일정한 체적하에서 5℃에서 25℃까지 가열하는 데 필요한 열량이 10kcal라고 하면 정압비열은 약 몇 kcal/kg·℃인가?(단, 메탄의 기체상수는 1.987kcal/kmol·℃이며 이상기체로 가정한다.)

① 0.124
② 0.624
③ 1.363
④ 2.487

풀이 $C_p = kC_v = \dfrac{kAR}{k-1}$, $C_p - C_v = AR$,

$k = \dfrac{C_p}{C_v}$, $SI = C_p - C_v = R$

정적비열 $C_v = \dfrac{10}{25-5} = 0.5 \text{kcal/kg℃}$

CH_4 분자량 = 16, $\dfrac{1.987}{16} = 0.124$

∴ $0.5 + 0.124 = 0.624 \text{kcal/kg℃}$

46
표준대기(Standard Atmosphere)상태란 무엇을 말하는가?

① 등온대기와 폴리트로픽 대기의 조합이다.
② 등온대기와 단열대기의 조합이다.
③ 단열대기와 폴리트로픽 대기의 조합이다.
④ 등엔트로피 대기와 단열대기의 조합이다.

풀이 표준대기상태
- 등온대기
- 폴리트로픽

47
완전기체에 대한 설명으로 옳은 것은?

① 포화상태에 있는 포화증기를 뜻한다.
② 완전기체의 상태방정식을 만족시키는 기체이다.
③ 체적탄성계수가 언제나 일정한 기체이다.
④ 높은 압력하의 기체를 뜻한다.

풀이 완전기체란 완전기체(이상기체)의 상태방정식을 만족시키는 기체이다.

정답 45 ② 46 ① 47 ②

48 온도 27℃의 이산화탄소 3kg이 체적 0.30m³의 용기에 가득 차 있을 때 가스의 압력(kgf/cm²)은?(단, 가스충전상수는 0.3이다.)

① 270kgf/cm²
② 5.79kgf/cm²
③ 100kgf/cm²
④ 24.3kgf/cm²

풀이 $PV = GRT$, $P = \dfrac{GRT}{V \times 10^4}$

$$\therefore P = \dfrac{3 \times \left(\dfrac{848}{44}\right) \times (27+273)}{0.30 \times 10^4} = 5.79 \text{kgf/cm}^2$$

49 국제단위(SI 단위)에서 기본단위 간의 관계가 옳은 것은?

① $1N = 9.8 \text{kg} \cdot \text{m/s}^2$
② $1J = 9.8 \text{kg} \cdot \text{m}^2/\text{s}^2$
③ $1W = 1 \text{kg} \cdot \text{m}^2/\text{s}^2$
④ $1Pa = 105 \text{kg/m} \cdot \text{s}^2$

풀이 $1W(\text{와트}) = 1J = 1 \text{kg} \cdot \text{m}^2/\text{s}^3$
※ 일률, 전력, 복사선속은 SI 단위 유도단위이다.

50 다음 중 실제유체와 이상유체에 항상 적용되는 것은?

① 뉴턴의 점성법칙
② 압축성
③ 비활조건(No Slip Condition)
④ 에너지 보존의 법칙

풀이 에너지 보존의 법칙 : 실제유체와 이상유체에 항상 적용된다.

정답 48 ② 49 ③ 50 ④

CHAPTER 002 유체 정역학

정적평형상태에 있는 유체의 힘에 평형관계 등을 다루는 유체역학(Fluid Mechanics)의 한 분야로 댐, 수문, 탱크로리(Tank Lorry), 부양체의 안정성, 기타 수력구조물의 설계, 가속을 받는 밀폐용기의 설계분야 등이 있다.

SECTION 01 유체의 기본방정식

1) 파스칼의 원리

정적상태(Static State)에서 유체의 압력은 유체 내부 한 점에서의 압력은 모든 방향으로 같은 크기로 작용하고 임의 면에 수직으로 작용한다. 또한 밀폐된 용기에서 유체에 가한 힘은 같은 세기로 모든 방향으로 전달한다는 원리이다. 즉, 단면적 A_1, A_2에 힘 F_1, F_2를 작용하면 압력은 다음과 같다.

$$P_1 = \frac{F_1}{A_1} \quad P_2 = \frac{F_2}{A_2}$$

$$\therefore P_1 = P_2, \quad \frac{F_1}{A_1} = \frac{F_2}{A_2}$$

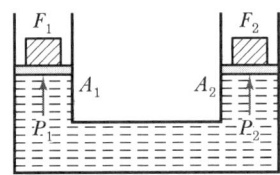

∥ 파스칼의 원리 ∥

2) 정지 유체의 압력 측정

(1) 수평면에 작용하는 압력

압력(P)은 힘(F)을 면적(A)으로 나눈 값으로

$$P = \frac{F}{A} \text{ 또는 } F = PA$$

여기에 비중량(r)을 적용하면

$$P = rh, \ \frac{F}{A} = rh$$
$$\therefore F = rhA$$

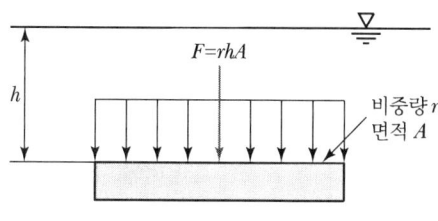

┃ 수평면에 작용하는 힘 ┃

(2) 경사면에 작용하는 압력

액체 속에 완전히 잠겨있을 경우 자유표면과 각(θ)을 이룰 때 길이는 평판에 비례하고 미소면적 d_A에 작용한 전압력(P)은

$$P_1 - P_2 = rl\left(\sin\theta + \frac{a}{A}\right)$$

여기서 $\frac{a}{A}$ 액면변위를 무시할 수 있으므로

$$P_1 - P_2 = rl\sin\theta$$

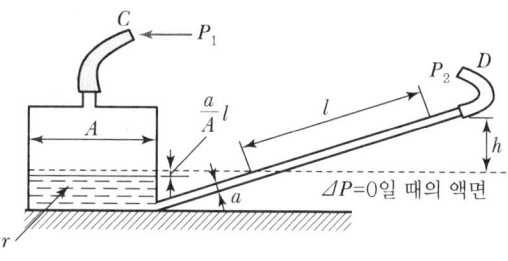

┃ 경사미압계 ┃

(3) 피에조미터(Piezometer)

탱크나 관 속의 작은 유압을 측정하는 액주계(Manometer)이다.

$$A점 \ 압력(P) = P_0 + r(H' - y) = P_0 + rH$$
$$B점 \ 압력(P) = P_0 + rH$$

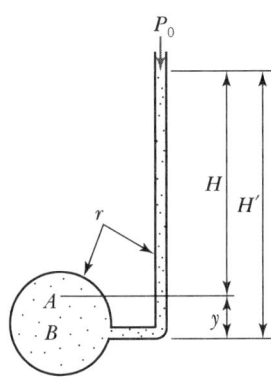

∥ 피에조미터 ∥

(4) U자관

정지유체 내의 높이는 압력과 같다.

$$P + rH = P_0 + r'H'$$
$$P = P_0 + r'H' - rH$$

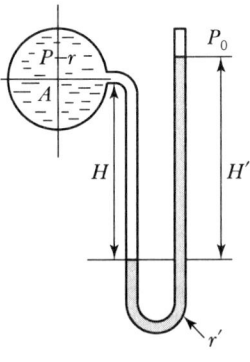

∥ U자관 ∥

(5) 시차액주계(Differential Manometer)

관 속의 액체나 두 개의 탱크압력차를 측정에 사용한다.

①

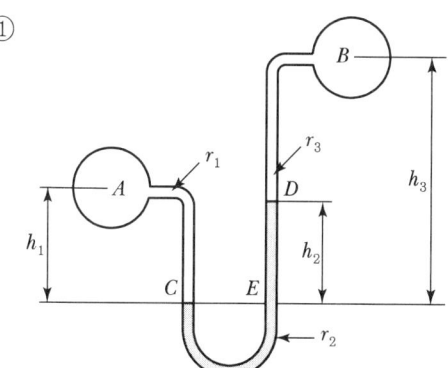

$$P_C = P_E$$
$$P_C = P_A + r_1 h_1, \ P_E = P_D + r_2 h_2$$
$$P_D = P_B + r_3(h_3 - h_2)$$
$$P_A - P_B = r_3(h_3 - h_3) + r_2 h_2 - r_1 h_1$$

②

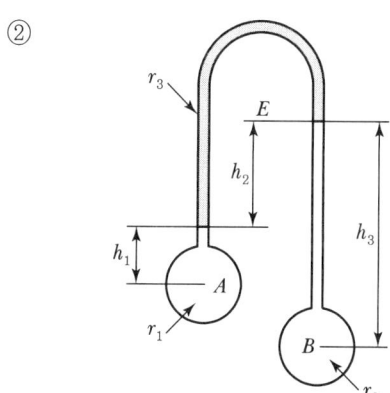

$$P_A - r_1 h_1 - r_2 h_2 = P_B - r_3 h_3$$
$$P = P_A - P_B = r_1 h_1 + r_2 h_2 - r_3 h_3$$

③

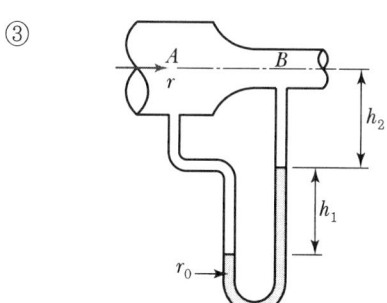

$$P_A + r(h_1 + h_2) = P_B + r_0 h_1 + r h_2$$
$$P = P_A - P_B = (r_0 - r) h_1$$

3) 수평분력과 수직분력

(1) **수평분력(Horizontal Component)**

잠겨있는 곡면의 수평분력 곡면을 수직면에 수평으로 투영란 면적에 작용하는 힘과 같고 작용선은 투영면의 압력 중심과 같다.

$$\Sigma F_H = F_{AB} - F_H' = 0$$
$$F_{AB} = F_H' = F_H$$

F_H는 곡면을 수직평면에 투영시켰을 때 발생하는 투영면적에 작용하는 압력이다.

$$F_H = rhA$$

여기서, A : 투영면적
h : 투영평판의 도심까지의 수직거리
r : 비중량

(2) **수직분력(Vertical Component)**

곡면 위의 유체 무게가 같을 경우 평형식을 세워 수직분력 y방향의 힘을 구한다.

$$\Sigma F_y = F_y' - W_{ABC} - F_{AC} = 0$$
$$F_y' = F_{ABC} + F_{AC}$$

여기서, F_{AC} : 수평 투영면 AC 위에 있는 유체의 무게
W_{ABC} : ABC 공간 내 유체의 무게

$$F_y = rV$$

여기서, r : 비중량
V : 곡면판의 연직 상방향 체적

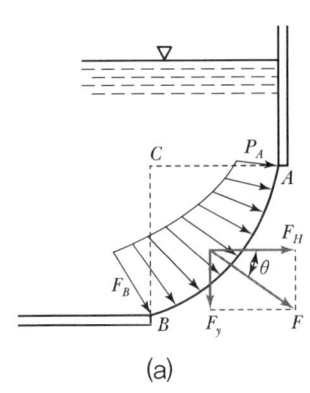
(a)

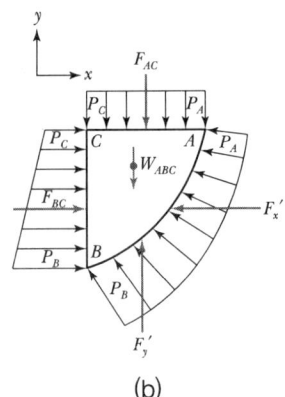
(b)

| 잠겨있는 곡면에 작용하는 힘 |

(3) 합성력

수평(A), 수직(B)분력을 합성하면 다음 식이 성립된다.

$$F = \sqrt{F_H^2 + F_y^2}$$
$$\tan\theta = \frac{F_y}{F_H}$$

4) 부력(Buoyant Force)

부력은 유체 중에 잠겨있는 부분의 물체 체적과 같은 체적의 유체 무게와 같고 상방향을 향하고 있다.

$$F_b = rV$$

여기서, F_b : 부력
r : 유체의 비중량
V : 유체에 잠긴 부분의 부피

> **Reference 부양체의 안정성**
>
> - 물체의 중심과 부심이 동일 부양특 선상에 있어야 한다.
> - 경사 중심이 부양체 중심보다 위에 있을 때 안정하다.
> - 경사 중심과 무게중심이 일치했을 때 중립평형을 유지한다.
> - 경사 중심이 부양체 중심보다 아래에 있을 때는 불안정하다.

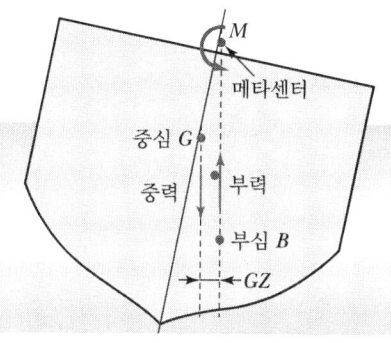

┃ 중심이 경심보다 아래(복원) ┃

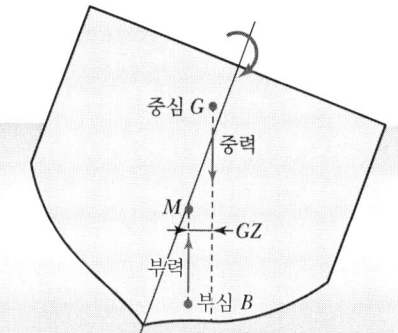

┃ 중심이 경심보다 위(전복) ┃

5) 상대적 평형(Relative Equilibrium)

① 등가속 수평운동 : 수평운동에서 가속도를 받으면 액체표면은 경사면을 형성한다.

$$\tan\theta(\text{경사면 기울기}) = \frac{a_x(\text{용기의 선가속도, m/sec}^2)}{g(\text{중력의 가속도, m/sec}^2)}$$

② 등가속 수직운동 : 수직가속도를 받을 때 유체 속의 임의점에 미치는 압력(힘)을 말한다.

$$P = rh = \left(1 \pm \frac{a_y}{g}\right)$$

여기서, a_y : 수직상 가속도
        g : 중력 가속도
        h : 운동물체 높이
        P : 전압력

③ 등가속 회전운동 : 수직축을 중심으로 등가속도(W)로 회전할 때 등압면은 포물면을 만든다.

$$h - h_0 = \frac{w^2 r^2}{2g}$$

$h - h_0 = H$(회전면 높이)

$$H = \frac{w^2 r^2}{2g}$$

$$\therefore W = \frac{1}{R}\sqrt{2gH}$$

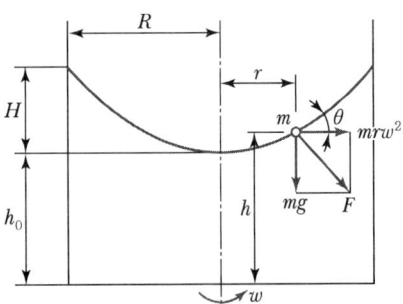

∥ 강제 소용돌이 운동 ∥

SECTION 02 유체의 유동

1) 정상유동과 비정상유동

① **정상유동(Steady Flow)** : 유체가 가지는 특성인 속도(V), 압력(P) 온도(T), 밀도(ρ) 등이 시간에 따라 변하지 않는 흐름을 말한다(δ : 미소시간이 지나도 변하지 않는 것).

$$\text{정상유동} \rightarrow \frac{\delta v}{\delta t} = 0 \,,\, \frac{\delta p}{\delta t} = 0,\, \frac{\delta(T)}{\delta t} = 0,\, \frac{\delta \rho}{\delta t} = 0$$

② **비정상유동(Unsteady Flow)** : 유체의 흐름 특성이 시간에 따라 변화하는 흐름을 말한다.

$$\text{비정상유동} \rightarrow \frac{\delta v}{\delta t} \neq 0,\, \frac{\delta p}{\delta t} \neq 0$$

2) 균일유동과 비균일유동

① **균일유동(Uniform Flow)** : 유체의 유동속도의 크기와 방향이 변하지 않는 유동을 균일유동이라고 한다.

$$\text{균일유동} \rightarrow \frac{\delta v}{\delta s} = 0,\, \frac{\delta p}{\delta s} = 0,\, \frac{\delta \rho}{\delta s} = 0$$

② **비균일유동(Non Uniform Flow)** : 유체의 유동속도, 압력, 밀도 등이 모든 곳에서 변화할 때 비균일유동이라 한다.

$$\text{비균일유동} \rightarrow \frac{\delta v}{\delta s} \neq 0,\, \frac{\delta \rho}{\delta s} \neq 0,\, \frac{\delta p}{\delta s} \neq 0$$

3) 유선(Streamline)

유동장에서 유체 흐름이 어느 순간에 각 점에서 속도 벡터의 방향과 접선방향이 일치하도록 그려지는 연속적인 가상 곡선을 유선이라 한다.

> **📖 Reference 유선의 방정식**
>
> 미소변위 ds의 가상좌표 x, y, z방향의 성분을 각각 dx, dy, dz라고 하고,
> 속도 벡터 V의 x, y, z방향의 속도를 각각 u, v, w라고 하면 아래 식을 얻는다.
> $$\frac{dx}{u} = \frac{dy}{v} = \frac{dw}{w}$$

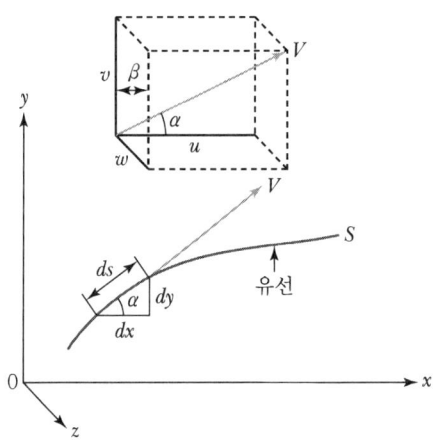

| 유선의 방정식 |

4) 유관, 유맥선, 유적선

① 유관(Stream Tube)

유동장 속에 통과하는 유선들이 형성된 공간을 지나가는 다발관처럼 둘러 쌓인 상태로 지나가는 현상은 유선관이라 하며 미소 단면적은 유관 하나의 유선으로 취급될 수 있다.

② 유맥선(Streak Line)

유체가 한 점을 통과할 때 모든 유체입자의 순간체적을 유맥선이라 한다.

③ 유적선(Path Line)

한 유체 입자가 일정한 기간 내에 흘러간 경로(지나간 흔적, 자취)를 유적선이라 한다.

5) 정상류의 연속 방정식

다음 그림의 단면 ①과 ②를 지나는 유량의 질량은 일정하고, 평균속도 V_1, V_2, 밀도 ρ_1, ρ_2, 단면적 A_1, A_2라 하면 단위 시간에 단면을 통과하는 유량은 다음과 같다.

$$\rho_1 A_1 V_1 = \rho_2 A_2 V_2 = 일정(질량 유량)$$

질량 유량에 중력가속도(g)를 곱하여 r(비중량)$= rg$하면

$$r_1 A_1 V_1 = r_2 A_2 V_2 = 일정(중량 유량)$$

비압축성 유체인 경우 밀도 변화가 무시되므로 연속 방정식은

$$A_1 V_1 = A_2 V_2 = 일정(Q : 유량)$$

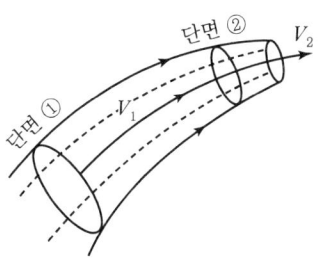

┃ 유관과 검사 ┃

6) 오일러(Euler)의 운동 방정식

(1) 가정

① 유체 입자는 유선에 따라 흐른다.
② 유체는 마찰이 없다.
③ 점성이 없다.
④ 정상 유동이다.

(2) 방정식 유도

Euler는 미소 단면적의 유관이나 유선에 따라 움직이는 비점성 유체의 힘에 Newton(뉴턴)의 운동 법칙을 적용하여 얻은 미분 방정식이다.

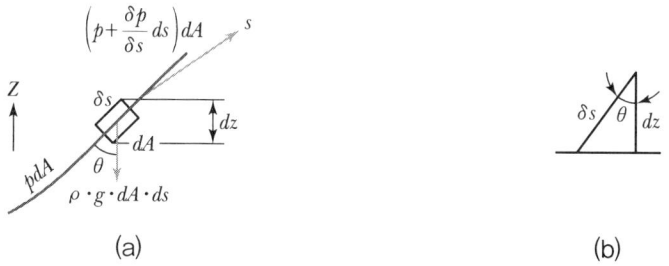

┃ 유선의 유체 입자에 작용하는 힘 ┃

그림에서 유체 입자 ρg, dA, ds의 작용 힘은 Newton의 법칙
$\sum F_x = dM \times a = dm \times a_x$을 적용하면

$$pdA - \left((p + \frac{\delta p}{\delta s}ds)dA - \rho \cdot g \cdot dA \cdot \cos\theta\right) = pdA \cdot ds \cdot \frac{dv}{dt}$$

$\rho \cdot dA \cdot ds$로 나누면

$$\frac{1}{\rho} \cdot \frac{\delta p}{\delta s} + g \cdot \cos\theta + \frac{dv}{dt} = 0$$

속도 $V = V(\text{st})$의 함수이므로 $\frac{\delta v}{\delta t} = V\frac{\delta v}{\delta s} + \frac{\delta v}{\delta t}$ 이고 $\cos\theta = \frac{dz}{ds}$

$$\frac{1}{\rho} \cdot \frac{\delta p}{\delta s} + g\frac{dz}{ds} + V\frac{\delta v}{\delta s} + \frac{\delta v}{\delta t} = 0$$

δs로 곱하고 편미분을 상미분하면

$$\frac{dp}{\rho} + gdz + Vdv = 0$$

여기서, v : 유체선 사이의 속도
p : 압력
g : 중력 가속도
ρ : 밀도
s : 유선을 따른 좌표
z : 연직 상방을 따르는 좌표

7) 베르누이(Bernoulli's) 방정식

(1) 가정

① 정상유동 및 비압축성 유동이다.
② 마찰이 없는 유동이다.
③ 유선을 따른 유동이다.

(2) 방정식 유도

유체가 가지고 있는 속도에너지, 위치에너지 및 압력에너지의 총합은 관 내 어디서나 일정하다는 것을 나타낸 법칙이며, 오일러의 방정식을 유선에 대해 적분한 것이다.

$$\int_1^2 \frac{dp}{\rho} + \frac{V^2}{2} + gz = 0$$

비압축성 유체(ρ = 일정)일 경우 한 유선상에 있는 임의의 두 점에 대한 식은 다음과 같다.

$$\frac{p_1}{\rho} + \frac{V_1^2}{2} + gz_1 = \frac{p_2}{\rho} + \frac{V_2^2}{2} + gz_2$$

이를 g로 나누고 $r = \rho g$가 성립하면

$$\frac{p_1}{r} + \frac{V_1^2}{2g} + z_1 = \frac{p_2}{r} + \frac{V_2^2}{2g} + z_2 = H$$

여기서, $\frac{p}{r}$: 압력 수두(Pressure Head)

z : 위치 수두(Potential Head)

$\frac{V^2}{2g}$: 속도 수두(Veloeity Head)

H : 전수두

8) 토리첼리(Torricelli) 정리

물이 오리피스를 통해 분출될 때 수위 h에 지름 d인 노즐이 있을 때 자유표면상의 한 점 1과 노즐 출구면의 한 점 2에 대하여 베르누이 방정식을 적용하면

$$\frac{U_1^2}{2g} + \frac{P_1}{r} + Z_1 = \frac{U_2^2}{2g} + \frac{P_2}{r} + Z_2$$

여기에 $U_1 = \frac{dh}{dt} = 0, P_1 = P_2 = 0$(대기압)을 적용하면

$$\frac{U_2^2}{2g} = Z_1 - Z_2 = h$$

$$\therefore U = C\sqrt{2gh} \quad (C : \text{속도계수와 수축계수의 보정 정수})$$

즉, 토리첼리 정리는 물체가 자유낙하 할 때의 낙하속도와 일치한다.

9) 피토관(Pitot Tube)

유속 측정장치의 하나로 유체 흐름의 전압과 정압의 차이를 측정하고 그것에서 유속을 구하는 장치로, 그림에서 ①과 ②의 위치가 같고, 압력 및 유속이 흐르고 있는 유체가 물체에 의해 갑자기 정지되었을 경우 나타나는 전압력을 P_t로 하여 베르누이 정리한다.

$$P_t = P + \frac{U_1^2}{2g} \quad (Z_1 = Z_2, \ U_2 = 0 \text{ 이므로})$$

여기서, P_t : 전압(Total Pressure) 또는 정체압(Stagnation Pressure)

P : 정압(Static Pressure)

$\frac{U_1^2}{2g}$: 관 내의 물체가 흐름을 막음으로써 압력이 상승한 값을 나타내는 동압

(1) 수평관에서 유속 측정(교란이 없는 경우)

①과 ②의 위치에 베르누이 방정식을 적용하면 전압(P_t)와 정압(P)의 관계는 다음과 같다.

$$P_t - P = \frac{U^2}{2g}$$

여기에 $P = rh$을 대입하면

$$(r_t - r) \times h = \frac{ru^2}{2g}$$

위 식에서 관의 속도를 구하면

$$u = \sqrt{2gh\left(\frac{r_t}{r} - 1\right)}$$

여기서, r_t : 흐르는 유체의 비중량
r : 액주계 내의 유체의 비중량

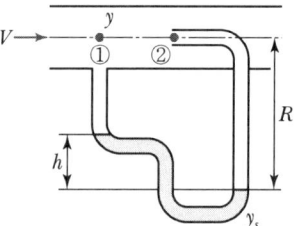

┃수평관에서 유속 측정┃

(2) 유동 중 유속 측정

수평으로 흐르는 물에 피토관을 세우면 피토관 내로 물이 일정 높이(H)만큼 상승한다. 이때 흐름높이에 대한 속도를 구하려면 그림의 ①과 ② 사이의 관계는

$$\frac{U_1^2}{2g} + \frac{P_1}{r} = \frac{P_2}{r}$$

$$\frac{\rho u^2}{2} = P_2 - P_1 = rh$$

$$U = \sqrt{2gh}$$

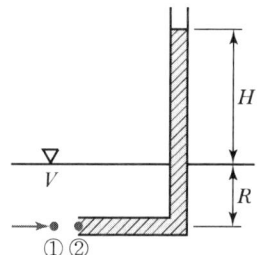

┃유동 중 유속 측정┃

10) 공동 현상(Cavitation)

흐르는 유체에 국소 압력이 강해 기포가 발생하는 형상을 공동 현상이라 한다.
액체가 관의 수축부로 통과할 때 목 부분에서 압력이 가장 낮아지고 이때 압력이 그 유체의 증기압까지 내려가는 것을 베르누이 방정식으로 정리하면 다음과 같다.

$$\frac{P}{r} + \frac{U^2}{2g} = \frac{P_{\min}}{r} + \frac{U_{\max}^2}{2g}$$

$$P_{\min} = P - \frac{r}{2g}(U_{\max}^2 - V^2) = P - K\frac{ru^2}{2g}$$

여기서, P : 압력
V : 속도
K : 익형이나 흐르는 단면 상태 정수

11) 유체의 운동량 이론

운동량은 한 질점에서 일어나는 양이므로 그 질점에서 시간에 대한 운동량의 변화는 그 질점 내 작용하는 힘과 같다. 즉, 계에서 작용하는 힘(F)은 유량(Q)과 유입되는 속도(V) 및 유체 밀도(ρ)의 곱에 비례하므로 그림에서 ①과 ②에 유입되는 유체의 힘(F)은 다음과 같다.

$$F = \rho_2 \cdot Q_2 \cdot V_2 - \rho_1 \cdot Q_1 \cdot V_1$$

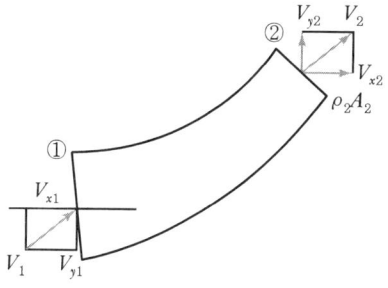

∥ 운동량 산정 ∥

12) 분류가 평판에 미치는 힘

(1) 고정평판에 미치는 힘

유체가 고정판에 그림과 같이 분류 시 분류속도 V, 판의 경사를 Q라 하면 분류가 판에 작용하는 힘 F_S는 다음과 같다.

$$F_S = \frac{r}{g}QV\sin\theta$$

여기서, r : 분류의 비중량
Q : 유량

또한 분류가 평판에 부딪힌 후의 유량 분할은

$$Q_1 = \frac{Q}{2}(1+\cos\theta)$$

$$Q_2 = \frac{Q}{2}(1-\cos\theta)$$

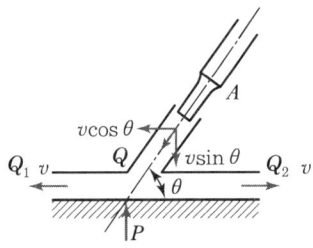

∥ 고정평판의 힘 ∥

(2) 이동평판에 작용하는 힘

유출 유량을 평판에 수직 충돌시킬 시 고정판에 받는 힘을 구하기 위해 운동 방정식을 적용한다. 속도 U로 이동할 때 평판에 수직으로 가속도 V의 분류가 충돌한 힘 F는 다음과 같다.

$-F = -\rho Q(V-U)$

유량 $Q(Q=AV)$는 평판에 충돌하는 힘이 되므로

$F = \rho A(V^2 - U^2)$

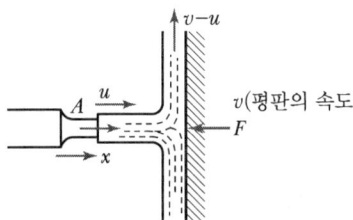

∥ 이동평판의 힘 ∥

13) 곡면판에 작용하는 힘

유체가 곡면판에 작용하는 힘 F_x, F_y는 크기가 같고 방향은 반대이다.

$$F_x = \rho Q(v - (\cos\theta - 1))$$
$$F_y = \rho Q(v - v)\sin\theta$$

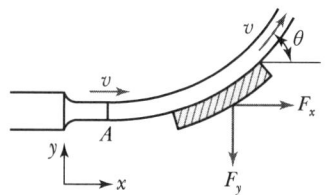

┃ 곡면판에 작용하는 힘 ┃

14) 분사 추진

탱크에 붙어 있는 노즐의 분사는 수조 측벽에 설치한 노즐로부터 분출할 경우 추진력 F_{th}는 다음과 같다.

$$F_{th} = \rho Q v = 2rhA$$

여기서, A : 노즐에서 분출되는 분류 단면적
v : 분사 속도

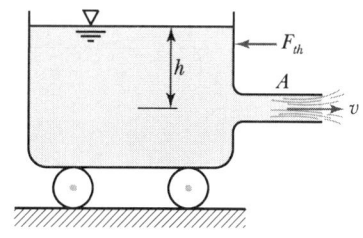

┃ 분사 추진 ┃

(1) 제트 추진력

입구에서 흡입속도 v_1으로 흡입된 공기를 압축기로 압축하여 연소실에서 연료를 혼합연소시켜 유출속도 v_2로 분출시키면 그 반작용으로 제트 추진력(F_{th})이 생성된다. 여기서 연료에 의한 운동량 변화를 무시한다면 다음 식이 성립된다.

$$F_{th} = \rho_2 \cdot Q_2 \cdot v_2 - \rho_1 \cdot Q_1 \cdot v_1$$
$$F_{th} = \rho Q(v_2 - v_1)$$

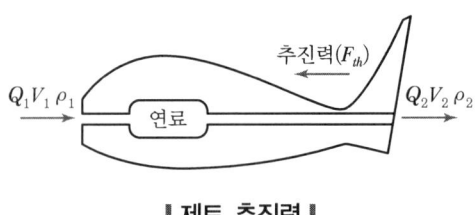

┃ 제트 추진력 ┃

(2) 로켓 추진력

로켓 추진력은 질량변화에 대한 분사력으로 다음과 같다.

$$F_{th} = \rho Q v$$

여기서, ρQ : 분사되는 질량
v : 분사속도

15) 유체 운동량 모멘트

유체 입자가 곡면을 따라 운동할 때 임의의 축에 대한 운동량 모멘트는 각 운동량 회전 반지름을 r, 반지름에 직각인 절대속도를 v_t, 질량을 M이라 했을 때 회전력의 힘은 $M \cdot v_t \cdot r$로 정의된다. 각 운동량의 시간에 대한 변화는 다음과 같다.

$$T = \frac{a}{dt}(M \cdot v_t \cdot r)$$
$$= \rho Q(v_{t2} r_2 - v_{t1}) r_1$$

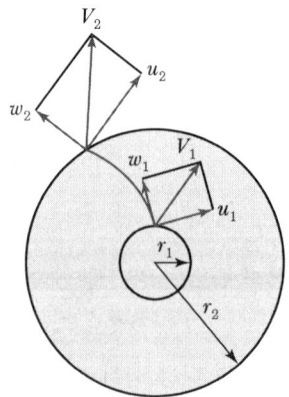

┃ 운동량 모멘트 ┃

SECTION 03 유체의 물질수지 및 에너지수지

1) 물질수지(Material Balance)

(1) 총괄 물질수지

유체 물질이 어떤 공정이나 단위공정을 거쳐서 물리적 또는 화학적으로 변화하는 동안에 그 조성, 상태, 운동에너지 등이 변화하여도 전체 질량의 총량은 변하지 않고 그대로 보존된다.

(2) 정상상태

고립계의 상태에서 온도, 압력, 농도가 시간에 따라 변하지 않고 일정하계 유지되는 상태를 정상상태라고 하며, 계 안에서는 물질 양의 증가나 감소가 없다.

> 도입질량＝배출질량(임의 시간 동안 축적량이 없다.)

(3) 질량보존의 법칙(Mass Conservation)

계의 질량은 상태변화에 관계없이 변하지 않고 같은 값을 유지한다는 법칙이다. 물질은 갑자기 생기거나 없어지지 않고 그 형태만 변하여 존재한다. 즉, 단면이 큰 관경에 유입되는 물질의 질량과 작은 관경으로 유동할 때 유출되는 물질의 질량은 같다.

$$m_1 = m_2 = 일정$$
$$\rho_1 u_1 A_1 = \rho_2 u_2 A_2$$

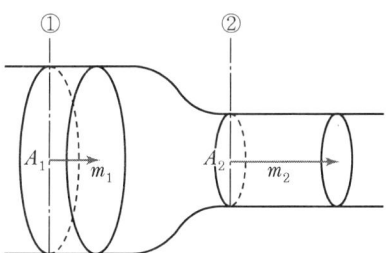

2) 에너지수지(Energy Balance)

유체의 흐름에 있어서 열과 일의 변화가 없는 경우에 유체의 에너지에는 질량이 $m(\mathrm{kg})$인 유체가 기준면으로부터의 높이에 대한 위치에너지, 일정속도 $u(\mathrm{m/s})$로 운동하고 있을 때 나타나는 속도에너지, 유체가 압력(P)에 대응하는 압력에너지가 있다.

(1) 위치에너지

기준면으로부터 높은 곳에 있는 물체가 중력에 의해 갖는 에너지로 일반적으로 말하는 위치에너지는 중력에 의한 위치에너지 또는 위치 수두(h)를 말한다.

(2) 속도에너지(E_v)

어떤 물체에 힘을 가해서 에너지를 전달하는 일이 행해지면 물체의 속도가 증가하여 운동에너지를 가지게 된다. 운동에너지는 움직이는 물체나 입자가 가지는 특성이며 물체의 운동뿐만 아니라 질량에도 의존한다. 운동의 형태로는 병진운동(어느 지점에서 다른 지점까지의 경로를 따르는 운동), 축에 대한 회전운동, 진동과 같은 운동의 조합으로 이루어지는 운동 등이 있다. 물체의 속도에너지(E_v)는 물체의 질량 m과 속력 u의 제곱에 1/2을 곱한 값, 즉 $1/2 mu^2$과 같다.

$$E_v = \frac{u^2}{2g} \cdot m$$

(3) 압력에너지(E_p)

물체를 누르고 있는 유체의 양이 많아지면 물체를 누르는 무게, 즉 물체가 받는 압력이 더 커진다. 반대로 물(유체)의 양이 적어지면 물(유체)의 무게가 줄어 물체를 누르는 압력이 작아진다.

$$E_p = \frac{p}{\gamma} \cdot m$$

연습문제

01 배관에 기체가 흐를 때 일어날 수 있는 과정이 아닌 것은?

① 등엔트로피 팽창(Insentropic Expansion)
② 단열마찰 흐름(Adiabatic Friction Flow)
③ 등압마찰 흐름(Isobaric Friction Flow)
④ 등온마찰 흐름(Isothermal Friction Flow)

[풀이] 배관에 기체가 흐를 때는 다음의 과정이 발생된다.
- 등엔트로피 팽창
- 단열마찰 흐름
- 등온마찰 흐름

02 평균풍속 10m/sec의 바람 속에 매끈한 평판을 바람과 평행으로 놓았을 때 평판의 선단으로부터 5cm 되는 곳에서의 레이놀즈수는?(단, 동점성계수는 $0.156 \times 10^{-4} \mathrm{m^2/sec}$이다.)

① 3.2×10^4　　　　② 6.4×10^8
③ 1.8×10^4　　　　④ 9.8×10^5

[풀이] $\dfrac{10 \times 0.05}{0.156 \times 10^{-4}} = 32{,}051 \; (\fallingdotseq 3.2 \times 10^4)$

03 밀도가 892kg/m³인 원유가 A관을 1.388×10^{-3}m³/s로 들어가서 B관으로 분할되어 나갈 때 B관에서 유속은?(단, A관 단면적은 2.165×10^{-3}m²이고, B관 단면적은 1.314×10^{-3}m²이다.)

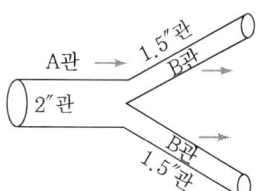

① 0.641m/s　　　　② 1.036m/s
③ 0.619m/s　　　　④ 0.528m/s

풀이 $V = \dfrac{1.388}{1.314} = 1.056 \text{m/s}$

$\therefore \dfrac{1.056}{2} = 0.528 \text{m/s}$

04 원심펌프에 대한 설명으로 옳지 않은 것은?

① 액체를 균일한 압력으로 수송할 수 있다.
② 캐비테이션 현상은 잘 일으키지 않는다.
③ 마감점이 낮고 마감기동이 가능하다.
④ 양정거리가 크고 수송량이 적을 때 사용된다.

05 축류펌프의 날개 수가 증가할 때 펌프성능은?

① 양정이 일정하고 유량이 증가
② 유량과 양정이 모두 증가
③ 양정이 감소하고 유량이 증가
④ 유량이 일정하고 양정이 증가

06 수평원관 내에서 유체의 흐름이 층류일 때 전단응력의 분포는?

① 전단면에 걸쳐서 일정하다.
② 관벽에서 0이고 중심에서 최대의 값을 갖는다.
③ 관중심에서 0이고 관벽까지 직선적으로 증가한다.
④ 관중심에서 0이고 반지름의 제곱에 비례한다.

풀이 수평원관에서 층류흐름의 유량은 직경의 4승에 비례하므로 ③이 답이다.

07 직경 10cm의 원관 내를 10cm/s로 흐르던 물이 직경 25cm의 큰 관 속으로 흐를 때 확대마찰 손실계수(K_e)는?

① 0.36
② 0.60
③ 0.71
④ 0.84

풀이 $A_1 = \dfrac{3.14}{4} \times (10)^2 = 78.5 \text{cm}^2$

$A_2 = \dfrac{3.14}{4} \times (25)^2 = 490.625 \text{cm}^2$

$\left\{1 - \left(\dfrac{78.5}{490.625}\right)\right\}^2 = 0.71$

정답 04 ④ 05 ④ 06 ③ 07 ③

08 피스톤의 단면적을 $A\,[\mathrm{m}^2]$, 행정을 $l\,[\mathrm{m}]$, 회전수를 $n[\mathrm{rpm}]$이라 할 때 이론 송출량 Q_{th}을 나타내는 식은?

① $Q_{th} = A \cdot l \cdot n [\mathrm{m}^3/\mathrm{min}]$
② $Q_{th} = \dfrac{A \cdot n}{l \cdot 60}[\mathrm{m}^3/\mathrm{min}]$
③ $Q_{th} = 2 \cdot A \cdot l \cdot n [\mathrm{m}^3/\mathrm{min}]$
④ $Q_{th} = \pi \cdot A \cdot l \cdot n [\mathrm{m}^3/\mathrm{min}]$

풀이 $Q_{th} = A \cdot l \cdot n [\mathrm{m}/\mathrm{min}]$

09 교반기에서 사용되는 임펠러 중 축방향 흐름(Axial Flow)을 유발시키는 것은?

① 프로펠러(Propeller)
② 원심베인(Vane)
③ 패들(Paddle)
④ 터빈(Turbine)

풀이 프로펠러 : 축방향 흐름

10 베르누이 정리 식에서 $\dfrac{V^2}{2g}$는 무엇을 의미하는가?

① 압력수두
② 위치수두
③ 속도수두
④ 전수두

풀이 속도수두 $= \dfrac{V^2}{2g}$

11 안지름 40cm인 관 속을 동점도 4Stokes인 유체가 15cm/sec의 속도로 흐른다. 이때 흐름의 종류는?

① 층류
② 난류
③ 플러그 흐름
④ 전이 영역

풀이 $Re = \dfrac{dV}{\nu} = \dfrac{40 \times 15}{4} = 150$

∴ 2,320 이하이므로 층류이다.

정답 08 ① 09 ① 10 ③ 11 ①

12 다음 그림에서와 같이 관 속으로 물이 흐르고 있다. A점과 B점에서의 유속은 몇 m/s인가?(단, V_A : A점에서의 유속, V_B : B점에서의 유속)

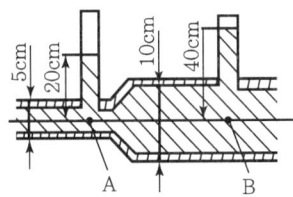

① $V_A = 2.045$, $V_B = 1.022$
② $V_A = 2.045$, $V_B = 0.511$
③ $V_A = 7.919$, $V_B = 1.980$
④ $V_A = 3.960$, $V_B = 1.980$

풀이 $Q_A = A_A V_A$, $Q_B = A_B V_B$, $Q_A = Q_B$이므로 $\dfrac{V_A}{V_B} = \dfrac{A_B}{A_A} = \dfrac{dB^2}{dA^2}$ ⋯⋯⋯⋯⋯ ㉠

베르누이 정리 $\dfrac{P_A}{r_A} + \dfrac{V_A^2}{2g} + Z_A = \dfrac{P_B}{r_B} + \dfrac{V_B^2}{2g} + Z_B + H_L$, $Z_A = Z_B$, $H_L = 0$이므로

$V_A^2 - V_B^2 = 2g(H_B - H_A)$

㉠식에 의해 $V_A = 4 V_B$이므로 $16 V_B^2 - V_B^2 = 2g(0.4 - 0.2)$, $\dfrac{200}{1,000} + \dfrac{16 V_B^2}{2g} = \dfrac{400}{1,000} + \dfrac{V_B^2}{2g}$

$V_B = 0.5112 \text{m/s}$

$V_A = 4 V_B = 4 \times 0.5112 = 2.0448 \text{m/s}$

13 다음에서 베르누이 방정식 $\left(\dfrac{P}{r} + \dfrac{V^2}{2g} + Z = H\right)$이 적용되는 조건으로 짝지어진 것은?

> ㉠ 정상상태의 흐름
> ㉡ 이상유체의 흐름
> ㉢ 압축성 유체의 흐름
> ㉣ 동일 유선상의 유체

① ㉠, ㉡, ㉣
② ㉡, ㉣
③ ㉠, ㉢
④ ㉡, ㉢, ㉣

풀이 베르누이 방정식의 적용
- 정상류
- 무마찰
- 비압축성
- 동일 유선상

14 다단압축을 실시하는 목적이 아닌 것은?

① 소요 일량의 증가
② 이용효율 증가
③ 양호한 힘의 평형
④ 가스 온도상승 방지

풀이 다단압축
- 소요 일량의 감소
- 이용효율 증가
- 양호한 힘의 평형
- 가스 온도상승 방지

15 충격이나 맥동 없이 액체를 균일한 압력으로 수송할 수 있으며 그 두(Head)에 있어 제한을 받으므로 비교적 낮은 압력에서 사용되는 펌프는?

① 회전펌프
② 피스톤펌프
③ 플런저펌프
④ 원심펌프

풀이 원심펌프는 비교적 낮은 압력에서 사용된다.

16 축류 압축기는 동익과 정익이 조합된 익렬을 가지고 있으며 동익은 로터에 박혀 있다. 다음 중 에너지 증가구간에 속하는 것은?

① 흡입구
② 흡입구에서 익렬까지
③ 익렬
④ 익렬후방에서 송출구까지

풀이 축류 압축기
- 흡입구에서 익렬 전까지 : 증속구간
- 익렬 : 증가구간
- 디퓨저에서 토출구까지 : 감속구간

17 확산기(Diffuser) 운전 시 고려해야 할 사항이 아닌 것은?

① 역압력 구배로 인한 강력한 박리경향
② 효과적인 운전유지를 위한 조건변화 중 발생하는 충격파의 위치조절 곤란
③ 시동곤란
④ 연소계통의 조절

풀이 확산기 운전 시 고려해야 할 사항
- 역압력 구배로 인한 강력한 박리경향
- 효과적인 운전유지를 위한 조건변화 중 발생하는 충격파의 위치조절 곤란
- 시동곤란

정답 14 ① 15 ④ 16 ③ 17 ④

18 산소 100L가 용기의 구멍을 통해 빠져나오는 데 20분 걸렸다면, 같은 조건에서 이산화탄소 100L가 빠져나오는 데 걸리는 시간은?

① 23.5분
② 33.5분
③ 43.5분
④ 55.5분

풀이 $V = 20 \times \sqrt{\dfrac{44}{32}} = 23.5$분

19 표면장력에 대한 관성력의 비를 나타내는 무차원의 수는?

① Reynolds수
② Froude수
③ 모세관수
④ Weber수

풀이
- 레이놀즈수 : 항상 적용(관성력/점성력)
- 프루드수 : 자유표면 흐름(관성력/중력)
- 웨버수 : 자유표면 흐름(관성력/표면장력)

20 펌프의 서징(Surging)현상의 방지법이 아닌 것은?

① 배관 내 경사를 완만하게 해준다.
② 가이드 배인을 컨트롤하여 풍량을 증가시킨다.
③ 교축밸브를 기계에 가까이 설치한다.
④ 토출가스를 흡입 측에 바이패스시킨다.

풀이 펌프의 서징현상 방지법
- 배관 내 경사를 완만하게 해준다.
- 교축밸브를 기계에 가까이 설치한다.
- 토출가스를 흡입 측에 바이패스시킨다.

21 내경이 5cm인 파이프 속에 유속이 3m/sec이고 동점도가 2Stokes인 용액이 흐를 때 레이놀즈수는?

① 333
② 750
③ 1,000
④ 3,000

풀이 $1\text{Stokes} = 1\text{cm}^2/\text{sec}(10^{-4}\text{m}^2/\text{sec})$

$Re = \dfrac{dV}{\nu} = \dfrac{5 \times (3 \times 100)}{2} = 750$

정답 18 ① 19 ④ 20 ② 21 ②

22 기체수송용 압축기에서 최대사용압력이 높은 것부터 순서대로 된 것은?

① 원심압축기 > 왕복압축기 > 회전압축기
② 회전압축기 > 원심압축기 > 왕복압축기
③ 왕복압축기 > 원심압축기 > 회전압축기
④ 원심압축기 > 회전압축기 > 왕복압축기

풀이 압축기에서 최대사용압력이 높은 순서
왕복압축기 > 원심압축기 > 회전압축기

23 캐비테이션 현상의 방지방법으로 가장 옳은 것은?

① 펌프의 설치위치를 낮춘다.
② 실린더 라이너의 외부를 냉각한다.
③ 서지 탱크를 설치해 준다.
④ 흡입비속도를 높여준다.

풀이 캐비테이션(공동현상)을 방지하려면 펌프의 설치위치를 낮춘다.

24 유체역학에서 베르누이 정리가 적용되는 조건이 아닌 것은?

① 적용되는 임의의 두 점은 같은 유선상에 있다.
② 정상상태의 흐름이다.
③ 마찰이 없는 흐름이다.
④ 유체흐름 중 내부에너지 손실이 있는 흐름이다.

풀이 베르누이 방정식의 적용 : 정상류, 무마찰, 비압축성, 동일유선상이어야 한다.

25 도관 단면의 급격한 팽창에 따른 마찰손실(F_e)을 나타내는 식은?(단, K_e는 확대손실계수, V_a는 도관 상류에서의 평균유속, V_b는 도관 하류에서의 평균유속이다.)

① $K_e(V_a/2g_c)$
② $K_e(V_b/2g_c)$
③ $K_e(V_a^2/2g_c)$
④ $K_e(V_b^2/2g_c)$

풀이 $F_e = K_e\left(\dfrac{V_a^2}{2g_c}\right)$

26 베르누이식에 쓰이지 않는 Head(두)는?

① 압력두
② 밀도두
③ 위치두
④ 속도두

정답 22 ③ 23 ① 24 ④ 25 ③ 26 ②

풀이 베르누이 Head
- 압력수두 : $\dfrac{r}{P}$
- 속도수두 : $\dfrac{V_a^2}{2g}$
- 위치수두 : x
- 전수두 : H

27 유체흐름에 관한 설명으로 옳지 않은 것은?

① 원관 속에서 유체가 정상 층류운동을 하고 있을 때 가장 중요한 힘은 점성력과 관성력이다.
② 정상흐름이란 유체입자가 서로 층을 형성하여 규칙적이고 질서 있게 흐르며 마찰에 의한 에너지 손실이 없는 것이다.
③ 질량보존의 법칙은 이상유체뿐만 아니라 실제유체에 그대로 적용할 수 있다.
④ 뉴턴의 점성법칙은 전단응력, 점성계수 및 각 변형률 변수의 함수관계를 나타낸다.

풀이 정상유동이란 유체특성이 한 점에서 시간에 따라 변화하지 않는 흐름이다.

28 마찰계수와 마찰저항에 대한 설명으로 옳지 않은 것은?

① 관 마찰계수는 레이놀즈수와 상대조도의 함수로 나타낸다.
② 평판상의 층류흐름에서 점성에 의한 마찰계수는 레이놀즈수의 제곱근에 정비례한다.
③ 층상운동에서의 마찰저항은 온도의 영향을 받으며 유체의 점성계수에 정비례한다.
④ 난류운동에서 마찰저항은 평균유속의 제곱에 정비례한다.

풀이 층류유동에서 마찰계수는 오직 레이놀즈수와 채널의 형상에 의해서만 결정된다.

29 일정한 유량의 물이 원관에 층류로 흐를 때 지름을 2배로 하면 손실수두는 몇 배가 되는가?

① $\dfrac{1}{4}$
② $\dfrac{1}{8}$
③ $\dfrac{1}{16}$
④ $\dfrac{1}{32}$

풀이 마찰저항에 의한 압력손실은 관내경의 5승에 반비례하므로 관경을 1/2로 줄이면 압력손실은 32배가 된다.
따라서 지름 2배가 커지면 손실수두는 1/16로 줄어든다.

정답 27 ② 28 ② 29 ③

30 수직 충격파가 발생했을 때 나타나는 현상이 아닌 것은?

① 온도가 증가한다. ② 속도가 증가한다.
③ 압력이 증가한다. ④ 엔트로피가 증가한다.

> **풀이**
> - 수직 충격파는 비가역과정이다.
> - 수직 충격파와 유사한 것은 수력도약이다.
> - 유동방향에 수직으로 생긴 충격파가 수직 충격파이다.
> - 수직 충격파는 초음속에서 아음속으로 변할 때 발생하며, 온도, 압력, 밀도, 엔트로피가 증가하나 속도는 감소한다.

31 지름이 25cm인 원형관 속을 5.7m/sec의 평균속도로 물이 흐르고 있다. 40m에 걸친 실험결과의 수두손실이 5m로 나타났다. 이때의 마찰계수는?

① 0.1075 ② 0.1547
③ 0.2089 ④ 0.2621

> **풀이** $5 \times \dfrac{0.25}{40} \times 2 \times \dfrac{9.8}{5.7} = 0.1075$

32 왕복식 펌프의 운전형식에서 차동식의 형태를 바르게 설명한 것은?

① 피스톤이 1회 왕복할 때 1회 흡입하고 1회 배출
② 피스톤이 1회 왕복할 때 1회 흡입하고 2회 배출
③ 피스톤이 1회 왕복할 때 2회 흡입하고 1회 배출
④ 피스톤이 1회 왕복할 때 2회 흡입하고 2회 배출

33 원심식 압축기와 비교한 왕복식 압축기의 특징이 아닌 것은?

① 기계적 접촉 부분이 많다. ② 대풍량에 적합하지 않다.
③ 압력 변화에 따라 풍량의 변화가 없다. ④ 압력비가 낮다.

> **풀이** 왕복동 압축기는 압력비가 크다.

34 유동하는 물의 속도가 12m/sec이고 압력이 1.1kgf/cm²이다. 이 경우에 속도수두와 압력수두는 각각 몇 m인가?(단, 물의 밀도 $\rho = 102\text{kgf} \cdot \text{sec}^2/\text{m}^4$)

① 7.35, 10.8 ② 7.35, 11.0
③ 7.35, 11.2 ④ 10.5, 11.8

정답 30 ② 31 ① 32 ② 33 ④ 34 ②

풀이) $V^2 = \dfrac{(12)^2}{2 \times 9.8} = 7.35\text{m}$

$\dfrac{P_1}{r} = 1.1 \times \dfrac{10^4}{1,000} = 11.0\text{m}$

35 Re와 $\overline{U}/U_{\max}$ 관계를 이용하면 평균유속 및 관중심의 최대유속과 흐름조건의 함수관계를 알 수 있다. 뉴턴유체의 층류의 경우 유체의 최대속도 관계식은?

① $\overline{U} = 0.1 U_{\max}$
② $\overline{U} = 0.5 U_{\max}$
③ $\overline{U} = 0.7 U_{\max}$
④ $\overline{U} = 0.8 U_{\max}$

풀이) 하겐-푸아죄유 방정식에서 최대속도와 평균속도와의 관계비, 즉 $\dfrac{V}{U_{\max}} = \dfrac{1}{2}$

36 곡률반경이 10cm, 내경이 5cm인 90° 엘보에 유속 3m/sec로 물이 흐를 때 곡관에 의한 손실수두(H)는?(단, 저항계수 $k = 0.48$)

① 0.12m ② 0.22m ③ 0.29m ④ 0.34m

풀이) $H_L = k \dfrac{V_a^2}{2g} = 0.48 \times \dfrac{3^2}{2 \times 9.8} = 0.22\text{m}$

37 무차원의 수인 Peclet수(Pe)를 정의한 것으로 옳은 것은?

① 대류속도/확산속도
② 확산속도/대류속도
③ 반응속도/대류속도
④ 대류속도/반응속도

풀이) $Pe = \dfrac{\text{대류속도}}{\text{확산속도}}$

38 진공상태의 용기에 설치되어 있는 밸브를 열어 3MPa, 300K의 공기를 용기 안으로 들어오게 하여 용기의 압력이 3MPa이 되었을 때 바로 밸브를 닫았다. 이때 용기 안의 마지막 평형상태 온도는?(단, $u = C_v T$이고 $C_v = 0.716\text{kJ/kg} \cdot \text{K}$이고, $h = C_p T$이고 $C_p = 1.005\text{kJ/kg} \cdot \text{K}$로 가정한다.)

① 300K
② 346K
③ 387K
④ 421K

정답 35 ② 36 ② 37 ① 38 ④

풀이 $T_2 = C_p T = \left(\dfrac{1.005}{0.716}\right) \times 300 = 421\text{K}$

39 내경이 10cm인 원관을 비중이 0.8, 점도가 50cP인 비압축성 유체가 3.14kg/sec로 흐른다면 이 유체의 유속을 측정하기 위해서 유량계는 관 입구에서 얼마 떨어진 곳에 설치해야 하는가?

① 1.5m
② 2m
③ 3m
④ 4m

풀이 $A = 3.14 \times \dfrac{0.1^2}{4} = 0.00785\text{m}^2 = 78.5\text{cm}^2$

$50\text{cP} = 50\text{g/cm} \cdot \text{s} = 50\text{dyn} \cdot \text{s/cm}^2$

$V = \dfrac{Q}{A} = \dfrac{3.14}{78.5} \times 100 = 4\text{m}$

40 유체의 물성 또는 힘에 대한 설명으로 옳지 않은 것은?

① 밀도는 단위 체적당 유체의 질량이다.
② 부력은 물체가 정지하고 있는 유체 속에 잠겨 있거나 또는 액면에 떠 있을 때 유체로부터 받는 힘이다.
③ 비중은 4℃일 때 수은의 밀도와 측정하려는 유체의 밀도비이다.
④ 전단응력은 점성에 의한 속도 구배에 기인한 압력이다.

풀이 비중은 4℃일 때의 물의 밀도와 측정하려는 유체의 밀도비이다.

41 다음 수력기계 중 충격식 수차에 해당하는 것은?

① 펠톤 수차
② 프란시스 수차
③ 프로펠러 수차
④ 카플란 수차

42 왕복식 펌프 운전 시에만 특징적으로 나타나는 현상은?

① 에어바인딩
② 캐비테이션
③ 수격현상
④ 맥동

풀이 왕복식 펌프에서는 단속적이라서 맥동현상이 나타난다.

정답 39 ④ 40 ③ 41 ① 42 ④

43 수직 충격파는 어떤 과정인가?

① 비가역 과정이다.
② 등엔트로피 과정이다.
③ 가역 과정이다.
④ 등엔탈피 과정이다.

풀이 수직 충격파는 비가역 과정이다.

44 어느 물리량의 함수관계가 $f(\rho, h, L, g) = 0$으로 주어졌을 때 무차원수는?(단, ρ : 밀도, h : 깊이, L : 길이, g : 중력가속도이다.)

① 1
② 2
③ 3
④ 4

풀이 무차원 $= n -$ 기본차원 $= 5 - 4 = 1$

45 Isentropic Flow를 잘 나타낸 것은?

① 비가역단열흐름
② 이상기체흐름
③ 가역단열흐름
④ 이상유체흐름

풀이 Isentropic : 가역단열흐름

46 어떤 펌프로 물을 수송하는 데 전양정이 12m, 송출량이 0.1m³/s, 펌프효율이 90%일 때 축동력은 몇 kW인가?

① 5.8
② 18.4
③ 13.1
④ 9.3

풀이 축동력(kW) $= \dfrac{1,000 \times r \times Q \times H}{102 \times \eta} = \dfrac{1,000 \times 0.1 \times 12}{102 \times 0.9} = 13.1 \text{kW}$

47 정상유동이 일어나는 경우는?

① 조건들이 임의의 점에서 시간에 따라 변화하지 않는 경우
② 조건들이 임의의 순간에 가까운 점들에서 같은 경우
③ 조건들이 시간에 따라 천천히 변화하는 경우
④ 조건들이 시간에 따라 급격히 변화하는 경우

풀이 정상유동이 일어나는 경우는 조건들이 임의의 점에서 시간에 따라 변화하지 않는 경우이다.

정답 43 ① 44 ① 45 ③ 46 ③ 47 ①

48 경계층에 대한 설명으로 옳지 않은 것은?

① 경계층 바깥 층의 흐름은 퍼텐셜 흐름으로 가정할 수 있다.
② 경계층의 형성은 압력 기울기, 표면조도, 열전도 등의 영향을 받는다.
③ 경계층 내에서는 점성의 영향이 크게 작용한다.
④ 경계층 내에서는 속도 구배가 크기 때문에 마찰응력이 감소한다.

풀이 경계층에서는 점성의 영향이 현저하게 나타나며 속도구배가 크고 마찰응력이 크게 작용한다.

49 유체 유동에서 마찰로 일어난 에너지 손실은?

① 유체의 내부에너지 증가와 계로부터 열전달에 의해 제거되는 열량의 합이다.
② 유체의 내부에너지와 운동에너지의 합의 증가로 된다.
③ 포텐셜 에너지와 압축일의 합이 된다.
④ 엔탈피의 증가가 된다.

풀이 유체의 내부에너지 증가와 계로부터 열전달에 의해 제거되는 열량의 합은 유체 유동에서 마찰로 일어난 에너지 손실이다.

50 수평원관 속의 유체흐름이 층류일 경우 유량은?

① 관의 길이에 비례한다.
② 직경의 4승에 비례한다.
③ 압력강하에 반비례한다.
④ 점성에 비례한다.

풀이 수평원관 속의 층류흐름일 경우 유량은 직경의 4승에 비례한다.

51 원형관 속에서 관벽에 생기는 전단응력에 대한 설명으로 옳지 않은 것은?

① 관의 지름에 비례한다.
② 압력차에 비례한다.
③ 관의 길이에 반비례한다.
④ 유체의 속도에 반비례한다.

풀이 변동속도는 유체의 속도에 비례한다. 원관 속의 유체의 흐름에서 전단응력은 단면을 횡단하여 포물선형으로 변한다.

정답 48 ④ 49 ① 50 ② 51 ④

52 유체는 분자들 간의 응집력으로 인하여 하나로 연결되어 있어서 연속물질로 취급하여 전체의 평균적 성질을 취급하는 경우가 많다. 이와 같이 유체를 연속체로 취급할 수 있는 조건은?(단, L은 유동을 특정지어 주는 대표길이, λ는 분자의 평균 자유행로이다.)

① $L \ll \lambda$
② $L \gg \lambda$
③ $L = \lambda$
④ L과 λ는 무관하다.

풀이 연속체에서 유체를 연속체로서 취급하기 위해서는 주어진 영역이 분자의 크기나 분자의 평균거리, 즉 분자 평균 자유행로보다 커야 한다.

53 동일한 펌프로 동력을 변화시킬 때 상사조건이 되려면 회전수와는 어떤 관계가 성립해야 하는가?

① 회전수와 1대 1로 비례
② 회전수의 2승에 비례
③ 회전수의 3승에 비례
④ 회전수의 $\frac{1}{2}$승에 비례

풀이 펌프에서 축동력은 회전수 변화의 3승에 비례한다.

54 펌프의 토출량이 1m³/min, 양정 1m가 발생하도록 설계하였을 경우에 회전자에 주어져야 할 분당 회전수는?(N : 임펠러의 회전속도, Q : 토출량, H : 양정)

① $(N \times Q)/H^{\frac{2}{3}}$
② $(N \times Q)/H^{\frac{3}{4}}$
③ $(N \times Q)/H^{\frac{1}{3}}$
④ $(N \times Q)/H^{\frac{1}{2}}$

풀이 펌프의 분당 회전수 $= \dfrac{N \times Q}{H^{\frac{3}{4}}}$

펌프의 비교회전도 $= \dfrac{N\sqrt{Q}}{H^{\frac{3}{4}}}$ (다단의 경우)

55 내경이 0.0526m인 철관에 유체가 9.085m³/h로 흐를 때의 유속은?(단, 밀도는 1,200kg/m³이다.)

① 3.26m/s
② 1.16m/s
③ 11.6m/s
④ 4.68m/s

풀이 단면적 $= \dfrac{3.14}{4} \times (0.0526)^2 = 0.0021719\text{m}^2$

유속(V) $= \dfrac{9.085}{0.0021719 \times 3,600} = 1.16\text{m/s}$

※ 1시간 = 3,600sec

정답 52 ② 53 ③ 54 ② 55 ②

56 두 개의 평행평판 사이에 유체가 층류로 흐를 때 전단응력은?

① 중심에서 0이고 전단응력의 분포는 포물선 형태를 갖는다.
② 단면 전체에 걸쳐 일정하다.
③ 평판의 벽에서 0이고 중심까지의 거리에 비례하여 증가한다.
④ 중심에서 0이고 중심에서 평판까지의 거리에 비례하여 증가한다.

풀이 두 개의 평행평판 사이에 유체가 층류로 흐를 때 전단응력은 중심에서 0이고, 중심에서 평판까지의 거리에 비례하여 증가한다.

57 원심 송풍기에 속하지 않는 것은?

① 다익 송풍기
② 레이디얼 송풍기
③ 터보 송풍기
④ 프로펠러 송풍기

풀이 프로펠러 송풍기 : 축류형 송풍기

58 유체수송장치의 Stuffing Box 중 Lantern Gland가 사용되는 경우로서 가장 올바른 것은?

① 점성이 적은 유체의 경우
② 유체에 분체가 수반되는 경우
③ 기름이 새어 나오는 경우
④ 독성 또는 부식성 유체의 취급 시

풀이 Lantern(등화, 채광통풍)
Gland(선, 패킹 누름)

59 비중이 0.85, 점도가 5cP인 유체가 인입유속 10cm/sec로 평판에 접근할 때 평판의 입구로부터 20cm인 지점에서 형성된 경계층의 두께는 몇 cm인가?(단, 층류흐름으로 가정하고 상수값은 5로 한다.)

① 1.25cm
② 1.71cm
③ 2.24cm
④ 2.78cm

풀이 $5\sqrt{\dfrac{L \cdot cP}{V \cdot r}} = 5\sqrt{\dfrac{0.2 \times 0.05}{0.1 \times 0.85}} = 1.71\text{cm}$

정답 56 ④ 57 ④ 58 ④ 59 ②

60 등엔트로피 과정에서 이상기체를 통한 음속 C의 식은?(단, K = 체적탄성계수, ρ = 밀도, P = 압력, k = 비열, R = 기체상수, M = 분자량)

① $\dfrac{M}{K}$
② $\dfrac{\frac{M}{d}}{dP}$
③ $K\rho$
④ $\dfrac{KRT}{M}$

풀이 $C = \dfrac{KRT}{M}$

61 다단압축기에서 압축비가 클 때 미치는 영향으로 가장 거리가 먼 것은?
① 토출가스의 온도가 상승
② 실린더의 과열로 오일의 탄화
③ 압축기의 과열로 체적효율 감소
④ 소요일량의 증가

풀이 다단압축기에서 압축비가 클 때는 소요일량이 감소된다.

62 지름이 0.12m의 관에 유체가 흐르고 있다. 한계 레이놀즈수가 2,100이고, 한계유속이 0.27m/S이다. 이 유체의 동점성계수는?
① 0.154cm²/S
② 0.254cm²/S
③ 0.354cm²/S
④ 0.454cm²/S

풀이 동점성계수(V)의 단위는 cm²/sec, m²/sec

$2,100 = \dfrac{0.12 \times 0.27}{x}$

$x = \dfrac{0.12 \times 0.27}{2,100} \times 10^4 = 0.154 \, \text{cm}^2/\text{sec}$

※ $1\text{m}^2 = 10^4 \text{cm}^2$

63 원관 내 유체의 흐름에 대한 다음 설명 중 틀린 것은?
① 일반적으로 층류는 레이놀즈수가 약 2,100 이하인 흐름이다.
② 일반적으로 난류는 레이놀즈수가 약 4,000 이상인 흐름이다.
③ 일반적으로 관중심부의 유속은 평균유속보다 크다.
④ 일반적으로 최대속도에 대한 평균속도의 비는 난류가 층류보다 작다.

풀이 일반적으로 최대속도에 대한 평균속도의 비는 난류가 층류보다 크다.

정답 60 ④ 61 ④ 62 ① 63 ④

64 길이 5m, 내경 5cm인 강관 내를 물이 유속 3m/s로 흐를 때 마찰손실수두는?(단, 마찰손실계수는 0.030이다.)

① 1.38m
② 2.62m
③ 3.05m
④ 3.43m

풀이 $4P = \lambda \times \dfrac{L}{d} \times \dfrac{V^2}{2g} = 0.03 \times \dfrac{5}{0.05} \times \dfrac{3^2}{2 \times 9.8} = 1.38\text{m}$

65 물이 평균속도 4.5m/s로 100mm 지름 관로에서 흐르고 있다. 이 관의 길이 20m에서 손실된 헤드를 실험적으로 측정하였더니 4.8m이었다. 관의 마찰속도는?

① 0.20m/s
② 0.24m/s
③ 0.26m/s
④ 0.28m/s

풀이 $f = \dfrac{4.8}{20} = 0.24\text{m/s}$

66 원심펌프의 유효흡입양정(NPSH)을 나타낸 것은?

① 배출부 전체두 – 흡입부 전체두
② 흡입부 전체두 – 배출부 전체두
③ 흡입부 전체두 – 증기압두
④ 흡입부 전체두 + 배출부 전체두

풀이 NPSH = 흡입부 전체두 – 증기압두

67 항력(Drag Force)에 대한 설명 중 틀린 것은?

① 유체가 흐를 때 접촉면에 작용하는 힘이다.
② 총항력=마찰항력+압력항력으로 나타낼 수 있다.
③ 원통관 내의 거칠기에만 의존하는 힘이다.
④ 압력항력은 표면에 수직으로 작용하는 힘이다.

풀이 유동속도의 방향과 같은 방향의 저항력을 항력이라 한다(점성에 의한 항력과 압력에 의한 항력의 합이 전항력이다).

정답 64 ① 65 ② 66 ③ 67 ③

68 지름 D_1인 탱크의 수면 밑 h인 곳에 지름 D_2인 구멍을 뚫었을 때 물의 유출속도와 유량에 대한 설명으로 옳지 않은 것은?

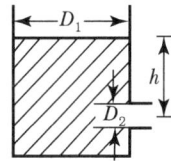

① 물의 분출속도는 높이 h에 따라 변한다.
② 물의 분출속도는 탱크지름 D_1과 무관하다.
③ 물의 분출유량은 D_2와 관계있다.
④ 물의 분출유량은 탱크지름 D_1과 관계있다.

69 원관 내를 물이 층류로 흐를 경우에 대한 설명 중 틀린 것은?

① 평균유속 $\overline{V} = \dfrac{1}{2} \times$ (최대유속)
② 운동에너지 보정계수 $a = 0.5$
③ 유량은 반지름의 네제곱에 비례함
④ 마찰계수 $f = 16 \cdot N\mathrm{Re}$

풀이 마찰계수 $(f) = \dfrac{64}{Re}$

70 Hagen – Poiseuile식이 유도될 때 설정된 가정과 가장 거리가 먼 것은?

① 비압축성 유체의 층류 흐름
② 압축성 유체의 난류 흐름
③ 밀도가 일정한 뉴턴성 유체의 흐름
④ 원형관 내에서의 정상상태 흐름

풀이 Hagen – Poiseuile식의 유도
- 비압축성 유체의 층류 흐름
- 밀도가 일정한 뉴턴성 유체의 흐름
- 원형관 내에서의 정상상태 흐름

71 용적형 펌프 중 회전펌프의 특징으로 옳지 않은 것은?

① 고점도액에 사용이 가능하다.
② 토출 압력이 높다.
③ 흡입양정이 크다.
④ 소음이 크다.

풀이 흡입양정이 큰 펌프는 원심식 펌프이며 비용적형이다.

정답 68 ④ 69 ④ 70 ② 71 ③

72 점도 $\mu = 0.077$kg/m·s인 기름이 평면 위를 $u = 30y - 120y^2$m/s의 속도분포를 가지고 흐른다. 경계면에 작용하는 전단응력은 몇 kgf/m²인가?(단, y는 평면으로부터 m 단위로 잰 수직거리이다.)

① 0.7287
② 0.9424
③ 0.4365
④ 0.2357

풀이 $\tau = \mu \dfrac{du}{dy}$

$\mu = 0.077$kg/m·s $\times \dfrac{1}{9.8}$kgf·s²/m $= 0.00785$kgf·s/m²(절대온도를 중력단위로 환산한 값이다.)

$u = 30y - 120y^2$m/s(미분하면), $\dfrac{du}{dy}y = 0$

$30 - 240y = 30\sec^{-1}$

$\therefore \tau = 0.00785 \times 30 = 0.2357$kgf/m²

73 Reynold 수의 물리적 개념에 해당하는 것은?

① $\dfrac{관성력}{점성력}$
② $\dfrac{점성력}{중력}$
③ $\dfrac{중력}{관성력}$
④ $\dfrac{탄성력}{압력}$

풀이 $Re = \dfrac{밀도 \times 유체평균속도 \times 관의직경}{유체의 점성계수} = \dfrac{관성력}{점성력} = \dfrac{유체의 평균속도 \times 관의직경}{유체의 동점성 계수}$

74 20℃의 공기를 지름 500mm인 공업용 강판을 써서 264m³/min로 수송할 때 길이 100m 관의 압력강하를 수두로 표시하면?(단, 관마찰계수는 $f = 0.1 \times 10^{-3}$이다.)

① 37cm
② 22cm
③ 51cm
④ 67cm

풀이 500mm = 50cm

$A = \dfrac{3.14 \times 50^2}{4} = 1,962.5$cm² $= 0.19625$m²

$V = \dfrac{264}{0.19625 \times 60} = 22.42$m/s

$h = 0.1 \times 10^{-3} \times \dfrac{100}{0.5} \times \dfrac{(22.42)^2}{2 \times 9.8} = 0.51$m $= 51$cm

정답 72 ④ 73 ① 74 ③

75 어떤 내경이 10cm인 원관에 기름이 비중 $S=0.85$, 동점성계수 $\nu=1.27\times10^{-4}\text{m}^2/\text{s}$, 유량 $0.01\text{m}^3/\text{s}$으로 흐를 때 마찰계수는?

① 0.064 ② 0.64
③ 0.016 ④ 0.16

풀이 $\lambda=\dfrac{64}{Re}$

$Re=\dfrac{\text{내경}\times\text{유속}}{\text{동점성계수}}=\dfrac{0.1\times1.2738}{1.27\times10^{-4}}=1{,}002.992$

$\therefore\ \lambda=\dfrac{64}{1{,}002.992}=0.064$

※ 유속 $V=\dfrac{0.01}{\dfrac{3.14\times(0.1)^2}{4}}=1.2738\text{m/s}$

76 원관을 흐르는 층류에 있어서 유량은?(단, Hagen – Poiseuill식에 의한다.)

① 점성계수에 비례하여 변한다.
② 반지름의 제곱에 비례하여 변한다.
③ 점성계수에 반비례하여 변한다.
④ 압력강하에 반비례하여 변한다.

풀이 원관을 흐르는 유량은 층류에서 점성계수에 반비례하여 변한다.

77 오리피스와 노즐에 대한 설명으로 옳지 않은 것은?

① 내벽을 따라서 흘러온 유체입자는 개구부에 도달했을 때 관성력 때문에 급격히 구부러지지 않고 반지름방향의 속도성분을 가진다.
② 반지름방향의 속도성분은 개구부에서 유출에 따라 점점 작아져서 분류가 평행류가 된 지점에서는 0이 된다.
③ 유량계수는 축류계수와 속도계수의 합이며 유로의 기하학적 치수, 관성력 및 점성력과 관계가 있다.
④ 분류의 단면적이 개구부의 단면적보다 항상 작아지며 분류속도는 유체의 마찰에 의해 그 값이 작아진다.

정답 75 ① 76 ③ 77 ③

78 다음 중 정상유동과 관계있는 식은?(단, V = 속도벡터, s = 임의방향좌표, t = 시간이다.)

① $\dfrac{aV}{at}= 0$ ② $\dfrac{aV}{as}\neq 0$

③ $\dfrac{aV}{at}\neq 0$ ④ $\dfrac{aV}{as}= 0$

풀이
- 정상유동= $\dfrac{aV}{at}= 0$, $\dfrac{ap}{at}= 0$
- 비정상유동= $\dfrac{aV}{at}\neq 0$

79 다음 유체 중 교반을 하면 시간에 따라 동력소모가 큰 유체는 어느 것인가?

① 의가소성(Pseudoplastic) 유체
② 뉴턴(Newton) 유체
③ 요변성 액체(Thixotropic Liquid)
④ 레오펙틱 물질(Rheopectic Substance)

풀이 레오펙틱 물질
유체 중 교반(혼합)하면 시간에 따라 동력소모가 큰 유체를 말한다.

80 펌프의 캐비테이션을 방지할 수 있는 방법이 아닌 것은?

① 펌프의 설치높이를 낮추어 흡입양정을 작게 한다.
② 펌프의 회전수를 낮추어 흡입비교회전도를 작게 한다.
③ 양흡입(兩吸入)펌프 또는 두 대 이상의 펌프를 사용한다.
④ 흡입배관계는 관경과 굽힘을 가능한 작게 한다.

풀이 펌프의 캐비테이션(공동현상)을 방지하려면 흡입관경을 크게 하고 굽힘을 가능한 작게 한다.

81 원심펌프가 높은 능력으로 운전되는 경우 임펠러 흡입부의 압력이 유체의 증기압보다 낮아지면 흡입부의 유체는 증발하게 되며 이 증기는 임펠러의 고압부로 이동하여 갑자기 응축하게 된다. 이러한 현상을 무엇이라 하는가?

① 캐비테이션(Cavitation) ② 펌핑(Pumping)
③ 디퓨전링(Diffusion Ring) ④ 에어 바인딩(Air Binding)

풀이 캐비테이션
임펠러 흡입부의 압력이 유체의 증기압보다 낮아지면 흡입부의 유체는 증발하게 되며 고압부에서 응축하게 되는 현상

정답 78 ① 79 ④ 80 ④ 81 ①

82 왕복펌프를 다른 형의 펌프와 비교할 때 가장 큰 특징이 되는 것은?

① 펌프효율이 우수하다.
② 고압을 얻을 수 있고 송수량의 가감이 가능하다.
③ 동일 유량에 대하여 펌프체적이 적다.
④ 저속운전이므로 공동현상이 다른 펌프에 비해 발생하지 않는다.

풀이 왕복펌프는 고압을 얻을 수 있고 송수량 가감이 가능하다.

83 축류펌프에서 양정을 만드는 힘은?

① 원심력　　　　　　　　　　② 항력
③ 양력　　　　　　　　　　　④ 점성력

풀이 양력
양력이란 유동속도 방향과 수직방향으로 작용하는 저항력으로 축류펌프에서 양정을 만드는 힘이 된다.

84 원관에서 유체의 전이 흐름에 대한 설명으로 옳지 않은 것은?

① 층류와 난류 사이에서 진동한다.
② 압력강하가 한 값에서 다른 값으로 진동한다.
③ 측정이 쉽고, 흐름의 특성이 뚜렷하다.
④ Reynolds수가 2,100으로 알려져 있다.

85 배관에 기체가 흐를 때 일어날 수 있는 과정이 아닌 것은?

① 등엔트로피 팽창(Insentropic Expansion)
② 단열마찰 흐름(Adiabatic Friction Flow)
③ 등압마찰 흐름(Isobaric Friction Flow)
④ 등온마찰 흐름(Isothermal Friction Flow)

86 단면이 매우 큰 저장탱크로부터 7.5cm인 관을 통하여 1m/s의 속도로 비중 1.84인 용액을 10m 상부에 있는 저장탱크로 올리려고 한다. 전체계에 걸친 마찰에 의한 손실은 3kg · m/kg이다. 펌프가 이루는 압력(kgf/cm²)은 약 얼마인가?

① 2.4　　　　　　　　　　　② 4.2
③ 5.1　　　　　　　　　　　④ 7.1

정답 82 ② 83 ③ 84 ③ 85 ③ 86 ①

풀이 $h = \dfrac{1^2}{2 \times 9.8} + 10 + 3 = 13.05\text{m}$

$P = 1.84 \times 1{,}000 \times 13.05$
$= 24{,}012 \text{kg/m}^2$
$= 2.4 \text{kg/cm}^2$

87 운동부분과 고정부분이 밀착되어 있어서, 배출공간에서부터 흡입공간으로의 역류가 최소화되며, 경질 윤활유와 같은 유체수송에 적합하고 배출압력을 200atm 이상 얻을 수 있는 펌프는?

① 왕복펌프　　　　　　　　② 회전펌프
③ 원심펌프　　　　　　　　④ 격막펌프

풀이 회전펌프 : 배출압력을 200atm 이상 얻을 수 있다. 경질 윤활유와 같은 유체수송에 적합하다(운동부분과 고정부분이 밀착되어 있다).

88 게이트 밸브의 일반적인 특징을 설명한 것으로 옳은 것은?

① 섬세한 유량조절이 힘들다.
② 가정에서 사용하는 수도꼭지와 같다.
③ 대개 유체의 흐름과 평행한 방향으로 움직이는 문을 열고 닫는다.
④ 대개 완전히 열거나 닫을 수 없다.

풀이 게이트 밸브 : 섬세한 유량조절이 힘들다(슬루스 밸브).

89 어떤 기체가 충격파 전의 음속이 300m/s이었고 속도는 600m/s이었다. 충격파 뒤의 음속이 400m/s라 하면 충격파 뒤의 속도는 몇 m/s인가?(단, 이 기체의 비열비는 $k = 1.4$이다.)

① 132　　　　　　　　　　② 544
③ 232　　　　　　　　　　④ 444

풀이 $\dfrac{P_2}{P_1} = \dfrac{M_1 \sqrt{2 + (k-1)M_1^2}}{M_2 \sqrt{2 + (k-1)M_2^2}}$

$M_1 = \dfrac{600}{300} = 2$

$M_2 = \sqrt{\dfrac{2 + (1.4-1)2^2}{2 \times (1.4 \times 2^2) - (1.4-1)}} = 0.577$

∴ $V_2 = 0.577 \times 400 = 231 \text{m/s}$

정답 87 ②　88 ①　89 ③

90 다음 중 운동량의 단위를 옳게 나타낸 것은?

① m/s ② kg · m/s ③ N ④ J

풀이 운동량 단위 : kg · m/s

91 내경이 40cm, 길이가 500m인 관에 평균속도가 1.5m/s로 물이 흐르고 있을 때 Darcy 식을 사용하여 마찰손실 수두를 구하면 약 몇 m인가?(단, Darcy 마찰계수 λ는 0.0422이다.)

① 4.2 ② 6.1 ③ 12.3 ④ 24.2

풀이 $h_L = \lambda \cdot \dfrac{L}{D} \times \dfrac{V^2}{2g}$

$= 0.0422 \times \dfrac{500}{0.4} \times \dfrac{(1.5)^2}{2 \times 9.8} = 6.055\text{m}$

92 일반적으로 경계층은 유체속도가 자유흐름속도 $V_{\max}$의 몇 % 이하가 되는 영역을 뜻하는가?

① 50 ② 80 ③ 90 ④ 99

풀이 경계층 : 자유흐름속도 최대 99% 이하

$\dfrac{U}{U\infty} = 0.99$가 되는 지점이 경계층 두께

93 그림과 같이 물이 흐르는 관에 U자 수은관을 설치하고, A지점과 B지점 사이의 수은 높이차(h)를 측정하였더니 0.7m였다. 이때 A지점과 B지점 사이의 압력차는 약 몇 kPa인가?(단, 수은의 비중은 13.6이다.)

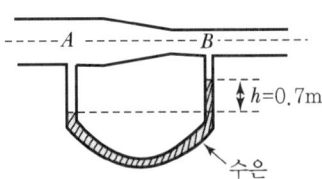

① 8.64 ② 9.33 ③ 86.49 ④ 93.3

풀이 SI = N/m² = Pa, 1Pa = 1N/m² = $\dfrac{1}{9.81}$ kgf/m²

13.6×9.8 = 133.28kN/m²(수은)
1×9.8 = 9.8kN/m²(물)
$P = h(P_1 - P_2) = 0.7(133.28 - 9.8) = 86.4\text{kPa}$

정답 90 ② 91 ② 92 ④ 93 ③

94 역류를 방지하고 유체를 한 방향으로 수송시킬 때 사용하는 밸브는?

① Check Valve ② Stop Valve
③ Gate Valve ④ Glove Valve

풀이 체크밸브 : 역류방지 밸브

95 분류에 수직으로 놓여진 평판이 분류와 같은 방향으로 U의 속도로 움직일 때 분류가 V의 속도로 평판에 충돌한다면 평판에 작용하는 힘은 얼마인가?(단, ρ는 유체밀도, A는 분류의 면적이고 $V > U$이다.)

① $\rho A(V-U)^2$ ② $\rho A(V+U)^2$
③ $\rho A(V-U)$ ④ $\rho A(V+U)$

풀이 분류(Jet)가 고정판에 수직으로 충돌 시 평판에 미치는 힘(F)
$F = \rho Q(V_2 - V_1) = \rho A V(V_2 - V_1)$
∴ $F = \rho Q V = \rho A V^2$

96 기계효율 η_m, 수력효율 η_h, 체적효율 η_v라고 할 때 펌프의 총효율은?

① $\eta = \eta_m \cdot \eta_h / \eta_v$ ② $\eta = \eta_m \cdot \eta_v / \eta_h$
③ $\eta = \eta_m \cdot \eta_h \cdot \eta_v$ ④ $\eta = \eta_v \cdot \eta_h / \eta_m$

풀이 $\eta = \eta_m \times \eta_h \times \eta_v$

97 원형관 내를 유체가 흐르고 있을 때 경계층이 완전히 성장하여 일정한 속도분포를 유지하면서 흐르는 흐름을 무엇이라고 하는가?

① 난류 ② 층류
③ 플러그(Plug) 흐름 ④ 완전히 발달된 흐름

풀이 완전히 발달된 흐름 : 원형관 내 경계층이 성장하여 일정한 속도분포 유지의 흐름이다.

98 Hagen-Poiseuille식에 대한 설명으로 옳은 것은?

① 유체흐름과 온도의 관계식이다.
② 층류의 경우 압력손실을 구하는 데 사용된다.
③ 층류의 운동에너지와 위치에너지의 관계를 나타낸다.
④ 임계속도를 나타내는 식이다.

정답 94 ① 95 ① 96 ③ 97 ④ 98 ②

풀이 수평원관 속에서의 층류유동
Hagen-Poiseuille Flow 압력강하
$$\Delta p = \frac{128\mu LQ}{\pi d^4}$$
압력손실수두 $\dfrac{\Delta p}{r} = \dfrac{128\mu LQ}{r\pi d^4}$

99 경사각이 30°인 경사관식 압력계의 눈금 차이가 40cm였다. 이때 양단의 차압($P_1 - P_2$)을 구하면 약 몇 kPa인가?(단, 비중이 0.8인 기름을 사용한다.)

① 1.57　　　　　② 1.96
③ 3.14　　　　　④ 3.92

풀이 $P_1 = P_2 + rx\sin\theta$, 40cm = 400mm
$h = 400 \times \sin30° = 200\text{kgf/mm}^2 = 0.02\text{kgf/cm}^2$
$\therefore \left(101.325 \times \dfrac{0.02}{1.033}\right) \times 0.8 = 1.57\text{kPa}$

100 전양정 30m, 송출량 7.5m³/min, 펌프 효율 0.8인 펌프의 수동력은 약 몇 kW인가?(단, 물의 밀도는 1,000kg/m³이다.)

① 29.4　　　　　② 36.8
③ 42.8　　　　　④ 46.8

풀이 $\text{kW} = \dfrac{r \times Q \times H}{102 \times 60 \times \eta}$ (축동력)
$\therefore \dfrac{1,000 \times 7.5 \times 30}{102 \times 60 \times 0.8} = 45.96\text{kW}$(수동력)

101 다음 중 가정에서 사용하는 수도꼭지와 같은 것으로 다소 섬세한 유량조절이 필요할 때 가장 많이 사용되는 밸브는 어느 것인가?

① 게이트 밸브　　　　② 글로브 밸브
③ 체크 밸브　　　　　④ 나비 밸브

풀이 글로브 밸브: 섬세한 유량 조절이 용이하다.

정답 99 ①　100 ④　101 ②

102 다음 무차원수의 정의 중 옳은 것은?

① Froude NO. = $\dfrac{관성력}{중력}$
② Euler NO. = $\dfrac{관성력}{압력}$
③ Reynolds NO. = $\dfrac{점성력}{관성력}$
④ Mach NO. = $\dfrac{관성력}{점성력}$

풀이
- 레이놀즈 수 = $\dfrac{관성력}{점성력}$
- 마하 수 = $\dfrac{속도}{음속}$
- 프루드 수 = $\dfrac{관성력}{중력}$
- 오일러 수 = $\dfrac{압축력}{관성력}$

103 성능이 동일한 n대의 펌프를 서로 병렬로 연결하고 원래와 같은 양정에서 작동시킬 때 유체의 토출량은?

① $\dfrac{1}{n}$로 감소한다.
② n배만큼 증가한다.
③ 원래와 동일하다.
④ $\dfrac{1}{2n}$로 감소한다.

풀이
- 병렬연결 : 유량 증가, 양정 일정
- 직렬연결 : 유량 일정, 양정 증가

104 가역 단열과정에서 엔트로피의 변화 ΔS를 옳게 설명한 것은?

① ∞이다.
② 0보다 크고 1보다 작다.
③ 1이다.
④ 0이다.

풀이 가역 단열과정에서 엔트로피의 변화는 0이다.

105 다음 중 맥동현상의 발생원인으로 가장 거리가 먼 것은?

① 펌프의 유량 변동이 있을 때
② 배관 중에 수조나 공기조가 있을 때
③ 유량조절 밸브나 수조나 공기조 뒤에 있을 때
④ 안전판이 설치되어 있지 않을 때

풀이 안전판은 맥동현상(저압에서 발생)과는 관련이 없다.

정답 102 ① 103 ② 104 ④ 105 ④

106 축동력을 L, 기계의 손실동력을 L_m이라고 할 때 기계효율 η_m을 옳게 나타낸 것은?

① $\eta_m = \dfrac{L - L_m}{L_m}$
② $\eta_m = \dfrac{L - L_m}{L}$
③ $\eta_m = \dfrac{L_m - L}{L}$
④ $\eta_m = \dfrac{L_m - L}{L_m}$

풀이 기계효율 $\eta_m = \dfrac{L - L_m}{L}$

107 평판에서 발생하는 층류 경계층의 두께는 평판선단으로부터의 거리 x와 어떤 관계가 있는가?

① x에 반비례한다.
② $x^{\frac{1}{2}}$에 반비례한다.
③ $x^{\frac{1}{2}}$에 비례한다.
④ $x^{\frac{1}{3}}$에 비례한다.

풀이
- 선단에서 얼마의 거리까지는 흐름이 안정된 곳이 생기는데 이 구역이 층류 경계층이다.
- 경계층의 두께는 평판선단으로부터의 거리 x와 $x^{\frac{1}{2}}$에 비례한다.

108 반지름 30cm인 원통 속에 물을 담아 20rpm으로 회전시킬 때 수면의 가장 높은 부분과 가장 낮은 부분의 높이차는 약 몇 m인가?

① 0.002
② 0.02
③ 0.2
④ 2

풀이
$V = w \cdot r = 2\pi r n / 60$
$= 2 \times 3.14 \times 0.3 \times 20/60 = 0.628 \, \text{m/sec}$
$h = \dfrac{(w \cdot r)^2}{2g} = \dfrac{(0.628)^2}{2 \times 9.8} = 0.02 \, \text{m}$

109 다음 중 펌프작용이 단속적이므로 맥동이 일어나기 쉬워 이를 완화하기 위하여 공기실을 필요로 하는 펌프는?

① 원심펌프
② 기어펌프
③ 수격펌프
④ 왕복펌프

풀이 왕복펌프
작용이 단속적이며 맥동이 일어나기 쉽다(공기실이 필요하다).

정답 106 ② 107 ③ 108 ② 109 ④

110 유적선에 대한 설명으로 가장 적합한 것은?

① 유체입자가 일정한 기간 동안 움직인 경우
② 임의의 순간에 모든 점의 속도가 동일한 유동선
③ 에너지가 같은 점을 연결한 선
④ 모든 유체 입자의 순간 궤적

풀이 유적선 : 유체입자가 일정한 기간 동안 움직인 경로

111 LPG 이송 시 탱크로리 상부를 가압하여 액을 저장탱크로 이송시킬 때 사용되는 동력장치는 무엇인가?

① 원심펌프 ② 압축기
③ 기어펌프 ④ 송풍기

풀이 압축기 : LPG 이송 시 탱크로리 상부를 가압하여 액을 저장탱크로 이송시킨다.

112 이상기체를 등온 압축할 때 체적탄성계수를 옳게 나타낸 것은?(단, k는 비열비, P는 압력이다.)

① k ② $\dfrac{1}{P}$
③ kP^2 ④ P

풀이 체적탄성계수 K는 비례상수이며, 온도와 무관하다.

$$\therefore K = -\dfrac{\Delta P}{\Delta \dfrac{V}{V}} = -\dfrac{dP}{\dfrac{dV}{V}} = P$$

113 지름이 1m인 관 속을 3,600m³/h로 흐르는 유체의 평균유속은 약 몇 m/s인가?

① 1.27 ② 2.47
③ 4.78 ④ 5.36

풀이 3,600m³/h = 1m³/s

$$V = \dfrac{Q}{A} = \dfrac{1}{\dfrac{3.14}{4} \times (1)^2} = 1.27 \text{m/s}$$

정답 110 ① 111 ② 112 ④ 113 ①

114 펌프의 운전 중 공동현상(Cavitation)이 발생하였을 때 나타나는 현상이 아닌 것은?

① 효율의 감소
② 펌프의 소음 및 진동
③ 펌프 깃의 마모
④ 양정의 증가

풀이 캐비테이션 현상
- 소음 진동 발생
- 효율 감소
- 펌프 깃의 마모

115 다음 그림은 동일한 물체 A, B, C를 물, 수은, 식용유 속에 넣었을 때 떠 있는 모양을 나타낸 것이다. 부력은 어떻게 되는가?

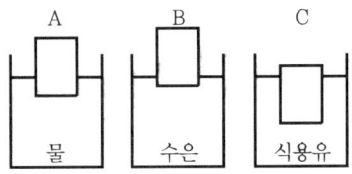

① A가 가장 크다.
② B가 가장 크다.
③ C가 가장 크다.
④ 모두 같다.

풀이 동일한 물체이므로 부력은 같다.

116 도관 단면의 급격한 팽창에 따른 손실수두를 나타내는 식은?(단, V_a는 초기 단면에서의 평균유속, V_b는 팽창 단면에서의 평균유속, g는 중력가속도이다.)

① $(V_a - V_b)^3$
② $V_a - V_b$
③ $\dfrac{(V_a - V_b)^2}{2g}$
④ $\dfrac{(V_a - V_b)}{2g}$

풀이 손실수두 = $\dfrac{(V_a - V_b)^2}{2g}$

117 수평관 속에 유체가 정상적으로 흐를 때 마찰손실은?

① 유속의 제곱에 비례해서 변한다.
② 원관의 길이에 반비례해서 변한다.
③ 압력변화에 반비례해서 변한다.
④ 원관 내경의 제곱에 반비례해서 변한다.

풀이 수평관 속에서 마찰손실은 정상 흐름에서 유속의 제곱에 비례해서 변한다.

정답 114 ④ 115 ④ 116 ③ 117 ①

118 관에서의 마찰계수(f)에 대한 일반적인 설명으로 옳은 것은?

① 레이놀즈수와 상대조도의 함수이다.
② 마하수와의 함수이다.
③ 점성력과는 관계가 없다.
④ 관성력만의 함수이다.

풀이 마찰계수(f) : 레이놀즈수와 상대조도의 함수이다.

119 정지 공기 속을 비행기가 360km/h의 속도로 날아간다. 이 비행기에 있는 직경 2m인 프로펠러를 통해 공기 400m³/s가 배출된다고 할 때 이론효율은 약 몇 %인가?

① 39
② 44
③ 79
④ 88

풀이 $\dfrac{360 \times 1{,}000}{3{,}600} = 100 \text{m/s}$

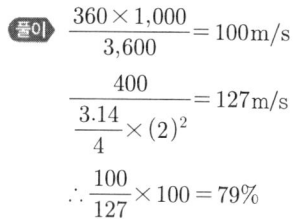

$\therefore \dfrac{100}{127} \times 100 = 79\%$

120 다음 중 유적선(Path Line)을 가장 옳게 설명한 것은?

① 곡선의 접선방향과 그 점의 속도방향이 일치하는 선
② 속도벡터의 방향을 갖는 연속적인 가상의 선
③ 유체입자가 주어진 시간 동안 통과한 경로
④ 모든 유체입자의 순간적인 궤적

풀이 유적선 : 유체입자가 주어진 시간 동안 통과한 경로

121 다음 중 파스칼의 원리를 가장 바르게 설명한 것은?

① 밀폐 용기 내의 액체에 압력을 가하면 압력은 모든 부분에 동일하게 전달된다.
② 밀폐 용기 내의 액체에 압력을 가하면 압력은 가한 점에만 전달된다.
③ 밀폐 용기 내의 액체에 압력을 가하면 압력은 그 반대편에만 전달된다.
④ 밀폐 용기 내의 액체에 압력을 가하면 압력은 가한 점으로부터 일정한 간격을 두고 차등적으로 전달된다.

풀이 파스칼의 원리 : 밀폐 용기 내의 액체에 압력을 가하면 압력은 모든 부분에 동일하게 전달된다.

정답 118 ① 119 ③ 120 ③ 121 ①

122 다음 중 무차원수가 아닌 것은?(단, F는 힘, V는 선속도, $|\Delta P|$는 압력차, ρ는 밀도, μ는 점도, D는 관의 내경, L은 길이, g는 중력가속도이다.)

① $\dfrac{|\Delta P|}{2\mu^2}$ ② $\dfrac{\rho VD}{\mu}$

③ $\dfrac{V^2}{Lg}$ ④ $\dfrac{F}{\rho V^2 L^2}$

풀이 $Re = \dfrac{\rho VD}{\mu}$, $Fr = \dfrac{V^2}{Lg}$

123 안지름 200mm인 관 속을 흐르고 있는 공기의 평균풍속이 20m/sec라면 공기는 매초 몇 kg/sec이 흐르겠는가?(단, 관 속의 정압은 2kg/cm² abs, 온도는 15℃, 공기의 기체상수 $R = 29.27$kg · m/kg · K이다.)

① 1.49kg/sec ② 2.25kg/sec
③ 3.37kg/sec ④ 4.30kg/sec

풀이 단면적 $= \dfrac{\pi}{4} \times (0.2)^2 = 0.0314\text{m}^2$

유량 $= 0.0314 \times 20 = 0.628\text{m}^3/\text{s}$

$A = A \cdot V = \overline{V}$, $PV = GRT$, $V = \dfrac{GRT}{P}$, $A \cdot V = \dfrac{GRT}{P}$,

$G = \dfrac{PAV}{RT} = \dfrac{2 \times 10^4 \times \dfrac{3.14 \times 0.2^2}{4} \times 20}{29.27 \times (15+273)} = 1.49\text{kg/sec}$

124 안지름이 0.2m인 실린더 속에 물이 가득 채워져 있고, 바깥지름이 0.18m인 피스톤이 0.05m/sec의 속도로 주입되고 있다. 이때 실린더와 피스톤 사이의 틈으로 역류하는 물의 속도는?

① 0.113m/sec ② 0.213m/sec
③ 0.313m/sec ④ 0.413m/sec

풀이 실린더 틈 사이로 이동하는 $Q_A = d_A \times V = Q_T$(실린더 이동에 의해 줄어드는 물의 양)

$Q_T = \dfrac{3.14 \times (0.18)^2}{4} \times 0.05 = 0.00127\text{m}^3/\text{s}$

∴ $V = \dfrac{Q_T}{d_A} = \dfrac{0.00127}{\dfrac{3.14}{4}(0.2^2 - 0.18^2)} = 0.213\text{m/s}$

정답 122 ① 123 ① 124 ②

125 내경 0.0526m인 철관 내를 점도가 0.01kg/m·s이고 밀도가 1,200kg/m³인 액체가 1.16m/s의 평균 속도로 흐를 때 Reynolds수는 얼마인가?

① 36.61
② 3,661
③ 732.2
④ 7,322

풀이 MLT 점성계수 단위는 kg/m·s
$$Re = \frac{\rho Vd}{\mu} = \frac{Vd}{\nu} = \frac{1,200 \times 1.16 \times 0.0526}{0.01} = 7,321.9$$

126 펌프의 흡입압이 유체의 증기압보다 낮은 경우, 유체가 Vapor Pocket을 형성하고 그 결과로 Pumping이 중단되는 현상을 무엇이라고 하는가?

① Cavitation
② Water Hammer
③ Shock Head Loss
④ Air Binding

풀이 캐비테이션 : 베이퍼록(공동현상)

127 그림과 같이 지름 0.04m인 관이 분기되었다가 C지점에서 만난다. A지점의 유체(물)가 60m/sec의 속도로 움직여서 B지점에서 30m/sec 유입되는 본류와 C지점에서 충돌했을 때 고정평판이 받는 힘은?

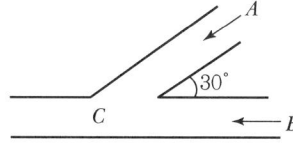

① 56.7kg
② 113.3kg
③ 156.5kg
④ 203.9kg

풀이 $Q_A = Q_B$, $\frac{\pi}{4}D_A^2 V_A = \frac{\pi}{4}D_B^2 V_B$

$$D_A = \sqrt{D_B^2 \times \frac{V_B}{V_A}} = \sqrt{0.04^2 \times \frac{30}{60}} = 0.028$$

$F = \rho QV \sin Q$
$= 102 \times \left(\frac{\pi}{4} \times 0.028^2 \times 60\right) \times 60 \times \sin 30°$
$= 113.05\text{kgf}$

정답 125 ④ 126 ① 127 ②

128 직경이 4cm인 파이프로 비중이 0.8인 기름을 314g/min의 유량으로 수송한다면 이 파이프 안에서 기름의 평균속도는 약 몇 cm/min인가?

① 25.3   ② 31.2   ③ 50.3   ④ 62.5

풀이 $A = \dfrac{3.14}{4} \times 4^2 = 12.56 \text{cm}^2$

$314 = 12.56 \times V \times 0.8$

$V = \dfrac{314}{12.56 \times 0.8} = 31.25 \text{cm/min}$

129 원통형 기름탱크의 깊이가 63ft인데, 밀도 45lbm/ft³인 기름이 들어 있고 상부는 대기로 열려 있다. 이 탱크 바닥에서의 계기압력은?

① 16.5lbf/in²   ② 17.7lbf/in²   ③ 18.6lbf/in²   ④ 19.7lbf/in²

풀이 $P = \rho h \,(1\text{ft} = 12\text{inch})$

$= 45\text{lbm/ft}^3 \times 63\text{ft} = 2,835\text{lbm/ft}^2 \times \left(\dfrac{1\text{ft}}{12\text{in}}\right)^2 = 19.7\text{lbf/in}^2$

130 베르누이 방정식에 관한 일반적인 설명으로 옳은 것은?

① 같은 유선상이 아니더라도 언제나 임의의 점에 대하여 적용된다.
② 주로 비정상류 상태의 흐름에 대하여 적용된다.
③ 유체의 마찰효과를 고려한 식이다.
④ 압력항, 속도항, 위치수두항의 합은 일정하다.

풀이 $\dfrac{P_1}{r} + \dfrac{V_1^2}{2g} + Z_1 = \dfrac{P_2}{r} + \dfrac{V_2^2}{2g} + Z_2 = H$

압력수두 + 속도수두 + 위치수두 = 전수두

131 지름이 20mm인 관 내부를 유체(물)가 층류로 흐를 수 있는 최대평균속도(m/sec)는?(단, 물의 점성계수 $\mu = 1.173 \times 10^{-4}$ kgf·s/m²이고, 임계 레이놀즈수는 2,320이다.)

① 133.4m/s   ② 13.34m/s   ③ 1.334m/s   ④ 0.1334m/s

풀이 점성계수 : kgf·sec/m²

$2,320 = \dfrac{1,000 \times 0.02 \times V}{1.173 \times 10^{-4}}$

$\therefore V = \dfrac{2,320 \times 1.173 \times 10^{-4}}{1,000 \times 0.02} = 0.13 \text{m/s}$

정답 128 ② 129 ④ 130 ④ 131 ④

또는

동점성계수$(\nu) = \dfrac{9.81 \times 1.173 \times 10^{-4}}{1,000} = 0.00000115071\,\text{m}^2/\text{s}$

$\therefore V = \dfrac{2,320 \times 0.00000115071}{0.02} = 0.1334\,\text{m/s}$

132 일반적으로 다음의 장치에 발생하는 압력차가 작은 것부터 큰 순서대로 옳게 나열한 것은?

① 송풍기<팬<압축기　　　　　　② 압축기<팬<송풍기
③ 팬<송풍기<압축기　　　　　　④ 송풍기<압축기<팬

풀이 압력차 순서 : 팬<송풍기<압축기

133 내경(d)이 25cm, 길이(L)가 400m인 관에 평균속도(V) 1.32m/s로 물이 흐르고 있다. 관의 마찰계수(f)가 0.0422일 때, 손실수두(H)는?

① 4.8m　　　　　　　　　　　　② 6m
③ 7.6m　　　　　　　　　　　　④ 12m

풀이 $H_L = f \dfrac{L}{d} \cdot \dfrac{V^2}{2g}$

$\therefore 0.0422 \times \dfrac{400}{0.25} \times \dfrac{(1.32)^2}{2 \times 9.8} = 6\,\text{m}$

134 25℃ 대기압에서 공기가 평판상을 25m/s의 속도로 흐를 때, 선단으로부터 2cm인 곳의 경계층의 두께는 얼마인가?(단, 공기의 동점성계수는 $15.68 \times 10^{-6}\,\text{m}^2/\text{s}$이고, 상수값은 4.65로 한다.)

① 0.32mm　　　　　　　　　　　② 0.52mm
③ 3.20mm　　　　　　　　　　　④ 5.20mm

풀이 $\delta = 4.65 \sqrt{\dfrac{(15.68 \times 10^{-6}) \times (0.02)}{25}} = 0.52\,\text{mm}$

135 내경 1.6cm인 관에서의 레이놀즈수가 23,000이었다. 관을 축소하여 내경을 0.4cm로 했을 때 레이놀즈수는 얼마인가?(단, 유량의 변화는 없다.)

① 23,000　　　　　　　　　　　② 46,000
③ 92,000　　　　　　　　　　　④ 115,000

정답 132 ③　133 ②　134 ②　135 ③

풀이) $Re = 23,000 \times \dfrac{1.6}{0.4} = 92,000$

※ Re가 약 2,100보다 작으면 층류, Re가 4,000을 넘으면 난류이다.

136 그림에서와 같이 파이프 내로 비압축성 유체가 층류로 흐르고 있다. A점에서 최대유속 1m/s을 갖는다면 R점에서의 유속은 몇 m/s인가?(단, 관의 직경은 10cm이다.)

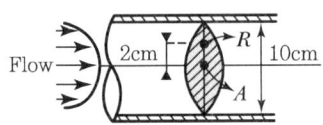

① 0.36
② 0.60
③ 0.84
④ 1.00

풀이) 중심선 A점보다 사이드 측면 R점의 유속이 낮다.
$$U = U_{max}\left(1 - \dfrac{r^2}{r_o^2}\right) = 1 \times \left(1 - \dfrac{0.02^2}{0.05^2}\right) = 0.84$$

137 개수로 유동(Open Channel Flow)에 관한 설명으로 옳지 않은 것은?

① 수력구배선은 자유표면과 일치한다.
② 에너지 선은 수면 위로 속도 수두만큼 위에 있다.
③ 수평선과 에너지 선의 차이가 손실 수두이다.
④ 개수로에서 바닥면의 압력은 항상 일정하다.

풀이) 개수로에서는 유속과 유량이 일정치 않으므로 바닥면의 압력이 일정하지 않다.

138 지름이 8cm인 파이프 안으로 비중이 0.8인 기름을 30kg/min의 질량유속으로 수송하면 파이프 안에서 기름이 흐르는 평균속도는 약 몇 m/min인가?

① 7.46
② 17.46
③ 20.46
④ 27.46

풀이) $0.8 = 800 \text{kg/m}^2$, $\dfrac{30}{60} = 0.5 \text{kg/s}$

$30 = 800 \times \dfrac{3.14}{4} \times (0.08)^2 \times V$

$800 \times \dfrac{3.14}{4} \times (0.08)^2 = 4.0192 \text{m}^2$

∴ $V = \dfrac{30}{4.0192} = 7.46 \text{m/min}$

정답) 136 ③ 137 ④ 138 ①

139 내경이 52.9mm인 강철관에 공기가 흐를 때 한 단면에서 압력이 3atm, 온도가 20℃, 평균유속이 75m/s이며, 이 관의 하부에 내경 67.9mm의 강철관이 접속되어 있고 압력이 2atm, 온도가 30℃라면 이 점에서의 평균유속은 약 몇 m/s인가?(단, 공기는 이상기체로 가정한다.)

① 45.6　　　　② 50.6
③ 65.6　　　　④ 70.6

풀이

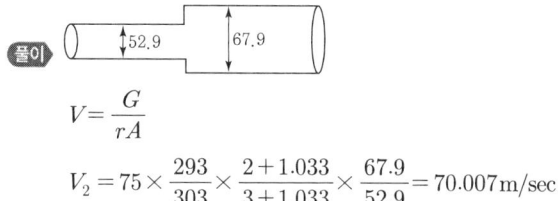

$$V = \frac{G}{rA}$$

$$V_2 = 75 \times \frac{293}{303} \times \frac{2+1.033}{3+1.033} \times \frac{67.9}{52.9} = 70.007 \, \text{m/sec}$$

140 벤투리관에 대한 설명으로 옳지 않은 것은?

① 유체는 벤투리관 입구부분에서 속도가 증가하며 압력 에너지의 일부가 속도 에너지로 바뀐다.
② 실제유체에서는 점성 등에 의한 손실이 발생하므로 유량계수를 사용하여 보정해 준다.
③ 유량계수는 벤투리관의 치수, 형태 및 관내벽의 표면 상태에 따라 달라진다.
④ 벤투리유량계는 확대부의 각도를 20~30°, 수축부의 각도를 6~13°로 하여 압력손실이 적다.

풀이　벤투리미터의 확대부는 손실을 최소화하기 위해 그 원추각이 5~7°로 되어 있다.

141 유체의 흐름에 대한 설명으로 다음 중 옳은 것은?

㉠ 난류의 전단응력은 레이놀즈 응력만으로 표시할 수 있다.
㉡ 후류는 박리가 일어나는 경계로부터 하류구역을 뜻한다.
㉢ 유체와 고체벽 사이에는 전단응력이 작용하지 않는다.

① ㉠, ㉢　　② ㉡　　③ ㉠, ㉡　　④ ㉢

풀이　• 고체는 전단력에 저항하는 물질이다.
　　• 후류란 박리가 일어나는 경계로부터 하류구역을 뜻한다.
　　• 난류의 전단응력은 레이놀즈 응력만으로 표시할 수 있다.

142 진공 게이지 압력이 0.10kgf/cm²이고, 온도가 20℃인 기체가 계기압력 7kgf/cm²로 등온압축되었다. 이때 최후의 체적비는 얼마인가?(단, 대기압은 720mmHg이다.)

① 0.11　　　　② 0.14
③ 0.98　　　　④ 1.41

정답　139 ④　140 ④　141 ③　142 ①

풀이 $0.10 \times \frac{760}{720} = 0.1055 ≒ 0.11$

143 유체 수송 기계 중 주로 비압축성 유체의 수송에 쓰이는 기계는?
① 압축기(Compressor) ② 송풍기(Blower)
③ 팬(Fan) ④ 펌프(Pump)

풀이 펌프는 비압축성 유체의 수송에 쓰인다.
※ 비압축성 유체 : 유체에 힘이 가해졌을 때 밀도 변화가 없다.

144 그림과 같이 하단의 물과 상단의 기름 경계면까지 높이가 5m일 때 출구에서의 유속 V는 약 몇 m/s인가?(단, 기름의 비중 S는 0.9이다.)

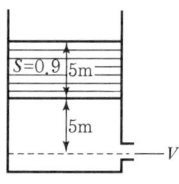

① 13.65 ② 14.65
③ 15.65 ④ 16.65

풀이 $5 \times 0.9 = 4.5m$, $H = 5 + 4.5 = 9.5mAq$
$\therefore k\sqrt{2gh} = \sqrt{2 \times 9.81 \times 9.5} = 13.65 m/s$

145 비중 0.8, 점도 5cP의 유체를 1m/s의 속도로 안지름 10cm인 관을 사용하여 2km까지 수송한다. 이때의 두손실은 약 몇 kgf · m/kg인가?
① 2.25 ② 4.08 ③ 22.5 ④ 40.8

풀이 2km = 2,000m, 1m = 100cm
$\frac{0.8 \times 100 \times 10}{5 \times 10^{-2}} = 16,000 Re$
$f = \frac{64}{Re} = \frac{64}{16,000} = 0.004$
$\therefore 0.004 \times \frac{2,000}{0.1} \times \frac{(1)^2}{2 \times 9.8} = 4.08$

정답 143 ④ 144 ① 145 ②

CHAPTER 003 유체 동역학

SECTION 01 압축성 유체의 흐름

1. 유체의 흐름

1) 레이놀즈수(Reynolds Number)

무차원인 레이놀즈수는 일정한 원판에서 실험에 의해 층류에서 난류로 변화하는 것은 유속만의 함수가 아니고 유체의 속도, 점성, 관지름에 관계 있다.

$$\text{즉, 레이놀즈수}(Re) = \frac{\rho UD}{\mu} = \frac{UD}{\nu}$$

여기서, ρ : 유체의 밀도, U : 유체의 평균속도
D : 관의 지름, μ : 유체의 점성계수
ν : 동점성계수

2) 층류 난류의 구분

(1) 층류(Laminar Flow) : 유체가 규칙적으로 정연하게 층상을 이루며 흐르는 것
(2) 난류(Turbulent Flow) : 유체가 불규칙하게 층상이 분산하여 산란을 일으키며 흐르는 것
(3) 레이놀즈수의 구분
   ① 층류 : $Re < 2,100$
   ② 난류 : $Re > 4,000$
   ③ 천이 영역(Transition Zone) : 층류 유동에서 난류로 전이되는 유동($2,100 < Re < 4,000$)

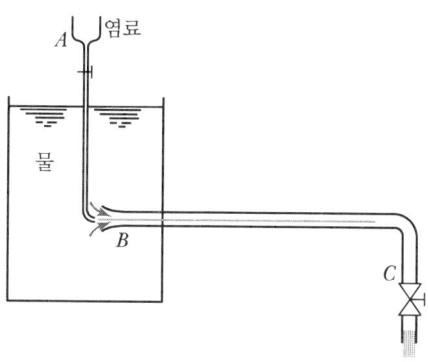

‖ 레이놀즈의 실험 ‖

3) 경계층이론

경계층이란 어떤 물체의 경계면에 인접한 지역으로서 경계면에 의하여 발생하는 전단 저항 때문에 유체의 유속이 변화하는 영역을 지칭한다. 이 경우 연속방정식과 Navier-Stocke 방정식으로 표현할 수 있다.

2. 관벽에서의 전단응력

둥근 관에서 정상 유동할 때 반지름 r인 유체 관벽에 미치는 전단응력 τ는 다음 식으로 구한다.

$$\tau = -\frac{dp}{dl} \cdot \frac{r}{2}$$

여기서, dp : 압력강화(손실)
dl : 관의 길이
r : 원형 반지름

① 관 중심에서 속도가 최대이므로 최대속도($U_{\max}$)는 다음과 같다.

$$U_{\max} = \frac{r_0^2}{4\mu} \cdot \frac{dp}{dl}$$

② 관 내부 속도 분포

$$\frac{U}{U_{\max}} = 1 - \frac{r^2}{r_0^2}$$

전단응력은 관 중심에서 0이고 반지름에 비례하면서 관벽까지 직선으로 증가한다.

③ 하겐-푸아죄유 방정식(Hagen-Poiseuille Equation) 유량

$$Q(유량) = \frac{\Delta p \pi r_o^4}{8\mu l} = \frac{\Delta p \pi d^4}{128\mu l} \quad \left(\frac{dp}{dl} = \frac{\Delta p}{L}\right)$$

3. 압력손실

1) 층류 원관 속의 압력손실

전손실수두 단면적이 같은 수평관의 완전히 발달한 유동의 주손실수두는 압력손실을 포기한다.

$$H = f\frac{L}{D} \cdot \frac{U^2}{2g}$$

여기서, H : 전손실수두
f : 마찰계수(Friction Factor, $f = \frac{64}{Re}$)
D : 관지름
L : 관길이
U : 유체의 속도
g : 중력가속도

전손실수두와 에너지 방정식을 적용하면

$$H = 32 \cdot \frac{L}{D} \cdot \frac{\mu U}{\rho D} \quad (\rho : 유체의 밀도)$$

2) 난류 원관 속의 압력손실

Darce-Wesibach의 실험에 의해 난류 흐름에는 다음 사실이 증명되고 층류와 동일한 식이 적용된다.

① 압력손실은 관길이에 비례한다.
② 압력손실은 거의 속도의 자승에 비례한다.
③ 압력손실은 거의 관지름에 역비례한다.
④ 압력손실은 관 내부의 표면거칠기(Roughness)에 영향을 받는다.
⑤ 압력손실은 유체의 특성, 즉 밀도와 점도에 영향을 받는다.
⑥ 압력손실은 압력의 영향은 받지 않는다.

3) 비원형 관로에서 압력손실

보통 비원형상을 갖는 관에 대한 마찰손실 수두는 Fanning식으로 다음과 같다.

$$H(압력손실) = f\frac{L}{4Rh} \cdot \frac{rU^2}{2g}$$

여기서, Rh : 수력반지름 또는 유체평균길이
L : 길이
r : 비중량($r = pg$)
U : 유체의 평균속도
g : 중력가속도

4) 부차의 손실(Mirolosses)

직관 외의 단면 변화로 곡면부 밸브 기타 부속품에서 생기는 손실을 부차손실이라 하며 다음과 같다.

$$H = K\frac{U^2}{2g}$$

여기서, K : 손실계수, U : 유체의 속도, g : 중력가속도

4. 유체 속 물체의 항력과 양력

1) Sotkes의 법칙

점성 비압축성 유체 중에 구형 물체가 움직일 때 항력은 마찰저항이 지배적이다. 특히 유속이 비교적 낮은 속도로 움직이고, 레이놀드수가 1보다 작으면 박리가 존재한다는 법칙으로 다음과 같다.

$$D = 6\pi r_0 \mu U$$

여기서, D : 항력, r_0 : 구형반경
μ : 점성계수, U : 구의 유정속도

2) 일반 물체의 항력

유동 유체 속의 물체에 운동속도 방향성분의 합을 항력(Drag Force)이라 하며 다음과 같다.

$$D = C_D A \frac{\rho U^2}{2}$$

여기서, C_D : 항력계수
A : 유동방향에 수직인 면적
ρ : 유체의 밀도
U : 유체의 속도

3) 일반 물체의 양력

유체 흐름에 의해 직각 방향으로 위로 작용하는 힘을 양력(Lift Force)이라 하며 다음과 같다.

$$L = C_L A \frac{\rho U^2}{2}$$

여기서, L : 양력
C_L : 양력계수, A : 유동방향의 면적
ρ : 유체의 밀도, U : 자유유동 속도

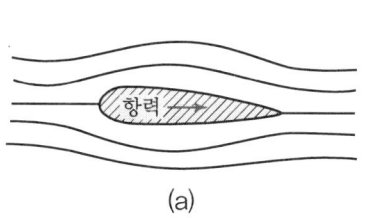
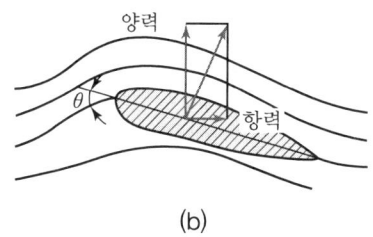

(a)　　　　　　　　　　　　(b)

❚ 항력과 양력 ❚

SECTION 02 차원해석과 상사 법칙

1. 파이(π)정리(Buckingham의 정리)

물리량 n개를 함유하고 있는 임의의 물리적 관계에서 기본차원수를 m개라 할 때 물리적 관계는 $(n-m)$개의 서로 독립된 무차원수의 함수로 나타낼 수 있다.

즉, 물리량 $A_1 A_2 A_3 \cdots\cdots A_n$에 대하여 $f(A_1 A_2 A_3 \cdots\cdots A_n)=0$

위 식은 $(n-m)$개의 무차원의 수 $\pi_1 \pi_2 \pi_3 \cdots\cdots \pi_{n-m}$의 함수로 고쳐 쓸 수 있다.

$f(\pi_1 \pi_2 \pi_3 \cdots\cdots \pi_{n-m})=0$

2. 기하학적 상사(Geometric Similitude)

실형 유동(Proto Type)과 모형 유동(Model Type) 사이에 서로 대응하는 기하학적 차원(크기 차원)이 모두 동일할 때 두 형은 기하학적 상사가 존재한다.

길이 $= \dfrac{L_m}{L_p} = Lr$

면적 $= \dfrac{A_m^2}{A_p^2} = Lr^2$

체적 $= \dfrac{V_m^3}{V_p^3} = Lr^3$

3. 운동학적 상사(Kinematic Similitude)

실형과 모형의 주위에 흐르는 유체의 움직임이 기하학적으로 상사할 때, 즉 유선이 기하학적으로 상사할 때 두 형은 운동학적 상사가 존재한다고 말한다. 운동학적으로 상사한 두 유동 사이에는 서로 대응하는 점에서 속도가 평행하여야 하며 속도비는 모든 대응점에서 같다.

1) 시간의 비 : λ_T

t_p : 원형의 시간, t_m : 모형의 시간일 때 시간비 λ_T는

$$t_p/t_m = \lambda_T = 상수$$

2) 속도의 비 : λ_R

V_p : 원형의 속도, V_m : 모형의 속도일 때 λ_R는 $V_p = L_p/t_p$, $V_m = L_m/t_m$ 이므로

$$V_p/V_m = \frac{L_p/t_p}{L_m/t_m} = \frac{\lambda_G}{\lambda_r} = \lambda_R = 상수$$

3) 가속도의 비 : λ_a

a_p : 원형의 가속도, a_m : 모형의 가속도일 때 가속도의 비 λ_a는

$$\frac{a_p}{a_m} = \frac{V_p/t_p}{V_m/t_m} = \frac{\lambda_T}{\lambda_r} = \lambda_a = 상수$$

4. 역학적 상사(Dynamic Similarity)

기하학적으로 상사하며 운동학적으로 상사한 두 실험과 모형 사이에 대응하는 점에서의 힘(전단력, 관성력, 압력, 중력, 표면장력, 탄성력 등)의 방향이 서로 평행하며 크기비가 같을 때 두 형은 역학적 상사가 존재한다고 말한다. 즉, 두 형 사이에 역학적 관계가 존재하려면 같은 힘의 비로 정의되는 무차원수가 두 형 사이에 존재하여야 한다.

▼ 무차원수

명칭	정의	물리적 의미
레이놀즈수(Reynolds Number)	$Re = \dfrac{\rho VL}{\mu}$	관성력/점성력
프루드수(Froude Number)	$Fr = \dfrac{V}{\sqrt{Lg}}$	관성력/중력
웨버수(Weber Number)	$We = \dfrac{\rho L V^2}{\sigma}$	관성력/표면장력
마하수(Mach Number)	$M_a = \dfrac{V}{C}$	속도/음속
오일러수(Euler Number)	$Eu = \dfrac{\rho V^2}{P}$	관성력/압력
압력계수(Pressure Coefficient)	$P = \dfrac{\Delta P}{\rho V^2 / 2}$	압력/동압
비열비(Specific Heat Ratio)	$r = \dfrac{C_p}{C_v}$	엔탈피/내부 에너지

여기서, V : 속도
C : 음속
μ : 점성계수
σ : 표면장력
P : 압력
L : 길이
g : 중력 가속도
ρ : 밀도
K : 체적탄성계수

5. 압축성 유체

1) 음속(Sonic Velocity)

유체 중의 미소 교란이 일어나 유체의 압력, 밀도가 변화되어 파동이 나타나는데 이때 파동이 진행되는 속도를 음속이라 한다.

(1) 음속(a)

$$a = \sqrt{\dfrac{E}{\rho}}$$

여기서, E : 체적탄성계수
ρ : 밀도

(2) 완전기체의 음속

완전기체의 음속은 절대온도 T의 제곱근에 비례한다.

$$a = \sqrt{kRT}$$

2) 압력의 전파속도

흐르는 유체에 밸브를 잠그면 압력이 증가하여 상류로 파급되어 압력차가 반사된다. 아주 짧은 시간 내에 밸브가 닫힐 때 최대 압력상승이 일어나며 이와 같은 현상을 압력의 전파속도라 한다.

$$\Delta P = \rho a Q (P = \rho h)$$

$$\Delta h = \frac{aQ}{Q}$$

3) 마하수(Mach Number)

유체에 있어서 압축파의 영향을 무시할 수 없다. 이때 물체의 속도(유속) Q가 음속 a보다 작으면 아음속 흐름(Sinbsnic Flow)이라 하고, Q가 a보다 크면 초음속 흐름(Supersonic Flow)이라고 한다. 아음속 흐름과 초음속 흐름을 구분하기 위해 유속(Q)과 음속(a)의 비를 Mach수라 하고 M으로 표시한다.

$$M = \frac{Q}{a} = \frac{Q}{\sqrt{kRT}}$$

또한, 초음속 흐름에서 중심선과의 각을 마하각(Mach Angle) $\sin\theta$로 표시한다.

$$\sin\theta = \frac{a}{Q}$$

4) 단면적이 변하는 관 속에서 아음속 흐름과 초음속 흐름

① 아음속 흐름 $M_a < 1$이다. 단면적이 감소하면 ($dA < 0$), 속도는 증가($du > 0$)하여야 한다.

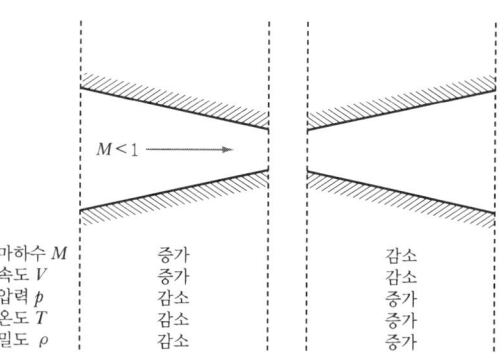

② 초음속 흐름 $M_a > 1$이다. 단면적이 증가하면($dA > 0$), 속도도 증가하여야($du > 0$) 한다.

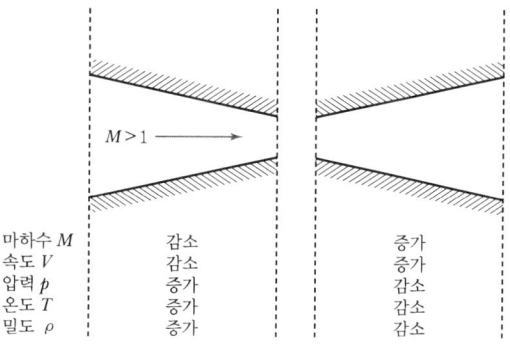

5) 축소 · 확대관

축소관에 확대관으로 연결하면 기체의 흐름은 확대관에서 가속 또는 감속된다. 그림에서 P_a가 P_s로 되는 경우에는 압력은 목부분 P_{th}를 지나서 확대관을 따라 더욱 감소하여 P_s에 이르고 흐름은 아음속에서 목부분을 지나 초음속으로 빨라진다.

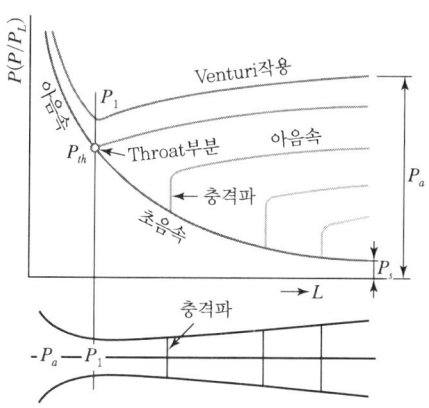

6) 충격파(Shock Wave)

초음속 흐름($M > 1$)이 갑작스럽게 아음속 흐름($M < 1$)으로 변할 경우 기체의 평균 자유행로 정도의 얇은 불연속면이 생긴다. 이때 불연속면의 압력과 밀도는 급격히 증대되어 하나의 충격파로 나타나고, 충격파가 흐르는 방향에 수직일 때는 수직 충격파(Normal Shock Wave), 일정 각도를 이룰 때는 경사 충격파(Oblique Shock Wave)라 한다.
1차원 유동에서는 수직 충격파만 생기는데 상태식은 다음과 같다.

$$M_1^2 = \frac{2 + (k-1)M^2}{2kM_1^2 - (k-1)}$$

$$\frac{P_2}{P_1} = \frac{2kM_1^2 - (k-1)}{k-1}$$

$$\frac{T_2}{T_1} = \frac{[2kM_1^2 - (k-1)]2 + (k-1)M_1^2}{(k+1)^2 M_1^2}$$

$$\frac{\rho_2}{\rho_1} = \frac{(k-1)M_1^2}{2 + (k-1)M_1^2}$$

$$\frac{U_2}{U_1} = \frac{2 + (k-1)M_1^2}{(k+1)M_1^2}$$

여기서, M : 마하수
P : 압력
T : 온도
ρ : 밀도
U : 유속
k : 비열비

7) 완전기체의 등엔트로피 흐름

노즐과 디퓨저에서 일어나는 이상적인 과정의 이상기체의 흐름을 등엔트로피라 하며 다음 식으로 정리한다.

$$h_1 + \frac{u_1^2}{2} = h_2 + \frac{u_2^2}{2}$$

$$h_1 - h_2 = \frac{(u_2^2 - u_1^2)}{2}$$

엔탈피 $h = C_p T = \dfrac{k}{k-1} RT$이 되므로 위 식에 대입하면

$$\frac{k}{k-1} R(T_1 - T_2) = \frac{(u_2^2 - u_1^2)}{2}$$

8) 정체온도, 정체압력, 정체밀도

밀폐탱크에서 노즐을 통하여 기체를 분출시킬 때 주위와 열, 일 등의 출입이 없다면 등엔트로피 흐름이 된다. 이때 탱크 안에서의 유속은 흐름이 없다.

① 정체온도 : $\dfrac{T_0}{T} = 1 + \dfrac{k-1}{2} Ma^2$

② 정체압력 : $\dfrac{P_0}{P} = \left(1 + \dfrac{k-1}{2} Ma^2\right)^{\frac{k}{k-1}}$

③ 정체밀도 : $\dfrac{\rho_0}{\rho} = \left(1 + \dfrac{k-1}{2} Ma^2\right)^{\frac{1}{k-1}}$

여기서, T_0 : 정체온도
P_0 : 정체압력
ρ_0 : 정체밀도
x : 비열비

연습문제

01 압축성 흐름 프로세스에서 그림에 대한 설명으로 옳지 않은 것은?

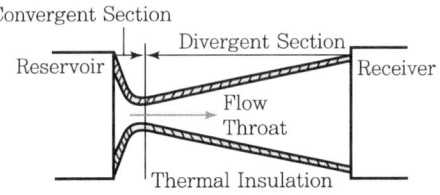

① 등엔트로피 팽창과정이다.
② 이 과정은 면적변화과정이다.
③ 이 과정은 비가역과정이다.
④ 정체온도는 도관에서 변하지 않는다.

풀이 압축성 유체(가역단열과정=등엔트로피 과정)

$$\frac{T_2}{T_1} = \left(\frac{P_2}{P_1}\right)^{\frac{k-1}{k}} = \left(\frac{\rho_2}{\rho_1}\right)^{k-1} = \left(\frac{V_1}{V_2}\right)^{k-1}$$

02 유속은 무시할 수 있고 온도가 30℃인 저장탱크로 공기가 흘러 나온다. 이 흐름이 정상상태 단열일 때 Mach수 2.5인 점의 기체온도는?(단, k는 1.4이다.)

① 108.3℃
② 138.3℃
③ -108.3℃
④ -138.3℃

풀이
$$\frac{T_0}{T} = 1 + \frac{k-1}{2}(M)^2$$

$$T = \frac{(273+30)}{1 + \frac{1.4-1}{2} \times 2.5^2} = 134.667\text{K} = -138.3℃$$

03 정체온도 T_s, 임계온도 T_c, 비열비(C_p/C_v)를 k라 하면 이들의 관계를 옳게 나타낸 것은?

① $\dfrac{T_c}{T_s} = \left(\dfrac{2}{k+1}\right)^{k-1}$

② $\dfrac{T_s}{T_c} = \left(\dfrac{1}{k-1}\right)^{k-1}$

③ $\dfrac{T_c}{T_s} = \left(\dfrac{2}{k+1}\right)$

④ $\dfrac{T_s}{T_c} = \left(\dfrac{1}{k-1}\right)^{\frac{k}{k-1}}$

정답 01 ③ 02 ④ 03 ③

풀이 $\dfrac{T_c}{T_s} = \left[\dfrac{2}{k+1}\right]$, $T_c = T_s\left[\dfrac{2}{K+1}\right]$

04 그림과 같은 관에서 유체가 유동할 때 마하수는 $M_a < 1$이다. 이때 압력과 속도의 변화에 대해서 맞게 설명한 것은?(단, 압력은 P, 속도는 V로 표시함)

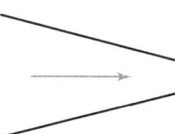

① d_V : 증가, d_P : 감소
② d_V : 증가, d_P : 증가
③ d_V : 감소, d_P : 감소
④ d_V : 감소, d_P : 증가

풀이 • 마하수$(M) = \dfrac{V(속도)}{C(음속)} = \dfrac{V}{\sqrt{kRT}}$
  • 아음속 : 속도 V가 음속 C보다 작은 경우
  • 초음속 : 속도 V가 음속 C보다 큰 경우
위 그림은 아음속 흐름을 나타내며 속도증가, 압력감소, 밀도감소가 된다.

05 압축성 유체가 공기 중에 노출되어 단열되지 않은 관을 통해 흐르고 있을 때, 음향속도 a와 최대속도 a'의 관계식은 $a = a'\sqrt{r}$ 이다. 이때 압축성 유체가 공기인 경우 $\sqrt{r}$의 값은?

① 1.4
② $\sqrt{1.4}$
③ $\sqrt{1.2}$
④ 1.8

풀이 공기의 점성을 무시한 비열비는 1.4이다.

06 이상기체에서 음속은 다음 중 무엇에 비례하는가?

① 절대압력
② 밀도
③ 절대온도
④ 가스정수의 역수

풀이 이상기체에서 음속은 절대온도에 비례한다.

정답 04 ① 05 ② 06 ③

07 제트엔진이 300m/sec에서 작동하여 30kg/sec의 공기를 소비한다. 1,000kg의 추진력을 만들기 위해 배출되는 연소가스의 속도는 몇 m/sec인가?

① 424.7
② 547.6
③ 626.7
④ 745.6

풀이 $f = \rho Q(V_i - V_o)$

$V_i = \dfrac{Fg}{G} + V_o = \dfrac{1,000 \times 9.80}{30} + 300 = 626.7 \text{m/sec}$

08 음속을 C, 물체의 속도를 V라고 할 때, Mach수는?

① V/C
② V/C^2
③ C/V
④ C^2/V

풀이 $M_a(\text{마하수}) = \dfrac{V}{C}$

09 초음속 유동에서 아음속 유동으로의 감속 시 일어나는 수직 충격파를 통한 변화 중 감소하는 것은?

① 정압
② 정체압력
③ 정적온도
④ 밀도

10 비압축성 유체가 원형관에서 난류로 흐를 때 마찰계수와 레이놀즈수의 관계는?(단, $Re = 3 \times 10^3 \sim 10^5$ 이내일 때)

① 마찰계수는 레이놀즈수에 비례한다.
② 마찰계수는 레이놀즈수에 반비례한다.
③ 마찰계수는 레이놀즈수의 $\dfrac{1}{4}$ 승에 비례한다.
④ 마찰계수는 레이놀즈수의 $\dfrac{1}{4}$ 승에 반비례한다.

풀이 매끈한 관에서 마찰계수는 $0.3164 Re^{-\frac{1}{4}}$ 이다.
• 수평원관 속의 층류흐름은 직경의 4승에 비례한다.
• 원관의 관마찰에 대하여 Fanning의 식을 쓸 때 마찰계수(λ)를 1/4로 잡아야 한다.

정답 07 ③ 08 ① 09 ② 10 ④

11 2단 압축 시 압축일을 가장 적게 하는 중간압력은?

① $\log P_1 \cdot P_2$
② $\dfrac{P_1 + P_2}{2}$
③ $\ln P_1 / P_2$
④ $\sqrt{P_1 \cdot P_2}$

풀이 2단 압축 중간압력(부스터 압축기)
$P = \sqrt{P_1 \times P_2}$

12 공기 중의 소리속도 C는 $C = \left(\dfrac{\partial P}{\partial P}\right)_s$ 로 주어진다. 이때 소리의 속도와 온도와의 관계는?(단, T는 주위의 절대온도이다.)

① $C \propto \sqrt{T}$
② $C \propto T^2$
③ $C \propto T^3$
④ $C \propto \dfrac{1}{T}$

풀이 완전기체에 있어서 음속은 절대온도 T의 제곱근에 비례한다.
음속$(a) = \sqrt{kgRT}$

13 압축성 유체에 대한 에너지 방정식에서 고려하지 않아도 되는 변수는?

① 위치에너지
② 내부에너지
③ 엔트로피
④ 엔탈피

풀이 압축성 유체 : 기체는 보통 압축성 유체이다. 에너지 방정식은 위치에너지, 내부에너지, 엔탈피로 구성된다.

14 압력 140kPa abs, 온도 5℃의 질소 2kg을 단열과정으로 300kPa abs까지 압축시켰다. 압축 후의 온도는?(단, 질소의 비열비 $k = 1.4$이다.)

① 72.6℃
② 82.6℃
③ 92.6℃
④ 102.6℃

풀이 $T_2 = T_1 \times \left(\dfrac{P_2}{P_1}\right)^{\frac{k-1}{k}}$

$= (273+5) \times \left(\dfrac{300}{140}\right)^{\frac{1.4-1}{1.4}}$

$= 345.6\text{K} = 72.6\text{℃}$

정답 11 ④ 12 ① 13 ③ 14 ①

15 압축성 유체의 등엔트로피 유동에 대한 임계압력비는?

① $\sqrt{kgRT}$
② $\left(\dfrac{2}{k+1}\right)^{\frac{k}{k-1}}$
③ $\left(\dfrac{2}{k+1}\right)$
④ $\left(\dfrac{2}{k+1}\right)^{\frac{1}{k-1}}$

풀이 임계압력 $P_c = \left(\dfrac{2}{k+1}\right)^{\frac{k}{k-1}}$

16 마하각 α를 속도 V와 음속 C 및 마하수 M으로 옳게 표현한 것은?

① $\alpha = \sin\dfrac{V}{C}$
② $\alpha = \sin\dfrac{C}{M}$
③ $\alpha = \sin M \cdot C$
④ $\alpha = \sin^{-1}\dfrac{C}{V}$

풀이 $\sin\alpha = \dfrac{C}{V} \rightarrow \alpha = \sin^{-1}\left(\dfrac{C}{V}\right)$

17 압축성 유체가 유동할 때에 대한 현상으로 옳지 않은 것은?
① 압축성 유체가 축소 유로를 등엔트로피 유동할 때 얻을 수 있는 최대 유속은 음속이다.
② 압축성 유체가 초음속을 얻으려면 유로에 반드시 확대부를 가져야 한다.
③ 압축성 유체가 초음속으로 유동할 때의 특성을 임계특성이라 하고 일반적으로 표(P^*, T^*)로 나타낸다.
④ 유체가 갖는 엔탈피를 운동에너지로 효율적으로 바꾸게끔 설계된 유로를 노즐이라 한다.

풀이 압축성 유체가 초음속으로 유동할 때는 축소-확대노즐에서 나타난다.

18 다음은 압축에 필요한 일(Work) W를 나타내는 식이다. 이 식은 어느 형태의 압축 시 성립하는가? (단, P_1, T_1 = 가스의 처음 상태, P_2, T_2 = 압축 후의 상태, $r = C_p/C_v$, R = 기체상수이다.)

$$W = \dfrac{R}{(r-1)}[T_2 - T_1]$$

정답 15 ② 16 ④ 17 ③ 18 ③

① 등온 압축　　　　　　　　② 등엔탈피 압축
③ 단열 압축　　　　　　　　④ 폴리트로픽 압축

풀이 $W = \dfrac{rAR}{r-1}(T_2 - T_1)$

19 초음속 제트기의 확대노즐에서 수직 충격파가 발생하였다. 발생 전의 Mach 수가 2, 온도 16℃, 압력 2atm이면 발생 후의 Mach 수는 얼마인가?(단, $k = 1.4$이다.)

① 0.333　　　　　　　　　② 0.577
③ 0.736　　　　　　　　　④ 0.801

풀이 $M_2^2 = \dfrac{2+(k-1)M_2^2}{2kM_1^2-(k-1)}$

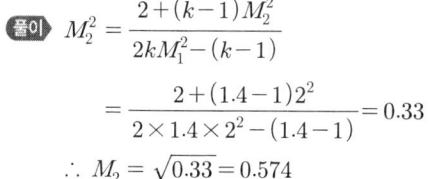

$\therefore M_2 = \sqrt{0.33} = 0.574$

20 초음속상태의 유동을 하는 유체가 아래와 같은 확산기를 통해 흐를 때 속도와 압력은 어떻게 되겠는가?

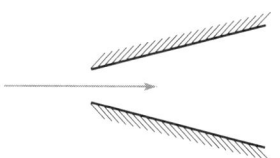

① $d_p < 0$, $d_v > 0$　　　　② $d_p > 0$, $d_v < 0$
③ $d_p = 0$, $d_v < 0$　　　　④ $d_p > 0$, $d_v = 0$

풀이 초음속 확대노즐
- 속도증가 : $d_v > 0$
- 압력감소 : $d_p < 0$
- 밀도감소 : $d_\rho < 0$

21 마하수(Mach Number)의 정의는?

① 음속을 뜻한다.　　　　　　② 음속을 유체속도로 나눈 값이다.
③ 유체속도를 음속으로 나눈 값이다.　　④ 유체속도와 음속의 곱이다.

정답 19 ② 20 ① 21 ③

풀이) $M = \dfrac{속도}{음속} = \dfrac{V}{\sqrt{kRT}}$

22 유체 엔진 및 터빈의 효율을 정의한 것은?

① $\dfrac{최선의\ 장치가\ 작업을\ 하는\ 데\ 필요한\ 일}{장치에서\ 실제로\ 필요한\ 일}$

② $\dfrac{유용한\ 일}{전체\ 일}$

③ $\dfrac{실제로\ 전달한\ 일}{가능한\ 최대\ 일}$

④ $\dfrac{전체\ 일}{유용한\ 일}$

풀이) 엔진, 터빈 효율 = $\dfrac{실제로\ 전달한\ 일}{가능한\ 최대\ 일}$

23 다음 중 음파의 속도(C)를 나타낸 것 중 옳지 않은 것은?(단, k = 비열비, T = 절대온도, R = 가스상수, g = 중력가속도)

① $\sqrt{kgRT}$
② $\sqrt{\dfrac{k}{RT}}$
③ $\sqrt{\dfrac{dP}{d\rho}}$
④ $\sqrt{\dfrac{kP}{\rho}}$

풀이) 음파의 속도 = $\sqrt{\dfrac{kP}{\rho}} = \sqrt{\dfrac{dP}{d\rho}} = \sqrt{kgRT}$

24 초음속흐름의 축소–확대 노즐의 축소부분에서 감소하는 것은?

① 마하수   ② 압력
③ 온도   ④ 밀도

풀이) 마하수(M_a) = $\dfrac{속도}{음속} = \dfrac{V}{C}$
- 아음속 흐름 : $M_a < 1$
- 초음속 흐름 : $M_a > 1$
- 초음속 흐름에서 축소–확대 노즐에서 축소부분에서는 마하수가 감소

정답 22 ③ 23 ② 24 ①

25 비압축성 유체에 적용되는 관계식을 가장 잘 나타낸 것은?(단, A : 단면적, U : 유속, ρ : 밀도, r : 비중량)

① $r_1 A_1 u_1 = r_2 A_2 u_2$
② $\rho_1 A_1 u_1 = \rho_2 A_2 u_2$
③ $\dfrac{du}{u} + \dfrac{dA}{A} + \dfrac{d\rho}{\rho} = 0$
④ $A_1 u_1 = A_2 u_2$

풀이 비압축성 유체 = $A_1 u_1 = A_2 u_2$

26 면적이 변하는 도관에서의 흐름에 관한 다음 그림에 대한 설명으로 옳지 않은 것은?

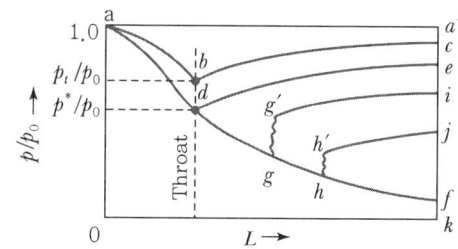

① d점에서의 압력비를 임계압력비라 한다.
② gg' 및 hh'는 파동(Wave Motion)과 충격(Shock)을 나타낸다.
③ 선 ade의 모든 점에서의 흐름은 아음속이다.
④ 초음속인 경우 노즐의 확산부의 단면적이 증가하면 속도는 감소한다.

풀이 초음속의 경우 노즐의 확산부 단면적이 증가하면 속도는 증가, 압력은 감소한다.

27 아음속 유동에서 관 지름의 변화에 의해서 생기는 손실에 대한 설명 중 틀린 것은?

① 급격한 팽창에서는 작은 관에서보다 큰 관에서의 유속이 작다.
② 급격한 팽창에서는 유체가 확대부분 근처에서 혼합되어 소용돌이를 이룬다.
③ 급격한 확대나 축소에서 흐름의 충돌과 이때 생기는 소용돌이 때문에 손실이 발생한다.
④ 급격한 축소에서는 흐름이 모두 축방향과 평행한 방향에서 관으로 들어온다.

풀이 급격한 축소는 축방향 저항으로 아음속이 된다.

정답 25 ④ 26 ④ 27 ④

28 1차원의 유동을 하는 유동장 내의 한 점에서 계속적으로 음파를 발산할 때에 대한 설명으로 옳지 않은 것은?

① 초음속으로 음파를 발산하면 Mach Cone 외부에서는 이 소리를 들을 수 없다.
② 초음속으로 음파를 발산할 때 Mach Cone 내부에서는 이 소리를 들을 수 있다.
③ 아음속일 경우 음파는 모든 방향으로 전파해 나간다.
④ 아음속일 경우 정역(Zone of Silence)만 존재할 수 있다.

풀이 아음속 흐름이란 속도(V)가 음속(C)보다 작은 경우이다.

29 25℃의 완전기체를 등엔트로피 과정으로 압력을 2배로 압축할 때, 압축 후 온도는 약 몇 ℃인가?(단, 정압비열은 0.20J/g℃이고, 정적비열은 0.15J/g℃이다.)

① 36 ② 42 ③ 81 ④ 90

풀이 등엔트로피 $P v^k = C$

$$\frac{T_2}{T_1} = \left(\frac{V_1}{V_2}\right)^{k-1} = \left(\frac{P_2}{P_1}\right)^{\frac{k-1}{k}}, \quad k = \frac{0.20}{0.15} = 1.333$$

$$T_2 = (25+273) \times \left(\frac{2}{1}\right)^{\frac{1.33-1}{1.33}} = 353.92\text{K} = 81℃$$

30 압축성 유동에 관한 등엔트로피의 흐름에서 에너지에 대한 미분방정식에 해당하는 것은?(단, 압력은 P, 속도는 V, 밀도는 ρ, 단면적은 A로 나타낸다.)

① $d\rho + d(PV^2) = 0$
② $\frac{dV}{V} + \frac{d\rho}{\rho} + \frac{dA}{A} = 0$
③ $2V^2 \cdot dV + \frac{dP}{\rho} = 0$
④ $V \cdot dV + \frac{dP}{\rho} = 0$

풀이 압축성 유동에 관한 등엔트로피 흐름 에너지
미분방정식 = $V \cdot dV + \frac{dP}{\rho} = 0$

31 마찰이 없는 압축성 기체의 유동에 대한 다음 설명 중 옳은 것은?

① 확대관(Pipe)에서 속도는 항상 감소한다.
② 속도는 수축-확대 노즐의 목에서 항상 음속이다.
③ 초음속 유동에서 속도가 증가하려면 단면적은 감소하여야 한다.
④ 수축-확대 노즐의 목에서 유체속도는 음속보다 클 수 없다.

정답 28 ④ 29 ③ 30 ④ 31 ④

풀이 축소 – 확대 노즐의 목에서
- 아음속 : 유속 < 음속
- 초음속 : 유속 < 음속

32 30℃의 물이 내경이 10cm인 관속을 흐를 때 층류(Laminar Flow)로 흐르기 위한 임계속도는 몇 cm/s인가?(단, 30℃에서 물의 점도는 0.01g/cm·s이고 레이놀즈 수는 2,100이다.)

① 0.21　　　② 2.1　　　③ 4.2　　　④ 21

풀이 $V = \dfrac{Re \cdot v}{d} = \dfrac{2{,}100 \times 0.01}{10} = 2.1$

33 다음은 축소 – 확대 노즐을 통해 흐르는 등엔트로피 흐름에서 노즐거리에 대한 압력 분포 곡선이다. 노즐 출구에의 압력을 낮출 때 처음으로 음속흐름(Sonic Flow)이 일어나기 시작하는 선을 나타낸 것은?

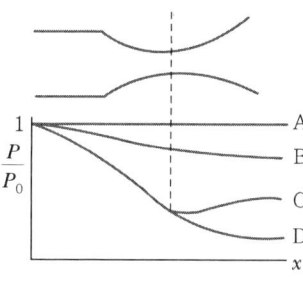

① A　　　　　　　　　　② B
③ C　　　　　　　　　　④ D

풀이 음속흐름선 : C

34 제트엔진 비행기가 400m/s로 비행하는 데 30kg/s의 공기를 소비한다. 4,900N의 추진력을 만들 때 배출되는 가스의 비행기에 대한 상대속도는 약 몇 m/s인가?(단, 연료의 소비량은 무시한다.)

① 563　　　　　　　　　② 583
③ 603　　　　　　　　　④ 623

풀이 1kgf = 9.8N, 4,900N = 500kgf, 400 × 30 = 12,000
N = 1,224.48kgf
$400 + \left(400 \times \dfrac{500}{1{,}224.48}\right) = 563 \text{m/s}$

정답 32 ②　33 ③　34 ①

35 비압축성 유체가 흐르고 있는 유로가 갑자기 축소될 때 일어나는 현상이 아닌 것은?

① 질량유량의 감소
② 유로의 단면적 축소
③ 유속의 증가
④ 압력의 감소

풀이 비압축성 유체의 유로가 갑자기 축소될 때 일어나는 현상
- 유로의 단면적 축소
- 압력저하
- 유속의 증가

36 유체기계 중 주로 비압축성 유체에 쓰이는 기계는?

① 압축기(Compressure)
② 송풍기(Blower)
③ 팬(Fan)
④ 펌프(Pump)

풀이 펌프는 액체수송이므로 액체는 거의가 비압축성이다.

37 온도 20℃, 압력 5kgf/cm²인 이상기체 10cm³를 등온 조건에서 5cm³까지 압축시킨 후의 압력(kgf/cm²)은?

① 2.5
② 5
③ 10
④ 20

풀이 $P_2 = P_1 \times \dfrac{V_1}{V_2} = 5 \times \dfrac{10}{5} = 10 \text{kg/cm}^2$

38 다음 압축성 흐름 중 정체온도가 변할 수 있는 것은?

① 등엔트로피 팽창과정이다.
② 단면이 일정한 단열 마찰흐름이다.
③ 단면이 일정한 도관에서 등온 마찰흐름이다.
④ 모든 과정에서 정체온도는 변하지 않는다.

풀이 압축성 흐름 중 정체온도가 변할 수 있는 것은 단면이 일정한 도관에서 등온 마찰흐름이다.
$T_0 = T + \dfrac{k-1}{kR} \cdot \dfrac{V^2}{2}$ (SI 단위)

39 초음속 흐름인 확대관에서 감소하지 않는 것은?(단, 등엔트로피 과정이다.)

① 압력
② 온도
③ 속도
④ 밀도

풀이 초음속 확대관에서 감소하는 것 : 압력, 온도, 밀도

정답 35 ① 36 ④ 37 ③ 38 ③ 39 ③

40 비압축성 유체의 유량을 일정하게 하고, 관지름을 2배로 하면 유속은 어떻게 되는가?(단, 기타 손실은 무시한다.)

① $\frac{1}{2}$로 느려진다.
② $\frac{1}{4}$로 느려진다.
③ 2배로 빨라진다.
④ 4배로 빨라진다.

풀이 $\frac{\pi}{4}(1)^2 = 0.785$, $\frac{\pi}{4}(2)^2 = 3.14$, $\frac{3.14}{0.785} = 4$

∴ $\frac{1}{4}$배로 느려진다.

41 압축 중에 가해지는 열량의 일부가 외부로 방출되는 압축방식은?

① 등온 압축
② 단열 압축
③ 폴리트로픽 압축
④ 다단 압축

풀이 폴리트로픽 압축은 압축 중에 가해지는 열량의 일부가 외부로 방출된다.

42 아음속 등엔트로피 흐름의 축소-확대 노즐에서 확대되는 부분에서의 변화로 옳은 것은?

① 속도는 증가하고, 밀도는 감소한다.
② 압력 및 밀도는 감소한다.
③ 속도 및 밀도는 증가한다.
④ 압력은 증가하고, 속도는 감소한다.

풀이 아음속 등엔트로피 흐름의 축소-확대 노즐에서 확대되는 부분
압력증가, 속도감소, 밀도증가

43 내경이 20cm에서 10cm로 돌연 축소되는 관에 물이 체적유량(Q) 0.04m³/s로 흐를 때 돌연 축소관에 의한 손실수두(H)를 구하면?(단, 저항계수 K = 0.62)

① 0.82m
② 0.72m
③ 0.63m
④ 0.42m

풀이 $H_L = K\frac{V_2^2}{2g}$

$V = \frac{0.04}{\frac{\pi}{4} \times (0.1)^2} = 5.09 \text{m/s}$

∴ $H_L = \frac{(5.09)^2}{2 \times 9.8} \times 0.62 = 0.82\text{m}$

정답 40 ② 41 ③ 42 ④ 43 ①

CHAPTER 004 유체의 측정

SECTION 01 비중량 측정

1) 비중량 측정방법

① 체적이 정확히 알려진 용기를 이용하여 액체 무게 측정 후 계산하는 방법
② 질량이 알려진 추를 이용하여 밀도를 알고자하는 물질을 측정하는 방법
③ 비중계(Hydrometer)를 이용하는 방법
④ U자관을 이용하는 방법

2) 비중량 측정

① 유체의 무게 측정했을 때의 비중량(r)

$$r = \rho g = \frac{W_2 - W_1}{V}$$

여기서, W_1 : 빈 비중병의 무게
W_2 : 유체를 채웠을 때의 무게
V : 용기의 체적

② 부력을 이용한 비중량(r)

$$W_i = W_a - rV$$
$$r = \frac{W_a - rV}{V}$$

여기서, W_a : 공기 중에서 무게
W_i : 액체 속에서 무게

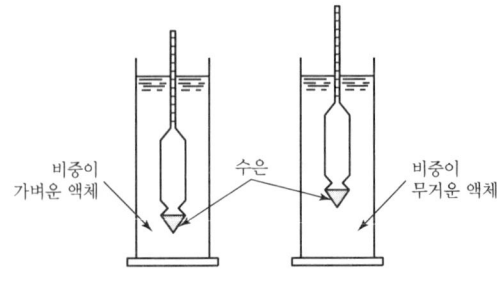

∥ 비중 측정 ∥

SECTION 02 점성계수 측정

1) 점성계수 측정방법

① 작은 구를 유체 속에 자유낙하시켜 그 낙하속도를 이용하여 측정
② 가는 관에 유체를 흐르게 하고 유동량과 압력 강하를 이용하여 측정
③ 유체 속에 어떤 물체를 회전시켜 물체에 작용하는 토크의 크기로 측정

2) 점성계수 측정

(1) 낙구식 점도계

유체에 작은 구를 떨어드려 자유낙하 할 때 속도와 물체에 작용하는 스토크(Sotkes)법칙의 점성저항을 측정한다. 즉 Stokes의 저항력 $D = 3\pi\mu VD$에서 힘의 평형 $D = W - F_B$

$$3\pi\mu VD = \frac{\pi D^3}{6}r_s - \frac{\pi D^3}{6}r_i$$

$$\mu = \frac{D^2(r_s - r_i)}{18V}$$

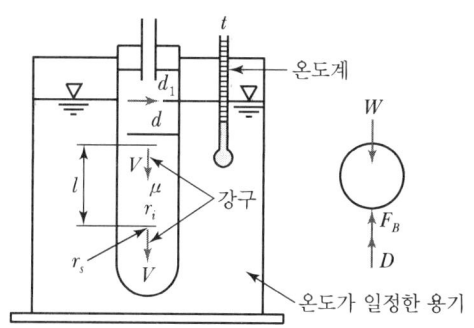

▮ 낙구식 점도계 ▮

(2) 오스트발트(Ostwald) 점도계

다음 그림과 같이 A의 액면에서 B까지 내려오는 데 걸리는 시간을 구하여 동점성계수를 측정한다. 이때 유리구 V는 액량(m³)이 되므로 가는 관 BC를 지나는 유량은 $Q = \dfrac{V}{T}$로 측정된다.

점성계수 $\mu = \dfrac{\pi d^4 pglt}{128 Vl} = k\rho t$ (k : 점도계에 관한 상수)

$$k = \frac{\mu_1}{\rho_1 t_1} = \frac{\mu_2}{\rho_2 t_2}, \ \mu_2 = \mu_1 \frac{\rho_2 t_2}{\rho_1 t_1}$$

(3) 세이볼트(Saybolt) 점도계

그림과 같이 측정할 액체를 A까지 채우고 B에 일정한 액체를 빼내는 데 걸리는 시간을 측정함으로써 동점성계수를 구하는 방법이다.

$$동점성계수(\nu) = 0.0022t - \frac{1.8}{t}$$

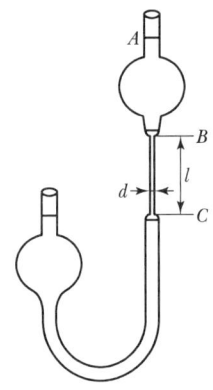

┃ 오스트발트 점도계 ┃

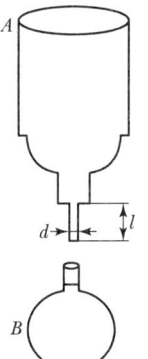

┃ 세이볼트 점도계 ┃

CHAPTER 04 연습문제

01 점성력에 대한 관성력의 상대적인 비를 나타내는 무차원의 수는?

① Reynolds수　　　　　　　　② Froude수
③ 모세관수　　　　　　　　　　④ Weber수

풀이 레이놀즈(Reynolds)수는 점성력에 대한 관성력의 비로서
$$\left(\frac{F_I}{F_V}\right)_p = \left(\frac{F_I}{F_V}\right)_m = \left(\frac{V_l\,\rho}{\mu}\right)_p = \left(\frac{V_l\,\rho}{\mu}\right)_m$$
$= (Reynolds)_p = (레이놀즈수)_m$과 같이 표시된다.

02 탱크 안의 액체의 비중량은 $0.7g/cm^3$이며 압력은 $3kg/cm^2$이다. 이를 수두로 나타내면?

① 4.286m　　　　　　　　　　② 42.86m
③ 0.429m　　　　　　　　　　④ 428.6m

풀이 $3kg/cm^2 = 30mH_2O$
$$\therefore \frac{30}{0.7} = 42.86m$$

03 밀도가 $84.6kg/m^3$인 유체의 비중량은?

① $8.64N/m^3$　　　　　　　　② $86.4N/m^3$
③ $829N/m^3$　　　　　　　　　④ $82.9N/m^3$

풀이 SI단위 $\gamma = \dfrac{W}{V} = \dfrac{N}{m^3}$

$\therefore 84.6 \times 9.8 = 829N/m^3$

※ $\gamma_m = 1,000kgf/m^3 = 9,800N/m^3$
　　$= 1kgf/m^3 = 9.8N/m^3$

04 550K인 공기가 15m/sec의 속도로 매끈한 평판 위를 흐르고 있다. 경계층이 층류에서 난류로 천이하는 위치는 선단에서 거리가 얼마인가?(단, 동점성계수는 $4.2 \times 10^{-5} m^2/sec$)

① 0.7m　　　　　　　　　　　② 1.4m
③ 2.1m　　　　　　　　　　　④ 2.8m

정답 01 ①　02 ②　03 ③　04 ②

풀이 임계 레이놀즈수를 보통 5×10^5, 즉 500,000으로 본다.

$$500,000 = \frac{15 \times x}{4.2 \times 10^{-5}}$$

$$500,000 \times 4.2 \times 10^{-5} = 15 \times x$$

$$\therefore x = \frac{21}{15} = 1.4\,\mathrm{m}$$

05 지름 50mm, 길이 800m인 매끈한 파이프에 매분 135L의 기름을 수송할 때 펌프의 압력은 몇 kgf/cm²인가?(단, 기름의 비중은 0.92이고 점성계수는 0.56Poise이다.)

① 0.19　　　　　　　　　　② 6.7
③ 0.94　　　　　　　　　　④ 58.49

풀이 $Q = 135 \times 0.92 = 124.2\,\mathrm{kg/min}$

$$A = \frac{3.14 \times 5^2}{4} = 19.625\,\mathrm{cm^2}$$

$$\therefore P = \frac{W}{A} = \frac{124.2}{19.625} = 6.33\,\mathrm{kg/cm^2}$$

06 뉴턴 유체의 점도는 온도에 따라 증가하는데, 그 근사적 관계는?(단, μ는 절대온도 K에서의 점도, μ_o는 0℃에서의 점도, n은 상수이다.)

① $\mu/\mu_o = (T/273)^{n-1}$　　　② $\mu/\mu_o = (T/273)^n$
③ $\mu/\mu_o = (T/273)^{n+1}$　　　④ $\mu/\mu_o = (273+T)^n$

풀이 $\mu/\mu_o = (T/273)^n$

07 절대압력이 4×10^4kgf/m²이고, 온도가 15℃인 공기의 밀도는?(단, 공기의 기체상수는 29.27kgf · m/kg · K이다.)

① 2.75kg/m²　　　　　　　　② 3.75kg/m²
③ 4.75kg/m²　　　　　　　　④ 5.75kg/m²

풀이 $\rho = \dfrac{P}{RT}$

$$\therefore \frac{4 \times 10^4}{29.27 \times (273+15)} = 4.75\,\mathrm{kg/m^2}$$

08 비중량이 $1.22 kgf/m^3$이고, 동점성계수가 $0.15 \times 10^{-4} m^2/sec$인 건조한 공기의 점성계수는?

① 1.98×10^{-4} Poise
② 1.26×10^{-4} Poise
③ 1.87×10^{-6} Poise
④ 1.83×10^{-4} Poise

풀이 $\nu = \dfrac{\mu}{\rho}$, $\mu = \dfrac{r\nu}{g}$

$\mu = \dfrac{1.22 \times 0.15 \times 10^{-4}}{9.8}$

$= 1.867 \times 10^{-6} kg \cdot s/m^2$

$= 1.83 \times 10^{-4} dyne \cdot s/cm^2$

$= 1.83 \times 10^{-4}$ Poise

09 기체의 온도와 점도의 관계는 다음 식으로 표시한다. 일반적인 근사값인 n값의 범위는?(단, μ = 절대온도 T에서의 점도, μ_0 = 0℃에서의 점도)

$$\dfrac{\mu}{\mu_0} = \left(\dfrac{T}{273}\right)^n$$

① 0~0.48
② 0.35~0.52
③ 0.65~1.0
④ 1.02~1.70

10 뉴턴의 점성법칙과 관련 있는 변수가 아닌 것은?

① 전단응력
② 압력
③ 점성계수
④ 속도 기울기

풀이 뉴턴의 점성법칙
- T : 전단응력
- μ : 점성계수
- du/dy : 속도구배

11 동점성계수에서 1cSt는 몇 m^2/s인가?

① 10^{-3}
② 10^{-4}
③ 10^{-5}
④ 10^{-6}

풀이 동점성계수 단위 : Stokes
- 1Stokes란 $1cm^2/sec$이다(m^2/sec로도 사용).
- 1cSt = 0.01St

정답 08 ④ 09 ③ 10 ② 11 ④

12 내경 5cm의 관 속을 점도 1cP인 물이 4cm/s의 속도로 흐르고 있을 때 Fanning의 마찰계수의 값은?

① 0.008   ② 0.032   ③ 0.087   ④ 0.320

풀이 점성계수 단위 : 푸아즈, $Re = \dfrac{1 \times 4 \times 5}{1 \times 10^{-2}} = 2,000$

층류관의 마찰계수 $f = \dfrac{64}{Re}$

㉠ 패닝식 $= \lambda \dfrac{L}{4m} \cdot \dfrac{V^2}{2g}$

㉡ 달시-바이스바흐식 $= \lambda \dfrac{L}{d} \cdot \dfrac{V^2}{2g}$

마찰계수(λ) $= \dfrac{64}{2,000 \times 4} = 0.008$

13 절대압력이 2kgf/cm²이고, 온도가 25℃인 산소의 비중량(N/m³)은?(단, 산소의 기체상수는 260J/kg·K이다.)

① 12.8   ② 16.4   ③ 21.4   ④ 24.8

풀이 $R = \dfrac{848}{M} = \dfrac{848}{32} = 26.5$

$r = \dfrac{P}{RT} = \dfrac{2 \times 10^4}{26.5 \times (273+25)} = 2.53 \text{kg/m}^3$

∴ $2.53 \times 9.8 = 24.8 \text{N/m}^3$

※ $1,000 \text{kgf/m}^3 = 9,800 \text{N/m}^3$

14 직경 10mm, 비중 9.5인 추가 동점성계수 0.0025m²/s, 비중 1.25인 액체 속으로 등속낙하하고 있을 때 낙하속도는 몇 m/s인가?

① 0.144m/s   ② 0.288m/s   ③ 0.352m/s   ④ 0.576m/s

풀이 $V = \dfrac{D^2(r_s - r_a)}{18\mu}$

$\mu = \rho \cdot \nu = (102 \times 1.25) \times 0.0025 = 0.31875 \text{kgf} \cdot \text{sec/m}^3$

직경 10mm = 0.01m

$r_s = 9.5 \times 1,000 = 9,500 \text{kgf/m}^3$

$r_a = 1.25 \times 1,000 = 1,250 \text{kgf/m}^3$

∴ $V = \dfrac{0.01^2 \times (9,500 - 1,250)}{18 \times 0.31875} = 0.144 \text{m/sec}$

15 지름 8cm인 원관 속을 동점성계수가 1.5×10^{-6} m²/sec인 물이 0.002m³/sec의 유량으로 흐르고 있다. 이 때 레이놀즈수는?

① 21,021
② 21,221
③ 21,521
④ 21,421

풀이 $V = \dfrac{Q}{A} = \dfrac{0.002}{\dfrac{3.14 \times 0.08^2}{4}} = 0.398 \text{m/s}$

$Re = \dfrac{VD}{V} = \dfrac{0.398 \times 0.08}{1.5 \times 10^{-6}} = 21,221$

16 다음 중 동점성계수를 나타내는 것이 아닌 것은?(단, μ는 점성계수, ρ는 밀도, F는 힘의 차원, T는 시간의 차원, L은 길이의 차원을 나타낸다.)

① $\dfrac{\mu}{\rho}$
② Stokes
③ cm²/s
④ FTL^{-2}

풀이 동점성계수 차원과 단위
- 공학단위 : m²/s
- SI 단위 : m²/s
- MLT계 : $L^2 T^{-1}$
- FLT계 : $L^2 T^{-1}$
- 단위 : Stokes(1cm²/s), m²/s

17 어떤 유체의 밀도가 138.63kgf·sec²/m⁴일 때 비중량은 몇 kgf/m³인가?

① 1,381
② 140.8
③ 1,359
④ 13.55

풀이 $r = \rho g = 138.63 \times 9.8 = 1,359 \text{kgf/m}^3$

18 SI 단위계에서의 중력 전환계수(Conversion Factor) gc에 해당하는 것은?

① 1N·m/kg·s²
② 9.8kg·m/N·s²
③ 1kg·m/N·s²
④ 9.8N·m/kg·s²

풀이 SI 단위 중력 전환계수(gc) : 1kg·m/N·s²

정답 15 ② 16 ④ 17 ③ 18 ③

19 980cSt의 동점도(Kinematic Viscosity)는 몇 m^2/sec인가?

① 10^{-4}
② 9.8×10^{-4}
③ 1
④ 9.8

풀이
- 동점성계수 단위 : Stokes(cm^2/s) (m^2/sec)
- 점성계수의 단위 : Poise(dyne · sec/cm^2) (g/cm · sec)
- 1Stokes = 0.01cSt

20 역학적 점성계수(Dynamic Viscosity)의 단위로 옳은 것은?

① $N \cdot s^2/m$
② $kg/m \cdot s^2$
③ $kg \cdot s/m$
④ $N \cdot s/m^2$

풀이 역학적 점성계수 = $N \cdot s/m^2$

21 다음 중 옳은 사항으로만 나열된 것은?

㉠ 가스의 비체적은 단위 질량당 체적을 뜻한다.
㉡ 가스의 밀도가 크면 비체적이 작다.

① ㉠
② ㉡
③ ㉠, ㉡
④ 모두 틀림

풀이
- 비체적 : m^3/kg
- 밀도가 크면 비체적(m^3/kg)이 작다.

22 직경이 약 3mm, 높이가 72cm인 수은주에서 수은의 질량은 약 몇 kg인가?(단, 수은의 밀도는 13.6g/cm^3이다.)

① 0.0692
② 1.8457
③ 184.57
④ 6,920

풀이 $A = \dfrac{\pi}{4} \times (0.3)^2 = 0.07065 cm^3$

∴ $\dfrac{72 \times 13.6 \times 0.07065}{1,000} = 0.0692 kg$

정답 19 ② 20 ④ 21 ③ 22 ①

23 다음 중 동점성계수의 단위를 옳게 나타낸 것은?

① kg/m²
② kg/m · s
③ m²/s
④ m²/kg

풀이 동점성계수 단위 : Stokes
1Stokes = 1cm²/s = 0.0001m²/s

24 비중 0.8인 유체의 동점성계수(Kinematic Viscosity)가 1.5×10^{-6} m²/s일 때 이 유체의 절대점도 μ는 몇 kg/m · s인가?

① 1.2×10^{-6}
② 1.9×10^{-6}
③ 1.2×10^{-3}
④ 1.9×10^{-3}

풀이 $\mu = \dfrac{1.5 \times 10^{-6}}{\left(\dfrac{1}{1,000}\right)} \times 0.8 = 0.0012 = 1.2 \times 10^{-3}$

25 온도 20℃, 절대압력이 5kgf/cm²인 산소의 비체적은 몇 m³/kg인가?(단, 산소의 분자량은 32이다.)

① 0.551
② 0.155
③ 0.515
④ 0.605

풀이 $\dfrac{\left[22.4 \times \dfrac{273+20}{273} \times \dfrac{1}{5}\right]}{32} = 0.15$

26 절대압력이 100kPa이고, 10℃인 공기의 밀도는 약 몇 kg/m³인가?(단, 공기의 기체상수 R은 287J/kg · K이며 이상기체로 가정한다.)

① 1.23
② 10.84
③ 22.25
④ 100

풀이 $r = \dfrac{P}{RT} = \dfrac{100}{0.287 \times (273+10)} = 1.23$ kg/m³

※ 287J = 0.287kJ

정답 23 ③ 24 ③ 25 ② 26 ①

27 어떤 추의 무게가 대기 중에서는 700gf이고, 어떤 액체 속에서는 500gf이었다. 추의 체적이 210cm³이면 이 액체의 비중은?

① 0.769 ② 0.826
③ 0.952 ④ 1.043

풀이) $\dfrac{700g - 500g}{210cm^3} = 0.952$

28 다음 차원식 중에서 질량을 나타내는 것은?(단, F는 힘, L은 길이, T는 시간의 차원을 나타낸다.)

① $FL^{-2}T^2$ ② $FL^{-1}T^2$
③ $FL^{-2}T$ ④ $FL^{-1}T$

풀이) 질량의 차원
- 중력단위 : $FL^{-1}T^2(kgf \cdot s^2/m)$
- 절대단위 : $M^*(kgr, slug)$

29 다음 중 1cP(Centipoise)를 옳게 나타낸 것은?

① $10kg \cdot m^2/s$ ② $10^{-2}dyne \cdot cm^2/s$
③ $1N/cm \cdot s$ ④ $10^{-2}dyne \cdot s/cm^2$

풀이) 점도의 단위 : $Poise(dyne \cdot sec/cm^2)$
$1cP = \dfrac{1}{100}Poise$

30 동점성계수가 2.0St, 밀도가 880kg/m³인 유체가 있다. 이 유체의 점성계수는 약 몇 Pa·s인가?

① 0.18 ② 0.36
③ 0.44 ④ 0.88

풀이) $St = cm^3/sec$
$\dfrac{880}{10^3} \times 2 \times \dfrac{1}{9.81} = 0.18$

정답 27 ③ 28 ② 29 ④ 30 ①

31 물의 점성계수(μ) 0.01Poise를 SI 단위로 표시하면 약 몇 kg/m·s가 되는가?
① 0.1
② 0.01
③ 0.001
④ 0.0001

 $\dfrac{0.01}{10} = 0.001 \text{kg/m·s}$

※ $1\text{P} = 10^{-1} \text{N·s/m}^2 = \text{Pa·s}$ (SI 단위)
　MLT 점성계수단위 : kg/m·s
　$1\text{Poise} = 1\text{g/cm·s} = 1\text{dyne·s/cm}^2$
　　　　　$= 0.1\text{N·s/m}^2 = \dfrac{1}{98.065} \text{kgf·s/m}^2$

32 관 속 흐름에서 임계 레이놀즈수를 2,100으로 할 때 지름이 1cm인 관에서 20℃ 물의 동점성계수는? ($v = 1.01 \times 10^{-6} \text{m}^2/\text{s}$ 이다.)
① 0.21m/s
② 0.42m/s
③ 2.1m/s
④ 21.1m/s

 $V = \dfrac{Re \cdot v}{d} = \dfrac{2,100 \times 1.01 \times 10^{-6}}{0.01} = 0.21 \text{m/s}$

※ 1cm=0.01m

33 N_2가 27℃에서 100kPa에 있다. 이 기체의 밀도는 약 몇 kg/m³인가?
① 0.245
② 0.457
③ 1.123
④ 1.945

 N_2 분자량 : 28

$\dfrac{28}{22.4} \times \dfrac{273}{273+27} \times \dfrac{100}{101.3} = 1.123 \text{kg/m}^3$

APPENDIX I

과년도 기출문제

2018년 기출문제
2019년 기출문제
2020년 기출문제
2021년 기출문제
2022년 기출문제

2018년 1회 기출문제

1과목 가스유체역학

01 성능이 동일한 n대의 펌프를 서로 병렬로 연결하고 원래와 같은 양정에서 작동시킬 때 유체의 토출량은?

① $\dfrac{1}{n}$로 감소한다.   ② n배로 증가한다.

③ 원래와 동일하다.   ④ $\dfrac{1}{2n}$로 감소한다.

해설
펌프병렬연결

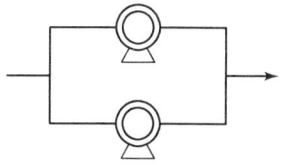

양정은 동일의 경우 유체토출량은 펌프 n대의 n배 증가

02 도플러효과(Doppler Effect)를 이용한 유량계는?

① 에뉴바 유량계   ② 초음파 유량계
③ 오벌 유량계   ④ 열선 유량계

해설
초음파 유량계 : 도플러효과 이용 유량 측정계

03 다음 중 증기의 분류로 액체를 수송하는 펌프는?

① 피스톤펌프   ② 제트펌프
③ 기어펌프   ④ 수격펌프

해설
제트펌프 : 증기로 액체를 수송하는 특수펌프이다.

04 분류에 수직으로 놓여진 평판이 분류와 같은 방향으로 U의 속도로 움직일 때 분류가 V의 속도로 평판에 충돌한다면 평판에 작용하는 힘은 얼마인가?(단, ρ는 유체 밀도, A는 분류의 면적이고 $V > U$이다.)

① $\rho A(V-U)^2$
② $\rho A(V+U)^2$
③ $\rho A(V-U)$
④ $\rho A(V+U)$

해설
유체의 운동량 변화 분류흐름(Jet)
평판에 작용하는 힘 $(F) = \rho A(V-U)^2$

05 노점(Dew Point)에 대한 설명으로 틀린 것은?

① 액체와 기체의 비체적이 같아지는 온도이다.
② 등압과정에서 응축이 시작되는 온도이다.
③ 대기 중 수증기의 분압이 그 온도에서 포화수증기압과 같아지는 온도이다.
④ 상대습도가 100%가 되는 온도이다.

해설
• 비체적(m^3/kg)에서 기체와 액체는 서로 다르다.
• 기체는 비체적이 크고 액체는 비체적이 작다.

06 반지름 40cm인 원통 속에 물을 담아 30rpm으로 회전시킬 때 수면의 가장 높은 부분과 가장 낮은 부분의 높이 차는 약 몇 m인가?

① 0.002   ② 0.02
③ 0.04   ④ 0.08

정답 01 ② 02 ② 03 ② 04 ① 05 ① 06 ④

해설

40cm=0.4m

단면적 $(A) = \dfrac{\pi}{4}d^2 = \dfrac{3.14}{4}(0.4)^2 = 0.1256(m^2)$

높이차 $(h) = \dfrac{\omega^2 \cdot r^2}{2g} = \dfrac{\left(2\pi \times \dfrac{30}{60}\right) \times 0.4^2}{2 \times 9.8} = 0.08(m)$

• rpm : 60초당 회전수

07 일반적으로 다음 장치에서 발생하는 압력차가 작은 것부터 큰 순서대로 옳게 나열한 것은?

① 블로어<팬<압축기
② 압축기<팬<블로어
③ 팬<블로어<압축기
④ 블로어<압축기<팬

해설

압력차
• 팬(Fan) : 0.1kg/cm² 미만
• 블로어(Blower) : 0.1~1.0kg/cm²
• 압축기(Compressor) : 1.0kg/cm² 이상

08 수평 원관 내에서의 유체흐름을 설명하는 Hagen-Poiseuille 식을 얻기 위해 필요한 가정이 아닌 것은?

① 완전히 발달된 흐름
② 정상상태 흐름
③ 층류
④ 포텐셜 흐름

해설

수평 원관 속에서의 층류운동(Hagen-Poiseuille Flow) 흐름은 ①, ②, ③항이다.
※ 포텐셜 흐름 : 점성효과가 없는 이상화된 유체의 흐름, 즉 완전한 유체흐름, 다시 말해 어느 곳에서도 와류현상이 생기지 않는 흐름

09 관 속 흐름에서 임계 레이놀즈수를 2,100으로 할 때 지름이 10cm인 관에 16℃의 물이 흐르는 경우의 임계속도는?(단, 16℃ 물의 동점성계수는 1.12×10^{-6}m²/s이다.)

① 0.024m/s
② 0.42m/s
③ 2.1m/s
④ 21.1m/s

해설

유속 $(V) = \dfrac{Q}{A}$

Re(레이놀즈수)$= \dfrac{Vd}{\nu} = \dfrac{V \times 0.1}{1.12 \times 10^{-6}} = 2,100$

임계속도$(V) = \dfrac{1.12 \times 10^{-6} \times 2,100}{0.1} = 0.024$m/s

10 다음 유체에 관한 설명 중 옳은 것을 모두 나타낸 것은?

㉮ 유체는 물질 내부에 전단응력이 생기면 정지상태로 있을 수 없다.
㉯ 유동장에서 속도벡터에 접하는 선을 유선이라 한다.

① ㉮
② ㉯
③ ㉮, ㉯
④ 모두 틀림

해설

㉮, ㉯ 내용은 유체의 설명이다.

11 서징(Surging) 현상의 발생 원인으로 거리가 가장 먼 것은?

① 펌프의 유량-양정곡선이 우향상승 구배 곡선일 때
② 배관 중에 수조나 공기조가 있을 때
③ 유량조절밸브가 수조나 공기조의 뒤쪽에 있을 때
④ 관 속을 흐르는 유체의 유속이 급격히 변화될 때

해설

펌프 운전 등에서 관 속에 흐르는 유체의 유속이 천천히 변화하거나 압력변화 시 한숨을 내는 것과 같은 맥동현상이다.

정답 07 ③ 08 ④ 09 ① 10 ③ 11 ④

12 유체 속 한 점에서의 압력이 방향에 관계없이 동일한 값을 갖는 경우로 틀린 것은?

① 유체가 정지한 경우
② 비점성유체가 유동하는 경우
③ 유체층 사이에 상대운동이 없이 유동하는 경우
④ 유체가 층류로 유동하는 경우

해설
㉠ 층류 : 체입자가 질서정연하게 층과 층이 미끄러지면서 흐르는 흐름($Re < 2,100$)
㉡ 난류 : 유체입자들이 불규칙하게 운동하면서 흐르는 흐름($Re > 4,000$)

13 100kPa, 25℃에 있는 이상기체를 등엔트로피 과정으로 135kPa까지 압축하였다. 압축 후의 온도는 약 몇 ℃인가?(단, 이 기체의 정압비열 C_P는 1.213kJ/kg·K이고 정적비열 C_V는 0.821kJ/kg·K이다.)

① 45.5 ② 55.5
③ 65.5 ④ 75.5

해설
$\frac{T_2}{T_1} = \left(\frac{P_2}{P_1}\right)^{\frac{k-1}{k}}$,

$k(비열비) = \frac{C_P}{C_V} = \frac{1.213}{0.821} = 1.48$

$T_2 = T_1 \times \left(\frac{135}{100}\right)^{\frac{1.48-1}{1.48}}$

$= (25+273) \times \left(\frac{135}{100}\right)^{\frac{1.48-1}{1.48}} = 328.5K$

$\therefore t = 328.5 - 273 = 55.5℃$

14 피토관을 이용하여 유속을 측정하는 것과 관련된 설명으로 틀린 것은?

① 피토관의 입구에는 동압과 정압의 합인 정체압이 작용한다.
② 측정원리는 베르누이 정리이다.
③ 측정된 유속은 정체압과 정압 차이의 제곱근에 비례한다.
④ 동압과 정압의 차를 측정한다.

해설
압-정압=동압의 차를 측정한다.
유속(V) $= C_V\sqrt{2gR'\left(\frac{S_0}{S}-1\right)}$ (C_V : 속도계수)

15 비열비가 1.2이고 기체상수가 200J/kg·K인 기체에서의 음속이 400m/s이다. 이때, 기체의 온도는 약 얼마인가?

① 253℃ ② 394℃
③ 520℃ ④ 667℃

해설
$C = \sqrt{kRT} = \sqrt{1.2 \times 200 \times T} = 400m/s$
$T = T_0 - T = \frac{C^2}{K \cdot R} = \frac{400 \times 400}{1.2 \times 200} - 273 = 394℃$

16 그림과 같은 단열 덕트 내의 유동에서 마하수 $M > 1$일 때 압축성 유체의 속도와 압력의 변화를 옳게 나타낸 것은?

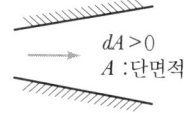
$dA > 0$
A : 단면적

① 속도증가, 압력증가   ② 속도감소, 압력감소
③ 속도증가, 압력감소   ④ 속도감소, 압력증가

해설
마하수(M) $= \frac{V(속도)}{C(음속)}$

- $M > 1$: 초음속 흐름(확대부에서 속도나 단면적은 증가, 압력, 밀도, 온도는 감소한다.)
- 속도증가 : $dV > 0$
- 압력감소 : $dP < 0$
- 밀도감소 : $d\rho < 0$

정답 12 ④ 13 ② 14 ④ 15 ② 16 ③

17 난류에서 전단응력(Shear Stress) τ_t를 다음 식으로 나타낼 때 η는 무엇을 나타낸 것인가? (단, $\dfrac{du}{dy}$는 속도구배를 나타낸다.)

$$\tau_t = \eta\left(\dfrac{du}{dy}\right)$$

① 절대점도
② 비교점도
③ 에디점도
④ 중력점도

해설
뉴턴의 점성법칙

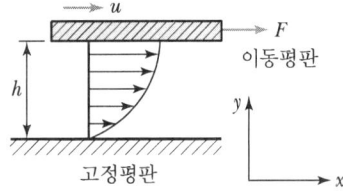

전단응력 $(\tau_t) = \eta\left(\dfrac{du}{dy}\right)$

- η(전단 점성계수)
- $\dfrac{du}{dy}$ (속도구배 = 각 변형률)
- 에디점도 : 와류 점성계수에 의한 점성계수이다.

18 덕트 내 압축성 유동에 대한 에너지 방정식과 직접적으로 관련되지 않는 변수는?

① 위치에너지
② 운동에너지
③ 엔트로피
④ 엔탈피

해설
압축성 이상유체 : 연속방정식, 운동량 방정식, 에너지 방정식
- 가역단열과정 : 등엔트로피 과정
- 에너지 방정식 : 위치에너지, 운동에너지, 엔탈피

19 뉴턴의 점성법칙을 옳게 나타낸 것은?(단, 전단응력은 τ, 유체속도는 u, 점성계수는 μ, 벽면으로부터의 거리는 y로 나타낸다.)

① $\tau = \dfrac{1}{\mu}\dfrac{dy}{du}$
② $\tau = \mu\dfrac{du}{dy}$
③ $\tau = \dfrac{1}{\mu}\dfrac{du}{dy}$
④ $\tau = \mu\dfrac{dy}{du}$

해설
$\tau = \mu\dfrac{du}{dy}$

- 점성계수 단위($1\text{Poise} = 1\text{dyne} \cdot \text{sec/cm}^2$)
- 동점성계수 단위($1\text{Stokes} = 1\text{cm}^2/\text{sec}$)

20 급격확대관에서 확대에 따른 손실수두를 나타내는 식은?(단, V_a는 확대 전 평균유속, V_b는 확대 후 평균유속, g는 중력가속도이다.)

① $(V_a - V_b)^3$
② $(V_a - V_b)$
③ $\dfrac{(V_a - V_b)^2}{2g}$
④ $\dfrac{(V_a - V_b)}{2g}$

해설
대관의 손실수두(h_L)

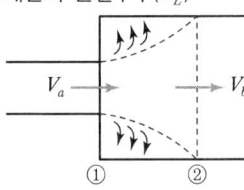

$h_L = 2V_b^2 - 2V_a^2 V_b - V_b^2 + V_a^2$
$= \dfrac{(V_a - V_b)^2}{2g}$

2과목 연소공학

21 202.65kPa, 25℃의 공기를 10.1325kPa으로 단열팽창시키면 온도는 약 몇 K인가?(단, 공기의 비열비는 1.4로 한다.)

① 126
② 154
③ 168
④ 176

해설

정압 단열팽창 $\left(\dfrac{T_2}{T_1}\right) = \dfrac{V_2}{V_1}$

등엔트로피 과정 $\left(\dfrac{T_2}{T_1}\right) = \left(\dfrac{V_1}{V_2}\right)^{k-1} = \left(\dfrac{P_2}{P_1}\right)^{\frac{k-1}{k}}$

$\therefore T_2 = T_1 \times \left(\dfrac{P_2}{P_1}\right)^{\frac{k-1}{k}}$

$= (273+25) \times \left(\dfrac{10.1325}{202.65}\right)^{\frac{1.4-1}{1.4}} = 126K$

22 안전성평가 기법 중 시스템을 하위 시스템으로 점점 좁혀가고 고장에 대해 그 영향을 기록하여 평가하는 방법으로, 서브시스템 위험분석이나 시스템 위험분석을 위하여 일반적으로 사용되는 전형적인 정성적, 귀납적 분석기법으로 시스템에 영향을 미치는 모든 요소의 고장을 형태별로 분석하여 그 영향을 검토하는 기법은?

① 결함수분석(FTA)
② 원인결과분석(CCA)
③ 고장형태 영향분석(FMEA)
④ 위험 및 운전성 검토(HAZOP)

해설

FMEA(FMECA) : 이상위험도 분석
공정 및 설비의 고장의 형태 및 영향 고장 형태별 위험도 순위 결정기법

23 과잉공기가 너무 많은 경우의 현상이 아닌 것은?

① 열효율을 감소시킨다.
② 연소온도가 증가한다.
③ 배기가스의 열손실을 증대시킨다.
④ 연소가스양이 증가하여 통풍을 저해한다.

해설

- 이론공기가 가장 알맞을 때 연소가스 등 노내온도가 증가한다.(과잉공기=실제 공기량−이론공기량)
- 과잉공기가 많아지면 배기가스 열손실, 노내온도 저하 발생

24 다음은 Air-Standard Otto Cycle의 P-V Diagram이다. 이 Cycle의 효율(η)을 옳게 나타낸 것은?(단, 정적열용량은 일정하다.)

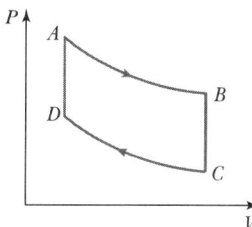

① $\eta = 1 - \left(\dfrac{T_B - T_C}{T_A - T_D}\right)$

② $\eta = 1 - \left(\dfrac{T_D - T_C}{T_A - T_B}\right)$

③ $\eta = 1 - \left(\dfrac{T_A - T_D}{T_B - T_C}\right)$

④ $\eta = 1 - \left(\dfrac{T_A - T_B}{T_D - T_C}\right)$

해설

오토사이클(내연기관사이클) 열효율(η_0)

$\eta_0 = \dfrac{A_w}{q_1} = 1 - \dfrac{q_2}{q_1} = 1 - \left(\dfrac{T_B - T_C}{T_A - T_D}\right)$

- 열효율은 압축비만의 함수이다.
- 압축비가 커질수록 열효율이 증가한다.

25 이상기체의 성질에 대한 설명으로 틀린 것은?

① 보일 · 샤를의 법칙을 만족한다.
② 아보가드로의 법칙을 따른다.
③ 비열비는 온도에 관계없이 일정하다.
④ 내부에너지는 온도와 무관하며 압력에 의해서만 결정된다.

해설
- 이상기체의 특징은 ①, ②, ③항이며 비열은 압력에 관계없고 온도만의 함수이다.
- 정압비열과 정적비열의 차는 일정하다.
  $(C_P - C_V = AR)$
- 내부에너지는 줄의 법칙에 따른다.
  $du = (C_V dT)$

26 과잉공기계수가 1일 때 $224Nm^3$의 공기로 탄소는 약 몇 kg을 완전연소시킬 수 있는가?

① 20.1   ② 23.4
③ 25.2   ④ 27.3

해설
탄소(C)(12kg) + $O_2(22.4Nm^3)$ → $CO_2(22.4Nm^3)$

공기량$(A_o) = 22.4 \times \dfrac{1}{0.21} = 106.67 Nm^3$

∴ 탄소소비량 = $12 \times \dfrac{224}{106.67} = 25.2 kg$

27 액체 프로판이 298K, 0.1MPa에서 이론공기를 이용하여 연소하고 있을 때 고발열량은 약 몇 MJ/kg인가?(단, 연료의 증발엔탈피는 370kJ/kg이고, 기체상태 C_3H_8의 생성엔탈피는 -103,909kJ/kmol, CO_2의 생성엔탈피는 -393,757kJ/kmol, 액체 및 기체상태 H_2O의 생성엔탈피는 각각 -286,010kJ/kmol, -241,971kJ/kmol이다.)

① 44   ② 46
③ 50   ④ 2,205

해설
고위발열량(H_h) = 저위발열량 + H_2O생성엔탈피
(프로판 $C_3H_8 + 5O_2 \rightarrow 3CO_2 + 4H_2O$)

$Q = \dfrac{(3 \times 393,757) + (4 \times 286,010) - 103,909}{44}$

$= 50,486 kJ/kg ≒ 50 MJ/kg$

28 헬륨을 냉매로 하는 극저온용 가스냉동기의 기본 사이클은?

① 역르누아사이클   ② 역아트킨슨사이클
③ 역에릭슨사이클   ④ 역스털링사이클

해설
헬륨(He) 극저온용 가스냉동기 사이클 : 스털링사이클의 역사이클
- 스털링사이클 : 스털링사이클(Stirling Cycle)은 2개의 등온과정과 2개의 등적과정으로 구성된 이상적인 사이클로서 역스털링 사이클에서는 헬륨(He)을 냉매로 하는 극저온용 기본 냉동사이클이다.

29 다음 [그림]은 오토사이클 선도이다. 계로부터 열이 방출되는 과정은?

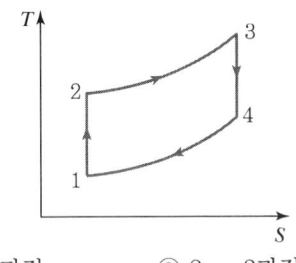

① 1 → 2과정   ② 2 → 3과정
③ 3 → 4과정   ④ 4 → 1과정

해설
오토사이클은 내연기관사이클(정적사이클)
- 1 → 2(단열압축)
- 2 → 3(등적가열)
- 3 → 4(단열팽창)
- 4 → 1(등적방열)

정답 25 ④   26 ③   27 ③   28 ④   29 ④

30 다음과 같은 용적조성을 가지는 혼합기체 91.2g이 27℃, 1atm에서 차지하는 부피는 약 몇 L인가?

$$CO_2 : 13.1\%, \; O_2 : 7.7\%, \; N_2 : 79.2\%$$

① 49.2
② 54.2
③ 64.8
④ 73.8

해설

분자량의 합
$CO_2(44) = 44 \times 0.131 = 5.764g$
$O_2(32) = 32 \times 0.077 = 2.464g$
$N_2(28) = 28 \times 0.792 = 22.176g$
$CO_2 + O_2 + N_2 = 30.404g$
∴ 부피$(V) = \dfrac{91.2}{30.404} \times 22.4 \times \dfrac{273+27}{273} = 73.8(L)$
• 1몰 = 22.4(L), 몰 = (질량/분자량)

31 이상기체에 대한 단열온도 상승은 열역학 단열압축식으로 계산될 수 있다. 다음 중 열역학 단열압축식이 바르게 표현된 것은?(단, T_f는 최종 절대온도, T_i는 처음 절대온도, P_f는 최종 절대압력, P_i는 처음 절대압력, r은 비열비이다.)

① $T_i = T_f(P_f/P_i)^{(r-1)/r}$
② $T_i = T_f(P_f/P_i)^{r/(1-r)}$
③ $T_f = T_i(P_f/P_i)^{r/(r-1)}$
④ $T_f = T_i(P_f/P_i)^{(r-1)/r}$

해설

단열압축 최종 절대온도$(T_f) = T_i \times \left(\dfrac{P_f}{P_i}\right)^{\frac{r-1}{r}}$ (K)

32 조성이 $C_6H_{10}O_5$인 어떤 물질 1.0kmol을 완전연소시킬 때 연소가스 중의 질소의 양은 약 몇 kg인가?(단, 공기 중의 산소는 23w%, 질소는 77w%이다.)

① 543
② 643
③ 57.35
④ 67.35

해설

$C_6H_{10}O_5 + 6O_2 \rightarrow 6CO_2 + 5H_2O$
공기량 $= \dfrac{6 \times 32}{0.23} = 834.782kg$
질소요구량 $= 834.782 \times 0.77 = 643kg$
$C_6H_{10}O_5$ (분자량 = 162)
※ $O_5 = 2.5O_2$, $O_2 = (8.5O_2 - 2.5O_2 = 6O_2)$

33 다음 [그림]은 프로판-산소, 수소-공기, 에틸렌-공기, 일산화탄소-공기의 층류연소 속도를 나타낸 것이다. 이 중 프로판-산소 혼합기의 층류 연소속도를 나타낸 것은?

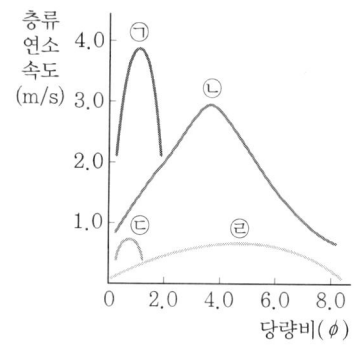

① ㉠
② ㉡
③ ㉢
④ ㉣

해설

프로판 $C_3H_8 + 5O_2 \rightarrow 3CO_2 + 4H_2O$
(당량비 : 어떤 연료의 일정 몰(mol)수가 연소하기 위해 필요한 산소몰수에 대한 비율)
∴ 위 그림에서
㉠ C_3H_8 → 산소(산소일 때 연소속도 증가)
㉡ H_2 → 공기
㉢ C_2H_4 → 공기
㉣ CO → 공기

34 산소의 성질, 취급 등에 대한 설명으로 틀린 것은?

① 산화력이 아주 크다.
② 임계압력이 25MPa이다.
③ 공기액화분리기 내에 아세틸렌이나 탄화수소가 축적되면 방출시켜야 한다.
④ 고압에서 유기물과 접촉시키면 위험하다.

해설
산소의 임계온도(-118.4℃),
임계압력(50.1atm=5.01MPa)
- 분자량 : 32
- 액비중 : 1.14
- 비점 : -183℃
- 증발잠열 : 51kcal/kg

35 폭굉(Detonation)에서 유도거리가 짧아질 수 있는 경우가 아닌 것은?

① 압력이 높을수록
② 관경이 굵을수록
③ 점화원의 에너지가 클수록
④ 관 속에 방해물이 많을수록

해설
관경이 얇을수록 가스의 폭굉유도거리가 짧아진다.

36 다음 중 단위 질량당 방출되는 화학적 에너지인 연소열(kJ/g)이 가장 낮은 것은?

① 메탄   ② 프로판
③ 일산화탄소   ④ 에탄올

해설
연소열 : 물질 1몰(22.4L)이 완전연소할 때 반응열
- 메탄 : 344,000kcal/kmol
- 프로판 : 498,000kcal/kmol
- 에탄올(C_2H_5OH) : 307,693kcal/kmol
- CO : 68,000kcal/kmol
※ 저위발열량기준

37 전기기기의 불꽃, 아크가 발생하는 부분을 절연유에 격납하여 폭발가스에 점화되지 않도록 한 방폭구조는?

① 유입방폭구조   ② 내압방폭구조
③ 안전증방폭구조   ④ 본질안전방폭구조

해설
유입방폭구조 : 용기 내부에 절연유를 주입하여 불꽃, 아크 또는 고온발생부분이 기름 속에 잠기게 함으로써 기름면 위에 존재하는 가연성 가스에 인화되지 아니하도록 한 구조이다.

38 "어떠한 방법으로든 물체의 온도를 절대영도로 내릴 수 없다."라고 표현한 사람은?

① Kelvin   ② Planck
③ Nernst   ④ Carnot

해설
Nernst 표현 : 어떠한 방법으로든 물체의 온도를 절대온도(0K)로 내릴 수 없다는 열역학 제3법칙

39 Carnot 기관이 12.6kJ의 열을 공급받고 5.2kJ의 열을 배출한다면 동력기관의 효율은 약 몇 %인가?

① 33.2   ② 43.2
③ 58.7   ④ 68.4

해설
유효열=12.6-5.2=7.4kJ
∴ 동력기관 열효율=$\frac{7.4}{12.6}\times 100=58.7(\%)$

40 비열에 대한 설명으로 옳지 않은 것은?

① 정압비열은 정적비열보다 항상 크다.
② 물질의 비열은 물질의 종류와 온도에 따라 달라진다.
③ 비열비가 큰 물질일수록 압축 후의 온도가 더 높다.
④ 물은 비열이 적어 공기보다 온도를 증가시키기 어렵고 열용량도 적다.

정답 34 ② 35 ② 36 ③ 37 ① 38 ③ 39 ③ 40 ④

[해설]
비열
- 물(1kcal/kg℃)은 비열 및 열용량이 크다.
- 공기(0.24kcal/kg℃)

3과목 가스설비

41 액화천연가스 중 가장 많이 함유되어 있는 것은?
① 메탄   ② 에탄
③ 프로판   ④ 일산화탄소

[해설]
천연가스(NG)의 주성분 : 메탄가스(CH_4)

42 펌프를 운전할 때 펌프 내에 액이 충만하지 않으면 공회전하여 펌핑이 이루어지지 않는다. 이러한 현상을 방지하기 위하여 펌프 내에 액을 충만시키는 것을 무엇이라 하는가?
① 맥동   ② 캐비테이션
③ 서징   ④ 프라이밍

[해설]

펌프에 공기를 제거하고 펌프의 물흡입을 원활하게 하기 위해 펌프에 액을 충만시키는 터빈펌프에 프라이밍 작업을 실시한다.

43 LNG에 대한 설명으로 틀린 것은?
① 대량의 천연가스를 액화하려면 3원 캐스케이드 액화 사이클을 채택한다.
② LNG 저장탱크는 일반적으로 2중 탱크로 구성된다.
③ 액화 전의 전처리로 제진, 탈수, 탈탄산가스 등의 공정은 필요하지 않다.
④ 주성분인 메탄은 비점이 약 -163℃이다.

[해설]
LNG(액화천연가스)를 제조하기 전 천연가스내의 제진, 탈수, 탈탄산가스 등을 제거하여 가스의 청정도를 높인다.

44 공기 액화 분리장치에 아세틸렌가스가 혼입되면 안 되는 이유로 가장 옳은 것은?
① 산소의 순도가 저하
② 파이프 내부가 동결되어 막힘
③ 질소와 산소의 분리작용에 방해
④ 응고되어 있다가 구리와 접촉하여 산소 중에서 폭발

[해설]
공기액화분리장치에서 산소제조 시 아세틸렌[C_2H_2]가스가 혼입되면 응고되어 있다가 구리와 접촉하여 산소 중에서 폭발한다.
- 동(구리) 아세틸라이드($Cu_2C_2 + H_2 \rightarrow C_2H_2 + Cu_2$)

45 나프타(Naphtha)에 대한 설명으로 틀린 것은?
① 비점 200℃ 이하의 유분이다.
② 헤비 나프타가 옥탄가가 높다.
③ 도시가스의 증열용으로 이용된다.
④ 파라핀계 탄화수소의 함량이 높은 것이 좋다.

[해설]
- 옥탄가 : 가솔린의 안티노킹성(Antiknocking)을 수로 나타낸 값이다.
- 나프타(Naphtha) : 라이트 나프타, 헤비 나프타가 있다.
- 라이트 나프타는 옥탄가가 높다.

46 가연성 가스 용기의 도색 표시가 잘못된 것은?(단, 용기는 공업용이다.)
① 액화염소 : 갈색
② 아세틸렌 : 황색
③ 액화탄산가스 : 청색
④ 액화암모니아 : 회색

[해설]
액화암모니아 용기 도색 : 백색

정답 41 ① 42 ④ 43 ③ 44 ④ 45 ② 46 ④

47 공기액화 분리장치에서 내부 세정제로 사용되는 것은?

① CCl_4
② H_2SO_4
③ NaOH
④ KOH

해설
내부 세정제 : 사염화탄소(CCl_4)이며 1년에 1회 정도 불연성 세제로 세척한다.

48 고압가스용 스프링식 안전밸브의 구조에 대한 설명으로 틀린 것은?

① 밸브시트는 이탈되지 않도록 밸브 몸통에 부착되어야 한다.
② 안전밸브는 압력을 마음대로 조정할 수 없도록 봉인된 구조로 한다.
③ 가연성 가스 또는 독성가스용의 안전밸브는 개방형으로 한다.
④ 안전밸브는 그 일부가 파손되어도 충분한 분출량을 얻어야 한다.

해설
가연성 가스, 독성가스용 안전밸브는 밀폐형 안전밸브로 설치한다.

49 0.1MPa·abs, 20℃의 공기를 1.5MPa·abs까지 2단 압축할 경우 중간 압력 P_m은 약 몇 MPa·abs인가?

① 0.29
② 0.39
③ 0.49
④ 0.59

해설
중간압력(P') = $\sqrt{P_1 \times P_2}$ = $\sqrt{0.1 \times 1.5}$
= 0.39MPa·abs

50 가스보일러에 설치되어 있지 않은 안전장치는?

① 전도안전장치
② 과열방지장치
③ 헛불방지장치
④ 과압방지장치

해설
전도안전장치는 용기나 소형 연소장치로 국한한다.
(전도 : 옆으로 쓰러져 엎어져 버리는 것)

51 검사에 합격한 가스용품에는 국가표준기본법에 따른 국가통합인증마크를 부착하여야 한다. 다음 중 국가통합인증마크를 의미하는 것은?

① KA
② KE
③ KS
④ KC

해설
가스용품 국가통합인증마크 기호 : KC

52 저압배관의 관지름 설계 시에는 Pole식을 주로 이용한다. 배관의 내경이 2배가 되면 유량은 약 몇 배로 되는가?

① 2.00
② 4.00
③ 5.66
④ 6.28

해설
배관 내 압력손실(관내경의 5승에 반비례)
내경이 $\frac{1}{2}$로 줄어들면 압력손실 32배
압력손실(h) = $\frac{Q^2 \cdot s \cdot L}{K^2 \cdot D^5}$, 유량($Q$) = $K\sqrt{\frac{D^5 \cdot h}{sL}}$
∴ $Q = \sqrt{2^5}$ = 5.66배

53 LPG(액체) 1kg이 기화했을 때 표준상태에서의 체적은 약 몇 L가 되는가?(단, LPG의 조성은 프로판 80wt%, 부탄 20wt%이다.)

① 387
② 485
③ 584
④ 783

정답 47 ① 48 ③ 49 ② 50 ① 51 ④ 52 ③ 53 ②

해설

프로판 $C_3H_8 + 5O_2 \rightarrow 3CO_2 + 4H_2O$
부탄 $C_4H_{10} + 6.5O_2 \rightarrow 4CO_2 + 5H_2O$
분자량 ($C_3H_8 = 44$, 부탄 $= 58$)
1kg = 1,000g (평균분자량 $= 44 \times 0.8 + 58 \times 0.2 = 46.8$)
몰수 $= \dfrac{1,000}{46.8} = 21.37$몰, 체적 $= 21.37 \times 22.4 = 478(L)$

54 고압가스저장설비에서 수소와 산소가 동일한 조건에서 대기 중에 누출되었다면 확산속도는 어떻게 되겠는가?

① 수소가 산소보다 2배 빠르다.
② 수소가 산소보다 4배 빠르다.
③ 수소가 산소보다 8배 빠르다.
④ 수소가 산소보다 16배 빠르다.

해설

가스분자량($H_2 : 2$, $O_2 : 32$)
$\dfrac{U_1}{U_2} = \sqrt{\dfrac{M_2}{M_1}} = \sqrt{\dfrac{d_2}{d_1}} = \sqrt{\dfrac{2}{32}} = \sqrt{\dfrac{1}{16}} = \dfrac{1}{4}$
$H_2 : O_2 = 4 : 1$ (수소가 산소보다 4배 빠르다.)

55 전양정이 20m, 송출량이 1.5m³/min, 효율이 72%인 펌프의 축동력은 약 몇 kW인가?

① 5.8kW
② 6.8kW
③ 7.8kW
④ 8.8kW

해설

펌프의 축동력(kW) $= \dfrac{r \cdot Q \cdot H}{102 \times \eta}$
(물의 비중량 : 1,000kg/m³)
$\therefore \dfrac{1,000 \times (1.5/60) \times 20}{102 \times 0.72} = 6.8$kW

56 액화석유가스를 이송할 때 펌프를 이용하는 방법에 비하여 압축기를 이용할 때의 장점에 해당하지 않는 것은?

① 베이퍼록 현상이 없다.
② 잔 가스 회수가 가능하다.
③ 서징(Surging)현상이 없다.
④ 충전작업 시간이 단축된다.

해설

액화석유가스 이송 펌프에서 순간압력이 저하하면 서징현상이 발생한다(압축기로 이송 시에는 서징현상 불가함).

57 액화염소 사용시설 중 저장설비는 저장능력이 몇 kg 이상일 때 안전거리를 유지하여야 하는가?

① 300kg
② 500kg
③ 1,000kg
④ 5,000kg

해설

액화염소[Cl_2] 저장설비 저장능력이 500kg 이상이면 안전거리 확보가 필요하다.

58 도시가스의 누출 시 감지할 수 있도록 첨가하는 것으로서 냄새가 나는 물질(부취제)에 대한 설명으로 옳은 것은?

① THT는 경구투여 시에는 독성이 강하다.
② THT는 TBM에 비해 취기 강도가 크다.
③ THT는 TBM에 비해 토양 투과성이 좋다.
④ THT는 TBM에 비해 화학적으로 안정하다.

해설

부취제
• THT(석탄가스냄새) : 취기가 보통이다.
• TBM(양파 썩는 냄새) : 취기가 가장 강하다.
• DMS(마늘냄새) : 취기가 가장 약하다.
(THT는 TBM에 비해 화학적 안정이 가능하다.)

정답 54 ② 55 ② 56 ③ 57 ② 58 ④

59 다음 중 특수 고압가스가 아닌 것은?

① 포스겐
② 액화알진
③ 디실란
④ 세렌화수소

[해설]
특수 고압가스 : ②, ③, ④항 외 압축모노실란, 압축디보레인, 게르만, 포스핀 등이다.
※ 포스겐은 독성가스이다.

60 오토클레이브(Autoclave)의 종류가 아닌 것은?

① 교반형
② 가스교반형
③ 피스톤형
④ 진탕형

[해설]
오토클레이브(반응기) : 교반형, 가스교반형, 진탕형

4과목 가스안전관리

61 차량에 고정된 탱크 운반차량의 기준으로 옳지 않은 것은?

① 이입작업 시 차바퀴 전후를 차바퀴 고정목 등으로 확실하게 고정시킨다.
② 저온 및 초저온 가스의 경우에는 면장갑을 끼고 작업한다.
③ 탱크운전자는 이입작업이 종료될 때까지 탱크로리 차량의 긴급차단장치 부근에 위치한다.
④ 이입작업은 그 사업소의 안전관리자 책임하에 차량의 운전자가 한다.

[해설]
초저온용기는 $-50℃$ 이하의 액화가스 저장 충전용기이므로 면장갑 사용은 금물이다.

62 용기저장실에서 가스로 인한 폭발사고가 발생되었을 때 그 원인으로 가장 거리가 먼 것은?

① 누출경보기의 미작동
② 드레인 밸브의 작동
③ 통풍구의 환기능력 부족
④ 배관 이음매 부분의 결함

[해설]
드레인 밸브(액체 배출 밸브) 작동은 용기저장실 가스폭발과는 관련성이 없다.

63 저장탱크에 의한 액화석유가스사용시설에서 지반조사의 기준에 대한 설명으로 틀린 것은?

① 저장 및 가스설비에 대하여 제1차 지반조사를 한다.
② 제1차 지반조사방법은 드릴링을 실시하는 것을 원칙으로 한다.
③ 지반조사 위치는 저장설비 외면으로부터 10m 이내에서 2곳 이상 실시한다.
④ 표준 관입시험은 표준 관입시험 방법에 따라 N값을 구한다.

[해설]
지반조사에서 ①, ③, ④항 외 과거부등침하 실적조사, 보링(Boring) 등의 방법에 의하여 실시한다.
※ 드릴링(Drilling)검사 : 토질검사법

64 액화가스 저장탱크의 저장능력 산정 기준식으로 옳은 것은?(단, Q 및 W는 저장능력, P는 최고충전압력, V_1, V_2는 내용적, d는 비중, C는 상수이다.)

① $Q = (10P+1)V_1$
② $W = 0.9dV_2$
③ $W = \dfrac{V_2}{C}$
④ $W = \dfrac{C}{V^2}$

[해설]
㉠ 액화가스 저장능력=0.9×비중×용기내용적(kg)
∴ $W = 0.9dV_2$ (kg)
㉡ 압축가스=$(10P+1)V_2$ (m^3)
㉢ 저장용기=$\dfrac{V_2}{C}$ (kg)

정답 59 ① 60 ③ 61 ② 62 ② 63 ② 64 ②

65 가스의 성질에 대한 설명으로 틀린 것은?

① 메탄, 아세틸렌 등의 가연성 가스의 농도는 천정부근이 가장 높다.
② 벤젠, 가솔린 등의 인화성 액체의 증기농도는 바닥의 오목한 곳이 가장 높다.
③ 가연성 가스의 농도측정은 사람이 앉은 자세의 높이에서 한다.
④ 액체산소의 증발에 의해 발생한 산소 가스는 증발 직후 낮은 곳에 정체하기 쉽다.

해설
가연성 가스의 농도측정은 비중에 따라서 측정장소가 다르다(공기보다 비중이 낮거나 높은 경우 가스의 머무르는 높이가 다르기 때문이다).

66 LPG 사용시설 중 배관의 설치방법으로 옳지 않은 것은?

① 건축물 내의 배관은 단독 피트 내에 설치하거나 노출하여 설치한다.
② 건축물의 기초 밑 또는 환기가 잘 되는 곳에 설치한다.
③ 지하매몰 배관은 붉은색 또는 노란색으로 표시한다.
④ 배관이음부와 전기계량기와의 거리는 60cm 이상 거리를 유지한다.

해설
LPG 가스는 비중이 공기보다 높아서 누설 시 지반 하부로 고이므로 환기가 잘 되는 곳에 배관설치는 가능하나 건축물의 기초 밑에 시공은 금지하여야 한다.

67 액화석유가스 집단공급시설에 설치하는 가스누출 자동차단장치의 검지부에 대한 설명으로 틀린 것은?

① 연소기의 폐가스에 접촉하기 쉬운 장소에 설치한다.
② 출입구 부근 등 외부의 기류가 유동하는 장소에는 설치하지 아니한다.
③ 연소기 버너의 중심부분으로부터 수평거리 4m 이내에 검지부 1개 이상 설치한다.
④ 공기가 들어오는 곳으로부터 1.5m 이내의 장소에는 설치하지 아니한다.

해설
액화석유가스(LPG) 집단공급시설에 설치하는 가스누출 자동차단장치의 검지부는 연소기의 연소한 폐가스에 접촉이 되지 않는 곳에 설치하여야 한다.

68 액화석유가스 충전사업자는 거래상황 기록부를 작성하여 한국가스안전공사에게 보고하여야 한다. 보고기한의 기준으로 옳은 것은?

① 매달 다음달 10일
② 매분기 다음달 15일
③ 매반기 다음달 15일
④ 매년 1월 15일

해설
전항정답(문제오류)

69 어떤 용기의 체적이 0.5m³이고, 이때 온도는 25℃이다. 용기 내에 분자량 24인 이상기체 10kg이 들어있을 때 이 용기의 압력은 약 몇 kg/cm²인가?(단, 대기압은 1.033kg/cm²로 한다.)

① 10.5
② 15.5
③ 20.5
④ 25.5

해설
분자량 24=24kg, 10kg=(10/24)=0.42kmol

$PV = GRT$, $P = \dfrac{GRT}{V}$

$\dfrac{10 \times \dfrac{848}{24} \times (273+25)}{0.5 \times 10^4} = 21.06 \text{kgf/cm}^2 \cdot a$

$21.06 - 1.033 = 20.5 \text{kgf/cm}^2 \cdot g$

정답 65 ③ 66 ② 67 ① 68 전항 정답 69 ③

70 부탄가스용 연소기의 구조에 대한 설명으로 틀린 것은?

① 연소기는 용기와 직결한다.
② 회전식 밸브의 핸들의 열림 방향은 시계 반대방향으로 한다.
③ 용기 장착부 이외에는 용기가 들어가지 아니하는 구조로 한다.
④ 파일럿버너가 있는 연소기는 파일럿버너가 점화되지 아니하면 메인버너의 가스통로가 열리지 아니하는 것으로 한다.

해설
부탄(C_4H_{10})가스용 연소기에서 연소기는 용기직결이 아닌 용기의 호스와 직결하여야 한다.

71 아세틸렌을 충전하기 위한 기술기준으로 옳은 것은?

① 아세틸렌 용기에 다공물질을 고루 채워 다공도가 70% 이상 95% 미만이 되도록 한다.
② 습식 아세틸렌 발생기의 표면의 부근에 용접작업을 할 때에는 70℃ 이상의 온도로 유지하여야 한다.
③ 아세틸렌을 2.5MPa의 압력으로 압축할 때에는 질소·메탄·일산화탄소 또는 에틸렌 등의 희석제를 첨가한다.
④ 아세틸렌을 용기에 충전할 때 충전 중의 압력은 3.5MPa 이하로 하고, 충전 후에는 압력이 15℃에서 2.5MPa 이하로 될 때까지 정치하여 둔다.

해설
C_2H_2(아세틸렌) 가스 충전기준
• 다공도 범위 : 75%~92% 미만
• 습식 아세틸렌 발생기 표면온도 : 70℃ 이하 유지
• 발생기의 최저온도 : 50~60℃
• 용기충전 압력 : 2.5MPa 이하(희석제 첨가)
• 충전 후 압력은 15℃에서 1.55MPa 이하 유지

72 2개 이상의 탱크를 동일한 차량에 고정하여 운반하는 경우의 기준에 대한 설명으로 틀린 것은?

① 충전관에는 유량계를 설치한다.
② 충전관에는 안전밸브를 설치한다.
③ 탱크마다 탱크의 주밸브를 설치한다.
④ 탱크와 차량과의 사이를 단단하게 부착하는 조치를 한다.

해설
충전관 설치 부품 : 안전밸브, 압력계, 긴급차단밸브

73 다음 중 독성가스가 아닌 것은?

① 아황산가스 ② 염소가스
③ 질소가스   ④ 시안화수소

해설
질소(N_2)가스 : 불연성 가스

74 가스위험성 평가기법 중 정량적 안전성 평가기법에 해당하는 것은?

① 작업자 실수분석(HEA)기법
② 체크리스트(Checklist)기법
③ 위험과 운전분석(HAZOP)기법
④ 사고예상 질문분석(WHAT-IF)기법

해설
정량적 안전성 평가기법
• HEA : 작업자 실수분석법
• FTA : 결함수 분석법
• ETA : 사건수 분석기법
• CCA : 원인결과 분석법

75 기계가 복잡하게 연결되어 있는 경우 및 배관 등으로 연속되어 있는 경우에 이용되는 정전기 제거조치용 본딩용 접속선 및 접지접속선의 단면적은 몇 mm² 이상이어야 하는가?(단, 단선은 제외한다.)

① 3.5mm² ② 4.5mm²
③ 5.5mm² ④ 6.5mm²

해설
본딩용 접속선 및 접지접속선 : 단면적 5.5mm² 이상(접지저항치는 100Ω 이하 유지)

76 고정식 압축도시가스 자동차 충전시설에 설치하는 긴급분리장치에 대한 설명 중 틀린 것은?

① 유연성을 확보하기 위하여 고정설치하지 아니한다.
② 각 충전설비마다 설치한다.
③ 수평 방향으로 당길 때 666.4N 미만의 힘에 의하여 분리되어야 한다.
④ 긴급분리장치와 충전설비 사이에는 충전자가 접근하기 쉬운 위치에 90°회전의 수동밸브를 설치한다.

해설
고정식 압축도시가스 자동차 충전시설에 설치하는 긴급분리장치는 반드시 고정설치하여야 한다.

77 LP 가스 집단공급 시설의 안전밸브 중 압축기의 최종단에 설치한 것은 1년에 몇 회 이상 작동조정을 해야 하는가?

① 1회 ② 2회
③ 3회 ④ 4회

해설
LP 가스 집단공급 시설의 안전밸브 중 압축기 최종단에 설치한 것은 1년에 1회 이상 작동조정을 해야 한다(기타는 2년에 1회 이상).

78 용기 각인 시 내압시험압력의 기호와 단위를 옳게 표시한 것은?

① 기호 : FP, 단위 : kg
② 기호 : TP, 단위 : kg
③ 기호 : FP, 단위 : MPa
④ 기호 : TP, 단위 : MPa

해설
내압시험 압력 : 기호(TP), 단위(MPa)

79 시안화수소 충전 작업에 대한 설명으로 틀린 것은?

① 1일 1회 이상 질산구리벤젠 등의 시험지로 가스누출을 검사한다.
② 시안화수소 저장은 용기에 충전한 후 90일을 경과하지 않아야 한다.
③ 순도가 98% 이상으로서 착색되지 않은 것은 다른 용기에 옮겨 충전하지 않을 수 있다.
④ 폭발을 일으킬 우려가 있으므로 안정제를 첨가한다.

해설
시안화수소(HCN) 가스 충전 시 주의사항
• 안정제 : 황산
• 순도 : 98% 이상
• 충전시간정치 : 24시간
• 가스누출시험 : 1일 1회 이상 질산구리벤젠 등
• 순도가 98% 이상이 되지 않으면 60일이 경과되기 전에 다른 용기에 옮겨서 충전한다.

80 용기보관장소에 대한 설명으로 틀린 것은?

① 용기보관장소의 주위 2m 이내에 화기 또는 인화성 물질 등을 치웠다.
② 수소용기 보관장소에는 겨울철 실내온도가 내려가므로 상부의 통풍구를 막았다.
③ 가연성 가스의 충전용기 보관실은 불연재료를 사용하였다.
④ 가연성 가스와 산소의 용기보관실은 각각 구분하여 설치하였다.

해설
수소가스는 비중이 $\left(\dfrac{2}{29} = 0.068\right)$이므로 누설 시 상부로 옮겨가므로 통풍구가 상부에서 개방시키도록 한다.

정답 76 ① 77 ① 78 ④ 79 ② 80 ②

5과목 가스계측

81 계측기기의 감도에 대한 설명 중 틀린 것은?

① 감도가 좋으면 측정시간이 길어지고 측정범위는 좁아진다.
② 계측기기가 측정량의 변화에 민감한 정도를 말한다.
③ 측정량의 변화에 대한 지시량의 변화 비율을 말한다.
④ 측정결과에 대한 신뢰도를 나타내는 척도이다.

[해설]
- 계측기기 감도 = $\dfrac{지시량\ 변화}{측정량\ 변화}$
- 정도 = 측정결과의 신뢰도를 나타낸다.

82 가스크로마토그래피에서 사용되는 검출기가 아닌 것은?

① FID(Flame Ionization Detector)
② ECD(Electron Capture Detector)
③ NDIR(Non-Dispersive Infra-Red)
④ TCD(Thermal Conductivity Detector)

[해설]
가스크로마토그래피 검출기
- TCD(열전도형)
- FID(수소이온화 검출기)
- ECD(전자포획이온화 검출기)
- TCD(열전도형 검출기 : 가장 많이 사용)
- FPD(염광 광도형 검출기)
- FTD(알칼리성 이온화 검출기)

83 검지관에 의한 프로판의 측정농도 범위와 검지한도를 각각 바르게 나타낸 것은?

① 0~0.3%, 10ppm
② 0~1.5%, 250ppm
③ 0~5%, 100ppm
④ 0~30%, 1000ppm

[해설]
프로판(C_3H_8)의 측정 농도 종류(검지관)
0~5%(검지한도 100ppm)

84 국제단위계(SI단위계)(The International System of Unit)의 기본단위가 아닌 것은?

① 길이[m]
② 압력[Pa]
③ 시간[s]
④ 광도[cd]

[해설]
국제단위계는 기본단위에서 ①, ③, ④ 외 물질량(mol), 온도(K), 질량(kg), 시간(s) 등 7가지가 있다.

85 차압식 유량계에서 유량과 압력차와의 관계는?

① 차압에 비례한다.
② 차압의 제곱에 비례한다.
③ 차압의 5승에 비례한다.
④ 차압의 제곱근에 비례한다.

[해설]
차압식 유량계 유량 : 차압의 제곱근에 비례한다(평방근에 비례).

86 온도가 21℃에서 상대습도 60%의 공기를 압력은 변화하지 않고 온도를 22.5℃로 할 때, 공기의 상대습도는 약 얼마인가?

온도(℃)	물의 포화증기압(mmHg)
20	16.54
21	17.83
22	19.12
23	20.41

① 52.41%
② 53.63%
③ 54.13%
④ 55.95%

[해설]
21℃ = 17.83mmHg × 0.6 = 10.698mmHg
22.5℃ = $\dfrac{19.12+20.41}{2}$ = 19.765mmHg(평균)
∴ 상대습도(22.5℃) = $\dfrac{10.698}{19.765} \times 100 = 54.13(\%)$

정답 81 ④ 82 ③ 83 ③ 84 ② 85 ④ 86 ③

87 다음 중 건식 가스미터(Gas Meter)는?

① Venturi식　　② Roots식
③ Orifice식　　④ Turbine식

해설
건식 가스미터
- 막식(독립내기식, 그로바식)
- 회전식(루트식, 로터리식, 오벌식)

88 가스미터에 의한 압력손실이 적어 사용 중 기압차의 변동이 거의 없고, 유량이 정확하게 계량되는 계측기는?

① 루츠미터　　② 습식 가스미터
③ 막식 가스미터　　④ 로터리피스톤식 미터

해설
습식 가스미터
- 유량(계량)이 정확하게 검출된다.
- 기차의 변동이 거의 없다.
- 사용 중 수위조정이 필요하다.
- 설치스페이스가 크다.

89 광학분광법은 여러 가지 현상에 바탕을 두고 있다. 이에 해당하지 않는 것은?

① 흡수　　② 형광
③ 방출　　④ 분배

해설
광학 분광 가스분석의 바탕 : 흡수, 형광, 방출

90 다음 [보기]의 온도계에 대한 설명으로 옳은 것을 모두 나열한 것은?

[보기]
㉠ 온도계의 검출단은 열용량이 작은 것이 좋다.
㉡ 일반적으로 열전대는 수은 온도계보다 온도변화에 대한 응답속도가 늦다.
㉢ 방사온도계는 고온의 화염온도 측정에 적합하다.

① ㉠　　② ㉡, ㉢
③ ㉠, ㉢　　④ ㉠, ㉡, ㉢

해설
열전대 온도계도 수은 온도계에 비해 온도변화 시 응답속도가 늦은 편이 아니다.

91 빈병의 질량이 414g인 비중병이 있다. 물을 채웠을 때 질량이 999g, 어느 액체를 채웠을 때의 질량이 874g일 때 이 액체의 밀도는 얼마인가?(단, 물의 밀도 : $0.998g/cm^3$, 공기의 밀도 : 0.00120 g/cm^3이다.)

① $0.785g/cm^3$　　② $0.998g/cm^3$
③ $7.85g/cm^3$　　④ $9.98g/cm^3$

해설
물의 질량 = 999 − 414 = 585(g)
어느 액체 = 874 − 414 = 460(g)
∴ 밀도(ρ) = $\dfrac{460 \times 0.998}{585}$ = $0.785(g/cm^3)$

92 유수형 열량계로 5L의 기체 연료를 연소시킬 때 냉각수량이 2,500g이었다. 기체연료의 온도가 20℃, 전체압이 750mmHg, 발열량이 5,437.6 kcal/Nm³일 때 유수 상승온도는 약 몇 ℃인가?

① 8℃　　② 10℃
③ 12℃　　④ 14℃

해설
유수 상승온도(t) = $\dfrac{5,437.6}{2,500} \times 5 ≒ 10℃$

93 게겔법에 의한 아세틸렌(C_2H_2)의 흡수액으로 옳은 것은?

① 87% H_2SO_4 용액
② 요오드수은칼륨 용액
③ 알칼리성 피로갈롤 용액
④ 암모니아성 염화제일구리 용액

정답　87 ②　88 ②　89 ④　90 ③　91 ①　92 ②　93 ②

해설

게겔법(저급탄화수소 분석) 흡수용액
- CO_2 : KOH 33% 용액
- C_2H_2 : 옥소수은 칼륨 용액
- 프로필렌, 노르말부탄 : 87% 황산
- C_2H_4 : 취수소
- O_2 : 알칼리성 피로갈롤 용액
- CO : 암모니아성 염화 제1동 용액

94 압력 계측기기 중 직접 압력을 측정하는 1차 압력계에 해당하는 것은?

① 액주계 압력계　② 부르동관 압력계
③ 벨로즈 압력계　④ 전기저항 압력계

해설

직접 압력 1차 압력계 : 액주식 압력계(수은, 물 등)

95 열전대를 사용하는 온도계 중 가장 고온을 측정할 수 있는 것은?

① R형　② K형
③ E형　④ J형

해설

열전대 온도계
- R형(P−R) : 0~1,600℃
- J형(I−C) : −20~800℃
- K형(C−A) : −20~1,200℃
- T형(C−C) : −180~360℃

96 연속 제어동작의 비례(P)동작에 대한 설명 중 틀린 것은?

① 사이클링을 제거할 수 있다.
② 부하변화가 적은 프로세스의 제어에 이용된다.
③ 외란이 큰 자동제어에는 부적당하다.
④ 잔류편차(Off−set)가 생기지 않는다.

해설

연속동작 비례 동작(P)의 특징은 ①, ②, ③항 외에도 부하변동 시 외란이 있으면 잔류 편차가 발생한다. 또한 프로세스의 반응 속도가 느리거나 보통이다.

97 가스크로마토그래피에 대한 설명으로 가장 옳은 것은?

① 운반가스로는 일반적으로 O_2, CO_2가 이용된다.
② 각 성분의 머무름 시간은 분석조건이 일정하면 조성에 관계없이 거의 일정하다.
③ 분석시료는 반드시 LP 가스의 기체 부분에서 채취해야 한다.
④ 분석 순서는 가장 먼저 분석시료를 도입하고 그 다음에 운반가스를 흘려보낸다.

해설

가스크로마토그래피
- 운반가스 : He, H_2, Ar, N_2 등
- 시료가스 대부분을 분석할 수 있다.
- 운반가스가 먼저 흘려보내면서 분석가스를(측정가스) 흘려보내는 순서이다.

98 가스를 일정 용적의 통 속에 넣어 충만시킨 후 배출하여 그 횟수를 용적단위로 환산하는 방법의 가스미터는?

① 막식　② 루트식
③ 로터리식　④ 와류식

해설

- 막식 : 일정 용적 속의 통 속에 넣어 충만시킨 후 배출하여 그 횟수를 용적단위로 환산한다.
- 루트식 가스미터 : 건식 가스미터이며 회전식 가스미터기이다(대량수용가 : 100~5,000m³/h용이고 여과기 설치가 필요하다. 용적식이며 설치 후 유지관리가 필요하다).

정답　94 ①　95 ①　96 ④　97 ②　98 ①

99 기체 크로마토그래피에서 분리도(Resolution)와 칼럼 길이의 상관관계는?

① 분리도는 칼럼 길이에 비례한다.
② 분리도는 칼럼 길이의 2승에 비례한다.
③ 분리도는 칼럼 길이의 3승에 비례한다.
④ 분리도는 칼럼 길이의 제곱근에 비례한다.

해설
㉠ 분리도 : 칼럼(분리관) 길이의 제곱근에 비례한다.
㉡ 가스크로마토그래피법 분리평가항목 중 분리능의 '분리계수' 및 '분리도'
- 분리계수(d)
- 분리도(R)

$$d = \frac{t_{R2}}{t_{R1}} \qquad R = \frac{2(t_{R2} - t_{R1})}{W_1 + W_2}$$

여기서, t_{R1} : 시료 도입점으로부터 피크 1의 최고점까지의 길이
t_{R2} : 시료 도입점으로부터 피크 2의 최고점까지의 길이
W_1 : 피크 1의 좌우 변곡점에서의 접선이 자르는 바탕선의 길이
W_2 : 피크 2의 좌우 변곡점에서의 접선이 자르는 바탕선의 길이

100 계측기기 구비조건으로 가장 거리가 먼 것은?

① 정확도가 있고, 견고하고 신뢰할 수 있어야 한다.
② 구조가 단순하고, 취급이 용이하여야 한다.
③ 연속적이고 원격지시, 기록이 가능하여야 한다.
④ 구성은 전자화되고, 기능은 자동화되어야 한다.

해설
계측기기 구비조건은 ①, ②, ③항 외 정도가 높고 경제적이며, 내구성이 있고, 보수가 쉬울 것

정답 99 ④ 100 ④

2018년 2회 기출문제

1과목 가스유체역학

01 동점성계수가 각각 $1.1 \times 10^{-6} \text{m}^2/\text{s}$, $1.5 \times 10^{-5} \text{m}^2/\text{s}$인 물과 공기가 지름 10cm인 원형관 속을 10cm/s의 속도로 각각 흐르고 있을 때, 물과 공기의 유동을 옳게 나타낸 것은?

① 물 : 층류, 공기 : 층류
② 물 : 층류, 공기 : 난류
③ 물 : 난류, 공기 : 층류
④ 물 : 난류, 공기 : 난류

해설

레이놀즈수$(Re) = \dfrac{\rho V d}{\mu} = \dfrac{Vd}{\nu}$

(층류 : $Re < 2,100$, 난류 : $Re > 4,000$)

단면적$(A) = \dfrac{\pi}{4}d^2 = \dfrac{3.14}{4} \times (0.1)^2 = 0.00785 \text{m}^2$

유속$(V) = 10 \text{cm/s} = 0.1 \text{m/s}$(지름은 0.1m)
유량$(Q) = A \times V = 0.00785 \times 0.1 = 0.000785 \text{m}^3/\text{s}$

물 = $\dfrac{0.1 \times 0.1}{1.1 \times 10^{-6}} = 9,091 > 4,000$(난류)

공기 = $\dfrac{0.1 \times 0.1}{1.5 \times 10^{-5}} = 667 < 2,100$(층류)

02 내경이 50mm인 강철관에 공기가 흐르고 있다. 한 단면에서의 압력은 5atm, 온도는 20℃, 평균유속은 50m/s이었다. 이 관의 하류에서 내경이 75mm인 강철관이 접속되어 있고 여기에서의 압력은 3atm, 온도는 40℃이다. 이때 평균 유속을 구하면 약 얼마인가?(단, 공기는 이상기체라고 가정한다.)

① 40m/s ② 50m/s
③ 60m/s ④ 70m/s

해설

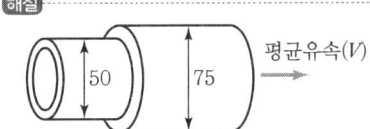

$Q_1 = A_1 V_1 = \dfrac{3.14}{4} \times (0.05)^2 \times 50 = 0.098125 (\text{m}^3/\text{s})$

$Q_1' = \dfrac{P_1 Q_1 T_2}{P_2 T_1} = \dfrac{5 \times 0.098125 \times (273+40)}{3 \times (273+20)} = 0.17177 (\text{m}^3/\text{s})$

$\therefore$ 평균유속$(V') = \dfrac{Q_2}{A_2} = \dfrac{0.17177}{\dfrac{3.14}{4}(0.075)^2} \fallingdotseq 40 (\text{m/s})$

03 다음 중 동점성계수와 가장 관련이 없는 것은?(단, μ는 점성계수, ρ는 밀도, F는 힘의 차원, T는 시간의 차원, L은 길이의 차원을 나타낸다.)

① $\dfrac{\mu}{\rho}$ ② Stokes
③ cm^2/s ④ FTL^{-2}

해설

- 점성계수차원$(\mu) = \dfrac{\tau}{\left(\dfrac{du}{dy}\right)} = \dfrac{FL^{-2}}{\left(\dfrac{LT^{-1}}{L}\right)} = FTL^{-2}$

- 동점성계수차원$(\nu) = \dfrac{\mu}{\rho} = \dfrac{ML^{-1}T^{-1}}{ML^{-3}} = L^2 T^{-1}$

- $1 \text{Stokes} = 1 \text{cm}^2/\text{s} = 10^{-4} \text{m}^2/\text{s}$

04 제트엔진 비행기가 400m/s로 비행하는 데 30kg/s의 공기를 소비한다. 4,900N의 추진력을 만들 때 배출되는 가스의 비행기에 대한 상대속도는 약 몇 m/s인가?(단, 연료의 소비량은 무시한다.)

① 563 ② 583
③ 603 ④ 623

정답 01 ③ 02 ① 03 ④ 04 ①

해설

상대속도(V_2)

$$V_2 = \frac{F(추진력)}{\rho \cdot Q} + V_1 = \frac{4,900}{30} + 400 = 563 \text{m/s}$$

※ $1\text{kgf} = 1\text{kg} \times 9.8 \text{m/s}^2 = 9.8\text{N}$
$9.8\text{N} \cdot \text{m} = 9.8\text{J}$
$9.8\text{J/s} = 9.8\text{W}$

05 지름이 2m인 관속을 7,200m³/h로 흐르는 유체의 평균유속은 약 몇 m/s인가?

① 0.64 ② 2.47
③ 4.78 ④ 5.36

해설

$$유속(\text{m/s}) = \frac{유량(\text{m}^3/\text{s})}{단면적\left(\frac{\pi}{4}d^2\right)}$$

$$= \frac{7,200}{\frac{3.14}{4} \times (2)^2 \times 3,600} = 0.64(\text{m/s})$$

• 1시간 = 3,600초

06 다음 중 마하수(Mach Number)를 옳게 나타낸 것은?

① 유속을 음속으로 나눈 값
② 유속을 광속으로 나눈 값
③ 유속을 기체분자의 절대속도 값으로 나눈 값
④ 유속을 전자속도로 나눈 값

해설

마하수(Mach Number) : M

$$M = \frac{V}{C} = \frac{V}{\sqrt{kRT}} = \frac{유속}{음속}$$

07 어떤 액체의 점도가 20g/cm · s라면 이것은 몇 Pa · s에 해당하는가?

① 0.02 ② 0.2
③ 2   ④ 20

해설

점성계수(μ) = 1(poise) = 1(dyne · s/cm²)
= 1(g/cm · s)

절대 단위 = 0.0102kgf · s/m²(공학단위)

$$\text{Pa} = \frac{\text{kg} \cdot \text{m/s}^2}{\text{m}^2} = \text{kg/m} \cdot \text{s}^2$$

$\text{Pa} \cdot \text{s} = (\text{kg/m} \cdot \text{s}^2) \times \text{s} = \text{kg/m} \cdot \text{s}$
$1\text{Pa} \cdot \text{s} = 10\text{P(Poise)}$
$= 1\text{g/cm} \cdot \text{s} = 0.1\text{kg/m} \cdot \text{s}$
$= 0.1\text{Pa} \cdot \text{s}$

∴ $\frac{20}{10} = 2(\text{Pa} \cdot \text{s})$

08 동일한 펌프로 동력을 변화시킬 때 상사조건이 되려면 동력은 회전수와 어떤 관계가 성립하여야 하는가?

① 회전수의 $\frac{1}{2}$승에 비례
② 회전수와 1대 1로 비례
③ 회전수의 2승에 비례
④ 회전수의 3승에 비례

해설

펌프의 상사법칙
• 유량 : 회전수 증가에 비례
• 유의 양정 : 회전수 증가의 2배(2승에 비례)
• 유량의 동력 : 회전수 증가의 3승에 비례

09 충격파의 유동특성을 나타내는 Fanno 선도에 대한 설명 중 옳지 않은 것은?

① Fanno 선도는 에너지 방정식, 연속방정식, 운동량 방정식, 상태방정식으로부터 얻을 수 있다.
② 질량유량이 일정하고 정체 엔탈피가 일정한 경우에 적용된다.
③ Fanno 선도는 정상상태에서 일정단면유로를 압축성 유체가 외부와 열교환하면서 마찰없이 흐를 때 적용된다.
④ 일정질량유량에 대하여 Mach수를 Parameter로 하여 작도한다.

정답 05 ① 06 ① 07 ③ 08 ④ 09 ③

해설
- 충격파 : 초음속흐름이 갑자기 아음속으로 변할 때 이 흐름에 불연속면이 생기는데 이 불연속면을 충격파(Shock Wave)라고 한다(수직충격파, 경사충격파).
- 수직충격파 : 압력, 밀도, 온도, 엔트로피 증가, 속도는 감소한다.
- Fanno 선도 : 비점성가스의 단열변화(등엔트로피 변화)에서 사용되므로 열교환이 없을 때 적용한다.

10 비압축성 유체가 수평 원형관에서 층류로 흐를 때 평균유속과 마찰계수 또는 마찰로 인한 압력차의 관계를 옳게 설명한 것은?

① 마찰계수는 평균유속에 비례한다.
② 마찰계수는 평균유속에 반비례한다.
③ 압력차는 평균유속의 제곱에 비례한다.
④ 압력차는 평균유속의 제곱에 반비례한다.

해설
- 비압축성 유체 : 흐르는 냇물 등(마찰계수는 평균유속에 반비례한다.)
- 마찰계수 : 레이놀즈수와 상대조도의 함수이다(마찰계수는 점성에 비례하고 밀도, 관의 지름, 유속에 반비례한다).

11 축류펌프의 특성이 아닌 것은?

① 체절상태로 운전하면 양정이 일정해진다.
② 비속도가 크기 때문에 회전속도를 크게 할 수 있다.
③ 유량이 크고 양정이 낮은 경우에 적합하다.
④ 유체는 임펠러를 지나서 축방향으로 유출된다.

해설
축류펌프
- 날개수가 증가하면 유량은 일정, 양정이 증가
- 체절운전이란 유량이 0일 때 양정이 최대가 되는 운전
- 원심식 펌프

12 파이프 내 점성흐름에서 길이방향으로 속도분포가 변하지 않는 흐름을 가리키는 것은?

① 플러그흐름(Plug Flow)
② 완전발달된 흐름(Fully Developed Flow)
③ 층류(Laminar Flow)
④ 난류(Turbulent Flow)

해설
완전발달된 흐름 : 배관 내 점성 흐름에서 길이방향으로 속도분포가 변하지 않는 흐름

13 유체 유동에서 마찰로 일어난 에너지 손실은?

① 유체의 내부에너지 증가와 계로부터 열전달에 의해 제거되는 열량의 합이다.
② 유체의 내부에너지와 운동에너지의 합의 증가로 된다.
③ 포텐셜 에너지와 압축일의 합이 된다.
④ 엔탈피의 증가가 된다.

해설
유체 유동에서 마찰로 일어난 에너지 손실 : 유체의 내부에너지 증가와 계로부터 열전달에 의해 제거되는 열량의 합

14 항력(Drag Force)에 대한 설명 중 틀린 것은?

① 물체가 유체 내에서 운동할 때 받는 저항력을 말한다.
② 항력은 물체의 형상에 영향을 받는다.
③ 항력은 유동에 수직방향으로 작용한다.
④ 압력항력을 형상항력이라 부르기도 한다.

해설
항력(Drag Force)
유동속도의 방향과 같은 방향의 저항력(전항력 : 점성에 의한 항력과 압력에 의한 항력 합)
※ 항력은 수평방향이고 수직방향은 양력이다.

정답 10 ② 11 ① 12 ② 13 ① 14 ③

15 관 내부에서 유체가 흐를 때 흐름이 완전난류라면 수두손실은 어떻게 되겠는가?

① 대략적으로 속도의 제곱에 반비례한다.
② 대략적으로 직경의 제곱에 반비례하고 속도에 정비례한다.
③ 대략적으로 속도의 제곱에 비례한다.
④ 대략적으로 속도에 정비례 한다.

해설
완전난류 : 대략적으로 속도의 제곱에 비례한다.

16 축류펌프의 날개 수가 증가할 때 펌프성능은?

① 양정이 일정하고 유량이 증가
② 유량과 양정이 모두 증가
③ 양정이 감소하고 유량이 증가
④ 유량이 일정하고 양정이 증가

해설
날개 수가 증가하면 유량은 일정하고 양정이 증가한다.

17 그림과 같은 관에서 유체가 등엔트로피 유동할 때 마하수 $M_a < 1$이라 한다. 이때 유동방향에 따른 속도와 압력의 변화를 옳게 나타낸 것은?

① 속도 – 증가, 압력 – 감소
② 속도 – 증가, 압력 – 증가
③ 속도 – 감소, 압력 – 감소
④ 속도 – 감소, 압력 – 증가

해설
아음속 흐름($M_a < 1$) 축소노즐

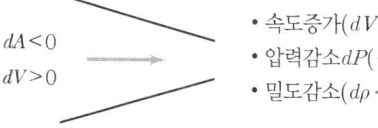

- 속도증가($dV > 0$)
- 압력감소 $dP(<0)$
- 밀도감소($d\rho < 0$)

18 그림과 같은 사이펀을 통하여 나오는 물의 질량 유량은 약 몇 kg/s인가?(단, 수면은 항상 일정하다.)

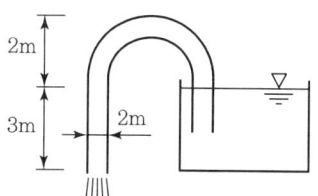

① 1.21 ② 2.41
③ 3.61 ④ 4.83

해설
유속(V) = $\sqrt{2gh} = \sqrt{2 \times 9.8 \times 3} = 7.67$(m/s)

단면적(A) = $\frac{\pi}{4}d^2$
$= \frac{3.14}{4} \times (0.02)^2 = 0.000314$(m²)

유량(Q) = $7.67 \times 0.000314 = 0.00240838$(m²/s)

∴ 0.00240838(m³/s) × $1,000$(kg/m²) = 2.41(kg/s)

19 등엔트로피 과정하에서 완전기체 중의 음속을 옳게 나타낸 것은?(단, E는 체적탄성계수, R은 기체상수, T는 기체의 절대온도, P는 압력, k는 비열비이다.)

① $\sqrt{PE}$ ② $\sqrt{kRT}$
③ RT ④ PT

해설
등엔트로피 과정 : 단열과정

$$\frac{T_2}{T_1} = \left(\frac{P_2}{P_1}\right)^{\frac{k-1}{k}} = \left(\frac{\rho_2}{\rho_1}\right)^{k-1} = \left(\frac{V_1}{V_2}\right)^{k-1}$$

음속(a) = $\sqrt{kRT}$
(완전기체의 음속은 절대온도 T의 제곱근에 비례한다.)

정답 15 ③ 16 ④ 17 ① 18 ② 19 ②

20 원관 내 유체의 흐름에 대한 설명 중 틀린 것은?

① 일반적으로 층류는 레이놀즈수가 약 2,100 이하인 흐름이다.
② 일반적으로 난류는 레이놀즈수가 약 4,000 이상인 흐름이다.
③ 일반적으로 관 중심부의 유속은 평균유속보다 빠르다.
④ 일반적으로 최대속도에 대한 평균속도의 비는 난류가 층류보다 작다.

해설
- 마찰저항은 평균유속의 제곱에 비례한다.
- 난류 : 유체입자들이 불규칙하게 운동하면서 흐르는 흐름
- 레이놀즈수 $(Re) = \dfrac{\rho Vd}{\mu} = \dfrac{Vd}{\nu}$

  층류 : ($Re < 2,100$), 난류 ($Re > 4,000$)
  천이구역 ($2,100 < Re < 4,000$)
- 일반적으로 최대속도에 대한 평균속도의 비는 난류가 층류보다 크다.

2과목 연소공학

21 이상 오토사이클의 열효율이 56.6%이라면 압축비는 약 얼마인가?(단, 유체의 비열비는 1.4로 일정하다.)

① 2   ② 4
③ 6   ④ 8

해설

압축비 $= \left(\dfrac{V_1}{V_2}\right)$, 열효율 $(\eta_0) = 1 - \left(\dfrac{1}{\varepsilon}\right)^{k-1}$

$0.566 = 1 - \left(\dfrac{1}{\varepsilon}\right)^{1.4-1}$

$\therefore$ 압축비$(\varepsilon) = {}^{1.4}\sqrt{\dfrac{1}{1-0.565}} = 8$

또는 $1 - 0.566 = 0.434$

$0.434 = \left(\dfrac{1}{\varepsilon}\right)^{0.4}$

$\therefore \dfrac{1}{\varepsilon} = {}^{0.4}\sqrt{0.434} = 0.124086$

$\varepsilon = \dfrac{1}{0.124086} = 8.06$

---

22 정상 및 사고(단선, 단락, 지락 등) 시에 발생하는 전기불꽃, 아크 또는 고온부에 의하여 가연성 가스가 점화되지 않는 것이 점화시험, 기타 방법에 의하여 확인된 방폭구조의 종류는?

① 본질안전방폭구조   ② 내압방폭구조
③ 압력방폭구조   ④ 안전증방폭구조

해설
본질안전방폭구조 : 사고 시에 발생하는 전기불꽃, 아크 또는 고온부에 의하여 가연성 가스가 점화되지 않는 것이 확인된 방폭구조(본질안전기기에서 발생하는 불꽃은 비위험장소의 전원부 사양에도 의존하기 때문에 본질안전방폭구조의 기기라고 한다.)

---

23 부탄(C_4H_{10}) 2Nm³를 완전연소시키기 위하여 약 몇 Nm³의 산소가 필요한가?

① 5.8   ② 8.9
③ 10.8   ④ 13.0

해설
부탄 연소 반응식 $C_4H_{10} + 6.5O_2 \rightarrow 4CO_2 + 5H_2O$
$\therefore$ 이론산소량$(O_2) = 6.5 \times 2 = 13.0(\text{Nm}^3)$

---

24 탄화수소(C_mH_n) 1mol이 완전연소될 때 발생하는 이산화탄소의 몰(mol) 수는 얼마인가?

① $\dfrac{1}{2}m$ ② m
③ $m + \dfrac{1}{4}n$ ④ $\dfrac{1}{4}m$

해설
화학반응(연소반응)

$C_mH_n + \left(m + \dfrac{n}{4}\right)O_2 \rightarrow mCO_2 + \dfrac{n}{2}H_2O + Q$

메탄$(CH_4) + 2O_2 \rightarrow CO_2 + 2H_2O$

정답 20 ④ 21 ④ 22 ① 23 ④ 24 ②

25 연소범위에 대한 설명으로 틀린 것은?

① LFL(연소하한계)은 온도가 100℃ 증가할 때마다 8% 정도 감소한다.
② UFL(연소상한계)은 온도가 증가하여도 거의 변화가 없다.
③ 대단히 낮은 압력(<50mmHg)을 제외하고 압력은 LFL(연소하한계)에 거의 영향을 주지 않는다.
④ UFL(연소상한계)은 압력이 증가할 때 현격히 증가된다.

[해설]
연소범위(폭발범위) 상한계는 온도가 상승하면 반응속도가 촉진되어 열의 발생속도가 빨라지고 연소한계가 변화한다.

26 내압방폭구조로 전기기기를 설계할 때 가장 중요하게 고려해야 할 사항은?

① 가연성 가스의 연소열
② 가연성 가스의 발화열
③ 가연성 가스의 안전간극
④ 가연성 가스의 최소점화에너지

[해설]
내압방폭구조 : 용기 내부에서 발생한 폭발압력에 견딜 수 있는 강도가 필요하다(용기의 접합면 및 회전축에서 빈틈과 빈틈의 안쪽길이를 규정해서 외부의 폭발성 가스에 인화하는 것을 방지한다).

27 1mol의 이상기체($C_v = 3/2R$)가 40℃, 35atm으로부터 1atm까지 단열가역적으로 팽창하였다. 최종 온도는 약 몇 ℃인가?

① $-100℃$ ② $-185℃$
③ $-200℃$ ④ $-285℃$

[해설]
단열팽창 $\frac{(P_1V_1 - P_2V_2)}{k-1}$

$k(비열비) = \frac{정압비열(C_p)}{정적비열(C_v)}$

$C_p - C_v = R$(기체상수)

$C_p = R + C_v = \frac{2}{2}R + \frac{3}{2}R = \frac{5}{2}R$

$k = \frac{C_p}{C_v} = \frac{\frac{5}{2}R}{\frac{3}{2}R} = \frac{10}{6} = 1.67$

단열 $\left(\frac{T_2}{T_1}\right) = \left(\frac{V_1}{V_2}\right)^{k-1} = \left(\frac{P_2}{P_1}\right)^{\frac{k-1}{k}}$

$T_2 = T_1 \times \left(\frac{P_2}{P_1}\right)^{\frac{k-1}{k}}$

∴ 최종온도(T_2) = $(273+40) \times \left(\frac{1}{35}\right)^{\frac{1.67-1}{1.67}}$

= 75.17K (75.17 − 273 ≒ −200℃)

28 고발열량(HHV)과 저발열량(LHV)을 바르게 나타낸 것은?(단, n는 H_2O의 생성몰수, ΔHv는 물의 증발잠열이다.)

① LHV=HHV+ΔHv ② LHV=HHV+$n\Delta Hv$
③ HHV=LHV+ΔHv ④ HHV=LHV+$n\Delta Hv$

[해설]
고위발열량=저위발열량+물의 증발잠열

29 기체동력 사이클 중 2개의 단열과정과 2개의 등압과정으로 이루어진 가스터빈의 이상적인 사이클은?

① 오토사이클(Otto Cycle)
② 카르노사이클(Carnot Cycle)
③ 사바테사이클(Sabathe Cycle)
④ 브레이턴사이클(Brayton Cycle)

[해설]
브레이턴 가스터빈 사이클

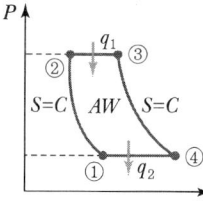

• ① → ② : 단열압축
• ③ → ④ : 단열팽창
• ② → ③ : 정압가열
• ④ → ① : 정압방열

열효율 $(\eta_B) = \dfrac{A_w}{q_1} = 1 - \dfrac{q_2}{q_1}$
$= 1 - \dfrac{C_p(T_4 - T_1)}{C_p(T_3 - T_2)} = 1 - \dfrac{T_4 - T_1}{T_3 - T_2}$

30 가스가 노즐로부터 일정한 압력으로 분출하는 힘을 이용하여 연소에 필요한 공기를 흡인하고, 혼합관에서 혼합한 후 화염공에서 분출시켜 예혼합연소시키는 버너는?

① 분젠식
② 전 1차 공기식
③ 블라스트식
④ 적화식

해설
분젠식 버너 : 가스가 노즐로부터 일정한 압력으로 분출 시 연소에 필요한 공기가 흡인되고 혼합관에서 가스와 공기가 혼합한 후 화염공에서 분출시켜 예혼합연소가 발생한다.
(1차 공기 40~70%, 2차 공기 30~60%)

31 분진폭발의 발생조건으로 가장 거리가 먼 것은?

① 분진이 가연성이어야 한다.
② 분진 농도가 폭발범위 내에서는 폭발하지 않는다.
③ 분진이 화염을 전파할 수 있는 크기 분포를 가져야 한다.
④ 착화원, 가연물, 산소가 있어야 발생한다.

해설
분진폭발 : 유황, 플라스틱, 티타늄, 실리콘 등의 폭발이며 가연성 고체의 미분 또는 산화반응열이 큰 금속분말이 어떤 농도 이상으로 조연성 가스 중에 분산되어 있을 때 점화원에 의해 착화폭발이 된다.

32 공기비가 작을 때 연소에 미치는 영향이 아닌 것은?

① 연소실 내의 연소온도가 저하한다.
② 미연소에 의한 열손실이 증가한다.
③ 불완전연소가 되어 매연발생이 심해진다.
④ 미연소 가스로 인한 폭발사고가 일어나기 쉽다.

해설
공기비가 크면 소요공기량이 많아져서 노 내의 온도가 저하하고 배기가스 열손실이 증가한다.

33 이상기체에서 등온과정의 설명으로 옳은 것은?

① 열의 출입이 없다.
② 부피의 변화가 없다.
③ 엔트로피 변화가 없다.
④ 내부에너지의 변화가 없다.

해설
이상기체 등온변화($P.V.T : T = C,\ dT = 0$)
내부에너지 변화(du) $= C_v dT$에서 $dT = 0$이므로
$\Delta u = U_2 - U_1 = 0\ \therefore\ U_1 = U_2$
(내부에너지 변화가 없다.)

34 산소(O_2)의 기본특성에 대한 설명 중 틀린 것은?

① 오일과 혼합하면 산화력의 증가로 강력히 연소한다.
② 자신은 스스로 연소하는 가연성이다.
③ 순산소 중에서는 철, 알루미늄 등도 연소되며 금속 산화물을 만든다.
④ 가연성 물질과 반응하여 폭발할 수 있다.

해설
산소(O_2)는 가연성 가스 CH_4, C_3H_8, C_4H_{10}, C_2H_2, C_6H_6 등의 연소성을 도와주는 조연성 가스이다.

35 압력이 287kPa일 때 체적 $1m^3$의 기체질량이 2kg이었다. 이때 기체의 온도는 약 몇 ℃가 되는가?(단, 기체상수는 287J/kg·K이다.)

① 127
② 227
③ 447
④ 547

정답 30 ① 31 ② 32 ① 33 ④ 34 ② 35 ②

해설

$PV = GRT$, $T = \dfrac{PV}{GR}$, $287J = 0.287kJ$

$\therefore T = \dfrac{287 \times 1}{2 \times 0.287} = 500K \ (500 - 273 = 227℃)$

36 다음 중 기체연료의 연소형태는?

① 표면연소 ② 분해연소
③ 등심연소 ④ 확산연소

해설

기체연료 연소형태
- 확산연소
- 예혼합연소

37 다음 [보기]는 액체연료를 미립화시키는 방법을 설명한 것이다. 옳은 것을 모두 고른 것은?

[보기]
㉠ 연료를 노즐에서 고압으로 분출시키는 방법
㉡ 고압의 정전기에 의해 액체를 분열시키는 방법
㉢ 초음파에 의해 액체연료 촉진 시

① ㉠   ② ㉠, ㉡
③ ㉡, ㉢   ④ ㉠, ㉡, ㉢

해설

액체연료의 미립화 방식(무화연소 방식)은 ㉡과 ㉢의 방법을 택하지만, ㉠의 압력분사식을 이용하여도 된다(일명 유압분사식).

38 열역학 제1법칙에 대하여 옳게 설명한 것은?

① 열평형에 관한 법칙이다.
② 이상기체에만 적용되는 법칙이다.
③ 클라시우스의 표현으로 정의되는 법칙이다.
④ 에너지 보존법칙 중 열과 일의 관계를 설명한 것이다.

해설

열역학 제1법칙
㉠ 일의 열당량(A) = $\dfrac{1}{427}$ (kcal/kg · m)
㉡ 열의 일당량(J) = 427(kg · m/sec)
㉢ 엔탈피(H) = 내부에너지 + 유동에너지

39 오토사이클(Otto Cycle)의 선도에서 정적가열 과정은?

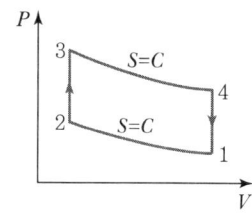

① 1 → 2   ② 2 → 3
③ 3 → 4   ④ 4 → 1

해설

오토사이클

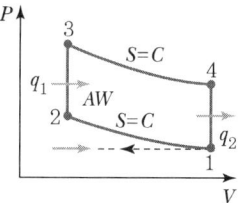

- 1 → 2(단열압축)
- 2 → 3(등적가열)
- 3 → 4(단열팽창)
- 4 → 1(등적방열)

40 고체연료에서 탄화도가 높은 경우에 대한 설명으로 틀린 것은?

① 수분이 감소한다.   ② 발열량이 증가한다.
③ 착화온도가 낮아진다. ④ 연소속도가 느려진다.

해설

토탄 → 갈탄 → 반무연탄 → 무연탄(탄화도 생성)
탄화도가 높으면 착화온도가 높아진다.

정답 36 ④ 37 ④ 38 ④ 39 ② 40 ③

3과목 가스설비

41 가스용기 저장소의 충전용기는 항상 몇 ℃ 이하를 유지하여야 하는가?

① -10℃
② 0℃
③ 40℃
④ 60℃

해설
가스 용기는 항상 40℃ 이하로 유지한다.

42 다음 [보기]에서 설명하는 암모니아 합성탑의 종류는?

[보기]
- 합성탑에는 철계통의 촉매를 사용한다.
- 촉매층 온도는 약 500~600℃이다.
- 합성 압력은 약 300~400atm이다.

① 파우서법
② 하버-보슈법
③ 클라우드법
④ 우데법

해설
암모니아 고압합성법
- 60~100MPa에서 제조
- 클라우드법, 카자레법 등
- 정촉매 : Fe_3O_4
- 부촉매 : Al_2O_3, CaO, K_2O 등

43 고압가스 제조장치 재료에 대한 설명으로 틀린 것은?

① 상온 상압에서 건조상태의 염소가스에 탄소강을 사용한다.
② 아세틸렌은 철, 니켈 등의 철족의 금속과 반응하여 금속 카르보닐을 생성한다.
③ 9% 니켈강은 액화 천연가스에 대하여 저온취성에 강하다.
④ 상온 상압에서 수증기가 포함된 탄산가스배관에 18-8 스테인리스강을 사용한다.

해설
아세틸렌 가스 금속접촉
- $C_2H_2 + 2Cu(구리) \rightarrow Cu_2C_2 + H_2$
- $C_2H_2 + 2Hg(수은) \rightarrow Hg_2C_2 + H_2$
- $C_2H_2 + 2Ag(은) \rightarrow Ag_2C_2 + H_2$

44 부취제의 구비조건으로 틀린 것은?

① 배관을 부식하지 않을 것
② 토양에 대한 투과성이 클 것
③ 연소 후에도 냄새가 있을 것
④ 낮은 농도에서도 알 수 있을 것

해설
부취제
- THT(석탄가스냄새)
- TBM(양파 썩는 냄새)
- DMS(마늘 냄새)
※ 연소 후에는 냄새가 제거될 것

45 가스미터의 성능에 대한 설명으로 옳은 것은?

① 사용공차의 허용치는 ±10% 범위이다.
② 막식 가스미터에서는 유량에 맥동성이 있으므로 선편(先偏)이 발생하기 쉽다.
③ 감도유량은 가스미터가 작동하는 최대유량을 말한다.
④ 공차는 기기공차와 사용공차가 있으며 클수록 좋다.

해설
막식 가스미터(다이어프램식)
- 독립내기식
- 클로버식

46 용기용 밸브는 가스 충전구의 형식에 따라 A형, B형, C형의 3종류가 있다. 가스 충전구가 암나사로 되어 있는 것은?

① A형
② B형
③ A형, B형
④ C형

정답 41 ③ 42 ③ 43 ② 44 ③ 45 ② 46 ②

해설
- A형 : 충전구 나사(숫나사)
- B형 : 충전구 나사(암나사)
- C형 : 충전구 나사가 없다.

47 유량계의 입구에 고정된 터빈형태의 가이드 바디(Guide Body)가 와류현상을 일으켜 발생한 고유의 주파수가 Piezo Sensor에 의해 검출되어 유량을 적산하는 방법으로서 고정도 유량 측정에 적합한 가스미터는?

① Vortex 가스미터　② Turbine 가스미터
③ Roots 가스미터　④ Swirl 가스미터

해설
보택스 가스미터
- 터빈형태 가이드 바디가 있다.
- 와류현상을 이용한다.
- 고유의 주파수를 이용하여 가스유량을 적산한다.
- 고정도 유량 측정용이다.
- 소용돌이 나선운동의 특성을 이용한 것이다.

48 저압식 액화산소 분리장치에 대한 설명이 아닌 것은?

① 충동식 팽창 터빈을 채택하고 있다.
② 일정 주기가 되면 1조의 축냉기에서의 원료공기와 불순 질소류는 교체된다.
③ 순수한 산소는 축냉기 내부에 있는 사관에서 상온이 되어 채취된다.
④ 공기 중 탄산가스로 가성소다 용액(약 8%)에 흡수하여 제거된다.

해설
- 고압식에서 탄산가스(CO_2) 흡수제 : 고형 가성소다(8%), 실리카겔, 건조기 사용
- 저압식 탄산가스 제거 : 탄산가스 흡착기 사용

49 가스조정기(Regulator)의 역할에 해당되는 것은?

① 용기 내 노의 역화를 방지한다.
② 가스를 정제하고 유량을 조절한다.
③ 공급되는 가스의 조성을 일정하게 한다.
④ 용기 내의 가스 압력과 관계없이 연소기에서 완전연소에 필요한 최적의 압력으로 감압한다.

해설

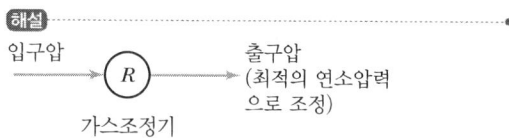

50 어느 가스탱크에 10℃, 0.5MPa의 공기 10kg이 채워져 있다. 온도가 37℃로 상승한 경우 탱크의 체적변화가 없다면 공기의 압력 증가는 약 몇 kPa인가?

① 48　② 148
③ 448　④ 548

해설
등적변화 $\left(\dfrac{P_1}{T_1} = \dfrac{P_2}{T_2} = 일정 \right)$, 0.5MPa = 500kPa

$P_2 = P_1 \times \dfrac{T_2}{T_1}$, $10 + 273 = 283K$, $37 + 273 = 310K$

∴ $\left\{ 500 \times \left(\dfrac{310}{283} \right) \right\} - 500 = 48kPa$(압력증가량)

51 양정 20m, 송수량 3m³/min일 때 축동력 15PS를 필요로 하는 원심펌프의 효율은 약 몇 %인가?

① 59%　② 75%
③ 89%　④ 92%

해설
축동력펌프(PS) $= \dfrac{rQH}{75 \times 60 \times \eta} = \dfrac{1{,}000 \times 3 \times 20}{75 \times 60 \times 7} = 15$

∴ 효율(η) $= \dfrac{1{,}000 \times 3 \times 20}{75 \times 60 \times 15} = 0.888(89\%)$

정답 47 ① 48 ④ 49 ④ 50 ① 51 ③

52 아세틸렌(C_2H_2)에 대한 설명으로 틀린 것은?

① 아세틸렌은 아세톤을 함유한 다공물질에 용해시켜 저장한다.
② 아세틸렌 제조방법으로는 크게 주수식과 흡수식 2가지 방법이 있다.
③ 순수한 아세틸렌은 에테르 향기가 나지만 불순물이 섞여 있으면 악취발생의 원인이 된다.
④ 아세틸렌의 고압건조기와 충전용 교체밸브 사이의 배관, 충전용 지관에는 역화방지기를 설치한다.

해설

C_2H_2가스 3가지 제조법
- 투입식(물+카바이트)
- 주수식(카바이트+물)
- 침지식(카바이트+소량씩 물 접촉)

53 액화천연가스(LNG)의 유출 시 발생되는 현상으로 가장 옳은 것은?

① 메탄가스의 비중은 상온에서는 공기보다 작지만 온도가 낮으면 공기보다 크게 되어 땅위에 체류한다.
② 메탄가스의 비중은 공기보다 크므로 증발된 가스는 항상 땅위에 체류한다.
③ 메탄가스의 비중은 상온에서는 공기보다 크지만 온도가 낮게 되면 공기보다 가볍게 되어 땅위에 체류하는 일이 없다.
④ 메탄가스의 비중은 공기보다 작으므로 증발된 가스는 위쪽으로 확산되어 땅위에 체류하는 일이 없다.

해설

LNG 주성분(메탄 : 분자량 16)

비중 = $\frac{16}{29(공기)}$ = 0.552(누설 시 상부로 올라간다.)

- 단, 온도가 낮아지면 밀도가 무거워 땅위에 체류한다.
- 상온에서는 가스가 위쪽으로 확산하여 땅위에 체류하는 일은 없다.

54 합성천연가스(SNG) 제조 시 나프타를 원료로 하는 메탄(CH_4)합성공정과 관련이 적은 설비는?

① 탈황장치
② 반응기
③ 수첨 분해탑
④ CO 변성로

해설

- SNG : 수분, 산소, 수소를 원료 탄화수소와 반응시켜 가스화하고 메탄합성, 탈탄산 등의 공정과 병용하여 천연가스의 성상과 일치시킨다.
- CO 변성로 : 열처리로에 가압을 하기 위해 가스나 희석 공기를 공급하여 침탄이나 탈탄을 하기 위한 기본 분위기를 제공하는 것이 변성로이며 CO 가스로 침탄하면 CO 변성로가 된다.

55 고압가스 기화장치의 검사에 대한 설명 중 옳지 않은 것은?

① 온수가열 방식의 과열방지 성능은 그 온수의 온도가 80℃이다.
② 안전장치는 최고 허용압력 이하의 압력에서 작동하는 것으로 한다.
③ 기밀시험은 설계압력 이상의 압력으로 행하여 누출이 없어야 한다.
④ 내압시험은 물을 사용하여 상용압력의 2배 이상으로 행한다.

해설

기화장치 내압시험은 물로 하며 기밀시험의 경우 공기나 불연성 가스로 하여도 되나 내압시험은 물을 사용하는 것을 원칙으로 하며 상용압력의 1.5배 이상의 압력으로 한다(가스통과부분 및 온수, 증기 통과부분에 대하여 내압시험 한다.).

56 가스의 공업적 제조법에 대한 설명으로 옳은 것은?

① 메탄올은 일산화탄소와 수증기로부터 고압하에서 제조한다.
② 프레온 가스는 불화수소와 아세톤으로 제조한다.
③ 암모니아는 질소와 수소로부터 전기로에서 구리촉매를 사용하여 저압에서 제조한다.
④ 포스겐은 일산화탄소와 염소로부터 제조한다.

정답 52 ② 53 ① 54 ④ 55 ④ 56 ④

해설

- 메탄올(CH_3OH) 제조

$$CO + 2H_2 \xrightarrow[20 \sim 30MPa]{250 \sim 450℃} (CH_3OH)$$

촉매(CuO, ZnO, Cr_2O_3)
- 포스겐 : $CO + Cl_2$
- 암모니아(NH_3) : 합성탑에서 제조
- 프레온가스 : 불소, 염소, 수소로 제조

57 구리 및 구리합금을 고압장치의 재료로 사용하기에 가장 적당한 가스는?

① 아세틸렌 ② 황화수소
③ 암모니아 ④ 산소

해설
- 산소가스는 구리나 구리합금의 고압장치에 저장하여도 이상이 없다.
- 암모니아는 구리와 착이온 반응을 일으킨다.
- 아세틸렌가스는 구리와 치환폭발을 발생한다.

58 가스의 호환성 측정을 위하여 사용되는 웨베지수의 계산식을 옳게 나타낸 것은?(단, WI는 웨베지수, H_g는 가스의 발열량[$kcal/m^3$], d는 가스의 비중이다.)

① $WI = \dfrac{H_g}{d}$ ② $WI = \dfrac{H_g}{\sqrt{d}}$

③ $WI = \dfrac{d}{H_g}$ ④ $WI = \sqrt{\dfrac{d}{H_g}}$

해설
- 도시가스 웨베지수 계산식(WI)

$$WI = \dfrac{H_g}{\sqrt{d}}$$

- 연소속도지수(C_p)

$$= k \times \dfrac{1.0H_2 + 0.6(CO + C_mH_n) + 0.3CH_4}{\sqrt{d}}$$

59 접촉분해 공정으로 도시가스를 제조하는 공정에서 발열반응을 일으키는 온도로서 가장 적당한 것은?(단, 반응압력은 10기압이다.)

① 350℃ 이하 ② 500℃ 이하
③ 750℃ 이하 ④ 850℃ 이하

해설
도시가스 제조
- 열분해 공정
- 접촉분해공정(400~800℃) : 일반적으로 10기압에서는 500℃ 이하 사용
- 부분연소 공정
- 수첨분해 공정
- 대체 천연가스

60 흡입밸브 압력이 6MPa인 3단 압축기가 있다. 각 단의 토출압력은?(단, 각 단의 압축비는 3이다.)

① 18, 54, 162MPa
② 12, 36, 108MPa
③ 4, 16, 64MPa
④ 3, 15, 63MPa

해설
- $\dfrac{P_2}{P_1} = 3 : 1$, $6 \times 3 = 18MPa(P_2)$
- $\dfrac{P_3}{P_2} = 3 : 1$, $18 \times 3 = 54MPa(P_3)$
- $\dfrac{P_4}{P_3} = 3 : 1$, $54 \times 3 = 162MPa(P_4)$

정답 57 ④ 58 ② 59 ② 60 ①

4과목　가스안전관리

61 산업통상자원부령으로 정하는 고압가스 관련 설비가 아닌 것은?

① 안전밸브　　② 세척설비
③ 기화장치　　④ 독성가스배관용 밸브

해설
①, ③, ④항 외 압력용기, 자동차용 가스, 자동주입기, 냉동설비, 특정고압가스용 실린더캐비닛, 자동차용 압축천연가스 완속충전설비, 액화석유가스용 용기, 잔류가스 회수장치 등이 있다.

62 차량에 고정된 탱크에서 저장탱크로 가스 이송작업 시의 기준에 대한 설명이 아닌 것은?

① 탱크의 설계압력 이상으로 가스를 충전하지 아니한다.
② LPG 충전소 내에서는 동시에 2대 이상의 차량에 고정된 탱크에서 저장설비로 이송작업을 하지 아니한다.
③ 플로트식 액면계로 가스의 양을 측정 시에는 액면계 바로 위에 얼굴을 내밀고 조작하지 아니한다.
④ 이송전후에 밸브의 누출여부를 점검하고 개폐는 서서히 행한다.

해설
자동차 플로트식 액면계(부자식 액면계)로 가스양을 저장탱크로 이송작업 시 액면계를 바라보면서 그 양을 측정해가면서 이송시킨다.

63 LPG 용기 저장에 대한 설명으로 옳지 않은 것은?

① 용기보관실은 사무실과 구분하여 동일한 부지에 설치한다.
② 충전용기는 항상 40℃ 이하를 유지하여야 한다.
③ 용기보관실의 저장설비는 용기집합식으로 한다.
④ 내용적 30L 미만의 용기는 2단으로 쌓을 수 있다.

해설
LPG 가스 용기저장실은 용기집합식이 아닌 개별용기(100kg 초과) 저장설비로 하는 것이 안전상 유리하다.

64 액화석유가스 집단공급 시설에서 배관을 차량이 통행하는 폭 10m의 도로 밑에 매설할 경우 몇 m 이상의 깊이를 유지하여야 하는가?

① 0.6m　　② 1m
③ 1.2m　　④ 1.5m

해설
폭 10m 이상(자동차 전용도로 지상)
1.2m 이상 깊이 유지
지하매설관

65 저장탱크에 의한 액화석유가스 저장소의 이·충전 설비 정전기 제거 조치에 대한 설명으로 틀린 것은?

① 접지저항 총합이 100Ω 이하의 것은 정전기 제거 조치를 하지 않아도 된다.
② 피뢰설비가 설치된 것의 접지저항값이 50Ω 이하의 것은 정전기 제거 조치를 하지 않아도 된다.
③ 접지접속선 단면적은 5.5mm² 이상의 것을 사용한다.
④ 충전용으로 사용하는 저장탱크 및 충전설비는 반드시 접지한다.

해설
② 접지저항값은 10Ω 이하로 하여도 된다(단, 피뢰설비 미부착 시에는 접지저항치는 총 100Ω 이하로 한다).

정답　61 ②　62 ③　63 ③　64 ③　65 ②

66 가스관련 사고의 원인으로 가장 많이 발생한 경우는?(단, 2017년 사고통계 기준이다.)

① 타공사
② 제품 노후, 고장
③ 사용자 취급부주의
④ 공급자 취급부주의

[해설]
가스 사고가 가장 빈번하게 발생하는 이유 : 사용자 취급부주의

67 가스 안전성평가기법에 대한 설명으로 틀린 것은?

① 체크리스트기법은 설비의 오류, 결함상태, 위험상황 등을 목록화한 형태로 작성하여 경험적으로 비교함으로써 위험성을 정성적으로 파악하는 기법이다.
② 작업자실수 분석기법은 사고를 일으키는 장치의 이상이나 운전자 실수의 조합을 연역적으로 분석하는 정량적 기법이다.
③ 사건수 분석기법은 초기사건으로 알려진 특정한 장치의 이상이나 운전자의 실수로부터 발생되는 잠재적인 사고결과를 평가하는 정량적 기법이다.
④ 위험과 운전분석기법은 공정에 존재하는 위험 요소들과 공정의 효율을 떨어뜨릴 수 있는 운전상의 문제점을 찾아내어 그 원인을 제거하는 정성적 기법이다.

[해설]
- 작업자 실수분석(HEA) : 설비의 운전원, 정비보수원, 기술자 등의 작업에 영향을 미칠만한 요소를 평가하여 그 실수의 원인을 파악하고 추적하여 정량적으로 실수의 상대적 순위를 결정하는 평가방법
- 결함수 분석(FTA) : 실수의 조합을 연역적으로 분석하는 정량적 안전성평가 방법

68 가연성 가스이면서 독성가스인 것은?

① 산화에틸렌　② 염소
③ 불소　　　　④ 프로판

[해설]
산화에틸렌(C_2H_4O)
- 독성가스 50ppm(TWA 기준)
- 가연성 가스(3~80%)
- 염소(독성가스), 불소(독성가스)
- 프로판(가연성 가스)

69 고압가스 충전용기(비독성)의 차량운반 시 "운반책임자"가 동승해야하는 기준으로 틀린 것은?

① 압축 가연성 가스 － 용적 $300m^3$ 이상
② 압축 조연성 가스 － 용적 $600m^3$ 이상
③ 액화 가연성 가스 － 질량 3,000kg 이상
④ 액화 조연성 가스 － 질량 5,000kg 이상

[해설]
액화 조연성 가스 운반 책임자 동승기준 : 6,000kg 이상

70 저장탱크에 의한 액화석유가스 사용시설에서 저장설비, 감압설비의 외면으로부터 화기를 취급하는 장소와의 사이에는 몇 m 이상을 유지해야 하는가?

① 2m　② 3m
③ 5m　④ 8m

[해설]
액화석유가스(LPG) 화기와의 기준

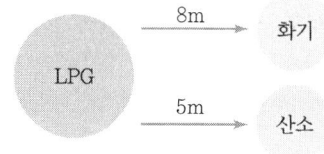

71 내용적이 50L 이상 125L 미만인 LPG용 용접용기의 스커트 통기면적의 기준은?

① $100mm^2$ 이상　② $300mm^2$ 이상
③ $500mm^2$ 이상　④ $1,000mm^2$ 이상

해설
용기 스커트 통기면적(mm²) 내용적 기준
- 20L 이상~25L 미만(300 이상)
- 25L 이상~50L 미만(500 이상)
- 50L 이상~125L 미만(1,000 이상)

72 액화석유가스 저장탱크라 함은 액화석유가스를 저장하기 위하여 지상 및 지하에 고정설치된 탱크를 말한다. 탱크의 저장능력은 얼마 이상인가?

① 1톤　　② 2톤
③ 3톤　　④ 5톤

해설
액화석유가스 저장탱크 기준 : 저장능력 3톤 이상
※ 소형 저장탱크 : 저장능력 3톤 미만

73 신규검사 후 17년이 경과한 차량에 고정된 탱크의 법정 재검사 주기는?

① 1년마다　　② 2년마다
③ 3년마다　　④ 5년마다

해설
차량에 고정된 가스탱크 재검사 기준
- 15년 미만 : 5년마다
- 15년 이상~20년 미만 : 2년마다
- 20년 이상 : 1년마다

74 품질유지 대상인 고압가스의 종류가 아닌 것은?

① 메탄
② 프로판
③ 프레온 22
④ 연료전지용으로 사용되는 수소가스

해설
메탄가스(도시가스)는 상용가스이다(유해성분측정, 열량측정, 압력측정, 연소성측정을 실시하는 가스이다).
※ 품질유지대상 : 프레온냉매, 프로판, 연료전지용 수소, 이소부탄 등

75 공기액화분리기에 설치된 액화 산소통 내의 액화산소 5L 중 아세틸렌의 질량이 몇 mg을 넘을 때에는 그 공기액화 분리기의 운전을 중지하고 액화산소를 방출하여야 하는가?

① 5mg　　② 50mg
③ 100mg　　④ 500mg

해설
액화산소 5L 중 C_2H_2 질량 5mg을 넘으면 그 공기 액화분리기 운전을 중지하고 액화산소를 외부로 방출시킨다.

76 포스겐의 제독제로 가장 적당한 것은?

① 물, 가성소다수용액
② 물, 탄산소다수용액
③ 가성소다수용액, 소석회
④ 가성소다수용액, 탄산소다수용액

해설
포스겐($COCl_2$) 독성가스 제독제
- 가성소다 수용액 390kg
- 소석회 360kg

77 도시가스 사용시설에 대한 설명으로 틀린 것은?

① 배관이 움직이지 않도록 고정 부착하는 조치로 관경이 13mm 미만의 것은 1m마다, 13mm 이상 33mm 미만의 것은 2m마다, 33mm 이상은 3m마다 고정장치를 설치한다.
② 최고사용압력이 중압 이상인 노출배관은 원칙적으로 용접시공방법으로 접합한다.
③ 지상에 설치하는 배관은 배관의 부식 방지와 검사 및 보수를 위하여 지면으로부터 30cm 이상의 거리를 유지한다.
④ 철도의 횡단부 지하에는 지면으로부터 1m 이상인 깊이에 매설하고 또한 강제의 케이싱을 사용하여 보호한다.

정답 72 ③　73 ②　74 ①　75 ①　76 ③　77 ④

해설

철도부지의 가스배관
(지표면)

1.2m 이상 깊이 요함

배관 설치

78 액화석유가스 저장시설을 지하에 설치하는 경우에 대한 설명으로 틀린 것은?

① 저장탱크실의 벽면 두께는 30cm 이상의 철근콘크리트로 한다.
② 저장탱크 주위에는 손으로 만졌을 때 물이 손에서 흘러내리지 않는 상태의 모래를 채운다.
③ 저장탱크를 2개 이상 인접하여 설치하는 경우에는 상호간에 0.5m 이상의 거리를 유지한다.
④ 저장탱크실 상부 윗면으로부터 저장탱크 상부까지의 깊이는 60cm 이상으로 한다.

해설

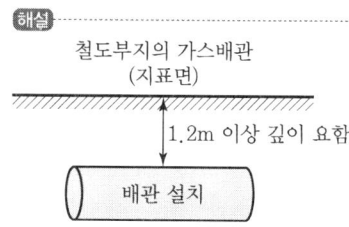

또는 저장탱크 2개의 합산지름×$\frac{1}{4}$ 이상 거리 요망

79 아세틸렌의 충전 작업에 대한 설명으로 옳은 것은?

① 충전 후 24시간 정치한다.
② 충전 중의 압력은 2.5MPa 이하로 한다.
③ 충전은 누출이 되기 전에 빠르게 하고, 2~3회 걸쳐서 한다.
④ 충전 후의 압력은 15℃에서 2.05MPa 이하로 한다.

해설

C_2H_2(아세틸렌 가스) 저장
- 충전 중의 압력 : 2.5MPa 이하
- 충전 후 압력 15℃에서 : 1.55MPa 이하(15.5kg/cm²)
- 충전 후 24시간 동안 정치 후에 사용

- 2.5MPa 압력 충전 시 분해 폭발방지로 희석제 첨가
- 충전은 2~3회 걸쳐 8시간 이상 천천히 충전할 것

80 액화석유가스 자동차에 고정된 용기충전시설에서 충전기의 시설기준에 대한 설명으로 옳은 것은?

① 배관이 캐노피 내부를 통과하는 경우에는 2개 이상의 점검구를 설치한다.
② 캐노피 내부의 배관으로서 점검이 곤란한 장소에 설치하는 배관은 플랜지접합으로 한다.
③ 충전기 주위에는 가스누출 자동차단장치를 설치한다.
④ 충전기 상부에는 캐노피를 설치하고 그 면적은 공지 면적의 2분의 1 이하로 한다.

해설

액화 석유가스 자동차용 고정 용기 충전시설
충전기 상부에는 캐노피(닫집모양) 차양을 설치하고 그 면적은 공지면적의 $\frac{1}{2}$ 이하로 한다.

5과목 가스계측

81 액주형 압력계의 일반적인 특징에 대한 설명으로 옳은 것은?

① 고장이 많다.
② 온도에 민감하다.
③ 구조가 복잡하다.
④ 액체와 유리관의 오염으로 인한 오차가 발생하지 않는다.

해설

액주식 압력계
- 단관식
- 유자관식
- 경사관식
- 2액마노미터
- 플로트식 액주형
※ 액주형 압력계는 대체적으로 온도에 민감하다.

정답 78 ③ 79 ② 80 ④ 81 ②

82 4개의 실로 나누어진 습식 가스미터의 드럼이 10회전했을 때 통과유량이 100L였다면 각 실의 용량은 얼마인가?

① 1L ② 2.5L
③ 10L ④ 25L

해설

각 실의 용량 = $\dfrac{100L}{10 \times 4} = 2.5(L)$

83 편차의 크기에 단순 비례하여 조절 요소에 보내는 신호의 주기가 변하는 제어 동작은?

① On-Off동작 ② P동작
③ PI동작 ④ PID동작

해설

비례동작 P(Proportional Action)
입력인 편차에 대하여 조작량의 출력변화가 일정한 비례 관계가 있는 동작($Y = K_D \cdot \varepsilon$)

• Y(출력변화), K_D(비례정수), ε(편차)

84 LPG의 정량분석에서 흡광도의 원리를 이용한 가스분석법은?

① 저온 분류법
② 질량 분석법
③ 적외선 흡수법
④ 가스크로마토그래피법

해설

적외선 흡수법
가스마다 적외선 흡수 스펙트럼의 차이를 이용하여 가스를 분석한다(단, N_2, O_2, H_2, Cl_2 등 2원자 분자 가스 또는 He, Ar 등의 대칭성 분자나 단원자 분자는 가스분석이 불가능하다).

85 제어회로에 사용되는 기본논리가 아닌 것은?

① OR ② NOT
③ AND ④ FOR

해설

시퀀스 제어 유접점 계전기의 기본회로
논리적(AND), 논리합(OR), 논리부정(NOT), 기억(MEMORY), 지연(DELAY), NAND 등

86 냉동용 암모니아 탱크의 연결 부위에서 암모니아의 누출 여부를 확인하려 한다. 가장 적절한 방법은?

① 리트머스 시험지로 청색으로 변하는지 확인한다.
② 초산용액을 발라 청색으로 변하는지 확인한다.
③ KI-전분지로 청갈색으로 변하는지 확인한다.
④ 염화팔라듐지로 흑색으로 변하는지 확인한다.

해설

암모니아 냉매 누설 확인
• 냄새 측정
• 적색의 리트머스 시험지 : 청색변화이면 누설
• 유황초에 대어 흰 연기 발생하면 누설
• 페놀프탈렌 시험지를 물에 적셔 누설개소에 대어 홍색변화이면 누설

87 강(Steel)으로 만들어진 자(Rule)로 길이를 잴 때 자가 온도의 영향을 받아 팽창, 수축함으로써 발생하는 오차를 무슨 오차라 하는가?

① 우연오차
② 계통적 오차
③ 과오에 의한 오차
④ 측정자의 부주의로 생기는 오차

해설

계통적 오차 : 측정값에 어떤 일정한 영향을 주는 원인에 의하여 생기는 오차로서 평균치를 구하였으나 진실치와 차이가 생기는 오차

정답 82 ② 83 ② 84 ③ 85 ④ 86 ① 87 ②

88 열전대 사용상의 주의사항 중 오차의 종류는 열적 오차와 전기적 오차로 구분할 수 있다. 다음 중 열적 오차에 해당되지 않는 것은?

① 삽입 전이의 영향
② 열 복사의 영향
③ 전자 유도의 영향
④ 열 저항 증가에 의한 영향

해설
㉠ 열전대 오차
 • 열적오차(①, ②, ④항 등의 오차)
 • 전기적 오차(③항 등의 오차)
㉡ 열전대 온도계
 • R형(PR) : 백금 – 백금로듐(0~1,600℃)
 • K형(CA) : 크로멜 – 알루멜(0~1,200℃)
 • J형(IC) : 철 – 콘스탄탄(−200~800℃)
 • T형(CC) : 구리 – 콘스탄탄(−200~350℃)

89 오르자트(Orsat) 가스 분석기의 가스 분석 순서를 옳게 나타낸 것은?

① $CO_2 \rightarrow O_2 \rightarrow CO$
② $O_2 \rightarrow CO \rightarrow CO_2$
③ $O_2 \rightarrow CO_2 \rightarrow CO$
④ $CO \rightarrow CO_2 \rightarrow O_2$

해설
오르자트 가스분석기 측정 순서
$CO_2 \rightarrow O_2 \rightarrow CO$

90 수분흡수법에 의한 습도 측정에 사용되는 흡수제가 아닌 것은?

① 염화칼슘
② 황산
③ 오산화인
④ 과망간산칼륨

해설
수분흡수에 의한 습도 측정 흡수제
염화칼슘, 황산, 오산화인

91 가스미터에 다음과 같이 표시되어 있다. 이 표시가 의미하는 내용으로 옳은 것은?

$$0.5[L/rev], MAX\ 2.5[m^3/h]$$

① 계량실 1주기 체적이 $0.5m^3$이고, 시간당 사용 최대 유량이 $2.5m^3$이다.
② 계량실 1주기 체적이 $0.5L$이고, 시간당 사용 최대 유량이 $2.5m^3$이다.
③ 계량실 전체 체적이 $0.5m^3$이고, 시간당 사용 최소 유량이 $2.5m^3$이다.
④ 계량실 전체 체적이 $0.5L$이고, 시간당 사용 최소 유량이 $2.5m^3$이다.

해설
$0.5(L/rev)$: 계량실 1주기 체적값
$MAX\ 2.5(m^3/h)$: 시간당 최대 유량값

92 가스미터를 통과하는 동일량의 프로판 가스의 온도를 겨울에 0℃, 여름에 32℃로 유지한다고 했을 때 여름철 프로판 가스의 체적은 겨울철의 얼마 정도인가?(단, 여름철 프로판 가스의 체적 : V_1, 겨울철 프로판 가스의 체적 : V_2이다.)

① $V_1 = 0.80\ V_2$
② $V_1 = 0.90\ V_2$
③ $V_1 = 1.12\ V_2$
④ $V_1 = 1.22\ V_2$

해설
$V_1 = V_2 \times \dfrac{T_2}{T_1}$, $(0+273=273K,\ 32+273=305K)$
$\therefore V_1 = 1 \times \dfrac{305}{273} = 1.12(V_2)$
※ 기체는 온도 1℃ 상승 시 용적이 $\left(\dfrac{1}{273}\right)$ 증가한다.

정답 88 ③ 89 ① 90 ④ 91 ② 92 ③

93 온도에 대한 설명으로 틀린 것은?

① 물의 삼중점(0.01℃)은 273.16K로 정의하였다.
② 온도는 일반적으로 온도변화에 따른 물질의 물리적 변화를 가지고 측정한다.
③ 기체 온도계는 대표적인 2차 온도계이다.
④ 온도란 열, 즉 에너지와는 다른 개념이다.

해설
- 기체나 액체의 온도 측정은 대표적인 1차 온도계
- 열전대, 바이메탈 등의 고체형 온도계는 대표적인 2차 온도계

94 오르자트(Orsat) 가스 분석기의 특징으로 틀린 것은?

① 연속측정이 불가능하다.
② 구조가 간단하고 취급이 용이하다.
③ 수분을 포함한 습식배기 가스의 성분 분석이 용이하다.
④ 가스의 흡수에 따른 흡수제가 정해져 있다.

해설
㉠ 화학적인 가스 분석계
 - 오르자트 가스 분석기
 - 자동화학식 가스분석기
 - 연소식(O_2)계
 - 미연소 가스 분석계(H_2, CO)
㉡ 오르자트 분석기 흡수용액
 - KOH 30% 흡수량
 - 알칼리성 피로갈롤 용액, 치아 황산소다, 황인 등
 - 암모니아성 염화 제1구리 용액

95 서미스터 등을 사용하고, 응답이 빠르고 저온도에서 중온도 범위 계측에 정도가 우수한 온도계는?

① 열전대 온도계
② 전기저항식 온도계
③ 바이메탈 온도계
④ 압력식 온도계

해설
저항온도계
- 백금측온
- 니켈측온
- 구리측온
- 서미스터측온(Ni+Mn+Co+Fe+Cu 혼압용)

96 주로 탄광 내 CH_4 가스의 농도를 측정하는데 사용되는 방법은?

① 질량분석법 ② 안전등형
③ 시험지법   ④ 검지관법

해설
가연성 가스 검출기
- 안전등형 : CH_4측정(탄광 내 메탄가스 분석)
- 간섭계형 : CH_4측정
- 열선형

97 가스성분 중 탄화수소에 대하여 감응이 가장 좋은 검출기는?

① TCD   ② ECD
③ TGA   ④ FID

해설
가스크로마트그래피 기기 분석법
- FID(수소이온화 검출기)
- TCD(열전도도형 검출기)
- ECD(전자포획이온화 검출기)
※ FID(탄화수소에 감도최고, H_2, O_2, CO, CO_2, SO_2 등에는 감도측정이 없음)

98 계측기의 기차(Instrument Error)에 대하여 가장 바르게 나타낸 것은?

① 계측기가 가지고 있는 고유의 오차
② 계측기의 측정값과 참값과의 차이
③ 계측기 검정 시 계량점에서 허용하는 최소오차한도
④ 계측기 사용 시 계량점에서 허용하는 최대오차한도

정답 93 ③ 94 ③ 95 ② 96 ② 97 ④ 98 ①

해설
기차
계측기가 제작 당시부터 가지고 있는 고유의 오차
$E = \dfrac{I-Q}{I} \times 100$

여기서, E : 기차
I : 시험용미터의 지시량
Q : 기준미터의 지시량

99 모발습도계에 대한 설명으로 틀린 것은?
① 재현성이 좋다.
② 히스테리시스가 없다.
③ 구조가 간단하고 취급이 용이하다.
④ 한냉지역에서 사용하기가 편리하다.

해설
모발습도계 단점
- 응답시간이 느리다.
- 히스테리가 있다.
- 정도가 좋지 않다.
- 시도가 틀리기 쉽다.
- 모발의 유효작용 기간이 2년이다.

100 응답이 빠르고 일반 기체에 부식되지 않는 장점을 가지며 급격한 압력변화를 측정하는 데 가장 적절한 압력계는?
① 피에조 전기압력계
② 아네로이드 압력계
③ 벨로즈 압력계
④ 격막식 압력계

해설
피에조 전기압력계(압전기식 압력계)
- 수정이나 전기석 또는 로셀염 등의 결정체의 특정 방향에 의해 압력을 가하면 기전력이 발생하고 발생한 전기량은 압력에 비례하는 것을 이용한 압력계이다(가스폭발이나 급격한 압력변화에 용이한 측정이 된다).
- 응답이 빠르고 일반기체에는 부식되지 않는다.

정답 99 ② 100 ①

2018년 3회 기출문제

1과목 가스유체역학

01 섬매끄러운 원관에서 유량 Q, 관의 길이 L, 직경 D, 동점성계수 ν가 주어졌을 때 손실수두 h_f를 구하는 순서로 옳은 것은? (단, f는 마찰계수, Re는 Reynolds 수, V는 속도이다.)

① Moody 선도에서 f를 가정한 후 Re를 계산하고 h_f를 구한다.
② h_f를 가정하고 f를 구해 확인한 후 Moody 선도에서 Re로 검증한다.
③ Re를 계산하고 Moody 선도에서 f를 구한 후 h_f를 구한다.
④ Re를 가정하고 V를 계산하고 Moody 선도에서 f를 구한 후 h_f를 계산한다.

【해설】
- 관마찰계수 $(f) = \dfrac{64}{Re}$,

$$Re(\text{레이놀즈수}) = \dfrac{\rho V d}{\mu} = \dfrac{Vd}{\nu} = \dfrac{\text{유체평균속도} \times \text{관의 직경}}{\text{유체의 동점성 계수}}$$

- 손실수두 $(h_f) = f \cdot \dfrac{l}{d} \times \dfrac{V^2}{2g} (\text{mH}_2\text{O})$

02 베르누이 방정식에 관한 일반적인 설명으로 옳은 것은?

① 같은 유선상이 아니더라도 언제나 임의의 점에 대하여 적용된다.
② 주로 비정상류 상태의 흐름에 대하여 적용된다.
③ 유체의 마찰 효과를 고려한 식이다.
④ 압력수두, 속도수두, 위치수두의 합은 일정하다.

【해설】
베르누이 방정식
$$\dfrac{P_1}{\gamma} + \dfrac{V_1^2}{2g} + Z_1 = \dfrac{P_2}{\gamma} \times \dfrac{V_2^2}{2g} \times Z_2 = H_L$$

- 압력수두 $\left(\dfrac{P}{\gamma}\right)$
- 속도수두 $\left(\dfrac{V^2}{2g}\right)$
- 위치수두 (Z)
- 전수두 (H_L)

03 수직 충격파가 발생될 때 나타나는 현상은?

① 압력, 마하수, 엔트로피가 증가한다.
② 압력은 증가하고 엔트로피와 마하수는 감소한다.
③ 압력과 엔트로피가 증가하고 마하수는 감소한다.
④ 압력과 마하수는 증가하고 엔트로피는 감소한다.

【해설】
수직 충격파(유동방향에 수직으로 생긴 충격파)
- 압력, 엔트로피 증가
- 마하수 감소
※ 마하수(속도/음속), 초음속에서 아음속으로 변화하면 수직 충격파 발생이 일어나며 압력, 밀도, 온도, 엔트로피가 증가한다.

04 어떤 비행체의 마하각을 측정하였더니 45°를 얻었다. 이 비행체가 날고 있는 대기 중에서 음파의 전파속도가 310m/s일 때 비행체의 속도는 얼마인가?

① 340.2m/s   ② 438.4m/s
③ 568.4m/s   ④ 338.9m/s

【해설】
비행체속도 $= \dfrac{\text{음파속도}}{\sin 45°} = \dfrac{310}{0.707} = 438.4 (\text{m/s})$

- $V = \dfrac{C}{\sin \cdot \mu} (\text{m/s})$

05 음속을 C, 물체의 속도를 V라고 할 때, Mach 수는?

① V/C ② V/C^2
③ C/V ④ C^2/V

정답 01 ③ 02 ④ 03 ③ 04 ② 05 ①

해설

마하수 $(M) = \dfrac{V}{C}$, 음속 $(V) = \sqrt{kRT}$ (m/s)

(V가 C보다 작으면 아음속, V가 C보다 크면 초음속 흐름)

06 펌프작용이 단속적이라서 맥동이 일어나기 쉬우므로 이를 완화하기 위하여 공기실을 필요로 하는 펌프는?

① 원심펌프 ② 기어펌프
③ 수격펌프 ④ 왕복펌프

해설

왕복동펌프
단속적 펌프작동(맥동방지로 공기실 설치 필요)

07 충격파와 에너지선에 대한 설명으로 옳은 것은?

① 충격파는 아음속 흐름에서 갑자기 초음속 흐름으로 변할 때에만 발생한다.
② 충격파가 발생하면 압력, 온도, 밀도 등이 연속적으로 변한다.
③ 에너지선은 수력구배선보다 속도수두만큼 위에 있다.
④ 에너지선은 항상 상향 기울기를 갖는다.

해설

충격파 에너지선
에너지선은 수력구배선보다 속도수두만큼 위에 있다.

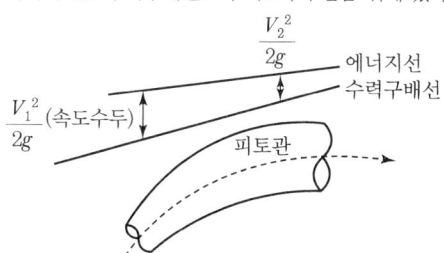

08 유체가 흐르는 배관 내에서 갑자기 밸브를 닫았더니 급격한 압력변화가 일어났다. 이때 발생할 수 있는 현상은?

① 공동 현상 ② 서어징 현상
③ 워터해머 현상 ④ 숏피닝 현상

해설

밸브차단(워터해머 발생)

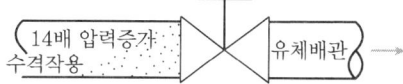

09 내경 25mm인 원관 속을 평균유속 29.4m/min로 물이 흐르고 있다면 원관의 길이 20m에 대한 손실 수두는 약 몇 m가 되겠는가?(단, 관 마찰계수는 0.0125이다.)

① 0.123 ② 0.250
③ 0.500 ④ 1.225

해설

$h_L = \lambda \times \dfrac{L}{d} \times \dfrac{V^2}{2g}$

$= 0.0125 \times \dfrac{20}{0.025} \times \dfrac{\left(29.4 \times \dfrac{1}{60}\right)^2}{2 \times 9.8}$

$= 0.123 \, (\text{m})$

10 그림과 같은 물 딱총 피스톤을 미는 단위 면적당 힘의 세기가 $P(\text{N/m}^2)$일 때 물이 분출되는 속도 V는 몇 m/s인가?(단, 물의 밀도는 $\rho(\text{kg/m}^3)$이고, 피스톤의 속도와 손실은 무시한다.)

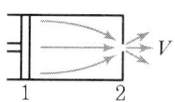

① $\sqrt{2P}$ ② $\sqrt{\dfrac{2g}{\rho}}$
③ $\sqrt{\dfrac{2P}{g\rho}}$ ④ $\sqrt{\dfrac{2P}{\rho}}$

정답 06 ④ 07 ③ 08 ③ 09 ① 10 ④

해설

물의 음속 $(V) = \sqrt{\dfrac{2P}{\rho}} = \sqrt{\dfrac{2 \times P(\text{N/m}^2)}{\rho(\text{kg/m}^3)}}$ (m/s)

11 점도 6cP를 Pa · s로 환산하면 얼마인가?

① 0.0006 ② 0.006
③ 0.06   ④ 0.6

해설

점성계수 1Poise = 100Centipoise
1dyne · sec/cm² = 1g/cm · sec
1kg · f/m² = 9.8Ns/m² = 98dyne · s/cm²
　　　　　= 98P = 9,800cP(1Pa · s = 10P)
∴ $6\text{cP} = \dfrac{6}{100 \times 10} = 0.006\text{Pa} \cdot \text{s}$

12 유선(Stream Line)에 대한 설명 중 잘못된 내용은?

① 유체흐름 내 모든 점에서 유체흐름의 속도벡터의 방향을 갖는 연속적인 가상곡선이다.
② 유체흐름 중의 한 입자가 지나간 궤적을 말한다.
③ x, y, z 방향에 대한 속도성분을 각각 u, v, w라고 할 때 유선의 미분방정식은 $\dfrac{dx}{u} = \dfrac{dy}{v} = \dfrac{dz}{w}$ 이다.
④ 정상유동에서 유선과 유적선은 일치한다.

해설
유선
유체흐름의 공간에서 어느 순간에 각 점에서의 속도 방향과 접선 방향이 일치하는 연속적인 가상곡선. 그 특징은 ①, ③, ④항이다.

13 U자관 마노미터를 사용하여 오리피스 유량계에 걸리는 압력차를 측정하였다. 오리피스를 통하여 흐르는 유체는 비중이 1인 물이고, 마노미터 속의 액체는 비중 13.6인 수은이다. 마노미터 읽음이 4cm일 때 오리피스에 걸리는 압력차는 약 몇 Pa인가?

① 2,470   ② 4,940
③ 7,410   ④ 9,880

해설
1atm = 1.0332kg/cm² = 101,325N/m² = 101,325Pa
　　　= 101.325kPa = 76cmHg = 10.33mH₂O
$\theta = A \times \sqrt{2gh} = A \times \sqrt{2 \times 9.8 \left(\dfrac{\gamma_0 - \gamma}{\gamma} \right)}$
4cmHg = 40mmHg
∴ $P_1 - P_2 = h(\gamma_0 - \gamma)$
　　　　　　$= 40 \times 10^{-3} \times (13.6 - 1) \times 9,800$
　　　　　　$= 4,940(\text{Pa})$

14 2차원 직각좌표계 (x, y)상에서 속도 포텐셜(ϕ, Velocity Potential)이 $\phi = U_x$로 주어지는 유동장이 있다. 이 유동장의 흐름함수(Ψ, Stream Function)에 대한 표현식으로 옳은 것은?(단, U는 상수이다.)

① $U(x+y)$
② $U(-x+y)$
③ Uy
④ $2Ux$

해설
속도 포텐셜(ϕ) = U_x 유동장, U(상수)
흐름함수 : U_y (2차원 직각좌표계 xy상)

15 큰 탱크에 정지하고 있던 압축성 유체가 등엔트로피 과정으로 수축 – 확대 노즐을 지나면서 노즐의 출구에서 초음속으로 흐른다. 다음 중 옳은 것을 모두 고른 것은?

㉠ 노즐의 수축 부분에서의 속도는 초음속이다.
㉡ 노즐의 목에서의 속도는 초음속이다.
㉢ 노즐의 확대 부분에서의 속도는 초음속이다.

① ㉠   ② ㉡
③ ㉢   ④ ㉡, ㉢

정답 11 ② 12 ② 13 ② 14 ③ 15 ③

해설

- 수축확대노즐

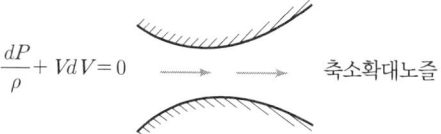

$\dfrac{dP}{\rho} + VdV = 0$ → 축소확대노즐

- 초음속 흐름$(M>1)$ = $\dfrac{dA}{dV} > 0$

(속도가 증가하기 위해서는($dV>0$) 단면적은 증가($dA>0$)해야 한다.)

16 온도 20℃, 압력 5kgf/cm²인 이상기체 10cm³를 등온 조건에서 5cm³까지 압축시키면 압력은 약 몇 kgf/cm²인가?

① 2.5
② 5
③ 10
④ 20

해설

일정온도에서 기체의 체적은 압력에 반비례한다.

∴ $P_2 = P_1 \times \dfrac{V_1}{V_2} = 5 \times \dfrac{10}{5} = 10(\text{kgf/cm}^2)$

17 압축성 계수 β를 온도 T, 압력 P, 부피 V의 함수로 옳게 나타낸 것은?

① $\beta = \dfrac{1}{V}\left(\dfrac{\partial V}{\partial P}\right)_T$

② $\beta = \dfrac{1}{P}\left(\dfrac{\partial P}{\partial V}\right)_T$

③ $\beta = -\dfrac{1}{P}\left(\dfrac{\partial P}{\partial V}\right)_T$

④ $\beta = -\dfrac{1}{V}\left(\dfrac{\partial V}{\partial P}\right)_T$

해설

압축성 계수$(\beta) = -\dfrac{1}{V}\left(\dfrac{\partial V}{\partial P}\right)_T$

18 다음 무차원수의 물리적인 의미로 옳은 것은?

① Weber No. : $\dfrac{관성력}{표면장력 힘}$

② Euler No. : $\dfrac{관성력}{압력^2}$

③ Reynolds No. : $\dfrac{점성력}{관성력}$

④ Mach No. : $\dfrac{점성력}{관성력}$

해설

① 웨버 No. = (관성력/표면장력 힘)
② 오일러 No. = (관성력/압력)
③ 레이놀즈 No. = (관성력/점성력)
④ 마하 No. = (속도/음파속도)

19 지름이 10cm인 파이프 안으로 비중이 0.8인 기름을 40kg/min의 질량유속으로 수송하면 파이프 안에서 기름이 흐르는 평균속도는 약 몇 m/min인가?

① 6.37
② 17.46
③ 20.46
④ 27.46

해설

단면적$(A) = \dfrac{\pi}{4}d^2 = \dfrac{3.14}{4} \times (0.1)^2 = 0.00785\text{m}^2$

유량$(Q) = \dfrac{40 \times 10^{-3}}{0.8} = 0.05\text{m}^3/\text{min}$

∴ 유속$(V) = \dfrac{Q}{A} = \dfrac{0.05}{0.00785} = 6.37\text{m/min}$

20 지름이 0.1m인 관에 유체가 흐르고 있다. 임계 레이놀즈수가 2,100이고, 이에 대응하는 임계유속이 0.25m/s이다. 이 유체의 동점성계수는 약 몇 cm²/s인가?

① 0.095
② 0.119
③ 0.354
④ 0.454

해설

$$Re = \frac{Vd}{\nu} = 2,100 = \frac{0.25 \times 10^2 \times 0.1 \times 10^2}{\nu}$$

$$\nu = \frac{0.25 \times 10^2 \times 0.1 \times 10^2}{2,100} = 0.119 \text{cm}^2/\text{s}$$

- 1Stokes(동점성계수) = 1cm²/s = 100cSt
- 1m²/sec = 1Reynold = 10⁴ Stokes

2과목 열역학

21 기체상태의 평형이동에 영향을 미치는 변수와 가장 거리가 먼 것은?

① 온도　　② 압력
③ pH　　　④ 농도

해설
pH(수소이온농도지수)
산성, 알칼리를 나타내는 인자(pH 7 이상 : 알칼리, pH 7 미만 : 산성, pH 7 : 중성)

22 다음 [보기]에서 비등액체팽창증기폭발(BLEVE) 발생의 단계를 순서에 맞게 나열한 것은?

[보기]
A. 탱크가 파열되고 그 내용물이 폭발적으로 증발한다.
B. 액체가 들어있는 탱크의 주위에서 화재가 발생한다.
C. 화재로 인한 열에 의하여 탱크의 벽이 가열된다.
D. 화염이 열을 제거시킬 액은 없고 증기만 존재하는 탱크의 벽이나 천장(Roof)에 도달하면, 화염과 접촉하는 부위의 금속의 온도는 상승하여 탱크는 구조적 강도를 잃게 된다.
E. 액위 이하의 탱크 벽은 액에 의하여 냉각되나, 액의 온도는 올라가고, 탱크 내의 압력이 증가한다.

① E - D - C - A - B
② B - D - C - B - A
③ B - C - E - D - A
④ B - C - D - E - A

해설
비등액체팽창증기폭발이란 가연성 액체 저장탱크 주변에서 화재가 발생하여 기상부의 탱크가 국부적으로 가열되면 그 부분이 강도가 약해져 탱크가 파열되는 것이다. 이때 내부의 액체(액화가스)가 급격하게 유출되어 Fire Ball(화구)를 형성하여 폭발하는 형태의 증기폭발이다.
(그 폭발단계 순서는 B - C - E - D - A)

23 이상기체에 대한 설명으로 틀린 것은?

① 압축인자 $Z = 1$이 된다.
② 상태 방정식 $PV = nRT$를 만족한다.
③ 비리얼 방정식에서 V가 무한대가 되는 것이다.
④ 내부에너지는 압력에 무관하고 단지 부피와 온도만의 함수이다.

해설
이상기체의 내부에너지는 체적에는 무관하고 온도에 의해서만 결정된다.

24 엔탈피에 대한 설명 중 옳지 않은 것은?

① 열량을 일정한 온도로 나눈 값이다.
② 경로에 따라 변화하지 않는 상태함수이다.
③ 엔탈피의 측정에는 흐름열량계를 사용한다.
④ 내부에너지와 유동일(흐름일)의 합으로 나타낸다.

해설
엔트로피변화(ΔS) = $\dfrac{\text{열량}}{\text{일정한 온도}}$ (kcal/kg · ℃)

25 압력 0.2MPa, 온도 333K의 공기 2kg이 이상적인 폴리트로픽 과정으로 압축되어 압력 2MPa, 온도 523K로 변화하였을 때 그 과정에서의 일량은 약 몇 kJ인가?

① -447　　② -547
③ -647　　④ -667

정답　21 ③　22 ③　23 ④　24 ①　25 ①

[해설]

폴리트로픽과정 압축(공업일)

$$W_t = -\int VdP = \frac{n(P_1V_1 - P_2V_2)}{n-1}$$

$$T_2 = T_1 \times \left(\frac{P_2}{P_1}\right)^{\frac{n-1}{n}} = \left(\frac{V_1}{V_2}\right)^{n-1}$$

공기 2kg = $22.4 \times \frac{2}{29} = 1.54483 \text{m}^3$

$\left(\frac{523}{323}\right) = \left(\frac{2}{0.2}\right)^{\frac{n-1}{n}}$

$1 - \frac{1}{n} = \frac{\ln\left(\frac{523}{323}\right)}{\ln\left(\frac{2}{0.2}\right)} = 0.196$

$n = 1.244$

일량$(W) = \frac{mR(T_2 - T_1)}{1-n}$

$\therefore W = \frac{2 \times 0.287(523 - 333)}{1 - 1.244} = -447 \text{kJ}$

26 기체연료의 연소속도에 대한 설명으로 틀린 것은?

① 보통의 탄화수소와 공기의 혼합기체 연소속도는 약 400~500cm/s 정도로 매우 빠른 편이다.
② 연소속도는 가연한계 내에서 혼합기체의 농도에 영향을 크게 받는다.
③ 연소속도는 메탄의 경우 당량비 농도 근처에서 최고가 된다.
④ 혼합기체의 초기온도가 올라갈수록 연소속도도 빨라진다.

[해설]

보통의 탄화수소(C_nH_n)의 연소 시 연소속도는 약 400~1,000cm/s로 매우 빠른 편이다.

27 불활성화에 대한 설명으로 틀린 것은?

① 가연성 혼합가스 중의 산소농도를 최소산소농도(MOC) 이하로 낮게 하여 폭발을 방지하는 것이다.
② 일반적으로 실시되는 산소농도의 제어점은 최소산소농도(MOC)보다 약 4% 낮은 농도이다.
③ 이너트 가스로는 질소, 이산화탄소, 수증기가 사용된다.
④ 일반적으로 가스의 최소산소농도(MOC)는 보통 10% 정도이고 분진인 경우에는 1% 정도로 낮다.

[해설]

각종 물질의 MOC
• 탄화수소계와 가스 : 10% 정도
• 분진 : 8% 정도

28 열기관의 효율을 길이의 비로 나타낼 수 있는 선도는?

① P-T선도
② T-S선도
③ H-S선도
④ P-V선도

[해설]

H-S선도(엔탈피-엔트로피)에서 열기관의 효율을 길이의 비로 나타낼 수 있다.

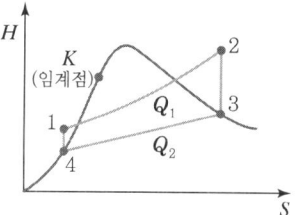

29 공기비가 클 경우 연소에 미치는 현상으로 가장 거리가 먼 것은?

① 연소실 내의 연소온도가 내려간다.
② 연소가스 중에 CO_2가 많아져 대기오염을 유발한다.
③ 연소가스 중에 SO_x가 많아져 저온 부식이 촉진된다.
④ 통풍력이 강하여 배기가스에 의한 열손실이 많아진다.

[해설]

공기비$(m) = \frac{\text{실제 공기량}}{\text{이론 공기량}}$ (항상 1보다 크다)

공기비가 크면 소요공기량이 많아서 완전연소가 가능하나 노 내 온도가 떨어지고 질소산화물 발생, 배기가스 열 손실이 증가한다.

정답 26 ① 27 ④ 28 ③ 29 ②

30 층류연소속도의 측정법이 아닌 것은?

① 분젠버너법　② 슬로트버너법
③ 다공버너법　④ 비눗방울법

[해설]
층류연소속도의 측정법
- 분젠버너법
- 슬로트버너법
- 비눗방울법
- 평면화염버너

31 오토사이클에 대한 일반적인 설명으로 틀린 것은?

① 열효율은 압축비에 대한 함수이다.
② 압축비가 커지면 열효율은 작아진다.
③ 열효율은 공기표준 사이클보다 낮다.
④ 이상연소에 의해 열효율은 크게 제한을 받는다.

[해설]
내연기관 Otto Cycle의 열효율은 압축비만의 함수이며 압축비가 커질수록 열효율이 증가한다.

32 집진효율이 가장 우수한 집진장치는?

① 여과 집진장치　② 세정 집진장치
③ 전기 집진장치　④ 원심력 집진장치

[해설]
집진효율(%)
- 여과(백필터)
- 세정식
- 전기식(효율이 가장 우수하다.)
- 원심식(사이클론식)

33 밀폐된 용기 내에 1atm, 37℃로 프로판과 산소의 비율이 2 : 8로 혼합되어 있으며 그것이 연소하여 아래와 같은 반응을 하고 화염온도는 3,000K가 되었다면 이 용기 내에 발생하는 압력은 약 몇 atm인가?

$$2C_3H_8 + 8O_2 \rightarrow 6H_2O + 4CO_2 + 2CO + 2H_2$$

① 13.5　② 15.5
③ 16.5　④ 19.5

[해설]
$P_1 V_1 = n_1 R_1 T_1 \rightarrow P_1 = n_1 T_1$
$P_2 V_2 = n_2 R_2 T_2 \rightarrow P_2 = n_2 T_2$
$(2+8=10, 6+4+2+2=14)$
$\therefore P_2 = \dfrac{P_1 n_2 T_2}{n_1 T_1} = \dfrac{1 \times 14 \times 3,000}{10 \times (273+27)} = 14 \text{atm}$

34 어떤 물질이 0MPa(게이지압)에서 UFL(연소상한계)이 12.0(vol%)일 경우 7.0MPa(게이지압)에서는 UFL(vol%)이 약 얼마인가?

① 31　② 41
③ 50　④ 60

[해설]
- 압력이 증가하면 상방으로 UFL이 많이 넓어진다.
- 산소농도가 증가하면 상방으로 UFL이 많이 넓어진다(대기압은 0.1MPa, U_o는 1atm, 25℃에서 연소상한계).
$\therefore$ 연소상한계 $= 4.2(\text{UFL/MPa}) = 4.2 \times 12 = 50(\%)$
또는 $\text{UFL} = U_o + 20.6(\log P + 1)$
$= 12.0 + 20.6 \times \{\log(7+0.1) + 1\} = 50\%$

35 열역학 제2법칙에 대한 설명이 아닌 것은?

① 엔트로피는 열의 흐름을 수반한다.
② 계의 엔트로피는 계가 열을 흡수하거나 방출해야만 변화한다.
③ 자발적인 과정이 일어날 때는 전체(계와 주위)의 엔트로피는 감소하지 않는다.
④ 계의 엔트로피는 증가할 수도 있고 감소할 수도 있다.

[해설]
열역학 제2법칙은 에너지변화의 방향성과 비가역성을 설명한다 하여 제2법칙의 특성은 ①, ③, ④항이다. 즉 어떤 과정이 일어날 수 있는가가 제시된다.
(엔트로피 : 과정의 변화 중에 출입하는 열량의 이용가치를 나타낸다.)

정답 30 ③　31 ②　32 ③　33 ①　34 ③　35 ②

36 내압방폭구조의 폭발등급 분류 중 가연성 가스의 폭발등급 A에 해당하는 최대안전 틈새의 범위(mm)는?

① 0.9 이하
② 0.5초과 0.9미만
③ 0.5 이하
④ 0.9 이상

해설
내압방폭구조 폭발등급 가연성가스 폭발등급 최대 안전 틈새 범위
- A등급 : 0.9mm 이상
- B등급 : 0.5mm~0.6mm 이하
- C등급 : 0.5mm 미만

37 과잉공기계수가 1.3일 때 230Nm³의 공기로 탄소(C) 약 몇 kg을 완전연소시킬 수 있는가?

① 4.8kg
② 10.5kg
③ 19.9kg
④ 25.6kg

해설
$C + O_2 \rightarrow CO_2$
$12kg + 22.4Nm^3 \rightarrow 22.4Nm^3$

- 이론산소량 $= \dfrac{22.4}{12} = 1.867 Nm^3/kg$
- 이론공기량 $=$ 이론산소량 $\times \dfrac{1}{0.21}$
- 실제공기량 $=$ 이론공기량 $\times$ 과잉공기계수
  $= \dfrac{1.867}{0.21} \times 1.3 = 11.56 Nm^3/kg$

∴ 연소량 $= \dfrac{230}{11.56} = 19.9kg$

38 연료와 공기를 미리 혼합시킨 후 연소시키는 것으로 고온의 화염면(반응면)이 형성되어 자력으로 전파되어 일어나는 연소형태는?

① 확산연소
② 분무연소
③ 예혼합연소
④ 증발연소

해설
기체연료의 연소방식
- 확산연소방식
- 예혼합연소방식(공기+연료의 사전 혼합)

39 체적이 0.8m³인 용기 내에 분자량이 20인 이상기체 10kg이 들어 있다. 용기 내의 온도가 30℃라면 압력은 약 몇 MPa인가?

① 1.57
② 2.45
③ 3.37
④ 4.35

해설
이상기체 20분자량 용적(1kmol=22.4m³)
$\dfrac{10}{20} = 0.5kmol = 11.2m^3$

$PV = GRT$

$P = \dfrac{GRT}{V} = \dfrac{\dfrac{10 \times 8.314}{20}(20+273)}{0.8 \times 1,000} = 1.57MPa$

40 상온, 상압 하에서 가연성 가스의 폭발에 대한 일반적인 설명으로 틀린 것은?

① 폭발범위가 클수록 위험하다.
② 인화점이 높을수록 위험하다.
③ 연소속도가 클수록 위험하다.
④ 착화점이 높을수록 위험하다.

해설
인화점 : 불씨(점화원)에 의해 착화가 되는 최저온도 (인화점이 낮은 가연성 가스는 항상 폭발의 위험성이 내포한다.)

3과목 가스설비

41 용기 속의 잔류가스를 배출시키려 할 때 다음 중 가장 적정한 방법은?

① 큰 통에 넣어 보관한다.
② 주위에 화기가 없으면 소화기를 준비할 필요가 없다.
③ 잔 가스는 내압이 없으므로 밸브를 신속히 연다.
④ 통풍이 있는 옥외에서 실시하고, 조금씩 배출한다.

해설
용기속의 잔류가스 배출 시에는 통풍이 있는 옥외에서 실시하고 조금씩 배출시켜 공기와 희석시켜 연소농도 범위 이하로 한다.

정답 36 ④ 37 ③ 38 ③ 39 ① 40 ② 41 ④

42 토출량 5m³/min, 전양정 30m, 비교회전수 90rpm·m³/min·m인 3단 원심펌프의 회전수는 약 몇 rpm인가?

① 226　　② 255
③ 326　　④ 343

해설
비교회전도(비속도 = Ns)
$Ns = \dfrac{N \cdot \sqrt{Q}}{\left(\dfrac{H}{n}\right)^{\frac{3}{4}}}$, $90 = \dfrac{N \cdot \sqrt{5}}{\left(\dfrac{30}{3}\right)^{\frac{3}{4}}}$

∴ 회전수(N) = $\dfrac{90 \times \left(\dfrac{30}{3}\right)^{\frac{3}{4}}}{\sqrt{5}}$ = 226rpm

43 헬륨가스의 기체상수는 약 몇 kJ/kg·K인가?

① 0.287　　② 2
③ 28　　　 ④ 212

해설
기체상수(R) = $\dfrac{8.314}{분자량} = \dfrac{8.314}{4} = 2.0$kJ/kg·K

44 하버 – 보슈법에 의한 암모니아 합성 시 사용되는 촉매는 주촉매로 산화철(Fe_3O_4)에 보조촉매를 사용한다. 보조촉매의 종류가 아닌 것은?

① K_2O　　② MgO
③ Al_2O_3　 ④ MnO

해설
하버 – 보슈법 NH_3합성 시 사용하는 촉매
(정촉매 : Fe_3O_4, 부촉매 : Al_2O_3, CaO, K_2O)

45 부취제 주입방식 중 액체 주입식이 아닌 것은?

① 펌프 주입방식
② 적하 주입방식
③ 바이패스 증발식
④ 미터 연결 바이패스 방식

해설
증발식 부취설비(기체 주입식)
• 위크 증발식
• 바이패스 증발식

46 정압기의 운전 특성 중 정상상태에서의 유량과 2차 압력과의 관계를 나타내는 것은?

① 정특성　　　② 동특성
③ 사용최대차압　④ 작동최소차압

해설
정압기 정특성 : 정상상태에 있어서의 유량과 2차 압력의 관계를 말한다.

47 펌프의 특성 곡선상 체절운전(체절양정)이란 무엇인가?

① 유량이 0일 때의 양정
② 유량이 최대일 때의 양정
③ 유량이 이론값일 때의 양정
④ 유량이 평균값일 때의 양정

해설
펌프의 특성 곡선상 체절운전 : 유량이 0일 때의 양정

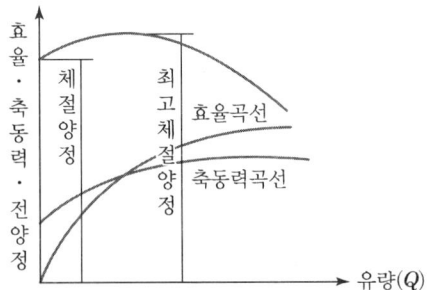

48 배관의 전기방식 중 희생양극법에서 저전위 금속으로 주로 사용되는 것은?

① 철　　② 구리
③ 칼슘　④ 마그네슘

정답 42 ①　43 ②　44 ④　45 ③　46 ①　47 ①　48 ④

[해설]
희생양극법 전기방식에서 저전위 금속인 지하매설 배관으로 Mg(마그네슘)을 접속한다.

49 석유화학 공장 등에 설치되는 플레어 스택에서 역화 및 공기 등과의 혼합폭발을 방지하기 위하여 가스 종류 및 시설 구조에 따라 갖추어야 하는 것에 포함되지 않는 것은?

① Vacuum Breaker
② Flame Arrestor
③ Vapor Seal
④ Molecular Seal

[해설]
플레어 스택(Flare Stack)의 역화방지 장치는 다음 5가지를 사용한다.
- 리퀴드 셀
- 플레임 어레스터
- 베이퍼 실
- 몰레큘러 실
- 퍼지가스 주입

50 가스화의 용이함을 나타내는 지수로서 C/H 비가 이용된다. 다음 중 C/H 비가 가장 낮은 것은?

① Propane
② Naphtha
③ Methane
④ LPG

[해설]
가스탄화수소 $\left(\dfrac{C}{H}\right)$

㉠ 프로판($C_3H_8 = 44$) : $-C(12 \times 3 = 36)$, $H(1 \times 8 = 8)''$
  $\therefore \dfrac{36}{8} = 4.5$

㉡ 나프타(납사) : 5~6

㉢ 메탄($CH_4 = 16$) : $-C(1 \times 12 = 12)$, $H(1 \times 4 = 4)''$
  $\therefore \dfrac{12}{4} = 3$

㉣ LPG(프로판, 부탄)($C_3H_8 = 44$) :
  $-C(3 \times 12 = 36)$, $H(1 \times 8 = 8)''$ $\therefore \dfrac{36}{8} = 4.5$

51 LP 가스 충전설비 중 압축기를 이용하는 방법의 특징이 아닌 것은?

① 잔류가스 회수가 가능하다.
② 베이퍼록 현상 우려가 있다.
③ 펌프에 비해 충전시간이 짧다.
④ 압축기 오일이 탱크에 들어가 드레인의 원인이 된다.

[해설]
LP 가스 이송설비에서 펌프를 이용하는 방법에서는 베이퍼 록(Vapor Lock) 현상이 발생한다.
※ 베이퍼 록 : 저비점의 액화가스 이송 시 마찰열에 의해서 기화되는 현상

52 도시가스 원료로서 나프타(Naphtha)가 갖추어야 할 조건으로 틀린 것은?

① 황분이 적을 것
② 카본 석출이 적을 것
③ 탄화물성 경향이 클 것
④ 파라핀계 탄화수소가 많을 것

[해설]
나프타(Naphtha) : 원유의 상압 증류에 의해 생산되며 비점이 200℃ 이하의 유분이다(라이트나프타, 헤비나프타). 파라핀계, 나프텐계, 올레핀계, 방향족 분석치로 분류한다. 탄화수소비가 5~6이기 때문에 (C/H)비를 3으로 하는 개질장치가 필요하다.

53 원심압축기의 특징이 아닌 것은?

① 설치면적이 적다.
② 압축이 단속적이다.
③ 용량조정이 어렵다.
④ 윤활유가 불필요하다.

[해설]
- 원심식압축기(터보형)는 압축이 연속적이다.
- 왕복동식 압축기는 압축이 단속적이라 공기실을 설치한다.

정답 49 ① 50 ③ 51 ② 52 ③ 53 ②

54 펌프의 이상현상에 대한 설명 중 틀린 것은?

① 수격작용이란 유속이 급변하여 심한 압력변화를 갖게 되는 작용이다.
② 서징(Surging)의 방지법으로 유량조정밸브를 펌프 송출측 직후에 배치시킨다.
③ 캐비테이션 방지법으로 관경과 유속을 모두 크게 한다.
④ 베이퍼록은 저비점 액체를 이송시킬 때 입구 쪽에서 발생되는 액체비등 현상이다.

해설
펌프 캐비테이션(Cavitation : 공동) 현상을 방지하려면 흡입 관경을 크게하고 회전수를 줄인다. 또한 과속으로 유량이 증대하면 공동현상이 발생하므로 고온을 방지하고 유속을 크게 하지 말아야 한다.

55 압축기의 실린더를 냉각하는 이유로서 가장 거리가 먼 것은?

① 체적효율 증대
② 압축효율 증대
③ 윤활기능 향상
④ 토출량 감소

해설
압축기에서 암모니아 가스 등을 압축하면 토출가스 온도가 높다 하여 워터자켓으로 압축기 실린더를 냉각하여 토출량을 증가(체적효율 증대)시킨다.

56 2단 감압방식의 장점에 대한 설명이 아닌 것은?

① 공급압력이 안정적이다.
② 재액화에 대한 문제가 없다.
③ 배관 입상에 의한 압력손실을 보정할 수 있다.
④ 연소기구에 맞는 압력으로 공급이 가능하다.

해설
LPG 2단 감압방식으로 공급하면 액화가스가 기화 후에 재액화의 우려가 발생한다.

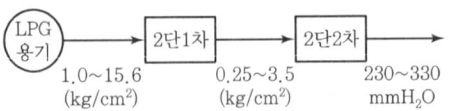

57 용기밸브의 충전구가 왼나사 구조인 것은?

① 브롬화메탄
② 암모니아
③ 산소
④ 에틸렌

해설
가연성 가스에서 2가지 가스(브롬화메탄, 암모니아) 외 모든 가연성 가스는 용기밸브의 충전구 나사가 왼나사이다.

58 LP 가스의 일반적인 성질에 대한 설명 중 옳은 것은?

① 증발잠열이 작다.
② LP 가스는 공기보다 가볍다.
③ 가압하거나 상압에서 냉각하면 쉽게 액화한다.
④ 주성분은 고급탄화수소의 화합물이다.

해설
LP 가스(프로판+부탄)는 비점이 프로판 −42℃, 부탄 −0.5℃이므로 가압하거나 상압에서 냉각하면 쉽게 액화가 가능한 액화석유가스이다(증발잠열이 92~102kcal/kg로 크고 비중이 1.53~2로 크다).

59 스테인리스강을 조직학적으로 구분하였을 때 이에 속하지 않는 것은?

① 오스테나이트계
② 보크사이트계
③ 페라이트계
④ 마텐자이트계

해설
스테인리스강
• 오스테나이트계(크롬 17~20%)
• 페라이트계(크롬 10.5~27%)
• 마텐자이트계(크롬 12~14%)

정답 54 ③ 55 ④ 56 ② 57 ④ 58 ③ 59 ②

60 고압가스 장치재료에 대한 설명으로 틀린 것은?

① 고압가스 장치에는 스테인리스강 또는 크롬강이 적당하다.
② 초저온 장치에는 구리, 알루미늄이 사용된다.
③ LPG 및 아세틸렌 용기 재료로는 Mn강을 주로 사용한다.
④ 산소, 수소 용기에는 Cr강이 적당하다.

해설
LPG, C_2H_2 용기재료 : 탄소강 사용(저압력용 용기에 사용)

4과목　가스안전관리

61 가연성 가스의 검지경보장치 중 방폭구조로 하지 않아도 되는 가연성 가스는?

① 아세틸렌　② 프로판
③ 브롬화메탄　④ 에틸에테르

해설
가연성 가스 중 2가지 가스(암모니아 가스, 브롬화메탄)만은 방폭구조로 하지 않아도 된다.

62 역화방지장치를 설치하지 않아도 되는 곳은?

① 아세틸렌 충전용 지관
② 가연성 가스를 압축하는 압축기와 오토클레이브 사이의 배관
③ 가연성 가스를 압축하는 압축기와 충전용 주관과의 사이
④ 아세틸렌 고압건조기와 충전용 교체밸브 사이 배관

해설
③에서는 역화방지장치가 아닌 역류방지장치를 설치하여야 한다.

63 공기액화 분리기의 액화공기 탱크와 액화산소 증발기와의 사이에는 석유류, 유지류 그 밖의 탄화수소를 여과, 분리하기 위한 여과기를 설치해야 한다. 이때 1시간의 공기 압축량이 몇 m^3 이하의 것은 제외하는가?

① $100m^3$　② $1,000m^3$
③ $5,000m^3$　④ $10,000m^3$

해설
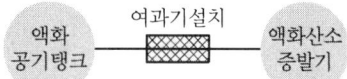
공기 압축량이 $1,000m^3/h$ 이하의 것에는 여과기가 불필요하다.

64 시안화수소(HCN) 가스의 취급 시 주의사항으로 가장 거리가 먼 것은?

① 금속부식주의　② 노출주의
③ 독성주의　④ 중합폭발주의

해설
시안화수소
- 독성(10ppm)으로 누설주의(TLV기준)
- 가연성(6~41%)이므로 노출주의
- 수분에 의한 중합폭발, 산소에 의한 산화폭발

65 가스용기의 도색으로 옳지 않은 것은?(단, 의료용 가스 용기는 제외한다.)

① O_2 : 녹색
② H_2 : 주황색
③ C_2H_2 : 황색
④ 액화암모니아 : 회색

해설
액화암모니아 용기도색 : 백색

정답　60 ③　61 ③　62 ③　63 ②　64 ①　65 ④

66 공기압축기의 내부 윤활유로 사용할 수 있는 것은?

① 잔류탄소의 질량이 전질량의 1% 이하이며 인화점이 200℃ 이상으로서 170℃에서 8시간 이상 교반하여 분해되지 않는 것
② 잔류탄소의 질량이 전질량의 1% 이하이며 인화점이 270℃ 이상으로서 170℃에서 12시간 이상 교반하여 분해되지 않는 것
③ 잔류탄소의 질량이 1% 초과 1.5% 이하이며 인화점이 200℃ 이상으로서 170℃에서 8시간 이상 교반하여 분해되지 않는 것
④ 잔류탄소의 질량이 1% 초과 1.5% 이하이며 인화점이 270℃ 이상으로서 170℃에서 12시간 이상 교반하여 분해되지 않는 것

▶ 해설
공기압축기 윤활유 조건
• 잔류탄소 질량이 전질량의 1% 이하
• 인화점은 200℃ 이상
• 170℃의 온도에서 8시간 이상 교반해도 분해되지 아니할 것

67 다음 중 고유의 색깔을 가지는 가스는?

① 염소　　② 황화수소
③ 암모니아　　④ 산화에틸렌

▶ 해설
염소(Cl_2)가스 고유색깔 : 황록색(자극성이 강한 독성가스)

68 염소가스 운반 차량에 반드시 비치하지 않아도 되는 것은?

① 방독마스크　　② 안전장갑
③ 제독제　　④ 소화기

▶ 해설
염소가스는 맹독성 가스이고 불연성 가스이므로 소화기는 불필요하다(독성 제해제가 필요하다).

69 암모니아를 실내에서 사용할 경우 가스누출검지경보장치의 경보농도는?

① 25ppm　　② 50ppm
③ 100ppm　　④ 200ppm

▶ 해설
가스누출검지경보기 경보농도 허용
• 가연성 가스 : 폭발한계의 $\frac{1}{4}$ 이하에서 경보농도
• 실내의 암모니아 가스 : 50ppm으로 경보농도

70 이동식 부탄연소기(카세트식)의 구조에 대한 설명으로 옳은 것은?

① 용기장착부 이외에 용기가 들어가는 구조이어야 한다.
② 연소기는 50% 이상 충전된 용기가 연결된 상태에서 어느 방향으로 기울여도 20° 이내에서는 넘어지지 아니 하여야 한다.
③ 연소기는 2가지 용도로 동시에 사용할 수 없는 구조로 한다.
④ 연소기에 용기를 연결할 때 용기 아랫부분을 스프링의 힘으로 직접 밀어서 연결하는 방법 또는 자석에 의하여 연결하는 방법이어야 한다.

▶ 해설
카세트식 이동식 부탄연소기 구조는 2가지 용도로 동시에 사용이 불가능한 구조로 한다(단, 분리식의 경우에는 다만 용접용기를 연결하는 구조의 것은 그러하지 아니한다).
※ 이동식 부탄연소기는 그릴의 경우에는 상시내부공간이 용이하게 확인되는 구조로 한다. 연소기는 15° 이내에는 넘어가지 않는 구조로 하고 그리고 스프링의 힘으로 직접 밀어서 연결하는 방식은 금기시하며 자석으로 연결하는 연소기는 비자성 용기를 사용할 수 없도록 표시한다.

71 액화석유가스 외의 액화가스를 충전하는 용기의 부속품을 표시하는 기호는?

① AG　　② PG
③ LG　　④ LPG

정답 66 ① 67 ① 68 ④ 69 ② 70 ③ 71 ③

83 불꽃이온화검출기(FID)에 대한 설명 중 옳지 않은 것은?

① 감도가 아주 우수하다.
② FID에 의한 탄화수소의 상대 감도는 탄소수에 거의 반비례한다.
③ 구성요소로는 시료가스, 노즐, 컬렉터 전극, 증폭부, 농도 지시계 등이 있다.
④ 수소 불꽃 속에 탄화수소가 들어가면 불꽃의 전기전도도가 증대하는 현상을 이용한 것이다.

해설
FID 구성 : 칼럼(분리관), 검출기, 기록계
- 감도가 높고 탄화수소에서 감도가 최고이나 H_2, O_2, CO, CO_2, SO_2 등에는 감도가 없어서 측정불가
- 구성요소 : 시료가스, 노즐, 컬렉터전극, 증폭부, 농도지시계 등
- 탄화수소의 상대감도는 탄소수에 거의 비례한다.

84 경사관 압력계에서 P_1의 압력을 구하는 식은?(단, γ : 액체의 비중량, P_2 : 가는 관의 압력, θ : 경사각, X : 경사관 압력계의 눈금이다.)

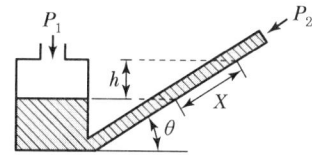

① $P_1 = P_2/\sin\theta$
② $P_1 = P_2\gamma\cos\theta$
③ $P_1 = P_2 + \gamma X\cos\theta$
④ $P_1 = P_2 + \gamma X\sin\theta$

해설
경사관식 압력계
절대압력(P_1) = $P_2 + \gamma x \sin\theta$ = (대기압+게이지압력)
$x = \dfrac{h}{\sin\theta}$ (경사관 압력계 눈금)

85 부르동관 재질 중 일반적으로 저압에서 사용하지 않는 것은?

① 황동   ② 청동
③ 인청동   ④ 니켈강

해설
부르동관 재질
- 고압 : 니켈강, 스테인리스강
- 저압 : 황동, 청동, 인청동

86 구리 – 콘스탄탄 열전대의 (−)극에 주로 사용되는 금속은?

① Ni – Al
② Cu – Ni
③ Mn – Si
④ Ni – Pt

해설
T형 온도계(구리 – 콘스탄탄 열전대)
- +측 : 구리
- −측 : 콘스탄탄(구리 55%+니켈 45%)

87 압력계측 장치가 아닌 것은?

① 마노미터(Manometer)
② 벤투리미터(Venturi Meter)
③ 부르동 게이지(Bourdon Gauge)
④ 격막식 게이지(Diaphragm Gauge)

해설
차압식 유량계
- 벤투리미터
- 플로우노즐
- 오리피스

88 루트 가스미터의 고장에 대한 설명으로 틀린 것은?

① 부동 – 회전자는 회전하고 있으나, 미터의 지침이 움직이지 않는 고장
② 떨림 – 회전자 베어링의 마모에 의한 회전자 접촉 등에 의해 일어나는 고장
③ 기차불량 – 회전자 베어링의 마모에 의한 간격 증대 등에 의해 일어나는 고장
④ 불통 – 회전자의 회전이 정지하여 가스가 통과하지 못하는 고장

해설
떨림현상 원인 : 가스미터 출구측의 압력변동이 심하여 가스의 연소상태를 불안정하게 하는 현상
②는 떨림현상이 아닌 부동현상이다.

89 제어계 오차가 검출될 때 오차가 변화하는 속도에 비례하여 조작량을 가·감산하도록 하는 동작은?

① 미분동작
② 적분동작
③ 온 – 오프동작
④ 비례동작

해설
미분동작 D동작
조작량이 동작신호의 미분값, 즉 편차의 변화속도에 비례하는 동작. 초기상태에서 큰 수정동작을 하며 단독사용보다는 비례동작 또는 비례적분동작과 결합하여 사용한다.

90 가스계량기의 설치장소에 대한 설명으로 틀린 것은?

① 화기와 습기에서 멀리 떨어지고 통풍이 양호한 위치
② 가능한 배관의 길이가 길고 꺾인 위치
③ 바닥으로부터 1.6m 이상 2.0m 이내에 수직, 수평으로 설치
④ 전기 공작물과 일정 거리 이상 떨어진 위치

해설
가스계량기는 가능한 가스배관길이가 짧고 꺾이지 않은 곳에 설치하여야 정확성이 우수하다.

91 다이어프램 압력계의 특징에 대한 설명 중 옳은 것은?

① 감도는 높으나 응답성이 좋지 않다.
② 부식성 유체의 측정이 불가능하다.
③ 미소한 압력을 측정하기 위한 압력계이다.
④ 과잉압력으로 파손되면 그 위험성은 커진다.

해설
Diaphragm 압력계는 탄성식이며 20~5,000mmH$_2$O의 미소한 압력을 측정하는 압력계로 사용된다.
감도가 다소 낮고 부식성 유체측정은 가능하며 과잉압력으로 파손되면 사용이 불가능하다.

92 교통 신호등은 어떤 제어를 기본으로 하는가?

① 피드백 제어
② 시퀀스 제어
③ 캐스케이드 제어
④ 추종 제어

해설
교통신호, 승강기, 커피자판기, 전기밥솥, 세탁기 : 시퀀스 제어
(정성적 제어)

93 다음 가스분석 방법 중 흡수분석법이 아닌 것은?

① 헴펠법
② 적정법
③ 오르자트법
④ 게겔법

해설
적정법 가스분석 : 화학분석법
(옥소(I)적정법, 중화적정법, 킬레이트적정법)
※ 가스에는 I 적정법이 사용된다.

94 가스크로마토그래피에서 운반가스의 구비 조건으로 옳지 않은 것은?

① 사용하는 검출기에 적합해야 한다.
② 순도가 높고 구입이 용이해야 한다.
③ 기체확산이 가능한 큰 것이어야 한다.
④ 시료와 반응성이 낮은 불활성 기체이어야 한다.

해설
운반가스(전개제) : 수소, 헬륨, 아르곤, 질소 등이며 기체 확산을 최소로 할 수 있어야 한다.

정답 88 ② 89 ① 90 ② 91 ③ 92 ② 93 ② 94 ③

95 안전등형 가스검출기에서 청색 불꽃의 길이로 농도를 알 수 있는 가스는?

① 수소　　② 메탄
③ 프로판　　④ 산소

[해설]
안전등형 가연성 가스 검출기는 메탄가스의 청색불꽃의 길이로서 농도가 표시된다(메탄농도 1%에서 청색불꽃길이 7mm, 메탄농도 4.5%에서 청색불꽃길이 47mm).

96 습한 공기 205kg 중 수증기가 35kg 포함되어 있다고 할 때 절대습도(kg/kg)는?(단, 공기와 수증기의 분자량은 각각 29, 18로 한다.)

① 0.106　　② 0.128
③ 0.171　　④ 0.206

[해설]
건조공기 = 205 − 35 = 170kg

∴ 절대습도(ϕ) = $\frac{35}{170}$ = 0.206(20.6%)

97 계측기의 감도에 대하여 바르게 나타낸 것은?

① $\frac{지시량의\ 변화}{측정량의\ 변화}$

② $\frac{측정량의\ 변화}{지시량의\ 변화}$

③ 지시량의 변화 − 측정량의 변화
④ 측정량의 변화 − 지시량의 변화

[해설]
• 오차율 = $\frac{측정값 - 참값}{측정값}$ × 100(%)

• 기차(E)
= $\frac{시험용미터의\ 지시량 - 기준미터의\ 지시량}{시험용미터의\ 지시량}$
× 100(%)

• 감도 = $\frac{지시량의\ 변화}{측정량의\ 변화}$

98 회전수가 비교적 적기 때문에 일반적으로 100m³/h 이하의 소용량 가스계량에 적합하며 독립내기식과 그로바식으로 구분되는 가스미터는?

① 막식　　② 루트미터
③ 로터리피스톤식　　④ 습식

[해설]
가스미터
㉠ 실측식
　• 건식
　　− 막식(독립내기식, 그로바식)
　　− 회전식(루트식, 로터리식, 오벌식)
　• 습식
㉡ 추측식
　• 오리피스식
　• 선근차식
　• 터빈식

99 열전대 온도계의 특징에 대한 설명으로 틀린 것은?

① 냉접점이 있다.
② 보상 도선을 사용한다.
③ 원격 측정용으로 적합하다.
④ 접촉식 온도계 중 가장 낮은 온도에 사용된다.

[해설]
열전대 온도계 종류
• R형(백금 − 백금로듐 = P − R 온도계)
　: 0 ~ 1,600℃
• K형(크로멜 − 알루멜 = C − A 온도계)
　: −20 ~ 1,200℃
• J형(철 − 콘스탄탄 = I − C 온도계)
　: −20 ~ 800℃
• T형(구리 − 콘스탄탄 = C − C 온도계)
　: −200 ~ 350℃
※ 접촉식 온도계 중 가장 고온 측정이 가능하다.

정답 95 ② 96 ④ 97 ① 98 ① 99 ④

100 점도의 차원은?(단, 차원기호는 M : 질량, L : 길이, T : 시간이다.)

① MLT^{-1}
② $ML^{-1}T^{-1}$
③ $M^{-1}LT^{-1}$
④ $M^{-1}L^{-1}T$

해설

차원
㉠ MLT계
 : M(질량), L(길이), T(시간) : 절대단위
㉡ FLT계
 : F(힘), L(길이), T(시간) : 공학단위계

점도차원 ─ 절대점도 ─ SI단위계 : $ML^{-1}T^{-1}$
        │   └ 공학단위계 : $FL^{-2}T$
        └ 동점성 ─ SI단위계 : L^2T^{-1}
                  └ 공학단위계 : L^2T^{-1}

- $Pa = N/m^2$, $N = kg \cdot m/s^2$,
  $Pa \cdot s = (kg/m \cdot s^2) \times s = kg/m \cdot s$
- 점도(μ) = 밀도×동점성계수 = $kg/m \cdot s$

정답 100 ②

2019년 1회 기출문제

1과목 가스유체역학

01 수면의 높이가 10m로 일정한 탱크의 바닥에 5mm의 구멍이 났을 경우 이 구멍을 통한 유체의 유속은 얼마인가?

① 14m/s　　② 19.6m/s
③ 98m/s　　④ 196m/s

해설
유속(V) = $\sqrt{2gh}$ = $\sqrt{2 \times 9.8 \times 10}$ = 14m/s

02 수직으로 세워진 노즐에서 물이 10m/s의 속도로 뿜어 올려진다. 마찰손실을 포함한 모든 손실이 무시된다면 물은 약 몇 m 높이까지 올라갈 수 있는가?

① 5.1m　　② 10.4m
③ 15.6m　　④ 19.2m

해설
$V = \sqrt{2gh}$

∴ 높이(h) = $\dfrac{V^2}{2g}$ = $\dfrac{10^2}{2 \times 9.8}$ = 5.1m

03 이상기체가 초음속으로 단면적이 줄어드는 노즐로 유입되어 흐를 때 감소하는 것은?(단, 유동은 등엔트로피 유동이다.)

① 온도　　② 속도
③ 밀도　　④ 압력

해설
초음속 축소 노즐에서 속도와 단면적은 감소하고, 압력 및 밀도는 증가한다.

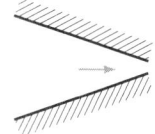

04 그림과 같은 확대 유로를 통하여 a지점에서 b지점으로 비압축성 유체가 흐른다. 정상상태에서 일어나는 현상에 대한 설명으로 옳은 것은?

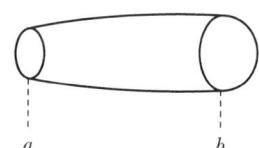

① a지점에서의 평균속도가 b지점에서의 평균속도보다 느리다.
② a지점에서의 밀도가 b지점에서의 밀도보다 크다.
③ a지점에서의 질량플럭스(Mass Flux)가 b지점에서의 질량플럭스보다 크다.
④ a지점에서의 질량유량이 b지점에서의 질량유량보다 크다.

해설
- b지점의 단면적이 a지점의 단면적보다 크다.
- a지점의 질량플럭스가 b지점의 질량플럭스보다 크다.
- 연속방정식에 의해 a지점에서 질량유량과 b지점에서 질량유량은 같다.

05 온도 27℃의 이산화탄소 3kg이 체적 0.30m³의 용기에 가득 차 있을 때 용기 내의 압력(kgf/cm²)은?(단, 일반기체상수는 848kgf·m/kmol·K이고, 이산화탄소의 분자량은 44이다.)

① 5.79　　② 24.3
③ 100　　④ 270

해설
$PV = GRT$, R(기체상수) = $\dfrac{848}{분자량}$

$P = \dfrac{GRT}{V} = \dfrac{3 \times \left(\dfrac{848}{44}\right) \times 300}{0.3}$

= 57,818(kgf/m²) = 5.79(kg/cm²)

정답 01 ① 02 ① 03 ② 04 ③ 05 ①

06 깊이 1,000m인 해저의 수압은 계기압력으로 몇 kgf/cm²인가?(단, 해수의 비중량은 1,025kgf/m³이다.)

① 100
② 102.5
③ 1,000
④ 1,025

해설
- 10mAq=1kgf/cm²
- H₂O 1m³=1,000kg(10²kg)

∴ 수압$(P) = \gamma \cdot h = \dfrac{1,000 \times 1,025}{10^3 \times 10} = 102.5 \text{kg/cm}^2$

07 다음의 펌프 종류 중에서 터보형이 아닌 것은?

① 원심식
② 축류식
③ 왕복식
④ 경사류식

해설
- 터보형 : 비용적식 펌프
- 왕복식 : 용적식 펌프

08 레이놀즈수를 옳게 나타낸 것은?

① 점성력에 대한 관성력의 비
② 점성력에 대한 중력의 비
③ 탄성력에 대한 압력의 비
④ 표면장력에 대한 관성력의 비

해설
레이놀즈수$(Re) = \dfrac{\rho V d}{\mu} = \dfrac{Vd}{\nu} =$관성력/점성력

09 두 개의 무한히 큰 수평 평판 사이에 유체가 채워져 있다. 아래 평판을 고정하고 위 평판을 V의 일정한 속도로 움직일 때 평판에는 τ의 전단응력이 발생한다. 평판 사이의 간격은 H이고, 평판 사이의 속도분포는 선형(Couette 유동)이라고 가정하여 유체의 점성계수 μ를 구하면?

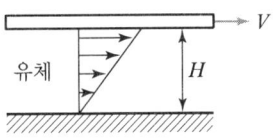

① $\dfrac{\tau V}{H}$
② $\dfrac{\tau H}{V}$
③ $\dfrac{VH}{\tau}$
④ $\dfrac{\tau V}{H^2}$

해설
전단응력$(\tau) = \dfrac{힘(F)}{평판넓이(A)} = \mu \dfrac{속도(V)}{높이(H)}$

∴ 점성계수$(\mu) = \dfrac{\tau H}{V} = \dfrac{\tau}{\left(\dfrac{du}{dy}\right)}$

$\left(\dfrac{du}{dy} : h = y\text{인 지점에서 속도구배}\right)$

10 유체의 흐름에 관한 다음 설명 중 옳은 것을 모두 나타낸 것은?

㉠ 유관은 어떤 폐곡선을 통과하는 여러 개의 유선으로 이루어지는 것을 뜻한다.
㉡ 유적선은 한 유체입자가 공간을 운동할 때 그 입자의 운동궤적이다.

① ㉠
② ㉡
③ ㉠, ㉡
④ 모두 틀림

해설
유체의 흐름 정의
㉠ : 유관에 대한 설명이다.
㉡ : 유적선에 대한 설명이다.

11 그림과 같이 60° 기울어진 4m×8m의 수문이 A 지점에서 힌지(Hinge)로 연결되어 있을 때, 이 수문에 작용하는 물에 의한 정수력의 크기는 약 몇 kN인가?

정답 06 ② 07 ③ 08 ① 09 ② 10 ③ 11 ③

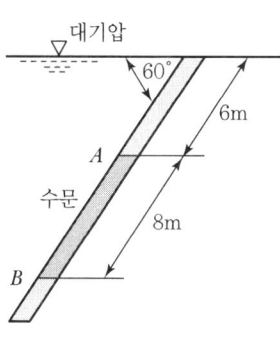

① 2.7
② 1,568
③ 2,716
④ 3,136

해설

정수력의 크기(F)

$\gamma_w = 1,000\text{kgf/m}^3 = 9,800\text{N/m}^3$

$F = \gamma h_c A = 9,800 \times (4+6)\sin 60° \times 4 \times 8$
$\fallingdotseq 2,716,000 = 2,716(\text{kN})$

12 유체를 연속체로 가정할 수 있는 경우는?

① 유동시스템의 특성길이가 분자평균자유행로에 비해 충분히 크고, 분자들 사이의 충돌시간은 충분히 짧은 경우
② 유동시스템의 특성길이가 분자평균자유행로에 비해 충분히 작고, 분자들 사이의 충돌시간은 충분히 짧은 경우
③ 유동시스템의 특성길이가 분자평균자유행로에 비해 충분히 크고, 분자들 사이의 충돌시간은 충분히 긴 경우
④ 유동시스템의 특성길이가 분자평균자유행로에 비해 충분히 작고, 분자들 사이의 충돌시간은 충분히 긴 경우

해설

유체를 연속체로 가정할 수 있는 경우는 유동시스템의 특성길이가 분자평균자유행로에 비해 충분히 크고 분자들 사이의 충돌시간은 충분히 짧은 경우이다.

13 압력이 1.4kgf/cm² abs, 온도가 96℃인 공기가 속도 90m/s로 흐를 때, 정체온도(K)는 얼마인가?(단, 공기의 C_p = 0.24kcal/kg · K이다.)

① 397
② 382
③ 373
④ 369

해설

공기의 비열비 $k = (1.4)$

정체온도(T_0) = $T\left(1 + \dfrac{k-1}{2}M^2\right)$

• 마하수(M) = $\dfrac{V}{C}$

• 음속(C) = $\sqrt{kgRT}$ = $\sqrt{1.4 \times 9.8 \times \dfrac{848}{29} \times 90}$
  = 384.75m/s

$M = \dfrac{90}{384.75} = 0.234$

∴ 정체온도(T_0) = $(273+96)\left(1 + \dfrac{1.4-1}{2}(0.234)^2\right) = 373\text{K}$

14 다음 유량계 중 용적형 유량계가 아닌 것은?

① 가스미터(Gas Meter)
② 오벌 유량계
③ 선회 피스톤형 유량계
④ 로터미터

해설

면적식 유량계 : 로터미터, 게이트식

15 비중이 0.9인 액체가 나타내는 압력이 1.8kgf/cm²일 때 이것은 수두로 몇 m 높이에 해당하는가?

① 10
② 20
③ 30
④ 40

해설

H_2O 10mAq = 1kg/cm²

∴ 수두(H) = $\dfrac{1.8 \times 10}{0.9}$ = 20m

정답 12 ① 13 ③ 14 ④ 15 ②

16 절대압이 2kgf/cm²이고 온도가 40℃인 이상기체 2kg이 가역과정으로 단열압축되어 절대압 4kgf/cm²이 되었다. 최종온도는 약 몇 ℃인가? (단, 비열비 k는 1.4이다.)

① 43　　② 64
③ 85　　④ 109

해설

단열압축에서 $\dfrac{T_2}{T_1} = \left(\dfrac{P_2}{P_1}\right)^{\frac{k-1}{k}}$

∴ 최종온도(T_2) $= T_1 \times \left(\dfrac{P_2}{P_1}\right)^{\frac{k-1}{k}}$
$= (273+40) \times \left(\dfrac{4}{2}\right)^{\frac{0.4}{1.4}}$
$= 381.55K = 109℃$

17 내경이 0.0526m인 철관에 비압축성 유체가 9.085m³/h로 흐를 때의 평균유속은 약 몇 m/s인가? (단, 유체의 밀도는 1,200kg/m³이다.)

① 1.16　　② 3.26
③ 4.68　　④ 11.6

해설

유속(V) $= \dfrac{Q}{A} = \dfrac{(9.085/3,600)}{\dfrac{3.14}{4} \times (0.0526)^2} = 1.16 \text{m/s}$

※ 1시간=3,600초, 단면적(A) $= \dfrac{3.14}{4}(d^2)$

18 100PS는 약 몇 kW인가?

① 7.36　　② 7.46
③ 73.6　　④ 74.6

해설

1PS=75kg·m/s, 1kW=102kg·m/s

∴ $100 \times \dfrac{75}{102} = 73.6 \text{kW}$

- 1PS=735W=0.735kW=0.735×102kgf·m/s
　　　　=75kgf·m/s

19 이상기체 속에서의 음속을 옳게 나타낸 식은? (단, ρ=밀도, P=압력, k=비열비, $\overline{R}$=일반기체상수, M=분자량이다.)

① $\sqrt{\dfrac{k}{\rho}}$　　② $\sqrt{\dfrac{d\rho}{dP}}$

③ $\sqrt{\dfrac{\rho}{kP}}$　　④ $\dfrac{\sqrt{k\overline{R}T}}{M}$

해설

마하수(M) $= \dfrac{V}{C} = \dfrac{V}{\sqrt{k\overline{R}T}}$

V(유속) $= \dfrac{C(음속)}{\sin\mu} = \sqrt{\dfrac{k\overline{R}T}{M}}$

20 중력에 대한 관성력의 상대적인 크기와 관련된 무차원의 수는 무엇인가?

① Reynolds 수　　② Froude 수
③ 모세관 수　　　④ Weber 수

해설

- Reynolds 수 : 관성력/점성력(모든 유체의 유동)
- Froude 수 : 관성력/중력(자유표면 유동)
- Weber 수 : 관성력/표면장력(자유표면 유동)

2과목　연소공학

21 운전과 위험분석(HAZOP) 기법에서 변수의 양이나 질을 표현하는 간단한 용어는?

① Parameter
② Cause
③ Consequence
④ Guide Words

해설

Guide Words : HAZOP 기법에서 변수의 양이나 질을 표현하는 간단한 용어이다.

정답 16 ④　17 ①　18 ③　19 ④　20 ②　21 ④

22 열역학 제2법칙을 잘못 설명한 것은?

① 열은 고온에서 저온으로 흐른다.
② 전체 우주의 엔트로피는 감소하는 법이 없다.
③ 일과 열은 전량 상호 변환할 수 있다.
④ 외부로부터 일을 받으면 저온에서 고온으로 열을 이동시킬 수 있다.

[해설]
③은 열역학 제1법칙이다. 제2법칙은 에너지 변환의 방향성을 명시한 것이다.

23 프로판 가스 44kg을 완전연소시키는 데 필요한 이론공기량은 약 몇 Nm³인가?

① 460 ② 530
③ 570 ④ 610

[해설]
$C_3H_8 + 5O_2 \rightarrow 3CO_2 + 4H_2O$

$44kg + 5 \times 22.4 Nm^3$

∴ 이론공기량 = 이론산소량 × $\frac{1}{0.21}$

$= (5 \times 22.4) \times \frac{1}{0.21} = 533 Nm^3$

24 소화안전장치(화염감시장치)의 종류가 아닌 것은?

① 열전대식 ② 플레임 로드식
③ 자외선 광전관식 ④ 방사선식

[해설]
방사선식 : 화염감시장치가 아닌 액면계로 사용이 가능하다.

25 1atm, 15℃ 공기를 0.5atm까지 단열팽창시키면 그때 온도는 몇 ℃인가?(단, 공기의 C_p/C_v =1.4이다.)

① -18.7℃ ② -20.5℃
③ -28.5℃ ④ -36.7℃

[해설]
팽창 후 온도(T_2) = $T_1 \times \left(\frac{P_2}{P_1}\right)^{\frac{k-1}{k}}$

$= (15+273) \times \left(\frac{0.5}{1}\right)^{\frac{1.4-1}{1.4}}$

$= 236K = -36.7℃$

26 연소 속도에 영향을 주는 요인으로서 가장 거리가 먼 것은?

① 산소와의 혼합비 ② 반응계의 온도
③ 발열량 ④ 촉매

[해설]
발열량은 연소의 온도 및 성분 등과 관계된다.

27 다음 중 연소의 3요소로만 옳게 나열된 것은?

① 공기비, 산소농도, 점화원
② 가연성 물질, 산소공급원, 점화원
③ 연료의 저열발열량, 공기비, 산소농도
④ 인화점, 활성화에너지, 산소농도

[해설]
연소의 3대 구비조건
- 가연성 연료 물질
- 산소공급원(공기 포함)
- 점화원(불씨)

28 다음 중 폭발범위의 하한값이 가장 낮은 것은?

① 메탄 ② 아세틸렌
③ 부탄 ④ 일산화탄소

[해설]
가연성가스 폭발범위(상한치 - 하한치)
- 메탄 : 15~5%
- 아세틸렌 : 81~2.5%
- 부탄 : 8.4~1.8%
- 일산화탄소 : 74~4%

정답 22 ③ 23 ② 24 ④ 25 ④ 26 ③ 27 ② 28 ③

29 어떤 과정이 가역적으로 되기 위한 조건은?

① 마찰로 인한 에너지 변화가 있다.
② 외계로부터 열을 흡수 또는 방출한다.
③ 작용 물체는 전 과정을 통하여 항상 평형이 이루어지지 않는다.
④ 외부조건에 미소한 변화가 생기면 어느 지점에서라도 역전시킬 수 있다.

해설
가역적 조건
외부조건에 미소한 변화가 생기면 어느 지점에서라도 역전시킬 수 있다. 즉, 과정을 여러 번 진행해도 결과가 동일하며 자연계에 아무런 변화도 남기지 않고 카르노사이클이나 노즐에서 팽창, 마찰이 없는 관 내 흐름 등이 이에 속한다.

30 가연성 가스와 공기를 혼합하였을 때 폭굉범위는 일반적으로 어떻게 되는가?

① 폭발범위와 동일한 값을 가진다.
② 가연성 가스의 폭발상한계 값보다 큰 값을 가진다.
③ 가연성 가스의 폭발하한계 값보다 작은 값을 가진다.
④ 가연성 가스의 폭발하한계와 상한계 값 사이에 존재한다.

해설
가연성 가스 폭굉범위
가연성 가스의 폭발하한계 값과 상한계 값 사이에 존재한다(공기나 산소 중에서).
• 아세틸렌가스 : 4.2~50%
• 수소 : 18.3~59%

31 프로판 20v%, 부탄 80v%인 혼합가스 1L가 완전연소하는 데 필요한 산소는 약 몇 L인가?

① 3.0L   ② 4.2L
③ 5.0L   ④ 6.2L

해설
• 프로판 = $C_3H_8 + 5O_2 \rightarrow 3CO_2 + 4H_2O$
• 부탄 = $C_4H_{10} + 6.5O_2 \rightarrow 4CO_2 + 5H_2O$
∴ 산소요구량 = $(5 \times 0.2) + (6.5 \times 0.8) = 6.2$ L/L

32 실제기체가 완전기체(Ideal Gas)에 가깝게 될 조건은?

① 압력이 높고, 온도가 낮을 때
② 압력, 온도가 모두 낮을 때
③ 압력이 낮고, 온도가 높을 때
④ 압력, 온도가 모두 높을 때

해설
실제기체가 완전기체에 근접하려면 압력이 낮고 온도가 높아야 한다.

33 어느 온도에서 $A(g) + B(g) \rightleftharpoons C(g) + D(g)$와 같은 가역반응이 평형상태에 도달하여 D가 1/4mol 생성되었다. 이 반응의 평형상수는?(단, A와 B를 각각 1mol씩 반응시켰다.)

① $\dfrac{16}{9}$ ② $\dfrac{1}{3}$
③ $\dfrac{1}{9}$ ④ $\dfrac{1}{16}$

해설
반응속도 $V = K(A)(B)^3$
K(비례상수) = $\dfrac{(C)^c(D)^d}{(A)^a(B)^b}$ (일정온도에서)

∴ $\dfrac{\dfrac{1}{4} \times \dfrac{1}{4}}{\dfrac{3}{4} \times \dfrac{3}{4}} = \dfrac{\dfrac{1 \times 1}{4}}{\dfrac{3 \times 3}{4}} = \dfrac{4 \times 1 \times 1}{4 \times 3 \times 3} = 0.1111 = \dfrac{1}{9}$

34 발열량이 24,000kcal/m³인 LPG 1m³에 공기 3m³을 혼합하여 희석하였을 때 혼합기체 1m³당 발열량은 몇 kcal인가?

① 5,000   ② 6,000
③ 8,000   ④ 16,000

해설
혼합기체 = 1m³ + 3m³ = 4m³
∴ 희석된 가스 발열량 = $\dfrac{24,000}{4} = 6,000$ kcal/m³

정답 29 ④ 30 ④ 31 ④ 32 ③ 33 ③ 34 ②

35 다음은 정압연소 사이클의 대표적인 브레이턴 사이클(Brayton Cycle)의 $T-S$ 선도이다. 이 그림에 대한 설명으로 옳지 않은 것은?

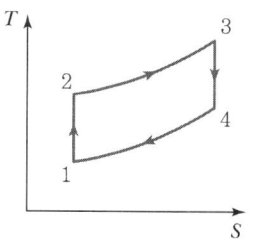

① 1－2의 과정은 가역단열압축 과정이다.
② 2－3의 과정은 가역정압가열 과정이다.
③ 3－4의 과정은 가역정압팽창 과정이다.
④ 4－1의 과정은 가역정압배기 과정이다.

해설
브레이턴 사이클은 2개의 단열과정과 2개의 정압과정으로 이루어졌으며 ③ → ④ 과정은 가역단열팽창 과정이다.

36 공기의 확산에 의하여 반응하는 연소가 아닌 것은?

① 표면연소
② 분해연소
③ 증발연소
④ 확산연소

해설
표면연소는 1차 건류된 연료만 해당된다(코크스, 숯, 목탄 등).

37 발열량에 대한 설명으로 틀린 것은?

① 연료의 발열량은 연료단위량이 완전연소했을 때 발생한 열량이다.
② 발열량에는 고위발열량과 저위발열량이 있다.
③ 저위발열량은 고위발열량에서 수증기의 잠열을 뺀 발열량이다.
④ 발열량은 열량계로는 측정할 수 없어 계산식을 이용한다.

해설
㉠ 발열량
  • 고위발열량
  • 저위발열량
㉡ 발열량계
  • 시그마식
  • 봄브식
  • 융커스식 유수형

38 연료에 고정탄소가 많이 함유되어 있을 때 발생되는 현상으로 옳은 것은?

① 매연 발생이 많다.
② 발열량이 높아진다.
③ 연소 효과가 나쁘다.
④ 열손실을 초래한다.

해설
연료비 = $\dfrac{고정탄소}{휘발분}$
석탄 고체연료에서 고정탄소가 많아지면 발열량이 증가한다.
$C + O_2 \rightarrow CO_2 + 8,100(\text{kcal/kg})$

39 폭발범위에 대한 설명으로 틀린 것은?

① 일반적으로 폭발범위는 고압일수록 넓다.
② 일산화탄소는 공기와 혼합 시 고압이 되면 폭발범위가 좁아진다.
③ 혼합가스의 폭발범위는 그 가스의 폭굉범위보다 좁다.
④ 상온에 비해 온도가 높을수록 폭발범위가 넓다.

해설
㉠ 아세틸렌
  • 폭발범위 : 2.5~81%
  • 폭굉범위 : 4.2~50%
㉡ 혼합가스의 폭발범위는 그 단일가스의 폭굉범위보다 크다.

정답 35 ③ 36 ① 37 ④ 38 ② 39 ③

40 298.15K, 0.1MPa 상태의 일산화탄소(CO)를 같은 온도의 이론 공기량으로 정상유동 과정으로 연소시킬 때 생성물의 단열화염 온도를 주어진 표를 이용하여 구하면 약 몇 K인가?(단, 이 조건에서 CO 및 CO_2의 생성엔탈피는 각각 $-110,529$kJ/kmol, $-393,522$kJ/kmol이다.)

CO_2의 기준상태에서 각각의 온도까지 엔탈피 차

온도(K)	엔탈피 차(kJ/kmol)
4,800	266,500
5,000	279,295
5,200	292,123

① 4,835 ② 5,058
③ 5,194 ④ 5,293

해설

$CO + \frac{1}{2}O_2 \rightarrow CO_2 + Q$

$-110,529 = -393,522 + Q$

$\therefore Q = 393,522 - 110,529 = 282,993$kJ/kmol

$5,000K : x : 5,200K = 279,295 : 282,993 : 292,123$

$\therefore x(K)$

$= 5,000 + \frac{5,200 - 5,000}{292,123 - 279,295} \times (282,993 - 279,295)$

$= 5,058(K)$

※ 282,993은 표에서 5,000K와 5,200K 사이에 존재한다.

3과목 가스설비

41 기어펌프는 어느 형식의 펌프에 해당하는가?

① 축류펌프
② 원심펌프
③ 왕복식 펌프
④ 회전펌프

해설

- 회전식 펌프 : 나사펌프(스크루형), 베인펌프(편심), 기어펌프
- 터보형 펌프 : 원심식, 사류식, 축류식

42 공기액화사이클 중 압축기에서 압축된 가스가 열교환기로 들어가 팽창기에서 일을 하면서 단열팽창하여 가스를 액화시키는 사이클은?

① 필립스의 액화사이클
② 캐스케이드 액화사이클
③ 클라우드의 액화사이클
④ 런데의 액화사이클

해설

클라우드 액화사이클 : 공기액화 저온사이클이며 팽창기에서 단열팽창을 이용하여 가스를 액화시킨다.

43 탄소강에 자경성을 주며 이 성분을 다량으로 첨가한 강은 공기 중에서 냉각하여도 쉽게 오스테나이트 조직으로 된다. 이 성분은?

① Ni   ② Mn
③ Cr   ④ Si

해설

망간(Mn) : 탄소강에 자경성을 주며 Mn을 다량으로 첨가하면 공기 중에서 냉각하여도 오스테나이트 조직이 된다.

44 배관이 열팽창 할 경우에 응력이 경감되도록 미리 늘어날 여유를 두는 것을 무엇이라 하는가?

① 루핑   ② 핫 멜팅
③ 콜드 스프링 ④ 팩레싱

해설

콜드 스프링 : 배관이 열팽창 할 경우에 응력이 경감되도록 미리 늘어날 여유를 두는 작업이다.

45 부탄가스 공급 또는 이송 시 가스 재액화 현상에 대한 대비가 필요한 방법(식)은?

① 공기 혼합 공급방식
② 액송 펌프를 이용한 이송법
③ 압축기를 이용한 이송법
④ 변성 가스 공급방식

정답 40 ② 41 ④ 42 ③ 43 ② 44 ③ 45 ③

해설
부탄가스는 비점이 높아서 이송 시 압축기를 이용하면 재액화 우려가 있다.

46 냉동능력에서 1RT를 kcal/h로 환산하면?

① 1,660kcal/h ② 3,320kcal/h
③ 39,840kcal/h ④ 79,680kcal/h

해설
냉동능력
- 1RT : 3,320kcal/h
- 1RT(흡수식) : 6,640kcal/h

47 터보 압축기에서 누출이 주로 생기는 부분에 해당되지 않는 것은?

① 임펠러 출구
② 다이어프램 부위
③ 밸런스 피스톤 부분
④ 축이 케이싱을 관통하는 부분

해설
비용적식 터보 압축기에서 가스가 누설되는 부위는 임펠러 입구 및 ②, ③, ④의 경우이다.

48 접촉분해(수증기 개질)에서 카본 생성을 방지하는 방법으로 알맞은 것은?

① 고온, 고압, 고수증기
② 고온, 저압, 고수증기
③ 고온, 고압, 저수증기
④ 저온, 저압, 저수증기

해설
도시가스 제조 시 수증기 개질에서 카본 생성 방지로 고온, 저압의 고수증기를 사용한다.
$CH_4 \rightleftarrows 2H_2 + C(카본)$, $2CO \rightleftarrows CO_2 + C(카본)$

49 고압가스 용접용기에 대한 내압검사 시 전증가량이 250mL일 때 이 용기가 내압시험에 합격하려면 영구증가량은 얼마 이하가 되어야 하는가?

① 12.5mL ② 25.0mL
③ 37.5mL ④ 50.0mL

해설
용기제조 시 내압시험에서 영구증가량이 10% 이하이면 합격이다.
∴ 250×0.1=25.0mL 이하

50 전기방식시설의 유지관리를 위해 배관을 따라 전위측정용 터미널을 설치할 때 얼마 이내의 간격으로 하는가?

① 50m 이내 ② 100m 이내
③ 200m 이내 ④ 300m 이내

해설
전기방식시설(희생양극법) 유지관리 전위측정용 터미널 간격

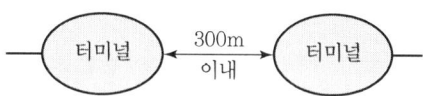

(단, 외부전원법이라면 500m 이내이다.)

51 고무호스가 노후되어 직경 1mm의 구멍이 뚫려 280mmH₂O의 압력으로 LP 가스가 대기 중으로 2시간 유출되었을 때 분출된 가스의 양은 약 몇 L인가?(단, 가스의 비중은 1.6이다.)

① 140L ② 238L
③ 348L ④ 672L

해설
가스누설 분출량(Q)
$$Q = 0.009D^2 \sqrt{\frac{h}{d}}$$
$$= \left\{0.009 \times 1^2 \times \sqrt{\frac{280}{1.6}}\right\} \times 2시간$$
$$= 0.238m^3 = 238L$$

52 용접결함 중 접합부의 일부분이 녹지 않아 간극이 생긴 현상은?

① 용입불량　　② 융합불량
③ 언더컷　　　④ 슬러그

해설
용입불량

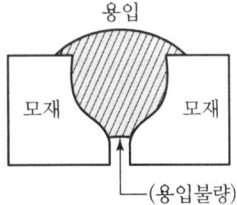

53 분자량이 큰 탄화수소를 원료로 10,000kcal/Nm³ 정도의 고열량 가스를 제조하는 방법은?

① 부분연소 프로세스
② 사이클링식 접촉분해 프로세스
③ 수소화분해 프로세스
④ 열분해 프로세스

해설
열분해 프로세스 : 도시가스 제조 시 분자량이 큰 탄화수소를 원료로 하여 약 10,000kcal/Nm³ 정도의 고열량 가스를 제조하는 방법이다.

54 금속의 표면 결함을 탐지하는 데 주로 사용되는 비파괴검사법은?

① 초음파 탐상법
② 방사선 투과시험법
③ 중성자 투과시험법
④ 침투 탐상법

해설
침투 탐상법 : 금속의 표면 결함을 탐지하는 비파괴검사법(자기검사가 용이하지 못하는 비자성 재료의 검사법이다.)

55 도시가스설비에 대한 전기방식(防飾)의 방법이 아닌 것은?

① 희생양극법　　② 외부전원법
③ 배류법　　　　④ 압착전원법

해설
전기방식
• 희생양극법　• 외부전원법　• 배류법
• 선택배류법　• 강제배류법

56 압력조정기를 설치하는 주된 목적은?

① 유량 조절　　　　② 발열량 조절
③ 가스의 유속 조절　④ 일정한 공급압력 유지

해설
압력조정기 역할 : 일정한 가스 공급압력 유지

57 저압배관의 관경 결정(Pole式) 시 고려할 조건이 아닌 것은?

① 유량　　　　　② 배관길이
③ 중력가속도　　④ 압력손실

해설
저압배관 관경 결정
$$K\sqrt{\frac{D^5 \cdot h}{S \cdot L}},\ D^5 = \frac{Q^2 \cdot S \cdot L}{K^2 \cdot h}$$
여기서, S : 가스비중
　　　　Q : 유량
　　　　L : 배관길이
　　　　h : 허용압력손실

58 LPG 압력조정기 중 1단 감압식 준저압 조정기의 조정압력은?

① 2.3~3.3kPa
② 2.55~3.3kPa
③ 57.0~83kPa
④ 5.0~30.0kPa 이내에서 제조자가 설정한 기준압력의 ±20%

정답　52 ①　53 ④　54 ④　55 ④　56 ④　57 ③　58 ④

해설
LPG 조정기 중 1단 감압식 준저압 조정기
- 입구압력 : 1~15.6kg/cm² (0.1~1.56MPa)
- 조정압력 : 5~30kPa 이내에서 제조자가 설정한 기준압력의 ±20%

59 PE배관의 매설 위치를 지상에서 탐지할 수 있는 로케팅와이어 전선의 굵기(mm²)로 맞는 것은?

① 3 ② 4
③ 5 ④ 6

해설
PE관(폴리에틸렌관)의 매설위치를 지상에서 탐지할 수 있는 로케팅와이어 전선의 굵기는 6mm²이다.

60 가스 중에 포화수분이 있거나 가스배관의 부식구멍 등에서 지하수가 침입 또는 공사 중에 물이 침입하는 경우를 대비해 관로의 저부에 설치하는 것은?

① 에어밸브 ② 수취기
③ 콕 ④ 체크밸브

해설
수취기
도시가스 공급가스배관에서 지하수 침투 시 물이 침투하는 것을 방지하는 기기이다(관로의 낮은 부분에 설치하여 수분제거).

4과목 가스안전관리

61 아세틸렌을 2.5MPa의 압력으로 압축할 때에는 희석제를 첨가하여야 한다. 희석제로 적당하지 않은 것은?

① 일산화탄소 ② 산소
③ 메탄 ④ 질소

해설
아세틸렌가스는 가연성 가스이고 공기, 산소는 조연성 가스이므로 희석제로 사용할 수 없다.
CO, N_2, CH_4, C_2H_4 가스사용이 가능하다.

62 충전질량 1,000kg 이상인 LPG 소형 저장탱크 부근에 설치하여야 하는 분말소화기의 능력단위로 옳은 것은?

① BC용 B-10 이상
② BC용 B-12 이상
③ ABC용 B-10 이상
④ ABC용 B-12 이상

해설
1,000kg 이상인 경우 분말소화기 능력단위
- BC용, B-10(이상)
- ABC용, B-12(이상)

63 용기에 의한 액화석유가스 사용시설에서 용기집합설비의 설치기준으로 틀린 것은?

① 용기집합설비의 양단 마감 조치 시에는 캡 또는 플랜지로 마감한다.
② 용기를 3개 이상 집합하여 사용하는 경우에 용기집합장치로 설치한다.
③ 내용적 30L 미만인 용기로 LPG를 사용하는 경우 용기집합설비를 설치하지 않을 수 있다.
④ 용기와 소형 저장탱크를 혼용 설치하는 경우에는 트윈호스로 마감한다.

해설
소형 저장탱크에는 배관용 밸브로 마감하여야 하며 용기와 저장탱크를 혼용 설치하면 위험하다.
※ 트윈호스 : 가스통 2개 연결호스

64 액화석유가스의 충전용기는 항상 몇 ℃ 이하로 유지하여야 하는가?

① 15℃ ② 25℃
③ 30℃ ④ 40℃

해설
가스저장 충전용기는 항상 40℃ 이하로 유지하여야 한다.

정답 59 ④ 60 ② 61 ② 62 ④ 63 ④ 64 ④

65 산소, 아세틸렌, 수소 제조 시 품질검사의 실시 횟수로 옳은 것은?

① 매시간
② 6시간에 1회 이상
③ 1일 1회 이상
④ 가스 제조 시마다

해설
㉠ 품질검사 실시 횟수 : 1일 1회 이상
㉡ 검사 시 순도합격
  • 산소 : 99.5% 이상
  • 아세틸렌 : 98% 이상
  • 수소 : 98.5% 이상

66 1일간 저장능력이 35,000m³인 일산화탄소 저장설비의 외면과 학교는 몇 m 이상의 안전거리를 유지하여야 하는가?

① 17m   ② 18m
③ 24m   ④ 27m

해설
3만m³ 초과~4만m³ 이하 시 안전거리
• 제1종 보호시설 : 27m 이상
• 제2종 보호시설 : 18m 이상

67 이동식 프로판 연소기용 용접용기에 액화석유가스를 충전하기 위한 압력 및 가스성분의 기준은?(단, 충전하는 가스의 압력은 40℃ 기준이다.)

① 1.52MPa 이하, 프로판 90mol% 이상
② 1.53MPa 이하, 프로판 90mol% 이상
③ 1.52MPa 이하, 프로판+프로필렌 90mol% 이상
④ 1.53MPa 이하, 프로판+프로필렌 90mol% 이상

해설
이동식 프로판 연소기용 용접용기의 기준
㉠ 압력기준 : 1.53MPa 이하
㉡ 농도가스성분 : 프로판 90mol% 이상

68 차량에 고정된 탱크 운반차량의 운반기준 중 다음 ( )에 옳은 것은?

> 가연성 가스(액화석유가스를 제외한다) 및 산소탱크의 내용적은 (㉠)L, 독성가스(액화암모니아를 제외한다) 탱크의 내용적은 (㉡)L를 초과하지 않을 것

① ㉠ 20,000, ㉡ 15,000
② ㉠ 20,000, ㉡ 10,000
③ ㉠ 18,000, ㉡ 12,000
④ ㉠ 16,000, ㉡ 14,000

해설
차량에 고정된 탱크 운반차량 내용적 기준
• 산소 및 가연성 가스 : 18,000L
• 독성가스 : 12,000L(단, 암모니아는 제외한다)

69 20kg(내용적 : 47L) 용기에 프로판이 2kg 들어 있을 때, 액체프로판의 중량은 약 얼마인가? (단, 프로판의 온도는 15℃이며, 15℃에서 포화액체 프로판 및 포화가스 프로판의 비용적은 각각 1.976cm³/g, 62cm³/g이다.)

① 1.08kg   ② 1.28kg
③ 1.48kg   ④ 1.68kg

해설
$47 \times \dfrac{2}{20} = 4.7(L)$

$1.976 \times (2-x) + 62 \times x = 23.5$

중량$(x) = \dfrac{47 - 1.976 \times 2}{62 - 1.976} = 0.717179$ kg

∴ 액체프로판의 무게 = 2 - 0.717179 = 1.28kg

70 지름이 각각 5m와 7m인 LPG 지상 저장탱크 사이에 유지해야 하는 최소 거리는 얼마인가? (단, 탱크 사이에는 물분무장치를 하지 않고 있다.)

① 1m   ② 2m
③ 3m   ④ 4m

해설

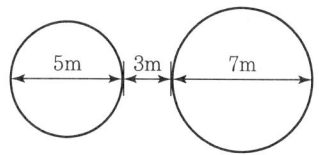

최소 이격 거리=탱크합산길이×$\frac{1}{4}$

∴ $(5+7)×\frac{1}{4}=3m$

71 아세틸렌을 용기에 충전할 때에는 미리 용기에 다공질물을 고루 채워야 하는데 이때 다공도는 몇 % 이상이어야 하는가?

① 62% 이상 ② 75% 이상
③ 92% 이상 ④ 95% 이상

해설
C_2H_2 가스 다공도 : 75% 이상~92% 이하

72 가스용 염화비닐호스의 안지름 치수규격이 옳은 것은?

① 1종 : 6.3±0.7mm   ② 2종 : 9.5±0.9mm
③ 3종 : 12.7±1.2mm ④ 4종 : 25.4±1.27mm

해설
염화비닐호스의 안지름 치수규격
• 1종 : 6.3±0.7mm
• 2종 : 9.5±0.7mm
• 3종 : 12.7±0.7mm

73 가연성 가스 제조소에서 화재의 원인이 될 수 있는 착화원이 모두 바르게 나열된 것은?

㉠ 정전기
㉡ 베릴륨 합금제 공구에 의한 충격
㉢ 안전증 방폭구조의 전기기기
㉣ 촉매의 접촉작용
㉤ 밸브의 급격한 조작

① ㉠, ㉣, ㉤ ② ㉠, ㉡, ㉢
③ ㉠, ㉢, ㉣ ④ ㉡, ㉢, ㉤

해설
• 착화원 : ㉠, ㉣, ㉤
• 착화방지용 : ㉡, ㉢
※ 베릴륨 합금제 공구 : 불꽃방지 방폭공구

74 가연성 가스의 폭발범위가 적절하게 표기된 것은?

① 아세틸렌 : 2.5~81%
② 암모니아 : 16~35%
③ 메탄 : 1.8~8.4%
④ 프로판 : 2.1~11.0%

해설
폭발범위
• 암모니아 : 15~28%
• 메탄 : 5~15%
• 프로판 : 2.1~9.5%
• 부탄 : 1.8~8.4%

75 고압가스 냉동제조시설에서 냉동능력 20ton 이상의 냉동설비에 설치하는 압력계의 설치기준으로 틀린 것은?

① 압축기의 토출압력 및 흡입압력을 표시하는 압력계를 보기 쉬운 곳에 설치한다.
② 강제윤활방식인 경우에는 윤활압력을 표시하는 압력계를 설치한다.
③ 강제윤활방식인 것은 윤활유 압력에 대한 보호장치가 설치되어 있는 경우 압력계를 설치한다.
④ 발생기에는 냉매가스의 압력을 표시하는 계를 설치한다.

해설
냉동능력 20톤 이상인 강제윤활방식에서는 보호장치가 설치되지 않은 경우에 압력계를 설치한다.

정답 71 ② 72 ① 73 ① 74 ① 75 ③

76 저장시설로부터 차량에 고정된 탱크에 가스를 주입하는 작업을 할 경우 차량운전자는 작업기준을 준수하여 작업하여야 한다. 다음 중 틀린 것은?

① 차량이 앞뒤로 움직이지 않도록 차바퀴의 전후를 차바퀴 고정목 등으로 확실하게 고정시킨다.
② [이입작업 중(충전 중) 화기엄금]의 표시판이 눈에 잘 띄는 곳에 세워져 있는가를 확인한다.
③ 정전기제거용의 접지코드를 기지(基地)의 접지탭에 접속하여야 한다.
④ 운전자는 이입작업이 종료될 때까지 운전석에 위치하여 만일의 사태가 발생하였을 때 즉시 엔진을 정지할 수 있도록 대비하여야 한다.

해설
운전자는 이입작업이 시작되기 전에 엔진을 정지하고 이입작업이 원활하도록 한다.

77 고압가스 용기에 대한 설명으로 틀린 것은?

① 아세틸렌용기는 황색으로 도색하여야 한다.
② 압축가스를 충전하는 용기의 최고 충전압력은 TP로 표시한다.
③ 신규검사 후 경과연수가 20년 이상인 용접용기는 1년마다 재검사를 하여야 한다.
④ 독성가스 용기의 그림문자는 흰색 바탕에 검은색 해골모양으로 한다.

해설
최고 충전압력 : FT, 내압시험압력 : TP

78 고압가스 일반제조시설에서 사업소 밖에 배관매몰 설치 시 다른 매설물과의 최소 이격거리를 바르게 나타낸 것은?

① 배관은 그 외면으로부터 지하의 다른 시설물과 0.5m 이상
② 독성가스의 배관은 수도시설로부터 100m 이상
③ 터널과는 5m 이상
④ 건축물과는 1.5m 이상

해설
배관매몰 설치 시 다른 매설물과의 최소 이격거리

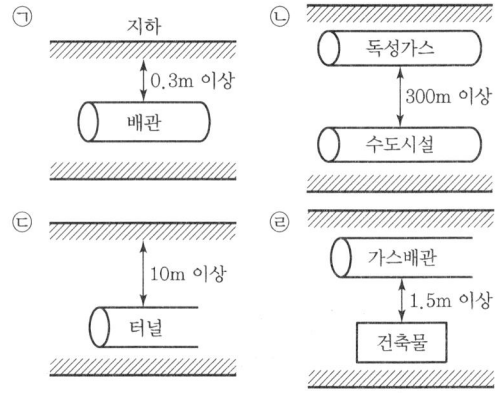

79 액화석유가스의 적절한 품질을 확보하기 위하여 정해진 품질기준에 맞도록 품질을 유지하여야 하는 자에 해당하지 않는 것은?

① 액화석유가스 충전사업자
② 액화석유가스 특정사용자
③ 액화석유가스 판매사업자
④ 액화석유가스 집단공급사업자

해설
액화석유가스의 품질유지관리자는 ①, ③, ④의 사업자에 해당된다.

80 도시가스 배관용 볼밸브 제조의 시설 및 기술 기준으로 틀린 것은?

① 밸브의 오링과 패킹은 마모 등 이상이 없는 것으로 한다.
② 개폐용 핸들의 열림 방향은 시계 방향으로 한다.
③ 볼밸브는 핸들 끝에서 294.2N 이하의 힘을 가해서 90° 회전할 때 완전히 개폐하는 구조로 한다.
④ 나사식 밸브 양 끝의 나사축선에 대한 어긋남은 양 끝면의 나사 중심을 연결하는 직선에 대하여 끝면으로부터 300mm 거리에서 2.0mm를 초과하지 아니하는 것으로 한다.

정답 76 ④ 77 ② 78 ④ 79 ② 80 ②

해설
개폐용 핸들 휠의 열림 방향은 시계바늘 반대 방향으로 한다.

5과목 가스계측

81 다음 중 파라듐관 연소법과 관련이 없는 것은?

① 가스뷰렛 ② 봉액
③ 촉매 ④ 과염소산

해설
파라듐관 연소법
- 정의 : H_2가스의 양을 산출하는 가스분석법이다.
- 부속장치 : 가스뷰렛, 파라듐관, 봉액기
※ 과염소산($HClO_4$) : 무색의 액체이며 대기압하에서 증류하면 분해되고 때로는 폭발하기도 한다. 물과 혼합하면 다량의 열을 발생시킨다(가장 강한산이다).

82 탄화수소 성분에 대하여 감도가 좋고, 노이즈가 적으며 사용이 편리한 장점이 있는 가스 검출기는?

① 접촉연소식 ② 반도체식
③ 불꽃이온화식 ④ 검지관식

해설
기기분석법에서 불꽃이온화 검출기(FID) : 탄화수소가스에서 감도가 최고이나 H_2, O_2, CO, CO_2, SO_2 등에는 감도가 없어 측정할 수 없다.

83 천연가스의 성분이 메탄(CH_4) 85%, 에탄(C_2H_6) 13%, 프로판(C_3H_8) 2%일 때 이 천연가스의 총발열량은 약 몇 kcal/m³인가?(단, 조성은 용량 백분율이며, 각 성분에 대한 총 발열량은 다음과 같다.)

성분	메탄	에탄	프로판
총발열량 (kcal/m³)	9,520	16,850	24,160

① 10,766 ② 12,741
③ 13,215 ④ 14,621

해설
- 메탄 : $9,520 \times 0.85 = 8,092$
- 에탄 : $16,850 \times 0.13 = 2,190.5$
- 프로판 : $24,160 \times 0.02 = 483.2$
∴ 총발열량 $= 8,092 + 2,190.5 + 483.2 = 10,766 \, kcal/m^3$

84 검지가스와 누출 확인 시험지가 옳게 연결된 것은?

① 포스겐 : 하리슨씨시약
② 할로겐 : 염화제일구리 착염지
③ CO : KI 전분지
④ H_2S : 질산구리 벤젠지

해설
- 아세틸렌 : 염화제1동 착염지
- CO : 염화파라듐지
- H_2S : 연당지(초산납시험지)

85 가스미터의 크기 선정 시 1개의 가스기구가 가스미터 최대 통과량의 80%를 초과한 경우의 조치로서 가장 옳은 것은?

① 1등급 큰 미터를 선정한다.
② 1등급 적은 미터를 선정한다.
③ 상기 시 가스양 이상의 통과 능력을 가진 미터 중 최대의 미터를 선정한다.
④ 상기 시 가스양 이상의 통과 능력을 가진 미터 중 최소의 미터를 선정한다.

해설
가스미터기의 크기 선정
최대 가스소비량의 60%가 되도록 가스미터를 선정하고, 80% 초과 시에는 1등급 더 큰 미터기를 선정한다.

정답 81 ④ 82 ③ 83 ① 84 ① 85 ①

86 스프링식 저울의 경우 측정하고자 하는 물체의 무게가 작용하여 스프링의 변위가 생기고 이에 따라 바늘의 변위가 생겨 지시하는 양으로 물체의 무게를 알 수 있다. 이와 같은 측정방법은?

① 편위법
② 영위법
③ 치환법
④ 보상법

해설
- 편위법 : 스프링, 부르동관, 전류계 등
- 영위법 : 천칭
- 치환법 : 다이얼게이지

87 적분동작이 좋은 결과를 얻을 수 있는 경우가 아닌 것은?

① 측정지연 및 조절지연이 작은 경우
② 제어대상이 자기평형성을 가진 경우
③ 제어대상의 속응도(速應度)가 작은 경우
④ 전달지연과 불감시간(不感時間)이 작은 경우

해설
적분동작
잔류편차를 제거하는 동작으로, 제어동작의 속응도가 크고 ①, ②, ④의 결과를 얻게 된다.
특성식 $(Y) = K_1 \int e\,dt$

88 습도에 대한 설명으로 틀린 것은?

① 절대습도는 비습도라고도 하며 %로 나타낸다.
② 상대습도는 현재의 온도 상태에서 포함할 수 있는 포화수증기 최대량에 대한 현재 공기가 포함하고 있는 수증기의 양을 %로 표시한 것이다.
③ 이슬점은 상대습도가 100%일 때의 온도이며 노점 온도라고도 한다.
④ 포화공기는 더 이상 수분을 포함할 수 없는 상태의 공기이다.

해설
습도단위
- 절대습도 : kg/kg′(온도와 관계없이 일정하다.)
- 상대습도 : %(온도에 따라 변한다.)
- 비교습도 : %(습공기의 절대습도 및 그 온도와 동일한 포화공기의 절대습도와의 비이다.)

89 탄광 내에서 CH_4 가스의 발생을 검출하는 데 가장 적당한 방법은?

① 시험지법
② 검지관법
③ 질량분석법
④ 안전등형 가연성 가스 검출법

해설
가연성 가스 검출기
- 안전등형
- 간섭계형
- 열선형
- 필라멘트(열선) 연소식

90 초저온 영역에서 사용될 수 있는 온도계로 가장 적당한 것은?

① 광전관식 온도계
② 백금 측온 저항체 온도계
③ 크로멜 – 알루멜 열전대 온도계
④ 백금 – 백금 · 로듐 열전대 온도계

해설
온도 측정범위
- 광전관식 : 700~3,000℃
- 백금 측온 전기저항식 : −200~500℃
- 크로멜 – 알루멜 : −20~1,200℃
- 백금 – 백금 · 로듐 : 600~1,600℃

91 경사각이 30°인 경사관식 압력계의 눈금을 읽었더니 50cm이었다. 이때 양단의 압력 차이는 약 몇 kgf/cm²인가?(단, 비중이 0.8인 기름을 사용하였다.)

① 0.02
② 0.2
③ 20
④ 200

해설
$P_1 - P_2 = \gamma x \sin\theta$
압력차$(P) = 0.8 \times 10^3 \times 0.5 \times \sin 30° \times 10^{-4}$
$= 0.02 \text{kg/cm}^2$
※ $1\text{kg/cm}^2 = 10^4 \text{kg/m}^2$

정답 86 ① 87 ③ 88 ① 89 ④ 90 ② 91 ①

92 가스크로마토그래피의 구성장치가 아닌 것은?

① 분광부
② 유속조절기
③ 칼럼
④ 시료주입기

해설
가스크로마토그래피의 구성장치
분리관(칼럼), 기록계, 항온조, 유량조절기, 유속조절기, 시료주입기, 압력계 등

93 선팽창계수가 다른 2종의 금속을 결합시켜 온도 변화에 따라 굽히는 정도가 다른 특성을 이용한 온도계는?

① 유리제 온도계
② 바이메탈 온도계
③ 압력식 온도계
④ 전기저항식 온도계

해설
바이메탈 온도계 : 선팽창계수가 다른 2종의 금속을 결합시켜 $-50 \sim 500℃$ 온도를 측정하는 접촉식 온도계이다.

94 유리제 온도계 중 모세관 상부에 보조 구부를 설치하고 사용온도에 따라 수은량을 조절하여 미세한 온도차의 측정이 가능한 것은?

① 수은 온도계
② 알코올 온도계
③ 베크만 온도계
④ 유점 온도계

해설
베크만 온도계

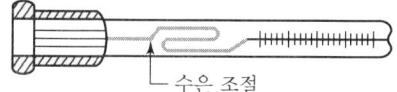

95 제어량이 목푯값을 중심으로 일정한 폭의 상하 진동을 하게 되는 현상을 무엇이라고 하는가?

① 오프셋
② 오버슈트
③ 오버잇
④ 뱅뱅

해설
뱅뱅 : 제어량이 목푯값을 중심으로 일정한 폭의 상하 진동을 하게 되는 현상이다(일종의 온-오프동작, 즉 2위치 동작이다).

96 가스미터 설치장소 선정 시 유의사항으로 틀린 것은?

① 진동을 받지 않는 곳이어야 한다.
② 부착 및 교환 작업이 용이하여야 한다.
③ 직사일광에 노출되지 않는 곳이어야 한다.
④ 가능한 한 통풍이 잘되지 않는 곳이어야 한다.

해설
가스 누설을 대비하여 가스미터기는 가능한 한 통풍이 잘되는 곳에 설치한다.

97 2차 지연형 계측기에서 제동비를 ξ로 나타낼 때 대수감쇠율을 구하는 식은?

① $\dfrac{2\pi\xi}{\sqrt{1+\xi^2}}$
② $\dfrac{2\pi\xi}{\sqrt{1-\xi^2}}$
③ $\dfrac{2\pi\xi}{\sqrt{1+\xi}}$
④ $\dfrac{2\pi\xi}{\sqrt{1-\xi}}$

해설
제동비(감쇠계수)
- 대수감쇠율 $=\dfrac{2\pi\xi}{\sqrt{1-\xi^2}}$
- 감쇠비 $=\dfrac{제2오버슈트}{최대오버슈트}$
- 제동계수(σ)가 1이면 임계진동

98 유체의 운동방정식(베르누이의 원리)을 적용하는 유량계는?

① 오벌기어식
② 로터리베인식
③ 터빈유량계
④ 오리피스식

정답 92 ① 93 ② 94 ③ 95 ④ 96 ④ 97 ② 98 ④

해설

오리피스 차압식 유량계(베르누이의 원리 이용) 유량측정(Q)

$Q = C \cdot A_2 \sqrt{2gH\left(\dfrac{\gamma_0}{\gamma} - 1\right)}$ (m³/s)

99 크로마토그래피에서 분리도를 2배로 증가시키기 위한 칼럼의 단수(N)는?

① 단수(N)를 $\sqrt{2}$ 배 증가시킨다.
② 단수(N)를 2배 증가시킨다.
③ 단수(N)를 4배 증가시킨다.
④ 단수(N)를 8배 증가시킨다.

해설

분리도(R)

$R = \dfrac{2(t_2 - t_1)}{W_1 + W_2}$

여기서, t_1, t_2 : 1, 2번 성분의 보유시간
　　　　W_1, W_2 : 1, 2번 성분의 피크 폭(mm)

이론단수(N) = $16 \times (\text{Tr}/\text{W})^2$

100 막식 가스미터에서 가스가 미터를 통과하지 않는 고장은?

① 부동
② 불통
③ 기차불량
④ 감도불량

해설

가스미터기 이상현상
- 부동 : 가스미터기 지침이 작동하지 않는 것
- 불통 : 가스가 가스미터기를 통과하지 못하는 것
- 기차불량 : 계측기기 고유의 불량
- 감도 = $\dfrac{\text{지시량의 변화}}{\text{측정량의 변화}}$

　감도가 좋으면 측정시간이 길어지고 측정범위가 좁아진다.

정답 99 ③　100 ②

2019년 2회 기출문제

1과목 가스유체역학

01 기체수송에 사용되는 기계들이 줄 수 있는 압력 차를 크기 순서대로 옳게 나타낸 것은?

① 팬(Fan) < 압축기 < 송풍기(Blower)
② 송풍기(Blower) < 팬(Fan) < 압축기
③ 팬(Fan) < 송풍기(Blower) < 압축기
④ 송풍기(Blower) < 압축기 < 팬(Fan)

해설
기체수송 압력차
압축기 > 팬 > 송풍기
- 압축기 : 0.1MPa 이상(100kPa)
- 팬 : 10kPa 미만
- 송풍기 : 10kPa 이상~0.1MPa 미만

02 진공압력이 0.10kgf/cm²이고, 온도가 20℃인 기체가 계기압력 7kgf/cm²로 등온압축되었다. 이때 압축 전 체적(V_1)에 대한 압축 후의 체적(V_2)의 비는 얼마인가?(단, 대기압은 720mmHg이다.)

① 0.11   ② 0.14
③ 0.98   ④ 1.41

해설
$P_1 = 1.0332 \times \dfrac{720}{760} - 0.10 = 0.88 \text{kgf/cm}^2$

$P_2 = 1.0332 \times \dfrac{720}{760} + 7 = 7.98 \text{kgf/cm}^2$

∴ 체적비$\left(\dfrac{V_2}{V_1}\right) = \dfrac{P_1}{P_2} = \dfrac{0.88}{7.98} = 0.11$(배)

03 압력 P_1에서 체적 V_1을 갖는 어떤 액체가 있다. 압력을 P_2로 변화시키고 체적이 V_2가 될 때, 압력 차이($P_2 - P_1$)를 구하면?(단, 액체의 체적탄성계수는 K로 일정하고 체적변화는 아주 작다.)

① $-K(1 - \dfrac{V_2}{V_1 - V_2})$ ② $K(1 - \dfrac{V_2}{V_1 - V_2})$

③ $-K(1 - \dfrac{V_2}{V_1})$ ④ $K(1 - \dfrac{V_2}{V_1})$

해설
$P_1 V_1 = P_2 V_2$
(액체의 체적탄성계수 K)

∴ $P_2 - P_1 = K\left(1 - \dfrac{V_2}{V_1}\right)$

$K = -\dfrac{\Delta P}{\left(\dfrac{\Delta V}{V}\right)} = \dfrac{dP}{\left(\dfrac{dV}{V}\right)} = Pa$

∴ $(P_2 - P_1) = K \times \left(\dfrac{V_1 - V_2}{V_1}\right) = K \times \left(1 - \dfrac{V_2}{V_1}\right)$

압축률의 역이 체적탄성계수이다.

04 그림과 같이 비중량이 γ_1, γ_2, γ_3인 세 가지의 유체로 채워진 마노미터에서 A 위치와 B 위치의 압력 차이($P_B - P_A$)는?

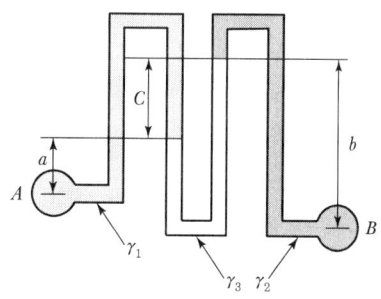

① $-a\gamma_1 - b\gamma_2 + c\gamma_3$ ② $-a\gamma_1 + b\gamma_2 - c\gamma_3$
③ $a\gamma_1 - b\gamma_2 - c\gamma_3$ ④ $a\gamma_1 - b\gamma_2 + c\gamma_3$

정답 01 ③ 02 ① 03 ④ 04 ②

해설

마노미터 A와 B 위치의 압력 차이
$P_A - a\gamma_1 = P_B - b\gamma_2 + c\gamma_3$
$\therefore (P_B - P_A) = -a\gamma_1 + b\gamma_2 - c\gamma_3$

05 왕복펌프의 특징으로 옳지 않은 것은?

① 저속운전에 적합하다.
② 같은 유량을 내는 원심펌프에 비하면 일반적으로 대형이다.
③ 유량은 적어도 되지만 양정이 원심펌프로 미칠 수 없을 만큼 고압을 요구하는 경우는 왕복펌프가 적합하지 않다.
④ 왕복펌프는 양수작용에 따라 분류하면 단동식과 복동식 및 차동식으로 구분된다.

해설

- 양정이 요구되는 곳 : 왕복식 펌프(고압송출이 가능하지만 고압 시 액의 성질이나 패킹의 고장이 많다.)
- 유량이 요구되는 곳 : 원심펌프

06 비중량이 30kN/m³인 물체가 물속에서 줄(Lope)에 매달려 있다. 줄의 장력이 4kN이라고 할 때 물속에 있는 이 물체의 체적은 얼마인가?

① 0.198m³ ② 0.218m³
③ 0.225m³ ④ 0.246m³

해설

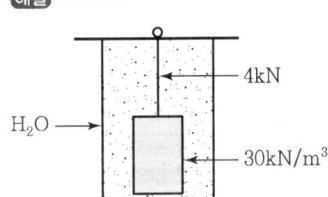

- 9.8kg·m/s³=9.8N
- 9,800N/m³=9.8kN/m³
- $\therefore 30 \times V - 4 = 9.8 \times V$, $30V - 4 = 9.8V$, $30V - 9.8V = 4$
  $V \times (30 - 9.8) = 4$
- $\therefore V = \dfrac{4}{30 - 9.8} = 0.198\text{m}^3$

07 내경 0.05m인 강관 속으로 공기가 흐르고 있다. 한쪽 단면에서의 온도는 293K, 압력은 4atm, 평균유속은 75m/s였다. 이 관의 하부에는 내경 0.08m의 강관이 접속되어 있는데, 이곳의 온도는 303K, 압력은 2atm이라고 하면 이곳에서의 평균유속은 몇 m/s인가?(단, 공기는 이상기체이고 정상유동이라 간주한다.)

① 14.2 ② 60.6
③ 92.8 ④ 397.4

해설

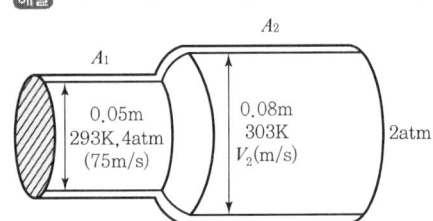

- $A_1 = \dfrac{3.14}{4} \times (0.05)^2 = 0.0019625\text{m}^2$
- $A_2 = \dfrac{3.14}{4} \times (0.08)^2 = 0.005024\text{m}^2$
- $Q_2 = \dfrac{4 \times (0.0019625 \times 75) \times 303}{2 \times 293} = 0.304\text{m}^3/\text{s}$
- $\therefore$ 유속$(V_2) = \dfrac{Q_2}{A_2} = \dfrac{0.304}{0.005024} = 60.6\text{m/s}$

08 그림과 같은 덕트에서의 유동이 아음속 유동일 때 속도 및 압력의 유동방향 변화를 옳게 나타낸 것은?

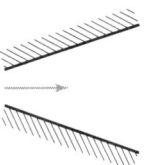

① 속도감소, 압력감소
② 속도증가, 압력증가
③ 속도증가, 압력감소
④ 속도감소, 압력증가

정답 05 ③ 06 ① 07 ② 08 ④

[해설]
확대노즐($dA>0$, $dV<0$)
아음속 흐름($M_a<1$)에서는
- 속도감소($dV<0$)
- 압력증가($dP>0$)
- 밀도증가($d\rho>0$)

09 관 내 유체의 급격한 압력 강하에 따라 수중에서 기포가 분리되는 현상은?

① 공기바인딩
② 감압화
③ 에어리프트
④ 캐비테이션

[해설]
캐비테이션
관 내 유체의 급격한 압력강하에 따라 수중에서 기포가 분리되는 공동현상이다. 유수 중에 그 수온의 증기압력보다 낮은 부분이 생겨서 물이 증발을 일으킨다.

10 비중 0.9인 유체를 10ton/h의 속도로 20m 높이의 저장탱크에 수송한다. 지름이 일정한 관을 사용할 때 펌프가 유체에 가해 준 일은 몇 kgf · m/kg 인가?(단, 마찰손실은 무시한다.)

① 10 ② 20
③ 30 ④ 40

[해설]
유량 = $10 \times 10^3 \times 0.9 = 9,000$ kgf
∴ 가해 준 일량 = $\dfrac{20 \times 9,000}{9,000} = 20$ kgf · m/kg

11 공기 속을 초음속으로 날아가는 물체의 마하 각(Mach angle)이 35°일 때, 그 물체의 속도는 약 몇 m/s인가?(단, 음속은 340m/s이다.)

① 581 ② 593
③ 696 ④ 900

[해설]
유속(V) = $\sqrt{kgRT}$ (m/s)
물체의 유속(V') = $\dfrac{V}{\sin\mu} = \dfrac{340}{\sin 35°} = 593$ m/s

12 다음은 면적이 변하는 도관에서의 흐름에 관한 그림이다. 그림에 대한 설명으로 옳지 않은 것은?

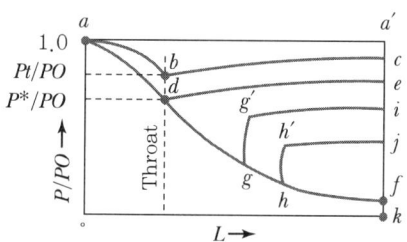

① d점에서의 압력비를 임계압력비라고 한다.
② gg' 및 hh'는 충격파를 나타낸다.
③ 선 abc상의 다른 모든 점에서의 흐름은 아음속이다.
④ 초음속인 경우 노즐 확산부의 단면적이 증가하면 속도는 감소한다.

[해설]
초음속에서($M_a>1$)

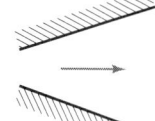

- 단면적(dA) : 증가
- 유속(dV) : 증가
- 압력(dP) : 감소

13 지름 5cm의 관 속을 15cm/s로 흐르던 물이 지름 10cm로 급격히 확대되는 관 속으로 흐른다. 이때 확대에 의한 마찰손실 계수는 얼마인가?

① 0.25 ② 0.56
③ 0.65 ④ 0.75

정답 09 ④ 10 ② 11 ② 12 ④ 13 ②

> [해설]

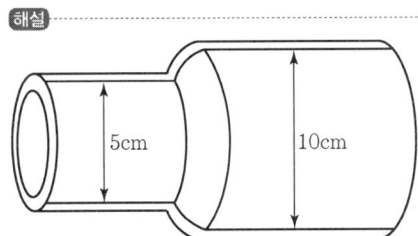

$$h = f\frac{L}{d} \cdot \frac{V^2}{2g} = f \times \frac{0.10}{0.05} \times \frac{0.15^2}{2 \times 9.8}$$

$$\therefore f = \left(1 - \frac{A_1}{A_2}\right)^2 = \left\{1 - \left(\frac{5}{10}\right)^2\right\}^2 = 0.56$$

14 지름이 40mm인 공업용 강관에 20℃의 공기를 264m³/min로 수송할 때, 길이 200m에 대한 손실수두는 몇 cm인가?(단, Darcy-Weisbach 식의 관마찰계수는 0.1×10^{-3}이다.)

① 22
② 37
③ 51
④ 313

> [해설]

유속 = $\frac{유량}{단면적}$ (m/s)

$$= \frac{264 \times \frac{1}{60}}{\frac{3.14}{4} \times (0.4)^2} = 35.03 \text{m/s}$$

손실수두(h) = $0.1 \times 10^{-3} \times \frac{200}{0.4} \times \frac{35.03^2}{2 \times 9.8}$

$= 3.13\text{m}(313\text{cm})$

15 다음 중 등엔트로피 과정은?

① 가역 단열 과정
② 비가역 등온 과정
③ 수축과 확대 과정
④ 마찰이 있는 가역적 과정

> [해설]

등엔트로피 과정 : 가역 단열 과정이다.
※ 비가역 단열 과정 : 엔트로피 증가

16 유체의 점성과 관련된 설명 중 잘못된 것은?

① Poise는 점도의 단위이다.
② 점도란 흐름에 대한 저항력의 척도이다.
③ 동점성 계수는 점도/밀도와 같다.
④ 20℃에서 물의 점도는 1Poise이다.

> [해설]

물 20℃에서 점성계수는 0.010046Poise이다.
(동점성계수 : 0.010064Stokes)

17 단면적이 변화하는 수평 관로에 밀도가 ρ인 이상유체가 흐르고 있다. 단면적이 A_1인 곳에서의 압력은 P_1, 단면적이 A_2인 곳에서의 압력은 P_2이다. $A_2 = \frac{A_1}{2}$이면 단면적이 A_2인 곳에서의 평균 유속은?

① $\sqrt{\dfrac{4(P_1 - P_2)}{3\rho}}$

② $\sqrt{\dfrac{4(P_1 - P_2)}{15\rho}}$

③ $\sqrt{\dfrac{8(P_1 - P_2)}{3\rho}}$

④ $\sqrt{\dfrac{8(P_1 - P_2)}{15\rho}}$

> [해설]

밀도 : ρ
단면적 $A_1 = P_1$
단면적 $A_2 = P_2$

$A_2 = \dfrac{A_1}{2}$, $\dfrac{\frac{3}{4}V_2^2}{2g} = \sqrt{\dfrac{2g(P_1 - P_2)}{\frac{3}{4}\gamma}}$

A_2의 평균유속(C)

$\therefore C = \sqrt{\dfrac{8(P_1 - P_2)}{3\rho}}$

정답 14 ④ 15 ① 16 ④ 17 ③

18 전단응력(Shear Stress)과 속도구배와의 관계를 나타낸 다음 그림에서 빙햄 플라스틱 유체(Bignham Plastic Fluid)를 나타내는 것은?

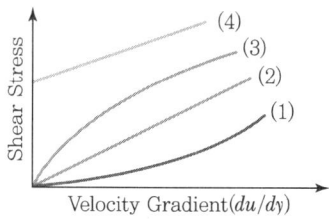

① (1) ② (2)
③ (3) ④ (4)

해설
(1) 다일레이턴트 유체(아스팔트)
(2) 뉴턴물체(물)
(3) 실제 플라스틱 유체(펄프류)
(4) 빙햄 플라스틱 유체(기름, 진흙, 페인트, 치약)

19 완전발달흐름(Fully Developed Flow)에 대한 내용으로 옳은 것은?

① 속도분포가 축을 따라 변하지 않는 흐름
② 천이영역의 흐름
③ 완전난류의 흐름
④ 정상상태의 유체흐름

해설
완전발달흐름
속도분포가 축을 따라 변하지 않는 흐름이다. 즉, 원형 관 내를 유체가 흐르고 있을 때 경계층이 완전히 성장하여 일정한 속도분포를 유지하면서 흐르는 유체이다.

20 유체를 연속체로 취급할 수 있는 조건은?

① 유체가 순전히 외력에 의하여 연속적으로 운동을 한다.
② 항상 일정한 전단력을 가진다.
③ 비압축성이며 탄성계수가 적다.
④ 물체의 특성길이가 분자 간의 평균자유행로보다 훨씬 크다.

해설
연속체 : 물체의 길이가 분자 간의 평균자유행로보다 훨씬 크다. 즉, 분자 상호 간의 충돌시간이 짧아 분자운동의 특성이 보존되는 경우의 유체이다.

2과목 연소공학

21 다음 그림은 카르노 사이클(Carnot Cycle)의 과정을 도식으로 나타낸 것이다. 열효율 η를 나타내는 식은?

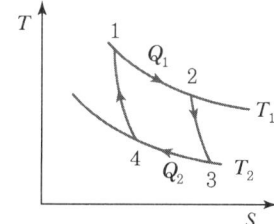

① $\eta = \dfrac{Q_1 - Q_2}{Q_1}$ ② $\eta = \dfrac{Q_2 - Q_1}{Q_1}$

③ $\eta = \dfrac{T_1}{T_1 - T_2}$ ④ $\eta = \dfrac{T_2 - T_1}{T_1}$

해설
카르노 사이클
열효율(η) = $\dfrac{Q_1 - Q_2}{Q_1} = \dfrac{T_1 - T_2}{T_1} = \dfrac{W}{Q_1}$

- 1 → 2 : 등온팽창
- 2 → 3 : 단열팽창
- 3 → 4 : 등온압축
- 4 → 1 : 단열압축

22 발열량이 21MJ/kg인 무연탄이 7%의 습분을 포함한다면 무연탄의 발열량은 약 몇 MJ/kg인가?

① 16.43 ② 17.85
③ 19.53 ④ 21.12

정답 18 ④ 19 ① 20 ④ 21 ① 22 ③

해설

무수베이스발열량 $=(1-0.07)\times 21=19.53 \text{MJ/kg}$

23 최소 점화에너지에 대한 설명으로 옳은 것은?

① 최소 점화에너지는 유속이 증가할수록 작아진다.
② 최소 점화에너지는 혼합기 온도가 상승함에 따라 작아진다.
③ 최소 점화에너지의 상승은 혼합기 온도 및 유속과는 무관하다.
④ 최소 점화에너지는 유속 20m/s까지는 점화에너지가 증가하지 않는다.

해설

방전에너지 $(E) = \frac{1}{2}CV^2$

(C : 축전지전용량, V : 불꽃전압)

- 최소 점화에너지가 작을수록 위험하다.
- 혼합기 온도가 상승하면 최소 점화에너지가 작아진다.

24 압력 엔탈피 선도에서 등엔트로피 선의 기울기는?

① 부피   ② 온도
③ 밀도   ④ 압력

해설

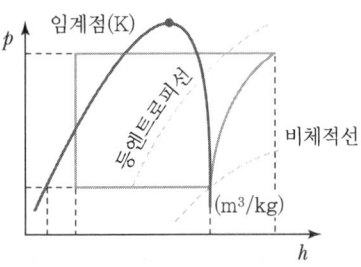

등엔트로피 선의 기울기는 부피와 관계된다.

25 줄-톰슨 효과를 참조하여 교축과정(Throttling Process)에서 생기는 현상과 관계없는 것은?

① 엔탈피 불변   ② 압력 강하
③ 온도 강하   ④ 엔트로피 불변

해설

줄-톰슨효과(교축과정)에서 엔트로피는 증가한다.
(온도와 압력은 감소, 엔탈피는 일정)

26 비중이 0.75인 휘발유(C_8H_{18}) 1L를 완전연소시키는 데 필요한 이론산소량은 약 몇 L인가?

① 1,510   ② 1,842
③ 2,486   ④ 2,814

해설

$C_8H_{18} + \left(8+\frac{18}{4}\right)O_2 \rightarrow 8H_2O + 9H_2O$

C_8H (분자량 : 114g

$114 : \left(8+\frac{18}{4}\right)\times 22.4\text{L} = 0.75\times 1,000\times x\text{L}$

$\therefore$ 산소량 $= \dfrac{0.75\times 1,000\times 12.5\times 22.4}{114} = 1,842$

27 1kmol의 일산화탄소와 2kmol의 산소로 충전된 용기가 있다. 연소 전 온도는 298K, 압력은 0.1MPa이고 연소 후 생성물은 냉각되어 1,300K로 되었다. 정상상태에서 완전연소가 일어났다고 가정했을 때 열전달량은 약 몇 kJ인가?(단, 반응물 및 생성물의 총엔탈피는 각각 -110,529kJ, -293,338kJ이다.)

① -202,397   ② -230,323
③ -340,238   ④ -403,867

해설

O_2의 $R = 8.314 \text{kJ/kmol}\cdot\text{K}$

$Q' = Q - \Delta hRT$
$= -293,338 - (-110,529 + 2\times 8.314\times 1,300)$
$= -204,425 \text{kJ}$

28 기체가 168kJ의 열을 흡수하면서 동시에 외부로부터 20kJ의 일을 받으면 내부에너지의 변화는 약 몇 kJ인가?

① 20 ② 148
③ 168 ④ 188

해설
내부에너지 변화(증가량) = 168 + 20 = 188kJ
엔탈피(H) = $U + AP_V$

29 열화학반응 시 온도 변화의 열전도 범위에 비해 속도 변화의 전도 범위가 크다는 것을 나타내는 무차원수는?

① 루이스 수(Lewis Number)
② 러셀 수(Nesselt Number)
③ 프란틀 수(Prandtl Number)
④ 그라쇼프 수(Grashof Number)

해설
- 프란틀 수(Pr) = $\dfrac{\mu C_p}{k}$ (열확산/열전도)
- 그라쇼프 수(Gr) = $\dfrac{\beta \Delta T g L^3 \rho^2}{\mu^2}$ (부양력/점성력)

30 산소의 기체상수(R) 값은 약 얼마인가?

① 260J/kg · K
② 650J/kg · K
③ 910J/kg · K
④ 1,074J/kg · K

해설
산소분자량($O_2 = 32$)
일반기체상수($\overline{R}$) = $\dfrac{PV}{T}$ = $\dfrac{101,300 \times 224}{273}$
= 8,314J/kmol · K
∴ O_2의 $R = \dfrac{8,314}{32} = 260$J/kg · K

31 가연성 가스의 폭발범위에 대한 설명으로 옳지 않은 것은?

① 일반적으로 압력이 높을수록 폭발범위가 넓어진다.
② 가연성 혼합가스의 폭발범위는 고압에서는 상압에 비해 훨씬 넓어진다.
③ 프로판과 공기의 혼합가스에 불연성 가스를 첨가하는 경우 폭발범위는 넓어진다.
④ 수소와 공기의 혼합가스는 고온에 있어서는 폭발범위가 상온에 비해 훨씬 넓어진다.

해설
프로판가스(C_3H_8) 등 가연성 가스에서 공기 외에 불연성 가스를 첨가하는 경우 폭발범위는 좁아진다.

32 압력이 1기압이고 과열도가 10℃인 수증기의 엔탈피는 약 몇 kcal/kg인가?(단, 100℃의 물의 증발 잠열이 539kcal/kg이고, 물의 비열은 1kcal/kg · ℃, 수증기의 비열은 0.45kcal/kg · ℃, 기준상태는 0℃와 1atm으로 한다.)

① 539 ② 639
③ 643.5 ④ 653.5

해설
- 포화수엔탈피 = 100 × 1 = 100kcal/kg
- 증기엔탈피 = 100 + 539 = 639kcal/kg
- 과열증기 = 10 × 0.45 = 4.5kcal/kg
∴ 총엔탈피(H) = 639 + 4.5 = 643.5kcal/kg

33 가스의 비열비($k = C_p / C_v$)의 값은?

① 항상 1보다 크다. ② 항상 0보다 크다.
③ 항상 0이다. ④ 항상 1보다 작다.

해설
- 비열비(k) = 항상 1보다 크다.
- $k = \dfrac{C_p(\text{정압비열})}{C_v(\text{정적비열})}$

항상 정압비열이 정적비열보다 크다.

정답 28 ④ 29 ③ 30 ① 31 ③ 32 ③ 33 ①

34 어떤 고체연료의 조성은 탄소 71%, 산소 10%, 수소 3.8%, 황 3%, 수분 3%, 기타 성분 9.2%로 되어 있다. 이 연료의 고위발열량(kcal/ kg)은 얼마인가?

① 6,698
② 6,782
③ 7,103
④ 7,398

해설

고체, 액체연료 고위발열량(H_h)

$$\therefore H_h = 8,100C + 34,000\left(H - \frac{O}{8}\right) + 2,500S$$
$$= 8,100 \times 0.71 + 34,000 \times \left(0.038 - \frac{0.1}{8}\right) + 2,500 \times 0.03$$
$$= 5,751 + 867 + 75 = 6,693 \text{kcal/kg}$$

35 다음 중 대기오염 방지기기로 이용되는 것은?

① 링겔만
② 플레임로드
③ 레드우드
④ 스크러버

해설

① 매연농도표
② 화염검출기
③ 점도계
④ 가압수식 집진장치(오염방지)
※ 가압수식 : 스크러버집진장치

36 가스 혼합물을 분석한 결과 N_2 70%, CO_2 15%, O_2 11%, CO 4%의 체적비를 얻었다. 이 혼합물은 10kPa, 20℃, 0.2m³인 초기상태로부터 0.1m³로 실린더 내에서 가역단열 압축할 때 최종 상태의 온도는 약 몇 K인가?(단, 이 혼합가스의 정적비열은 0.7157kJ/kg·K이다.)

① 300
② 380
③ 460
④ 540

해설

가역단열압축에서는 비열비(k)가 필요하다.
- 혼합가스 평균분자량
  $(28 \times 0.7 + 44 \times 0.15 + 32 \times 0.11 + 28 \times 0.04) = 30.84$

- 비열비$(k) = \dfrac{C_p}{C_v}$, $C_p = R + C_v$
  C_p(정압비열) $= \dfrac{8.314}{30.84} + 0.7157 = 0.9853 \text{kJ/kg} \cdot \text{K}$
- 비열비$(k) = \dfrac{0.9853}{0.7157} = 1.38$

$$\therefore \text{압축온도}(T_2) = T_1 \times \left(\frac{V_1}{V_2}\right)^{k-1}$$
$$= (273 + 20) \times \left(\frac{0.2}{0.1}\right)^{1.38 - 1} = 381(\text{K})$$

37 종합적 안전관리 대상자가 실시하는 가스안전성평가의 기준에서 정량적 위험성 평가기법에 해당하지 않는 것은?

① FTA(Fault Tree Analysis)
② ETA(Event Tree Analysis)
③ CCA(Cause Consequence Analysis)
④ HAZOP(Hazard and Operability Studies)

해설

정성적 안전성 평가기법
- HAZOP 안전성평가
- WHAT-IF법

38 수소(H_2)의 기본특성에 대한 설명 중 틀린 것은?

① 가벼워서 확산하기 쉬우며 작은 틈새로 잘 발산한다.
② 고온, 고압에서 강재 등의 금속을 투과한다.
③ 산소 또는 공기와 혼합하여 격렬하게 폭발한다.
④ 생물체의 호흡에 필수적이며 연료의 연소에 필요하다.

해설

생물체의 호흡에 필수적이며 연소에 필요한 기체는 산소인 조연성 가스이다.
- 가연성 가스이다(폭발범위 : 4~75%).
- 분자량은 2이다(공기는 29).

정답 34 ① 35 ④ 36 ② 37 ④ 38 ④

39 다음 [보기]에서 설명하는 연소형태로 가장 적절한 것은?

[보기]
- 연소실부하율을 높게 얻을 수 있다.
- 연소실의 체적이나 길이가 짧아도 된다.
- 화염면이 자력으로 전파되어 간다.
- 버너에서 상류의 혼합기로 역화를 일으킬 염려가 있다.

① 증발연소 ② 등심연소
③ 확산연소 ④ 예혼합연소

해설
가스연소방식
- 예혼합가스연소 : 역화의 위험이 따른다(연소실 부하율을 높게 한다).
- 확산연소 : 역화의 위험이 없다.

40 탄소 1kg을 이론공기량으로 완전연소시켰을 때 발생되는 연소가스양은 약 몇 Nm^3인가?

① 8.9   ② 10.8
③ 11.2 ④ 22.4

해설
$C + O_2 \rightarrow CO_2$
12kg   22.4Nm^3 22.4Nm^3
CO_2가스양 = 1.87Nm^3/kg

질소 포함 연소가스양 = $\frac{1.87}{0.21}$ = 8.9Nm^3/kg

3과목 가스설비

41 냉동용 특정설비제조시설에서 발생기란 흡수식 냉동설비에 사용하는 발생기에 관계되는 설계온도가 몇 ℃를 넘는 열교환기 및 이들과 유사한 것을 말하는가?

① 105℃ ② 150℃
③ 200℃ ④ 250℃

해설
흡수식 냉동기 고온발생기 : 200℃ 정도까지 견딜 수 있게 설계한다.

42 아세틸렌에 대한 설명으로 틀린 것은?

① 반응성이 대단히 크고 분해 시 발열반응을 한다.
② 탄화칼슘에 물을 가하여 만든다.
③ 액체 아세틸렌보다 고체 아세틸렌이 안정하다.
④ 폭발범위가 넓은 가연성 기체이다.

해설
㉠ 아세틸렌(C_2H_2) 연소반응(산화반응)
$C_2H_2 + 2.5O_2 \rightarrow 2CO_2 + H_2O$
㉡ 흡열하여 압축하면 분해폭발 발생
$2C + H_2 \rightarrow C_2H_2 - 54.2kcal$
$C_2H_2 \xrightarrow{압축} 2C + H_2 + 54.2kcal$

43 스프링 직동식과 비교한 파일럿식 정압기에 대한 설명으로 틀린 것은?

① 오프셋이 적다.
② 1차 압력 변화의 영향이 적다.
③ 로크업을 적게 할 수 있다.
④ 구조 및 신호계통이 단순하다.

해설
정압기 : 직동식은 신계계통이 단순하고, 파일럿식은 구조나 신호계통이 복잡하다.
※ 파일럿식은 스프링 직동식 본체에 파일럿으로 구성되는 정압기이다.

44 이음매 없는 용기의 제조법 중 이음매 없는 강관을 재료로 사용하는 제조방식은?

① 웰딩식   ② 만네스만식
③ 에르하르트식 ④ 딥드로잉식

해설
이음매 없는 용기(무계목용기) : 심리스용기라고 하며 용기제조방식은 만네스만식, 에르하르트식, 딥드로잉식 사용(강관의 경우는 만네스만식 이용)

정답 39 ④ 40 ① 41 ③ 42 ① 43 ④ 44 ②

45 신규 용기의 내압시험 시 전증가량이 100cm³이었다. 이 용기가 검사에 합격하려면 영구 증가량은 몇 cm³ 이하여야 하는가?

① 5　　　② 10
③ 15　　　④ 20

해설
내압시험 시 전증가량에서 항구증가량은 10% 이하이어야 합격이므로 전증가량 100cm³×0.1=10cm³ 이하이어야 한다.

46 다음 금속재료에 대한 설명으로 틀린 것은?

① 강에 P(인)의 함유량이 많으면 신율, 충격치는 저하된다.
② 18% Cr, 8% Ni을 함유한 강을 18-8스테인리스강이라 한다.
③ 금속가공 중에 생긴 잔류응력을 제거할 때에는 열처리를 한다.
④ 구리와 주석의 합금은 황동이고, 아연의 합금은 청동이다.

해설
- 황동 : 구리+아연 합금
- 청동 : 구리+주석 합금

47 대체천연가스(SNG) 공정에 대한 설명으로 틀린 것은?

① 원료는 각종 탄화수소이다.
② 저온수증기 개질방식을 채택한다.
③ 천연가스를 대체할 수 있는 제조가스이다.
④ 메탄을 원료로 하여 공기 중에서 부분연소로 수소 및 일산화탄소의 주성분을 만드는 공정이다.

해설
대체천연가스 SNG 가스는 주성분이 H_2 및 CO가 아닌 메탄(CH_4) 가스이다. 대체천연가스는 수분, 산소, 수소를 탄화수소와 반응시켜 제조한다.

48 부식방지 방법에 대한 설명으로 틀린 것은?

① 금속을 피복한다.
② 선택배류기를 접속시킨다.
③ 이종의 금속을 접촉시킨다.
④ 금속표면의 불균일을 없앤다.

해설
부식방지에는 이종의 금속접촉을 피하는 것이 좋다. 이종금속이 접촉되면 양 금속 간에 전지가 형성되어 이온용출로 부식이 촉진된다.

49 압력용기라 함은 그 내용물이 액화가스인 경우 35℃에서의 압력 또는 설계압력이 얼마 이상인 용기를 말하는가?

① 0.1MPa　　② 0.2MPa
③ 1MPa　　　④ 2MPa

해설
압력용기는 액화가스의 경우 35℃에서 설계압력이 0.2MPa (2kgf/cm²) 이하 용기이다(압축가스인 경우 1MPa 이상인 용기이다).

50 냄새가 나는 물질(부취제)에 대한 설명으로 틀린 것은?

① D.M.S는 토양투과성이 아주 우수하다.
② T.B.M은 충격(Impact)에 가장 약하다.
③ T.B.M은 메르캅탄류 중에서 내산화성이 우수하다.
④ T.H.T의 LD_{50}은 6,400mg/kg 정도로 거의 무해하다.

해설
TBM(Tertiary Buthyl Mercaptan) 부취제는 양파썩는 냄새, 취기가 가장 강하고, 토양에 대한 투과성이 우수하여 토양에 흡착되기가 어렵다.

정답　45 ②　46 ④　47 ④　48 ③　49 ②　50 ②

51 펌프에서 송출압력과 송출유량 사이에 주기적인 변동이 일어나는 현상을 무엇이라 하는가?

① 공동 현상
② 수격 현상
③ 서징 현상
④ 캐비테이션 현상

해설
서징(Surging) 현상이란 펌프에서 송출압력과 송출유량 사이에 주기적인 변동이 일어나는 현상이다. 운동, 양정, 토출량이 규칙적으로 변동하며 압력계 지침이 일정 범위 내에서 움직인다.

52 다음 중 가스액화사이클이 아닌 것은?

① 린데사이클
② 클라우드사이클
③ 필립스사이클
④ 오토사이클

해설
오토사이클 : 내연기관사이클이다(공기표준기관사이클).

53 35℃에서 최고 충전압력이 15MPa로 충전된 산소용기의 안전밸브가 작동하기 시작하였다면 이때 산소용기 내의 온도는 약 몇 ℃인가?

① 137℃
② 142℃
③ 150℃
④ 165℃

해설
안전밸브 작동압력 : 내압시험 $\times \frac{8}{10}$ 이하

$$= 25 \times \frac{8}{10} = 20 \text{MPa}$$

내압시험 : 최고충전압력 $\times \frac{5}{3}$ 배 $= 15 \times \frac{5}{3} = 25\text{MPa}$

∴ 용기 내 온도 $= \left\{(35+273) \times \frac{20}{15}\right\} - 273 = 137℃$

54 중간매체 방식의 LNG 기화장치에서 중간 열매체로 사용되는 것은?

① 폐수
② 프로판
③ 해수
④ 온수

해설
액화천연가스 LNG(CH_4)의 기화장치에서 중간열매체는 프로판가스(C_3H_8), 펜탄(C_5H_{12}) 등이다.

55 고압가스 설비의 두께는 상용압력의 몇 배 이상의 압력에서 항복을 일으키지 않아야 하는가?

① 1.5배
② 2배
③ 2.5배
④ 3배

해설
고압가스 설비의 두께는 상용압력 2배 이상의 압력에서 항복을 일으키지 않아야 한다.

56 다음 [보기]에서 설명하는 안전밸브의 종류는?

[보기]
• 구조가 간단하고, 취급이 용이하다.
• 토출용량이 높아 압력상승이 급격하게 변하는 곳에 적당하다.
• 밸브시트의 누출이 없다.
• 슬러지 함유, 부식성 유체에도 사용이 가능하다.

① 가용전식
② 중추식
③ 스프링식
④ 파열판식

해설
파열판식 안전장치(박판식)
• 주성분 : Al, Pb, 스테인리스강, 은, 모넬, 플라스틱
• 1회용 안전장치이다.
• 구조가 간단하고 밸브시트의 누출이 없다.
• 부식성 유체, 슬러지함유유체, 괴상물질을 함유한 유체에 적합하다.

정답 51 ③ 52 ④ 53 ① 54 ② 55 ② 56 ④

57 고온 고압에서 수소가스 설비에 탄소강을 사용하면 수소취성을 일으키게 되므로 이것을 방지하기 위하여 첨가하는 금속 원소로 적당하지 않은 것은?

① 몰리브덴　　② 크립톤
③ 텅스텐　　　④ 바나듐

해설
크립톤(Kr)은 희가스이며 불활성가스이므로 반응을 하지 않아서 취성과는 관계가 없다. Kr의 충전방전관 발광색은 녹자색이다.

58 고압식 액화산소 분리장치의 제조과정에 대한 설명으로 옳은 것은?

① 원료공기는 1.5~2.0MPa로 압축된다.
② 공기 중의 탄산가스는 실리카겔 등의 흡착제로 제거한다.
③ 공기압축기 내부윤활유를 광유로 하고 광유는 건조로에서 제거한다.
④ 액체질소와 액화공기는 상부 탑에 이송되나 이때 아세틸렌 흡착기에서 액체공기 중 아세틸렌과 탄화수소가 제거된다.

해설
① 원료공기는 압축압력이 15~20MPa로 압축된다.
② 실리카겔(SiO_2)은 산소의 건조제이다.
③ 공기압축기에서 산소압축기의 내부윤활유는 물 또는 10% 이하의 묽은 글리세린 수가 사용된다.

59 펌프의 양수량이 2m³/min이고 배관에서의 전 손실수두가 5m인 펌프로 20m 위로 양수하고자 할 때 펌프의 축동력은 약 몇 kW인가?(단, 펌프의 효율은 0.87이다.)

① 7.4
② 9.4
③ 11.4
④ 13.4

해설

$$물펌프축동력(kW) = \frac{\gamma QH}{102 \times 60 \times \eta}$$
$$= \frac{1,000 \times 2 \times (20+5)}{102 \times 60 \times 0.87} = 9.4$$

60 고압가스저장시설에서 가연성 가스설비를 수리할 때 가스설비 내를 대기압 이하까지 가스치환을 생략하여도 무방한 경우는?

① 가스설비의 내용적이 3m³일 때
② 사람이 그 설비의 안에서 작업할 때
③ 화기를 사용하는 작업일 때
④ 가스켓의 교환 등 경미한 작업을 할 때

해설
가연성 가스설비의 가스설비 내를 수리할 때 가스설비 내를 대기압 이하까지 가스치환하여야 하는 경우는 ①, ②, ③이고 ④의 경우는 생략하여도 된다.
※ ①에서는 1m³ 이하, 사람이 그 설비 밖에서 작업하거나 화기를 사용하지 않는 경우가 가스치환 생략대상이다.

4과목　가스안전관리

61 저장탱크에 의한 액화석유가스사용시설에서 배관설비 신축흡수조치 기준에 대한 설명으로 틀린 것은?

① 건축물에 노출하여 설치하는 배관의 분기관의 길이는 30cm 이상으로 한다.
② 분기관에는 90° 엘보 1개 이상을 포함하는 굴곡부를 설치한다.
③ 분기관이 창문을 관통하는 부분에 사용하는 보호관의 내경은 분기관 외경의 1.2배 이상으로 한다.
④ 11층 이상 20층 이하 건축물의 배관에는 1개소 이상의 곡관을 설치한다.

해설
50cm 이상으로 하여야 한다.

정답 57 ② 58 ④ 59 ② 60 ④ 61 ①

62 부취제 혼합설비의 이입작업 안전기준에 대한 설명으로 틀린 것은?

① 운반차량으로부터 저장탱크에 이입 시 보호의 및 보안경 등의 보호장비를 착용한 후 작업한다.
② 부취제가 누출될 수 있는 주변에는 방류둑을 설치한다.
③ 운반차량은 저장탱크의 외면과 3m 이상 이격거리를 유지한다.
④ 이입 작업 시에는 안전관리자가 상주하여 이를 확인한다.

해설
방류둑 설치 해당 가스
• 산소저장탱크
• 가연성 가스 저장탱크
• 독성가스 저장탱크

63 고압가스 특정제조시설에서 플레어스택의 설치위치 및 높이는 플레어스택 바로 밑의 지표면에 미치는 복사열이 몇 kcal/m² · h 이하로 되도록 하여야 하는가?

① 2,000
② 4,000
③ 6,000
④ 8,000

해설
플레어스택의 위치 및 높이 : 지표면에 미치는 복사열이 4,000kcal/m² · h 이하가 되도록 한다.

64 저장탱크에 액화석유가스를 충전하려면 정전기를 제거한 후 저장탱크 내용적의 몇 %를 넘지 않도록 충전하여야 하는가?

① 80%
② 85%
③ 90%
④ 95%

해설

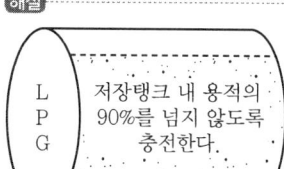

65 2개 이상의 탱크를 동일 차량에 고정할 때의 기준으로 틀린 것은?

① 탱크의 주밸브는 1개만 설치한다.
② 충전관에는 긴급 탈압밸브를 설치한다.
③ 충전관에는 안전밸브, 압력계를 설치한다.
④ 탱크와 차량과의 사이를 단단하게 부착하는 조치를 한다.

해설
2개 이상의 탱크를 동일차량에 고정할 때는 탱크의 주밸브는 탱크마다 각각 설치하여 준다.
충전관에는 안전밸브, 압력계, 긴급탈압밸브 설치가 의무적이다.

66 지하에 설치하는 액화석유가스 저장탱크실 재료의 규격으로 옳은 것은?

① 설계강도 : 25MPa 이상
② 물-결합재비 : 25% 이하
③ 슬럼프(Slump) : 50~150mm
④ 굵은 골재의 최대 치수 : 25mm

해설
LPG가스 저장탱크실 재료규격
• 설계강도 : 21MPa 이상
• 물-결합재비 : 50% 이하
• 슬럼프 : 120~150mm
• 공기량 : 4% 이하

정답 62 ② 63 ② 64 ③ 65 ① 66 ④

67 독성가스 배관을 2중관으로 하여야 하는 독성가스가 아닌 것은?

① 포스겐 ② 염소
③ 브롬화메탄 ④ 산화에틸렌

해설
브롬화메탄가스 등은 2중관이 불필요하다.
※ 독성가스 중 이중관 해당가스 : 포스겐, 황화수소, 시안화수소, 아황산가스, 아세트알데하이드, 염소, 불소, 포스겐, 산화에틸렌, 암모니아, 염화메탄 등

68 고압가스용기의 보관장소에 용기를 보관할 경우의 준수할 사항 중 틀린 것은?

① 충전용기와 잔가스용기는 각각 구분하여 용기보관장소에 놓는다.
② 용기보관장소에는 계량기 등 작업에 필요한 물건 외에는 두지 아니한다.
③ 용기보관장소의 주위 2m 이내에는 화기 또는 인화성 물질이나 발화성 물질을 두지 아니한다.
④ 가연성 가스 용기보관장소에는 비방폭형 손전등을 사용한다.

해설
가연성 가스 용기보관장소에는 비방폭형이 아닌 방폭형 손전등을 사용한다.

69 다음 중 특정설비가 아닌 것은?

① 조정기
② 저장탱크
③ 안전밸브
④ 긴급차단장치

해설
특정설비 : 안전밸브, 기화장치, 긴급차단장치, 역화방지장치, 압력용기, 자동차용 가스자동주입기, 독성가스 배관용 밸브, 냉동설비, 특정고압가스용 실린더캐비닛, 자동차용 압축천연가스 완속충전설비, 액화석유가스용 용기잔류가스 회수장치

70 압축가스의 저장탱크 및 용기 저장능력의 산정식을 옳게 나타낸 것은?(단, Q : 설비의 저장능력 $[m^3]$, P : 35℃에서의 최고충전압력[MPa], V_1 : 설비의 내용적$[m^3]$이다.)

① $Q = \dfrac{(10P-1)}{V_1}$ ② $Q = 1.5PV_1$
③ $Q = (1-P)V_1$ ④ $Q = (10P+1)V_1$

해설
압축가스 저장탱크(용기 포함) 저장능력산정식은
$Q = (10P+1)V_1 (m^3)$

71 액화석유가스에 첨가하는 냄새가 나는 물질의 측정방법이 아닌 것은?

① 오더미터법 ② 에지법
③ 주사기법 ④ 냄새주머니법

해설
액화석유가스의 냄새측정방법
• 오더미터형(냄새측정기법)
• 주사기법
• 냄새주머니법
• 무취실법

72 산소, 아세틸렌 및 수소가스를 제조할 경우의 품질검사 방법으로 옳지 않은 것은?

① 검사는 1일 1회 이상 가스제조장에서 실시한다.
② 검사는 안전관리부총괄자가 실시한다.
③ 액체산소를 기화시켜 용기에 충전하는 경우에는 품질검사를 아니할 수 있다.
④ 검사 결과는 안전관리부총괄자와 안전관리책임자가 함께 확인하고 서명 날인한다.

해설
가스품질검사원 2명
• 안전관리부총괄자(검사결과 서명날인자)
• 안전관리책임자(검사책임자 및 서명날인 담당)

정답 67 ③ 68 ④ 69 ① 70 ④ 71 ② 72 ②

73 고압가스 운반차량에 대한 설명으로 틀린 것은?

① 액화가스를 충전하는 탱크에는 요동을 방지하기 위한 방파판 등을 설치한다.
② 허용농도가 200ppm 이하인 독성가스는 전용차량으로 운반한다.
③ 가스운반 중 누출 등 위해 우려가 있는 경우에는 소방서 및 경찰서에 신고한다.
④ 질소를 운반하는 차량에는 소화설비를 반드시 휴대하여야 한다.

해설
질소(N_2)는 불연성 가스이므로 소화설비가 불필요하다.

74 동절기에 습도가 낮은 날 아세틸렌 용기밸브를 급히 개방할 경우 발생할 가능성이 가장 높은 것은?

① 아세톤 증발
② 역화방지기 고장
③ 중합에 의한 폭발
④ 정전기에 의한 착화 위험

해설
동절기에는 습도가 매우 낮고 건조하기 때문에 C_2H_2 용기밸브 개방 시 서서히 하여 정전기에 의한 착화의 위험을 방지해야 한다.

75 일반도시가스사업자 시설의 정압기에 설치되는 안전밸브 분출부의 크기 기준으로 옳은 것은?

① 정압기 입구 측 압력이 0.5MPa 이상인 것은 50A 이상
② 정압기 입구 압력에 관계없이 80A 이상
③ 정압기 입구 측 압력이 0.5MPa 미만인 것으로서 설계유량이 1,000Nm³/h 이상인 것은 32A 이상
④ 정압기 입구 측 압력이 0.5MPa 미만인 것으로서 설계유량이 1,000Nm³/h 미만인 것은 32A 이상

해설
정압기 안전밸브 분출부 크기
• 입구 측 압력이 0.5MPa 이상 : 50A 이상
• 입구 측 압력이 0.5MPa 미만 : 설계유량이 1,000Nm³/h 이상은 50A 이상, 1,000Nm³/h 미만은 25A 이상

76 가연성 가스를 운반하는 차량의 고정된 탱크에 적재하여 운반하는 경우 비치하여야 하는 분말소화제는?

① BC용, B-3 이상
② BC용, B-10 이상
③ ABC용, B-3 이상
④ ABC용, B-10 이상

해설
소화설비
• 가연성 가스 : BC용 B-10 이상 또는 ABC용 B-12 이상
• 산소 : BC용 B-8 이상 또는 ABC용 B-10 이상

77 장치 운전 중 고압반응기의 플랜지부에서 가연성 가스가 누출되기 시작했을 때 취해야 할 일반적인 대책으로 가장 적절하지 않은 것은?

① 화기 사용 금지
② 일상 점검 및 운전
③ 가스 공급의 즉시 정지
④ 장치 내를 불활성 가스로 치환

해설
일상 점검은 가스누출 등 긴급을 요하지 않을 때 일반적인 대책의 점검 시 한다.

78 다음 중 1종 보호시설이 아닌 것은?

① 주택
② 수용능력 300인 이상의 극장
③ 국보 제1호인 남대문
④ 호텔

해설
제2종 보호시설 : 주택이나 사람을 수용하는 건축물로 독립된 부분의 연면적이 100m² 이상~1,000m² 미만의 것

정답 73 ④ 74 ④ 75 ① 76 ② 77 ② 78 ①

79 폭발에 대한 설명으로 옳은 것은?

① 폭발은 급격한 압력의 발생 등으로 심한 음을 내며, 팽창하는 현상으로 화학적인 원인으로만 발생한다.
② 발화에는 전기불꽃, 마찰, 정전기 등의 외부 발화원이 반드시 필요하다.
③ 최소 발화에너지가 큰 혼합가스는 안전간격이 작다.
④ 아세틸렌, 산화에틸렌, 수소는 산소 중에서 폭굉을 발생하기 쉽다.

해설
① 폭발 : 물리적, 화학적, 중합 등의 폭발이 발생한다.
② 발화원은 외부나 내부에 존재한다.
③ 최소 발화에너지가 큰 혼합 가스는 안전간격이 크다.
※ C_2H_2, C_2H_4O, H_2는 O_2 중에서 폭굉을 발생하기 쉽다.

80 내용적 40L의 고압용기에 0℃, 100기압의 산소가 충전되어 있다. 이 가스 4kg을 사용하였다면 전압력은 약 몇 기압(atm)이 되겠는가?

① 20   ② 30
③ 40   ④ 50

해설
산소(압축가스)
- 충전량 = 40×100 = 4,000L
- 산소분자량 = 32(1mol당 32g)
- 몰수 = $\frac{4,000}{22.4}$ = 179몰

179×32 = 5,714g(5.71kg)

∴ $\frac{5.71-4}{5.71} \times 100 = 30$기압

5과목 가스계측

81 가스크로마토그램 분석결과 노르말헵탄의 피크높이가 12.0cm, 반높이선 나비가 0.48cm이고 벤젠의 피크높이가 9.0cm, 반높이선 나비가 0.62cm였다면 노르말헵탄의 농도는 얼마인가?

① 49.20%   ② 50.79%
③ 56.47%   ④ 77.42%

해설
- 노르말헵탄의 면적(0.48×12 = 5.76cm²)
- 벤젠의 면적(0.62×9 = 5.58cm²)

∴ 헵탄의 농도 = $\frac{5.76}{5.76+5.58} \times 100 = 50.79(\%)$

82 온도 25℃ 습공기의 노점온도가 19℃일 때 공기의 상대습도는?(단, 포화 증기압 및 수증기 분압은 각각 23.76mmHg, 16.47mmHg이다.)

① 69%   ② 79%
③ 83%   ④ 89%

해설
상대습도 = $\frac{수증기분압}{포화증기압} \times 100$

상대습도 = $\frac{16.47}{23.76} \times 100 = 69(\%)$

83 헴펠식 분석법에서 흡수, 분리되는 성분이 아닌 것은?

① CO_2 ② H_2
③ C_mH_n ④ O_2

해설
- 헴펠식 분석법 측정가스
  $CO_2 \rightarrow C_mH_n \rightarrow O_2 \rightarrow CO$
  C_mH_n : 중탄화수소

- 흡수제
  CO_2 : KOH 30%수용액, C_mH_n : 발연황산,
  O_2 : 피로갈롤용액, CO : 암모니아성 제1동 용액

정답 79 ④ 80 ② 81 ② 82 ① 83 ②

84 가스미터의 필요 구비조건이 아닌 것은?

① 감도가 예민할 것
② 구조가 간단할 것
③ 소형이고 용량이 작을 것
④ 정확하게 계량할 수 있을 것

해설
가스미터기는 일반적으로 소형이면서 용량이 커야 한다.

85 피스톤형 압력계 중 분동식 압력계에 사용되는 다음 액체 중 약 3,000kg/cm² 이상의 고압측정에 사용되는 것은?

① 모빌유   ② 스핀들유
③ 피마자유   ④ 경유

해설
사용액에 따른 압력(kgf/cm²)
• 경유 : 40~100
• 스핀들유 : 100~1,000
• 피마자유 : 100~1,000
• 모빌유 : 3,000

86 연소식 O₂계에서 산소측정용 촉매로 주로 사용되는 것은?

① 팔라듐   ② 탄소
③ 구리   ④ 니켈

해설
연소식 산소계 촉매의 종류
• 팔라듐(산소측정용 촉매)
• 팔라듐흑연
• 백금실리카겔

87 가스미터의 종류별 특징을 연결한 것 중 옳지 않은 것은?

① 습식 가스미터 : 유량 측정이 정확하다.
② 막식 가스미터 : 소용량의 계량에 적합하고 가격이 저렴하다.
③ 루트미터 : 대용량의 가스측정에 쓰인다.
④ 오리피스미터 : 유량 측정이 정확하고 압력 손실도 거의 없고 내구성이 좋다.

해설
• 벤투리미터 : 내구성이 좋으며 정확도가 높다.
• 오리피스미터 : 압력손실이 매우 크고 내구성이 적다.(추량식 가스미터기)

88 가스의 폭발 등 급속한 압력 변화를 측정하거나 엔진의 지시계로 사용하는 압력계는?

① 피에조 전기압력계   ② 경사관식 압력계
③ 침종식 압력계   ④ 벨로스식 압력계

해설
피에조 전기압력계 : 가스의 폭발 등 급속한 압력 변화를 측정하거나 엔진의 지시계로 사용한다(수정, 전기석, 롯셀염 이용). 특정방향에 압력을 가하면 기전력이 발생하고 발생한 전기량은 압력에 비례한다는 것을 이용한다.

89 다음 중 기본단위는?

① 에너지   ② 물질량
③ 압력   ④ 주파수

해설
기본단위 : 길이, 질량, 물질량, 시간, 전류, 온도, 광도 등

90 가스의 화학반응을 이용한 분석계는?

① 세라믹 O₂계
② 가스크로마토그래피
③ 오르자트 가스분석계
④ 용액전도율식 분석계

해설
오르자트, 헴펠식, 연소식 O₂계 등은 가스의 화학반응 가스분석계이다.
※ 화학식 가스분석계 : 연소열 이용, 용액흡수제 이용, 고체흡수제 이용

정답 84 ③ 85 ① 86 ① 87 ④ 88 ① 89 ② 90 ③

91 가스크로마토그램에서 A, B 두 성분의 보유시간은 각각 1분 50초와 2분 20초이고 피크 폭은 다 같이 30초였다. 이 경우 분리도는 얼마인가?

① 0.5 ② 1.0
③ 1.5 ④ 2.0

해설

분리도(R) = $\dfrac{2(t_2 - t_1)}{W_1 + W_2}$ = $\dfrac{2(140 - 110)}{30 + 30}$ = 1.0

1분 50초(110초), 2분 20초(140초)

92 막식 가스미터의 선정 시 고려해야 할 사항으로 가장 거리가 먼 것은?

① 사용 최대유량 ② 감도유량
③ 사용가스의 종류 ④ 설치 높이

해설

설치 높이는 지상 1.6~2m 사이에 설치하며 선택고려사항이 아닌 현장 시공설비에 해당된다.

93 오프셋(잔류편차)이 있는 제어는?

① I 제어 ② P 제어
③ D 제어 ④ PID 제어

해설

- 비례동작 P동작 : 잔류편차 발생
- 적분동작 I동작 : 잔류편차 제거
- 미분동작 D동작 : 제어편차 변화 속도에 비례한 조작량을 낸다.

94 고온, 고압의 액체나 고점도의 부식성 액체 저장탱크에 가장 적합한 간접식 액면계는?

① 유리관식 ② 방사선식
③ 플로트식 ④ 검척식

해설

방사선식 간접식 액면계 : 고온 고압이나 고점도, 부식성 액체의 저장탱크에 사용하는 액면계이다.

95 실온 22℃, 습도 45%, 기압 765mmHg인 공기의 증기 분압(P_w)은 약 몇 mmHg인가?(단, 공기의 가스 상수는 29.27kg·m/kg·K, 22℃에서 포화압력(P_s)은 18.66mmHg이다.)

① 4.1 ② 8.4
③ 14.3 ④ 16.7

해설

공기의 수증기분압 = 포화압력×습도
= 18.66×0.45 = 8.4mmHg

96 응답이 목푯값에 처음으로 도달하는 데 걸리는 시간을 나타내는 것은?

① 상승시간 ② 응답시간
③ 시간지연 ④ 오버슈트

해설

상승시간 : 응답이 목푯값에 처음으로 도달하는 데 걸리는 시간이다. 즉, 목푯값의 10%에서 90%까지에 도달하는 시간이다.

97 일반적인 열전대 온도계의 종류가 아닌 것은?

① 백금-백금·로듐 ② 크로멜-알루멜
③ 철-콘스탄탄 ④ 백금-알루멜

해설

열전대 온도계
- R형(P-R) : 백금-백금로듐
- K형(CA) : 크로멜-알루멜
- J형(IC) : 철-콘스탄탄
- T형(CC) : 구리-콘스탄탄

98 열전대 온도계의 작동원리는?

① 열기전력 ② 전기저항
③ 방사에너지 ④ 압력팽창

해설

열전대 온도계 : 열기전력 제베크효과 이용(열기전력은 전위차계를 이용하여 측정한다.)

정답 91 ② 92 ④ 93 ② 94 ② 95 ② 96 ① 97 ④ 98 ①

99 제어계의 과도응답에 대한 설명으로 가장 옳은 것은?

① 입력신호에 대한 출력신호의 시간적 변화이다.
② 입력신호에 대한 출력신호가 목표치보다 크게 나타나는 것이다.
③ 입력신호에 대한 출력신호가 목표치보다 작게 나타나는 것이다.
④ 입력신호에 대한 출력신호가 과도하게 지연되어 나타나는 것이다.

해설
과도응답 : 입력신호에 대한 출력신호의 시간적 변화이다.

100 적외선 가스분석기의 특징에 대한 설명으로 틀린 것은?

① 선택성이 우수하다.
② 연속분석이 가능하다.
③ 측정농도 범위가 넓다.
④ 대칭 2원자 분자의 분석에 적합하다.

해설
적외선 분광분석법 : 쌍극자 모멘트를 갖지 않은 H_2, O_2, N_2, Cl_2 등의 2원자가스는 적외선을 흡수하지 못하므로 분석이 불가하다.
※ 단원자분자인 He, Ne, Ar 등도 검출이 불가능하다.

정답 99 ① 100 ④

2019년 3회 기출문제

1과목 가스유체역학

01 이상기체에 대한 설명으로 옳은 것은?
① 포화상태에 있는 포화 증기를 뜻한다.
② 이상기체의 상태방정식을 만족시키는 기체이다.
③ 체적 탄성계수가 100인 기체이다.
④ 높은 압력하의 기체를 뜻한다.

해설
이상기체
이상기체의 상태방정식을 만족시킨다.

02 유체에 잠겨 있는 곡면에 작용하는 정수력의 수평분력에 대한 설명으로 옳은 것은?
① 연직면에 투영한 투영면의 압력 중심의 압력과 투영면을 곱한 값과 같다.
② 연직면에 투영한 투영면의 도심의 압력과 곡면의 면적을 곱한 값과 같다.
③ 수평면에 투영한 투영면에 작용하는 정수력과 같다.
④ 연직면에 투영한 투영면의 도심의 압력과 투영면의 면적을 곱한 값과 같다.

해설

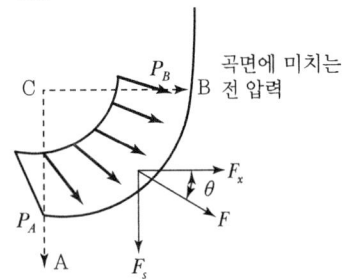

$F_H = F_{AC}$, $F_V = F_{BC} + W_{ABC}$
$F = \sqrt{F_H^2 + F_V^2}$

• $\theta = \tan^{-1} \dfrac{F_V}{F_H}$

• 유체에 잠겨 있는 곡면에 작용하는 정수력의 수평분력에 대한 것은 연직면에 투영한 투영면의 도심의 압력과 투영면의 면적을 곱한 값과 같다.

03 어떤 매끄러운 수평 원관에 유체가 흐를 때 완전 난류유동(완전히 거친 난류유동) 영역이었고, 이때 손실수두가 10m이었다. 속도가 2배가 되면 손실수두는?
① 20m ② 40m
③ 80m ④ 160m

해설
마찰손실수두$(H_l) = \lambda \times \dfrac{L}{d} \times \dfrac{V^2}{2g}$

속도수두 $= \dfrac{V^2}{2g} = \left(\dfrac{2}{1}\right)^2 = 4$

∴ 손실수두 $= 4 \times 10 = 40$m

04 안지름이 10cm인 원관을 통해 1시간에 10m³의 물을 수송하려고 한다. 이때 물의 평균유속은 약 몇 m/s이어야 하는가?
① 0.0027 ② 0.0354
③ 0.277   ④ 0.354

해설
유량$(Q) = $단면적$(m^2) \times $유속$(m/s)$
단면적$(A) = \dfrac{\pi}{4}d^2 = \dfrac{3.14}{4} \times (0.1)^2 = 0.00785$m²
유량$(Q) = \dfrac{10}{3,600} = 0.00278$m³/s

∴ 유속 $= \dfrac{0.00278}{0.00785} = 0.354$m/s

※ 1시간 = 3,600초

정답 01 ② 02 ④ 03 ② 04 ④

05 압축성 유체에 대한 설명 중 가장 올바른 것은?

① 가역과정 동안 마찰로 인한 손실이 일어난다.
② 이상기체의 음속은 온도의 함수이다.
③ 유체의 음속이 아음속(Subsonic)일 때, Mach 수는 1보다 크다.
④ 온도가 일정할 때 이상기체의 압력은 밀도에 반비례한다.

해설
완전기체(이상기체)
음속은 절대온도(T)의 제곱근에 비례한다.
온도에 의한 음속(C) = $\sqrt{kgRT}$(m/s)

06 매끈한 직원관 속의 액체 흐름이 층류이고 관 내에서 최대속도가 4.2m/s로 흐를 때 평균속도는 약 몇 m/s인가?

① 4.2   ② 3.5
③ 2.1   ④ 1.75

해설
평균속도(V) = $\dfrac{V_{\max}(최대속도)}{2}$

∴ $V = \dfrac{4.2}{2} = 2.1$m/s

07 캐비테이션 발생에 따른 현상으로 가장 거리가 먼 것은?

① 소음과 진동 발생
② 양정곡선의 상승
③ 효율곡선의 저하
④ 깃의 침식

해설
캐비테이션(공동현상) 현상
• 소음 · 진동 발생
• 효율곡선의 저하
• 깃의 침식

08 온도 20℃, 절대압력이 5kgf/cm²인 산소의 비체적은 몇 m³/kg인가?(단, 산소의 분자량은 32이고, 일반기체상수는 848kgf · m/kmol · K이다.)

① 0.551   ② 0.155
③ 0.515   ④ 0.605

해설
SI단위 비체적 = $\dfrac{V}{m} = \dfrac{1}{\rho}$(m³/kg)

일반기체상수($\overline{R}$) = 8.314kJ/kmol · K

산소밀도 = $\dfrac{P}{RT} = \dfrac{5 \times 10^4}{\left(\dfrac{848}{32}\right) \times (20+273)}$

= 6.4395kgf/m³

∴ 비체적 = $\dfrac{1}{6.4395}$ = 0.155m³/kg

09 유체의 점성계수와 동점성계수에 관한 설명 중 옳은 것은?(단, M, L, T는 각각 질량, 길이, 시간을 나타낸다.)

① 상온에서의 공기의 점성계수는 물의 점성계수보다 크다.
② 점성계수의 차원은 $ML^{-1}T^{-1}$이다.
③ 동점성계수의 차원은 L^2T^{-2}이다.
④ 동점성계수의 단위에는 Poise가 있다.

해설
• 점성계수 단위 : Poise(1g/cm · sec)
• 점성계수 차원(MLT) : $ML^{-1}T^{-1}$
• 동점성계수 차원 : L^2T^{-1}
• 동점성계수 단위 : Stokes(1cm²/sec)

10 이상기체의 등온, 정압, 정적과정과 무관한 것은?

① $P_1V_1 = P_2V_2$
② $P_1/T_1 = P_2/T_2$
③ $V_1/T_1 = V_2/T_2$
④ $P_1V_1/T_1 = P_2(V_1+V_2)/T_1$

정답 05 ② 06 ③ 07 ② 08 ② 09 ② 10 ④

해설

$$\frac{P_1 V_1}{T_1} = \frac{P_2 V_2}{T_2}$$

$$V_2 = V_1 \times \frac{T_2}{T_1} \times \frac{P_1}{P_2}$$

11 유체가 반지름 150mm, 길이가 500m인 주철관을 통하여 유속 2.5m/s로 흐를 때 마찰에 의한 손실수두는 몇 m인가?(단, 관마찰 계수 f = 0.03이다.)

① 5.47 ② 13.6
③ 15.9 ④ 31.9

해설

$H_L = \lambda \times \frac{L}{d} \times \frac{V^2}{2g}$ (반지름은 150, 지름은 300)

손실수두 $= 0.03 \times \frac{500}{0.3} \times \frac{2.5^2}{2 \times 9.8}$

$= 0.03 \times 1,667 \times 0.3188$

$= 15.9\text{m}$

12 양정 25m, 송출량 0.15m³/min로 물을 송출하는 펌프가 있다. 효율 65%일 때 펌프의 축동력은 몇 kW인가?

① 0.94 ② 0.83
③ 0.74 ④ 0.68

해설

축동력$(P) = \frac{\gamma \cdot Q \cdot H}{102 \times \eta} = \frac{1,000 \times \frac{0.15}{60} \times 25}{102 \times 0.65}$

$= 0.94\text{kW}$

13 일반적인 원관 내 유동에서 하임계 레이놀즈수에 가장 가까운 값은?

① 2,100 ② 4,000
③ 21,000 ④ 40,000

해설

- 하임계 레이놀즈수(Re) : 2,100
- 상임계 레이놀즈수(Re) : 4,000

14 유체의 흐름상태에서 표면장력에 대한 관성력의 상대적인 크기를 나타내는 무차원의 수는?

① Reynolds수 ② Froude수
③ Euler수 ④ Weber수

해설

웨버수$(We) = \frac{\rho V^2 L}{\sigma}$ = (관성력/표면장력) = 자유표면흐름

15 20℃ 공기 속을 1,000m/s로 비행하는 비행기의 주위 유동에서 정체 온도는 몇 ℃인가?(단, K=1.4, R=287N·m/kg·K이며 등엔트로피 유동이다.)

① 518 ② 545
③ 574 ④ 598

해설

$T_o = T + \frac{K-1}{KR} \times \frac{V^2}{2}$

$= (273+20) + \frac{1.4-1}{1.4 \times 287} \times \frac{1,000^2}{2}$

$= 791\text{K}(518℃)$

16 그림과 같이 물을 사용하여 기체압력을 측정하는 경사마노미타에서 압력차($P_1 - P_2$)는 몇 cmH₂O인가?(단, θ = 30°, 면적 A_1 > 면적 A_2이고, R = 30cm이다.)

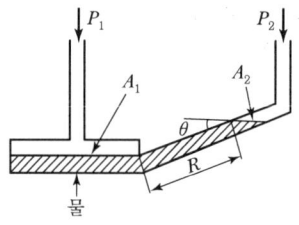

① 15   ② 30
③ 45   ④ 90

해설

경사관식 압력계

눈금 $\dfrac{1}{\sin\theta}$

$P_1 = P_2 + \gamma h,\ h = x\sin\theta$

$P_1 = P_2 + \gamma x \sin\theta$

(γ : 액비중, x : 눈금값, θ : 각도)

$\sin 30 = 0.5$

∴ 압력차(P) $= P_1 - P_2 = 30 \times 0.5 = 15\text{cmH}_2\text{O}$

17 개수로 유동(Open Channel Flow)에 관한 설명으로 옳지 않은 것은?

① 수력구배선은 자유표면과 일치한다.
② 에너지 선은 수면 위로 속도수두만큼 위에 있다.
③ 에너지 선의 높이가 유동방향으로 하강하는 것은 손실 때문이다.
④ 개수로에서 바닥면의 압력은 항상 일정하다.

해설

개수로
폐수로와 달리 자유표면(대기와 접하는 면)을 갖는 유로가 개수로이다.

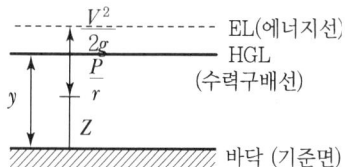

18 물체의 주위의 유동과 관련하여 다음 중 옳은 내용을 모두 나타낸 것은?

㉠ 속도가 빠를수록 경계층 두께는 얇아진다.
㉡ 경계층 내부유동은 비점성유동으로 취급할 수 있다.
㉢ 동점성계수가 커질수록 경계층 두께는 두꺼워진다.

① ㉠
② ㉠, ㉡
③ ㉠, ㉢
④ ㉡, ㉢

해설

경계층
- 실제 유체의 경우 경계층은 평판의 선단으로부터 성장할 것이다.
- 경계층 밖에서는 속도(U_∞), 압력(P_∞)인 비압축성 유체의 흐름과 같게 될 것이다.
- 경계층 안에서 속도는 벽면에서 0이고 경계에서는 U_∞가 될 것이다.

19 원심펌프에 대한 설명으로 옳지 않은 것은?

① 액체를 비교적 균일한 압력으로 수송할 수 있다.
② 토출 유동의 맥동이 적다.
③ 원심펌프 중 볼류트 펌프는 안내깃을 갖지 않는다.
④ 양정거리가 크고 수송량이 적을 때 사용된다.

해설

원심식(비용적형) 펌프는 양정의 거리가 비교적 적고 수송량이 많을 때 사용한다(볼류트펌프, 터빈펌프).

20 30℃인 공기 중에서의 음속은 몇 m/s인가? (단, 비열비는 1.40이고 기체상수는 287J/kg·K이다.)

① 216   ② 241
③ 307   ④ 349

해설

$V = \sqrt{KRT}$

$T = 30 + 273 = 303\text{K}$

∴ 음속(V) $= \sqrt{1.4 \times 287 \times 303} = 349\text{m/s}$

정답   17 ④   18 ③   19 ④   20 ④

2과목 연소공학

21 다음 중 등엔트로피 과정은?

① 가역단열과정
② 비가역단열과정
③ Polytropic 과정
④ Joule-Thomson 과정

해설
등엔트로피 과정 : 가역단열과정

22 50℃, 30℃, 15℃인 3종류의 액체 A, B, C가 있다. A와 B를 같은 질량으로 혼합하였더니 40℃가 되었고, A와 C를 같은 질량으로 혼합하였더니 20℃가 되었다고 하면 B와 C를 같은 질량으로 혼합하면 온도는 약 몇 ℃가 되겠는가?

① 17.1
② 19.5
③ 20.5
④ 21.1

해설
평균온도(T_m)

$$T_m = \frac{G_1 C_1 t_1 + G_2 C_2 t_2}{G_1 C_1 + G_2 C_2}$$

A와 C 중 C의 비열

$$20 = \frac{(1 \times 1 \times 50) + (1 \times C \times 15)}{(1 \times 1) + (1 \times C)}$$

$C = 6$

$\therefore T(혼합온도) = \frac{(1 \times 1 \times 30) + (1 \times 6 \times 15)}{(1 \times 1) + (1 \times 6)}$

$= 17.1℃$

23 전실화재(Flashover)와 역화(Back Draft)에 대한 설명으로 틀린 것은?

① Flashover는 급격한 가연성 가스의 착화로서 폭풍과 충격파를 동반한다.
② Flashover는 화재성장기(제1단계)에서 발생한다.
③ Back Draft는 최성기(제2단계)에서 발생한다.
④ Flashover는 열의 공급이 요인이다.

해설
전실화재 : 화재 발생 시 내부온도 상승으로 가스층에서 복사열에 의해 화재실 내부의 가연물 표면에 열을 가하게 되고 천장 주위 온도가 500~600℃ 정도가 되면서 바닥이 받는 복사열이 20~25kW/m² 정도가 되면 가연물의 열분해가 빠르게 일어나 가연성 가스 충만으로 격렬하게 연소하는 현상

24 유독물질의 대기확산에 영향을 주게 되는 매개변수로서 가장 거리가 먼 것은?

① 토양의 종류
② 바람의 속도
③ 대기안정도
④ 누출지점의 높이

해설
토양의 종류와 유독물질의 대기확산에 영향을 주게 되는 매개변수와는 관련성이 없다.

25 어떤 계에서 42kJ을 공급했다. 만약 이 계가 외부에 대하여 17,000N·m의 일을 하였다면 내부에너지의 증가량은 약 몇 kJ인가?

① 25
② 50
③ 100
④ 200

해설
외부일 : 17,000N·m(17,000J)
1kJ = 102kg·m/sec
1J = 1N × 1m = 1N·m

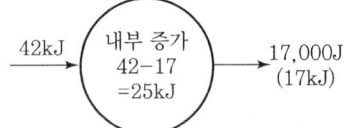

26 폭발범위의 하한 값이 가장 큰 가스는?

① C_2H_4
② C_2H_2
③ C_2H_4O
④ H_2

정답 21 ① 22 ① 23 ① 24 ① 25 ① 26 ④

해설

폭발범위
- 에탄(C_2H_4)=2.7~36%
- 아세틸렌(C_2H_2)=2.5~81%
- 산화에틸렌(C_2H_4O)=3~80%
- 수소(H_2)=4~75%

27 액체연료의 연소형태가 아닌 것은?

① 등심연소(Wick Combustion)
② 증발연소(Vaporizing Combustion)
③ 분무연소(Spray Combustion)
④ 확산연소(Diffusive Combustion)

해설

기체연료
확산연소, 예혼합연소(외부혼합, 내부혼합)

28 가스 화재 시 밸브 및 콕을 잠그는 경우 어떤 소화효과를 기대할 수 있는가?

① 질식소화   ② 제거소화
③ 냉각소화   ④ 억제소화

해설

콕을 이용하여 가스공급을 차단하는 소화효과는 제거효과이다.

29 저발열량이 41,860kJ/kg인 연료를 3kg 연소시켰을 때 연소가스의 열용량이 62.8kJ/℃였다면 이때의 이론연소온도는 약 몇 ℃인가?

① 1,000℃   ② 2,000℃
③ 3,000℃   ④ 4,000℃

해설

이론연소온도(T) = $\dfrac{\text{총발열량}}{\text{연소가스열용량}}$
= $\dfrac{41,860}{62.8}$ = 2,000℃

30 CH_4, CO_2, H_2O의 생성열이 각각 75kJ/kmol, 394kJ/kmol, 242kJ/kmol일 때 CH_4의 완전연소 발열량은 약 몇 kJ인가?

① 803   ② 786
③ 711   ④ 636

해설

메탄(CH_4)
$CH_4 + 2O_2 \rightarrow CO_2 + 2H_2O$
CO_2 : 394kJ/kmol
H_2O : 242kJ/kmol ($2 \times 242 = 484$)
∴ 연소발열량 = (394 + 484) − 75 = 803kJ

31 연료가 완전연소할 때 이론상 필요한 공기량을 $M_o(m^3)$, 실제로 사용한 공기량을 $M(m^3)$이라 하면 과잉공기 백분율로 바르게 표시한 식은?

① $\dfrac{M}{M_o} \times 100$ ② $\dfrac{M_o}{M} \times 100$
③ $\dfrac{M - M_o}{M} \times 100$ ④ $\dfrac{M - M_o}{M_o} \times 100$

해설

과잉공기 = 실제공기 − 이론공기
과잉공기율 = $\dfrac{\text{실제공기} - \text{이론공기}}{\text{이론공기}} \times 100(\%)$
공기비(m) = 실제공기량/이론공기량

32 연소 반응 시 불꽃의 상태가 환원염으로 나타났다. 이때 환원염은 어떤 상태인가?

① 수소가 파란 불꽃을 내며 연소하는 화염
② 공기가 충분하여 완전연소상태의 화염
③ 과잉의 산소를 내포하여 연소가스 중 산소를 포함한 상태의 화염
④ 산소의 부족으로 일산화탄소와 같은 미연분을 포함한 상태의 화염

해설

일산화탄소(CO) = $\dfrac{1}{2}O_2 + C$
(산소 부족 : 환원염 불꽃)

정답 27 ④ 28 ② 29 ② 30 ① 31 ④ 32 ④

33 연료의 발화점(착화점)이 낮아지는 경우가 아닌 것은?

① 산소 농도가 높을수록
② 발열량이 높을수록
③ 분자구조가 단순할수록
④ 압력이 높을수록

해설
분자구조가 복잡할수록 연료의 착화점이 낮아진다.

34 엔트로피의 증가에 대한 설명으로 옳은 것은?

① 비가역과정의 경우 계와 외계의 에너지의 총합은 일정하고, 엔트로피의 총합은 증가한다.
② 비가역과정의 경우 계와 외계의 에너지의 총합과 엔트로피의 총합이 함께 증가한다.
③ 비가역과정의 경우 물체의 엔트로피와 열원의 엔트로피의 합은 불변이다.
④ 비가역과정의 경우 계와 외계의 에너지의 총합과 엔트로피의 총합은 불변이다.

해설
엔트로피 : 단열과정은 등엔트로피 과정이다.
- 엔트로피는 종량성질이며 비가역과정은 가역사이클보다 항상 엔트로피가 증가한다. 자연계의 엔트로피 총화는 극대치를 향하여 증가하고 있다.
- 비가역과정의 경우 계와 외계의 에너지 총합은 일정하다.

35 도시가스의 조성을 조사해보니 부피조성으로 H_2 30%, CO 14%, CH_4 49%, CO_2 5%, O_2 2%를 얻었다. 이 도시가스를 연소시키기 위한 이론산소량(Nm^3)은?

① 1.18
② 2.18
③ 3.18
④ 4.18

해설
㉠ $H_2 + \dfrac{1}{2}O_2 \rightarrow H_2O$

㉡ $CO + \dfrac{1}{2}O_2 \rightarrow CO_2$

㉢ $CH_4 + 2O_2 \rightarrow CO_2 + 2H_2O$
요구산소량 = $(0.5 \times 0.3) + (0.5 \times 0.14) + (2 \times 0.49)$
= $1.2 Nm^3$

∴ 실제 요구산소량 = $1.2 - (2/100) = 1.18 Nm^3$
※ 이론공기량 = $(1.18/0.21) = 5.62 Nm^3$

36 오토(Otto)사이클의 효율을 η_1, 디젤(Diesel)사이클의 효율을 η_2, 사바테(Sabathe)사이클의 효율을 η_3이라 할 때 공급열량과 압축비가 같을 경우 효율의 크기는?

① $\eta_1 > \eta_2 > \eta_3$
② $\eta_1 > \eta_3 > \eta_2$
③ $\eta_2 > \eta_1 > \eta_3$
④ $\eta_2 > \eta_3 > \eta_1$

해설
내연기관사이클 열효율 크기
- 압축비 일정 : 오토>사바테>디젤
- 최대압력 일정 : 디젤>사바테>오토

37 파열물의 가열에 사용된 유효열량이 7,000 kcal/kg, 전입열량이 12,000kcal/kg일 때 열효율은 약 얼마인가?

① 49.2%
② 58.3%
③ 67.4%
④ 76.5%

해설
열효율(η) = (유효열량/전입열량) $\times 100(\%)$

∴ 열효율 = $\dfrac{7,000}{12,000} \times 100 = 58.3\%$

38 열역학 제0법칙에 대하여 설명한 것은?

① 저온체에서 고온체로 아무 일도 없이 열을 전달할 수 없다.
② 절대온도 0에서 모든 완전 결정체의 절대 엔트로피의 값은 0이다.

정답 33 ③ 34 ① 35 ① 36 ② 37 ② 38 ④

③ 기계가 일을 하기 위해서는 반드시 다른 에너지를 소비해야 하고 어떤 에너지도 소비하지 않고 계속 일을 하는 기계는 존재하지 않는다.
④ 온도가 서로 다른 물체를 접촉시키면 높은 온도를 지닌 물체의 온도는 내려가고, 낮은 온도를 지닌 물체의 온도는 올라가서 두 물체의 온도 차이는 없어진다.

[해설]
- ①, ②, ③은 열역학 제2법칙
- ④은 열역학 제0법칙

39 체적 $2m^3$의 용기 내에서 압력 0.4MPa, 온도 50℃인 혼합기체의 체적분율이 메탄(CH_4) 35%, 수소(H_2), 40%, 질소(N_2) 25%이다. 이 혼합기체의 질량은 약 몇 kg인가?

① 2　　② 3
③ 4　　④ 5

[해설]
표준상태체적(Nm^3)
$= 2 \times \dfrac{273}{273+50} \times \dfrac{0.4}{0.1} = 6.7616 Nm^3$

- 메탄 $= 6.7616 \times 0.35 = 2.36656 Nm^3$
- 수소 $= 6.7616 \times 0.4 = 2.70464 Nm^3$
- 질소 $= 6.7616 \times 0.25 = 1.6904 Nm^3$
(분자량 = 메탄 16, 수소 2, 질소 28)
∴ 혼합기체질량
$= \left[\left(2.36656 \times \dfrac{16}{22.4}\right) + \left(2.70464 \times \dfrac{2}{22.4}\right) \right.$
$\left. + \left(1.6904 \times \dfrac{28}{22.4}\right)\right] = 4kg$

40 수증기와 CO의 몰 혼합물을 반응시켰을 때 1,000℃, 1기압에서의 평형조성이 CO, H_2O가 각각 28mol%, H_2, CO_2가 각각 22mol%라 하면, 정압 평형정수(K_P)는 약 얼마인가?

① 0.2　　② 0.6
③ 0.9　　④ 1.3

[해설]
$CO + H_2O \rightarrow CO_2 + H_2$
평형정수(K_p) $= \dfrac{[CO_2][H_2]}{[CO][H_2O]}$
$= \dfrac{22 \times 22}{28 \times 28} = \dfrac{484}{784} = 0.6$

3과목　가스설비

41 차단성능이 좋고 유량조정이 용이하나 압력손실이 커서 고압의 대구경 밸브에는 부적당한 밸브는?

① 글로브 밸브
② 플러그 밸브
③ 게이트 밸브
④ 버터플라이 밸브

[해설]
글로브 밸브
- 유량조절이 용이하다.
- 압력손실이 크다.
- 대구경관에는 사용이 부적당하다.

42 배관에서 지름이 다른 강관을 연결하는 목적으로 주로 사용하는 것은?

① 티　　② 플랜지
③ 엘보　　④ 리듀서

[해설]
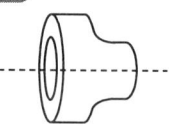
리듀서(줄임쇠)

정답　39 ③　40 ②　41 ①　42 ④

43 석유정제공정의 상압증류 및 가솔린 생산을 위한 접촉개질 처리 등에서와 석유화학의 나프타 분해공정 중 에틸렌, 벤젠 등을 제조하는 공정에서 주로 생산되는 가스는?

① OFF 가스
② Cracking 가스
③ Reforming 가스
④ Topping 가스

해설
OFF 가스(옵가스)
석유정제공업공정의 상압증류 및 가솔린생산을 위한 접촉 개질 처리 등에서 또는 석유화학 나프타 분해공정에서 생산되는 가스

44 LNG 저장탱크에서 사용되는 잠액식 펌프의 윤활 및 냉각을 위해 주로 사용되는 것은?

① 물
② LNG
③ 그리스
④ 황산

해설
LNG
LNG(액화천연가스) 저장탱크에서 사용되는 잠액식 펌프의 윤활 및 냉각을 위해 사용된다.

45 도시가스 공급시설에 설치하는 공기보다 무거운 가스를 사용하는 지역정압기실 개구부와 RTU(Remote Terminal Unit) 박스는 얼마 이상의 거리를 유지하여야 하는가?

① 2m
② 3m
③ 4.5m
④ 5.5m

해설

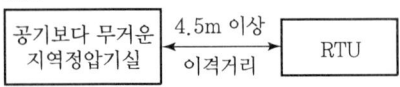

46 회전펌프에 해당하는 것은?

① 플랜지 펌프
② 피스톤 펌프
③ 기어 펌프
④ 다이어프램 펌프

해설
회전식 펌프
기어 펌프, 스크루 펌프, 베인 펌프 등

47 실린더 안지름 20cm, 피스톤행정 15cm, 매분회전수 300, 효율이 90%인 수평 1단 단동압축기가 있다. 지시평균 유효 압력을 0.2MPa로 하면 압축기에 필요한 전동기의 마력은 약 몇 PS인가? (단, 1MPa은 10kgf/cm²로 한다.)

① 6
② 7
③ 8
④ 9

해설
압축마력(PS)

$$PS = \frac{10^4 \times P_i \times V}{75 \times 60 \times \eta}$$

$$V(용적) = \left(\frac{3.14}{4} \times 0.2^2\right) \times 0.15 \times 300$$

$$\therefore 마력(PS) = \frac{10^4 \times \left(\frac{0.2}{1} \times 10\right) \times 1.413}{75 \times 60 \times 0.9} = 7PS$$

48 연소 시 발생할 수 있는 여러 문제 중 리프팅(Lifting) 현상의 주된 원인은?

① 노즐의 축소
② 가스 압력의 감소
③ 1차 공기의 과소
④ 배기 불충분

해설
리프팅(선화현상)
염공(노즐)으로부터 가스유출속도가 연소속도보다 크게 되면 화염이 염공을 떠나서 화실 공간에서 연소하는 현상

정답 43 ① 44 ② 45 ③ 46 ③ 47 ② 48 ①

49 가스보일러 물탱크의 수위를 다이어프램에 의해 압력 변화로 검출하여 전기접점에 의해 가스회로를 차단하는 안전장치는?

① 헛불방지장치　　② 동결방지장치
③ 소화안전장치　　④ 과열방지장치

해설
가스보일러 내에 물이 부족하면 과열되는데, 이를 방지하기 위하여 가스회로와 보일러 운전을 차단하는 장치가 헛불방지장치이다.

50 발열량이 13,000kcal/m³이고, 비중이 1.3, 공급압력이 200mmH₂O인 가스의 웨버지수는?

① 10,000　　② 11,402
③ 13,000　　④ 16,900

해설
웨버지수$(WI) = \dfrac{Hg}{\sqrt{d}} = \dfrac{13,000}{\sqrt{1.3}} = 11,402$

51 가스온수기에 반드시 부착하여야 할 안전장치가 아닌 것은?

① 소화안전장치　　② 역풍방지장치
③ 전도안전장치　　④ 정전안전장치

해설
전도안전장치는 가스난방기기에 구비한다.

52 정압기에 관한 특성 중 변동에 대한 응답속도 및 안정성의 관계를 나타내는 것은?

① 동특성
② 정특성
③ 작동 최대차압
④ 사용 최대차압

해설
정압기 동특성 : 변동에 대한 응답속도 및 안정성 관계 특성

53 찜질방의 가열로실의 구조에 대한 설명으로 틀린 것은?

① 가열로의 배기통은 금속 이외의 불연성 재료로 단열조치를 한다.
② 가열로실과 찜질실 사이의 출입문은 유리재로 설치한다.
③ 가열로의 배기통 재료는 스테인리스를 사용한다.
④ 가열로의 배기통에는 댐퍼를 설치하지 아니한다.

해설
찜질방 가열로실과 찜질실 사이의 출입문은 철재물로 시공한다.

54 산소가 없어도 자기분해 폭발을 일으킬 수 있는 가스가 아닌 것은?

① C_2H_2　　② N_2H_4
③ H_2　　　④ C_2H_4O

해설
수소는 산화폭발성 가스이다.
수소반응식 = $H_2 + \dfrac{1}{2}O_2 \rightarrow H_2O$

55 다기능 가스안전계량기(마이콤 미터)의 작동성능이 아닌 것은?

① 유량 차단성능
② 과열방지 차단성능
③ 압력저하 차단성능
④ 연속사용시간 차단성능

해설
다기능 가스안전계량기의 작동성능은 ①, ③, ④이며 기타 증가유량차단기능, 미소유량등록기준, 미소누출검지기능이 필요하다.
※ 과열방지 차단성능은 가스용 온수보일러에 설치한다.

정답 49 ① 50 ② 51 ③ 52 ① 53 ② 54 ③ 55 ②

56 나프타를 접촉분해법에서 개질온도를 705℃로 유지하고 개질압력을 1기압에서 10기압으로 점진적으로 가압할 때 가스의 조성 변화는?

① H_2와 CO_2가 감소하고 CH_4와 CO가 증가한다.
② H_2와 CO_2가 증가하고 CH_4와 CO가 감소한다.
③ H_2와 CO가 감소하고 CH_4와 CO_2가 증가한다.
④ H_2와 CO가 증가하고 CH_4와 CO_2가 감소한다.

〔해설〕
- 원유정제 → LPG → 휘발유 → 나프타 → 등유 → 경유 → 중유 → 모비루 → 아스팔트
- 도시가스접촉분해공정 : 촉매를 사용하여 반응개질온도 400~800℃ 정도에서 나프타 탄화수소를 개질압력 1기압에서 10기압으로 점진적으로 변화시키면 가스는 H_2, CO가 감소하고 CH_4 및 CO_2가 증가하는 공정이다.

57 도시가스 원료 중에 함유되어 있는 황을 제거하기 위한 건식 탈황법의 탈황제로서 일반적으로 사용되는 것은?

① 탄산나트륨
② 산화철
③ 암모니아 수용액
④ 염화암모늄

〔해설〕
도시가스 원료 중 황을 제거하는 건식 탈황법의 탈황제는 일반적으로 산화철이다.

58 도시가스 저압 배관의 설계 시 관경을 결정하고자 할 때 사용되는 식은?

① Fan 식
② Oliphant 식
③ Coxe 식
④ Pole 식

〔해설〕
폴식 저압배관법 관경(D) = $K\sqrt{\dfrac{D^5 \cdot h}{S \cdot L}}$, $D^5 = \dfrac{Q^2 \cdot S \cdot L}{K^2 \cdot h}$

관경(D) = $D\sqrt[5]{\dfrac{Q^2 \times S \times L}{0.707^2 \times h}}$ (cm)

59 LPG를 사용하는 식당에서 연소기의 최대가스소비량이 3.56kg/h이었다. 자동절체식 조정기를 사용하는 경우 20kg 용기를 최소 몇 개를 설치하여야 자연기화 방식으로 원활하게 사용할 수 있겠는가?(단, 20kg 용기 1개의 가스발생능력은 1.8kg/h이다.)

① 2개
② 4개
③ 6개
④ 8개

〔해설〕
3.56×2개열 $= 7.12$kg
∴ 용기개수 $= \dfrac{7.12}{1.8} = 4$개

60 1,000rpm으로 회전하는 펌프를 2,000rpm으로 변경하였다. 이 경우 펌프의 양정과 소요동력은 각각 얼마씩 변화하는가?

① 양정 : 2배, 소요동력 : 2배
② 양정 : 4배, 소요동력 : 2배
③ 양정 : 8배, 소요동력 : 4배
④ 양정 : 4배, 소요동력 : 8배

〔해설〕
양정 : $\left(\dfrac{N_2}{N_1}\right)^2$

동력 : $\left(\dfrac{N_2}{N_1}\right)^3$

∴ $1 \times \left(\dfrac{2,000}{1,000}\right)^2 = 4$배 양정

$1 \times \left(\dfrac{2,000}{1,000}\right)^3 = 8$배 동력

정답 56 ③ 57 ② 58 ④ 59 ② 60 ④

4과목 가스안전관리

61 아세틸렌의 임계압력으로 가장 가까운 것은?

① 3.5MPa ② 5.0MPa
③ 6.2MPa ④ 7.3MPa

[해설]
C_2H_2 가스
- 임계온도 36℃
- 임계압력 61.6atm(6.2MPa)

62 가스 폭발에 대한 설명으로 틀린 것은?

① 폭발한계는 일반적으로 폭발성 분위기 중 폭발성 가스의 용적비로 표시된다.
② 발화온도는 폭발성 가스와 공기 중 혼합가스의 온도를 높였을 때에 폭발을 일으킬 수 있는 최고의 온도이다.
③ 폭발한계는 가스의 종류에 따라 달라진다.
④ 폭발성 분위기란 폭발성 가스가 공기와 혼합하여 폭발한계 내에 있는 상태의 분위기를 뜻한다.

[해설]
발화온도
폭발성 가스와 공기 중 혼합가스의 온도를 높였을 때에 폭발을 일으킬 수 있는 최저의 온도이다.

63 초저온가스용 용기제조 기술기준에 대한 설명으로 틀린 것은?

① 용기동판의 최대두께와 최소두께와의 차이는 평균두께의 10% 이하로 한다.
② "최고충전압력"은 상용압력 중 최고압력을 말한다.
③ 용기의 외조에 외조를 보호할 수 있는 플러그 또는 파열판 등의 압력방출장치를 설치한다.
④ 초저온용기는 오스테나이트계 스테인리스강 또는 티타늄합금으로 제조한다.

[해설]
- 초저온용기 : 섭씨 영하 50℃ 이하의 액화가스 충전용기로서 단열재로 피복하거나 냉동설비로 냉각하는 등의 방법으로 용기 내의 가스온도가 상용의 온도를 초과하지 아니하도록 한 용기이다.
- 재료 : 오스테나이트계 스테인리스강, 알루미늄 합금

64 아세틸렌가스를 2.5MPa의 압력으로 압축할 때 첨가하는 희석제가 아닌 것은?

① 질소 ② 메탄
③ 일산화탄소 ④ 아세톤

[해설]
아세틸렌가스의 다공질에 충전하는 용제
아세톤[$(CH_3)_2CO$], 디메틸 포름아미드[$HCON(CH_3)_2$] 등이다.

65 가스난로를 사용하다가 부주의로 점화되지 않은 상태에서 콕을 전부 열었다. 이때 노즐로부터 분출되는 생 가스의 양은 약 몇 m^3/h인가?(단, 유량계수 : 0.8, 노즐지름 : 2.5mm, 가스압력 : 200mmH_2O, 가스비중 : 0.5로 한다.)

① 0.5m^3/h ② 1.1m^3/h
③ 1.5m^3/h ④ 2.1m^3/h

[해설]
$$LP\ 가스(Q) = 0.009 D^2 \sqrt{\frac{h}{d}}$$
$$= 0.009 \times 2.5^2 \times \sqrt{\frac{200}{0.5}} = 1.1 m^3/h$$

66 증기가 전기스파크나 화염에 의해 분해폭발을 일으키는 가스는?

① 수소 ② 프로판
③ LNG ④ 산화에틸렌

[해설]
산화에틸렌(C_2H_4O)
- 산화폭발(폭발범위 : 3~80%)
- 중합폭발(무수염화물, 산, 알칼리 등)
- 분해폭발(화염, 전기스파크, 충격 등)

정답 61 ③ 62 ② 63 ④ 64 ④ 65 ② 66 ④

67 초저온용기에 대한 정의를 가장 바르게 나타낸 것은?

① 섭씨 영하 50℃ 이하의 액화가스를 충전하기 위한 용기로서 단열재를 씌우거나 냉동설비로 냉각시키는 등의 방법으로 용기 내의 가스온도가 상용온도를 초과하지 않도록 한 용기
② 액화가스를 충전하기 위한 용기로서 단열재로 피복하여 용기 내의 가스온도가 상용온도를 초과하지 않도록 한 용기
③ 대기압에서 비점이 0℃ 이하인 가스를 상용압력이 0.1MPa 이하의 액체상태로 저장하기 위한 용기로서 단열재로 피복하여 가스온도가 상용온도를 초과하지 않도록 한 용기
④ 액화가스를 냉동설비로 냉각하여 용기 내의 가스의 온도가 섭씨 영하 70℃ 이하로 유지하도록 한 용기

해설
63번 문제 해설 참조

68 고압가스 저장시설에서 가연성 가스 용기보관실과 독성가스의 용기보관실은 어떻게 설치하여야 하는가?

① 기준이 없다.
② 각각 구분하여 설치한다.
③ 하나의 저장실에 혼합 저장한다.
④ 저장실은 하나로 하되 용기는 구분 저장한다.

해설
고압가스저장시설

가연성가스 보관실	독성가스 보관실

[각각 구분하여 저장설치]

69 아세틸렌용 용접용기를 제조하고자 하는 자가 갖추어야 할 시설기준의 설비가 아닌 것은?

① 성형설비
② 세척설비
③ 필라멘트와인딩설비
④ 자동부식방지도장설비

해설
아세틸렌(C_2H_2)용 용접용기 제조설비
- 단조 및 성형설비
- 세척설비
- 자동부식방지 도장설비
- 넥크링 가공설비
- 용접설비 등

70 고압가스용 납붙임 또는 접합용기의 두께는 그 용기의 안전성을 확보하기 위하여 몇 mm 이상으로 하여야 하는가?

① 0.115
② 0.125
③ 0.215
④ 0.225

해설
고압가스용 납붙임용기 또는 집합용기 두께는 그 용기의 안정성 확보를 위해 0.125mm 이상으로 한다.

71 차량에 고정된 탱크로 가연성 가스를 적재하여 운반할 때 휴대하여야 할 소화설비의 기준으로 옳은 것은?

① BC용, B-10 이상 분말소화제를 2개 이상 비치
② BC용, B-8 이상 분말소화제를 2개 이상 비치
③ ABC용, B-10 이상 포말소화제를 1개 이상 비치
④ ABC용, B-8 이상 포말소화제를 1개 이상 비치

해설
- 가연성 가스(BC용, B-10 이상 또는 ABC용, B-12 이상 분말용 차량 좌우에 각각 1개 이상)
- 산소가스(BC용, B-8 이상 또는 ABC용, B-10 이상 분말용을 차량 좌우에 각각 1개 이상)

정답 67 ① 68 ② 69 ③ 70 ② 71 ①

72 냉동설비와 1일 냉동능력 1톤의 산정기준에 대한 연결이 바르게 된 것은?

① 원심식 압축기 사용 냉동설비-압축기의 원동기 정격출력 1.2kW
② 원심식 압축기 사용 냉동설비-발생기를 가열하는 1시간의 입열량 3,320kcal
③ 흡수식 냉동설비-압축기의 원동기 정격출력 2.4kW
④ 흡수식 냉동설비-발생기를 가열하는 1시간의 입열량 7,740kcal

해설
- ②항은 발생기가 아닌 압축기가 필요하다.
- ③항에서는 6,640kcal의 능력으로서 ④항과 같이 발생기를 이용하여야 한다(흡수식은 압축기 대신 재생기가 필요하다).

73 액화석유가스를 차량에 고정된 내용적 $V(L)$인 탱크에 충전할 때 충전량 산정식은?(단, W : 저장능력(kg), P : 최고충전압력(MPa), d : 비중(kg/L), C : 가스의 종류에 따른 정수이다.)

① $W = \dfrac{V}{C}$
② $W = C(V+1)$
③ $W = 0.9dV$
④ $W = (10P+1)V$

해설
- 액화가스(W) $= \dfrac{V}{C}$(kg)
- 액화가스 저장탱크(W) $= 0.9dV_2$(kg)
- 압축가스(Q) $= (10P+1)V_1$(m³)

74 용기의 제조등록을 한 자가 수리할 수 있는 용기의 수리범위에 해당되는 것으로만 모두 짝지어진 것은?

㉠ 용기몸체의 용접
㉡ 용기부속품의 부품 교체
㉢ 초저온 용기의 단열재 교체

① ㉠
② ㉠, ㉡
③ ㉡, ㉢
④ ㉠, ㉡, ㉢

해설
용기제조자 수리자격 범위는 ㉠, ㉡, ㉢ 외에도 아세틸렌가스 용기 내의 다공질 교체, 용기의 스커트, 프로텍터 및 넥크링의 교체와 가공 등이 있다.

75 가연성 가스 설비 내부에서 수리 또는 청소작업을 할 때에는 설비 내부의 가스농도가 폭발하한계의 몇 % 이하가 될 때까지 치환하여야 하는가?

① 1
② 5
③ 10
④ 25

해설
가연성 가스 설비 내부에서 수리 또는 청소작업 시 설비 내부의 가스농도가 폭발하한계의 25% 이하가 될 때까지 치환하여야 한다.

76 고압가스용 용접용기의 내압시험방법 중 팽창측정시험의 경우 용기가 완전히 팽창한 후 적어도 얼마 이상의 시간을 유지하여야 하는가?

① 30초
② 1분
③ 3분
④ 5분

해설
고압가스용 용접용기의 내압시험 방법 중 팽창시험의 경우 용기가 완전히 팽창한 후 30초 이상 시간을 유지한 후 측정시험을 마친다.

77 LPG 용기 보관실의 바닥 면적이 40m²라면 환기구의 최소 통풍가능 면적은?

① 10,000cm²
② 11,000cm²
③ 12,000cm²
④ 13,000cm²

해설
용기보관실 바닥면적 1m²당 환기구 면적 = 300cm²
∴ $300 \times 40 = 12,000\text{cm}^2$

정답 72 ① 73 ① 74 ④ 75 ④ 76 ① 77 ③

78 고압가스 제조장치의 내부에 작업원이 들어가 수리를 하고자 한다. 이때 가스 치환작업으로 가장 부적합한 경우는?

① 질소 제조장치에서 공기로 치환한 후 즉시 작업을 하였다.
② 아황산가스인 경우 불활성가스로 치환한 후 다시 공기로 치환하여 작업을 하였다.
③ 수소제조장치에서 불활성가스로 치환한 후 즉시 작업을 하였다.
④ 암모니아인 경우 불활성가스로 치환하고 다시 공기로 치환한 후 작업을 하였다.

[해설]
- 수소가스(가연성 가스) 폭발범위는 4~70%이다.
- 치환 : 수소제조장치 작업 → 불활성가스 치환 → 공기치환 → 내부작업

79 의료용 산소용기의 도색 및 표시가 바르게 된 것은?

① 백색으로 도색 후 흑색 글씨로 산소라고 표시한다.
② 녹색으로 도색 후 백색 글씨로 산소라고 표시한다.
③ 백색으로 도색 후 녹색 글씨로 산소라고 표시한다.
④ 녹색으로 도색 후 흑색 글씨로 산소라고 표시한다.

[해설]
의료용 산소용기 도색 및 글씨
- 도색 : 백색
- 글씨 : 녹색

80 이동식 부탄연소기(220g 납붙임용기 삽입형)를 사용하는 음식점에서 부탄연소기의 본체보다 큰 주물불판을 사용하여 오랜 시간 조리를 하다가 폭발사고가 일어났다. 사고의 원인으로 추정되는 것은?

① 가스 누출
② 납붙임 용기의 불량
③ 납붙임 용기의 오장착
④ 용기 내부의 압력 급상승

[해설]
부탄연소기보다 주물판이 너무 크면 부탄연소기가 과열되면서 용기 내부의 압력이 급상승하여 폭발사고가 발생한다.

5과목 가스계측

81 22℃의 1기압 공기(밀도 $1.21kg/m^3$)가 덕트를 흐르고 있다. 피토관을 덕트 중심부에 설치하고 물을 봉액으로 한 U자관 마노미터의 눈금이 4.0cm이었다. 이 덕트 중심부의 유속은 약 몇 m/s인가?

① 25.5 ② 30.8
③ 56.9 ④ 97.4

[해설]
- 공기 밀도 : $1.21kg/m^3$
- 물의 밀도 : $1,000kg/m^3$

$$유속(V) = \sqrt{2g\left(\frac{\gamma_o - \gamma}{\gamma}\right)h}$$
$$= \sqrt{2 \times 9.8 \left(\frac{1,000 - 1.21}{1.21}\right) \times 0.04} = 25 m/s$$

82 가스크로마토그래피에서 일반적으로 사용되지 않는 검출기(Detector)는?

① TCD ② FID
③ ECD ④ RID

[해설]
가스크로마토그래피
- TCD(열전도형)
- FID(수소염이온화)
- ECD(전자포획)
- FPD(염광광도형)

정답 78 ③ 79 ③ 80 ④ 81 ① 82 ④

83 가스크로마토그래피(Gas Chromatography)에서 캐리어 가스 유량이 5mL/s이고 기록지 속도가 3mm/s일 때 어떤 시료가스를 주입하니 지속용량이 250mL이었다. 이때 주입점에서 성분의 피크까지 거리는 약 몇 mm인가?

① 50 ② 100
③ 150 ④ 200

해설

지속용량 = $\dfrac{\text{유량} \times \text{피크거리}}{\text{기록지 속도}}$

$250 = \dfrac{5 \times L}{3}$

∴ 피크까지 거리(L) = $\dfrac{3 \times 250}{5}$ = 150mm

84 측정제어라고도 하며, 2개의 제어계를 조합하여 1차 제어장치가 제어량을 측정하여 제어 명령을 내리고, 2차 제어장치가 이 명령을 바탕으로 제어량을 조절하는 제어를 무엇이라 하는가?

① 정치(正値)제어
② 추종(追從)제어
③ 비율(比率)제어
④ 캐스케이드(Cascade)제어

해설

캐스케이드제어(측정제어)
2개의 제어계를 조합하여 1차 제어장치(제어량측정), 2차 제어장치(명령제어량조절)를 조절하는 조합제어계이다.

85 전력, 전류, 전압, 주파수 등을 제어량으로 하며 이것을 일정하게 유지하는 것을 목적으로 하는 제어방식은?

① 자동조정 ② 서보기구
③ 추치제어 ④ 정치제어

해설

자동조정
전력, 전류, 전압, 주파수 등을 제어량으로 하며 이것을 일정하게 유지하는 것이 목적이다.

86 고속, 고압 및 레이놀즈수가 높은 경우에 사용하기 가장 적정한 유량계는?

① 벤투리미터 ② 플로노즐
③ 오리피스미터 ④ 피토관

해설

플로노즐 차압식 유량계
고속, 고압 및 레이놀즈수가 높은 경우에 사용하기 가장 적정한 유량계이다(소유량 유체의 측정에 적합하다).

87 배기가스 중 이산화탄소를 정량분석하고자 할 때 가장 적합한 방법은?

① 적정법 ② 완만연소법
③ 중량법 ④ 오르자트법

해설

오르자트법
CO_2, O_2, CO 등의 측정분석법(흡수분석법)

88 연소기기에 대한 배기가스 분석의 목적으로 가장 거리가 먼 것은?

① 연소상태를 파악하기 위하여
② 배기가스 조성을 알기 위하여
③ 열정산의 자료를 얻기 위하여
④ 시료가스 채취장치의 작동상태를 파악하기 위해

해설

배기가스의 분석목적은 ①, ②, ③항이며 기타 공기비 측정이 가능하다.

89 습식 가스미터는 어떤 형태에 해당하는가?

① 오벌형 ② 드럼형
③ 다이어프램형 ④ 로터리 피스톤형

해설

습식 가스미터(기준 습식 가스미터)의 형태는 드럼형이다.
※ 오벌형, 다이어프램형, 로터리 피스톤형 등은 건식 가스미터기이다.

정답 83 ③ 84 ④ 85 ① 86 ② 87 ④ 88 ④ 89 ②

90 액면측정장치가 아닌 것은?

① 유리관식 액면계 ② 임펠러식 액면계
③ 부자식 액면계   ④ 퍼지식 액면계

해설
유량계
임펠러식 유속식 유량계, 피토관식 유속식 유량계

91 가스크로마토그래피로 가스를 분석할 때 사용하는 캐리어가스로서 가장 부적당한 것은?

① H_2 ② CO_2
③ N_2 ④ Ar

해설
기기분석법(가스크로마토그래피법)
- 캐리어 가스 : 수소(H_2), 헬륨(He), 아르곤(Ar), 질소(N_2)
- 3대 구성요소 : 분리관, 검출기, 기록계

92 열전대 온도계에서 열전대의 구비조건이 아닌 것은?

① 재생도가 높고 가공이 용이할 것
② 열기전력이 크고 온도상승에 따라 연속적으로 상승할 것
③ 내열성이 크고 고온가스에 대한 내식성이 좋을 것
④ 전기저항 및 온도계수, 열전도율이 클 것

해설
열전대 온도계에서 열전대는 전기저항, 온도계수, 열전도율이 적어야 한다.

93 습식 가스미터의 수면이 너무 낮을 때 발생하는 현상은?

① 가스가 그냥 지나친다.
② 밸브의 마모가 심해진다.
③ 가스가 유입되지 않는다.
④ 드럼의 회전이 원활하지 못하다.

해설
습식 가스미터기의 수면이 적정 수위가 되지 못하고 저하되면 가스가 그냥 지나쳐서 오차가 발생한다.

94 우연오차에 대한 설명으로 옳은 것은?

① 원인 규명이 명확하다.
② 완전한 제거가 가능하다.
③ 산포에 의해 일어나는 오차를 말한다.
④ 정, 부의 오차가 다른 분포상태를 가진다.

해설
우연오차
원인을 알 수 없는 산포에 의해 일어나는 오차이다.

95 내경 10cm인 관 속으로 유체가 흐를 때 피토관의 마노미터 수주가 40cm이었다면 이때의 유량은 약 몇 m³/s인가?

① 2.2×10^{-3} ② 2.2×10^{-2}
③ 0.22 ④ 2.2

해설
유량(Q) = 단면적 × 유속
단면적(A) = $\frac{3.14}{4} \times d^2 = \frac{3.14}{4} \times (0.1)^2 = 0.00785 \text{m}^2$
유속(V) = $\sqrt{2gh} = \sqrt{2 \times 9.8 \times 0.4} = 2.8 \text{m/s}$
∴ 유량(Q) = $0.00785 \times 2.8 = 0.02198 \text{m}^3/\text{s}$
    ≒ $2.2 \times 10^{-2} \text{m}^3/\text{s}$

96 램버트 – 비어의 법칙을 이용한 것으로 미량분석에 유용한 화학분석법은?

① 중화적정법   ② 중량법
③ 분광광도법   ④ 요오드적정법

해설
중화적정법
램버트–비어의 법칙을 이용한 미량분석 가스분석계이다.
※ 화학분석적정법 : 옥소적정법, 중화적정법, 킬레이트적정법

정답 90 ② 91 ② 92 ④ 93 ① 94 ③ 95 ② 96 ①

97 10^{-12}은 계량단위의 접두어로 무엇인가?

① 아토(atto)
② 젭토(zepto)
③ 펨토(femto)
④ 피코(pico)

해설
접두어
• 10^{12} : T(테라)
• 10^{-12} : P(피코)

98 전자유량계는 어떤 유체의 측정에 유용한가?

① 순수한 물
② 과열된 증기
③ 도전성 유체
④ 비전도성 유체

해설
전자유량계
도전성 유체의 유량측정(패러데이의 전자유도법칙에 의해 관 내에 흐르는 방향과 직각으로 자장을 형성시킨다.)

99 다음의 특징을 가지는 액면계는?

• 설치, 보수가 용이하다.
• 온도, 압력 등의 사용범위가 넓다.
• 액체 및 분체에 사용이 가능하다.
• 대상 물질의 유전율 변화에 따라 오차가 발생한다.

① 압력식
② 플로트식
③ 정전용량식
④ 부력식

해설
정전용량식 액면계
측정물의 자기장(유전율)을 이용하여 탱크 안에 전극을 넣고 액유 변화에 의한 전극과 탱크 사이의 정전용량 변화로 측정하는 유량계

100 가스미터의 구비조건으로 가장 거리가 먼 것은?

① 기계오차의 조정이 쉬울 것
② 소형이며 계량 용량이 클 것
③ 감도는 적으나 정밀성이 높을 것
④ 사용가스양을 정확하게 지시할 수 있을 것

해설
가스미터기는 감도가 크고 정밀성이나 정도가 높을 것

정답 97 ④ 98 ③ 99 ③ 100 ③

2020년 1·2회 통합기출문제

1과목 연소공학

01 200℃의 공기가 흐를 때 정압이 200kPa, 동압이 1kPa이면 공기의 속도(m/s)는?(단, 공기의 기체상수는 287J/kg·K이다.)

① 23.9 ② 36.9
③ 42.5 ④ 52.6

해설

$$V = \sqrt{KRT\left(\frac{P}{\gamma}\right)} = \sqrt{1.4 \times 0.287 \times 473 \times \left(\frac{200+1}{29}\right)}$$
$$= 36\text{m/s}$$

- 공기분자량 : 29
- 공기비열비 : 1.4

02 밀도 1.2kg/m³의 기체가 직경 10cm인 관 속을 20m/s로 흐르고 있다. 관의 마찰계수가 0.02라면 1m당 압력손실은 약 몇 Pa인가?

① 24 ② 36
③ 48 ④ 54

해설

손실수두$(h_L) = f\dfrac{l}{d} \times \dfrac{V^2}{2g} \times \rho$

$$= 0.02 \times \frac{1}{0.1} \times \frac{20^2}{2 \times 9.8} \times 1.2$$
$$= 4.8979\text{mmAq}$$

1atm = 101,325Pa = 10.332×10³mmH₂O

$$\therefore 101,325 \times \frac{4.8979}{10.332 \times 10^3} = 48\text{Pa}$$

03 반지름 200mm, 높이 250mm인 실린더 내에 20kg의 유체가 차 있다. 유체의 밀도는 약 몇 kg/m³인가?

① 6.366 ② 63.66
③ 636.6 ④ 6366

해설

V(용적) = 단면적×높이 = $\dfrac{3.14}{4} \times (0.4)^2 \times 0.25$

d(지름) = 20+20 = 40mm

밀도$(\rho) = \dfrac{m}{V} = \dfrac{20}{\dfrac{3.14}{4} \times 0.4^2 \times 0.25} = 636.6\text{kg/m}^3$

04 물이 내경 2cm인 원형관을 평균유속 5cm/s로 흐르고 있다. 같은 유량이 내경 1cm인 관을 흐르면 평균유속은?

① $\dfrac{1}{2}$만큼 감소 ② 2배로 증가
③ 4배로 증가 ④ 변함없다.

해설

$V_A = \dfrac{\pi}{4}d^2$, $V_B = \dfrac{\pi}{4}d^2$

(관의 직경이 작아지면 유속 증가)

유속 = $\left\{\dfrac{3.14 \times (2)^2}{4} \Big/ \dfrac{3.14 \times (1)^2}{4}\right\}$ = 4배로 증가

05 압축성 유체가 그림과 같이 확산기를 통해 흐를 때 속도와 압력은 어떻게 되겠는가?(단, M_a는 마하수이다.)

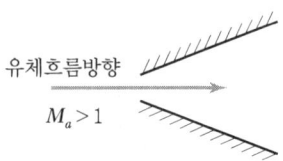

① 속도 증가, 압력 감소
② 속도 감소, 압력 증가
③ 속도 감소, 압력 불변
④ 속도 불변, 압력 증가

정답 01 ② 02 ③ 03 ③ 04 ③ 05 ①

해설

$M_a > 1$(초음속 흐름)

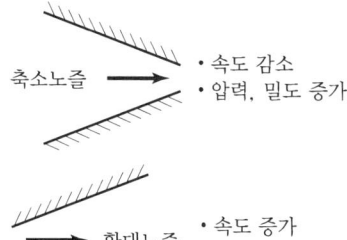

06 수직 충격파는 다음 중 어떤 과정에 가장 가까운가?

① 비가역 과정 ② 등엔트로피 과정
③ 가역 과정   ④ 등압 및 등엔탈피 과정

해설
충격파
- 수직 충격파 : 유동방향에 수직으로 생긴 충격파(비가역 과정)
- 경사 충격파 : 유동방향에 경사진 충격파

07 왕복펌프 중 산, 알칼리액을 수송하는 데 사용되는 펌프는?

① 격막 펌프   ② 기어 펌프
③ 플랜지 펌프 ④ 피스톤 펌프

해설
피스톤 왕복동 펌프
산이나 알칼리액을 수송한다.

08 다음 중 대기압을 측정하는 계기는?

① 수은기압계   ② 오리피스미터
③ 로터미터   ④ 둑(Weir)

해설
- 대기압 측정 : 수은기압계
- 유량 측정 : 오리피스, 로터미터, 둑(위어) 등

09 체적효율을 $d\eta_v$, 피스톤 단면적을 $A[\text{m}^2]$, 행정을 $S[\text{m}]$, 회전수를 $n[\text{rpm}]$이라 할 때 실제 송출량 $Q[\text{m}^3/\text{s}]$를 구하는 식은?

① $Q = \dfrac{ASn}{60\eta_v}$ ② $Q = \eta_v \dfrac{ASn}{60}$

③ $Q = \dfrac{AS\pi n}{60\eta_v}$ ④ $Q = \eta_v \dfrac{AS\pi n}{60}$

해설
- 1초당 송출량 = $\dfrac{ASn}{60}$
- 1초당 실제송출량 = $\eta_v \times \dfrac{ASn}{60}$

유량(Q) = 단면적×행정(m^3/s)

10 아음속 등엔트로피 흐름의 확대노즐에서의 변화로 옳은 것은?

① 압력 및 밀도는 감소한다.
② 속도 및 밀도는 증가한다.
③ 속도는 증가하고, 밀도는 감소한다.
④ 압력은 증가하고, 속도는 감소한다.

해설
아음속 흐름($M_a < 1$)
- 확대노즐 : 속도 감소, 압력, 밀도 증가
- 축소노즐 : 속도 증가, 압력, 밀도 감소

11 다음 그림에서와 같이 관 속으로 물이 흐르고 있다. A점과 B점에서의 유속은 몇 m/s인가?

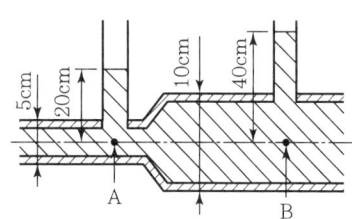

① $u_A = 2.045$, $u_B = 1.022$
② $u_A = 2.045$, $u_B = 0.511$
③ $u_A = 7.919$, $u_B = 1.980$
④ $u_A = 3.960$, $u_B = 1.980$

정답 06 ① 07 ④ 08 ① 09 ② 10 ④ 11 ②

해설

베르누이식 $\dfrac{P_A}{\gamma}+\dfrac{u_A^2}{2g}+Z_A=\dfrac{P_B}{\gamma}+\dfrac{u_B^2}{2g}+Z_B$

A지점, B지점의 압력
$P=\gamma h=P_A=1,000\times 0.2=200\text{kgf/m}^2$
$P_B=1,000\times 0.4=400\text{kgf/m}^2$
$Z_A=Z_B=0$, $u_A=4u_B$ 이므로
$\dfrac{200}{1,000}+\dfrac{16u_B^2}{2g}=\dfrac{480}{1,000}+\dfrac{u_B^2}{2g}$
$\therefore u_B=0.511\text{m/s}$, $u_A=4u_B=4\times 0.511=2.045\text{m/s}$

12 안지름 80cm인 관 속을 동점성계수 4Stokes인 유체가 4m/s의 평균속도로 흐른다. 이때 흐름의 종류는?

① 층류
② 난류
③ 플러그 흐름
④ 천이영역 흐름

해설

동점성계수$(\nu)=\dfrac{\mu}{\sigma}$ (m²/s), 1Stokes=1cm²/s이다.
$\mu=\nu\cdot\rho=4\times 10^{-4}$, $Re=\dfrac{\rho VD}{\mu}=\dfrac{VD}{\nu}$
단면적 $=\dfrac{3.14}{4}\times(0.4)^2=0.1256\text{m}^2$
$Re=\dfrac{4\times 0.8}{4\times 10^{-4}}=8,000$
$\therefore$ 2,320보다 크므로 난류이다.

13 압축률이 $5\times 10^{-5}\text{cm}^2/\text{kgf}$인 물속에서의 음속은 몇 m/s인가?

① 1,400
② 1,500
③ 1,600
④ 1,700

해설

압축률(C)
$=\sqrt{\dfrac{K}{\rho}}=\sqrt{\dfrac{1}{\beta\rho}}=\sqrt{\dfrac{10^4}{102\times(5\times 10^{-5})}}=1,400\text{m/s}$

14 다음 중 기체수송에 사용되는 기계로 가장 거리가 먼 것은?

① 팬
② 송풍기
③ 압축기
④ 펌프

해설

펌프
액체수송용(액화가스, 물, 오일 등)

15 원관 중의 흐름이 층류일 경우 유량이 반경의 4제곱과 압력기울기 $(P_1-P_2)/L$에 비례하고 점도에 반비례한다는 법칙은?

① Hagen-Poiseuille 법칙
② Reynolds 법칙
③ Newton 법칙
④ Fourier 법칙

해설

하겐-푸아죄유 법칙
원관 내 흐름이 층류일 경우 유량이 반경의 4제곱과 압력기울기 (층류흐름에만 적용) $\dfrac{(P_1-P_2)}{L}$에 비례하고 점도에 반비례하는 법칙이다.

16 프란틀의 혼합길이(Prandtl Mixing Length)에 대한 설명으로 옳지 않은 것은?

① 난류유동에 관련된다.
② 전단응력과 밀접한 관련이 있다.
③ 벽면에서는 0이다.
④ 항상 일정한 값을 갖는다.

해설

프란틀$(Pr)=\dfrac{\mu c_p}{k}$, (열확산/열전도)=열대류

혼합거리 l과 속도구배$\left(\dfrac{du}{dy}\right)$로 나타낸다.
$\therefore l=ky$이므로 벽$(y=0)$에서 $l=0$이다.

정답 12 ② 13 ① 14 ④ 15 ① 16 ④

17 그림과 같이 물이 흐르는 관에 U자 수은관을 설치하고, A지점과 B지점 사이의 수은 높이차(h)를 측정하였더니 0.7m이었다. 이때 A지점과 B지점 사이의 압력차는 약 몇 kPa인가?(단, 수은의 비중은 13.6이다.)

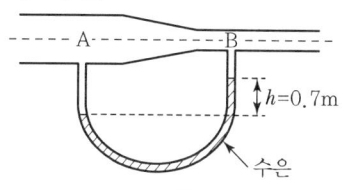

① 8.64 ② 9.33
③ 86.4 ④ 93.3

해설

㉠ $P_1 = P_2 = \dfrac{(13.6-1) \times 1{,}000 \times 0.7}{10{,}332 \text{mmH}_2\text{O}} \times 101.325 \text{kPa}$

$= 86.4 \text{kPa}$

㉡ $P_x + 9{,}800 \times 1 \times 0.7 = P_y + 9{,}800 \times 13.6 \times 0.7$

∴ $P_x - P_y = (9{,}800 \times 13.6 \times 0.7) - (9{,}800 \times 1 \times 0.7)$

$= 86{,}400 \text{Pa} = 86.4 \text{kPa}$

※ 물의 비중 = 1(1,000kg/m³)

18 실험실의 풍동에서 20℃의 공기로 실험을 할 때 마하각이 30℃이면 풍속은 몇 m/s가 되는가?(단, 공기의 비열비는 1.4이다.)

① 278 ② 364
③ 512 ④ 686

해설

공기음속(C) = $\sqrt{kRT}$
$= \sqrt{1.4 \times 287 \times (20+273)} = 343.1 \text{m/s}$

여기서, k : 공기의 비열비(1.4)
R : 기체상수(287J/kg·K)

$\sin a = \dfrac{C}{V}$, $V = \dfrac{C}{\sin a} = \dfrac{343.1}{\sin 30} = 686 \text{m/s}$

19 SI 기본단위에 해당하지 않는 것은?

① kg ② m
③ W ④ K

해설

• 기본단위 : m, kg, s, A, mol, K, cd
• 동력의 SI : W, kg, m²/s²

20 안지름이 20cm의 관에 평균속도 20m/s로 물이 흐르고 있다. 이때 유량은 얼마인가?

① 0.628m³/s ② 6.280m³/s
③ 2.512m³/s ④ 0.251m³/s

해설

유량(Q) = 단면적 × 유속
$= \dfrac{3.14}{4} \times (0.2)^2 \times 20 = 0.628 \text{m}^3/\text{s}$

2과목 연소공학

21 기체연료를 미리 공기와 혼합시켜 놓고, 점화해서 연소하는 것으로 연소실 부하율을 높게 얻을 수 있는 연소방식은?

① 확산연소 ② 예혼합연소
③ 증발연소 ④ 분해연소

해설

예혼합연소

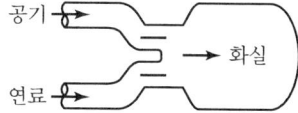

22 기체연료의 연소형태에 해당하는 것은?

① 확산연소, 증발연소
② 예혼합연소, 증발연소
③ 예혼합연소, 확산연소
④ 예혼합연소, 분해연소

해설

기체연료의 연소형태
• 확산연소(불완전연소 발생)
• 예혼합연소(역화발생 주의)

정답 17 ③ 18 ④ 19 ③ 20 ① 21 ② 22 ③

23 저위발열량 93,766kJ/Sm³의 C_3H_8을 공기비 1.2로 연소시킬 때의 이론연소온도는 약 몇 K인가?(단, 배기가스의 평균비열은 1.653kJ/Sm³·K이고 다른 조건은 무시한다.)

① 1,735　　② 1,856
③ 1,919　　④ 2,083

해설

연소반응식 : $C_3H_8 + 5O_2 \rightarrow 3CO_2 + 4H_2O$

연소가스양(G_o) $= (1.2 - 0.21) \times \dfrac{5}{0.21} + (3+4)$

$= 30.57 \text{Nm}^3/\text{Nm}^3$

$\therefore t_o = \dfrac{H_L}{G_o \times C_p} = \dfrac{93,766}{30.57 \times 1.653} = 1,856 \,°C$

24 확산연소에 대한 설명으로 옳지 않은 것은?

① 조작이 용이하다.
② 연소 부하율이 크다.
③ 역화의 위험성이 적다.
④ 화염의 안정범위가 넓다.

해설

예혼합기체연소 : 연소의 부하율이 크다.
(저압버너, 고압버너, 송풍버너 등을 이용한다.)

25 공기비가 클 경우 연소에 미치는 영향이 아닌 것은?

① 연소실 온도가 낮아진다.
② 배기가스에 의한 열손실이 커진다.
③ 연소가스 중의 질소산화물이 증가한다.
④ 불완전연소에 의한 매연의 발생이 증가한다.

해설

$C + O_2 \rightarrow CO_2$

$C + 1/2 O_2 \rightarrow CO$

공기비가 크면 완전연소가 가능하고 매연 발생이 감소하지만 지나치면 배기가스양이 많아져서 노내온도 저하, 배기가스 열손실이 발생한다.

26 사고를 일으키는 장치의 이상이나 운전자 실수의 조합을 연역적으로 분석하는 정량적인 위험성 평가방법은?

① 결함수 분석법(FTA)
② 사건수 분석법(ETA)
③ 위험과 운전 분석법(HAZOP)
④ 작업자 실수 분석법(HEA)

27 분진폭발의 위험성을 방지하기 위한 조건으로 틀린 것은?

① 환기장치는 공동 집진기를 사용한다.
② 분진이 발생하는 곳에 습식 스크러버를 설치한다.
③ 분진 취급 공정을 습식으로 운영한다.
④ 정기적으로 분진 퇴적물을 제거한다.

해설

분진폭발을 방지하기 위하여 환기장치는 단독 집진기를 사용하여야 한다.
- 분진폭발 : 입자의 크기, 형상 등에 영향을 받는다.
- 분진의 종류 : 티탄, 알루미늄, 마그네슘, 아연 등

28 달톤(Dalton)의 분압법칙에 대하여 옳게 표현한 것은?

① 혼합기체의 온도는 일정하다.
② 혼합기체의 체적은 각 성분의 체적의 합과 같다.
③ 혼합기체의 기체상수는 각 성분의 기체상수의 합과 같다.
④ 혼합기체의 압력은 각 성분(기체)의 분압의 합과 같다.

해설

달톤의 분압법칙 : 혼합기체의 압력은 각 성분 기체의 분압의 합과 같다.

※ 분압 = 전압 × $\dfrac{성분부피}{전 부피}$

정답 23 ② 24 ② 25 ④ 26 ① 27 ① 28 ④

29 다음 중 공기와 혼합기체를 만들었을 때 최대 연소속도가 가장 빠른 기체연료는?

① 아세틸렌　　② 메틸알코올
③ 톨루엔　　　④ 등유

해설
- 기체의 확산속도는 분자량 또는 밀도의 제곱근에 반비례한다.
- 분자량이 작은 기체는 확산속도가 크다.
- 분자량(아세틸렌 : 26, 메틸알코올 : 32, 톨루엔 : 92, 등유 : 108~216)
※ 연소속도에 영향을 주는 인자는 기체의 확산 및 산소와의 혼합이다.

30 프로판가스 $1m^3$를 완전연소시키는 데 필요한 이론공기량은 약 몇 m^3인가?(단, 산소는 공기 중에 20%를 함유한다.)

① 10　　② 15
③ 20　　④ 25

해설
연소반응식= $C_3H_8 + 5O_2 \rightarrow 3CO_2 + 4H_2O$

이론공기량=이론산소량 $\times \dfrac{1}{\text{산소량}}$

$= 5 \times \dfrac{1}{0.2} = 25m^3$

31 제1종 영구기관을 바르게 표현한 것은?

① 외부로부터 에너지원을 공급받지 않고 영구히 일을 할 수 있는 기관
② 공급된 에너지보다 더 많은 에너지를 낼 수 있는 기관
③ 지금까지 개발된 기관 중에서 효율이 가장 좋은 기관
④ 열역학 제2법칙에 위배되는 기관

해설
제1종 영구기관
외부로부터 에너지원을 공급받지 않고 영구히 일을 할 수 있는 기관을 말한다. 즉, 입력보다 출력이 더 큰 기관이며, 열효율이 100% 이상인 기관으로 열역학 제1법칙에 위배되는 기관이다.

32 프로판가스의 연소과정에서 발생한 열량은 50,232MJ/kg이었다. 연소 시 발생한 수증기의 잠열이 8,372MJ/kg이면 프로판가스의 저발열량 기준 연소효율은 약 몇 %인가?(단, 연소에 사용된 프로판가스의 저발열량은 46,046MJ/kg이다.)

① 87　　② 91
③ 93　　④ 96

해설
연소용 저위발열량=46,046MJ/kg
발열 연소과정열량=50,232MJ/kg

∴ 연소효율= $\dfrac{46,046}{50,232} \times 100 = 91\%$

33 난류 예혼합화염과 층류 예혼합화염에 대한 특징을 설명한 것으로 옳지 않은 것은?

① 난류 예혼합화염의 연소속도는 층류 예혼합화염의 수배 내지 수십 배에 달한다.
② 난류 예혼합화염의 두께는 수 밀리미터에서 수십 밀리미터에 달하는 경우가 있다.
③ 난류 예혼합화염은 층류 예혼합화염에 비하여 화염의 휘도가 낮다.
④ 난류 예혼합화염의 경우 그 배후에 다량의 미연소분이 잔존한다.

해설
난류 예혼합화염은 화염의 휘도가 높다.

34 인화(Pilot Ignition)에 대한 설명으로 틀린 것은?

① 점화원이 있는 조건하에서 점화되어 연소를 시작하는 것이다.
② 물체가 착화원 없이 불이 붙어 연소하는 것을 말한다.
③ 연소를 시작하는 가장 낮은 온도를 인화점(Flash Point)이라 한다.
④ 인화점은 공기 중에서 가연성 액체의 액면 가까이 생기는 가연성 증기가 작은 불꽃에 의하여 연소될 때의 가연성 물체의 최저 온도이다.

해설

인화점
가연성 물질이 공기 중에서 점화원(착화원)에 의하여 연소가 가능한 최저의 온도로서 위험성의 척도이다.
※ ②는 발화점(발화온도)에 대한 설명이다.

35 오토사이클의 열효율을 나타낸 식은?(단, η는 열효율, r는 압축비, k는 비열비이다.)

① $\eta = 1 - \left(\dfrac{1}{r}\right)^{k+1}$ ② $\eta = 1 - \left(\dfrac{1}{r}\right)^{k}$

③ $\eta = 1 - \dfrac{1}{r}$ ④ $\eta = 1 - \left(\dfrac{1}{r}\right)^{k-1}$

해설

Otto Cycle
가솔린기관, 즉 전기점화기관의 기본사이클

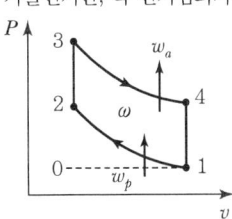

- $0 \to 1$: 흡입과정
- $1 \to 2$: 압축과정
- $2 \to 3$: 등적과정(폭발)
- $3 \to 4$: 단열팽창
- $4 \to 1$: 등적방열
- $1 \to 0$: 배기과정

열효율$(\eta_0) = 1 - \left(\dfrac{1}{\varepsilon}\right)^{k-1}$

36 Fire Ball에 의한 피해로 가장 거리가 먼 것은?

① 공기팽창에 의한 피해 ② 탱크파열에 의한 피해
③ 폭풍압에 의한 피해   ④ 복사열에 의한 피해

해설

Fire Ball
- 공처럼 둥근 불덩어리, 고열가스에서 나타나는 반짝반짝 빛나는 화구체이다.
- 공기팽창, 폭풍압, 복사열 등에 의한 피해가 발생한다.

37 다음 중 차원이 같은 것끼리 나열된 것은?

㉠ 열전도율 ㉡ 점성계수
㉢ 저항계수 ㉣ 확산계수
㉤ 열전달률 ㉥ 동점성계수

① ㉠, ㉡   ② ㉢, ㉤
③ ㉣, ㉥   ④ ㉤, ㉥

해설

- 확산계수(열확산계수) 차원 : $L^2/\theta = L^2/T$
- 동점성계수 차원 : $L^2 T^{-1} = L^2 T^{-2}$ (SI단위, 공학단위)

38 C_3H_8을 공기와 혼합하여 완전연소시킬 때 혼합기체 중 C_3H_8의 최대농도는 약 얼마인가?(단, 공기 중 산소는 20.9%이다.)

① 3vol%   ② 4vol%
③ 5vol%   ④ 6vol%

해설

$C_3H_8 + 5O_2 \to 3CO_2 + 4H_2O$

연소가스양$(G_o) = (1-0.21)A_o + CO_2 + H_2O$

이론공기량$(A_o) = $ 이론산소량 $\times \dfrac{1}{\text{공기 중 산소}}$

$= 5 \times \dfrac{1}{0.209} = 23.934 \text{Nm}^3/\text{Nm}^3$

$G_o = (1-0.21) \times 23.934 + (3+4) = 2.5 \text{Nm}^3/\text{Nm}^3$

∴ $\dfrac{1}{25} \times 100 = 4\%$

39 최대안전틈새의 범위가 가장 작은 가연성 가스의 폭발등급은?

① A   ② B
③ C   ④ D

40 분자량이 30인 어떤 가스의 정압비열이 0.75kJ/kg·K이라고 가정할 때 이 가스의 비열비 (k)는 약 얼마인가?

정답 35 ④ 36 ② 37 ③ 38 ② 39 ③ 40 ③

① 0.28　② 0.47
③ 1.59　④ 2.38

해설

$R = \dfrac{8.314}{M} = \dfrac{8.314}{30} = 0.277 \text{kJ/kg} \cdot \text{K}$

비열비(k) $= \dfrac{C_p}{C_v}$ 여기서, C_v = 정적비열

$C_v = C_p - R = 0.75 - 0.277 = 0.473 \text{kJ/kg} \cdot \text{K}$

∴ $k = \dfrac{0.75}{0.473} = 1.59$

3과목　가스설비

41　다음 그림은 어떤 종류의 압축기인가?

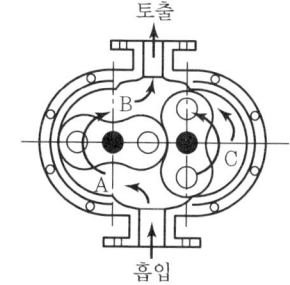

① 가동날개식　② 루트식
③ 플런저식　④ 나사식

해설

루트식 압축기

42　수소에 대한 설명으로 틀린 것은?

① 암모니아 합성의 원료로 사용된다.
② 열전달률이 작고 열에 불안정하다.
③ 염소와의 혼합기체에 일광을 쬐면 폭발한다.
④ 모든 가스 중 가장 가벼워 확산속도도 가장 빠르다.

해설

수소(H_2)가스는 열전도율이 대단히 크고 열에 대해 안정하다.

43　가스조정기 중 2단 감압식 조정기의 장점이 아닌 것은?

① 조정기의 개수가 적어도 된다.
② 연소기구에 적합한 압력으로 공급할 수 있다.
③ 배관의 관경을 비교적 작게 할 수 있다.
④ 입상배관에 의한 압력강하를 보정할 수 있다.

해설

2단 감압식 조정기
조정기의 수가 많아서 검사방법이 복잡하다.

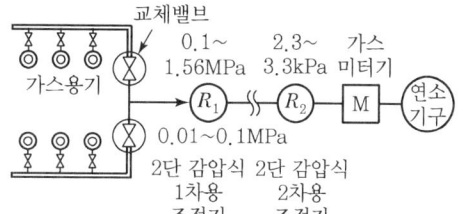

44　다음 수치를 가진 고압가스용 용접용기의 동판 두께는 약 몇 mm인가?

- 최고충전압력 : 15MPa
- 동체의 내경 : 200mm
- 재료의 허용응력 : 150N/mm²
- 용접효율 : 100
- 부식여유 두께 : 고려하지 않음

① 6.6　② 8.6
③ 10.6　④ 12.6

해설

$t = \dfrac{PD}{2S\eta - 1.2P} + C$

$= \dfrac{15 \times 200}{2 \times 150 \times 1 - 1.2 \times 15} + 0$

$= \dfrac{3,000}{300 - 18} = 10.6\text{mm}$

45　인장시험방법에 해당하는 것은?

① 올센법　② 샤르피법
③ 아이조드법　④ 파우더법

정답　41 ②　42 ②　43 ①　44 ③　45 ①

해설

Olsen법
유압식(올센법) 인장시험방법이며, 유압식 만능시험기에는 암슬러형, 발드원형, 모블페더하프형, 시마즈형, 인스트론형 등이 있고 현장에서는 암슬러형, 인스트론형이 많이 쓰인다.

46 대기압에서 1.5MPa·g까지 2단 압축기로 압축하는 경우 압축동력을 최소로 하기 위해서는 중간압력을 얼마로 하는 것이 좋은가?

① 0.2MPa·g
② 0.3MPa·g
③ 0.5MPa·g
④ 0.75MPa·g

해설

중간압력 $P_0(\text{kg/cm}^2\text{a}) = \sqrt{P_1 \times P_2}$
대기압 : $0.1\text{MPa} = \sqrt{0.1 \times (1.5+0.1)} = 0.4\text{MPa} \cdot \text{a}$
∴ $0.4 - 0.1 = 0.3\text{MPa} \cdot \text{g}$

47 가연성 가스로서 폭발범위가 넓은 것부터 좁은 것의 순으로 바르게 나열된 것은?

① 아세틸렌 – 수소 – 일산화탄소 – 산화에틸렌
② 아세틸렌 – 산화에틸렌 – 수소 – 일산화탄소
③ 아세틸렌 – 수소 – 산화에틸렌 – 일산화탄소
④ 아세틸렌 – 일산화탄소 – 수소 – 산화에틸렌

해설

가스의 폭발범위
- 아세틸렌 : 2.5~81%
- 수소 : 4~74%
- 산화에틸렌 : 3~80%
- 일산화탄소 : 12.5~74%

48 접촉분해 프로세스에서 다음 반응식에 의해 카본이 생성될 때 카본생성을 방지하는 방법은?

$$CH_4 \rightleftarrows 2H_2 + C$$

① 반응온도를 낮게, 반응압력을 높게 한다.
② 반응온도를 높게, 반응압력을 낮게 한다.
③ 반응온도와 반응압력을 모두 낮게 한다.
④ 반응온도와 반응압력을 모두 높게 한다.

해설

카본생성
$CH_4 \rightleftarrows C + 2H_2$, $2CO \rightleftarrows CO_2 + C$(카본)
※ 카본생성방지 : 반응온도는 낮게, 반응압력은 높게

49 왕복식 압축기의 특징이 아닌 것은?

① 용적형이다.
② 압축효율이 높다.
③ 용량조정의 범위가 넓다.
④ 점검이 쉽고 설치면적이 작다.

해설

왕복동 용접식 압축기
형태가 크고 무거우며 설치면적이 크다. 또한 접촉부가 많아서 보수가 까다롭다.

50 금속재료에 대한 설명으로 옳은 것으로만 짝 지어진 것은?

㉠ 염소는 상온에서 건조하여도 연강을 침식시킨다.
㉡ 고온, 고압의 수소는 강에 대하여 탈탄작용을 한다.
㉢ 암모니아는 동, 동합금에 대하여 심한 부식성이 있다.

① ㉠
② ㉠, ㉡
③ ㉡, ㉢
④ ㉠, ㉡, ㉢

해설

염소(Cl_2)가스는 수분과 반응하여 염산을 생성하고 강재를 부식시킨다(건조한 상태에서는 연강을 침식시키지 않는다).
$H_2O + Cl_2 \rightarrow HCl + HClO$(차아염소산)
$Fe + 2HCl \rightarrow FeCl_2 + H_2$

정답 46 ② 47 ② 48 ① 49 ④ 50 ③

51 압력용기에 해당하는 것은?

① 설계압력(MPa)과 내용적(m^3)을 곱한 수치가 0.05인 용기
② 완충기 및 완충장치에 속하는 용기와 자동차에어백용 가스충전용기
③ 압력에 관계없이 안지름, 폭, 길이 또는 단면의 지름이 100mm인 용기
④ 펌프, 압축장치 및 축압기의 본체와 그 본체와 분리되지 아니하는 일체형 용기

해설
설계압력과 내용적을 곱한 수치가 0.04 이상인(초과) 용기는 제1종 압력용기이다.

52 천연가스에 첨가하는 부취제의 성분으로 적합하지 않은 것은?

① THT(Tetra Hydro Thiophene)
② TBM(Tertiary Butyl Mercaptan)
③ DMS(Dimethyl Sulfide)
④ DMDS(Dimethyl Disulfide)

해설
부취제의 종류
• THT(석탄가스 냄새) : 취기는 보통이며 토양에 대한 투과성은 보통이다.
• TBM(양파 썩는 냄새) : 취기가 가장 강하고 토양에 대한 투과성이 크다.
• DMS(마늘 냄새) : 취기가 가장 약하고 토양에 대한 투과성은 가장 크다.

53 지하매설물 탐사방법 중 주로 가스배관을 탐사하는 기법으로 전도체에 전기가 흐르면 도체 주변에 자장이 형성되는 원리를 이용한 탐사법은?

① 전자유도탐사법   ② 레이더탐사법
③ 음파탐사법   ④ 전기탐사법

해설
전자유도탐사법
지하의 매설물(주로 가스배관)의 탐사방법이며 전도체에 전기가 흐르면 도체 주변에 자장이 형성되는 원리를 이용한다.

54 고압가스의 상태에 따른 분류가 아닌 것은?

① 압축가스   ② 용해가스
③ 액화가스   ④ 혼합가스

해설
고압가스의 상태에 따른 분류
• 압축가스 : H_2, CH_4 등
• 용해가스 : C_2H_2
• 액화가스 : LPG, 염소, 암모니아 등

55 LP 가스 장치에서 자동교체식 조정기를 사용할 경우의 장점에 해당되지 않는 것은?

① 잔액이 거의 없어질 때까지 소비된다.
② 용기교환주기의 폭을 좁힐 수 있어, 가스발생량이 적어진다.
③ 전체 용기 수량이 수동교체식의 경우보다 적어도 된다.
④ 가스소비 시의 압력변동이 적다.

해설
LP 가스 자동교체식(일체형, 분리형)
용기의 교환주기의 폭을 크게 할 수 있어서 가스발생량이 풍부하다 (잔액의 가스가 거의 없어질 때까지 소비가 가능한 장점이 있다).

56 용해 아세틸렌가스 정제장치는 어떤 가스를 주로 흡수 · 제거하기 위하여 설치하는가?

① CO_2, SO_2
② H_2S, PH_3
③ H_2O, SiH_4
④ NH_3, $COCl_2$

해설
용해 C_2H_2 가스의 정제장치는 H_2S, PH_3, NH_3, N_2, O_2, SH_4, CH_4 등의 불순물을 제거한다.

정답 51 ① 52 ④ 53 ① 54 ④ 55 ② 56 ②

57 고압가스 용기의 재료에 사용되는 강의 성분 중 탄소, 인, 황의 함유량은 제한되어 있다. 이에 대한 설명으로 옳은 것은?

① 황은 적열취성의 원인이 된다.
② 인(P)은 될수록 많은 것이 좋다.
③ 탄소량이 증가하면 인장강도와 충격치가 감소한다.
④ 탄소량이 많으면 인장강도는 감소하고 충격치는 증가한다.

[해설]
- 인(P) 증가 : 연신율 감소, 경도, 인장강도 증가, 상온·저온 취성의 원인
- 탄소량 증가 : 경도, 항복점, 비열, 취성, 전기저항 증가, 강도 및 경도 증가
- 황(S) : 적열취성의 원인

58 액화프로판 15L를 대기 중에 방출하였을 경우 약 몇 L의 기체가 되는가?(단, 액화프로판의 액밀도는 0.5kg/L이다.)

① 300L ② 750L
③ 1,500L ④ 3,800L

[해설]
C_3H_8 분자량 $44, 22.4m^3$
$15 \times 0.5 = 7.5\text{kg}(7,500\text{g})$
$\dfrac{7,500\text{g}}{44\text{g}} = 171$ 몰, 1몰 $= 22.4$L
$\therefore 171 \times 22.4 = 3,830$L

59 LNG Bunkering이란?

① LNG를 지하시설에 저장하는 기술 및 설비
② LNG 운반선에서 LNG 인수기지로 급유하는 기술 및 설비
③ LNG 인수기지에서 가스홀더로 이송하는 기술 및 설비
④ LNG를 해상 선박에 급유하는 기술 및 설비

[해설]
LNG Bunkering
액화천연가스 LNG를 해상 선박에 급유하는 기술 및 설비이다.

60 염소가스(Cl_2) 고압용기의 지름을 4배, 재료의 강도를 2배로 하면 용기의 두께는 얼마가 되는가?

① 0.5 ② 1배
③ 2배 ④ 4배

[해설]
염소용기의 두께 계산
$t = \dfrac{P \cdot D}{200S} = \dfrac{4}{2} = 2$
여기서, P : 최고충전압력
D : 지름(내경)
S : 인장강도

4과목 가스안전관리

61 가연성이면서 독성가스가 아닌 것은?

① 염화메탄 ② 산화프로필렌
③ 벤젠 ④ 시안화수소

[해설]
㉠ 산화에틸렌(C_2H_4O)
- 가연성 가스 : 3~80%(폭발범위)
- 독성가스 : 허용농도(TWA기준) 50ppm
㉡ 프로필렌(C_3H_6)
가연성 가스이며 폭발범위가 2~11.1%이다.
㉢ 산화프로필렌(C_3H_8O) : 고리에테르의 하나, 무색의 액체로 에테르와 비슷한 냄새가 난다.

62 독성가스인 염소 500kg을 운반할 때 보호구를 차량의 승무원수에 상당한 수량을 휴대하여야 한다. 다음 중 휴대하지 않아도 되는 보호구는?

① 방독마스크 ② 공기호흡기
③ 보호의 ④ 보호장갑

[해설]
염소의 제독제에는 가성소다 수용액, 탄산소다수용액, 소석회 등이 있다(염소 등 독성가스는 1,000kg 이상의 경우에만 공기호흡기가 필요하다).

정답 57 ① 58 ④ 59 ④ 60 ③ 61 ② 62 ②

63 액화석유가스 저장탱크 지하 설치 시의 시설 기준으로 틀린 것은?

① 저장탱크 주위 빈 공간에는 세립분을 포함한 마른 모래를 채운다.
② 저장탱크를 2개 이상 인접하여 설치하는 경우에는 상호 간에 1m 이상의 거리를 유지한다.
③ 점검구는 저장능력이 20톤 초과인 경우에는 2개소로 한다.
④ 검지관은 직경 40A 이상으로 4개소 이상 설치한다.

[해설]
저장탱크 주위에는 손으로 만졌을 때 물이 손에서 흘러내리지 않는 상태의 모래를 채운다.

64 가스난방기는 상용압력의 1.5배 이상의 압력으로 실시하는 기밀시험에서 가스차단밸브를 통한 누출량이 얼마 이하가 되어야 하는가?

① 30mL/h
② 50mL/h
③ 70mL/h
④ 90mL/h

[해설]
가스난방기의 기밀시험
상용압력의 1.5배 이상의 압력으로 기밀시험 시 가스차단밸브를 통한 가스누출량이 70mL/h 이하이면 합격이다.

65 고압가스특정제조시설의 내부반응 감시장치에 속하지 않는 것은?

① 온도감시장치
② 압력감시장치
③ 유량감시장치
④ 농도감시장치

[해설]
고압가스특정제조시설의 내부반응 감시장치
• 온도감시장치
• 압력감시장치
• 유량감시장치

66 액화석유가스 저장탱크에 설치하는 폭발방지장치와 관련이 없는 것은?

① 비드
② 후프링
③ 방파판
④ 다공성 알루미늄 박판

[해설]
액화석유가스 저장탱크 폭발방지장치
• 후프링
• 방파판
• 다공성 알루미늄 박판
※ 비드(Bead) : 용접형상

67 가스도매사업자의 공급관에 대한 설명으로 맞는 것은?

① 정압기지에서 대량수요자의 가스사용시설까지 이르는 배관
② 인수기지 부지경계에서 정압기까지 이르는 배관
③ 인수기지 내에 설치되어 있는 배관
④ 대량수요자 부지 내에 설치된 배관

[해설]
가스도매사업자 공급관

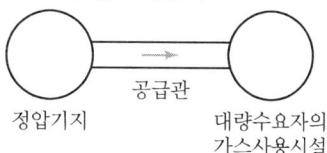

68 액화석유가스용 강제용기 스커트의 재료를 고압가스용기용 강판 및 강대 SG 295 이상의 재료로 제조하는 경우에는 내용적이 25L 이상, 50L 미만인 용기는 스커트의 두께를 얼마 이상으로 할 수 있는가?

① 2mm
② 3mm
③ 3.6mm
④ 5mm

정답 63 ① 64 ③ 65 ④ 66 ① 67 ① 68 ②

해설
내용적에 따른 스커트재료(SG 295 이상 재료)두께
- 20L 이상~25L 미만 : 3mm 이상
- 25L 이상~50L 미만 : 3.6mm 이상
- 50L 이상~125L 미만 : 5mm 이상

69 가연성 가스가 폭발할 위험이 있는 농도에 도달할 우려가 있는 장소로서 "2종 장소"에 해당되지 않는 것은?

① 상용의 상태에서 가연성 가스의 농도가 연속해서 폭발하한계 이상으로 되는 장소
② 밀폐된 용기가 그 용기의 사고로 인해 파손될 경우에만 가스가 누출할 위험이 있는 장소
③ 환기장치에 이상이나 사고가 발생한 경우에 가연성 가스가 체류하여 위험하게 될 우려가 있는 장소
④ 1종 장소의 주변에서 위험한 농도의 가연성 가스가 종종 침입할 우려가 있는 장소

해설
①은 제0종 장소에 해당한다.

70 고정식 압축도시가스 자동차 충전시설에서 가스누출검지경보장치의 검지경보장치 설치수량의 기준으로 틀린 것은?

① 펌프 주변에 1개 이상
② 압축가스설비 주변에 1개
③ 충전설비 내부에 1개 이상
④ 배관접속부마다 10m 이내에 1개

해설
고정식 압축도시가스 자동차 충전시설에서 가스누출검지경보장치의 검지경보장치 설치수량 기준은 ①, ③, ④에 따른다.

71 가연성 가스의 제조설비 중 전기설비가 방폭성능구조를 갖추지 아니하여도 되는 가연성 가스는?

① 암모니아
② 아세틸렌
③ 염화에탄
④ 아크릴알데히드

해설
방폭성능구조가 필요 없는 가스
암모니아, 브롬화메탄

72 특정설비에 설치하는 플랜지이음매로 허브플랜지를 사용하지 않아도 되는 것은?

① 설계압력이 2.5MPa인 특정설비
② 설계압력이 3.0MPa인 특정설비
③ 설계압력이 2.0MPa이고 플랜지의 호칭 내경이 260mm인 특정설비
④ 설계압력이 1.0MPa이고 플랜지의 호칭 내경이 300mm인 특정설비

해설
①, ②, ③은 특정설비 허브플랜지가 필요하다.
※ 허브플랜지(Slip-On Hub Flange ; SOH) : 낮은 허브를 가진 플랜지이다.

73 고압가스 특정제조시설에서 준내화구조 액화가스 저장탱크 온도상승방지설비 설치와 관련한 물분무살수장치 설치기준으로 적합한 것은?

① 표면적이 $1m^2$당 2.5L/분 이상
② 표면적이 $1m^2$당 3.5L/분 이상
③ 표면적이 $1m^2$당 5L/분 이상
④ 표면적이 $1m^2$당 8L/분 이상

해설
고압가스 특정제조시설에서 준내화구조 액화가스 저장탱크 온도상승방지용 물분무살수장치 설치기준
- 내화구조 : $1m^2$당 5L/분 이상
- 준내화구조 : $1m^2$당 2.5L/분 이상

정답 69 ① 70 ② 71 ① 72 ④ 73 ①

74 고압가스용 안전밸브 구조의 기준으로 틀린 것은?

① 안전밸브는 그 일부가 파손되었을 때 분출되지 않는 구조로 한다.
② 스프링의 조정나사는 자유로이 헐거워지지 않는 구조로 한다.
③ 안전밸브는 압력을 마음대로 조정할 수 없도록 봉인 할 수 있는 구조로 한다.
④ 가연성 또는 독성가스용의 안전밸브는 개방형을 사용하지 않는다.

해설
고압가스용 안전밸브의 구조는 항상 어떠한 기준에서도 설정압력을 벗어나면 분출이 가능한 구조이어야 한다.

75 용기의 도색 및 표시에 대한 설명으로 틀린 것은?

① 가연성 가스 용기는 빨간색 테두리에 검은색 불꽃모양으로 표시한다.
② 내용적 2L 미만의 용기는 제조자가 정하는 바에 의한다.
③ 독성가스 용기는 빨간색 테두리에 검은색 해골모양으로 표시한다.
④ 선박용 LPG 용기는 용기의 하단부에 2cm의 백색 띠를 한 줄로 표시한다.

해설
용기도색 구분(액화석유가스용)
• 액화석유가스 : 회색
• 선박용 : 용기 상단부에 폭 2cm의 백색 띠를 두 줄로 표시한다.

76 고압가스설비 중 플레어스택의 설치높이는 플레어스택 바로 밑의 지표면에 미치는 복사열이 얼마 이하로 되도록 하여야 하는가?

① $2,000kcal/m^2 \cdot h$ ② $3,000kcal/m^2 \cdot h$
③ $4,000kcal/m^2 \cdot h$ ④ $5,000kcal/m^2 \cdot h$

해설
플레어스택 설치높이
지표면에 미치는 복사열이 $4,000kcal/m^2 \cdot h$ 이하가 되도록 할 것(단, $4,000kcal/m^2 \cdot h$를 초과하는 경우로서 출입이 통제된 지역은 예외이다.)

77 고압가스제조시설 사업소에서 안전관리자가 상주하는 현장사무소 상호 간에 설치하는 통신설비가 아닌 것은?

① 인터폰   ② 페이징설비
③ 휴대용 확성기   ④ 구내방송설비

해설
안전관리자 상주 현장사무소의 통신설비
①, ②, ④ 외에도 구내전화가 필요하다.
※ 휴대용 확성기는 사업소 내 전체 통신설비 기준이다.

78 불화수소에 대한 설명으로 틀린 것은?

① 강산이다.
② 황색 기체이다.
③ 불연성 기체이다.
④ 자극적 냄새가 난다.

해설
불화수소(HF)
허용농도가 TLV-TWA 기준으로 3ppm인 맹독성 가스로서 증기는 극히 유독하다.
(불소 : 담황색, 포스겐 : 담황록색, 염소 : 황록색)

79 액화 조연성 가스를 차량에 적재운반하려고 한다. 운반책임자를 동승시켜야 할 기준은?

① 1,000kg 이상
② 3,000kg 이상
③ 6,000kg 이상
④ 12,000kg 이상

정답 74 ① 75 ④ 76 ③ 77 ③ 78 ② 79 ③

해설

운반책임자 동승기준

가스의 종류		기준(이상)
압축가스 (기체)	가연성 가스	300m³
	독성가스	100m³
	조연성 가스	600m³
액화가스	가연성 가스	3,000kg
	독성가스	1,000kg
	조연성 가스	6,000kg

80 고압가스 운반 중에 사고가 발생한 경우의 응급조치의 기준으로 틀린 것은?

① 부근의 화기를 없앤다.
② 독성 가스가 누출된 경우에는 가스를 제독한다.
③ 비상연락망에 따라 관계업소에 원조를 의뢰한다.
④ 착화된 경우 용기파열 등의 위험이 있다고 인정될 때는 소화한다.

해설

고압가스 운반 중 사고발생 시 응급조치
착화된 경우 용기파열 등의 위험이 있다고 인정되면 즉시 소방서 등에 신고한다.

5과목 가스계측

81 단위계의 종류가 아닌 것은?

① 절대단위계
② 실제단위계
③ 중력단위계
④ 공학단위계

해설

단위계
- 절대단위계(CGS 단위계)
- 중력단위계(공학단위계)
- 국제단위계(SI 단위계)

82 $5kgf/cm^2$는 약 mAq인가?

① 0.5
② 5
③ 50
④ 500

해설

$1kgf/cm^2 = 10mAq$(수두압)
∴ $10 \times 5 = 50mAq$

83 열팽창계수가 다른 두 금속을 붙여서 온도에 따라 휘어지는 정도의 차이로 온도를 측정하는 온도계는?

① 저항온도계
② 바이메탈온도계
③ 열전대온도계
④ 광고온계

해설

바이메탈온도계
열팽창계수가 다른 금속을 붙여서 온도에 따라 휘어지는 정도의 차이로 온도를 측정한다. 고체팽창식 온도계이며 사용범위는 $-50 \sim 500℃$ 정도이다. 황동, 인바, 모넬메탈, 니켈강 등을 이용한다.

84 온도 계측기에 대한 설명으로 틀린 것은?

① 기체 온도계는 대표적인 1차 온도계이다.
② 접촉식 온도계측에는 열팽창, 전기저항 변화 및 열기전력 등을 이용한다.
③ 비접촉식 온도계는 방사온도계, 광온도계, 바이메탈 온도계 등이 있다.
④ 유리온도계는 수은을 봉입한 것과 유기성 액체를 봉입한 것 등으로 구분한다.

해설

- 접촉식 온도계 : 바이메탈온도계
- 비접촉식 온도계 : 광고온도계, 방사온도계, 적외선온도계, 광전관식 온도계 등

정답 80 ④ 81 ② 82 ③ 83 ② 84 ③

85 20℃에서 어떤 액체의 밀도를 측정하였다. 측정용기의 무게가 11.6125g, 증류수를 채웠을 때가 13.1682g, 시료 용액을 채웠을 때가 12.8749g이라면 이 시료액체의 밀도는 약 몇 g/cm³인가?(단, 20℃에서 물의 밀도는 0.99823g/cm³이다.)

① 0.791
② 0.801
③ 0.810
④ 0.820

해설
$G_1 = 13.1682 - 11.6125 = 2.0432g$
$G_2 = 12.8749 - 11.6125 = 1.2624g$
$V = 0.99823 g/cm^3$

$$\therefore 밀도(\rho) = \frac{G_2 - G_1}{V} = \frac{\left(\frac{1.2624}{2.0432}\right)}{0.99823} = 0.81 g/cm^3$$

86 시험지에 의한 가스검지법 중 시험지별 검지가스가 바르지 않게 연결된 것은?

① 연당지 : HCN
② KI전분지 : NO_2
③ 염화파라듐지 : CO
④ 염화제일동 착염지 : C_2H_2

해설
연당지 : 황화수소(H_2S)

87 물체의 탄성 변위량을 이용한 압력계가 아닌 것은?

① 부르동관 압력계
② 벨로스 압력계
③ 다이어프램 압력계
④ 링밸런스식 압력계

해설
링밸런스식 압력계
• 환산천평식 압력계로서 액주식 압력계이다.
• 측정범위는 25~3,000mmH₂O이다.
• 봉입액은 기름이나 수은을 사용한다.

88 자동조절계의 제어동작에 대한 설명으로 틀린 것은?

① 비례동작에 의한 조작신호의 변화를 적분동작만으로 일어나는 데 필요한 시간을 적분시간이라고 한다.
② 조작신호가 동작신호의 미분값에 비례하는 것을 레이트 동작(Rate Action)이라고 한다.
③ 매분당 미분동작에 의한 변화를 비례동작에 의한 변화로 나눈 값을 리셋률이라고 한다.
④ 미분동작에 의한 조작신호의 변화가 비례동작에 의한 변화와 같아질 때까지의 시간을 미분시간이라고 한다.

해설
리셋률($\frac{1}{T_i}$)
매분당 I동작(적분동작)에 의한 변화를 P동작(비례동작)에 의한 변화로 나눈 값과 같다.

89 가스미터에 대한 설명 중 틀린 것은?

① 습식 가스미터는 측정이 정확하다.
② 다이어프램식 가스미터는 일반 가정용 측정에 적당하다.
③ 루트미터는 회전자식으로 고속회전이 가능하다.
④ 오리피스미터는 압력손실이 없어 가스양 측정이 정확하다.

해설
오리피스 가스미터기
추측식이고 압력손실이 큰 가스미터기이며, 가스계량의 측정이 정확하지 않다.
※ 추측식(추량식) 가스미터 : 오리피스식, 터빈식, 선근차식, 벤투리식

90 가스계량기의 설치장소에 대한 설명으로 틀린 것은?

① 습도가 낮은 곳에 부착한다.
② 진동이 적은 장소에 설치한다.
③ 화기와 2m 이상 떨어진 곳에 설치한다.
④ 바닥으로부터 2.5m 이상에 수직 및 수평으로 설치한다.

정답 85 ③ 86 ① 87 ④ 88 ③ 89 ④ 90 ④

해설
바닥에서 1.5m 이상 안전한 위치에 수평으로 가스미터기를 설치한다.
※ 실측식 가스미터기 : 건식(막식, 회전식), 습식

91 다음 막식 가스미터의 고장에 대한 설명을 옳게 나열한 것은?

㉠ 부동 : 가스가 미터를 통과하나 지침이 움직이지 않는 고장
㉡ 누설 : 계량막 밸브와 밸브시트 사이, 패킹부 등에서의 누설이 원인

① ㉠
② ㉡
③ ㉠, ㉡
④ 모두 틀림

해설
가스미터기 가스누설 원인
- 패킹재료의 열화(내부누설)
- 납땜접합부의 파손 및 케이스의 부식(외부누설)
※ ㉡의 내용은 감도불량의 원인이다.

92 열전대 온도계에 적용되는 원리(효과)가 아닌 것은?

① 제백효과
② 틴들효과
③ 톰슨효과
④ 펠티에효과

해설
틴들효과(Tyndall Phenomenon)
빛의 파장과 같은 정도 또는 그것보다 더 큰 미립자가 분산되어 있을 때 빛을 조사하면 광선이 통로에 떠 있는 미립자에 산란되기 때문에 옆 방향에서 보면 통로가 밝게 나타나는 현상의 효과

93 물리적 가스분석계 중 가스의 상자성(常滋性)체에 있어서 자장에 대해 흡인되는 성질을 이용한 것은?

① SO_2 가스계
② O_2 가스계
③ CO_2 가스계
④ 기체 크로마토그래피

해설
가스분석자기식(O_2)계
자장을 가진 측정실 내에서 시료가스 중의 산소(O_2)에 자기풍을 일으켜 이것을 검출하여 자화율이 큰 O_2 기체를 분석한다(O_2 가스는 상자성체이다).

94 오프셋(Off-set)이 발생하기 때문에 부하변화가 작은 프로세스에 주로 적용되는 제어동작은?

① 미분동작
② 비례동작
③ 적분동작
④ 뱅뱅동작

해설
자동제어 연속동작
- 비례동작(P동작) : 오프셋(잔류편차)이 발생하는 동작이다.
- 적분동작(I동작) : 제어량에 편차가 생겼을 때 편차의 적분차를 가감하여 조작단의 이동속도가 비례하는 동작으로 오프셋이 남지 않는다.
- 미분동작(D동작) : 제어편차 변화속도에 비례한 조작량을 내는 동작이다.

95 오르자트법에 의한 기체분석에서 O_2의 흡수제로 주로 사용되는 것은?

① KOH 용액
② 암모니아성 $CuCl_2$ 용액
③ 알칼리성 피로갈롤 용액
④ H_2SO_4 산성 $FeSO_4$ 용액

해설
① CO_2 분석
② CO 분석
④ 암모니아 가스 분석

96 밀도와 비중에 대한 설명으로 틀린 것은?

① 밀도는 단위체적당 물질의 질량으로 정의한다.
② 비중은 두 물질의 밀도비로서 무차원수이다.

정답 91 ① 92 ② 93 ② 94 ② 95 ③ 96 ③

③ 표준물질인 순수한 물은 0℃, 1기압에서 비중이 1이다.
④ 밀도의 단위는 N·s²/m⁴이다.

해설
순수한 물의 비중 1은 4℃, 1기압에서의 비중값이다(1kg/L·4℃).

97 열전도도검출기의 측정 시 주의사항으로 옳지 않은 것은?

① 운반기체 흐름속도에 민감하므로 흐름속도를 일정하게 유지한다.
② 필라멘트에 전류를 공급하기 전에 일정량의 운반기체를 먼저 흘려보낸다.
③ 감도를 위해 필라멘트와 검출실 내벽온도를 적정하게 유지한다.
④ 운반기체의 흐름속도가 클수록 감도가 증가하므로, 높은 흐름속도를 유지한다.

해설
가스크로마토그래피 TCD
TCD(열전도도형 검출기)는 분석 시 응답속도가 느리고 캐리어 가스와 시료성분가스의 열전도차를 금속 필라멘트의 저항변화도 가스를 분석하며 일반적으로 가장 널리 사용된다.
①, ②, ③ 외에도 캐리어(전개제), 즉 운반기체 (Ar, He, H₂, N₂ 등)의 이용으로 흡착력의 차이에 따라 시료 각성분이 분리되고 흡착력이 강할수록 이동속도가 느리다.

98 정오차(Static Error)에 대하여 바르게 나타낸 것은?

① 측정의 전력에 따라 동일 측정량에 대한 지시값에 차가 생기는 현상
② 측정량이 변동될 때 어느 순간에 지시값과 참값에 차가 생기는 현상
③ 측정량이 변동하지 않을 때의 계측기의 오차
④ 입력 신호변화에 대해 출력신호가 즉시 따라가지 못하는 현상

해설
정오차
측정량이 변동하지 않을 때의 계측기의 오차이다.
- 오차 = (측정값 - 참값)/(측정값)
- 감도 = $\dfrac{\text{지시량의 변화}}{\text{측정량의 변화}}$

99 패러데이(Faraday)법칙의 원리를 이용한 기기분석방법은?

① 전기량법
② 질량분석법
③ 저온정밀 증류법
④ 적외선 분광광도법

해설
전자식 유량계
패러데이의 전자유도법칙에 의해 관 내에 흐르는 유체에 유체가 흐르는 방향과 직각으로 자장을 형성시키고 자장과 유체가 흐르는 방향과 직각 방향으로 전극을 설치하여 주면 기전력이 발생되는데, 이때 기전력을 측정하여 유량을 측정한다.

100 기체크로마토그래피의 분리관에 사용되는 충전 담체에 대한 설명으로 틀린 것은?

① 화학적으로 활성을 띠는 물질이 좋다.
② 큰 표면적을 가진 미세한 분말이 좋다.
③ 입자크기가 균등하면 분리작용이 좋다.
④ 충전하기 전에 비휘발성 액체로 피복한다.

해설
기기분석법인 기체크로마토그래피의 분리관(Column)의 담체(Support)
시료 및 고정상 액체에 대하여 반응을 규조토, 내화벽돌, 유리, 석영, 합성수지 등을 이용한다.

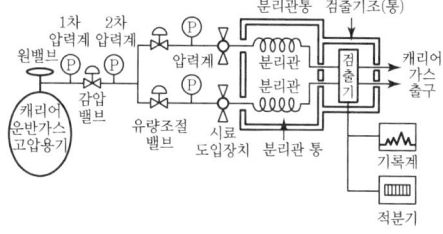

정답 97 ④ 98 ③ 99 ① 100 ①

2020년 3회 기출문제

1과목 가스유체역학

01 다음 중 포텐셜 흐름(Potential Flow)이 될 수 있는 것은?

① 고체 벽에 인접한 유체층에서의 흐름
② 회전 흐름
③ 마찰이 없는 흐름
④ 파이프 내 완전발달 유동

해설
포텐셜 흐름
유체의 압력이 물체의 앞쪽에서 커졌다가 중앙으로 갈수록 점점 작아지고 다시 뒤쪽으로 갈수록 커져 물체 뒤쪽의 앞쪽과 같은 크기가 되는 흐름이다(점성효과가 없는 이상화된 유체의 흐름, 즉 완전유체이다. 어느 곳에서도 와류가 발생하지 않는 비회전 운동 또는 위치운동이라는 흐름이다).

02 100℃, 2기압의 어떤 이상기체의 밀도는 200℃, 1기압일 때의 몇 배인가?

① 0.39   ② 1
③ 2   ④ 2.54

해설
밀도$(\rho) = \dfrac{질량}{체적} = \dfrac{m}{V} = (kg/m^3)$, $\gamma = \dfrac{P}{RT}$

$\therefore \gamma(\rho) = \left\{\left(\dfrac{2 \times 10^4}{100+273}\right) / \left(\dfrac{1 \times 10^4}{200+273}\right)\right\} = 2.54$배

※ 1기압은 약 $10^4 kg/m^2$이다.

03 다음 중 동점성계수의 단위를 옳게 나타낸 것은?

① kg/m^2 ② $kg/m \cdot s$
③ m^2/s ④ m^2/kg

해설
• 점성계수의 단위 : $kg/m \cdot s = g/cm \cdot sec$
• 동점성계수의 단위 : m^2/sec, cm^2/sec
※ 동점성계수 단위는 Stokes, 1Stokes=1cm^2/sec

04 베르누이 방정식을 실제 유체에 적용할 때 보정해 주기 위해 도입하는 항이 아닌 것은?

① W_p(펌프일)   ② h_f(마찰손실)
③ ΔP(압력차)   ④ W_t(터빈일)

해설
베르누이 방정식을 실제 유체에 적용하는 경우 보정항 펌프일, 마찰손실, 터빈일

$\left(\dfrac{P_1}{\gamma} + \dfrac{V_1^2}{2g} + Z_1 = \dfrac{P_2}{\gamma} + \dfrac{V_2^2}{2g} + Z_2 + h_L\right)$

여기서, $\dfrac{P}{\gamma}$: 압력수두

$\dfrac{V^2}{2g}$: 속도수두

Z : 위치수두
h_L : 손실수두
H : 전수두

05 중량 10,000kgf의 비행기가 270km/h의 속도로 수평 비행할 때 동력은?(단, 양력(L)과 항력(D)의 비 L/D=5이다.)

① 1,400PS   ② 2,000PS
③ 2,600PS   ④ 3,000PS

해설
• 항력(D) : 유동속도와 같은 방향의 저항력
• 양력(L) : 날개에 각도를 주면 상단 윗부분을 흐르는 공기는 가속되고 부압이 걸리므로 이 압력차에 의해 날개에 양력이 생긴다.
• 동력 $= \left(\dfrac{DV}{75}\right) = \dfrac{10,000}{75} \times \left(\dfrac{270 \times 10^3}{3,600}\right) \times \dfrac{1}{5}$
 $= 2,000PS$

정답 01 ③ 02 ④ 03 ③ 04 ③ 05 ②

06 비중 0.8, 점도 2Poise인 기름에 대해 내경 42mm인 관에서의 유동이 층류일 때 최대가능속도는 몇 m/s인가?(단, 임계레이놀즈수 = 2,100이다.)

① 12.5
② 14.5
③ 19.8
④ 23.5

해설

$$Re = \frac{r \cdot D \cdot V}{\mu} = \frac{0.8 \times 4.2 \times V}{2 \times 10^{-2}} = 2,100$$

$$V = \frac{2 \times 10^{-2} \times 2,100}{0.8 \times 4.2} = 12.5 \text{m/s}$$

- 1Poise = 1g/cm · sec = $\frac{1}{100}$CP
- 비중량 0.8 = 800kg/m³

07 물이 평균속도 4.5m/s로 안지름 100mm인 관을 흐르고 있다. 이 관의 길이 20m에서 손실된 헤드를 실험적으로 측정하였더니 4.8m였다. 관마찰계수는?

① 0.0116
② 0.0232
③ 0.0464
④ 0.2280

해설

$$\frac{\Delta P}{\gamma} = h_L = f \frac{l}{d} \cdot \frac{V^2}{2g}$$

$$f = \frac{20}{\left(\frac{100}{10^3}\right)} \times \frac{4.5^2}{2 \times 9.8} = 4.8 \text{mH}_2\text{O}$$

$$\therefore 관마찰계수(f) = \frac{4.8}{\left(\frac{20}{0.1}\right) \times \left(\frac{4.5^2}{2 \times 9.8}\right)} = 0.0232$$

08 압축성 유체가 축소-확대노즐의 확대부에서 초음속으로 흐를 때, 다음 중 확대부에서 감소하는 것을 옳게 나타낸 것은?(단, 이상기체의 등엔트로피 흐름이라고 가정한다.)

① 속도, 온도
② 속도, 밀도
③ 압력, 속도
④ 압력, 밀도

해설

초음속 흐름

속도 감소   속도 증가
압력 증가 → 압력 감소
밀도 증가   밀도 감소

[축소노즐]   [확대노즐]

※ 아음속 흐름
- 축소노즐 : 속도 증가, 압력 · 밀도 감소
- 확대노즐 : 속도 감소, 압력 · 밀도 증가

09 유체의 흐름에서 유선이란 무엇인가?

① 유체흐름의 모든 점에서 접선 방향이 그 점의 속도방향과 일치하는 연속적인 선
② 유체흐름의 모든 점에서 속도벡터에 평행하지 않는 선
③ 유체흐름의 모든 점에서 속도벡터에 수직한 선
④ 유체흐름의 모든 점에서 유동단면의 중심을 연결한 선

해설

유선(Streamline)
유체흐름의 공간에서 어느 순간에 각 점에서의 속도방향과 접선 방향이 일치하는 연속적인 가상곡선을 말한다. 정상류에서는 유선이 시간에 관계없이 공간에 고정되며 유적선, 즉 하나의 유체입자가 지나간 자취와 일치한다.

10 비중이 0.9인 액체가 탱크에 있다. 이때 나타난 압력은 절대압으로 2kgf/cm²이다. 이것을 수두(Head)로 환산하면 몇 m인가?

① 22.2
② 18
③ 15
④ 12.5

해설

비중량(γ) = 0.9 = 900kg/m³

1kgf/cm² = 10mAq

$$\therefore 수두(H) = \frac{P}{\gamma} = \frac{10 \times 2}{0.9} = 22.2 \text{mAq}$$

정답 06 ① 07 ② 08 ④ 09 ① 10 ①

11 다음 압축성 흐름 중 정체온도가 변할 수 있는 것은?

① 등엔트로피 팽창과정인 경우
② 단면이 일정한 도관에서 단열마찰흐름인 경우
③ 단면이 일정한 도관에서 등온마찰흐름인 경우
④ 수직 충격파 전후 유동의 경우

해설
단면이 일정한 도관에서 등온마찰흐름인 경우 압축성 흐름 중 정체온도가 변할 수 있다.
※ 임계온도(T) = T_o(정체온도) × $\left(\dfrac{2}{K+1}\right)$

12 기체 수송장치 중 일반적으로 상승압력이 가장 높은 것은?

① 팬
② 송풍기
③ 압축기
④ 진공펌프

해설
압축기는 팬이나 송풍기보다 압력이 높다.
(팬<송풍기<압축기)
※ 진공펌프: 부압

13 완전 난류구역에 있는 거친 관에서의 관마찰계수는?

① 레이놀즈수와 상대조도의 함수이다.
② 상대조도의 함수이다.
③ 레이놀즈수의 함수이다.
④ 레이놀즈수, 상대조도 모두와 무관하다.

해설
• 레이놀즈수(Re) = $\dfrac{\rho V d}{\mu} = \dfrac{Vd}{\nu}$

여기서, ρ : 유체밀도
V : 유체평균속도
d : 관의 직경
μ : 점성계수
ν : 동점성계수

• 난류 : 유체입자에서 난동을 일으키면서 무질서하게 흐르는 흐름이다. 관의 마찰계수는 레이놀즈수와 상대조도의 함수이다.

14 Hagen-Poiseuille 식이 적용되는 관 내 층류유동에서 최대속도 $V_{\max} = 6\text{cm/s}$일 때 평균속도 V_{avg}는 몇 cm/s인가?

① 2
② 3
③ 4
④ 5

해설
하겐-푸아죄유 평균속도(V_{avg})
$V = \dfrac{Q}{A} = \dfrac{유량}{면적}$

최대속도와 평균속도의 관계비
$\left(\dfrac{V}{U_{\max}}\right) = \dfrac{1}{2} = \dfrac{V_{\max}}{2}$

∴ $\dfrac{6}{2} = 3\text{cm/s}$

15 전양정 30m, 송출량 7.5m³/min, 펌프의 효율 0.8인 펌프의 수동력은 약 몇 kW인가?(단, 물의 밀도는 1,000kg/m³이다.)

① 29.4
② 36.8
③ 42.8
④ 46.8

해설
수동력 = $\dfrac{\gamma QH}{102 \times 60} = \dfrac{1,000 \times 7.5 \times 30}{102 \times 60} = 36.8\text{kW}$

※ 물의 비중량 : 1,000kg/m²
1kW = 102kg·m/s, 1min = 60초

16 운동 부분과 고정 부분이 밀착되어 있어서 배출공간에서부터 흡입공간으로의 역류가 최소화되며, 경질 윤활유와 같은 유체수송에 적합하고 배출압력을 200atm 이상 얻을 수 있는 펌프는?

① 왕복펌프
② 회전펌프
③ 원심펌프
④ 격막펌프

정답 11 ③ 12 ③ 13 ② 14 ② 15 ② 16 ②

해설

용적식 펌프
- 왕복식 : 피스톤펌프, 플린저펌프, 다이어프램펌프
- 회전식 : 기어펌프, 나사펌프, 베인펌프
※ 회전펌프 : 경질 윤활유와 같은 유체수송용으로 배출압력이 고압이다.

17 30cmHg인 진공압력은 절대압력으로 몇 kgf/cm²인가?(단, 대기압은 표준대기압이다.)

① 0.160 ② 0.545
③ 0.625 ④ 0.840

해설

절대압력
- 계기압 + 1.033kg/cm² (대기압)
- 대기압 − 진공압 = 76 − 30 = 46cmHg

$\therefore 1.033 \times \dfrac{46}{76} = 0.625 \text{kgf/cm}^2$

18 수직 충격파가 발생할 때 나타나는 현상으로 옳은 것은?

① 마하수가 감소하고 압력과 엔트로피도 감소한다.
② 마하수가 감소하고 압력과 엔트로피는 증가한다.
③ 마하수가 증가하고 압력과 엔트로피는 감소한다.
④ 마하수가 증가하고 압력과 엔트로피도 증가한다.

해설

수직충격파
유동방향에 수직으로 생긴 충격파(비가역과정이다.)
- 충격파 : 초음속흐름이 급작스럽게 아음속으로 변할 때 이 흐름에 불연속면이 생기는데 이 불연속면을 말한다.
- 수직충격파는 비가역과정이므로 마하수가 감소하고 엔트로피가 증가한다.

19 정적비열이 1,000J/kg·K이고, 정압비열이 1,200J/kg·K인 이상기체가 압력 200kPa에서 등엔트로피 과정으로 압력이 400kPa로 바뀐다면, 바뀐 후의 밀도는 원래 밀도의 몇 배가 되는가?

① 1.41 ② 1.64
③ 1.78 ④ 2

해설

- 밀도$(\rho) = \dfrac{m}{V} = \dfrac{\text{kg}}{\text{m}^3} = \dfrac{\text{kgf} \cdot \text{s}^2}{\text{m}^4}$

  $= \dfrac{P}{R \cdot T}$, K(비열비)

- 물의 밀도$(\rho) = \dfrac{\gamma}{g} = \dfrac{1,000}{9.81}$

  $= 102 \text{kgf} \cdot \text{s}^2/\text{m}^4$ (중력단위)

$\dfrac{T_2}{T_1} = \left(\dfrac{P_2}{P_1}\right)^{\frac{K-1}{K}}$, $K = \dfrac{C_p}{C_v} = \dfrac{1,200}{1,000} = 1.2$

$T_1 \times \left(\dfrac{P_2}{P_1}\right)^{\frac{K-1}{K}} = T_1 \times \left(\dfrac{400}{200}\right)^{\frac{1.2-1}{1.2}} = 1.122 T_1$

$\therefore$ 밀도(ρ)비 $= \dfrac{P_2 R_1 T_1}{P_1 R_2 T_2} = \dfrac{400\text{kPa} \times T_1}{200\text{kPa} \times 1.122 T_1}$

$= 1.78253$배

20 다음 중 음속(Sonic Velocity) a의 정의는?(단, g : 중력가속도, ρ : 밀도, P : 압력, s : 엔트로피이다.)

① $a = \sqrt{\left(\dfrac{dP}{d\rho}\right)_s}$ ② $a = \sqrt{\left(\dfrac{dP}{d\rho}\right)_s / \rho}$

③ $a = \sqrt{g\left(\dfrac{dP}{d\rho}\right)_s}$ ④ $a = \sqrt{\left(\dfrac{dP}{d\rho}\right)_s / g}$

해설

음속$(a) = \sqrt{\left(\dfrac{dP}{d\rho}\right)_s} = \sqrt{KRT}$

$= \sqrt{\dfrac{E}{\rho}} = \sqrt{\dfrac{1}{\rho B}} = \sqrt{\dfrac{KP}{\rho}}$ (m/s)

여기서, P : 절대압력
ρ : 밀도
T : 절대온도
R : 기체상수
E : 체적탄성계수
K : 비열비

정답 17 ③ 18 ② 19 ③ 20 ①

2과목 연소공학

21 체적이 2m³인 일정 용기 안에서 압력 200kPa, 온도 0℃의 공기가 들어 있다. 이 공기를 40℃까지 가열하는 데 필요한 열량은 약 몇 kJ인가?(단, 공기의 R은 287J/kg·K이고, C_v는 718J/kg·K이다.)

① 47
② 147
③ 247
④ 347

해설

정압비열(C_p) = $C_v + R$ = 718 + 287 = 1,005J/kg·K

공기 1kmol = 22.4m³ = 29kg$\left(2 \times \dfrac{29}{22.4} = 2.59\text{kg}\right)$

$Q = mC_v(T_2 - T_1) = \dfrac{P_1 V_1}{RT_1} C_v T_1 \left[\left(\dfrac{T_2}{T_1}\right) - 1\right]$

$= \dfrac{P_1 V_1}{R} C_v \left[\left(\dfrac{P_2}{P_1}\right) - 1\right] = \dfrac{200 \times 2}{0.287} \times 0.718 \times \left[\left(\dfrac{230}{200}\right) - 1\right]$

≒ 147kJ

∴ $P_2 = P_1 \times \left(\dfrac{T_2}{T_1}\right) = 200 \times \left(\dfrac{40 + 273}{0 + 273}\right) = 230\text{Pa}$

22 이론연소가스양을 올바르게 설명한 것은?

① 단위량의 연료를 포함한 이론혼합기가 완전 반응을 하였을 때 발생하는 산소량
② 단위량의 연료를 포함한 이론혼합기가 불완전 반응을 하였을 때 발생하는 산소량
③ 단위량의 연료를 포함한 이론혼합기가 완전 반응을 하였을 때 발생하는 연소가스양
④ 단위량의 연료를 포함한 이론혼합기가 불완전 반응을 하였을 때 발생하는 연소가스양

해설

이론연소가스양(G_{ow})
단위량의 연료를 포함하여 이론혼합기가 완전반응하였을 때 발생하는 연소가스양(Nm³/kg, Nm³/Nm³)

23 연소에 대한 설명 중 옳지 않은 것은?

① 연료가 한번 착화하면 고온으로 되어 빠른 속도로 연소한다.
② 환원반응이란 공기의 과잉 상태에서 생기는 것으로 이때의 화염을 환원염이라 한다.
③ 고체, 액체 연료는 고온의 가스분위기 중에서 먼저 가스화가 일어난다.
④ 연소에 있어서는 산화 반응뿐만 아니라 열분해 반응도 일어난다.

해설

환원반응
공기의 양이 부족한 상태에서 생기는 화염상태의 반응이다(물질의 변환이 일어나면서 물질을 구성하는 원소들의 산화수가 변한다. 산화수가 증가하면 산화, 산화수가 감소하면 환원이다). 광석으로부터 금속을 추출하는 일 등이다.

24 공기 1kg이 100℃인 상태에서 일정 체적하에서 300℃의 상태로 변했을 때 엔트로피의 변화량은 약 몇 J/kg·K인가?(단, 공기의 C_v는 717J/kg·K이다.)

① 108
② 208
③ 308
④ 408

해설

$\Delta S = \dfrac{\delta Q}{T} = \dfrac{mC_v \Delta T}{T} = mC_v \ln \dfrac{T_2}{T_1}$

∴ $\Delta S = 1 \times 717 \times \ln \dfrac{300 + 273}{100 + 273} = 308\text{J/kg·K}$

25 혼합기체의 연소범위가 완전히 없어져 버리는 첨가기체의 농도를 피크농도라 하는데 이에 대한 설명으로 잘못된 것은?

① 질소(N_2)의 피크농도는 약 37vol%이다.
② 이산화탄소(CO_2)의 피크농도는 약 23vol%이다.
③ 피크농도는 비열이 작을수록 작아진다.
④ 피크농도는 열전달률이 클수록 작아진다.

정답 21 ② 22 ③ 23 ② 24 ③ 25 ③

해설

피크농도
비열이 클수록, 열전달률이 클수록 작아진다.

26 연소기에서 발생할 수 있는 역화를 방지하는 방법에 대한 설명 중 옳지 않은 것은?

① 연료분출구를 적게 한다.
② 버너의 온도를 높게 유지한다.
③ 연료의 분출속도를 크게 한다.
④ 1차 공기를 착화범위보다 적게 한다.

해설

역화방지
버너의 온도는 낮게, 화실의 온도는 높게, 투입하는 공기량은 풍부하게 하여야 방지가 된다.
$C + \frac{1}{2}O_2 \rightarrow CO_2$

27 그림은 층류예혼합화염의 구조도이다. 온도곡선의 변곡점인 T_i를 무엇이라 하는가?

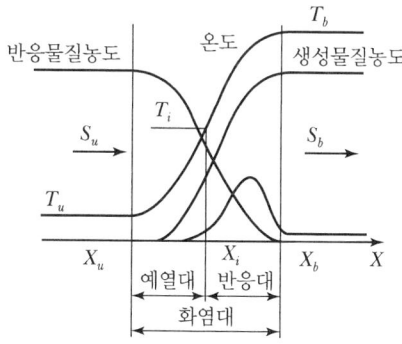

① 착화온도
② 반전온도
③ 화염평균온도
④ 예혼합화염온도

해설

층류예혼합화염의 구조
• T_i : 착화온도
• T_b : 단열화염온도
• T_u : 미연혼합기온도

28 반응기 속에 1kg의 기체가 있고 기체를 반응기 속에 압축시키는 데 1,500kgf·m의 일을 하였다. 이때 5kcal의 열량이 용기 밖으로 방출했다면 기체 1kg당 내부에너지 변화량은 약 몇 kcal인가?

① 1.3
② 1.5
③ 1.7
④ 1.9

해설

일량(A) = 1,500kgf·m
일의 열당량$\left(\frac{1}{427}\text{kcal/kg·m}\right)$
$1,500 \times \frac{1}{427} = 3.5\text{kcal}$
∴ 내부에너지 변화량 = $5 - 3.5 = 1.5\text{kcal}$

29 Flash Fire에 대한 설명으로 옳은 것은?

① 느린 폭연으로 중대한 과압이 발생하지 않는 가스운에서 발생한다.
② 고압의 증기압 물질을 가진 용기가 고장으로 인해 액체의 Flashing에 의해 발생된다.
③ 누출된 물질이 연료라면 BLEVE는 매우 큰 화구가 뒤따른다.
④ Flash Fire는 공정지역 또는 Offshore 모듈에서는 발생할 수 없다.

해설

플래시 파이어(Flash Fire)
타오르는 불꽃이며, 느린 폭연으로 중대한 과압이 발생하지 않는 가스운에서 발생한다.

30 중유의 경우 저발열량과 고발열량의 차이는 중유 1kg당 얼마나 되는가?(단, h : 중유 1kg당 함유된 수소의 중량(kg), W : 중유 1kg당 함유된 수분의 중량(kg)이다.)

① $600(9h+W)$
② $600(9W+h)$
③ $539(9h+W)$
④ $539(9W+h)$

해설

고위발열량(H_h) = 저위발열량(H_l) + 600(9H + W)

※ 물의 기화열 : 600kcal/kg, 480kcal/m³

$$H_2 + \frac{1}{2}O_2 \to H_2O$$

(2kg + 16kg → 18kg = 1kg + 8kg → 9kg)

31 효율이 가장 좋은 이상사이클로서 다른 기관의 효율을 비교하는 데 표준이 되는 사이클은?

① 재열사이클
② 재생사이클
③ 냉동사이클
④ 카르노 사이클

해설

카르노 사이클(Carnot Cycle)

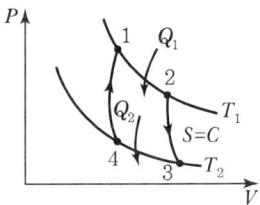

- 1 → 2(등온팽창)
- 2 → 3(단열팽창)
- 3 → 4(등온압축)
- 4 → 1(단열압축)

열기관의 이상적인 사이클이며 효율이 가장 높다.

32 다음 가스 중 연소의 상한과 하한의 범위가 가장 넓은 것은?

① 산화에틸렌
② 수소
③ 일산화탄소
④ 암모니아

해설

가연성 가스의 폭발범위(연소범위)
- 산화에틸렌(C_2H_4O) : 3~80%
- 수소(H_2) : 4~74%
- 일산화탄소(CO) : 12.5~74%
- 암모니아(NH_3) : 15~28%

33 층류예혼합화염과 비교한 난류예혼합화염의 특징에 대한 설명으로 옳은 것은?

① 화염의 두께가 얇다.
② 화염의 밝기가 어둡다.
③ 연소 속도가 현저하게 늦다.
④ 화염의 배후에 다량의 미연소분이 존재한다.

해설

난류예혼합화염
화염의 배후에 다량의 미연소분이 존재한다.

34 프로판(C_3H_8)의 연소반응식은 다음과 같다. 프로판(C_3H_8)의 화학양론계수는?

$$C_3H_8 + 5O_2 \to 3CO_2 + 4H_2O$$

① 1
② 1/5
③ 6/7
④ −1

해설

화학양론계수
화학양론식에서 각 화학종의 계수를 나타내는 것으로 일반적으로 mol 수로 나타낸다.

$$\frac{C_3H_8 + 5O_2}{반응물(-)} \to \frac{3CO_2 + 4H_2O}{연소생성물(+)}$$

∴ 화학양론계수
{$C_3H_8(-1)$, $5O_2(-5)$, $3CO_2(+3)$, $4H_2O(+4)$}

35 100kPa, 20℃ 상태인 배기가스 0.3m³를 분석한 결과 N_2 70%, CO_2 15%, O_2 11%, CO 4%의 체적률을 얻었을 때 이 혼합가스를 150℃인 상태로 정적가열할 때 필요한 열전달량은 약 몇 kJ인가?(단, N_2, CO_2, O_2, CO의 정적비열[kJ/kg · K]은 각각 0.7448, 0.6529, 0.6618, 0.7445이다.)

① 35
② 39
③ 41
④ 43

해설

$T = (20+273) = 293K,\ 150+273 = 423K$

$P_2 = P_1 \times \dfrac{T_2}{T_1} = 100 \times \dfrac{423}{293} = 145 kPa$

평균비열 $= \left(\dfrac{0.7448 + 0.6529 + 0.6618 + 0.7445}{4}\right)$

$= 0.7$

평균질량 $= \dfrac{28 \times 0.7 + 44 \times 0.15 + 32 \times 0.11 + 28 \times 0.04}{4}$

$= 0.4$

∴ 열전달량(Q) $= 0.4 \times 0.7(150-20) = 36 kJ$

36 연소온도를 높이는 방법이 아닌 것은?

① 발열량이 높은 연료사용
② 완전연소
③ 연소속도를 천천히 할 것
④ 연료 또는 공기를 예열

해설

연소온도를 높이려면 연소속도를 증가시켜야 한다.

37 미분탄 연소의 특징에 대한 설명으로 틀린 것은?

① 가스화 속도가 빠르고 연소실의 공간을 유효하게 이용할 수 있다.
② 화격자연소보다 낮은 공기비로써 높은 연소효율을 얻을 수 있다.
③ 명료한 화염이 형성되지 않고 화염이 연소실 전체에 퍼진다.
④ 연료완료시간은 표면연소속도에 의해 결정된다.

해설

미분탄 연소
미분탄은 작은 미립자의 고체연료이다.

38 탄갱(炭坑)에서 주로 발생하는 폭발사고의 형태는?

① 분진폭발
② 증기폭발
③ 분해폭발
④ 혼합위험에 의한 폭발

해설

광산의 탄갱에서 주로 발생하는 폭발 : 분진폭발

39 기체연료의 연소특성에 대해 바르게 설명한 것은?

① 예혼합연소는 미리 공기와 연료가 충분히 혼합된 상태에서 연소하므로 별도의 확산과정이 필요하지 않다.
② 확산연소는 예혼합연소에 비해 조작이 상대적으로 어렵다.
③ 확산연소의 역화 위험성은 예혼합연소보다 크다.
④ 가연성 기체와 산화제의 확산에 의해 화염을 유지하는 것을 예혼합연소라 한다.

해설

기체연료의 연소
㉠ 확산연소 : 공기의 부족에 우려한다.
㉡ 예혼합연소
 • 역화에 주의한다.
 • 연료가 연료가스와 공기를 충분히 혼합된 상태에서 연소하므로 별도의 확산과정이 불필요하다.

40 프로판과 부탄의 체적비가 40 : 60인 혼합가스 10m³를 완전연소하는 데 필요한 이론공기량은 약 몇 m³인가?(단, 공기의 체적비는 산소 : 질소 = 21 : 79이다.)

① 96
② 181
③ 206
④ 281

정답 36 ③ 37 ① 38 ① 39 ① 40 ④

> **[해설]**
> 프로판(C_3H_8), 부탄(C_4H_{10})
> $C_3H_8 + 5O_2 \rightarrow 3CO_2 + 4H_2O$
> $C_4H_{10} + 6.5O_2 \rightarrow 4CO_2 + 5H_2O$
> 이론공기량(A_o)=이론산소량(O_o)$\times \dfrac{1}{0.21}$
> $A_o = \dfrac{5 \times 0.4 + 6.5 \times 0.6}{0.21} = 28.1 \text{m}^3/\text{m}^3$
> $\therefore 28.1 \times 10 = 281 \text{m}^3$

3과목　가스설비

41　이상적인 냉동사이클의 기본 사이클은?

① 카르노 사이클
② 랭킨 사이클
③ 역카르노 사이클
④ 브레이턴 사이클

> **[해설]**
> 이상적인 냉동사이클(역카르노 사이클)
>
>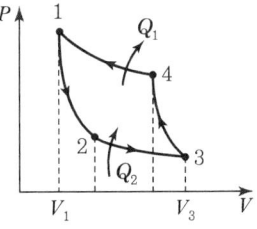
>
> 단열팽창 → 등온팽창 → 단열압축 → 등온압축
> ※ 역브레이턴 사이클 : 공기냉동사이클

42　고압가스시설에서 전기방식시설의 유지관리를 위하여 T/B를 반드시 설치해야 하는 곳이 아닌 것은?

① 강재보호관 부분의 배관과 강재보호관
② 배관과 철근콘크리트 구조물 사이
③ 다른 금속구조물과 근접교차 부분
④ 직류전철 횡단부 주위

> **[해설]**
> T/B(전위측정용 터미널)
> 배관과 철근콘크리트 구조물 사이에 설치한다.

43　LP 가스 탱크로리에서 하역작업 종료 후 처리할 작업순서로 가장 옳은 것은?

> ㉠ 호스를 제거한다.
> ㉡ 밸브에 캡을 부착한다.
> ㉢ 어스선(접지선)을 제거한다.
> ㉣ 차량 및 설비의 각 밸브를 잠근다.

① ㉣ → ㉠ → ㉡ → ㉢
② ㉣ → ㉠ → ㉢ → ㉡
③ ㉠ → ㉡ → ㉢ → ㉣
④ ㉢ → ㉠ → ㉡ → ㉣

> **[해설]**
> LP 가스 탱크로리 하역작업 종료 후 처리해야 할 작업순서는
> ㉣ → ㉠ → ㉡ → ㉢를 따른다.

44　불꽃의 주위, 특히 불꽃의 기저부에 대한 공기의 움직임이 세지면 불꽃이 노즐에 정착하지 않고 떨어지게 되어 꺼지는 현상은?

① 블로 오프(Blow-off)
② 백 파이어(Back-fire)
③ 리프트(Lift)
④ 불완전연소

> **[해설]**
> 블로 오프 현상
> 불꽃의 주위, 특히 불꽃의 기저부에 대한 공기의 움직임이 세지면 불꽃이 노즐에 정착하지 않고 떨어지게 되어 불꽃이 꺼지는 현상이며 선화하고도 한다.
> ※ 백-파이어 : 역화현상

45　벽에 설치하여 가스를 사용할 때에만 퀵 커플러로 연결하여 난로와 같은 이동식 연소기에 사용할 수 있는 구조로 되어 있는 콕은?

① 호스콕
② 상자콕
③ 휴즈콕
④ 노즐콕

정답 41 ③　42 ②　43 ①　44 ①　45 ②

해설
상자콕
벽에 설치하여 가스를 사용할 때에만 퀵 커플러로 연결하여 난로와 같은 이동식 연소기에 사용할 수 있는 구조의 콕이다.

46 회전펌프의 특징에 대한 설명으로 옳지 않은 것은?

① 회전운동을 하는 회전체와 케이싱으로 구성된다.
② 점성이 큰 액체의 이송에 적합하다.
③ 토출액의 맥동이 다른 펌프보다 크다.
④ 고압유체 펌프로 널리 사용된다.

해설
회전식 펌프
용적형 펌프이며 기어식, 나사식, 베인식 펌프가 있다. 흡입·토출밸브가 없고 연속회전이므로 토출액의 맥동이 적다.

47 수소취성에 대한 설명으로 가장 옳은 것은?

① 탄소강은 수소취성을 일으키지 않는다.
② 수소는 환원성가스로 상온에서도 부식을 일으킨다.
③ 수소는 고온, 고압하에서 철과 화합하며 이것이 수소취성의 원인이 된다.
④ 수소는 고온, 고압에서 강중의 탄소와 화합하여 메탄을 생성하며 이것이 수소취성의 원인이 된다.

해설
수소취성
수소(H_2)가스는 고온, 고압에서 강제용기 중의 탄소성분(C)과 반응하여 탈탄하고 용기의 강도를 급격히 약화시키는 수소취성이 발생한다.
$Fe_3C + 2H_2 \rightarrow CH_4 + 3Fe$ (수소취성)

48 도시가스 지하매설에 사용되는 배관으로 가장 적합한 것은?

① 폴리에틸렌 피복강관
② 압력배관용 탄소강관
③ 연료가스 배관용 탄소강관
④ 배관용 아크용접 탄소강관

해설
폴리에틸렌(PE) 피복강관
도시가스 지하매설에 사용하는 배관이다.

49 다음 초저온액화가스 중 액체 1L가 기화되었을 때 부피가 가장 큰 가스는?

① 산소   ② 질소
③ 헬륨   ④ 이산화탄소

해설
산소는 액화가스가 기화하면 약 800배 증가한 부피로 나타난다.

50 펌프 임펠러의 형상을 나타내는 척도인 비속도(비교회전도)의 단위는?

① rpm · m^3/min · m
② rpm · m^3/min
③ rpm · kgf/min · m
④ rpm · kgf/min

해설
펌프 임펠러 형상을 나타내는 척도인 비교회전도(N_s)
$N_s = \dfrac{N\sqrt{Q}}{H^{\frac{3}{4}}}$ (rpm · m^3/min · m)

여기서, N : 임펠러 회전속도(rpm)
H : 양정(m)
Q : 토출량(m^3/min)

51 입구에 사용 측과 예비 측의 용기가 각각 접속되어 있어 사용 측의 압력이 낮아지는 경우 예비 측 용기로부터 가스가 공급되는 조정기는?

① 자동교체식 조정기
② 1단식 감압식 조정기
③ 1단식 감압용 저압 조정기
④ 1단식 감압용 준저압 조정기

정답 46 ③ 47 ④ 48 ① 49 ① 50 ① 51 ①

해설

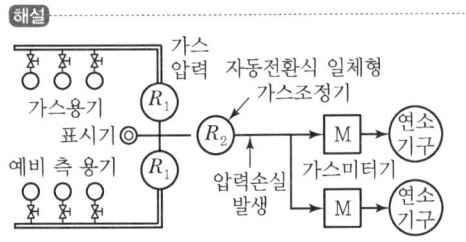

52
단열을 한 배관 중에 작은 구멍을 내고 이 관에 압력이 있는 유체를 흐르게 하면 유체가 작은 구멍을 통할 때 유체의 압력이 하강함과 동시에 온도가 변화하는 현상을 무엇이라고 하는가?

① 토리첼리 효과
② 줄-톰슨 효과
③ 베르누이 효과
④ 도플러 효과

해설
줄-톰슨 효과
단열배관에 구멍을 내고 유체를 흘려보내면 유체가 작은 구멍을 통할 때 유체의 압력이 하강하고 동시에 온도가 하강한다는 효과이다.

53
진한 황산은 어느 가스압축기의 윤활유로 사용되는가?

① 산소
② 아세틸렌
③ 염소
④ 수소

해설
압축기 윤활유
- 산소압축기 : 물
- 아세틸렌압축기 : 양질의 광유
- 수소압축기 : 양질의 광유
- 염소압축기 : 진한 황산

54
부탄가스 30kg을 충전하기 위해 필요한 용기의 최소 부피는 약 몇 L인가?(단, 충전상수는 2.05이고, 액비중은 0.5이다.)

① 60
② 61.5
③ 120
④ 123

해설
가스부피(V) = 가스질량 × 충전상수
= 30 × 2.05 = 61.5L

55
5L들이 용기에 9기압의 기체가 들어 있다. 또 다른 10L들이 용기에 6기압의 같은 기체가 들어 있다. 이 용기를 연결하여 양쪽의 기체가 서로 섞여 평형에 도달하였을 때 기체의 압력은 약 몇 기압이 되는가?

① 6.5기압
② 7.0기압
③ 7.5기압
④ 8.0기압

해설

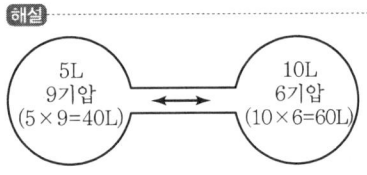

$\therefore P = \dfrac{40+60}{9+6} ≒ 7atm$

56
일반 도시가스 공급시설의 최고사용압력이 고압, 중압인 가스홀더에 대한 안전조치 사항이 아닌 것은?

① 가스방출장치를 설치한다.
② 맨홀이나 검사구를 설치한다.
③ 응축액을 외부로 뽑을 수 있는 장치를 설치한다.
④ 관의 입구와 출구에는 온도나 압력의 변화에 따른 신축을 흡수하는 조치를 한다.

해설
도시가스 공급시설의 최고사용압력이 고압이나 중압인 가스홀더에는 안전밸브를 설치한다.
(중압 : 0.1MPa 이상~1MPa 미만, 고압 : 1MPa 이상)

정답 52 ② 53 ③ 54 ② 55 ② 56 ①

57 용기밸브의 구성이 아닌 것은?

① 스템 ② O링
③ 퓨즈 ④ 밸브시트

해설
밸브의 구조
- 패킹식
- 백 시트식
- O링식
- 다이어프램식

58 "응력(Stress)과 스트레인(Strain)은 변형이 적은 범위에서는 비례관계에 있다."는 법칙은?

① Euler의 법칙 ② Wein의 법칙
③ Hooke의 법칙 ④ Trouton의 법칙

해설
후크의 법칙
응력과 스트레인은 변형이 적은 범위 내에서 비례관계에 있다. 급격한 압력변화에 사용이 용이하다.

59 액셜 플로우(Axial Flow)식 정압기에 특징에 대한 설명으로 틀린 것은?

① 변칙 Unloading 형이다.
② 정특성, 동특성 모두 좋다.
③ 저차압이 될수록 특성이 좋다.
④ 아주 간단한 작동방식을 가지고 있다.

해설
액셜 플로우식 정압기
고차압이 될수록 특성이 양호하다.

60 압력조정기의 구성부품이 아닌 것은?

① 다이어프램 ② 스프링
③ 밸브 ④ 피스톤

해설
압력조정기 구성
- 다이어프램(격막)
- 스프링
- 밸브

4과목 가스안전관리

61 고압가스안전관리법의 적용을 받는 고압가스의 종류 및 범위에 대한 내용 중 옳은 것은?(단, 압력은 게이지압력이다.)

① 상용의 온도에서 압력이 1MPa 이상이 되는 압축가스로서 실제로 그 압력이 1MPa 이상이 되는 것 또는 섭씨 25도의 온도에서 압력이 1MPa 이상이 되는 압축가스
② 섭씨 35도의 온도에서 압력이 1Pa을 초과하는 아세틸렌가스
③ 상용의 온도에서 압력이 0.1MPa 이상이 되는 액화가스로서 실제로 그 압력이 0.1MPa 이상이 되는 것 또는 압력이 0.1MPa이 되는 액화가스
④ 섭씨 35도의 온도에서 압력이 0Pa을 초과하는 액화시안화수소

해설
고압가스 정의
① 압축가스가 아닌 고압가스이다.
② 아세틸렌 : 15℃의 온도에서 압력이 0Pa을 초과하는 것
③ 액화가스 : 0.2MPa 이상, 35℃ 이하인 액화가스
④ 35℃의 온도에서 압력이 0Pa을 초과하는 액화가스 중 액화시안화수소, 액화브롬화메탄, 액화산화에틸렌 가스

62 도시가스 사용시설에 사용하는 배관재료 선정기준에 대한 설명으로 틀린 것은?

① 배관의 재료는 배관 내의 가스흐름이 원활한 것으로 한다.
② 배관의 재료는 내부의 가스압력과 외부로부터의 하중 및 충격하중 등에 견디는 강도를 갖는 것으로 한다.
③ 배관의 재료는 배관의 접합이 용이하고 가스의 누출을 방지할 수 있는 것으로 한다.
④ 배관의 재료는 절단, 가공을 어렵게 하여 임의로 고칠 수 없도록 한다.

해설
도시가스 배관재료는 비상사태 시 응급복구를 대비하여 절단이나 가공이 용이한 것을 채택한다.

정답 57 ③ 58 ③ 59 ③ 60 ④ 61 ④ 62 ④

63 LPG 저장설비를 설치 시 실시하는 지반조사에 대한 설명으로 틀린 것은?

① 1차 지반조사방법은 이너팅을 실시하는 것을 원칙으로 한다.
② 표준관입시험은 N값을 구하는 방법이다.
③ 배인(Vane)시험은 최대 토크 또는 모멘트를 구하는 방법이다.
④ 평판재하시험은 항복하중 및 극한하중을 구하는 방법이다.

해설
LPG 가스설비 기초에서 지반조사 시 제1차 지반조사는 당해 장소에서 과거의 부등침하 등의 실적조사, 보링 등의 방법에 의하여 실시한다.

64 정전기를 억제하기 위한 방법이 아닌 것은?

① 습도를 높여 준다.
② 접지(Grounding)한다.
③ 접촉 전위차가 큰 재료를 선택한다.
④ 정전기의 중화 및 전기가 잘 통하는 물질을 사용한다.

해설
정전기를 억제하기 위해서는 접촉 전위차가 작은 재료를 선택하여야 한다.

65 품질유지 대상인 고압가스의 종류에 해당하지 않는 것은?

① 이소부탄
② 암모니아
③ 프로판
④ 연료전지용으로 사용되는 수소가스

해설
시행규칙 별표 26에서 규정하는 품질유지대상가스
- 냉매프레온가스 일부
- 프로판
- 이소부탄
- 연료전지용 수소가스

66 다음 가스가 공기 중에 누출되고 있다고 할 경우 가장 빨리 폭발할 수 있는 가스는?(단, 점화원 및 주위환경 등 모든 조건은 동일하다고 가정한다.)

① CH_4
② C_3H_8
③ C_4H_{10}
④ H_2

해설
가연성 가스가 폭발범위 하한값이 낮은 가스일수록 폭발이 빨리 일어난다.
- 메탄(CH_4) : 5~15%
- 프로판(C_3H_8) : 2.1~9.5%
- 부탄(C_4H_{10}) : 1.8~8.4%
- 수소(H_2) : 4~75%

67 안전관리상 동일 차량으로 적재 운반할 수 없는 것은?

① 질소와 수소
② 산소와 암모니아
③ 염소와 아세틸렌
④ LPG와 염소

해설
안전관리상 동일 차량에 적재가 불가능한 가스
- 염소 – 아세틸렌
- 염소 – 수소
- 염소 – 암모니아

68 가연성 가스설비의 재치환 작업 시 공기로 재치환한 결과를 산소측정기로 측정하여 산소의 농도가 몇 %가 확인될 때까지 공기로 반복하여 치환하여야 하는가?

① 18~22%
② 20~28%
③ 22~35%
④ 23~42%

해설
가연성 가스설비의 재치환 작업 시 공기로 재치환 결과 산소농도 18~22%가 확인될 때까지 공기로 반복하여 치환하여야 한다.

정답 63 ① 64 ③ 65 ② 66 ③ 67 ③ 68 ①

69 액화석유가스 저장시설에서 긴급차단장치의 차단조작기구는 해당 저장탱크로부터 몇 m 이상 떨어진 곳에 설치하여야 하는가?

① 2m ② 3m
③ 5m ④ 8m

해설

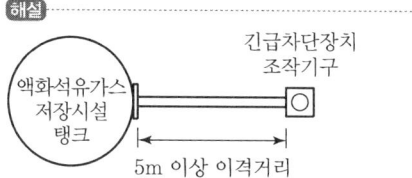

70 저장탱크에 의한 액화석유가스(LPG) 저장소의 저장설비는 그 외면으로부터 화기를 취급하는 장소까지 몇 m 이상의 우회거리를 두어야 하는가?

① 2m ② 5m
③ 8m ④ 10m

해설

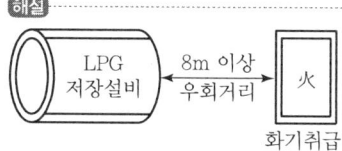

71 지하에 설치하는 액화석유가스 저장탱크의 재료인 레디믹스트 콘크리트의 규격으로 틀린 것은?

① 굵은 골재의 최대치수 : 25mm
② 설계강도 : 21MPa 이상
③ 슬럼프(slump) : 120~150mm
④ 물-결합재비 : 83% 이하

해설

액화석유가스 레디믹스트 콘크리트 항목 및 규격에서 물-시멘트비는 50% 이하, 공기량은 4% 이하로 유지한다.

72 수소의 일반적 성질에 대한 설명으로 틀린 것은?

① 열에 대하여 안정하다.
② 가스 중 비중이 가장 작다.
③ 무색, 무미, 무취의 기체이다.
④ 가벼워서 기체 중 확산속도가 가장 느리다.

해설

수소
• 수소가스는 분자수가 적고 폭발범위가 넓으며 확산속도가 1.8km/s로 대단히 크다. 폭굉속도가 1,400~3,500m/s에 달한다.

• 확산속도 : $\dfrac{U_2}{U_1} = \sqrt{\dfrac{M_1}{M_2}} = \dfrac{t_1}{t_2}$

예를 들어, 수소와 산소라면 $\sqrt{\dfrac{32}{2}} \times U_{O_2} \to 4U_O$, 수소가 산소보다 4배나 빠르다.

73 고압가스 특정제조시설에서 분출원인이 화재인 경우 안전밸브의 축적압력은 안전밸브의 수량과 관계없이 최고허용압력의 몇 % 이하로 하여야 하는가?

① 105% ② 110%
③ 116% ④ 121%

해설

고압가스 특정제조시설
분출원인이 화재인 경우 안전밸브의 축적압력은 안전밸브 수량과 관계없이 최고허용압력의 121% 이하로 한다.

74 고압가스를 차량에 적재하여 운반하는 때에 운반책임자를 동승시키지 않아도 되는 것은?

① 수소 400m³
② 산소 400m³
③ 액화석유가스 3,500kg
④ 암모니아 3,500kg

해설
산소(압축가스)
조연성 가스이므로 600m³(6,000kg) 이상일 경우에만 운반책임자 동승이 필요하다.

75 니켈(Ni) 금속을 포함하고 있는 촉매를 사용하는 공정에서 주로 발생할 수 있는 맹독성 가스는?

① 산화니켈(NiO)
② 니켈카르보닐[$Ni(CO)_4$]
③ 니켈클로라이드($NiCl_2$)
④ 니켈염(Nickel salt)

해설
일산화탄소(CO)가스는 100℃ 이상에서 니켈(Ni)과 반응하여 니켈카르보닐을 생성한다.
반응식 : $Ni + CO \rightarrow Ni(CO)_4$ (니켈카르보닐)

76 특정설비인 고압가스용 기화장치 제조설비에서 반드시 갖추지 않아도 되는 제조설비는?

① 성형설비   ② 단조설비
③ 용접설비   ④ 제관설비

해설
- 특정설비 : 안전밸브, 긴급차단장치, 기화장치, 독성가스배관용 밸브, 자동차용 가스 자동주입기, 역화방지기, 압력용기, 특정고압가스용 실린더캐비닛, 자동차용 압축천연가스 완속충전설비, 액화석유가스용 용기 잔류가스 회수장치
- 특정설비제조시설 기화장치용 제조설비 : 성형설비, 용접설비, 제관설비 등

77 고압가스 충전용기를 운반할 때의 기준으로 틀린 것은?

① 충전용기와 등유는 동일 차량에 적재하여 운반하지 않는다.
② 충전량이 30kg 이하이고, 용기 수가 2개를 초과하지 않는 경우에는 오토바이에 적재하여 운반할 수 있다.
③ 충전용기 운반차량은 "위험고압가스"라는 경계표시를 하여야 한다.
④ 충전용기 운반차량에는 운반기준 위반행위를 신고할 수 있도록 안내물을 부착하여야 한다.

해설
② 충전량이 20kg 이하인 경우에만 오토바이에 적재운반이 가능하다.

78 내용적이 3,000L인 용기에 액화암모니아를 저장하려고 한다. 용기의 저장능력은 약 몇 kg인가?(단, 액화암모니아 정수는 1.86이다.)

① 1,613   ② 2,324
③ 2,796   ④ 5,580

해설
용기의 저장능력(W) = $\frac{V}{C} = \frac{3,000}{1.86} = 1,613$kg

79 산화에틸렌의 저장탱크에는 45℃에서 그 내부가스의 압력이 몇 MPa 이상이 되도록 질소가스를 충전하여야 하는가?

① 0.1   ② 0.3
③ 0.4   ④ 1

해설
산화에틸렌(C_2H_4O) 충전(5℃ 이하 충전)

45℃, 0.4MPa 이상
질소, 탄산가스 충전 치환

80 고압가스 특정제조시설에서 하천 또는 수로를 횡단하여 배관을 매설할 경우 2중관으로 하여야 하는 가스는?

① 염소   ② 암모니아
③ 염화메탄   ④ 산화에틸렌

정답 75 ② 76 ② 77 ② 78 ① 79 ③ 80 ①

[해설]
독성가스의 하천이나 수로횡단 시 배관의 2중관이 필요한 가스
포스겐, 황화수소, 시안화수소, 아황산가스, 아크릴알데히드, 염소, 불소

5과목 가스계측

81 접촉식 온도계에 대한 설명으로 틀린 것은?

① 열전대 온도계는 열전대로서 서미스터를 사용하여 온도를 측정한다.
② 저항 온도계의 경우 측정회로로서 일반적으로 휘스톤브리지가 채택되고 있다.
③ 압력식 온도계는 감온부, 도압부, 감압부로 구성되어 있다.
④ 봉상온도계에서 측정오차를 최소화하려면 가급적 온도계 전체를 측정하는 물체에 접촉시키는 것이 좋다.

[해설]
서미스터(Thermistor : 저항식 온도계)
• 금속산화물(Ni, Co, Mn, Fe, Cu)의 분말을 혼합소결시킨 반도체로서 저항식 온도계이다.
• 사용온도는 약 $-100 \sim 300°C$이다.

82 계량계측기기는 정확·정밀하여야 한다. 이를 확보하기 위한 제도 중 계량법상 강제규정이 아닌 것은?

① 검정　　　　② 정기검사
③ 수시검사　　④ 비교검사

[해설]
계량법상 강제규정
• 검정
• 정기검사
• 수시검사

83 탄화수소에 대한 감도는 좋으나 H_2O, CO_2에 대하여는 감응하지 않는 검출기는?

① 불꽃이온화검출기(FID)
② 열전도도검출기(TCD)
③ 전자포획검출기(ECD)
④ 불꽃광도법검출기(FPD)

[해설]
FID(수소이온화검출기) 기기분석법(가스크로마토그래피법)
탄화수소(C_mH_n)에서는 감도가 좋으나 H_2, O_2, CO, CO_2, SO_2 등에서는 감응이 없다.

84 가스 성분에 대하여 일반적으로 적용하는 화학분석법이 옳게 짝지어진 것은?

① 황화수소 – 요오드적정법
② 수분 – 중화적정법
③ 암모니아 – 기체크로마토그래피법
④ 나프탈렌 – 흡수평량법

[해설]
황화수소(H_2S) : $H_2S + I_2 \rightarrow 2HI + S$
㉠ 요오드적정법(I_2)
　• 직접법
　• 간접법
㉡ 화학분석법
　• 적정법(H_2S 정량)
　• 중량법(H_2S 정량, CS_2 정량, SO_2 정량)
　• 흡광광도법(미량분석법)

85 다음 계측기기와 관련된 내용을 짝지은 것 중 틀린 것은?

① 열전대 온도계 – 제백효과
② 모발 습도계 – 히스테리시스
③ 차압식 유량계 – 베르누이식의 적용
④ 초음파 유량계 – 램버트 비어의 법칙

[해설]
램버트 – 비어법(화학적 가스 분석법)은 미량의 가스분석에 사용된다.

정답 81 ① 82 ④ 83 ① 84 ① 85 ④

86 시험용 미터인 루트 가스미터로 측정한 유량이 5m³/h이다. 기준용 가스미터로 측정한 유량이 4.75m³/h라면 이 가스미터의 기차는 약 몇 %인가?

① 2.5% ② 3%
③ 5% ④ 10%

해설
기차 = $5 - 4.75 = 0.25 \text{m}^3/\text{h}$
∴ $\dfrac{0.25}{5} \times 100 = 5\%$

87 계측기의 선정 시 고려사항으로 가장 거리가 먼 것은?

① 정확도와 정밀도 ② 감도
③ 견고성 및 내구성 ④ 지시방식

해설
계측기기 선정 시 고려사항
- 정확도 및 정밀도
- 감도
- 견고성 및 내구성

88 적외선 가스분석기에서 분석 가능한 기체는?

① Cl_2 ② SO_2
③ N_2 ④ O_2

해설
적외선 가스분석계
2원자 분자가스인 O_2, N_2, Cl_2, H_2 등의 가스검색은 불가능하다.
※ 2원자 가스는 적외선에 대하여 고유한 흡수 스펙트럼을 가지지 못하기 때문에 가스분석이 불가능하다.

89 게겔(Gockel)법에 의한 저급탄화수소 분석 시 분석가스와 흡수액이 옳게 짝지어진 것은?

① 프로필렌 – 황산
② 에틸렌 – 옥소수은 칼륨용액
③ 아세틸렌 – 알칼리성 피로갈롤 용액
④ 이산화탄소 – 암모니아성 염화제1구리 용액

해설
게겔법(흡수분석법)으로 측정이 가능한 가스흡수액
CO_2, C_2H_2, C_3H_6, C_2H_4, O_2, CO 등
② 에틸렌(C_2H_4) : 취소수
③ 아세틸렌(C_2H_2) : 옥소수은 칼륨용액
④ 이산화탄소(CO_2) : 33% KOH 용액

90 액화산소 등을 저장하는 초저온 저장탱크의 액면 측정용으로 가장 적합한 액면계는?

① 직관식 ② 부자식
③ 차압식 ④ 기포식

해설
차압식
초저온 저장탱크의 액면측정용 액면계

91 막식 가스미터의 부동현상에 대한 설명으로 가장 옳은 것은?

① 가스가 누출되고 있는 고장이다.
② 가스가 미터를 통과하지 못하는 고장이다.
③ 가스가 미터를 통과하지만 지침이 움직이지 않는 고장이다.
④ 가스가 통과할 때 미터가 이상음을 내는 고장이다.

해설
부동
가스가 미터기를 통과하지만 계량막 파손 때문에 미터기의 지침이 움직이지 않는 고장이다.
※ ②항의 내용은 불통이다.

92 건조공기 120kg에 6kg의 수증기를 포함한 습공기가 있다. 온도가 49℃이고, 전체 압력이 750mmHg일 때의 비교습도는 약 얼마인가?(단, 49℃에서의 포화수증기압은 89mmHg이고 공기의 분자량은 29로 한다.)

① 30% ② 40%
③ 50% ④ 60%

정답 86 ③ 87 ④ 88 ② 89 ① 90 ③ 91 ③ 92 ④

해설
비교습도

$\dfrac{6}{120} = 0.05\,\text{kg/kg} \cdot DA$

포화공기 절대습도 $= 0.622 \times \dfrac{P_w}{P - P_w}$

$= 0.622 \times \dfrac{89}{760 - 89} = 0.0825\,\text{kg/kg}'$

∴ 비교습도$(\phi) = \dfrac{x}{x_s} \times 100 = \dfrac{0.05}{0.0825} \times 100$

$= 60.60\%$

93 두 금속의 열팽창계수의 차이를 이용한 온도계는?

① 서미스터 온도계 ② 베크만 온도계
③ 바이메탈 온도계 ④ 광고 온도계

해설
바이메탈 온도계
두 금속의 열팽창계수의 차이를 이용한 접촉식 온도계이다.

황동
인바

94 소형 가스미터의 경우 가스사용량이 가스미터 용량의 몇 % 정도가 되도록 선정하는 것이 가장 바람직한가?

① 40%   ② 60%
③ 80%   ④ 100%

해설
소형 가스미터
가스사용량이 가스미터기 용량의 60% 정도가 되도록 선정한다.

95 액주식 압력계에 해당하는 것은?

① 벨로스 압력계   ② 분동식 압력계
③ 침종식 압력계   ④ 링밸런스식 압력계

해설
액주식 압력계
• 링밸런스식 압력계
• 알코올, 수은 온도계
• 경사관식 압력계

96 기체 크로마토그래피를 통하여 가장 먼저 피크가 나타나는 물질은?

① 메탄   ② 에탄
③ 이소부탄   ④ 노르말부탄

해설
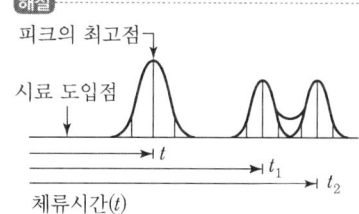

97 기체 크로마토그래피에 의해 가스의 조성을 알고 있을 때에는 계산에 의해서 그 비중을 알 수 있다. 이때 비중계산과의 관계가 가장 먼 인자는?

① 성분의 함량비   ② 분자량
③ 수분   ④ 증발온도

해설
가스의 조성에서 비중계산 인자
성분의 함량비, 분자량, 수분 등

98 도시가스사용시설에서 최고사용압력이 0.1 MPa 미만인 도시가스 공급관을 설치하고, 내용적을 계산하였더니 8m³였다. 전기식 다이어프램형 압력계로 기밀시험을 할 경우 최소 유지시간은 얼마인가?

① 4분   ② 10분
③ 24분   ④ 40분

정답 93 ③ 94 ② 95 ④ 96 ① 97 ④ 98 ④

해설
전기식

최고사용압력	내용적(m³)	기밀유지시간(분)
0.1MPa 미만의 저압	1 미만	4
	1 이상~10 미만	40
	10 이상~300 미만	4 × V(분). 단, 240분을 초과하는 경우에는 240분

99 가스공급용 저장탱크의 가스저장량을 일정하게 유지하기 위하여 탱크내부의 압력을 측정하고 측정된 압력과 설정압력(목표압력)을 비교하여 탱크에 유입되는 가스의 양을 조절하는 자동제어계가 있다. 탱크내부의 압력을 측정하는 동작은 다음 중 어디에 해당하는가?

① 비교 ② 판단
③ 조작 ④ 검출

해설
검출
저장탱크에서 내부압력을 측정하고 설정압력과 비교하여 탱크에 유입되는 가스의 양을 조절하는 자동제어계에서 탱크내부의 압력을 측정하는 것을 말한다.
(검출 → 비교 → 판단 → 조작)

100 열전대 온도계의 특징에 대한 설명으로 틀린 것은?

① 원격 측정이 가능하다.
② 고온의 측정에 적합하다.
③ 보상도선에 의한 오차가 발생할 수 있다.
④ 장기간 사용하여도 재질이 변하지 않는다.

해설
열전대 온도계는 장기간 사용하면 계기의 경년변화 및 열전대의 열화에 의한 오차가 생긴다.
(J형 : 철-콘스탄탄, K형 : 크로멜알루멜, T형 : 구리-콘스탄탄, R형 : 백금-백금로듐)

열전대 종류

종류	약호	사용금속		최고 사용 온도	특성
		+극	-극		
백금-백금로듐 (R형)	PR	Pt 87% Rh 13%	백금 Pt 100%	0~ 1,600℃	• 고온측정에 적당하다. • 내열도가 높다. • 열기전력이 적다. • 산화성 분위기에 강하다. • 환원성 분위기에 약하다.
크로멜 알루멜 (K형)	CA	Ni 90% Cr 10%	알루멜 Ni 94% Al 3% Mn 2% Si 1%	0~ 1,200℃	• 열기전력이 크다. • 항공기·발동기 등의 온도 측정용이다. • 환원성 분위기에 강하다. • 열기전력이 직선적이다.
순구리 콘스탄탄 (T형)	CC	Cu 100%	콘스탄탄 Cu 55% Ni 45%	-200 ~ 350℃	• 수분에 의한 부식에 강하다. • 특히 저온용으로 사용된다. • 300℃ 이상이면 산화되기 쉽다.
철 콘스탄탄 (J형)	IC	Fe 100%	콘스탄탄 Cu 55% Ni 45%	-200 ~ 800℃	• 산화분위기에 약하다. • 열기전력이 가장 크다. • 환원성 분위기에 강하다.

정답 99 ④ 100 ④

2020년 4회 기출문제

1과목 가스유체역학

01 레이놀즈수가 10^6이고 상대조도가 0.005인 원관의 마찰계수 f는 0.03이다. 이 원관에 부차손실계수가 6.6인 글로브 밸브를 설치하였을 때, 이 밸브의 등가길이(또는 상당길이)는 관 지름의 몇 배인가?

① 25
② 55
③ 220
④ 440

해설

밸브의 상당길이는 관지름의 $L_e = \dfrac{KV}{f}$ ($\dfrac{6.6}{0.03} = 220$배)이다.

※ 관의 상당길이 $(L_e) = K \cdot \dfrac{V^2}{2g} = f \times \dfrac{l}{d} \times \dfrac{V^2}{2g}$

- K : 밸브나 이음에서 부차적 손실계수 값
- 상대조도 : 관수로에서 관벽의 절대조도(상당조도)와 관의 직경과의 비이다.
- 부차손실수두 : 속도제곱에 비례한다.

02 압축성 유체의 기계적 에너지 수지식에서 고려하지 않는 것은?

① 내부에너지
② 위치에너지
③ 엔트로피
④ 엔탈피

해설

압축성 유체의 에너지 방정식

$_1q_2 + h_1 + \dfrac{V_1^2}{2} + gZ_1 = h_2 + \dfrac{V_2^2}{2} + gZ_2 + _1W_2$

$Z_1 = Z_2$이며 일과 열의 주고 받음이 없는 경우

$h_1 + \dfrac{V_1^2}{2} = h_2 + \dfrac{V_2^2}{2}$ 가 된다.

03 압축성 이상기체(Compressible Ideal Gas)의 운동을 지배하는 기본 방정식이 아닌 것은?

① 에너지방정식
② 연속방정식
③ 차원방정식
④ 운동량방정식

해설

압축성 이상기체의 운동지배 기본 방정식은 ①, ②, ④를 기본으로 한다.

04 LPG 이송 시 탱크로리 상부를 가압하여 액을 저장탱크로 이송시킬 때 사용되는 동력장치는 무엇인가?

① 원심펌프
② 압축기
③ 기어펌프
④ 송풍기

해설

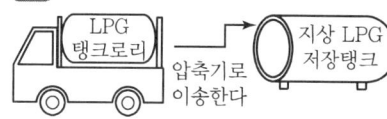

05 마하수는 어느 힘의 비를 사용하여 정의되는가?

① 점성력과 관성력
② 관성력과 압축성 힘
③ 중력과 압축성 힘
④ 관성력과 압력

해설

마하수 $(M) = \dfrac{V}{C} = \dfrac{속도}{음속} = \dfrac{V}{\sqrt{kRT}}$ (압축성 흐름)

마하수는 관성력과 압축성의 힘의 비를 이용한다.

정답 01 ③ 02 ③ 03 ③ 04 ② 05 ②

06 수은-물 마노미터로 압력차를 측정하였더니 50cmHg였다. 이 압력차를 mH$_2$O로 표시하면 약 얼마인가?

① 0.5   ② 5.0
③ 6.8   ④ 7.3

해설
1atm=101.325kPa=1.033kg/cm^2=76cmHg
     =10.33mH$_2$O
∴ $10.33 \times \frac{50}{76} = 6.8mH_2$O

07 산소와 질소의 체적비가 1 : 4인 조성의 공기가 있다. 표준상태(0℃, 1기압)에서의 밀도는 약 몇 kg/m^{3}인가?

① 0.54   ② 0.96
③ 1.29   ④ 1.51

해설
산소의 분자량 : 32, 질소의 분자량 : 28
밀도(ρ) = $\frac{질량}{체적} = \frac{(32 \times 1) + (28 \times 4)}{22.4} = 1.29$kg/m^3
※ 1kmol=22.4m^3(기체의 분자량 값의 체적)

08 다음 단위 간의 관계가 옳은 것은?

① 1N=9.8kg·m/s^2 ② 1J=9.8kg·m^2/s^2
③ 1W=1kg·m^2/s^3 ④ 1Pa=10^{5}kg/m·s^2

해설
1kgf×1m=1kgf·m=9.8N·m=9.8J, 1Pa=1N/m^2
1J=1N·m=10^{7}erg, 1kgf·m/s=9.8J/s=9.8W
1W=1J/s, 1kW=102kgf·m/s=1,000W, 1W=1kg·m^2/s^3

09 송풍기의 공기 유량이 3m^3/s일 때, 흡입 쪽의 전압이 110kPa, 출구 쪽의 정압이 115kPa이고 속도가 30m/s이다. 송풍기에 공급하여야 하는 축동력은 얼마인가?(단, 공기의 밀도는 1.2kg/m^{3}이고, 송풍기의 전효율은 0.80이다.)

① 10.45kW   ② 13.99kW
③ 16.62kW   ④ 20.78kW

해설
축동력(P) = $\frac{Z \cdot Q}{102 \times \eta}$, 공기량=3m^3/s
1W=1J/s=1kW=1kJ/s
송풍기출구전압(P_3)=출구정압(P_2)+출구동압(P_2)
$= P_2 + \left(\frac{V^2}{2} \times \rho\right)$
$= 115 + \left(\frac{30^2}{2} \times 1.2 \times 10^{-3}\right)$
$= 115.54$kPa

∴ 축동력(kW) = $\frac{Z \times Q}{\eta}$
$= \frac{(115.54 - 110) \times 3}{0.8} = 20.78$kW

10 평판에서 발생하는 층류 경계층의 두께는 평판선단으로부터의 거리 x와 어떤 관계가 있는가?

① x에 반비례한다.   ② $x^{\frac{1}{2}}$에 반비례한다.
③ $x^{\frac{1}{2}}$에 비례한다.   ④ $x^{\frac{1}{3}}$에 비례한다.

해설
평판에서 경계층 두께(δ)와 선단에서부터 거리(x)와의 관계
• 층류의 경우 : $\frac{\delta}{x} = \frac{5}{Re_x^{\frac{1}{2}}}$
• 난류의 경우 : $\frac{\delta}{x} = \frac{0.376}{Re_x^{\frac{1}{5}}}$

11 관 내의 압축성 유체의 경우 단면적 A와 마하수 M, 속도 V 사이에 다음과 같은 관계가 성립한다고 한다. 마하수가 2일 때 속도를 0.2% 감소시키기 위해서는 단면적을 몇 % 변화시켜야 하는가?

$$dA/A = (M^2 - 1) \times dV/V$$

① 0.6% 증가   ② 0.6% 감소
③ 0.4% 증가   ④ 0.4% 감소

정답 06 ③   07 ③   08 ③   09 ④   10 ③   11 ②

해설

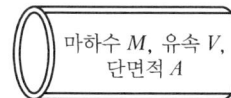

마하수(M) = $\dfrac{V}{C} = \dfrac{V}{\sqrt{kRT}}$, $\sin\alpha = \dfrac{C}{V}$, α(마하각)

$\dfrac{dA}{A} = \dfrac{(M^2-1)\times dV}{V}$ (마하수는 음속에 반비례한다.)

$\dfrac{dV}{V} = \dfrac{dA}{A}(M^2-1) = 3\dfrac{dV}{V}$

$\dfrac{dA}{A} = 3\times(-0.2) = -0.6\%$(감소)

또는 $\dfrac{dA}{A} = (M^2-1)\times\dfrac{dV}{V} = (2^2-1)\times 0.2 = 0.6\%$(감소)

12 정체온도 T_s, 임계온도 T_c, 비열비를 k라 할 때 이들의 관계를 옳게 나타낸 것은?

① $\dfrac{T_c}{T_s} = \left(\dfrac{2}{k+1}\right)^{k-1}$ ② $\dfrac{T_c}{T_s} = \left(\dfrac{1}{k-1}\right)^{k-1}$

③ $\dfrac{T_c}{T_s} = \dfrac{2}{k+1}$ ④ $\dfrac{T_c}{T_s} = \dfrac{2}{k-1}$

해설

임계조건

$\dfrac{T_c}{T_s} = \dfrac{2}{k+1} = 0.833$

여기서, T_s : 정체온도
T_c : 임계온도
k : 비열비

13 유체 속에 잠긴 경사면에 작용하는 정수력의 작용점은?

① 면의 도심보다 위에 있다.
② 면의 도심에 있다.
③ 면의 도심보다 아래에 있다.
④ 면의 도심과는 상관없다.

해설

유체 속에 잠긴 경사면에 작용하는 정수력의 작용점 면의 도심 중심보다 아래에 있다(면의 중심에서의 압력과 면적과의 곱과 같다).

14 관 속을 충만하게 흐르고 있는 액체의 속도를 급격히 변화시키면 어떤 현상이 일어나는가?

① 수격현상 ② 서징 현상
③ 캐비테이션 현상 ④ 펌프효율 향상 현상

해설

수격현상(워터해머 현상)
관 속을 충만하게 흐르고 있는 액체의 속도를 급격히 변화시키면 14배 정도의 큰 충격이 발생한다.

15 점성력에 대한 관성력의 상대적인 비를 나타내는 무차원의 수는?

① Reynolds수 ② Froude수
③ 모세관수 ④ Weber수

해설

- 레이놀즈수(항상 적용) : $\dfrac{관성력}{점성력}$
- 프루드수(자유표면흐름) : $\dfrac{관성력}{중력}$
- 웨버수(자유표면흐름) : $\dfrac{관성력}{표면장력}$

16 직각좌표계에 적용되는 가장 일반적인 연속방정식은 다음과 같이 주어진다. 다음 중 정상상태(Steady State)의 유동에 적용되는 연속방정식은?

$$\dfrac{\partial\rho}{\partial t} + \dfrac{\partial(\rho u)}{\partial x} + \dfrac{\partial(\rho v)}{\partial y} + \dfrac{\partial(\rho w)}{\partial z} = 0$$

① $\dfrac{\partial\rho}{\partial t} + \dfrac{\partial(\rho u)}{\partial x} + \dfrac{\partial(\rho v)}{\partial y} + \dfrac{\partial(\rho w)}{\partial z} = 0$

② $\dfrac{\partial(\rho u)}{\partial x} + \dfrac{\partial(\rho v)}{\partial y} + \dfrac{\partial(\rho w)}{\partial z} = 0$

③ $\dfrac{\partial u}{\partial x} + \dfrac{\partial v}{\partial y} + \dfrac{\partial w}{\partial z} = 0$

④ $\dfrac{\partial\rho}{\partial t} + \rho\dfrac{\partial u}{\partial x} + \rho\dfrac{\partial v}{\partial y} + \rho\dfrac{\partial w}{\partial z} = 0$

정답 12 ③ 13 ③ 14 ① 15 ① 16 ②

> [해설]

연속방적식(직각좌표계의 3차원 연속방정식)
미소체적요소에 연속방정식 적용

$$\underbrace{\frac{\partial(\rho u)}{\partial x} + \frac{\partial(\rho v)}{\partial y} + \frac{\partial(\rho w)}{\partial z}}_{\text{정상유동}} + \frac{\partial \rho}{\partial t} = 0$$

17 수압기에서 피스톤의 지름이 각각 20cm와 10cm이다. 작은 피스톤에 1kgf의 하중을 가하면 큰 피스톤에는 몇 kgf의 하중이 가해지는가?

① 1　　　② 2
③ 4　　　④ 8

> [해설]

20cm 단면적 $(A) = \frac{\pi}{4}d^2 = \frac{3.14}{4} \times 20^2 = 314\text{cm}^2$

10cm 단면적 $(A) = \frac{\pi}{4}d^2 = \frac{3.4}{4} \times 10^2 = 78.5\text{cm}^2$

$\therefore 1 \times \frac{314}{78.5} = 4\text{kgf}$

18 축동력을 L, 기계의 손실을 동력을 L_m이라고 할 때 기계효율 η_m을 옳게 나타낸 것은?

① $\eta_m = \dfrac{L - L_m}{L_m}$　　② $\eta_m = \dfrac{L - L_m}{L}$

③ $\eta_m = \dfrac{L_m - L}{L}$　　④ $\eta_m = \dfrac{L_m - L}{L_m}$

> [해설]

기계효율$(\eta_m) = \dfrac{L - L_m}{L}\%$

19 뉴턴의 점성법칙과 관련 있는 변수가 아닌 것은?

① 전단응력　　② 압력
③ 점성계수　　④ 속도기울기

> [해설]

뉴턴의 점성법칙

전단응력$(\tau) = \mu \dfrac{du}{dy} =$ 점성계수 $\times \left(\text{속도구배} \dfrac{du}{dy}\right)$

- 점성계수 단위: 1Poise = 1dyne · s/cm² = 1g/cm · s
- 동점성계수 단위: 1Stokes = 1cm²/s = m²/s

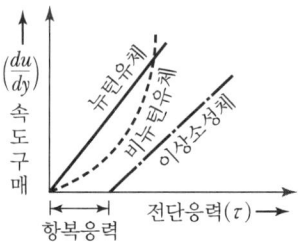

20 다음 중 에너지의 단위는?

① dyn(dyne)　　② N(Newton)
③ J(Joule)　　　④ W(Watt)

> [해설]

에너지 단위(일의 단위): J(1N · m)

2과목　연소공학

21 15℃, 50atm인 산소 실린더의 밸브를 순간적으로 열어 내부압력을 25atm까지 단열팽창시키고 닫았다면 나중 온도는 약 몇 ℃가 되는가?(단, 산소의 비열비는 1.4이다.)

① -28.5℃　　② -36.8℃
③ -78.1℃　　④ -157.5℃

> [해설]

단열팽창(T_2)

$$T_2 = T_1 \times \left(\frac{P_2}{P_1}\right)^{\frac{k-1}{k}}$$

$$= (15 + 273) \times \left(\frac{25}{50}\right)^{\frac{1.4-1}{1.4}}$$

$$= 236\text{K}$$

$$= -36.7℃$$

정답　17 ③　18 ②　19 ②　20 ③　21 ②

22 폭발억제 장치의 구성이 아닌 것은?

① 폭발검출기구 ② 활성제
③ 살포기구 ④ 제어기구

해설
활성제는 폭발을 증가시키는 데 사용된다.

23 초기사건으로 알려진 특정한 장치의 이상이나 운전자의 실수로부터 발생되는 잠재적인 사고결과를 평가하는 정량적 안전성 평가기법은?

① 사건수 분석(ETA)
② 결함수 분석(FTA)
③ 원인결과 분석(CCA)
④ 위험과 운전 분석(HAZOP)

해설
ETA(사건수 분석)
초기사건으로 알려진 특정한 장치의 이상이나 운전자의 실수로부터 발생되는 잠재적인 사고결과를 평가하는 정량적 안전성 평가기법이다.

24 발열량 10,500kcal/kg인 어떤 원료 2kg을 2분 동안 완전연소시켰을 때 발생한 열량을 모두 동력으로 변환시키면 약 몇 kW인가?

① 735 ② 935
③ 1,103 ④ 1,303

해설
1kWh = 860kcal, 1시간 = 60분
$\dfrac{10,500 \times 2}{860} \times \dfrac{60}{2} = 733\text{kW}$

25 프로판과 부탄이 혼합된 경우로서 부탄의 함유량이 많아지면 발열량은?

① 커진다. ② 줄어든다.
③ 일정하다. ④ 커지다가 줄어든다.

해설
발열량
- 프로판 : 24,370kcal/Nm³
- 부탄 : 32,010kcal/Nm³

26 가연물의 구비조건이 아닌 것은?

① 반응열이 클 것
② 표면적이 클 것
③ 열전도도가 클 것
④ 산소와 친화력이 클 것

해설
가연물 조건
- 열전도도가 작을 것
- 반응열이 클 것
- 산소와 친화력이 클 것
- 표면적이 클 것
- 활성화 에너지가 작을 것

27 액체연료의 연소용 공기 공급방식에서 2차 공기란 어떤 공기를 말하는가?

① 연료를 분사시키기 위해 필요한 공기
② 완전연소에 필요한 부족한 공기를 보충하는 공기
③ 연료를 안개처럼 만들어 연소를 돕는 공기
④ 연소된 가스를 굴뚝으로 보내기 위해 고압, 송풍하는 공기

해설
- 1차 공기 : 점화용 공기
- 2차 공기 : 완전연소에 필요한 부족한 공기를 보충하는 공기

28 TNT 당량은 어떤 물질이 폭발할 때 방출하는 에너지와 동일한 에너지를 방출하는 TNT의 질량을 말한다. LPG 1톤이 폭발할 때 방출하는 에너지는 TNT 당량으로 약 몇 kg인가?(단, 폭발한 LPG의 발열량은 15,000kcal/kg이며, LPG의 폭발계수는 0.1, TNT가 폭발 시 방출하는 당량에너지는 1,125kcal/kg이다.)

정답 22 ② 23 ① 24 ① 25 ① 26 ③ 27 ② 28 ②

① 133　② 1,333
③ 2,333　④ 4,333

해설
LPG 1톤 폭발 시 TNT 당량(1톤=1,000kg)
∴ 당량 = $\dfrac{(15{,}000 \times 1{,}000) \times 0.1}{1{,}125}$ = 1,333kg

29 질소 10kg이 일정 압력상태에서 체적이 $1.5m^3$에서 $0.3m^3$로 감소될 때까지 냉각되었을 때 질소의 엔트로피 변화량의 크기는 약 몇 kJ/K인가?(단, C_P는 14kJ/kg·K로 한다.)

① 25　② 125
③ 225　④ 325

해설
엔트로피 변화량(ΔS) = $G \times C_P$
$= 10 \times 14 \times \ln\left(\dfrac{15}{0.3}\right)$ = 225kJ/K

30 Van der Waals식 $\left(P + \dfrac{an^2}{V^2}\right)(V - nb) = nRT$ 에 대한 설명으로 틀린 것은?

① a의 단위는 atm·L^2/mol^2이다.
② b의 단위는 L/mol이다.
③ a의 값은 기체분자가 서로 어떻게 강하게 끌어당기는가를 나타낸 값이다.
④ a는 부피에 대한 보정항의 비례상수이다.

해설
기체 n몰에서 실제기체(반데르발스 법칙)
- a : -L·atm/$mol^{2''}$
- b : -L/mol'' 기체자신이 차지하는 부피
- $\left(\dfrac{a}{V^2}\right)$: 기체분자 간의 인력

31 연료와 공기 혼합물에서 최대 연소속도가 되기 위한 조건은?

① 연료와 양론혼합물이 같은 양일 때
② 연료가 양론혼합물보다 약간 적을 때
③ 연료가 양론혼합물보다 약간 많을 때
④ 연료가 양론혼합물보다 아주 많을 때

해설
- 최대 연소속도 조건 : 연료가 양론혼합물보다 약간 많을 때
- 양론혼합물 : 연료와 산소의 이론적인 혼합비율
- 화학양론비
$(C_{st}) = \dfrac{\text{연료의 몰수}}{\text{연료의 몰수} + \text{공기의 몰수}} \times 100$ (완전연소)

32 다음은 간단한 수증기사이클을 나타낸 그림이다. 여기서 랭킨(Rankine) 사이클의 경로를 옳게 나타낸 것은?

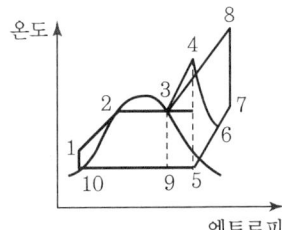

① $1 \to 2 \to 3 \to 9 \to 10 \to 1$
② $1 \to 2 \to 3 \to 4 \to 5 \to 9 \to 10 \to 1$
③ $1 \to 2 \to 3 \to 4 \to 6 \to 5 \to 9 \to 10 \to 1$
④ $1 \to 2 \to 3 \to 8 \to 7 \to 5 \to 9 \to 10 \to 1$

해설
랭킨 사이클(열병합 원동기 사이클)

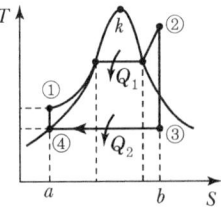

- ④ → ① 단열압축, 정적압축(급수펌프)
- ① → ② 정압가열(보일러)
- ② → ③ 단열팽창(터빈)
- ③ → ④ 정압방열(복수기)

정답 29 ③　30 ④　31 ③　32 ②

33 충격파가 반응 매질 속으로 음속보다 느린 속도로 이동할 때를 무엇이라 하는가?

① 폭굉 ② 폭연
③ 폭음 ④ 정상연소

[해설]
- 연소속도 : 10m/s 이하
- 폭연속도 : 340m/s 이하(음속 이하)
- 폭굉 : 340m/s 초과(1,000~3,500m/s)

34 방폭에 대한 설명으로 틀린 것은?

① 분진폭발은 연소시간이 길고 발생에너지가 크기 때문에 파괴력과 연소 정도가 크다는 특징이 있다.
② 분해폭발을 일으키는 가스에 비활성기체를 혼합하는 이유는 화염온도를 낮추고 화염 전파능력을 소멸시키기 위함이다.
③ 방폭대책은 크게 예방, 긴급대책으로 나누어진다.
④ 분진을 다루는 압력을 대기압보다 낮게 하는 것도 분진대책 중 하나이다.

[해설]
방폭대책
- 예방대책
- 국한대책
- 소화대책
- 피난대책

35 프로판가스 1Sm³를 완전연소시켰을 때의 건조연소가스양은 약 몇 Sm³인가?(단, 공기 중의 산소는 21v%이다.)

① 10 ② 16
③ 22 ④ 30

[해설]
프로판가스(C_3H_8)
$C_3H_8 + 5O_2 \rightarrow 3CO_2 + 4H_2O$

- 이론공기량(A_o) = $O_o \times \dfrac{1}{0.21}$ = $5 \times \dfrac{1}{0.21}$ = $24Nm^3/Nm^3$

- 이론건연소가스양(G_{od})
= $(1-0.21)A_o + CO_2$
= $0.79 \times 24 + 3 = 22Nm^3/Nm^3$

※ $\left\{ C_mH_n + \left(m + \dfrac{n}{4}\right)O_2 \rightarrow mCO_2 + \dfrac{n}{2}H_2O \right\}$

36 공기가 산소 20v%, 질소 80v%의 혼합기체라고 가정할 때 표준상태(0℃, 101.325kPa)에서 공기의 기체상수는 약 몇 kJ/kg·K인가?

① 0.269 ② 0.279
③ 0.289 ④ 0.299

[해설]
공기의 기체상수(R)
= $\dfrac{\overline{R}}{M} = \dfrac{8.314}{분자량} = \dfrac{8.314}{28.8} = 0.28kJ/kg \cdot K$

- 공기 평균분자량 = $(32 \times 0.2) + (28 \times 0.8) = 28.8$
- 일반가스상수($\overline{R}$)
$\dfrac{101.325 \times 22.4}{273.15} = 8.314kJ/kmol \cdot K$

37 열역학 특성식으로 $P_1V_1^n = P_2V_2^n$이 있다. 이때 n값에 따른 상태변화를 옳게 나타낸 것은?(단, k는 비열비이다.)

① $n=0$: 등온 ② $n=1$: 단열
③ $n=\pm\infty$: 정적 ④ $n=k$: 등압

[해설]
- n(정압변화) : 0
- n(등온변화) : 1
- n(단열변화) : K
- n(정적변화) : ∞

38 표준상태에서 고발열량과 저발열량의 차는 얼마인가?

① 9,700cal/gmol ② 539cal/gmol
③ 619cal/g ④ 80cal/g

정답 33 ② 34 ③ 35 ③ 36 ③ 37 ③ 38 ①

해설

$H_2 + \frac{1}{2}O_2 \to H_2O \quad C + O_2 \to CO_2(9,700\text{kcal/kg})$

$2\text{kg} + 16\text{kg} \to 18\text{kg}$

$1\text{kg} + 8\text{kg} \to 9\text{kg}$

H_2O 1kg당 증발열 $600\text{kcal/kg} = 480\text{kcal/m}^3$

H_2O 1gmol $= 18\text{g} = 22.4\text{L}$

※ 고위발열량(H_h) $= 9,700 + 600 = 10,300\text{kcal/kg}$

39 기체연료의 확산연소에 대한 설명으로 틀린 것은?

① 연료와 공기가 혼합하면서 연소한다.
② 일반적으로 확산과정은 확산에 의한 혼합속도가 연소속도를 지배한다.
③ 혼합에 시간이 걸리며 화염이 길게 늘어난다.
④ 연소기 내부에서 연료와 공기의 혼합비가 변하지 않고 연소된다.

해설

확산연소는 연소기 내부에서 연료와 공기의 혼합비가 변하고 예혼합연소는 연료와 공기의 혼합비가 변하지 않는다.

40 연료의 구비조건이 아닌 것은?

① 저장 및 운반이 편리할 것
② 점화 및 연소가 용이할 것
③ 연소가스 발생량이 많을 것
④ 단위 용적당 발열량이 높을 것

해설

연료는 연소 후 연소가스 발생량이 많아지면 배기가스 현열에 의한 열손실이 가중된다.

3과목 가스설비

41 터보(Turbo)압축기의 특징에 대한 설명으로 틀린 것은?

① 고속 회전이 가능하다.
② 작은 설치 면적에 비해 유량이 크다.
③ 케이싱 내부를 급유해야 하므로 기름의 혼입에 주의해야 한다.
④ 용량조정 범위가 비교적 좁다.

해설

터보형(원심식) 압축기
윤활유가 불필요하므로 가스에 기름의 혼입이 적다. 단, 운전 중 서징 현상에 주의하여야 하고 용량 조정 범위가 70~100%이므로 비교적 좁다(일종의 비용적형이다).

42 호칭지름이 동일한 외경의 강관에 있어서 스케줄 번호가 다음과 같을 때 두께가 가장 두꺼운 것은?

① XXS ② XS
③ Sch 20 ④ Sch 40

해설

관의 두께설정 원칙
• 미국표준협회(ASA)
• ASME와 ASTM의 STD, XS, XXS 제작자가 설정한 크기 방법
• API의 표준규격
※ STD-XE(중량계표시법) : X, XX, XS, XXS, XE

43 과류차단 안전기구가 부착된 것으로서 가스 유로를 볼로 개폐하고 배관과 호스 또는 배관과 커플러를 연결하는 구조의 콕은?

① 호스콕 ② 퓨즈콕
③ 상자콕 ④ 노즐콕

해설

퓨즈콕
과류차단 안전기구가 부착된 콕이다. 가스의 유로를 볼로 개폐하고 배관과 호스 또는 배관과 커플러를 연결하는 구조의 콕이다.

정답 39 ④ 40 ③ 41 ③ 42 ① 43 ②

44 저온장치에 사용되는 진공단열법의 종류가 아닌 것은?

① 고진공단열법
② 다층진공단열법
③ 분말진공단열법
④ 다공단층진공단열법

해설
－50℃ 이하 저온장치 진공단열법
- 고진공단열법
- 다층진공단열법
- 분말진공단열법

45 교반형 오토클레이브의 장점에 해당되지 않는 것은?

① 가스누출의 우려가 없다.
② 기액반응으로 기체를 계속 유통시킬 수 있다.
③ 교반효과는 진탕형에 비하여 더 좋다.
④ 특수 라이닝을 하지 않아도 된다.

해설
교반형
- 교반축의 스터핑 박스에서 가스누설의 가능성이 많다.
- 교반식의 교반효과를 크게 하려면 전자교반기나 고속교반기 등이 적합하다.

46 원심펌프의 특징에 대한 설명으로 틀린 것은?

① 저양정에 적합하다.
② 펌프에 충분히 액을 채워야 한다.
③ 원심력에 의하여 액체를 이송한다.
④ 용량에 비하여 설치면적이 작고 소형이다.

해설
원심식 터보형 펌프
- 고양정을 얻기 위하여 단수를 가감할 수 있다.
- 고양정, 저점도의 액체 수송에 적당하다.
- 대용량에 적당하다.

47 가스폭발 위험성에 대한 설명으로 틀린 것은?

① 아세틸렌은 공기가 공존하지 않아도 폭발 위험성이 있다.
② 일산화탄소는 공기가 공존하여도 폭발 위험성이 없다.
③ 액화석유가스가 누출되면 낮은 곳으로 모여 폭발 위험성이 있다.
④ 가연성의 고체 미분이 공기 중에 부유 시 분진폭발의 위험성이 있다.

해설
가연성 일산화탄소(CO) 가스
$$CO + \frac{1}{2}O_2 \rightarrow CO2$$
폭발범위 : 12.5～74%(폭발성 가스)

48 LPG 공급방식에서 강제기화방식의 특징이 아닌 것은?

① 기화량을 가감할 수 있다.
② 설치 면적이 작아도 된다.
③ 한랭 시에는 연속적인 가스공급이 어렵다.
④ 공급 가스의 조성을 일정하게 유지할 수 있다.

해설
기화기 이용(강제기화)
- 생가스 공급방식
- 공기혼합 공급방식
- 변성가스 공급방식
※ 한랭 시 연속적인 가스공급이 용이하다.

49 최대지름이 10m인 가연성 가스 저장탱크 2기가 상호 인접하여 있을 때 탱크 간에 유지하여야 할 거리는?

① 1m   ② 2m
③ 5m   ④ 10m

정답 44 ④ 45 ① 46 ① 47 ② 48 ③ 49 ③

해설

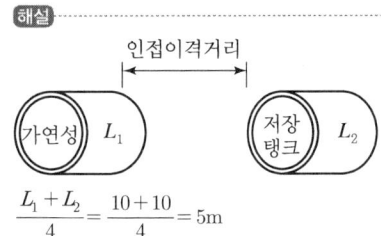

$$\frac{L_1+L_2}{4}=\frac{10+10}{4}=5\text{m}$$

50 탄소강에서 생기는 취성(메짐)의 종류가 아닌 것은?

① 적열취성 ② 풀림취성
③ 청열취성 ④ 상온취성

해설
탄소강의 취성
- 적열취성 : 800℃
- 청열취성 : 200~300℃
- 상온취성

51 LPG와 나프타를 원료로 한 대체천연가스(SNG) 프로세스의 공정에 속하지 않는 것은?

① 수소화탈황공정 ② 저온수증기개질공정
③ 열분해공정   ④ 메탄합성공정

해설
도시가스 열분해 공정
원유, 중유, 나프타를 분해하여 10,000kcal/Nm³ 정도의 가스를 제조하는 공정이다(고열량가스 제조공법이다).

52 LP 가스 1단 감압식 저압조정기의 입구 압력은?

① 0.025~0.35MPa
② 0.025~1.56MPa
③ 0.07~0.35MPa
④ 0.07~1.56MPa

해설

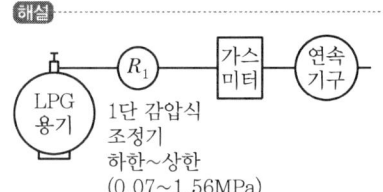

53 토양의 금속부식을 확인하기 위해 시험편을 이용하여 실험하였다. 이에 대한 설명으로 틀린 것은?

① 전기저항이 낮은 토양 중의 부식속도는 빠르다.
② 배수가 불량한 점토 중의 부식속도는 빠르다.
③ 염기성 세균이 번식하는 토양 중의 부식속도는 빠르다.
④ 통기성이 좋은 토양에서 부식속도는 점차 빨라진다.

해설
통기성이 좋은 토양에서 부식속도는 점차 저하된다.

54 가스배관의 접합시공방법 중 원칙적으로 규정된 접합시공방법은?

① 기계적 접합 ② 나사 접합
③ 플랜지 접합 ④ 용접 접합

해설
가스배관 접합은 원칙적으로 가연성이나 독성가스의 누설을 방지하기 위하여 용접접합이 기준이다.

55 탱크로리에서 저장탱크로 LP 가스를 압축기에 의해 이송하는 방법의 특징으로 틀린 것은?

① 펌프에 비해 이송시간이 짧다.
② 잔가스 회수가 용이하다.
③ 균압관을 설치해야 한다.
④ 저온에서 부탄이 재액화될 우려가 있다.

정답 50 ② 51 ③ 52 ④ 53 ④ 54 ④ 55 ③

해설

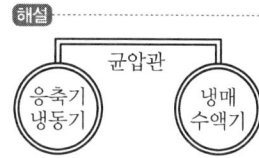

56 아세틸렌(C_2H_2)에 대한 설명으로 틀린 것은?

① 동과 직접 접촉하여 폭발성의 아세틸라이드를 만든다.
② 비점과 융점이 비슷하여 고체 아세틸렌은 융해한다.
③ 아세틸렌가스의 충전제로 규조토, 목탄 등의 다공성 물질을 사용한다.
④ 흡열 화합물이므로 압축하면 분해폭발 할 수 있다.

해설
아세틸렌(C_2H_2)가스
- 액체 아세틸렌 : 불안정
- 고체 아세틸렌 : 안정
- 비점(-84℃), 융점(-81℃)이 비슷하여 고체 C_2H_2는 승화한다.
- 구리, 은, 수은 등의 금속과 접촉하면 직접 반응하여 폭발성 아세틸라이드를 생성한다.

57 LPG 기화장치 중 열교환기에 LPG를 송입하여 여기에서 기화된 가스를 LPG용 조정기에 의하여 감압하는 방식은?

① 가온감압방식　② 자연기화방식
③ 감압가온방식　④ 대기온이용방식

해설
기화기
- 작동원리에 의한 분류 : 가온감압방식, 감압가온방식
- 가열방법에 의한 분류 : 대기온이용방식, 간접가열방식
- 구성형식에 의한 분류 : 단관식, 다관식, 사관식, 열관식
※ 가온감압방식 : 온수열교환기에 LPG를 기화시킨 후 조정기로 감압하는 기화기이다.

58 수소에 대한 설명으로 틀린 것은?

① 압축가스로 취급된다.
② 충전구의 나사는 왼나사이다.
③ 용접용기에 충전하여 사용한다.
④ 용기의 도색은 주황색이다.

해설
수소가스는 비점이 -252℃로 액화가 어려워 압축가스로 저장하므로 용접용기가 아닌 무계목용기에 충전하여 저장한다.

59 기포펌프로서 유량이 $0.5m^3/min$인 물을 흡수면보다 50m 높은 곳으로 양수하고자 한다. 축동력이 15PS 소요되었다고 할 때 펌프의 효율은 약 몇 %인가?

① 32　② 37
③ 42　④ 47

해설
펌프축동력(PS) $= \dfrac{\gamma QH}{75 \times 60 \times \eta}$

$15 = \dfrac{1,000 \times 0.5 \times 50}{75 \times 60 \times \eta}$

∴ $\eta = \dfrac{1,000 \times 0.5 \times 50}{75 \times 60 \times 15} = 0.37(37\%)$

※ 물 $1m^3 = 1,000kg$

60 어떤 연소기구에 접속된 고무관이 노후화되어 0.6mm의 구멍이 뚫려 $280mmH_2O$의 압력으로 LP 가스가 5시간 누출되었을 경우 가스 분출량은 약 몇 L인가?(단, LP 가스의 비중은 1.70이다.)

① 52　② 104
③ 208　④ 416

해설
노즐의 LP 가스 분출량 계산

$Q = 0.009 D^2 \sqrt{\dfrac{P}{d}} = 0.009 \times 0.6^2 \times \sqrt{\dfrac{280}{1.7}} \times 5$

$= 0.00324 \times 12.833 \times 5$

$= 0.208 m^3 (208L)$

정답　56 ②　57 ①　58 ③　59 ②　60 ③

4과목 가스안전관리

61 가스사고를 원인별로 분류했을 때 가장 많은 비율을 차지하는 사고 원인은?

① 제품 노후(고장)
② 시설 미비
③ 고의 사고
④ 사용자 취급 부주의

해설
가스사고의 가장 큰 비율 : 사용자의 취급 부주의

62 산업재해 발생 및 그 위험요인에 대하여 짝 지어진 것 중 틀린 것은?

① 화재, 폭발 : 가연성, 폭발성 물질
② 중독 : 독성가스, 유독물질
③ 난청 : 누전, 배선 불량
④ 화상, 동상 : 고온, 저온물질

해설
난청
귀로 소리를 잘 듣지 못하는 어려움이다.

63 고압가스용 안전밸브 중 공칭 밸브의 크기가 80A일 때 최소 내압시험 유지시간은?

① 60초
② 180초
③ 300초
④ 540초

해설
고압가스 안전밸브 최소 내압시험 유지시간

공칭밸브크기	최소시험유지시간 (단위 : 초)
50A 이하	15
65A 이상~200A 이하	60
250A 이상	180

64 고압가스용 저장탱크 및 압력용기(설계압력 20.6MPa 이하) 제조에 대한 내압시험압력 계산식 $\left\{ P_t = \mu P \left(\dfrac{\sigma_t}{\sigma_d} \right) \right\}$에서 계수 μ의 값은?

① 설계압력의 1.25배
② 설계압력의 1.3배
③ 설계압력의 1.5배
④ 설계압력의 2.0배

해설
내압시험압력 계산식(P_t)

$$P_t = \mu P \left(\dfrac{\sigma_t}{\sigma_d} \right)$$

(μ : 설계압력의 1.3배, P : 압력, $\dfrac{\sigma_t}{\sigma_d}$: 두께, 내경비)

※ μ(20.6MPa 초과~98MPa 이하 : 1.25배)

65 차량에 고정된 탱크의 안전운행기준으로 운행을 완료하고 점검하여야 할 사항이 아닌 것은?

① 밸브의 이완상태
② 부속품 등의 볼트 연결상태
③ 자동차 운행등록허가증 확인
④ 경계표지 및 휴대품 등의 손상유무

해설
차량에 고정된 탱크 운행 시 휴대하는 서류철에 차량운행일지가 필요하고 차량등록증을 갖추어야 한다.

66 고압가스를 차량에 적재·운반할 때 몇 km 이상의 거리를 운행하는 경우에 중간에 충분한 휴식을 취한 후 운행하여야 하는가?

① 100
② 200
③ 300
④ 400

해설

자동차 이송

정답 61 ④ 62 ③ 63 ① 64 ② 65 ③ 66 ②

67 다음 [보기]에서 임계온도가 0℃에서 40℃ 사이인 것으로만 나열된 것은?

[보기]
㉠ 산소   ㉡ 이산화탄소
㉢ 프로판 ㉣ 에틸렌

① ㉠, ㉡   ② ㉡, ㉢
③ ㉡, ㉣   ④ ㉢, ㉣

해설
임계온도
- 산소 : -118.4℃
- 이산화탄소 : 31℃
- 프로판 : 96.8℃
- 에틸렌 : 9.9℃
- 부탄 : 152℃

68 독성가스 냉매를 사용하는 압축기 설치장소에는 냉매누출 시 체류하지 않도록 환기구를 설치하여야 한다. 냉동능력 1ton당 환기구 설치면적 기준은?

① $0.05m^2$ 이상   ② $0.1m^2$ 이상
③ $0.15m^2$ 이상   ④ $0.2m^2$ 이상

해설
독성가스 냉매 사용 압축기 설치장소에서 냉매가스누출 시 환기구 면적 기준
냉동능력 1ton당 환기구 면적은 $0.05m^2$ 이상이다.

69 시안화수소의 안전성에 대한 설명으로 틀린 것은?

① 순도 98% 이상으로서 착색된 것은 60일을 경과할 수 있다.
② 안정제로는 아황산, 황산 등을 사용한다.
③ 맹독성 가스이므로 흡수장치나 재해방지장치를 설치한다.
④ 1일 1회 이상 질산구리벤젠지로 누출을 검지한다.

해설
시안화수소(HCN)는 순도가 98% 이상으로 착색되지 않은 것만 충전 후 60일이 경과하여도 다른 용기에 옮겨 충전하지 않아도 된다.

70 고압가스 제조설비의 기밀시험이나 시운전 시 가압용 고압가스로 부적당한 것은?

① 질소   ② 아르곤
③ 공기   ④ 수소

해설
수소(가연성 가스), 산소(조연성 가스) 등의 가스는 고압가스 제조설비의 기밀시험이나 시운전 시 가압용 고압가스로는 사용이 부적당하다.

71 도시가스 사용시설에 설치되는 정압기의 분해점검 주기는?

① 6개월에 1회 이상
② 1년에 1회 이상
③ 2년에 1회 이상
④ 설치 후 3년까지는 1회 이상, 그 이후에는 4년에 1회 이상

해설
도시가스 사용시설 정압기 분해점검 시기
- 설치 후 3년까지는 1회 이상
- 그 이후에는 4년에 1회 이상

72 차량에 고정된 후부취출식 저장탱크에 의하여 고압가스를 이송하려 한다. 저장탱크 주밸브 및 긴급차단장치에 속하는 밸브와 차량의 뒤범퍼와의 수평거리가 몇 cm 이상 떨어지도록 차량에 고정시켜야 하는가?

① 20   ② 30
③ 40   ④ 60

해설

40cm 이상 이격거리(후부취출식이 아니면 30cm 이상 이격거리)

정답 67 ③ 68 ① 69 ① 70 ④ 71 ④ 72 ③

73 일반도시가스사업 제조소에서 도시가스 지하매설 배관에 사용되는 폴리에틸렌관의 최고사용압력은?

① 0.1MPa 이하   ② 0.4MPa 이하
③ 1MPa 이하   ④ 4MPa 이하

해설

```
           지상
    ////////////////////
지하  ┌─────────────┐
매설 │ 폴리에틸렌관  │
    │ PE관 도시가스관│
    └─────────────┘
    (최고사용압력 : 0.4MPa 이하)
```

74 아세틸렌을 용기에 충전한 후 압력이 몇 ℃에서 몇 MPa 이하가 되도록 정치하여야 하는가?

① 15℃에서 2.5MPa   ② 35℃에서 2.5MPa
③ 15℃에서 1.5MPa   ④ 35℃에서 1.5MPa

해설
아세틸렌(C_2H_2) 가스 용기충전
15℃에서 1.5MPa 이하로 충전한다(온도에 관계없이는 2.5MPa 이하).

75 다음 특정설비 중 재검사 대상에 해당하는 것은?

① 평저형 저온저장탱크
② 대기식 기화장치
③ 저장탱크에 부착된 안전밸브
④ 고압가스용 실린더 캐비닛

해설
특정설비
• 저장탱크
• 차량용 고정탱크
• 압력용기
• 독성가스배관용 밸브
• 냉동설비(압축기, 응축기, 증발기 등)
• 긴급차단장치
• 안전밸브
※ ①, ②, ④는 재검사대상에서 제외된다.

76 가스 저장탱크 상호 간에 유지하여야 하는 최소한의 거리는?

① 60cm   ② 1m
③ 2m   ④ 3m

해설

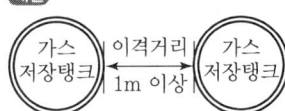

77 도시가스시설에서 가스사고가 발생한 경우 사고의 종류별 통보방법과 통보기한의 기준으로 틀린 것은?

① 사람이 사망한 사고 : 속보(즉시), 상보(사고발생 후 20일 이내)
② 사람이 부상당하거나 중독된 사고 : 속보(즉시), 상보(사고발생 후 15일 이내)
③ 가스누출에 의한 폭발 또는 화재사고(사람이 사망·부상·중독된 사고 제외) : 속보(즉시)
④ LNG 인수기지의 LNG 저장탱크에서 가스가 누출된 사고(사람이 사망·부상·중독되거나 폭발·화재사고 등 제외) : 속보(즉시)

해설
도시가스사업법 시행규칙 별표 17에 의거하여 ②항은 사고발생 후 10일 이내 통보하여야 한다.

78 지상에 설치하는 저장탱크 주위에 방류둑을 설치하지 않아도 되는 경우는?

① 저장능력 10톤의 염소탱크
② 저장능력 2,000톤의 액화산소탱크
③ 저장능력 1,000톤의 부탄탱크
④ 저장능력 5,000톤의 액화질소탱크

해설
질소(N_2)가스는 불연성 가스, 무독성 가스로서 저장탱크 주위에 방류둑이 불필요하다.

79 가스누출경보 및 자동차단장치의 기능에 대한 설명으로 틀린 것은?

① 독성가스의 경보농도는 TLV-TWA 기준농도 이하로 한다.
② 경보농도 설정치는 독성가스용에서는 ±30% 이하로 한다.
③ 가연성 가스경보기는 모든 가스에 감응하는 구조로 한다.
④ 검지에서 발신까지 걸리는 시간은 경보농도의 1.6배 농도에서 보통 30초 이내로 한다.

해설
- 경보농도 설정치 : 가연성 가스는 ±25%
- 가연성 가스는 지시계의 눈금 : 0~폭발하한계 값(단, 독성가스는 기준농도의 3배값)
- 가연성 가스의 감응농도 : 폭발하한계의 $\frac{1}{4}$ 이하

80 가스안전성 평가기준에서 정한 정량적인 위험성 평가기법이 아닌 것은?

① 결함수 분석 ② 위험과 운전 분석
③ 작업자 실수 분석 ④ 원인-결과 분석

해설
정성적 안전성 평가기법
- 체크리스트
- 사고예상 질문 분석(WHAT-IF)
- 위험과 운전 분석(HAZOP)

5과목 가스계측

81 1차 지연형 계측기의 스텝응답에서 전 변화의 80%까지 변화하는 데 걸리는 시간은 시정수의 몇 배인가?

① 0.8배 ② 1.6배
③ 2.0배 ④ 2.8배

해설
걸리는 시간 스텝응답$(Y) = 1 - e^{\frac{-t}{T}}$
(여기서, t : 시간, T : 시정수)

$0.8 = 1 - e^{\frac{-t}{T}}$

T(시정수) : 스텝응답의 전 변화의 63.2%로 변화하는 데 필요한 시간이다.

$y_T - y_o = (x_o - y_o)(1 - e^{\frac{-t}{T}})$ 에서, $1 - e^{-n} = 0.8$, $e^{-n} = 0.2$
$-n = \log_e 0.2 = 2.3\log_{0.2}$

응답이 최초로 희망값의 50%까지 도달하는 데 필요한 시간을 지연시간이라 한다.

∴ $\frac{80}{50} = 1.6$배

82 가스미터의 특징에 대한 설명으로 옳은 것은?

① 막식 가스미터는 비교적 값이 싸고 용량에 비하여 설치면적이 작은 장점이 있다.
② 루트미터는 대유량의 가스측정에 적합하고 설치면적이 작고, 대수용가에 사용한다.
③ 습식 가스미터는 사용 중에 기차의 변동이 큰 단점이 있다.
④ 습식 가스미터는 계량이 정확하고 설치면적이 작은 장점이 있다.

해설
가스미터기
- 막식 : 설치면적이 크다.
- 루트식 : 대용량 가스미터기이다.
- 습식 : 사용 중 기차의 변동이 크지 않다. 단, 설치면적이 크다.

83 오프셋을 제거하고, 리셋시간도 단축되는 제어방식으로서 쓸모없는 시간이나 전달느림이 있는 경우에도 사이클링을 일으키지 않아 넓은 범위의 특성프로세스에 적용할 수 있는 제어는?

① 비례적분미분 제어기 ② 비례미분 제어기
③ 비례적분 제어기 ④ 비례 제어기

정답 79 ③ 80 ② 81 ② 82 ② 83 ①

해설
PID 동작(비례적분미분 제어) 특성
- 오프셋 편차를 제거한다.
- 리셋시간을 단축한다.
- 사이클링을 일으키지 않는다.
- 넓은 범위의 특성 프로세스에 적용된다.

84 제어량의 응답에 계단변화가 도입된 후에 얻게 될 궁극적인 값을 얼마나 초과하게 되는가를 나타내는 척도를 무엇이라 하는가?

① 상승시간(Rise Time)
② 응답시간(Response Time)
③ 오버슈트(Over Shoot)
④ 진동주기(Period of Oscillation)

해설
단위계단 입력에 대한 시간응답

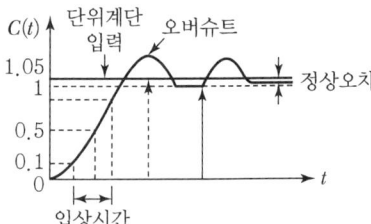

85 막식 가스미터의 부동현상에 대한 설명으로 가장 옳은 것은?

① 가스가 미터를 통과하지만 지침이 움직이지 않는 고장
② 가스가 미터를 통과하지 못하는 고장
③ 가스가 누출되고 있는 고장
④ 가스가 통과될 때 미터가 이상음을 내는 고장

해설
가스미터기 이상현상
① 부동
② 불통
③ 가스미터기 누설
④ 가스미터기 진동 소음

86 다음 열전대 중 사용온도 범위가 가장 좁은 것은?

① PR
② CA
③ IC
④ CC

해설
열전대 온도계
- T형(CC) : -180~350℃
- J형(IC) : -20~800℃
- K형(CA) : -20~1,200℃
- R형(PR) : 0~1,600℃

87 캐리어 가스의 유량이 60mL/min이고, 기록지의 속도가 3cm/min일 때 어떤 성분시료를 주입하였더니 주입점에서 성분피크까지의 길이가 15cm였다. 지속용량은 약 몇 mL인가?

① 100
② 200
③ 300
④ 400

해설
지속유량(지속용량) = $\dfrac{\text{유량} \times \text{피크길이}}{\text{기록지 속도}}$
$= \dfrac{60 \times 15}{3} = 300\text{mL}$

88 전기저항식 습도계와 저항온도계식 건습구 습도계의 공통적인 특징으로 가장 옳은 것은?

① 정도가 좋다.
② 물이 필요하다.
③ 고습도에서 장기간 방치가 가능하다.
④ 연속기록, 원격측정, 자동제어에 이용된다.

해설
습도계
- 저항온도계식 건습구 습도계 : 연속기록, 원격측정, 자동제어 가능
- 전기저항식 습도계 : 연속기록, 원격측정, 자동제어용

정답 84 ③ 85 ① 86 ④ 87 ③ 88 ④

89 적외선 분광분석법에 대한 설명으로 틀린 것은?

① 적외선을 흡수하기 위해서는 쌍극자모멘트의 알짜 변화를 일으켜야 한다.
② 고체, 액체, 기체상의 시료를 모두 측정할 수 있다.
③ 열 검출기와 광자 검출기가 주로 사용된다.
④ 적외선분광기기로 사용되는 물질은 적외선에 잘 흡수되는 석영을 주로 사용한다.

해설
적외선 분광분석 가스분석법(기기분석법) 특성
- 2원자 분자인 H_2, O_2, N_2, Cl_2 등은 분석이 불가능하다(적외선 흡수가 불가능하다).
- 흡광계수의 변화를 막기 위해 전체 압력을 일정하게 해야 한다.

90 연료 가스의 헴펠식(Hempel) 분석방법에 대한 설명으로 틀린 것은?

① 중탄화수소, 산소, 일산화탄소, 이산화탄소 등의 성분을 분석한다.
② 흡수법과 연소법을 조합한 분석방법이다.
③ 흡수 순서는 일산화탄소, 이산화탄소, 중탄화수소, 산소의 순이다.
④ 질소성분은 흡수되지 않은 나머지로 각 성분의 용량%의 합을 100에서 뺀 값이다.

해설
헴펠식 가스분석(흡수분석법) 가스측정 순서
$CO_2 \rightarrow C_mH_n \rightarrow O_2 \rightarrow CO$
(이산화탄소, 중탄화수소, 산소, 일산화탄소의 순)

91 액주형 압력계 사용 시 유의해야 할 사항이 아닌 것은?

① 액체의 점도가 클 것
② 경계면이 명확한 액체일 것
③ 온도에 따른 액체의 밀도 변화가 적을 것
④ 모세관 현상에 의한 액주의 변화가 없을 것

해설
액주형 압력계
- 유자관식
- 단관식
- 경사관식
- 환산천평식(링 밸런스식)

※ 액주형 압력계 액주(수은, 수주)는 점도나 팽창계수가 작아야 오차가 작아진다.

92 습식 가스미터의 특징에 대한 설명으로 틀린 것은?

① 계량이 정확하다.
② 설치공간이 크게 요구된다.
③ 사용 중에 기차(器差)의 변동이 크다.
④ 사용 중에 수위조정 등의 관리가 필요하다.

해설

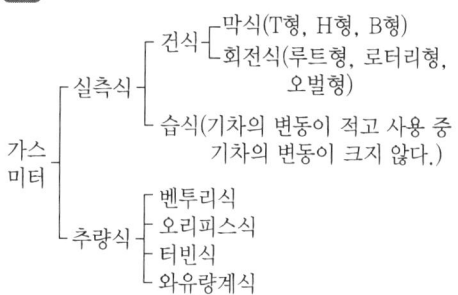

93 마이크로파식 레벨측정기의 특징에 대한 설명 중 틀린 것은?

① 초음파식보다 정도(精度)가 낮다.
② 진공용기에서의 측정이 가능하다.
③ 측정면에 비접촉으로 측정할 수 있다.
④ 고온, 고압의 환경에서도 사용이 가능하다.

해설
마이크로파식 레벨측정기
전파 중 하나인 마이크로파를 안테나를 통해 송신하고 측정대상 면에서 반사되어 오는 것을 수신한다. 초음파식보다는 정도가 높다.

정답 89 ④ 90 ③ 91 ① 92 ③ 93 ①

94 채취된 가스를 분석기 내부의 성분 흡수제에 흡수시켜 체적변화를 측정하는 가스분석 방법은?

① 오르자트 분석법　② 적외선 흡수법
③ 불꽃이온화 분석법　④ 화학발광 분석법

해설
흡수식 가스분석계(흡수제 사용분석)
• 오르자트법
• 헴펠법
• 게겔법

95 독성가스나 가연성 가스 저장소에서 가스누출로 인한 폭발 및 가스중독을 방지하기 위하여 현장에서 누출 여부를 확인하는 방법으로 가장 거리가 먼 것은?

① 검지관법
② 시험지법
③ 가연성 가스 검출기법
④ 기체크로마토그래피법

해설
기체크로마토그래피법
가스분석(기기분석법)계이다.
• TCD : 열전도형 검출기
• FID : 수소이온화 검출기
• ECD : 전자포획이온화 검출기

96 다음 중 간접계측방법에 해당되는 것은?

① 압력을 분동식 압력계로 측정
② 질량을 천칭으로 측정
③ 길이를 줄자로 측정
④ 압력을 부르동관 압력계로 측정

해설
탄성식 2차 압력계(간접계측식)
• 부르동관 압력계
• 벨로스식 압력계
• 다이어프램식(격막식) 압력계

97 기체크로마토그래피의 주된 측정 원리는?

① 흡착　② 증류
③ 추출　④ 결정화

해설
Gas Chromatography 기기분석법 흡착제(고정상)의 종류
활성탄, 실리카겔, 활성알루미나

98 다음 압력계 중 압력측정범위가 가장 큰 것은?

① U자형 압력계　② 링밸런스식 압력계
③ 부르동관 압력계　④ 분동식 압력계

해설
압력측정기 측정압력
• 액주식 U자형 : $10 \sim 200 mmH_2O$
• 링밸런스식 : $25 \sim 3{,}000 mmH_2O$
• 부르동관식 : $1.0 \sim 1{,}000 kg/cm^2$
• 분동식 : $40 \sim 3{,}000 kg/cm^2$

99 다음 중 1차 압력계는?

① 부르동관 압력계　② U자 마노미터
③ 전기저항 압력계　④ 벨로스 압력계

해설
1차 압력계
액주식 압력계(U자식, 경사관식 등)

100 차압식 유량계로 유량을 측정하였더니 오리피스 전·후의 차압이 $1{,}936 mmH_2O$일 때 유량은 $22 m^3/h$였다. 차압이 $1{,}024 mmH_2O$이면 유량은 약 몇 m^3/h가 되는가?

① 6　② 12
③ 16　④ 18

해설
차압식 : 유량은 차압의 평방근에 비례한다.
$$\therefore Q_2 = \sqrt{\frac{\Delta P_2}{\Delta P_1}} \times Q_1 = \sqrt{\frac{1{,}024}{1{,}936}} \times 22 = 16 m^3/h$$

정답 94 ①　95 ④　96 ④　97 ①　98 ④　99 ②　100 ③

1과목 가스유체역학

01 2kgf은 몇 N인가?

① 2
② 4.9
③ 9.8
④ 19.6

[해설]

$F = ma \leftarrow$ Newton의 제2법칙
$1\text{kg} \times 9.8\text{m/s}^2 = 9.8\text{N}$
$F = \dfrac{mg}{g_c} = \dfrac{1\text{kg} \times 9.8\text{m/s}^2}{g_c} = 1\text{kgf}$
$g_c(\text{중력상수}) = \dfrac{9.8\text{kg} \cdot \text{m/s}^2}{1\text{kgf}}$
$\qquad\qquad\qquad = 9.8\text{kg} \cdot \text{m/kgf} \cdot \text{s}^2$
$\therefore 9.8 \times 2 = 19.6\text{N}$

02 2차원 직각좌표계(x, y)상에서 속도 포텐셜$(\phi$, Velocity Potential)이 $\phi = U_x$로 주어지는 유동장이 있다. 이 유동장의 흐름함수$(\psi$, Stream Function)에 대한 표현식으로 옳은 것은?(단, U는 상수이다.)

① $U(x+y)$
② $U(-x+y)$
③ Uy
④ $2Ux$

[해설]
2차원 직각좌표계(x, y)상에서 유동장의 흐름함수에 대한 표현식$(\psi) = Uy$

03 펌프작용이 단속적이라서 맥동이 일어나기 쉬우므로 이를 완화하기 위하여 공기실을 필요로 하는 펌프는?

① 원심펌프
② 기어펌프
③ 수격펌프
④ 왕복펌프

[해설]
왕복펌프(단속펌프)
단속적이라서 맥동이 일어나기 쉬우므로 이를 완화하기 위하여 공기실이 필요하다.

04 매끄러운 원관에서 유량 Q, 관의 길이 L, 직경 D, 동점성계수 ν가 주어졌을 때 손실수두 h_f를 구하는 순서로 옳은 것은?(단, f는 마찰계수, Re는 Reynolds 수, V는 속도이다.)

① Moody 선도에서 f를 가정한 후 Re를 계산하고 h_f를 구한다.
② h_f를 가정하고 f를 구해 확인한 후 Moody 선도에서 Re로 검증한다.
③ Re를 계산하고 Moody 선도에서 f를 구한 후 h_f를 구한다.
④ Re를 가정하고 V를 계산하고 Moody 선도에서 f를 구한 후 h_f를 계산한다.

[해설]

손실수두$(h_L) = f \cdot \dfrac{l}{d} \cdot \dfrac{V^2}{2g}$

레이놀즈수$(Re) = \dfrac{\rho Vd}{\mu} = \dfrac{Vd}{\nu}$

f(관마찰계수)$= 0.3164 Re^{-\frac{1}{4}}$

$\therefore \text{Moody} = \dfrac{1}{\sqrt{f}} = -0.86 \ln\left(\dfrac{\dfrac{l}{d}}{3.7} + \dfrac{2.51}{Re\sqrt{f}}\right)$

이 식을 이용한 선도를 Moody 선도라고 한다.

05 내경이 300mm, 길이가 300m인 관을 통하여 유체가 평균유속 3m/s로 흐를 때 압력손실수두는 몇 m인가?(단, Darcy - Weisbach 식에서의 관마찰계수는 0.03이다.)

정답 01 ④ 02 ③ 03 ④ 04 ③ 05 ②

① 12.6　　　② 13.8
③ 14.9　　　④ 15.6

해설

$h_L = f \cdot \dfrac{l}{d} \cdot \dfrac{V^2}{2g}$ (다르시방정식)

$= 0.03 \times \dfrac{300}{0.3} \times \dfrac{3^2}{2 \times 9.8} = 13.8\text{m}$

06 압력 0.1MPa, 온도 20℃에서 공기 밀도는 몇 kg/m³인가?(단, 공기의 기체상수는 287J/kg · K이다.)

① 1.189　　　② 1.314
③ 0.1288　　④ 0.6756

해설

밀도$(\rho) = \dfrac{G(질량)}{V(체적)}$(kg/m³), $PV = GRT$

$\rho = \dfrac{PV}{RT} = \dfrac{0.1 \times 10^3 \times 1}{287 \times 10^{-3} \times (20+273)} = 1.189\text{kg/m}^3$

- 0.1MPa = 1kgf/cm² = 100kPa, 1MPa = 10^6Pa

07 동점도의 단위로 옳은 것은?

① m/s²　　　② m/s
③ m²/s　　　④ m²/kg · s²

해설

- 점도(Poise) : 1dyne · sec/cm²
  = 1g/cm · sec = N · sec/m²
- 동점도(Stokes) = 1cm²/sec = m²/sec = $\dfrac{점성}{밀도}\left(\dfrac{\mu}{\rho}\right)$

08 공기를 이상기체로 가정하였을 때 25℃에서 공기의 음속은 몇 m/s인가?(단, 비열비 $k = 1.4$, 기체상수 $R = 29.27$kgf · m/kg · K이다.)

① 342　　　② 346
③ 425　　　④ 456

해설

음속

$(C) = \sqrt{kgRT}$

$= \sqrt{1.4 \times 9.8 \times 29.27 \times (25+27)} = 346\text{m/s}$

09 지름 8cm인 원관 속을 동점성계수가 1.5×10^{-6}m²/s인 물이 0.002m³/s의 유량으로 흐르고 있다. 이때 레이놀즈수는 약 얼마인가?

① 20,000　　② 21,221
③ 21,731　　④ 22,333

해설

유속

$(V) = \dfrac{Q}{A} = \dfrac{0.002}{\dfrac{3.14}{4} \times (0.08)^2} = \dfrac{0.002}{0.005024} = 0.40\text{m/s}$

$\therefore Re = \dfrac{Vd}{\nu} = \dfrac{0.40 \times \left(8 \times \dfrac{1}{100}\right)}{1.5 \times 10^{-6}} ≒ 21,221$

10 20℃, 1.03kgf/cm²abs의 공기가 단열가역 압축되어 50%의 체적 감소가 생겼다. 압축 후의 온도는?(단, 기체상수 R은 29.27kgf · m/kg · K이며 $C_P/C_V = 1.4$이다.)

① 42℃　　　② 68℃
③ 83℃　　　④ 114℃

해설

단열압축

$\dfrac{T_2}{T_1} = \dfrac{V_2}{V_1},\ T_2 = T_1 \times \left(\dfrac{P_2}{P_1}\right)^{\frac{k-1}{k}} = T_1 \times \left(\dfrac{V_1}{V_2}\right)^{k-1}$

$T_1 = 20 + 273 = 293\text{K}$

$T_2 = (20+273) \times \left(\dfrac{1}{0.5}\right)^{1.4-1} = 387\text{K}(114℃)$

- 체적($V_1 = 1$m³, $V_2 = 0.5$m³)

정답　06 ①　07 ③　08 ②　09 ②　10 ④

11 마찰계수와 마찰저항에 대한 설명으로 옳지 않은 것은?

① 관마찰계수는 레이놀즈수와 상대조도의 함수로 나타낸다.
② 평판상의 층류흐름에서 점성에 의한 마찰계수는 레이놀즈수의 제곱근에 비례한다.
③ 원관에서의 층류운동에서 마찰저항은 유체의 점성계수에 비례한다.
④ 원관에서의 완전난류운동에서 마찰저항은 평균유속의 제곱에 비례한다.

해설

- 마찰계수(f) = $\dfrac{64}{Re}$
- 무디선도 : 레이놀즈수(Re)와 관의 마찰계수의 관계 표시
- $Re = \dfrac{\rho Vd}{\mu} = \dfrac{밀도 \times 유속 \times 관경}{점성계수}$

12 [그림]과 같이 윗변과 아랫변이 각각 a, b이고 높이가 H인 사다리꼴형 평면 수문이 수로에 수직으로 설치되어 있다. 비중량 γ인 물의 압력에 의해 수문이 받는 전체 힘은?

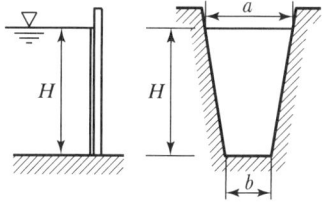

① $\dfrac{\gamma H^2(a-2b)}{6}$ ② $\dfrac{\gamma H^2(a-2b)}{3}$

③ $\dfrac{\gamma H^2(a+2b)}{6}$ ④ $\dfrac{\gamma H^2(a+2b)}{3}$

해설

수문이 받는 전체 힘(F)

$F = \gamma \times \left(\dfrac{H}{3} \times \dfrac{a+2b}{a+b}\right) \times \left[\dfrac{(a+b) \times H}{2}\right]$

∴ 사다리꼴 평면 수문이 수직으로 설치 시 받는 전체 힘
$= \dfrac{\gamma H^2(a+2b)}{6}$

13 내경이 10cm인 원관 속을 비중 0.85인 액체가 10cm/s의 속도로 흐르고 있다. 액체의 점도가 5cP라면 이 유동의 레이놀즈수는?

① 1,400   ② 1,700
③ 2,100   ④ 2,300

해설

1Poise(점도) = 1dyne · sec/cm²

레이놀즈수(Re) = $\dfrac{Vd}{\nu} = \dfrac{\rho Vd}{\mu} = \dfrac{\gamma Vd}{\mu g}$

∴ $Re = \dfrac{0.85 \times 10 \times 10}{5 \times 10^2} = 1,700$

- 1P = 100cP

14 다음 중 압축성 유체의 1차원 유동에서 수직 충격파 구간을 지나는 기체 성질의 변화로 옳은 것은?

① 속도, 압력, 밀도가 증가한다.
② 속도, 온도, 밀도가 증가한다.
③ 압력, 밀도, 온도가 증가한다.
④ 압력, 밀도, 운동량 플럭스가 증가한다.

해설

수직 충격파
- 유동방향에 수직으로 생긴 충격파이며 비가역과정이다.
- 초음속에서 갑자기 아음속으로 변할 때 수직 충격파가 발생하며 이때 압력, 밀도, 온도, 엔트로피가 증가한다.

15 대기의 온도가 일정하다고 가정할 때 공중에 높이 떠 있는 고무풍선이 차지하는 부피(a)와 그 풍선이 땅에 내렸을 때의 부피(b)를 옳게 비교한 것은?

① a는 b보다 크다.   ② a와 b는 같다.
③ a는 b보다 작다.   ④ 비교할 수 없다.

해설

공중에 높이 떠 있는 고무풍선의 부피는 그 풍선이 땅에 내려앉을 때보다 부피가 크다.

16 안지름이 20cm인 원관 속을 비중이 0.83인 유체가 층류(Laminar Flow)로 흐를 때 관중심에서의 유속이 48cm/s라면 관벽에서 7cm 떨어진 지점에서의 유체 속도(cm/s)는?

① 25.52 ② 34.68
③ 43.68 ④ 46.92

해설

유속$(V) = V_{max}\left[1 - \left(\frac{\gamma}{\gamma_o}\right)^2\right] = 48\text{cm/s} \times \left[1 - \left(\frac{3}{10}\right)^2\right]$
$= 43.68\text{cm/s}$

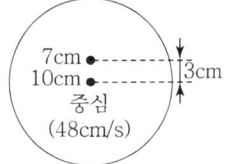

17 베르누이 방정식에 관한 일반적인 설명으로 옳은 것은?

① 같은 유선상이 아니더라도 언제나 임의의 점에 대하여 적용된다.
② 주로 비정상류 상태의 흐름에 대하여 적용된다.
③ 유체의 마찰효과를 고려한 식이다.
④ 압력수두, 속도수두, 위치수두의 합은 유선을 따라 일정하다.

해설
베르누이 방정식

$\frac{P_1}{r} + \frac{V_1^2}{2g} + Z_1 = \frac{P_2}{r} + \frac{V_2^2}{2g} + Z_2 = H$

(압력수두) + (속도수두) + (위치수두)

18 다음 중 원심 송풍기가 아닌 것은?

① 프로펠러 송풍기 ② 다익 송풍기
③ 레이디얼 송풍기 ④ 익형(Airfoil) 송풍기

해설
축류형 송풍기
• 프로펠러형
• 디스크형

19 일반적으로 원관 내부 유동에서 층류만이 일어날 수 있는 레이놀즈수(Reynolds Number)의 영역은?

① 2,100 이상 ② 2,100 이하
③ 21,000 이상 ④ 21,000 이하

해설
레이놀즈수
• $Re < 2,100$(층류)
• $2,100 < Re < 4,000$(천이구역)
• $Re > 4,000$(난류)

20 수평 원관 내에서의 유체흐름을 설명하는 Hagen-Poiseuille 식을 얻기 위해 필요한 가정이 아닌 것은?

① 완전히 발달된 흐름
② 정상상태 흐름
③ 층류
④ 포텐셜 흐름

해설
포텐셜 흐름
점성이 없는 완전유체의 흐름이다.

2과목 연소공학

21 연료의 일반적인 연소형태가 아닌 것은?

① 예혼합연소
② 확산연소
③ 잠열연소
④ 증발연소

정답 16 ③ 17 ④ 18 ① 19 ② 20 ④ 21 ③

[해설]
연소방식
㉠ 기체연료
- 확산연소
- 예혼합연소

㉡ 액체연료
- 증발연소
- 무화연소

㉢ 고체연료
화격자연소, 미분탄연소, 유동층연소

22 연소에서 공기비가 적을 때의 현상이 아닌 것은?

① 매연의 발생이 심해진다.
② 미연소에 의한 열손실이 증가한다.
③ 배출가스 중에 NO_2의 발생이 증가한다.
④ 미연소 가스에 의한 역화의 위험성이 증가한다.

[해설]
연료의 연소 시 공기비가 적으면 질소(N_2) 공급량이 감소하여 질소산화물(NO_2)이 감소한다.

23 이상기체 10kg을 240K만큼 온도를 상승시키는 데 필요한 열량이 정압인 경우와 정적인 경우에 그 차가 415kJ이었다. 이 기체의 가스상수는 약 몇 kJ/kg·K인가?

① 0.173
② 0.287
③ 0.381
④ 0.423

[해설]
$PV = GRT$
$R = \dfrac{415}{10} \times \dfrac{1}{240} = 0.173 \text{kJ/kg} \cdot \text{K}$

24 다음과 같은 조성을 갖는 혼합가스의 분자량은?(단, 혼합가스의 체적비는 CO_2(13.1%), O_2(7.7%), N_2(79.2%)이다.)

① 27.81
② 28.94
③ 29.67
④ 30.41

[해설]
기체의 분자량
$CO_2 = 44$, $O_2 = 32$, $N_2 = 28$
∴ 혼합가스 분자량
$= (44 \times 0.131) + (32 \times 0.077) + (28 \times 0.792)$
$= 30.41$

25 다음은 Air-Standard Otto Cycle의 P-V Diagram이다. 이 Cycle의 효율(η)을 옳게 나타낸 것은?(단, 정적열용량은 일정하다.)

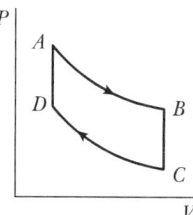

① $\eta = 1 - \left(\dfrac{T_B - T_C}{T_A - T_D}\right)$

② $\eta = 1 - \left(\dfrac{T_D - T_C}{T_A - T_B}\right)$

③ $\eta = 1 - \left(\dfrac{T_A - T_D}{T_B - T_C}\right)$

④ $\eta = 1 - \left(\dfrac{T_A - T_B}{T_D - T_C}\right)$

[해설]
오토사이클(내연기관사이클)
- C → D : 단열압축
- D → A : 정적연소
- A → B : 단열팽창
- B → C : 정적방열

효율(η) $= 1 - \left(\dfrac{T_B - T_C}{T_A - T_D}\right) = 1 - \left(\dfrac{1}{\varepsilon}\right)^{k-1}$

※ 압축비(ε) $= \left(\dfrac{V_1}{V_2}\right)$

정답 22 ③ 23 ① 24 ④ 25 ①

26 가스폭발의 용어 중 DID의 정의에 대하여 가장 올바르게 나타낸 것은?

① 격렬한 폭발이 완만한 연소로 넘어갈 때까지의 시간
② 어느 온도에서 가열하기 시작하여 발화에 이르기까지의 시간
③ 폭발등급을 나타내는 것으로서 가연성 물질의 위험성 척도
④ 최초의 완만한 연소에서 격렬한 폭굉으로 발전할 때까지의 거리

해설
가스폭굉유도거리(DID)
최초의 완만한 연소에서 격렬한 폭굉($1,000 \sim 3,500$m/s)으로 발전할 때까지의 거리 또는 시간을 뜻한다.

27 1kWh의 열당량은?

① 860kcal ② 632kcal
③ 427kcal ④ 376kcal

해설
$P = \dfrac{W}{S}$(J/s = Watt), 1W = 1(J/s)

1kW = 1,000J/s(W) = 860kcal/h = 102kgf·m/sec
    = 3,600kJ/h

※ 1kWh = 1kW × 1hr = 860kcal

28 위험장소 분류 중 상용의 상태에서 가연성 가스가 체류해 위험하게 될 우려가 있는 장소, 정비·보수 또는 누출 등으로 인하여 종종 가연성 가스가 체류하여 위험하게 될 우려가 있는 장소는?

① 제0종 위험장소 ② 제1종 위험장소
③ 제2종 위험장소 ④ 제3종 위험장소

해설
제1종 위험장소
상용의 상태에서 가연성 가스가 체류해 위험하게 될 우려가 있는 장소, 정비·보수 또는 누출 등으로 인하여 종종 가연성 가스가 체류하여 위험하게 될 우려가 있는 장소이다.

29 공기와 연료의 혼합기체 표시에 대한 설명 중 옳은 것은?

① 공기비(Excess Air Ratio)는 연공비의 역수와 같다.
② 당량비(Equivalence Ratio)는 실제의 연공비와 이론연공비의 비로 정의된다.
③ 연공비(Fuel Air Ratio)라 함은 가연혼합기 중의 공기와 연료의 질량비로 정의된다.
④ 공연비(Air Fuel Ratio)라 함은 가연혼합기 중의 연료와 공기의 질량비로 정의된다.

해설
- 당량비$\left(= \dfrac{\text{실제연공비}}{\text{이론연공비}} \right)$

$\underline{C_3H_8} + \underline{5O_2} \rightarrow 3CO_2 + 4H_2O$
 1 : 5의 당량비 산소(112L)

- 등가비(ϕ, 공연비의 역수)

$= \dfrac{\dfrac{\text{실제연료량}}{\text{산화제}}}{\dfrac{\text{완전연소를 위한 이상적인 연료량}}{\text{산화제}}}$

- 연공비$\left(\dfrac{\text{연료질량}}{\text{공기질량}} \right) = \dfrac{F}{A}$

- 공기비 $= \dfrac{\text{실제공기}}{\text{이론공기}} = \dfrac{1}{\text{등가비}}$

- 공연비(이론공연비) $= \dfrac{\text{이론공기량}}{\text{사용된 연료}} = \dfrac{A}{F}$

30 메탄가스 1Nm³를 완전연소시키는 데 필요한 이론공기량은 약 몇 Nm³인가?

① 2.0Nm³ ② 4.0Nm³
③ 4.76Nm³ ④ 9.5Nm³

해설
$CH_4 + 2O_2 \rightarrow CO_2 + 2H_2O$

이론공기량(A_o) = 이론산소량 × $\dfrac{100}{21}$

$= 2 \times \dfrac{1}{0.21} = 9.52 \text{Nm}^3/\text{Nm}^3$

정답 26 ④ 27 ① 28 ② 29 ② 30 ④

31 전실 화재(Flash Over)의 방지대책으로 가장 거리가 먼 것은?

① 천장의 불연화
② 폭발력의 억제
③ 가연물량의 제한
④ 화원의 억제

해설
전실 화재
건축물의 실내에서 화재 발생 시 발화로부터 화재가 서서히 진행하다가 어느 정도 시간이 경과함에 따라 대류와 복사현상에 의해 일정 공간 안에 열과 가연성 가스가 축적되고 발화온도에 이르게 되어 일순간에 폭발적으로 전체가 화염에 휩싸이는 화재현상이다.

32 이상기체의 구비조건이 아닌 것은?

① 내부에너지는 온도와 무관하여 체적에 의해서만 결정된다.
② 아보가드로의 법칙을 따른다.
③ 분자의 충돌은 완전탄성체로 이루어진다.
④ 비열비는 온도에 관계없이 일정하다.

해설
이상기체
내부에너지는 체적에는 무관하며 온도에 의해서만 결정된다.

33 상온, 상압하에서 가연성 가스의 폭발에 대한 일반적인 설명 중 틀린 것은?

① 폭발범위가 클수록 위험하다.
② 인화점이 높을수록 위험하다.
③ 연소속도가 클수록 위험하다.
④ 착화점이 높을수록 안전하다.

해설
불씨에 의해 점화되는 최저의 온도가 인화점이며 인화점이 높은 가스는 폭발의 위험성이 적다.

34 옥탄(g)의 연소엔탈피는 반응물 중의 수증기가 응축되어 물이 되었을 때 $25°C$에서 $-48,220$ kJ/kg이다. 이 상태에서 옥탄(g)의 저위발열량은 약 몇 kJ/kg인가?(단, $25°C$ 물의 증발엔탈피(h_{fg})는 $2,441.8$kJ/kg이다.)

① 40,750
② 42,320
③ 44,750
④ 45,778

해설
옥탄(C_8H_{18}) + $12.5O_2$ → $8CO_2$ + $9H_2O$
고위발열량(H_h) = 48,220kJ/kg
저위발열량(H_l) = $H_h - Wg$
$= 48,220 - \left\{\dfrac{1 \times 9 \times 18}{114} \times 2,441.8\right\} = 44,750$kJ/kg

• H_2O분자량 : 18
• 옥탄분자량 = $12 \times 8 + 1 \times 18 = 114$

35 다음 중 연소의 3요소를 옳게 나열한 것은?

① 가연물, 빛, 열
② 가연물, 공기, 산소
③ 가연물, 산소, 점화원
④ 가연물, 질소, 단열압축

해설
연소의 3요소
• 가연물(연료)
• 산소(공기공급원)
• 점화원(불씨)

36 열역학 및 연소에서 사용되는 상수와 그 값이 틀린 것은?

① 열의 일상당량 : 4,186J/kcal
② 일반 기체상수 : 8,314J/kmol · K
③ 공기의 기체상수 : 287J/kg · K
④ $0°C$에서의 물의 증발잠열 : 539kJ/kg

해설
• $100°C$ 물의 증발잠열 : 539kcal/kg(2,252kJ/kg)
• $0°C$ 물의 증발잠열 : 600kcal/kg(2,511.6kJ/kg)

정답 31 ② 32 ① 33 ② 34 ③ 35 ③ 36 ④

37 분자량이 30인 어떤 가스의 정압비열이 0.516kJ/kg·K이라고 가정할 때 이 가스의 비열비 k는 약 얼마인가?

① 1.0　② 1.4
③ 1.8　④ 2.2

해설

비열비$(k) = \dfrac{\text{정압비열}}{\text{정적비열}}$

가스상수$(R) = \dfrac{8.314}{30} = 0.277\,kJ/kg\cdot K$

정적비열$(C_V) = C_p - R$
$= 0.516 - 0.277 = 0.239\,kJ/kg$

$\therefore k = \dfrac{0.516}{0.239} = 2.2$

38 다음 반응 중 폭굉(Detonation) 속도가 가장 빠른 것은?

① $2H_2 + O_2$　② $CH_4 + 2O_2$
③ $C_3H_8 + 3O_2$　④ $C_3H_8 + 6O_2$

해설

㉠ 폭굉유도거리에서 폭굉속도가 빠른 것은 정상연소속도가 큰 혼합가스이다.
㉡ 산소, 공기 중 가스의 폭굉범위
 • C_2H_2 : 4.2~50%
 • H_2 : 18.3~59%
 • NH_3 : 산소 중 25.4~75%
 • C_3H_8 : 산소 중 2.5~42.5%
 • H_2 : 산소 중 15~90%
※ 분자량이 작은 수소(H_2 : 2)는 연소 시 확산속도가 빠르다.

39 다음 확산화염의 여러 가지 형태 중 대향분류(對向噴流) 확산화염에 해당하는 것은?

①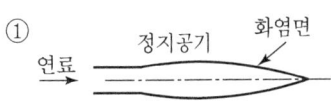

②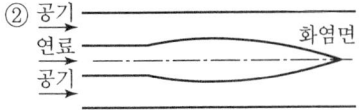

③

④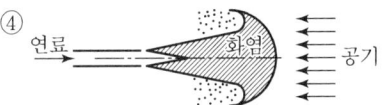

해설

확산화염
① : 자유분류 확산화염
② : 동측류 확산화염
③ : 대향류 확산화염
④ : 대향분류 확산화염

40 액체 프로판이 298K, 0.1MPa에서 이론공기를 이용하여 연소하고 있을 때 고발열량은 약 몇 MJ/kg인가?(단, 연료의 증발엔탈피는 370kJ/kg이고, 기체상태의 생성엔탈피는 각각 C_3H_8 -103,909 kJ/kmol, CO_2 -393,757kJ/kmol, 액체 및 기체상태 H_2O는 각각 -286,010kJ/kmol, -241,971kJ/kmol이다.)

① 44　② 46
③ 50　④ 2,205

해설

$C_3H_8 + 5O_2 \rightarrow 3CO_2 + 4H_2O + Q$
프로판의 생성엔탈피(Q) : 103,909kJ/kmol
$\dfrac{(3\times 393,757) + (241,971\times 4) - 103,909}{44\times 10^3} = 47\,MJ/kg$

$-103,909 = (-393,757\times 3) + (-286,010\times 4) + Q$
$\therefore$ 고위발열량(H_h)
$= \dfrac{(393,757\times 3) + (286,010\times 4) - 103,909}{44\times 10^3}$
$\fallingdotseq 50\,MJ/kg$

※ C_3H_8 분자량 : 44, $1MJ = 10^3 kJ$

3과목 가스설비

41 다음 [그림]이 보여주는 관이음재의 명칭은?

① 소켓 ② 니플
③ 부싱 ④ 캡

해설
니플
나사산이 양쪽에서 외부로 돌출된 부속이다.

42 결정조직이 거친 것을 미세화하여 조직을 균일하게 하고 조직의 변형을 제거하기 위하여 균일하게 가열한 후 공기 중에서 냉각하는 열처리 방법은?

① 에칭 ② 노멀라이징
③ 어닐링 ④ 템퍼링

해설
노멀라이징(Normalizing)
금속의 결정조직이 거친 것을 미세화하여 조직을 균일하게 하고 조직의 변형을 제거하기 위해 균일한 가열 후에 공기 중에서 서서히 냉각처리하는 것이다. 일명 소준이라고 한다(불림열처리).

43 고압가스 제조장치의 재료에 대한 설명으로 틀린 것은?

① 상온, 건조 상태의 염소가스에는 보통강을 사용한다.
② 암모니아, 아세틸렌의 배관 재료에는 구리를 사용한다.
③ 저온에서 사용되는 비철금속 재료는 동, 니켈강을 사용한다.
④ 암모니아 합성탑 내부의 재료에는 18-8 스테인리스강을 사용한다.

해설
㉠ NH_3(암모니아)는 구리(Cu), 아연, 은, 알루미늄, 코발트 등과 반응하여 착이온을 형성한다.
㉡ $C_2H_2 + 2Cu \rightarrow Cu_2C_2 + H_2$
  • Cu_2C_2 : 동아세틸라이트에 의해 화합폭발

44 가스액화분리장치의 구성기기 중 왕복동식 팽창기의 특징에 대한 설명으로 틀린 것은?

① 고압식 액체산소분리장치, 수소액화장치, 헬륨액화기 등에 사용된다.
② 흡입압력은 저압에서 고압(20MPa)까지 범위가 넓다.
③ 팽창기의 효율은 85~90%로 높다.
④ 처리 가스양이 1,000m³/h 이상의 대량이면 다기통이 된다.

해설
가스액화분리장치의 냉각기(열교환기), 팽창기를 이용하여 고압의 공기 등을 액화시킨다.
• 팽창기(왕복동형, 터빈형)
• 가스액화분리장치에서 왕복동식 팽창기 효율은 60~65% 정도이다.

45 자동절체식 조정기를 사용할 때의 장점에 해당하지 않는 것은?

① 잔류액이 거의 없어질 때까지 가스를 소비할 수 있다.
② 전체 용기의 개수가 수동절체식보다 적게 소요된다.
③ 용기교환 주기를 길게 할 수 있다.
④ 일체형을 사용하면 다단 감압식보다 배관의 압력손실을 크게 해도 된다.

해설
• 2단 감압자동절체식에서 분리형을 사용하면 다단 감압식보다 압력손실을 크게 해도 된다.

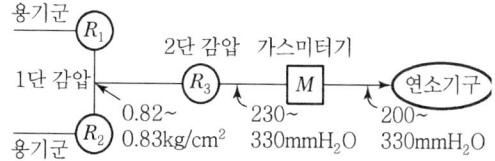

정답 41 ② 42 ② 43 ② 44 ③ 45 ④

46 피스톤 행정용량이 0.00248m³, 회전수가 175rpm인 압축기로 1시간에 토출구로 92kg/h의 가스가 통과하고 있을 때 가스의 토출효율은 약 몇 %인가?(단, 토출가스 1kg을 흡입한 상태로 환산한 체적은 0.189m³이다.)

① 66.8　　② 70.2
③ 76.8　　④ 82.2

해설
분당 압축기 피스톤 행정량(m^3/min) = 0.00248×175
　　　　　　　　　　　　　　　　= 0.434m^3/min
시간당 토출가스양(Q) = 92×0.189 = 17.388m^3/h
∴ 토출효율(η) = $\dfrac{17.388}{0.434 \times 60\text{min/h}} \times 100$ = 66.8%

47 도시가스사업법에서 정의한 가스를 제조하여 배관을 통하여 공급하는 도시가스가 아닌 것은?

① 석유가스　　② 나프타부생가스
③ 석탄가스　　④ 바이오가스

해설
석탄가스
석탄을 1,000~1,300℃에서 건류하여 얻는 생성가스이다(수소 50%, 메탄 30%, CO 등 기타 20%). 발열량은 4,000~5,000kcal/m³이며, 석탄 1톤에서 약 300~400m³ 가스가 발생하고, 도시가스로 이용하나 배관공급은 제외한다.

48 수소화염 또는 산소·아세틸렌 화염을 사용하는 시설 중 분기되는 각각의 배관에 반드시 설치해야 하는 장치는?

① 역류방지장치　　② 역화방지장치
③ 긴급이송장치　　④ 긴급차단장치

해설
• 역화방지장치 설치장소 : 수소화염, 산소-아세틸렌 화염을 사용하는 시설의 분기되는 각각의 배관에 설치
• 역류방지장치 설치장소 : 독성가스와 감압설비, 그 가스의 반응설비 간의 배관

49 가스 액화 사이클의 종류가 아닌 것은?

① 클라우드식　　② 필립스식
③ 클라시우스식　　④ 린데식

해설
클라시우스식(열역학법칙)
열역학 제2법칙에서 열전달은 저온에서 고온으로 움직이지 않는다.

50 왕복식 압축기의 연속적인 용량제어 방법으로 가장 거리가 먼 것은?

① 바이패스 밸브에 의한 조정
② 회전수를 변경하는 방법
③ 흡입 주밸브를 폐쇄하는 방법
④ 베인 컨트롤에 의한 방법

해설
왕복식이 아닌 터보형 압축기 용량제어는 베인 컨트롤(깃 각도 조정법)에 의한 방법이 이상적이다.

51 적화식 버너의 특징으로 틀린 것은?

① 불완전연소가 되기 쉽다.
② 고온을 얻기 힘들다.
③ 넓은 연소실이 필요하다.
④ 1차 공기를 취할 때 역화 우려가 있다.

해설
적화식 연소방식은 2차 공기만 100% 사용하고 1차 공기는 전혀 사용하지 않는다. 화염은 약간 적색이며, 길이는 길고 온도는 약 900℃이다. 현재는 잘 사용하지 않는 연소방식이다.

52 도시가스 배관에서 가스 공급이 불량하게 되는 원인으로 가장 거리가 먼 것은?

① 배관의 파손
② Terminal Box의 불량
③ 정압기의 고장 또는 능력부족
④ 배관 내의 물 고임, 녹으로 인한 폐쇄

정답 46 ①　47 ③　48 ②　49 ③　50 ④　51 ④　52 ②

해설
전위측정용 터미널박스(전기방식용) : 지하도시가스 매설배관용

53 고압가스의 분출 시 정전기가 가장 발생하기 쉬운 경우는?

① 다성분의 혼합가스인 경우
② 가스의 분자량이 작은 경우
③ 가스가 건조할 경우
④ 가스 중에 액체나 고체의 미립자가 섞여 있는 경우

해설
고압가스 분출 시 정전기 발생원인
가스 중에 액체나 고체의 미립자가 섞여 있는 경우

54 1호당 1일 평균 가스소비량이 1.44kg/day이고 소비자 호수가 50호라면 피크 시 평균 가스소비량은?(단, 피크 시 평균 가스소비율은 17%이다.)

① 10.18kg/h   ② 12.24kg/h
③ 13.42kg/h   ④ 14.36kg/h

해설
피크 시 평균 가스소비량(G)
G = 1호당 가스소비량 × 소비자 호수 × 피크 시 가스평균소비율
= $1.44 \times 50 \times 0.17 = 12.24$kg/h

55 전기방식법 중 외부전원법의 특징이 아닌 것은?

① 전압, 전류의 조정이 용이하다.
② 전식에 대해서도 방식이 가능하다.
③ 효과범위가 넓다.
④ 다른 매설 금속체에 장해가 없다.

해설
전기방식법 중 외부전원법
땅 속에 매설한 애노드에 강제전압을 가하여 피방식 금속체를 캐소드하여 방식하는 방법이다. 전원에는 일반의 교류를 정류기로 직류로 변환하여 사용한다. 단점은 전류나 전압이 클 때는 다른 금속물 구조물에 대한 간섭을 고려해야 한다.

56 고압가스 탱크의 수리를 위하여 내부가스를 배출하고 불활성가스로 치환하여 다시 공기로 치환하였다. 내부의 가스를 분석한 결과 탱크 안에서 용접작업을 해도 되는 경우는?

① 산소 20%   ② 질소 85%
③ 수소 5%   ④ 일산화탄소 4,000ppm

해설
고압가스 탱크 수리기준
공기 치환 후에 산소가 18~21%로 분석될 경우 고압가스 탱크 내부에서 용접작업이 가능하다.

57 성능계수가 3.2인 냉동기가 10ton의 냉동을 위하여 공급하여야 할 동력은 약 몇 kW인가?

① 8   ② 12
③ 16   ④ 20

해설
성능계수(COP)
= $\dfrac{냉동기\ 효과}{압축기\ 일의\ 열당량} = \dfrac{10 \times 3,320}{860 \times 3.2} = 12$kW

※ 냉동기 1톤(RT) : 3,320kcal, 1kW = 860kcal

58 LPG를 이용한 가스 공급방식이 아닌 것은?

① 변성혼입방식   ② 공기혼합방식
③ 직접혼입방식   ④ 가압혼입방식

해설
LPG 가스 공급방식
- 변성혼입방식
- 공기혼합방식
- 직접혼입방식

59 가스의 연소기구가 아닌 것은?

① 피셔식 버너
② 적화식 버너
③ 분젠식 버너
④ 전1차공기식 버너

정답 53 ④ 54 ② 55 ④ 56 ① 57 ② 58 ④ 59 ①

해설
가스의 연소기구
- 적화식
- 분젠식
- 전1차, 전2차 공기식
- 세미분젠식

60 용기내장형 액화석유가스 난방기용 용접용기에서 최고충전압력이란 몇 MPa을 말하는가?

① 1.25MPa
② 1.5MPa
③ 2MPa
④ 2.6MPa

해설
용기내장형 액화석유가스 난방기용 용접용기의 최고충전압력은 1.5MPa(15kg/cm²)이다.

4과목 가스안전관리

61 고압가스 충전용기를 차량에 적재 운반할 때의 기준으로 틀린 것은?

① 충돌을 예방하기 위하여 고무링을 씌운다.
② 모든 충전용기는 적재함에 넣어 세워서 적재한다.
③ 충격을 방지하기 위하여 완충판 등을 갖추고 사용한다.
④ 독성가스 중 가연성 가스와 조연성 가스는 동일 차량 적재함에 운반하지 않는다.

해설
고압가스 충전용기를 차량에 적재 운반하는 경우 압축가스일 때는 그 형태 및 운반차량의 구조상 세워서 적재하기 곤란한 때에는 적재함 높이 이내로 눕혀서 적재가 가능하다.

62 아세틸렌을 용기에 충전할 때에는 미리 용기에 다공질물을 고루 채워야 하는데, 이때 다공질물의 다공도 상한값은?

① 72% 미만
② 85% 미만
③ 92% 미만
④ 98% 미만

해설
C_2H_2 다공질의 다공도(분해폭발방지용)
- 하한값 : 75% 이상
- 상한값 : 92% 미만

63 액화산소 저장탱크의 저장능력이 2,000m³일 때 방류둑의 용량은 얼마 이상으로 하여야 하는가?

① 1,200m³
② 1,800m³
③ 2,000m³
④ 2,200m³

해설
액화산소 저장탱크 방류둑의 용량
저장능력 상당용적의 60% 이상
∴ 2,000×0.6=1,200m³ 이상

64 초저온 용기의 신규 검사 시 다른 용접용기 검사 항목과 달리 특별히 시험하여야 하는 검사 항목은?

① 압궤시험
② 인장시험
③ 굽힘시험
④ 단열성능시험

해설
초저온 용기는 −50℃ 이하의 가스용기이므로 다른 용접용기 검사 항목에서 특별히 단열성능시험을 추가하여야 한다.

65 압력을 가하거나 온도를 낮추면 가장 쉽게 액화하는 가스는?

① 산소
② 천연가스
③ 질소
④ 프로판

해설
프로판가스의 비점은 −42.1℃로 상온에서 0.7MPa 이상 가압하거나 −42.1℃ 이하로 냉각시키면 쉽게 액화가 가능하다.

정답 60 ② 61 ② 62 ③ 63 ① 64 ④ 65 ④

66 액화석유가스용 소형 저장탱크의 설치장소 기준으로 틀린 것은?

① 지상설치식으로 한다.
② 액화석유가스가 누출된 경우 체류하지 않도록 통풍이 잘 되는 장소에 설치한다.
③ 전용탱크실로 하여 옥외에 설치한다.
④ 건축물이나 사람이 통행하는 구조물의 하부에 설치하지 아니한다.

해설
액화석유가스용 소형 저장탱크
㉠ 3톤 미만의 탱크이다.
㉡ 지상이나 지하에 고정설치한다.

67 염소와 동일 차량에 적재하여 운반하여도 무방한 것은?

① 산소   ② 아세틸렌
③ 암모니아   ④ 수소

해설
염소는 독성가스이며 산소와 동일 차량에 적재하여 운반이 가능하다. 다만, 염소와는 C_2H_2, NH_3, H_2 가스용기와는 동일 차량에 적재하여 운반하지 아니한다.

68 폭발 상한값은 수소, 폭발 하한값은 암모니아와 가장 유사한 가스는?

① 에탄
② 일산화탄소
③ 산화프로필렌
④ 메틸아민

해설
폭발범위
• 수소 : 4~74%
• CO : 12.5~74%
• 암모니아 : 15~28%

69 도시가스사업법에서 요구하는 전문교육 대상자가 아닌 것은?

① 도시가스사업자의 안전관리책임자
② 특정가스사용시설의 안전관리책임자
③ 도시가스사업자의 안전점검원
④ 도시가스사업자의 사용시설점검원

해설
도시가스사업자의 사용시설점검원은 일반교육대상자이다.

70 독성가스 배관용 밸브 제조의 기준 중 고압가스안전관리법의 적용대상 밸브 종류가 아닌 것은?

① 니들밸브
② 게이트밸브
③ 체크밸브
④ 볼밸브

해설
니들밸브 사용용도
Needle Valve이며 압력상승에 따른 배관 및 가압설비의 보호를 위한 밸브의 종류이다. 바늘 모양의 부품이 내장되어서 니들이라고 한다. 펌프 등 물 사용 배관에 석션(Suction : 흡입) 피스톤이 있고 펌프 등 액의 양을 조절한다.

71 용기에 의한 액화석유가스저장소에서 액화석유가스의 충전용기 보관실에 설치하는 환기구의 통풍가능 면적의 합계는 바닥면적 $1m^2$마다 몇 cm^2 이상이어야 하는가?

① $250cm^2$ ② $300cm^2$
③ $400cm^2$ ④ $650cm^2$

해설
액화석유가스 충전용기의 보관실 환기구 면적은 바닥면적 $1m^2$당 통풍구는 $300cm^2$ 이상이어야 한다.

정답 66 ③ 67 ① 68 ② 69 ④ 70 ① 71 ②

72 저장탱크에 가스를 충전할 때 저장탱크 내용적의 90%를 넘지 않도록 충전해야 하는 이유는?

① 액의 요동을 방지하기 위하여
② 충격을 흡수하기 위하여
③ 온도에 따른 액 팽창이 현저히 커지므로 안전공간을 유지하기 위하여
④ 추가로 충전할 때를 대비하기 위하여

해설

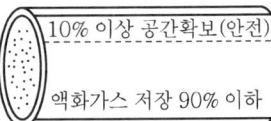

(온도에 따른 액화가스 팽창 방지하기 위하여)

73 독성가스를 차량으로 운반할 때에는 보호장비를 비치하여야 한다. 압축가스의 용적이 몇 m³ 이상일 때 공기호흡기를 갖추어야 하는가?

① 50m³   ② 100m³
③ 500m³ ④ 1,000m³

해설
독성가스 차량운반기준에서 압축가스 용적이 100m³ 이상이면 반드시 공기호흡기를 갖추어야 한다(압축가스는 산소 등 비점이 매우 낮은 가스이다).

74 가스안전 위험성 평가기법 중 정량적 평가에 해당되는 것은?

① 체크리스트기법
② 위험과 운전 분석기법
③ 작업자실수 분석기법
④ 사고예상질문 분석기법

해설
정량적 평가기법
• 작업자실수 분석(HEA)
• 결함수 분석(FTA)
• 사건수 분석(ETA)
• 원인결과 분석(CCA)

75 고압가스 특정제조시설에서 에어졸 제조의 기준으로 틀린 것은?

① 에어졸 제조는 그 성분 배합비 및 1일에 제조하는 최대수량을 정하고 이를 준수한다.
② 금속제의 용기는 그 두께가 0.125mm 이상이고 내용물로 인한 부식을 방지할 수 있는 조치를 한다.
③ 용기는 40℃에서 용기 안의 가스압력의 1.2배의 압력을 가할 때 파열되지 않는 것으로 한다.
④ 내용적이 100cm³를 초과하는 용기는 그 용기의 제조자 명칭 또는 기호가 표시되어 있는 것으로 한다.

해설
에어졸 제조기준
용기는 50℃에서 용기 내에 압력을 가하여도 변형되지 아니하고 50℃에서 용기 안의 가스압력의 1.8배 압력을 가할 시 파열되지 아니할 것

76 일반도시가스공급시설에 설치된 압력조정기는 매 6개월에 1회 이상 안전점검을 실시한다. 압력조정기의 점검기준으로 틀린 것은?

① 입구압력을 측정하고 입구압력이 명판에 표시된 입구압력 범위 이내인지 여부
② 격납상자 내부에 설치된 압력조정기는 격납상자의 견고한 고정 여부
③ 조정기의 몸체와 연결부의 가스누출 유무
④ 필터 또는 스트레이너의 청소 및 손상 유무

해설
압력조정기
• 공급시설 압력조정기는 6개월에 1회 이상 점검(필터는 2년에 1회 이상)
• 사용시설 압력조정기는 1년에 1회 이상 점검
  (필터는 3년에 1회 이상)
※ 압력조정기는 출구압력이 명판에 표시된 범위 이내인지 점검한다.

정답 72 ③ 73 ② 74 ③ 75 ③ 76 ①

77 용기에 의한 액화석유가스 저장소의 저장설비 설치기준으로 틀린 것은?

① 용기보관실 설치 시 저장설비는 용기집합식으로 하지 아니한다.
② 용기보관실은 사무실과 구분하여 동일한 부지에 설치한다.
③ 실외저장소 설치 시 충전용기와 잔가스용기의 보관장소는 1.5m 이상의 거리를 두어 구분하여 보관한다.
④ 실외저장소 설치 시 바닥에서부터 2m 이내에 배수시설이 있을 경우에는 방수재료로 이중으로 덮는다.

해설
액화석유가스 저장소의 저장설비 설치기준에서 실외저장소 설치 시 그 기준은 ①, ②, ③에 따르고 바닥에서부터 2m 이상 떨어진 위치에 배수시설이 있을 경우에는 방수재료로 이중으로 덮는다.

78 불화수소(HF) 가스를 물에 흡수시킨 물질을 저장하는 용기로 사용하기에 가장 부적절한 것은?

① 납용기
② 유리용기
③ 강용기
④ 스테인리스용기

해설
불화수소
유리를 부식시키므로 유리용기에 저장하지 못한다(납그릇, 베크라이트 용기, 폴리에틸렌 병 등에 보관하여야 한다).
※ 맹독성가스 허용농도 : TLV-TWA 기준 3ppm

79 고압가스용 용접용기의 반타원체형 경판의 두께 계산식은 다음과 같다. m을 올바르게 설명한 것은?

$$t = \frac{PDV}{2S\eta - 0.2P} + C \text{에서 } V \text{는 } \frac{2+m^2}{6} \text{이다.}$$

① 동체의 내경과 외경비
② 강판 중앙단곡부의 내경과 경판둘레의 단곡부 내경비
③ 반타원체형 내면의 장축부와 단축부의 길이비
④ 경판 내경과 경판 장축부의 길이비

해설

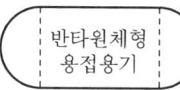

$$V = \frac{2+m^2}{6}$$

m은 반타원체형 내면의 장축부와 단축부의 길이비이다.

80 일반 용기의 도색이 잘못 연결된 것은?

① 액화염소 – 갈색
② 아세틸렌 – 황색
③ 액화탄산가스 – 회색
④ 액화암모니아 – 백색

해설
• 의료용 액화탄산가스 용기 도색 : 회색
• 일반용 액화탄산가스 용기 도색 : 청색

5과목 가스계측

81 다음 중 측온 저항체의 종류가 아닌 것은?

① Hg
② Ni
③ Cu
④ Pt

해설
수은(Hg)은 액주식 압력계에 사용된다(온도계로도 사용).

82 기체크로마토그래피법의 검출기에 대한 설명으로 옳은 것은?

① 불꽃이온화 검출기는 감도가 낮다.
② 전자포획 검출기는 선형 감응범위가 아주 우수하다.
③ 열전도도 검출기는 유기 및 무기화학종에 모두 감응하고 용질이 파괴되지 않는다.
④ 불꽃광도 검출기는 모든 물질에 적용된다.

정답 77 ④ 78 ② 79 ③ 80 ③ 81 ① 82 ③

해설
기체크로마토그래피법(기기분석, 가스분석법)
- 열전도형 검출기(TCD) : 유기 및 무기화학종에 대하여 모두 감응한다(용질이 파괴되지 않는다).
- 불꽃이온화 검출기(수소염이온화검출기, FID) : 감지 감도가 가장 높다.
- 전자포획 이온화검출기(ECD) : 유기할로겐화합물, 니트로화합물, 유기금속화합물을 선택적으로 검출한다.

83 다음 [보기]에서 설명하는 가스미터는?

[보기]
- 설치공간을 적게 차지한다.
- 대용량의 가스측정에 적당하다.
- 설치 후 유지관리가 필요하다.
- 가스의 압력이 높아도 사용이 가능하다.

① 막식 가스미터　② 루트미터
③ 습식 가스미터　④ 오리피스미터

해설
루트미터
- 대용량의 가스측정에 적당하다($100 \sim 5,000 m^3/h$).
- 설치 스페이스가 적다.
- 스트레이너 설치 및 설치 후 유지관리가 필요하다.

84 내경 70mm의 배관으로 어떤 양의 물을 보냈더니 배관 내 유속이 3m/s이었다. 같은 양의 물을 내경 50mm의 배관으로 보내면 배관 내 유속은 약 몇 m/s가 되는가?

① 2.56　② 3.67
③ 4.20　④ 5.88

해설
유량$(Q)[m^3/s]$=단면적(A)×유속(m/s)

㉠ $V \cdot A = \frac{\pi}{4}d^2 = \frac{3.14}{4} \times (0.07)^2 \times 3$
$= 0.0115395 m^3/s$

㉡ $V \cdot A = \frac{\pi}{4}d^2 = \frac{3.14}{4} \times (0.05)^2 \times 3$
$= 0.0019625 m^3/s$

∴ 유속$(V) = \frac{0.0115395}{0.0019625} = 5.88 m/s$

85 용량범위가 $1.5 \sim 200 m^3/h$로 일반 수용가에 널리 사용되는 가스미터는?

① 루트미터　② 습식 가스미터
③ 델터미터　④ 막식 가스미터

해설
가스미터 용량
- 루트식 : $100 \sim 5,000 m^3/h$
- 습식 : $0.2 \sim 3,000 m^3/h$
- 막식 : $1.5 \sim 200 m^3/h$

86 다음 [보기]에서 설명하는 열전대 온도계(Thermo Electric Thermometer)의 종류는?

[보기]
- 기전력 특성이 우수하다.
- 환원성 분위기에 강하나 수분을 포함한 산화성 분위기에는 약하다.
- 값이 비교적 저렴하다.
- 수소와 일산화탄소 등에 사용이 가능하다.

① 백금-백금·로듐
② 크로멜-알루멜
③ 철-콘스탄탄
④ 구리-콘스탄탄

해설
열전대 종류

종류	금속		측정범위	특징
R	P-R	백금-백금·로듐	$0 \sim 1,600℃$	환원성에 약하다.
K	C-A	크로멜-알루멜	$0 \sim 1,200℃$	기전력이 직선적이다.
J	I-C	철-콘스탄탄	$-200 \sim 800℃$	열기전력이 높다. (우수함)
T	C-C	구리-콘스탄탄	$-200 \sim 350℃$	열기전력이 크다.

정답　83 ②　84 ④　85 ④　86 ③

87 진동이 일어나는 장치의 진동을 억제하는 데 가장 효과적인 제어동작은?

① 뱅뱅동작　　② 비례동작
③ 적분동작　　④ 미분동작

해설
연속동작
- P(비례동작) : 잔류편차(옵셋) 발생
- I(적분동작) : 잔류편차 제거, 진동하는 경향이 있음
- D(미분동작) : 진동억제 효과, 비례동작과 함께 사용

88 변화되는 목표치를 측정하면서 제어량을 목표치에 맞추는 자동제어 방식이 아닌 것은?

① 추종제어　　② 비율제어
③ 프로그램제어　　④ 정치제어

해설
제어방법에 의한 분류
㉠ 정치제어(목표치가 일정하다.)
㉡ 추치제어
　• 추종제어
　• 비율제어
　• 프로그램제어
㉢ 캐스케이드제어

89 스프링식 저울에 물체의 무게가 작용되어 스프링의 변위가 생기고 이에 따라 바늘의 변위가 생겨 물체의 무게를 지시하는 눈금으로 무게를 측정하는 방법을 무엇이라 하는가?

① 영위법　　② 치환법
③ 편위법　　④ 보상법

해설
- 스프링식 저울 : 편위법 이용, 부르동관 압력계
- 천칭 : 영위법
- 다이얼게이지 : 치환법

90 막식가스미터에서 발생할 수 있는 고장의 형태 중 가스미터에 감도유량을 흘렸을 때, 미터 지침의 시도(示度)에 변화가 나타나지 않는 고장을 의미하는 것은?

① 감도불량　　② 부동
③ 불통　　④ 기차불량

해설
- 감도불량 : 가스미터에 감도유량가스를 흘려 보냈으나 미터 지침의 시도에 변화가 불량
- 부동 : 가스는 미터통과, 지침은 작동불량
- 불통 : 가스가 가스미터기를 통과하지 못함
- 기차불량 : 기차가 변화하여 계량법에 사용공차가 ±4%를 넘어서는 오차 발생

91 화학분석법 중 요오드(I)적정법은 주로 어떤 가스를 정량하는 데 사용되는가?

① 일산화탄소　　② 아황산가스
③ 황화수소　　④ 메탄

해설
용액도전율식 측정가스
황화수소(H_2S)의 반응액은 요오드용액(I용액)으로 분석한다.
$H_2S + I_2 \rightarrow 2HI + S$

92 측정치가 일정하지 않고 분포 현상을 일으키는 흩어짐(Dispersion)이 원인이 되는 오차는?

① 개인오차　　② 환경오차
③ 이론오차　　④ 우연오차

해설
오차
- 과오에 의한 오차
- 우연오차(흩어짐오차) : 원인을 알 수가 없는 오차이다.
- 계통적 오차(계기오차, 환경오차, 개인오차, 이론오차)

정답　87 ④　88 ④　89 ③　90 ①　91 ③　92 ④

93 부르동(Bourdon)관 압력계에 대한 설명으로 틀린 것은?

① 높은 압력은 측정할 수 있지만 정도는 좋지 않다.
② 고압용 부르동관의 재질은 니켈강이 사용된다.
③ 탄성을 이용하는 압력계이다.
④ 부르동관의 선단은 압력이 상승하면 수축되고, 낮아지면 팽창한다.

해설

부르동관 압력계(2차 압력계)
탄성을 이용한 압력계(0~300MPa 측정)로서 부르동곡관에 압력이 상승하면 반지름이 증대하고 압력이 낮아지면 수축하는 원리를 이용(저압용 : 황동, 인청동, 청동 / 고압용 : 니켈강, 스테인리스강)

94 수소의 품질검사에 이용되는 분석방법은?

① 오르자트법
② 산화연소법
③ 인화법
④ 파라듐블랙에 의한 흡수법

해설

가스품질검사 시약
- 산소 : 동 암모니아 시약(오르자트법 사용)
- 아세틸렌 : 발연황산 시약(오르자트법, 브롬 시약 뷰렛법 사용)
- 수소 : 피로갈롤용액 또는 하이드로설파이드 시약(오르자트법 사용)

95 상대습도가 30%이고, 압력과 온도가 각각 1.1bar, 75℃인 습공기가 100m³/h로 공정에 유입될 때 몰습도(mol H₂O/mol Dry Air)는?(단, 75℃에서 포화수증기압은 289mmHg이다.)

① 0.017
② 0.117
③ 0.129
④ 0.317

해설

수증기 분압 $= \Psi \cdot P_s = 0.3 \times 289 = 86.7$ mmHg

습공기전압 $(P) = \dfrac{1.1\text{bar}}{1.01325\text{bar (atm)}} \times 760 = 825\text{mmHg}$

$\therefore$ 몰습도 $= \dfrac{P_w}{P - P_w} = \dfrac{86.7}{825.067 - 86.7}$
$= 0.117 (\text{mol} \cdot H_2O/\text{mol} \cdot \text{Dry Air})$

96 다음 중 액면 측정방법이 아닌 것은?

① 플로트식
② 압력식
③ 정전용량식
④ 박막식

해설

박막식(격막식) : 압력계 중 저압용으로 사용을 한다(측정범위 : 20~5,000mmH₂O).

97 다음 가스분석 방법 중 성질이 다른 하나는?

① 자동화학식
② 열전도율법
③ 밀도법
④ 기체크로마토그래피법

해설

자동화학식 가스분석계는 화학적인 가스분석계이다. ②, ③은 물리적인 가스분석법이고 ④는 기기분석법이면서, 또한 물리적인 가스분석법에 해당된다.

98 제백(Seebeck)효과의 원리를 이용한 온도계는?

① 열전대 온도계
② 서미스터 온도계
③ 팽창식 온도계
④ 광전관 온도계

해설

제백효과의 원리를 이용한 접촉식 온도계는 열전대 온도계이다.

정답 93 ④ 94 ① 95 ② 96 ④ 97 ① 98 ①

99 머무른 시간 407초, 길이 12.2m인 칼럼에서의 띠너비를 바닥에서 측정하였을 때 13초이었다. 이때 단높이는 몇 mm인가?

① 0.58 ② 0.68
③ 0.78 ④ 0.88

해설

이론단높이(HETP) = $\dfrac{L}{N}$ = $\dfrac{길이}{이론단수}$

이론단수(N) = $16 \times \left(\dfrac{T_r}{W}\right)^2 = 16 \times \left(\dfrac{407}{13}\right)^2 = 15,683$

∴ HETP = $\dfrac{12.2\text{m} \times 10^3/\text{m}}{15,683} = 0.78\text{mm}$

100 헴펠식 가스분석법에서 흡수·분리되지 않는 성분은?

① 이산화탄소 ② 수소
③ 중탄화수소 ④ 산소

해설

헴펠식(흡수분석법)으로 연료가스의 성분을 분석하는 대상
- CO_2
- C_mH_n (중탄화수소)
- O_2
- CO

정답 99 ③ 100 ②

2021년 2회 기출문제

1과목 가스유체역학

01 다음과 같은 일반적인 베르누이의 정리에 적용되는 조건이 아닌 것은?

$$\frac{P}{\rho g} + \frac{V^2}{2g} + Z = \text{constant}$$

① 정상상태의 흐름이다.
② 마찰이 없는 흐름이다.
③ 직선관에서만의 흐름이다.
④ 같은 유선상에 있는 흐름이다.

해설
베르누이 방정식
$\frac{P}{\rho g} + \frac{V^2}{2g} + Z = H = C(일정)$
$= \frac{P_1}{\gamma} + \frac{V_1^2}{2g} + Z_1 = \frac{P_2}{\gamma} + \frac{V_2^2}{2g} + Z_2 = H(전수두)$
(압력수두＋속도수두＋위치수두＝전수두)
곡관에서의 흐름도 베르누이의 정리가 적용된다.

02 압력계의 눈금이 1.2MPa을 나타내고 있으며 대기압이 720mmHg일 때 절대압력은 몇 kPa인가?

① 720
② 1,200
③ 1,296
④ 1,301

해설
1MPa ＝ 10kgf/cm², 1.2×10 ＝ 12kgf/cm²
1atm ＝ 760mmHg ＝ 101.325kPa
$101.325 \times \frac{720}{760} = 96\text{kPa}$
1kgf/cm² ＝ 100kPa
∴ abs ＝ (100×12)＋96 ＝ 1,296kPa

03 냇물을 건널 때 안전을 위하여 일반적으로 물의 폭이 넓은 곳으로 건너간다. 그 이유는 폭이 넓은 곳에서는 유속이 느리기 때문이다. 이는 다음 중 어느 원리와 가장 관계가 깊은가?

① 연속방정식
② 운동량 방정식
③ 베르누이의 방정식
④ 오일러의 운동방정식

해설

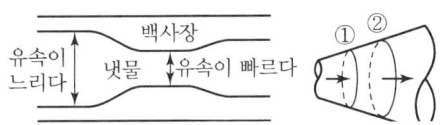

연속방정식
$\rho_1 V_1 A_1 = \rho_2 V_2 A_2$

04 수차의 효율을 η, 수차의 실제 출력을 L [PS], 수량을 Q [m³/s]라 할 때, 유효낙차 H [m]를 구하는 식은?

① $H = \frac{L}{13.3\eta Q}$ [m]

② $H = \frac{QL}{13.3\eta}$ [m]

③ $H = \frac{L\eta}{13.3Q}$ [m]

④ $H = \frac{\eta}{L \times 13.3Q}$ [m]

해설
수차의 유효낙차$(H) = \frac{L}{13.3\eta Q}$[m]
출력$(L) = 13.3\eta QH$[PS]
$= 9.8\eta QH$[kW]

정답 01 ③ 02 ③ 03 ① 04 ①

05 펌프의 회전수를 n[rpm], 유량을 Q[m³/min], 양정을 H[m]라 할 때 펌프의 비교회전도 n_s를 구하는 식은?

① $n_s = nQ^{\frac{1}{2}}H^{-\frac{3}{4}}$

② $n_s = nQ^{-\frac{1}{2}}H^{\frac{3}{4}}$

③ $n_s = nQ^{-\frac{1}{2}}H^{-\frac{3}{4}}$

④ $n_s = nQ^{\frac{1}{2}}H^{\frac{3}{4}}$

해설

펌프의 비교회전도(n_s) = $nQ^{\frac{1}{2}}H^{-\frac{3}{4}}$
(42번 문제 해설 참조)

06 원관 내 유체의 흐름에 대한 설명 중 틀린 것은?

① 일반적으로 층류는 레이놀즈수가 약 2,100 이하인 흐름이다.
② 일반적으로 난류는 레이놀즈수가 약 4,000 이상인 흐름이다.
③ 일반적으로 관 중심부의 유속은 평균유속보다 빠르다.
④ 일반적으로 최대속도에 대한 평균속도의 비는 난류가 층류보다 작다.

해설

수평원관에서 최대속도와 평균속도와의 관계비
$\left(\dfrac{V}{U_{\max}} = \dfrac{1}{2}\right)$

• 수평원관에서 층류흐름은, 유량은 직경의 4승에 비례한다.
• 레이놀즈수(Re)는 층류와 난류를 구별하는 척도이다.

$Re = \dfrac{\rho VD}{\mu} = \dfrac{VD}{\nu}$

$Re < 2,100$: 층류, $2,100 < Re < 4,000$: 천이구역
$Re < 4,000$: 난류

• 일반적으로 최대속도에 대한 평균속도의 비는 난류가 층류보다 크다.

07 내경이 2.5×10^{-3}m인 원관에 0.3m/s의 평균속도로 유체가 흐를 때 유량은 약 몇 m³/s인가?

① 1.06×10^{-6}
② 1.47×10^{-6}
③ 2.47×10^{-6}
④ 5.23×10^{-6}

해설

단면적(A) = $\dfrac{\pi}{4}d^2 = \dfrac{3.14}{4} \times (2.5 \times 10^{-3})$

유량(Q) = $\dfrac{3.14}{4} \times (2.5 \times 10^{-3}) = 0.00000147 \text{m}^3/\text{s}$

08 간격이 좁은 2개의 연직 평판을 물속에 세웠을 때 모세관현상의 관계식으로 맞는 것은?(단, 두 개의 연직 평판의 간격 : t, 표면장력 : σ, 접촉각 : β, 물의 비중량 : γ, 액면의 상승높이 : h_c이다.)

① $h_c = \dfrac{4\sigma\cos\beta}{\gamma t}$

② $h_c = \dfrac{4\sigma\sin\beta}{\gamma t}$

③ $h_c = \dfrac{2\sigma\cos\beta}{\gamma t}$

④ $h_c = \dfrac{2\sigma\sin\beta}{\gamma t}$

해설

모세관현상에 따른 액면의 상승높이(h_c)

$h_c = \dfrac{2\sigma\cos\beta}{\gamma t}$

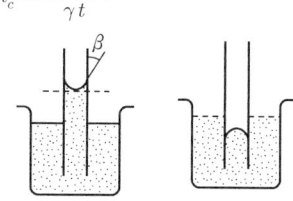

[물]   [수은]

09 원관을 통하여 계량수조에 10분 동안 2,000kg의 물을 이송한다. 원관의 내경을 500mm로 할 때 평균유속은 약 몇 m/s인가?(단, 물의 비중은 1.0이다.)

① 0.27 ② 0.027
③ 0.17 ④ 0.017

해설

유속$(V) = \dfrac{\text{유량}(m^3/s)}{\text{단면적}(m^2)}$, 단면적$(A) = \dfrac{\pi}{4}d^2$

$\therefore V = 1.0 \times \dfrac{\dfrac{2,000 \times 10^{-3}}{10 \times 60}}{\dfrac{\pi}{4} \times (0.5)^2} = \dfrac{0.00333}{0.19625} = 0.017 \text{m/s}$

10 표준대기에 개방된 탱크에 물이 채워져 있다. 수면에서 2m 깊이의 지점에서 받는 절대압력은 몇 kgf/cm²인가?

① 0.03 ② 1.033
③ 1.23 ④ 1.92

해설

$10\text{mAq} = 1\text{kgf/cm}^2$, 표준대기압 $= 1.033\text{kgf/cm}^2$

$\therefore \left(1 \times \dfrac{2}{10}\right) + 1.033 = 1.23 \text{kgf/cm}^2 \text{abs}$

11 수직 충격파가 발생할 때 나타나는 현상은?

① 압력, 마하수, 엔트로피가 증가한다.
② 압력은 증가하고, 엔트로피와 마하수는 감소한다.
③ 압력과 엔트로피는 증가하고 마하수는 감소한다.
④ 압력과 마하수는 증가하고 엔트로피는 감소한다.

해설

수직 충격파
초음속에서 갑자기 아음속으로 변하면 수직 충격파가 생긴다. 이때 압력, 밀도, 온도, 엔트로피는 증가하고 속도는 감소한다.

12 구가 유체 속을 자유낙하할 때 받는 항력 F가 점성계수 μ, 지름 D, 속도 V의 함수로 주어진다. 이 물리량들 사이의 관계식을 무차원으로 나타내고자 할 때 차원해석에 의하면 몇 개의 무차원수로 나타낼 수 있는가?

① 1 ② 2
③ 3 ④ 4

해설

점성계수$(FL^{-2}T)$, 속도(LT^{-1})
차원(길이 L, 질량 M, 시간 T)
LMT계(절대단위계) : 길이 L, 질량 M, 시간 T
LFT계(공학단위계) : 길이 L, 힘 F, 시간 T
차원해석 단위 중 g · kg이 있으면 F
단위 중에 cm나 m가 있으면 L
단위 중에 sec, min이 있으면 T
점성계수$(\mu) = $g/cm · s(CGS 절대단위),
  g · s/cm²(MKS 공학단위계)
무차원수 = 물리량수 − 기본차원수 = 4 − 3 = 1

13 단면적이 변하는 관로를 비압축성 유체가 흐르고 있다. 지름이 15cm인 단면에서의 평균속도가 4m/s이면 지름이 20cm인 단면에서의 평균속도는 몇 m/s인가?

① 1.05 ② 1.25
③ 2.05 ④ 2.25

해설

평균속도$(V) = \dfrac{A^1}{A^2} \times V = \dfrac{0.15^2}{0.2^2} \times 4 = 2.25 \text{m/s}$

14 강관 속을 물이 흐를 때 넓이 250cm²에 걸리는 전단력이 2N이라면 전단응력은 몇 kg/m · s²인가?

① 0.4 ② 0.8
③ 40 ④ 80

정답 09 ④ 10 ③ 11 ③ 12 ① 13 ④ 14 ④

해설

전단응력 $(\tau) = \dfrac{du}{dy} \cdot \mu$

1뉴턴(N) $= 1\text{kg} \cdot \text{m/s}^2$

$1\text{kgf} = 9.8\text{N}$

$\therefore \tau = \dfrac{F}{A} = \dfrac{2}{250 \times 10^{-4}} = 80\text{kg/m} \cdot \text{s}^2$

※ $250\text{cm}^2 \times 10^{-4} = (\text{m}^2)$

15 전양정 15m, 송출량 $0.02\text{m}^3/\text{s}$, 효율 85%인 펌프로 물을 수송할 때 축동력은 몇 마력인가?

① 2.8PS   ② 3.5PS
③ 4.7PS   ④ 5.4PS

해설

$\text{PS} = \dfrac{\gamma QH}{75 \times \eta} = \dfrac{1{,}000 \times 0.02 \times 15}{75 \times 0.85} = 4.70\text{PS}$

※ 물의 비중량 $= 1{,}000\text{kg/m}^3$

16 어떤 유체의 운동문제에 8개의 변수가 관계되어 있다. 이 8개의 변수에 포함되는 기본 차원이 질량 M, 길이 L, 시간 T일 때 π 정리로서 차원해석을 한다면 몇 개의 독립적인 무차원량 π를 얻을 수 있는가?

① 3개   ② 5개
③ 8개   ④ 11개

해설

무차원수 = 물리량수 − 기본차원수(3) = 8 − 3 = 5개

17 다음 [그림]은 회전수가 일정한 경우 펌프의 특성곡선이다. 효율곡선에 해당하는 것은?

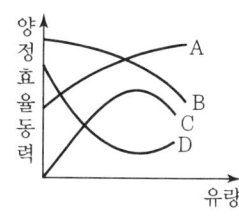

① A   ② B
③ C   ④ D

해설

펌프의 특성곡선

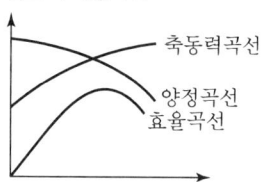

18 [그림]과 같이 비중이 0.85인 기름과 물이 층을 이루며 뚜껑이 열린 용기에 채워져 있다. 물의 가장 낮은 밑바닥에서 받는 게이지압력은 얼마인가?(단, 물의 밀도는 $1{,}000\text{kg/m}^3$이다.)

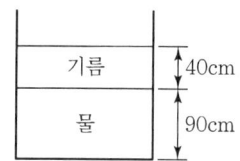

① 3.33kPa   ② 7.45kPa
③ 10.8kPa   ④ 12.2kPa

해설

㉠ 물 $1\text{mAq} = 0.1\text{kgf/cm}^2 = 10\text{kPa}$
㉡ 물 $90\text{cm} = 0.9\text{m} = 10 \times 0.9 = 9\text{kPa}$

$\therefore \text{atg} = 9 + (40 \times 10^{-2} \times 0.85 \times 10) = 12.4\text{kPa}$

19 다음 중 압력이 100kPa이고 온도가 30℃인 질소($R = 0.26\text{kJ/kg} \cdot \text{K}$)의 밀도($\text{kg/m}^3$)는?

① 1.02   ② 1.27
③ 1.42   ④ 1.64

해설

$PV = GRT$

$G(\rho) = \dfrac{PV}{RT} = \dfrac{100 \times 1}{0.26 \times (30 + 273)} = 1.27\text{kg/m}^3$

정답 15 ③   16 ②   17 ③   18 ④   19 ②

20 온도 20℃의 이상기체가 수평으로 놓인 관 내부를 흐르고 있다. 유동 중에 놓인 작은 물체의 코에서의 정체온도(Stagnation Temperature)가 $T_s = 40$℃이면 관에서의 기체 속도(m/s)는?(단, 기체의 정압비열 $C_p = 1,040 \text{J}/(\text{kg} \cdot \text{K})$이고, 등엔트로피 유동이라고 가정한다.)

① 204　　　② 217
③ 237　　　④ 253

해설

정체온도$(T_s) = T + \dfrac{k-1}{kR} \cdot \dfrac{V^2}{V}$

이상기체를 공기로 보고

정적비열$(C_v) = C_p - R$ (공기분자량 29)

$1,040 - \dfrac{8,314}{29} = 75 \text{J/kg} \cdot \text{K}$

$k = \dfrac{C_p}{C_v} = \dfrac{1,040}{753} = 1.38114$

$T_2 - T_1 = \dfrac{k-1}{kR} \times \dfrac{V^2}{2}, \ V = \sqrt{\dfrac{2kR(T_2 - T_1)}{k-1}}$

$\therefore V = \sqrt{\dfrac{2 \times 1.38114 \times \dfrac{8,314}{29} \times (0-20)}{1.38114 - 1}}$

$= 204 \text{m/s}$

※ 일반기체상수$(R) = 8.314 \text{kJ/kg} \cdot \text{kmol}$

2과목　연소공학

21 다음 [보기]에서 설명하는 가스폭발 위험성 평가기법은?

[보기]
- 사상의 안전도를 사용하여 시스템의 안전도를 나타내는 모델이다.
- 귀납적이기는 하나 정량적 분석기법이다.
- 재해의 확대요인 분석에 적합하다.

① FHA(Fault Hazard Analysis)
② JSA(Job Safety Analysis)
③ EVP(Extreme Value Projection)
④ ETA(Event Tree Analysis)

해설

ETA : 사건수분석기법(정량적 안전성 평가기법)

22 랭킨사이클의 과정으로 알맞은 것은?

① 정압가열 → 단열팽창 → 정압방열 → 단열압축
② 정압가열 → 단열압축 → 정압방열 → 단열팽창
③ 등온팽창 → 단열팽창 → 등온압축 → 단열압축
④ 등온팽창 → 단열압축 → 등온압축 → 단열팽창

해설

랭킨사이클

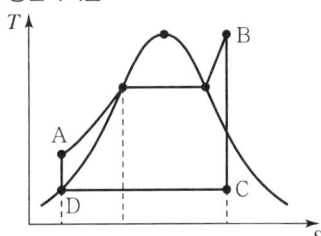

- A → B : 정압가열
- B → C : 가역단열팽창
- C → D : 등온방열(정압)
- D → A : 단열압축

23 에틸렌(Ethylene) 1Sm^3를 완전연소시키는 데 필요한 공기의 양은 약 몇 Sm^3인가?(단, 공기 중의 산소 및 질소의 함량은 21v%, 79v%이다.)

① 9.5　　　② 11.9
③ 14.3　　　④ 19.0

해설

C_2H_4(에틸렌가스)

$C_2H_4 + 3O_2 \rightarrow 2CO_2 + 3H_2O$

공기의 양(A_o) = 산소량 $\times \dfrac{1}{0.21}$

$= 3 \times \dfrac{1}{0.21} = 14.3 \text{Sm}^3/\text{Sm}^3$

정답　20 ①　21 ④　22 ①　23 ③

24 가스의 연소속도에 영향을 미치는 인자에 대한 설명 중 틀린 것은?

① 연소속도는 일반적으로 이론혼합비보다 약간 과농한 혼합비에서 최대가 된다.
② 층류의 연소속도는 초기온도의 상승에 따라 증가한다.
③ 연소속도의 압력의존성이 매우 커 고압에서 급격한 연소가 일어난다.
④ 이산화탄소를 첨가하면 연소범위가 좁아진다.

해설
- 가연성 가스는 고압에서 폭발범위가 넓어진다. (단, CO가스는 제외)
- 연소속도의 인자 : 가스의 성분, 공기와의 혼합비율, 혼합가스의 온도, 압력 등에 따라 달라진다. 일반적으로 온도가 높아질수록, 압력이 높을수록 연소속도는 빨라진다.

25 418.6kJ/kg의 내부에너지를 갖는 20℃의 공기 10kg이 탱크 안에 들어 있다. 공기의 내부에너지가 502.3kJ/kg으로 증가할 때까지 가열하였을 경우 이때의 열량변화는 약 몇 kJ인가?

① 775   ② 793
③ 837   ④ 893

해설
열량변화(Q)
$Q = (502.3 - 418.6) \times 10 = 837 \text{kJ}$

26 프로판 1Sm³를 공기과잉률 1.2로 완전연소시켰을 때 발생하는 건연소가스양은 약 몇 Sm³인가?

① 28.8   ② 26.6
③ 24.5   ④ 21.1

해설
실제 건연소가스양(G_d) = $(m - 0.21)A_o + CO_2$
연소반응
$C_3H_8 + 5O_2 \rightarrow 3CO_2 + 4H_2O$

이론공기량(A_o) = 산소량 $\times \dfrac{1}{0.21}$

$= 5 \times \dfrac{1}{0.21} = 23.81 \text{m}^3/\text{s}$

∴ $G_d = (1.2 - 0.21) \times 23.81 + 3 = 26.6 \text{Sm}^3/\text{Sm}^3$

27 다음 중 증기원동기의 가장 기본이 되는 동력사이클은?

① 사바테(Sabathe)사이클
② 랭킨(Rankine)사이클
③ 디젤(Diesel)사이클
④ 오토(Otto)사이클

해설
22번 해설 참고
※ 랭킨사이클=증기원동기사이클

28 가연물이 되기 쉬운 조건이 아닌 것은?

① 열전도율이 작다.
② 활성화에너지가 크다.
③ 산소와 친화력이 크다.
④ 가연물의 표면적이 크다.

해설
가연물은 활성화에너지가 작아야 한다.

29 순수한 물질에서 압력을 일정하게 유지하면서 엔트로피를 증가시킬 때 엔탈피는 어떻게 되는가?

① 증가한다.
② 감소한다.
③ 변함없다.
④ 경우에 따라 다르다.

해설
순수물질
압력 일정, 엔트로피 증가 → 엔탈피 증가

정답 24 ③ 25 ③ 26 ② 27 ② 28 ② 29 ①

30 다음 중 가역과정은 어느 것인가?

① Carnot 순환
② 연료의 완전연소
③ 관 내의 유체 흐름
④ 실린더 내에서의 급격한 팽창

해설
카르노사이클(가역과정)

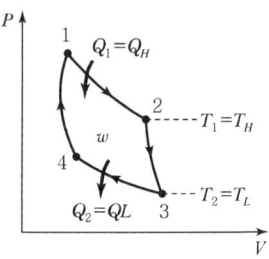

- 1 → 2 (등온팽창)
- 2 → 3 (단열팽창)
- 3 → 4 (등온압축)
- 4 → 1 (단열압축)

31 임계압력을 가장 잘 정의한 것은?

① 액체가 증발하기 시작할 때의 압력을 말한다.
② 액체가 비등점에 도달했을 때의 압력을 말한다.
③ 액체, 기체, 고체가 공존할 수 있는 최소압력을 말한다.
④ 임계온도에서 기체를 액화시키는 데 필요한 최저 압력을 말한다.

해설
임계점
- 임계온도 : 기체를 액화시키는 데 필요한 최고온도
- 임계압력 : 기체를 액화시키는 데 필요한 최저압력

32 최소산소농도(MOC)와 이너팅(Inerting)에 대한 설명으로 틀린 것은?

① LFL(연소하한계)은 공기 중의 산소량을 기준으로 한다.
② 화염을 전파하기 위해서는 최소한의 산소농도가 요구된다.
③ 폭발 및 화재는 연료 농도에 관계없이 산소의 농도를 감소시킴으로써 방지할 수 있다.
④ MOC값은 연소방정식 중 산소의 양론계수와 LFL(연소하한계)의 곱을 이용하여 추산할 수 있다.

해설
- 최소산소농도(MOC) : 공기와 연료 중의 산소 Vol(%)로 구한다.
- 이너팅 : 산소의 농도를 최소산소농도 이하로 낮추는 작업, 즉 불활성화를 말한다. 일명 퍼지(Purge)라고 한다.
- MOC = 폭발범위하한치(LEL)×산소양론계수(Z)
  $= \dfrac{\text{연료몰수}}{(\text{연료몰수}\times\text{공기몰수})} \times \left(\dfrac{\text{산소몰수}}{\text{연료몰수}}\right)$

33 파라핀계 탄화수소의 탄소수 증가에 따른 일반적인 성질 변화로 옳지 않은 것은?

① 인화점이 높아진다.
② 착화점이 높아진다.
③ 연소범위가 좁아진다.
④ 발열량(kcal/m³)이 커진다.

해설
탄화수소
파라핀 탄화수소(포화)로, $C_nH_{2n}+2$이며 CH_4, C_2H_6, C_3H_8, C_4H_{10} 등이다. 화학적으로 안정하여 연료로 사용한다. 탄소(C)가 증가하면 착화점이 낮아진다.

34 어느 카르노사이클이 103℃와 −23℃에서 작동되고 있을 때 열펌프의 성적계수는 약 얼마인가?

① 3.5
② 3
③ 2
④ 0.5

해설
카르노사이클의 열효율(η_c) $= 1 - \dfrac{T_2}{T_1} = 1 - \dfrac{Q_2}{Q_1}$
열펌프(히트펌프)의 성적계수(COP) = 냉동기 성적계수 + 1
103 + 273 = 376K, −23 + 273 = 250K
∴ COP $= \dfrac{253}{376-253} + 1 = 3$

35 표면연소에 대하여 가장 옳게 설명한 것은?

① 오일이 표면에서 연소하는 상태
② 고체연료가 화염을 길게 내면서 연소하는 상태
③ 화염의 외부 표면에 산소가 접촉하여 연소하는 상태
④ 적열된 코크스 또는 숯의 표면에 산소가 접촉하여 연소하는 상태

| 해설 |
표면연소 : 목탄, 숯, 코크스(1차 건류된 물질의 연소)

36 자연상태의 물질을 어떤 과정(Process)을 통해 화학적으로 변형시킨 상태의 연료를 2차연료라고 한다. 다음 중 2차연료에 해당하는 것은?

① 석탄   ② 원유
③ 천연가스 ④ LPG

| 해설 |
- 1차연료 : 석유, NG(천연가스), 목재 등
- 2차연료 : LPG, 도시가스, 휘발유, 등유, 목탄 등

37 다음 [보기]에서 열역학에 대한 설명으로 옳은 것을 모두 나열한 것은?

[보기]
㉠ 기체에 기계적 일을 가하여 단열압축시키면 일은 내부에너지로 기체 내에 축적되어 온도가 상승한다.
㉡ 엔트로피는 가역이면 항상 증가하고, 비가역이면 항상 감소한다.
㉢ 가스를 등온팽창시키면 내부에너지의 변화는 없다.

① ㉠   ② ㉡
③ ㉠, ㉢   ④ ㉡, ㉢

| 해설 |
가스의 등온팽창
㉠ 열의 방출
㉡ 내부에너지와 엔탈피의 변화가 없다.
㉢ 가열량($_1Q_2$) = $A_1W_2 = AW_t$(공업일)
- 가역과정 : 엔트로피의 변화가 없음
- 비가역과정 : 비가역과정이면 엔트로피는 항상 증가

38 폭발위험예방원칙으로 고려하여야 할 사항에 대한 설명으로 틀린 것은?

① 비일상적 유지관리활동은 별도의 안전관리시스템에 따라 수행되므로 폭발위험장소를 구분하는 때에는 일상적인 유지관리활동만을 고려하여 수행한다.
② 가연성 가스를 취급하는 시설을 설계하거나 운전절차서를 작성하는 때에는 0종 장소 또는 1종 장소의 수와 범위가 최대가 되도록 한다.
③ 폭발성 가스 분위기가 존재할 가능성이 있는 경우에는 점화원 주위에서 폭발성 가스 분위기가 형성될 가능성 또는 점화원을 제거한다.
④ 공정설비가 비정상적으로 운전되는 경우에도 대기로 누출되는 가연성 가스의 양이 최소화되도록 한다.

| 해설 |
가연성 가스를 취급하는 시설을 설계하거나 운전절차서 작성 시에는 위험장소 제1종 장소, 제2종 장소, 제0종 장소의 수와 범위가 최소가 되도록 하여야 안전하다.

39 연소범위에 대한 일반적인 설명으로 틀린 것은?

① 압력이 높아지면 연소범위는 넓어진다.
② 온도가 올라가면 연소범위는 넓어진다.
③ 산소농도가 증가하면 연소범위는 넓어진다.
④ 불활성가스의 양이 증가하면 연소범위는 넓어진다.

| 해설 |
Ar, N_2, CO_2 등 불활성가스의 양이 감소하면 연소범위가 넓어진다.

정답 35 ④ 36 ④ 37 ③ 38 ② 39 ④

40 증기운폭발(VCE)의 특성에 대한 설명 중 틀린 것은?

① 증기운의 크기가 증가하면 점화확률이 커진다.
② 증기운에 의한 재해는 폭발보다는 화재가 일반적이다.
③ 폭발효율이 커서 연소에너지의 대부분이 폭풍파로 전환된다.
④ 누출된 가연성증기가 양론비에 가까운 조성의 가연성 혼합기체를 형성하면 폭굉의 가능성이 높아진다.

해설

증기운폭발(VCE)
- V(Vapor)
- C(Cloud)
- E(Explosion)

증기운폭발이란 대기 중에 대량의 가연성 가스나 액체가 유출되어 그것으로부터 발생하는 증기가 대기 중의 공기와 혼합하여 폭발성인 증기운(Vapor Cloud)을 형성하고 이때 착화원에 의하여 화구형태로 착화폭발하는 것이다. 일명 개방계 증기운폭발(UVCE)이다.

※ ③ 폭풍파보다는 화재발생이 일반적이다.

3과목 가스설비

41 용기용 밸브는 가스 충전구의 형식에 따라 A형, B형, C형의 3종류가 있다. 가스 충전구가 암나사로 되어 있는 것은?

① A형   ② B형
③ A형, B형   ④ C형

해설

가스 충전구 나사
- A형 : 숫나사
- B형 : 암나사
- C형 : 나사가 없다.
(왼나사 : 가연성, 오른나사 : 불연성, 조연성)

42 비교회전도(비속도, n_s)가 가장 적은 펌프는?

① 축류펌프   ② 터빈펌프
③ 벌류트펌프   ④ 사류펌프

해설

펌프 비교회전도(n_s)

- 단수가 없는 경우(n_s) = $\dfrac{n \cdot \sqrt{Q}}{H^{3/4}}$

- 단수가 있는 경우(n_s) = $\dfrac{n \cdot \sqrt{Q}}{\left(\dfrac{H}{n}\right)^{3/4}}$

※ 터빈펌프는 단수가 있어 n_s가 적다.

43 고압가스 제조시설의 플레어스택에서 처리가스의 액체성분을 제거하기 위한 설비는?

① Knock-out Drum   ② Seal Drum
③ Flame Arrestor   ④ Pilot Burner

해설

플레어스택에서 처리가스의 액체 제거설비는 Knock-out Drum이다.

44 고압가스 제조장치의 재료에 대한 설명으로 틀린 것은?

① 상온, 상압의 건조상태 염소가스에는 탄소강을 사용한다.
② 아세틸렌은 철, 니켈 등의 철족 금속과 반응하여 금속 카르보닐을 생성한다.
③ 9% 니켈강은 액화 천연가스에 대하여 저온취성에 강하다.
④ 상온, 상압의 수증기가 포함된 탄산가스 배관에는 18-8 스테인리스강을 사용한다.

해설

아세틸렌은 구리, 수은, 은과 반응하여 금속 에세틸라이드를 생성한다.
- 구리 : $C_2H_2 + 2Cu \rightarrow Cu_2C_2 + H_2$
- 수은 : $C_2H_2 + 2Hg \rightarrow Hg_2C_2 + H_2$
- 은 : $C_2H_2 + 2Ag \rightarrow Ag_2C_2 + H_2$

정답 40 ③   41 ②   42 ②   43 ①   44 ②

45 흡입구경이 100mm, 송출구경이 90mm인 원심펌프의 올바른 표시는?

① 100×90 원심펌프 ② 90×100 원심펌프
③ 100-90 원심펌프 ④ 90-100 원심펌프

해설

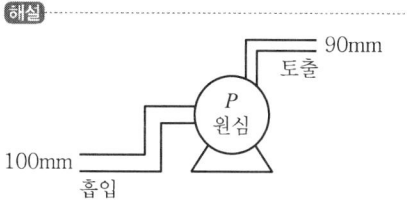

• 표시= 100×90 원심펌프

46 저압배관에서의 압력손실 원인으로 가장 거리가 먼 것은?

① 마찰저항에 의한 손실
② 배관의 입상에 의한 손실
③ 밸브 및 엘보 등 배관 부속품에 의한 손실
④ 압력계, 유량계 등 계측기 불량에 의한 손실

해설

가스압력계에서는 압력손실이 없다.

저압배관 관경(Q) $= K\sqrt{\dfrac{D^5 \times h}{S \times L}}$

• h = 허용압력손실

47 액화석유가스를 사용하고 있던 가스레인지를 도시가스로 전환하려고 한다. 다음 조건으로 도시가스를 사용할 경우 노즐 구경은 약 몇 mm인가?

• LPG 총발열량(H_1) : 24,000kcal/m³
• LNG 총발열량(H_2) : 6,000kcal/m³
• LPG 공기에 대한 비중(d_1) : 1.55
• LNG 공기에 대한 비중(d_2) : 0.65
• LPG 사용압력(P_1) : 2.8kPa
• LNG 사용압력(P_2) : 1.0kPa
• LPG를 사용하고 있을 때의 노즐구경(D_1) : 0.3mm

① 0.2 ② 0.4
③ 0.5 ④ 0.6

해설

노즐 지름(D_2)

$$D_2 = D_1 \times \sqrt{\dfrac{WI_1\sqrt{P_1}}{WI_2\sqrt{P_2}}}$$

$$= 0.3 \times \sqrt{\dfrac{\dfrac{24,000}{\sqrt{1.55}} \times \sqrt{2.8}}{\dfrac{6,000}{\sqrt{0.65}} \times \sqrt{1.0}}}$$

$$= 0.6\text{mm}$$

48 고압가스의 이음매 없는 용기 밸브의 부착부 나사의 치수 측정방법은?

① 링게이지로 측정한다.
② 평형수준기로 측정한다.
③ 플러그게이지로 측정한다.
④ 버니어캘리퍼스로 측정한다.

해설

이음매 없는 용기밸브 나사의 치수 측정 : 플러그게이지로 측정
• 링게이지 : 공작물의 치수가 어떤 한계 내에 들어있는가를 점검할 때 사용
• 평형수준기 : 수평면에 대한 경사를 조정한다(기포관을 사용한다).
• 버니어캘리퍼스 : 길이나 높이 등 기계류의 치수를 정밀하게 측정하는 자의 일종

49 이음매 없는 용기와 용접용기의 비교 설명으로 틀린 것은?

① 이음매가 없으면 고압에서 견딜 수 있다.
② 용접용기는 용접으로 인하여 고가이다.
③ 만네스만식, 에르하르트식 등이 이음매 없는 용기의 제조법이다.
④ 용접용기는 두께공차가 적다.

해설

이음매 없는 용기(고압용기)는 제작이 까다로워 가격이 고가이다(LPG 등의 용접용기는 저압용기이다).

정답 45 ① 46 ④ 47 ④ 48 ③ 49 ②

50 LNG, 액화산소, 액화질소 저장탱크설비에 사용되는 단열재의 구비조건에 해당되지 않는 것은?

① 밀도가 클 것
② 열전도도가 작을 것
③ 불연성 또는 난연성일 것
④ 화학적으로 안정되고 반응성이 적을 것

해설
단열재, 보온재는 다공질층이어서 밀도가 작아야 한다.

51 압축기의 윤활유에 대한 설명으로 틀린 것은?

① 공기압축기에는 양질의 광유가 사용된다.
② 산소압축기에는 물 또는 15% 이상의 글리세린수가 사용된다.
③ 염소압축기에는 진한 황산이 사용된다.
④ 염화메탄의 압축기에는 화이트유가 사용된다.

해설
산소(O_2) 압축기용 윤활유
• 물
• 10% 이하의 묽은 글리세린수

52 액화석유가스의 경고성 냄새가 나는 물질(부취제)의 비율은 공기 중 용량으로 얼마의 상태에서 감지할 수 있도록 혼합하여야 하는가?

① 1/100
② 1/200
③ 1/500
④ 1/1,000

해설
부취제 감지량은 가스용량의 $\frac{1}{1,000}$ 이다.

※ 부취제 종류
• THT : 석탄가스 냄새
• TBM : 양파 썩는 냄새
• DMS : 마늘 냄새

53 배관용 강관 중 압력배관용 탄소강관의 기호는?

① SPPH
② SPPS
③ SPH
④ SPHH

해설
• SPPH : 고압배관용
• SPPS : 압력배관용
• SPP : 배관용 탄소강관
• SPHT : 고온배관용 탄소강관
• SPA : 배관용 합금강강관
• STS : 스테인리스강관
• SPW : 배관용 아크용접탄소강관
• STH : 보일러열교환기용 탄소강관

54 LP 가스의 일반적 특성에 대한 설명으로 틀린 것은?

① 증발잠열이 크다.
② 물에 대한 용해성이 크다.
③ LP 가스는 공기보다 무겁다.
④ 액상의 LP 가스는 물보다 가볍다.

해설
LP 가스는 천연고무에 용해된다. 따라서 실리콘고무제의 누설방지 패킹제가 필요하다.
• 암모니아가스는 물에 대한 용해도가 크다.
• LP 가스는 물보다 가벼워서 물 위에 뜬다.

55 중압식 공기분리장치에서 겔 또는 몰레큘러 - 시브(Molecular Sieve)에 의하여 주로 제거할 수 있는 가스는?

① 아세틸렌
② 염소
③ 이산화탄소
④ 암모니아

해설
CO_2 제거제
• 몰레큘러시브
• 가성소다(NaOH)

정답 50 ① 51 ② 52 ④ 53 ② 54 ② 55 ③

56 저온장치용 재료로서 가장 부적당한 것은?

① 구리
② 니켈강
③ 알루미늄합금
④ 탄소강

해설
탄소강은 저온이 되면 취성이 발생하여 사용이 불가능하다.

57 펌프의 서징(Surging)현상을 바르게 설명한 것은?

① 유체가 배관 속을 흐르고 있을 때 부분적으로 증기가 발생하는 현상
② 펌프 내의 온도변화에 따라 유체가 성분의 변화를 일으켜 펌프에 장애가 생기는 현상
③ 배관을 흐르고 있는 액체의 속도를 급격하여 변화시키면 액체에 심한 압력변화가 생기는 현상
④ 송출압력과 송출유량 사이에 주기적인 변동이 일어나는 현상

해설
서징현상
펌프운전 시 주기적인 한숨 쉬는 소리가 발생하는 것으로 송출압력과 송출유량 사이에 주기적인 변동이 일어나는 현상

58 끓는점이 약 -162℃로서 초저온 저장설비가 필요하며 관리가 다소 복잡한 도시가스의 연료는?

① SNG
② LNG
③ LPG
④ 나프타

해설
액화천연가스(LNG)
- 액화온도 : -162℃
- 액화 시 부피 축소 정도 : $\frac{1}{600}$
- 탱크는 초저온 저장설비 필요
- CH_4 가스를 액화시킨 가스
- 도시가스로 사용한다.

59 TP(내압시험압력)가 25MPa인 압축가스(질소)용기의 최고충전압력과 안전밸브 작동압력이 옳게 짝지어진 것은?

① 20MPa, 15MPa
② 15MPa, 20MPa
③ 20MPa, 25MPa
④ 25MPa, 20MPa

해설
압축내압시험 및 안전밸브 작동압력
- 최고충전압력의 $\frac{3}{5} = 25 \times \frac{3}{5} = 15\text{MPa}$
- 내압시험의 $\frac{8}{10}$ 이하 $= 25 \times \frac{8}{10} = 20\text{MPa}$

60 도시가스설비 중 압송기의 종류가 아닌 것은?

① 터보형
② 회전형
③ 피스톤형
④ 막식형

해설
막식형 : 다이어프램식 가스미터기이다(실측식 가스미터기).

4과목 가스안전관리

61 고압가스용 가스히트펌프 제조 시 사용하는 재료의 허용전단응력은 설계온도에서 허용 인장응력 값의 몇 %로 하여야 하는가?

① 80%
② 90%
③ 110%
④ 120%

해설
가스히트펌프 : 제조 시 재료의 허용전단응력은 설계온도에서 허용인장응력 값의 80%로 한다.

정답 56 ④ 57 ④ 58 ② 59 ② 60 ④ 61 ①

62 고압가스 운반차량에 설치하는 다공성 벌집형 알루미늄합금박판(폭발방지제)의 기준은?

① 두께는 84mm 이상으로 하고, 2~3% 압축하여 설치한다.
② 두께는 84mm 이상으로 하고, 3~4% 압축하여 설치한다.
③ 두께는 114mm 이상으로 하고, 2~3% 압축하여 설치한다.
④ 두께는 114mm 이상으로 하고, 3~4% 압축하여 설치한다.

[해설]
고압가스 운반차량에 설치하는 다공성 벌집형 알루미늄합금박판 : 폭발방지제로 사용하며 두께는 114mm 이상으로 하고 2~3% 압축하여 설치한다.

63 자동차 용기 충전시설에서 충전기 상부에는 닫집모양의 캐노피를 설치하고 그 면적은 공지면적의 얼마로 하는가?

① $\frac{1}{2}$ 이하   ② $\frac{1}{2}$ 이상
③ $\frac{1}{3}$ 이하   ④ $\frac{1}{3}$ 이상

[해설]
자동차용기 충전시설의 공지면적

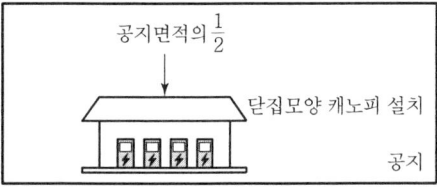

64 최고충전압력의 정의로서 틀린 것은?

① 압축가스 충전용기(아세틸렌가스 제외)의 경우 35℃에서 용기에 충전할 수 있는 가스의 압력 중 최고압력
② 초저온용기의 경우 상용압력 중 최고압력
③ 아세틸렌가스 충전용기의 경우 25℃에서 용기에 충전할 수 있는 가스의 압력 중 최고압력
④ 저온용기 외의 용기로서 액화가스를 충전하는 용기의 경우 내압시험 압력의 3/5배의 압력

[해설]
아세틸렌가스의 최고충전압력 : 15℃에서 용기에 충전할 수 있는 가스의 압력 중 최고압력

65 가연성 가스가 대기 중으로 누출되어 공기와 적절히 혼합된 후 점화가 되어 폭발하는 가스사고의 유형으로, 주로 폭발압력에 의해 구조물이나 인체에 피해를 주며, 대구지하철공사장의 폭발사고를 예로 들 수 있는 폭발형태는?

① BLEVE(Boiling Liquid Expanding Vapor Explosion)
② 증기운폭발(Vapor Cloud Explosion)
③ 분해폭발(Decomposition Explosion)
④ 분진폭발(Dust Explosion)

[해설]
증기운폭발
가연성 가스가 대기 중으로 누출되어 공기와 적절히 혼합된 후 점화가 되어 폭발하는 가스사고의 유형이다(일명 UVCE 폭발).

66 저장탱크에 의한 LPG 사용시설에서 실시하는 기밀시험에 대한 설명으로 틀린 것은?

① 상용압력 이상의 기체 압력으로 실시한다.
② 지하매설배관은 3년마다 기밀시험을 실시한다.
③ 기밀시험에 필요한 조치는 안전관리총괄자가 한다.
④ 가스누출검지기로 시험하여 누출이 검지되지 않은 경우 합격으로 한다.

[해설]
LPG 사용시설의 기밀시험
안전관리책임자가 필요한 조치를 한다.

정답 62 ③ 63 ① 64 ③ 65 ② 66 ③

67 내용적이 100L인 LPG용 용접용기의 스커트 통기면적 기준은?

① 100mm² 이상 ② 300mm² 이상
③ 500mm² 이상 ④ 1,000mm² 이상

해설
LPG 용기 내용적의 용접용기 스커트 통기면적 기준
- 20L 이상~25L 미만 : 300mm² 이상
- 25L 이상~50L 미만 : 500mm² 이상
- 50L 이상~125L 미만 : 1,000mm² 이상

68 고압가스 제조 시 산소 중 프로판가스의 용량이 전체 용량의 몇 % 이상인 경우 압축을 하지 않는가?

① 1% ② 2%
③ 3% ④ 4%

해설
산소 중 가연성 가스 용량이 전 용량의 4% 이상이면 압축을 금지한다.

69 지하에 설치하는 지역정압기에는 시설의 조작을 안전하고 확실하게 하기 위하여 안전조작에 필요한 장소의 조도는 몇 럭스 이상이 되도록 설치하여야 하는가?

① 100럭스 ② 150럭스
③ 200럭스 ④ 250럭스

해설
지하 설치 지역정압기의 안전 조작에 필요한 장소 조도 : 150럭스 이상

70 동·암모니아 시약을 사용한 오르자트법에서 산소의 순도는 몇 % 이상이어야 하는가?

① 98% ② 98.5%
③ 99% ④ 99.5%

해설
- 산소 : 99.5% 이상
- 아세틸렌 : 98% 이상
- 수소 : 98.5% 이상

71 고압가스설비를 이음쇠에 의하여 접속할 때에는 상용압력이 몇 MPa 이상이 되는 곳의 나사는 나사게이지로 검사한 것이어야 하는가?

① 9.8MPa 이상 ② 12.8MPa 이상
③ 19.6MPa 이상 ④ 23.6MPa 이상

해설
고압가스설비의 이음쇠 접속
상용압력이 19.6MPa 이상이 되는 곳 나사는 나사게이지로 검사하여야 한다.

72 염소가스의 제독제로 적당하지 않은 것은?

① 가성소다수용액 ② 탄산소다수용액
③ 소석회 ④ 물

해설
제독제
- 가성소다수용액 : 염소, 포스겐, 시안화수소, 아황산가스 등
- 탄산소다수용액 : 염소, 황화수소, 아황산가스 등
- 소석회 : 염소, 포스겐
- 물 : 아황산가스, 암모니아, 산화에틸렌, 염화메탄

73 고압가스 저장탱크를 지하에 설치 시 저장탱크실에 사용하는 레디믹스콘크리트의 설계강도 범위의 상한값은?

① 20.6MPa ② 21.6MPa
③ 22.5MPa ④ 23.5MPa

해설
고압가스의 지하 설치 시 저장탱크실의 레디믹스콘크리트 설계강도 상한값 : 23.5MPa(범위 21~23.5MPa)

정답 67 ④ 68 ④ 69 ② 70 ④ 71 ③ 72 ④ 73 ④

74 금속플렉시블 호스 제조자가 갖추지 않아도 되는 검사설비는?

① 염수분무시험설비
② 출구압력측정시험설비
③ 내압시험설비
④ 내구시험설비

해설
금속플렉시블 호스 제조사가 갖추어야 할 검사설비
①, ③, ④ 외에도 치수측정설비, 기밀시험설비, 유량측정설비, 비틀림시험 장치, 굽힘시험장치, 충격시험기, 재열시험설비, 냉열시험설비, 난연성시험설비, 내부응력부식균열시험설비 등을 갖추어야 한다.

75 액화석유가스의 용기충전 기준 중 로딩암을 실내에 설치하는 경우 환기구 면적의 합계기준은?

① 바닥면적의 3% 이상
② 바닥면적의 4% 이상
③ 바닥면적의 5% 이상
④ 바닥면적의 6% 이상

해설
로딩암을 실내에 설치하는 경우 환기구 면적은 바닥면적의 6% 이상이어야 한다.

76 도시가스제조소의 가스누출통보설비로서 가스경보기검지부의 설치장소로 옳은 것은?

① 증기, 물방울, 기름 섞인 연기 등의 접촉부위
② 주위의 온도 또는 복사열에 의한 열이 40℃ 이하가 되는 곳
③ 설비 등에 가려져 누출가스의 유통이 원활하지 못한 곳
④ 차량 또는 작업 등으로 인한 파손 우려가 있는 곳

해설
도시가스제조소의 가스누출통보설비로서 가스경보기검지부의 설치장소
주위의 온도 또는 복사열에 의한 열이 40℃ 이하가 되는 곳에 설치한다.

77 독성가스의 운반기준으로 틀린 것은?

① 독성가스 중 가연성 가스와 조연성 가스는 동일차량 적재함에 운반하지 아니한다.
② 차량의 앞뒤에 붉은 글씨로 "위험고압가스", "독성가스"라는 경계표시를 한다.
③ 허용농도가 100만분의 200 이하인 압축독성가스 10m³ 이상을 운반할 때는 운반책임자를 동승시켜야 한다.
④ 허용농도가 100만분의 200 이하인 액화독성가스를 10kg 이상 운반할 때는 운반책임자를 동승시켜야 한다.

해설
독성허용농도 $\left(\dfrac{200}{100만}\right)$ 이하 운반기준(운반책임자 동승기준)
- 독성액화가스 : 100kg 이상
- 독성압축가스 : 10m³ 이상

78 다음 중 발화원이 될 수 없는 것은?

① 단열압축
② 액체의 감압
③ 액체의 유동
④ 가스의 분출

해설
액화가스에서 액체를 감압하면 발화가 방지된다(압력이 저하된다).

79 100kPa의 대기압하에서 용기 속 기체의 진공압력이 15kPa이었다. 이 용기 속 기체의 절대압력은 몇 kPa인가?

① 85
② 90
③ 95
④ 115

해설
절대압력
= 게이지압력 + 대기압
= 대기압 − 진공압력
∴ 100 − 15 = 85kPa

정답 74 ② 75 ④ 76 ② 77 ④ 78 ② 79 ①

80 다음 ( ) 안에 순서대로 들어갈 알맞은 수치는?

> 초저온용기의 충격시험은 3개의 시험편 온도를 ( )℃ 이하로 하여 그 충격치의 최저가 ( )J/cm² 이상이고 평균 ( )J/cm² 이상인 경우를 적합한 것으로 한다.

① -100, 10, 20
② -100, 20, 30
③ -150, 10, 20
④ -150, 20, 30

해설
초저온 용기 충격시험 기준
- 온도 : -150℃ 이하
- 충격치 최저가 : 20J/cm²(2kg·m/cm²)
- 충격치 평균값 : 30J/cm²(3kg·m/cm²)

5과목 가스계측

81 다음은 기체크로마토그래피의 크로마토그램이다. t, t_1, t_2는 무엇을 나타내는가?

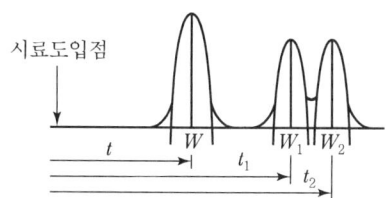

① 이론단수
② 체류시간
③ 분리관의 효율
④ 피크의 좌우 변곡점 길이

해설
- t, t_1, t_2 : 가스시료의 체류시간
- W : 바탕선의 길이
- 이론단수 계산 $(N) = 16 \times \left(\dfrac{T_r}{W}\right)^2$
- 이론단 높이 $(HETP) = \dfrac{L}{N}$
- 분리도 계산 $(R) = \dfrac{2(t_2 - t_1)}{W_1 + W_2}$

82 기체크로마토그래피 분석법에서 자유전자의 포착성질을 이용하여 전자 친화력이 있는 화합물에만 감응하는 원리를 적용하여 환경물질분석에 널리 이용하는 검출기는?

① TCD
② FPD
③ ECD
④ FID

해설
- ECD : 전자포획이온화 검출기
- FID : 수소염이온화 검출기
- FPD : 염광광도형 검출기
- FTD : 알칼리성 이온화 검출기

83 다음 중 가장 저온에서 연속하여 사용할 수 있는 열전대 온도계 형식은?

① T형
② R형
③ S형
④ L형

해설
열전대
- T형(동-콘스탄탄) : -200~350℃
- R형(백금-백금로듐) : 0~1,600℃
- J형(철-콘스탄탄) : -20~800℃
- K형(크로멜-알루멜) : -20~1,200℃

84 직접 체적유량을 측정하는 적산유량계로서 정도(精度)가 높고 고점도의 유체에 적합한 유량계는?

① 용적식 유량계
② 유속식 유량계
③ 전자식 유량계
④ 면적식 유량계

해설
용적식 유량계(적산유량계) : 오벌기어식, 루트식, 로터리피스톤식, 회전원판형, 가스미터기

정답 80 ④ 81 ② 82 ③ 83 ① 84 ①

85 절대습도(Absolute Humidity)를 가장 바르게 나타낸 것은?

① 습공기 중에 함유되어 있는 건공기 1kg에 대한 수증기의 중량
② 습공기 중에 함유되어 있는 습공기 1m³에 대한 수증기의 체적
③ 기체의 절대온도와 그것과 같은 온도에서의 수증기로 포화된 기체의 습도비
④ 존재하는 수증기의 압력과 그것과 같은 온도에서의 포화수증기압과의 비

해설

절대습도$(x) = \dfrac{G_w}{G_o} = \dfrac{G_w}{G - G_w}$ (kg/kgDA)

여기서, G_w (수증기중량)
G_o (건공기중량)
G (습공기 전중량)

※ ① : 절대습도, ④ : 상대습도

86 가스계량기는 실측식과 추량식으로 분류된다. 다음 중 실측식이 아닌 것은?

① 건식 ② 회전식
③ 습식 ④ 벤투리식

해설

추량식(간접식)
- 터빈형
- 오리피스식
- 벤투리식

87 압력센서인 스트레인게이지의 응용원리는?

① 전압의 변화
② 저항의 변화
③ 금속선의 무게 변화
④ 금속선의 온도 변화

해설

스트레인게이지(금속산화물)
전기의 저항 변화를 이용한 압력계(응답속도가 빠르고 초고압이나 특수목적에 사용)

88 반도체식 가스누출검지기의 특징에 대한 설명으로 옳은 것은?

① 안정성은 떨어지지만 수명이 길다.
② 가연성 가스 이외의 가스는 검지할 수 없다.
③ 소형·경량화가 가능하며 응답속도가 빠르다.
④ 미량가스에 대한 출력이 낮으므로 감도는 좋지 않다.

해설

㉠ 가연성 가스 검출기
  - 간섭계형 : 가스의 굴절률 차 이용
  - 열선형 : 열전도식, 연소식
㉡ 반도체식 가스누출검지기 : 소형·경량화가 가능하며 응답속도가 빠르다.

89 비례제어기로 60~80℃ 범위로 온도를 제어하고자 한다. 목푯값이 일정한 값으로 고정된 상태에서 측정된 온도가 73~76℃로 변할 때 비례대역은 약 몇 %인가?

① 10% ② 15%
③ 20% ④ 25%

해설

$80 - 60 = 20℃$
$76 - 73 = 3℃$
∴ $\dfrac{3}{20} \times 100 = 15\%$

90 원형 오리피스를 수면에서 10m인 곳에 설치하여 매분 0.6m³의 물을 분출시킬 때 유량계수가 0.6인 오리피스의 지름은 약 몇 cm인가?

① 2.9 ② 3.9
③ 4.9 ④ 5.9

정답 85 ① 86 ④ 87 ② 88 ③ 89 ② 90 ②

해설

유속(V) = $\sqrt{2gh}$ = $\sqrt{2 \times 9.8 \times 10}$ = 14m/s

유량(Q) = $\dfrac{0.6m^3/min}{60s/min}$ = $0.01m^3/s$

$\therefore d = \sqrt{\dfrac{4Q}{\pi VC}} = \sqrt{\dfrac{4 \times 0.01}{3.14 \times 14 \times 0.6}}$
= 0.039m = 3.9cm

91 오르자트 가스분석기의 구성이 아닌 것은?

① 칼럼　　　　② 뷰렛
③ 피펫　　　　④ 수준병

해설

기기분석법(가스크로마토그래프)에서 칼럼(분리관)이 쓰이며, 캐리어(전개제)가스는 Ar, He, H_2, N_2 등이다.
종류는 FID, TCD, ECD 등이 있다.

92 습식 가스미터에 대한 설명으로 틀린 것은?

① 계량이 정확하다.
② 설치공간이 크다.
③ 일반 가정용에 주로 사용한다.
④ 수위조정 등 관리가 필요하다.

해설

습식 가스미터(실측식)는 기준기, 즉 연구실 실험용 가스미터이다.
- 계량이 정확하다.
- 사용 중 기차의 변동이 거의 없다.
- 사용 중 수위의 조정이 필요하다.
- 설치 스페이스가 필요하다.
- 0.2~3,000m^3/h 용량이다.

93 국제표준규격에서 다루고 있는 파이프(Pipe) 안에 삽입되는 차압 1차 장치(Primary Device)에 속하지 않는 것은?

① Nozzle(노즐)
② Thermo Well(서모 웰)
③ Venturi Nozzle(벤투리 노즐)
④ Orifice Plate(오리피스 플레이트)

해설

①, ③, ④는 국제표준규격 파이프 안에 삽입하는 차압 1차 장치이다.
※ 서모 웰 기능 : 온도, 열량 측정기능

94 피토관은 측정이 간단하지만 사용방법에 따라 오차가 발생하기 쉬우므로 주의가 필요하다. 이에 대한 설명으로 틀린 것은?

① 5m/s 이하인 기체에는 적용하기 곤란하다.
② 흐름에 대하여 충분한 강도를 가져야 한다.
③ 피토관 앞에는 관지름 2배 이상의 직관길이를 필요로 한다.
④ 피토관 두부를 흐름의 방향에 대하여 평행으로 붙인다.

해설

피토관 : 정압관과 수면차(동압력)를 이용하여 관 전면의 유속을 측정한다. ($V = \sqrt{2gh}$)

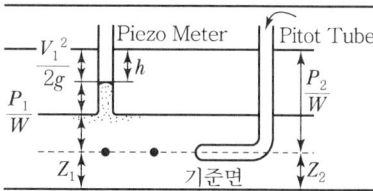

95 가스미터가 규정된 사용공차를 초과할 때의 고장을 무엇이라 하는가?

① 부동　　　　② 불통
③ 기차불량　　④ 감도불량

해설

- 기차불량 : 규정된 사용공차를 초과할 때의 고장이다.
- 부동 : 회전자는 회전하나 지침이 작동하지 않는 고장이다.
- 불통 : 회전자의 회전이 정지하여 가스가 통과하지 못하는 고장으로 회전자 베어링의 마모, 먼지, Seal 등의 이물질 부착이 원인이다.
- 감도불량 : 가스미터기에서 가스유량 시 감도를 느끼지 못하여 유량측정이 불량한 경우를 말한다.

정답 91 ① 92 ③ 93 ② 94 ③ 95 ③

96 순간적으로, 무한대의 입력에 대한 변동하는 출력을 의미하는 응답은?

① 스텝응답 ② 직선응답
③ 정현응답 ④ 충격응답

해설
- 충격응답 : 순간적으로, 무한대의 입력에 대한 변동하는 출력을 의미한다.
- 스텝응답 : 입력신호가 어떤 일정한 값에서 다른 일정한 값으로 갑자기 변화되었을 경우에 반응을 의미한다.
- 정현응답 : 어떤 계통의 초기상태가 0일 때 정현파 입력에 대한 출력시간의 응답신호이다.

97 석유제품에 주로 사용하는 비중 표시방법은?

① Alcohol도 ② API도
③ Baume도 ④ Twaddell도

해설
석유제품 비중 표시법 : API도

98 초산납 10g을 물 90mL로 용해하여 만드는 시험지와 그 검지가스가 바르게 연결된 것은?

① 염화파라듐지 – H_2S
② 염화파라듐지 – CO
③ 연당지 – H_2S
④ 연당지 – CO

해설
- H_2S(황화수소) : 연당지(초산납 시험지)
- CO(일산화탄소) : 염화파라듐지
- Cl_2(염소) : KI 전분지
- $COCl_2$(포스겐) : 해리슨 시험지

99 헴펠식 가스분석법에서 수소나 메탄은 어떤 방법으로 성분을 분석하는가?

① 흡수법 ② 연소법
③ 분해법 ④ 증류법

해설
흡수법인 헴펠식 가스분석에서 H_2, CH_4 등 가연성 가스의 성분분석은 연소법을 이용한다.

가스성분	흡수액
CO_2	33% KOH 용액
C_mH_n	발연황산
O_2	알칼리성 피로갈롤용액
CO	암모니아성 염화제1동용액

100 다음 중 열선식 유량계에 해당하는 것은?

① 델타식 ② 애뉼바식
③ 스웰식 ④ 토마스식

해설
㉠ 와류식 유량계
- 델타유량계
- 스와르메타 유량계
- 카르만 유량계

㉡ 열선식 유량계
- 토마스식 미터
- 미풍계
- Thermal식

㉢ 초음파식 유량계(도플러식 유량계)
- 싱 어라운드법
- 위상차법
- 시간차법

정답 96 ④ 97 ② 98 ③ 99 ② 100 ④

2021년 3회 기출문제

1과목   가스유체역학

01 직경이 10cm인 90° 엘보에 계기압력 2kgf/cm²의 물이 3m/s로 흘러 들어온다. 엘보를 고정시키는 데 필요한 x방향의 힘은 약 몇 kgf인가?

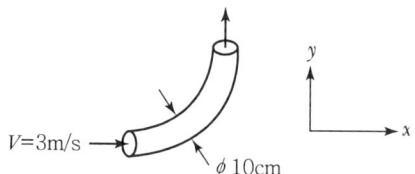

① 157   ② 164
③ 171   ④ 179

〔해설〕
물의 유량(Q) $= A \times V$
$A = \dfrac{\pi}{4} d^2 = \dfrac{3.14}{4} \times (0.1)^2 = 0.00785 \mathrm{m}^2$
∴ 물의 유량(Q) $= 0.00785 \times 3 = 0.02355 \mathrm{m}^3/\mathrm{s}$
물의 밀도(ρ) $= 1,000 \mathrm{kg/m}^2 = 1,000 \mathrm{Ns}^2/\mathrm{m}^4$
                  $= 102 \mathrm{kgf} \cdot \mathrm{s}^2/\mathrm{m}^4$
$EF_x = \rho(V_{x2} - V_{x1})$, $V_{x2} = 0$, $V_{x1} = 3\mathrm{m/s}$
$EF_x = P_1 A_1 - R_x = \dfrac{1,000}{9.8}\left(\dfrac{\pi}{4} \times 0.1^2 \times 3\right)(0-3)$
힘(R_x) $= 2 \times \dfrac{\pi \times 10^2}{4} + \dfrac{1,000}{9.8}\left(\dfrac{\pi}{4} \times 0.1^2 \times 3\right) \times 3$
         $= 164 \mathrm{kgf}$

02 유체의 흐름에 대한 설명 중 옳은 것을 모두 나타내면?

㉠ 난류전단응력은 레이놀즈응력으로 표시할 수 있다.
㉡ 박리가 일어나는 경계로부터 후류가 형성된다.
㉢ 유체와 고체벽 사이에는 전단응력이 작용하지 않는다.

① ㉠   ② ㉠, ㉡
③ ㉠, ㉡   ④ ㉠, ㉡, ㉢

〔해설〕
유체의 흐름
• 난류전단응력 : 레이놀즈응력으로 표시 가능하다.
• 박리현상(Separation) : 박리가 일어나는 경계로부터 후류가 형성된다.
• 파이프 등에서 유체가 흐름에 따라 벽에서 전단응력이 발생한다.

03 수면의 높이차가 20m인 매우 큰 두 저수지 사이에 분당 60m³로 펌프가 물을 아래에서 위로 이송하고 있다. 이때 전체 손실수두는 5m이다. 펌프의 효율이 0.9일 때 펌프에 공급해 주어야 하는 동력은 얼마인가?

① 163.3kW   ② 220.5kW
③ 245.0kW   ④ 272.2kW

〔해설〕
펌프 수동력(P)
$P = \dfrac{1,000 \times Q \times H}{102 \times \eta}$
   $= \dfrac{1,000 \times \left(\dfrac{60}{60}\right) \times (20+5)}{102 \times 0.9} = 272.2\mathrm{kW}$

정답   01 ②   02 ③   03 ④

04 다음과 같은 베르누이 방정식이 적용되는 조건을 모두 나열한 것은?

$$\frac{P}{\gamma}+\frac{V^2}{2g}+Z=일정$$

㉠ 정상상태의 흐름
㉡ 이상유체의 흐름
㉢ 압축성 유체의 흐름
㉣ 동일 유선상의 유체

① ㉠, ㉡, ㉣   ② ㉡, ㉣
③ ㉠, ㉢   ④ ㉡, ㉢, ㉣

해설

㉠ 베르누이 방정식
$\frac{P}{\gamma}$(압력수두), $\frac{V^2}{2g}$(속도수두), Z(위치수두), H(전수두)

㉡ 베르누이 방정식이 적용 가능한 것
- 정상류
- 무마찰
- 비압축성
- 동일 유선상

05 실린더 내에 압축된 액체가 압력 100MPa에서는 0.5m³의 부피를 가지며, 압력 101MPa에서는 0.495m³의 부피를 갖는다. 이 액체의 체적탄성 계수는 약 몇 MPa인가?

① 1   ② 10
③ 100   ④ 1,000

해설

체적탄성계수
압축률 β의 역이다.
$K = \frac{1}{\beta} = \frac{dV}{\frac{dV}{V_1}} = \frac{100}{\frac{0.495}{0.5}} ≒ 100\text{MPa}$

06 두 평판 사이에 유체가 있을 때 이동평판을 일정한 속도 u로 운동시키는 데 필요한 힘 F에 대한 설명으로 틀린 것은?

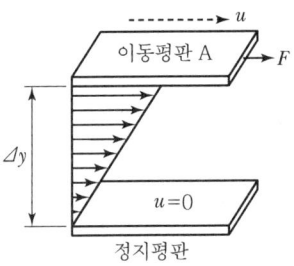

① 평판의 면적이 클수록 크다.
② 이동속도 u가 클수록 크다.
③ 두 평판의 간격 Δy가 클수록 크다.
④ 평판 사이에 점도가 큰 유체가 존재할수록 크다.

해설

뉴턴의 점성법칙
정지평판과 이동평판의 평행한 사이에 유체가 있을 때 이동평판을 움직이면 평판에 가해진 F(힘)은 유체와 접촉된 A(평판면적)와 u(속도)에 비례하고 두 평판 사이의 거리(Δd)에 반비례한다.
- 평판 사이에 점도가 큰 유체가 존재할수록 필요한 힘은 커진다.
- 전단응력(τ) = $\mu \frac{du}{\Delta y}$

07 동점도(Kinematic Viscosity) ν가 4Stokes인 유체가 안지름 10cm인 관 속을 80cm/s의 평균속도로 흐를 때 이 유체의 흐름에 해당하는 것은?

① 플러그흐름
② 층류
③ 전이영역의 흐름
④ 난류

해설

레이놀즈수(Re) = $\frac{\rho DV}{\mu} = \frac{DV}{\nu}$

∴ $Re = \frac{10 \times 80}{4} = \frac{800}{4} = 200$

(2,100보다 작으므로 층류이다.)

정답 04 ① 05 ③ 06 ③ 07 ②

08 압축성 이상기체의 흐름에 대한 설명으로 옳은 것은?

① 무마찰, 등온흐름이면 압력과 부피의 곱은 일정하다.
② 무마찰, 단열흐름이면 압력과 온도의 곱은 일정하다.
③ 무마찰, 단열흐름이면 엔트로피는 증가한다.
④ 무마찰, 등온흐름이면 정체온도는 일정하다.

해설
압축성 유체(압축성 이상기체)
- 단면이 일정한 배관에서 등온마찰은 비단열적이다.
- 마하수는 유체의 속도와 음속의 비로 나눈다.
- 무마찰, 등온흐름이면 압력과 부피의 곱은 일정하다.

09 다음 중 1cP(Centipoise)를 옳게 나타낸 것은 어느 것인가?

① $10kg \cdot m^2/s$
② $10^{-2}dyne \cdot cm^2/s$
③ $1N/cm \cdot s$
④ $10^{-2}dyne \cdot s/cm^2$

해설
$1cP = \frac{1}{100}P = 0.01P$
$P(푸아즈) = g/cm \cdot s = 0.1kg/m \cdot s = 0.1Pa \cdot S$
$= dyne \cdot sec/cm^2$

10 등엔트로피 과정하에서 완전기체 중의 음속을 옳게 나타낸 것은?(단, E는 체적탄성계수, R은 기체상수, T는 기체의 절대온도, P는 압력, k는 비열비이다.)

① $\sqrt{PE}$
② $\sqrt{kRT}$
③ RT
④ PT

해설
SI 등엔트로피 과정 완전기체 중의 음속(V)
$V = \sqrt{kRT}\,(m/s)$

11 공기가 79vol% N_2와 21vol% O_2로 이루어진 이상기체 혼합물이라 할 때 25℃, 750mmHg에서 밀도는 약 몇 kg/m^3인가?

① 1.16
② 1.42
③ 1.56
④ 2.26

해설
$1atm = 760mmHg$, $V_2 = V_1 \times \frac{T_2}{T_1} \times \frac{P_1}{P_2}$

㉠ 공기의 질량
분자량 N : 28, 산소 : 21을 이용하여,
$28 \times 0.79 + 32 \times 0.21 = 28.84kg$

㉡ 부피 $= 22.4 \times \frac{273+25}{273} \times \frac{760}{750} = 24.777$

∴ 밀도(ρ) $= \frac{28.84}{24.777} = 1.16kg/m^3$

12 [그림]은 수축노즐을 갖고 있는 고압용기에서 기체가 분출될 때 질량유량($\dot{m}$)과 배압(P_b)과 용기내부압력(P_r)의 비의 관계를 도시한 것이다. 다음 중 질식된(Choking) 상태만 모은 것은?

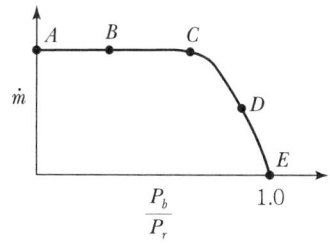

① A, E
② B, D
③ D, E
④ A, B

해설
수축노즐
- $A-B$: 분출밸브가 폐쇄되어 고압용기가 질식상태인 밀봉(밀폐)이 유지된다.
- C : 분출밸브가 개방으로 고압용기의 기체가 분출된다.
- E : 분출압력과 내부압력이 같아진다.

정답 08 ① 09 ④ 10 ② 11 ① 12 ④

13 지름이 20cm인 원형관이 한 변의 길이가 20cm인 정사각형 단면을 가진 덕트와 연결되어 있다. 원형관에서 물의 평균속도가 2m/s일 때, 덕트에서 물의 평균속도는 얼마인가?

① 0.78m/s ② 1m/s
③ 1.57m/s ④ 2m/s

해설

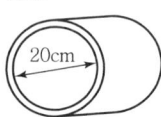 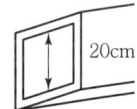

단면적$(A) = \frac{\pi}{4}d^2$ 단면적$(A) =$ 가로×세로

$$\therefore 2 \times \frac{\frac{\pi}{4} \times (0.2)^2}{0.2 \times 0.2} = 1.57 \text{m/s}$$

14 지름 1cm의 원통관에 5℃의 물이 흐르고 있다. 평균속도가 1.2m/s일 때 이 흐름에 해당하는 것은?(단, 5℃ 물의 동점성계수 ν는 1.788×10^{-6}m²/s이다.)

① 천이구간 ② 층류
③ 포텐셜유동 ④ 난류

해설

$$Re = \frac{\rho V d}{\mu} = \frac{Vd}{\nu} = \frac{1 \times 10^{-2} \times 1.2}{1.788 \times 10^{-6}} = 6,711$$

(Re값이 2,320 이상이므로 난류이다.)

15 다음 중 원형관에서 완전난류 유동일 때 손실수두는?

① 속도수두에 비례한다.
② 속도수두에 반비례한다.
③ 속도수두에 관계없으며, 관의 지름에 비례한다.
④ 속도에 비례하고, 관의 길이에 반비례한다.

해설

마찰손실수두$(H) = f \frac{l}{d} \times \frac{V^2}{2g}$

여기서, l : 관의 길이
$2g$: 2×9.8
d : 관의 지름
V : 속도

※ 층류 : 원형관에서 점성계수에 반비례한다.

16 펌프의 흡입부 압력이 유체의 증기압보다 낮을 때 유체 내부에서 기포가 발생하는 현상을 무엇이라고 하는가?

① 캐비테이션 ② 이온화현상
③ 서징현상 ④ 에어바인딩

해설

캐비테이션
펌프의 흡입부 압력이 유체의 증기압보다 낮을 때 유체 내부에서 기포가 발생하는 현상이다.

17 구형 입자가 유체 속으로 자유낙하할 때의 현상으로 틀린 것은?(단, μ는 점성계수, d는 구의 지름, U는 속도이다.)

① 속도가 매우 느릴 때 항력(Drag Force)은 $3\pi\mu dU$이다.
② 입자에 작용하는 힘을 중력, 항력, 부력으로 구분할 수 있다.
③ 항력계수(C_D)는 레이놀즈수가 증가할수록 커진다.
④ 종말속도는 가속도가 감소하여 일정한 속도에 도달한 것이다.

해설

구형 입자

- 난류유동 : 일반적으로 전단응력은 층류유동에서보다 크다.
- 레이놀즈수는 점성과 반비례하므로 유속과 직경이 일정할 때 Re가 크면 점성 영향이 적다는 뜻이다.

$D = C_D \frac{\rho A V^2}{2}$ 에서 항력계수,

$C_D = \frac{2D}{\rho A V^2} = \frac{24}{Re}$

∴ 항력계수는 레이놀즈수(Re)가 증가할수록 작아진다.

정답 13 ③ 14 ④ 15 ① 16 ① 17 ③

18 관 내를 흐르고 있는 액체의 유속이 급격히 감소할 때, 일어날 수 있는 현상은?

① 수격현상
② 서징현상
③ 캐비테이션
④ 수직충격파

[해설]
수격현상(워터해머)
수격현상은 관 내를 흐르고 있는 액체의 유속이 급속히 감소할 때 일어날 수 있는 현상이다.

19 다음은 축소-확대노즐을 통해 흐르는 등엔트로피흐름에서 노즐거리에 대한 압력분포곡선이다. 노즐출구에서의 압력을 낮출 때 노즐목에서 처음으로 음속흐름(Sonic Flow)이 일어나기 시작하는 선을 나타낸 것은?

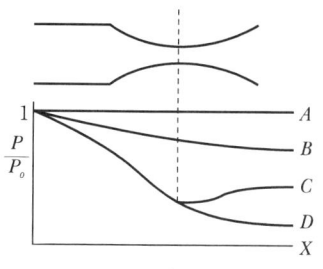

① A
② B
③ C
④ D

[해설]
축소노즐-확대노즐
- $C-D$: 충격변화발생
- 노즐출구에서의 압력을 낮출 때 노즐목에서 처음 음속흐름이 발생(등엔트로피흐름)

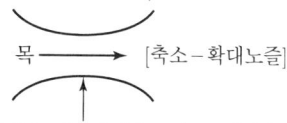

아음속(M<1)→음속(M=1)→초음속(M>1)

20 다음 중 뉴턴의 점성법칙과 관련성이 가장 먼 것은?

① 전단응력
② 점성계수
③ 비중
④ 속도구배

[해설]
- 점성법칙
  $1\text{Poise} = 1\text{dyne} \cdot \text{s/cm}^2 = 1\text{g/cm} \cdot \text{s}$
- 뉴턴의 점성법칙
  전단응력$(\tau) = \mu \dfrac{du}{dy} =$ 점성계수 $\times \dfrac{du}{dy}$

2과목 연소공학

21 공기흐름이 난류일 때 가스연료의 연소현상에 대한 설명으로 옳은 것은?

① 화염이 뚜렷하게 나타난다.
② 연소가 양호하여 화염이 짧아진다.
③ 불완전연소에 의해 열효율이 감소한다.
④ 화염이 길어지면서 완전연소가 일어난다.

[해설]
공기흐름이 난류 시 가스연료의 연소현상
- 연소가 양호하여 화염이 짧아진다.
- 화염이 짧아지며 완전연소가 가능하다.
- 화염이 흐트러진다.

22 다음 중 연소 시 실제로 사용된 공기량을 이론적으로 필요한 공기량으로 나눈 것을 무엇이라 하는가?

① 공기비
② 당량비
③ 혼합비
④ 연료비

[해설]
공기비(과잉공기계수) $= \dfrac{\text{실제공기량}(A)}{\text{이론공기량}(A_o)}$

(공기비는 항상 1보다 크다.)

정답 18 ① 19 ③ 20 ③ 21 ② 22 ①

23 다음 중 연소온도를 높이는 방법으로 가장 거리가 먼 것은?

① 연료 또는 공기를 예열한다.
② 발열량이 높은 연료를 사용한다.
③ 연소용 공기의 산소농도를 높인다.
④ 복사전열을 줄이기 위해 연소속도를 늦춘다.

해설
- 연소실 연소온도를 높이기 위하여 연소속도를 빠르게 한다.
- 복사전열을 줄이기 위해 단열재를 사용한다.

24 메탄 80v%, 에탄 15v%, 프로판 4v%, 부탄 1v%인 혼합가스의 공기 중 폭발하한계 값은 약 몇 %인가?(단, 각 성분의 하한계 값은 메탄 5%, 에탄 3%, 프로판 2.1%, 부탄 1.8%이다.)

① 2.3 ② 4.3
③ 6.3 ④ 8.3

해설
폭발하한계 값

$$\frac{100}{L} = \frac{100}{\frac{V_1}{L_1} + \frac{V_2}{L_2} + \frac{V_3}{L_3} + \frac{V_4}{L_4}}$$

$$= \frac{100}{\frac{80}{5} + \frac{15}{3} + \frac{4}{2.1} + \frac{1}{1.8}}$$

$$= \frac{100}{23.46} = 4.3\%$$

25 다음 중 가역단열과정에 해당하는 것은?

① 정온과정   ② 정적과정
③ 등엔탈피과정 ④ 등엔트로피과정

해설
가역단열과정
압축기 등이나 이상기체에서 등엔트로피과정

26 가로 4m, 세로 4.5m, 높이 2.5m인 공간에 아세틸렌이 누출되고 있을 때 표준상태에서 약 몇 kg이 누출되면 폭발이 가능한가?

① 1.3 ② 1.0
③ 0.7 ④ 0.4

해설
$C_2H_2 + 2.5\% \rightarrow 2CO_2 + H_2O$, C_2H_2 1kmol = 22.4m³
$V = 4 \times 4.5 \times 2.5 = 45m^3$
$G = \frac{45}{22.4} \times 26 = 53kg$
아세틸렌의 폭발범위 : 2.5~81%
∴ 폭발 가능 질량 $= 53 \times \frac{2.5}{100} = 1.3kg$

27 다음 중 Diesel Cycle의 효율이 좋아지기 위한 조건은?(단, 압축비를 ε, 단절비(Cut-Off Ratio)를 σ라 한다.)

① ε과 σ가 클수록
② ε이 크고 σ가 작을수록
③ ε이 크고 σ가 일정할수록
④ ε이 일정하고, σ가 클수록

해설
디젤사이클

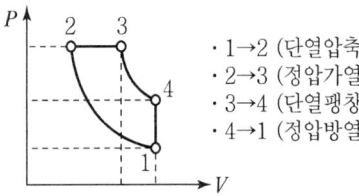

- 1→2 (단열압축)
- 2→3 (정압가열)
- 3→4 (단열팽창)
- 4→1 (정압방열)

효율$(\eta_d) = 1 - \left(\frac{1}{\varepsilon}\right)^{k-1} \times \frac{\sigma^k - 1}{k(\sigma - 1)}$

∴ 디젤사이클은 ε이 크고 σ가 작을수록 효율이 높아진다.

28 가장 미세한 입자까지 집진할 수 있는 집진장치는?

① 사이클론   ② 중력집진기
③ 여과집진기 ④ 스크러버

해설

집진장치에 따른 집진 가능한 입자크기
- 사이클론식(원심식) : 10~20μm
- 중력식(건식) : 20μm
- 여과식(건식) : 0.1~20μm
- 스크러버식(세정식) : 1~5μm

29 메탄가스 1m³를 완전연소시키는 데 필요한 공기량은 약 몇 Sm³인가?(단, 공기 중 산소는 21%이다.)

① 6.3　　② 7.5
③ 9.5　　④ 12.5

해설

메탄(CH_4)

$CH_4 + 2O_2 \rightarrow CO_2 + 2H_2O$

$C + O_2 \rightarrow CO_2,\ H_2 + \frac{1}{2}O_2 \rightarrow H_2O$

이론공기량(A_o) = 이론산소량$(O_o) \times \frac{1}{0.21}$

$= 2 \times \frac{1}{0.21} = 9.5 Sm^3$

30 흑체의 온도가 20℃에서 100℃로 되었다면 방사하는 복사에너지는 몇 배가 되는가?

① 1.6　　② 2.0
③ 2.3　　④ 2.6

해설

복사에너지는 절대온도 4승에 비례한다.
$T = 20 + 273 = 293,\ 100 + 273 = 373K$

$\therefore \left(\frac{T_2}{T_1}\right)^4 = \left(\frac{373}{293}\right)^4 = 2.6배$

31 지구온난화를 유발하는 6대 온실가스가 아닌 것은?

① 이산화탄소　　② 메탄
③ 염화불화탄소　　④ 이산화질소

해설

㉠ 지구온난화 6대 온실가스
- CO_2(이산화탄소)
- CH_4(메탄)
- N_2O(아산화질소)
- PFC_S(과불화탄소)
- HFC_S(수소불화탄소)
- SF_6(육불화황)

㉡ 규제대상
- CFC_S(염불화탄소)
- H_2O(수증기)

㉢ 간접온실가스
- 질소산화물(NO_X)
- 황산화물(SO_X)
- 일산화탄소(CO)
- 비메탄계 휘발성 유기화합물(NMVOC)

32 산소(O_2)의 기본특성에 대한 설명 중 틀린 것은?

① 오일과 혼합하면 산화력의 증가로 강력히 연소한다.
② 자신은 스스로 연소하는 가연성이다.
③ 순산소 중에서는 철, 알루미늄 등도 연소되며 금속 산화물을 만든다.
④ 가연성 물질과 반응하여 폭발할 수 있다.

해설

산소
자신은 스스로 연소하는 가연성 가스가 아니고 가연성 가스의 연소를 돕는 조연성(지연성) 가스이다(18~22% 이내에 연가 된다).

33 과잉공기량이 지나치게 많을 때 나타나는 현상으로 틀린 것은?

① 연소실 온도 저하
② 연료소비량 증가
③ 배기가스 온도의 상승
④ 배기가스에 의한 열손실 증가

정답　29 ③　30 ④　31 ③　32 ②　33 ③

해설
연료의 연소 시 과잉공기량이 지나치게 많으면 노 내 온도 저하, 배기가스 온도의 하강이 발생한다.

34 다음 중 Propane가스의 연소에 의한 발열량이 11,780kcal/kg이고 연소할 때 발생한 수증기의 잠열이 1,900kcal/kg이라면 Propane가스의 연소효율은 약 몇 %인가?(단, 진발열량은 11,500 kcal/kg이다.)

① 66
② 76
③ 86
④ 96

해설
연소이용열(Q) = 11,780 − 1,900 = 9,880kcal/kg

$\therefore$ 연소효율(η) = $\dfrac{실제이용열}{공급열} \times 100$

$= \dfrac{9,880}{11,500} \times 100 = 86\%$

35 다음 중 혼합기체의 특성에 대한 설명으로 틀린 것은?

① 압력비와 몰비는 같다.
② 몰비는 질량비와 같다.
③ 분압은 전압에 부피분율을 곱한 값이다.
④ 분압은 전압에 어느 성분의 몰분율을 곱한 값이다.

해설
물질의 몰당 질량은 서로 다르다.
- 공기 1mol = 22.4L = 29g
- 산소 1mol = 22.4L = 32g
- 질소 1mol = 22.4L = 28g

36 "혼합가스의 압력은 각 기체가 단독으로 확산할 때의 분압의 합과 같다."라는 것은 누구의 법칙인가?

① Boyle − Charles의 법칙
② Dalton의 법칙
③ Graham의 법칙
④ Avogadro의 법칙

해설
돌턴의 분압법칙
혼합가스의 압력은 각 기체가 단독으로 확산할 때의 분압의 합과 같다.

37 이상기체에 대한 설명으로 틀린 것은?

① 보일−샤를의 법칙을 만족한다.
② 아보가드로의 법칙에 따른다.
③ 비열비$\left(k = \dfrac{C_P}{C_V}\right)$는 온도에 관계없이 일정하다.
④ 내부에너지는 체적과 관계있고 온도와는 무관하다.

해설
이상기체의 특성은 ①, ②, ③ 외에도 내부에너지는 체적에는 무관하며 온도에 의해서만 결정된다. 기타 기체의 분자력과 크기도 무시되며 분자 간의 충돌은 완전탄성체이다.

38 다음 중 착화온도가 가장 낮은 물질은?

① 목탄   ② 무연탄
③ 수소   ④ 메탄

해설
연료의 착화온도(℃)
- 목탄 : 320~460
- 무연탄 : 350~500
- 수소 : 530
- 메탄 : 645

(실험실에 따라서 차이가 많이 난다.)

정답 34 ③ 35 ② 36 ② 37 ④ 38 ①

39 분진폭발의 발생조건으로 가장 거리가 먼 것은?

① 분진이 가연성이어야 한다.
② 분진농도가 폭발범위 내에서는 폭발하지 않는다.
③ 분진이 화염을 전파할 수 있는 크기분포를 가져야 한다.
④ 착화원, 가연물, 산소가 있어야 발생한다.

[해설]
분진
- 금속분 : Mg, Al, Fe분 등
- 가연성 분진 : 소맥분, 전분, 합성수지류, 황, 코코아, 리그닌, 고무분말, 석탄분

※ 분진농도가 폭발범위 내에서는 폭발 가능하다.

40 연소범위에 대한 설명으로 옳은 것은?

① N_2를 가연성 가스에 혼합하면 연소범위는 넓어진다.
② CO_2를 가연성 가스에 혼합하면 연소범위가 넓어진다.
③ 가연성 가스는 온도가 일정하고 압력이 내려가면 연소범위가 넓어진다.
④ 가연성 가스는 온도가 일정하고 압력이 올라가면 연소범위가 넓어진다.

[해설]
①, ② : 가연성 가스는 온도가 높아지면 폭발범위가 넓어진다. 불활성가스나 CO_2, N_2 등 불연성 가스가 공기와 혼합하면 연소범위(폭발범위)가 좁아진다.
③ : 가연성 가스는 온도가 일정한 가운데 압력이 올라가면 연소범위가 넓어진다.

3과목 가스설비

41 분젠식 버너의 구성이 아닌 것은?

① 블라스트   ② 노즐
③ 댐퍼   ④ 혼합관

[해설]
분젠식 버너
연소에 필요한 공기량을 전량 혼합하여 노즐에서 분출시키는 연소버너이다. 고압버너와 블라스트버너로 분류하며 블라스트란 공기에 의해 폭발시키는 것이다.

42 공동주택에 압력조정기를 설치할 경우 설치기준으로 맞는 것은?

① 공동주택 등에 공급되는 가스압력이 중압 이상으로서 전세대수가 200세대 미만인 경우 설치할 수 있다.
② 공동주택 등에 공급되는 가스압력이 저압으로서 전세대수가 250세대 미만인 경우 설치할 수 있다.
③ 공동주택 등에 공급되는 가스압력이 중압 이상으로서 전세대수가 300세대 미만인 경우 설치할 수 있다.
④ 공동주택 등에 공급되는 가스압력이 저압으로서 전세대수가 350세대 미만인 경우 설치할 수 있다.

[해설]
공동주택에 압력조정기를 설치할 수 있는 조건
- 가스압력이 저압이라면 전세대수가 250세대 미만인 경우 설치할 수 있다.
- 가스압력이 중압 이상이라면 전세대수가 150세대 미만인 경우 설치할 수 있다.

43 AFV식 정압기의 작동상황에 대한 설명으로 옳은 것은?

① 가스사용량이 증가하면 파일럿밸브의 열림이 감소한다.
② 가스사용량이 증가하면 구동압력은 저하한다.
③ 가스사용량이 감소하면 2차 압력이 감소한다.
④ 가스사용량이 감소하면 고무슬리브의 개도는 증대된다.

정답 39 ② 40 ④ 41 ① 42 ② 43 ②

해설

액시얼-플로식 정압기(AFV식 정압기)
주다이어프램과 메인밸브를 고무슬리브 1개로 공용하는 매우 콤팩트한 정압기이다. 변칙 언로딩형으로 정특성, 동특성이 양호하며 고차압이 될수록 특성이 양호해진다. 가스사용량이 증가하면 구동압력이 저하한다.

44 압력 2MPa 이하의 고압가스 배관설비로서 곡관을 사용하기가 곤란한 경우 가장 적정한 신축이음매는?

① 벨로스형 신축이음매
② 루프형 신축이음매
③ 슬리브형 신축이음매
④ 스위블형 신축이음매

해설

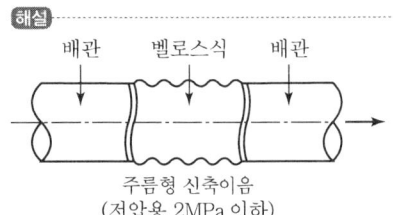

주름형 신축이음
(저압용 2MPa 이하)

45 탄소강이 약 200~300℃에서 인장강도는 커지나 연신율이 갑자기 감소하여 취약하게 되는 성질을 무엇이라 하는가?

① 적열취성
② 청열취성
③ 상온취성
④ 수소취성

해설

청열취성
탄소강이 약 200~300℃에서 인장강도는 커지나 연신율이 감소하여 취약하게 되는 성질이다(다만, P : 인의 성분은 상온취성 제공).

46 도시가스의 제조공정 중 부분연소법의 원리를 바르게 설명한 것은?

① 메탄에서 원유까지의 탄화수소를 원료로 하여 산소 또는 공기 및 수증기를 이용하여 메탄, 수소, 일산화탄소, 이산화탄소로 변환시키는 방법이다.
② 메탄을 원료로 사용하는 방법으로 산소 또는 공기 및 수증기를 이용하여 수소, 일산화탄소만을 제조하는 방법이다.
③ 에탄만을 원료로 하여 산소 또는 공기 및 수증기를 이용하여 메탄만을 생성시키는 방법이다.
④ 코크스만을 사용하여 산소 또는 공기 및 수증기를 이용하여 수소와 일산화탄소만을 제조하는 방법이다.

해설

도시가스의 부분연소법
탄화수소의 분해에 필요한 열을 노 내에 산소 또는 공기를 흡입시킨 후 원료의 일부를 연소시켜 연속적으로 가스를 만드는 공정이다. 일반적으로 산소, 수증기 등을 이용하여 탄화수소를 메탄, 수소, CO, CO_2 등으로 변환시키는 것이다.

47 발열량 5,000kcal/m³, 비중 0.61, 공급표준압력 100mmH₂O인 가스에서 발열량 11,000kcal/m³, 비중 0.66, 공급표준압력 200mmH₂O인 천연가스로 변경할 경우 노즐변경률은 얼마인가?

① 0.49
② 0.58
③ 0.71
④ 0.82

해설

$$\frac{D_2}{D_1} = \sqrt{\frac{WI_1\sqrt{P_1}}{WI_2\sqrt{P_2}}} = \sqrt{\frac{\frac{5,000}{\sqrt{0.61}}\sqrt{100}}{\frac{11,000}{\sqrt{0.66}}\sqrt{200}}} = 0.58$$

정답 44 ① 45 ② 46 ① 47 ②

48 액화천연가스(메탄기준)를 도시가스 원료로 사용할 때 액화천연가스의 특징을 바르게 설명한 것은?

① C/H 질량비가 3이고 기화설비가 필요하다.
② C/H 질량비가 4이고 기화설비가 필요 없다.
③ C/H 질량비가 3이고 가스제조 및 정제설비가 필요하다.
④ C/H 질량비가 4이고 개질설비가 필요하다.

해설
메탄(CH_4) 분자량 $12+4=16$
(C 원자량 12, H 원자량 $1×4=4$)
탄화수소비 $\left(\dfrac{C}{H}\right) = \dfrac{12×1}{4} = 3$
※ 사용 시 기화설비가 필요하다.

49 용기밸브의 구성이 아닌 것은?

① 스템 ② O링
③ 스핀들 ④ 행거

해설
행거
천장에서 관을 매다는 장치이다.

50 LPG 수송관의 이음부분에 사용할 수 있는 패킹재료로 가장 적합한 것은?

① 목재 ② 천연고무
③ 납 ④ 실리콘고무

해설
액화석유가스(LPG)의 이음부에 실리콘고무를 사용한다.

51 다음 중 아세틸렌 압축 시 분해폭발의 위험을 줄이기 위한 반응장치는?

① 겔로그반응장치 ② I.G반응장치
③ 파우서반응장치 ④ 레페반응장치

해설
아세틸렌가스 압축 시 레페반응장치는 질소 49% 또는 CO_2가 42%일 때 분해폭발을 방지한다.
• 분해폭발 : $C_2H_2 \rightarrow 2C + H_2 + 54.2kcal$

52 다음 중 화염에서 백–파이어(Back–Fire)가 가장 발생하기 쉬운 원인은?

① 버너의 과열
② 가스의 과량공급
③ 가스압력의 상승
④ 1차 공기량의 감소

해설
백–파이어(역화)의 원인
버너의 과열, 염공의 확대, 노즐구멍의 확대, 콕이 충분하게 개방되지 않은 경우, 가스공급압력의 저하

53 공기액화분리장치의 폭발방지대책으로 옳지 않은 것은?

① 장치 내에 여과기를 설치한다.
② 유분리기는 설치해서는 안 된다.
③ 흡입구 부근에서 아세틸렌용접은 하지 않는다.
④ 압축기의 윤활유는 양질유를 사용한다.

해설
공기액화분리장치(저온장치)의 폭발방지대책으로는 오일유분리기를 설치해야 한다.

54 LP 가스 판매사업 용기보관실의 면적은?

① $9m^2$ 이상
② $10m^2$ 이상
③ $12m^2$ 이상
④ $19m^2$ 이상

해설
LP 가스 판매사업 용기보관실의 면적
$19m^2$ 이상(사무실 면적은 $9m^2$ 이상이다.)

정답 48 ① 49 ④ 50 ④ 51 ④ 52 ① 53 ② 54 ④

55 전기방식법 중 효과범위가 넓고, 전압, 전류의 조정이 쉬우며, 장거리배관에는 설치개수가 적어지는 장점이 있으나, 초기투자가 많은 단점이 있는 방법은?

① 희생양극법
② 외부전원법
③ 선택배류법
④ 강제배류법

해설
외부전원법
- 전기방식이며 효과범위가 넓다.
- 전압, 전류의 조정이 쉽다.
- 장거리배관에는 설치개수가 적어진다.
- 초기투자가 많은 단점이 있다.

56 양정 20m, 송수량 3m³/min일 때 축동력 15PS를 필요로 하는 원심펌프의 효율은 약 몇 %인가?

① 59%
② 75%
③ 89%
④ 92%

해설
$$PS = \frac{\gamma \times Q \times H}{75 \times 60 \times \eta}$$
$$= \frac{1,000 \times 3 \times 20}{75 \times 60 \times \eta}$$
$$= 15$$
$$\therefore \eta = \frac{1,000 \times 3 \times 20}{75 \times 60 \times 15}$$
$$= 0.89(89\%)$$

57 토출량이 5m³/min이고, 펌프송출구의 안지름이 30cm일 때 유속은 약 몇 m/s인가?

① 0.8
② 1.2
③ 1.6
④ 2.0

해설
토출량(Q) = 단면적 × 유속
단면적(A) = $\frac{\pi}{4}d^2$
$$\therefore 유속(V) = \frac{Q}{A} = \frac{5}{\frac{\pi}{4} \times (0.3)^2 \times 60}$$
$$= \frac{5}{4.239} ≒ 1.2 m/s$$

58 연소방식 중 급배기방식에 의한 분류로서 연소에 필요한 공기를 실내에서 취하고, 연소 후 배기가스는 배기통으로 옥외로 방출하는 형식은?

① 노출식
② 개방식
③ 반밀폐식
④ 밀폐식

해설
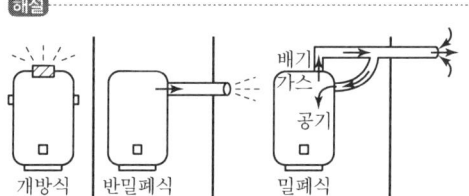
개방식   반밀폐식   밀폐식

59 탄소강에 소량씩 함유하고 있는 원소의 영향에 대한 설명으로 틀린 것은?

① 인(P)은 상온에서 충격치를 떨어뜨려 상온메짐의 원인이 된다.
② 규소(Si)는 경도는 증가시키나 단접성은 감소시킨다.
③ 구리(Cu)는 인장강도와 탄성계수를 높이나 내식성은 감소시킨다.
④ 황(S)은 Mn과 결합하여 MnS를 만들고 남은 것이 있으면 FeS를 만들어 고온메짐의 원인이 된다.

해설
구리(동)
- 전성, 연성이 풍부하다.
- 가공성, 내식성이 좋다.
- 고압장치의 재료로 사용한다.

※ 인장강도 증가는 탄소(C)에 의해 영향을 받는다.

정답 55 ② 56 ③ 57 ② 58 ③ 59 ③

60 액화천연가스 중 가장 많이 함유되어 있는 것은?

① 메탄
② 에탄
③ 프로판
④ 일산화탄소

해설
- 액화천연가스 성분 : 메탄(CH_4), 에탄(C_2H_6)
- 액화석유가스 성분 : 프로판(C_3H_8), 부탄(C_4H_{10})
※ LNG에서는 메탄의 성분이 대부분을 차지한다.

4과목 가스안전관리

61 고압가스 충전용기 운반 시 동일차량에 적재하여 운반할 수 있는 것은?

① 염소와 아세틸렌
② 염소와 암모니아
③ 염소와 질소
④ 염소와 수소

해설
동일차량 충전용기 운반금지용 가스
염소가스 ─┬─ 아세틸렌가스
          ├─ 암모니아가스
          └─ 수소가스

62 고온, 고압하의 수소에서는 수소원자가 발생하여 금속조직으로 침투하면 Carbon이 결합하여 CH_4 등의 Gas가 생성되어 용기가 파열하는 원인이 될 수 있는 현상은?

① 금속조직에서 탄소의 추출
② 금속조직에서 아연의 추출
③ 금속조직에서 구리의 추출
④ 금속조직에서 스테인리스강의 추출

해설
수소취성(170℃, 250atm)
$Fe_3C + 2H_2 \rightarrow CH_4 + 3Fe$
- 수소취성 방지용 금속 : Cr, Ti, V, W, Nb

63 다음 중 고압가스 저장탱크의 실내설치기준으로 틀린 것은?

① 가연성 가스 저장탱크실에는 가스누출검지 경보장치를 설치한다.
② 저장탱크실은 각각 구분하여 설치하고 자연환기시설을 갖춘다.
③ 저장탱크에 설치한 안전밸브는 지상 5m 이상의 높이에 방출구가 있는 가스방출관을 설치한다.
④ 저장탱크의 정상부와 저장탱크실 천장과의 거리는 60cm 이상으로 한다.

해설
자연환기시설이 아닌 강제통풍시설의 설치가 필요하다.

64 다음 중 고압가스 냉동제조설비의 냉매설비에 설치하는 자동제어장치의 설치기준으로 틀린 것은?

① 압축기의 고압측 압력이 상용압력을 초과하는 때에 압축기의 운전을 정지하는 고압차단장치를 설치한다.
② 개방형 압축기에서 저압측 압력이 상용압력보다 이상 저하할 때 압축기의 운전을 정지하는 저압차단장치를 설치한다.
③ 압축기를 구동하는 동력장치에 과열방지장치를 설치한다.
④ 셸형 액체냉각기에 동결방지장치를 설치한다.

해설
냉매설비의 자동제어장치는 ②, ③, ④ 외에도 과부하보호장치, 냉각수단수보호장치, 전열기과열방지장치 등이 필요하다.
※ ①의 고압차단스위치는 해당되지 않는다.

정답 60 ① 61 ③ 62 ① 63 ② 64 ①

65 독성고압가스의 배관 중 2중관의 외층관 내경은 내층관 외경의 몇 배 이상을 표준으로 하여야 하는가?

① 1.2배 ② 1.25배
③ 1.5배 ④ 2.0배

해설
독성고압가스의 배관

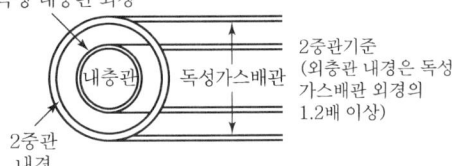

2중관기준
(외층관 내경은 독성 가스배관 외경의 1.2배 이상)

66 다음 중 정전기 발생에 대한 설명으로 옳지 않은 것은?

① 물질의 표면상태가 원활하면 발생이 적어진다.
② 물질표면이 기름 등에 의해 오염되었을 때는 산화, 부식에 의해 정전기가 발생할 수 있다.
③ 정전기의 발생은 처음 접촉, 분리가 일어났을 때 최대가 된다.
④ 분리속도가 빠를수록 정전기의 발생량은 적어진다.

해설
분리속도가 빠를수록 정전기의 발생량은 많아진다.

67 염소가스의 제독제가 아닌 것은?

① 가성소다수용액
② 물
③ 탄산소다수용액
④ 소석회

해설
다량의 물을 제독제로 사용하는 독성가스는 아황산가스, 암모니아, 산화에틸렌, 염화메탄 등이다.

68 도시가스시설의 완성검사 대상에 해당하지 않는 것은?

① 가스사용량의 증가로 특정가스 사용시설로 전환되는 가스사용시설 변경공사
② 특정가스 사용시설로서 호칭지름 50mm의 강관을 25m 교체하는 변경공사
③ 특정가스 사용시설의 압력조정기를 증설하는 변경공사
④ 특정가스 사용시설에서 배관변경을 수반하지 않고 월사용예정량 550m³를 이설하는 변경공사

해설
550m³가 아닌 500m³ 이상 이설하는 변경공사는 도시가스 사용시설의 완성검사 대상에 해당된다.

69 시안화수소(HCN)를 용기에 충전할 경우에 대한 설명으로 옳지 않은 것은?

① 순도는 98% 이상으로 한다.
② 아황산가스 또는 황산 등의 안정제를 첨가한다.
③ 충전한 용기는 충전 후 12시간 이상 정치한다.
④ 일정시간 정치한 후 1일 1회 이상 질산구리벤젠 등의 시험지로 누출을 검사한다.

해설
HCN가스 취급 시에는 ①, ②, ④ 외에도 충전한 용기는 60일이 경과하기 전에 새로운 안정제를 첨가하여 재충전하여야 한다. 다만, 순도가 98% 이상이라면 제외한다.
• TLV – TWA 기준 독성허용농도 : 10ppm
• 가연성 폭발범위 : 6~41%
• 2% 이상의 수분이 혼입되면 중합폭발이 일어난다.

70 용기에 의한 액화석유가스 사용시설에서 기화장치의 설치기준에 대한 설명으로 틀린 것은?

① 기화장치의 출구측 압력은 1MPa 미만이 되도록 하는 기능을 갖거나, 1MPa 미만에서 사용한다.
② 용기는 그 외면으로부터 기화장치까지 3m 이상의 우회거리를 유지한다.

정답 65 ① 66 ④ 67 ② 68 ④ 69 ③ 70 ④

③ 기화장치의 출구배관에는 고무호스를 직접 연결하지 아니한다.
④ 기화장치의 설치장소에는 배수구나 집수구로 통하는 도랑을 설치한다.

[해설]
구조에서는 물을 쉽게 빼낼 수 있는 드레인밸브를 설치하여야 하며 도랑설치는 해당되지 않는다.

71 안전관리규정의 작성기준에서 다음 [보기] 중 종합적 안전관리규정에 포함되어야 할 항목을 모두 나열한 것은?

[보기]
㉠ 경영이념 ㉡ 안전관리투자
㉢ 안전관리목표 ㉣ 안전문화

① ㉠, ㉡, ㉢
② ㉠, ㉡, ㉣
③ ㉠, ㉢, ㉣
④ ㉠, ㉡, ㉢, ㉣

[해설]
안전관리규정
• 경영이념
• 안전관리투자
• 안전관리목표
• 안전문화

72 액화가스의 저장탱크 압력이 이상 상승하였을 때 조치사항으로 옳지 않은 것은?

① 방출밸브를 열어 가스를 방출시킨다.
② 살수장치를 작동시켜 저장탱크를 냉각시킨다.
③ 액이입펌프를 정지시킨다.
④ 출구 측의 긴급차단밸브를 작동시킨다.

[해설]
액화가스의 저장탱크

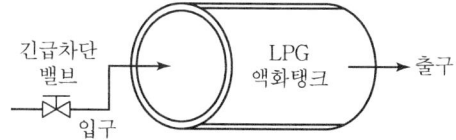

73 내용적이 59L인 LPG 용기에 프로판을 충전할 때 최대 충전량은 약 몇 kg으로 하면 되는가? (단, 프로판의 정수는 2.35이다.)

① 20kg ② 25kg
③ 30kg ④ 35kg

[해설]
LPG 용기 최대 충전량(W)
$W = \dfrac{V}{C} = \dfrac{59}{2.35} = 25.1\text{kg}$

74 고압가스 용기보관장소의 주위 몇 m 이내에는 화기 또는 인화성 물질이나, 발화성 물질을 두지 않아야 하는가?

① 1m ② 2m
③ 5m ④ 8m

[해설]
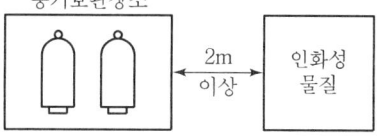

75 가스누출 경보차단장치의 성능시험방법으로 틀린 것은?

① 가스를 검지한 상태에서 연속경보를 울린 후 30초 이내에 가스를 차단하는 것으로 한다.
② 교류전원을 사용하는 차단장치는 전압이 정격전압의 90% 이상 110% 이하일 때 사용에 지장이 없는 것으로 한다.
③ 내한성능에서 제어부는 -25℃ 이하에서 1시간 이상 유지한 후 5분 이내에 작동시험을 실시하여 이상이 없어야 한다.
④ 전자밸브식 차단부는 35kPa 이상의 압력으로 기밀시험을 실시하여 외부누출이 없어야 한다.

정답 71 ④ 72 ④ 73 ② 74 ② 75 ③

해설
가스누출 경보차단장치의 성능시험
①, ②, ④ 외에도
- 전자밸브식 차단부 수압시험 : 1분간 0.3MPa 수압으로 내압 시험
- 내열성능시험 : 제어부는 40℃(상대습도 90% 이상) 1시간 이상 유지 후 10분 이내 작동시험 실시
- 내한성능시험 : -10℃ 이하(상대습도 90% 이상)에서 1시간 이상 유지한 후 10분 이내 작동시험 실시. 또한 차단부에 사용하는 금속 이외의 수지 등은 -25℃에서 각각 24시간 방치한 후 지장이 있는 변형 등이 없을 것

76 다음 중 매몰형 폴리에틸렌 볼밸브의 사용압력기준은?

① 0.4MPa 이하 ② 0.6MPa 이하
③ 0.8MPa 이하 ④ 1MPa 이하

해설
가스용 PE관 지하매몰형의 사용압력기준
최고사용압력 0.4MPa 이하로 사용하여야 한다(볼밸브 등).

77 고압가스를 운반하는 차량의 경계표지 크기는 어떻게 정하는가?

① 직사각형인 경우, 가로 치수는 차체 폭의 20% 이상, 세로 치수는 가로 치수의 30% 이상, 정사각형의 경우는 그 면적을 400cm² 이상으로 한다.
② 직사각형인 경우, 가로 치수는 차체 폭의 30% 이상, 세로 치수는 가로 치수의 20% 이상, 정사각형의 경우는 그 면적을 400cm² 이상으로 한다.
③ 직사각형인 경우, 가로 치수는 차체 폭의 20% 이상, 세로 치수는 가로 치수의 30% 이상, 정사각형의 경우는 그 면적을 600cm² 이상으로 한다.
④ 직사각형인 경우, 가로 치수는 차체 폭의 30% 이상, 세로 치수는 가로 치수의 20% 이상, 정사각형의 경우는 그 면적을 600cm² 이상으로 한다.

해설

| 위험고압가스 (경계표지 크기) | 직사각형 |

- 직사각형 : 가로 치수(차체 폭의 30% 이상, 세로 치수는 가로 치수의 20% 이상)
- 정사각형 : 면적 600cm² 이상

78 고압가스제조시설에서 아세틸렌을 충전하기 위한 설비 중 충전용 지관에는 탄소함유량이 얼마 이하인 강을 사용하여야 하는가?

① 0.1%   ② 0.2%
③ 0.33% ④ 0.5%

해설
C_2H_2 가스충전용 지관의 배관

탄소함량 0.1% 이하 탄소강 사용

79 CO 15v%, H_2 30v%, CH_4 55v%인 가연성 혼합가스의 공기 중 폭발하한계는 약 몇 v%인가? (단, 각 가스의 폭발하한계는 CO 12.5v%, H_2 4.0v%, CH_4 5.3v%이다.)

① 5.2 ② 5.8
③ 6.4 ④ 7.0

해설
가연성 가스의 폭발하한계

$$(L) = \frac{100}{L} = \frac{100}{\frac{V_1}{L_1}+\frac{V_2}{L_2}+\frac{V_3}{L_3}} = \frac{100}{\frac{15}{12.5}+\frac{30}{4}+\frac{55}{5.3}} = \frac{100}{19.077} = 5.24$$

정답 76 ① 77 ④ 78 ① 79 ①

80 액화석유가스용 차량에 고정된 저장탱크 외벽이 화염에 의하여 국부적으로 가열될 경우를 대비하여 폭발방지장치를 설치한다. 이때 재료로 사용되는 금속은?

① 아연 ② 알루미늄
③ 주철 ④ 스테인리스

해설

알루미늄 : 외벽의 화염에 의한 국부 가열 대비 폭발방지장치 금속

액화석유가스 차량의 고정탱크

5과목 가스계측

81 베크만온도계는 어떤 종류의 온도계에 해당하는가?

① 바이메탈온도계 ② 유리온도계
③ 저항온도계   ④ 열전대온도계

해설
베크만온도계(수은온도계 계량형)
• 초정밀 측정용 유리제 온도계이다.
• 0.01℃까지 측정이 가능하다.
• 온도계 눈금의 시차에 주의한다.

82 입력과 출력이 [그림]과 같을 때 제어동작은?

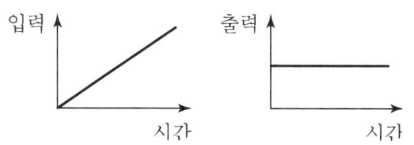

① 비례동작
② 미분동작
③ 적분동작
④ 비례적분동작

해설

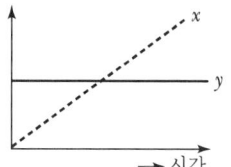

미분동작 D동작 : $Y = K_D \dfrac{dy}{dt}$

여기서, Y : 조작량
K_D : 비례정수

83 기체크로마토그래피에서 사용하는 캐리어 가스(Carrier Gas)에 대한 설명으로 옳은 것은?

① 가격이 저렴한 공기를 사용해도 무방하다.
② 검출기의 종류에 관계없이 구입이 용이한 것을 사용한다.
③ 주입된 시료를 칼럼과 검출기로 이동시켜 주는 운반 기체 역할을 한다.
④ 캐리어 가스는 산소, 질소, 아르곤 등이 주로 사용된다.

해설
크로마토그래피
• 캐리어 가스 : 가스분석 시 주입된 시료를 칼럼과 검출기로 이동시켜 주는 운반기체이다.
  (캐리어 가스 : H_2, He, Ar, N_2)
• 칼럼(분리관), 검출기, 기록계는 3대 구성요소이다.

84 경사각(θ)이 30°인 경사관식 압력계의 눈금(x)을 읽었더니 60cm가 상승하였다. 이때 양단의 차압($P_1 - P_2$)은 약 몇 kgf/cm²인가?(단, 액체의 비중은 0.8인 기름이다.)

① 0.001
② 0.014
③ 0.024
④ 0.034

정답 80 ② 81 ② 82 ② 83 ③ 84 ③

해설

경사관식 압력계

$P_2 = P_1 + \gamma x \sin\theta$, $x = \dfrac{h}{\sin\theta}$

$P_1 - P_2 = \gamma x \sin\theta$
$= 0.8 \times 1,000 \times 0.6 \times \sin30° \times 10^{-4}$
$= 0.024 \mathrm{kgf/cm^2}$

85 어느 수용가에 설치되어 있는 가스미터의 기차를 측정하기 위하여 기준기로 지시량을 측정하였더니 $150\mathrm{m^3}$를 나타내었다. 그 결과 기차가 4%로 계산되었다면 이 가스미터의 지시량은 몇 $\mathrm{m^3}$인가?

① $149.96\mathrm{m^3}$
② $150\mathrm{m^3}$
③ $156\mathrm{m^3}$
④ $156.25\mathrm{m^3}$

해설

4% 오차 = $150 \times 0.04 = 6\mathrm{m^3}$

∴ 가스미터 지시량 = $\dfrac{150}{(1-0.04)} = 156.25\mathrm{m^3}$

86 차압식 유량계에서 교축 상류 및 하류의 압력이 각각 P_1, P_2일 때 체적유량이 Q_1이라 한다. 다음 중 압력이 2배 증가하면 유량 Q는 얼마가 되는가?

① $2Q_1$
② $\sqrt{2}\,Q_1$
③ $\dfrac{1}{2}Q_1$
④ $\dfrac{Q_1}{\sqrt{2}}$

해설

$Q_2 = \sqrt{2}$, Q_1 (압력 2배 증가 차압식 유량계)
$Q_1 = A\sqrt{2gh}$, $Q_2 = A\sqrt{2g2h} = A\sqrt{2gh} \times \sqrt{2}$

∴ 유량은 차압의 평방근에 비례한다.

87 기체크로마토그래피의 분석방법은 어떤 성질을 이용한 것인가?

① 비열의 차이
② 비중의 차이
③ 연소성의 차이
④ 이동속도의 차이

해설

기체크로마토그래피의 가스분석 원리 : 각 가스별 이동속도의 차이

88 태엽의 힘으로 통풍하는 통풍형 건습구 습도계로서 휴대가 편리하고 필요풍속이 약 3m/s인 습도계는?

① 아스만습도계
② 모발습도계
③ 간이건습구습도계
④ Dewcel식 노점계

해설

통풍형 건습구습도계(Assman 습도계)
통풍풍속이 2.5~3m/s이다. 휴대용이며 팬을 돌려 바람을 흡인하여 사용하며 물이 필요하고 구조가 간편하며 취급이 간단하다.

89 막식 가스미터에서 크랭크축이 녹슬거나 밸브와 밸브시트가 타르나 수분 등에 의해 접착 또는 고착되어 가스가 미터를 통과하지 않는 고장의 형태는?

① 부동
② 기어불량
③ 떨림
④ 불통

해설

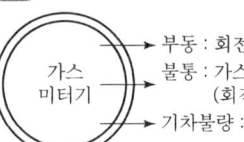

→ 부동 : 회전자는 회전, 지침작동불능
→ 불통 : 가스가 통과하지 못함
  (회전자 정지, 이물질 부착)
→ 기차불량 : 사용공차 초과

정답 85 ④ 86 ② 87 ④ 88 ① 89 ④

90 소형 가스미터(15호 이하)의 크기는 1개의 가스기구가 당해 가스미터에서 최대 통과량의 얼마를 통과할 때 한 등급 큰 계량기를 선택하는 것이 가장 적당한가?

① 90% ② 80%
③ 70% ④ 60%

[해설]
가스미터기 1호(1m³/h용)
15호 × 1 = 15m³/h 이하용
최대통과량 80% 이상이면 한 등급 큰 계량기 선택

91 기체크로마토그래피의 조작과정이 다음과 같을 때 조작순서가 가장 올바르게 나열된 것은 어느 것인가?

㉠ 크로마토그래피 조정
㉡ 표준가스도입
㉢ 성분 확인
㉣ 크로마토그래피 안정성 확인
㉤ 피크면적 계산
㉥ 시료가스 도입

① ㉠-㉣-㉡-㉥-㉢-㉤
② ㉠-㉡-㉢-㉣-㉤-㉥
③ ㉣-㉠-㉥-㉡-㉢-㉤
④ ㉠-㉡-㉣-㉢-㉥-㉤

[해설]
기체크로마토그래피의 가스분석계 조작순서는 ①에 따른다.

92 산소(O₂)는 다른 가스에 비하여 강한 상자성체이므로 자장에 대하여 흡인되는 특성을 이용하여 분석하는 가스분석계는?

① 세라믹식 O₂계 ② 자기식 O₂계
③ 연소식 O₂계   ④ 밀도식 O₂계

[해설]
자기식 O₂계
일반적인 가스는 반자성체이지만 산소는 자장에 흡인되는 강력한 상자성체인 점을 이용한 산소분석가스분석계이다.

93 측정자 자신의 산포 및 관측자의 오차와 시차 등 산포에 의하여 발생하는 오차는?

① 이론오차 ② 개인오차
③ 환경오차 ④ 우연오차

[해설]
측정오차
• 계통적 오차 : 고유오차, 개인오차, 이론오차, 계기오차, 환경오차
• 우연오차 : 측정자에 의한 산포
• 과오오차

94 부르동관 압력계를 용도로 구분할 때 사용하는 기호로 내진(耐震)형에 해당하는 것은?

① M ② H
③ V ④ C

[해설]
내진형 부르동관 압력계 기호 : V

95 다음 중 되먹임제어와 비교한 시퀀스제어의 특성으로 틀린 것은?

① 정성적 제어 ② 디지털신호
③ 열린 회로   ④ 비교제어

[해설]
정량적 피드백 자동제어 비교기

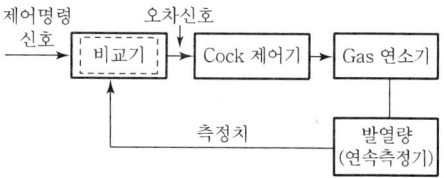

96 용액에 시료가스를 흡수시키면 측정성분에 따라 도전율이 변하는 것을 이용한 용액도전율식 분석계에서 측정가스와 그 반응용액이 틀린 것은?

① CO_2 - NaOH 용액
② SO_2 - CH_3COOH 용액
③ Cl_2 - $AgNO_3$ 용액
④ NH_3 - H_2SO_4 용액

해설

용액도전율식 미량가스농도분석계
- SO_2(아황산가스 분석용액)
  $SO_2 + \underset{용액}{H_2O_2} \rightarrow H_2SO_4$
- 황화수소
  $H_2S + \underset{용액}{I_2} \rightarrow 2HI + S$

97 다음 [보기]에서 설명하는 가장 적합한 압력계는?

[보기]
- 정도가 아주 좋다.
- 자동계측이나 제어가 용이하다.
- 장치가 비교적 소형이므로 가볍다.
- 기록장치와의 조합이 용이하다.

① 전기식 압력계
② 부르동관식 압력계
③ 벨로스식 압력계
④ 다이어프램식 압력계

98 서미스터(Thermistor)저항체 온도계의 특징에 대한 설명으로 옳은 것은?

① 온도계수가 적으며 균일성이 좋다.
② 저항변화가 적으며 재현성이 좋다.
③ 온도상승에 따라 저항치가 감소한다.
④ 수분 흡수 시에도 오차가 발생하지 않는다.

해설

전기저항식 서미스터온도계
- 서미스터 재료 : 니켈, 코발트, 망간, 철, 구리 등
- 금속산화물의 반도체이며 응답이 빠르다.
- 전기저항온도에 따라 저항치가 크다.
- 측정범위는 $-100 \sim 300$℃ 정도이다.

99 염소가스를 검출하는 검출시험지에 대한 설명으로 옳은 것은?

① 연당지를 사용하며 염소가스와 접촉하면 흑색으로 변한다.
② KI-녹말종이를 사용하며 염소가스와 접촉하면 청색으로 변한다.
③ 해리슨씨 시약을 사용하며 염소가스와 접촉하면 심등색으로 변한다.
④ 리트머스시험지를 사용하며 염소가스와 접촉하면 청색으로 변한다.

해설

염소(Cl_2)가스 검출시험지
KI-전분지(요오드칼륨시험지)를 사용하고 가스가 누설되면 시험지가 청색으로 변한다.
- 초산벤젠지 : 시안화수소 검지
- 연당지 : 황화수소 검지
- 적색 리트머스시험지 : 암모니아가스 검지
- 해리슨시험지 : 포스겐가스 검지

정답 96 ② 97 ① 98 ③ 99 ②

100 다음 [보기]에서 자동제어의 일반적인 동작 순서를 바르게 나열한 것은?

[보기]
㉠ 목푯값으로 이미 정한 물리량과 비교한다.
㉡ 조작량을 조작기에서 증감한다.
㉢ 결과에 따른 편차가 있으면 판단하여 조절한다.
㉣ 제어 대상을 계측기를 사용하여 검출한다.

① ㉣→㉠→㉢→㉡
② ㉣→㉡→㉠→㉢
③ ㉡→㉠→㉣→㉢
④ ㉡→㉠→㉢→㉣

해설

자동제어 측정순서
검출 → 비교 → 판단 → 조작

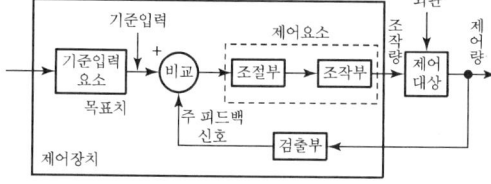

정답 100 ①

1과목　가스유체역학

01 관 내부에서 유체가 흐를 때 흐름이 완전난류라면 수두손실은 어떻게 되겠는가?

① 대략적으로 속도의 제곱에 반비례한다.
② 4대략적으로 직경의 제곱에 반비례하고 속도에 정비례한다.
③ 대략적으로 속도의 제곱에 비례한다.
④ 대략적으로 속도에 정비례한다.

해설
완전난류 수두손실은 대략적으로 속도의 제곱에 비례한다.
• 층류($Re < 2,100$)
• 천이구역($2,100 < Re < 4,000$)
• 난류($Re > 4,000$)

02 다음 중 정상유동과 관계있는 식은?(단, V = 속도벡터, s = 임의방향좌표, t = 시간이다.)

① $\dfrac{\partial V}{\partial t} = 0$ ② $\dfrac{\partial V}{\partial s} \neq 0$

③ $\dfrac{\partial V}{\partial t} \neq 0$ ④ $\dfrac{\partial V}{\partial s} = 0$

해설
정상유동
유체의 특성이 한 점에서 시간에 따라 변화하지 않는 흐름 $\left(\dfrac{\partial V}{\partial t} = 0\right)$ 이다. 정상유동을 하는 유체의 어느 한 점에서의 속도가 V(m/s)이면 속도 V는 시간이 경과하여도 크기나 방향이 모두 변하지 않는다.

03 물이 23m/s의 속도로 노즐에서 수직상방으로 분사될 때 손실을 무시하면 약 몇 m까지 물이 상승하는가?

① 13   ② 20
③ 27   ④ 54

해설
$H = \dfrac{V^2}{2g} = \dfrac{23 \times 23}{2 \times 9.8} = 27(\text{m})$

04 기체가 0.1kg/s로 직경 40cm인 관 내부를 등온으로 흐를 때 압력이 30kgf/m²abs, R = 20 kgf · m/kg · K, T = 27℃라면 평균속도는 몇 m/s인가?

① 5.6   ② 67.2
③ 98.7   ④ 159.2

해설
단면적$(A) = \dfrac{\pi}{4}d^2 = \dfrac{3.14}{4} \times (0.4)^2 = 0.1256\text{m}^2$

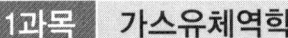, $V = \dfrac{G}{\gamma A}$,

$\gamma = \dfrac{P}{RT}(비중량) = \dfrac{30 \times 10^4}{20 \times 303} = 4.95 \times 10^{-3}\,\text{kgf/m}^3$

$\therefore V = \dfrac{0.1}{4.95 \times 10^{-3} \times \left(\dfrac{3.14}{4} \times 0.4^2\right)} = 160\text{m/s}$

※ 단면적$(A) = \dfrac{\pi}{4}d^2(\text{m}^2)$, $T = 27 + 273 = 303\text{K}$

05 내경 0.0526m인 철관 내를 점도가 0.01kg/m · s이고 밀도가 1,200kg/m³인 액체가 1.16m/s의 평균속도로 흐를 때 Reynolds수는 약 얼마인가?

① 36.61   ② 3,661
③ 732.2   ④ 7,322

해설
$Re = (\rho V d / \mu)$
$\quad = 1,200 \times 1.16 \times 0.0526 / 0.01 = 7,322$

정답 01 ③   02 ①   03 ③   04 ④   05 ④

06 어떤 유체의 비중량이 20kN/m³이고 점성계수가 0.1N·s/m²이다. 동점성계수는 m²/s 단위로 얼마인가?

① 2.0×10^{-2}
② 4.9×10^{-2}
③ 2.0×10^{-5}
④ 4.9×10^{-5}

해설

$\nu = \dfrac{\mu}{\rho} = \dfrac{g\mu}{\gamma} = \dfrac{9.81 \times 0.1}{20 \times 10^3} = 0.000049 (4.9 \times 10^{-5})$

07 성능이 동일한 n대의 펌프를 서로 병렬로 연결하고 원래와 같은 양정에서 작동시킬 때 유체의 토출량은?

① $\dfrac{1}{n}$로 감소한다.
② n배로 증가한다.
③ 원래와 동일하다.
④ $\dfrac{1}{2n}$로 감소한다.

해설
펌프의 병렬연결(유량 증가, 양정 일정)

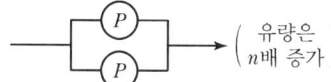

$\begin{pmatrix} 유량은 \\ n배\ 증가 \end{pmatrix}$

08 직각좌표계상에서 Euler 기술법으로 유동을 기술할 때 $F = \nabla \cdot \vec{V}$, $G = \nabla \cdot (\rho \vec{V})$로 정의되는 두 함수에 대한 설명 중 틀린 것은?(단, $\vec{V}$는 유체의 속도, ρ는 유체의 밀도를 나타낸다.)

① 밀도가 일정한 유체의 정상유동(Steady Flow)에서는 $F = 0$이다.
② 압축성(Compressible) 유체의 정상유동(Steady Flow)에서는 $G = 0$이다.
③ 밀도가 일정한 유체의 비정상유동(Unsteady Flow)에서는 $F \neq 0$이다.
④ 압축성(Compressible) 유체의 비정상유동(Unsteady Flow)에서는 $G \neq 0$이다.

해설

오일러방정식 ─ 유체입자는 유선에 따라 흐른다.
　　　　　　 ─ 유체는 마찰이 없다(점성력=0).
　　　　　　 ─ 정상 유동이다.

• 정상류에서는 $\dfrac{\partial V}{\partial t} = 0$이다.

• 정상 비균속도 유동은 $\dfrac{\partial g}{\partial t} = 0$, $\dfrac{\partial \rho}{\partial t} \neq 0$

• 균속도 유동은 $\dfrac{\partial g}{\partial s} = 0$, $\dfrac{\partial \rho}{\partial T} \neq 0$

※ g(속도벡터), ρ(밀도)

09 하수 슬러리(Slurry)와 같이 일정한 온도와 압력 조건에서 임계 전단응력 이상이 되어야만 흐르는 유체는?

① 뉴턴유체(Newtonian Fluid)
② 팽창유체(Dilatant Fluid)
③ 빙햄가소성유체(Bingham Plastics Fluid)
④ 의가소성유체(Pseudoplastic Fluid)

해설
Newton의 점성법칙

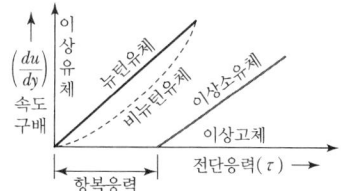

10 1차원 유동에서 수직충격파가 발생하게 되면 어떻게 되는가?

① 속도, 압력, 밀도가 증가한다.
② 압력, 밀도, 온도가 증가한다.
③ 속도, 온도, 밀도가 증가한다.
④ 압력은 감소하고 엔트로피가 일정하게 된다.

해설
수직 충격파
유동방향에 수직으로 생긴 충격파로 압력, 밀도, 온도, 엔트로피가 증가하고, 속도는 감소한다.

정답 06 ④　07 ②　08 ③　09 ③　10 ②

11 유체 수송장치의 캐비테이션 방지대책으로 옳은 것은?

① 펌프의 설치위치를 높인다.
② 펌프의 회전수를 크게 한다.
③ 흡입관 지름을 크게 한다.
④ 양흡입을 단흡입으로 바꾼다.

해설
캐비테이션(공동현상) 방지법
펌프 설치위치를 낮추고, 펌프의 회전수를 적게 하고, 흡입은 양흡입 펌프를 설치한다.

12 내경 5cm 파이프 내에서 비압축성 유체의 평균유속이 5m/s이면 내경을 2.5cm로 축소하였을 때의 평균유속은?

① 5m/s   ② 10m/s
③ 20m/s ④ 50m/s

해설

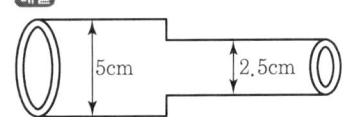

평균유속$(V') \times \left(\dfrac{A}{a}\right)^2 = 5 \times \left(\dfrac{5}{2.5}\right)^2 = 20\text{m/s}$

13 잠겨 있는 물체에 작용하는 부력은 물체가 밀어낸 액체의 무게와 같다고 하는 원리(법칙)와 관련 있는 것은?

① 뉴턴의 점성법칙
② 아르키메데스 원리
③ 하겐-포와젤 원리
④ 맥레오드 원리

해설
아르키메데스 원리
잠겨 있는 물체에 작용하는 부력은 물체가 밀어낸 액체의 무게와 같다는 원리

14 온도 $T_0 = 300\text{K}$, Mach 수 $M=0.8$인 1차원 공기 유동의 정체온도(Stagnation Temperature)는 약 몇 K인가?(단, 공기는 이상기체이며, 등엔트로피 유동이고 비열비 k는 1.4이다.)

① 324   ② 338
③ 346   ④ 364

해설
정체온도(SI) $T_0 = T + \dfrac{K-1}{KR} \cdot \dfrac{V^2}{2}$
$= T\left(1 + \dfrac{K-1}{2}M^2\right) = 300 \times \left[1 + \dfrac{1.4-1}{2} \times (0.8)^2\right]$
$= 338\text{K}$

15 질량보존의 법칙을 유체유동에 적용한 방정식은?

① 오일러 방정식   ② 달시 방정식
③ 운동량 방정식   ④ 연속방정식

해설
연속방정식
질량보존의 법칙을 유체유동에 적용한 법칙이다.

16 100kPa, 25℃에 있는 이상기체를 등엔트로피 과정으로 135kPa까지 압축하였다. 압축 후의 온도는 약 몇 ℃인가?(단, 이 기체의 정압비열 C_p는 1.213kJ/kg · K이고 정적비열 C_v는 0.821kJ/kg · K이다.)

① 45.5   ② 55.5
③ 65.5   ④ 75.5

해설
비열비$(K) = \dfrac{C_p}{C_v} = \dfrac{1.213}{0.821} = 1.47746$

$T_2 = T_1 \times \left(\dfrac{V_1}{V_2}\right)^{K-1} = \left(\dfrac{P_2}{P_1}\right)^{\frac{K-1}{K}}$

$= (273+25) \times \left(\dfrac{135}{100}\right)^{\frac{0.4776}{1.4476}} = 339\text{K}(55℃)$

17 이상기체에서 정압비열을 C_p, 정적비열을 C_v로 표시할 때 비엔탈피의 변화 dh는 어떻게 표시되는가?

① $dh = C_p dT$
② $dh = C_v dT$
③ $dh = \dfrac{C_p}{C_v} dT$
④ $dh = (C_p - C_v) dT$

해설
비엔탈피 변화$(dh) = C_p dT$

18 지름이 0.1m인 관에 유체가 흐르고 있다. 임계 레이놀즈수가 2,100이고, 이에 대응하는 임계유속이 0.25m/s이다. 이 유체의 동점성계수는 약 몇 cm²/s인가?

① 0.095
② 0.119
③ 0.354
④ 0.454

해설
동점성계수$(\nu) = \dfrac{\mu}{\rho}$, 레이놀즈수$(Re) = \dfrac{\rho Vd}{\mu}$

$Re = \dfrac{VD}{\nu}$, $2,100 = \dfrac{0.25 \times 0.1}{\nu}$

$\nu = \dfrac{0.25 \times 0.1 \times 10^4}{2,100} = 0.119 \text{m}^2/\text{s}$

※ $1\text{m}^2 = 10^4 \text{cm}^2$

19 그림에서와 같이 파이프 내로 비압축성 유체가 층류로 흐르고 있다. A점에서의 유속이 1m/s라면 R점에서의 유속은 몇 m/s인가?(단, 관의 직경은 10cm이다.)

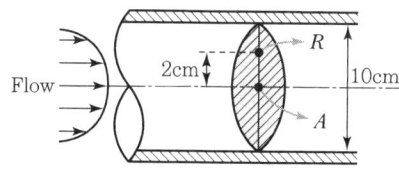

① 0.36
② 0.60
③ 0.84
④ 1.00

해설
유속$(V) = 1 - \left(\dfrac{r}{r_o}\right)^2 = 1 - \left(\dfrac{2}{5}\right)^2 = 0.84$

∴ $V = 1 \times 0.84 = 0.84 \text{m/s}$

※ 10cm의 A점은 5cm

20 공기 중의 음속 C는 $C^2 = \left(\dfrac{\partial P}{\partial \rho}\right)_s$로 주어진다. 이때 음속과 온도의 관계는?(단, T는 주위 공기의 절대온도이다.)

① $C \propto \sqrt{T}$
② $C \propto T^2$
③ $C \propto T^3$
④ $C \propto \dfrac{1}{T}$

해설
공기 중 음속과 온도의 관계
음속$(C) = \sqrt{kgRT} = C \propto \sqrt{T}$

2과목 연소공학

21 위험장소의 등급분류 중 2종 장소에 해당하지 않는 것은?

① 밀폐된 설비 안에 밀봉된 가연성 가스가 그 설비의 사고로 인하여 파손되거나 오조작의 경우에만 누출할 위험이 있는 장소
② 확실한 기계적 환기조치에 따라 가연성 가스가 체류하지 아니하도록 되어 있으나 환기장치에 이상이나 사고가 발생한 경우에는 가연성 가스가 체류하여 위험하게 될 우려가 있는 장소
③ 상용상태에서 가연성 가스가 체류하여 위험하게 될 우려가 있는 장소, 정비보수 또는 누출 등으로 인하여 종종 가연성 가스가 체류하여 위험하게 될 우려가 있는 장소
④ 인접한 실내에서 위험한 농도의 가연성 가스가 종종 침입할 우려가 있는 장소

해설
위험장소 등급분류
①, ②, ④ : 제2종 장소
③ : 제1종 장소

정답 17 ① 18 ② 19 ③ 20 ① 21 ③

22 연소에 의한 고온체의 색깔이 가장 고온인 것은?

① 휘적색 ② 황적색
③ 휘백색 ④ 백적색

해설
- 휘백색 : 1,500℃
- 백적색 : 1,300℃
- 황적색 : 950℃
- 휘적색 : 900℃

23 교축과정에서 변하지 않은 열역학 특성치는?

① 압력 ② 내부에너지
③ 엔탈피 ④ 엔트로피

해설
교축(Throttling)
- 압력강하
- 엔트로피 증가
- 등엔탈피
- 습증기가 교축과정을 거치면 건도 증가
- 비가역현상

24 연소반응이 완료되지 않아 연소가스 중에 반응의 중간생성물이 들어 있는 현상을 무엇이라 하는가?

① 열해리 ② 순반응
③ 역화반응 ④ 연쇄분자반응

해설
열해리
연소반응이 완료되지 않아 연소가스 중에 반응의 중간생성물이 들어 있는 현상

25 도시가스의 조성을 조사해 보니 부피조성으로 H_2 35%, CO 24%, CH_4 13%, N_2 20%, O_2 8%이었다. 이 도시가스 $1Sm^3$를 완전연소시키기 위하여 필요한 이론공기량은 약 몇 Sm^3인가?

① 1.3 ② 2.3
③ 3.3 ④ 4.3

해설
가연성 가스(H_2, CO, CH_4)
$H_2 + 0.5O_2 \rightarrow H_2O$
$CO + 0.5O_2 \rightarrow CO_2$
$CH_4 + 2O_2 \rightarrow CO_2 + 2H_2O$

이론공기량(A_o) = 이론산소량(D_o) × $\frac{1}{0.21}$

$= \frac{(0.5 \times 0.35 + 0.5 \times 0.24 + 2 \times 0.13) - 0.08}{0.21}$

$= 2.3 Sm^3/Sm^3$

26 프로판가스에 대한 최소산소농도값(MOC)을 추산하면 얼마인가?(단, C_3H_8의 폭발하한치는 2.1v%이다.)

① 8.5% ② 9.5%
③ 10.5% ④ 11.5%

해설
$C_3H_8 + 5O_2 \rightarrow 3CO_2 + 4H_2O$

27 125℃, 10atm에서 압축계수(Z)가 0.98일 때 $NH_3(g)$ 34kg의 부피는 약 몇 Sm^3인가?(단, N의 원자량 14, H의 원자량은 1이다.)

① 2.8 ② 4.3
③ 6.4 ④ 8.5

해설
NH_3(암모니아)분자량 = 17(17kg = $22.4Nm^3$)
$PV = ZnRT$

$10 \times x = 0.98 \times \frac{34,000}{17} \times 0.082 \times (273 + 125)$

$x = \frac{0.98 \times 34,000 \times 0.082 \times (273 + 125)}{10 \times 17} = 6,396.656 L$

$\fallingdotseq 64,000 L$
$= 6.4 m^3$

정답 22 ③ 23 ③ 24 ① 25 ② 26 ③ 27 ③

28 2개의 단열과정과 2개의 정압과정으로 이루어진 가스터빈의 이상 사이클은?

① 에릭슨 사이클 ② 브레이턴 사이클
③ 스털링 사이클 ④ 아트킨슨 사이클

해설

가스터빈 Brayton Cycle
- 1 → 2 : 가역단열압축
- 2 → 3 : 가역정압가열
- 3 → 4 : 가역단열팽창
- 4 → 1 : 가역정압배기

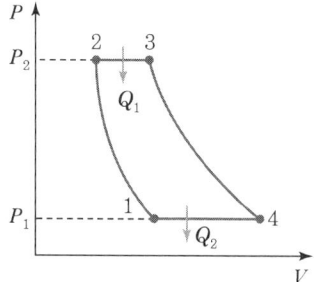

29 착화온도에 대한 설명 중 틀린 것은?

① 압력이 높을수록 낮아진다.
② 발열량이 클수록 낮아진다.
③ 산소량이 증가할수록 낮아진다.
④ 반응활성도가 클수록 높아진다.

해설

반응활성도가 클수록 착화온도는 낮아진다.

30 고발열량(高發熱量)과 저발열량(低發熱量)의 값이 가장 가까운 연료는?

① LPG ② 가솔린
③ 메탄 ④ 목탄

해설

연료 중 H_2, 수분이 없으면 수증기의 증발열이 발생하지 않는다. 목탄(숯 등)은 수소나 수분이 없으면 고위, 저위발열량이 같다.

31 다음 중 BLEVE와 관련이 없는 것은?

① Bomb ② Liquid
③ Expanding ④ Vapor

해설

- BLEVE(Boiling Liquid Expanding Vapor Explosion) : 비등액체팽창 증기폭발(블레비)
- Bomb : 공 모양의 폭탄

32 메탄가스 $1m^3$를 완전연소시키는 데 필요한 공기량은 약 몇 Sm^3인가?(단, 공기 중 산소는 20% 함유되어 있다.)

① 5 ② 10
③ 15 ④ 20

해설

$CH_4 + 2O_2 \rightarrow CO_2 + 2H_2O$

이론공기량$(A_o) = O_o \times \dfrac{1}{0.2}$

$= 2 \times \dfrac{1}{0.2} = 10 Sm^3/Sm^3$

33 기체상수 R의 단위가 J/mol·K일 때의 값은?

① 8.314 ② 1.987
③ 848 ④ 0.082

해설

$R = \dfrac{101,325 \times 22.4}{273.15} = 8.314 J/mol \cdot K(SI단위)$

34 정적비열이 0.682kcal/kmol·℃인 어떤 가스의 정압비열은 약 몇 kcal/kmol·℃인가?

① 1.3 ② 1.4
③ 2.7 ④ 2.9

해설

$C_p - C_v = R$, $C_p = \dfrac{k}{k-1}R$, $C_v = \dfrac{1}{k-1}R$

$C_p = C_v + R = 0.682 + 1.987 ≒ 2.7 kcal/kmol \cdot ℃$

※ 가스상수$(R) = 8.314 kJ/kmol \cdot K$
$= 1.987 kcal/kmol \cdot K$
$= 0.082 l \cdot atm/mol \cdot K$

정답 28 ② 29 ④ 30 ④ 31 ① 32 ② 33 ① 34 ③

35 가스가 노즐로부터 일정한 압력으로 분출하는 힘을 이용하여 연소에 필요한 공기를 흡인하고, 혼합관에서 혼합한 후 화염공에서 분출시켜 예혼합연소시키는 버너는?

① 분젠식
② 전 1차 공기식
③ 블라스트식
④ 적화식

해설
분젠식
가스가 노즐로부터 일정한 압력으로 분출하는 힘을 이용하여 연소에 필요한 공기를 흡인하고 혼합관에서 혼합한 후 화염공에서 분출시켜 예혼합 연소시키는 버너

36 최소점화에너지(MIE)의 값이 수소와 가장 가까운 가연성 기체는?

① 메탄
② 부탄
③ 암모니아
④ 이황화탄소

해설
공기 중 최소점화에너지(MIE)
- 수소 : $0.019(10^{-2}J)$
- 부탄 : $0.38(10^{-2}J)$
- 메탄 : $0.28(10^{-2}J)$
- 이황화탄소 : $0.015(10^{-2}J)$
- 암모니아 : $0.77(10^{-2}J)$

37 이상기체에 대한 설명으로 틀린 것은?

① 기체의 분자력과 크기가 무시된다.
② 저온으로 하면 액화된다.
③ 절대온도 0도에서 기체로서의 부피는 0으로 된다.
④ 보일-샤를의 법칙이나 이상기체상태방정식을 만족한다.

해설
이상기체는 고압, 저온 시에는 액화하지 않는다(단, 실제기체는 응고한다).

38 실제기체가 이상기체상태방정식을 만족할 수 있는 조건이 아닌 것은?

① 압력이 높을수록
② 분자량이 작을수록
③ 온도가 높을수록
④ 비체적이 클수록

해설
압력이 낮을수록 실제기체가 이상기체상태방정식을 만족할 수 있다.

39 공기 1kg을 일정한 압력하에서 20℃에서 200℃까지 가열할 때 엔트로피 변화는 약 몇 kJ/K 인가?(단, C_p는 1kJ/kg · K이다.)

① 0.28
② 0.38
③ 0.48
④ 0.62

해설
엔트로피 변화 $(\Delta S) = \dfrac{SQ}{T}$

$\Delta S_2 - \Delta S_1 = GC_p \int_{T_1}^{T_2} \cdot \dfrac{dT}{T}$

$= 1 \times 1 \times \ln\left(\dfrac{200+273}{20+273}\right) = 0.48 \text{kJ/K}$

40 프로판을 연소할 때 이론단열 불꽃온도가 가장 높을 때는?

① 20%의 과잉공기로 연소하였을 때
② 100%의 과잉공기로 연소하였을 때
③ 이론량의 공기로 연소하였을 때
④ 이론량의 순수산소로 연소하였을 때

해설
완전연소 $C_3H_8 + 5O_2 \rightarrow 3CO_2 + 4H_2O$
이론산소량 $= 5 \text{Nm}^3/\text{Nm}^3$
이론공기량 $= 5 \times \dfrac{1}{0.21} = 23.81 \text{Nm}^3/\text{Nm}^3$

정답 35 ① 36 ④ 37 ② 38 ① 39 ③ 40 ④

3과목 가스설비

41 저온장치에 사용되는 팽창기에 대한 설명으로 틀린 것은?

① 왕복동식은 팽창비가 40 정도로 커서 팽창기의 효율이 우수하다.
② 고압식 액체산소 분리장치, 헬륨 액화기 등에 사용된다.
③ 처리가스양이 1,000m³/h 이상이 되면 다기통이 된다.
④ 기통 내의 윤활에 오일이 사용되므로 오일 제거에 유의하여야 한다.

해설
왕복동식은 팽창비가 10 이상이면 팽창기의 효율이 저하한다.

42 LP 가스 설비 중 강제기화기 사용 시의 장점에 대한 설명으로 가장 거리가 먼 것은?

① 설치장소가 적게 소요된다.
② 한냉 시에도 충분히 기화된다.
③ 공급가스 조성이 일정하다.
④ 용기압력을 가감, 조절할 수 있다.

해설
LP 가스 기화장치구성
기화부, 제어부, 조압부
(기화량의 가감이나 조정이 용이하다.)
※ 기화기와 용기의 압력은 무관하다.

43 수소의 공업적 제법이 아닌 것은?

① 수성가스법　② 석유 분해법
③ 천연가스 분해법　④ 공기액화 분리법

해설
공기액화 분리법에서 얻을 수 있는 기체
산소, 아르곤, 질소 등

44 액화가스의 기화기 중 액화가스와 해수 및 하천수 등을 열교환시켜 기화하는 형식은?

① Air Fin식
② 직화가열식
③ Open Rack식
④ Submerged Combustion식

해설
- 오픈-랙식 기화기
  액화가스의 기화기 중 액화가스와 바닷물(해수), 하천수 등으로 열교환시켜 기화하는 형식
- 서브머지드법(Submerged)
  피크로드용으로 액 중 버너 사용

45 원심압축기의 특징이 아닌 것은?

① 설치면적이 적다.
② 압축이 단속적이다.
③ 용량조정이 어렵다.
④ 윤활유가 불필요하다.

해설
비용적형 터보형 압축기(연속식 압축기)
- 원심식
- 축류식
- 혼류식

46 가스시설의 전기방식 공사 시 매설배관 주위에 기준전극을 매설하는 경우 기준전극은 배관으로부터 얼마 이내에 설치하여야 하는가?

① 30cm　② 50cm
③ 60cm　④ 100cm

해설
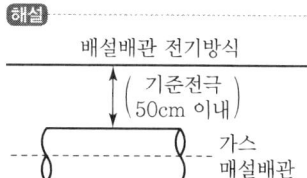

정답 41 ① 42 ④ 43 ④ 44 ③ 45 ② 46 ②

47 다음 [보기]에서 설명하는 가스는?

[보기]
- 자극성 냄새를 가진 무색의 기체로서 물에 잘 녹는다.
- 가압, 냉각에 의해 액화가 용이하다.
- 공업적 제법으로는 클라우드법, 카자레법이 있다.

① 암모니아 ② 염소
③ 일산화탄소 ④ 황화수소

해설
암모니아 제조법 고압합성법
- 클로드법, 카자레법
- 물에 800배 정도로 잘 녹는다.
- 가연성이며 독성가스이다.
- 가압, 냉각에 의해 액화가 용이하다.

48 독성가스 배관용 밸브의 압력구분을 호칭하기 위한 표시가 아닌 것은?

① Class ② S
③ PN ④ K

해설
독성가스 배관용 밸브의 압력구분 호칭 표시
Class, PN, K, MPa

49 송출 유량(Q)이 0.3m³/min, 양정(H)이 16m, 비교회전도(N_s)가 110일 때 펌프의 회전속도(N)는 약 몇 rpm인가?

① 1,507 ② 1,607
③ 1,707 ④ 1,807

해설
$$N_s = \frac{N \times \sqrt{Q}}{H^{\frac{3}{4}}}, \quad 110 = \frac{N \times \sqrt{0.3}}{16^{\frac{3}{4}}}$$

$$N = \frac{N_s \times H^{\frac{3}{4}}}{\sqrt{Q}} = 110 \times \frac{16^{\frac{3}{4}}}{\sqrt{0.3}} = 1,607 \text{rpm}$$

50 고압가스저장설비에서 수소와 산소가 동일한 조건에서 대기 중에 누출되었다면 확산속도는 어떻게 되겠는가?

① 수소가 산소보다 2배 빠르다.
② 수소가 산소보다 4배 빠르다.
③ 수소가 산소보다 8배 빠르다.
④ 수소가 산소보다 16배 빠르다.

해설
그레이엄의 기체 확산속도 $\left(\frac{u_1}{u_2}\right)$

$$\frac{u_1}{u_2} = \sqrt{\frac{M_2}{M_1}} = \sqrt{\frac{d_2}{d_1}} = \sqrt{\frac{3}{32}} = \sqrt{\frac{1}{16}} = \frac{1}{4}$$

∴ $H_2 : O_2 = 4 : 1$
※ 분자량 $O_2 : 32, H_2 : 2$

51 압축기에 사용되는 윤활유의 구비조건으로 옳은 것은?

① 인화점과 응고점이 높을 것
② 정제도가 낮아 잔류탄소가 증발해서 줄어드는 양이 많을 것
③ 점도가 적당하고 항유화성이 적을 것
④ 열안정성이 좋아 쉽게 열분해하지 않을 것

해설
압축기용 오일은 열에 대한 안정성이 좋아 쉽게 열분해하지 않아야 한다.

52 액화석유가스용 용기잔류가스 회수장치의 구성이 아닌 것은?

① 열교환기 ② 압축기
③ 연소설비 ④ 질소퍼지장치

해설
액화석유가스용(LPG용) 용기 내 잔류가스 회수장치 구성
압축기, 연소설비, 질소퍼지장치 등
※ 열교환기는 기화기에 필요하다.

정답 47 ① 48 ② 49 ② 50 ② 51 ④ 52 ①

53 어느 용기에 액체를 넣어 밀폐하고 압력을 가해주면 액체의 비등점은 어떻게 되는가?

① 상승한다.
② 저하한다.
③ 변하지 않는다.
④ 이 조건으로 알 수 없다.

[해설]
유체는 압력을 가하면 비등점(끓는점)이 상승한다.
※ 물[1atm(100℃), 5atm(151℃), 10atm(181℃)]

54 흡입밸브 압력이 0.8MPa·g인 3단 압축기의 최종단의 토출압력은 약 몇 MPa·g인가?(단, 압축비는 3이며, 1MPa은 10kg/cm²로 한다.)

① 16.1
② 21.6
③ 24.2
④ 28.7

[해설]
3단 압축기의 경우
- 1단 P_1 : $a \times P_1 = 3 \times 0.9 = 2.7$ MPa·a
  $= 2.6$ MPa·g (2.7−0.1=2.6MPa·g)
- 2단 P_2 : $a \times P_2 = 3 \times 2.7 = 8.1$ MPa·a = 8MPa·g
  (8.1−0.1=8MPa·g)
- 3단 P_3 : $a \times P_3 = 3 \times 8.1 = 24.3$ MPa·a
  $= 24.2$ MPa·g (24.3−0.1=24.2MPa·g)
- 표준대기압 = 0.1MPa(게이지압력 + 0.1 = 절대압력)

55 가스홀더의 기능에 대한 설명으로 가장 거리가 먼 것은?

① 가스수요의 시간적 변동에 대하여 제조 가스양을 안정되게 공급하고 남는 가스를 저장한다.
② 정전, 배관공사 등의 공사로 가스공급의 일시 중단 시 공급량을 계속 확보한다.
③ 조성이 다른 제조가스를 저장, 혼합하여 성분, 열량 등을 일정하게 한다.
④ 소비지역에서 먼 곳에 설치하여 사용 피크 시 배관의 수송량을 증대한다.

[해설]
도시가스 홀더는 ①, ②, ③의 각 지역에 홀더를 설치하여 피크 시에 각 지구의 공급을 가스홀더에 의해 공급함과 동시에 배관의 수송효율을 올린다.

56 LP 가스 고압장치가 상용압력이 2.5MPa일 경우 안전밸브의 최고작동압력은?

① 2.5MPa
② 3.0MPa
③ 3.75MPa
④ 5.0MPa

[해설]
안전밸브의 최고작동압력(P)
$P = (상용압력 \times 1.5배) \times \frac{8}{10} = (2.5 \times 1.5) \times \frac{8}{10}$
$= 3$MPa

57 지하에 매설하는 배관의 이음방법으로 가장 부적합한 것은?

① 링조인트 접합
② 용접 접합
③ 전기융착 접합
④ 열융착 접합

[해설]
링조인트 접합
지상배관에 설치하여 가스누설을 검지할 수 있다.
※ 용기밸브 구조분류 : 패킹식, O링식

58 압축기에 사용하는 윤활유와 사용가스의 연결로 부적당한 것은?

① 수소 : 순광물성 기름
② 산소 : 디젤엔진유
③ 아세틸렌 : 양질의 광유
④ LPG : 식물성유

[해설]
- 산소압축기 윤활유
  물, 10% 이하 묽은 글리세린수
- 염소압축기 : 진한 황산

정답 53 ① 54 ③ 55 ④ 56 ② 57 ① 58 ②

59 배관의 전기방식 중 희생양극법의 장점이 아닌 것은?

① 전류조절이 쉽다.
② 과방식의 우려가 없다.
③ 단거리의 파이프라인에는 저렴하다.
④ 다른 매설금속체로의 장애(간섭)가 거의 없다.

해설
희생양극법(유전양극법)의 특징은 ②, ③, ④이며 전위경사가 적은 장소 또는 발생하는 전류가 작기 때문에 도복장의 저항이 큰 대상에 적합하다.

60 안전밸브의 선정절차에서 가장 먼저 검토하여야 하는 것은?

① 기타 밸브구동기 선정
② 해당 메이커의 자료 확인
③ 밸브 용량계수 값 확인
④ 통과 유체 확인

해설
안전밸브 선정 시 가장 먼저 검토하여야 할 내용은 안전밸브를 통과하는 유체의 종류이다.

4과목 가스안전관리

61 액화가연성가스 접합용기를 차량에 적재하여 운반할 때 몇 kg 이상일 때 운반책임자를 동승시켜야 하는가?

① 1,000kg
② 2,000kg
③ 3,000kg
④ 6,000kg

해설
운반책임자(액화가연성가스 접합용기의 경우) 동승기준
가연성의 경우 3,000kg 이상(액화가스용) 운반자 동승이 필요하나 접합용기의 경우 2,000kg 이상이면 운반책임자가 동승한다(납 붙임 용기도 접합용기와 동일).

62 고압가스 특정제조시설의 긴급용 벤트스택 방출구는 작업원이 항시 통행하는 장소로부터 몇 m 이상 떨어진 곳에 설치하는가?

① 5m
② 10m
③ 15m
④ 20m

해설

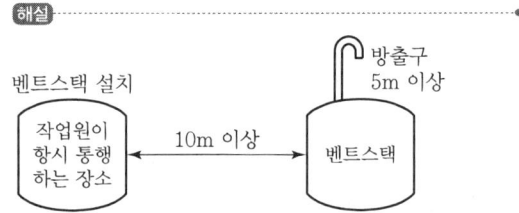

63 산화에틸렌에 대한 설명으로 틀린 것은?

① 배관으로 수송할 경우에는 2중관으로 한다.
② 제독제로서 다량의 물을 비치한다.
③ 저장탱크에는 45℃에서 그 내부가스의 압력이 0.4MPa 이상이 되도록 탄산가스를 충전한다.
④ 용기에 충전하는 때에는 미리 그 내부가스를 아황산 등의 산으로 치환하여 안정화시킨다.

해설
산화에틸렌가스
• (C_2H_4O) 가연성, 독성가스, 치환가스
• 치환가스 : N_2, CO_2 등
※ 아황산(SO_2), 황산치환 적용 : 시안화수소(HCN)기체

64 공기보다 무거워 누출 시 체류하기 쉬운 가스가 아닌 것은?

① 산소
② 염소
③ 암모니아
④ 프로판

해설
공기의 분자량보다 가벼우면 체류하지 않는다.
※ 분자량 : 암모니아(17), 공기(29), 산소(32), 염소(71), 프로판(44)

정답 59 ① 60 ④ 61 ② 62 ② 63 ④ 64 ③

65 방폭전기기기 설치에 사용되는 정션박스(Junction Box), 풀 박스(Pull Box)는 어떤 방폭구조로 하여야 하는가?

① 압력방폭구조(p) ② 내압방폭구조(d)
③ 유입방폭구조(o) ④ 특수방폭구조(s)

해설
방폭전기기기의 정션 박스, 풀 박스 방폭구조 : 내압방폭구조

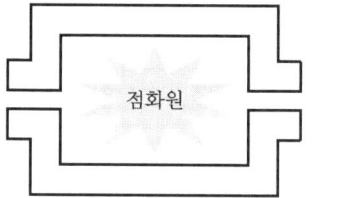

개별 기기를 보호하는 방식으로, 전자기기의 성능 조건을 유지하기에 적합한 방폭구조이다.

66 불소가스에 대한 설명으로 옳은 것은?

① 무색의 가스이다.
② 냄새가 없다.
③ 강산화제이다.
④ 물과 반응하지 않는다.

해설
불소(F_2)가스
- 자극성 유독성 담황색 기체이다.
- 거의 모든 원소와 화합한다.
- 냉압소에서 수소와 격렬하게 폭발한다.
- 물과 반응한다.

67 냉동기의 제품성능의 기준으로 틀린 것은?

① 주름관을 사용한 방진조치
② 냉매설비 중 돌출부위에 대한 적절한 방호조치
③ 냉매가스가 누출될 우려가 있는 부분에 대한 부식방지 조치
④ 냉매설비 중 냉매가스가 누출될 우려가 있는 곳에 차단밸브 설치

해설
냉동기에서 냉매설비 중 냉매가스가 누출될 우려가 있는 곳에서는 누설검지기나 경보장치를 설치해야 한다.

68 액화석유가스자동차에 고정된 탱크 충전시설 중 저장설비는 그 외면으로부터 사업소 경계와의 거리 이상을 유지하여야 한다. 저장능력과 사업소 경계와의 거리의 기준이 바르게 연결된 것은?

① 10톤 이하 : 20m
② 10톤 초과 20톤 이하 : 22m
③ 20톤 초과 30톤 이하 : 30m
④ 30톤 초과 40톤 이하 : 32m

해설
사업소 경계와의 거리
- 10톤 이하 : 24m
- 10톤 초과~20톤 이하 : 27m
- 20톤 초과~30톤 이하 : 30m
- 30톤 초과~40톤 이하 : 33m

69 탱크주밸브, 긴급차단장치에 속하는 밸브 그 밖의 중요한 부속품이 돌출된 저장탱크는 그 부속품을 차량의 좌측면이 아닌 곳에 설치한 단단한 조작상자 내에 설치한다. 이 경우 조작상자와 차량의 뒤범퍼와의 수평거리는 얼마 이상 이격하여야 하는가?

① 20cm ② 30cm
③ 40cm ④ 50cm

해설

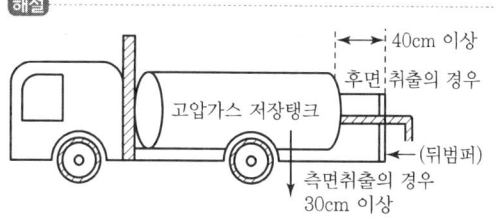

※조작상자와 차량의 뒤범퍼와의 수평거리는 20cm 이상

정답 65 ② 66 ③ 67 ④ 68 ③ 69 ①

70 고압가스 일반제조시설에서 긴급차단장치를 반드시 설치하지 않아도 되는 설비는?

① 염소가스 정체량이 40톤인 고압가스 설비
② 연소열량이 5×10^7인 고압가스 설비
③ 특수 반응설비
④ 산소가스 정체량이 150톤인 고압가스 설비

해설
연소설비 연소열량이 5×10^7 kcal(50,000,000kcal)인 고압가스 설비는 긴급차단 장치가 불필요하다.

71 긴급이송설비에 부속된 처리설비는 이송되는 설비 내의 내용물을 안전하게 처리하여야 한다. 처리방법으로 옳은 것은?

① 플레어스택에서 배출시킨다.
② 안전한 장소에 설치되어 있는 저장탱크에 임시 이송한다.
③ 밴트스택에서 연소시킨다.
④ 독성가스는 제독 후 사용한다.

해설
가스 긴급 이송설비 부속 처리설비 이송설비 → 가스가 안전한 장소에 설치되어 있는 저장탱크에 임시 이송저장한다.

72 고압가스 냉동기 제조의 시설에서 냉매가스가 통하는 부분의 설계압력 설정에 대한 설명으로 틀린 것은?

① 보통의 운전상태에서 응축온도가 65℃를 초과하는 냉동설비는 그 응축온도에 대한 포화증기 압력을 그 냉동설비의 고압부 설계압력으로 한다.
② 냉매설비의 저압부가 항상 저온으로 유지되고 또한 냉매가스의 압력이 0.4MPa 이하인 경우에는 그 저압부의 설계압력을 0.8MPa로 할 수 있다.
③ 보통의 상태에서 내부가 대기압 이하로 되는 부분에는 압력이 0.1MPa을 외압으로 하여 걸리는 설계압력으로 한다.
④ 냉매설비의 주위 온도가 항상 40℃를 초과하는 냉매설비 등의 저압부 설계압력은 그 주위 온도의 최고 온도에서의 냉매가스의 평균압력 이상으로 한다.

해설
냉매설비
항상 40℃를 초과하는 냉동설비 등의 저압부설계 압력은 그 주위 온도의 최고온도에 있어서 냉매가스의 포화압력 이상으로 한다.

73 충전용기 적재에 관한 기준으로 옳은 것은?

① 충전용기를 적재한 차량은 제1종 보호시설과 15m 이상 떨어진 곳에 주차하여야 한다.
② 충전량이 15kg 이하이고 적재수가 2개를 초과하지 아니한 LPG는 이륜차에 적재하여 운반할 수 있다.
③ 용량 15kg의 LPG 충전용기는 2단으로 적재하여 운반할 수 있다.
④ 운반차량 뒷면에는 두께가 3mm 이상, 폭 50mm 이상의 범퍼를 설치한다.

해설
LPG 적재충전용기
• 20kg 이하이고 적재수가 2개를 초과하지 말 것(오토바이에 충전용기 2개 이하는 운반이 가능하다.)
• 충전용기는 항상 40℃ 이하를 유지하여야 한다.

충전용기차량 ← 15m 이상 → 제1종 보호시설

74 가스보일러에 의한 가스 사고를 예방하기 위한 방법이 아닌 것은?

① 가스보일러는 전용보일러실에 설치한다.
② 가스보일러의 배기통은 한국가스안전공사의 성능인증을 받은 것을 사용한다.
③ 가스보일러는 가스보일러 시공자가 설치한다.
④ 가스보일러의 배기톱은 풍압대 내에 설치한다.

정답 70 ② 71 ② 72 ④ 73 ① 74 ④

해설

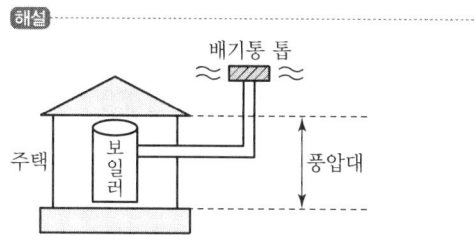

75 고압가스 용기 및 차량에 고정된 탱크 충전시설에 설치하는 제독설비의 기준으로 틀린 것은?

① 가압식, 동력식 등에 따라 작동하는 수도직결식의 제독제 살포장치 또는 살수장치를 설치한다.
② 물(중화제)인 중화조를 주위 온도가 4℃ 미만인 동결 우려가 있는 장소에 설치 시 동결방지장치를 설치한다.
③ 물(중화제) 중화조에는 자동급수장치를 설치한다.
④ 살수장치는 정전 등에 의해 전자밸브가 작동하지 않을 경우에 대비하여 수동 바이패스 배관을 추가로 설치한다.

해설
제독설비
가압식, 동력식 등에 의하여 작동하는 제독제 살포장치 또는 살수장치의 기능이 있어야 한다.

76 액화가스 충전용기의 내용적을 V(L), 저장능력을 W(kg), 가스의 종류에 따르는 정수를 C로 했을 때 이에 대한 설명으로 틀린 것은?

① 프로판의 C 값은 2.35이다.
② 액화가스와 압축가스가 섞여 있을 경우에는 액화가스 10kg을 1m³로 본다.
③ 용기의 어깨에 C 값이 각인되어 있다.
④ 열대지방과 한대지방의 C 값은 다를 수 있다.

해설
㉠ 용기용 밸브 각인사항
  ─ A형 : 충전구 나사 숫나사
  ─ B형 : 충전구 나사 암나사
  ─ C형 : 충전구 나사가 없는것

㉡ 액화가스 충전용기의 내용적에서 C값은 가스종류에 따른 값으로 한다. 액화부탄(2.05), 액화산소(1.04), 액화염소(0.80)

77 일반도시가스사업 예비 정압기에 설치되는 긴급차단장치의 설정압력은?

① 3.2kPa 이하 ② 3.6kPa 이하
③ 4.0kPa 이하 ④ 4.4kPa 이하

해설
일반도시가스 사업에서 예비정압기 긴급차단장치 설정압력 : 4.4kPa 이하

78 소형 저장탱크에 의한 액화석유가스 사용시설에서 벌크로리 측의 호스어셈블리에 의한 충전 시 충전작업자는 길이 몇 m 이상의 충전호스를 사용하여 충전하는 경우에 별도의 충전보조원에게 충전작업 중 충전호스를 감시하게 하여야 하는가?

① 5m ② 8m
③ 10m ④ 20m

해설
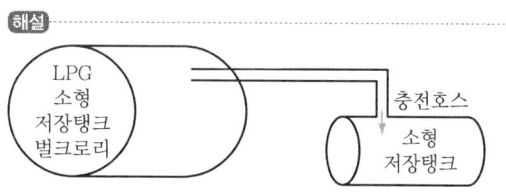
길이가 10m 이상이면 충전 보조원에게 충전 작업 중 충전호스를 감시하게 한다.

79 가스 제조 시 첨가하는 냄새가 나는 물질(부취제)에 대한 설명으로 옳지 않은 것은?

① 독성이 없을 것
② 극히 낮은 농도에서도 냄새가 확인될 수 있을 것
③ 가스관이나 Gas Meter에 흡착될 수 있을 것
④ 배관 내의 상용온도에서 응축하지 않고 배관을 부식시키지 않을 것

정답 75 ① 76 ③ 77 ④ 78 ③ 79 ③

해설
도시가스 부취제(냄새나는 물질)는 가스배관이나 가스미터에 흡착되지 않아야 한다.

80 다음 [보기]에서 가스용 퀵커플러에 대한 설명으로 옳은 것으로 모두 나열된 것은?

[보기]
㉠ 퀵커플러는 사용형태에 따라 호스 접속형과 호스엔드 접속형으로 구분한다.
㉡ 4.2kPa 이상의 압력으로 기밀시험을 하였을 때 가스누출이 없어야 한다.
㉢ 탈착조작은 분당 10~20회의 속도로 6,000회 실시한 후 작동시험에서 이상이 없어야 한다.

① ㉠
② ㉠, ㉡
③ ㉡, ㉢
④ ㉠, ㉡, ㉢

해설
가스용 퀵커플러(Quick Coupler) 기준은 ㉠, ㉡, ㉢ 전 항의 기준이 필요하다.

5과목 가스계측

81 대기압이 750mmHg일 때 탱크 내의 기체압력이 게이지압으로 1.98kg/cm²이었다. 탱크 내 기체의 절대압력은 약 몇 kg/cm²인가?(단, 1기압은 1.0336kg/cm²이다.)

① 1
② 2
③ 3
④ 4

해설
절대압력(abs) = 게이지 압력 + 대기압
= 1.98 + 1.0336
= 3.01kgf/cm²

82 질소용 Mass Flow Controller에 헬륨을 사용하였다. 예측 가능한 결과는?

① 질량유량에는 변화가 있으나 부피 유량에는 변화가 없다.
② 지시계는 변화가 없으나 부피유량은 증가한다.
③ 입구압력을 약간 낮춰 주면 동일한 유량을 얻을 수 있다.
④ 변화를 예측할 수 없다.

해설
질소(N_2)용 매스 플로 컨트롤러에 헬륨(He)을 사용한다면 지시계는 변화가 없으나 부피유량(L)은 증가하는 예측이 가능하다.

83 측정방법에 따른 액면계의 분류 중 간접법이 아닌 것은?

① 음향을 이용하는 방법
② 방사선을 이용하는 방법
③ 압력계, 차압계를 이용하는 방법
④ 플로트에 의한 방법

해설
플로트식(부자식, 검척식, 유리관식) : 직접식 액면계

84 가스시료 분석에 널리 사용되는 기체 크로마토그래피(Gas Chromatography)의 원리는?

① 이온화
② 흡착 치환
③ 확산 유출
④ 열전도

해설
가스크로마토그래피 종류
• 흡착 크로마토그래피(흡착제 이용)
• 분배 크로마토그래피(이동상 전개제 사용)
※ 흡착제 : 활성탄, 활성알루미나, 실리카겔 등

정답 80 ④ 81 ③ 82 ② 83 ④ 84 ②

85 60°F에서 100°F까지 온도를 제어하는 데 비례제어기가 사용된다. 측정온도가 71°F에서 75°F로 변할 때 출력압력이 3psi에서 5psi까지 도달하도록 조정된다. 이때 비례대(%)는 얼마인가?

① 5% ② 10%
③ 15% ④ 20%

해설
비례대(PB)
$= \dfrac{100}{K_p(비례감도)} = \dfrac{측정온도차}{조절온도차} \times 100(\%)$
$100°F - 60°F = 40°F,\ 75°F - 71°F = 4°F$
$\therefore PB = \dfrac{40}{4} = 10\%$ 또는 $\dfrac{4}{40} \times 100 = 10\%$

86 계량의 기준이 되는 기본단위가 아닌 것은?

① 길이 ② 온도
③ 면적 ④ 광도

해설
면적(m²) = 유도단위(부피, 속도 등은 유도단위)

87 기체 크로마토그래피의 구성이 아닌 것은?

① 캐리어가스 ② 검출기
③ 분광기 ④ 칼럼

해설
기체 크로마토그래피 구성
- 캐리어 가스(전개제) : H_2, He, Ar, N_2
- 분리관(칼럼)
- 기록계
- 검출기

88 적외선 가스분석계로 분석하기가 가장 어려운 가스는?

① H_2O ② N_2
③ HF ④ CO

해설
적외선 가스분석계는 질소 등 2원자 분자의 검출이 불가능하다.

89 용적식 유량계에 해당되지 않는 것은?

① 로터미터
② Oval식 유량계
③ 루트 유량계
④ 로터리 피스톤식 유량계

해설
면적식 유량계 ─┬─ 부자식(플로트식)
(순간식 유량계) ├─ 로터미터
                └─ 게이트식

유량$(Q) = C \cdot A_1 \times \sqrt{\dfrac{2gV_f(\gamma_2 - \gamma_1)}{A_2\gamma_1}}$

- C(유량계수)
- A_1(유체통과면적), A_2(부자의 최대면적)
- V_f(부자의 용적)
- γ(각 유체의 비중량)

90 시정수(Time Constant)가 5초인 1차 지연형 계측기의 스텝 응답(Step Response)에서 전변화의 95%까지 변화하는 데 걸리는 시간은?

① 10초 ② 15초
③ 20초 ④ 30초

해설
$t = -\ln(1-Y) \times T$ 여기서, 시정수 : 5초
$t = -\ln(1-0.95) \times 5 = 14.98$
$\therefore$ 15초

91 가연성 가스 검출기로 주로 사용되지 않는 것은?

① 중화적정형
② 안전등형
③ 간섭계형
④ 열선형

정답 85 ② 86 ③ 87 ③ 88 ② 89 ① 90 ② 91 ①

해설
가스분석 화학분석법

적정법 ─┬─ 옥소적정법(요오드 적정법)
　　　　├─ 중화적정법
　　　　└─ 킬레이트 적정법

- 이 외에 중량법, 흡광광도법 등이 있다.

92 다음 [보기]에서 설명하는 가스미터는?

[보기]
- 계량이 정확하고 사용 중 기차(器差)의 변동이 거의 없다.
- 설치공간이 크고 수위조절 등의 관리가 필요하다.

① 막식 가스미터　　② 습식 가스미터
③ 루트(Roots)미터　④ 벤투리미터

해설
습식 가스미터는 정확한 가스계량이 가능하나 현장 실용적이 아닌 실험연구용이며 설치공간이 크고 수위조절 등의 관리가 필요한 가스미터기이다.

93 열전대 온도계 중 측정범위가 가장 넓은 것은?

① 백금-백금·로듐　② 구리-콘스탄탄
③ 철-콘스탄탄　　　④ 크로멜-알루멜

해설
열전대 온도계
- 백금-백금·로듐(R형) : 0~1,600℃
- 구리-콘스탄탄(T형) : -200~350℃
- 철-콘스탄탄(J형) : -200~800℃
- 크로멜-알루멜(K형) : 0~1,200℃

94 연소가스 중 CO와 H_2의 분석에 사용되는 가스 분석계는?

① 탄산가스계　　② 질소가스계
③ 미연소가스계　④ 수소가스계

해설
미연소가스분석계
일산화탄소, 수소가스의 분석에 사용, 일명 연소분석법이라고 하며 분별연소법이다.

95 최대 유량이 $10m^3/h$ 이하인 가스미터의 검정·재검정 유효기간으로 옳은 것은?

① 3년, 3년　　② 3년, 5년
③ 5년, 3년　　④ 5년, 5년

해설
최대 유량 $10m^3/h$ 이하 가스미터
검정 유효기간 : 5년(기타는 8년)
재검정 유효기간 : 5년

96 방사선식 액면계에 대한 설명으로 틀린 것은?

① 방사선원은 코발트 60(^{60}Co)이 사용된다.
② 종류로는 조사식, 투과식, 가반식이 있다.
③ 방사선 선원을 탱크 상부에 설치한다.
④ 고온, 고압 또는 내부에 측정자를 넣을 수 없는 경우에 사용된다.

해설
방사선식 액면계(γ선식 액면계) 방사선 선원 부착위치
- 플로트식(액면계 내부 유체액면의 중앙)
- 투과식(액면계 내부 최하부)
- 추종식(액면계 내부 액면의 측면)

97 저압용의 부르동관 압력계 재질로 옳은 것은?

① 니켈강　　② 특수강
③ 인발강관　④ 황동

해설
부르동관 압력계
- 저압용 : 황동, 청동, 인청동
- 고압용 : 니켈강, 특수강

정답 92 ②　93 ①　94 ③　95 ④　96 ③　97 ④

98 게겔법에서 C_3H_6를 분석하기 위한 흡수액으로 사용되는 것은?

① 33% KOH 용액
② 알칼리성 피로갈롤 용액
③ 암모니아성 염화 제1구리 용액
④ 87% H_2SO_4

해설
흡수분석 게겔법
• 가스분석 수순
  CO_2 → C_2H_2 → 프로필렌 → 노르말부틸렌 → 에틸렌 → O_2 → CO
• 프로필렌, 노르말부탄 흡수액 : 87% 황산(H_2SO_4)

99 제어동작에 대한 설명으로 옳은 것은?

① 비례동작은 제어오차가 변화하는 속도에 비례하는 동작이다.
② 미분동작은 편차에 비례한다.
③ 적분동작은 오프셋을 제거할 수 있다.
④ 미분동작은 오버슈트가 많고 응답이 느리다.

해설
① 미분동작
② 비례동작 : 편차에 비례한다.
④ 미분동작은 진동이 제어되어 빨리 안정된다.

100 루트식 가스미터는 적은 유량 시 작동하지 않을 우려가 있는데 보통 얼마 이하일 때 이러한 현상이 나타나는가?

① $0.5m^3/h$ ② $2m^3/h$
③ $5m^3/h$ ④ $10m^3/h$

해설

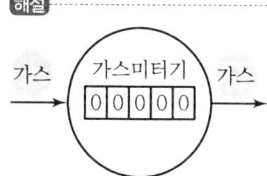

시간당 가스미터 가스양이 $0.5m^3$ 이하이면 유량이 너무 적어서 미터기가 작동하지 않는다.

정답 98 ④ 99 ③ 100 ①

2022년 2회 기출문제

1과목 가스유체역학

01 관로의 유동에서 여러 가지 손실수두를 나타낸 것으로 틀린 것은?(단, f : 마찰계수, d : 관의 지름, $\left(\dfrac{V^2}{2g}\right)$: 속도수두, $\left(\dfrac{V_1^2}{2g}\right)$: 입구관 속도수두, $\left(\dfrac{V_2^2}{2g}\right)$: 출구관 속도수두, R_h : 수력반지름, L : 관의 길이, A : 관의 단면적, C_c : 단면적 축소계수이다.)

① 원형관 속의 손실수두 : $h_L = f\dfrac{L}{d}\dfrac{V^2}{2g}$

② 비원형관 속의 손실수두 : $h_L = f\dfrac{4R_h}{L}\dfrac{V^2}{2g}$

③ 돌연 확대관 손실수두 : $h_L = \left(1 - \dfrac{A_1}{A_2}\right)^2 \dfrac{V_1^2}{2g}$

④ 돌연 축소관 손실수두 : $h_L = \left(\dfrac{1}{C_c} - 1\right)^2 \dfrac{V_2^2}{2g}$

해설

손실수두
비원형관의 경우(h_L)
$= f \times \dfrac{l}{d} \times \dfrac{V^2}{2g} = f \times \dfrac{l}{4R_h} \times \dfrac{V^2}{2g}$ (R_h : 수력반경)

- 비원형 단면의 레이놀즈수와 손실수두는 수력반경 $R_h =$ (유동단면적/접수길이) $= A/P$로 구한다.
- 접수길이 : 유체와 고체가 접하고 있는 길이

02 980cSt의 동점도(Kinematic Viscosity)는 몇 m²/s인가?

① 10^{-4} ② 9.8×10^{-4}
③ 1 ④ 9.8

해설

- 동점성계수(γ) $= \dfrac{\mu}{0}$ (점성계수/밀도)
- 동점성계수 단위(Stokes) : cm²/s, m²/sec
$1m^2 = 10^4 cm^2$, $1cSt = 0.01st$(Stokes)
$\therefore \dfrac{980 \times 0.01}{10^4} = 9.8 \times 10^{-4} m^2/s$

03 다음 중 실제유체와 이상유체에 모두 적용되는 것은?

① 뉴턴의 점성법칙
② 압축성
③ 점착조건(No Slip Condition)
④ 에너지 보존의 법칙

해설

실제기체, 이상기체 모두 에너지 보존의 법칙에 적용된다.

04 진공압력이 0.10kgf/cm²이고, 온도가 20℃인 기체가 계기압력 7kgf/cm²로 등온압축되었다. 이때 압축 전 체적(V_1)에 대한 압축 후의 체적(V_2)의 비는 얼마인가?(단, 대기압은 720mmHg이다.)

① 0.11 ② 0.14
③ 0.98 ④ 1.41

해설

등온압축 $T = T_1 = T_2 = C$, $PV = P_1 V_1 = P_2 V_2$,
$\left(\dfrac{P_2}{P_1} = \dfrac{V_1}{V_2}\right)$, $Q = GRT \ln \dfrac{V_2}{V_1}$,

대기압(atm) $= 1.0332 \times \dfrac{720}{760} = 0.9788$ kgf/cm²

등온압축 후 압축비 $= \dfrac{0.9332}{7 + 0.9788} = 0.11$

정답 01 ② 02 ② 03 ④ 04 ①

05 안지름 100mm인 관 속을 압력 5kgf/cm², 온도 15℃인 공기가 2kg/s로 흐를 때 평균 유속은? (단, 공기의 기체상수는 29.27kgf · m/kg · K 이다.)

① 4.28m/s   ② 5.81m/s
③ 42.9m/s   ④ 55.8m/s

해설
- 안지름 단면적(A) $= \dfrac{\pi}{4}d^2 = \dfrac{3.14}{4} \times (0.1)^2$
  $= 0.00785 \text{m}^2$
- 공기 $= 22.4\text{m}^3/\text{kmol} = 29\text{kg}$
- $V = \sqrt{KRT}$, (공기 $R = 287 \text{Nm/kg} \cdot \text{K}$)
- $5\text{kgf/cm}^2 = 5 \times 10^3 = 5{,}000 \text{Pa}$,
  $= 5 \times 10^4 = 5{,}000 \text{kg/m}^2$

$\therefore$ 유속(v) $= \dfrac{mRT}{AP} = \dfrac{2 \times 29.27 \times (15+273)}{0.00785(5 \times 10^4)}$
$= 42.9 \text{m/s}$

06 표면장력계수의 차원을 옳게 나타낸 것은?(단, M은 질량, L은 길이, T는 시간의 차원이다.)

① MLT^{-2} ② MT^{-2}
③ LT^{-1} ④ $ML^{-1}T^{-2}$

해설
표면장력(σ), $P = \dfrac{4\sigma}{d}$, $\sigma = P \cdot d$(표면장력)
- $FLT = FL^{-2}L = FL^{-1}$ (F : 힘)
- $MLT = MT^{-2}$

07 초음속 흐름이 갑자기 아음속 흐름으로 변할 때 얇은 불연속 면의 충격파가 생긴다. 이 불연속 면에서의 변화로 옳은 것은?

① 압력은 감소하고 밀도는 증가한다.
② 압력은 증가하고 밀도는 감소한다.
③ 온도와 엔트로피가 증가한다.
④ 온도와 엔트로피가 감소한다.

해설
- 아음속 : 속도(V)가 음속(C)보다 작다.
- 초음속 : 속도(V)가 음속(C)보다 크다.
※ 불연속면(충격파)이 발생하면 압력, 밀도, 온도, 엔트로피는 증가, 속도는 감소한다.

08 비중이 0.887인 원유가 관의 단면적이 0.0022m²인 관에서 체적 유량이 10.0m³/h일 때 관의 단위 면적당 질량유량(kg/m² · s)은?

① 1,120   ② 1,220
③ 1,320   ④ 1,420

해설
$10.0 \times 0.887 \times 10^3 = 8{,}870 \text{kg/h}$, 1시간 = 3,600초
$\dfrac{8{,}870}{0.0022} = 4{,}031{,}818 \text{kg/m}^2 \cdot \text{h}$
$\therefore \dfrac{4{,}031{,}818}{3{,}600} = 1{,}120 \text{kg/m}^2\text{s}$

09 온도 27℃의 이산화탄소 3kg이 체적 0.30m³의 용기에 가득 차 있을 때 용기 내의 압력(kgf/cm²)은?(단, 일반기체상수는 848kgf · m/kmol · K이고, 이산화탄소의 분자량은 44이다.)

① 5.79   ② 24.3
③ 100   ④ 270

해설
CO_2 기체상수(R) $= \dfrac{848}{44} = 19.27 \text{kg} \cdot \text{m/kg} \cdot \text{K}$
$PV = GRT$, $P = \dfrac{GRT}{V}$, $1\text{m}^2 = 10^4 \text{cm}^2$
$\therefore P = \dfrac{3 \times 19.27 \times (27+273)}{0.30 \times 10^4} = 5.79 \text{kgf/cm}^2$

정답 05 ③ 06 ② 07 ③ 08 ① 09 ①

10 물이나 다른 액체를 넣은 타원형 용기를 회전하고 그 용적변화를 이용하여 기체를 수송하는 장치로 유독성 가스를 수송하는 데 적합한 것은?

① 로베(Lobe) 펌프 ② 터보(Turbo) 압축기
③ 내쉬(Nash) 펌프 ④ 팬(Fan)

해설
내쉬 펌프
물이나 다른 액체를 넣은 타원형 용기를 회전하고 그 용적변화를 이용하여 기체를 수송하는 장치이며 유독성 가스를 수송한다.

11 내경이 0.0526m인 철관에 비압축성 유체가 9.085m²/h로 흐를 때의 평균유속은 약 몇 m/s인가?(단, 유체의 밀도는 1,200kg/m³이다.)

① 1.16 ② 3.26
③ 4.68 ④ 11.6

해설
유속$(V) = \dfrac{유량(\theta)}{단면적(A)}$, 단면적$(A) = \dfrac{\pi}{4}d^2$

1시간 = 3,600s

$A = \dfrac{3.14}{4} \times 0.0526^2 = 0.00217\text{m}^2$

∴ 유속 $= \dfrac{9.085}{0.00217 \times 3600} = 1.16\text{m/s}$

12 어떤 유체의 액면 아래 10m인 지점의 계기압력이 2.16kgf/cm²일 때 이 액체의 비중량은 몇 kgf/m³인가?

① 2,160 ② 216
③ 21.6 ④ 0.216

해설
비중량$(\gamma) = \dfrac{w}{v}$, 10^4cm^2

$\gamma = \dfrac{2.16 \times 10^4}{10} = 2,160\text{kgf/m}^3$

13 뉴턴 유체(Newtonian Fluid)가 원관 내를 완전발달된 층류 흐름으로 흐르고 있다. 관 내의 평균속도 V와 최대속도 $U_{\max}$의 비 $\dfrac{V}{U_{\max}}$는?

① 2 ② 1
③ 0.5 ④ 0.1

해설
뉴턴 유체 최대속도와 평균속도와의 관계비
$\dfrac{V}{U_{\max}} = \dfrac{1}{2}$, (평균속도 V, 최대속도 $U_{\max}$)

14 수직 충격파(Normal Shock Wave)에 대한 설명 중 옳지 않은 것은?

① 수직 충격파는 아음속 유동에서 초음속 유동으로 바뀌어 갈 때 발생한다.
② 충격파를 가로지르는 유동은 등엔트로피 과정이 아니다.
③ 수직 충격파 발생 직후의 유동조건은 h-s 선도로 나타낼 수 있다.
④ 1차원 유동에서 일어날 수 있는 충격파는 수직 충격파뿐이다.

해설
수직 충격파 : 초음속에서 아음속으로 변화할 때 발생한다.

15 지름 4cm인 매끈한 관에 동점성계수가 $1.57 \times 10^{-5}\text{m}^2/\text{s}$인 공기가 0.7m/s의 속도로 흐르고, 관의 길이가 70m이다. 이에 대한 손실수두는 몇 m인가?

① 1.27 ② 1.37
③ 1.47 ④ 1.57

해설
손실수두$(h_l) = f \times \dfrac{l}{d} \times \dfrac{V^2}{2g}$, $g = 9.8\text{m/s}^2$

레이놀즈수$(Re) = \dfrac{4 \times 10^{-2} \times 0.7}{1.57 \times 10^{-5}} = 1,784$

$f = \dfrac{64}{R} = \dfrac{64}{1,784} = 0.0358$

∴ $h_l = 0.0358 \times \dfrac{70}{0.04} \times \dfrac{0.7^2}{2 \times 9.8} = 1.57\text{m}$

16 도플러효과(Doppler Effect)를 이용한 유량계는?

① 에뉴바 유량계 ② 초음파 유량계
③ 오벌 유량계 ④ 열선 유량계

해설
초음파 유량계
도플러효과를 이용한 유량계로 싱어라운드법, 위상차법, 시간차법 3가지가 있으며, 압력손실이 없고 비전도성의 액체유량 측정이 가능하며 대유량의 측정에 적합하다.

17 압축성 유체의 유속계산에 사용되는 Mach수의 표현으로 옳은 것은?

① $\dfrac{음속}{유체의\ 속도}$ ② $\dfrac{유체의\ 속도}{음속}$
③ $(음속)^2$ ④ 유체의 속도 × 음속

해설
마하수$(M) = \dfrac{유체의\ 속도}{음속} = \dfrac{V}{C}$

18 지름이 3m 원형 기름 탱크의 지붕이 평평하고 수평이다. 대기압이 1atm일 때 대기가 지붕에 미치는 힘은 몇 kgf인가?

① 7.3×10^2 ② 7.3×10^3
③ 7.3×10^4 ④ 7.3×10^5

해설
단면적$(A) = \dfrac{\pi}{4}d^2 = \dfrac{3.14}{4} \times 3^2 = 7.065\text{m}^2$
$1\text{atm} = 1.0332\text{kgf/cm}^2 = 10,332\text{kgf/m}^2$
$\therefore 7.065 \times 10,332 = 73,000\text{kgf}(7.3 \times 10^4)$

19 온도 20℃, 압력 5kgf/cm²인 이상기체 10cm³를 등온 조건에서 5cm³까지 압축하면 압력은 약 몇 kgf/cm²인가?

① 2.5 ② 5
③ 10 ④ 20

해설
압축 후의 압력 $= \dfrac{P_2}{P_1} = \dfrac{V_2}{V_1}, \ V_2 = V_1 \times \dfrac{P_2}{P_1}$
$\therefore P_2 = P_1 \times \dfrac{V_1}{V_2} = 5 \times \dfrac{10}{5} = 10\text{kgf/cm}^2$

20 기계효율을 η_m, 수력효율을 η_h, 체적효율을 η_v라 할 때 펌프의 총효율은?

① $\dfrac{\eta_m \times \eta_h}{\eta_v}$ ② $\dfrac{\eta_m \times \eta_v}{\eta_h}$
③ $\eta_m \times \eta_h \times \eta_v$ ④ $\dfrac{\eta_v \times \eta_h}{\eta_m}$

해설
펌프의 총효율$(\eta) =$ 기계효율 × 수력효율 × 체적효율

2과목 연소공학

21 카르노 사이클에서 열효율과 열량, 온도와의 관계가 옳은 것은?(단, $Q_1 > Q_2$, $T_1 > T_2$)

① $\eta = \dfrac{Q_1 - Q_2}{Q_1} = \dfrac{T_1 - T_2}{T_1}$

② $\eta = \dfrac{Q_1 - Q_2}{Q_2} = \dfrac{T_1 - T_2}{T_2}$

③ $\eta = \dfrac{Q_1}{Q_1 - Q_2} = \dfrac{T_2}{T_1 - T_2}$

④ $\eta = \dfrac{Q_2}{Q_1 - Q_2} = \dfrac{T_1}{T_1 - T_2}$

해설
카르노 사이클 열효율
$(\eta_c) = \dfrac{Aw}{\theta_1} = 1 - \dfrac{Q_2}{Q_1} = \dfrac{Q_1 - Q_2}{Q_1}$
$= 1 - \dfrac{T_2}{T_1} = \dfrac{T_1 - T_2}{T_1}$

정답 16 ② 17 ② 18 ③ 19 ③ 20 ③ 21 ①

22 기체 연소 시 소염현상의 원인이 아닌 것은?

① 산소농도가 증가할 경우
② 가연성 기체, 산화제가 화염 반응대에서 공급이 불충분할 경우
③ 가연성 가스가 연소범위를 벗어날 경우
④ 가연성 가스에 불활성기체가 포함될 경우

해설
소염현상
불꽃이 없어지는 현상이며 산소농도가 증가하면 기체연료의 연소 시 연소상태가 활성화된다.

23 층류 예혼합화염과 비교한 난류 예혼합화염의 특징에 대한 설명으로 틀린 것은?

① 연소속도가 빨라진다.
② 화염의 두께가 두꺼워진다.
③ 휘도가 높아진다.
④ 화염의 배후에 미연소분이 남지 않는다.

해설
㉠ 가스연료 연소방법
 • 확산연소방식
 • 예혼합 연소방식(불완전연소, 역화의 원인, 미연소분 발생)
㉡ 연소흐름
 • 층류흐름
 • 난류흐름

24 과잉공기가 너무 많은 경우의 현상이 아닌 것은?

① 열효율을 감소시킨다.
② 연소온도가 증가한다.
③ 배기가스의 열손실을 증대시킨다.
④ 연소가스양이 증가하여 통풍을 저해한다.

해설
과잉공기가 너무 많으면 노 내 온도저하가 발생하고, 연소온도가 감소한다. 이론공기량의 연소 시 연소온도가 증가한다(과잉공기 = 실제공기 – 이론공기).

25 수소(H_2, 폭발범위 : 4.0~75v%)의 위험도는?

① 0.95
② 17.75
③ 18.75
④ 71

해설
위험도(H) = $\dfrac{U-L}{L}$ = $\dfrac{75-4.0}{4.0}$ = 17.75

26 확산연소에 대한 설명으로 틀린 것은?

① 확산연소 과정은 연료와 산화제의 혼합속도에 의존한다.
② 연료와 산화제의 경계면이 생겨 서로 반대측 면에서 경계면으로 연료와 산화제가 확산해 온다.
③ 가스라이터의 연소는 전형적인 기체연료의 확산화염이다.
④ 연료와 산화제가 적당 비율로 혼합되어 가연혼합기를 통과할 때 확산화염이 나타난다.

해설
가스연료 ┌ 확산연소
        └ 예혼합연소
※ 확산연소는 연료와 산화제가 혼합속도에 의존한다.

27 –5℃ 얼음 10g을 16℃의 물로 만드는 데 필요한 열량은 약 몇 kJ인가?(단, 얼음의 비열은 2.1 J/g·K, 융해열은 335J/g, 물의 비열은 4.2J/g·K이다.)

① 3.4
② 4.2
③ 5.2
④ 6.4

해설
소요열량(Q) = $G \times C_p \times \Delta t$, 1kJ = 10^3J
융해열 = 10×2.1×[0-(-5)] = 105J
잠열 = 10×335 = 3,350J
물의 현열 = 10×4.2×(16-0) = 672J
∴ Q = 105 + 3,350 + 672 = 4,127J ≒ 4.2kJ
※ 얼음 -5℃ → 얼음 0℃, 얼음 0℃ → 물 0℃, 물 0℃ → 16℃

정답 22 ① 23 ④ 24 ② 25 ② 26 ④ 27 ②

28 이산화탄소의 기체상수(R) 값과 가장 가까운 기체는?

① 프로판 ② 수소
③ 산소 ④ 질소

해설

기체상수(R) = $\dfrac{8.314(\text{kJ/kmol} \cdot \text{K})}{M(\text{분자량})}$

$R \begin{cases} CO_2 = \dfrac{8.314}{44} = 0.189 \text{kJ/kg} \cdot \text{K} \\ C_3H_8 = \dfrac{8.314}{44} = 0.189 \text{kJ/kg} \cdot \text{K} \end{cases}$

※ CO_2, 프로판 분자량 : 44

29 증기의 성질에 대한 설명으로 틀린 것은?

① 증기의 압력이 높아지면 엔탈피가 커진다.
② 증기의 압력이 높아지면 현열이 커진다.
③ 증기의 압력이 높아지면 포화 온도가 높아진다.
④ 증기의 압력이 높아지면 증발열이 커진다.

해설

증기는 압력이 상승하면 엔탈피, 현열, 포화 온도가 상승하나 증발열(kJ/kg)은 감소한다.

30 산화염과 환원염에 대한 설명으로 가장 옳은 것은?

① 산화염은 이론공기량으로 완전연소시켰을 때의 화염을 말한다.
② 산화염은 공기비를 아주 크게 하여 연소가스 중 산소가 포함된 화염을 말한다.
③ 환원염은 이론공기량으로 완전연소시켰을 때의 화염을 말한다.
④ 환원염은 공기비를 아주 크게 하여 연소가스 중 산소가 포함된 화염을 말한다.

해설

- 산화염 : 실제공기량으로, 완전연소 시의 화염
- 환원열 : 이론공기량이 부족한 상태의 화염(공기비 부족)(일산화탄소 등이 혼합되어 있다.)

31 본질안전 방폭구조의 정의로 옳은 것은?

① 가연성 가스에 점화를 방지할 수 있다는 것이 시험 그 밖의 방법으로 확인된 구조
② 정상 시 및 사고 시에 발생하는 전기불꽃, 고온부로 인하여 가연성 가스가 점화되지 않는 것이 점화시험 그 밖의 방법에 의해 확인된 구조
③ 정상 운전 중에 전기불꽃 및 고온이 생겨서는 안 되는 부분에 점화가 생기는 것을 방지하도록 구조상 및 온도상승에 대비하여 특별히 안전성을 높이는 구조
④ 용기 내부에서 가연성 가스의 폭발이 일어났을 때 용기가 압력에 본질적으로 견디고 외부의 폭발성 가스에 인화할 우려가 없도록 한 구조

해설

본질안전 방폭구조
정전 및 사고 시에 발생하는 전기 불꽃, 아크 또는 고온부에 의하여 가연성 가스가 점화되지 아니하는 것이 점화시험, 기타 방법에 의하여 확인된 구조이다.

32 천연가스의 비중측정 방법은?

① 분젠실링법 ② Soap Bubble 법
③ 라이트법 ④ 윤켈스법

해설

기체연료의 비중 시험
- 분젠실링법(비중계 이용)
- 라이트법(비중종 사용)
※ 윤켈스법 : 기체연료의 발열량 측정법

33 비열에 대한 설명으로 옳지 않은 것은?

① 정압비열은 정적비열보다 항상 크다.
② 물질의 비열은 물질의 종류와 온도에 따라 달라진다.
③ 비열비가 큰 물질일수록 압축 후의 온도가 더 높다.
④ 물은 비열이 작아 공기보다 온도를 증가시키기 어렵고 열용량도 적다.

정답 28 ① 29 ④ 30 ② 31 ② 32 ① 33 ④

> **해설**
> 물은 비열(4.2kJ/kg·K)이 높아서 온도를 높이기가 어렵다.
> ※ 물의 열용량=(물의 중량×물의 비열)(kJ/K)

34 고발열량과 저발열량의 값이 다르게 되는 것은 다음 중 주로 어떤 성분 때문인가?

① C　　　　　② H
③ O　　　　　④ S

> **해설**
> $H_2 + \frac{1}{2}O_2 \rightarrow H_2O \begin{bmatrix} m^3 \ (480kcal/kg) \\ kg \ (600kcal/kg) \end{bmatrix}$
> • 고위발열량 − 저위발열량 : H_2O의 증발열(수증기 응축열)

35 폭굉(Detonation)에 대한 설명으로 가장 옳지 않은 것은?

① 가연성 기체와 공기가 혼합하는 경우에 넓은 공간에서 주로 발생한다.
② 화재로의 파급효과가 적다.
③ 에너지 방출속도는 물질전달속도의 영향을 받는다.
④ 연소파를 수반하고 난류확산의 영향을 받는다.

> **해설**
> 폭굉 화염전파 속도는 1~3.5km/s로 연소 시보다 압력이 2배 정도 높다. 화재로서의 파급효과가 매우 크다.
> 특징은 ①, ③, ④항이며 기타 점화원의 에너지가 강할수록, 압력이 높을수록 폭굉 유도거리가 짧아진다.

36 불활성화 방법 중 용기의 한 개구부로 불활성가스를 주입하고 다른 개구부로부터 대기 또는 스크레버로 혼합가스를 방출하는 퍼지방법은?

① 진공퍼지
② 압력퍼지
③ 스위프퍼지
④ 사이펀퍼지

> **해설**
> 스위프퍼지
> 불활성화 방법이며 용기의 한 개구부로 불활성가스를 주입하고 다른 개구부로부터 대기 또는 스크레버로 혼합가스를 방출하는 치환(퍼지)

37 이상기체와 실제기체에 대한 설명으로 틀린 것은?

① 이상기체는 기체 분자 간 인력이나 반발력이 작용하지 않는다고 가정한 가상적인 기체이다.
② 실제기체는 실제로 존재하는 모든 기체로 이상기체 상태방정식이 그대로 적용되지 않는다.
③ 이상기체는 저장용기의 벽에 충돌하여도 탄성을 잃지 않는다.
④ 이상기체상태방정식은 실제기체에서는 높은 온도, 높은 압력에서 잘 적용된다.

> **해설**
> 이상기체는 고압, 저온 시는 액화되거나 응고하지 않는다. 실제기체가 이상기체에 가까워지려면 압력을 낮추고 온도를 높이면 된다(저압, 고온).

38 고체연료의 고정층을 만들고 공기를 통하여 연소시키는 방법은?

① 화격자 연소　　② 유동층 연소
③ 미분탄 연소　　④ 훈연 연소

> **해설**
> 화격자연소
> 석탄, 고체연료 등의 고체연료의 고정층을 만들고 공기를 통하여 연소시키는 방법이다.
> ※ 고체연료의 연소방식
> • 화격자 연소
> • 미분탄 연소
> • 유동층 연소

정답 34 ② 35 ② 36 ③ 37 ④ 38 ①

39 연소범위는 다음 중 무엇에 의해 주로 결정되는가?

① 온도, 부피
② 부피, 비중
③ 온도, 압력
④ 압력, 비중

해설
연료의 연소범위 결정요인 : 온도나 압력에 의해 결정된다.

40 부탄(C_4H_{10}) $2Sm^3$를 완전연소시키기 위하여 약 몇 Sm^3의 산소가 필요한가?

① 5.8
② 8.9
③ 10.8
④ 13.0

해설
부탄가스(C_4H_{10}) + $6.5O_2$ → $4CO_2$ + $5H_2O$
$1m^3 + 6.5m^3 → 4m^3 + 5m^3$
$2m^3 + (6.5×2) → 8m^3 + 10m^3$

3과목 가스설비

41 브롬화메틸 30톤(T = 110℃), 펩탄 50톤(T = 120℃), 시안화수소 20톤(T = 100℃)이 저장되어 있는 고압가스 특정제조시설의 안전구역 내 고압가스 설비의 연소열량은 약 몇 kcal인가?(단, T는 상용온도를 말한다.)

〈상용온도에 따른 K의 수치〉

상용온도(℃)	40 이상 70 미만	70 이상 100 미만	100 이상 130 미만	130 이상 160 미만
브롬화메틸	12,000	23,000	32,000	42,000
펩탄	84,000	240,000	401,000	550,000
시안화수소	59,000	124,000	178,000	255,000

① $6.2×10^7$
② $5.2×10^7$
③ $4.9×10^6$
④ $2.5×10^6$

해설
브롬화메틸(110℃) : 32,000kcal
펩탄(120℃) : 401,000kcal
시안화수소(100℃) : 178,000kcal

$$\frac{(32,000×30) + (401,000×50) + (178,000×20)}{30+50+20}$$

≒ 250,000kcal/ton($2.5×10^6$kcal)

42 왕복식 압축기에서 체적효율에 영향을 주는 요소로서 가장 거리가 먼 것은?

① 클리어런스
② 냉각
③ 토출밸브
④ 가스 누설

해설
압축기 → 토출밸브 → 응축기
(토출밸브는 압축가스를 응축기로 공급하는 밸브이다.)

43 온도 T_2인 저온체에서 흡수한 열량을 q_2, 온도 T_1인 고온체에서 버린 열량을 q_1이라 할 때 냉동기의 성능계수는?

① $\frac{q_1 - q_2}{q_1}$
② $\frac{q_2}{q_1 - q_2}$
③ $\frac{T_1 - T_2}{T_1}$
④ $\frac{T_1}{T_1 - T_2}$

해설
성적계수(COP) = $\frac{냉동력}{이론적 소요동력}$ = $\frac{Q_2}{Q_1 - Q_2}$
실제성적계수(COP') = COP×압축효율×기계효율

44 액화석유가스충전사업자는 액화석유가스를 자동차에 고정된 용기에 충전하는 경우에 허용오차를 벗어나 정량을 미달되게 공급해서는 아니 된다. 이때, 허용오차의 기준은?

① 0.5%
② 1%
③ 1.5%
④ 2%

정답 39 ③ 40 ④ 41 ④ 42 ③ 43 ② 44 ③

해설
자동차용 LPG 용기충전 시 허용오차 1.5% 미달되게 공급해서는 아니 된다.

45 매몰 용접형 가스용 볼밸브 중 퍼지관을 부착하지 아니한 구조의 볼밸브는?

① 짧은 몸통형
② 일체형 긴 몸통형
③ 용접형 긴 몸통형
④ 소코렛(Sokolet)식 긴 몸통형

해설
매몰 용접형 가스용 볼밸브 중 퍼지관을 부착하지 아니한 볼밸브 : 짧은 몸통형 구조

46 아세틸렌 제조설비에서 제조공정 순서로서 옳은 것은?

① 가스청정기 → 수분제거기 → 유분제거기 → 저장탱크 → 충전장치
② 가스발생로 → 쿨러 → 가스청정기 → 압축기 → 충전장치
③ 가스반응로 → 압축기 → 가스청정기 → 역화방지기 → 충전장치
④ 가스발생로 → 압축기 → 쿨러 → 건조기 → 역화방지기 → 충전장치

해설
가스발생로 [주수식/침지식/투입식] → 쿨러 → 가스청정기 → 압축기 → 충전장치

47 차량에 고정된 탱크의 저장능력을 구하는 식은?(단, V : 내용적, P : 최고 충전압력, C : 가스종류에 따른 정수, d : 상용온도에서의 액비중이다.)

① $10PV$
② $(10P+1)V$
③ $\dfrac{V}{C}$
④ $0.9dV$

해설
저장능력(차량용) = $\dfrac{V}{C}$ (kg)
저장능력(Q) = $(P+1)V_1$ (m³)
저장능력(W) = $0.9dV_2$ (kg)
※ V_1, V_2 (내용적 : m³)

48 수소를 공업적으로 제조하는 방법이 아닌 것은?

① 수전해법
② 수성가스법
③ LPG분해법
④ 석유 분해법

해설
수소가스 제조법
• 실험적제법 ─ 물의 전기분해법(수전해법)
• 공업적제법 ─ 수성가스법
  ─ 석탄 완전가스화법
  ─ 일산화탄소 전화법
  ─ 석유분해법
  ─ 천연가스 분해법
  ─ 암모니아 분해법

49 펌프의 특성 곡선상 체절운전(체절양정)이란 무엇인가?

① 유량이 0일 때의 양정
② 유량이 최대일 때의 양정
③ 유량이 이론값일 때의 양정
④ 유량이 평균값일 때의 양정

해설
펌프의 체질양정 : 유량이 0일 때 양정이다.

정답 45 ① 46 ② 47 ③ 48 ③ 49 ①

50 고압으로 수송하기 위해 압송기가 필요한 프로세스는?

① 사이클링식 접촉분해 프로세스
② 수소화 분해 프로세스
③ 대체천연가스 프로세스
④ 저온 수증기개질 프로세스

해설
사이클링식 접촉분해 프로세스
도시가스 원료의 송입방법 분류이며 기타 연속식, 배치식이 있다
(사이클링식은 공급압력을 높여주는 압송기가 필요하다).

---

51 부식방지 방법에 대한 설명으로 틀린 것은?

① 금속을 피복한다.
② 선택배류기를 접속시킨다.
③ 이종의 금속을 접촉시킨다.
④ 금속표면의 불균일을 없앤다.

해설
부식을 방지하려면 이종 간의 금속의 접촉을 피하여 설비한다.

---

52 가스레인지의 열효율을 측정하기 위하여 주전자에 순수 1,000g을 넣고 10분간 가열하였더니 처음 15℃인 물의 온도가 70℃가 되었다. 이 가스레인지의 열효율은 약 몇 %인가?(단, 물의 비열은 1kcal/kg · ℃, 가스 사용량은 0.008m³, 가스 발열량은 13,000kcal/m³이며, 온도 및 압력에 대한 보정치는 고려하지 않는다.)

① 38   ② 43
③ 48   ④ 53

해설
- 물의 현열(Q_1) = 1,000g×1kcal/kg℃×(70−15)℃
   = 55,000kcal = 55kcal
- 가스공급열(Q_2) = 0.008×13,000 = 104kcal
※ 가스레인지 효율(η) = $\frac{55}{104}$ ×100 = 53%

---

53 도시가스에 냄새가 나는 부취제를 첨가하는데, 공기 중 혼합비율의 용량으로 얼마의 상태에서 감지할 수 있도록 첨가하고 있는가?

① 1/1,000   ② 1/2,000
③ 1/3,000   ④ 1/5,000

해설
도시가스 부취제 공급량 : 도시가스 양의 $\frac{1}{1,000}$ 정도 혼입

- 부취제 ┬ THT(석탄가스 냄새)
         ├ TBM(양파 썩는 냄새)
         └ DMS(마늘 냄새)

---

54 다음 [보기]에서 설명하는 합금원소는?

[보기]
- 담금질 깊이를 깊게 한다.
- 크리프 저항과 내식성을 증가시킨다.
- 뜨임 메짐을 방지한다.

① Cr   ② Si
③ Mo   ④ Ni

해설
몰리브덴(Mo)
특수강의 열처리를 위한 재료이며 뜨임 취성방지, 고온에서 인장강도 및 경도증가, 담금질 깊이를 깊게 하고 크리프 저항과 내식성 증가

---

55 피셔(Fisher)식 정압기에 대한 설명으로 틀린 것은?

① 파일롯 로딩형 정압기와 작동원리가 같다.
② 사용량이 증가하면 2차 압력이 상승하고 구동 압력은 저하한다.
③ 정특성 및 동특성이 양호하고 비교적 간단하다.
④ 닫힘 방향의 응답성을 향상시킨 것이다.

해설
정압기 ┬ 피셔식(로딩형)
       ├ 엑셀−플로우식(변칙로딩형)
       └ 레이놀드식(언−로드형)
①, ②, ④는 피셔식 정압기 특성이다.

정답 50 ① 51 ③ 52 ④ 53 ① 54 ③ 55 ②

56 다기능 가스안전계량기(마이콤 미터)의 작동 성능이 아닌 것은?

① 유량 차단성능
② 과열 차단성능
③ 압력저하 차단성능
④ 연속사용시간 차단성능

해설
다기능 가스안전계량기 작동성능은 ①, ③, ④ 외에도 증가유량차단기능, 미소누출 검지기능, 미소사용유량 등록기능 등이 있다.

57 수소 압축가스 설비란 압축기로부터 압축된 수소가스를 저장하기 위한 것으로서 설계압력이 얼마를 초과하는 압력용기를 말하는가?

① 9.8MPa
② 41MPa
③ 49MPa
④ 98MPa

해설
수소 압축가스 설비에서 수소가스 저장 설계압력용기 : 41MPa(410kgf/cm²) 초과 용기가 필요하다.

58 시동하기 전에 프라이밍이 필요한 펌프는?

① 터빈펌프
② 기어펌프
③ 플린저펌프
④ 피스톤펌프

해설
프라이밍(공기배출기능)이 필요한 펌프
원심식 펌프 ─ 볼류트 펌프
         └ 터빈 펌프

59 다음 금속재료에 대한 설명으로 틀린 것은?

① 강에 P(인)의 함유량이 많으면 신율, 충격치는 저하된다.
② 18% Cr, 8% Ni을 함유한 강을 18−8스테인리스강이라 한다.
③ 금속가공 중에 생긴 잔류응력을 제거할 때에는 열처리를 한다.
④ 구리와 주석의 합금은 황동이고, 구리와 아연의 합금은 청동이다.

해설
금속재료
- 황동 : 구리+아연
- 청동 : 구리+주석
- 함석 : 철+아연
- 양철 : 철+주석

60 염화수소(HCl)에 대한 설명으로 틀린 것은?

① 폐가스는 대량의 물로 처리한다.
② 누출된 가스는 암모니아수로 알 수 있다.
③ 황색의 자극성 냄새를 갖는 가연성 기체이다.
④ 건조 상태에서는 금속을 거의 부식시키지 않는다.

해설
염화수소(독성가스)
- 허용농도 5ppm 맹독성 가스(TLV−TWA 기준)
- 자극성 냄새이며 무색의 불연성 기체
- 암모니아와 접촉하면 염화암모늄 흰 연기 발생
  $HCl + NH_3 \rightarrow NH_4Cl$(흰 연기)

4과목　가스안전관리

61 가스의 종류와 용기 도색의 구분이 잘못된 것은?

① 액화암모니아 : 백색
② 액화염소 : 갈색
③ 헬륨(의료용) : 자색
④ 질소(의료용) : 흑색

해설
의료용 헬륨 : 용기 도색(갈색)

62 가스시설과 관련하여 사람이 사망한 사고 발생 시 규정상 도시가스사업자는 한국가스안전공사에 사고발생 후 얼마 이내에 서면으로 통보하여야 하는가?

① 즉시
② 7일 이내
③ 10일 이내
④ 20일 이내

정답 56 ② 57 ② 58 ① 59 ④ 60 ③ 61 ③ 62 ④

해설
가스시설에서 사람이 사망한 사고 신고기간 : 20일 이내에 한국가스안전공사에 서면 통보

63 독성가스 운반차량의 뒷면에 완충장치로 설치하는 범퍼의 설치기준은?

① 두께 3mm 이상, 폭 100mm 이상
② 두께 3mm 이상, 폭 200mm 이상
③ 두께 5mm 이상, 폭 100mm 이상
④ 두께 5mm 이상, 폭 200mm 이상

해설
독성가스 운반차량 뒷면 완충장치로 설치하는 범퍼의 설치기준 : 두께 5mm 이상, 폭 100mm 이상

64 특수고압가스가 아닌 것은?

① 디실란
② 삼불화인
③ 포스겐
④ 액화알진

해설
- 특수고압가스 종류 : 압축모노실란, 압축디보레인, 액화알진, 포스핀, 세렌화수소, 게르만, 디실란 등
- 포스겐 : 독성가스

65 저장탱크에 의한 LPG 저장소에서 액화석유가스 저장탱크의 저장능력은 몇 ℃에서의 액 비중을 기준으로 계산하는가?

① 0℃
② 4℃
③ 15℃
④ 40℃

해설
LPG 저장탱크 저장소 저장탱크 저장능력 액비중 기준온도 : 40℃

66 안전관리 수준평가의 분야별 평가항목이 아닌 것은?

① 안전사고
② 비상사태 대비
③ 안전교육 훈련 및 홍보
④ 안전관리 리더십 및 조직

해설
안전관리 평가수준 항목(도시가스사업법 시행규칙 별표 7의2)
②, ③, ④ 외 가스사고, 운영관리, 시설관리 등이다.

67 산소 제조 및 충전의 기준에 대한 설명으로 틀린 것은?

① 공기액화분리장치기에 설치된 액화산소통 안의 액화산소 5L 중 탄화수소의 탄소질량이 500mg 이상이면 액화산소를 방출한다.
② 용기와 밸브 사이에는 가연성 패킹을 사용하지 않는다.
③ 피로갈롤 시약을 사용한 오르자트법 시험 결과 순도가 99% 이상이어야 한다.
④ 밀폐형의 수전해조에는 액면계와 자동급수장치를 설치한다.

해설
가스품질검사
- 산소 : 동암모니아 시약(순도 99.5% 이상)
- 아세틸렌 : 발연황산시약(순도 98% 이상)
- 수소 : 피로갈롤 시약(순도 98.5% 이상)

68 에틸렌에 대한 설명으로 틀린 것은?

① 3중 결합을 가지므로 첨가반응을 일으킨다.
② 물에는 거의 용해되지 않지만 알코올, 에테르에는 용해된다.
③ 방향을 가지는 무색의 가연성 가스이다.
④ 가장 간단한 올레핀계 탄화수소이다.

정답 63 ③ 64 ③ 65 ④ 66 ① 67 ③ 68 ①

해설

에틸렌(C_2H_4)의 특징

②, ③, ④ 외에도
- 폭발범위 2.7~36% 가연성 가스이다.
- 가장 간단한 올레핀계 탄화수소가스이다.
- 2중 결합을 가지므로 각종 부가반응을 일으킨다.

69 액화석유가스를 용기에 의하여 가스소비자에게 공급할 때의 기준으로 옳지 않은 것은?

① 공급설비를 가스공급자의 부담으로 설치한 경우 최초의 안전공급 계약기간은 주택은 2년 이상으로 한다.
② 다른 가스공급자와 안전공급계약이 체결된 가스소비자에게는 액화석유가스를 공급할 수 없다.
③ 안전공급계약을 체결한 가스공급자는 가스소비자에게 지체 없이 소비설비 안전점검표를 발급하여야 한다.
④ 동일 건축물 내 여러 가스소비자에게 하나의 공급설비로 액화석유가스를 공급하는 가스공급자는 그 가스 소비자의 대표자와 안전공급계약을 체결할 수 있다.

해설
액화석유가스(LPG)를 용기에 의해 가스소비자에게 공급 시 다른 가스공급자와 안전공급계약이 체결된 가스소비자에게도 LPG 공급이 가능하다.

70 가스안전사고 원인을 정확히 분석하여야 하는 가장 주된 이유는?

① 산재보험금 처리
② 사고의 책임소재 명확화
③ 부당한 보상금의 지급 방지
④ 사고에 대한 정확한 예방대책 수립

해설
가스안전사고 원인 분석의 목적은 사고에 대한 정확한 예방대책 수립이다.

71 지상에 설치하는 액화석유가스의 저장탱크 안전밸브에 가스방출관을 설치하고자 한다. 저장탱크의 정상부가 지상에서 8m일 경우 방출구의 높이는 지면에서 몇 m 이상이어야 하는가?

① 8   ② 10
③ 12   ④ 14

해설

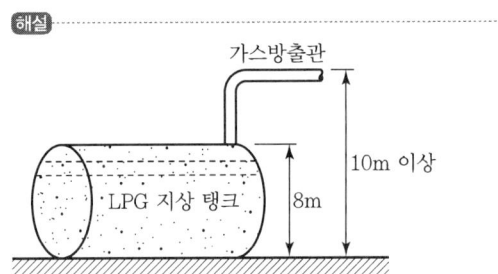

72 독성가스 충전용기 운반 시 설치하는 경계표시는 차량구조상 정사각형으로 표시할 경우 그 면적을 몇 cm^2 이상으로 하여야 하는가?

① 300   ② 400
③ 500   ④ 600

해설

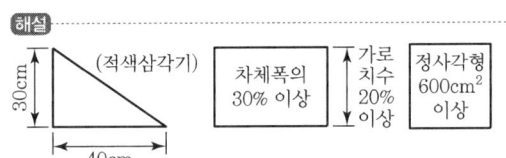

73 고압가스 저장시설에서 사업소 밖의 지역에 고압의 독성가스 배관을 노출하여 설치하는 경우 학교와 안전 확보를 위하여 필요한 유지거리의 기준은?

① 40m
② 45m
③ 72m
④ 100m

정답 69 ② 70 ④ 71 ② 72 ④ 73 ③

학교 : 제1종 보호시설구역

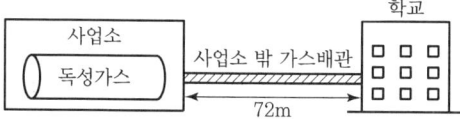

해설
10L 초과 아세틸렌 용기 다공질에 다공도 범위는 75~92% 미만이며 용제는 아세톤[$(CH_3)_2CO$], 디메틸 포름아미드[$HCON(CH_3)_2$]를 사용한다.
※ 다공도(90~92% 이하: 43.7% 이하, 85~90% 미만: 42.8% 이하, 80~85% 미만: 40.3% 이하, 75~80% 미만: 37.8% 이하)

74 납붙임 용기 또는 접합 용기에 고압가스를 충전하여 차량에 적재할 때에는 용기의 이탈을 막을 수 있도록 어떠한 조치를 취하여야 하는가?

① 용기에 고무링을 씌운다.
② 목재 칸막이를 한다.
③ 보호망을 적재함 위에 씌운다.
④ 용기 사이에 패킹을 한다.

해설

77 액화석유가스 저장탱크를 지상에 설치하는 경우 저장능력이 몇 톤 이상일 때 방류둑을 설치해야 하는가?

① 1,000
② 2,000
③ 3,000
④ 5,000

해설
액화석유가스 가연성 가스 저장능력 : 1,000톤 이상이면 방류둑 설치가 필요하다.

75 액화석유가스 용기용 밸브의 기밀시험에 사용되는 기체로서 가장 부적당한 것은?

① 헬륨
② 암모니아
③ 질소
④ 공기

해설
암모니아(NH_3) 가스는 독성, 가연성 가스이므로 기밀시험용 기체로서는 부적당하다.

78 고압가스 제조시설에서 초고압이란?

① 압력을 받는 금속부의 온도가 −50℃ 이상 350℃ 이하인 고압가스 설비의 상용압력 19.6MPa을 말한다.
② 압력을 받는 금속부의 온도가 −50℃ 이상 350℃ 이하인 고압가스 설비의 상용압력 98MPa을 말한다.
③ 압력을 받는 금속부의 온도가 −50℃ 이상 450℃ 이하인 고압가스 설비의 상용압력 19.6MPa을 말한다.
④ 압력을 받는 금속부의 온도가 −50℃ 이상 450℃ 이하인 고압가스 설비의 상용압력 98MPa을 말한다.

해설
고압가스 제조시설 초고압 기준: 금속부위 온도가 −50℃ 이상~350℃ 이하에서 설비의 상용압력 98MPa(980kgf/cm²)

76 내용적이 50L인 아세틸렌 용기의 다공도가 75% 이상, 80% 미만일 때 디메틸포름아미드의 최대 충전량은?

① 36.3% 이하
② 37.8% 이하
③ 38.7% 이하
④ 40.3% 이하

정답 74 ③ 75 ② 76 ② 77 ① 78 ②

79 고압가스 충전시설에서 2개 이상의 저장탱크에 설치하는 집합 방류둑의 용량이 [보기]와 같을 때 칸막이로 분리된 방류둑의 용량(m^3)은?

[보기]
- 집합 방류둑의 총용량 : 1,000m^3
- 각 저장탱크별 저장탱크 상당용적 : 300m^3
- 집합 방류둑 안에 설치된 저장탱크의 저장능력 상당능력 총합 : 800m^3

① 300 ② 325
③ 350 ④ 375

80 액화석유가스 사용시설에 설치되는 조정압력 3.3kPa 이하인 조정기의 안전장치 작동정지압력의 기준은?

① 7kPa ② 5.6~8.4kPa
③ 5.04~8.4kPa ④ 9.9kPa

[해설]
3.3kPa 이하 ─┬─ 작동표준압력:7kPa
             ├─ 작동개시압력:5.6~8.4kPa
             └─ 작동정지압력:5.04~8.4kPa

5과목 가스계측

81 물이 흐르고 있는 관 속에 피토관(Pitot Tube)을 수은이 든 U자 관에 연결하여 전압과 정압을 측정하였더니 75mm의 액면 차이가 생겼다. 피토관 위치에서의 유속은 약 몇 m/s인가?

① 3.1 ② 3.5
③ 3.9 ④ 4.3

[해설]
유속(V) = $\sqrt{2gh(\frac{r_0}{r}-1)}$
= $\sqrt{2 \times 9.8 \times (\frac{75}{10^3}) \times (\frac{13.6}{1}-1)}$ = 4.3m/s

※ 수은의 밀도 : 13.6
물의 밀도 : 1, 75mmHg=0.075mHg

82 램버트–비어의 법칙을 이용한 것으로 미량 분석에 유용한 화학분석법은?

① 적정법 ② GC법
③ 분광광도법 ④ ICP법

[해설]
분광광도법
램버트–비어의 법칙을 이용한 미량의 가스분석법이며 구성은 광원부, 파장선택부, 시료부, 측정부이다.

83 오르자트 가스분석 장치로 가스를 측정할 때의 순서로 옳은 것은?

① 산소 → 일산화탄소 → 이산화탄소
② 이산화탄소 → 산소 → 일산화탄소
③ 이산화탄소 → 일산화탄소 → 산소
④ 일산화탄소 → 산소 → 이산화탄소

[해설]
오르자트 가스분석장치 ─┬─ CO_2 : KOH 33% 용액
                       ├─ O_2 : 알칼리성 피로카롤 용액
                       └─ CO : 암모니아성 염화제1동 용액

84 가스계량기의 설치에 대한 설명으로 옳은 것은?

① 가스계량기는 화기와 1m 이상의 우회거리를 유지한다.
② 설치높이는 바닥으로부터 계량기 지시장치의 중심까지 1.6m 이상 2.0m 이내에 수직·수평으로 설치한다.
③ 보호상자 내에 설치할 경우 바닥으로부터 1.6m 이상 2.0m 이내에 수직·수평으로 설치한다.
④ 사람이 거처하는 곳에 설치할 경우에는 격납상자에 설치한다.

정답 79 ④ 80 ③ 81 ④ 82 ③ 83 ② 84 ②

해설

```
가스
계량기 ─(GM)─┐
              │ 1.6~2.0m 이내
              │ 수직·수평
              └── 바닥
```

※ 보호상자 내에는 우회거리가 필요없다.

85 연소기기에 대한 배기가스 분석의 목적으로 가장 거리가 먼 것은?

① 연소상태를 파악하기 위하여
② 배기가스 조성을 알기 위해서
③ 열정산의 자료를 얻기 위하여
④ 시료가스 채취장치의 작동상태를 파악하기 위해

해설
연소기 배기가스 분석목적은 ①, ②, ③ 외에도 공기비가 파악되고 CO_2, CO, O_2의 검출이 가능하다.

86 액체의 정압과 공기 압력을 비교하여 액면의 높이를 측정하는 액면계는?

① 기포관식 액면계   ② 차동변압식 액면계
③ 정전용량식 액면계   ④ 공진식 액면계

해설
기포관식 액면계(간접식)
액체의 높이와 공기압력을 비교하여 액면의 높이가 측정된다. 비교적 측정이 가능하고 모든 액체의 액면 측정이 가능하다.

87 압력 계측기기 중 직접 압력을 측정하는 1차 압력계에 해당하는 것은?

① 부르동관 압력계   ② 벨로즈 압력계
③ 액주식 압력계   ④ 전지저항 압력계

해설
직접 압력(저압용)을 측정하는 1차 압력계는 액주식 압력계(마노미터, U자관 등)이다.

88 루트(Roots)가스미터의 특징에 해당되지 않는 것은?

① 여과기 설치가 필요하다.
② 설치면적이 크다.
③ 대유량 가스측정에 적합하다.
④ 중압가스의 계량이 가능하다.

해설
루트식 가스미터기(실측 회전식)는 대용량 측정용이며 설치스페이스가 작다.
※ 습식과 막식은 설치스페이스가 크다.

89 가스미터의 구비조건으로 거리가 먼 것은?

① 소형으로 용량이 작을 것
② 기차의 변화가 없을 것
③ 감도가 예민할 것
④ 구조가 간단할 것

해설
가스미터기는 소형이면서 용량이 커야 한다.

90 온도가 21℃에서 상대습도 60%의 공기를 압력은 변화하지 않고 온도를 22.5℃로 할 때, 공기의 상대습도는 약 얼마인가?

온도(℃)	물의 포화증기압(mmHg)
20	16.54
21	17.23
22	19.12
23	20.41

① 52.30%   ② 53.63%
③ 54.13%   ④ 55.95%

해설
- 21℃ 60% 수증기분압 = $17.23 \times 0.6 = 10.338$ mmHg
- 22.5℃에서 물의 포화수증기압

$$= 19.12 + \frac{22.5-22}{\left(\frac{23-22}{20.41-19.12}\right)} = 19.12 + \frac{0.5}{\left(\frac{1}{1.29}\right)}$$

$$= 19.765 \text{ mmHg}$$

∴ 22.5℃에서 상대습도 $(\phi) = \frac{10.338}{19.765} \times 100 = 52.3\%$

정답 85 ④ 86 ① 87 ③ 88 ② 89 ① 90 ①

91 잔류편차(Off-set)가 없고 응답상태가 빠른 조절 동작을 위하여 사용하는 제어방식은?

① 비례(P)동작
② 비례적분(PI)동작
③ 비례미분(PD)동작
④ 비례적분미분(PID)동작

해설

PID연속동작 ┬ 잔류편차 제거
　　　　　　└ 응답상태가 빠름

92 NOx를 분석하기 위한 화학발광검지기는 Carrier가스가 고온으로 유지된 반응관 내에 시료를 주입시키면, 시료 중의 질소화합물은 열분해된 후 O_2가스에 의해 산화되어 NO 상태로 된다. 생성된 NO Gas를 무슨 가스와 반응시켜 화학발광을 일으키는가?

① H_2　　② O_2
③ O_3　　④ N_2

해설

NOx(질소산화물) 화학발광 검지기
캐리어 가스가 고온에서 N_2 화합물은 열분해되어 산소가스에 의해 NO가 되고 생성된 NO가스는 오존(O_3)과 화학발광을 일으킨다.

93 액체산소, 액체질소 등과 같이 초저온 저장탱크에 주로 사용되는 액면계는?

① 마그네틱 액면계
② 햄프슨식 액면계
③ 벨로즈식 액면계
④ 슬립튜브식 액면계

해설

햄프슨식 액면계
액체산소, 액체질소 등 비점이 낮은 초저온 저장탱크에 사용한다. 일명 차압식 액면계이며 자동 액면제어장치에 유용하다.

94 1차 제어장치가 제어량을 측정하고 2차 조절계의 목푯값을 설정하는 것으로서 외란의 영향이나 낭비시간 지연이 큰 프로세서에 적용되는 제어방식은?

① 캐스케이드제어　② 정치제어
③ 추치제어　　　　④ 비율제어

해설

캐스케이드제어
1차 조절계, 2차 조절계의 겸용제어이다. 출력 측에 낭비시간이나 지연이 큰 프로세스용이다.

제어방식 ┬ 정치제어
　　　　　├ 추치제어
　　　　　└ 캐스케이드제어

95 광고온계의 특징에 대한 설명으로 틀린 것은?

① 비접촉식으로는 아주 정확하다.
② 약 3,000℃까지 측정이 가능하다.
③ 방사온도계에 비해 방사율에 의한 보정량이 적다.
④ 측정 시 사람의 손이 필요 없어 개인오차가 적다.

해설

광고온도계는 단점이 사람의 손이 필요하고 오차가 커서 여러 번 반복하여 평균치를 내어야 정밀도가 우수하다.

96 0℃에서 저항이 120Ω이고 저항온도계수가 0.0025인 저항온도계를 어떤 노 안에 삽입하였을 때 저항이 216Ω이 되었다면 노 안의 온도는 약 몇 ℃인가?

① 125　　② 200
③ 320　　④ 534

해설

온도$(t) = \dfrac{R - R_o}{R_o \times a} = \dfrac{216 - 120}{120 \times 0.0025} = \dfrac{96}{0.3} = 320℃$

정답 91 ④　92 ③　93 ②　94 ①　95 ④　96 ③

97 기체 크로마토그래피에서 사용되는 캐리어 가스에 대한 설명으로 틀린 것은?

① 헬륨, 질소가 주로 사용된다.
② 시료분자의 확산을 가능한 크게 하여 분리도를 높게 한다.
③ 시료에 대하여 불활성이어야 한다.
④ 사용하는 검출기에 적합하여야 한다.

해설
캐리어 가스
수소(H_2), 헬륨(He), 아르곤(Ar), 질소(N_2)이며 시료의 확산을 최소로 할 수 있어야 한다. 기체 크로마토 그래피구성은 분리관, 검출기, 기록계 등이다.

98 기체 크로마토그래피에 사용되는 모세관 칼럼 중 모세관 내부를 규조토와 같은 고체지지체 물질로 얇은 막으로 입히고 그 위에 액체 정지상이 흡착되어 있는 것은?

① FSOT ② 충전칼럼
③ WCOT ④ SCOT

해설
SCOT(모세관 칼럼) 분리관에서 모세관 내부를 규조토와 같은 고체지지체 물질로 얇은 막으로 입히고 그 위에 액체 정지상이 흡착된다.

99 벤젠, 톨루엔, 메탄의 혼합물을 기체 크로마토그래피에 주입하였다. 머무름이 없는 메탄은 42초에 뾰족한 피크를 보이고 벤젠은 251초, 톨루엔은 335초에 용리하였다. 두 용질의 상대 머무름은 약 얼마인가?

① 1.1 ② 1.2
③ 1.3 ④ 1.4

해설
- 지속유량 = $\dfrac{유량 \times 피크길이}{기록지속도}$
- 이론단수 = $16 \times \left(\dfrac{T_r}{w}\right)^2$
- 분리도 = $\dfrac{2(t_2 - t_1)}{w_1 + w_2}$
- 이론단높이 = $\dfrac{L}{N}$
- 캐리어가스 유속 = $\dfrac{지속유량}{지속시간}$

$251 - 42 = 209$
$335 - 42 = 293$
∴ 용질의 상대 머무름 = $\dfrac{293}{209} = 1.40$

100 10^{15}를 의미하는 계량단위 접두어는?

① 요타 ② 제타
③ 엑사 ④ 페타

해설
- 요타(yotta) : 10^{24}
- 제타(zetta) : 10^{21}
- 엑사(exa) : 10^{18}
- 페타(peta) : 10^{15}

정답 97 ② 98 ④ 99 ④ 100 ④

APPENDIX II

Engineer Gas

CBT 실전모의고사

제1회 CBT 실전모의고사
제2회 CBT 실전모의고사
제3회 CBT 실전모의고사

1과목 가스유체역학

01 성능이 동일한 n대의 펌프를 서로 병렬로 연결하고 원래와 같은 양정에서 작동시킬 때 유체의 토출량은?

① $\frac{1}{n}$로 감소한다.
② n배로 증가한다.
③ 원래와 동일하다.
④ $\frac{1}{2n}$로 감소한다.

02 안지름 250mm인 관이 안지름 400mm인 관으로 급확대되어 있을 때 유량 230L/s가 흐르면 손실수두는?

① 0.117m
② 0.217m
③ 0.317m
④ 0.416m

03 안지름 D인 실린더 속에 물이 가득 채워져 있고, 바깥지름 $0.8D$인 피스톤이 0.1m/s의 속도로 주입되고 있다. 이때 실린더와 피스톤 사이로 역류하는 물의 평균속도는 약 몇 m/s인가?

① 0.178
② 0.213
③ 0.313
④ 0.413

04 지름 50mm, 길이 800m인 매끈한 수평파이프를 통하여 매분 135L의 기름이 흐르고 있을 때, 파이프 양 끝단의 압력 차이는 몇 kgf/cm²인가?(단, 기름의 비중은 0.92이고 점성계수는 0.56Poise이다.)

① 0.19
② 0.94
③ 6.7
④ 58.49

05 압력 P_1에서 체적 V_1을 갖는 어떤 액체가 있다. 압력을 P_2로 변화시키고 체적이 V_2가 될 때, 압력 차이(P_2-P_1)를 구하면?(단, 액체의 체적탄성계수는 K이다.)

① $-K\left(1-\dfrac{V_2}{V_1-V_2}\right)$
② $K\left(1-\dfrac{V_2}{V_1-V_2}\right)$
③ $-K\left(1-\dfrac{V_2}{V_1}\right)$
④ $K\left(1-\dfrac{V_2}{V_1}\right)$

06 정압비열 $C_p = 0.2\,\text{kcal/kg} \cdot \text{K}$, 비열비 $k = 1.33$인 기체의 기체상수 R은 몇 kcal/kg·K인가?

① 0.04
② 0.05
③ 0.06
④ 0.07

07 980cSt의 동점도(Kinematic Viscosity)는 몇 m^2/s인가?

① 10^{-4}
② 9.8×10^{-4}
③ 1
④ 9.8

08 유체를 연속체로 취급할 수 있는 조건은?

① 유체가 순전히 외력에 의하여 연속적으로 운동을 한다.
② 항상 일정한 전단력을 가진다.
③ 비압축성이며 탄성계수가 적다.
④ 물체의 특성길이가 분자 간의 평균자유행로보다 훨씬 크다.

09 압력의 차원을 절대단위계로 옳게 나타낸 것은?

① MLT^{-2}
② $ML^{-1}T^2$
③ $ML^{-2}T^{-2}$
④ $ML^{-1}T^{-2}$

10. 한 변의 길이가 a인 정삼각형의 단면을 갖는 파이프 내로 유체가 흐른다. 이 파이프의 수력반경(Hydraulic radius)은?

① $\dfrac{\sqrt{3}}{4}a$
② $\dfrac{\sqrt{3}}{8}a$
③ $\dfrac{\sqrt{3}}{12}a$
④ $\dfrac{\sqrt{3}}{16}a$

11. 부력에 대한 설명 중 틀린 것은?
① 부력은 유체에 잠겨 있을 때 물체에 대하여 수직 위로 작용한다.
② 부력의 중심을 부심이라 하고 유체의 잠긴 체적의 중심이다.
③ 부력의 크기는 물체 유체 속에 잠긴 체적에 해당하는 유체의 무게와 같다.
④ 물체가 액체 위에 떠 있을 때는 부력이 수직 아래로 작용한다.

12. 유선(Stream Line)에 대한 설명 중 가장 거리가 먼 내용은?
① 유체흐름 내 모든 점에서 유체흐름의 속도벡터의 방향을 갖는 연속적인 가상곡선이다.
② 유체흐름 중의 한 입자가 지나간 궤적을 말한다. 즉, 유선을 가로지르는 흐름에 관한 것이다.
③ x, y, z 방향에 대한 속도성분을 각각 u, v, w라고 할 때 유선의 미분방정식은 $\dfrac{dx}{u}=\dfrac{dy}{v}=\dfrac{dz}{w}$ 이다.
④ 정상유동에서 유선과 유적선은 일치한다.

13. 원관 내 흐름이 층류일 경우 유량이 반경의 4제곱과 압력기울기 $\dfrac{(P_1-P_2)}{L}$ 에 비례하고 점도에 반비례한다는 법칙은?
① Hagen-Poiseuille 법칙
② Reynolds 법칙
③ Newton 법칙
④ Fourier 법칙

14 다음 중 증기의 분류로 액체를 수송하는 펌프는?

① 피스톤펌프
② 제트펌프
③ 기어펌프
④ 수격펌프

15 다음 중 원심식 송풍기가 아닌 것은?

① 프로펠러 송풍기
② 다익 송풍기
③ 레이디얼 송풍기
④ 익형(Airfoil) 송풍기

16 유체역학에서 다음과 같은 베르누이 방정식이 적용되는 조건이 아닌 것은?

$$\frac{P}{r}+\frac{V^2}{2g}+Z=일정$$

① 적용되는 임의의 두 점은 같은 유선상에 있다.
② 정상상태의 흐름이다.
③ 마찰이 없는 흐름이다.
④ 유체흐름 중 내부에너지 손실이 있는 흐름이다.

17 절대압력 2kgf/cm², 온도 25℃인 산소의 비중량은 몇 N/m³인가?(단, 산소의 기체상수는 260J/kg·K이다.)

① 12.8
② 16.4
③ 24.8
④ 42.5

18 측정기기에 대한 설명으로 옳지 않은 것은?

① Piezometer : 탱크나 관 속의 작은 유압을 측정하는 액주계
② Micromanometer : 작은 압력차를 측정할 수 있는 압력계
③ Mercury Barometer : 물을 이용하여 대기 절대압력을 측정하는 장치
④ Inclined-tube Manometer : 액주를 경사시켜 계측의 감도를 높이는 압력계

19. 10℃의 산소가 속도 50m/s로 분출되고 있다. 이때의 마하(Mach) 수는?(단, 산소의 기체상수 R은 260m^2/s^2·K이고 비열비 k는 1.4이다.)
① 0.16
② 0.50
③ 0.83
④ 1.00

20. LPG 이송 시 탱크로리 상부를 가압하여 액을 저장탱크로 이송시킬 때 사용되는 동력장치는 무엇인가?
① 원심펌프
② 압축기
③ 기어펌프
④ 송풍기

2과목 연소공학

21 몰리에(Mollier) 선도에 대한 설명으로 옳은 것은?
① 압력과 엔탈피의 관계선도이다.
② 온도와 엔탈피의 관계선도이다.
③ 온도와 엔트로피의 관계선도이다.
④ 엔탈피와 엔트로피의 관계선도이다.

22 다음 중 이론공기량(Nm^3/kg)이 가장 적게 필요한 연료는?
① 역청탄
② 코크스
③ 고로가스
④ LPG

23 이상기체의 엔탈피 불변과정은?
① 가역 단열과정
② 비가역 단열과정
③ 교축과정
④ 등압과정

24 기체동력 사이클 중 2개의 단열과정과 2개의 등압과정으로 이루어진 가스터빈의 이상적인 사이클은?
① 카르노사이클(Carnot Cycle)
② 사바테사이클(Sabathe Cycle)
③ 오토사이클(Otto Cycle)
④ 브레이턴사이클(Brayton Cycle)

25 프로판가스의 연소과정에서 발생한 열량은 50,232MJ/kg이었다. 연소 시 발생한 수증기의 잠열이 8,372MJ/kg이면 프로판가스의 저발열량 기준 연소효율은 약 몇 %인가?(단, 연소에 사용된 프로판가스의 저발열량은 46,046MJ/kg이다.)
① 87
② 91
③ 93
④ 96

26. 202.65kPa, 25℃의 공기를 10.1325kPa으로 단열팽창시키면 온도는 약 몇 K인가?(단, 공기의 비열비는 1.4로 한다.)
   ① 126
   ② 154
   ③ 168
   ④ 176

27. 충격파가 반응매질 속으로 음속보다 느린 속도로 이동할 때를 무엇이라 하는가?
   ① 폭굉
   ② 폭연
   ③ 폭음
   ④ 정상연소

28. 프로판 연소 시 이론단열 불꽃온도가 가장 높을 때는?
   ① 20% 과잉공기로 연소하였을 때
   ② 50% 과잉공기로 연소하였을 때
   ③ 이론량의 공기로 연소하였을 때
   ④ 이론량의 순수산소로 연소하였을 때

29. 1kg의 기체가 압력 50kPa, 체적 $2.5m^3$의 상태에서 압력 1.2MPa, 체적 $0.2m^3$의 상태로 변화하였다. 이 과정에서 내부에너지가 일정하다면, 엔탈피의 변화량은 약 몇 kJ인가?
   ① 100
   ② 105
   ③ 110
   ④ 115

30. 과잉공기계수가 1.3일 때 $230Nm^3$의 공기로 탄소(C) 약 몇 kg을 완전연소시킬 수 있는가?
   ① 4.8kg
   ② 10.5kg
   ③ 19.9kg
   ④ 25.6kg

31. 방폭성능을 가진 전기기기 중 정상 및 사고(단선, 단락, 지락 등) 시에 발생하는 전기불꽃·아크 또는 고온부로 인하여 가연성 가스가 점화되지 않는 것이 점화시험, 기타 방법에 의하여 확인된 구조를 무엇이라고 하는가?
   ① 안전증방폭구조
   ② 본질안전방폭구조
   ③ 내압방폭구조
   ④ 압력방폭구조

32. 다음 [보기]에서 설명하는 연소형태로 가장 적절한 것은?

   [보기]
   • 연소실부하율을 높게 얻을 수 있다.
   • 연소실의 체적이나 길이가 짧아도 된다.
   • 화염면이 자력으로 전파되어 간다.
   • 버너에서 상류의 혼합기로 역화를 일으킬 염려가 있다.

   ① 증발연소
   ② 등심연소
   ③ 확산연소
   ④ 예혼합연소

33. 다음 중 단위 질량당 방출되는 화학적 에너지인 연소열(kJ/g)이 가장 낮은 것은?
   ① 메탄
   ② 프로판
   ③ 일산화탄소
   ④ 에탄올

34. 다음 중 비등액체팽창증기폭발(BLEVE ; Boiling Liquid Expansion Vapor Explosion ; BLEVE)의 발생조건과 무관한 것은?
   ① 가연성 액체가 개방계 내에 존재하여야 한다.
   ② 주위에 화재 등이 발생하여 내용물이 비점 이상으로 가열되어야 한다.
   ③ 입열에 의해 탱크 내압이 설계압력 이상으로 상승하여야 한다.
   ④ 탱크의 파열이나 균열에 의해 내용물이 대기 중으로 급격히 방출하여야 한다.

35. 메탄을 이론공기로 연소시켰을 때 생성물 중 질소의 분압은 약 몇 MPa인가?(단, 메탄과 공기는 0.1MPa, 25℃에서 공급되고 생성물의 압력은 0.1MPa이고, H_2O는 기체상태로 존재한다.)
   ① 0.0315
   ② 0.0493
   ③ 0.0603
   ④ 0.0715

36. 분진이 폭발하기 위하여 가져야 하는 특성으로 틀린 것은?
   ① 입자들은 일정 크기 이하이어야 한다.
   ② 부유된 입자의 농도가 어떤 한계 사이에 있어야 한다.
   ③ 부유된 분진은 반드시 금속이어야 한다.
   ④ 부유된 분진은 거의 균일하여야 한다.

37. 이상기체와 실제기체에 대한 설명으로 틀린 것은?
   ① 이상기체는 기체 분자 간 인력이나 반발력이 작용하지 않는다고 가정한 가상적인 기체이다.
   ② 실제기체는 실제로 존재하는 모든 기체로 이상기체상태방정식이 그대로 적용되지 않는다.
   ③ 이상기체는 저장용기의 벽에 충돌하여도 탄성을 잃지 않는다.
   ④ 이상기체상태방정식은 실제기체에서는 높은 온도, 높은 압력에서 잘 적용된다.

38. 다음 [보기]에서 열역학에 대한 설명으로 옳은 것을 모두 나열한 것은?

   [보기]
   ㉠ 기체에 기계적 일을 가하여 단열 압축시키면 일은 내부에너지로 기체 내에 축적되어 온도가 상승한다.
   ㉡ 엔트로피는 가역이면 항상 증가하고, 비가역이면 항상 감소한다.
   ㉢ 가스를 등온팽창시키면 내부에너지의 변화는 없다.

   ① ㉠
   ② ㉡
   ③ ㉠, ㉢
   ④ ㉡, ㉢

39 다음 확산화염의 여러 가지 형태 중 대향분류(對向噴流) 확산화염에 해당하는 것은?

① 연료 → 정지공기 / 화염면
② 공기 → / 연료 → / 공기 → 화염면
③ 연료 → | 화염면 ← 공기
④ 연료 → 화염 ← 공기

40 가스버너의 연소 중 화염이 꺼지는 현상과 거리가 먼 것은?
① 공기량의 변동이 크다.
② 공기연료비가 정상범위를 벗어났다.
③ 연료 공급라인이 불안정하다.
④ 점화에너지가 부족하다.

3과목 가스설비

41 공기 중 폭발하한계의 값이 가장 작은 것은?
① 수소
② 암모니아
③ 에틸렌
④ 프로판

42 수소가스의 용기에 의한 공급방법으로 가장 적절한 것은?
① 수소용기 → 압력계 → 압력조정기 → 압력계 → 안전밸브 → 차단밸브
② 수소용기 → 체크밸브 → 차단밸브 → 압력계 → 압력조정기 → 압력계
③ 수소용기 → 압력조정기 → 압력계 → 차단밸브 → 압력계 → 안전밸브
④ 수소용기 → 안전밸브 → 압력계 → 압력조정기 → 체크밸브 → 압력계

43 LNG 탱크 중 저온수축을 흡수하는 구조를 가진 금속박판을 사용한 탱크는?
① 금속제 멤브레인 탱크
② 프레스트래스트 콘크리트제 탱크
③ 동결식 반지하 탱크
④ 금속제 2중 구조 탱크

44 신규 용기에 대하여 팽창측정시험을 하였더니 전증가량이 100mL였다. 이 용기가 검사에 합격하려면 항구증가량은 몇 mL 이하여야 하는가?
① 5
② 10
③ 15
④ 20

45 왕복식 압축기에서 체적효율에 영향을 주는 요소로서 가장 거리가 먼 것은?
① 압축비
② 냉각
③ 토출밸브
④ 가스 누설

46. 가스조정기 중 2단 감압식 조정기의 장점이 아닌 것은?
   ① 조정기의 개수가 적어도 된다.
   ② 연소기구에 적합한 압력으로 공급할 수 있다.
   ③ 배관의 관경을 비교적 작게 할 수 있다.
   ④ 입상배관에 의한 압력강하를 보정할 수 있다.

47. LP 가스 소비설비에서 용기 개수 결정 시 고려할 사항으로 가장 거리가 먼 것은?
   ① 피크(Peak) 시의 기온   ② 소비자 가구 수
   ③ 1가구당 1일의 평균 가스소비량   ④ 감압방식의 결정

48. 중압식 공기분리장치에서 겔 또는 몰레큘러 – 시브(Moleculer Sieve)에 의하여 제거할 수 있는 가스는?
   ① 아세틸렌   ② 염소
   ③ 이산화탄소   ④ 이산화황

49. 합성천연가스(SNG) 제조 시 납사를 원료로 하는 메탄합성 공정과 관련이 적은 설비는?
   ① 탈황장치   ② 반응기
   ③ 수첨분해탑   ④ CO 변성로

50. 액화프로판 500kg을 내용적 60L의 용기에 충전하려면 몇 개의 용기가 필요한가?
   ① 5개   ② 10개
   ③ 15개   ④ 20개

51 용기용 밸브는 가스 충전구의 형식에 따라 A형, B형, C형의 3종류가 있다. 가스 충전구가 암나사로 되어 있는 것은?
① A형 ② B형
③ A, B형 ④ C형

52 LPG 사용시설의 설계 시 유의사항으로 가장 적절하지 않은 것은?
① 사용 목적에 합당한 기능을 가지고 사용상 안전할 것
② 취급이 용이하고 사용에 편리할 것
③ 모양에 관계없이 관련 시설과 조화되어 있을 것
④ 구조가 간단하고 시공이 용이할 것

53 다음 중 저온장치용 재료로서 가장 부적당한 것은?
① 구리 ② 니켈강
③ 알루미늄합금 ④ 탄소강

54 고압가스 제조장치의 재료에 대한 설명으로 틀린 것은?
① 상온 건조 상태의 염소가스에 대하여는 보통강을 사용해도 된다.
② 암모니아, 아세틸렌의 배관 재료에는 구리재를 사용해도 된다.
③ 저온에서는 고탄소강보다 저탄소강이 사용된다.
④ 암모니아 합성탑 내부의 재료에는 18-8 스테인리스강을 사용한다.

55 LP 가스 고압장치의 상용압력이 25MPa일 경우 안전밸브의 최고작동압력은?
① 25MPa ② 30MPa
③ 37.5MPa ④ 50MPa

56 액화가스의 기화기 중 액화가스와 해수 및 하천수 등을 열교환시켜 기화하는 형식은?

① Open Rack식
② 직화가열식
③ Air Fin식
④ Submerged Combustion식

57 내용적 120L의 LP 가스 용기에 50kg의 프로판을 충전하였다. 이 용기 내부가 액으로 충만될 때의 온도를 그림에서 구한 것은?

비용적 (L/kg) vs 온도(℃, 대기압하)

① 37℃
② 47℃
③ 57℃
④ 67℃

58 도시가스 지하매설에 사용되는 배관으로 가장 적합한 것은?

① 폴리에틸렌 피복강관
② 압력배관용 탄소강관
③ 연료가스 배관용 탄소강관
④ 배관용 아크용접 탄소강관

59 액화천연가스(메탄 기준)를 도시가스 원료로 사용할 때 액화천연가스의 특징을 옳게 설명한 것은?

① 천연가스의 C/H 질량비가 3이고 기화설비가 필요하다.
② 천연가스의 C/H 질량비가 4이고 기화설비가 필요 없다.
③ 천연가스의 C/H 질량비가 3이고 가스제조 및 정제설비가 필요하다.
④ 천연가스의 C/H 질량비가 4이고 개질설비가 필요하다.

60 공기액화분리장치의 복정류탑에 대한 설명으로 옳지 않은 것은?

① 정류판에서 정류된 산소는 위로 올라가고 질소가 많은 액은 하부 증류드럼에 고인다.
② 상부에 상부 정류탑, 중앙부에 산소응축기, 하부에 하부 정류탑과 증류드럼으로 구성된다.
③ 산소가 많은 액이나 질소가 많은 액 모두 팽창밸브를 통하여 상압으로 감압된 다음 상부 정류탑으로 이송한다.
④ 하부탑은 약 5기압, 상부탑은 약 0.5기압의 압력에서 정류된다.

4과목 가스안전관리

61 고압가스 충전용기의 운반에 관한 기준으로 틀린 것은?
① 경계표지는 붉은 글씨로 「위험고압가스」라 표시한다.
② 밸브가 돌출한 충전용기는 프로텍터 또는 캡을 부착하여 운반한다.
③ 염소와 아세틸렌, 암모니아 또는 수소를 동일차량에 적재 운반한다.
④ 충전용기는 항상 40℃ 이하를 유지하여 운반한다.

62 액화석유가스용 강제용기 스커트의 재료를 KS D 2553 SG 295 이상의 재료로 제조하는 경우에는 내용적이 25L 이상, 50L 미만인 용기는 스커트의 두께를 얼마 이상으로 할 수 있는가?
① 2mm
② 3mm
③ 3.6mm
④ 5mm

63 고압가스의 일반적인 성질에 대한 설명으로 틀린 것은?
① 산소는 가연물과 접촉하지 않으면 폭발하지 않는다.
② 철은 염소와 연속적으로 화합할 수 있다.
③ 아세틸렌은 공기 또는 산소가 혼합하지 않으면 폭발하지 않는다.
④ 수소는 고온 고압에서 강재의 탄소와 반응하여 수소취성을 일으킨다.

64 다음 중 용기 부속품의 표시로 틀린 것은?
① 질량 : W
② 내압시험압력 : TP
③ 최고충전압력 : DP
④ 내용적 : V

65. 액화석유가스 저장탱크라 함은 액화석유가스를 저장하기 위하여 지상 및 지하에 고정 설치된 탱크를 말한다. 탱크의 저장능력이 얼마 이상인 탱크를 말하는가?
① 1톤
② 2톤
③ 3톤
④ 5톤

66. 2단 감압식 1차용 조정기의 최대폐쇄압력은 얼마인가?
① 3.5kPa 이하
② 50kPa 이하
③ 95kPa 이하
④ 조정압력의 1.25배 이하

67. 아세틸렌 용기의 내용적이 10L 이하이고, 다공성 물질의 다공도가 75% 이상, 80% 미만일 때 디메틸포름아미드의 최대충전량은?
① 36.3% 이하
② 38.7% 이하
③ 41.1% 이하
④ 43.5% 이하

68. 염소, 포스겐 등 액화독성가스의 누출에 대비하여 응급조치로 휴대하여야 하는 제독제는?
① 소석회
② 물
③ 암모니아수
④ 아세톤

69. 용기검사에 합격한 가연성 가스 및 독성가스의 도색표시가 잘못 짝지어진 것은?
① 수소 : 주황색
② 액화염소 : 갈색
③ 아세틸렌 : 회색
④ 액화암모니아 : 백색

70 가스누출 경보차단장치의 성능시험방법으로 틀린 것은?

① 경보차단장치는 가스를 검지한 상태에서 연속경보를 울린 후 30초 이내에 가스를 차단하는 것으로 한다.
② 교류전원을 사용하는 경보차단장치는 전압이 정격전압의 90% 이상 110% 이하일 때 사용에 지장이 없는 것으로 한다.
③ 내한시험 시 제어부는 −25℃ 이하에서 1시간 이상 유지한 후 5분 이내에 작동시험을 실시하여 이상이 없어야 한다.
④ 전자밸브식 차단부는 35kPa 이상의 압력으로 기밀시험을 실시하여 외부누출이 없어야 한다.

71 특정고압가스사용시설에서 사용되는 경보기 정밀도의 경우 설정치에 대하여 독성가스용은 얼마 이하이어야 하는가?

① ±1%   ② ±5%
③ ±25%   ④ ±30%

72 반밀폐 연소형 기구의 급배기 시 배기통 톱과 가연물은 얼마 이상의 거리를 유지하여야 하는가?(단, 방열판이 설치되지 않았다.)

① 15cm   ② 30cm
③ 50cm   ④ 60cm

73 하천 또는 수로를 횡단하여 배관을 매설할 경우 2중관으로 하여야 하는 가스는?

① 염소   ② 수소
③ 아세틸렌   ④ 산소

74 가스용 폴리에틸렌 배관의 열융착이음에 대한 설명으로 옳지 않은 것은?

① 비드(Bead)는 좌우대칭형으로 둥글고 균일하게 형성되어 있어야 한다.
② 비드의 표면은 매끄럽고 청결하여야 한다.
③ 접합 면의 비드와 비드 사이의 경계 부위는 배관의 외면보다 낮게 형성되어야 한다.
④ 이음부의 연결오차는 배관 두께의 10% 이하이어야 한다.

75 액화석유가스의 충전용기 보관실에 설치하는 자연환기설비 중 외기에 면하여 설치하는 환기구 1개의 면적은 얼마 이하로 하여야 하는가?

① $1,800cm^2$
② $2,000cm^2$
③ $2,400cm^2$
④ $3,000cm^2$

76 가연성 가스 설비 내의 수리 시 설비 내의 산소농도는 몇 %를 유지하여야 하는가?

① 15~18%
② 13~21%
③ 18~22%
④ 23% 이상

77 고압가스 제조설비의 기밀시험이나 시운전 시 가압용 고압가스로 사용할 수 없는 것은?

① 질소
② 아르곤
③ 공기
④ 수소

78 도시가스 사용시설에 대한 가스시설 설치방법으로 가장 적당한 것은?

① 개방형 연소기를 설치한 실에는 배기통을 설치한다.
② 반밀폐형 연소기는 환풍기 또는 환기구를 설치한다.
③ 가스보일러 전용보일러실에는 석유통을 보관할 수 있다.
④ 밀폐식 가스보일러는 전용보일러실에 설치하지 아니할 수 있다.

79. 액화석유가스 용기 저장소의 바닥면적이 25m²라 할 때 적당한 강제환기설비의 통풍 능력은?
① 2.5m³/min 이상
② 12.5m³/min 이상
③ 25.0m³/min 이상
④ 50.0m³/min 이상

80. 차량에 고정된 탱크에서 저장탱크로 가스 이송작업 시의 기준에 대한 설명이 아닌 것은?
① 탱크의 설계압력 이상으로 가스를 충전하지 아니한다.
② 플로트식 액면계로 가스의 양을 측정할 경우에는 액면계 바로 위에 얼굴을 내밀고 조작하지 아니한다.
③ LPG 충전소 내에서는 동시에 2대 이상의 차량에 고정된 탱크에서 저장설비로 이송작업을 하지 아니한다.
④ 이송 전후 밸브의 누출 여부를 확인하고 개폐는 서서히 행한다.

5과목 가스계측

81. 다음 분석법 중 LPG의 성분 분석에 이용될 수 있는 것을 모두 나열한 것은?

| ㉠ 가스크로마토그래피법 ㉡ 저온정밀증류법 ㉢ 적외선분광분석법 |

① ㉠
② ㉠, ㉡
③ ㉡, ㉢
④ ㉠, ㉡, ㉢

82. 일산화탄소가스를 검지하기 위한 염화파라듐지는 $PdCl_2$ 0.2%액에 다음 중 어떤 물질을 침투시켜 제조하는가?

① 전분
② 초산
③ 암모니아
④ 벤젠

83. 수분흡수법에 의한 습도측정에 사용되는 흡수제가 아닌 것은?

① 염화칼슘
② 황산
③ 오산화인
④ 과망간산칼륨

84. 계량 관련법에서 정한 최대유량 $10m^3/h$ 이하인 가스미터의 검정 유효기간은?

① 1년
② 2년
③ 3년
④ 5년

85. 다음 가스분석방법 중 흡수분석법이 아닌 것은?

① 헴펠법
② 적정법
③ 오르자트법
④ 게겔법

86 가스 정량분석을 통해 표준상태의 체적을 구하는 식은?(단, V_0 : 표준상태의 체적, V : 측정 시의 가스의 체적, P_0 : 대기압, P_1 : $t℃$의 증기압이다.)

① $V_0 = \dfrac{760 \times (273+t)}{V(P_1 - P_0) \times 273}$
② $V_0 = \dfrac{V(273+t) \times 273}{760 \times (P_1 - P_0)}$
③ $V_0 = \dfrac{V(P_1 - P_0) \times 273}{760 \times (273+t)}$
④ $V_0 = \dfrac{V(P_1 - P_0) \times 760}{273 \times (273+t)}$

87 계량기의 검정기준에서 정하는 가스미터의 사용공차 범위는?(단, 최대유량이 1,000m³/h 이하이다.)
 ① 최대허용오차의 1배의 값으로 한다.
 ② 최대허용오차의 1.2배의 값으로 한다.
 ③ 최대허용오차의 1.5배의 값으로 한다.
 ④ 최대허용오차의 2배의 값으로 한다.

88 전자유량계의 특징에 대한 설명 중 가장 거리가 먼 내용은?
 ① 액체의 온도, 압력, 밀도, 점도의 영향을 거의 받지 않으며 체적유량의 측정이 가능하다.
 ② 측정관 내에 장애물이 없으며, 압력손실이 거의 없다.
 ③ 유량계 출력은 유량에 비례한다.
 ④ 기체의 유량측정이 가능하다.

89 피토관(Pitot Tube)의 주된 용도는?
 ① 압력을 측정하는 데 사용된다. ② 유속을 측정하는 데 사용된다.
 ③ 액체의 점도를 측정하는 데 사용된다. ④ 온도를 측정하는 데 사용된다.

90 폐루프를 형성하여 출력 측의 신호를 입력 측에 되돌리는 것은?
 ① 조절부 ② 리셋
 ③ 온·오프동작 ④ 피드백

91 가스분석법에 대한 설명으로 옳지 않은 것은?
① 비분산형 적외선 분석계는 고순도 헬륨 등 불활성 가스의 분석에 적합하다.
② 불꽃광도검출기(FPD)는 열전도검출기(TCD)보다 미량분석에 적합하다.
③ 반도체용 특수재료가스의 검지방법에는 정전위전해법이 널리 사용된다.
④ 메탄(CH_4)과 같은 탄화수소 계통의 가스는 열전도검출기보다 불꽃이온화검출기(FID)가 적합하다.

92 가스검지기의 경보방식이 아닌 것은?
① 즉시 경보형
② 경보 지연형
③ 중계 경보형
④ 반시한 경보형

93 4개의 실로 나누어진 습식가스미터의 드럼이 10회전했을 때 통과유량이 100L였다면 각 실의 용량은 얼마인가?
① 1L
② 2.5L
③ 10L
④ 25L

94 복사열을 이용하여 온도를 측정하는 것은?
① 열전대 온도계
② 저항 온도계
③ 광고 온도계
④ 바이메탈 온도계

95 측정 전 상태의 영향으로 발생하는 히스테리시스(Hysteresis) 오차의 원인이 아닌 것은?
① 기어 사이의 틈
② 주위 온도의 변화
③ 운동 부위의 마찰
④ 탄성변형

01회 실전점검! CBT 실전모의고사

수험번호 :
수험자명 :

제한 시간 : 2시간 30분
남은 시간 :

글자 크기 100% 150% 200% 화면 배치

전체 문제 수 :
안 푼 문제 수 :

답안 표기란

91	①	②	③	④
92	①	②	③	④
93	①	②	③	④
94	①	②	③	④
95	①	②	③	④
96	①	②	③	④
97	①	②	③	④
98	①	②	③	④
99	①	②	③	④
100	①	②	③	④

96 열전대의 종류 중 K형은 어느 것인가?

① C.C(구리－콘스탄탄)
② I.C(철－콘스탄탄)
③ C.A(크로멜－알루멜)
④ P.R(백금－백금 로듐)

97 Parr Bomb을 이용하여 열량을 측정할 때는 Parr Bomb의 어떤 특성을 이용하는가?

① 일정 압력
② 일정 온도
③ 일정 부피
④ 일정 질량

98 습한 공기 205kg 중 수증기가 35kg 포함되어 있다고 할 때 절대습도는 약 얼마인가?(단, 공기와 수증기의 분자량은 각각 29, 18이다.)

① 0.106
② 0.128
③ 0.171
④ 0.206

99 다음 그림이 나타내는 제어 동작은?

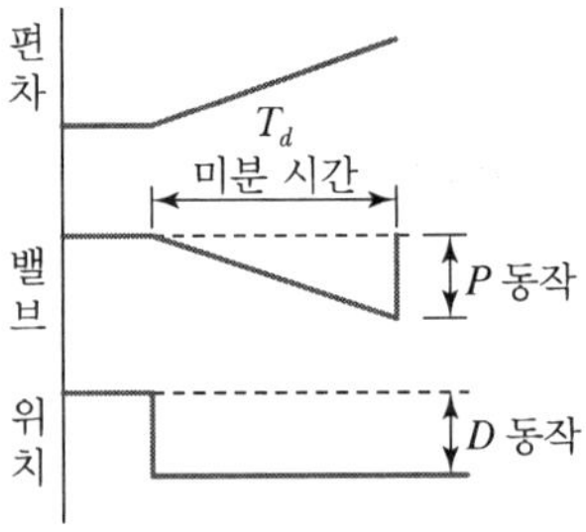

① 비례미분동작
② 비례적분 미분동작
③ 미분동작
④ 비례적분동작

100 다음 중 최대 용량 범위가 가장 큰 가스미터는?

① 습식 가스미터
② 막식 가스미터
③ 루트미터
④ 오리피스미터

계산기 다음 ▶ 안 푼 문제 답안 제출

CBT 정답 및 해설

01	02	03	04	05	06	07	08	09	10
②	④	①	③	④	②	②	④	④	③
11	12	13	14	15	16	17	18	19	20
④	②	①	②	①	④	③	③	①	②
21	22	23	24	25	26	27	28	29	30
④	③	②	④	③	①	②	③	④	④
31	32	33	34	35	36	37	38	39	40
②	④	③	①	④	③	④	③	④	④
41	42	43	44	45	46	47	48	49	50
④	①	①	②	③	①	④	③	④	④
51	52	53	54	55	56	57	58	59	60
②	③	④	②	②	①	④	①	①	①
61	62	63	64	65	66	67	68	69	70
③	③	③	③	③	③	①	①	③	③
71	72	73	74	75	76	77	78	79	80
④	④	③	④	③	④	③	②	④	③
81	82	83	84	85	86	87	88	89	90
④	②	③	③	①	④	②	④	②	④
91	92	93	94	95	96	97	98	99	100
①	③	②	③	②	③	③	④	①	③

01 정답 | ②

풀이 |
- 펌프를 병렬로 연결할 경우 양정은 동일하고 유량은 설치 대수만큼 증가한다.
- 펌프를 직렬로 연결할 경우 유량은 동일하고 양정은 설치 대수만큼 증가한다.

02 정답 | ④

풀이 | 손실두수$(H_L) = \left[1-\left(\frac{A_1}{A_2}\right)^2\right]^2 \frac{V_1^2}{2g}$

$= \left[1-\left(\frac{0.25}{0.4}\right)^2\right]^2 \times \frac{4.69^2}{2 \times 9.8}$

$= 0.417 \text{mH}_2\text{O}$

유속$(V_1^2) = \frac{유량}{단면적} = \frac{0.23}{\frac{\pi \times 0.25^2}{4}} = 4.69 \text{m/s}$

03 정답 | ①

풀이 | 유량$(Q) = A \times V$
- 피스톤에 흐르는 양

유량$(Q) = \frac{\pi(0.8D)^2}{4} \times 0.1 \text{m/s}$

$= 0.064 \frac{\pi}{4} D^2$

- 피스톤 사이 속도

유속$(V) = \frac{0.064 \frac{\pi}{4} D^2}{\frac{\pi}{4}(D^2 - 0.8D^2)} = 0.178 \text{m/s}$

04 정답 | ③

풀이 |
- $V(속도) = \frac{Q}{\frac{\pi d^2}{4}} = \frac{\frac{1.35 \times 10^{-3} \text{m}^3}{60 \sec}}{\frac{3.14 \times 0.05 \text{m}^2}{4}}$

$= 1.146 \text{m/sec}$

- 레이놀즈수$(Re) = \frac{D v \rho}{\mu}$

$= \frac{0.05 \times 1.146 \times 920 \text{kg/m}^3}{0.56 \times 0.1 \text{kg/m} \cdot \sec}$

$= 941.36$

- 마찰손실계수$(f) = \frac{64}{Re} = \frac{64}{941.36} = 0.068$

- 압력차이$(\Delta P) = \frac{fLV^2 r}{2gD}$

$= \frac{0.068 \times 800 \times (1.146)^2 \times 920}{2 \times 9.8 \times 0.05}$

$= 67070 \text{kgf/m}^2 = 6.7 \text{kgf/cm}^2$

05 정답 | ④

풀이 | 체적탄성계수$(K) = \frac{\Delta P}{\frac{\Delta V}{V}}$

압력 차이$(\Delta P) = K\left(1 - \frac{V_2}{V_1}\right)$

06 정답 | ②

풀이 | $C_p - C_v = R$, $K = \frac{C_p}{C_v}$, $1.33 = \frac{0.2}{x}$

$x = \frac{0.2}{1.33} = 0.15 \text{kcal/kg} \cdot \text{K}$

$\therefore R = 0.2 - 0.15 = 0.05 \text{kcal/kg} \cdot \text{K}$

07 정답 | ②

풀이 | $1 \text{stokes} = 1 \text{cm}^2/\sec$, $1 \text{c} \cdot \text{st} = \frac{1}{100}$

$\frac{980 \text{c} \cdot \text{st}}{100} = 9.8 \text{cm}^2/\sec = 9.8 \times 10^{-4} \text{m}^2/\sec$

CBT 정답 및 해설

08 정답 | ④
풀이 | • 유체의 변형은 압력(외력), 밀도, 점도 등의 영향을 받는다.
• 전단응력은 여러 가지로 존재한다.
• 이상유체일 경우 비압축성, 비탄성체이다.

09 정답 | ④
풀이 | $P = \dfrac{F}{A} = \dfrac{\text{kgf}}{\text{m}^2} = \dfrac{\text{kg} \cdot \text{m/s}^2}{\text{m}^2} = ML^{-1}T^{-2}$

10 정답 | ③
풀이 | R_h(수력반경) $= \dfrac{A(\text{유동단면적})}{P(\text{접수길이})} = \dfrac{a^2}{4a} = \dfrac{a}{4}$

즉, 정삼각형 단면의 경우
(3면인 면적=넓이 $\times \dfrac{\sqrt{3}}{4}$)

$R_h = \dfrac{a}{4} \times \dfrac{\sqrt{3}}{4} = \dfrac{\sqrt{3}}{12}a$

11 정답 | ④
풀이 | 물체에 대하여 수직 아래로 작용하는 것은 중력이며, 부력은 수직 위로 작용한다.

12 정답 | ②
풀이 | 유적선(Path Line)은 한 유체의 입자가 일정기간 내에 흘러간 경로(흔적, 궤적)를 말한다.

13 정답 | ①
풀이 | Hagen-Poiseuille(수평원관 속에서의 층류유동) 법칙

손실수두$(H) = \dfrac{128\mu l Q}{r\pi d^4}$

※ 하겐-푸아죄유 방정식$(Q) = \dfrac{\Delta P\pi d^4}{128\mu l}$

14 정답 | ②
풀이 | • 피스톤펌프 : 피스톤의 왕복운동으로 흡수 및 토출 배수를 하는 펌프이다.
• 제트펌프 : 고압의 액체를 분출할 때 주변의 증기분류로 액체를 수송하는 펌프이다.
• 기어펌프 : 기어를 맞물려 기어가 열릴 때 흡입, 닫힐 때 토출하도록 된 펌프이다.
• 수격펌프 : 비교적 저낙차의 물을 긴 관으로 이끌어 그 관성작용으로 원래의 높이보다 약간 높은 곳으로 수송하는 펌프이다.

15 정답 | ①
풀이 | 송풍기(Blower)
• 원심식 송풍기 : 다익 송풍기, 레이디얼 송풍기, 익형 송풍기, 굽음 깃 송풍기
• 축류식 송풍기 : 프로펠러 송풍기, 튜브 축류 송풍기, 베인 축류 송풍기

16 정답 | ④
풀이 | 베르누이 방정식 : 내부에너지 손실이 없는 비압축성 유체에 적용한다.

17 정답 | ③
풀이 | 산소비중량$(r) = \dfrac{P}{RT} = \dfrac{2 \times 10^4 \times 9.8}{260 \times (25+273)} \times \dfrac{9.8}{1}$
$= 24.8 \text{ N/m}^3$
※ 1kgf=9.8N

18 정답 | ③
풀이 | Mercury Barometer(수은 기압계)는 수은을 이용한 토리첼리진공에 의해 대기압을 측정한 것으로 정밀압력측정에 이용한다.

19 정답 | ①
풀이 | 마하 수$(M) = \dfrac{Q}{a} = \dfrac{Q}{\sqrt{KRT}}$
$= \dfrac{50}{\sqrt{1.4 \times 260 \times (273+10)}} = 0.16$

20 정답 | ②
풀이 | LPG 기체를 흡입한 뒤 탱크로리 상부를 가압하면 액으로 변환되어 이송되며, 이때 이용되는 동력장치는 압축기이다.

21 정답 | ④
풀이 | 몰리에(Mollier)는 증기원동소에서 h-s(엔탈피-엔트로피) 선도를 작성한 자이다.

22 정답 | ③
풀이 | 고로가스는 제철용 고로에서 발생되는 가스로 주성분은 N_2, CO_2, CO 등이다. 불연성 성분이 많이 포함되어 있어 이론공기량이 적게 소요된다.

23 정답 | ③
풀이 | 이상기체의 교축과정은 엔탈피가 일정하고 온도는 변화하지 않으므로 압력강하가 현저할수록 엔트로피는 증가한다.

24 정답 | ④
풀이 | 브레이턴 사이클은 가스터빈의 기본 사이클이며 2개의 등압과정과 2개의 단열과정으로 구성된다.

25 정답 | ②
풀이 | $y = \dfrac{\text{실제 발열량}}{\text{총 발열량}} \times 100$

$= \dfrac{(50,232 - 8,372)\text{MJ/kg}}{46,046\text{MJ/kg}} \times 100 = 90.90\%$

26 정답 | ①
풀이 | $\dfrac{T_2}{T_1} = \left(\dfrac{P_2}{P_1}\right)^{\frac{r-1}{r}}$, $T_2 = T_1 \times \left(\dfrac{P_2}{P_1}\right)^{\frac{k-1}{k}}$

$= 298 \times \left(\dfrac{10.1305}{202.65}\right)^{\frac{1.4-1}{1.4}} = 126\text{K}$

27 정답 | ②
풀이 | 폭연은 예혼합 연소형태로 압력파가 미반응 물질 속으로 음속보다 느린 속도로 이동하는 것을 말한다. 음속보다 빠르게 이동하는 것은 폭굉이라 한다.

28 정답 | ④
풀이 | 연소의 불꽃온도는 순수산소일 때 가장 높다. 배기가스의 양이 적으면 불꽃온도가 상승하는데, 순수산소일 때 배기가스가 가정 적게 발생하기 때문이다.

29 정답 | ④
풀이 | 엔탈피~변화량(ΔH) = $H_2 - H_1 = du + Pdv$
$\Delta H = (1.2\text{MPa} \times 0.2\text{m}^3) - (50 \times 2.5\text{m}^3) = 115\text{kJ}$

30 정답 | ③
풀이 | $C + O_2 \rightarrow CO_2$
12 : 32kg
$x : \left(230 \times \dfrac{29}{22.4} \times \dfrac{23}{100} \times \dfrac{1}{1.3}\right) = 52.68\text{kg}$

탄소량(x) = $\dfrac{12 \times 52.68}{32} = 19.8\text{kg}$

31 정답 | ②
풀이 |
- 내압(耐壓)방폭구조 : 방폭전기기기의 용기 내부에서 가연성 가스가 폭발한 경우 그 용기가 폭발압력에 견디고, 접합면, 개구부 등을 통하여 외부의 가연성 가스에 인화되지 아니하도록 한 구조를 말한다.
- 유입(油入)방폭구조 : 용기 내부에 절연유를 주입하여 불꽃·아크 또는 고온발생부분이 기름 속에 잠기게 함으로써 기름면 위에 존재하는 가연성 가스에 인화되지 아니하도록 한 구조를 말한다.
- 압력(壓力)방폭구조 : 용기 내부에 보호가스(신선한 공기 또는 불활성 가스)를 압입하여 내부압력을 유지함으로써 가연성 가스가 용기 내부로 유입되지 아니하도록 한 구조를 말한다.
- 안전증방폭구조 : 정상운전 중에 가연성 가스의 점화원이 될 전기불꽃·아크 또는 고온부분 등의 발생을 방지하기 위하여 기계적·전기적 구조상 또는 온도상승에 대하여 특히 안전도를 증가시킨 구조를 말한다.
- 본질안전방폭구조 : 정상 및 사고 시에 발생하는 전기불꽃·아크 또는 고온부에 의하여 가연성 가스가 점화되지 아니하는 것이 점화시험, 기타 방법에 의하여 확인된 구조를 말한다.
- 특수방폭구조 : 방폭구조로서 가연성 가스에 점화를 방지할 수 있다는 것이 시험, 기타 방법에 의하여 확인된 구조를 말한다.

〈방폭전기기기의 구조별 표시방법〉

방폭전기기기의 구조	표시방법
내압방폭구조	d
유입방폭구조	o
압력방폭구조	p
안전증방폭구조	e
본질안전방폭구조	ia 또는 ib
특수방폭구조	s

32 정답 | ④
풀이 | 예혼합연소는 가연성 가스와 공기를 혼합시켜 공급함으로써 화염이 짧고 화염온도가 높으나 비율이 맞지 않으면 역화의 우려가 있다.

33 정답 | ③
풀이 | 연소열
① $CH_4 + 2O_2 \rightarrow CO_2 + 2H_2O + 9,500\text{kcal/m}^3$
② $C_3H_8 + 5O_2 \rightarrow 3CO_2 + 4H_2O + 24,000\text{kcal/m}^3$
③ $CO + \dfrac{1}{2}O_2 \rightarrow CO_2 + 3,015\text{kcal/m}^3$
④ $C_2H_5OH + 3O_2 \rightarrow 2CO_2 + 3H_2O + 16,000\text{kcal/m}^3$

34 정답 | ①
풀이 | 개방형 증기운폭발(Unconfined Vapor Cloud Explosion ; UVCE)
가연성 물질이 용기 또는 배관 내에 액체로 저장 취급되는 경우 외부 화재부식, 내부압력초과 등에 의해 대기 중으로 누출되면 증기로 변화되면서 화염의 발생, 폭발하는 현상

CBT 정답 및 해설

35 정답 | ④
풀이 | $CH_4 + 2O_2 \rightarrow CO_2 + 2H_2O$
- 이론공기량 : $2 \times \dfrac{100}{21} = 9.5 m^3$
- 이론연소량
  $CO_2 + H_2O + N_2 : 1 + 2 + [(1-0.21)9.5 = 7.5]$
  $= 10.5 m^3$
- 질소분압 : 전압 $\times \dfrac{성분몰수}{전체몰수}$
  $= 0.1 \times \dfrac{7.5}{10.5} = 0.0715 MPa$

36 정답 | ③
풀이 | 분진의 성분은 금속, 섬유질, 미세먼지 등으로 폭발할 수 있다.

37 정답 | ④
풀이 | 실제기체는 온도가 높고, 압력이 낮을수록 이상기체의 성질에 가까워질 수 있다.

38 정답 | ③
풀이 | 엔트로피는 비가역이면 항상 증가하고 가역 시에는 변화가 없다.

39 정답 | ④
풀이 | 대향분류는 연료흐름과 공기흐름을 대향하여 분류를 분출시킴으로써 칼림점 부근의 저속영역에서 화열이 형성되는 확산화염이다.

40 정답 | ④
풀이 | 연소시작점이 아닌 연소 중에는 최초 점화에너지는 관계없다.

41 정답 | ④
풀이 | 가스의 폭발범위
- H_2(수소) : 4~75%
- NH_3(암모니아) : 15~28%
- C_2H_4(에틸렌) : 3.1~32%
- C_3H_8(프로판) : 2.1~9.5%
- C_4H_{10}(부탄) : 1.9~8.5%

42 정답 | ①
풀이 | 수소가스 : 비점이 낮은 고압의 압축가스로, 압력조정기를 설치하며, 사용압력을 낮춘 뒤 공급해야 한다.

43 정답 | ①
풀이 | 금속제 멤브레인 탱크는 금속박판을 사용하여 저온수축에 강하며 공기식보다 공간 면적이 크고 안정성이 높다고 평가된다.

44 정답 | ②
풀이 | 용기검사의 합격기준은 항구증가량 10% 이하이다.
∴ $100mL \times \dfrac{10\%}{100\%} = 10mL$ 이하

45 정답 | ③
풀이 | 체적효율에 영향을 주는 요인
- 압축비 또는 간극, 즉 톱클리어런스의 영향
- 가스마찰에 의한 영향
- 불완전한 냉각에 의한 영향
- 가스 누설에 의한 영향

46 정답 | ①
풀이 | 2단 감압식 조정기는 단단 감압식 조정기보다 조정기 개수가 많이 소요된다.

47 정답 | ④
풀이 | 감압방식의 결정은 조정기 사용방법에 해당한다.

48 정답 | ③
풀이 | 공기분리장치의 수분제거제로 실리카겔, 알루미나겔, 몰레큘러–시브 등을 이용하며 또한 미량의 CO_2(탄산가스)도 제거할 수 있다.

49 정답 | ④
풀이 | 합성천연가스(SNG) 공정
- 수첨분해공정
- 수증기 개질공정
- 분분연소공정
- 메탄 합성공정(반응기)
- 탈탄산장치
- 탈황장치

50 정답 | ④
풀이 | $G = \dfrac{V}{C} = \dfrac{60}{2.35} = 25.53 kg/개$
[프로판의 정수(C) = 2.35]
용기 수 = $\dfrac{500}{25.53} = 20$개

CBT 정답 및 해설

제1회 CBT 실전모의고사

51 정답 | ②
풀이 | 충전구 형식에 따른 분류
- A형 : 충전구가 수나사 형식
- B형 : 충전구가 암나사 형식
- C형 : 충전구가 나사가 없는 형식

52 정답 | ③
풀이 | LPG 사용시설 설계 시 유의사항
- 사용 목적에 합당한 기능을 가지고 사용상 안전할 것
- 취급이 용이하고 사용에 편리할 것
- 모양이 좋고 관련 시설과 조화로울 것
- 구조가 간단하고 시공이 용이할 것
- 고장이 적고 내구성이 있으며, 취급·사용이 편리할 것
- 검침, 조사·수리 등의 유지관리가 용이할 것
- 용기, 조정기, 가스미터 등의 부착 교환이 용이할 것
- 기타 재해에 영향을 받지 않을 것

53 정답 | ④
풀이 | 저온장치 재료
- 알루미늄 및 알루미늄 합금
- 구리 및 구리합금
- 9% 니켈강
- 18-8 스테인리스강

54 정답 | ②
풀이 | 암모니아는 동과 작용하여 부식하고, 아세틸렌은 구리와 작용하여 폭발성 동아세틸리드를 발생시키므로 사용을 제한한다.

55 정답 | ②
풀이 | 안전밸브 작동압력 = 상용압력 × 1.5 × $\frac{8}{10}$
$$= 30 \times 1.5배 \times \frac{8}{10} = 30MPa$$

56 정답 | ①
풀이 | 해수식 기화기(Open Rack Vaporizer ; ORV) 고압으로 이송된 LNG가 해수 및 하천수에 설치된 열교환기 하부로 공급되어 상부로 통과되는 동안 NG 상태로 기화되는 형식의 기화기이다.

57 정답 | ④
풀이 | LP 가스 비용적 = $\frac{120L}{50kg}$ = 2.4L/kg
∴ 비용적 2.4의 온도는 약 67℃ 부근임

58 정답 | ①
풀이 | 폴리에틸렌 피복강관은 재료의 부식이 적고, 강도가 양호하며 경제적이다. 이 외 가스용 폴리에틸렌관과 분말용착식 폴리에틸렌 피복강관도 사용된다.

59 정답 | ①
풀이 | 액화천연가스는 수송을 원활하게 하기 위해 액화한 것으로 기화설비가 필요하다[메탄(CH_4)의 탄화수소비 C/H 비 = $\frac{12}{4}$ = 3].

60 정답 | ①
풀이 | 정류판에서 정류된 산소는 하부에서 유출되고 질소가 많은 액은 상부 증류드럼에 고여 상부로 유출된다.

61 정답 | ③
풀이 | 염소와 아세틸렌, 암모니아 또는 수소를 동일차량에 적재 운반하지 말아야 한다.

62 정답 | ③
풀이 | 〈용기 종류에 따른 스커트의 직경, 두께 및 아랫면 간격〉

용기 종류	직경	두께	아랫면 간격
내용적이 20L 이상 25L 미만	용기동체 직경 80% 이상	3mm 이상	10mm 이상
내용적이 25L 이상 50L 미만	용기동체 직경 80% 이상	3.6mm 이상	15mm 이상
내용적이 50L 이상 125L 미만		5mm 이상	15mm 이상

63 정답 | ③
풀이 | 아세틸렌은 산소가 없어도 분해폭발의 위험이 있다.

64 정답 | ③
풀이 | 최고충전압력 : FP

65 정답 | ③
풀이 | 액화석유가스 저장탱크라 함은 저장능력이 3톤 이상인 탱크를 말한다.
※ 저장능력이 3줄 미만인 것은 '소형 저장탱크'라 한다.

66 정답 | ③
풀이 | 〈압력조정기 조정압력의 규격〉

구분		1단 감압식		2단 감압식	
		저압조정기	준저압조정기	1차용 조정기	2차용 조정기
입구 압력	하한	0.07MPa	0.1MPa	0.1MPa	0.01MPa
	상한	1.56MPa	1.56MPa	1.56MPa	0.1MPa
출구 압력	하한	2.3kPa	5kPa	0.057MPa	2.3kPa
	상한	3.3kPa	30kPa	0.083MPa	3.3kPa
내압 시험	입구측	3MPa 이상	3MPa 이상	3MPa 이상	0.8MPa 이상
	출구측	0.3MPa 이상	0.3MPa 이상	0.8MPa 이상	0.3MPa 이상
기밀 시험 압력	입구측	1.56MPa 이상	1.56MPa 이상	1.8MPa 이상	0.5MPa 이상
	출구측	5.5kPa	조정압력 2배 이상	0.15MPa 이상	5.5kPa 이상
최대폐쇄압력		3.5kPa	조정압력의 1.25배 이하	0.095MPa 이하	3.5kPa

구분		자동절체식		
		분리형 조정기	일체형 조정기 (저압)	일체형 조정기 (준저압)
입구 압력	하한	0.1MPa	0.1MPa	0.1MPa
	상한	1.56MPa	1.56MPa	1.56MPa
출구 압력	하한	0.032MPa	2.55kPa	5kPa
	상한	0.083MPa	3.3kPa	30kPa
내압 시험	입구측	3MPa 이상	3MPa 이상	3MPa 이상
	출구측	0.8MPa 이상	0.3MPa 이상	0.3MPa 이상
기밀 시험 압력	입구측	1.8MPa 이상	1.8MPa 이상	1.8MPa 이상
	출구측	0.15MPa 이상	5.5kPa 이상	조정압력의 2배 이상
최대폐쇄압력		0.095MPa 이하	3.5kPa	조정압력의 1.25배 이하

67 정답 | ①
풀이 | 〈다공도에 따른 디메틸포름아미드의 최대충전량〉

다공질물의 다공도(%) 용기구분	내용적 10L 이하	내용적 10L 초과
90 이상 92 미만	43.5% 이하	43.7% 이하
85 이상 90 미만	41.1% 이하	42.8% 이하
80 이상 85 미만	38.7% 이하	40.3% 이하
75 이상 80 미만	36.3% 이하	37.8% 이하

68 정답 | ①
풀이 | 〈제독제별 구분〉

제독제	독성가스
소석회	염소, 포스겐
가성소다수용액	염소, 포스rps, 황화수소, 시안화수소, 아황산가스
탄산소다수용액	염소, 황화수소, 아황산가스
물	아황산가스, 암모니아, 산화에틸렌, 염화메탄

69 정답 | ③
풀이 | 〈고압용기 표시색상(공업용)〉

가스명	색상	가스명	색상
수소	주황색	염소	갈색
아세틸렌	황색	암모니아	백색
산소	녹색	액화탄산가스	청색
액화석유가스	회색	기타 가스	회색

70 정답 | ③
풀이 | 제어부는 $-10°C$ 이하(상대습도 90% 이상)에서 1시간 이상 유지한 후 10분 이내에 작동시험을 실시하여 이상이 없어야 한다.

71 정답 | ④
풀이 | 경보기의 정밀도는 경보설정치에 대하여 가연성 가스에서는 ±25% 이하, 독성가스용에서는 ±30% 이하로 한다.

72 정답 | ④
풀이 | 배기통 톱의 전방, 측변, 상하 주위 60cm(방열판이 설치된 경우 30cm) 이내에 가연물이 없을 것

73 정답 | ①
풀이 | 2중 배관이 필요한 가스
염소, 포스겐, 시안화수소, 아황산가스, 산화에틸렌, 암모니아, 염화메탄, 황화수소 등

74 정답 | ③
풀이 | 접합 면의 비드와 비드 사이의 경계 부위는 배관의 외면보다 높게 형성되어야 한다.

75 정답 | ③
풀이 | 환기구의 통풍가능면적은 바닥면적 $1m^2$ 마다 $300cm^2$의 비율로 계산하고 1개의 면적은 $2,400cm^2$ 이하로 한다.

76 정답 | ③
풀이 | 설비 내에서 작업이 가능한 산소농도 18~22%를 유지해야 한다. 가연성 가스는 폭발하한계의 25% 이하, 독성가스는 TLV-TWA 기준농도 이하, 산소는 22% 이하인 설비 내에서는 산소농도 18~22%를 유지해야 작업이 가능하다.

CBT 정답 및 해설

77 정답 | ④
풀이 | 기밀실험은 공기 또는 위험성이 없는 기체의 압력으로 실시해야 하며, 수소는 가연성 가스로 기밀시험에 사용할 수 없다.

78 정답 | ④
풀이 | 밀폐식 가스보일러는 연소에 필요한 공기를 외부에서 취하고, 배기가스도 외부로 배출되므로 별도의 전용실을 설치하지 않아도 된다.

79 정답 | ②
풀이 | 강제환기설비의 통풍능력은 $0.5\text{m}^3/\text{min} \cdot \text{m}^2$이다.
∴ $25\text{m}^2 \times 0.5\text{m}^3 = 12.5\text{m}^3/\text{min}$

80 정답 | ②
풀이 | ②는 이송작업보다는 액면계 사용상 주의사항에 해당한다.

81 정답 | ④
풀이 | LPG 분석법
- 가스크로마토그래피법(GC법)
- 저온정밀증류법
- 적외선분광법
- 전량분석법

82 정답 | ②
풀이 | 염화파라듐지는 $PdCl_2$ 0.2% 용액에 침수시킨 다음 건조 후 초산 5% 용액에 침투시켜 제조한다.

83 정답 | ④
풀이 | 흡수제 : 염화칼슘, 오산화인, 황산, 실리카겔, 가성소다 등

84 정답 | ④
풀이 | 가스미터의 최대유량이 $10\text{m}^3/\text{h}$ 이하는 5년, 그 밖의 가스미터는 8년의 검정유효기간으로 한다.

85 정답 | ②
풀이 | ㉠ 화학분석법
- 적정법
- 중량법
- 흡광광도법

㉡ 흡수분석법
- 오르자트법
- 헴펠법
- 게겔법

86 정답 | ③
풀이 | $\dfrac{P_0 V_0}{T_0} = \dfrac{PV}{T(273+t)}$

$V_0 = \dfrac{V(P_1 - P_0) \times T_0(273)}{P_0(760\text{mmHg}) \times T(273+t)}$

∴ 변환체적 $= V(P_1 - P_0)$
$P_0 V_0 T_0 =$ 표준상태

87 정답 | ④
풀이 | 계량법에 의한 최대유량이 $1,000\text{m}^3/\text{hr}$ 이하인 가스미터의 사용공차는 최대허용오차의 2배의 값으로 한다.

88 정답 | ④
풀이 | 전자유량계를 사용하기 위해서는 도전성 유체가 가득 채워져야 한다.

89 정답 | ②
풀이 | 피토관
전압과 정압의 차를 측정한 뒤 이를 이용해 유체의 유량 및 유속을 측정한다.

90 정답 | ④
풀이 | 피드백 신호는 출력 측 제어량을 측정하여 목표치와 비교할 수 있도록 되돌려 보내는 신호이다.

91 정답 | ①
풀이 | 비분산형 적외선 분석계는 에너지 흡수가 안 되는 불활성 가스를 봉입하여 성분가스를 분석한다.

92 정답 | ③
풀이 | 가스검지기의 경보방식
- 즉시 경보형
- 경보 지연형
- 반시한 경보형

93 정답 | ②
풀이 | 통과유량(Q)
$=$ 드럼실 용량(a) × 드럼 수(d) × 회전 수(n)
$a = \dfrac{100}{4 \times 10} = 2.5\text{L}$

94 **정답 | ③**
  풀이 | 광고 온도계는 비접촉 온도계로서 피물체에서 나오는 복사열(가시광선) 내의 일정 파장의 빛으로 표준전구에서 나오는 휘도의 정도에 따라 전류와 저항을 측정하여 온도를 측정한다.

95 **정답 | ②**
  풀이 | 히스테리시스(Hysteresis)는 물질이 경과해온 이전 상태 변화로 발생하는 것으로 탄성의 변형, 강자성체의 자화의 변형, 운동 부위의 마찰, 기어 사이의 틈새 등은 계측기 오차의 원인이 된다.

96 **정답 | ③**
  풀이 | 〈열전대의 종류〉

형식	종류
J	철 – 콘스탄탄(I.C)
K	크로멜 – 알루멜(C.A)
T	구리 – 콘스탄탄(C.C)
R	백금 – 백금 로듐(P.R)

97 **정답 | ③**
  풀이 | Parr Bomb는 연소 시 생기는 수증기 부피량으로 열량을 측정한다.

98 **정답 | ④**
  풀이 | 절대습도 $= \dfrac{\text{수증기질량(kg)}}{\text{공기부피(m}^3\text{)}}$
  $= \dfrac{35\text{kg}}{\left[\dfrac{(205-35)}{29} \times 22.4\right] + \left(\dfrac{35}{18} \times 22.4\right)}$
  $= 0.206$

99 **정답 | ①**
  풀이 | 비례미분동작(PD)
  비례동작(P)과 미분동작(D)으로 구성된 회로이다.

100 **정답 | ③**
  풀이 | 루트미터는 대용량에 사용된다(용량 범위 100~5,000 m³/h). 다만 0.5m³/h 이하의 저유량인 경우 부동의 위험이 있다.

1과목 가스유체역학

01 표면이 매끈한 원관인 경우 일반적으로 레이놀즈수가 어떤 값일 때 층류가 되는가?

① 4,000보다 클 때
② $4,000^2$일 때
③ 2,100보다 작을 때
④ $2,100^2$일 때

02 점도 6cP를 Pa·s로 환산하면 얼마인가?

① 0.0006
② 0.006
③ 0.06
④ 0.6

03 다음 중 용적형 펌프가 아닌 것은?

① 기어 펌프
② 베인 펌프
③ 플런저 펌프
④ 볼류트 펌프

04 다음 중 대기압을 측정하는 계기는?

① 수은기압계
② 오리피스미터
③ 로타미터
④ 둑(Weir)

05 그림과 같이 물을 사용하여 기체압력을 측정하는 경사마노미터에서 압력차 (P_1-P_2)는 몇 cmH₂O인가?(단, $\theta = 30°$, $R = 30$cm이고 면적 A_1 > 면적 A_2이다.)

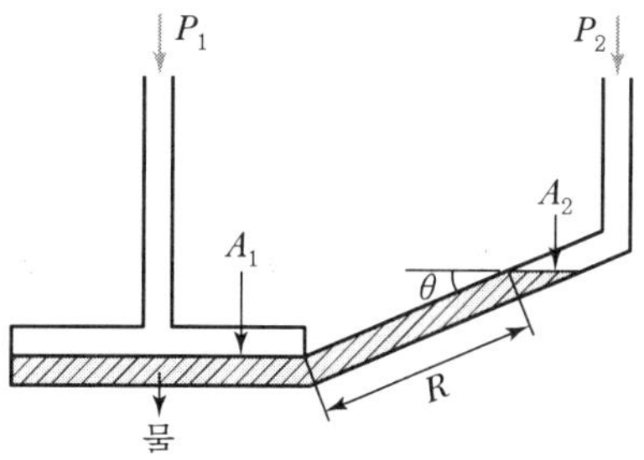

① 15
② 30
③ 45
④ 90

06 이상기체 속에서의 음속을 옳게 나타낸 식은?(단, ρ=밀도, P=압력, k=비열비, $\overline{R}$=일반기체상수, M=분자량이다.)

① $\sqrt{\dfrac{k}{\rho}}$
② $\sqrt{\dfrac{d\rho}{dP}}$
③ $\sqrt{\dfrac{\rho}{kP}}$
④ $\sqrt{\dfrac{k\overline{R}T}{M}}$

07 압력 750mmHg는 물의 수두로서 약 몇 mmH₂O인가?

① 1,033
② 102
③ 1,033
④ 10,200

08 6cm×12cm인 직사각형 단면의 관에 물이 가득 차 흐를 때 수력반지름은 몇 cm인가?

① 3/2
② 2
③ 3
④ 6

09 노점(Dew Point)에 대한 설명으로 틀린 것은?

① 액체와 기체의 비체적이 같아지는 온도이다.
② 등압과정에서 응축이 시작되는 온도이다.
③ 대기 중 수증기의 분압이 그 온도에서 포화수증기압과 같아지는 온도이다.
④ 상대습도가 100%가 되는 온도이다.

10 물이 23m/s의 속도로 노즐에서 수직상방으로 분사될 때 손실을 무시하면 약 몇 m까지 물이 상승하는가?

① 13
② 20
③ 27
④ 54

11 수평 원관 내에서의 유체흐름을 설명하는 Hagen – Poiseuille 식을 얻기 위해 필요한 가정이 아닌 것은?
　① 완전히 발달된 흐름　　② 정상상태 흐름
　③ 층류　　　　　　　　④ 포텐셜 흐름

12 아음속에서 초음속으로 속도를 변화시킬 수 있는 노즐은?
　① 축소 · 확대노즐　　　② 확대 · 축소노즐
　③ 확대노즐　　　　　　④ 축소노즐

13 유량 $1m^3/min$, 전양정 15m, 효율이 0.78인 물을 사용하는 원심펌프를 설계하고자 한다. 펌프의 축동력은 몇 kW인가?
　① 2.54　　　　　　　　② 3.14
　③ 4.24　　　　　　　　④ 5.24

14 절대압력이 $4 \times 10^4 kgf/m^2$이고, 온도가 15℃인 공기의 밀도는 약 몇 kg/m^3인가?(단, 공기의 기체상수는 $29.27 kgf \cdot m/kg \cdot K$이다.)
　① 2.75　　　　　　　　② 3.75
　③ 4.75　　　　　　　　④ 5.75

15 안지름 100mm인 관 속을 압력이 $5kgf/cm^2$이고, 온도가 15℃인 공기가 20kg/s의 비율로 흐를 때 평균유속은?(단, 공기의 기체상수는 $29.27kgf \cdot m/kg \cdot K$이다.)
　① 42.8m/s　　　　　　② 58.1m/s
　③ 429m/s　　　　　　④ 558m/s

16 왕복펌프에서 맥동을 방지하기 위해 설치하는 것은?

① 펌프구동용 원동기 ② 공기실(에어챔버)
③ 펌프케이싱 ④ 펌프회전자

17 공동현상(Cavitation) 방지책으로 옳은 것은?

① 펌프의 설치위치를 될 수 있는 대로 낮춘다.
② 펌프 회전수를 높게 한다.
③ 양흡입을 단흡입으로 바꾼다.
④ 손실수두를 크게 한다.

18 베르누이의 방정식에 쓰이지 않는 Head(수두)는?

① 압력수두 ② 밀도수두
③ 위치수두 ④ 속도수두

19 공기가 79vol% N_2와 21vol% O_2로 이루어진 이상기체 혼합물이라 할 때 25℃, 750mmHg에서 밀도는 약 몇 kg/m^3인가?

① 1.16 ② 1.42
③ 1.56 ④ 2.26

20 힘의 차원을 질량 M, 길이 L, 시간 T로 나타낼 때 옳은 것은?

① MLT^{-2} ② $ML^{-3}T^{-2}$
③ $ML^{-2}T^{-3}$ ④ MLT^{-1}

02회 실전점검! CBT 실전모의고사

수험번호 :
수험자명 :

제한 시간 : 2시간 30분
남은 시간 :

글자 크기 100% 150% 200% 화면 배치

전체 문제 수 :
안 푼 문제 수 :

2과목 연소공학

21 랭킨사이클(Rankine Cycle)에 대한 설명으로 옳지 않은 것은?

① 증기기관의 기본사이클로 상의 변화를 가진다.
② 두 개의 단열변화와 두 개의 등압변화로 이루어져 있다.
③ 열효율을 높이려면 배압을 높게 하되 초온 및 초압은 낮춘다.
④ 단열압축 → 정압가열 → 단열팽창 → 정압냉각의 과정으로 되어 있다.

22 다음 그림은 적화식 연소에 의한 가연성 가스의 불꽃형태이다. 불꽃온도가 가장 낮은 곳은?

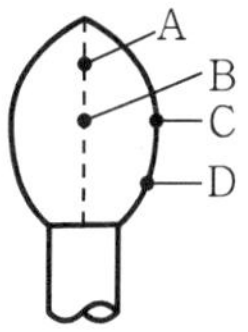

① A ② B
③ C ④ D

23 체적 $3m^3$의 탱크 안에 20℃, 100kPa의 공기가 들어 있다. 40kJ의 열량을 공급하면 공기의 온도는 약 몇 ℃가 되는가?(단, 공기의 정적비열(C_v)은 0.717kJ/kg · K이다.)

① 22 ② 36
③ 44 ④ 53

24 다음 그림은 프로판 – 산소, 수소 – 공기, 에틸렌 – 공기, 일산화탄소 – 공기의 층류연소속도를 나타낸 것이다. 이 중 프로판 – 산소 혼합기의 층류연소속도를 나타낸 것은?

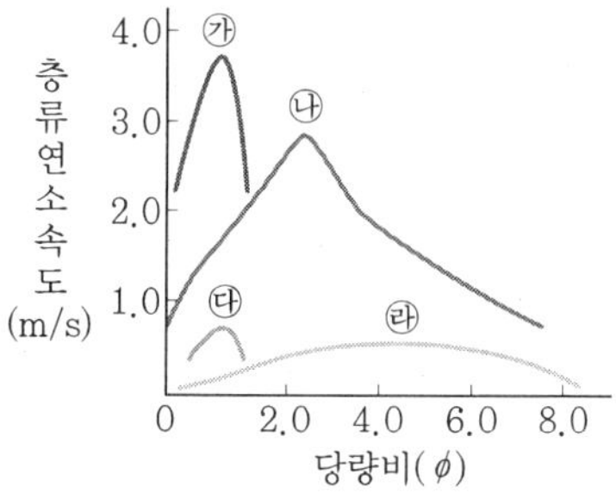

① ㉮
② ㉯
③ ㉰
④ ㉱

답안 표기란

1	①	②	③	④
2	①	②	③	④
3	①	②	③	④
4	①	②	③	④
5	①	②	③	④
6	①	②	③	④
7	①	②	③	④
8	①	②	③	④
9	①	②	③	④
10	①	②	③	④
11	①	②	③	④
12	①	②	③	④
13	①	②	③	④
14	①	②	③	④
15	①	②	③	④
16	①	②	③	④
17	①	②	③	④
18	①	②	③	④
19	①	②	③	④
20	①	②	③	④
21	①	②	③	④
22	①	②	③	④
23	①	②	③	④
24	①	②	③	④
25	①	②	③	④
26	①	②	③	④
27	①	②	③	④
28	①	②	③	④
29	①	②	③	④
30	①	②	③	④

계산기 다음 ▶ 안 푼 문제 답안 제출

25. 위험도는 폭발가능성을 표시한 수치로서 수치가 클수록 위험하며 폭발상한과 하한의 차이가 클수록 위험하다. 공기 중 수소(H_2)의 위험도는 얼마인가?
   ① 0.94
   ② 1.05
   ③ 17.75
   ④ 71

26. Flash Fire에 대한 설명으로 옳은 것은?
   ① 느린 폭연으로 중대한 과압이 발생하지 않는 가스운에서 발생한다.
   ② 고압의 증기압 물질을 가진 용기가 고장으로 인해 액체의 Flashing에 의해 발생된다.
   ③ 누출된 물질이 연료라면 BLEVE에는 매우 큰 화구가 뒤따른다.
   ④ Flash Fire는 공정지역 또는 Offshore 모듈에서는 발생할 수 없다.

27. 폭굉(Detonation)에 대한 설명으로 옳지 않은 것은?
   ① 폭굉파는 음속 이하에서 발생한다.
   ② 압력 및 화염속도가 최고치를 나타낸 곳에서 일어난다.
   ③ 폭굉유도거리는 혼합기의 종류, 상태, 관의 길이 등에 따라 변화한다.
   ④ 폭굉은 폭약 및 화약류의 폭발, 배관 내에서의 폭발사고 등에서 관찰된다.

28. 다음 [보기]에서 비등액체팽창증기폭발(BLEVE) 발생의 단계를 순서에 맞게 나열한 것은?

   [보기]
   A. 탱크가 파열되고 그 내용물이 폭발적으로 증발한다.
   B. 액체가 들어 있는 탱크의 주위에서 화재가 발생한다.
   C. 화재에 의한 열에 의하여 탱크의 벽이 가열된다.
   D. 화염이 열을 제거시킬 액이 없고 증기만 존재하는 탱크의 벽이나 천장(Roof)에 도달하면, 화염과 접촉하는 부위의 금속의 온도는 상승하여 탱크의 구조적 강도를 잃게 된다.
   E. 액위 이하의 탱크 벽은 액에 의하여 냉각되나, 액의 온도는 올라가고, 탱크 내의 압력이 증가한다.

   ① E-D-C-A-B
   ② E-D-C-B-A
   ③ B-C-E-D-A
   ④ B-C-D-E-A

29 공기나 증기 등의 기체를 분무매체로 하여 연료를 무화시키는 방식은?
① 유압 분무식 ② 이류체 무화식
③ 충돌 무화식 ④ 정전 무화식

30 공기와 연료의 혼합기체의 표시에 대한 설명 중 옳은 것은?
① 공기비(Excess Air Ratio)는 연공비의 역수와 같다.
② 연공비(Fuel Air Ratio)라 함은 가연 혼합기 중의 공기와 연료의 질량비로 정의된다.
③ 공연비(Air Fuel Ratio)라 함은 가연 혼합기 중의 연료와 공기의 질량비로 정의된다.
④ 당량비(Equivalence Ratio)는 실제의 연공비와 이론 연공비의 비로 정의된다.

31 정상 및 사고(단선, 단락, 지락 등) 시에 발생하는 전기 불꽃, 아크 또는 고온부에 의하여 가연성 가스가 점화되지 않는 것이 점화시험, 기타 방법에 의하여 확인된 방폭구조의 종류는?

① 내압방폭구조
② 본질안전방폭구조
③ 안전증방폭구조
④ 압력방폭구조

32 불활성화에 대한 설명으로 틀린 것은?

① 가연성 혼합가스 중의 산소농도를 최소산소농도(MOC) 이하로 낮게 하여 폭발을 방지하는 것이다.
② 일반적으로 실시되는 산소농도의 제어점은 최소산소농도(MOC)보다 약 4% 낮은 농도이다.
③ 이너트 가스로는 질소, 이산화탄소, 수증기가 사용된다.
④ 일반적으로 가스의 MOC는 보통 10% 정도이고 분진인 경우 1% 정도로 낮다.

33 $-190°C$, $0.5MPa$의 질소체를 $20MPa$으로 단열압축했을 때의 온도는 약 몇 °C인가?(단, 비열비(k)는 1.41이고 이상기체로 간주한다.)

① $-15°C$
② $-25°C$
③ $-30°C$
④ $-35°C$

34 층류의 연소화염 측정법 중 혼합기 유속을 일정하게 하여 유속으로 연소속도를 측정하는 방법은?

① 평면화염버너법
② 분젠버너법
③ 비눗방울법
④ 슬롯노즐연소법

35 $298.15K$, $0.1MPa$에서 메탄(CH_4)의 연소엔탈피는 약 몇 MJ/kg인가?(단, CH_4, CO_2, H_2O의 생성엔탈피는 각각 $-74,873$, $-393,522$, $-241,827$kJ/kmol이다.)

① -40
② -50
③ -60
④ -70

36. 기체연료를 미리 공기와 혼합시켜 놓고, 점화해서 연소하는 것으로 연소실부하율을 높게 얻을 수 있는 연소방식은?
 ① 확산연소
 ② 예혼합연소
 ③ 증발연소
 ④ 분해연소

37. B급 화재가 발생하였을 때 가장 적당한 소화약제는?
 ① 건조사, CO가스
 ② 불연성 기체, 유기소화액
 ③ CO_2, 포, 분말약제
 ④ 봉상주수, 산·알칼리액

38. 다음 중 임계압력을 가장 잘 표현한 것은?
 ① 액체가 증발하기 시작할 때의 압력을 말한다.
 ② 액체가 비등점에 도달했을 때의 압력을 말한다.
 ③ 액체, 기체, 고체가 공존할 수 있는 최소 압력을 말한다.
 ④ 임계온도에서 기체를 액화시키는 데 필요한 최저의 압력을 말한다.

39. 디젤 사이클에서 압축비 10, 등압팽창비(체절비) 1.8일 때 열효율은 약 얼마인가?(단, 비열비는 $k = \dfrac{C_p}{C_V} = 1.3$이다.)
 ① 30.3%
 ② 38.2%
 ③ 42.5%
 ④ 44.7%

40. 1kWh의 열당량은?
 ① 376kcal
 ② 427kcal
 ③ 632kcal
 ④ 860kcal

3과목 가스설비

41 저온장치용 금속재료에 있어서 일반적으로 온도가 낮을수록 감소하는 기계적 성질은?
① 항복점
② 경도
③ 인장강도
④ 충격값

42 외경과 내경의 비가 1.2 이상인 산소가스 배관 두께를 구하는 식은 $t = \dfrac{D}{2}\left(\sqrt{\dfrac{\frac{f}{s}+P}{\frac{f}{s}-P}}-1\right)+C$이다. D는 무엇을 의미하는가?
① 배관의 내경
② 내경에서 부식여유의 상당부분을 뺀 부분의 수치
③ 배관의 상용압력
④ 배관의 지름

43 나프타 접촉개질장치의 주요 구성이 아닌 것은?
① 증류탑
② 예열로
③ 기액분리기
④ 반응기

44 역카르노 사이클의 경로로서 옳은 것은?
① 등온팽창 - 단열압축 - 등온압축 - 단열팽창
② 등온팽창 - 단열압축 - 단열팽창 - 등온압축
③ 단열압축 - 등온팽창 - 등온압축 - 단열팽창
④ 단열압축 - 단열팽창 - 등온팽창 - 등온압축

45 수소가스 집합장치의 설계 매니폴드 지관에서 감압밸브의 상용압력이 14MPa인 경우 내압시험 압력은 얼마인가?
① 14MPa
② 21MPa
③ 25MPa
④ 28MPa

46 아세틸렌(C_2H_2) 가스의 분해폭발을 방지하기 위한 희석제의 종류가 아닌 것은?
① CO
② C_2H_4
③ H_2S
④ N_2

47 LPG를 지상의 탱크로리에서 지상의 저장탱크로 이송하는 방법으로 가장 부적절한 것은?
① 위치에너지를 이용한 자연충전방법
② 차압에 의한 충전방법
③ 액펌프를 이용한 충전방법
④ 압축기를 이용한 충전방법

48 펌프를 운전할 때 펌프 내에 액이 충만하지 않으면 공회전하여 펌핑이 이루어지지 않는다. 이러한 현상을 방지하기 위하여 펌프 내에 액을 충만시키는 것을 무엇이라 하는가?
① 맥동
② 프라이밍
③ 캐비테이션
④ 서징

49 에틸렌, 프로필렌, 부틸렌과 같은 탄화수소의 분류로 올바른 것은?
① 파라핀계
② 방향족계
③ 나프텐계
④ 올레핀계

50 가스보일러의 물탱크 수위를 다이어프램에 의한 압력변화로 검출하여 전기접점에 의해 가스회로를 차단하는 안전장치는?

① 헛불방지장치 ② 동결방지장치
③ 소화안전장치 ④ 과열방지장치

51 LPG 용기 밸브 충전구의 일반적 나사 형식과 암모니아의 나사 형식이 바르게 연결된 것은?

① 수나사 – 암나사 ② 암나사 – 수나사
③ 왼나사 – 오른나사 ④ 오른나사 – 왼나사

52 가스 제조공정인 수증기 개질공정에서 주로 사용되는 촉매는 어느 계통인가?

① 철 ② 니켈
③ 구리 ④ 비금속

53 −160℃의 LNG(액비중 : 0.46, CH_4 : 90%, C_2H_6 : 10%)를 기화시켜 10℃의 가스로 만들면 체적은 몇 배가 되는가?

① 635 ② 614
③ 592 ④ 552

54 액화석유가스는 상온(15℃)에서 압력을 올렸을 때 쉽게 액화시킬 수 있으나 메탄은 상온(15℃)에서 액화할 수 없는 이유는?

① 비중 때문에 ② 임계압력 때문에
③ 비점 때문에 ④ 임계온도 때문에

55 LPG에 대한 설명으로 틀린 것은?

① 액화석유가스를 뜻한다.
② 프로판, 부탄 등을 주성분으로 한다.
③ 상온, 상압하에서 기체이나 가압, 냉각에 의해 쉽게 액체로 변한다.
④ 석유의 증류, 정제 과정에서는 생성되지 않는다.

56 다음 가스장치의 사용재료 중 구리 및 구리합금의 사용이 가능한 가스는?

① 산소
② 황화수소
③ 암모니아
④ 아세틸렌

57 가스보일러에 설치되어 있지 않은 안전장치는?

① 과열방지장치
② 헛불방지장치
③ 전도안전장치
④ 과압방지장치

58 가스레인지에 연결된 호스에 직경 1.0mm의 구멍이 뚫려 LP 가스가 250mmH$_2$O 압력으로 3시간 동안 누출되었다면 LP 가스의 분출량은 약 몇 L인가?(단, LP 가스의 비중은 1.2이다.)

① 360
② 390
③ 420
④ 450

59 가스액화 원리인 줄-톰슨 효과에 대한 설명으로 옳은 것은?

① 압축가스를 등온팽창시키면 온도나 압력이 증대
② 압축가스를 단열팽창시키면 온도나 압력이 강하
③ 압축가스를 단열압축시키면 온도나 압력이 증대
④ 압축가스를 등온압축시키면 온도나 압력이 강하

60 콕 및 호스에 대한 설명으로 옳은 것은?
① 고압고무호스 중 투윈호스는 차압 0.1MPa 이하에서 정상적으로 작동하는 체크밸브를 부착하여 제작한다.
② 용기밸브 및 조정기에 연결하는 이음쇠의 나사는 오른나사로서 W22.5×14T, 나사부의 길이는 12mm 이상으로 한다.
③ 상자콕은 카플러 안전기구 및 과류차단안전기구가 부착된 것으로서 배관과 카플러를 연결하는 구조이고, 주물황동을 사용할 수 있다.
④ 카플러안전기구부 및 과류차단안전기구부는 4.2 kPa 이상의 압력에서 1시간당 누출량이 카플러안전기구부는 1.0L/h 이하, 과류차단안전기구부는 0.55L/h 이하가 되도록 제작한다.

4과목 가스안전설비

61 공기액화 분리기에 설치된 액화 산소통 내의 액화산소 5L 중 아세틸렌의 질량이 몇 mg을 넘을 때에는 그 공기액화 분리기의 운전을 중지하고 액화산소를 방출하여야 하는가?
① 5
② 50
③ 100
④ 500

62 대기차단식 가스보일러에 의무적으로 장착하여야 하는 부품이 아닌 것은?
① 저수위안전장치
② 압력계
③ 압력팽창탱크
④ 과압방지용안전장치

63 가스누출경보 및 자동차단장치의 기능에 대한 설명으로 틀린 것은?
① 독성가스의 경보농도는 TLV-TWA 기준 농도 이하로 한다.
② 경보농도 설정치는 독성가스용에서는 ±30% 이하로 한다.
③ 가연성 가스경보기는 모든 가스에 감응하는 구조로 한다.
④ 검지에서 발신까지 걸리는 시간은 경보농도의 1.6배 농도에서 보통 30초 이내로 한다.

64 운반하는 액화염소의 질량이 500kg인 경우 갖추지 않아도 되는 보호구는?
① 방독마스크
② 공기호흡기
③ 보호의
④ 보호장화

65 염소와 동일 차량에 혼합 적재하여 운반이 가능한 가스는?
① 암모니아
② 산화에틸렌
③ 시안화수소
④ 포스겐

66 LPG를 사용할 때 안전관리상 용기는 옥외에 두는 것이 좋다. 그 이유로 가장 옳은 것은?

① 옥외 쪽이 가스가 누출되어도 확산이 빨라 사고가 발생하기 어렵기 때문에
② 옥내는 수분이 있어 용기의 부식이 빠르기 때문에
③ 옥외 쪽이 햇빛이 많아 가스방출이 쉽기 때문에
④ 관련법상 용기는 옥외에 저장하도록 되어 있기 때문에

67 다음 [보기]의 가스 중 비중이 큰 것으로부터 옳게 나열한 것은?

[보기]
㉮ 염소   ㉯ 공기
㉰ 일산화탄소   ㉱ 아세틸렌
㉲ 이산화질소   ㉳ 아황산가스

① ㉮, ㉳, ㉲, ㉯, ㉰, ㉱
② ㉳, ㉮, ㉲, ㉯, ㉱, ㉰
③ ㉮, ㉲, ㉳, ㉰, ㉯, ㉱
④ ㉳, ㉮, ㉰, ㉱, ㉲, ㉰

68 지상에 설치하는 저장탱크 주위에 방류둑을 설치하지 않아도 되는 경우는?

① 저장능력 5톤의 염소탱크
② 저장능력 2,000톤의 액화산소탱크
③ 저장능력 1,000톤의 부탄탱크
④ 저장능력 5,000톤의 액화질소탱크

69 가스제조시설 등에 설치하는 플레어스택에 대한 설명으로 옳지 않은 것은?

① 긴급이송설비에 의하여 이송되는 가스를 안전하게 연소시킬 수 있는 것으로 한다.
② 설치 위치 및 높이는 플레어스택 바로 밑의 지표면에 미치는 복사열이 4,000kcal/m^2·h 이하가 되도록 한다.
③ 방출된 가스가 지상에서 폭발한계에 도달하지 아니하도록 한다.
④ 파일럿 버너는 항상 점화하여 두어야 한다.

70 최고충전압력 2.0MPa, 동체의 내경 65cm인 산소용 강재용접용기의 동판 두께는 약 몇 mm인가?(단, 재료의 인장강도 : 500N/mm², 용접효율 : 100%, 부식여유 : 1mm이다.)

① 2.30
② 6.25
③ 8.30
④ 10.25

71 자동차용기충전시설에서 충전기의 시설기준에 대한 설명으로 옳은 것은?

① 충전기 상부에는 캐노피를 설치하고 그 면적은 공지면적의 2분의 1 이하로 한다.
② 배관이 캐노피 내부를 통과하는 경우에는 2개 이상의 점검구를 설치한다.
③ 캐노피 내부의 배관으로서 점검이 곤란한 장소에 설치하는 배관은 안전상 필요한 강도를 가지는 플랜지접합으로 한다.
④ 충전기 주위에는 가스누출자동차단장치를 설치한다.

72 밀폐된 목욕탕에서 도시가스 순간온수기를 사용하던 중 쓰러져서 의식을 잃었다. 사고 원인으로 추정할 수 있는 것은?

① 가스누출에 의한 중독
② 부취제에 의한 중독
③ 산소결핍에 의한 질식
④ 질소과잉으로 인한 질식

73 고압가스제조시설 사업소에서 안전관리자가 상주하는 사업소와 현장사무소와의 사이 또는 현장사무소 상호 간에 설치하는 통신설비가 아닌 것은?

① 휴대용 확성기
② 구내전화
③ 구내 방송설비
④ 인터폰

74 가연성 가스와 산소의 혼합가스에 불활성가스를 혼합하여 산소농도를 감소해가면 어떤 산소농도 이하에서는 점화하여도 발화되지 않는다. 이때의 산소농도를 한계 산소농도라 한다. 아세틸렌과 같이 폭발범위가 넓은 가스의 경우 한계산소농도는 약 몇 %인가?

① 2.5%
② 4%
③ 32.4%
④ 81%

75 액화가스의 저장탱크 압력이 이상 상승하였을 때 조치사항으로 옳지 않은 것은?

① 가스방출밸브를 열어 가스를 방출시킨다.
② 살수장치를 작동시켜 저장탱크를 냉각시킨다.
③ 액이입 펌프를 긴급히 정지시킨다.
④ 출구 측의 긴급차단밸브를 작동시킨다.

76 최고충전압력의 정의로서 틀린 것은?

① 압축가스 충전용기(아세틸렌가스 제외)의 경우 35℃에서 용기에 충전할 수 있는 가스의 압력 중 최고 압력
② 초저온용기의 경우 상용압력 중 최고압력
③ 아세틸렌가스 충전용기의 경우 25℃에서 용기에 충전할 수 있는 가스의 압력 중 최고압력
④ 저온용기 외의 용기로서 액화가스를 충전하는 용기의 경우 내압시험 압력의 3/5배의 압력

77 방폭전기 기기의 구조별 표시방법이 아닌 것은?

① 내압(內壓) 방폭구조　② 내열(內熱) 방폭구조
③ 유입(油入) 방폭구조　④ 안전증(安全增) 방폭구조

78 차량에 고정된 탱크의 설계기준으로 틀린 것은?

① 탱크의 길이이음 및 원주이음은 맞대기 양면 용접으로 한다.
② 용접하는 부분의 탄소강은 탄소함유량이 1.0% 미만이어야 한다.
③ 탱크에는 지름 375mm 이상의 원형 맨홀 또는 긴 지름 375mm 이상, 짧은 지름 275mm 이상의 타원형 맨홀 1개 이상 설치한다.
④ 초저온탱크의 원주이음에 있어서 맞대기 양면 용접이 곤란한 경우에는 맞대기 한 면 용접을 할 수 있다.

79 다음 중 재검사를 받아야 하는 용기가 아닌 것은?
① 법이 정하는 기간이 경과한 용기
② 최고 충전압력으로 사용했던 용기
③ 손상이 발생된 용기
④ 충전 가스의 종류를 변경한 용기

80 액화석유가스 용기의 안전점검기준 중 내용적 얼마 이하의 용기의 경우에 '실내보관 금지' 표시 여부를 확인하는가?
① 1L
② 10L
③ 15L
④ 20L

5과목 가스계측

81 습식 가스미터의 기본형은?
① 임펠러형
② 오벌기어형
③ 드럼형
④ 루트형

82 온도계에 이용되는 것으로 가장 거리가 먼 것은?
① 열기전력
② 탄성체의 탄력
③ 복사에너지
④ 유체의 팽창

83 LPG 저장탱크 내 액화가스의 높이가 2.0m일 때, 바닥에서 받는 압력은 약 몇 kPa인가?(단, 액화석유가스 밀도는 $0.5g/cm^3$이다.)
① 1.96
② 3.92
③ 4.90
④ 9.80

84 부유 피스톤 압력계로 측정한 압력이 $20kg/cm^2$였다. 이 압력계의 피스톤 지름이 2cm, 실린더 지름이 4cm일 때 추와 피스톤의 무게는 약 몇 kg인가?
① 52.6
② 62.8
③ 72.6
④ 82.8

85 연소로의 드래프트용으로 주로 사용되며 공기식 자동제어의 압력 검출용으로도 이용 가능한 압력계는?
① 벨로우즈 압력계
② 자기변형 압력계
③ 공강식 압력계
④ 다이어프램형 압력계

86. 누출된 가스의 검지법으로서 연결이 잘못된 것은?
① 시안화수소 – 질산구리벤젠지
② 포스겐 – 하리슨 시약
③ 암모니아 – 요오드화칼륨전분지
④ 아세틸렌 – 염화제1구리착염지

87. 강(Steel)으로 만들어진 자(Rule)로 길이를 잴 때 자가온도의 영향을 받아 팽창, 수축함으로써 발생하는 오차로 측정 중 온도가 높으면 길이가 짧게 측정되며, 온도가 낮으면 길이가 길게 측정되는 오차를 무슨 오차라 하는가?
① 과오에 의한 오차
② 측정자의 부주의로 생기는 오차
③ 우연오차
④ 계통적 오차

88. 온도 측정범위가 가장 넓은 온도계는?
① 알루멜 – 크로멜
② 구리 – 콘스탄탄
③ 수은
④ 철 – 콘스탄탄

89. 50℃에서의 저항이 100Ω인 저항온도계를 어떤 노 안에 삽입하였을 때 온도계의 저항이 200Ω을 가리키고 있었다. 노 안의 온도는 약 몇 ℃인가?(단, 저항온도계의 저항온도계수는 0.0025이다.)
① 100℃
② 250℃
③ 425℃
④ 500℃

90. 액주식 압력계의 구비조건과 취급 시 주의사항으로 가장 옳은 것은?
① 온도에 따른 액체의 밀도변화를 크게 해야 한다.
② 모세관현상에 의한 액주의 변화가 없도록 해야 한다.
③ 순수한 액체를 사용하지 않아도 된다.
④ 점도를 크게 하여 사용하는 것이 안전하다.

91. 와류유량계(Vortex Flow Meter)의 특성에 해당하지 않는 것은?
  ① 계량기 내에서 와류를 발생시켜 초음파로 측정하여 계량하는 방식
  ② 구조가 간단하여 설치, 관리가 쉬움
  ③ 유체의 압력이나 밀도에 관계없이 사용 가능
  ④ 가격이 경제적이나, 압력손실이 큰 단점이 있음

92. 22℃의 1기압 공기(밀도 $1.21kg/m^3$)가 덕트를 흐르고 있다. 피토관을 덕트 중심부에 설치하고 물을 봉액으로 한 U자관 마노미터의 눈금이 4.0cm였다면, 이 덕트 중심부의 풍속은 약 몇 m/s인가?
  ① 25.5
  ② 30.8
  ③ 56.9
  ④ 97.4

93. 가정용 가스계량기에 10kPa이라고 표시되어 있다면 이것은 무엇을 의미하는가?
  ① 최대순간유량
  ② 기밀시험압력
  ③ 압력손실
  ④ 계량실 체적

94. 구리 – 콘스탄탄 열전대의 (–)극에 주로 사용되는 금속은?
  ① Ni – Al
  ② Cu – Ni
  ③ Mn – Si
  ④ Ni – Pt

95. 헴펠식 가스분석법에서 흡수 · 분리되지 않는 성분은?
  ① 이산화탄소
  ② 수소
  ③ 중탄화수소
  ④ 산소

96 가스를 일정용적의 통 속에 충만시킨 후 배출하여 그 횟수를 용적단위로 환산하는 방법의 가스미터는?
① 막식
② 루트식
③ 로터리식
④ 와류식

97 습도에 대한 설명으로 틀린 것은?
① 절대습도는 비습도라고도 하며 %로 나타낸다.
② 상대습도는 현재의 온도 상태에서 포함할 수 있는 포화수증기량에 대한 현재 공기가 포함하고 있는 수증기의 양을 %로 표시한 것이다.
③ 이슬점은 상대습도가 100%일 때의 온도이며 노점온도라고도 한다.
④ 포화공기는 더 이상 수분을 포함할 수 없는 상태의 공기이다.

98 흡착형 가스크로마토그래피에 사용하는 충전물이 아닌 것은?
① 실리콘(SE-30)
② 활성알루미나
③ 활성탄
④ 뮬레큘러시브

99 다음 가스분석방법 중 성질이 다른 하나는?
① 자동화학식
② 열전도율법
③ 밀도법
④ 가스크로마토그래피법

100 가스보일러의 배기가스에서 오르자트 분석기를 이용하여 시료 50mL를 채취하였더니 흡수 피펫을 통과한 후 남은 시료 부피는 각각 CO_2 40mL, O_2 20mL, CO 17mL였다. 이 가스 중 N_2의 조성은?
① 30%
② 34%
③ 64%
④ 70%

CBT 정답 및 해설

제2회 CBT 실전모의고사

01	02	03	04	05	06	07	08	09	10
③	②	④	①	①	④	④	②	①	③
11	12	13	14	15	16	17	18	19	20
④	①	②	③	③	②	①	②	①	①
21	22	23	24	25	26	27	28	29	30
③	②	②	①	③	①	③	③	②	④
31	32	33	34	35	36	37	38	39	40
②	④	③	①	②	②	③	④	④	④
41	42	43	44	45	46	47	48	49	50
④	②	①	④	②	①	③	④	②	①
51	52	53	54	55	56	57	58	59	60
③	②	②	④	④	①	③	②	②	③
61	62	63	64	65	66	67	68	69	70
①	①	③	②	④	①	①	④	③	②
71	72	73	74	75	76	77	78	79	80
①	③	①	②	④	③	②	②	②	③
81	82	83	84	85	86	87	88	89	90
③	②	④	②	④	②	①	④	②	②
91	92	93	94	95	96	97	98	99	100
④	①	②	②	②	②	①	①	①	②

01 정답 | ③
풀이 | • 층류구역($Re < 2,100$)
• 난류구역($Re > 4,000$)
• 천이구역($2,100 < Re < 4,000$)
※ Re : 레이놀즈수

02 정답 | ②
풀이 | 점성계수 단위 : Poise(푸아즈)=100cP
동점성계수 단위 : Stokes(스토크스)
$1kg \cdot s/m^2 = 9.8N \cdot S/m^2 = 98P = 9,800cP$
$\therefore P_{a \cdot s} = \frac{6}{10^3} = 0.006$
※ 점성계수단위 $N \cdot S/m^2 = Pa \cdot s$이다.

03 정답 | ④
풀이 | 원심식 펌프(비용적형)
• 볼류트 펌프
• 다단 터빈 펌프

04 정답 | ①
풀이 | ① : 압력계
②, ③, ④ : 유량계

05 정답 | ①
풀이 | $P_1 - P_2 = Lr\left(\sin a + \frac{a}{A}\right)$
$= \sin 30° \cdot R$
$\therefore 0.5 \times 30 = 15 cmH_2O$

06 정답 | ④
풀이 | 이상기체음속
$= \sqrt{\frac{k \cdot \overline{R} \cdot T}{M}}$
$= \sqrt{\frac{비열비 \times 일반기체상수 \times 절대온도}{분자량}}$

07 정답 | ④
풀이 | $1atm = 760mmHg = 1.0332kg/cm^2$
$= 10,332mmH_2O$
$\therefore 10,332 \times \frac{750}{760} = 10,200mmH_2O$

08 정답 | ②
풀이 | 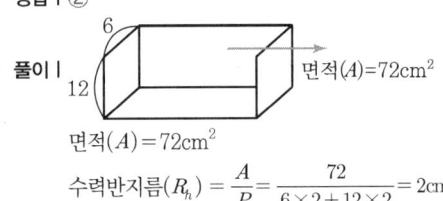 면적$(A)=72cm^2$
면적$(A)=72cm^2$
수력반지름$(R_h) = \frac{A}{P} = \frac{72}{6 \times 2 + 12 \times 2} = 2cm$

09 정답 | ①
풀이 | 임계점 : 액체와 기체의 비체적(m^3/kg)이 같아지는 온도

10 정답 | ③
풀이 | 높이$(H) = \frac{V^2}{2g} = \frac{23^2}{2 \times 9.8} = 27m$

11 정답 | ④
풀이 | Hagen-Poiseuille(하겐-푸아죄유) 방정식(Q)
유량$(Q) = \frac{\Delta P \pi d^4}{128 \mu L}$
• 완전히 발달된 흐름
• 층류
• 정상상태 흐름
※ 포텐셜 흐름은 점성의 영향이 없는 완전 유체의 흐름이다.

CBT 정답 및 해설

제2회 CBT 실전모의고사

12 정답 | ①
풀이 | 축소·확대노즐 : 아음속(속도가 음속보다 작은 경우)에서 초음속(속도가 음속보다 큰 흐름)으로 속도를 변화시킬 수 있다[속도와 음속의 비 : 마하수(M), ㉠ 아음속(M<1), ㉡ 음속(M=1), ㉢ 초음속(M>1)].

13 정답 | ②
풀이 | 축동력(kW)
$$= \frac{r \cdot Q \cdot H}{102 \times 60 \times \eta} = \frac{1,000 \times 1 \times 15}{102 \times 60 \times 0.78} = 3.14 \text{kW}$$
※ 1kW=102kg·m/s
물의 비중량(r)=1,000kg=1,000L
1분=60초
축동력(Ps) $= \dfrac{r \cdot Q \cdot H}{75 \times 60 \times \eta}$

14 정답 | ③
풀이 | 밀도 $= \dfrac{질량}{단위체적} = (\text{kg/m}^3)$
$= \left(\dfrac{\text{kgS}^2}{\text{m}^4}\right) = (\text{kg/ft}^3) = (\text{kg/in}^3)$
$\therefore \rho = \dfrac{4 \times 10^4}{29.27(273+15)} = \dfrac{P}{R \cdot T} = 4.75 \text{kg/m}^3$

15 정답 | ③
풀이 | 유량=단면적×유속
단면적 $= \dfrac{\pi}{4}d^2 = \dfrac{3.14}{4} \times 0.1^2 = 0.00785\text{m}^2$
유속 $= \dfrac{유량}{단면적}$ (m/s)
$PV = GRT$,
유속(V) $= \dfrac{GRT}{PA} = \dfrac{20 \times 29.27 \times (273+15)}{(5+1) \times 10^4 \times 0.00785}$
$= 429\text{m/s}$
※ 절대압력(abs) = 게이지압+1 = 5+1 = 6kg/cm²a

16 정답 | ②
풀이 | 왕복펌프(용적식 펌프)에서 맥동을 방지하기 위하여 공기실을 설치한다. 송출이 단속적인 왕복펌프는 맥동이 일어나기 쉬워 이를 완화할 필요가 있다.

17 정답 | ①
풀이 | 펌프의 설치위치를 높이면 거리 간격(흡입양정)이 짧아져서 공동현상(캐비테이션)이 방지된다.

18 정답 | ②
풀이 | 베르누이 방정식 수두
- 압력수두 : $\left(\dfrac{P}{r}\right)$
- 위치수두 : Z
- 속도수두 : $\left(\dfrac{V^2}{2g}\right)$
- 전수두 : H
$\therefore H = \dfrac{P}{r} + \dfrac{V^2}{2g} + Z$

19 정답 | ①
풀이 | 질소 1킬로몰(28kg : 분자량)=22.4m³
산소 1킬로몰(32kg : 분자량)=22.4m³
밀도 $= \dfrac{질량}{체적} = \dfrac{(32 \times 0.21) + (28 \times 0.79)}{22.4 \times \dfrac{273+25}{273} \times \dfrac{760}{750}}$
$= 1.16 \text{kg/m}^3$
※ 체적변화(V_2) $= V_1 \times \dfrac{T_2}{T_1} \times \dfrac{P_1}{P_2} = \text{m}^3$

20 정답 | ①
풀이 | ㉠ 중력단위 : 길이(m), 힘(kgf), 시간(s)
　　　　차원 : 길이(L), 힘(F), 시간(T)
㉡ 절대단위 차원
- 길이(L)　　　· 힘(MLT^{-2})
- 시간(T)　　　· 질량(M)

21 정답 | ③
풀이 | 랭킨사이클(증기원동소 사이클)에서 열효율을 높이려면 배압은 낮추고 초온 및 초압은 높여야 한다(초압을 크게 하면 팽창 도중에 빨리 습증기가 되어서 습도가 증가하면 터빈 효율이 저하된다. 하여 재열사이클을 도입하여 방지한다).

22 정답 | ②
풀이 | 적화식

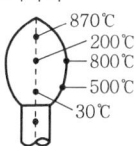

23 정답 | ②
풀이 | 정적변화 $= PVT = V = V_1$
$V_2 = C$, $\dfrac{P_1}{T_1} = \dfrac{P_2}{T_2}$
$T_2 = \dfrac{40}{0.717} - 20 = 36℃$

CBT 정답 및 해설

24 정답 | ①
풀이 | • 당량비 : 실제 연소용 공기와 양론 연소용 공기의 비 (공기비의 일종)
• 프로판과 산소의 연소 시 완전연소가 가능하여 당량비는 작아지고 층류연소속도는 증가한다.

25 정답 | ③
풀이 | 가연성 가스의 위험도(H), 수소가스 폭발범위
• 상한치(U) : 75%
• 하한치(L) : 4%
$H = \dfrac{U-L}{L} = \dfrac{75-4}{4} = 17.75$

26 정답 | ①
풀이 | • 플래시 화염(Flash Fire) : 느린 폭연으로 중대한 과압이 발생하지 않는 가스운에서 발생한다.
• BLEVE : 비등액체 팽창증기폭발

27 정답 | ①
풀이 | 폭굉(디토네이션) : 화염전파속도가 1,000~3,000m/s로 음속(340m/s)보다 큰 곳에서 발생한다.

28 정답 | ③
풀이 | 비등액체팽창증기폭발의 발생단계순서
B → C → E → D → A
※ 비등액체팽창증기 폭발
가연성 액체가 든 탱크 주위에 화재 발생 시 그 열에 의해 탱크 벽이 가열되어 파열되고 내부 액체가 유출·팽창해 폭발한다.

29 정답 | ②
풀이 | 이류체 무화식 : 액체연료 버너연소에서 중질유를 증기나 공기로 안개방울화(분무매체)하여 무화시킨다.

30 정답 | ④
풀이 | • 당량비(ϕ) : 실제의 연공비와 이론 연공비의 비로 정의한다.
• 연공비 = $\left(\dfrac{공기}{연료}\right)$ = $\dfrac{공기\ 몰수}{연료의\ 몰수}$
• 등가비 : 공기비의 역수 = $\dfrac{1}{m}$
• 공기비 = $\dfrac{실제공기량}{이론공기량}$ (항상 1보다 크다.)

31 정답 | ②
풀이 | • 본질안전방폭구조 : 점화시험이나 기타 방법에 의하여 확인된 방폭구조(정상이나 사고 시 전기, 아크, 고온부에 의하여 가연성 가스가 점화되지 않는 경우에 사용)
• 내압방폭구조 : 내부에서 폭발이 발생하여도 그 압력에 견딜뿐더러 주위에 가스가 인화 및 파급되지 않게 만든 구조
• 안전증방폭구조 : 이상 시 불꽃 또는 고온의 발생을 방지하기 위해 온도상승에 안전을 기한 구조
• 압력방폭구조 : 용기 내 가스를 대기압 이상으로 봉입해 가연성 가스 등이 침입하지 못하게 만든 구조

32 정답 | ④
풀이 | 최소산소농도(MOC) : 화염을 전파하기 위해 요구되는 최소한의 산소농도
MOC = 연소폭발하한치 × $\dfrac{산소몰수}{연료몰수}$
(가스연료는 일반적으로 10% 미만이다.)

33 정답 | ③
풀이 | 단열압축 : $PV^k = P_1 V_1^k = P_2 V_2^k = C$
$\dfrac{T_2}{T_1} = \left(\dfrac{V_1}{V_2}\right)^{k-1} = \left(\dfrac{P_2}{P_1}\right)^{\frac{k-1}{k}}$
1MPa = 1,000kPa
$T_2 = T_1 \times \left(\dfrac{P_2}{P_1}\right)^{\frac{k-1}{k}} = 83 \times \left(\dfrac{20}{0.5}\right)^{\frac{1.41-1}{1.41}}$
= 243K
∴ 243 - 273 = -30℃
※ $T_1 = -190 + 273 = 83K$

34 정답 | ①
풀이 | ㉠ 연소 속도 : 화염면에 수직방향으로 불길이 전파될 때 미연혼합기에 대한 상대속도
㉡ 연소속도 측정기법
• 평면화염버너법 : 가연성 혼합기를 일정한 속도 분포로 만든 뒤 유속과 연소속도를 균형화시켜 그 유속으로 측정한다.
• 분젠버너법 : 단위면적당 단위시간에 소비되는 미연혼합기의 체적으로 측정한다.
• 비눗방울법 : 비눗방울 중심부에 점화를 시킨 뒤 화염이 바깥으로 전파되면서 비눗방울이 팽창되면 그 체적과 반지름을 이용해 측정한다.
• 슬롯노즐연소법 : 균일한 속도 분포를 얻을 수 있는 노즐을 이용, 노즐 위에 역V형 화염을 만들어 곡률의 영향을 거의 받지 않고 측정한다.

CBT 정답 및 해설

35 정답 | ②
풀이 | 메탄(CH_4) + $2O_2$ → CO_2 + $2H_2O$(메탄 분자량 16)

연소엔탈피 $= \dfrac{74,873 - (393,522 + 2 \times 241,827)}{16}$
$= -50,143 \text{kJ}(-50,143,000\text{J})/\text{kg}$
$\fallingdotseq -50 \text{MJ/kg}$

※ $1\text{MJ} = 10^6 \text{J}$

36 정답 | ②
풀이 | 예혼합연소 : (기체연료 + 공기)의 혼합에 의해 연소실부하율($kcal/m^3 h$)을 높게 얻을 수 있는 연소방식 (역화발생의 우려가 있다.)

37 정답 | ③
풀이 | B급 화재 : 오일화재이며 소화약제는 CO_2 소화기, 포말 및 분말 소화기 사용

38 정답 | ④
풀이 | 임계압력 : 임계온도에서 기체를 액화시키는 데 필요한 최저압력(압력을 올리고 온도를 낮추면 쉽게 액화된다.)

39 정답 | ④
풀이 | 디젤사이클(내연기관 사이클) 열효율(ηd)

$\eta d = 1 - \left(\dfrac{1}{\varepsilon}\right)^{k-1} \left[\dfrac{\sigma^k - 1}{K(\sigma - 1)}\right]$
$= 1 - \left(\dfrac{1}{10}\right)^{1.3-1} \cdot \left[\dfrac{1.8^{1.3} - 1}{1.3(1.8 - 1)}\right]$
$= 0.447(44.7)\%$

40 정답 | ④
풀이 | $1\text{kW} - \text{h} = 102\text{kg} \cdot \text{m/s}$

102×60초 $\times 60$분/시간 $\times \dfrac{1}{427} \text{kcal/kg} \cdot \text{m}$
$= 860 \text{kcal} = 3,600 \text{kJ}$

41 정답 | ④
풀이 | 충격값 : 저온장치용 금속재료에서 온도가 낮을수록 감소하는 기계적 성질
※ ①, ②, ③은 온도가 낮을수록 증가하는 성질이다.

42 정답 | ②
풀이 | • D : 내경에서 부식여유의 상당부분을 뺀 부분의 수치
• P : 배관의 상용압력
• C : 부식여유

43 정답 | ①
풀이 | 나프타(납사) 접촉개질장치의 주요 구성요소
• 예열로
• 기액분리기(기체, 액체 분리기)
• 반응기

44 정답 | ①
풀이 | 역카르노 사이클(이론 냉동사이클)
등온팽창 → 단열압축 → 등온압축 → 단열팽창
※ 카르노 사이클은 열기관의 이론적 사이클로 2개의 단열 과정과 2개의 등온 과정으로 구성되어 있고, 역카르노 사이클은 냉동기관의 이상적 사이클로 카르노 사이클과 반대 방향으로 작용하며 저열원에서 열을 흡수해 고열원에 공급한다.

45 정답 | ②
풀이 | 내압시험 : 상용압력 × 1.5배 = 14 × 1.5 = 21MPa

46 정답 | ③
풀이 | • 분해폭발방지 희석제 : 에틸렌(C_2H_4), CO 가스, 질소, 메탄(CH_4) 등
• 황화수소(H_2S) : 가연성, 독성가스

47 정답 | ①
풀이 | LPG 이송방법(탱크로리에서 지상의 저장탱크로)
• 차압법
• 액펌프이용법
• 압축기사용법

48 정답 | ②
풀이 | 프라이밍(액비수) : 펌프 운전 시 공회전 방지 및 펌핑 부작용 시 펌프 내에 액을 충만시키는 것(마중액 이용)

49 정답 | ④
풀이 | 나프타
• 알칸족 탄화수소 : 파라핀계, 메탄계, 포화계
• 알켄족 탄화수소 : 올레핀계, 에틸렌계
• 알킨족 탄화수소 : 아세틸렌계
• 나프텐계 탄화수소
• 파라핀계 탄화수소
※ 올레핀계 : 에틸렌, 프로필렌, 부틸렌 등의 탄화수소(파라핀계 탄화수소가 많을수록 나프타는 좋다.)

50 정답 | ①
풀이 | 헛불방지장치 : 가스보일러의 물탱크 수위를 다이어프램에 의한 압력변화로 검출하여 가스회로를 차단하여 사고를 미연에 방지(저수위, 보일러과열사고 방지장치)

CBT 정답 및 해설

제2회 CBT 실전모의고사

51 정답 | ③
풀이 | • 암모니아, 브롬화메탄 가연성 : 밸브 충전구 나사(오른나사)
• LPG 등 가연성 가스 : 용기 밸브 충전구 나사(왼나사)

52 정답 | ②
풀이 | 니켈 : 수증기 개질공정에서 가스제조 시 촉매로 사용

53 정답 | ②
풀이 | 0.46kg=460g(분자량 : 메탄 16, 에탄 30)
평균분자량 $= 16 \times 0.9 + 30 \times 0.1 = 17.4$
몰량 $= \dfrac{460g}{17.4g} = 26.43678 \text{mol}$
$26.43678 \times 22.4 \text{L/mol} = 592.183 \text{L}$(체적)
$\therefore$ 체적$(V) = 592.183 \times \dfrac{273+10}{273} = 614$배

54 정답 | ④
풀이 | 메탄(CH_4) 가스의 임계온도는 $-82.1℃$이므로 온도가 매우 낮아서 상온에서는 액화가 불가능하다.

55 정답 | ④
풀이 | • LPG(L : 액화, P : 석유, G : 가스) : 액화석유가스 (석유의 정제과정에서 나프타, 프로판, 부탄, 프로필렌, 부틸렌, 부타디엔 등을 얻는다.)
• LNG(L : 액화, N : 천연자원, G : 가스) : 액화천연가스로 주성분은 메탄(CH_4)

56 정답 | ①
풀이 | • 황화수소(H_2S) : 구리(CuS)로 금속 이온의 정성분석에 사용하나 저온부식 발생
• 암모니아($4NH_3$) → $Cu(NH_4)^{+2} + 2OH^-$(착염 발생)
• 아세틸렌(C_2H_2) + 2Cu → Cu_2C_2(아세틸라이트 생성)

57 정답 | ③
풀이 | 전도안전장치 : 가스보일러의 경우 넘어짐 안전장치는 필요하지 않다.

58 정답 | ②
풀이 | 노즐에 의한 LP 가스 분출량 계산(Q)
$Q = 0.009 D^2 \sqrt{\dfrac{P(압력)}{d(비중)}}$
$= 0.009 \times (1.0)^2 \times \sqrt{\dfrac{250}{1.2}} \times 3$시간
$= 0.3897 m^3 ≒ 390L$

59 정답 | ②
풀이 | 줄-톰슨(Joule-Thomson) 효과 : 압축가스를 단열팽창시키면 온도나 압력이 강하하는 효과

60 정답 | ③
풀이 | 콕 : 퓨즈콕, 상자콕, 주물연소기용 노즐콕
※ ③은 상자콕의 특성이다.

61 정답 | ①
풀이 | 운전정지
• 아세틸렌이 5mg을 넘을 때
• 탄소의 질량이 500mg을 넘을 때

62 정답 | ①
풀이 | 가스용 온수 보일러에는 헛불방지장치, 과열방지장치가 필요하며 나머지는 ②, ③, ④ 부품이 장착된다.

63 정답 | ③
풀이 | • 가스누출경보농도는 가연성 가스의 경우 폭발하한계의 $\dfrac{1}{4}$ 이하에서 감응하는 구조로 한다.
• 독성가스의 경우 허용농도 이하에서 감응하는 구조
※ TLV[허용복용한계값=미국정부산업보건협회의 폭로한계(종류 : TLV-TWA 시간하중평균, TLV-STEL 단순폭로한계, TLV-C 천정치)]

64 정답 | ②
풀이 | 독성가스 질량이 1,000kg 미만인 경우 공기호흡기는 불필요하다.

65 정답 | ④
풀이 | 염소와 동일 차량에 혼합적재 금지가스
• 아세틸렌   • 암모니아
• 수소   • 시안화수소

66 정답 | ①
풀이 | LPG 액화석유가스는 공기보다 비중이 무거워서 옥내에서 누출 시 피해가 매우 크다. 반면, 옥외 쪽은 확산이 빨라서 사고발생이 예방된다.

67 정답 | ①
풀이 | 비중 $= \dfrac{가스분자량}{29}$
분자량=염소 : 71, 공기 : 29, 일산화탄소 : 28, 아세틸렌 : 26, 이산화질소 : 44, 아황산가스 : 64
※ 분자량이 크면 비중도 커진다.

CBT 정답 및 해설

68 정답 | ④
풀이 | 방류둑을 설치해야 하는 가스양 기준(액화가스용)
- 가연성 가스 : 500톤 이상
- 독성가스 : 5톤 이상
- 산소가스 : 1천 톤 이상

69 정답 | ③
풀이 | ③은 벤드스택에 관한 내용이다.

70 정답 | ②
풀이 | 산소 용접용기(t)
$= \dfrac{P \cdot D}{400 \cdot s \cdot \eta} = \dfrac{2,000 \times 650}{400 \times 500 \times 1} = 6.5\text{mm}$

71 정답 | ①
풀이 | 캐노피 면적은 공지면적 $\dfrac{1}{2}$ 이하

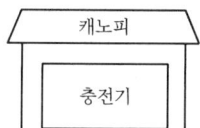

72 정답 | ③
풀이 | 밀폐된 목욕탕에서 도시가스 순간온수기를 사용하는 경우 산소요구량 감소로 인한 산소결핍(18% 이하)과 CO 가스 증가로 의식을 잃을 수 있다.

73 정답 | ①
풀이 | 휴대용 확성기 : 사업소 내 전체 및 종업원 상호 간(사업소 내 임의의 장소)에만 사용하는 통신설비이다.

74 정답 | ②
풀이 | 한계산소농도 : 폭발범위가 넓은 가스의 경우는 한계산소농도가 약 4%이다(C_2H_2가스의 폭발범위는 2.5~81%).

75 정답 | ④
풀이 | 액화가스의 저장탱크 압력이 이상 상승하면 ①, ②, ③의 조치 및 입구 측 긴급차단밸브를 작동시킨다.

76 정답 | ③
풀이 | 아세틸렌가스의 최고충전압력이란 15℃에서 용기에 충전할 수 있는 가스의 압력 중 최고압력(내압시험은 최고충전압력의 3배)

77 정답 | ②
풀이 | 전기설비의 방폭구조 구조별
①, ③, ④ 외 압력방폭구조, 본질안전방폭구조, 특수방폭구조가 있다.

78 정답 | ②
풀이 | 용접용 탄소강은 일반적으로 0.35% 이하로 한다.

79 정답 | ②
풀이 | 재검사대상 가스용기의 기준조건은 ①, ③, ④ 외 합격표시가 훼손된 용기, 열영향을 받은 용기도 포함된다.

80 정답 | ③
풀이 | 액화석유가스 용기의 경우 15L 이하 용기의 경우 실내보관금지 표시가 필요하다(액법 시행규칙 별표14).

81 정답 | ③
풀이 | 습식 가스미터 기본형은 드럼형 가스미터기(실측식 가스미터기)이며 계량이 정확하고 사용 중 기차의 변동이 거의 없다.

82 정답 | ②
풀이 | 탄성체 탄력은 압력계의 이상적인 구비조건이다.
- 부르동관식
- 벨로스식
- 다이어프램식(격막식)

83 정답 | ④
풀이 | $0.5\text{g/cm}^3 = 0.5\text{kg/m}^3$
$P = rh$
$1.0332\text{kg/cm}^2 = 102\text{kPa} = 10.33\text{mH}_2\text{O}$
$\therefore \dfrac{102 \times (0.5 \times 2)}{1.0332 \times 10.33} = 9.8\text{kPa}$

84 정답 | ②
풀이 | 피스톤 단면적 $= \dfrac{\pi}{4}d^2 = \dfrac{3.14}{4} \times (2)^2 = 3.14\text{cm}^2$
$\therefore W = 3.14 \times 20 = 62.8\text{kg}$
※ 게이지압력(P) $= \dfrac{\text{추와 피스톤의 무게}}{\text{유효 피스톤의 단면적}}(\text{kg/cm}^2)$

85 **정답 | ④**
풀이 | 다이어프램 압력계(탄성식)
- 통풍력 측정(드레프트용)
- 공기식 자동제어 압력검출용
- 측정압력은 0.01~20kg/cm²
- 재질은 인, 구리, 청동, 스테인리스 등

86 **정답 | ③**
풀이 | • 요오드화칼륨전분지(KI 전분지) : 염소(Cl_2)가스의 가스검지에 사용
- 적색 리트머스시험지 : 암모니아(NH_3) 가스의 검지용

87 **정답 | ④**
풀이 | 계통적 오차 : 계측기기의 고유의 오차로서 계측기의 팽창, 수축(신축)에 의한 영향의 오차이다.

88 **정답 | ①**
풀이 | • 수은온도계 : $-35\sim700℃$
- 알루멜-크로멜 : $0\sim1{,}200℃$
- 구리-콘스탄탄 : $-200\sim350℃$
- 철-콘스탄탄 : $-200\sim800℃$

89 **정답 | ④**
풀이 | 저항$(R_1) = R_0(1 + a \cdot \Delta t)$
$200 = 100 \times (1 + 0.0025 \times \Delta t)$
온도차$(\Delta t) = 50 + \dfrac{1}{0.0025} \times \left(\dfrac{200}{100} - 1\right) = 450℃$
∴ 노 안의 온도 $= 450 + 50 = 500℃$

90 **정답 | ②**
풀이 | 액주식 압력계는 액주의 모세관 현상에 의한 액주의 변화가 없도록 한다(액주는 밀도 변화가 적고 순수한 액체로서 점도가 작아야 한다).

91 **정답 | ④**
풀이 | 와류유량계(소용돌이 유량계)
- 압력손실이 없는 유량계이며 가동부분이 없고 측정범위가 넓다.
- 종류 : 델타식, 스와르메타, 카르만

92 **정답 | ①**
풀이 | 풍속$(V) = C\sqrt{2g\left(\dfrac{S_0 - S}{S}\right)h}$
$= \sqrt{2 \times 9.8\left(\dfrac{1{,}000 - 1.2}{1.2}\right) \times 0.04}$
$= 25.5\,\text{m/s}$
※ 물의 밀도($1{,}000\text{kg/m}^3$), $4.0\text{cm} = 0.04\text{m}$

93 **정답 | ②**
풀이 | 가스계량기 10kPa 표시 : 기밀시험압력

94 **정답 | ②**
풀이 | 구리-콘스탄탄(C,C)온도계 : 열전대 온도계
- 온도측정 : $-200\sim800℃$
- 사용금속 : +측 Cu, -측 콘스탄탄(구리+니켈)
- 특성 : 열기전력이 크고 저항 및 온도계수가 작아 저온용으로 사용된다.

95 **정답 | ②**
풀이 | 헴펠식 가스분석계 분석순서
$CO_2 →$ 중탄화수소 → 산소 → CO(흡수분석법 가스분석기)

96 **정답 | ①**
풀이 | 막식(다이어프램식) : 실측식으로 횟수를 용적단위로 환산하는 가스미터이며 가격이 싸고 부착 후의 유지관리에 시간을 요하지 않는다. 대용량의 경우 설치스페이스가 크다.

97 **정답 | ①**
풀이 | 절대습도 : 건조공기 1kg 중의 H_2O의 중량이며 단위는 kg/kg′이다.

98 **정답 | ①**
풀이 | 흡착제 충전물
- 활성탄
- 활성알루미나
- 몰레큘러시브
- 실리카겔

99 **정답 | ①**
풀이 | ① : 화학적인 가스분석계
②, ③, ④ : 물리적 가스분석계

100 **정답 | ②**
풀이 | $50 - 40 = 10\text{mL}$
$50 - 20 = 30\text{mL}$
$50 - 17 = 33\text{mL}$
$N_2 = 50 - 33 = 17\text{mL}$
∴ $\dfrac{17}{50} \times 100 = 34\%$

1과목 가스유체역학

01 밀도 1.2kg/m³의 기체가 직경 10cm인 관 속을 20m/s로 흐르고 있다. 관의 마찰계수가 0.02라면 1m당 압력손실은 약 몇 Pa인가?

① 24
② 36
③ 48
④ 54

02 온도 20℃의 이상기체가 수평으로 놓인 관 내부를 흐르고 있다. 유동 중에 놓인 작은 물체의 코에서의 정체온도(Stagnation Temperature)가 $T_2 = 40℃$이면 관에서의 기체의 속도(m/s)는?(단, 기체의 정압비열 C_p = 1,040J/(kg·K)이고, 등엔트로피 유동이라고 가정한다.)

① 204
② 217
③ 237
④ 253

03 정압비열(C_p)을 옳게 나타낸 것은?

① $\dfrac{k}{C_v}$
② $\left(\dfrac{\partial h}{\partial T}\right)_p$
③ $\dfrac{h_2 - h_1}{T_2 - T_1}$
④ $\left(\dfrac{\partial T}{\partial h}\right)_v$

04 동점성 계수가 각각 1.1×10^{-6}m²/s, 1.5×10^{-5} m²/s인 물과 공기가 지름 10cm인 원형관 속을 10cm/s의 속도로 각각 흐르고 있을 때 물과 공기의 유동을 옳게 나타낸 것은?

① 물 : 층류, 공기 : 층류
② 물 : 층류, 공기 : 난류
③ 물 : 난류, 공기 : 층류
④ 물 : 난류, 공기 : 난류

05 충격파의 유동특성을 나타내는 Fanno 선도에 대한 설명 중 옳지 않은 것은?

① Fanno 선도는 열역학 제1법칙, 연속방정식, 상태방정식으로부터 얻을 수 있다.
② 질량유량이 일정하고 정체 엔탈피가 일정한 경우에 적용된다.
③ Fanno 선도는 정상상태에서 일정 단면유로를 압축성 유체가 외부와 열교환하면서 마찰 없이 흐를 때 적용된다.
④ 일정 질량유량에 대하여 Mach 수를 Parameter로 하여 작도한다.

06 관 내 유체의 급격한 압력 강하에 따라 수중으로부터 기포가 분리되는 현상은?

① 공기바인딩   ② 감압화
③ 에어리프트   ④ 캐비테이션

07 관 속을 유체가 층류로 흐를 때 관에서의 평균유속은 관 중심에서의 최대 유속의 얼마가 되는가?

① 0.5   ② 0.75
③ 0.82   ④ 1.00

08 내경 60cm의 관을 사용하여 수평거리 50km 떨어진 곳에 2m/s의 속도로 송수하고자 한다. 관마찰로 인한 손실수두는 약 몇 m에 해당하는가?(단, 관의 마찰계수는 0.02이다.)

① 240   ② 340
③ 440   ④ 540

09 다음은 어떤 관내의 층류 흐름에서 관벽으로부터의 거리에 따른 속도구배의 변화를 나타낸 그림이다. 그림에서 Shear Stress가 가장 큰 곳은?(단, y는 관벽으로부터의 거리, u는 유속이다.)

① A
② B
③ C
④ D

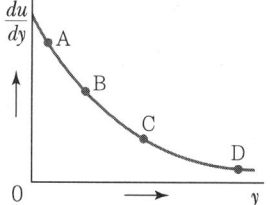

10 마하 수가 1보다 클 때 유체를 가속시키려면 어떻게 하여야 하는가?
① 단면적을 감소시킨다.
② 단면적을 증가시킨다.
③ 단면적을 일정하게 유지시킨다.
④ 단면적과는 상관없으므로 유체의 점도를 증가시킨다.

11 베르누이 방정식을 유도할 때 필요한 가정 중 틀린 것은?
① 유선상의 두 점에 적용한다.
② 마찰이 없는 흐름이다.
③ 압축성 유체의 흐름이다.
④ 정상상태의 흐름이다.

12 그림과 같은 사이펀을 통하여 나오는 물의 질량 유량은 약 몇 kg/s인가? (단, 수면은 항상 일정하다.)

① 1.21
② 2.41
③ 3.61
④ 4.83

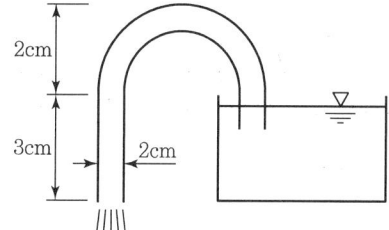

03회 실전점검! CBT 실전모의고사

수험번호 :
수험자명 :

제한 시간 : 2시간 30분
남은 시간 :

글자 크기 100% 150% 200% 화면 배치 전체 문제 수 : 안 푼 문제 수 :

답안 표기란

1	①	②	③	④
2	①	②	③	④
3	①	②	③	④
4	①	②	③	④
5	①	②	③	④
6	①	②	③	④
7	①	②	③	④
8	①	②	③	④
9	①	②	③	④
10	①	②	③	④
11	①	②	③	④
12	①	②	③	④
13	①	②	③	④
14	①	②	③	④
15	①	②	③	④
16	①	②	③	④
17	①	②	③	④
18	①	②	③	④
19	①	②	③	④
20	①	②	③	④
21	①	②	③	④
22	①	②	③	④
23	①	②	③	④
24	①	②	③	④
25	①	②	③	④
26	①	②	③	④
27	①	②	③	④
28	①	②	③	④
29	①	②	③	④
30	①	②	③	④

13 유체의 흐름에서 유선이란 무엇인가?

① 유체흐름의 모든 점에서 접선 방향이 그 점의 속도 방향과 일치하는 연속적인 선
② 유체흐름의 모든 점에서 속도벡터에 평행하지 않는 선
③ 유체흐름의 모든 점에서 속도벡터에 수직한 선
④ 유체흐름의 모든 점에서 유동단면의 중심을 연결한 선

14 충격파와 에너지선에 대한 설명으로 옳은 것은?

① 충격파는 아음속 흐름에서 갑자기 초음속 흐름으로 변할 때에만 발생한다.
② 충격파가 발생하면 압력, 온도, 밀도 등이 연속적으로 변한다.
③ 에너지선은 수력구배선보다 속도수두만큼 위에 있다.
④ 에너지선은 항상 상향 기울기를 갖는다.

15 내경이 2.5×10^{-3}m인 원관에 0.3m/s의 평균속도로 유체가 흐를 때 유량은 약 몇 m^3/s인가?

① 1.06×10^{-6}
② 1.47×10^{-6}
③ 2.47×10^{-6}
④ 5.23×10^{-6}

16 그림과 같이 유체의 흐름 방향을 따라서 단면적이 감소하는 영역(I)과 증가하는 영역(II)이 있다. 단면적의 변화에 따른 유속의 변화에 대한 설명으로 옳은 것을 모두 나타낸 것은?(단, 유동은 마찰이 없는 1차원 유동이라고 가정한다.)

A : 비압축성 유체인 경우, 영역(I)에서는 유속이 증가하고 (II)에서는 감소한다.
B : 압축성 유체의 아음속 유동(Subsonic Flow)에서는 영역(I)에서 유속이 증가한다.
C : 압축성 유체의 초음속 유동(Supersonic Flow)에서는 영역(II)에서 유속이 증가한다.

① A, B
② A, C
③ B, C
④ A, B, C

계산기 다음 ▶ 안 푼 문제 답안 제출

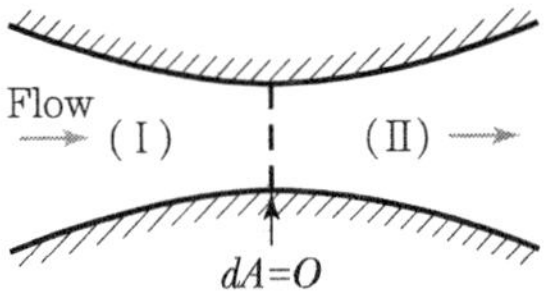

17 표면장력에 대한 관성력의 비를 나타내는 무차원의 수는?

① Reynolds수
② Froude수
③ 모세관수
④ Weber수

18 액체에서 마찰열에 의한 온도상승이 작은 이유를 옳게 설명한 것은?

① 단위질량당 마찰일이 일반적으로 크기 때문에
② 액체의 열용량이 일반적으로 고체의 열용량보다 크기 때문에
③ 액체의 밀도가 일반적으로 고체의 밀도보다 크기 때문에
④ 내부에너지가 일반적으로 크기 때문에

19 1차원 유동에서 수직 충격파가 발생하게 되면 어떻게 되는가?

① 속도, 압력, 밀도가 증가한다.
② 압력, 밀도, 온도가 증가한다.
③ 속도, 온도, 밀도가 증가한다.
④ 압력은 감소하고 엔트로피가 일정하게 된다.

20 유동하는 물의 속도가 12m/s이고 압력이 1.1kgf/cm²이다. 이 경우에 속도수두와 압력수두는 각각 약 몇 m인가?(단, 물의 밀도는 1,000kg/m³이다.)

① 10.6, 11.0
② 7.35, 11.0
③ 7.35, 10.6
④ 10.6, 10.6

2과목 연소공학

21. 용적 100L인 밀폐된 용기 속에 온도 0℃에서의 8mole의 산소와 12mole의 질소가 들어 있다면 이 혼합기체의 압력(kPa)은 약 얼마인가?

① 454
② 558
③ 658
④ 754

22. 418.6kJ/kg의 내부에너지를 갖는 20℃의 공기 10kg이 탱크 안에 들어 있다. 공기의 내부 에너지가 502.3kJ/kg으로 증가할 때까지 가열하였을 경우 이때의 열량 변화는 약 몇 kJ인가?

① 775
② 793
③ 837
④ 893

23. 연도가스의 몰조성이 CO_2 : 25%, CO : 5%, O_2 : 5%, N_2 : 65%이면 과잉공기 백분율(%)은?

① 14.46
② 16.9
③ 18.8
④ 82.2

24. 발열량이 21MJ/kg인 무연탄이 7%의 습분을 포함한다면 무연탄의 발열량은 약 몇 MJ/kg인가?

① 16.43
② 17.85
③ 19.53
④ 21.12

25. 공기비가 작을 때 연소에 미치는 영향이 아닌 것은?

① 불완전연소가 되어 일산화탄소(CO)가 많이 발생한다.
② 미연소에 의한 열손실이 증가한다.
③ 미연소에 의한 열효율이 증가한다.
④ 미연소가스로 인한 폭발사고가 일어나기 쉽다.

26 다음 기체 연료 중 발열량(MJ/Nm³)이 가장 작은 것은?
① 천연가스
② 석탄가스
③ 발생로가스
④ 수성가스

27 연소속도에 관한 설명으로 옳은 것은?
① 단위는 kg/s으로 나타낸다.
② 미연소 혼합기류의 화염면에 대한 법선 방향의 속도이다.
③ 연료의 종류, 온도, 압력과는 무관하다.
④ 정지 관찰자에 대한 상대적인 화염의 이동속도이다.

28 등심연소의 화염 높이에 대하여 바르게 설명한 것은?
① 공기 유속이 낮을수록 화염의 높이는 커진다.
② 공기 온도가 낮을수록 화염의 높이는 커진다.
③ 공기 유속이 낮을수록 화염의 높이는 낮아진다.
④ 공기 유속이 높고 공기 온도가 높을수록 화염의 높이는 커진다.

29 다음과 같은 조성을 갖는 혼합가스의 분자량은?(단, 혼합가스의 체적비는 CO_2 (13.1%), O_2(7.7%), N_2(79.2%)이다.)
① 22.81
② 24.94
③ 28.67
④ 30.40

30 800℃의 고열원과 100℃의 저열원 사이에서 작동하는 열기관의 효율은 얼마인가?
① 88%
② 65%
③ 58%
④ 55%

31. 안전성평가기법 중 시스템을 하위 시스템으로 점점 좁혀 가고 고장에 대해 그 영향을 기록하여 평가하는 방법으로, 서브시스템 위험분석이나 시스템 위험분석을 위하여 일반적으로 사용되는 전형적인 정성적·귀납적 분석기법으로 시스템에 영향을 미치는 모든 요소의 고장을 형태별로 분석하여 그 영향을 검토하는 기법은?
   ① 고장형태영향분석(FMEA)
   ② 원인결과분석(CCA)
   ③ 위험 및 운전성 검토(HAZOP)
   ④ 결함수분석(FTA)

32. 헬륨을 냉매로 하는 극저온용 가스냉동기의 기본사이클 이름은?
   ① 역르누아사이클
   ② 역아트킨슨사이클
   ③ 역에릭슨사이클
   ④ 역스털링사이클

33. 기상폭발의 발화원에 해당되지 않는 것은?
   ① 성냥
   ② 전기불꽃
   ③ 화염
   ④ 충격파

34. 과잉공기비는 다음 중 어떤 식으로 계산되는가?
   ① (실제공기량)÷(이론공기량)
   ② (실제공기량)÷(이론공기량)−1
   ③ (이론공기량)÷(실제공기량)
   ④ (이론공기량)÷(실제공기량)−1

35. 두께 4mm인 강의 평판에 고온 측 면의 온도가 100℃이고, 저온 측 면의 온도가 80℃일 때 m²에 대해 30,000kJ/min의 전열을 한다고 하면 이 강판의 열전도율은 약 몇 W/m℃인가?
   ① 100
   ② 120
   ③ 130
   ④ 140

36 프로판(C_3H_8)의 연소반응식은 다음과 같다. 프로판(C_3H_8)의 화학양론계수는?

$$C_3H_8 + 5O_2 \rightarrow 3CO_2 + 4H_2O$$

① 1
② 1/5
③ 6/7
④ −1

37 증기운 폭발(VCE)에 대한 설명 중 틀린 것은?
① 증기운의 크기가 증가하면 점화확률이 커진다.
② 증기운에 의한 재해는 폭발보다는 화재가 일반적이다.
③ 폭발효율이 커서 연소에너지의 전부가 폭풍파로 전환된다.
④ 방출점으로부터 먼 지점에서의 증기운의 점화는 폭발의 충격을 증가시킨다.

38 다음 중 연소의 3대 요소가 아닌 것은?
① 공기
② 가연물
③ 시간
④ 점화원

39 가연성 혼합기 중에서 화염이 형성되어 전파할 수 있는 가연성 기체 농도의 한계를 의미하지 않는 것은?
① 연소한계
② 폭발한계
③ 가연한계
④ 소염한계

40 과잉공기계수가 1일 때 224Nm³의 공기로 탄소는 약 몇 kg을 완전연소시킬 수 있는가?
① 20.1
② 23.4
③ 25.2
④ 27.3

3과목 가스설비

41 도시가스사업법에서 정의하는 것으로 가스를 제조하여 배관을 통해 공급하는 도시가스가 아닌 것은?
① 천연가스
② 나프타부생가스
③ 석탄가스
④ 바이오가스

42 역카르노 사이클로 작동되는 냉동기가 20kW의 일을 받아서 저온체에서 20kcal/s의 열을 흡수한다면 고온체로 방출하는 열량은 약 몇 kcal/s인가?
① 14.8
② 24.8
③ 34.8
④ 44.8

43 다음 [조건]에 따라 연소기를 설치할 때 적정용기 설치개수는?(단, 표준가스 발생능력은 1.5kg/h이다.)

[조건]
• 가스레인지 1대 : 0.15kg/h
• 순간온수기 1대 : 0.65kg/h
• 가스보일러 1대 : 2.50kg/h

① 20kg 용기 : 2개
② 20kg 용기 : 3개
③ 20kg 용기 : 4개
④ 20kg 용기 : 7개

44 고압가스 탱크를 수리하기 위하여 내부가스를 배출하고 불활성가스로 치환하여 다시 공기로 치환하였다. 내부의 가스를 분석한 결과 탱크 안에서 용접작업을 해도 되는 경우는?
① 산소 20%
② 질소 85%
③ 수소 2%
④ 일산화탄소 100ppm

45 지하에 설치하는 지역정압기실(기지)의 조작을 안전하고 확실하게 하기 위하여 조명도는 최소 어느 정도로 유지하여야 하는가?

① 80lux 이상
② 100lux 이상
③ 150lux 이상
④ 200lux 이상

46 다음 중 역류를 방지하기 위하여 사용되는 밸브는?

① 체크밸브(Check Valve)
② 글로브 밸브(Glove Valve)
③ 게이트 밸브(Gate Valve)
④ 버터플라이 밸브(Butterfly Valve)

47 액화석유가스 사용시설에 대한 설명으로 틀린 것은?

① 저장설비로부터 중간밸브까지의 배관은 강관·동관 또는 금속플렉시블 호스로 한다.
② 건축물 안의 배관은 매설하여 시공한다.
③ 건축물의 벽을 통과하는 배관에는 보호관과 부식방지 피복을 한다.
④ 호스의 길이는 연소기까지 3m 이내로 한다.

48 고무호스가 노후되어 직경 1mm의 구멍이 뚫려 280mmH$_2$O의 압력으로 LP 가스가 대기 중으로 2시간 유출되었을 때 분출된 가스의 양은 약 몇 L인가?(단, 가스의 비중은 1.6이다.)

① 140L
② 238L
③ 348L
④ 672L

49 지하에 매설하는 배관의 이음방법으로 가장 부적합한 것은?

① 링조인트 접합
② 용접접합
③ 전기융착접합
④ 열융착접합

50 액화석유가스용 염화비닐호스의 안지름 치수가 12.7mm인 경우 제 몇 종으로 분류되는가?
① 1
② 2
③ 3
④ 4

51 다음 중 인장시험방법에 해당하는 것은?
① 올센법
② 샤르피법
③ 아이조드법
④ 파우더법

52 구리 및 구리합금을 고압장치의 재료로 사용하기에 가장 적당한 가스는?
① 아세틸렌
② 황화수소
③ 암모니아
④ 산소

53 고압가스용 스프링식 안전밸브의 구조에 대한 설명으로 틀린 것은?
① 밸브 시트는 이탈되지 않도록 밸브 몸통에 부착한다.
② 안전밸브는 압력을 마음대로 조정할 수 없도록 봉인된 구조로 한다.
③ 가연성 가스 또는 독성가스용의 안전밸브는 개방형으로 한다.
④ 안전밸브는 그 일부가 파손되어도 충분한 분출량을 얻어야 한다.

54 동력 및 냉동시스템에서 사이클의 효율을 향상시키기 위한 방법이 아닌 것은?
① 재생기 사용
② 다단 압축
③ 다단 팽창
④ 압축비 감소

55 다음 그림은 가정용 LP 가스 소비시설이다. R_1에 사용되는 조정기의 종류는?

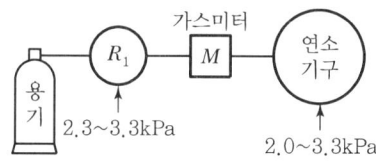

① 1단 감압식 저압조정기
② 1단 감압식 중압조정기
③ 1단 감압식 고압조정기
④ 2단 감압식 저압조정기

56 배관의 전기방식 중 희생양극법에서 저전위 금속으로 주로 사용되는 것은?
① 철
② 구리
③ 칼슘
④ 마그네슘

57 펌프의 유효 흡입수두(NPSH)를 가장 잘 표현한 것은?
① 펌프가 흡입할 수 있는 전흡입 수두로 펌프의 특성을 나타낸다.
② 펌프의 동력을 나타내는 척도이다.
③ 공동현상을 일으키지 않을 한도의 최대 흡입 양정을 말한다.
④ 공동현상 발생조건을 나타내는 척도이다.

58 압력에 따른 도시가스 공급방식의 일반적인 분류가 아닌 것은?
① 저압공급방식
② 중압공급방식
③ 고압공급방식
④ 초고압공급방식

59 LiBr – H₂O형 흡수식 냉난방기에 대한 설명으로 옳지 않은 것은?

① 증발기 내부압력을 5~6mmHg로 할 경우 물은 약 5℃에서 증발한다.
② 증발기 내부의 압력은 진공상태이다.
③ 냉매는 LiBr이다.
④ LiBr은 수증기를 흡수할 때 흡수열이 발생한다.

60 흡입구경이 100mm, 송출구경이 90mm인 원심펌프의 올바른 표시는?

① 100×90 원심펌프
② 90×100 원심펌프
③ 100 – 90 원심펌프
④ 90 – 100 원심펌프

4과목 설가스안전관리

61 산업재해 발생 및 그 위험요인에 대하여 짝지어진 것 중 틀린 것은?
① 화재, 폭발 : 가연성, 폭발성 물질
② 중독 : 독성가스, 유독물질
③ 난청 : 누전, 배선불량
④ 화상, 동상 : 고온, 저온물질

62 15℃에서 아세틸렌 용기의 최고충전압력은 1.55MPa이다. 아세틸렌 용기의 내압시험압력 및 기밀시험압력은 각각 얼마인가?
① 4.65MPa, 1.71MPa
② 2.58MPa, 1.55MPa
③ 2.58MPa, 1.71MPa
④ 4.65MPa, 2.79MPa

63 고압가스를 충전하는 내용적 500L 미만의 용접용기가 제조 후 경과연수가 15년 미만일 경우 재검사 주기는?
① 1년마다
② 2년마다
③ 3년마다
④ 5년마다

64 고압가스 저온저장탱크의 내부압력이 외부압력보다 낮아져 저장탱크가 파괴되는 것을 방지하기 위한 조치로 설치하여야 할 설비로 가장 거리가 먼 것은?
① 압력계
② 압력경보설비
③ 진공안전밸브
④ 역류방지밸브

65 고압가스 운반차량에 대한 설명으로 틀린 것은?
① 액화가스를 충전하는 탱크에는 요동을 방지하기 위한 방파판 등을 설치한다.
② 허용농도가 200ppm 이하인 독성가스는 전용차량으로 운반한다.
③ 가스운반 중 누출 등의 위해 우려가 있는 경우에는 소방서 및 경찰서에 신고한다.
④ 질소를 운반하는 차량에는 소화설비를 반드시 휴대하여야 한다.

66 아세틸렌을 용기에 충전하는 작업에 대한 내용으로 틀린 것은?

① 아세틸렌을 2.5MPa의 압력으로 압축할 때에는 질소, 메탄, 일산화탄소 또는 에틸렌 등의 희석제를 첨가할 것
② 습식아세틸렌발생기의 표면은 70℃ 이하의 온도로 유지하여야 하며, 그 부근에서는 불꽃이 튀는 작업을 하지 아니할 것
③ 아세틸렌을 용기에 충전할 때에는 미리 용기에 다공성 물질을 고루 채워 다공도가 80% 이상 92% 미만이 되도록 한 후 아세톤 또는 디메틸포름아미드를 고루 침윤시키고 충전할 것
④ 아세틸렌을 용기에 충전할 때의 충전 중 압력은 2.5MPa 이하로 하고, 충전 후에는 압력이 15℃에서 1.5MPa 이하로 될 때까지 정치하여 둘 것

67 고압가스 저장탱크에 설치하는 방류둑에 대한 설명으로 옳지 않은 것은?

① 흙으로 방류둑을 설치할 경우 경사를 45° 이하로 하고 성토 윗부분의 폭은 30cm 이상으로 한다.
② 방류둑에는 출입구를 둘레 50m마다 1개 이상 설치하고 둘레가 50m 미만일 경우에는 2개 이상의 출입구를 분산하여 설치한다.
③ 방류둑의 배수조치는 방류둑 밖에서 배수 및 차단 조작을 할 수 있어야 하며 배수할 때 이외에는 반드시 닫혀 있도록 한다.
④ 독성가스 저장탱크의 방류둑 높이는 가능한 한 낮게 하여 방류둑 내에 체류한 액의 표면적이 넓게 되도록 한다.

68 암모니아가스 누출 검지의 특징으로 틀린 것은?

① 냄새 → 악취 발생
② 적색 리트머스시험지 → 청색으로 변함
③ 진한 염산 접촉 → 흰 연기 발생
④ 네슬러시약 투입 → 백색으로 변함

69 2개 이상의 탱크를 동일한 차량에 고정하여 운반하는 경우의 기준에 대한 설명으로 틀린 것은?

① 탱크마다 탱크의 주 밸브를 설치한다.
② 탱크와 차량 사이를 단단하게 부착하는 조치를 한다.
③ 충전관에는 안전밸브를 설치한다.
④ 충전관에는 유량계를 설치한다.

70 아세틸렌의 화학적 성질에 대한 설명으로 틀린 것은?

① 산소-아세틸렌 불꽃은 약 3,000℃이다.
② 아세틸렌은 흡열화합물이다.
③ 암모니아성 질산은 용액에 아세틸렌을 통하면 백색의 아세틸라이드를 얻는다.
④ 백금촉매를 사용하여 수소화하면 메탄이 생성된다.

71 공기액화 분리기를 운전하는 과정에서 안전대책상 운전을 중지하고 액화산소를 방출해야 하는 경우는?(단, 액화산소통 내의 액화산소 5L 중의 기준이다.)

① 아세틸렌이 0.1mg을 넘을 때
② 아세틸렌이 5mg을 넘을 때
③ 탄화수소의 탄소의 질량이 5mg을 넘을 때
④ 탄화수소의 탄소의 질량이 50mg을 넘을 때

72 용기 내장형 난방기용 용기의 네크링 재료는 탄소함유량이 얼마 이하이어야 하는가?

① 0.28% ② 0.30%
③ 0.35% ④ 0.40%

73. 정압기 설치 시 주의사항에 대한 설명으로 가장 옳은 것은?
   ① 최고 1차 압력이 정압기의 설계 압력 이상이 되도록 선정한다.
   ② 대규모 지역의 정압기로서 사용하는 경우 동 특성이 우수한 정압기를 선정한다.
   ③ 스프링제어식의 정압기를 사용할 때에는 필요한 1차 압력 설정범위에 적합한 스프링을 사용한다.
   ④ 사용조건에 따라 다르나, 일반적으로 최저 1차 압력의 정압기 최대용량의 60~80% 정도의 부하가 되도록 정압기 용량을 선정한다.

74. 수소의 특성으로 인한 폭발, 화재 등의 재해 발생 원인으로 가장 거리가 먼 것은?
   ① 가벼운 기체이므로 가스가 확산하기 쉽다.
   ② 고온, 고압에서 강에 대해 탈탄 작용을 일으킨다.
   ③ 공기와 혼합된 경우 폭발범위가 약 4~75%이다.
   ④ 증발잠열로 인해 수분이 동결하여 밸브나 배관을 폐쇄시킨다.

75. 소형 저장탱크에 액화석유가스를 충전할 경우 액화가스의 용량이 상용온도에서 그 저장탱크 내용적의 몇 %를 넘지 않아야 하는가?
   ① 75%
   ② 80%
   ③ 85%
   ④ 90%

76. 고압가스제조시설 사업소에서 안전관리자가 상주하는 사무소와 현장사무소 사이 또는 현장사무소 상호 간에 신속히 통보할 수 있도록 통신시설을 갖추어야 하는데, 이에 해당되지 않는 것은?
   ① 구내방송설비
   ② 메가폰
   ③ 인터폰
   ④ 페이징설비

77 어느 가스용기에 구리관을 연결시켜 사용하던 도중 구리관에 충격을 가하였더니 폭발사고가 발생하였다. 이 용기에 충전된 가스로서 가장 가능성이 높은 것은?

① 황화수소
② 아세틸렌
③ 암모니아
④ 산소

78 액화석유가스용 차량에 고정된 탱크의 폭발을 방지하기 위하여 탱크 내벽에 설치하는 장치로서 가장 적절한 것은?

① 다공성 벌집형 알루미늄합금박판
② 다공성 벌집형 아연합금박판
③ 다공성 봉형 알루미늄합금박판
④ 다공성 봉형 아연합금박판

79 도시가스 배관을 지하에 매설하는 경우 배관은 그 외면으로부터 지하의 다른 시설물과 얼마 이상을 유지하여야 하는가?

① 1.0m
② 0.7m
③ 0.5m
④ 0.3m

80 콕 제조 기술기준에 대한 설명으로 틀린 것은?

① 1개의 핸들로 1개의 유로를 개폐하는 구조로 한다.
② 완전히 열었을 때 핸들의 방향은 유로의 방향과 직각인 것으로 한다.
③ 닫힌 상태에서 예비적 동작이 없이는 열리지 아니하는 구조로 한다.
④ 핸들의 회전각도를 90°나 180°로 규제하는 스토퍼를 갖추어야 한다.

5과목 가스계측

81 가스공급용 저장탱크의 가스저장량을 일정하게 유지하기 위하여 탱크 내부의 압력을 측정하고 측정된 압력과 설정압력(목표압력)을 비교하여 탱크에 유입되는 가스의 양을 조절하는 자동제어계가 있다. 탱크 내부의 압력을 측정하는 동작은 다음 중 어디에 해당하는가?
① 비교
② 판단
③ 조작
④ 검출

82 선팽창계수가 다른 두 종류의 금속을 맞대어 온도변화를 주면 휘어지는 성질을 이용한 온도계는?
① 저항 온도계
② 바이메탈 온도계
③ 열전대 온도계
④ 유리 온도계

83 1kmol의 가스가 0℃, 1기압에서 22.4m³의 부피를 갖고 있을 때 기체상수는 얼마인가?
① 0.082kg·m/kmol·K
② 848kg·m/kmol·K
③ 1.98kg·m/kmol·K
④ 8.314kg·m/kmol·K

84 자동제어에서 희망하는 온도에 일치시키려는 물리량을 무엇이라 하는가?
① 목푯값
② 제어대상
③ 되먹임 양
④ 편차량

85 다음 중 직접식 액면 측정기기는?
① 부자식 액면계
② 벨로우즈식 액면계
③ 정전용량식 액면계
④ 전기저항식 액면계

86. 모발습도계에 대한 설명으로 틀린 것은?
① 히스테리시스가 없다.
② 재현성이 좋다.
③ 구조가 간단하고 취급이 용이하다.
④ 한랭지역에서 사용하기가 편리하다.

87. 가스크로마토그래피에 머무른 시간 172초, 길이 2.2m인 칼럼의 띠 너비를 바닥에서 측정하였을 때 13초였다. 이때 단 높이는 몇 mm인가?
① 0.58
② 0.68
③ 0.78
④ 0.88

88. 루트식 유량계의 특징에 대한 설명 중 틀린 것은?
① 스트레이너의 설치가 필요하다.
② 맥동에 의한 영향이 대단히 크다.
③ 적은 유량에서는 동작되지 않을 수 있다.
④ 구조가 비교적 복잡하다.

89. 오르자트(Orsat) 가스분석기에 의한 배기가스 각 성분의 계산식으로 틀린 것은?
① $N_2[\%] = 100 - (CO_2[\%] - O_2[\%] - CO[\%])$
② $CO[\%] = \dfrac{\text{암모니아성 염화제일구리용액 흡수량}}{\text{시료채취량}} \times 100$
③ $O_2[\%] = \dfrac{\text{알칼리성 피로갈롤용액 흡수량}}{\text{시료채취량}} \times 100$
④ $CO_2[\%] = \dfrac{30\% \text{ KOH 용액 흡수량}}{\text{시료채취량}} \times 100$

90. 염화파라듐지로 일산화탄소의 누출 유무를 확인할 경우 누출이 되었다면 이 시험지는 무슨 색으로 변하는가?
① 검은색
② 청색
③ 적색
④ 오렌지색

91 내경이 30cm인 어떤 관 속에 내경 15cm인 오리피스를 설치하여 물의 유량을 측정하려 한다. 압력강하는 $0.1 kgf/cm^2$이고, 유량계수는 0.72일 때 물의 유량은 약 몇 m^3/s인가?

① $0.028 m^3/s$
② $0.28 m^3/s$
③ $0.056 m^3/s$
④ $0.56 m^3/s$

92 대규모의 플랜트가 많은 화학공장에서 사용하는 제어방식이 아닌 것은?

① 비율제어(Ratio Control)
② 요소제어(Element Control)
③ 종속제어(Cascade Control)
④ 전치제어(Feed Forward Control)

93 캐리어 가스의 유량이 60mL/min이고, 기록지의 속도가 3cm/min일 때 어떤 성분시료를 주입하였더니 주입점에서 성분피크까지의 길이가 15cm였다. 지속용량은 약 mL인가?

① 100
② 200
③ 300
④ 400

94 부르동관(Bourdon Tube)에 대한 설명 중 틀린 것은?

① 다이어프램압력계보다 고압 측정이 가능하다.
② C형, 와권형, 나선형, 버튼형 등이 있다.
③ 계기 하나로 2공정의 압력차 측정이 가능하다.
④ 곡관에 압력이 가해지면 곡률 반경이 증대되는 것을 이용한 것이다.

95 다음 [보기]에서 설명하는 가스미터는?

[보기]
• 계량이 정확하고 사용 중 기차(器差)의 변동이 거의 없다.
• 설치공간이 크고 수위 조절 등의 관리가 필요하다.

① 막식 가스미터
② 습식 가스미터
③ 루트(Roots)미터
④ 벤투리미터

96. 가스크로마토그래피의 캐리어 가스로 사용하지 않는 것은?
① He
② N_2
③ Ar
④ O_2

97. 스프링식 저울의 경우 측정하고자 하는 물체의 무게가 작용하여 스프링의 변위가 생기고 이에 따라 바늘의 변위가 생겨 지시하는 양으로 물체의 무게를 알 수 있다. 이와 같은 측정방법은?
① 편위법
② 영위법
③ 치환법
④ 보상법

98. 자동조절계의 비례적분동작에서 적분시간에 대한 설명으로 가장 적당한 것은?
① P동작에 의한 조작신호의 변화가 I동작만으로 일어나는 데 필요한 시간
② P동작에 의한 조작신호의 변화가 PI동작만으로 일어나는 데 필요한 시간
③ I동작에 의한 조작신호의 변화가 PI동작만으로 일어나는 데 필요한 시간
④ I동작에 의한 조작신호의 변화가 P동작만으로 일어나는 데 필요한 시간

99. 다음 중 화학적 가스분석 방법에 해당하는 것은?
① 밀도법
② 열전도율법
③ 적외선 흡수법
④ 연소열법

100. 진동이 일어나는 장치의 진동을 억제하는 데 가장 효과적인 제어동작은?
① 뱅뱅동작
② 비례동작
③ 적분동작
④ 미분동작

CBT 정답 및 해설

01	02	03	04	05	06	07	08	09	10
③	①	②	③	③	④	①	②	①	②
11	12	13	14	15	16	17	18	19	20
③	②	①	③	②	④	④	②	②	②
21	22	23	24	25	26	27	28	29	30
①	③	③	③	③	③	②	①	④	②
31	32	33	34	35	36	37	38	39	40
①	④	①	②	①	④	③	③	④	③
41	42	43	44	45	46	47	48	49	50
③	②	②	①	③	③	②	①	②	③
51	52	53	54	55	56	57	58	59	60
①	④	③	④	①	④	③	④	③	①
61	62	63	64	65	66	67	68	69	70
③	④	③	④	④	④	④	④	③	④
71	72	73	74	75	76	77	78	79	80
②	①	④	③	③	②	①	②	④	③
81	82	83	84	85	86	87	88	89	90
④	②	②	①	①	①	③	②	④	①
91	92	93	94	95	96	97	98	99	100
③	②	③	③	②	④	①	③	④	④

01 정답 | ③

풀이 | $1\text{kgf} = 1\text{kg} \times 9.8\text{m/S}^2 = 9.8\text{N}$, $1\text{Pa} = 1\text{N/m}^2$
$10\text{cm} = 0.1\text{m}$

압력손실수두$(H) = f \dfrac{L}{d} \cdot \dfrac{V^2}{2g}$

$= 0.02 \times \dfrac{1}{0.1} \times \dfrac{20^2}{2 \times 9.8}$

$\times (1.2 \times 9.8)$

$= 48\text{Pa}$

02 정답 | ①

풀이 | 정체온도(SI 단위) $T_0 = T + \dfrac{K-1}{KR} \cdot \dfrac{V^2}{2}$

코에서 유속$(V) = 0$이므로, $C_p T_0 = C_p T + \dfrac{V^2}{2g}$

$\therefore C_p = 1,040\text{J} = 1.04\text{kJ}$

일량$(W) = 0.248447\text{kcal/kg} \cdot \text{K} \times 427\text{kg} \cdot \text{m/kcal}$
$= 106.0869565\text{kg} \cdot \text{m}$

$\therefore V = \sqrt{106.0869565 \times 2 \times 9.8 \times (40-20)} = 204\text{m/s}$

※ $1\text{kcal} = 4.186\text{kJ} = 427\text{kg} \cdot \text{m/kcal}$

03 정답 | ②

풀이 | • 정압비열$(C_P) = \left(\dfrac{\partial h}{\partial T}\right)p$

• 정적비열$(C_v) = \left(\dfrac{\partial u}{\partial T}\right)v$

이상기체의 내부에너지, 엔탈피는 온도만의 함수

04 정답 | ③

풀이 | • Re(레이놀즈 수) $= \dfrac{Vd}{\nu}$

• 유량$(Q) =$ 단면적$\left(\dfrac{\pi d^2}{4^2}\right) \times$ 유속(V)

유속$(V) = \dfrac{4Q}{\pi d^2} = 0.1\text{m/s}$

$\therefore Re = \dfrac{0.1 \times 0.1}{1.1 \times 10^{-6}} = 9,090(물) > Re$

$Re = \dfrac{0.1 \times 0.1}{1.1 \times 10^{-5}} = 666(공기) < Re$

※ Re가 2,100 이하이면 층류, 4,000 이상이면 난류
$10\text{cm} = 0.1\text{m}$

05 정답 | ③

풀이 | 충격파 : 초음속 흐름이 갑작스럽게 아음속으로 변할 때 이 흐름에 생기는 불연속면을 충격파라고 한다.

※ Fanno 방정식

$\dfrac{G}{A} = \dfrac{P}{\sqrt{T}} \cdot \sqrt{\dfrac{K}{R}M} \cdot \sqrt{1 + \dfrac{k-1}{2}M^2}$

(그 특징은 ①, ②, ④항)

06 정답 | ④

풀이 | 캐비테이션 : 관내 유체의 급격한 압력 강하에 따라 해당 유체의 증기압력보다 낮은 부분이 발생하면 펌프나 배관 등 수중으로부터 증발을 일으키면서 기포가 분리되는 현상

07 정답 | ①

풀이 | 관속을 유체가 층류로 흐를 때 평균유속$(\overline{V})$은 관에서의 관 중심 최대 유속$(V_{\max})$의 0.5 정도이다.

$\left(\overline{V} = \dfrac{1}{2} V_{\max}\right)$

08 정답 | ②

풀이 | 관마찰손실수두(H)

$= \lambda \cdot \dfrac{L}{d} \cdot \dfrac{V^2}{2g} = 0.02 \times \dfrac{50 \times 1,000}{0.6} \times \dfrac{2^2}{2 \times 9.8}$

$= 340\text{m}$

※ $60\text{cm} = 0.6\text{m}$, $50\text{km} = 50 \times 1,000\text{m}$

CBT 정답 및 해설

09 정답 | ①
풀이 | 전단응력(Shear Stress)은 전단력에 의해서 물체 내부의 단위면적에 생기는 내부응력을 말하는 것으로 수직 높은 부분이 가장 크다.

10 정답 | ②
풀이 | • 마하 수$(M) = \dfrac{V}{C} = \dfrac{V}{\sqrt{KRT}}$
• 속도(V)가 음속(C)보다 작으면 : 아음속 흐름
• 속도가 음속보다 크면 : 초음속 흐름
∴ 마하 수가 1보다 클 때 단면적을 증가시키면 유체가 가속된다.

11 정답 | ③
풀이 | 베르누이(Bernoulli's Equation) 방정식
$$\dfrac{P_1}{\gamma} + \dfrac{V_1^2}{2g} + Z_1 = \dfrac{P_2}{\gamma} + \dfrac{V_2^2}{2g} + Z_2 = H(\text{전수두})$$
방정식 유도 시 필요한 내용은 ①, ②, ④의 적용을 받는다(즉, 정상류, 무마찰, 비압축성, 동일 유선상 적용).

12 정답 | ②
풀이 | 단면적$\left(\dfrac{\pi}{4}d^2\right) = \dfrac{3.14}{4}(0.02)^2 = 0.000314\text{m}^2$
유속$(V) = \sqrt{2gh} = \sqrt{2 \times 9.8 \times 3} = 7.668\text{m/s}$
급수유량$(Q) = 0.000314 \times 7.668 = 0.00241\text{m}^3/\text{s}$
$= 2.41\text{kg/s}$

13 정답 | ①
풀이 | 유체흐름의 유선 : 유체흐름의 모든 점에서 접선 방향이 그 점의 속도방향과 일치하는 연속적인 선
$$\dfrac{dx}{u} = \dfrac{dy}{v} = \dfrac{dz}{w}$$

14 정답 | ③
풀이 | • 충격파에서 에너지선은 수력구배선보다 속도수두만큼 위에 있다(Energy Line ; E · L).
• 베르누이 방정식에서 수력구배선(H · G · L)은 항상 에너지선(E · L)보다 속도수두$\left(\dfrac{V^2}{2g}\right)$만큼 아래에 위치한다.

15 정답 | ②
풀이 | 내경 $2.5 \times 10^{-3} = 0.0025\text{m}$
단면적 $= \dfrac{\pi}{4}d^2 = \dfrac{3.14}{4} \times (0.0025)^2$
$= 0.0000049\text{m}^2$

유량$(Q) =$ 단면적 $\times$ 유속 $= 0.0000049 \times 0.3$
$= 0.00000147 = 1.47 \times 10^{-6}\text{m}^3/\text{s}$

16 정답 | ④
풀이 |

축소확대노즐(아음속)	축소확대노즐(초음속)
속도증가 속도감소 (압력감소) (압력증가)	속도감소 속도증가 (압력증가) (압력감소)

17 정답 | ④
풀이 | Weber Number(We)
$= \dfrac{\rho V^2 L}{\sigma} \left(\dfrac{\text{관성력}}{\text{표면장력}}\right)$: 자유표면흐름

18 정답 | ②
풀이 | 액체에서 마찰열에 의한 온도상승이 작은 이유는 액체의 열용량이 일반적으로 고체의 열용량(kcal/℃)보다 크기 때문이다(또는 액체의 비열이 고체의 비열보다 크기 때문).

19 정답 | ②
풀이 | 1차원 유동에서 수직 충격파(유동방향에 수직으로 생긴 충격파)가 발생하면 압력, 밀도, 온도가 증가한다.
※ 비가역과정이다.

20 정답 | ②
풀이 | • 압력수두$\left(\dfrac{P}{\gamma}\right) = \dfrac{1.1 \times 10^4}{1,000} = 11\text{m}$
• 속도수두$\left(\dfrac{V^2}{2g}\right) = \dfrac{12^2}{2 \times 9.8} = 7.35\text{m}$
※ 전수두 $= 11 + 7.35 = 18.35\text{m}$

21 정답 | ①
풀이 | $8 \times 22.4 = 179.2\text{L}$, $12 \times 22.4 = 268.8\text{L}$
1몰(분자량 값) $= 22.4\text{L}$, 1atm $= 101.356\text{kPa}$
압력 $= \dfrac{179.2 + 268.8}{100\text{L}} = 4.48\text{atm}$
∴ $4.48 \times 101.356 = 454\text{kPa}$

CBT 정답 및 해설

제3회 CBT 실전모의고사

22 정답 | ③
풀이 | 1kg당 열량변화 = 502.3 − 418.6 = 83.7kJ/kg
∴ 83.7 × 10 = 837kJ

23 정답 | ②
풀이 | 과잉공기 백분율(%) = $(m-1) \times 100(\%)$
공기비$(m) = \dfrac{N_2}{N_2 - 3.76\{O_2 - 0.5(CO)\}}$
$= \dfrac{65}{65 - 3.76(5 - 0.5 \times 5)}$
$= \dfrac{65}{55.6} = 1.169$
∴ 과잉공기 백분율 = $(1.169 - 1) \times 100 = 16.9\%$

24 정답 | ③
풀이 | 21 × 0.07 = 1.47MJ/kg(수분기화열량)
∴ 무연탄 저위발열량 = 21 − 1.47 = 19.53MJ/kg

25 정답 | ③
풀이 | 공기비가 작으면 공기량이 부족하여 미연소(CO) 가스에 의해 열효율이 감소한다.
공기비$(m) = \dfrac{실제공기량}{이론공기량}$ (항상 1보다 크다.)

26 정답 | ③
풀이 | • 천연가스 : 9,000~9,200kcal/Nm³
• 석탄가스(H_2, CH_4, CO) : 5,670kcal/Nm³
• 발생로가스(N_2, CO, H_2) : 1,100kcal/Nm³
• 수성가스(H_2, CO, N_2) : 2,500kcal/Nm³

27 정답 | ②
풀이 | 연소속도 : 미연소 혼합기류의 화염면에 대한 법선 방향의 속도를 말한다(단위 : cm/s). 가연물의 종류, 온도, 압력과 관계가 있다.

28 정답 | ①
풀이 | 등심연소 : 공기유속이 낮을수록 화염의 높이는 커진다(심지연소).

29 정답 | ④
풀이 | 혼합가스 평균 분자량
CO_2 : 44, O_2 : 32, N_2 : 28
∴ (44 × 0.131) + (32 × 0.077) + (28 × 0.792)
= 5.764 + 2.464 + 22.176 = 30.40

30 정답 | ②
풀이 | 절대온도(K) = ℃ + 273
800 + 273 = 1,073K, 100 + 273 = 373K
효율 = $\left(1 - \dfrac{373}{1,073}\right) \times 100 = 65\%$

31 정답 | ①
풀이 | FMEA 분석 : 서브시스템 위험분석이나 시스템 위험분석을 위하여 전형적인 정성적 · 귀납적 분석기법으로 그 영향을 검토하는 기법

32 정답 | ④
풀이 | 역스털링사이클 : 헬륨(He : 분자량 4)을 냉매로 하는 극저온용 가스냉동기 기본 사이클

33 정답 | ①
풀이 | 기상폭발(Gas Explosion) : 폭발을 일으키는 이전의 물질 상태가 기체인 경우의 폭발(혼합가스폭발, 가스분해폭발, 분진폭발)로서, 발화원은 전기불꽃, 화염, 충격파 등이다.

34 정답 | ②
풀이 | 과잉공기비 = $(m-1) \times 100\%$
공기비$(m) = \dfrac{실제공기량}{이론공기량}$ (1보다 크다.)

35 정답 | ①
풀이 | 전열$(Q) = \lambda \times \dfrac{A(t_1 - t_2)}{b} = \lambda \times \dfrac{1(100 - 80)}{0.004}$
$= 30,000 \text{kJ/m}^2\text{h}$
∴ 열전도율$(\lambda) = \dfrac{30,000 \times 0.004}{1 \times (100 - 80)} = 6\text{kJ/min}$
$= 360\text{kJ/h}$
$= 86\text{kcal/h}(100\text{W/m℃})$
※ 1kJ = 0.24kcal, 1W = 0.86kcal/h, 1kcal = 4.186kJ
※ 1kW = 1,000W = 3,600kJ/h = 860kcal/h
∴ 100W = 86kcal/h

36 정답 | ④
풀이 | 화학양론 : 화학반응에서 질량 및 에너지에 관하여 연구하는 것
∴ (1 + 5) − (3 + 4) = −1

CBT 정답 및 해설

37 정답 | ③
풀이 | • 증기운 폭발 : 가연성 증기가 다량으로 방출되어 증기운을 형성하고, 이 증기운이 점화되어 일어나는 폭발(내용물의 비등기화로 액체입자를 포함하는 증기가 대기에 대량으로 방출되어 화염으로 착화되어 화구를 형성한다.)
• 폭풍파 : 지상폭발에서만 발생한다.

38 정답 | ③
풀이 | 연소의 3대 요소
• 공기
• 가연물(연료)
• 점화원
※ 시간 : 완전연소의 구비조건이다.

39 정답 | ④
풀이 | • 연소한계, 폭발한계, 가연한계 : 가연성 혼합기 중에서 화염이 형성되어 전파할 수 있는 가연성 기체 농도의 한계
• 소염한계 : 화염이 소멸될 수 있는 조건의 한계

40 정답 | ③
풀이 | C + O_2 → CO_2(연소반응식)
12kg + 22.4Nm^3 → 22.4Nm^3
탄소 이론공기량(A_0) = $\frac{22.4}{12} \times \frac{100\%}{21\%}$
= 8.89Nm^3/kg
∴ $\frac{224}{8.89}$ = 25.2kg

41 정답 | ③
풀이 | 석탄가스 : 석탄을 1,000℃ 내외로 건류할 때 얻어지는 가스이다(성분은 H_2 : 51%, CH_4 : 32%, CO : 8%, 발열량 : 5,670kcal/Nm^3 정도).

42 정답 | ②
풀이 | 1kW-h = 860kcal/h = 3,600kJ/h
20 × 860 = 17,200kcal/h = 4.777kcal/s
∴ 고온체로 방출열량 = 4.777 + 20 = 24.8kcal/s

43 정답 | ②
풀이 | 최대소비수량 = 0.15 + 0.65 + 2.50 = 3.3kg/h
용기설치대수 = $\frac{가스최대소비량(kg/h)}{표준가스 발생능력(kg/h개)}$
$\frac{3.3}{1.5}$ = 2.2개
∴ 20kg 용기 3개 소요

44 정답 | ①
풀이 | 용접작업 시 인체의 산소요구량 : 18~21%

45 정답 | ③
풀이 | 지역정압기실 조작 시 조명도 : 150lux 이상

46 정답 | ①
풀이 | ①은 유체흐름 중 역류방지용 밸브이다.

47 정답 | ②
풀이 | 건축물 안의 배관은 누설검지를 원활하게 하기 위하여 노출배관을 원칙으로 한다.

48 정답 | ②
풀이 | 노출가스양(Q) = $0.009D^2\sqrt{\frac{h}{d}} \times$ 시간(H)
= $0.009 \times 1^2 \sqrt{\frac{280}{1.6}} \times 2 = 0.238m^3$ (238L)

49 정답 | ①
풀이 | 지하 매설배관 이음방법
• 용접접합
• 전기융착접합
• 열융착접합

50 정답 | ③
풀이 | • 6.3mm : 제1종
• 9.5mm : 제2종
• 12.7mm : 제3종

51 정답 | ①
풀이 | 올센법
금속의 인장시험방법으로, 금속의 양 끝을 축방향으로 당겨 변형된 크기를 측정함으로써 비례한도 및 항복점, 인장강도, 연신율, 탄성한도 등을 측정한다.

52 정답 | ④
풀이 | 구리 사용이 불가능한 것
• 암모니아는 구리의 금속이온과 반응하여 착이온 생성
• 아세틸렌 $C_2H_2 + 2CU$ → CU_2C_2(동아세틸라이드) + H_2
• 황화수소 $4CU + 2H_2S + O_2$ → $2CU_2S + 2H_2O$(황화합물 발생)

제3회 CBT 실전모의고사

53 정답 | ③
풀이 | 가연성 가스, 독성가스용 안전밸브는 옥외로 안전하게 분출하기 위해 밀폐형 안전밸브를 장착한다.

54 정답 | ④
풀이 | 압축비 감소는 압축기의 과열 방지를 위한 방법이다.

55 정답 | ①
풀이 | R_1 : 1단 감압식 저압조정기
※ 가정용 LP 가스 소비시설에는 1단 감압식 저압조정기를 설치하도록 되어 있다.

56 정답 | ④
풀이 | 회생양극법(유전양극법) : 지하매설배관에서 전기방식으로 저전위금속은 마그네슘(Mg)을 사용한다. 이 방식은 도복장의 저항이 큰 대상이나 저항이 큰 대상에 대한 전기방식이다.

57 정답 | ③
풀이 | 유효 흡입수두 설명은 ③항의 양정을 의미한다. NPSH를 통해 펌프 운전 중 캐비테이션 현상 없이 얼마나 안정적으로 운전할 수 있는지 확인할 수 있다.

58 정답 | ④
풀이 | 도시가스 공급방식
- 고압공급 : 1MPa 이상
- 중압공급 : 0.1MPa 이상~1MPa 미만
- 저압공급 : 0.1MPa 미만

59 정답 | ③
풀이 | 흡수식 냉난방기에서 흡수제는 리튬브로마이드 LiBr, 냉매는 물(H_2O)이다.

60 정답 | ①
풀이 | 원심식 펌프(비용적식) 100×90의 의미
- 흡입구경 : 100mm
- 송출구경 : 90mm

61 정답 | ③
풀이 | 난청 : 소음, 고음

62 정답 | ④
풀이 | 아세틸렌(C_2H_2) 가스
- 기밀시험 : 최고충전압력의 1.8배
  (1.55×1.8=2.79)
- 내압시험 : 최고충전압력의 3배(1.55×3=4.65)

63 정답 | ③
풀이 | 용기의 재검사 기간(15년 미만 용기의 경우)
용접용기 ┌ 500L 이상 : 5년마다
         └ 500L 미만 : 3년마다

64 정답 | ④
풀이 | 저장탱크 진공방지용 설비
- 압력계
- 압력경보설비
- 진공안전밸브

65 정답 | ④
풀이 | 질소(N_2)는 불연성 가스이므로 소화설비가 필요 없다.

66 정답 | ③
풀이 | ㉠ 다공물질 : 규조토, 점토, 목탄, 석회, 산화철 등
㉡ 다공도 : 75% 이상, 92% 미만
㉢ 용제
- 아세톤 : $(CH_3)_2CO$
- 디메틸포름아미드 $[HCON(CH_3)_2]$

67 정답 | ④
풀이 | 독성가스 저장탱크 방류둑
- 저장탱크의 저장능력에 상당하는 용적 이상의 용적을 요한다.
- 냉동기의 수액기 : 수액기 내용적의 90% 이상 용적
- 성토(흙)는 수평에 대하여 45° 이하, 성토 윗부분 폭은 30cm 이상

68 정답 | ④
풀이 | 네슬러시약 투입 : NH_3 가스 누설 시 황색으로 변화 (페놀프탈레인지 사용 시 : 홍색으로 변화)

69 정답 | ④
풀이 | 충전관 설치 부품
- 안전밸브
- 압력계
- 긴급탈압밸브

70 정답 | ④
풀이 | 아세틸렌의 화학적 성질로 ①, ②, ③ 외에 산화폭발, 분해폭발, 화합폭발성이 있다.

71 정답 | ②
풀이 | 액화산소 제조 중 안전을 위한 방출조건
액화산소 5L 중 아세틸렌이 5mg을 넘거나 탄화수소에서 탄소의 질량이 500mg을 넘을 때 실시한다.

CBT 정답 및 해설

72 **정답 | ①**
풀이 | 용기 내장형 난방기용 용기의 네크링 재료 중 탄소함유량은 연강으로서 0.28% 이하여야 한다. 용기 내장형 난방기용 용기의 재료 기준은 몸통부, 프로텍터, 스커트별로 각기 다르다.

73 **정답 | ④**
풀이 | 도시가스 정압기는 사용조건에 따라 다르나 일반적으로 최저 1차 압력의 정압기 최대용량 60~80% 정도 부하가 되도록 정압기 용량을 선정한다.
① 설계 압력 이하가 되도록 해야 한다.
② 정특성이 우수한 정압기를 선정해야 한다.
③ 2차 압력 설정범위에 적합한 스프링을 사용해야 한다.

74 **정답 | ④**
풀이 | 수분동결은 폭발, 화재 등의 재해 발생 원인으로는 보기가 어렵다(설비폐쇄가 가능하다).

75 **정답 | ③**
풀이 |
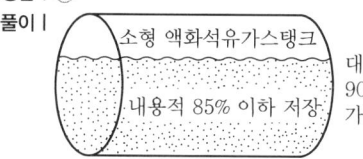

76 **정답 | ②**
풀이 | 메가폰 : 사업소 내 전체, 종업원 상호 간에 필요한 통신설비이다.

77 **정답 | ②**
풀이 |
$C_2H_2 + 2Cu(구리) \rightarrow \boxed{Cu_2C_2} + H_2$
아세틸렌   동아세틸라이드 발생

78 **정답 | ①**
풀이 |
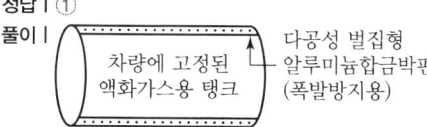

79 **정답 | ④**
풀이 |
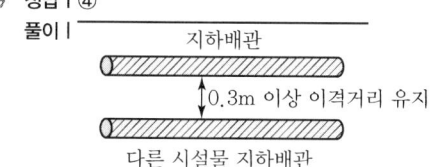

80 **정답 | ②**
풀이 |
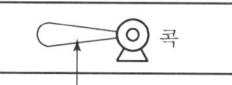
콕을 완전히 열면 핸들은 유로의 방향과 직각이 아닌 축방향과 일치하여야 한다. (회전각도 90° 가능)

81 **정답 | ④**
풀이 | 유량, 압력, 온도 등의 검출은 자동제어 검출부에 속한다.

82 **정답 | ②**
풀이 | 바이메탈 온도계(황동+인바) : 선팽창계수가 다른 두 종류의 금속을 맞대어 온도변화를 주었을 때 휘어지는 성질을 이용한 온도계

83 **정답 | ②**
풀이 | 가스의 기체상수(R) : 848kg·m/kmol·K
㉠ $PV = nRT$,
$R = \dfrac{PV}{nT} = \dfrac{1\text{atm} \times 22.4\text{L}}{1\text{mol} \times 273\text{K}} = 0.08205\text{atm}$
㉡ $PV = nRT$,
$R = \dfrac{PV}{nT} = \dfrac{1.0332 \times 10^4 \text{kg/m}^2 \text{a} \times 22.4\text{m}^3}{1\text{kmol} \times 273\text{K}}$
$= 848 \text{kg·m/kmol·K}$

84 **정답 | ①**
풀이 | 자동제어 희망값 : 목푯값=설정값

85 **정답 | ①**
풀이 | 직접식 액면계
  • 부자식(플로트식)
  • 검척식
  • 유리관식

86 **정답 | ①**
풀이 | 모발습도계 : 모발의 신축을 이용한 습도계
  • 정밀도가 낮다.
  • 히스테리시스가 있다.
  • 응답시간이 느리다.
  • 구조가 간단하다.
  • 상대습도가 바로 나타난다.

CBT 정답 및 해설

87 정답 | ③

풀이 | • 이론단수 $(N) = 16 \times \left(\dfrac{tr}{w}\right)^2 = 16 \times \left(\dfrac{172}{13}\right)^2$
$= 2,800.53$

• 이론단 높이 $(HETP) = \dfrac{L}{N} = \dfrac{2,200}{2,800.53}$
$= 0.785 \text{(mm)}$

• 지속용량 $= \dfrac{유량 \times 피크길이}{기록지속도} \text{(mL)}$

※ L : 관의 길이(m)

88 정답 | ②

풀이 | 루트식 가스미터기 : 용적식 대용량 가스미터기로서 (중압가스 유량측정 가능, 설치스페이스가 적다.) 실측식이다. 맥동에 의한 영향력은 적다.

89 정답 | ①

풀이 | 질소$(N_2) = 100 - (CO_2 + O_2 + CO)[\%]$

90 정답 | ①

풀이 | • 청색 : 암모니아 가스를 적색 리트머스지로 시험하거나, 시안화수소를 초산벤젠지로 시험할 때 나타나는 색

• 적갈색 : 아세틸렌은 염화제1구리착염지로 시험할 때 나타나는 색

• 오렌지색 : 포스겐을 해리슨시험지로 시험할 때 나타나는 색

91 정답 | ③

풀이 | 유량$(Q) = A \times \sqrt{2gh}$, 교축비 $= \left(\dfrac{15}{30}\right)^2 = 0.25$

압력차 $0.1 \text{kg/cm}^2 = 1,000 \text{kg/m}^2$,
물의 비중량 $= 1,000 \text{kg/m}^3$

$Q = 0.01252 a \cdot B^2 \cdot Dt^2 \sqrt{\dfrac{P_1 - P_2}{r_1}}$

$= 0.01252 \times 0.72 \times 0.25 \times (30 \times 10)^2 \times \sqrt{\dfrac{1,000}{1,000}}$

$= 202.824 \text{m}^3/\text{h}$

$\therefore \dfrac{202.824}{3,600} = 0.056 \text{m}^3/\text{s}$

92 정답 | ②

풀이 | ①, ③, ④ : 대규모 플랜트 화학공장 제어법

93 정답 | ③

풀이 | 지속용량 $= \dfrac{유량 \times 피크길이}{기록지속도} = \dfrac{60 \times 15}{3} = 300 \text{mL}$

94 정답 | ③

풀이 | 부르동관 압력계는 1공정의 압력에 사용되는 압력계이다(탄성 고압용).

95 정답 | ②

풀이 | 습식 가스미터
• 계량이 정확하다.
• 수위조절이 필요하다.
• 기차의 변동이 거의 없다.

96 정답 | ④

풀이 | 캐리어 가스(시료가스의 분석이송가스)
• 헬륨
• 질소
• 아르곤
• 수소

97 정답 | ①

풀이 | 편위법 : 스프링의 변위 → 지침바늘의 변위(스프링식 저울 등)에 의해 물체의 무게를 측정할 수 있다. 또한 부르동관 등이 여기에 속하고 정도가 낮지만 측정이 간단하다.

98 정답 | ①

풀이 | 적분시간 : P동작(비례동작)에 의한 조작신호의 변화가 I동작(적분동작)만으로 일어나는 데 필요한 시간

99 정답 | ④

풀이 | 화학적 가스분석법
• 오르자트법
• 연소열법
• 헴펠법
• 미연소$(CO + H_2)$ 분석법

100 정답 | ④

풀이 | 자동제어 미분동작(D) : 진동을 억제하는 데 가장 효과적인 동작(연속동작은 P.I.D 동작이 있다.)

Memo

저자약력

권오수

- (사)한국가스기술인협회 회장
- (자)한국에너지관리자격증연합회 회장
- 한국기계설비관리협회 명예회장
- (재)한국보일러사랑재단 이사장
- 가스기술기준위원회 분과위원
- 한국가스신문사 기술자문위원

권혁채

- 고압가스분야 직업훈련교사
- 서울 제일열관리기술학원 가스분야 강사 역임
- 서울 중앙열관리기술학원 가스분야 강사 역임
- (사)한국가스기술인협회 사무총장 역임
- 도시가스, 액화석유가스 전문기술인
- 올윈에듀 가스분야 동영상 전문강사

임창기

- 現 인천도시가스 재직 중
- 한국가스신문사 명예기자
- 직업능력개발훈련교사(가스, 에너지, 배관)
- 우수숙련기술자 선정, 가스분야(고용노동부)
- NCS확인강사(산업안전분야)
- 한국가스기술인협회 임원
- 동탑산업훈장 수훈

가스기사 필기

발행일 | 2011. 1. 10 초판 발행
2012. 2. 10 개정 1판1쇄
2014. 1. 15 개정 2판1쇄
2015. 1. 20 개정 3판1쇄
2015. 8. 10 개정 4판1쇄
2016. 1. 20 개정 5판1쇄
2017. 2. 10 개정 6판1쇄
2018. 1. 10 개정 7판1쇄
2019. 1. 10 개정 8판1쇄
2020. 1. 10 개정 9판1쇄
2021. 1. 15 개정 10판1쇄
2022. 1. 10 개정 11판1쇄
2023. 1. 10 개정 12판1쇄
2024. 2. 10 개정 13판1쇄
2025. 1. 10 개정 14판1쇄
2026. 1. 20 개정 15판1쇄

저 자 | 권오수 · 권혁채 · 임창기
발행인 | 정용수
발행처 | 예문사

주 소 | 경기도 파주시 직지길 460(출판도시) 도서출판 예문사
T E L | 031) 955-0550
F A X | 031) 955-0660
등록번호 | 11-76호

- 이 책의 어느 부분도 저작권자나 발행인의 승인 없이 무단 복제하여 이용할 수 없습니다.
- 파본 및 낙장은 구입하신 서점에서 교환하여 드립니다.
- 예문사 홈페이지 http://www.yeamoonsa.com

정가 : 42,000원
ISBN 978-89-274-5919-4 13570